W0007220

1 MONTH OF
FREE
READING

at

www.ForgottenBooks.com

By purchasing this book you are eligible for one month membership to ForgottenBooks.com, giving you unlimited access to our entire collection of over 700,000 titles via our web site and mobile apps.

To claim your free month visit:

www.forgottenbooks.com/free450408

* Offer is valid for 45 days from date of purchase. Terms and conditions apply.

ISBN 978-0-656-03352-2
PIBN 10450408

This book is a reproduction of an important historical work. Forgotten Books uses
state-of-the-art technology to digitally reconstruct the work, preserving the original format
whilst repairing imperfections present in the aged copy. In rare cases, an imperfection in
the original, such as a blemish or missing page, may be replicated in our edition. We do,
however, repair the vast majority of imperfections successfully; any imperfections that
remain are intentionally left to preserve the state of such historical works.

Forgotten Books is a registered trademark of FB &c Ltd.
Copyright © 2017 FB &c Ltd.
FB &c Ltd, Dalton House, 60 Windsor Avenue, London, SW19 2RR.
Company number 08720141. Registered in England and Wales.

For support please visit www.forgottenbooks.com

Chemisch-technisches Repertorium.

580. 6

Uebersichtlich geordnete Mittheilungen

der neuesten

Erfindungen, Fortschritte und Verbesserungen

auf dem Gebiete der

technischen und industriellen Chemie

mit Hinweis auf Maschinen, Apparate und Literatur.

Herausgegeben

von

Dr. Emil Jacobsen.

1890.

Erstes Halbjahr. — Erste Hälfte.

Mit in den Text gedruckten Illustrationen.

Berlin 1891.
R. Gaertner's Verlagsbuchhandlung
Hermann Heyfelder.
SW. Schönebergerstrafse 26.

135.67

Gedruckt bei Julius Sittenfeld in Berlin W.

HARVARD COLLEGE
MAY 15 1891
LIBRARY.

Baumaterialien, Cemente, künstliche Steine.

Erhärtung von Portlandcement unter verschiedenen Bedingungen. Nach R. Dyckerhoff und v. Schmidt sind die Zerstörungen am Stephansdom auf die unfachmäfsige Verwendung von Cement ohne Sand zurückzuführen, da selbst der bestgesinterte Cement ohne Sandzusatz durch jahrelange Einwirkung von Wss. und Luft Schwindrisse bekommt und dadurch dem Eindringen von Wss. und Kohlensäure mehr zugänglich wird. Schott glaubt, dafs dem Cement Schwachbrand beigemengt war und nur dieser bei gleichzeitiger Anwendung eines grofsen Ueberschusses von Wss. (vgl. Rep. 89 II. p. 5.) und Fehlen des Sandzusatzes Schwindrisse und Zersetzungen erlitt, und dafs die weiteren Zerstörungen erst als secundäre Erscheinungen in Folge der Verwitterung des Materials sich gebildet haben, indem Wss. in die Risse eindrang und durch die Frostwitterung die Werkstücke abgesprengt wurden. — 129. p. 437.

Einflufs von Meerwasser auf Portland-Cement; von E. Candlot. Die Qualität und Quantität des Wss. ist besonders auf das Abbinden des Cements von Einflufs. Durch Meerwasser wird es verzögert, es beruht dies auf der Entstehung von Calciumchlorid (vgl. Rep. 89 I. p. 3.) oder Sulfat, welche Salze durch Umsetzung des im Meerwasser vorhandenen Chlormagnesiums und Magnesiumsulfats mit dem Kalk des Cements gebildet werden. Dadurch wird das Calcium-Aluminium-Silicat, wodurch das Erhärten und Abbinden veranlafst wird, viel langsamer gelöst, als dies in reinem Quell-, Flufs-, Brunnen- oder destillirtem Wss. der Fall ist. Um bei Anwendung von Süfswasser in besonderen Fällen das Erhärten zu verzögern, mufs man den Cement entweder längere Zeit mit der Luft in Berührung bringen, oder ihm nach dem Brande (wie in Deutschland) Calciumsulfat zumischen, oder sich zum Anmachen einer verdünnten Chlorcalciumlösung bedienen. Hinsichtlich der Festigkeit ist Folgendes zu bemerken: 1) Reiner Cement mit Meerwasser angemacht, welcher hiermit eine gröfsere Festigkeit gezeigt hatte, als mit Süfswasser, geht nach einigen Monaten wieder etwas zurück. 2) Alle Cement-Mörtel dagegen zeigen sich von wachsender Zugfestigkeit. Steht ein mit Meerwasser angemachter Cement-Mörtel gegen einen gleichen mit Süfswasser angemachten zuerst zurück, so überholt er ihn aber im Laufe der Jahre; vornehmlich gilt dies von den feingemahlenen Cementen. — Mon. de la Céramie et de Verrerie. p. 42. 89. Rep. p. 117.

1*

Calciumsulfat im Cement und ein direkter Proceſs der Calcination.
J. S. Rigby zeigt, daſs die Ansicht, Calciumsulfat sei auch in kleinen
Mengen im Cement schädlich, irrthümlich ist. Aus diesem Grunde
ist man nunmehr in der Lage, aus dem beim Chanceprocefs der
Schwefelregenerirung aus Sodarückständen zurückbleibenden unreinen
Calciumcarbonat Cement herzustellen. Allerdings muſs man bei der
Reinigung der Rohmaterialien vorsichtig sein, denn Calciumsulfat wirkt
in Quantitäten über 2 % thatsächlich schädlich. Eine unregelmäſsige
Mischung würde ebenso wie Zusatz von Calciumsulfat wirken, besonders wenn viel Calciumcarbonat verwandt wurde. Die Mängel der verschiedenen Cemente werden namentlich durch unsorgfältiges Mischen
veranlaſst, wenngleich auch die vollständige Calcination die völlige
Zersetzung des gemischten Kalkes und der Thonerde berücksichtigt
werden muſs. Die jetzt angewandte Methode des kontinuirlichen
Mischens kann keine guten Resultate liefern. Man untersucht von Zeit
zu Zeit das Ueberflieſsende mittelst des Calcimeters, welcher die Kohlensäure ermittelt, doch können hier leicht Fehler durch die Probenahme,
den Feuchtigkeitsgehalt des Materials u. s. w. entstehen. Ein besseres
Product ergiebt ein intermittirendes Mischen und regelmäſsiges
Wägen und Prüfen. Man soll nun bei der Fabrikation des Cements
in folgender Weise verfahren: Nachdem die passenden Mengenverhält-
nisse der Substanzen zusammengethan sind, läſst man sie durch einen
cylindrischen Mischer mit sich drehenden Armen gehen. Während
dieses Durchganges bringt man Schlacke, Kohle etc. hinzu und legt
die Mischung auf einen Riemen, der sie auf einen Platz an der Seite
der Brennöfen bringt. Beim Beginnen des Calcinirens feuert man wie
gewöhnlich und bringt, sobald die Temp. genügend hoch ist, die
Mischung um das Feuer. Die Zugabe an Material geschieht, wenn die
Flammen durch die Masse brechen und sie am wirksamsten zu sein
scheinen. Die Oefen können kontinuirlich arbeiten, doch empfiehlt es
sich, sie in gewöhnlicher Weise ausbrennen zu lassen. — 26. p. 254.
34. p. 140.

Fabrikation von Cement. Engl. P. 10312/1888 f. G. J. Snelus,
Workington, T. Gibb, Jarrow, J. C. Swan und H. Smith, Newcastle
on Tyne und W. Whamond, Jarrow. Als Rohstoffe werden Hoh-
ofenschlacke, Kalk (vgl. Rep. 1889. II. p. 4.) und Thon, mit oder ohne
andere cementbildende Stoffe, verwendet. Die Schlacke wird granulirt,
durch Leiten über ein endloses Band zwischen Walzen getrocknet und
dann calcinirt, behufs Oxydation von etwa vorhandenem Calciumsulfid.
Eine Fritte aus Kalk und Thonerde wird dargestellt durch Brennen
geeigneter Materialien, wie Thon und Kalk. Diese Fritte wird gemahlen und dann mit der Schlacke gemischt. — 89. p. 99.

**Verarbeitung von carbonisirten Alkalirückständen, um dieselben zur
Cementfabrikation geeignet zu machen.** Engl. P. 94/1889 f. J. Hargreaves und T. Robinson, Widnes, Lancashire (s. a. Rep. 89 I. p.165).
Die Rückstände werden zunächst mit Luft oder einem anderen Oxydationsmittel, wie Chlor, Chlorkalk, Hypochlorit oder Manganate, behandelt.
Die Rückstände können in Schlammform in einem Behälter mit perforirten Röhren am Boden der Einwirkung der Luft unterworfen werden, indem man durch die Röhren Luft einprefst, oder man bringt sie
an der freien Luft in Haufen und leitet durch Röhren nahe am Boden

der Haufen Luft ein. Der freie Schwefel wird entfernt, indem man Kalk oder Kalkschlamm von der Aetznatronfabrikation zugiebt, behufs Bildung löslicher Schwefelverbindungen, welche dann zugleich mit etwa vorhandenem Alkali durch Waschen und Filtriren beseitigt werden. An Stelle des Kalkschlammes kann Hydrosulfid, wie dasselbe durch Dämpfen von Alkalirückständen unter Druck erhalten wird, oder Natriumcarbonat oder Aetznatron verwendet werden. Die Rückstände werden dann mit Thon gemischt und nach dem gebräuchlichen Verfahren auf Cement verarbeitet. Um aus dem Kalkschlamm Schwefel und Alkali zu entfernen, behandelt man ihn mit Luft oder Oxydationsmitteln, wie Chlorkalk etc., behufs Bildung löslicher Sulfide, welche man zugleich mit etwa vorhandenem freien Alkali durch Waschen entfernt. Der Thon und die carbonisirten Alkalirückstände, oder der Kalkschlamm, oder beide, werden mittelst eines Luftgebläses gemischt, welches gleichzeitig Schwefelverbindungen oxydirt, die man zugleich mit Alkali durch Filtriren in besonders construirten Filtern beseitigt. — 89. p. 808.

Brennen von Stoffen für die Cementfabrikation. Am. P. 420371 f. J. M. Willcox, Philadelphia, Pa. Die zu brennenden Stoffe werden in dem Ofen der gleichzeitigen Einwirkung der ihnen in üblicher Weise beigemischten festen Brennstoffe und brennender Gas- oder Flüssigkeitsstrahlen ausgesetzt. Letztere wirken auf die oberen Schichten der Beschickung ein, bevor oder ungefähr zu der Zeit, wo die unteren Schichten entzündet werden. — 89. p. 238.

Werth des Puzzolan-Cements. (S. a. Rep. 1887, H. II, p. 11.) Die Hauptbestandtheile des in Deutschland hergestellten Puzzolan-Cements sind: Hochofenschlacke und pulverisirter Kalk. Der Kalk nimmt bei der Mörtelbereitung das Wss. mit Begierde auf; die Wassermenge, welche zur Mörtelbereitung erforderlich ist, ist zur guten Abbindung des Mörtels aus Puzzolan-Cement ungenügend. Eingehende Versuche, welche von D. mit reinem Mörtel aus Puzzolan-Cement gemacht sind (Mischung Cement und Sand), haben die völlige Untauglichkeit solcher Mörtel bewiesen. Bei Gesimsen und glattem Putz zeigten sich zuerst Haarrisse; nachdem blätterte der Putz ab, wohingegen beim Mauerwerk der Mörtel bröckelig wurde. Weitere angestellte Versuche mit verlängertem Puzzolan-Cement-Mörtel (Mischung Cement, gelöschter Kalk und Sand) haben ein etwas besseres Ergebniss geliefert; doch ist auch bei diesen Versuchen festgestellt, dass der Puzzolan-Cement den Anforderungen, welche der Techniker an einen Cement stellt, nicht genügt. Ferner ist der Putz bei 6 anderen Proben, welche 19 Tage vor eintretendem Frost gemacht wurden, vollständig abgefroren. Wenn nun auch die völlige Abbindung in 28 Tagen geschehen war, so durfte doch eine völlige Zerstörung durch Frost 19 Tage nach Herstellung des Mörtels nicht stattfinden. Augenblicklich ist die Fabrikation des Puzzolan-Cements falsch und die Mischung unrichtig. — 79. 49. p. 151.

Die Anwendung der Schlackencemente an Stellen, wo sie abwechselnd der Sonne und dem Schatten, der Trockniss und Feuchtigkeit ausgesetzt sind, oder wenn sie Schwefel in grösserer Menge enthalten, ist nach Prost nicht zu rathen. Wohl aber lassen sie sich statt des Portlandcements bei halb so hohem Preise, vortheilhaft anwenden für massige unterirdische Constructionen, z. B. bei Gebäuden, Maschinen, Mauern, Quais, Brückenpfeilern u. s. w. — 62. (1889) Livre 4. p. 158. 43. p. 38.

Frostsicheren Cementmörtel erhielt Bernhofer durch Anwendung von Sodalösung bei der Bereitung des Mörtels. Es bleibt nur die Frage zu lösen, ob diese bei Frostwetter erhärteten Mörtel die erlangte Festigkeit auch für die Dauer beibehalten, und welches Maximum des Sodagehaltes nöthig ist für solche Kälte, bei welcher das Arbeiten mit Mörtel im Freien überhaupt noch möglich ist, da von der aufgewendeten Sodamenge der Preis des frostsicheren Mörtels abhängt. — Wochenschr. d. öst. Ing.- u. Arch.-V. 115. p. 47.

Verträgt Cementbeton dauernd Siedehitze? Diese Frage (vgl. Rep. 89 II. p. 10.) ist nach L. Erdmenger zu bejahen, wenn es sich um siedendes Wss. handelt. Guter Portlandcement mufs selbst bei Verwendung im reinen Zustande nach genügender Erhärtungszeit Kochen in Wss. widerstehen, erst höhere Dampfspannungen (10—40 atm.) sollen seine Festigkeit herabdrücken. Ganz unzweifelhaft ist aber seine Beständigkeit in der Form von Mischungen aus reinem Cement mit Sand. Solche Mischungen von 1 Cement: 3 Sand oder mit noch höherem Sandgehalt können schon nach relativ kurzer Erhärtungsdauer ohne Schaden siedendem Wss. ausgesetzt werden. Bei frühem Aussetzen nimmt die Festigkeit sogar dann fast rascher zu als bei Erhärtung in gewöhnlicher Temp. Ist die Erhärtung schon mehr oder weniger ganz vollendet, ehe der Mörtel oder Beton der Wassersiedehitze ausgesetzt wird, so wird bei Sandmischungen die Festigkeit vielleicht nicht weiter erhöht, sie darf bei gutem Portlandcement aber auch nicht herabgedrückt werden. Sobald erheblichere Mengen Magnesia im Cement sind, wird das Kochen auf die Dauer nicht ausgehalten, wie Verf. schon im Jahre 1881 nachwies. Der Mörtel weicht da, oft unter Quellen, allmählich auf, selbst nach sehr langem Erhärtungsalter. — 115, p. 62. 29, p. 67.

Zuckerzusatz zu Cement (s. a. Rep. 1888, H. I, p. 4). Nach Br... bringt eine Zuckerlösung Cement an der Luft weit rascher zum Abbinden als Wss.; die Zugfestigkeit ist vorzüglich, die hydraulische Eigenschaft geht aber zum grofsen Theile verloren, so dafs die Anwendbarkeit auf trockene Räume beschränkt ist. — 69. p. 596. 89. Rep. p. 164.

Untersuchungen über die Festigkeit von Beton wurden in Imuiden angestellt. Dieselben ergaben, dafs die Zugfestigkeit des Betons 7 bis 10 Mal geringer ist als seine Druckfestigkeit. Erstere nimmt im allgemeinen mit einem gröfseren Gehalte an Cement zu. Granit und jeder andere natürliche Stein gleicher Härte mit rauher Oberfläche ist zur Herstellung eines starken Betons am geeignetsten. Die verschiedenen Granitbetonblöcke ergaben eine gröfsere Festigkeit bei einer Mörtelmischung von $1\frac{1}{4}$ Th. Cement und $3\frac{3}{4}$ Th. Sand, wenn Steinstücke verschiedener Gröfse verwendet wurden. Dagegen zeigte sich beim Klinkerbeton eine Zunahme der Festigkeit mit der Abnahme der Gröfse der verwendeten Steinstücke und ebenso, dafs Steinstücke gleicher Gröfse vortheilhafter für die Festigkeit des Betons waren. Der Kieselsteinbeton gewinnt an Festigkeit durch Verwendung kleiner Steine, aber verschiedener Gröfse. Im Allgemeinen rechnete man auf

9 cbm Beton 18 cbm trocken gemessenes Material. Das Bruch war bei allen Blöcken porös, und kamen Oeffnungen von 2 bis 3 mm Durchmesser oft vor. Neben den Hauptversuchen wurde noch eine besondere Untersuchung mit 2 Betonblöcken und 6 gemauerten Blöcken aus Klinkern und Cementmörtel angestellt; letztere wurden 1 Stein breit und 4 Schichten hoch aufgemauert. Bei Verwendung der Mörtelmischung von 2 Th. Cement und 3 Th. Sand zerbrachen die Steine, während sich der Mörtel vom Steine nicht löste. Bei dem Mischungsverhältniſs von $1^1/_2$ bezw. $1^1/_4$ Th. Cement zu $3^1/_2$ bezw. $3^3/_4$ Th. Sand zeigte sich mehr Uebereinstimmung zwischen der Festigkeit des Mörtels, der Adhäsions- und Steinfestigkeit. Diese letzteren Versuche haben aber gezeigt, daſs zur Gewinnung eines höheren Eigengewichts oder einer gröſseren Festigkeit gemauerte Blöcke durchaus nicht zu empfehlen sind, sondern die Betonblöcke nach jeder Richtung hin vortheilhafter sind. — Wochenschr. d. österr. Ing.- u. Arch.-V. Nr. 14. Baugew.-Ztg. 115. p. 346.

Schachtofen für ununterbrochenen Betrieb. D. P. 50711 f. A. Schöfer in Lägersdorf bei Itzehoe. Der untere weite Theil D des Brennraumes schlieſst sich durch das Gewölbe m an den engeren Schacht S an. Das Brennmaterial wird durch Canäle i, welche von auſsen nach dem Schacht S durch das Gewölbe m hindurchgehen, in den Ofen eingebracht. Der zu brennende Kalk oder Cementstein wird durch Schacht S eingetragen. — 49. p. 293. 75. p. 329. — Die Produktion beträgt nach Mittheilungen von A. Foſs 45—55 Faſs in 24 Stdn.; der Kohlenverbrauch 20 kg pro Faſs Cement. — 115. p. 187.

Von einem neuen **Cementbrennofen,** der von Kawalewski und du Pasquier construirt wurde, berichtet Hotorp. Es ist dies ein überwölbter, in der Grundriſsform runder Schachtofen, eine Art Variante des Dietz'schen Ofens, der sich von den alten Schachtöfen besonders dadurch unterscheidet, daſs der Rost seine ganze Grundfläche einnimmt. Der Rost selbst ist auſserdem so eingerichtet, daſs man an jeder beliebigen Stelle Cementmasse abziehen kann. Ankleben kommt selten vor; tritt es ein, so beseitigt man es mittelst Stangen durch im Schmelzraum angebrachte Stoſslöcher. Das Brennmaterial wird oben durch die Mitte eingeführt und durch eine besondere Vorrichtung gleichmäſsig vertheilt. Der Ofen ist ferner mit einem verschieden zu gestaltenden Vorwärmer versehen und hat in der obersten Partie 2—6 Oeffnungen, durch die mit Schaufeln die aus dem Vorwärmer einzubringenden Steine im Ofen gleichmäſsig vertheilt werden. Die Leistung beträgt 200—250 Ctr. in 24 Stdn., der Brennmaterial-Verbrauch ohne Vorwärmung 18 %. — **115.** p. 185.

Sägespähnmörtel für äufsern Wandputz, zum Putz feuchter Wände, zum Putzen von Pisé-, Wetter- und Lehmwänden erhält man, wenn man 2 Th. trockene Sägespähne mit 1 Th. Cement und 3 Th. scharfem Sand trocken durcheinander mengt und dann 2 Th. Kalk zusetzt. — **115. Nr. 26. 43.** p. 275.

Um die Erhärtung des Putzes zu befördern und das Eindringen von Feuchtigkeit in Wände von Ziegelsteinen zu verhindern, hatte Kuhlmann den Putz mit löslicher Kieselsäure getüncht. Hierdurch zerreifsen aber die Wände oft, oder es wird lösliches Carbonat gebildet durch Einwirkung der Säure auf den Kalk. Statt dessen sind neuerdings zwei andere Verfahren in Gebrauch gekommen: 1) das Tünchen mit Kieselfluorwasserstoffsäure, welches schwerlösliche Doppelsalze bildet, aber theuer ist, und 2) das Tünchen mit Baryumhydrat. Der sich bildende kohlensaure Baryt ist unlöslich und härtet den Gyps. — Monit. de la Céramic et de Verrerie (1889) p. 267. **89.** Rep. p. 34. **49.** p. 183.

Haltbarkeit von Putz in Pferdeställen und schalldämpfende Wände. Bei der starken Entwicklung feuchter Dünste in Ställen, die sich besonders im Winter bemerkbar macht und in der Nähe der Thüren besonders weder durch Windfänge, noch Doppelthüren oder gut isolirte Decken vermieden werden kann, ist Gyps als Baustoff im Innern von Ställen durchaus verwerflich, wogegen von anderer Seite **(79. 49.** p. 135) geltend gemacht wird, dafs Rabitz-Decken durch Stallfeuchtigkeit nicht angegriffen werden, da der Gyps nur ein Bestandtheil des bezüglichen Mörtelmaterials ist und zwar in einem Mischungsverhältnifs, dafs die gröfsere Porosität und das hygroskopische Verhalten des schwefelsauren Kalkes nicht als ein Uebelstand auftritt, sondern in Verbindung mit der Stallwärme die Ueberführung des überwiegenden Gehalts an Kalkhydrat zu unlöslichem kohlensaurem Kalk nicht unwesentlich fördert. Dagegen würde eine gegen Wärmeverlust gut gesicherte Monier-Decke gegen Feuchtigkeit unbedingt widerstandsfähig sein. Auch zur Verkleidung angefressener Wände würde eine frei vorgelegte Monier-Wand die besten Dienste leisten. Schalldämpfend sind Monier-Wände ebenso wenig wie Rabitz-Wände, weil beide aus einer festen einheitlichen Masse bestehen, welche elastische Schwingungen ausführt. Unter wohlfeilen Wandconstructionen sind doppelte Gypsdielwände wohl die am meisten Schall dämpfenden. Solche Wände bestehen aus schwachem Holzfachwerk (10/10 cm Stielstärke, welcher beidseitig mit 5 cm starken Gypsdielen benagelt und dann geputzt ist. Der Preis der fertigen Wand ist etwa 8,00—8,50 Mk. Weniger schalldämpfend, aber vermöge der porösen nicht einheitlichen Masse in dieser Hinsicht immerhin den Rabitz-Wänden vorzuziehen, erscheinen einfache Gypsdielwände von 7 cm Stärke, bei denen die Dielen zwischen einzelnen schwachen Holzstielen befestigt und auf beiden Seiten geputzt werden. Der Preis solcher Wände stellt sich auf etwa 5,00—6,00 Mk. — **79.** (1889) p. 103. **49.** p. 120.

Zur Beurtheilung des Werthes von Dachschiefern (vgl. Rep. 89 I. p. 6) sind nach F. Reverdin und Ch. de la Harpe die Bestimmungen

der Härte, das spec. Gew., des Imbibitionsvermögens, des Gehaltes
an Calciumcarbonat und an Pyrit nicht geeignet; die Methode von
Fresenius ist nur in gewissen Fällen nutzbringend, wenn sie durch
andere Bestimmungen bestätigt wird. Wenn die hauptsächliche und
bestimmende Ursache der Verwitterung der Schiefer von einer chemischen Wirkung herrührte, so müßte man besondere Rücksicht auf die
Eisenoxydulsalze nehmen, da diese sich schneller oxydiren als der
Pyrit; letzterer wirkt nicht auf das Calciumcarbonat. Nun ist aber
die erste anfängliche Verwitterung einer physikalischen und nicht einer
chemischen Wirkung zuzuschreiben, wenigstens für den unbedeckten
Schiefertheil, dessen schnelleres oder langsameres Zerfallen besonderes
praktisches Interesse darbietet. Erst nach dieser anfänglichen Verwitterung, wenn der Stein seine Dichtigkeit verloren, porös und
dem Einflusse atmosphärischer Agentien zugänglich geworden ist, wird
die chemische Wirkung intensiver. Diese Veränderung ist leicht con-
statirbar durch den Klang, welchen ein Schlag auf einen alten und
neuen Schiefer hervorbringt. Der alte, wenn schon gelockert, klingt
dumpf, während der neue noch compakte, einen hellen Ton verbreitet.
Die Veränderung der Schiefer rührt von 3 Ursachen her: 1) Chemische Wirkung der atmosphärischen Agentien. Es ist die am wenigsten
wichtige. 2) Chemische Wirkung der aus dem Holze entstammenden
Gase. Sie wirkt auf den mit der Holzunterlage in Berührung kommenden Theil und greift schneller an als erstere. 3) Physikalische
Wirkung, von der ungleichen Wärmeleitungsfähigkeit herkommend.
Der chemische Einfluß kann sich nur auf der Oberfläche bemerkbar
machen und hat u. A. zur Folge, die Substanz in Pulver zu verwandeln. Die physikalische Wirkung verbreitet sich in der ganzen
Masse, lockert sie und vervielfacht dem zu Folge stark die von den
chemischen Agentien zerstörbaren Angriffsflächen. Um demnach
sichere Schlüsse über den reellen Werth der Schiefer ziehen zu können,
muß man nicht allein der chemischen Prüfung Rechnung tragen, sondern vor Allem bestimmen: 1) Die Porosität der neuen Schiefer, 2) die
Porosität der Schiefer, nach dem sie rasch aufeinander folgende Temperaturschwankungen erlitten haben. Ein guter Schiefer darf nicht
nur in neuem Zustande wenig porös sein, sondern muß auch nach
den erlittenen Temperaturänderungen an Porosität nicht viel zunehmen.
Der Schiefer wird jedenfalls untergeordneter Qualität sein, wenn er
schon anfangs eine starke Porosität besitzt, selbst dann, wenn sie nicht
bedeutend zunimmt nach den raschen Temperaturänderungen. In den
untersuchten Proben war die Porosität eines guten Schiefers in neuem
Zustande geringer als $0{,}1 \%$ und nach raschen Temperaturänderungen
geringer als $0{,}2 \%$. Verff. glauben, daß diese Bestimmungen vortheilhaft die unvollkommenen Versuche ersetzen, welche auf der Zerklüf-
tung durch die Kälte oder auf dem Einflusse der raschen Temperaturänderungen, so wie sie andererseits angewendet wird, beruhen.
Denn werden die Resultate dieser Versuche nur mit den Augen constatirt, so können sie nur wenig approximativ und nur in gewissen
speciellen Fällen von Interesse sein, z. B. bei der Untersuchung von
Proben sehr verschiedener Qualität. — 89. p. 64, 94, 126.

Die Färbung der Ziegelsteine wird nach Seger beeinflußt durch
die Menge des anwesenden Eisenoxyds im Thon, andere dasselbe be-

gleitende Stoffe (Kalkerde, Magnesia u. s. w.), Zusammensetzung der Feuergase, Grad der Versinterung und Brenntemperatur. — 115. Nr. 22. 43. p. 215.

Einwirkung des Gehaltes an Schwefel in den Kohlen auf die Ziegel. Die Thatsache, daß die in früheren Jahrhunderten fabricirten Steine viel widerstandsfähiger gegen die Einflüsse der Witterung sind, als die jetzigen Ziegel, findet ihre Erklärung in der Anwendung fossiler Brennstoffe gegenüber dem früher allgemein zum Brennen gebrauchten Holz. Das Holz ist frei von Schwefelsäure, Torf, Braunkohlen und Steinkohlen aber enthalten immer Schwefelverbindungen. Da nun die Ofenatmosphäre meist oxydirend wirkt, so entsteht bei der Verbrennung Schwefels., welche sich mit dem Kali, Natron, Kalk und der Magnesia des Thones zu schwefelsauren Salzen verbindet. Nach dem Trockenwerden des Mauerwerkes und nach dem jedesmaligen Austrocknen der Nässe im Frühling scheiden sich die Sulfate krystallinisch aus und wirken wie Eis mechanisch zerstörend auf das Mauerwerk ein. Desgleichen ist die Bildung der Schwefels. von Bedeutung für die Farbe des Ziegels und für die Haltbarkeit eines mit Glasur versehenen Verblenders. Ein an kohlensaurem Kalk reicher Thon kann nur in reducirender at des Torfes oder Kohle gelb gebrannt werden, während er bei Anwendung von Holz immer gelb wird. Ist der Kalkgehalt dem Eisengehalte gegenüber groß, so wird der Stein nicht gelbbraun oder roth, sondern fleischfarben, nur im reducirenden Feuer gelb. Wird endlich ein mit Kohlen oder Torf oxydirend gebrannter Stein, welcher Sulfate enthält, die nicht durch eine reducirende Flamme zersetzt worden sind, glasirt, so erfolgt ein baldiges Abfallen der Glasurschicht durch die Krystallisation im Innern, die vermöge der Feuchtigkeit, die stets in den Stein eindringt, bedingt wird. — 115. p. 59. 19. p. 287.

Das **Blaudämpfen der Falzziegel** geschah bislang nur mit Erlenholz in möglichst feuchtem Zustande. Neuerdings ist von W. Katz in Mannheim mit Erfolg ein „Blaudämpföl" benutzt und in den Handel gebracht worden, bei dessen Anwendung sich das Verfahren bei Erzeugung einer schönen gleichmäßigen Farbe erheblich billiger stellt. — 94. p. 23. 89. Rep. p. 34.

Herstellung zelligporöser Schlacke. D. P. 51342 f. G. T. C. Bryan in Birmingham, Alabama, V. St. A. Um aus Schlacke einen leichten und porösen Baustein zu gewinnen, werden Kohlensäure und Wasserstoff in die flüssige Schlacke eingeleitet oder eingepreßt. Die Schlacke soll hierdurch nicht nur sehr porös gemacht, sondern auch verbessert werden, indem Wasserstoff sich mit dem Schwefel und Kohlenf. sich mit dem Kalk der Schlacke verbinden soll. Aus derartiger poröser Schlacke kann dann ein Pflaster- oder Baumaterial in der Weise gewonnen werden, daß man zellig poröse Schlackenstücke mit Formstücken aus compacter Schlacke verbindet, oder indem man diese letzteren zusammengesetzten Stücke oder auch die zelligporösen Schlackenstücke für sich allein mit einer Decke aus Cement oder ähnlichem Material überzieht. — 49. p. 298. 75. p. 425.

Englische Quarz-Steine. Die Lowood Ganister Bricks von der Firma J. Grayson Lowood & Cie. in Deepcar bei Sheffield werden für Siemens-Martinöfen und Feuerungen mit hohen Temperaturgraden

benutzt. Die Zusammensetzung der Steine ist nach G. J. Snelus
Kieselsäure 95,40 %, Thonerde 3,10 % (Eisenoxyd), Kalk 1,68 %
(Magnesia). Der Kalk ist nur zur Bindung hinzugefügt. Diese Steine
sollen den Vorzug haben, dafs sie sich bei hohen Temp. nicht aus-
dehnen, so, dafs die grofse Vorsicht, die bei der Anwendung vieler
anderer Quarzsteine erforderlich ist, entbehrlich wird. — 43. 47. p. 247.

Die Chamottesteine zeichnen sich vor anderen feuerfesten Materialien, die einen wohl noch höheren Hitzegrad vertragen können, z. B.
vor Dinassteinen, aus durch grofse Widerstandsfähigkeit gegen mechanische Einwirkungen, Volumbeständigkeit und die Fähigkeit, grofsen
Temperaturwechsel zu ertragen. Die beiden ersteren Eigenschaften ertheilt man den Chamottesteinen durch einen möglichst harten Brand,
wenn möglich bei Porcellanbrandtemperatur; dieselben erfordern die
doppelte Menge Brennmaterial zum Brennen als gewöhnliche Mauer-
steine. Da die Dauer eines Mauerwerks von möglichst engen Mörtel-
fugen abhängt, so müssen die feuerfesten Steine gleichmäfsige Dimen-
sionen, namentlich gleiche Dicke, sowie gerade Flächen und Kanten
haben, was man durch Nachpressen der Steine im steifen Zustande
durch Handpressen erreicht. — 94, (1889) No. 50. 43. p. 89.

Künstlicher Stein. Am. P. 424853 f. L. Preufsaner, Philadelphia. Der Erfinder mischt gebrannte Magnesia in bestimmten Verhältnissen mit concentrirter Salzsäure und Borsäure, so dafs basisches
Magnesiumchlorid und Magnesiumborat entstehen, welches Gemisch dann
geformt wird. — 89. p. 512.

Künstliche Färbung von weifsem Marmor. Der zu färbende
Marmor mufs behauen, aber nicht polirt, vollkommen rein und besonders ohne Fettflecken sein. Der Stein wird horizontal gestellt,
damit man eine entsprechende Quantität Farbe auftragen und eindringen lassen kann. Die Farbe mufs in dem Moment des Aufgiefsens
auf die einzelnen Partieen so warm sein, dafs sie schäumt. Man
zeichnet Flecken oder Adern, je nach der Imitation, die man herzustellen wünscht. Die dem Zwecke am besten dienende blaue Farbe
erhält man durch in Alkohol gelösten Lackmus. In gleicher Weise
vorgerichtetes Gummigutt giebt das Gelb, und Grün erhält man, indem man zuerst blau und dann gelb färbt. Roth wird mit einer
Lösung von Lotwurz, Cochenille oder Drachenblut erzielt; ein schönes
Goldgelb giebt weifser Vitriol, Ammoniaksalz und Grünspan in gleichen
Mengen. Weifses Wachs dient als Vermittler für die undurchsichtigen
Farben; leicht mit Lotwurz gefärbt und heifs aufgetragen, ruft das
Wachs sehr helle Nüancen hervor, welche in gewissen Marmorarten
besonders geschätzt sind. Man wendet gefärbten Marmor zur Beklei-
dung der Wände an, ebenso zur Herstellung von Mosaikfufsböden in
Vestibuls. Da Cement oft die Farbe verändert, so nimmt man mit
Alaun präparirten Gyps als Bindemittel für die Mosaiken. Es genügt,
den Gyps mit einer gesättigten Alaunlösung zu vermengen, im Ofen
noch einmal zu brennen und dann zu pulverisiren. Zum Gebrauch
wird er, wie gewöhnlich, mit Was. angerührt. — 52. (Das Färben von
Marmor durch Tränken mit Farbstofflösungen ist nicht neu; die meisten
angegebenen Farbstoffe, zunächst alle organischen, sind dafür unbrauchbar, weil ihre Widerstandsfähigkeit gegen Licht gering ist. D. Red.)
49. p. 159.

Zum Reinigen von Marmor, der durch die Länge der Zeit unansehnlich geworden ist, mischt man zu ungelöschtem Kalk soviel von einer Seifenlösung, dafs das Gemenge die Consistenz eines dicken Rahms besitzt. Diese Mischung trägt man auf die Marmortafeln auf und läfst dieselbe 24—30 Stdn. auf derselben liegen. Nach Ablauf dieser Zeit entfernt man die aufgestrichene Schicht, wäscht den Marmor mit Seifenwasser ab und erhält denselben dann ebenso rein und schön wie neuen Marmor. — Cercl. Pharm. de la Marn. **36. 49.** p. **289.**

Verminderung der Feuersgefährlichkeit gläserner Dachziegel. Wenn sich im Innern der Ziegel gröfsere oder kleinere Luftblasen befinden, so werden Sonnenstrahlen auf einen Punkt concentrirt und die Ziegel beginnen nun als Brenngläser zu wirken, wie durch zahlreiche Fälle constatirt ist. Dieser Gefahr kann abgeholfen werden: am einfachsten wohl dadurch, dafs man von der Anwendung von Glasziegeln, die mit Blasen versehen sind, ganz absieht, oder aber, indem man Ziegel mit gerippten Längsflächen anwendet, welch' letztere die Sonnenstrahlen brechen, ebenso wie die concaven Flächen an den Breitseiten. Um aber auch bei Anwendung von gekrümmten oder mit Blasen durchsetzten Ziegeln vor Feuersgefahr geschützt zu sein, überziehe man die nach innen gekehrten Flächen, wie dieses für die Fensterscheiben in Pulvermühlen vorgeschrieben ist, mit weifser Farbe, wodurch dieselben das Aussehen von matt geschliffenem Glas erhalten. Zur Herstellung dieser Farbe reibt man Bleiweifs in einer Mischung von $^3/_4$ Firnifs und $^1/_4$ Terpentinöl und setzt der Mischung als Trockenmittel gebrannten weifsen Vitriol und Bleizucker zu. Die Farbe mufs äufserst dünn angemacht und auf die Glasflächen mit einem breiten Anstrichpinsel so gleichmäfsig als möglich aufgetragen werden. Wenn das Glas einer Erneuerung des Anstriches bedarf, so mufs der alte Anstrich zuvor durch Anwendung einer starken Lauge beseitigt oder ein Gemisch aus 2 g Salzsäure, 2 g Zinkvitriol, 1 g Kupfervitriol und 1 g Gummi arabicum mittelst eines Pinsels auf die alten Anstrichflächen getupft werden. Der Lichtdurchlafs wird durch diesen Anstrich nur mäfsig beeinträchtigt, was kaum in Betracht kommt, wenn man einen Vergleich mit Ziegeldächern und Schieferdächern zieht. — **82. 49.** p. **281.**

Blei-Isolirungen werden jetzt vielfach nach A. Siebel als Schutzmittel gegen Feuchtigkeit verwerthet, bei Mauern, Gewölben, Brücken, Terrain- und Kellersohlen und als Ersatz der Papierlagen bei den Holzcement-Dächern. Trotz der Bleieinlage sollen die Isolirungen nicht theurer als andere gute Isolirungen sein; dabei lassen sie sich biegen, schneiden, in drei Lagen auseinanderfalten, ineinanderschieben und kleben. Vermöge ihrer Dehnbarkeit folgen sie eventuellen Senkungen des Mauerwerkes ohne zu brechen und sind deshalb besonders angebracht bei Gewölben von Brücken, Tunnels etc., die bekanntlich trotz Cement- oder Asphalt-Schutzschichten fast niemals dicht sind, denn aufser dem natürlichen Setzen des Mauerwerkes verursacht jedes darüberfahrende Fuhrwerk Erschütterungen und diese wieder mehr oder weniger grofse Risse, durch welche beständig Wss. sickert; in noch erhöhtem Mafse bei Eisenbahnen. — Ill. Ztg. f. Bl. **16.** p. **72.**

Trocknung feuchter Wände. D. P. 50553 f. A. Röblen in Aachen. Halbrunde, an der Rückseite offene Röhren aus Metall oder gebranntem Thon werden an der feuchten Wand befestigt und mit einer Lage Drahtgewebe bedeckt, die ihrerseits mit einer Cementbekleidung versehen wird. Das aus der feuchten Wand austretende Wss. sammelt sich in den senkrechten Röhren, durch die es abläuft. — Hand.- u. Gew.-Ztg. p. 201. **49.** p. 183. **75.** p. 184.

Um lockeren Baugrund widerstandsfähiger zu machen, unterläfst F. Neukirch in den Fällen, in welchen der auszuhebende Boden aus verhältnifsmäfsig reinem Kies oder Sand besteht, das Ausheben der Baugrube und verwandelt den bereits lagernden Kies oder Sand durch Einblasen von Cement in einen festen Steinkörper. Will man die Form des Steinkörpers genau begrenzen, so sind die Grenzen durch Spundbohlen zu schaffen. Das Verfahren läfst sich auch bei Anmischen von Sandboden, der in der üblichen Weise verstürzt werden soll, anwenden. Der Cement wird in einen Trichter geschüttet, unter welchem sich ein Sieb zum Zurückhalten der gröberen Theile befindet, und dann wird das Cementpulver mittelst einer Strahlpumpe durch einen Schlauch in ein vertikal in den Boden eingeführtes und mit vielen Oeffnungen versehenes Rohr getrieben. Bei den Gründungsarbeiten der neuen Hafenanlagen in Bremen ist diese neue Art der Bodenbefestigung vorzugsweise in gröfserem Umfange und mit günstigem Erfolge zur Anwendung gekommen. — Centralbl. d. Bauverw. **49.** p. 231.

Beschädigung an Asphaltpflaster durch Ausströmung von Leuchtgas rührt daher, dafs die im Gase vorhandenen schweren Kohlenwasserstoffe, besonders Benzol, vom Asphalt aufgenommen werden und dessen Erdharz erweichen, so dafs die beigemischten Mineralsubstanzen ihren Zusammenhang verlieren. — **89. 49.** p. 175.

Gummistrafsenpflaster, bestehend aus 85 % gemahlenem Stein und 15 % Gummimasse, das von Busse erfunden wurde, liefert die Firma Schliemann und Co. in Hannover. Dasselbe soll gleichwerthig mit Stampfasphalt folgende Vorzüge haben: Keine Staubentwicklung, geräuschloser Verkehr, geringere Abnutzung. — **115.** No. 20. **43.** p. 215.

H. Seger; Wetterbeständigkeit altrömischer Ziegel und Mörtel. (Die Steine verdanken ihre grofse Dauerhaftigkeit der guten Herstellungsweise: Homogenität und gutem Garbrand; durch Einwirkung des Mörtels wurden sie mit einer Schicht von kohlensaurem Kalk bedeckt; die alten Mörtel verdanken ihre grofse Festigkeit zumeist der allmählichen Umwandlung des amorphen in den krystallinischen Kalk.) **94.** p. 259. **89.** Rep. p. 89.

Mit Theer imprägnirte Ziegel. (Durch 24stündiges Sieden in Stein- oder Braunkohlentheer hergestellt, sollen sehr hart, dauerhaft und vollkommen wasserdicht sein.) **82.** p. 229.

Pfeiffer; Windsieberei. (Modification des Mumford & Moodu'schen Windseparators empfohlen.) **123.** p. 436.

J. F. Rühne, Heilmann, Rother, Dorn, Schaaf, Block, Dannenberg, Hotorp, Burghardt; über Ziegelfabriken mit Sommer- und Winterbetrieb **115.** p. 341.

A. Schwenzer, D. P. **50565**; Handformapparat für S-förmige Ziegel.

H. Gräfe in Pohl-Peterwitz bei Schmolz, Schlesien, D. P. **51577**; Verfahren und Apparat zur Massenfabrikation von Dachsteinen. **75.** p. 425.

F. J. Stiel in Köln a. Rh., D. P. **50621**; wetterfeste Verblendsteine und Form zur Herstellung derselben. **94.** p. 123.

Prüfungen deutscher Cemente. **114.** Heft 1.

R. D**yckerhoff**; Wirkung der Magnesia im gebrannten Cement. (Wesentliche Resultate s. Rep. 89 II. p. 1.) **123.** p. 387.

A. **Foss**; neue Trockenvorrichtungen für Rohmaterialien in der Cementfabrikation. (Der Trockenthurm von F. L. Smidth & Co. in Kopenhagen wird beschrieben und empfohlen.) **115.** p. 171.

D. **Zisseler** in Wetzlar, D. P. 51745; Neuerung an Maschinen zur Herstellung von Cementröhren mit Gewebe-Einlage. **76.** p. 425.

Farbstoffe, Färben und Zeugdruck.

Fabrikation von Bleiweiss. Engl. P. 10426/1888 f. R. W. E. Mac Ivor, London. Man löst Bleioxyd oder eine andere geeignete Bleiverbindung in einer Lösung eines Alkaliacetates, hauptsächlich einer 30%igen Ammonacetatlösung, und leitet dann Kohlensäure ein. Hierbei wird Bleiweiss gefällt, während eine Lösung von Alkaliacetat hinterbleibt, die wieder benutzt wird. Der angewandte App. gestattet eine continuirliche Fabrikation. — **89.** p. 94.

Apparat zur Darstellung von Russ. D. P. 50605 f. O. Thalwitzer in Firma A. Biermann & Co. in Halle a. d. S. Das zur Russfabrikation dienende Material wird von einem Blasapparat *A* in einen gewölbten Raum geblasen, wird hier entzündet und gelangt dann durch einen langen Canal *D* hindurch nach einem Condensator

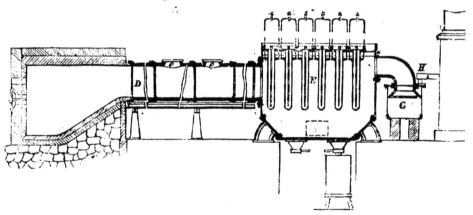

E, in welchem sich der Russ an hineinhängenden gekühlten Röhren absetzt, während die in den Verbrennungsproducten etwa noch vorhandenen Russtheilchen in einem mit *E* in Verbindung stehenden und mit Saugapparat *H* versehenen Nachcondensator *G* aufgefangen werden. — **75.** p. 204. **49.** p. 190.

Die Resultate einiger Vermillionanalysen veröffentlicht O. Herting. Marke „Oriental": 4,66 % BaSO₄, 1,66 % PbSO₄, 8,66 % Pb(OH)₂, 7,86 % Pb·CO₃, 77,68 % Pb₃O₄, Spuren von Fe₂O₃. Marke „Star Vermillion": 52,66 % Pb₃O₄, 21,48 % Pb(OH)₂, 22,08 % PbCO₃, 3,66 % Pb₃O₄, Spuren von Fe₂O₃ und Na₂O. Marke „Oriole": 62,43 % Pb₃O₄, 3,40 % PbSO₄, 27,68 % Pb·CO₃, 6,83 % Pb(OH)₂ = 37,62 % Bleiweiß, Spuren von Fe₂O₃. Diese Mischungen sind mit Tribromfluorescein aufgefärbt. Bemerkt sei übrigens, daß man unter „Vermillion" schlechtweg in Amerika keinen Zinnober, sondern ein Gemisch von Mennige und Tribromfluorescein versteht. — 46. p. 180. 38. p. 259.

Behandlung von Blauholz-Extracten. Am. P. 417499 f. W. W. Macfarlane, Philadelphia. Um das Färbevermögen der Extractivstoffe des Blauholzes zu erhöhen, wird die Lösung derselben mit gasförmigem Chlor oder einer Lösung von freiem Chlor behandelt. — 39. p. 89.

Kohlentheerderivate.

Darstellung von Dimethyl-α-amidonaphtol. D. P. 50142 (Zus.-Pat. zum D. P. 47816; vgl. Rep. 1889 II. p. 15) f. d. Gesellschaft für Chemische Industrie in Basel. Die durch Sulfurirung von Dimethyl-α-Naphtylamin mit schwach rauchender Schwefelsäure erhaltene Dimethyl-α-naphtylaminmonosulfosäure wird an Stelle der β-Naphtylamin-δ-monosulfosäure nach dem Verfahren des Pat. 47816 mit Aetzalkalien verschmolzen. Das erhaltene Dimethyl-α-amidonaphtol krystallisirt aus Schwefelkohlenstoff oder einem Gemenge desselben mit Ligroin in sechsseitigen Täfelchen vom Schmelzpunkt 112⁰. — 75. p. 58. 113. Bd. 13. p. 54.

Darstellung von αβ-Dioxynaphtalin-β-Monosulfosäure. D. P. 50505 f. O. N. Witt in Westend-Charlottenburg. Amido-β-naphtol-β-monosulfosäure wird mit Salpetersäure, Chlor oder Brom, Bleisuperoxyd und Schwefelsäure zu β-Naphtochinonsulfosäure oxydirt und die letztere mittelst wässeriger schwefliger Säure reducirt. — 75. p. 166. 113. Bd. 13. p. 93.

Darstellung von Benzenyl-o-amidothiophenol. D. P. 51172 f. d. Farbenfabriken vorm. Friedr. Bayer & Co in Elberfeld. 1 Mol. trockenes Benzylidenanilin wird mit 2 oder mehr Atomen Schwefel bis zum Beginn der Schwefelwasserstoffentwicklung über freiem Feuer erhitzt und nach beendeter Reaction das erhaltene Product der Destillation unterworfen, wobei das Benzenyl-o-amidothiophenol als schnell erstarrendes Oel übergeht. Durch Umkrystallisiren aus Alkohol oder durch Auflösen in starker Schwefelsäure und Wiederausfällen mit Wasser erhält man die Verbindung rein in Nadeln vom Schmelzpunkt 112 bis 113⁰. — 75. p. 292. 113. Bd. 13. p. 125.

Darstellung eines wasserlöslichen grünen Farbstoffes aus dem Farbkörper des D. P. 48802. D. P. 49966 (Zus.-Pat. zum D. P. 48802; vgl. Rep. 1889 II. p. 19) f. C. Bennert in Hebburn-on-Tyne, England. Um den schwefelhaltigen grünen Farbkörper des Hauptpatentes in eine zum Färben und Drucken geeignete Form zu bringen, wird derselbe sulfurirt. Die erhaltenen Sulfosäuren färben Wolle im sauren Bade olivgrün. — 75. p. 21. 113. Bd. 13. p. 33. 49. p. 206.

Darstellung von Farbstoffen durch Condensation von Methylben-zylanilinsulfosäure oder Aethylbenzylanilinsulfosäure mit aromatischen Aldehyden und Oxydation der so erhaltenen Leukosulfosäuren. D. P. 50 782 f. Actiengesellschaft für Anilinfabrikation in Berlin. Die Sulfosäuren des Methyl- bezw. Aethylbenzylanilins lassen sich mit grofser Leichtigkeit und ohne besondere Condensationsmittel mit aromatischen Aldehyden zu Leukosulfosäuren condensiren, welche durch Oxydation in Farbstoffe übergehen. Benzaldehyd liefert hierbei grüne (Säuregrün) und Dimethyl-p-amidobenzaldehyd violette (Säureviolett) Farbstoffe. — 49. p. 183. 75. p. 252. 113. Bd. 13. p. 11.

Darstellung gelber Farbstoffe (Thioflavine) aus Dehydrothiotoluidin und Dehydrothioxylidin. D. P. 51788 f. L. Cassella & Co. in Frankfurt a. Main. Diejenigen geschwefelten Condensationsproducte des p-Toluidins und m-Xylidins, welche farbschwach und an sich werthlos sind, werden durch Einführung von Alkylgruppen in werthvolle grünstichig gelbe Farbkörper (Thioflavine; vgl. Rep. 1889 I. p. 28) übergeführt. Es kommen zur Verwendung: das Dehydrothiotoluidin, Schmelzpunkt 191° und die analoge Verbindung aus m-Xylidin, sowie die Gemenge von Basen, welche bei der Einwirkung einer gröfseren Menge von Schwefel, als zur Bildung jener erforderlich ist, entstehen. Die Alkylirung erfolgt in der Weise, dafs die Salze dieser Basen mit den entsprechenden Alkoholen, oder die Basen selbst mit den Alkyl-halogenen auf Temp. über 70° erhitzt werden. Es entstehen dabei aus den niedrig geschwefelten Basen wasserlösliche, aus denjenigen mit höherem Schwefelgehalt unlösliche gelbe Farbstoffe, welche bei Anwendung von gemischten Ausgangsmaterialien durch Auskochen mit Wss. oder verdünnten Säuren von einander getrennt werden. Die im Wss. unlöslichen Producte werden in Sulfosäuren übergeführt; die Natronsalze dieser sind löslich und färben ungebeizte Baumwolle intensiv grüngelb. — 75. p. 412. 49. p. 294. 113. Bd. 13. p. 206.

Synthese des Dioxydiphenylamins und eines braunrothen Farb-stoffs. Erhitzt man nach Seyewitz ein Gemisch von Resorcin mit dem vierfachen Gewichte Ammoniumcalciumchlorid in geschlossenen Röhren etwa 6 Stdn. auf 190—220°, so entsteht gelbbraunes Dioxydi-phenylamin. Erhitzt man das Gemisch aus Resorcin und Ammonium-calciumchlorid etwa 8 Stdn. lang auf 300°, so entsteht ein braunrother stickstoffhaltiger Farbstoff von den Eigenschaften der Amine. Er läfst sich leicht diazotiren und reagirt dann auf Phenole unter Bildung eines anderen Farbstoffs. Auf mit Tannin und Brechweinstein mor-dancirter Baumwolle giebt er ein echtes Cachoubraun. Mit Kalium-bichromat gebeizte Wolle wird durch den Farbstoff in ziemlich schönen walkechten Nüancen gefärbt. — 9. t. 109. p. 946. 89. Rep. p. 17.

Darstellung zweier Diamidobenzenylamidophenylmercaptane. D. P. 50486 f. K. Oehler in Offenbach a. M. Läfst man auf 1 Mol. Benze-nylamidophenylmercaptan in Schwefelsäure-Lösung 2 Mol. Salpetersäure einwirken, so entsteht ein Gemenge von zwei isomeren Dinitroverbin-dungen, welche durch die bekannten Reductionsmittel in Diamido-producte übergeführt werden; das Oxalat der einen Base wird von heifser, wässeriger Oxalsäure-Lösung nur spurenweise aufgenommen, während dasjenige der anderen dadurch leicht und vollständig gelöst wird. Die Base aus dem schwerlöslichen Oxalat krystallisirt aus Alkohol in glänzenden Nadeln vom Schmelzpunkt 255—256⁰, während die andere ebenfalls aus Alkohol in Nadeln krystallisirende bei 208⁰ schmilzt. Beide Basen liefern Disazoverbindungen, welche bei der Combination mit Aminen und Phenolen und dergl. im alkalischen Bade färbende Baumwollfarbstoffe liefern. — **75. 113. Bd. 13. p. 93.**

Darstellung von schwarzen Farbstoffen durch Einwirkung der Nitrosoderivate tertiärer aromatischer Amine auf Oxydiphenylamine. D. P. 50612 f. A. Leonhardt & Co. in Mülheim, Hessen. Dimethyl- bezw. Diaethylanilin werden in die Nitrosoverbindung übergeführt, ab-filtrirt und abgepreſst. Den Preſskuchen giebt man zu einer alkoholischen oder essigsauren Lösung von m-Oxydiphenylamin, m-Oxyphenyl-p-tolylamin, m-Oxyphenylxylylamin oder Aethoxy-m-Oxydiphenylamin und erhitzt zum Sieden. Die alsbald eintretende Reaction geht ohne weitere Wärmezufuhr zu Ende. Nach Neutralisation des nebenher entstandenen Amidodimethylanilins durch Salzsäure wird der gebildete Farbstoff mit Chlorzink und Kochsalz ausgefällt. Die bei den verschiedenen Combinationen entstehenden Farbstoffe sind in Wss. leicht lösliche schwarze Pulver, welche tannirte Baumwolle echt schwarz färben; ihre Nüancen differiren nur sehr unbedeutend. — **75. p. 182. 49. p. 190. 113. Bd. 18. p. 110.**

Darstellung von Bismarckbraunsulfosäuren. D. P. 51662 f. K. Oehler in Offenbach a. M. Als Bismarckbraunsulfosäuren werden diejenigen bisher noch nicht bekannten Azofarbstoffe bezeichnet, welche bei der Einwirkung von diazotirten Sulfosäuren aromatischer Metadiamine auf 2 Moleküle eines Diamins entstehen. Es kommen folgende Toluylendiamin-Sulfosäuren zur Verwendung: 1) $CH_3 : NH_2 : NH_2 : SO_3H = 1 : 2 : 4 : 5$, 2) $CH_3 : NH_2 : NH_2 : SO_3H = 1 : 2 : 6 : 4$, 3) $CH_3 : NH_2 : NH_2 : SO_3H = 1 : 2 : 4 : 6$. Dieselben werden in bekannter Weise diazotirt und mit m-Phenylendiamin- bezw. Toluylendiaminsulfat combinirt. Die entstehenden Farbstoffsäuren sind im Wss. unlöslich, sie werden in die löslichen Natronsalze verwandelt, welche ungebeizte Baumwolle im alkalischen Bade braun färben. — **75. p. 390. 49. p. 271. 113. Bd. 13. p. 206.**

Darstellung wasserlöslicher blauer Farbstoffe aus m-Diamidoazoxybenzol. D. P. 50820 f. L. Cassella & Co. in Frankfurt a. M. Das durch alkalische Reduction von m-Nitranilin nach D. P. 44045 (vgl. Rep. 1888 II. p. 23) erhältliche Diamidoazoxybenzol wird in das Chlorhydrat verwandelt, dieses mit p-Phenylendiamin gemengt und langsam bis 160⁰ erwärmt und ca. 3 Stdn. geschmolzen. Die zerkleinerte Schmelze kann unmittelbar als Farbstoff in den Handel gebracht werden, oder man löst dieselbe in verdünnter Salzsäure und fällt den Farbstoff mit Kochsalz aus. Derselbe färbt tannirte Baumwolle echt dunkelblau. Ein analoger Farbstoff entsteht bei Anwendung von p-Toluylendiamin. — **75. p. 232. 113. Bd. 13. p. 167.**

Darstellung einer Sulfo-α-oxynaphtoësäure und von Azofarbstoffen mittelst derselben. D. P. 51715 f. Dahl & Co. in Barmen. I. Die Sulfurirung der Schmitt'schen α-Oxynaphtoësäure (D. P. 31240; vgl. Rep. 1885 I. p. 230) erfolgt durch Eintragen derselben in 66grädige, monohydratische oder schwach rauchende Schwefelsäure und Erwärmen auf eine 80⁰ nicht übersteigende Temp. bis zur Löslichkeit einer Probe in kaltem Wss. Durch Eingiefsen in mit Eis versetztes Wss., Abfiltriren von der Schwefelf. und Darstellung des Kalksalzes wird die Säure gereinigt. II. Diese Sulfo-α-oxynaphtoësäure liefert mit α_1-α_2-Diazonaphtalinmonosulfosäure einen dem Azorubin ähnlichen Farbstoff. Der Disazofarbstoff aus Dianisidin und 2 Mol. der genannten Säure färbt ungebeizte Baumwolle in schwach alkalischem Bade blau. Der gemischte Disazofarbstoff aus 1 Mol. Dianisidin, 1 Mol. α_1-α_2-Naphtolmonosulfosäure und 1 Mol. der neuen Säure färbt ungebeizte Baumwolle im kochenden Seifenbade blau. — **75.** p. 412. **113.** Bd. 13. p. 125.

Darstellung von Disazofarbstoffen durch paarweise Combination von Amidoazoverbindungen. D. P. 50852 (Zus.-P. zum D. P. 46737; vgl. Rep. 1889 I. p. 22) f. **Badische Anilin- und Sodafabrik in Ludwigshafen a. Rh.** Acetyl-p-phenylendiamin wird nach dem Diazotiren mit Naphtionsäure combinirt und aus der so entstandenen Verbindung durch Kochen mit Natronlauge die Acetylgruppe abgespalten. Die beim Erkalten auskrystallisirende p-Amidobenzol-azonaphtionsäure wird nun nach dem Verfahren des Hauptpatentes mit Phosgen zu einem Azoderivat des symmetrischen Diphenylharnstoffes combinirt. Der erhaltene Farbstoff färbt ungebeizte Baumwolle im kochenden Seifenbade fleischfarben bis orangebraun. — **75.** p. 233. **113.** Bd. 13. p. 110.

Darstellung echter Disazofarbstoffe für Druck und Färberei. D. P. 51504 f. **Farbenfabriken vorm. Friedr. Bayer & Co. in Elberfeld.** Die Diazoverbindungen aus o- und p-Amidosalicylsäure und o-Amido-m-Kresolcarbonsäure werden mit α-Naphtylamin combinirt und die so entstehenden Amidoazoverbindungen nach erneutem Diazotiren mit Aminen, Phenolen bezw. Sulfo- oder Carbonsäuren von solchen vereinigt. Die so erhaltenen Farbstoffe unterscheiden sich von den bisher bekannten Azofarbstoffen wesentlich dadurch, dafs sie für den Druck wie für Färbereizwecke gleich gut geeignet sind, was bei jenen nicht der Fall war. Wegen des festen und beständigen Chromlackes, welchen dieselben bilden, sind sie sehr werthvoll für den Druck mit Chromsalzen und zum Färben von mit Chrom gebeizter Wolle. — **75.** p. 355. **49.** p. 270.

Darstellung von wasserlöslichen Diazoamidoverbindungen. D. P. 51576 f. **Farbenfabriken vorm. Friedr. Bayer & Co. iu Elberfeld.** Läfst man auf 1 Molekül der Diamidoverbindungen der Diphenylreihe 1 Molekül salpetrige Säure in neutraler oder am besten in essigsaurer Lösung einwirken, so erhält man Diazoverbindungen, welche noch eine Amidogruppe intact enthalten. So entsteht aus Benzidinchlorhydrat durch Einwirkung von 1 Mol. Nitrit ein rostbrauner Niederschlag, welcher als ein inneres Diazoamidodiphenyl zu betrachten ist. Bei Einwirkung überschüssiger Salzsäure wird eine hellbraune Flüss. erhalten, welche beim Kochen Stickstoff entwickelt und beim Neutralisiren Amidooxydiphenyl abscheidet; dieselbe verbindet sich mit Basen und Phenolen zu Azokörpern. Analoge Verbindungen werden aus Tolidin, Diamidostilben, Diphenetol und Dianisol erhalten. — **75.** p. 373. **113.** Bd. 13. p. 394.

Darstellung direct färbender Azofarbstoffe aus Diamidodiphenylenoxyd. D. P. 51570 f. **Farbenfabriken vorm. Friedr. Bayer & Co. in Elberfeld.** Aus dem Diamidodiphenylenoxyd, dessen Darstellung aus o-Benzidindisulfosäure durch D. P. 48709 (vgl. Rep. 1889 II. p. 14) geschützt ist, werden in bekannter Weise einfache und gemischte Disazofarbstoffe gewonnen, indem man die Disazoverbindung jener Base einwirken läfst entweder auf 2 Moleküle eines der folgenden Amine, Phenole, Sulfo- oder Carbonsäuren oder Sulfocarbonf.: Anilin, m-Sulfanilsäure, α-Naphtylamin, β-Naphtylamin, α-Naphtylaminmonosulfosäure (Neville-Winter und Clève), β-Naphtylaminmonosulfosäure (Schaeffer und F-Säure), α-Naphtylamindisulfosäure (Dahl), β-Naphtylamindisulfof. R., Phenol, Resorcin, Salicylsäure, α- und β-Naphtol, α-Naphtolmonosulfosäure (α_1 - α_2), β-Naphtolmonosulfof. (Schaeffer), α-Naphtoldisulfosäure (D. P. 45776; vgl. Rep. 1888 II. p. 18), β-Naphtoldisulfof. R., α-Naphtolcarbonsäure, α-Naphtolsulfocarbonf., $\alpha_1 = \alpha_1$-Dioxynaphtalin, α_1-β_1-Dioxynaphtalin, $\alpha_1 = \alpha_1$-Dioxynaphtalinsulfosäure, α_1-β_1-Dioxynaphtalinsulfof.; oder auf 1 Mol. α-Naphtylaminmonosulfosäure (Neville-Winter), Salicylsäure, α-Naphtolmonosulfof. (α_1-α_2) zur Darstellung eines sogenannten Zwischenproductes und dann auf irgend ein anderes Molekül eines der folgenden Amine, Phenole oder Sulfosäuren: m-Toluylendiaminsulfof., Diphenylaminsulfof., α-Naphtylaminmonosulfof. (Neville-Winter und Clève), β-Naphtylaminmonosulfof. (F-Säure), α-Naphtylamindisulfof. (Dahl), β-Naphtylamindisulfof. R., Phenol, Resorcin, α-Naphtoldisulfof. (D. P. 45776), $\alpha_1 = \alpha_1$-Dioxynaphtalin, α_1-β_1-Dioxynaphtalin, $\alpha_1 = \alpha_1$-Dioxynaphtalinsulfof., α_1-β_1-Dioxynaphtalinsulfof. — 75. p. 373. 113. Bd. 13. p. 394.

Darstellung direct färbender Azofarbstoffe aus der Benzidinsulfondisulfosäure. D. P. 51497 (Zus.-Pat. zum D. P. 27954; vgl. Rep. 1884 I. p. 21) f. Farbenfabriken vorm. Friedr. Bayer & Co. in Elberfeld. Ersetzt man in dem Verfahren des Hauptpatentes das Phenyl- bezw. Dimethyl-β-Naphtylamin durch Monomethyl-, -äthyl-, -benzyl-β-naphtylamin, o- bezw. p-Tolyl-β-naphtylamin oder Xylyl-β-naphtylamin, so erhält man blaue Farbstoffe, welche Baumwolle direct färben und auf Wolle beim Kochen mit Glaubersalz ein walkechtes Blau liefern. — 75. p. 355. 49. p. 262.

Darstellung der Disulfo- bezw. Dicarbonsäuren der Diamidoazobenzidine und Diamidoazotolylene. D. P. 49363 f. Leipziger Anilinfabrik Beyer & Kegel in Lindenau-Leipzig. Unter Diamidoazobenzidinen sind Verbindungen der Formel I., unter Diamidoazotolylenen solche der Formel II. zu verstehen.

$$\text{I.} \quad \begin{matrix} C_6H_4 {}^{-}N{}^{-}N{}^{-}C_6H_4{}^{-}NH_2 \\ | \\ C_6H_4{}^{-}N{=}N{}^{-}C_6H_4{}^{-}NH_2 \end{matrix}$$

$$\text{II.} \quad \begin{matrix} C_6H_3(CH_3){}^{-}N{=}N{}^{-}C_6H_3(CH_3)NH_2 \\ | \\ C_6H_3(CH_3){}^{-}N{=}N{}^{-}C_6H_3(CH_3)NH_2. \end{matrix}$$

Die Sulfo- bezw. Carbonsäuren dieser Körper bilden sich nicht in wässeriger Lösung, vielmehr ist es nothwendig, um ein technisch befriedigendes Resultat zu erhalten, die Kuppelung von Tetrazodiphenyl bezw. Tetrazoditolyl mit m- und p-Sulfanilsäure, o-, m- und p-Amidobenzoësäure, o- und p-Toluidin-m-sulfosäure und der technischen

2*

Xylidinmonosulfosäure in alkoholischer Lösung vorzunehmen. — **75.**
p. 126. **113.** Bd. 13. p. 109.

Darstellung schwarzfärbender Azofarbstoffe. D. P. 50907 (II. Zus.-
Pat. zum D. P. 39029; vgl. Rep. 1887 I. p. 22, und I. Zus.-Pat. 40977;
vgl. Rep. 1887 II. p. 35) f. L. Cassella & Co. in Frankfurt a. M.
In dem Verfahren der D. P. 39029 und 40977 zur Darstellung schwarz
färbender Wollfarbstoffe von dem allgemeinen Typus:

$$R'\ \overline{}N\overline{\overline{}}N\overline{}\ C_{10}H_6\ \overline{}N\overline{\overline{}}N\overline{}\ R''$$
$$(\alpha_1)\qquad\qquad (\alpha_2)$$

lassen sich die bisher an Stelle von R'' verwendeten Componenten ersetzen durch: β-Naphtylamin-δ-disulfosäure, α-Naphtylaminsulfosäuren
(D. P. 40571 und 45776; vgl. Rep. 1887 II. p. 34 und 1888 II. p. 18),
während für R'' die β-Naphtol-δ-disulfosäure, α-Naphtoldisulfos. (D. P.
40571 und 45776), Naphtoldisulfos. (D. P. 33281), $\beta_1\beta_4$-Dioxynaphtalin
und α- und β-Naphtylamin angewendet werden. — **75.** p. 252. **113.**
Bd. 13. p. 94.

**Darstellung gelber bis orangerother und brauner, die Baumwolle
direct färbender Azofarbstoffe.** D. P. 50 983 f. Farbenfabriken
vorm. Friedr. Bayer & Co. in Elberfeld. Durch Ersatz der Disazoverbindungen von Benzidin, Tolidin, Diamidodixylyl in dem Verfahren
der D. P. 31658, 32958, 44797 und 44906 (vgl. Rep. 1885 II. p. 22;
1888 II. p. 32) durch diejenige des Diamidophenyltolyls, welche letztere
Base von der Firma Geigy in Basel durch Condensation von Nitrobenzol und o-Toluidin mit Natronlauge, Reduction des zunächst gebildeten Azoxykörpers und Umlagerung der entstandenen Hydrazoverbindung erhalten worden ist, werden gelbe bis orangerothe und braune
direct färbende Disazofarbstoffe erhalten, welche sich infolge des geringen Unterschiedes in der chemischen Constitution von den nach
obigen D. P. zu erhaltenden Farbstoffen nur wenig unterscheiden. —
75. p. 292.

**Darstellung von gelb- bis rothbraunen und violett färbenden
direct ziehenden Azofarbstoffen.** D. P. 51 361 f. Farbenfabriken
vorm. Friedr. Bayer & Co. in Elberfeld. In den Verfahren der
D. P. 44954, 46804, 47066, 47067, 49138 und 49950 (vgl. Rep. 1888 II.
p. 31; 1889 I. p. 19, 20; 1889 II. p. 20, 21) wird, an Stelle der dort
verwendeten Tetrazoverbindungen von Benzidin, -sulfon, Tolidin, -sulfon,
Diamidodiphenoläther, Diamidostilben, p-Phenylendiamin und deren
Sulfosäuren, diejenige des Diamidophenyltolyls (vgl. D. P. 50983 vorstehend) mit den in den obigen Patentschriften aufgeführten Componenten combinirt. — **75.** p. 292. **113.** Bd. 13. p. 167.

**Darstellung von wasserlöslichen Azofarbstoffen aus Dehydrothio-
toluidinsulfosäure und Primulin.** D. P. 51 331 f. Clayton Aniline
Comp., Limited in Clayton bei Manchester. Die Azofarbstoffe aus
diazotirtem Primulin (Gemenge der Sulfosäuren des Dehydrothiotoluidins und der sogen. Primulinbase) mit β-Naphtol sowie die Salze derselben mit fixen Alkalien und alkalischen Erden sind in Wss. schwer
löslich und deshalb für Färbereizwecke nicht geeignet. Dem Ammoniaksalz des Azofarbstoffes aus dem Gemisch wie aus den einzelnen Thio-
basen kommen jedoch werthvolle Eigenschaften zu; dasselbe ist in
Wss. leicht löslich und eignet sich ganz besonders zum Druck, da

beim Dämpfen Ammoniak abgespalten wird und der Farbstoff sich auf der Faser fixirt. Die Darstellung geschieht in der Weise, daß die Farbstoffsäure (aus diazotirtem Primulin bezw. Sulfosäure des Dehydrothiotoluidins + β-Naphtol) in Form einer 10%igen Paste mit Ammoniakflüssigkeit verrieben wird, bis eine Probe sich klar im Was. löst; oder man verwendet bei der Combination der Diazoverbindung mit Naphtol eine ammoniakalische Lösung des letzteren. — **76.** p. 316. **113.** Bd. 13. p. 110.

Darstellung von Disazofarbstoffen aus Diamidodibenzylbenzidin und Diamidodibenzyltolidin. D. P. 50783 f. Dahl & Co. in Barmen. Das aus p-Nitrobenzylchlorid und Benzidin bezw. Tolidin darstellbare Dinitrodibenzylbenzidin bezw. -Tolidin läßt sich durch Reduction in die entsprechende Diamidoverbindung überführen. Beide Diamidokörper lassen sich leicht in Disazoverbindungen überführen und liefern bei der Combination mit Naphtionsäure blaurothe, mit β-Naphtylamin-β-sulfosäure orange- bezw. gelbrothe und mit einem Gemenge dieser beiden Säuren scharlachrothe Farbstoffe. — **75.** p. 373. **49.** p. 271.

Farbstoffe aus Azoverbindungen mit natürlichen vegetabilischen Farbstoffen. Engl. P. 14836/1888 f. W. G. Thompson, Manchester, und W. H. Claus, Middleton. Betrifft die Darstellung von gelben, orangen, rothen, violetten und blauen Farbstoffen durch Reaction von Diazo- und Tetrazoverbindungen mit den activen Stoffen des Catechu, Blauholzes, Quercitronrinde und des Gelbholzes. Diese Farbstoffe zerfallen in drei Gruppen. Zur ersten gehören diejenigen, welche durch Einwirkung von Diazobenzol und seinen Homologen, Amidoazobenzol, α- und β-Naphtylamin den Sulfosäuren dieser Verbindungen, und Phenylendiamin auf Catechu, Blauholz oder Quercitronrinde, entstehen. Zur zweiten Gruppe gehören solche Farbstoffe, welche durch Zusammenwirken der Tetrazoverbindungen des Benzidins und seiner Homologen, sowie der Sulfosäuren hiervon, mit Catechu, Quercitronrinde, Blauholz und Gelbholz gebildet werden. Die Farbstoffe der dritten Gruppe bilden sich durch Reaction der Zwischenproducte, welche aus 1 Mol. eines Tetrazokörpers und 1 Mol. des wirksamen Stoffes eines Farbholzes entstehen, mit einem Phenol, Naphtol oder Amin, oder den entsprechenden Sulfosäuren, oder Salicylsäure. In der vorläufigen Specification wird noch eine vierte Gruppe genannt, bei welcher die bekannten Farbstoffe aus Tetrazoverbindungen wieder diazotirt und dann mit dem wirksamen Princip des Farbholzes verbunden werden. — **89.** p. 545.

Darstellung von Alizarinblaumonosulfosäure aus der Anthrachinon-β-disulfosäure. D. P. 50708 (Zus.-Pat. zum D. P. 50164; vgl. Rep. 1889 II. p. 80) f. Farbenfabriken vorm. Friedr. Bayer & Co. in Elberfeld. In gleicher Weise, wie sich nach D. P. 50164 (vgl. Rep. 1889 II. p. 30) das bei Verschmelzung von Anthrachinon-β-disulfosäure zu Flavopurpurin entstehende Zwischenproduct durch Nitriren, Reduciren der erhaltenen Nitroverbindung und Benutzung der resultirenden Amidosulfosäure nach der Skraup'schen Reaction in Alizarinblaumonosulfosäure überführen läßt, wird hier mit dem gleichen Effect die Anthrachinon-β-disulfosäure verwendet. — **75.** p. 188. **49.** p. 199.

Darstellung grüner und blaugrüner Farbstoffe aus der Malachitgrünreihe. D. P. 50286 (Zus.-Pat. zum D. P. 46384; vgl. Rep. 1889 I, p. 28) f. Farbwerke vorm. Meister, Lucius & Brüning in Höchst a. M. Es werden noch andere m-Oxytetralkyldiamidotriphenylmethane, und, zwar unsymmetrisch substituirte, nach den im Haupt-Patent angegebenen Verfahren hergestellt, in Sulfosäuren verwandelt und diese zu Säurefarbstoffen oxydirt, nämlich: m-Oxytrimethylbenzyl-Diamidotriphenylmethan, m-Oxytriäthylbenzyl-D., m-Oxydimethyläthylbenzyl-D., m-Oxydiäthylmethylbenzyl-D., m-Oxyäthylmethyldibenzyl-D. (symmetrisch), m-Oxymethyläthylmethylbenzyl-D., m-Oxymethyläthyläthylbenzyl D., m-Oxydimethyldibenzyl-D. (unsymmetrisch), m-Oxydiäthyldibenzyl-D. (unsymmetrisch), m-Oxyäthylmethyldibenzyl-D. — 75. p. 112. — D. P. 50293 (Zus.-Pat. zum D. P. 48523; vgl. Rep. 1889 II. p. 26). Während die blaugrünen Farbstoffe des Haupt-Patentes als die Sulfosäuren von m-Amidotetralkyldiamidotriphenylcarbinolen anzusehen sind, stellen die neuen Farbstoffe, welche eine grünere Nüance als jene zeigen, die in der m-Amidogruppe mono- bezw. dialkylirten analogen Producte dar. Zu ihrer Darstellung werden die m-Amidotetralkyldiamidotriphenylmethane mit Alkylhalogeniden behandelt und die so erhaltenen Substitutionsproducte nach dem Verfahren des Haupt-Pat. weiter verarbeitet. — 75. p. 112. 49. p. 206. — D. P. 50440 (II. Zus.-Pat. zum D. P. 48523 vom 13. October 1888; vgl. Rep. 1889 II. p. 26; und I. Zus.-Pat. zum D. P. 50293). Die Reihe der im Hauptpatente beschriebenen echten Säurefarbstoffe ist erweitert worden durch Anwendung der dort beschriebenen Verfahren auf bis jetzt noch nicht zur Verwendung gelangte benzyl-alkylirte m-Amidoleukobasen der Malachitgrünreihe. Das physikalische und chemische Verhalten der entstehenden Leukosulfosäuren und Farbstoffe entspricht vollständig den im Hauptpatent von diesen Körperklassen gemachten Angaben. — 75. p. 113. 49. p. 215.

Sulfoniren von Rosanilin. Am. P. 421049 f. Edw. D. Kendall, Broocklyn, N.-Y. Trockenes Natrium- oder Kaliumbisulfat werden mit Rosanilin in trockenem Zustande erhitzt, bis der gewünschte Grad des Sulfonirens erreicht ist. — (Das Verfahren ist weder neu noch ausführbar. D. Red.) 89. p. 308.

Darstellung von Bernsteinsäure-Rhodaminen. D. P. 51983 f. Farbenfabriken vorm. Friedr. Bayer & Co. in Elberfeld. 1 Mol. Bernsteinsäure bezw. deren Anhydrid wird mit 2 Mol. Dimethyl- bezw. Diäthyl-m-amidophenol unter Zusatz eines Condensationsmittels 3 Stdn. lang auf 170° erhitzt. Die entstehende Schmelze wird in heißer Salzsäure gelöst; aus dieser Lösung scheidet sich bei Anwendung der Dimethylverbindung das salzsaure Salz des Bernsteinsäurerhodamins in braunen Nadeln aus. Der Farbstoff aus der Diäthylverbindung wird aus seiner Lösung durch Kochsalz nur als Oel abgeschieden. Die Farbstoffe färben in rhodaminähnlichen Tönen. Im Gegensatz zum Rhodamin sind sie zum Färben von animalischer Faser ungeeignet, wohingegen sie alle vegetabilischen Fasern stark bläulichroth bis violettroth anfärben. — 75. p. 471. 49. p. 287.

Darstellung Beizen färbender Oxyketonfarbstoffe. D. P. 50450 (I. Zus.-P. zum D. P. 49149; vgl. Rep. 1889 II. p. 29) f. Badische Anilin- und Sodafabrik in Ludwigshafen a. Rh. Nach der im

Hauptpatent angegebenen Methode sind noch folgende Oxyketonfarbstoffe erhalten worden: Trioxyphenyltolylketon aus Pyrogallol und α-Toluylsäure und Tetraoxyphenylnaphtylketon aus α-Naphtol und Gallussäure. — D. P. 50451 (II. Zus.-P. zum D. P. 49149; vgl. Rep. 1889 II. p. 29, und I. Zus.-P. zum D. P. 50450 vorstehend). Statt der im Verfahren des Hauptpatentes angewendeten freien Carbonsäuren, werden hier deren Chloride oder Anhydride zu gleichen Molekülen mit Pyrogallol unter Anwendung von Condensationsmitteln durch Erhitzen zu Oxyketonfarbstoffen condensirt. — 75. p. 1.

Darstellung blauschwarzer indulinartiger Farbstoffe aus Safraninen. D. P. 50467 f. Farbenfabriken vorm. Friedr. Bayer & Co. in Elberfeld. Die im Handel unter den Namen Pheno- und Tolusafranine bekannten rothen Farbstoffe werden durch Verschmelzen mit p-Phenylendiamin bei 150—200⁰ in blauschwarze indulinartige Farbstoffe übergeführt, welche sowohl tannirte, wie auch ungebeizte Baumwolle intensiv anfärben. — 75. 49. p. 223.

Isolirung eines Farbstoffes der Indulinreihe. D. P. 50534 f. Farbwerke vorm Meister, Lucius & Brüning in Höchst a. M. Verwendet man zur Indulinschmelze 2 Th. Amidoazobenzol, 2,4 Th. salzf. Anilin und 5,7 Th. Anilin, so verläuft der Schmelzprocefs sehr rasch, und es entsteht hauptsächlich ein Indulin $C_{24}H_{18}N_4$ von technisch werthvollen Eigenschaften. Dieses Indulin ist in verdünnten organischen Säuren löslich. Hierauf beruht ein Verfahren zur Trennung von den anderen Producten der Indulinschmelze. Aus der letzteren werden mit Alkali die freien Basen abgeschieden und das Gemenge derselben wird mit verdünnter Essigsäure unter Druck ausgekocht und heifs filtrirt. Das Filtrat enthält alsdann das Acetat des genannten Indulins, welches durch Concentriren der Lösung in Form violetter, matt schimmernder Blättchen gewonnen wird. — 49. p. 254. 75. p. 166.

Darstellung von wasserlöslichen indulinartigen Farbstoffen. D. P. 50819 f. Farbwerke vorm. Meister, Lucius & Brüning in Höchst a. M. Das in der Indulinschmelze bei Temp. unter 130⁰ entstehende rothviolette, in Wss. schwer lösliche Indulin B von der Zusammensetzung $C_{24}H_{18}N_4$ wird durch Erhitzen mit p- oder m-Phenylendiamin bezw. m- oder p-Toluylendiamin auf 150—190⁰ in indulinartige Farbstoffe (Indulin G) übergeführt, welche leicht löslich in kaltem Wss. sind. — 75. p. 252. 49. p. 183.

Darstellung rother, basischer Farbstoffe, genannt Rosinduline. D. P. 50822 f. Kalle & Co. in Biebrich a. Rh. Das Rosindulin $C_{28}H_{19}N_3$ (60.. Bd. 21. p. 2621) wird auch erhalten, wenn man an Stelle der Nitrosoderivate der monoalkylirten α-Naphtylamin diejenigen der dialkylirten, z. B. Nitrosodimethyl- oder -diäthyl-α-naphtylamin anwendet. Ersetzt man bei der Darstellung dieser Farbstoffe das Anilin durch p-Toluidin, so wird ein Rosindulin $C_{31}H_{26}N_3$ gewonnen, das bei 260⁰ schmilzt und etwas blaustichiger ist als das niedere Homologe. — 75. p. 232. 49. p. 190.

Darstellung von basischen Farbstoffen aus der Gruppe des m-Amidophenol-Benzeïns (Rosindamine). D. P. 51348 f. Farbwerke vorm. Meister, Lucius & Brüning in Höchst a. M. Läfst man Resorcin-Benzeïnchlorid, welches durch Einwirkung von Phosphor-

pentachlorid auf Resorcin-Benzeïn erhalten wird, auf Dimethyl- bezw.
Diäthylamin oder deren Salze unter Zusatz von Ammoniumacetat bei
120—160° einwirken, so erhält man eine grüne metallisch glänzende
Schmelze, aus welcher durch Auflösen in Salzsäure und Ausfällen
mittelst Chlorzinks und Kochsalz die Farbstoffe in grünglänzenden
Krystallnadeln gewonnen werden. Das so gebildete Tetramethyl- (bezw.
-äthyl)-m-amidophenol-Benzeïn löst sich in Wss. und Alkohol mit
rother Farbe und gelber Fluorescenz und färbt Wolle und Seide im
schwach sauren Bade. — **49.** p. 246. **75.** p. 337.

**Darstellung eines blauen Farbstoffes aus salzsaurem Nitrosodi-
methylanilin und dem krystallisirten Condensationsproduct aus Tannin
und Anilin.** D. P. 50998 f. d. Gesellschaft für chemische Industrie in Basel, Schweiz. Wird an Stelle des im D. P. 19580 (vgl.
Rep. 1882 II. p. 21) genannten Tannins das durch Erhitzen von Tannin mit Anilin entstehende krystallisirte Condensationsproduct in alkoholischer oder essigsaurer Lösung mit salzsaurem Nitrosodimethylanilin
erwärmt, das braune Reactionsgemisch filtrirt und der Rückstand mit
Sprit gewaschen, so hinterbleibt ein olivengrünes Krystallpulver, welches in Wss. und Alkalien völlig unlöslich ist. Durch Sulfuriren läfst
sich dieser Farbstoff in eine Sulfosäure überführen, deren Ammoniaksalz in Wss. mit reinblauer Farbe löslich ist. Bessere Resultate als
die Sulfurirung, um den Farbstoff wasserlöslich zu machen, liefert die
Behandlung mit Natriumbisulfit. — **75.** p. 253.

Darstellung eines Orcinfarbstoffes (vgl. Rep. 89 I. p. 17). Am. P.
410057 f. R. Greville-Williams, Albany. 1 Mol. eines alkalisirten
Orcins oder 1 Mol. einer Sulfosäure eines alkalisirten Orcins wird mit
dem Zwischenproducte verbunden, welches durch Vereinigung von
1 Mol. Tetrazodiphenyl oder 1 Mol. einer anderen Tetrazoverbindung
mit 1 Mol. einer der gegenwärtig bekannten Naphtylaminsulfosäuren
entsteht. — **89.** (1889) p. 1222.

Darstellung schwefelhaltiger Farbstoffe aus Phtaleïnen. D. P. 52139
f. Société Gilliard, P. Monnet & Cartier in Paris. Wird Dichlorfluoresceïn mit einer Lösung von Schwefelnatrium auf 110° erhitzt, so
geht das Fluoresceïn in ein Thioderivat über, welches — mit Ausnahme seiner viel rotheren Nüance beim Ausfärben — ungefähr dieselben Eigenschaften zeigt, wie das Dichlorfluoresceïn selbst. Durch
Behandlung mit Brom bezw. Jod und Alkohol wird dasselbe in Tetra-
halogenderivate übergeführt, welche bläulich-rothe Farbstoffe darstellen.
— Durch Erwärmen mit Alkohol und Methylchlorid wird ein Aether
erhalten, welcher Seide, Wolle und Baumwolle in viel reineren Tönen
als das Tetrabromderivat anfärbt. — **49.** p. 302.

Anwendung der Anilinfarben zur Darstellung von Farb-Lacken.
Nach Ge. H. Hurst kommen 3 Factoren bei der Erzeugung in Betracht:
1) der Farbstoff; 2) eine Substanz, die der Farbe Deckkraft verleiht,
und 3) das Fällungsmittel des Farbstoffes. Als Farbstoffe können die
basischen und sauren Anilinfarben verwendet werden, während die
adjectiven Farbstoffe (Alizarin etc.) bisher noch einige Schwierigkeiten
ergeben. Als deckende Substanzen können angewendet werden: Baryt,
China Clay, Gyps und Zinkoxyd, die jede für sich gewisse Vor- und
Nachtheile bieten, wogegen nach Versuchen des Verf.'s ein Gemisch
von Baryt, Gyps und China Clay für Anilinfarben sehr gut entspräche.

Als Fällungsmittel dienen Tannin, Pikrinsäure, essigsaures Blei, Baryum-chlorid und schwefelsaure Thonerde. Farben, die mit Tannin gefällt werden, sind: Fuchsin, Anilinblau, Brillantgrün, Methylgrün, Neugrün, Nilblau, Rhodamine, Safranine, Phosphin, Chrysoïdin, Bismarckbraun, Methylviolett, Chinolingelb und Auramine. Vortheilhaft ist es, neben Tannin noch Brechweinstein anzuwenden; die Nüancen werden hier-durch tiefer, und die Lacke sind weniger löslich, als wenn mit Tannin allein gefällt wird. Farben, die mit Pikrinsäure gefällt werden, sind: Auramin, Nachtblau, Methylenblau und Brillantgrün. Farben, die mit essigsaurem Blei gefällt werden, sind: Scharlach B B, Orange G, Orange IV, Echtscharlach, Scharlach 3 R, Gelb N, Croceïnorange, Echt-roth T, Alkaliblau, Citronin, Scharlach G und R, Ponceau 2 R, Echt-violett, Orseillebraun B, Echtroth, Azogelb, Doppelt-Brillantscharlach 2 R, Indischgelb, Croceïn 3 B, Chinolingelb, Krystallscharlach 6 R, Phosphine, Scharlach O O, Scharlach G T, Bordeaux S und Eosine. Farben, die mit schwefelsaurer Thonerde gefällt werden, sind: Schar-lach B B, Orange II, Orange IV, Echtscharlach 3 R, Croceïnorange, Alkaliblau, Victoriablau B, Citronin O, Scharlach G, Echtviolett, Or-seillebraun B, Azogelb, Indischgelb und Scharlach G T. Farben, die mit Baryumchlorid gefällt werden, sind: Scharlach B B, Ponceau, Orange G, Orange IV, Echtscharlach 3 R, Gelb N, Croceïn Orange, Croceïn, Echtroth T, Alkaliblau, Victoriablau B, Citronin O und A, Scharlach G, Ponceau 2 R, Resorcingelb, Echtviolett, Orseillebraun B, Echtroth A, Doppelt-Brillantscharlach, Chinolingelb, Naphtolgelb S, Phosphine, Scharlach 2 R, GT, 2 RJ und 3 R. Die mit Tannin oder Pikrinf. gefällten Farben können nur als Wasserfarben benutzt werden, da sie als Oelfarben des schweren Trocknens halber nicht zu ver-wenden sind; dagegen können die mit essigsaurem Blei, schwefel-saurer Thonerde und Baryumchlorid bereiteten sowohl als Oel-, wie auch als Wasserfarben verwendet werden. Die Bereitung der Anilin-farbenlacke ist verhältnifsmäfsig eine sehr einfache. Die Decksub-stanzen werden mit Wss. gemischt und sehr gut verrührt, nun fügt man den vorher in Wss. gelösten Farbstoff hinzu, erhitzt auf 80 bis 100° C. und giebt das Fällungsmittel zu. Darauf wird gut gerührt und absetzen gelassen. Nach einiger Zeit wird, wie üblich, decantirt, mit lauwarmem Wss. nachgewaschen, wieder decantirt u. s. w. Zum Schlusse wird die Farbe auf der Filterpresse abgeprefst. Die Drucke-reien verwenden die Lacke feucht, während sie zum Anstreichen erst getrocknet werden müssen, wobei darauf zu achten ist, dafs dies bei recht niedriger Temp. geschehe. Die Verhältnisse der einzelnen Sub-stanzen sind aus nachstehenden Beispielen zu ersehen: Fuchsin-Lack: 100 Th. Baryt oder eine andere Decksubstanz, 1 Th. Magenta, 1½ Th. Brechweinstein, 1½ Th. Tannin. Grün-Lack: 100 Th. Baryt oder eine andere Decksubstanz, 1 Th. Brillantgrün, ½ Th. Auramin, 1½ Th. Brechweinstein, 3 Th. Tannin. Der Brechweinstein wird, mit der Farbstofflösung gemischt, der Decksubstanz zugegeben, dann folgt erst die Tanninlösung. Grün-Lack: 100 Th. Decksubstanz, 1 Th. Krystall-grün, 1 Th. Pikrinf. Scharlach-Lack: 100 Th. Decksubstanz, 3 Th. Echtscharlach, 10 Th. essigsaures Blei. Gelb-Lack: 100 Th. Deck-substanz, 3 Th. Indischgelb, 5 Th. Baryumchlorid. Natürlich können die Lacke durch Anwendung der verschiedenen Farbstoffe und Mischungen derselben unendlich variirt werden. Wird als Decksubstanz Blanc fixe angewendet, so kann dasselbe direct mit dem Lacke dargestellt werden, wodurch man ein besseres Pigment erhält. Beispielsweise löst man 10 Th. Scharlach und 62 Th. Glaubersalz in Wss., erhitzt auf 40—50° C. und giebt eine Lösung von 70 Th. Baryumchlorid zu. Diese Art der Darstellung wird meistens ausgeübt, wenn auch Aluminiumhydrat als Decksubstanz in Betracht kommt, wodurch man sehr tiefe, brillante Lacke erhält; so verführt man für Scharlachlack: 110 Th. schwefelsaure Thonerde werden in 450 l Wss. gelöst und gemischt mit einer Lösung von 25 Th. Ponceau 2 R. Diese Mischung wird auf 60° C. erhitzt und eine Lösung von 100 Th. Baryumchlorid zugegeben. Das Ganze wird auf Kochtemperatur gebracht, gut gerührt und, wenn auf 60° C. abgekühlt, 6 Th. Soda krystall. unter fortwährendem Rühren zugegeben. Ein Ueberschufs von Soda ist streng zu vermeiden, da die Nüance leidet. Andere wichtige Lacke, die auch in der Praxis bereits gut eingeführt sind, sind Vermillionettes und Royalroth. Dieselben werden bereitet:

	Vermillionette.			Royalroth.	
	I.	II.	III.	I.	II.
Baryt	100 Th.	100 Th.	100 Th.	— Th.	— Th.
Eosine . . .	2 „	6 „	8 „	4 „	8 „
Chromorange .	30 „	30 „	— „	100 „	100 „
Essigsaures Blei	6 „	16 „	20 „	10 „	20 „

Bezüglich der mit den adjectiven Farbstoffen zu bereitenden Lacke machte Verf. vorläufig nur mit dem Alizarin eingehendere Versuche und erhielt das beste Resultat mit nachfolgendem Verfahren: Man nimmt 100 Th. Baryt und mischt mit 500 Th. Wss., darauf fügt man 10 Th. Oleïne und 10 Th. Alizarin zu und kocht während 1 Stde., läfst 24 Stdn. unter zeitweiligem Rühren stehen und giebt dann zu: 20 Th. essigsaure Thonerde 12° Tw. und 2 Th. essigsauren. Kalk. Man rührt nun gut um, läfst 2 Tage stehen und kocht dann vorsichtig 2 Stdn. unter Rühren. Zum Schlufs werden, während die Masse noch kocht, 5 Th. Soda krystall. zugegeben. — 120. p. 32. 89. Rep. p. 113.

Färberei und Zeugdruck.

Substantivfarben auf baumwollenen Waaren exponirte O. Müller im November 14 Tage dem Lichte. Es blieben unverändert: Benzoazurin 8 GG (mit Kupfervitriol kochend behandelt), Chrysamin G und R, Brillantgelb, Chrysophenin, Hessischgelb, Curcumin S, Mikadoorange G, R, RR, Brahmaorange, Diamingelb N. Wenig veränderten sich: Congocorinth G, B, Benzoazurin 3 G, G (mit Kupfervitriol kochend behandelt und mit Seife gewaschen), Azoviolett, Congobraun G, Benzobraun G, B, NB, Benzoschwarzblau, Mikadobraun G, B, Salmroth, Diaminroth NO, N, Diaminblau 3 R, Echtrosa B, G. Zerstört wurden: Congo (in allen seinen Marken), Brillantcongo, Hessischpurpur NG, B, NB, Benzopurpurin B, 4 B, 6 B, Deltapurpurin 5 B, G, Benzoazurin 3 G, G, Azoblau, Rosazurin B, G, Heliotrop, Hessischviolett, Benzopurpurin 10 B, Thiazolgelb, Sulfonazurin, Diaminblau B, Rouge St. Denis, Brahmaroth, Violettschwarz. — Oesterr. Woll- u. Leinen-Ind. p. 288. 89. Rep. p. 97.

Mordants der Wollfärberei. W. M. Gardner bespricht die bisherigen Mordants und untersuchte die Wirkung folgender Metalle als Beizen auf Wolle. Schwefelsaures Mangan liefert mit Anthrapurpurin Rothviolett, das weniger bläulich als das mit Eisenmordant und bläulicher als das mit Chrommordant erhaltene ist. Das Beizen erfolgt mit 4—6 % schwefelsaurem Mangan ohne Zugabe von Weinstein oder Oxalsäure. Die Zugabe von Kreide zum Färbebade zeigt keinen günstigen Einfluſs. Es wird am besten nach der Zweibad-Methode gearbeitet. Alizarin SS giebt das gleiche Resultat wie Anthrapurpurin. Nitroalizarin giebt ein bräunliches Violett, dem mit Chrom und Kupfer erhältlichen ähnlich. Alizarinblau giebt eine blaue Nüance, die jedoch heller als die entsprechende mit Chrom erzielte ist. Alizarinschwarz giebt einen röthlicheren Ton als mit den anderen Mordants. Gallocyanin färbt auf Mangan beinahe die gleiche Nüance wie auf Aluminium, nämlich röthlich-violett. Galleïn giebt bläulich-violett, dem mit Chrom erhältlichen ähnlich. Coeruleïn zeigt ein etwas graueres Grün als mit den anderen Mordants. Resorcingrün giebt eine grau-braune Nüance. Anthracenbraun giebt mit Mangan eine bläulich-braune Nüance, derjenigen ähnlich, die man auf mit Chrom und Weinstein gebeizter Wolle erhält. — Schwefelsaures Nickel und schwefelsaures Kobalt. Man beizt mit 6—10 %, oder wenn nach der Einbad-Methode gearbeitet wird, mit 4—8 %. Eine Zugabe von Weinstein oder Oxalsäure wirkt ungünstig. Anthrapurpurin zeigt auf Kobalt blauere Töne als auf Mangan und auf Nickel noch blauere, aber immerhin weniger blau-violette als auf Eisen erhältlich. Nitroalizarin giebt die gleiche Nüance wie auf Mangan. Alizarinschwarz: Die mit Nickel und Kobalt erhaltene Nüance nähert sich sehr dem wirklichen Schwarz, in hellen Färbungen grau. Alizarinblau, Gallocyanin und Coeruleïn geben gleiche Nüancen wie auf Mangan. Galleïn giebt eine etwas röthere Nüance als mit Aluminium, und mit Resorcingrün giebt Nickel ein röthliches Braun und Kobalt ein gelbliches Braun. — Schwefelsaures Uran: Man beizt mit 4—6 % unter Zugabe von etwas Weinstein oder Oxalſ. und färbt mit 2—5 % Anthrapurpurin (20 % Paste); die erhaltenen Nüancen sind sehr gefällige bläuliche Graue, die auch nach der Einbad-Methode unter Zugabe von 4—6 % Uraniumsulfat oder 6—8 % Uraniumoxalat dargestellt werden. Das Wss. muſs beim Färben möglichst rein sein, da anwesende Kalksalze die Schönheit der Nüance beeinträchtigen. Nitroalizarin erzeugt violett-grau, Alizarinschwarz violett-braun; aber beide nicht besonders schön. Alizarinblau giebt stark bläuliches Grau, Gallocyanin eine ähnliche Nüance wie Alizarinblau auf Chrom. Galleïn giebt ein tiefes Rothviolett, und Coeruleïn mit Uran eine gelbere Nüance, als sonst mit den anderen Beizen erhältlich. Verf., der auch die natürlichen Farbstoffe in den Kreis seiner Untersuchung gezogen hat, kommt zu der Schluſsfolgerung, daſs von den mit den neuen Mordants erzielten Färbungen besonders die mit Uran erzeugten Graue Anwendung verdienen. Von der Gruppe Mangan, Nickel, Kobalt giebt das letztere die besseren Resultate. Im Allgemeinen bieten die Färbungen in Nüancen nichts Besonderes, es wäre denn, daſs einige gute Eigenschaften der Färbungen sonst ihre Anwendung empfehlenswerth machten; beispielsweise ist die auf Kobalt mit Nitroalizarin erhaltene Färbung auſserordentlich echt. — **120.** p. 37. **89.** Rep. p. 120.

Die Eigenschaften neuerer Farbstoffe untersuchte E. Knecht und
lich in nachstehender Form wiedergegeben ist:

	Der Farbstoff kommt in den Handel	Löst sich in Wasser	Die Lösung wird durch verdünnte Schwefelsäure
Roxamine . . . . . Ist ein Azofarbstoff.	als ziegelrothes Pulver.	leicht mit scharlachrother Farbe.	bleibt unverändert.
Cyclamine . . . . . Ist ein schwefelhaltiger Eosinfarbstoff, dessen Constitution vielleicht: $C < \genfrac{}{}{0pt}{}{\genfrac{}{}{0pt}{}{C_8HJ_2OK}{>S}}{\genfrac{}{}{0pt}{}{C_8HJ_2OK}{C_8SCl_2-CO-O}}$	als Pulver.	mit fuchsinrother Farbe, ohne Fluorescenz.	Die freie Farbsäure fällt aus.
Tuchbraun . . . . . Röthlich.	als braunes Pulver.	mit orangerother Farbe.	Die freie Farbf. fällt aus.
Tuchbraun . . . . . Gelblich.	als schwarzes Pulver.	mit dunkelbrauner Farbe.	Die freie Farbf. fällt aus.
Tuchorange	als chocoladefarbiges Pulver.	mit oranger Farbe.	Die freie Farbf. fällt aus.
Gallaminblau . . .	als dunkelgrüne Paste.	in kochendem Wss. schwer löslich mit blauer Farbe.	mit rother Farbe löslich.
Diamingelb	als dunkelorange Paste.	mit oranger Farbe.	giebt braunen Niederschlag.
Diaminroth N . . .	als rothbraunes Pulver.	mit orangebrauner Farbe.	violettschwarzer Niederschlag.
Diaminblau B . . .	als braunschwarzes Pulver.	mit violetter Farbe.	giebt einen blauen Niederschlag.
Sulfonazurin	als indigoblaues Pulver.	schwer löslich.	wird röthlich-blau und durch Kochen geht sie in Rothviolett über.
Chromviolett	als chocoladefarbiges Pulver.	mit dunkelrother Farbe.	Freie Farbf. fällt aus.

theilt das Resultat in einer längeren Abhandlung mit, die übersicht-

Die Lösung wird durch Ammoniak	Der Farbstoff färbt sich in concentrirter Schwefelsäure	Durch Zinnsalz wird die Farblösung	Bemerkungen.
blauer.	violett.	—	Wird mit Weinsteinpräparat gefärbt und giebt eine volle Scharlachnuance.
ohne Einwirkung.	orange.	—	Zinkstaub und Ammoniak entfärben die Lösung und an der Luft oxydirt sie sich wieder zu rosafarbig mit grüner Fluorescenz. Cyclamin färbt Wolle und Seide in neutralem Bade sehr hübsch bläulich roth.
ohne Einwirkung.	rothviolett.	entfärbt.	Kann in schwach angesäuertem Bade gefärbt werden, aber es wird empfohlen, mit 3 % chromsaurem Kali und 1 % Schwefelsäure anzusieden und unter Zugabe von etwas Essigsäure auszufärben.
ohne Einwirkung.	dunkelrothviolett.	entfärbt.	Doppeltchromsaures Kali giebt einen hellbraunen Niederschlag.
ohne Einwirkung.	rothviolett.	entfärbt.	Doppeltchromsaures Kali giebt einen orangen Niederschlag.
violett.	roth.	—	Mit Chrom und Weinstein gebeizte Wolle giebt ein dem Gallocyanin entsprechendes Blau. Auf Baumwolle wird es wie Gallocyanin fixirt.
ohne Einwirkung.	rothviolett.	—	In alkalischem Bade gefärbt, giebt es ein dem Chrysamin ähnliches Gelb.
ohne Einwirkung.	blau.	—	
Nüance geht in Carmoisin über.	blau.	—	
kalt ohne Einwirkung, durch Kochen wird die Nüance röther.	carmoisinfarbig.	—	Auf Baumwolle im alkalischen Bade gefärbt, giebt es grünstichiges Blau. Auf Wolle Indigonüancen.
wird hellbraun.	braun.	—	Wird für Druck auf Baumwolle angewendet.

V e r h a l t e n

	Mit verdünnter Schwefelsäure gekocht	
Roxamine	ohne Einwirkung.	die Farbe wird abgezogen.
Cyclamine	wird hellrosa, durch Behandeln mit Ammoniak kehrt die Farbe wieder.	—
Tuchbraun . . . . Röthlich.	die Nüance wird heller.	die Farbe wird abgezogen.
Tuchbraun . . . . Gelblich.	wenig verändert.	bleibt unverändert.
Tuchorange	wenig verändert.	
Gallaminblau . . . Auf Wolle gefärbt.	der Farbstoff wird mit violetter Nüance ganz abgezogen.	wird zum gröfsten Theil abgezogen.
Diamingelb	die Nüance wird dunkler.	wird in's Orange übergeführt.
Diaminroth N . . .	wird dunkelviolett.	die durch Säure violett gewordene Nüance wird wieder roth.
Diaminblau B . . .	bleibt unverändert.	durch Ammoniak wird etw Farbe abgezogen, die Far der Flüss. ist hellroth, di Faser violett.
Sulfonazurin	durch Kochen wird die Nüance röther.	die mit Säure röther gewordene Nüance wird wi gewesen.

— **120.** (1889) p. 170. **89.** Rep. p. 36.

Chromiren der Wolle; v. E. Knecht. Die ökonomische Verwendung des Chroms geschieht, indem man nicht, wie üblich, das Bad abläfst, sondern dem ersten Bade diejenige Menge Schwefelsäure hinzufügt, welche das durch die Chromirung gebildete Chromat in das saure Salz überführt, sowie diejenige Menge Chrom, welche von der ersten Partie Wolle aufgenommen ist. Es reichert sich nämlich Chromat (bis zum Äequivalent von 3,237 g Bichromat pro l) an, während die Bichromatmenge constant bleibt. Durch das angegebene Verfahren wäre der Verlust beim Ablassen um mehr als 50 % reducirt. Will man alkalisches Chrombad verwenden, so fängt man erst später mit dem Zusatze von Schwefelf. an. Eine quantitative Untersuchung der Bäder ist nicht nothwendig, vielmehr verwendet man, nachdem

auf der Faser.

lette Farbe.	orangen Fleck mit blauem Rand.	Die Färbung auf Wolle ist gut lichtecht, aber nicht seifenecht.
rangerothe Farbe.	hellorangen Fleck.	Die Färbung ist gegen Seife ziemlich widerstandsfähig, aber, gleich den anderen Eosinen, wenig lichtecht.
tte	braunen Fleck mit schwarzem Rand.	Sind Benzidinfarbstoffe für Wolle. Auf Baumwolle geben Tuchbraun, röthlich und gelblich, weniger gute Nüancen. Tuchorange dagegen giebt, in alkalischem Bade gefärbt, ein sehr gutes Orange.
tte	braunen Fleck mit violettem Rand.	Auf Wolle waren die erhaltenen Nüancen zuerst unegal, aber durch schwaches Seifen wurden sie gleichmäfsig und besitzen eine volle Uebersicht. Muster, vom 1.—28. Februar dem Lichte ausgesetzt, haben kaum bemerkbar gelitten.
		ung ist gegen Seife wenig wider- gen gegen Licht sehr gut.
bviolett.	violetten Fleck, in der Mitte heller.	Ist gut lichtecht.
blau.	hellere Färbung mit schmutzigem Rand.	Auf Baumwolle nicht besonders lichtecht.
blau.	fleischfarbigen Fleck.	Auf Baumwolle nicht besonders lichtecht.
violett.	fleischfarbigen Fleck.	Auf Baumwolle nicht besonders lichtecht.

die Bedingungen für die Wollsorten festgestellt sind, anfangs nur Chrom und dann eine Lösung von Chrom mit der experimentell bestimmten Schwefelsäuremenge. Was die Theorie des Chromirens anlangt, so wird nicht das Bichromat unverändert absorbirt, vielmehr wird durch die Wolle das Bichromat in Chromat und Chromsäure gespalten. Das Chromat bleibt in Lösung, während die Chromf. sich mit einem Bestandtheile der Faser zu einem unlöslichen oder schwer löslichen Chromat verbindet. Um einfach „grüngebeizte" Wolle zu erhalten, beizt man mit Bichromat (eventl. mit Schwefelf.) und zieht die Wolle durch eine Lösung von Natriumbisulfat. Das Verfahren ist besonders für Blauholz, Alizarinblau, Coeruleïn, Galleïn der Anwendung von Weinstein vorzuziehen, weniger für Gelbholz, Alizarinorange, Ali-

zarinroth. — **34.** p. 69. **23.** p. 15. — Nach **Scurati-Manzoni**
wird beim Chromiren das Bichromat durch den in der Wolle enthaltenen Schwefel unter Bildung von Kaliumsulfat reducirt. Wird daher
auf Wolle durch Behandeln mit Natriumhyposulfit und Salzsäure fein
vertheilter Schwefel niedergeschlagen, so wirkt dieser schon beim
kurzen Kochen kräftig auf das Bichromat ein und das Chromhydrat
schlägt sich auf die Wolle nieder. Es wird nun vorgeschlagen, 100 k
Wolle mit 2.5 k Kaliumbichromat und 8 k trithionsaurem Kalium in
50 hl Wss. 1 Stde. zu kochen. — **110.** p. 29. **123.** p. 282.

Türkischrothöl und saure Seife. Nach Versuchen P. Lochtin's
entstehen geringe Mengen schwefliger Säure stets beim Sulfuriren des
technischen Ricinusöls aus den in ihm enthaltenen Eiweifskörpern. Das
Sulfuriren ist so zu leiten, dafs das Glycerid sich vollständig zersetzt,
ohne dafs die Temp. zu hoch steigt und ohne dafs das Oel zu kurze
oder zu lange Zeit der Einwirkung der Schwefelsäure unterliegt. Den
Sulfoverbindungen in dem Türkischrothöle kommt nur eine untergeord-
nete Bedeutung zu, da es gelingt, ohne Schwefelf. Türkischrothöl darzustellen, das in der Färberei ebenso gute Resultate liefert und dem
gewöhnlichen Türkischrothöle in fast allen Eigenschaften ähnlich ist.
Verf. läfst Ricinusöl mit 15 % Natronhydrat in 15 % Lösung 24 Stdn.
stehen, kocht 1 Stde., zersetzt nach dem Abstellen des Dampfes mit
verdünnter Schwefelf., kocht wieder, bis die Fettsäuren klar oben
schwimmen, giebt Natron oder Ammoniak und nach der Klärung Wss.
und Ammoniak zu und erhält so eine saure Seife, welche im Vergleich
zur Neutralseife nur etwa $1/4$ Alkali enthält, aus der durch weiteren
Wasser- und Alkalizusatz eine $1/2$ Alkali-haltige Seife zum Oelen erhalten werden kann. Das gewöhnliche Türkischrothöl ist im Wesentlichen ein Gemisch aus ungenügend neutralisirten Sulfofettsäuren (oder
Oleofettsäuren) mit überwiegenden Fettf. Dagegen bilden in dem
aus dem Türkischrothöle in der Färberei vorbereiteten alkalischen
Oelbade die freien Fettf. eine saure Seife. Der mit ammoniakalischem Türkischrothöle präparirte Stoff reagirt nach dem Trocknen
sauer, der mit ammoniakalischer saurer Seife geölte neutral oder
schwach alkalisch. Die Ricinusölseife giebt geringere Resultate als
das Türkischrothöl, weil die Lösung stärker schäumt und man in der
gefärbten Waare die unangenehme matte und schmutzige Nüance des
Alkalizarates bekommt, deren Bildung nur durch Zusatz von
Schwefelf. zur Ricinusölseife zu beschränken ist, wodurch man
$1/2$—$3/4$ des Alkaligehaltes binden kann, ohne dafs sich die Fettf.
ausscheiden. Die Avivage geschah im übrigen durch Abkochen unter
Druck mit schwachen Kalksalzlösungen. Stellte Verf. die ammoniakalische saure Seife aus freien Ricinusölfettsäuren oder aus natronhaltiger
saurer Seife durch Umsetzen mit Ammoniaksalzen dar, so enthielt
der mit dieser Seife geölte Stoff nach dem Trocknen wenig Alkali und
gab auch bei der alkalischen Avivage dem Türkischrothöle nicht nachstehende Resultate. Dem Türkischrothöle gegenüber hat die ammoniakalische saure Seife den Vortheil, dafs sie nach dem Trocknen oder
Dämpfen reine Fettf. hinterläfst, weshalb sie sich besser für
Appreturzwecke, zur Darstellung der Dampffarben etc. eignet. Weiter
ist sie ein ausgezeichnetes Auflösungsmittel für Harze, Oele, Fettf. und
viele Farbstoffe. Die Auflösungen der sauren natronhaltigen Seifen

aus Ricinusöl, Oleïn, Olivenöl etc. sind weniger alkalisch als die Neutralseife und eignen sich deswegen zum Aviviren oder Reinigen zarter Farben, seidener Stoffe etc. In Beziehung auf die Fähigkeit, die saure Seife zu bilden, unterscheidet sich die Ricinusölfettsäure wesentlich von anderen Fettsäuren (aus Oleïn, Leinöl, Hanföl, Olivenöl etc.), indem nur Ricinusölfettf. eine vollkommen klare Lösung der sauren Seife, sogar der $1/4$-Neutralseife, geben. — 28. Bd. 275. p. 594. 89. Rep. p. 113.

Aufbürstfarben. Franz. P. 203577 f. Mautner. Folgende Flüss. soll mit einer Bürste auf die Stoffe aufgetragen und eintrocknen gelassen werden: 4 Th. Eigelb, 4 Th. Caseïn, 8 Th. Aetzammoniak, 2 Th. Weinsäure, 1 Th. Gelatine, 1,5 Th. venetianische Seife, 2 Th. krystallisirter Alaun, 80 Th. destillirtes Wss., 1 Th. rohes Albumin, 0,1 Th. salpetersaures Natron. Dieser Flüss. fügt man je nach Bedürfnifs folgende Farbstoffe zu: für rothe Stoffe 1 Th. Echtroth, für blaue Stoffe 1 Th. Lyoner Blau (Wasserblau), 0,5 Th. Nigrosin, für braune Stoffe 1 Th. Echtbraun, 0,5 Th. Nigrosin, für grüne Stoffe 0,5 Th. Lyoner Blau, 1 Th. Naphtolgelb, 0,4 Th. Nigrosin, für gelbe Stoffe 1 Th. Naphtolgelb. Das dem Blau, Braun und Grün zugefügte Nigrosin hat den Zweck, eine dunklere Farbe zu erzielen. — 49. p. 358.

Trockne Färberei. Lafitte und Carey schlagen vor, Fettsäuren, wie sie durch Versetzen von Marseillerseife mit Salzsäure erhalten werden, mit 10—11% ihres Gewichtes an käuflichem Ammoniak von 0,88 spec. Gew. zu neutralisiren. Es entsteht eine Ammoniakseife, welche im Benzin des Handels in allen Verhältnissen löslich ist und ihrerseits bewirkt, dafs die gewöhnlichen basischen Farbstoffe des Handels sich ebenfalls in dem Benzin lösen, wenn man sie in alkoholischer Lösung in dasselbe einträgt. — Bull. de la soc. scient. et ind. de Marseille (1889). 20. p. 34.

Färbeverfahren. Engl. P. 17094/1888 f. C. F. X. Nory, Paris. Betrifft die Anwendung von „nitrirter Stärke" zum Färben. Die so genannte Substanz wird erhalten durch Einwirkung von 2 Th. gewöhnlicher Salpetersäure auf 1 Th. Stärke oder Mehl, oder auf Lignin und Cellulose. Das Färbeverfahren bedarf zweier Bäder. Um z. B. schwarzblau zu färben, besteht das erste Bad aus trockenem Blauholzextract mit einer geeigneten Menge anderer gerbstoffhaltiger Substanz, gelöst in warmem Wss., und einer Lösung des Sulfats, Chlorids, Nitrats, Acetats von Kupfer in Wss., sowie Salzsäure und Essigsäure. Das zweite Bad besteht aus einem Gemische aus der nitrirten Stärke und gewissen hydratirten Oxyden oder ihren Salzen, das Ganze neutralisirt durch Ammoniak und alkalisch gemacht durch Zufügen von wenig Natrium- oder Kaliumcarbonat. Die angewandten Oxyde und Salze können sehr verschieden sein, z. B. Kupferoxyd, Thonerdesulfat und arsenige Säure, oder Thonerde- und Eisensulfat und Antimonchlorid, oder Thonerde-, Magnesium- und Eisensulfat und Zinnchlorür. Die zu färbenden Materialien, Stoffe, Garne, Haare, Häute etc., werden in das erste Bad getaucht, ausgerungen, theilweise getrocknet und dann in das zweite Bad gebracht, welches alkalisch gehalten wird, wobei nur in schwierigen Fällen Temperaturerhöhung auf 60° C. nöthig ist. Nach dem zweiten Bade werden die Stoffe theilweise ausgerungen, der oxydirenden Wirkung der Luft ausgesetzt, gewaschen und getrocknet. — **89.** p. 671.

Druoken und Färben mit Nitroso- bezw. Dinitroso-1-8-Dioxynaphtalin. D. P. 51478 f. Farbenfabriken vorm. Friedr. Bayer & Co. in Elberfeld. Der verwendete Farbstoff ist die von Erdmann (I. Bd. 247. p. 358) beschriebene Verbindung, welche durch Einwirkung von Natriumnitrit und Salzsäure auf 1-8-Dioxynaphtalin als gelber Niederschlag entsteht und je nach der Menge des angewandten Nitrits die Nitroso- oder Dinitrosoverbindung darstellt. Diese Verbindungen besitzen die werthvolle Eigenschaft, Wolle, welche mit Metallsalzen vorgebeizt ist, tief dunkelbraun zu färben und, mit Metallsalzen auf Baumwolle gedruckt, intensiv schwarze Lacke zu bilden. Diese Farben sind echt gegenüber Luft, Licht und Waschoperationen. Man färbt die mit Chrom- oder Thonerde-Verbindungen vorgebeizte Wolle oder Seide in neutralem oder saurem Bade und druckt auf Baumwolle mit Chrom-, Eisen-, Thonerde-, Zinn- oder Kalkbeizen. — **75.** p. 428. **49.** p. 302.

Gemischte Küpe mit Indigo und Indophenol kann nach Mittheilungen der Firma Durand & Huguenin (vgl. Rep. 1889 I. p. 35 u. 1889 II. p. 36) folgendermafsen augesetzt werden: 1) Ansatz der Stammküpe mit Eisenvitriol: 10 kg Indigo, 3—3½ kg Indophenol, je nach Qualität des Indigo, werden in 40 l Wss. eingeweicht und wie üblich gemahlen. Nachher giebt man zu: 48 kg Kalk, die man vorher mit 200 l Wss. gelöscht hat, und 48 kg Eisenvitriol, die in 200 l Wss. gelöst sind. Man rührt gut um und läfst 24 Stdn. stehen, bis die Flüss. gelb geworden ist. Das Ansetzen der Färbeküpe geschieht, indem man diese zu ³/₄ mit Wss. füllt, ¹/₄ Th. der Stammküpe oder je nach Bedarf auch mehr zugiebt, gut umrührt und 6 Stdn. absetzen läfst. Dann kann wie üblich gefärbt werden. 2) Der Ansatz der Stammküpe kann auch mit Zinkasche erfolgen: 10 kg Indigo, 3 kg Indophenol werden wie oben gemahlen, dann 20 kg Kalk mit 80 l Wss. und 10 kg Zinkasche mit 20 l Wss. zugegeben. — **89.** Rep. p. 37.

• **Indamin 3 R, 5 R** des Farbwerkes Griesheim, Wm. Noetzel & Co. werden nach Lange auf Baumwolle am besten mit Tannin und Antimonsalz fixirt. Auf Wolle erzielt man im neutralen Bade die sattesten Färbungen, aber auch im sauren Bade ziehen sie auf und können mit anderen Farbstoffen zusammen gefärbt werden. Für Baumwollfärbungen, wie auch zum Drucke, läfst sich Indamin gut mit basischen Farbstoffen zusammen befestigen. Als Aufsatz auf Indigo und auch zum Drucke dürfte 5 R vorzuziehen sein, da die Nüance lebhafter und röther ist. Die Farbstoffe sind, richtig fixirt, ziemlich seifenecht, recht säurebeständig und, soweit bis jetzt constatirt werden konnte, genügend lichtecht (aber ziemlich schwer löslich). — **28.** p. 197. **89.** Rep. p. 97.

Nigramin des Farbwerkes Griesheim, Wm. Noetzel & Co. zeigt auf mit Tannin vorgebeizter Baumwolle ein mattes Dunkelblau und, auf Wolle in neutralem Bade gefärbt, ein abgetöntes Indulinblau. — **89.** Rep. p. 97.

Neugrau der Farbenfabriken vorm. Friedr. Bayer & Co. in Combination mit ihrem Neublau (Naphtylenblau) soll sich gegen Licht, Luft und Wäsche aufserordentlich widerstandsfähig erwiesen haben. Gefärbt wird, indem man zuerst mit 20 % Sumach oder 3 % Tannin, dann mit 1 % Brechweinstein und 2 % Essigsäure beizt und mit $2^1/_2$ % Farbstoff und 5 % Essigf. ausfärbt. Anfangstemperatur $37,5-50^0$ C.; langsam bis zum Kochen erhitzen und $^3/_4$ Stdn. kochen lassen. — 89. Rep. p. 75.

Benzoorange R der Farbenfabriken vorm. Friedr. Bayer & Co., ein röthlich-orange färbender Benzidinfarbstoff, ist in seiner Echtheit, Schönheit und Verwandtschaft zur Faser dem Benzopurpurin 4 B am ähnlichsten und eignet sich sehr gut zur Combination mit den andern gelben, rothen und blauen Benzidinfarben. Der Farbstoff kann sowohl auf Wolle und Seide, sowie Halbseide und Halbwolle verwandt werden. Man färbt 1 Stde. mit 5 % Soda oder Potasche, sowie 2 % Seife aus. Auch kann man mit phosphorsaurem Natron, Wasserglas, zinnsaurem Natron, Glaubersalz etc. färben. Auf Wolle und Halbwolle wird mit 10 % Kochsalz und auf Seide und Halbseide im Seifenbade mit 5 % phosphorsaurem Natron kochend ausgefärbt. — 34. p. 197.

Palatinroth der Badischen Anilin- und Sodafabrik kommt in Nüance Echtroth D nahe, zeigt jedoch einen reineren blaueren Ueberschein. Gegen Licht, Luft, Wäsche und Walke verhält es sich wie Echtroth D und ist dabei aufserordentlich widerstandsfähig gegen Schwefeln. Das Färben geschieht wie für die sonstigen sauren Farbstoffe mit Weinsteinpräparat. — 89. Rep. p. 751.

Palatinscharlach der Bad. Anilin- und Sodafabrik gleicht in der Aufsicht Ponceau R und in der Uebersicht Ponceau 2 R. Die Färbungen zeigen eine reine Scharlachnüance und sind sehr beständig gegen Licht, Luft und Wäsche, dagegen nicht ganz walkecht. — 89. Rep. p. 11.

Nigrisin, von Ed. Ehrmann entdeckt und von der Société anonyme des matières colorantes de Saint-Denis fabricirt, bildet nach Th. Baumann ein schwarzes, in Wss., Essigsäure und Salzsäure völlig lösliches Pulver. Das beste Lösungsmittel ist ein Gemisch gleicher Th. Wss. und Essigf., von welchem 1 l beim Kochen 100 g des Farbstoffs löst. In Alkohol von 90 % ist der Farbstoff in der Kälte gar nicht, beim Sieden sehr wenig löslich. Die wässerige Lösung ist grauröthlich und wird durch Säurezusatz graublau. Concentrirte Salpetersäure oxydirt den Farbstoff in seiner wässerigen Lösung schnell, wobei die Nüance in rothbraun übergeht. Die Alkalien fällen die Base des Nigrisins als schwarzes, in Wss. unlösliches, in Essigf., Salzf. und Alkohol von 90 % lösliches Pulver. Ebenso fällen Salzlösungen, wie Chlornatrium, Chlorbaryum, Natriumacetat etc. das Nigrisin. Charakteristisch ist folgende Reaction: Versetzt man wässerige Nigrisinlösung mit Aetznatron, so löst die gefällte Base sich beim Behandeln mit Benzol oder Schwefeläther mit kirschrother Farbe. Decantirt man die letztere Lösung und versetzt mit Wss. und Essigf., so geht der Farbstoff mit schön blaugrünlicher Färbung in die wässerige Lösung. Das Nigrisin wird zweifellos im Druck und in der Färberei bedeutende Anwendung finden, wegen der Reinheit seiner grauen Nüance, seiner Ausgiebigkeit, der Echtheit und der Verschiedenheit der Nüancen, welche man erhält, wenn man es mit verschiedenen basischen Farbstoffen anwendet. Ein schönes Dunkelgrau wird nach folgender Vorschrift erhalten: 40 g Nigrisin, 200 g Essigf. 6^0,

200 g Wss., 500 g Traganth, 80 g Tannin, 15 g Weinsäure. Ein helles
Grau liefert: 10 g Nigrisin, 200 g Essigf., 250 g Wss., 500 g
Traganth, 20 g Tannin, 15 g Weinf.. Das Nigrisin fixirt sich direct
auf gebleichter Baumwollfaser. Eine Dampffarbe ohne Tannin giebt
ein sehr gutes Resultat; man erhält so röthliche Grau, welche ebenso
seifenecht sind, wie die mit Tannin. Eine Vorschrift ohne Tannin ist:
40 g Nigrisin, 200 g Essigf. 6^0, 250 g Wss., 500 g Traganth, 15 g
Weinf. Nach dem Dämpfen wird kräftig gewaschen und geseift.
Um in diesem Falle das Nigrisin noch echter zu fixiren, chromt man
nach dem Dämpfen, wäscht und seift. Auf Seide, Seide und Baumwolle, sowie Wolle giebt diese Vorschrift gleichfalls gute Resultate.
Nigrisin färbt direct auf gebleichter Baumwolle. Färbungen mit 1 bis
3 $^0/_0$ Farbstoff vom Gewichte der Baumwolle geben bereits sehr kräftige Nüancen. Man mufs indefs das Färbebad mit wenig Essigf.
sauer machen; die Nüancen werden blauer. Auf mit Brechweinstein
behandeltem Gewebe zieht Nigrisin sehr gut. Eine andere Anwendung
desselben besteht darin, die Gewebe mit Lösungen von 10, 5, 2 g des
Farbstoffs pro 1 l zu foulardiren,. im hot-flue zu trocknen und durch
Dampfpassage zu fixiren. Auch kann man den Farbstoff fixiren, indem man nach dem Foulardiren, ohne vorher zu trocknen, eine
Bichromatlösung mit 5 g pro 1 l bei etwa 50^0 R. ($62,5^0$ C.) passirt,
wobei in Wss. unlösliches Chromat entsteht. Nigrisin zieht auf gebleichter Baumwolle selbst in Gegenwart von Salzf. — **5. p. 65. 89.**
Rep. p. 119.

**Entwicklung der Azofarbstoffe auf Baumwollstückwaaren (auf der
Faser selbst) und Verfahren, weifse Muster auf dunklem Fond durch
Reservage zu erzielen.** H. Koechlin imprägnirt das Gewebe zuerst
mit Phenol und hierauf mit einem Diazoderivate. Z. B. klotzt er
zuerst das Baumwollengewebe mit: β-Naphtol 25 g, Aetznatron (38^0)
25 g, Wss. 1 l. Man foulardirt darin, trocknet im Hotflue und läfst
Gewebe $^1/_2$ Min. durch die nachstehenden Diazobäder geben, die aus
3 Lösungen gebildet werden, welche man in der angegebenen Weise
mischt: 1) Anilin 12,50 g, gewöhnliche Salzsäure 25 g, Wss. 0,25 l;
2) Wss. 0,25 l, salpetrigsaures Natron 9,50 g, Eis 250 g; 3) Wss.
0,25 l, Essigsaures Natron 100 g. Helles Orangegelb: Hierfür gilt vor-
stehende Vorschrift. Orange: Man ersetzt das Anilin durch 12,50 g
Paratoluidin, vom salpetrigsauren Natron nimmt man 8,50 g. Orangeroth: Paranitroanilin 10 g, salpetrigsaures Natron 5,50 g. Hochroth
(Ponceau): Xylidin 12,50 g, salpetrigsaures Natron 7 g. Roth: β-Naph-
tylamin 10 g, salpetrigsaures Natron 6 g, essigsaures Natron 50 g.
Dunkelroth: Amidoazobenzol 10 g, salpetrigsaures Natron 5 g. Granat-
roth: α-Naphtylamin 12 g, salpetrigsaures Natron 7.50 g. Flohfarbenes
Braunroth: Benzidin 10 g, salpetrigsaures Natron 7,50 g. Violett:
Dianisidin (schwefelsaures Salz) 7,50 g; salpetrigsaures Natron 3,25 g.
Zartes Rosa: α-Naphthionsäure 10 g; salpetrigsaures Natron 6 g;
essigsaures Natron 50 g. Blau: 1) Safranin (zu 10 $^0/_0$) 1 l, Salzf.
75 g; 2) salpetrigsaures Natron 20 g, Wss. $^1/_8$ l, Eis 250 g.
3) essigsaures Natron 250 g, Wss. 2 l. Fleischroth: α-Naphtol 25 g,
Aetznatron (38^0) 30 g, Wss. 1 l. Man foulardirt, trocknet im Hotflue
und passirt $^1/_2$ Min. durch ein Bad, welches enthält: 1) β-Naphthionf.
10 g, Salzf. 25 g, Wss. $^1/_4$ l; 2) salpetrigsaures Natron 6 g, Wss.

$^1/_4$ 1, Eis 250 g; 3) essigsaures Natron 100 g, Wss. $^1/_4$ 1. Man kann
ziegelrothe Töne erhalten, indem man die bereits erzielten Roths
mit Paranitroanilin oder β-Naphtylamin in einem kochenden Bade behandelt, welches schwefelsaures Kupfer, 2 g aufs 1, enthält. Indem
man das verdickte Diazoderivat auf das Gewebe druckt, welches mit
Naphtol und kaustischem Natron präparirt ist, kann man auch Fonds
mit Weifs erhalten. Ebenso kann man Reservagen durch Druck herstellen, nachdem das Gewebe mit Naphtol und Aetznatron präparirt
ist, wenn man eine Gummi-Verdickung als Druckfarbe herstellt, die
600—800 g Zinnsalz enthält. Hierauf überklotzt man mit dem
Diazoderivat, wäscht und trocknet. — Agenda du Chimiste. II.
p. 174.

Alizarinfarben mit Chrombeize GAJ nach D. P. 45998 (s. Rep.
1889 I. p. 36.) empfehlen die Farbwerke vorm. Meister, Lucius
& Brüning. Der Baumwollzwirn wird in die verdünnte Chrombeize
gelegt, nach 12 Stdn. abgewunden und $^1/_2$ Stde. durch 60⁰ warme
Sodalösung gezogen. Nach sorgfältigem Spülen wird $^1/_4$ Stde. kalt,
1 Stde. langsam zum Kochen und $^1/_2$ Stde. kochend gefärbt. — 123.
p. 282. — Nach E. Lindinger ist die Chrombeize GAJ zu theuer,
er empfiehlt statt derselben basisches Chromchlorid, durch Lösen von
Chromoxydteig in Salzsäure hergestellt. — M. Textil. p. 67. 123.
p. 282.

**Beim Färben und Drucken mittelst alkalischer Lösungen von Ali-
zarinfarbstoffen auf Baumwolle** nach Pat. Erban und Specht,
Marienthal (Nied.-Oestr.), werden alle Nachtheile der bisher gebräuchlichen Methoden dadurch beseitigt, dafs die Faser zuerst mit einer
Lösung des Alizarins oder eines ähnlichen Farbstoffes in einem Alkali
(der Farbstofflösung) und hierauf mit den betreffenden Beizen imprägnirt wird, worauf die Entwicklung des Farblackes mittelst Dämpfens
erfolgt. Hierdurch wird einerseits die Anwendung der Farbstofflösung
und der Beizen in kaltem Zustand (kalte Bäder) ermöglicht, andererseits bei grofser Dampfersparnifs und vollständiger Ausnutzung der
Farben und Beizen das Verfahren derart beschleunigt, dafs zu seiner
Durchführung nie so viel Zeit beansprucht wird, wie bis jetzt das
Beizen allein beansprucht. Schliefslich entfallen alle Fixirmittel, und
die überschüssigen Färbebäder werden wieder gewonnen. Zur Ausführung des Verfahrens genügen die bekannten Pflatschmaschinen oder
Klotzmaschinen mit Trockenkammern (Hot Flue). Die zum Färben
und Drucken verwendeten Farbstofflösungen werden bereitet, indem
man Alizarin oder einen der genannten Farbstoffe in einem Alkali löst.
— II. p. 375.

Indamine in der Baumwollfärberei übertreffen nach O. Müller
die Neublau durch ihre Sodabeständigkeit, das Indazin durch gröfsere
Lichtbeständigkeit, das Paraphenylenblau und Indophenin durch ihre
grofse Lebhaftigkeit und gröfsere Sodabeständigkeit, während die Lichtbeständigkeit besonders der Griesheimer Marken J, 2G, B und 3R mit
ersteren auf dem gleichen Grade stehen dürfte, ferner das Küpenblau
und Indophenol — Küpenblau durch gröfsere Wasch- und Licht-Echt-
heit. In ganz hellen Tönen dagegen behaupten die mit Kupfervitriol
entwickelten Benzoazurinfarben immer noch die erste Stelle. — Oesterr.
Wollengewb. p. 402. 123. p. 282.

Indaminblau der Farbwerke vorm. Meister, Lucius & Brüning ist nach Mittheilungen E. Ullrich's vorzüglich geeignet für die Herstellung von Unifarben auf loser Baumwolle, Baumwollstrang und Geweben, welche in Bezug auf Echtheit mit dem Indigo concurriren sollen. Bei der Möglichkeit, das theure Tannin-Brechweinsteinverfahren umgehen zu können, und der Einfachheit der Färbemethode, stellen sich die damit erzeugten Farben bedeutend billiger als man mit Indigo zu arbeiten im Stande ist. Dafs das Indaminblau aufserdem noch als Tanninfarbstoff gefärbt werden und infolge dessen mit Farbstoffen der verschiedensten Art, im einen Falle mit den basischen, im anderen mit vielen Holzfarbstoffen combinirt werden kann, trägt wesentlich zur Erhöhung seines Werthes bei. Aufserdem ist er gleichzeitig mit den direct färbenden Azofarbstoffen anwendbar; hierbei kann die Fixirungsfähigkeit des Blaues durch Kupferoxydsalze benutzt werden. **Färbeverfahren. A. Mittelst Tannin.** Die Baumwolle wird auf die bekannte Weise mit Tannin oder Brechweinstein gebeizt. Bei dunklen Farben soll die Tanninmenge mindestens 10 % vom Gewichte der Baumwolle betragen, bei hellen Nüancen wird weniger genommen. Man färbt den Farbstoff im handwarmen Bade auf und steigert die Temp. zum Schlusse auf 75—80° C. In einem frischen, ca. 50—60° C. warmen Bade werden 2½ % saures chromsaures Kali und 0,8 % Schwefelsäure von 66° Bé. gelöst und das gefärbte Garn ca. 10 Min. darin umgenommen. Dann wird es sehr gut gewaschen und im Seifenbade (2—3 g Seife pro 1 l) ca. 20—30 Min. lang gekocht. **B. Directes Verfahren** (auf· ungebleichter Baumwolle). Man verwendet die 40fache Wassermenge vom Gewichte der Baumwolle und giebt 5 % essigsaures Natron in das Bad. Die Farbstofflösung theilt man in 3 Th. und giebt das erste Drittel in die handwarme Flotte. Nachdem der Farbstoff aufgezogen ist, giebt man das zweite Drittel hinzu und nach ca. 10 Min. langem Umziehen noch 2½ % essigsaures Natron und das letzte Drittel der Farbstofflösung. Man geht dann langsam bis auf ca. 50° C. und bleibt ca. ½ Stde. auf dieser Temp. Dann wird gut ausgerungen, aber nicht gewaschen. In dem Bade bleiben bei dunklen Farben ca. 10—20 % Farbstoff zurück. Man zieht denselben bei der nächsten Operation zuerst mit frischem Garne aus und giebt dann wieder frischen Farbstoff hinzu. Essigsaures Natron wird dann erst wieder am Schlusse, und zwar immer nur 2½ % zugesetzt. Die Fixirung der Farbe erfolgt in einem zweiten Bade, welches mit 3 % Chromkali und 5 % Kupfervitriol beschickt ist. Man passirt die Baumwolle 10—15 Min. bei 60—70° C. in demselben, wäscht dann gut aus und seift kochend. — **89.** p. 375.

Billiges Blau für Webgarn (auf 50 kg Baumwolle). Das Blau sieht wie Echtküpenblau aus, ist aber nicht so echt. Man behandelt die Baumwolle auf einer Flotte, welche die Abkochung von 10 kg Schmack enthält, bei 70° R. 2 Stdn. lang. Dann windet man ab und richtet ein 30° R. warmes Bad mit 600 g Antimonoxalat her. Nach viermaligem Umziehen schlägt man auf, setzt in 4 Portionen 750 g Bengalblau R (Ges. f. chem. Ind. Basel) zu und behandelt 1 Stde. unter fleifsigem Nachziehen. Röthlichere Töne erhält man durch Zusetzen von Krystallviolett 5 BO (Ges. f. chem. Ind. Basel). Durch Dunkeln im

Anilinbade mit holzsaurem oder salpetersaurem Eisen werden grünere, jedoch stumpfere Töne erzielt. — **23.** p. 172. **34.** p. 197.

Rubramin besitzt nach Angaben des Farbwerks Wm. Noetzel & Co., Griesheim, stark basische Eigenschaften und färbt Baumwolle hübsch primulafarbig. Wolle und Seide können in neutralem oder schwachsaurem Bade gefärbt werden. Der Farbstoff dürfte in die Reihe der mehrfach amidirten Azine gehören und sich besonders für Baumwolldruckereien gut eignen. — **89.** Rep. p. 165.

Baumwollgelb R der Badischen Anilin- und Soda-Fabrik, Ludwigshafen, zählt zu den direct färbenden Farbstoffen. Es besitzt die gleichen Eigenschaften wie Carbazolgelb und Baumwollgelb G der gleichen Firma und liefert Nüancen, die lebhafter und oranger sind, als die mit Carbazolgelb erzielten. Färbevorschrift: 100 kg Baumwolle, 10 kg phosphorsaures Natron, $2^1/_2$ kg Marseiller Seife, 20 kg Kochsalz und die nothwendige Menge Farbstoff. — **89.** Rep. p. 145.

Chrysamin (Bayer & Co.) färbt mit Toluylenorange G und R, Benzopurpurin, Azoviolett, Congo, Korinth in allen Verhältnissen gleich echt, am besten auf ganz weifsgebleichter Baumwolle. Für 10 kg Baumwolle verfährt man in folgender Weise: Die durch heifses Wss. gezogene Baumwolle wird in ein 30^0 R. warmes Bad mit 1 kg phosphorsauren Natrons und $^1/_4$ kg fester Marseiller Seife gebracht und auf mehrere Male der Farbstoff zugesetzt. Für Schwefelgelb genügen 30 g Chrysamin. Man erhitzt auf 70^0 unter Umziehen und Versetzen der Stöcke und schlägt heraus. Schöne, echte Orangetöne erzielt man, wenn man das Garn mit Chrysamin kochen läfst, nach $^1/_2$stündigem Kochen heraushebt und 30 g Toluylenorange G zusetzt, einzieht und noch $^1/_2$ Stde. kochen läfst; für Scharlach benutzt man 30—40 g Benzopurpurin und läfst 1 Stde. kochen. Chrysamin giebt mit Rosazurin mit ganz wenigen Procenten echte Lachstöne. Chrysamin und Toluylenorange G geben zusammengefärbt den Ton der Chromorange, doch ist die Farbe einfacher, egaler und das Garn aufserordentlich weich im Griff. — **23.** p. 171. **34.** p. 197. **31.** p. 295.

Carminfarben, Präparate aus Blau-, Roth- und Gelbholz, welche die zur Lackbildung geeigneten Bestandtheile in geeignetster Form enthalten, färben nach E. Weiler Baumwolle, Jute und Leinen ohne Zusatz einer Beize und sind bedeutend widerstandsfähiger gegen Wäsche, schwache Säuren und namentlich Schweifs als directe Holzfarben, auch lassen sie der Faser ihre natürliche Weichheit und ihren Glanz. Gefärbt wird, indem das ausgekochte Garn oder die Stücke in einem 50^0 R. heifsen Bade, das die nothwendige Farbstoffmenge enthält, $^1/_2$—1 Stde. bearbeitet werden. Da die Farben rasch aufziehen, so thut man gut, für helle Nüancen die Waare vorher in schwachem Alaunbade ($^3/_4$—1 kg Alaun auf 50 kg Baumwolle) einigemal umzuziehen. Die Carminfarben unterscheiden sich von den Directfarben dadurch, dafs letztere fertig gebildete Lacke sind, während bei den ersteren die Bildung des Farblackes erst auf der Faser vor sich geht. Ihrer ausgedehnteren Anwendung sind hinderlich die etwas höheren Kosten der Färbungen und besonders der Umstand, dafs die Carminfabrikanten ihre Producte nicht immer in der gleichen Nüance liefern. — **23.** (1889) p. 80. **89.** Rep. p. 11.

Färben von Anilinschwarz auf lose Baumwolle. Franz. P. 204685
f. Aucher. Man beginnt damit, die lose Baumwolle zu imprägniren,
indem man sie kilogrammweise in ein Bad eintaucht, welches 2 kg
Sulforicinat auf 50 kg Wss. enthält. Dann wird die Baumwolle in
ein Bad eingetaucht, welches zusammengesetzt ist aus 20 kg Salzsäure,
10 kg doppeltchromsaurem Natron und darauf in ein Bad, welches besteht aus 50 l Wss., 50 kg Anilin, 5 kg Salzf. für 100 kg Baumwolle,
aufserdem kann noch 1 kg chlorsaures Kali zugefügt werden, je nach
gewünschter Schattirung. Die Baumwolle wird sehr gut umgerührt,
damit die Flüss. gut in die Faser dringt. Nach Verlauf von 10 Min.
ist die Operation beendet, und die Baumwolle wird in ein Gefäfs geworfen, in welchem die einzeln behandelten Partieen wieder gesammelt
werden. Man läfst sie 24 Stdn. darin, worauf die Farbe der Baumwolle in Olivengrün übergeführt sein wird und bringt sie dann in
eine Kufe, in welcher 6 kg doppeltchromsaures Kali (auf 100 kg
Baumwolle) gelöst in 1000 l Wss. enthalten sind. Die Baumwolle
wird im Bade lebhaft umgerührt, und nach 20 Min. wird das Olivengrün in intensives und echtes Schwarz verwandelt sein. Es erübrigt
nur noch, zu waschen und zu trocknen. Diese Behandlung besitzt
neben Einfachheit und Sparsamkeit den Vortheil, ein Schwarzblau zu
geben, ohne Seifen und ohne Blauholz-Anwendung; sie giebt auch
eine gleichmäfsige und echte Färbung. — II. p. 373.

Diaminschwarz (RO) von L. Cassella eignet sich für Schwarz
nicht, da selbst mit 6 % Farbstoff nur ein mageres Schwarz erhalten
wird. Dagegen dürfte der Farbstoff für Modefarben grofsen Anklang
finden. Die Färbung ist durch Echtheit ausgezeichnet. Wenn sie
mit weifsem Garn verflochten und geseift, dann über Nacht in Wss.
eingelegt wird, färbt sich weder Wss. noch Garn an. Salzsäure
(1 : 4), ebenso Sodalösung (300 Krystallsoda in 1000 Wss.) wirken in
der Kälte nicht ein. Chlornatron von 1° Bé. zerstört rasch und vollständig die Farbe. — **23. p. 298. 34. p. 197.** — Der neue Farbstoff
färbt Baumwolle im kochenden Bade unter Zusatz von Glaubersalz,
Soda, phosphorsaurem Natron etc. direct; er fixirt basische Farbstoffe,
so dafs er mit Brillantgrün, Safranin, Thioflavin etc. nüancirt werden
kann. Die mit Diaminschwarz hergestellten Färbungen sind aufser
wasch- auch lichtecht. Eine besondere Bedeutung besitzt es als
Grundir-Aufsatz oder Mischfarbe in Gesellschaft mit den anderen
direct färbenden Farbstoffen. Seide wird unter Zusatz von Essigsäure
gefärbt, bei Halbseide (Seide und Baumwolle), wenn nur mit Seife
gearbeitet, nimmt nur die Baumwolle den Farbstoff auf, während die
Seide vollkommen ungefärbt bleibt, so dafs diese dann leicht mit
anderen Farben gefärbt werden kann. — Oesterr. Woll- u. Leinen-
Industrie. p. 462. **89.** Rep. p. 165.

Erzeugung von echtem Schwarz. Nach dem Franz. Pat. J. A. R.
Jourolain's läfst sich mit Anilinschwarz gefärbte lose Baumwolle
nur schwer carden oder spinnen, da sie zu spröde ist. Ein sehr
gutes Resultat läfst sich jedoch erzielen, wenn man die Baumwolle
vorher mit Congo, Benzopurpurin etc. vorfärbt und nachher mit Anilinschwarz darüber färbt. Durch Einwirkung des sauren Anilinbades
geht die Nüance des Congo in Blauschwarz über, ohne dafs diese
Nüance, wie dies sonst bei Congo der Fall ist, durch Alkalien wieder

roth würde. Dadurch erhält man ein hübsches, billiges Schwarz,
das auch unvergrünlich ist. (Vgl. das Engl. P. für J. Grunhut.
Rep. 1889 I. p. 34.) — 110. p. 267. 89. Rep. p. 11.

Tussah-Seide. Nach O. N. Witt wird für halbgebleichte Seide
mitunter Kaliumpermanganat und schweflige Säure in der Weise verwendet, dafs man die Seide in eine lauwarme Auflösung von 10 g
Permanganat für jedes Pfund Seide eintaucht und unter gelindem Erwärmen kurze Zeit in dem Bade verweilen läfst. Man wäscht dann
in heifsem Wss., welchem eine Auflösung von schwefliger Säure zugesetzt ist, nimmt die Faser heraus und spült im Wss. Zur Erzeugung
von reinem Weifs wird die Seide in ein Bad aus heifsem Wss. gebracht, zu welchem man 15 l käufliches Wasserstoffsuperoxyd für
10 kg Soda und etwas Wasserglas gesetzt hat. Die Seide wird umgezogen und das Bad wiederholt zum Sieden erhitzt. Die Bleichung
vollzieht sich rasch und die Seide wird allmählich weifs. Sie wird
sorgfältig gewaschen, geschwefelt und gebläut. Die Vorschrift mufs
nicht selten mehr oder weniger verändert werden, da die Seide sowohl
bezüglich der Farbe, als auch bezüglich ihrer Widerstandsfähigkeit
gegen Bleichmittel erheblich schwankt. Eine andere billigere Methode,
welche weniger Wasserstoffsuperoxyd, dafür aber mehr Zeit und Arbeit
verlangt, verwendet statt des Wasserglases Ammoniak. Man arbeitet
in der Kälte und zieht die Seide häufig um. Das erzielte Weifs ist
nicht ganz so klar, als das nach der zuerst beschriebenen Methode erhaltene, dafür ist weniger Gefahr vorhanden, dafs die Seide selbst leidet.
Bezüglich des Färbens der Tussah-Seide scheinen alle Schwierigkeiten
für mittlere und dunklere Farben überwunden zu sein. Die Farbe-
bäder werden wie für gewöhnliche Seide mit gebrochener Seife und
Säure angesetzt, doch nimmt man etwas mehr von der letzteren.
Da die Tussah-Seide gern unegal färbt und auch Neigung zum Ver-
filzen hat, so mufs viel umgezogen und der Farbstoff sehr langsam
zugesetzt werden. Die auf Tussah erhaltenen Färbungen dunkeln beim
Trocknen stark nach, beim Färben auf Nüance mufs daher dieser
Umstand berücksichtigt werden. Es empfiehlt sich beim Vergleichen
einige Fäden des gefärbten Stranges zu trocknen, ehe man den Vergleich vornimmt. Auch für die Avivirbäder wird mehr Säurezusatz
empfohlen als bei gewöhnlicher Seide. — 20. p. 33.

Färbeverfahren. Engl. P. 17347/1888 f. J. W. Bannister, Leeds.
Betrifft das Färben von wollenen und anderen gewebten oder gefilzten
Fabrikaten und besteht in Anwendung eines einzigen Bades unter
Ausschlufs eines besonderen Mordancirens. Das Bad wird erhalten,
indem man zunächst Eisenvitriol, Kupfervitriol und Soda oder ein
gleichwerthiges Alkali kocht und dann Blauholz und etwas Gelbholz
zufügt. Die Stoffe werden in diesem Bade in üblicher Weise gefärbt.
— 89. p. 671.

Für Benzidinfärbungen auf lose Wolle gilt nach Farbenfabriken
vorm. Friedr. Bayer & Co. im allgemeinen dieselbe Vorschrift wie
für Garne und Stückwaaren: Kochend 1 Stde. mit 10 % Kochsalz
und Farbstoff ausfärben. Anfangstemperatur 60° R. (75° C.), langsam
zum Kochen erhitzen und $1/2$—$3/4$ Stde. kochen lassen. Chrysamin G
und R werden am besten mit 5 % Kochsalz und 5 % phosphorsaurem
Natron ausgefärbt. Vollkommen licht-, luft-, wasch- und walkechte

Farben erzielt man durch vorheriges Beizen mit 3 % Chromkali und
1 % Oxalsäure, Spülen und Ausfärben auf frischem, kochendem
Bade. Benzopurpurin, Deltapurpurin, Diaminroth, Congo, Brillant-
Congo, Rosazurin werden mit 10 % Kochsalz und 1 % Potasche oder
Soda ausgefärbt. Durch einen geringen Zusatz von Potasche oder
Soda werden die Farben, ohne der Wolle zu schaden, lebhafter,
feuriger in Nüance. Ein Zusatz von phosphorsaurem Natron erhöht
die Löslichkeit der Farbstoffe; dieselben lassen sich auch dann mit
Alkaliblau in einem Bade zusammen färben. Ausgeschlossen von dieser
Eigenschaft sind Hessisch-Gelb, Brillantgelb, Hessisch-Purpur, Hessisch-
Violett. Sehr walkecht sind folgende Farben: Chrysamin R, Chryso-
phenin, Benzopurpurin 1 B, Deltapurpurin 5 B, Diaminroth 8 B, Rosazurin G und B, Benzoazurin G und 3 G. Für Modefarben, Braun,
Olive etc. sind 5 % Kochsalz und 5 % phosphorsaures Natron sehr
zu empfehlen. — **89.** Rep. p. 114.

Wollblau S der Badischen Anilin- und Sodafabrik besitzt
eine schönere und sattere Nüance, soll 40—50 % billiger sein als
Indigocarmin und steht diesem an Licht- und Waschechtheit nicht
nach. Gefärbt wird, indem man dem Färbebade zuerst Farbstoff und
Glaubersalz und dann 2—3 % Schwefelsäure zugiebt. — **89.** Rep.
p. 145.

Beim Färben der Induline auf Wolle ist nach O. N. Witt unter
Umständen zu empfehlen, die Wolle durch abwechselndes Eintauchen
in dünne Chlorkalklösung und Salzsäure zu chloriren; allerdings leidet
darunter die Walkfähigkeit. — **23.** p. 118. **123.** p. 282.

Naphtolschwarz 3 B pat. der Firma L. Cassella ist fast so
bläulich wie Naphtolschwarz 6 B, jedoch wesentlich billiger. Es dient
vortheilhaft zur Herstellung blauschwarzer und dunkelblauer Nüancen,
die gegenüber den Indoküpenfärbungen den Vorzug haben, nicht
abzuschmutzen. Man kann auch mit Naphtolschwarz 3 B vollkommen
egalisirte lichte Blaunüancen herstellen. Da schon mit 2—3 % Farbstoff (auf harten Wollen sogar mit 1—2 %) ein schönes volles Blau
erzielt wird, stellt sich das Färben mit Naphtolschwarz 3 B billiger
als mit irgend einem anderen Farbstoff. Zur Herstellung von tiefem
Blauschwarz genügen 4—5 % (auf harten Wollen 3—4 %); durch
Nüancirung mit Indischgelb wird ein prächtiges Kohlschwarz erzielt.
Zum Färben feiner Wollstoffe und Garne kocht man ½—1 Stde. mit
ca. 5—10 % Essigsäure von 5—6 B. oder 3—5 % Weinstein, setzt
dann den gut gelösten Farbstoff zu und kocht je nach der Art des
zu färbenden Materials 1—2 Stdn. Kurz vor Beendigung der Färbe-
operation setzt man 1—2 % Essigf. zu, um das Bad zu erschöpfen.
Vor dem Zusatz des Farbstoffs läfst man auf 60—66° C. abkühlen
und erhitzt dann wieder zum Kochen. Bei ordinärer Wolle kann man
statt mit Essigf. mit 2—8 % Salzsäure von 20 B. oder 1 % Schwefelsäure vorbeizen, benutzt aber zum Erschöpfen des Bades stets Essigf.
Bei dichten, schwierig durchfärbbaren Geweben kocht man 1—1½
Stunde mit 5—10 % Essigf., während Salzf. und Schwefelf. zu vermeiden sind. Nüanciren in's Röthliche geschieht durch Zusatz von
Naphtolschwarz 4 R, Brillantponceau, Amaranth oder Walkroth, in's
Bläuliche durch Zusatz von Säuregrün, Naphtolgrün oder Wasserblau,

in Kohlschwarz durch Zusatz von Indischgelb G. — **23.** p. 171. **34.**
p. 196.

Orcelline der Firma A. Leonhardt & Co., Mühlheim, färbt Wolle
in saurem Bade und giebt ein dunkles wasch- und lichtechtes Rothbraun. Auch auf mit Chrom vorgebeizte Wolle kann es gefärbt
werden. — **89.** Rep. p. 97.

Dioxin der Firma A. Leonhardt & Co. giebt auf mit 3 % Kaliumbichromat und 3 % Schwefelsäure vorgebeizter Wolle eine dunkel-
braune, bei 10 % Eisenvitriol und 5 % Weinstein eine dunkelgrüne
Nüance. Durch Combiniren von Eisenvitriol mit Kaliumbichromat erhält man olive, olive-braune Töne nebst den Zwischenstufen von grün
bis braun. Die Färbungen sollen vollständig walk- und lichtecht
sein. Die Wolle wird $1\frac{1}{2}$ Stdn. mit den Mordants (Bichromat nebst
Schwefelf. und Eisenvitriol neben Weinstein) angesotten, dann gespült
und auf frischem Bade mit 5—10 % Dioxin gefärbt. Man geht kalt
ein, bringt langsam zum Kochen und kocht 1 Stde. — **89.** Rep.
p. 114.

Azogrün der **Farbenfabriken vorm. Friedr. Bayer & Co.** in
Elberfeld gelangt in Pastenform zum Verkauf und wird besonders für
Wolle, Seide, Jute, nicht dagegen für Baumwolle empfohlen. Es ist
bedeutend walkechter, luft- und lichtechter als alle zur Zeit bekannten
grünen Theerfarbstoffe. Dies wird wesentlich dadurch veranlasst, dass
es auf der Faser mit Chromsalzen unlösliche Lacke bildet, die der
zerstörenden Wirkung von Luft, Licht und Alkali (Walke) bedeutend
widerstehen. Azogrün lässt sich mit Alizarinroth, Alizarinorange und
Blau, Cörulein, Anthracenbraun, Diamantschwarz, Chrysamin, Tuchroth, Roth-, Blau- und Gelbholz combiniren, welche Eigenschaft ein
weiterer Vorzug ist. Zum Färben mit Wolle benutzt man eine Vor-
beize von 3 % Chromkalium, 1 % Oxalsäure und färbt nach gutem
Spülen mit 15 % bezgl. 30 % Azogrün und 1 % Essigsäure 1 Stde.
Man beginnt bei einer Temp. von 30—40° R., bringt langsam zum
Kochen und unterhält dasselbe $1/2$—$3/4$ Stdn. Jute bedarf keiner Beize.
— **34.** p. 197.

Das Schwarzfärben der Wolle; v. E. Weiler. Die Preisverhält-
nisse der Färbemethoden sind ungefähr für je 10 kg Wolle die folgenden: 1) Blauholz. Tiefschwarz unter Verwendung von Eisenvitriol,
Kupfervitriol, Weinstein 2,56 Mk. Blauschwarz mit Chromnatron,
Kupfervitriol, Weinstein 2,37 Mk.; statt Weinstein Schwefelsäure 2,11 Mk.
Zuckersäure 2,14 Mk. Blauviolette Töne ohne Kupfervitriol kosten
mit Weinsteinpräparat 2,07 Mk., Schwefelf. 2,06 Mk. Billige Streich-
garne können mit Kupfervitriol, Zuckerf., Blauholzextract für 1,26 Mk.
gefärbt werden. 2) Anilinschwarz S R W (Bad. Anilin- u. Sodaf.) kostet
6,12 Mk. Dagegen ist Brillantschwarz (Bad. Anilin- u. Sodaf.), Naphtolschwarz (Cassella u. Co.), Jetschwarz (Elberf. Farbenf.) viel billiger,
nämlich 1,89 Mk. — **23.** 31. p. 174.

Naphtylaminschwarz D pat. von L. Cassella gehört zu den Farbstoffen, welche die thierische Faser in einem Bade echt schwarz färben.
Auf Wolle färbt Naphtylaminschwarz sowohl in neutralem als in
saurem Bade, doch sind stark saure Bäder zu vermeiden. Für Stück-
und Strangfärberei empfiehlt sich bei hellen Nüancen ein Zusatz von
10 g Kochsalz im Liter Wss. oder 20 g krystallisirtes Glaubersalz oder

Alaun, bei dunklen Nüancen Zusatz von Essigsäure 5—7$^1/_2$% vom Gewicht der Wolle. Besondere Eigenschaften des Farbstoffes sind seine grofse Intensität, seine Eigenschaft abzuschmutzen, selbst in den hellsten Nüancen in neutralen Bädern vollkommen gleichmäfsig zu färben, sowie seine vorzügliche Licht- und Waschechtheit. Die Färbeflotte darf niemals alkalisch werden, wenn sie mit Kupfer oder Zinn in Berührung kommt; deshalb ist kalkhaltiges Wss. zu neutralisiren. — **23.** p. 171. **34.** p. 197. — Zur Erzielung einer vollen tiefen Nüance, die durch Zusatz von etwas Grün zu tiefschwarz nüancirt werden kann, sollen 3—4% Farbstoff genügen. Auch Seide und gemischte Stoffe (Wolle und Seide) lassen sich gut damit färben. — **107.** p. 298. **89.** Rep. p. 145.

Mit Diamantschwarz der Farbenfabriken vorm. Fr. Bayer & Co. in Elberfeld kann auf Wollentuch und Garn nach zwei Methoden gefärbt werden. 1) Man beizt 1 Stde. vor mit 3% Chromkali, 1% Oxalsäure, spült und färbt mit 1—2% Farbstoff und 2% Essigsäure aus. Die Anfangstemperatur beträgt 50—60° R., man bringt langsam zum Kochen und läfst $^1/_2$ Stde. kochen. Nach dieser Methode kann man Diamantschwarz mit Alizarin-Holzfarben combiniren. So erhält man mit Tuchroth, Tuchbraun, Echtbraun tief dunkle Roth- und Gelbbrauns, mit Chrysamin G und R Olivetöne. Nach der zweiten Methode färbt man in einem Bade mit 5% salpetersaurem Eisenoxyd und 1—2% Farbstoff 1 Stde. aus und behandelt wie nach Methode 1. Das Diamantschwarz entwickelt sich erst bei Kochtemperatur zu einem vollen Schwarz; vorher erscheint es bräunlich gefärbt. Dieses neue Schwarz ist aufserordentlich echt gegen Säure, Licht, Luft, Walke und Schwefel. Besonders empfehlenswerth ist das Färben auf Chrombeize. So verträgt das Diamantschwarz mit Weifs verwebt eine starke Walke ohne zu bluten. Auch nach dreimonatlicher Belichtung trat keine Veränderung ein. Die Farbenfabrik bezeichnet das Diamantschwarz als die echteste aller bis jetzt existirenden schwarzen Farben. Seide und Gloria lassen sich wie Wolle färben. Das Diamantschwarz scheint bis jetzt namentlich für Strumpfwaaren als schwarze Farbe benutzt zu werden. — **34. 3I.** p. 234. — Um 10 kg Cheviot schwarz zu färben, siedet man mit 300 kg Chromkali und 100 g Oxalf. an und färbt mit 250 g Diamantschwarz und 200 g Essigf. von 7° Bé. Eingehen bei 70° C. Langsam zum Kochen treiben, $^3/_4$ Stdn. kochen. Die Farbe zieht gleichmäfsig auf, die Flotte wird wasserhell. Die Waare ist gut durchgefärbt; die Farbe schmutzt nicht ab und zeichnet sich durch Echtheit gegen Alkalien und Säuren aus. Sehr schöne und echte Färbungen sind auch in einem Bade mit Diamantschwarz herzustellen. Man kocht die Wolle mit dem Farbstoff an und fügt dann 3% Chromkali in Lösung allmählich zu, im ganzen 1 Stde. kochend. Die auf diese einfache Weise erhaltenen Färbungen erwiesen sich als ebenso schön, wasch- und walkecht, wie die in zwei Bädern hergestellten. Diamantschwarz dürfte bei entsprechend niedrigem Preise dem Blauholz grofsen Abbruch thun. — **23.** p. 298. **34.** p. 197.

Färberei und Appretur von Zanella und ähnlichen halbwollenen Stückwaaren; v. J. Herzfeld. Zanella wird ausschliefslich schwarz gefärbt. Vor dem eigentlichen Färbeprocefs erfährt das Halbwollen-Gewebe eine Vorappretur. Nach dem Färben folgt die Appretur. Im

rohen Zustand werden die Stücke zu einer sogenannten Rolle aneinander genäht. Die einleitende Behandlung bildet das Sengen; für
Zanella und ähnliche Stoffe bedient man sich der Gassengmaschine, für
schwerere Stoffe, wie Möbelplüsche, der Plattensenge. Je nach der
Reinheit der Waare (Schmutzflecken etc.) wird sodann ein Spülen in
lauwarmem Wss. oder in schwacher Seifenlauge angeordnet. Die Waare
gelangt aber auch oft sofort zu den Crabbingmaschinen. Hier soll
das Gewebe das Wollhaar, die Krimpfähigkeit, resp. die Eigenschaft
sich zu kräuseln, verlieren, oder das Gewebe in einen solchen Zustand
übergeführt werden, dafs es bei allen nachfolgenden Operationen nicht
an Breite einbüfst. Gleichzeitig wird der Waare ein bleibender Glanz
ertheilt. Die Maschine besteht aus einem combinirten System von 2
übereinander laufenden Walzen, die je zu 2 in einem heizbaren Trog
liegen. Zuletzt wird die Waare auf einen hohlen, auf seinem ganzen
Umfange siebartig durchlöcherten, schmiedeeisernen Cylinder (Decatir-
walze oder Dämpfcylinder) aufgewickelt, der an beiden Köpfen eine
Verbindungsschraube zeigt, welche auf die Stutzen einer Dampfleitung
schliefst. Im aufrechten Zustande wird das Gewebe 8—10 Min. lang
mit Dampf, von einer Spannung von 3—3$\frac{1}{3}$ at. durchtränkt. Bei Rips
und Croisés befindet sich in allen Trögen der Crabbingmaschine nur
siedendes Wss. Die Waare wird auf die untere Walze ohne Druck
aufgewickelt und das Dämpfen dauert nur 3—4 Min. Nach dem Dämpfen
wird die Waare, falls sie für schwarz bestimmt ist, auf einer sogen.
Paddingmaschine durch ein lauwarmes Wasserbad genommen. Das
Färben zerfällt naturgemäfs in das Färben der Baumwolle und das
Färben der Wolle. Im allgemeinen ist die Einrichtung so getroffen,
dafs man bei Schwarz zuerst die Baumwolle, dann die Wolle färbt,
während das umgekehrte Verfahren bei allen anderen Farben einge-
schlagen wird. Beizen und Färben geschieht stets am besten im ausgebreiteten Zustande des Gewebes auf den sogen. Jiggers oder Auf-
setzkästen. Es sind dies viereckige Holzkästen von 50—60 cm Höhe,
nach unten sich verjüngend, die im Innern dicht über dem Boden
und ebenso am oberen Rande an den Längsseiten zwei stärkere Holz-
walzen tragen. Die oberen Walzen sind vermittelst Zahnräder derartig mit der Transmission verbunden, dafs bald die eine, bald die
andere Walze umgedreht werden kann. Für eine Partie von 20 Stück
Zanella wird nun ein Aufsetzkasten mit Sumachbrühe gefüllt, von der
12 l (ein Handfafs) etwa 5 kg Sumach enthalten. Jede Partie erhält
16 Handfafs oder 80 kg in 200 l Wss. Ein zweiter Aufsetzkasten ist
mit 3 kg Kupfervitriol- bestellt worden. Bei ganz dunklem Farbenton nimmt man statt dessen etwa 25 kg salpetersaures Eisen für jede
Partie. Die Waare läuft hier 1$\frac{1}{2}$—2 Stdn. Dann wird auf einer
Spülmaschine gespült. Es folgt der eigentliche Färbeprocefs, bei welchem 2 Partieen, also 40 Stück Zanella, zu gleicher Zeit behandelt
werden. Das Gewebe wird zuerst in einer Lösung von 6 kg Kaliumbichromat 1 Stde. bei beständigem Umhaspeln gekocht. Bei hartem
Wss. setzt man noch $\frac{3}{4}$ kg Weinstein zu. Dann wird das Gewebe
auseinandergefächert oder aufgekantet und zum Verkühlen in einen
gleich grofsen Trog mit kaltem Wss. gebracht. Während dessen wird
der zum Schwarzfärben bestimmte Trog zu einem Drittel mit Wss.
gefüllt, 22,5—24 kg pulverisirtes Blauholzextract zugefügt, $\frac{1}{4}$ Stde.

kochen gelassen, die nöthige Menge Wss. aufgefüllt und $^1/_4$—$^1/_2$ kg Weinstein zugesetzt. Man geht hierauf mit dem Gewebe in die lauwarme Flotte ein. Für dunkles Kohlschwarz giebt man 3—5 kg Gelbholz zu. Nach 1—1$^1/_2$stündigem Kochen, ebenfalls unter fortwährendem Umhaspeln, ist die Färbung vollendet. Zeigt ein herausgenommenes Muster den verlangten Ton, so wird in kaltem Wss. verkühlt und auf der Spülmaschine 1$^1/_2$ Stdn. gespült. Die zum Chromiren wie zum Ausfärben dienenden Holztröge sind 2$^1/_2$ m breit, 3$^3/_4$ m lang und 2,3 bis 2,5 m tief. Häufig sind sie, um bequemeres Handtiren zu erreichen, 80—90 cm in den Erdboden eingelassen. Ueber der ganzen Länge des Farbtroges ist ein Haspel angebracht, der mit der Hand oder auch mechanisch umgedreht werden kann. Die Partie wird beim Färben ebenso getheilt, wie oben beim Spülen ausgeführt worden. Je 5 Stück werden aneinander genäht, wodurch 8 Strähne entstehen, die getrennt gehalten über den Haspel laufen. — **23.** (1889) p. 62. **34.** p. 4.

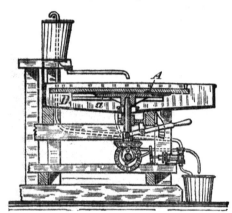

Maschine zum Färben von Fellen. D. P. 50221 f. J. Kristen in Brünn, Mähren. Jeder der rotirenden, die Felle tragenden Tische *A*, in deren Mitte die Farbe zufliefst, ist auf einer an seiner Spindel befestigten Platte *a* verschiebbar, so dafs er zum Auflegen des Felles an den Rand des Sammelbeckens *D* gerückt werden kann. — **49.** p. 207.

Herstellung von Druckplatten aus gemusterten Gewebestoffen. D. P. 50966 f. W. Sommer in Berlin. Um dem Gewebe, dessen Muster direct abgedruckt werden soll, die für eine Druckplatte erforderliche Härte zu ertheilen, wird es zunächst mit einer wässerigen Lösung von Tannin oder Alaun in Spiritus, dann mit flüssigem Wachs und schliefslich mit einer Lösung von Dammarharz in Terpentin behandelt und dabei nach jeder Behandlung in einem Rahmen eingespannt getrocknet. Der präparirte Gewebestoff wird auf Holz oder ein anderes Material aufgezogen und bildet so die fertige Druckplatte oder Druckwalze. — **49.** p. 246. **75.** p. 272.

    Darstellung neuer Tanninverbindungen und Verwendung derselben für Druckereizwecke. D. P. 51122 f. Farbenfabriken vorm. Fr. Bayer & Co. in Elberfeld. Zur Darstellung von Tanninglycerid oder Tanninglucosid erhitzt man Tannin, eventuell im Vacuum, in molecularen Verhältnissen mit Glycerin oder Glucose (Traubenzucker), beispielsweise 50 kg Tannin mit 30 kg Traubenzucker, so lange auf 100° C., bis die unter Wasserabspaltung eintretende Reaction vollendet ist. Das Tanninglucosid wird als fester Körper beschrieben, welcher mit Wss. einen Syrup bildet und auch in verdünnter Essigsäure leicht löslich ist. Das Tanninglycerid soll einen farblosen oder nach stärkerer Erhitzung schwach bräunlich gefärbten Syrup darstellen. Bei Anwendung dieser Verbindungen statt des Tannins selbst in der Zeugdruckerei soll beim Dämpfen Tannin im Entstehungszustande zur Wirkung gelangen. Man stellt aus dem Tanninglucosid und Tanninglycerid durch Mischen mit basischen Farbstoffen fertige Zeugdruckfarben her, welche im Gegensatz zu den bisherigen Tannindruckfarben sich nicht bei längerem Stehen unter Bildung der Tannin-Farblacke zersetzen. — **75**. p. 312.

Druoktinten; v. O. G. Holt. Die neue Tinte zum lithographischen und typographischen Druck hat als Grundlage halbflüssigen Erdtheer. Wenn derselbe zu dick ist, wird er mit Leinöl oder flüssigem Bitumen verdünnt; ist er zu dünnflüssig, erhitzt man ihn und vermengt mit Magnesia, Harz oder Gummi. Diese Tinten geben ein vorzügliches Schwarz, das unveränderlich ist und allen Lösungsmitteln widersteht. — Corps gras p. 217. **34**. p. 124.

Normaltypus für Eisengallustinten, welcher den Normalien des kgl. preuſs. Staatsministeriums entspricht, liefert nach den Untersuchungen der beiden Chemiker der Leonardi'schen Tintenfabrik folgende Vorschrift: 234 Tannin und 77 Gallussäure werden in auf 50° erwärmtem Wss. gelöst, soweit als zulässig verdünnt, 100 arabischen Gummi in der nöthigen Menge Wss. gelöst, 25 Salzsäure, 300 in Wss. gelöster Eisenvitriol, 10 Karbolsäure zugesetzt und das Ganze mit Wss. zu 1000 aufgefüllt. — **76**. p. 956.

H. Erdmann; die Fortschritte der Farbenindustrie, Färberei, Druckerei u. s. w. im zweiten Halbjahr 1889. **113**. Bd. 13. p. 49. 71.

G. E. Davis; die Farbenindustrie in England 1889. Chem. Trade Journ. **113**. Bd. 13. p. 202. 234.

Herstellung und Verwendung chinesischer Farben und Farbstoffe. **113**. Bd. 13. p. 154.

G. Krämer und A. Spilker; Cumaron im Steinkohlentheer. **60**. Bd. 23. p. 78.

R. Hafner; Chlorirung und Bromirung des Anilins, des o- und p-Toluidins in Gegenwart überschüssiger Mineralsäuren. **60**. Bd. 22. p. 2524.

E. Täuber; einige neue Diphenylabkömmlinge. **60**. Bd. 23. p. 794.

A. Bernthsen; zur Kenntnifs der α-Naphtylamin- und α-Naphtol-ε-disulfosäure. **60**. Bd. 22. p. 3327.

K. König; α-Oxynaphtoëmonosulfosäuren. **60**. Bd. 23. p. 806.

K. Elbs; Anthracen und Anthrachinon. **18**. p. 121.

G. Krämer und A. Spilker; Synthese des Chrysens und verwandter Kohlenwasserstoffe. **60**. Bd. 23. p. 84.

Istrati; neue Mittheilungen über die Franceïne. **98**. (3.) t. 1. p. 481. **113**. Bd. 12. p. 443.

Ueber das Francein des Trichlorbenzols 1, 2, 4. **98**. (3.) t. 1. p. 488. **113**. Bd. 12. p. 443.

P. Cazeneuve; über die oxydirend und entfärbend wirkenden Eigenschaften der Kohle. (Die Kohle absorbirt den Farbstoff mechanisch, der dann durch den in ihr verdichteten Sauerstoff verbrannt wird, worauf die Kohle von neuem Farbstoff zu absorbiren vermag.) **9**. t. 110. p. 788. **89**. Rep. p. 124.

F. Kehrmann; Beziehungen zwischen Färbung und chemischer Constitution. **89**. p. 14. 508. 527 u. 541.

E. Lindinger; Waschechtheit, Lichtechtheit und Echtheit gegen Reibung der gebräuchlichsten Farbstoffe. Oesterr. Wollengew. p. 181.

A. Lehne; Lichtechtheit verschiedener Färbungen. (Benzoazurin G und 3 G (Bayer) haben sich nach 10wöchentlicher Exposition unverändert gehalten.) 23. p. 247. 34. p. 173.

St. v. Kostanecki; zur Kenntnifs der beizenfärbenden Farbstoffe. 60. Bd. 22. p. 1347. 113. Bd. 12. p. 464.

J. H. Soxhlet; die Farbholz-Extracte und ihre heutige Fabrikation. 89. p. 667.

M. W. Macfarlane und Ph. S. Carkson; Wirkung von Chlor auf Hämatoxylin und den Extractivstoff des Campecheholzes. (Bei Anwendung von 4 Atomen Chlor auf jedes Molekül Hämatoxylin war die Färbekraft des Chlorirungs-productes beinahe doppelt so stark wie die mit dem Extract erhaltene; beim Kochen der Wolle gab Hämatein, aus dem Holze mit und ohne Chlor extrahirt, die doppelt volle Nüance wie Hämatoxylin; vgl. Am. P. 417492.) 8. vol. 61. p. 160. 34. p. 132.

Müller-Jacobs; benzinlösliche Farben (werden hergestellt, indem man mit Zinksulfat oder Alaun versetzte Farbstofflösungen mit Harzseifenlösung niederschlägt). 20. p. 34.

R. Nietzki und H. Maeckler; Resorcin und Orcinfarbstoffe. 60. Bd. 23. p. 718.

Clayton Aniline Co., Limited. Stanley-Roth für Seide. (Ein Azofarb-stoff, der gegenüber den jetzt zum Färben von Seide dienenden Azofarb-stoffen mehrere Vorzüge haben soll. Er ist säure-, alkali- und lichtecht.) Chem. Trade J. p. 58. 89. Rep. p. 35.

Fr. Kehrmann; Azofarbstoffe, welche die Chinongruppe enthalten. 89. p. 93.

P. Seidel; Triphendioxazin. (Der von G. Fischer erhaltene granatrothe Körper $C_{24}H_{16}N_2O_2$.) 60. Bd. 23. p. 182.

O. N. Witt; Cyanamine, eine neue Gruppe blauer Farbstoffe. (Aus Naphtol-violett resp. substituirten Chinonimiden durch Erwärmen.) 60. Bd. 23. p. 2247.

P. Cazeneuve; über das Amethylkamphophenolsulfon und einen gelben Farb-stoff, ein Tetranitroderivat. (Letzterer ist der erste Farbstoff der Terpen-reihe; seine Salze färben Wolle und Seide ohne Mordant.) 9. t. 110. p. 961. 34. p. 173.

A. Hiller; Säuregrün und Säureviolett als Ersatz von Indigocarmin und Blau-holz (werden von verdünnten Alkalien und somit auch von dem häufig alkalisch reagirenden Strafsenschmutz zerstört). 23. p. 143.

Heumann; Indigo-Synthese. (Durch Schmelzen von 1 Th. Phenylglycokoll mit 2 Th. trockenem Aetzkali bei Luftabschlufs; Ausbeute 15 % vom Phenylglycokoll; das Product kann also noch nicht mit dem natürlichen Indigo concurriren.) Südd. Apoth.-Ztg. p. 194. 24. p. 535.

W. Flimm; künstlicher Indigo. (Aus der Kalischmelze von Monobromaceta-nilid; Ausbeute höchstens 4 %.) 60. Bd. 23. p. 57.

O. Fischer und Ed. Hepp; zur Kenntnifs der Induline ($C_{18}H_{13}N_3$ giebt mit concentrirter Salzsäure unter Druck auf 150° erhitzt einen neuen Farb-stoff; wenn es gelingt, dasselbe auf Phenazin zurückzuführen, ist die In-dulinfrage gelöst; durch Eintritt des Paraphenylendiamins in Phenylrosin-dulin wird die Nüance nach Blau hingezogen und das Molekül basischer). 60. Bd. 23. p. 838. 34. p. 149.

Die chemische Natur von „Cachou de Lavalle". 34. p. 122.

J. A. Wilson; Versuche mit Benzopurpurin und Chrysamin als Beizen für basische Farbstoffe auf Baumwolle. Dyer. 11. p. 41.

Farbenfabriken vorm. Friedr. Bayer & Co.; Benzobraun G, G und R extra. (Ersteres ist bedeutend lebhafter als die Marke G, letzteres in seiner Nüance ungefähr der Marke B gleich.) 89. Rep. p. 46.

E. Weiler; Schwarzfärben der Baumwolle und gemischten Waare. **23.** p. 137. **162. 178. 123.** p. 316.

E. Knecht; rationelle Anwendung des bichromsauren Kalis in der Wollfärberei. **20.** Jhrg. **5.** p. 76.

F. D. Aoust et fréres in Brüssel; D. P. 50699. Apparat zum Färben von Wollgarn auf Spulen. **75.** p. 223.

L. B.; über das Druckblau und seine Verwendung im Baumwollzeugdruck. **11.** p. 173.

Dr. E. Börnstein; die Farbenindustrie. Vierteljahresbericht über die Leistungen auf dem Gebiete des Steinkohlentheers, der Chemie der aromatischen Verbindungen, der künstlichen Farbstoffe, der Färberei, Bleicherei, des Zeugdruckes, der Appretur. Berlin, Mayer u. Müller. 1889.

Dr. Th. Weyl; die Theerfarben, mit besonderer Rücksicht auf Schädlichkeit und Gesetzgebung hygienisch- und forensisch-chemisch untersucht. Mit einer Vorrede von Prof. Dr. Eug. Sell. 2. Lieferung. (Aus dem hygienischen Institut der Universität Berlin.) Berlin 1889, August Hirschwald.

Fette, Oele, Beleuchtungs- und Heizmaterialien.

Schmelz- und **Erstarrungspunkte** einiger **Fettkörper** und **ihrer Mischungen.** Für reine Substanzen erhielt A. Terreil folgende Werthe:

	Klare Schmelzung Grad	Trübt sich bei Grad	Vollst. Erstarrung Grad
Schweinefett	+ 36	33	32
Kalbfett	+ 42	36,5	35,5
Ochsenfett	+ 46	38	36
Hammelfett	+ 52	38	37
Fettsäuren aus Schweinefett .	+ 43	41	39
„ „ Kalbfett . . .	+ 46	41,5	39,5
„ „ Rinderfett . .	+ 49,5	45	43,5
„ „ Hammelfett . .	+ 54	49	47
Stearinsäure für Kerzen (Etoile)	+ 58	53	52
Alte Stearinf. des Handels . .	+ 59	54,5	53,5
Reine alte Palmitinsäure. . .	+ 69,5	62	60
Weifses Handelsparaffin . . .	+ 45	43,5	43
Weifses Bienenwachs	+ 64	63,5	63
Carnaubawachs	+ 85,5	79	78

Die Bestimmung des Schmelz- und Erstarrungspunktes bei Gemischen zeigt, dafs dieselben nie das Mittel aus den Punkten der reinen Körper sind, sondern stets höher liegen, und zwar um so höher, wenn eine gröfsere Menge eines höher schmelzenden Körpers vorhanden ist. Fügt man Oelsäure, Petroleum oder Paraffin hinzu, so ist der Schmelz-

und Erstarrungspunkt immer niedriger als er sonst bei dem Gemisch
wäre, aber auch stets höher als das beste Mittel. — **98. 34. 31.**
p. 204.

Schmidt's Verfahren zur Umwandlung von Oelsäure in feste Fettsäuren bespricht R. Benedikt. Nach Schmidt werden 10 Th. Oelsäure mit 1 Th. Chlorzink auf 180° C. erhitzt, dann mehrmals mit
verdünnter Salzsäure, endlich mit reinem Wss. ausgekocht, vollständig
vom Wss. getrennt, und sodann, gerade so wie dies mit den nach
dem Schwefelsäure-Verseifungsverfahren gewonnenen Fettsäuren geschehen muß, mit überhitztem Wasserdampf destillirt. Das Destillat
wird nach dem Erkalten durch Abpressen mit Kalt- und Warmpressen
in Kerzenmaterial und Oelf. getrennt. Zunächst untersuchte Verf. das
Fettgemenge vor der Destillation. Nach den Werthen der „quantitativen Reactionen" ist ein Theil der Oelf. entweder polymerisirt oder
in Anhydride verwandelt, weil die Säurezahl bedeutend erniedrigt ist.
Ferner zeigt sich die Anwesenheit verseifbarer und unverseifbarer
Anhydride. Es wurde auch thatsächlich das Lacton der γ-Oxystearin-
säure, das Stearolacton isolirt. Das nicht destillirte Fett besteht aus:
flüssigem Anhydrid 8 %, Stearolacton 23, Oxystearinf. 17, Oelf. 40,
gesättigte Fettsäuren 7 %. Das Rohdestillat besteht aus 13,6 % Un-
verseifbarem, 43,3 Oelf. und Isoölsäure, 31,0 Stearolacton und 12,1 gesättigten Fettf. Die wesentlichsten, durch die Destillation bedingten
Veränderungen sind somit einerseits der Zerfall des flüssigen Oxy-
stearinsäureanhydrides, andererseits die Umwandlung der gewöhnlichen
Oxystearinf. in Isoölf. und Oelf. Die Isoölf. konnte in reinem Zustande allerdings nicht isolirt werden. Die Untersuchung des festen
Antheiles des Destillates, der Kerzenmasse, ergab, daß dasselbe
75,8 % Stearolacton, 15,7 Isoölf. und 8,5 gesättigte Fettf. enthält.
Das Max v. Schmidt'sche Verfahren liefert demnach ein zum größten
Theil aus Stearolacton und Isoölf. bestehendes Kerzenmaterial. Die
Einwirkung von Zinkchlorid auf Oelf. ist derjenigen von Schwefelf.
analog. Es bilden sich zwei isomere Chlorzinkadditionsproducte, entsprechend den zwei Oleïnschwefelsäuren. Die Additionsproducte zerfallen mit verdünnter Salzf. gekocht in Oxystearinfn. und Chlorzink.
Außer der γ-Oxystearinf. ist die β-Oxysäure vorhanden, die ein „un-
verseifbares Anhydrid" bildet. Die Oxystearinf. liefert bei der Destillation Oelf. und die feste Isoölf., woraus sich deren Vorkommen in
der Kerzenmasse erklärt. — **121.** p. 71. **89.** Rep. p. 144. **34.**
p. 164.

Bei pflanzlichen Schmier-Oelen kann die freie Säure aus den verschiedenen Fettsäuren, sowie aus Mineralsäuren, bei raffinirten Säuren
auch aus den Verbindungen von Fettfn. mit Schwefelsäure (Fremy-
schen Säuren) bestehen. Aus diesem Grunde bestimmt Holde den
Gehalt an freier Mineralf. oder gebundenér Schwefelf., sowie die Menge
der freien Fettf. gesondert. Nach Bestimmung der gesammten freien
Säuren wurden zur qualitativen Prüfung auf freie Mineralf. 6—8 ccm
der Oele mit dem gleichen Raumtheil Wss. im Reagenzglase tüchtig
durchgeschüttelt und aufgekocht. Nach Trennung der öligen und
wässerigen Schicht wird durch Lackmuspapier und Chlorbaryum auf
Gehalt an freier Mineralf. geprüft. Sämmtliche geprüften raffinirten Oele
waren frei von Mineralfn., auch im gebundenen Zustande. Weitere

Versuche ergaben, dafs die Bildung freier Fettfn. auch bei beschränktem Luftzutritt im Laufe der Zeit in ziemlich erheblicher Weise vor sich geht und zwar insbesondere bei den Oelen, welche schon von Anfang an als stärker säurehaltig befunden wurden, wenn auch die procentische Zunahme bei den Oelen von geringerem Säuregehalt meistens eine gröfsere ist. — 114. p. 79. 34. p. 174.

Bei der Einwirkung von Chlorschwefel auf fette Oele entstehen nach F. Ulzer und F. H. Horn wahre Glycerinester mit eigenthümlichen schwefel- und chlorhaltigen Fettsäuren, und bei der Verseifung mit alkoholischem Kali (wobei ein an Chloräthyl erinnernder Geruch auftritt) und der Abscheidung der Fettfn. mit Schwefelsäure wird die Hauptmenge des Chlors aus der Fettf., welche noch den ganzen Schwefel enthält, abgespalten. Wenn Verff. Oelsäure in der zwanzigfachen Menge Benzol lösten, Chlorschwefel (1 Mol. auf 1 Mol. Säure) langsam zutropfen liefsen und nach einstündigem Kochen am Rückflufskühler das Benzol abdestillirten, so hinterblieb eine dickflüssige braune Fettf., welche den aus den Gummisubstituten abgeschiedenen Fettfn. sehr ähnlich war. Grofse Aehnlichkeit zeigte sie auch mit der von Benedikt und Ulzer beschriebenen Schwefelölsäure, welche bei 2stündigem Erhitzen von reiner Oelf. mit Schwefelblumen auf 200—220⁰ entsteht. — 55. 89. Rep. p. 229. 122. p. 408.

Darstellung von haltbaren neutralen Verbindungen aus Fettkörpern und Chlorschwefel. D. P. 50282 f. A. Sommer in Berkeley, Californien. Um bei der Darstellung dieser Verbindungen, welche bekanntlich durch ihre Elasticität und Zähigkeit dem vulcanisirten Kautschuk gleichen und als Ersatzmittel oder Beimischung zu Kautschuk benutzt werden können, die Heftigkeit der Reaction zu mildern, kühlt man entweder den Fettkörper vor dem Zusatz des Chlorschwefels ab oder setzt eine etwa gleiche Menge von einem indifferenten, nur schwer flüchtigen Verdünnungsmittel (Paraffin, Vaselin, Paraffinöl, Petroleum oder Cocosnufsöl) zu. Ferner wird die bei der Reaction sich bildende Salzsäure und sonst etwa vorhandene Säure, nicht, wie früher bisweilen, durch Waschen der granulirten festen Massen mit Was. entfernt, was nur schwierig auszuführen ist, sondern die Säuren werden sofort bei ihrer Entstehung im Laufe der Reaction durch ein Neutralisationsmittel, besonders an der Luft zerfallenen Kalk unschädlich gemacht; oder dies geschieht nach Beendigung der Reaction durch Hindurchtreiben von trockener Luft oder Gasen, welche basische Stoffe, z. B. Ammoniak, Trimethylamin, oder ungesättigte Kohlenwasserstoffe, z. B. Propylen, enthalten, oder durch directe Beimischung von Neutralisationsmitteln, z. B. Soda, oder von Terpentinöl oder flüssigen ungesättigten Kohlenwasserstoffen. — 75. p. 127. — D. P. 50543. Feste Fettkörper, welche sich nur schwierig mit Chlorschwefel umsetzen, wie Stearin, thierischer Talg, Kuhbutter, Cacaobutter, Cocosnufsöl, japanisches Wachs, Bienenwachs, Walrath, Carnaubawachs, vermischt man geschmolzen mit pulverisirtem Kalkhydrat ($\frac{1}{6}$ bis $\frac{1}{5}$ vom Gewicht des Chlorschwefels) oder einem anderen Neutralisationsmittel, vereinigt die warme oder heifse Mischung mit dem Chlorschwefel (13—15 % vom Fettkörper) und erwärmt sie noch 1—2 Stdn., nämlich so lange, bis der Geruch nach Chlorschwefel verschwindet. Für die Darstellung flüssiger oder weicher Schwefelfettpräparate verdünnt man die Fett-

körper vorher mit Petroleum, Vaseline oder Paraffin. Einen Ueberschufs von Kalkhydrat kann man durch Absetzenlassen des heifs zu
erhaltenden Gemisches entfernen. — **75.** p. 233.

Verbesserung in dem Emulgiren des Quecksilbers. D. P. 50544
f. A. Sommer in Berkeley, Californien. Man behandelt das Fett,
welches mit dem Quecksilber zu grauer Quecksilber-Salbe oder Mer-
curial-Maschinenschmiere verrieben werden soll, um die zeitraubende
und mühsame Arbeit des Verreibens abzukürzen und dem Fett mehr
Quecksilber incorporiren zu können, zuvor mit Chlorschwefel und
einem Neutralisationsmittel (vgl. die vorstehenden D. P. 50282 u. 50543).
Von dem erhaltenen „sulfochlorirten" Fettkörper verreibt man 1 Th.
mit 9 Th. Quecksilber. — **75.** p. 233.

Reinigen und Entwässern von Fetten und Oelen. D. P. 50944
f. O. Ch. Hagemann in London. Die zum Reinigen des Oeles
dienende Alkalicarbonatlösung wendet man in hochconcentrirtem Zustande an, indem man mäfsig angefeuchtete Stücke von Krystallsoda
mit dem Oele bei etwa 80° C. verrührt, wobei die Soda in ihrem
Krystallwasser schmilzt. Ueberläfst man das Gemisch der Ruhe, so
bilden sich in kurzer Zeit 3 scharf von einander gesonderte Schichten,
die obere besteht aus Oel, die mittlere aus Seife, die untere aus
Lauge, eine Emulsionsschicht dagegen, wie sie bei Anwendung von
verdünnten Alkalicarbonatlösungen auftritt, bildet sich nicht. Man
hat daher weniger Verlust an Oel. Um das nach der Reinigung gewaschene Oel geruchfrei zu erhalten, wird es mit einem circulirenden Strome eines indifferenten Gases (Kohlensäure, Stickstoff oder
Wasserstoff) behandelt, welcher durch Passiren eines mit Thierkohle
gefüllten Behälters immer wieder gereinigt wird. — **75.** p. 274. **49.**
p. 254.

Zur Versüfsung der Fette mit Saccharin hat sich Ph. Heinz in
Frankreich ein Verfahren patentiren lassen. Die Versüfsung der Fette
vermehrt die Wirkung der in der Industrie angewandten Fette in
hohem Mafse (? d. Red.). Handelt es sich um feste Fette, so
schmilzt man sie vorher und mischt sie dann innig mit dem Saccharin,
dessen Löslichkeit um so leichter und in höherem Grade erfolgt, je
höher die Temp. ist. Dieses Verfahren ist auch in gleicher Weise
für die flüssigen Fette anwendbar. — Corps gras p. 260. **34.**
p. 123.

Das Ranzigwerden der Oele und Fette wird verhindert durch
einen Zusatz von 2 % Phenolsulfonsäure. Diese ist zwar geschmacklos, doch möchte ihre Anwesenheit in solchen Oelen und Fetten,
welche zu Genufszwecken bestimmt sind, nicht unbedenklich erscheinen.
— Rev. int. d. falsif. **49.** p. 182.

Zur Reinigung und Entfärbung von Oelen sowie anderen Fetten
oxydirt W. Jelineck dieselben, wodurch Verunreinigungen und Farbstoffe im Oele unlöslich werden, dagegen sich in Wss. lösen. Die
Oxydation geschieht mittelst Bioxyden, Peroxyden und Metallsäuren,
besonders mit Alkalipermanganat. Man verleibt diese Stoffe trocken
oder in Lösung dem Oele ein, wobei man mit comprimirter Luft oder
einer Schraube rührt. — Corps gras p. 297. **34.** p. 148.

Zur Reinigung von Schweinefett ist nach L. Demoville die
längst bekannte Behandlung mit Alaun am besten. Das Fett wird

geschmolzen, unter Umrühren etwas gepulverter Alaun zugesetzt, dann colirt. Nach dem Erkalten wird das Fett auf einem schiefen Brett, auf welches immerwährend ein Wasserstrom fliefst, mit einem Pistill tüchtig durchgearbeitet. Um Fett zu conserviren, wurden die verschiedensten Versuche mit Balsamen, Salicylsäure, Storax etc. angestellt, aber die besten Resultate wurden beim Vermischen des Fettes mit 1 % Tolubalsam erhalten. Das Fett ist weifs, hält sich gut und hat ein angenehmes leichtes Aroma. — Amer. Journ. of Pharm. p. 171 **106. p. 276.**

Leinöl und seine Verfälschung mit Thran; v. A. Ruffin. Die Farbe des Leinöls wechselt von hellgelb bis dunkelbraun, je nachdem es in der Kälte oder in der Wärme erhalten wurde. Seine Dichte schwankt bei 15^0 zwischen $0{,}930$ und $0{,}935$, das Oleometer Lefebvre zeigt $9{,}350$ an. Es erstarrt bei -27^0, ist in 1 Th. Aether, in 40 Th. kaltem und 5 Th. kochendem Alkohol löslich. Die Löslichkeit wird bedeutend verringert, wenn das Oel der Luft ausgesetzt war, wobei eine neutrale Substanz ausfällt von harzigem Aussehen, das „Linoxin". Die Ansicht, dafs das Ausfallen dieses Stoffes ein Anzeigen für das Vorliegen einer Verfälschung mit Harz oder Harzöl ist, mufs als völlig falsch bezeichnet werden. Das Leinöl wird mit Kolza, Hanföl, Kamelin, Harz und Thran verfälscht. Während die vier erstgenannten Verfälschungsarten leicht entdeckt werden können, ist der Nachweis des Thrans schwieriger, obgleich er leicht durch Schwärzung mit Chlor soll erkannt werden können. In der Praxis zeigen sich aber Unregelmäfsigkeiten, die leicht Irrthümer veranlassen können. Die Wirkung des Chlors auf reines Leinöl verläuft in folgender Weise: 1) Wirkung des Chlorstroms auf Leinöl, das in einer verschlossenen Flasche zur Abhaltung der Luft aufbewahrt wird. Es tritt eine Grünfärbung ein. Läfst man nun den Chlorstrom aufhören, so erfolgt Bräunung, die bei Luftabschlufs langsamer auftritt. (Dauer der Reaction 24 Stdn.) Bei weiterem Einleiten von Chlor erfolgt Schwärzung. 2) Wirkung des Chlors auf Leinöl bei Gegenwart von Luft. Es erfolgt Schwärzung, nachdem zur Zeit Grünfärbung aufgetreten war. (Dauer der Reaction 6 Stdn.) 3) Wirkung des Chlors auf Mischungen von Thran und Leinöl. Es erfolgt sofort Schwärzung, ohne dafs eine Grünfärbung zu beobachten ist, während eine Braunfärbung eintritt. Man mufs sich also vergewissern, ob frisches oder älteres Oel vorliegt, ob es in verschlossenen oder offenen Gefäfsen aufbewahrt ist und mufs Vergleiche mit reinem Oel anstellen. — Corps gras p. 357. **34.** p. **229.**

Oel aus Mais von blafsgelber Farbe und von etwas dichterer Consistenz als Oliven- oder Baumwollsamenöl. Der Geschmack ist ein lieblicher, milder; die specifische Schwere $0{,}917$. Maisöl gehört zu den nicht trocknenden Oelen und eignet sich sehr gut als Schmiermittel; es ist in Aether, Chloroform und Benzin löslich, und ebenso luftbeständig wie Raps- und Olivenöl. Als Verfälschung von Olivenöl kann Maisöl nicht verwendet werden, da es durch einen Zusatz von concentrirter Schwefelsäure dunkel wird. Wird es in eine Mischung von Eis und Salz gesenkt, so werden keine körnigen Substanzen niedergeschlagen, sondern es bleibt beinahe durchsichtig, wird jedoch bemerkenswerth dichter, so dafs es kaum beweglich ist. Aller

Wahrscheinlichkeit nach besteht es gröfstentheils aus Oleïn. Das
Maisöl ist als Speise-(Salat-)Oel gut zu verwenden. Durch die Haut
wird es mit gröfserer Leichtigkeit aufgesaugt als Baumwollsaatöl; es
ist daher ein gutes Mittel für äufsere Anwendungen, innerlich genommen, äufsert es dieselben Wirkungen wie das Olivenöl. — Journ.
of Pharm. **49.** p. 134.

Entfettung von Putzwolle und dergl. in Centrifugal-Apparaten.
D. P. 50989 f. A. Lommatzsch in Lindenau und J. Herzog in
Plagwitz-Leipzig. Das Entfettungsmittel (Benzin oder Schwefelkohlenstoff) läfst man auf die Putzwolle in der Centrifuge während gleichzeitiger Einwirkung der Centrifugalkraft einwirken, um möglichst
wenig Entfettungsmittel zu verbrauchen. Zur Durchführung des Verfahrens sind in die in einem geschlossenen Kasten rotirende Centrifuge Vertheilungsrohre durch Stopfbüchsen dampfdicht eingeführt, und
zwar sind die Rohre entweder nur theilweise beweglich und werden
durch eine Schubstange mittelst Excenters zur Vertheilung des Dampfes,
des Lösungsmittels auf- und niederbewegt (s. die Abbildung *d e f*)

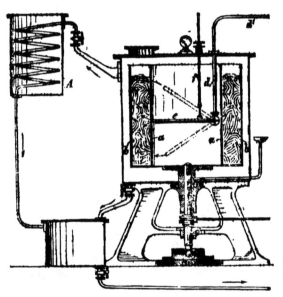

oder sie sind vollständig in der Stopfbüchse beweglich und dann mit
mehreren Dampfausströmungsrohren versehen. Der Benzindampf wird
aus einem besonderen Benzindampferzeuger (durch Rohr d^1) zugeleitet
und der überschüssige Benzindampf durch eine Kühlschlange A wieder
condensirt. Die Putzwolle liegt in der Centrifuge zwischen zwei con-
centrischen Cylindersieben $a\,b$; sie wird von den zugeleiteten Benzin-
dämpfen unter Condensation durchtränkt, so dafs das Oel oder Fett
dünnflüssig wird und sich mit Leichtigkeit abschleudert und beim
weiteren Einleiten von Benzindampf schnell vollständig entfernt wird.
— **75.** p. 317. **49.** p. 246.

Extraction von Fetten und Oelen mittelst schwefliger Säure.
D. P. 50360 f. W. Grillo und M. Schröder in Neumühl-Hamborn,
Rheinland. Die comprimirte schweflige Säure besitzt zwar ein geringeres Lösungsvermögen für Fette und Oele als Benzin und Schwefelkohlenstoff, läfst sich aber ohne Anwendung von Dampf wieder vollständig aus den Extracten entfernen, ist nicht feuergefährlich und
wirkt schliefslich auch noch stark bleichend und desinficirend, was
besonders bei der Entfettung von Knochen zur Darstellung von Leim
von Vortheil ist. Die Extraction ist bei 30—40⁰ C. (5—6 at. Druck)
und demgemäfs in Apparaten, welche solchen Druck ertragen können
und mit Manometer und Sicherheitsventil versehen sind, vorzunehmen;
im übrigen können die Apparate den in vielfachen Ausführungen bekannten Fett-Extractions-Apparaten mit Rückflufskühler und fortwährender Verdampfung und Condensation des Lösungsmittels nachgebildet
werden. — 75. p. 127. 49. p. 239.

Bei der Oelextraction ersetzen Gebr. Lever den Schwefelkohlen-
stoff durch Kohlenstofftetrachlorid. Dasselbe ist bei der angewandten
Temp. nicht entflammbar und flüchtig, und giebt dem Oel eine bessere
Farbe sowie keinen üblen Geruch. — Corps gras p. 297. 34. p. 148.

Extraction von Oel. Amer. P. 427410 f. W. T. Forbes, Atlanta.
Oelhaltiges Material wird mit einem Lösungsmittel behandelt, das
gelöste Oel und das Lösungsmittel aus der Masse mittelst Centrifugalkraft entfernt, dann Dampf eingeführt, behufs Verdampfung
des in den Rückständen verbliebenen Lösungsmittels, und schliefslich die Rückstände unter Anwendung von Centrifugalkraft getrocknet.
Sämmtliche Operationen des Verfahrens erfolgen, während das Material
in der rotirenden Trommel einer Centrifugalmaschine enthalten ist.
— 89. p. 703.

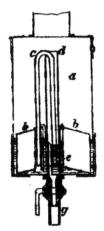

**Vorrichtung um Lampen, Schmierapparate und
dergl. gleichmäfsig mit Oel zu speisen.** D. P. 51261
f. T. Macneill in London. Die Oel-Speisevorrichtung besteht aus einem Oelgefäfs a mit Schwimmer
b, an dem eine Heberröhre c befestigt ist, deren einer
Schenkel in das Oelgefäfs a reicht, während der
andere in ein zum Gefäfse a concentrisches Rohr d
führt. Durch dieses unten geschlossene Rohr d ist
ein dünnes Röhrchen e geführt, das mit dem Oel-
ableitungsrohre g in Verbindung steht. Bei gefülltem Oelbehälter a und gefülltem Heber c findet dann
ein gleichmäfsiger Oelabflufs nach g statt, wobei die
Ausflufsöffnung des Hebers c und die Abflufsröhre e
(bezw. Abflufsöffnung) derart angeordnet sind, dafs
beim Sinken der Flüss. bis zu einem bestimmten
Niveau der Ausflufs aus dem Heberrohr c selbstthätig
eingestellt wird, ohne dafs sich der Heber entleert.
— 75. p. 348.

Zusatz von Kautschuk zu Schmiermitteln stellt nach B. Willelm
die verloren gegangene Schmierfähigkeit wieder her und vermehrt sie,
indem er die Oele oder Fette schwerer macht; er verhindert auch
die Verharzung der Oele durch die Wärme. Der Zusatz von einigen
Gramm ist hinreichend. — Corps gras p. 275. 34. p. 133.

Im französischen Terpentinöle läfst sich ein Zusatz von 5 %
Harzöl auf chemischem Wege mit Sicherheit nicht nachweisen, ebensowenig durch das spec. Gew. Dagegen verändert schon ein sehr
kleiner Zusatz von Harzöl das Rotationsvermögen des Terpentinöles.
Das französische, echte, natürliche Terpentinöl polarisirt im Durch-
schnitte $[aD] = -61{,}30$ (-60^0 $26'$ bis 63^0 $21'$), während durch Zusatz von Harzöl eine bedeutende Abnahme erfolgt. Aignan hat das
Drehungsvermögen für verschiedene Mischungen bestimmt. — 17.
122. p. 281.

Raffinirung schwerer Paraffinöle des Braunkohlentheers. Destillirt
man nach E. von Boyen die über 300^0 siedenden neutralen Kohlenwasserstoffe des Braunkohlentheers, welche, vom krystallinischen Paraffin möglichst befreit, einer wiederholten Behandlung mit Schwefelsäure und Natronlauge unterzogen und mehrfach, am besten im Vacuum
destillirt worden waren, so bemerkt man ein gleichmäfsiges, ununter-
brochenes Steigen des Thermometers. Die Fractionen, die nicht aus
Paraffinen bestehen, von 5 zu 5 Graden zeigen grofse Aehnlichkeit
unter einander. Mit dem Siedepunkte des Oeles steigt spec. Gew.
und Viscosität; die Farbe wird dunkler, der Geruch schwächer.
Behandelt man eine derartige Fraction mit concentrirter Schwefelf.
bis zu 3 %, so erhält man schwarze, gröfstentheils in Wss. unlösliche,
klebrige und zähe Harzausscheidungen, während jede weitere Behandlung des Oeles mit Schwefelf. wasserlösliche, schwarze Ausscheidungen
von Sulfosäure bewirkt, bis schliefslich nur noch wenige Procente vom
Ausgangsmaterial übrig sind. Unterbricht man die Säuerung an einer
bestimmten, später zu ziehenden Grenze und schüttelt das unange-
griffene Oel mit Wss., so erhält man eine milchweifse Emulsion, aus
der sich ein weniger als 0,900 specifisch schweres Oel in der Wärme
blank absetzt; specifisch schwerere Oele scheiden sich aus der Milch
selbst nach wochenlangem Stehen nicht ab. Die beste Wirkung bei
der Säuerung wird erreicht durch Behandeln mit 2,5—4 % Säure von
66^0 Bé. im Luftmischapparate. Ein Oel, welches wenig raffinirt ist
und wasserunlösliche Säureausscheidungen giebt, kann mit 4 % Säure
behandelt werden, aber niemals mit mehr in einer Operation. Ein
Oel, welches der Säuerung unterzogen werden soll, mufs im allgemeinen der Destillation entstammen, darf in einer 10 cm starken
Schicht bis zur Farbe des Kirschrothes nachdunkeln, mufs blank und
absolut wasserfrei sein und keine höhere Temp. als 20^0, am besten
eine von ca. 10^0 besitzen. Ein noch wenig raffinirtes und bis zur
Undurchsichtigkeit nachgedunkeltes Paraffinöl ist vorher mit annähernd
der erforderlichen Menge concentrirter Natronlauge warm zu laugen,
das Oel nach eintägigem Abstehen vom Kreosotnatron zu trennen
und zu destilliren. Das Destillat wird in Fractionen von 5 zu 5
Stellen des 1000stelligen Aräometers getheilt und wie vorher behandelt.
Im Allgemeinen wird man mit Säure von 66^0 Bé. bei der Raffinirung,
besonders wenn nach der Anwendung derselben gewaschen oder nochmals gesäuert werden soll, gute Resultate erhalten. Nur wenn es
sich bei der Endraffinirung um Verbesserung der Farbe handelt, ist
die rauchende Säure vorzuziehen. Je weniger Säure verwendet wird,
desto geringer die Trübung, desto leichter läfst sich das Oel nach
der trocknen Neutralisation blank erhalten. Nach einer einstündigen

Ruhezeit werden die Säureausscheidungen von unten abgezogen und man beginnt nun sogleich mit der Behandlung des Oeles mit fettem, von organischer Substanz und Wss. freiem, höchst fein gebeuteltem Thonmehl der Fabrik Aue bei Zeitz. Man stellt dazu die Luft an und mischt das gesäuerte Oel, welches nun dunkel und undurchsichtig geworden ist, 15 Min., während man 1 % Thonmehl in kleinen Portionen in das Oel streut. Nach einer einstündigen Pause zieht man von Neuem Säureausscheidungen ab und mischt unter Zusatz immer kleiner werdender Thonportionen so lange, bis das Oel hell zu werden beginnt. Dann hört man mit dem Thonzusatz · auf und mischt noch so lange fort, bis die Farbe des Oeles nicht mehr heller wird. Man prüft nun das Oel auf seinen Geruch und schüttelt eine kleine Probe mit concentrirter Natronlauge, bis der Geruch nach schwefliger Säure verschwunden und der specifische Geruch des Oels wahrzunehmen ist. Ist derselbe genügend schwach, so zieht man das Oel von oben auf eine neue Maschine um, mischt warm mit 1—2 % Natronlauge in concentrirter Lösung und läfst bei 40—60⁰ so lange stehen, bis es blank geworden ist; in der Regel genügt hierzu eine Zeit von 24 Stdn. Dann trennt man es auf das sorgfältigste von Lauge und Laugenausscheidungen und läfst es unter 20⁰ abkühlen. Der Säuerungsprocefs kann nun in beschriebener Weise wiederholt werden. Bei der zweiten Säuerung behandelt man mit 4 % Schwefelf. und ungefähr 3 % Thon, wobei 2 % auf die erste und 1 % auf die zweite Mischzeit fallen. Das fertig gethonte Oel wird auf eine saubere Maschine gezogen und gewaschen. War dagegen der Geruch nach der ersten Behandlung noch stark, so unterläfst man die zweite Säuerung, wäscht das Oel, bringt es nochmals zur Destillation und behandelt es dann von Neuem. Ein gesäuertes Oel, welches nach dem Thonen die schwarzen Säurepartikel möglichst vollständig abgesetzt hat, mufs eine hellgelbe Farbe besitzen und in Schichten von 5 cm noch transparent sein. Während nun der gröfste Theil der durch die Schwefelf. gebildeten Sulfofn. ausgeschieden wurde, bleibt ein kleinerer vom Oel gelöst, welcher auf Zusatz von Wss. die schon erwähnte milchartige Emulsion verursacht. Der Waschprocefs, der nichts anderes als die Entfernung der vom Oel gelösten Sulfofn. bezweckt, ist bei den schweren Paraffinölen stets mit erheblichen Verlusten verknüpft, bei denen des Braunkohlentheers aber nicht zu umgehen. Fortlassen kann man das Waschen zwischen zwei auf einander folgenden Behandlungen und bei der Endbehandlung; soll jedoch das behandelte Oel destillirt werden, so ist das Waschen nicht zu vermeiden; ebenso wenig nach zwei auf einander folgenden Behandlungen. Praktisch führt man den Waschprocefs in folgender Weise durch: Man erwärmt das saure Oel durch directen Dampf und kocht es 5 Min., überläfst es dann während 30 Min. der Ruhe und zieht die Milch von unten ab. Darauf kocht man 10 Min. mit 15 % Wss., zieht nach 30 Min. ab und kocht endlich mit 20 % Wss., dem man 0,5 % Soda zugegeben hat, so lange, bis das Oel aus der Emulsion gegangen und transparent geworden ist. Man läfst dann das Oel auf der Mischmaschine absetzen und zieht das Waschwasser von unten ab. Ist der Geruch des Oeles nicht genügend schwach, und benöthigt dasselbe eine Destillation, so wird es gleich, nachdem das Wss. ab-

gezogen ist, noch warm mit 1—2 % Natronlauge behandelt. Ist dagegen das Oel im Geruch mild, so dafs es der Destillation und Säuerung nicht mehr bedarf, so unterwirft man es dem Bleichprocefs.
Oelen, welche starke Emulsionen geben und sich infolge längeren
Kochens verfärbt haben, dabei aber doch mild im Geruch sind, läfst
man am besten eine nochmalige Behandlung zukommen. Für diese
Endbehandlung, bei welcher man sich vortheilhaft der rauchenden
Säure bedient, ist es nothwendig, in schottischer Maschine zu mischen,
weil bei dieser Methode weder Luft, noch Spuren von Feuchtigkeit
zum sauren Oel gelangen können. Man mischt mit 2 % rauchender
Schwefelf. 10 Min., zieht nach 30 Min. die Säureausscheidungen ab
und mischt mit 2 % Thonmehl so lange, bis das Oel hell geworden
ist. Man zieht dann auf eine reine Luftmischmaschine über, neutralisirt
bei ca. 30⁰ mit 1—2 % staubfeiner Soda, ähnlich wie beim Thonen.
und mischt während dieser Operation so lange, bis der Geruch nach
schwefliger Säure nicht mehr wahrzunehmen, das Oel citronengelb
geworden ist und stark zu schäumen beginnt. In spätestens 2 Stdn.
ist der Neutralisationsprocefs beendet. Dann bringt man das Oel auf
Absetzgefäfse, in denen es so lange absteht, bis es fast blank geworden ist, und läfst es bleichen, indem man es in hohen und
schmalen, den Silberbädern der Photographen in der Form ähnlichen,
offenen Gefäfsen aus weifsem, weniger gut aus blauem oder grünem
Glase den Sonnenstrahlen an einem trocknen, staubfreien, gleichmäfsig
warmen (20—25⁰) Orte aussetzt. — Die Aufbewahrung der Oele vor
der Behandlung geschieht am besten im Freien, in flachen, offenen.
eisernen Behältern, die an einem möglichst vor Staub und Unrein-
lichkeit geschützten Orte ihren Stand haben. Regen und Luft bewirken bei grofser Berührungsfläche und längerer Zeit die Oxydation
der Oele am einfachsten und sichersten. Niedrig siedende Kohlenwasserstoffe, welche vorzugsweise die Träger des mineralischen Geruches sind, und die unangenehmen Riechstoffe verflüchtigen sich
namentlich im Sommer zum gröfsten Theile. Die Aufbewahrung der
raffinirten Oele dagegen mufs stets in gläsernen oder bleiernen, theilweise geöffneten Gefäfsen mit kleiner Oberfläche in trocknem, ge-
schlossenem Raume von mittlerer gleichmäfsiger Temp. stattfinden.
Der Ablafshahn ist am tiefsten Punkte des konischen Gefäfses anzu-
bringen, damit, falls infolge von Nachoxydation ein Satz entstehen
sollte, dieser vor dem blanken Oele abgezogen werden kann. — 89.
p. 267. 289.

Um Mineralöle löslich zu machen mischt G. Delory mit Hilfe
eines Rührwerkes 1000 kg Mineralöl, gleichviel welcher Herkunft, mit
50 kg Sulforicinussäure oder Sulfoölsäure und erhöht die Temp. langsam auf 110—120⁰. Die Verbindung tritt augenblicklich ein, man
läfst erkalten und wäscht wie gewöhnlich. Wenn das Oel zum Ein-
fetten von Textilstoffen bestimmt ist, empfiehlt es sich, eine theilweise
Entkohlung mittelst Schwefelsäure (5—7 % Säure) vorzunehmen. —
Corps gras p. 259. 34. p. 124.

Ueber die Gelatinirung des Petroleums und der Braunkohlentheer-
Oele mittelst Seife stellte Thede Versuche an. Er erhitzte die Oele
mit Harzseife (was vor ihm schon Andere gethan. D. Red.) in den
verschiedensten Procentsätzen bis zur Lösung der letzteren, wozu in

fast allen Fällen Siedetemperatur erforderlich war. Die erhaltenen Gelatinen sind zwar bei niedriger Temp. haltbar, entbinden aber schon bei 20^b einen Theil des Oeles. Bei der Regenerirung des Oeles mittelst Mineralsäure wird dasselbe durch die frei werdenden Fettsäuren der Seifen verunreinigt. — Oel- u. Fett-Ind. p. 123. **95.** p. 224.

Bleichen von Wachs. Am. P. 421 904 f. W. Bruening, East Orange. Der Erfinder zerstäubt das geschmolzene Wachs mittelst eines Dampf- oder Gasstrahles, sammelt das resultirende Pulver und bleicht es, indem er es der Luft, dem Lichte und der Feuchtigkeit aussetzt, oder mit bleichend wirkenden Agentien behandelt. — **89.** p. 878.

Beim Bleichen des Wachses ist nach A. und P. Buisine das Licht das wesentlichste Agens; der Farbstoff wird völlig verbrannt und die ungesättigten Verbindungen gehen theilweise in gesättigte über. Zusatz von 3—5 % Talg oder Terpentinöl zu dem Wachse vor dem Bleichen verhindert ein nachheriges Sprödewerden, beschleunigt den Bleichprocefs und ist das einzige Mittel, um ganz weifse Producte zu erhalten. Die Entfärbung des rohen Wachses kann auch geschehen durch Thierkohle, Kaliumpermanganat, Kaliumbichromat in saurer Lösung und Wasserstoffsuperoxyd, nicht durch schweflige Säure, Sulfite und Hydrosulfite. Aus der in der folgenden Tabelle enthaltenen Zusammensetzung des nach verschiedenen Verfahren gebleichten Wachses läfst sich feststellen, ob ein gebleichtes Wachs rein ist und, bis zu einem gewissen Grade, nach welcher Methode gearbeitet wurde:

	Schmelzpunkt °C.	Freie Säuren in mg KOH pro 1 g Wachs	Gesammtsäuren in mg KOH pro 1 g Wachs	Durch 100 g Wachs gebundenes Jod	1 g Wachs liefert eVol.H b.0°u.760 mm kcm	Kohlenwasserstoffe in %
Reine gelbe Wachse . .	63—64	19—21	91—95	10—11	53,5—55	13—14
Unter Zusatz von 3—5 % Talg an der Luft gebleichte Wachse . . .	63,5—64	21—23	105—115	6—7	53,5—57	11—12
Reines gelbes Wachs . .	63,5	20,17	93,49	10,87	53	13,54
Dasselbe, mit 5 % Terpentin an der Luft gebleicht	63,5	20,2	110,4	6,78	54,9	12,39
Dasselbe, mit H$_2$O$_2$ gebleicht	63,5	19,87	98,42	6,26	56,1	12,58
Reines gelbes Wachs . .	63	20,40	95,06	11,23	54,5	14,30
Dasselbe, mit Thierkohle entfärbt	63	19,71	93,20	11,36	53,6	13,30
Dasselbe, mit Permanganat entfärbt . . . . {	63,7 / 63,5	22,63 / 21,96	103,29 / 99,23	2,64 / 5,80	— / 55,5	— / 13,34
Dasselbe, mit Bichromat entfärbt {	63,2 / 64	21,86 / 23,43	98,90 / 107,72	7,94 / 1,08	51 / 53,6	13,24 / 11,77

— **93. 89. 76.** p. 957.

Paraffin kann nach Pawlewski als ein Colloïd betrachtet werden; der Essigsäure gegenüber jedoch verhält es sich wie ein Krystalloïd.

Durch die colloïdale Natur des Paraffines läfst sich sein Auftreten in Rohpetroleum als Vaseline erklären. — **60.** Bd. 23. p. 327. **31.** p. 203. **89.** Rep. p. 81.

Ungarischen Ozokerit hat Thede auf seinen Gehalt an Leucht-ölen und Paraffin untersucht im Vergleich mit denen aus dem Braun-kohlentheer gewonnenen und gelangt zu folgenden Resultaten: Die Ausbeute an Paraffinmasse von 60 % resp. 45,4 % Prefskuchen aus dem ungarischen Ozokerit steht einer solchen von 50 % resp. 25 bis 30 % aus dem Braunkohlentheer gegenüber, würde also auf den ersten Blick sehr zu Gunsten des Ozokerits sprechen. Auch die Ausbeute an Leuchtölen ist beim Ozokerit eine gröfsere als beim Braunkohlen-theer, nämlich 27 % gegen 20—25 %. Dahingegen ersetzt die Qualität unserer Braunkohlentheerproducte reichlich die procentische Mehraus-beute des Ozokerits. Denn während der ungarische Ozokerit nach mehrmaliger Reinigung ein Paraffin von 51° C. Schmelzpunkt liefert — ein Schmelzpunkt, der nach häufigerer Reinigung allenfalls auf 54° C. gebracht werden kann, dadurch dann aber wieder gröfsere Verluste durch Benzinverbrauch und Arbeitslöhne nach sich zieht —, giebt unser Braunkohlentheer Paraffin bis zu 59 und 60° C. Schmelz-punkt, und während die gut gereinigten Oele des Ozokerits eine Maximal-Kerzenstärke von 10 ergaben, liefert der Braunkohlentheer Leuchtöl von 12—18 Kerzenstärke. Das Ozokerit-Paraffin findet heute in einer am Fundorte des Ozokerits in Ungarn entstandenen Fabrik Verwendung zu Brillant- und Compositionskerzen (Paraffin und Stearin). — **24.** p. 81. **38.** Rep. p. 77.

Herstellung von Lanolinpuder. D. P. 50410 f. J. Quaglio in Berlin. Eine mit Aether-Alkohol, Chloroform oder Aceton hergestellte Lösung bezw. Emulsion von Lanolin läfst sich mit gebrannter Magne-sia zu einer gleichmäfsigen Masse verarbeiten, welche sich weiter mit Stärkemehl und dergl. zu Puder verdünnen läfst. — **75.** p. 233. **49.** p. 126.

Herstellung von Nachtlichten. D. P. 50689 f. F. Mückner in Breslau. Man läfst gedrehte Fadendochte 24 Stdn. lang in gekochtem Essig liegen und trocknet darauf. Dann werden dieselben in abge-kochtes Salzwasser 24 Stdn. lang gelegt und getrocknet und hierauf zweimal mit flüssigem Stearin getränkt. Der Essig hat die Wirkung, dafs das Licht schön klar und hell brennt (!?) und beim Auslöschen keinen unangenehmen Geruch zuläfst (? Diese „Erfindung" ist, wenn ich nicht irre, schon in Wiegleb's Magie, wahrscheinlich auch in den Recepten des „Schäfers Thomas" enthalten. J.), während das Koch-salz dem Docht die gehörige Festigkeit giebt, so dafs man denselben in eine Blechhülse hineinschieben kann und derselbe während der ungefähr eine Woche währenden Brenndauer zusammenbleibt. Die Metallhülse sitzt auf einem Korkschwimmer. — **49.** p. 182.

Verfahren, Gase von Kohlenoxyd und Kohlenwasserstoff zu be-freien. D. P. 51572 f. L. Mond in Northwich und C. Langer in South-Hampstead. Um die durch Destillation von Kohle, Koks, An-thracit und dergl. mit oder ohne Anwendung von Wasserdampf ge-wonnenen Gase, die zu einem nicht unerheblichen Theil aus Wasser-stoff und Kohlenoxyd neben Kohlenwasserstoffen und Kohlensäure be-stehen, von dem Gehalt an Kohlenoxyd und Kohlenwasserstoffen unter

gleichzeitiger Gewinnung äquivalenter Mengen Wasserstoff möglichst
vollständig zu befreien, leitet man diese Gase bei einer Dunkelrothgluth nicht übersteigenden Temp. (350—450° C.) über metallisches
Nickel oder Kobalt. Diese Metalle bewirken die Zerlegung der Kohlenwasserstoffe in Wasserstoff und Kohlenstoff, sowie die Zersetzung des
Kohlenoxyds in Kohlenf. und Kohlenstoff. Der hierbei abgeschiedene und mit dem Nickel bezw. Kobalt verbundene Kohlenstoff wird
durch Behandeln der Carbide mit Wasserdampf bei annähernd gleicher
Temp. in Kohlenf. und Wasserstoff ohne Bildung von Kohlenoxyd
übergeführt. Die bei diesem Procefs eintretenden Reactionen ver-
laufen nach folgenden Gleichungen:

$$\text{a)} \quad {}_2CO + Ni^x = Ni_x C + CO_2,$$
$$CH_n + Ni_x = Ni_x C + H_n;$$
$$\text{b)} \quad Ni_x C + 2H_2O = Ni_x + CO_2 + 2H_2.$$

— 49. p. 262.

Verbrennungswärme der gebräuchlichsten Beleuchtungsmaterialien und Luftverunreinigung durch die Beleuchtung.

E. Cramer zeigt, dafs
der Einflufs der künstlichen Beleuchtung auf die Gesundheit noch
nicht genügend beurtheilt werden kann, weil die Wirkung durch
Wärmeentwicklung, Wärmestrahlung und die Verbrennungsproducte
noch nicht hinreichend festgestellt ist. Die Verbrennungswärme des
Leuchtmaterials war bis jetzt noch nicht bekannt. Bisher bestimmte
man nur die totale Verbrennungswärme, während thatsächlich die
Beleuchtungsstoffe nie vollständig verbrennen. Es war also nothwendig, die calorimetrische Methode derartig umzuformen, dafs sie
die Messung der Wärmeproduction frei brennender Flammen gestattet.
Zur Bestimmung der Verbrennungswärme wurde ein Luftkalorimeter
benutzt, in welchem die Wärmemenge, welche ein Gegenstand abgiebt,
gemessen wird an der Ausdehnung eines Luftraumes, welcher den
Gegenstand allseitig umgiebt. Es zeigt sich, dafs die natürliche
Verbrennungswärme der Stearinkerzen 8,552 Cal. beträgt, um 12,3 %
kleiner als die bisher zu Grunde gelegte Verbrennungswärme (9,745).
Bei brennenden Stearinkerzen gehen durch unvollkommene Verbrennung 6 % der totalen Verbrennungswärme verloren. Die totale Verbrennungswärme des Talges beträgt 9,423 Cal., die natürliche nur 8,112,
somit 13,8 % weniger. Die Paraffinkerzen liefern 9,890 Cal. natürliche
Wärme (total 10,618), das Petroleum 10,366 (total 11,036). Diese Angaben beziehen sich auf 1 g Substanz. Die natürliche Verbrennungswärme für 1 l Gas bei 0° und 760 mm ist 5,266 Cal. gegenüber 6,078
Cal. für die totale, also um 13 % weniger. Hinsichtlich der Luftverunreinigung wurde versucht, absolute Werthe für die Verbrennungsproducte festzustellen. Es zeigte sich, dafs die Kohlensäureproduction
bei dem verwendeten Material eine höchst ungleiche ist, beim Petroleum verhältnifsmäfsig am höchsten; geringer bei Paraffin, beim Talg
und Stearin; am geringsten beim Leuchtgase. Die unvollkommenen
Verbrennungsproducte verhalten sich ganz anders als die Kohlensäure-
entwicklung. Beim Petroleum verbrennt der Kohlenstoff nahezu vollkommen, falls die Versuche 8—13 Stdn. dauern; in den 3stündigen
Versuchen verbrennen dagegen nur 85 %. Die Wasserentwicklung war
beim Talg nur geringfügig, ebenso beim Stearin, bedeutender beim

Paraffin; beim Leuchtgase doppelt so grofs wie beim Talg. Die Gesammtgröfse des Verlustes durch unvollkommene Verbrennungsproducte ist Gas 2,6, Stearin 6.0, Talg 7,5, Petroleum 8,0, Paraffin 11,5. Von Bedeutung ist, dafs unter den Verbrennungsproducten stets Untersalpetersäure vorhanden ist. — Arch. f. Hyg. Bd. 10. p. 283. **34.** **49.** p. **264.**

Heizwerth des Leuchtgases; v. A, Slaby. Obwohl das von einer Gasanstalt bei ungeändertem Betriebe gelieferte Leuchtgas im Allgemeinen eine ziemlich gleichartige Zusammensetzung zeigt, unterliegt die Heizkraft desselben Schwankungen bis zu 8 %, für die calorimetrische Untersuchung einer Gasmaschine ist eine sorgfältige Bestimmung des Heizwerthes des benutzten Gases unbedingt erforderlich. Sie geschieht bei Verwendung von Generator- und Wassergas durch technische Analyse, bei Verwendung von Leuchtgas durch Combination der analytischen mit einer densimetrischen Methode. Die letztere beruht auf dem Gesetz, dafs die Heizwerthe aller schweren Kohlenwasserstoffe in einer einfachen Beziehung zu ihrer Dichtigkeit stehen. Diese Abhängigkeit wird wiedergegeben durch die Formel $H = 1000 + 10500\,s$, worin s die Dichtigkeit des schweren Kohlenwasserstoffes (Gew. von 1 cbm in kg) und H den Heizwerth desselben für 1 cbm unter der Annahme, dafs der bei der Verbrennung gebildete Wasserdampf nicht condensirt wird, bezeichnet. Das gleiche Gesetz läfst sich auch anwenden für ein beliebiges Gemisch von schweren Kohlenwasserstoffen. Ist aufser der analytischen Zusammensetzung des Leuchtgases auch das spec. Gew. des letzteren bekannt, so läfst sich die für das schwere Kohlenwasserstoffgemisch zutreffende Dichtigkeit berechnen. Es ist hierbei zulässig, für den Restbetrag der Analyse die Dichtigkeit des Stickstoffs in Ansatz zu bringen. Wünscht man den Heizwerth des Leuchtgases nach dieser Methode auf 1 % genau zu erhalten, so ist das spec. Gesammtgewicht mindestens bis auf 3/4 % genau zu ermitteln. Die der Technik zur Verfügung stehenden Apparate zur Bestimmung von Gasdichten reichen hierfür aus. Der von Schilling nach Bunsen's Angaben construirte Apparat liefert die geforderte Genauigkeit nur dann, wenn man gewisse Vorsichtsmafsregeln in Anwendung bringt und beträchtliche Zeit aufwendet. Mehr als ausreichende Genauigkeit bietet dagegen die von Lux construirte Gaswaage, Modell E, welche ein einfaches Ablesen des Gewichtes gestattet. — **46.** p. **24. 34.** p. **50. 49.** p. **115.**

Erzeugung von Gas. D. P. 51741 f. J. H. R. Dinsmore in Liverpool, England. Während der Gasentwicklung wird gekühlter Theer (vgl. Rep. 1889 II. p. 53) unter dem Druck von Wassergas in die Gasretorte eingespritzt und vergast, wobei die aus dem Theer entwickelten Gase sich mit dem Kohlengas mischen. Der Theer wird nicht eher mit dem Kohlengas gemengt, als bis er selbst bereits in Gas umgewandelt ist. Zu diesem Zwecke fliefst der Theer auf eine im Innern der Retorte angeordnete Scheidewand, wobei er in dem von dieser Scheidewand gebildeten oberen Retortenraum vergast wird, dann sich mit dem ihm aus dem unteren Retortenraum entgegenströmenden Kohlengas vermischt und in ein gekühltes Abzugsrohr zieht, woselbst ein Theil der noch als Dämpfe abgeführten Gase condensirt wird, um dann Zwecks weiterer Vergasung in die Retorte zurückzugelangen. — **75**. p. 414.

Hydrocarbure ist nach E. Fischer ein Rohbenzol, die Flüss., welche sich beim Pressen von Fettgas für die Eisenbahnwagen-Beleuchtung nach Pintsch abscheidet. Diese sehr unangenehm riechende Flüss. bringt man in einen Karburirapparat einfachster Art und läfst das Leuchtgas hindurchstreichen, wodurch es die Eigenschaften des Fettgases erhält. Für Fabriken und Wassergas empfehlenswerth. — **128**. p. 264. **34**. p. 164.

Vorrichtung zum Carburiren von Gas. D. P. 50987 f. H. St. Maxim in London, England. Die Herstellung des carburirten Gases soll dem Verbrauch desselben in solcher Weise sich anschliefsen, dafs das Gas immer gleichmäfsig dicht ist, mag die Zahl der verwendeten Brenner oder die Länge der Zeit, während welcher die Brenner gebraucht werden, oder die Güte des benutzten Kohlenwasserstoffs oder die Temp. der den Apparat umgebenden Luft einem Wechsel unterworfen sein. Zu diesem Zwecke wird in dem zur Aufnahme des carburirten Gases bestimmten Behälter ein Schwimmerballon in der Weise angeordnet, dafs derselbe mit jeder Aenderung in der Dichtigkeit des carburirten Gases steigt oder fällt und dadurch vermittelst eines durch ihn bethätigten Ventils eine Oeffnung für den Zuflufs des nicht carburirten Gases öffnet oder schliefst, um das carburirte Gas verdünnen und es so in gleichmäfsiger Dichtigkeit erhalten zu können. — **75**. p. 317. **49**. p. 255.

Retorte zur Zersetzung flüssiger Kohlenwasserstoffe. D. P. 50947 f. P. Suckow & Co. in Breslau. Um die Gasproduction bei der Oelgaserzeugung wesentlich zu steigern, giebt der Erfinder der Vergasungsretorte die Würfelform, weil weniger die leitende als vielmehr die strahlende Wärme es sein soll, welche in der Retorte die Zersetzung der Dämpfe und Gase bewirkt, und diese angeblich am besten bei einer würfelförmigen Retorte zur Wirkung kommt. — **75**. p. 292. **49**. p. 279.

Zur Parfümirung von Wassergas benutzt J. Lewkowitsch das von Baumann entdeckte Thioaceton. Die Beimischung scheint sich zu bewähren. Vielleicht ist auch das Akroleïn mit Vortheil zu dem gleichen Zwecke zu verwenden, da selbst die geringen Mengen, die bei der Destillation des Glycerins entstehen, äufserst lästig werden (vgl. Hydrocarbure. Rep. 90 I.). — **8**. vol. 61. p. 219. **34**. p. 170. (Ich habe vor einigen Jahren die zuerst von mir dargestellten, höchst intensiv übelriechenden, flüchtigen Destillationsproducte, welche beim Erhitzen von Glycerin mit Schwefel übergehen, für gleichen Zweck in Vorschlag gebracht. Die gelblich gefärbten, leicht in gröfserer Menge zu erhaltenden Destillate habe ich s. Z. einer Wassergasfabrik zu Versuchen gegeben, bin aber ohne Bescheid über die Verwendbarkeit derselben für obigen Zweck geblieben. Vielleicht liefsen sich verdünnte Lösungen der Glycerin-Schwefel-Destillate auch zur Vertilgung der Phylloxera etc. verwenden. E. J.)

Zur Werthbestimmung von Theerpech als Bindemittel für Steinkohlen-Briquettes genügt meist die „Kauprobe". Bei vorübergehender Sprödigkeit und namentlich da, wo die Vornahme einer Betriebsperiode etwa nicht angängig sein sollte, wird es nach F. Huck immer ange-

zeigt sein, auch den Erweichungspunkt zu bestimmen. Dazu werden
aus den Proben cylindrische Stäbchen von 4 mm Durchmesser und
1000 mm Länge hergestellt und diese auf 20 mm so umgebogen, dafs
der kürzere Theil mittelst eines Gummiringes an das Quecksilbergefäfs
des Thermometers befestigt werden kann, der längere Schenkel wird
mit dem Thermometerrohr parallel gestellt. Das so montirte Stück
wird in ein, zugleich mit einem verticalen Rührwerk versehenes, mit
Wss. gefülltes Becherglas eingesenkt und so lange vorsichtig erwärmt,
bis der längere Schenkel des Pechstäbchens sich umzubiegen beginnt.
Die Menge der bei der Tiegelverkokung bleibenden Rückstände von
Pech hat für die Briquettirung keine Bedeutung, wohl aber die Gestalt
derselben, da Theerpeche, welche sich beim Schmelzen aufblähen,
später ein Zerbröckeln des Briquettes im Feuer veranlassen. — **112.**
D. Kohlenztg. **31.** p. 253.

Die Verwitterungsfähigkeit der Steinkohle nimmt nach B u s s e ab
mit zunehmender Stückgröfse und Dichtigkeit, zu mit abnehmender
Gröfse und Dichtigkeit; als Ergebnifs der Verwitterung stellt sich
heraus eine Verminderung des Gehalts an freiem Wasserstoff und
Kohlenstoff, d. h. eine Verminderung der Heizkraft der Steinkohle
einerseits und eine Gewichtsvermehrung durch Sauerstoffaufnahme und
-condensation andererseits. — **94.** p. 353.

**Erzeugung von Heizmaterial aus Kohlengrus und ähnlichem
Material.** D. P. 51099 f. J. B o w i n g in London. Um aus Kohlengrus, Koksgrus und dergl. recht feste und harte Briquettes herstellen
zu können, sollen die betreffenden Stoffe mit dem vierfachen Quantum
Wss. und mit Theer oder geschmolzenem Pech oder dem Gemisch
beider vermischt werden. — **75. 49.** p. 318.

Herstellung von Briquettes. D. P. 50601 f. F. H u l w a in Breslau.
Kohlenklein, Holzmehl, Holzspähne, Lohe oder ähnliche Stoffe werden
mit solchen Substanzen innig gemischt, welche thierische oder pflanzliche Eiweifskörper (Albumin, Fibrin etc.) enthalten. Als solche eiweifs-
haltige Stoffe verwendet man zweckmäfsig Blut, Milch, Eiweifsabfall
oder andere thierische oder pflanzliche Albumin- oder Proteïnkörper.
Behufs Erzeugung eines Erdalkalialbuminates in der Masse wird ein
Erdalkali hinzugefügt. Eine zweckmäfsige Mischung soll aus 300 kg
Kohlenklein, etwa 20 kg Blut und etwa 5—10 kg Kalk bestehen. —
75. p. 312.

A. R e f o r m a t z k i; Untersuchung der Leinölsäure. ($C_{16}H_{32}O_2$; die rohe Säure
    wird durch Verseifen von Leinöl, die reine durch Verseifen des Aethylesters
    erhalten.) **18.** p. 529. **34.** p. 195.

G u l d m a n n; Walfisch- oder Döglingsöl (stellt sich 40 % billiger als Olivenöl
    und besitzt eine grofse Durchdringungsfähigeit). Monatschr. f. Dermatol.
    No. 10. **49.** p. 198.

G a w a l o w s k i; Aufarbeitung des Rohwachses durch Fractioniren. (84 % Hart-
    wachs, 12 % halbhartes Wachs, 4 % vaselinartiges Mineralfett.) Oel- u.
    Fett-Ind. p. 21. **95.** p. 211.

G. L u n g e; Mineralöle und Paraffin auf der Pariser Weltausstellung. **123.**
    p. 41.

C. E n g l e r; das Erdöl. **49.** p. 322.

O. Aschan; über die im Erdöle aus Baku vorkommenden Säuren von niedrigerem Kohlenstoffgehalt. (Die bei der Reinigung von Naphta mit Aetznatron entstehenden Residuen liefern durch Kochen mit Wss. und Zersetzen durch Schwefels. eine Rohsäure, aus der durch Behandeln mit Aetznatron und Schwefels., Methyliren und vielfaches Fractioniren eine Hexanaphtencarbonsäure erhalten wird, deren Identificationszeichen angegeben werden.) **60.** Bd. 23. p. 867. **89.** Rep. p. 135.

Festes Petroleum (wird in Amerika durch Vermischen von Erdöl mit Holz der Saponariarinde [Panamaholz] gewonnen). Oel- u. Fett-Ind. p. 192. **95.** p. 183.

Amerikanische Petroleumbutter (ein neues Insectenvertilgungsmittel, wird durch inniges Vermischen von gereinigtem Petroleum und Milch in einem dem Butterfasse ähnlichen Apparat hergestellt). Oel- u. Fett-Ind. p. 60. **95.** p. 183.

P. F. Kupka; Erdwachs. Handels-Mus. **49.** p. 202.

J. Baille u. C. Féry; photometrische Versuche mit den üblichen Lichtquellen. Journ. des usines à gaz. Bd. 13. p. 285. **28.** Bd. 274. p. 266.

J. Methven; über Lichtmessung (zugleich Beschreibung eines neuen Photometers.) The Gas World (1889) p. 572. **89.** Rep. p. 73.

W. Leybold; Neuerungen in der Gasindustrie. **28.** Bd. 274. p. 232. 265 u. 540.

A. Slaby; Brennwerth des Leuchtgases. **46.** p. 1.

W. Smith; die Chemie des Dinsmoreprocesses zur Bereitung von Steinkohlengas. (Charakteristisch für den Process ist, dass die Phenole in Kohlenwasserstoffe übergehen, also thiophenfreies Benzol zu erhalten ist.) **26.** p. 444. **34.** p. 220.

W. Clark in Philadelphia, V. St. A., D. P. 50425; Apparat zur Herstellung von Gas. **75.** p. 233.

J. Elliott, Eng. P. 11443/1888; Gaserzeuger mit continuirlicher Entgasung der Kohle. **195.** p. 217.

Ja. Love in Stratford, Grafschaft Essex, England, D. P. 51730; Carburirapparat **75.** p. 512.

Lucigen Licht Company Limited in London, D. P. 50405; Neuerung an Apparaten zum Erzeugen und Verbrennen von Oelgas. **75.** p. 141.

D. H. Knapp in Norwich, Grafschaft Chenango, New-York, V. St. A., D. P. 51641; Retortenanlage zur Oelgasbereitung. **75.** p. 415.

M. A. Morse in Chicago, V. St. A., D. P. 51105; Herstellung von carburirtem Wassergas für Heiz- und Leuchtzwecke. **75.** p. 413.

E. Althans in Breslau, D. P. 51627; Herstellung von Heiz- oder Leuchtgas unter folgeweiser Benutzung eines continuirlich betriebenen Schachtofens.' **75.** p. 511.

M. A. Morse in Chicago, V. St. A., D. P. 51500; Erzeugung von Gas für Heizzwecke oder zum Betrieb von Motoren. **75.** p. 414.

S. R. Dickson in New-York, D. P. 50131; Apparat zur Erzeugung von Leucht- und Heizgas. **75.** p. 73.

Zulkowski; über den gegenwärtigen Stand der Gasheizung. Techn. Blätt. p. 18. **43.** p. 359.

T. Nicholson, Engl. P. 9239/1888; Koksofen mit Einrichtung zur Gewinnung der Nebenproducte. **95.** p. 217.

C. Otto & Co. in Dahlhausen, D. P. 50982 (VI. Zus.-Pat. zum D. P. 18795 vgl. Rep. 1882 II. p. 46, und V. Zus.-Pat. zum D. P. 42473; Neuerung an Regenerativ-Koksöfen. **75.** p. 249.

F. Schwackhöfer; die Werthbestimmung der Kohle. Wochenschr. d. österr. Ing.- u. Arch.-Ver. **77.** p. 205.

Tiglichbeck; technische Verwendung der Braunkohlen. Festschrift 1889 **43.** p. 306.

Gegohrene Getränke.

Einfluß salpetersaurer Salze auf die Hefe. Nach Untersuchungen von E. Laurent liegt die Ursache für die Unzuträglichkeit salpetersaurer Salze zur Ernährung der Bierhefe in dem Umstande, daß dieselben in salpetrigsaure verwandelt werden, aus welchen bei saurer Beschaffenheit der Culturflüssigkeit die giftige salpetrige Säure frei wird. Hieraus erklärt sich leicht die Schädlichkeit von salpetersäurehaltigem Wss. für die Bierfabrikation. — Allg. Brauer- u. Hopfen-Ztg. **49.** p. 63.

Durch das Centrifugiren der Hefe werden nach Versuchen Hesse's die abgestorbenen und stark angegriffenen Hefezellen zurückgehalten, während in dem Ablaufenden nur gesunde kräftige Hefe gewonnen wird. In der Centrifuge bleiben allerdings noch gesunde Zellen zurück, doch ist deren Menge gegenüber jener der todten Zellen mäßig. Es tritt also durch das Centrifugiren eine Reinigung der Hefe zweifellos ein. Jedenfalls hat einen Antheil an der günstigen Wirkung des Centrifugirens neben der Ausscheidung der todten und geschwächten Hefezellen auch die beim Centrifugiren Platz greifende starke Lüftung. — **66.** p. 181.

Bereitung von Bierpreßhefe; v. K. Tiller. Frische Hefe wird mit der 6-fachen Menge Wss., dem zur Entfärbung und Entbitterung der Hefe auf je 1 l dickbreiiger Hefe 10 g kohlensaures Ammoniak (zur Entfernung des Hopfenharzes) zugesetzt ist, aufgeschlemmt, gut umgerührt und rasch durch ein Roßhaarsieb und zwei äußerst feine seidene Müllersiebe in einen cylinderförmigen Bottich gegossen. Derselbe ist in verschiedenen Höhen mit durch Zapfen verschlossenen Löchern versehen, außerdem ist eine Daube desselben durch eine dicke Glasplatte ersetzt, um das Absetzen der Hefe verfolgen zu können. Nachdem sich die Hefe gut abgesetzt, wird durch Entfernen der Zapfen das Wss. ablaufen gelassen. Zur Kräftigung der Hefe wird dieselbe nun in eine 22—25° C. warme ungehopfte Bierwürze, der auf 1 hl 15 g krystallisirte Weinsäure zugesetzt ist, gebracht. Bei der in Kürze erfolgenden stürmischen Gährung wird die auf die Oberfläche kommende Hefe mit einem geeigneten Löffel abgeschöpft und unter Wss. gegeben. Nach Verlauf der Gährung (ca. 36 Stdn.) wird, nach Entfernung der vergohrenen Flüss., die am Boden abgesetzte Hefe mit der früheren abgeschöpften vereinigt. Um schöne weiße, gut bindende Preßhefe zu erhalten, wird vor dem Pressen auf je 10 l dickbreiiger Hefe 1 kg in Wss. zertheilte Reisstärke und etwa $^{1}/_{2}$ kg schönes weißes Weizenmehl zugegeben. Die Hefe wird nun etwas gepreßt, dann mit einer kleinen Dosis Salicylsäure gut vermischt, hierauf von Neuem unter die Presse gegeben. Wenn sie sich gut brechen läßt, wird sie in Würfel von 7 cm Breite, 15 cm Länge und 2 cm Höhe geschnitten, ganz sanft auf allen Flächen mit reinem Glycerin bestrichen und in Wachspapier und dann in Stanniol verpackt. — Allg. Brauer- u. Hopfen-Ztg. p. 139. **27.** p. 126. **29.** p. 99. **89.** Rep. p. 74.

Malz enthält nach H. P. Wijsman jr. zwei Enzyme, die **Maltase** und die **Dextrinase**. Erstere reagirt auf Stärke unter Bildung von Maltose und Erythrogranulose. Dextrinase wandelt die Stärke vollständig um in Maltodextrin. Auf letzteres wirkt Maltase und bildet Maltose, während Dextrinase die Erythrogranulose in ein Dextrin umsetzt, das Fehling'sche Lösung nicht reducirt, sich mit Jod nicht färbt und vom Verf. Leucodextrin genannt wird. — Rev. des trav. chim. des Pays-Bas. Bd. 9. p. 1. **89**. Rep. p. 68. **45**. p. 485.

Einfluß des Wassergehaltes auf die Bräunung des Malzes beim Darren. Farbe und Aroma des Malzes werden nach Delbrück durch die Abdarrtemperatur und den Wassergehalt, welcher dann noch zugegen ist, entschieden, aber vorbereitet wird diese Entscheidung auf der oberen Darre. Die Haupttemperaturbeobachtung ist also auf die obere Darre zu verlegen unter gleichzeitiger Bestimmung der Wassergehalte. — **131**. **45**. p. 1015.

Zur Herstellung eines caramelisirten Malzes (Farbmalzes) bringt man nach K. Weber in Gefäße, welche die Wärme gut leiten, gesundes, licht abgedarrtes, diastasereiches Malz, sättigt dieses mit Wss. von 65—70° C. und stellt die Gefäße in ein gleich warmes Wasserbad, dessen Temp. man zwischen 65 und 70° C. 4—6 Stdn. lang hält. Der Korninhalt ist hierauf theilweise gelöst und verzuckert. Nun bringt man das nasse, gequollene Malz in einen gewöhnlichen Farbmalzbrenner, der aber den Wasserdämpfen guten Abzug gestatten muß, und trocknet, Anfangs 1 Stde. lang, ganz energisch. Das Korn mit Inhalt wird dabei ganz durchscheinend. Später rückt man die Trommel mehrere Male vom Feuer, damit sie etwas abkühle. Sobald das Korn zusammenschrumpft und der Inhalt desselben bräunlich amorph wird, arbeitet man bei gelindem Feuer und öfterem Kaltdrehen aufmerksam weiter, bis sich das Korn dick und voll aufbläht. Beim Herausnehmen aus der Trommel ist der Korninhalt noch etwas weich und hellbraun, beim Erkalten aber erstarrt er und wird dunkel, während sich die dunkelgelbe Hülse unverändert erhält. Binnen 2 Stdn. ist der Proceß beendet. Das so erhaltene Farbmalz besitzt einen intensiven Geschmack nach Malzextract, schmeckt nicht brenzlich, trägt zur Erhöhung des Extractgehaltes der Würze bei, hat aber nicht so viel Färbevermögen, wie das altbekannte, einfach geröstete. — **44**. p. 121. **89**. Rep. p. 144. **82**. **49**. p. 302.

Zur Darstellung von Diastase höchster Wirksamkeit empfiehlt Wilson bestes Malz 8 Stdn. in 10%igem Weingeist einzuweichen, hierauf klar zu filtriren und auszupressen. Es ist wichtig, daß man vollkommen klares Filtrat gewinnt, welches man mit absolutem Alkohol fällt, bis die Flüss. milchartig wird. Nun läßt man einige Zeit stehen, zieht ab oder filtrirt und wäscht den Niederschlag erst 1—2 Mal mit absolutem Weingeist, um ihn dann mit kaltem Wss. zu behandeln, von Unlöslichem abzufiltriren und mit absolutem Weingeist nochmals zu fällen. Diese Behandlung wird je nach der gewünschten Wirksamkeit 1—2 Mal wiederholt, das Pulver über Phosphorpentoxyd im Vacuum getrocknet und hierdurch ein weißes, leicht lösliches Pulver von großer diastatischer Wirkung gewonnen. — **8**. p. 227. **76**. p. 956.

5*

Einwirkung von Diastase auf unverkleisterte Stärke. Nach Versuchen C. J. Lintner's jr. wird die Kartoffelstärke erst bei Erreichung der Verkleisterungs-Temperatur in erheblichem Mafse umgewandelt. Dasselbe gilt offenbar auch von der Reisstärke, welche wohl am besten gleich durch Kochen für die Umwandlung durch Diastase vorbereitet wird, da ihre Verkleisterungs-Temperatur sehr hoch liegt. Von der Darrmalzstärke wird schon bei 45° C. 11 Mal mehr aufgeschlossen, als von der Kartoffelstärke, ebenso wie von der Grünmalz-. Gersten- und Weizenstärke; bei 65° C. ist die Aufschliefsung schon nahezu eine vollständige. Doch sind für eine völlige Aufschliefsung jedenfalls noch die Temp. von 65—70° C. und darüber von Bedeutung. — Brauer- u. Mälz.-Kal. **66.** p. 18. — Von Mais-, Roggen- und Haferstärke wurden nach Mittheilungen P. Paccand's von 100 Th. Trockensubstanz umgewandelt:

	bei 50°	55°	60°	65°	70° C.
von Maisstärke	2,7	—	18,5	54,6	93,8
„ Roggenstärke	25,2	—	93,7	94,5	—
„ Haferstärke	9,4	48,5	92,5	93,4	—

Maisstärke verhält sich also ähnlich wie Reisstärke, es ist daher bei Verarbeitung derselben in der Brauerei gleiche Vorsicht zu gebrauchen. — **131.** p. 310. **89.** Rep. p. 145.

Stärkemehl-Verzuckerung. Rührt man Stärkemehl und stärkemehlhaltige Rohstoffe mit concentrirter Kali- oder Natronlauge zu einem Brei an, so wird die Stärke verkleistert, giebt, mit Wss. verdünnt, einen dünnflüssigen Kleister, der nach Zusatz überschüssiger Säure (Schwefelsäure, Salzsäure, Phosphorsäure) im offenen Gefäfse sehr leicht und vollständig verzuckert wird, ohne dafs Druck angewandt werden mufs. Die entstandenen Alkalisalze sind durch Alkohol aus dem resultirenden Stärkezucker sehr leicht ausscheidbar. Auch Kalkmilch und Magnesiummilch wirken in ähnlicher Weise, jedoch nicht mit jener Energie, wie Kali und Natron. — Allg. Ztschr. f. Spiritus- u. Prefsh.-Ind. **45.** p. 829.

Starke Lüftung der Würze giebt nach Jörgensen bei hoher Temp. eine schnellere Klärung und einen stärkeren Glanz des vergohrenen Bieres, als eine gleiche, aber kalt gelüftete Würze; auch zeigte erstere in den ersten Stadien der Gährung eine kräftigere Vergährung, während die schliefsliche Vergährung in beiden Fällen dieselbe war. — Wochenschr. f. Brauer. p. 243. **95.** p. 298.

Ueber die Sterilisation der Würze in der Pfanne stellte Morris Versuche an, die ihn zu folgenden Schlüssen führten: Die Würze, sowie sie den Maischbottich verläfst, enthält stets entwicklungsfähige Keime, selbst bei gesundem hochabgedarrtem Malz. Die Würzen werden in der Pfanne vollständig sterilisirt, und zwar in viel kürzerer Zeit, als die Würzen gewöhnlich gekocht werden. Myriaden von Luftorganismen werden während des Verweilens auf der Kühle in die Würze ausgesäet. — Transact. of the Laboratory Club. **131.** p. 203. **89.** Rep. p. 97.

Herstellung von Zuckerlösungen für Brauzwecke etc. Engl. Pat. 13534 f. J. Grass, Fulham, G. C. Heilemann, Fulham, und O. Ohme, Middlesex. Eine zuckerartige Substanz zur Verzuckerung von

Würze oder Maische wird durch Behandeln von Sago-, Reis- oder Maismehl mit Salpetersäure erhalten. Die so dargestellte Lösung wird gereinigt und filtrirt. Auch kann eine neutralisirte und filtrirte Lösung von Moskovadezucker angewendet werden. — **89.** p. 409.

Gährung der Raffinose mit Ober- und Unterhefe. Nach D. Loiseau vergährt Raffinose vollständig in Gegenwart von Unterhefe, in Gegenwart von Oberhefe nur theilweise unter Hinterlassung einer Substanz, welche auf Fehling'sche Lösung so wirkt, als ob die gegohrene Flüss. dieselbe Menge Glycose enthielte, welche vergohren ist, d. i. ein Gewicht gleich der Hälfte desjenigen, welches man durch directe Wirkung von Säuren auf Raffinose erhält. Diese Thatsachen können zur Unterscheidung von Ober- und Unterhefe dienen. — **9.** t. 109. p. 614. **89.** Rep. (1889) p. 317.

Doppelgährverfahren für Bier, Wein, Obstwein und andere gegohrene Flüssigkeiten. D. P. 51849 f. J. W. C. Salomon in Braunschweig. Nach stattgehabter erster oder Hauptgährung wird die Gährflüssigkeit sterilisirt, und dann wird die zweite Gährung durch beliebige Gährungserreger neu eingeleitet. — **75.** p. 388. **49.** p. 286.

Zur Bierbereitung aus Reis empfiehlt Windisch als gutes Verfahren u. a. folgendes: Der mit Wss. gut durchmischte braufertige Reis wird in der Pfanne zur besseren Verflüssigung mit etwas Malzschrot langsam aufgewärmt, schliefslich zum Kochen erhitzt und verkleistert. Der wässerige Stärkekleister dient als Zubrühflüssigkeit, mit welcher die Malzmaische im Bottich bei 35° C. aufgebrüht wird. Das weitere Arbeiten wird wie beim gewöhnlichen Dickmaischverfahren gehandhabt. Bei sehr hellen weinigen Bieren wird bis 30 % des Gesammt-Maischgutes Reis genommen; es empfiehlt sich dann eine höhere Hopfengabe, eine kalte Führung der Gährung, sowie ein kaltes Lagern des zeitig gefafsten Bieres. — **131.** p. 122. **89.** Rep. p. 75.

Sarcina im Bier. Nach A. Petersen verursacht Pediococcus cerevisiae an sich im spaltpilzfreien Bier keine Trübung, vielleicht aber andere Sarcinen. Ehrich hält es nicht für ausgeschlossen, dafs bei längerer Versuchsdauer doch das Bier krank geworden wäre. — **44.** No. 1. **45.** p. 291. — Nach Lindner ruft Sarcina zweiffellos Krankheitserscheinungen hervor. Biere mit Reinculturen von Pediococcus versetzt, wurden trübe und zeigten einen unangenehmen Geschmack. Einige sarcinahaltige Biere wurden dick und fadenziehend. Besonders bedenklich ist die Sarcina für helle Biere. — M. Brauw. p. 162. **123.** p. 410.

Das Bier im Glase erfährt nach W. Schultze schon bei 5 Min. langem Stehen im Dunkeln und Kalten wahrnehmbare Geschmacks- und Geruchsverschlechterung, besonders in bleihaltigen Gläsern. Weiche bleihaltige Gläser sind dem Biere schädlicher als harte. Aber auch bleifreie Gläser verschlechtern das Bier, nur nicht so intensiv, wie bleihaltige; besonders wirkt die Kohlensäure angreifend auf das Glas. — „Warum Bier nicht aus Biergläsern getrunken werden soll." Wien. **38.** (1889) p. 455. **49.** (1889) p. 173. (1890) p. 153. — Von anderer Seite wird, entgegen diesen Beobachtungen, darauf hingewiesen, dafs Wein beim Export in Flaschen nicht verdorben wird, sondern an Feinheit und Bouquet gewinnt, dafs Dal Piaz zum Auffüllen der

Fässer in Ermangelung der gleichen Qualität des Weines die Benutzung von Glaskugeln empfiehlt, und dafs Weifsbier, welches doch
an Kohlensäure reicher als andere Biere ist, im Glase nicht in 5 Min.
verdorben wird. — **47.** (1889) p. 508. **49.** (1889) p. 261. — L i n k e
zerstreut durch Berechnung der im schlimmsten Falle durch das Bier
dem Körper zuführbaren Bleimengen die Besorgnisse vor Vergiftung.
— **49.** p. 154.

    **Beschlüsse des Vereins schweizerischer analytischer Chemiker,
betreffend die Untersuchungen von Bier;** v. G. Ambühl und A. Bertschinger. Bei der Gehaltsangabe ist der Weingeist als „Alkohol"
zu bezeichnen. Der bisher gebräuchliche Ausdruck „Extract" ist bei-
zubehalten. Die im Bier nach Entfernung der Kohlensäure enthaltenen
Säuren sind unter der Bezeichnung „Acidität" in pro mille als Milchsäure berechnet anzugeben. Mit Ausnahme der Acidität sind sämmtliche Bestandtheile (auch der Alkoholgehalt) in Gewichtsprocenten aus-
zudrücken. Sofern die in Untersuchung gezogenen Mengen Bier ab-
gemessen werden, sind die Resultate gemäfs dem spec. Gew. des
Bieres umzurechnen. Stets auszuführen sind: Prüfung auf Geruch,
Geschmack, Farbe, Klarheit; bei Trübung mikroskopische Untersuchung;
Bestimmung des spec. Gew., des Alkohols, des Extractes, der Mineralbestandtheile und der Acidität; Berechnung der Stammwürze und des
Vergährungsgrades. Eventuell sind zu bestimmen resp. nachzuweisen:
Stickstoff, Phosphorsäure, Maltose, Dextrin, Glycerin, Essigsäure, Sulfate, Chloride, Kohlensäure, schweflige Säure, Salicylsäure, Borsäure
und fremde Bitterstoffe. — Schweizer Wochenschr. f. Pharmacie (1889)
p. 392. **38.** Rep. p. 34.

    **Das Effront'sche Fluorwasserstoffverfahren in der Branntwein-
brennerei;** v. Soxhlet. Nach Effront läfst sich in Lösungen, welche
zur Milchsäure-Bildung neigen, durch Zusatz von Mineralsäuren die
Milchsäure-Gährung verlangsamen oder ganz unterdrücken. Schwefelsäure wirkt am schwächsten, Salzsäure besser und Fluorwasserstoffsäure wirkt am günstigsten. In einer Flüss., in welcher neben Milch-
säure- auch Buttersäure-Gährung stattfindet, wird durch Schwefelf. oder
Salzf. die Bildung der Buttersäure in gleichem Mafse gehemmt, wie
die der Milchf.; die Fluorwasserstofff. dagegen hindert die Buttersäure-
Gährung in stärkerem Mafse als die Milchsäure-Bildung. Die Folgerungen, welche man aus den Effront'schen Versuchen für die Praxis
der Alkoholerzeugung ziehen kann, ergeben sich aus den Thatsachen,
dafs a) die verzuckernde Wirkung der Diastase durch die Milchsäure-
Gährung oder durch die Producte dieser Gährung geschwächt wird,
und b) dafs ein gewisser Milchsäuregehalt dem Hefewachsthum zwar
förderlich ist, dafs aber eine über das nothwendige Mafs hinausgehende
Milchsäure-Gährung auf Kosten alkoholbildenden Materials erfolgt, und
weiter, dafs die Buttersäure-Gährung unter allen Umständen als eine
direct schädliche und mit Alkoholverlusten verbundene Nebengährung
zu betrachten ist. Verf. hält das Effront'sche Verfahren für den
bedeutendsten Fortschritt, der seit Einführung des Hochdruckdämpfers
im Brennereibetriebe gemacht wurde, besonders auch deshalb, weil
seine Anwendung nicht mit kostspieligen Reconstructionen der Bren-
nerei-Einrichtung verbunden ist, vielmehr nur in einem minimalen,
mit unbedeutenden Kosten verbundenen Zusatz zur Maische besteht.

Bei Versuchen erhielt Verf. eine Alkoholmehrausbeute von fast 15 %;
die gebildete Säuremenge war in der fluorhaltigen Maische halb so
grofs als in der fluorfreien. Der Geruch des Effront'schen Rohspiritus ist weniger fuselig als der des gewöhnlichen Rohspiritus und
ähnelt sehr dem des über Holzkohle filtrirten Branntweins; der Gehalt
an Fuselöl ist derselbe wie bei jedem anderen Rohspiritus. Der Säuregrad der Schlempe betrug 2,3 ccm Normalnatron auf 100 ccm; er nahm
in 8 Tagen nicht zu. Eine nachtheilige Wirkung bei der Verfütterung
wurde von dem Fluorgehalte der Schlempe nirgends beobachtet. In
Bayern wird Effront's Verfahren in einigen der bestgeleiteten Brennereien erfolgreich angewendet. — Ztschr. d. landw. Ver. in Bayern.
89. Rep. p. 266. — Nach M. Maercker wird man in einer ausgezeichnet geleiteten, mit den höchsten Erträgen arbeitenden Brennerei
durch das Effront'sche Verfahren schwerlich etwas erreichen können,
aber für weniger gut geleitete, unter schwierigeren Verhältnissen und
mit mangelhaften Materialien arbeitende Brennereien, vor Allem aber
für den Grofsbetrieb von industriellen Spiritusfabriken, welche jahraus, jahrein und besonders in heifseren Gegenden arbeiten, scheint es
mit seiner der Gährthätigkeit der Hefe unschädlichen, antiseptischen
Wirkung im höchsten Grade beachtenswerth zu sein. — **66.** p. 67.
219. — K. Kruis konnte eine günstige Wirkung der Fluorwasserstofff. auf die Vergährung der Branntweinmaischen nicht beobachten.
— Oesterr.-ung. Brenn.-Ztg. p. 63. **66.** p. 97. **89.** Rep. p. 118. —
Koser und J. Spitzer constatirten bei Zusatz von Fluorwasserstofff.
zu Hefe sogar völliges Aufhören der Gährthätigkeit, letzterer erhielt
bei Zusatz von 15 g Fluorwasserstofff. zu je 100 l Malzmilch weder
einen Vortheil noch einen Nachtheil. — **66.** p. 3. 83.

Behandlung von Spiritus. Engl. P. 12642 f. A. T. Christophe,
Paris. Man behandelt den Spiritus in einem besonderen Rührbehälter,
oder im Rectificator, mit Bleichkalk oder einem anderen Hypochlorit
und einem Amalgam von Natrium oder einem anderen Alkalimetall,
oder einer Legirung von Alkalimetall mit Zinn, Blei oder einem anderen Metall. Diese Behandlung wird am besten vorgenommen, während der Spiritus kalt ist. — **89.** p. 308. **66.** p. 71.

Die Reinigung von Rohspiritus und Branntwein nach dem Verfahren von Traube und Bodländer (vgl. Rep. 1888 II. p. 92) wurde
von E. Sell und C. Windisch geprüft. Für den Grofsbetrieb soll
nach Traube 1 Th. 80 %igen Rohspiritus mit 4—5 Th. Potaschelösung
von 1,24 spec. Gew. versetzt werden. Letztere wird in einem eisernen
Cylinder auf ca. 60° erwärmt und unter stetem Umrühren mit so viel
Rohspiritus von etwa 80 Vol.-% versetzt, bis die obere abgeschiedene
Schicht etwa 1/30—1/60 des ganzen Flüssigkeitsvolums ausmacht. Dann
wird sie in ein besonderes Gefäfs abgehoben und dieses etwa 12 Mal
wiederholt; die später abgehobenen Schichten werden wieder verwandt.
Ausgeführte Versuche ergaben, dafs 34—40 % des vorhandenen Fuselöls auf diese Weise durch 9maliges Abheben entfernt werden. Durch
13malige Abhebung wurde der Fuselölgehalt des Rohspiritus um rund
45 % vermindert, während der Alkoholgehalt nicht verändert wurde.
Bei Ausschaltung eines Vor- und Nachlaufes wurde ein Product erhalten, in dem 80 % des im Rohspiritus enthaltenen Fuselöles entfernt w aren; zugleich trat aber ein Alkoholverlust von 24 % ein.

Das Traube'sche Verfahren hat daher seinen Zweck nicht erfüllt. —
Arb. a. d. kais. Gesundh. Bd. 6. p. 124. **89.** Rep. p. 113. **66.** p. 91 ff.
123. p. 275.

Rectification und Destillation von Alkohol. Engl. P. f. E. N.

Barbet in Agde, Hérault, Frankreich. Der Condensator sendet beständig eine sehr grofse Menge flüchtiger Producte nach dem App.
zurück. Aus diesem Grunde sind die zuerst übergehenden halbfeinen
Producte bei der Retification sehr grofs und üben schliefslich noch
einen rückwirkenden schädlichen Einflufs auf das darauffolgende bessere
Destillationsproduct. Diese Beobachtungen führten dazu, den rectificirten Alkohol den oberen Böden der Colonne zu entnehmen. Auf
ihnen wurde bereits nach 2 Stdn. ein Alkohol solcher Reinheit an-
getroffen, wie sie nicht vor 8—10 Stdn. bei der Vorlage beobachtet
werden kann. Im Laufe der Rectification wird auf diese Weise sogar
ein Alkohol erhalten, welcher frei ist von jeglichem fremden oder
scharfen Geruch. Bei der Ausführung des Verfahrens ist es gleichgiltig, welcher Art die Destillirblase und die Construction der
Colonnenböden des Rectificationsapparates sind; jedoch kann es manchmal nöthig sein, von letzteren noch einige hinzuzufügen; auch ist es
Bedingung, dafs der Condensator eine solche Kühlfläche besitzt, dafs
er alle vom Rectificirapparat kommenden Dämpfe zu condensiren vermag. Mit dem Condensator wird aufser dem gewöhnlichen Kühler A,
welchen wir mit A bezeichnen wollen, noch ein zweiter Kühler B verbunden, dessen Kühlrohr in seinem oberen Theile mit dem obersten
Boden der Colonne durch ein horizontales Verbindungsrohr R communicirt; dieser Kühler B ist dazu bestimmt, den aus der Colonne
entnommenen flüssigen reinen Alkohol abzukühlen, wobei ein in der
Nähe der Vorlage befindlicher Hahn die Quantität dieses in die
Spiritusvorlage tretenden Alkohols regulirt. Das Kühlrohr des
Kühlers B bleibt stetig mit reinem Alkohol gefüllt, was nöthig ist,
um seine vollständige Abkühlung zu erreichen. Aufserdem ist mit
dem Rohr, welches den Kühler B und die Colonne verbindet, ein
kleines Probirröhrchen, welches an seinem unteren Ende als Spirale
ausgebildet ist und durch einen kleinen Kühler geht, angeordnet.
Beim Beginne der Rectification ist das Verbindungsrohr R durch einen
Hahn abgeschlossen, so dafs die Vorlaufproducte wie gewöhnlich entweichen und zwar durch den Condensator nach dem Kühler A bezw.
dessen Spiritusvorlage, wobei dafür Sorge zu tragen ist, dafs die
Destillation regelmäfsig verläuft und die Böden sich gut mit Alkohol
füllen. Einige Zeit nachher jedoch läfst man die Destillation kräftiger
werden, um zu vermeiden, dafs der Condensator den ersten Destillations-
producten einen zu grofsen Widerstand entgegensetzt; beginnt sodann
der Alkohol halbfein zu laufen, so öffnet man den Hahn des oben genannten Probirröhrchens, um daraus Proben entnehmen zu können,
durch welche sich feststellen läfst, ob der Alkohol des obersten
Bodens der Colonne den gewünschten Reinheitsgrad erlangt hat. Ist
letzteres der Fall, so öffnet man den Hahn des Verbindungsrohres R,
wodurch der feine Alkohol durch den Kühler B in regulirtem Mafse
abfliefst, während gleichzeitig die Vorlaufproducte noch durch den
Kühler A austreten; beim Fortgange der Destillation werden letztere
Producte immer reiner und sind schliefslich nicht mehr Vorlauf-

producte, sondern reiner Alkohol. Unterdessen erreicht auch der aus
B austretende Alkohol das Maximum seiner Reinheit und Neutralität;
es ist dabei im allgemeinen rathsam, das Verbindungsrohr R zu
schliefsen, sobald drei Viertel der Zeit einer normalen Rectification
verflossen sind. Bei diesem Zeitpunkt beginnt in der Regel die Reinheit des Destillates nachzulassen und letzteres einen geringen Nach-
laufgeruch anzunehmen, worauf dann die Rectification in der gewöhnlichen, bekannten Weise beendigt wird. — Um die Endproducte der
Rectification in ein reines und ein Nachlaufproduct zu scheiden, unterwirft man sie noch einmal der oben beschriebenen Art der Destillation; jedoch entnimmt man dieses Mal einem der unteren Böden der
Colonne nicht den reinen Alkohol, sondern die Nachlaufproducte und
führt sie mittelst eines Röhrchens durch einen kleinen Kühler ab.
Auf diese Weise wird das Destillat, dessen Vorlauf schon durch einen
vorausgehenden, oben beschriebenen Rectificationsprocefs entfernt war,
vollständig fuselfrei. — Das im Vorhergehenden erläuterte Gesammt-
verfahren kann auch bei der Destillation von Maische in einem nicht
continuirlichen Colonnenapparat Verwendung finden; man braucht nur
mit dem Condensator ebenfalls 2 Kühler zu verbinden, von welchen
der eine gleichzeitig mit dem oberen Boden der Colonne in der bereits
geschilderten Art communicirt. Einer der unteren Böden ist mit einem
Rohre zum Entfernen des Nachlaufs zu versehen. Der direct aus der
Maische nach diesem Verfahren gewonnene Alkohol soll sich ohne
weitere Reinigung für den Consum eignen. — **66.** p. 60.

Furfurol in käuflichen Alkoholen rührt nach Linder, wenn über
freiem Feuer destillirt wurde, von der partiellen Röstung vegetabilischer Reste her, die sich am Boden der Destillirblase vollzieht, bei
einem Alkohol, der durch Gährung einer mittelst Säuren verzuckerten
Getreidemaische gewonnen wird, von der Einwirkung der Säure auf
die Getreidehülsen während der Verzuckerung. Mit Malzdiastase ver-
zuckerte Maischen machen im Verlaufe des Verzuckerungsprocesses
eine Milchsäuregährung durch und veranlassen dadurch die spätere
Bildung von Furfurol. Melassensprite können furfurolhaltig sein, wenn
die Melasse mit in voller Gährung begriffener Getreidemaische, die
mittelst Säuren bereitet ist, angestellt wird; sonst sind die Melassensprite furfurolfrei. Dies gilt allgemein für alle Alkohole, bei denen
die Verzuckerung nicht durch Säuren bewirkt wurde und deren
Destillation mit Dampf erfolgte. Unter diesen Bedingungen sind
Rüben-, Topinambur- und Kartoffelbranntweine frei von Furfurol.
Durch Destillation von Bier erhält man einen Alkohol, der sich mit
Anilinacetat nicht färbt, also kein Furfurol enthält. Letzteres ist also
eine zufällige Verunreinigung der Handelsbranntweine und kein normales Gährungsproduct. — Distillerie franç. **66.** p. 243.

Als Innenanstrich für eiserne Spiritusreservoirs hat sich nach
K. Sommer ein Anstrich von Cement bewährt. Hauptsache ist, dafs
der Cement von bester Qualität ist und keine Neigung zum Treiben
hat. Nach vorhergegangener gründlicher Reinigung des Spiritusreservoirs mit Seife und Soda und abermaligem Ausspülen mit Wss.
bereitet man sich einen dünnen, angerührten Cementbrei, bestreicht
mittelst Pinsels die Wandungen und sucht durch Schliefsung des Mann-
loches die Cementmasse nur langsam trocknen zu lassen. Nach etwa

24—48 Stdn. wiederhole man den Anstrich noch einmal mit einer
etwas dickeren Cementmasse. Ist ein Spiritusreservoir aus irgend
einem Grunde rostig geworden, so kann ein solcher Cementanstrich
nicht genug empfohlen werden. — Wien. landw. Ztg. **115. 49.**
p. 240.

Bei der Cognac-Fabrikation wird zum Färben und Parfümiren
Cognacin verwendet, das nach Untersuchungen Mayrhofer's aus
Naphtolgelb, Roccelin und Vanillin besteht. — Cognac, der in einer
Blechflasche aufgehoben war, hatte Blei, Zinn und Eisen aufgenommen.
— 9. Jahresvers. d. frei. Verein. bayer. Vertr. d. angew. Chem. **116.
49.** p. 293.

Schweizer Absinth. 1) Durch Destillation: Auf 400 l Absinth
nimmt man in kg: Wermuthkraut 12, Melissenkraut 8, Anissamen 18.
Sternanis 3, Fenchelsamen 8, Koriander 4. — 2) Durch Mischung
ätherischer Oele: Für 200 l nimmt man in g: Absinthöl 80, Melissenöl 20, Anisöl 200, Sternanisöl 100, Fenchelöl 60, Korianderöl 5.
Römisches Kamillenöl 4. Die ätherischen Oele giebt man in 70 l
90 % Spiritus, welchem man 30 l destillirtes Wss. und die bekannte
grüne Farbe zusetzt. Dieser Absinth ist der stärkste und es empfiehlt
sich, für unsere Verhältnisse die Hälfte der ätherischen Oele zu
nehmen. In Deutschland macht man den Absinth gewöhnlich schwächer
und verwendet dazu meist die fertigen Oelmischungen oder Essenzen.
— Eine in Frankreich sehr beliebte „Crême d'absinthe" wird wie
folgt dargestellt: Wermuthkraut 500, Anissamen 250, Sternanis 125.
Fenchel 40, Koriander 40, Zimmtrinde 10 werden 8 Tage in 5 l
90 % Spiritus in der Wärme digerirt, alsdann durch einen Beutel gegossen und mit 3 l destillirtem Wss., in welchem man 4 kg Raffinad-
zucker gelöst, versetzt. Farbe ebenfalls grün. — Absinthöllösung
nach französischer Art: Wermuthöl 50, Melissenöl 10, Sternanisöl
50, Anisöl, russisch, 50, Fenchelöl 10, Pomeranzenblüthenöl 2, Veilchen-
wurzel-Tinctur absolut 100. — Absinthessenz nach französischem
Geschmack: Wermuthkraut 100, Anissamen 100, Sternanis 50, Koriander 50, Fenchelsamen 50, Zimmtrinde 5, Veilchenwurzel 5, Majoran-
kraut 5; wird alles möglichst zerkleinert und mit 12 l 60 % Spiritus
8—14 Tage ausgezogen, alsdann abgegossen und filtrirt. — **76. 49.**
p. 117.

Gehalt der Weine an schwefliger Säure. Nach Pfeiffer wirken
8 cg schwefliger Säure in Lösung bereits ungünstig auf das Befinden
ein und zwar durch Reizung und chemische Einwirkung auf die
Substanz der Nervenendigungen in der Schleimhaut des Magens. An-
haltender Genufs von Wein mit 80 mg SO_2 in 1 l und darüber kann
sonach Schädigungen der Gesundheit hervorrufen. Nach Hilger soll
jeder Wein, der mehr als 80 mg schweflige Säure in 1 l enthält, als
„stark geschwefelt" bezeichnet werden. — 9. Jahresvers. bayer. Vertr.
d. angew. Chem. **89.** p. 687. **39.** p. 269.

Chlorkalium und Chlornatriumgehalt der Weine ist nach einer
Erklärung des Conseil superieur de santé zulässig, nur darf kein
Baryum zugegen sein und die Menge des aus der Asche von 1 l Wein
gefällten Chlorsilbers nicht mehr als 1 g betragen. — **40. 38.** (1889)
p. 884. **49.** p. 158. — Nach Tony-Garcin ist die bisher für den
Gehalt der Weine an Chlornatrium angenommene Grenze zu niedrig,

da selbst Weine bis zu 0,7 g Chlornatrium im 1 noch nicht mit Sicherheit für gesalzen oder entgypst erklärt werden dürfen. — Mon. vinic. Bd. 34. p. 353. 95. p. 273.

Einwirkung der Zeit auf die Steinkohlenfarbstoffe in Weinen. Monaron zeigt, daſs die in den Weinen freiwillig erfolgende chemische Thätigkeit den, wenn auch nicht vollständigen, so doch theilweisen Absatz der Azofarbstoffe begünstigen kann. Weit lebhafter wird die Fällung und Zersetzung der Farbstoffe durch das Auftreten der Mycoderma und anderer Krankheitserreger im Wein beeinfluſst. Ein mit Sulfofuchsin gefärbter Wein behält, wenn er vor mikroskopischen Vegetationen geschützt wird, seine ganze Beschaffenheit lange Zeit. — 17. Bd. 21. p. 339. 89. Rep. p. 108.

Beim Auffärben der deutschen Rothweine oder Verbessern der Weiſsweine mit südländischen Weinen ist es nach J. Neſsler dringend geboten, vorsichtig zu sein. Die südländischen Weine haben hier und da einen eigenthümlichen Geschmack, der dem deutschen Wein seinen Charakter nimmt und ihm einen Beigeschmack ertheilt, an den man bei uns nicht gewöhnt ist. Die südländischen Weine, namentlich die rothen, enthalten sehr oft viel Essigsäure, deren Geschmack und Geruch durch hohen Gehalt an Weingeist verdeckt ist. Werden solche Weine mit anderen Weinen gemischt, so tritt der Geschmack nach genannter Säure hervor und die Mischung kann unter Umständen auch bald verderben. Die südländischen Weine enthalten oft noch unvergohrenen Zucker; werden sie mit deutschen Weinen gemischt, so tritt wieder Gährung ein, die Mischung wird trüb, und man erhält statt eines feinen, süſsschmeckenden einen ganz gewöhnlichen und noch trüben Wein. Braunwerdende oder braun gewordene Rothweine dürfen erst mit dunklem Rothwein gemischt werden, wenn sie die Eigenschaft, an der Luft trüb zu werden, verloren haben; geschieht es vorher, so nehmen die unlöslich werdenden Stoffe auch den Farbstoff des zugesetzten Weines heraus. Uebrigens giebt es auch südländische Rothweine, die sehr reich sind an solchen unlöslich werdenden Stoffen; Rothweine, welche an der Luft stark trüb werden, sind zum Mischen mit anderen nicht geeignet. Jedenfalls sollte man zuerst eine Mischung in einer Flasche machen und sie prüfen. — Wochenbl. d. landw. Ver. Baden. 49. p. 238.

Zur Kenntniſs des Rothweinfarbstoffs. R. Heise bestätigt die Angaben Neubauer's und Neſsler's, daſs das von Mulder durch Zersetzen von Bleifällungen des Rothweins durch Schwefelwasserstoff und Ausziehen des Bleisulfids mit Essigsäure und Alkohol erhaltene Oenocyanin eine Farbstoff-Bleiverbindung ist. Durch Zersetzen des Bleiniederschlages mittelst in Aether gelöstem Salzsäure-Gas (Glénard) erhält man zwei Farbstoffe, von denen einer (A) in absolutem Alkohol unlöslich, der andere (B) dagegen löslich ist. Die Anwesenheit von Säuren ist nicht auf die Löslichkeit des Farbstoffs, wohl aber auf die Intensität der Farbe der Lösung von Einfluſs. Das Oenotannin besteht aus 3 Substanzen, von denen eine in ihrem Verhalten mit der Gallusgerbsäure genau übereinstimmt, die andere Quercetin und die dritte ein Körper ist, der bislang nicht identificirt werden konnte. B findet sich in den reifen Trauben und im Rothwein; A in letzterem nur in sehr geringer Menge (— er bildet sich augenscheinlich erst beim Be-

handeln des Weines mit basischem Bleiacetat —), dagegen als Hauptbestandtheil im Weinabsatz. Die grofsen Abweichungen, welche die
Reactionen der Weine von einander zeigen, finden ihre Erklärung
theils in dem Verhalten des Farbstoffs B, dessen Reactionen durch
äufsere Bedingungen stark beeinflufst werden, theils durch die den
Weinfarbstoff begleitenden Körper, deren Menge zum gelösten Wein-
farbstoffe in den jungen Weinen sehr wechselnd ist und relativ zunimmt, je weiter die Abscheidung des Weinfarbstoffs fortschreitet. —
Arb. a. d. kais. Gesundheitsamte (1889) p. 618. 89. Rep. (1889)
p. 285.

Um die zur Fabrikation von Weinen, die mit einer Kraft von
n-Atmosphären moussiren, nothwendige Zuckermenge zu bestimmen,
schlägt E. J. Maumené eine Methode vor, die auf dem Messen des
Gewichts anstatt des Volumens beruht. Man kennt die Zuckermenge,
welche zum Hervorbringen einer bestimmten Menge Kohlensäure nothwendig ist. Man mufs nun die Kohlensäuremenge bestimmen, die von
dem betreffenden Weine absorbirt wird, um eine Kraft von 5 und 6 at.
zu entwickeln. In eine kupferne oder silberne Flasche bringt man 1 l
Wein und schliefst dieselbe mit einem Metallpropfen, der durchbohrt
ist und zu einem Manometer führt, das bis zu 8 at. zeigt. Aufserdem
leitet man unter Schütteln wasserfreie reine Kohlens. ein. Man treibt
die Absorption bis zu einem Ueberschufs von $1/2$ at. Es seien 6 at
erforderlich, man beobachte 6,8—6,4 at, wäge die Flasche und erhalte
beispielsweise:

	kg
Flasche mit 1000 ccm Wein vor der Einleitung der Kohlens.	2 324,742
Flasche nach der Absorption	2 334,968
Reine absorbirte Kohlens.	10,226

Man braucht sich nicht mit dem Lösungsvermögen etc. zu befassen,
sondern hat nur noch den kleinen Ueberschufs an Alkohol zu
berücksichtigen. Die Rechnung zeigte 20 g Zucker an. Man zieht
0,12 g oder 6/100 ab, die in Glycerin, Bernsteinsäure verwandelt werden. 20 g Zucker geben 9,719 Kohlens., die zugleich 10,161 Alkohol
geben, was 12,7 ccm entspricht, die den 125 ccm Wein pro 1 hinzuzufügen sind, wodurch die Kraft des Mousseux etwas verringert wird.
— 98. t. 4. p. 119. 34. p. 284.

Der Gesammtstickstoff in Rosinenweinen (Trockenbeerweinen)
zeigte bei Untersuchungen P. Cazeneuve's und L. Ducher's gegenüber den von süfsen Traubenweinen eine Differenz von 0,87—0,40 g.
Das Schönen scheint den gesammten Stickstoffgehalt zu vermindern.
Ein weifser, gut vergohrener Rosinenwein gleicht völlig den gewöhnlichen Traubenweinen. Für gezuckerte Weine dagegen, bei denen die
Gährung durch Schwefelung gehemmt ist, liefert die ausgereifte Traube
einen an Albuminoiden reicheren Wein, der einen höheren Stickstoffgehalt besitzt. Man kann dies nicht als ein charakteristisches Zeichen
angeben; doch ist es auffallend, dafs die Fabrikate verschiedener
Fabriken in Süfsweinen deutlich Werthe von 0,1 und in herben Weinen
von 0,07 und weniger geben. Vielleicht kann bei Rechtsfällen die Bestimmung des Gesammtstickstoffs nützliche Anzeichen zur Beurtheilung

der Abstammung eines Weines geben. — **98.** t. 3. p. 514. **89.** Rep. p. 134. **34.** p. 157.

Reblausmittel. D. P. 50772 (Zus.-P. zu D. P. 47775; vgl. Rep. 1889 I. p. 178.) f. E. Schmidt in Wien. In dem durch D. P. 47775 geschützten Reblausmittel, welches mit Hilfe eines Trichters dem in den Hauptcanälen des Weinstockes kreisenden Safte zugeführt wird, wird Terpentinöl, Quassia-Extract und Potasche angewendet, wodurch dasselbe etwa die folgende Zusammensetzung erhält: a) 1 Th. Methylalkohol, ca. $^1/_8$ Th. Terpentinöl, ca. $^1/_{10}$ Th. Quassia-Extract oder statt des letzteren ca. $^1/_4$ Th. Schwefelkohlenstoff; b) 1 Th. Methylalkohol von ca. 60° Tr., ca. $^1/_8$ Th. kohlensaures Kali in wenig Wss. gelöst, ca. $^1/_{10}$ Th. Quassia-Extract und ca. $^1/_{10}$ Th. Phosphorsäure von 20° B. — **75.** p. 189. **49.** p. 182.

Zur Darstellung von Kupfersaccharat, eines Mehlthaumittels, löst man nach Perret 2 kg Kupfersulfat in 15 l Wss., versetzt mit 3 kg krystallisirter Soda, fügt $^1/_2$ kg Melasse hinzu und verdünnt nach 12-stündiger Berührungsdauer mit 100 l Wss. — Journ. fabr. sucre p. 9. **89.** Rep. p. 74.

Fabrikation von Essig. Engl. P. 14328/1888 f. J. C. Shears und L. Maubré, Surrey. Die alkoholische Flüss. wird zunächst in einer halb mit Buchenholzspähnen oder anderen oxydirend wirkenden Stoffen gefüllten Kufe auf 85—100° F. (29—38° C.) erwärmt, worauf sie durch eine Reihe von Oxydationsräumen fliefst, deren jeder aus einem Behälter mit perforirtem Boden besteht, der bis zu einer gewissen Höhe eine Schicht Buchenholzspähne trägt. Oberhalb der Spähne sind die Seitenwandungen des Behälters durchlöchert, um der Luft freien Zutritt zu gestatten. Die Löcher im Boden sind entweder sehr klein, oder mit herabhängenden Baumwollfäden ausgefüllt. Wenn nothwendig, kann die Flüss. zwei- oder mehrmals den App. passiren. — **89.** p. 471.

Nitrate im Schnellessig fand E. Holdermann. Zur Essigbereitung waren neue Spähne verwendet, das Essiggut enthält nur noch Spuren von Alkohol. Es scheint, dafs bei der energischen Oxydation und dem Mangel an oxydationsfähigem Alkohol der Sauerstoff auf die in den frischen Spähnen enthaltenen Eiweifskörper zersetzend eingewirkt und Spuren von Nitraten gebildet hatte. — **24.** (1889) p. 713. **106.** p. 7. **38.** Rep. p. 34.

M. Jodlbauer und C. Lintner sen.; die Bierbrauerei mit Berücksichtigung ihrer Verhältnisse in den letzten Jahren. **89.** p. 699. 716. 737. 787.

E. A. Hansen; ein paar für die Brauerei wichtige Punkte. (Bacteriologische Untersuchung des Wss. und der Luft für Brauereizwecke und Anwendung der Hefereinzucht für die englische Obergährung.) **44.** No. 1. **38.** Rep. p. 116.

F. Ludwig; neue Untersuchungen über die Mikroorganismen der Gährungs-Industrie. Münch. Neueste Nachr. **49.** p. 329. 340.

G. Foth; Conservirung gegohrener Getränke durch Elektricität. (Die Hefe in gegohrenen Flüss. kann durch Elektricität nicht getödtet werden, wenn deren chemische Zusammensetzung dieselbe bleiben soll; ein Conserviren findet deshalb nicht statt, falls nicht nur ein Erwärmen durch elektrische Wechselströme, also ein Pasteurisiren beabsichtigt ist.) **131.** p. 51. **27.** p. 92. **7.** p. 490. **49.** p. 118.

Kühn; Flugbrand der Gerste (wird verhütet durch Behandeln der Saat mit Vitriollösung und Kalkmilch). Br.- u. Hopf.-Ztg. (1889) p. 707.

C. J. Lintner; zur Kenntnifs der sogen. stickstofffreien Extractstoffe in der Gerste bez. im Malze und im Biere. (Verf. isolirte ein Gummi mit wahrscheinlich 5 Kohlenstoffatomen.) **123.** p. 519.

H. Heine; die Keimung der Gerste. Allg. Brauer- u. Hopfen-Ztg. **27.** p. 28.

J. O'Sullivan; Einflufs der Keimung auf die Bestandtheile der Gerste. (Die Hauptveränderung besteht in der Verminderung der in kaltem Wss. unlöslichen Bestandtheile.) Transact. Labor. Club III. p. 5. Allg. Brauer- u. Hopfen-Ztg. **45.** p. 823.

W. Seyerlein u. H. von Berlepsch in Nürnberg, D. P. 51816; Einrichtung zum raschen Darren von Hopfen. **75.** p. 464.

Delbrück, Gronow und Irmisch; Einflufs der Lüftung auf Hefe und Gährung. (Durch Lüftung und bestimmte Reinhefe gelang es, im Laboratorium aus Malzwürze bis 30,8 % Hefe und bei Benutzung concentrirter Maltoselösung bis 16 % Alkohol zu erzielen.) **66.** Ergänzungsh. p. 30. **95.** p. 313.

Briant; Einflufs der Peptone auf die Hefe. Brew. J. **45.** (1889) p. 352.

E. v. Raumer; Verhalten verschiedener Hefearten gegenüber den Dextrinen des Honigs und des Kartoffelzuckers. **123.** p. 421.

A. J. Brown; Versuche über die Vermehrung der Hefezellen. (Bestätigen die früher erhaltenen Resultate, besonders die von Hayduck.) Transact. of the Laboratory Club III. p. 64. **66.** p. 135. 142.

Schrohe; Kunsthefe. (Brauchbarkeit kann controlirt werden durch die mikroskopische Beobachtung der Hefezellen.) **66.** p. 32. **95.** p. 319.

F. Friedrich; Unterscheidung von wilder Hefe mittelst Färben. Prager Brauer- u. Hopfenztg. **27.** p. 128.

Ehrich; die Bereitung von Bier-Prefshefe. **45.** No. 8. **49.** p. 97.

Halenke; Qualität der Prefshefe (läfst sich auf Grund vergleichender Gährkraft-Bestimmungen nicht richtig beurtheilen). Bonner Brenn.-Ztg. (1889) p. 692. **95.** p. 320.

J. M. Lasché; das Weichwerden der Prefshefe (soll durch einen Mikroorganismus bewirkt werden). „Die Fabrik. d. Prefshefe u. ihre Verunreinig. d. schädl. Keime." Brewer's Journ. **66.** **49.** p. 142.

H. Kämnitz; Hefe-Misch- und Aufzieh-Apparat. Brauer- u. Hopf.-Ztg. (1889) p. 2267.

F. Wrede in Flensburg, D. P. 51312; Hefe-Sieb- und Wasch-Maschine. **75.** p. 332.

E. Römer in Kaschau, Ungarn, D. P. 51679; Behälter zur Aufbewahrung von Hefe. **57.** p. 387.

J. Rosenzweig und S. Neumann in Wien, D. P. 51494; Neuerungen an Apparaten zum Kühlen, Messen und Abschneiden von Prefshefe. **75.** p. 387.

W. Windisch; Untersuchung von Weizenmalzen. **131.** p. 221.

A. Prior; Sudversuche mit Patentfarbmalz. Versuchsstat. f. Brauer. zu Nürnb. p. 9. **89.** Rep. p. 89.

O. Reinke; Anwendung des Patentfarbmalzes für vollmundige Biere. (Um vollständige Auflösung der Farbmalzstärke zu erhalten, ist es am besten, das geschrotete Farbmalz zur ersten Dickmaische bei 75° C. zu geben, zu kochen und dann der übrigen Maische im Bottich zuzuführen.) **131.** p. 122. **89.** Rep. p. 74.

J. Zieger in Radeberg, Sachsen, D P. 50851; Maschine zum Entkeimen, Putzen und Poliren des Darrmalzes. **75.** p. 248.

J. W. Free in Boston, Massachusetts, V. St. A., D. P. 49952; Rührwerk für Malztennen und Malzdarren. **75.** p. 51.

S. Hirschler in Worms a. Rh., D. P. 50013 u. 50685; Abräume- und Reinigungsapparat für Malzdarren. **75.** p. 52.

H. Petzoldt; Studien über Diastase. **66**. p. 89.

G. Krabbe; Wirkung des Diastasefermentes auf Stärkekörner (ist eine äufserliche, rein physikalische; das Ferment gehört wahrscheinlich zu den colloidalen Substanzen). Pringsheim's Jahrb. f. wiss. Bot. Bd. 21. p. 4. **39**. p. 537.

H. Elion; Beiträge zur Kenntnifs der Zusammensetzung von Würze und Bier. **123**. p. 291. 321.

A. Jörgensen; Behandlung der Würze mittelst der Centrifuge. (Von A. Bergh: man kann die Würze steril in den Gährbottich bringen und ihre Zusammensetzung innerhalb gewisser Grenzen, also auch die Klärung und den Vergährungsgrad beherrschen.) **44**. p. 73. **89**. Rep. p. 74.

Th. Vogel in Saalfeld, Thüringen, D. P. 51808 (Zus.-Pat. zum D. P. 48457); Zeugziehapparat für Bierbrauereien (dient zum Durchpressen von Luft durch das Gemisch von Würze und Hefe). **75**. p. 447.

Kyll, D. P. 50796; Ausflufsregler für Maische.

R. Luhn in Haspe i. W., D. P. 49955; Kühl- und Rührwerk für Vormaischbottiche. **75**. p. 33.

Schoppe; Hefemaisch-, Verzuckerungs-, Säuerungs- und Kühlapparat. **66**. p. 82.

E. Auerbach in Pankow bei Berlin, D. P. 51375; Anlage zum Filtriren, Lüften und Kühlen von Bierwürze. **75**. p. 351.

F. Ergang in Magdeburg, D. P. 49652; Wellblechkühlbottich für Bierwürze. **75**. p. 1.

Bernreuther und Reinhard in München, D. P. 50179; Kühlanlage für Lagerbierkeller (vgl. Rep. 1889 II. p. 63). **95**. p. 304.

A. Wahl und M. Henius; Vermeidung der Eiweifstrübung bei Flaschenbieren (durch Zuckerkräusen). Br.- u. Hopf.-Ztg. (1889) p. 1732. **95**. p. 303.

W. Kuhn; Apparat zum Pasteurisiren des Bieres im Grofsen. **27**. p. 3.

Th. Vogel in Saalfeld, Thüringen, D. P. 50979; Apparat zum Durchlüften und Mischen von Bier mit Hefe. **75**. p. 249.

P. Regnard; kleinste Mengen einatomiger Alkohole, welche die Hefegährung vollständig aufhalten. Centralbl. f. Physiol. Bd. 6. p. 121. **66**. (1889) p. 265.

B Haas; Bildung von Schwefligsäure bei der Gährung (erfolgt oft bei langsamer Gährung, nicht bei kräftiger, rasch verlaufender). Z. Nahrung. (1889) p. 241. **123**. p. 188.

J. Jesser; Gährung raffinosereicher Füllmassen. (Die Ursache der schwer vergährbaren Melassen ist wenigstens theilweise im Raffinosegehalt derselben zu suchen.) Oesterr.-Ung. Ztschr. f. Zucker-Ind. (1889) p. 598. **123**. p. 124.

Feuerstein; Infusions- und Dickmaisch-Verfahren. (Ersteres liefert zu geringe Ersparnifs an Kohlen und Arbeitskraft gegenüber dem Ausfall an Bierausbeute, der geringeren Haltbarkeit und dem gröfseren Bodensatz beim Pasteurisiren.) Br.- u. Hopf.-Ztg. (1889) p. 2213. **95**. p. 297.

K Bennewitz, D. P. 50266; Vergährung von Dickmaischen mittelst Einblasen von Luft.

A. Wahl und M. Henius; der Vacuumprocefs zum Reifen des Bieres. (Das Vacuum unterstützt die Hefe in ihrer Thätigkeit, eine Nachgährung durchzuführen, indem es dieselbe zur Gährung und Vermehrung anregt) Der Braumeister. Bd. 3. p. 224. **89**. Rep. p. 74.

O. Orgel in Nafsadel bei Bralin, D. P. 52202; Rührwerk für Gähr- und Hefenbottiche. **75**. p. 504.

W. Wailand in Rosenau bei Wahlstatt, D. P. 49960; Apparat zur selbstthätigen Bewegung der Gähr- und Hefenbottichkühler. **75**. p. 34.

Gontard; beweglicher Gährbottichkühler. Maercker's Handb. d. Spiritusfabr. **66**. p. 18.

A. Regel in Schöningen, D. P. 51770; Pasteurisirungsapparat für Bier. **75.** p. 447.

M. Ikuta; Saké-Brauerei in Japan. **89.** p. 439.

M. Morawski; Erzielung der richtigen Säure im Hefengut. **66.** (1889) p. 339.

U. Gayon und E. Dubourg; alkoholische Gährung des Invertzuckers. **9.** t. 110. p. 865. **89.** Rep. p. 140.

W. Schwarz in Meseritz, D. P. 49954; Spiritus-Reinigungsapparat. **75.** p. 33.

A. W. Hofmann, G. Krämer und L. Loewenherz; zur Denaturirung des Spiritus. (Verff. begründen ihre Angabe, vgl. Rep. 1889 I. p. 74, dafs in der Schweiz ein Pyridingemisch an Stelle des bisherigen Denaturirungs-mittels verwandt werde.) **113.** Bd. 13. p. 119.

G. Lunge; zur Denaturirung des Spiritus. (Dementirt die Behauptungen A. W. von Hoffmann's, G. Krämer's und von L. Löwenherz.) **123.** p. 71.

Alkohol aus Maronen. (100 kg der letzteren sollen 20 l Alkohol liefern; die Darstellung von Alkohol aus Rofskastanien blieb bisher erfolglos.) Rev. vinicole. **49.** p. 182.

Richter; echter Rum. **34. 49.** p. 179.

A. Rommier; Verminderung der Gährkraft der ellipsoidalen Weinhefe in Gegenwart von Kupfersalzen. (Kupfer hindert die Sporenbildung der ellip-soidalen Hefe, die bei der Gährung die Entwicklung des feinen Aromas begünstigt, auf der Traube und schwächt ihre Gährkraft; die späte An-wendung von Kupfersalzen zum Schutz des Weinstocks vor Mehlthau, ist daher zu vermeiden.) **9.** t. 110. p. 536. **89.** Rep. p. 97.

A. Rommier; Bereitung der Weinhefen. (Versuche über Erzeugung der Wein-bouquets durch Hefe; vgl. Rep. 1889 II. p. 69.) **9.** t. 110. p. 1341. **34.** p. 246.

P. Kulisch; Unterschied zwischen Obst- und Traubenweinen. (Aepfel- und Birnenweine enthalten nicht Weinsäure und deren Salze.) Weinbau- u. Weinhandel. Bd. 8. p. 81. **95.** p. 272.

E. List; rechtsdrehende Weine. (Eine Rechtsdrehung des Weines, eine auch sehr starke Rechtsdrehung des Alkoholauszuges nach Nessler genügt nicht mehr, einen Wein als mit Stärkezucker versetzt zu erklären.) **89.** p. 304.

H. Thomas; algerischer Wein. **106.** p. 274.

Algierweine in Europa. **116. 49.** p. 230.

T. Bârladu; Analysen rumänischer Weine. Ztschr. f. Nahrungsm.-Unters. u. Hyg. (1889) p. 250.

And. Hamm in Frankenthal, bayr. Rheinpfalz, D. P. 51864; Wein- und Obst-keltern. **75.** p. 478.

E. Mach und K. Portele; Stickstoffgehalt in Most und Wein von verschiede-nen Trauben. **22.** p. 373. **123.** p. 188.

C. Amthor; Ammoniakgehalt in Most und Wein. (Ammoniak ist ein natür-licher Bestandtheil des Weinmostes und, in geringen Mengen, der Trauben-weine; in gröfserer Menge findet es sich in den Hefeweinen.) **123.** p. 27. **38.** Rep. p. 43.

M. Barth; die sauren Moste. **49.** p. 283.

L. Eymard; Saft und Farbstoff der Phytolacca (wird in Spanien und Portugal zum Auffärben von Weinen und Liqueuren benutzt; Fixirung auf Lein-wand, Seide, Baumwolle gelang sehr gut.) **17.** t. 21. No. 5. **38.** Rep. p. 122.

Feuillerat; Reblausmittel „Sulfo-Potassium". (17 kg Schmierseife, 33 kg Wss. zum Lösen der Seife, 50 kg Schwefelkohlenstoff.) Vigne franç. Bd. 10. p. 101. **95.** p. 274.

A. Rossel; Azurin als Mittel gegen Peronospora. (1 kg Kupfervitriol, $1\frac{1}{2}$ l Ammoniak auf 200 l mit Wss. verdünnt; auch M. Haggenmacher hat damit, sowie mit Bordeauxbrühe gute Resultate erhalten.) Allg. Weinztg. Bd. 6. p. 221. 142 u. 154. **95.** p. 276.

O. Kellner, Y. Mori und M. Nagaoka; invertirende Fermente. (Ueber Koji.)
Z. physiol. p. 297. 66. p. 33. 123. p. 408.

Th. Vogel in Saalfeld, Thüringen, D. P. 50856; Falsausbrenner. 75. p. 249.
—; D. P. 50857; Vorrichtung zum Verbrennen des beim Falsausbrennen
entstehenden Rauches.

H. Löb-Stern und F. Richheimer, D. P. 51368; Reinigung von Fässern
mittelst schwefliger Säure und Chlor (unter Druck). 75. p. 367.

F. Armstorff und J. Geyer in Eisfeld a. d. Werra, D. P. 49417; Falsver-
schluls. 66. p. 21.

A. Israelowicz in Posen, D. P. 48370; Melsgefäls. 66. p. 21.

F. Welleba sen. u. jun. und F. Uffenheimer; Vinophor. (Weintransport-
wagen.) 116. p. 361, 49.

Gerben, Leder- und Leimbereitung.

Der Gerbstoffgehalt australischer Pflanzen und Pflanzentheile;
von J. H. Maiden. 1) Rinden: Eucalyptus leucoxylon F. v. M.
41,69 %/0 Kinogerbsäure; Acacia decurrens Willd. 36,08 %/0 Catechugerb-
säure, Acacia binervata D. C. 30,04 %/0 Catechugerbf., Eugenia Smithii
Poir. 28,65 %/0 Catechugerbf., Acacia vestita Ker. 27,96 %/0 Catechugerbf., Bankia Serrata L. 23,25 %/0 Catechngerbf., Rhus rhodanthema
F. v. M. 23,18 %/0 Catechugerbf. 2) Blätter: Eucalyptus macrorhyncha
F. v. M. 18,33 %/0 Kinogerbf., Eucalyptus obliqua L'Hér. 17,20 %/0 Kinogerbf., Rhus rhodanthema F. v. M. 16,91 %/0 Kinogerbf., Eucalyptus
stellulata Sieb. 16,62 %/0 Kinogerbf., Eucalyptus Gunnii Hook 16,59 %/0
Kinogerbf.; Acacia vestita Ker. 15,18 %/0 Catechugerbf. 3) Kino:
Eucalyptus macrorhyncha F. v. M. 78,72 %/0 Kinogerbf., Eucalyptus
stellulata Sieb 62,96 %/0 Kinogerbf., Eucalyptus piperita Sm. 62,12 %/0
Kinogerbf. 4) Gallen: Eucalyptus rostrata Schlcht. 43,40 %/0 Kinogerbf.
— Journ. of the Royal Soc. of New South Wales, vol. 21. 39. p. 40.
33. Rep. p. 73.

Als Canaigre wird nach H. Trimble in den Vereinigten Staaten
von Nordamerika die Wurzel von Rumex hymenosepalum als Gerbe-
material empfohlen. Von Sturke waren in der Wurzel 28,57 %/0 Tannin
gefunden worden. Der Verf. fand jedoch in einem etwas feuchten
Muster nur 17,33 %/0 Gerbsäure. In Gerbereien wird gegenwärtig ein
Canaigre-Extract benutzt, welches 40—60 %/0 Tannin enthält und wohl
geeignet erscheint, das Gambir zu ersetzen. — Amer. Journ. Pharm.
(1889) p. 397. 89. Rep. p. 267.

Gerbung durch Elektricität. Nach Zerener ist es nicht gleichgiltig, ob man einen Gleich- oder Wechselstrom auf Haut und Gerbmaterialien wirken läfst. Im ersteren Falle finden wohl nur elektrolytische Zersetzungen in den Gerbbrühen statt, die sich nicht nur auf
Zerstörung von Farbstoffen beschränken. Wechselstrom bewirkt intensive Bewegung der kleinsten Theile der Moleküle und beschleunigt
die Endosmose. Goulard benutzte Gleichstrom mit grofsem Wider-
stande, ohne aber Erfolge zu erzielen. Worms und Balé bringen

Häute und Gerbmaterial in eine rotirende Trommel, welche innen mit
Netzen von Drähten überspannt ist, die durch eine besondere Vorrichtung mit der Dynamomaschine in Verbindung stehen und also ebenfalls die Pole darstellen. Sie setzen aufserdem pro Trommel bis zu
25 l Terpentinöl zu und verwenden auch Gleichstrom, lassen denselben
aber nicht während der ganzen Dauer des Gerbprocesses wirken, sondern nur einige Stdn. Ob die Elektricität oder das Terpentinöl von
Einflufs ist, ist noch zweifelhaft. Nach J. Landin's und J. W.
Abom's Patent, das seit ungefähr 2 Jahren mit gutem Erfolge in
der Praxis angewendet wird, werden Wechselströme benutzt. Das
Verfahren kann in jeder Gerberei ohne Veränderung der bestehenden
Einrichtungen eingeführt werden. Die Anlage kostet 3000 M. In der
Fabrik von Nielson in Nordköping, in der das Verfahren eingeführt
ist, sind an beiden Schmalseiten der Gerbgefäfse die Leitungspole,
welche aus sehr dünnen, grofsen, in Holzrahmen eingespannten
Kupferplatten bestehen, angebracht; zwischen ihnen hängen die zu
gerbenden Häute auf Stangen; man kann auch die Häute mit dem
Gerbmaterial schichtweise übereinander legen, mufs aber dann den
einen Pol am Boden des Gefäfses, den anderen über der obersten
Schicht des Gerbmaterials anbringen. Das Verfahren ist nicht so
schnell wie das französische von Worms und Balé, das schwere
Ochsenhäute in 96 Stdn. gerbt, während in der schwedischen Fabrik
45 Tage erforderlich sind. Gegen früher erzielt man eine Gewichtsvermehrung von 6—8 %. — **73.** p. 81. **34.** p. 115.

　　Die Anwendung der Kresotinsäure zum Entkalken der Häute
empfiehlt J. Hauff, da sie stärker antiseptisch als Salicylsäure ist
und nicht, wie andere Säuren, die Haut angreift, vielmehr conservirend
wirkt. Sie besitzt grofse Affinität zum Kalk, den sie sehr schnell,
oft in einigen Stdn., entfernt, macht die Haut weich und wirkt in
hohem Grade schwellend, was besonders für Sohlleder von grofsem
Werthe ist. Bei Anwendung von freier Kresotinsäure nimmt man auf
etwa 50 schwere Sohlhäute von je etwa 56 Pfd. (1 engl. Pfd. gleich
0,4534 kg) Gewicht 450—550 Gallonen Wss., und auf je 250 Gallonen
des letzteren 7—9 Pfd. Kretosinf. Die Lösung wird auf 80—85° F.
(ca. 27—30° C.) gehalten, und die Häute verbleiben in ihr je nach
ihrer Dicke 6 oder weniger Stdn. Die Lösung ist dann keineswegs
erschöpft, vielmehr können mit einer Lösung von 18 Pfd. Kresotinf. in
500 Gallonen Wss. 4 Posten von je 50 Häuten behandelt werden. Für
jeden weiteren Posten Häute von je 50 Stck. sind nur 4—5 Pfd.
Kresotinf. zuzufügen und das abgehende Wss. zu ersetzen, um die
Lösung so lange verwenden zu können, bis sie durch Anhäufung von
Schmutz etc. unbrauchbar wird. Für Häute, die besonders fein und
glatt in der Narbe ausfallen sollen, ersetzt man vortheilhaft die Behandlung mit Hundekoth durch eine solche mit dem Ammonsalz der
Kretosinf. Auf 500 Schafhäute für Handschuhleder von je 2 Pfd. Gewicht werden 225 Gallonen Wss. und 11 Pfd. kresotinsaures Ammoniak,
das man aus 11 Pfd. in heifsem Wss. gelöster Kretosinf. und 1 Gallone
20 % Ammoniak erhält, genommen. Nachdem man sodann dem Bade
noch eine Lösung von 11 Pfd. Ammonsulfat oder Chlorammonium zugesetzt hat, erwärmt man auf 80—85° F. und geht dann etwa ½ Stde.
lang mit den Häuten ein. Dieselbe Lösung kann, zeitweilig mit

heifsem Wss. oder Dampf regenerirt, zur Behandlung von 8 Posten von je 500 Häuten dienen. Erst dann ist für die Behandlung eines jeden weiteren Postens Häute ein Zusatz von etwa 3 Pfd. Kresotinf. mit der entsprechenden Menge Ammoniak und 1—2 Pfd. Ammonsulfat oder -chlorid erforderlich. — **26.** (1889) p. 954. **89.** Rep. p. 35. — Nach desselben Erf.'s D. P. 50480 (Zus.-P. zu D. P. 46643; vgl. Rep. 1889 I. p. 77; 1889 II. p. 76 f.) hat es sich gezeigt, dafs die Wirkung der Kresotinf. unter Umständen eine zu kräftige sein kann. Es wurden daher Versuche mit anderen Säuren angestellt und gefunden, dafs da, wo keine schwellende Wirkung beabsichtigt ist, zum Entkalken auch Salicylf., Mischungen von Salicylf. und Kresotinf. oder von Salicylf. und Oxynaphtoesäure oder von Kresotinf. und Oxynaphtoef. Verwendung finden können. — **75.** p. 113. **49.** p. 231.

Behandlung von Häuten. Engl. P. 9902/1888 f. J. Myers, Suir Island, Clonmel, Tipperary. Die Häute werden, um sie für den Gerbprocefs vorzubereiten, in Wss. getaucht, durch welches Kohlensäure geleitet wird, bis die Haare gelöst sind. — **89.** p. 7.

Enthaarung von Häuten in der Sohllederfabrikation. Nach W. Borchers besteht ein principieller Unterschied zwischen den Enthaarungsmitteln bei der Fabrikation des Sohl- oder Oberleders nicht. Beim Sohlleder ist ein wichtiger Punkt die Erzielung hoher Gewichtsausbeute, doch versäumt man in Deutschland hierzu meist den richtigen Zeitpunkt, wodurch ein zu grofser Materialverbrauch nothwendig wird. Man begeht nämlich den Fehler, beim Kälken und auch beim Schwitzen die Mittel so lange einwirken zu lassen, bis die Haare verhältnifsmäfsig leicht „loslassen". In Amerika läfst man die Häute nicht so lange in der Schwitze, bis die Haarlockerung so weit vorgeschritten ist, wie es für die Enthaarung nöthig ist, sondern erreicht die erwünschte Lockerung erst durch ein nachheriges schwaches Kälken. Man verbindet das Schwitzen mit dem Kälken. Langes Liegen der Häute im Aescher bewirkt sehr empfindliche Verluste, weil Kalk auch die Umbildung der eigentlichen Hautfaser in Leimsubstanz befördert. — **123.** p. 230. **34.** p. 141.

Bei Crownleder verschiedener Provenienz fand Eitner bei keinem derselben Stärke im Innern des Leders, nur aufserhalb, zumeist auf der Fleischseite. Aus der Gestalt der Stärkekörnchen konnte Verf. ersehen, welches Mehl bei der Erzeugung der betreffenden Ledersorte verwendet wurde und hat dabei nur Weizen- und Roggenmehl, nie aber Gerstenmehl oder Kartoffelstärke gefunden. Wenn daher auf das Vorhandensein von Stärke, die direct nicht als gerbender Bestandtheil dient, Gewicht gelegt wird, so kann ihre Wirkung nur eine mittelbare sein. Höchst wahrscheinlich dient sie dazu, sowohl Fett als Albumin in feine Zertheilung zu bringen, in welchem Zustande diese Körper leichter und gleichmäfsiger von der Haut aufgenommen werden. Die Stärke spielt demnach hier ungefähr dieselbe Rolle, wie das Wss. im Dégras. Dieser wird durch das Wss. in winzig kleine Fettkügelchen zertheilt, die sehr leicht in das Leder eindringen; hier werden umgekehrt die Stärkekügelchen von Fett und Albumin umgeben, wodurch letztere Körper ebenfalls in feine Zertheilung treten. Als wirklich gerbender Stoff ist aber der andere Bestandtheil des Mehles, nämlich

6*

der Kleber, anzusehen. Verf. hat aus allen von ihm untersuchten
Crownlederproben durch Behandeln derselben mit verdünnten Alkalien
Kleber extrahirt. — 102· 49. p. 205. S. a. 73. No. 25.

Anwendung von Wasserstoffsuperoxyd in der Gerberei. Zu dunkel
oder zu fleckig erhaltene Vaches oder Riemencroupons bekommen gewöhnlich beim Finisch eine leichte Färbung mit der Lösung eines
Farb- oder Gerbstoffes oder eine Appretur mit Talk oder sogenannten
Lederfarben. Göhring empfiehlt statt dessen, das Leder mit der
Lösung einer guten neutralen Marseiller Seife abzuwaschen und dann
sofort eine Mischung von dieser Seifenlösung und mit Ammoniak neu-
tralisirtem verdünntem Wasserstoffsuperoxyd aufzupinseln. Man läfst
in ganz mäfsiger Wärme, noch besser in bewegter Luft, trocknen.
Ein mehrmaliges Ueberpinseln des Leders nach leichtem Antrocknen
erhöht den Effect. Wasserstoffsuperoxyd ist auch sehr geeignet als
Zusatz zu schimmelnden Brühen und zur Desinfection überseeischer
oder zu lange lagernder Häute. — 73. 82. p. 21.

**Apparat zum Waschen und Rühren von Häuten und dergl. in
einer Flüssigkeit unter Anwendung eines periodischen Luftstromes.**
D. P. 51558 f. Ch. W. Cooper in Brooklyn, V. St. A. In einem
Gefäfs A ist das mit durchlochtem Boden und Auslauföffnungen a ver-

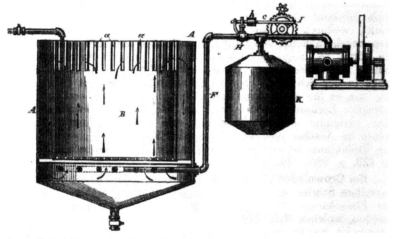

sehene Gefäfs B angeordnet. Das letztere enthält eine Flüss. und die
Häute, welche gewaschen und gerührt werden sollen. In die Flüss.
wird mittelst des Rohres F aus dem Windkessel K ein periodischer
Luftstrom geleitet, indem das Ventil H mittelst des Rades I, Hebels c
und Gewichtes h abwechselnd geöffnet und geschlossen wird. — 75.
p. 391.

Maschine zum Zubereiten von Leder und Häuten. D. P. 50414
f. J. Hall in Leeds, England. Von der Antriebswelle der Maschine
wird mittelst eines Kurbelmechanismus ein prismatisch geführter Werk-
zeughalter hin- und herbewegt, um mittelst eines an letzterem angebrachten Werkzeuges das Arbeitsstück zu bearbeiten. Letzteres ist
auf einem Tisch aufgespannt, welcher von einem Doppelwagen ge-

tragen wird und mittelst eines Zahnrädergetriebes um eine verticale Achse gedreht werden kann. Der obere, den drehbaren Tisch tragende Wagen läuft auf dem unteren Wagen hin und her, während letzterer in gleicher Weise, jedoch in einer zu der Bewegungsrichtung des oberen Wagens senkrechten Richtung bewegt wird. Diese Bewegungen der beiden den Aufspanntisch tragenden Wagen sind durch Riemen- und Zahnrädergetriebe von der Antriebswelle der Maschine abgeleitet. Zur Einstellung des Arbeitsstückes gegen das Werkzeug sitzen die Laufräder des oberens Wagen auf excentrischen Zapfen, welche mittelst Zahnrädergetriebes von einem Handrade aus gedreht werden können. — **75.** p. 167.

Verfahren und Apparat zum Glätten von Leder. D. P. 49883 f.

Bogenschild in Berlin.   Das Leder wird auf die Tischplatte *M*

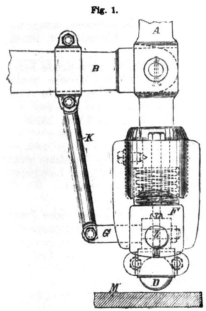

Fig. 1.

(Fig. 1) gelegt und die Kurbelstange *B* mittelst einer Kurbel oder Kurbelscheibe durch einen Motor in Bewegung gesetzt. Die Stange *A* pendelt dadurch hin und her und theilt diese Bewegung der Walze *D* mit. Während nun die Kurbelstange *B* ihrer tiefsten Stellung entgegeneilt, drückt sie die Stange *G* durch die Stange *K* nach abwärts und dreht dadurch das Vierkant *E*, welches mit den Zapfen *z* in den Lagern *F* ruht, um seine Achse. Da die Walze *D* mit dem Vierkant fest verbunden ist, so muss dieselbe eine Drehung von rechts nach links machen. Hierbei wird das Leder zwischen der Walze und der Tischplatte, welche stets gegen die erstere gepresst wird, hindurchgeschoben. Geht dagegen die Kurbelstange *B* ihrer höchsten Stellung entgegen, so wird die Stange *G* gehoben und dreht das Vierkant im entgegengesetzten Sinne. Die Walze muss auch diese Drehung mitmachen, sie dreht sich daher so lange von links nach rechts, als die Kurbelstange *B* höher steht. Da aber die Zugstange *K* während einer Kurbel-

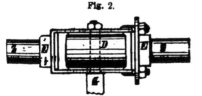

Fig. 2.

drehung den Hebel *G* auf- und abbewegt, so dreht sich die Walze *D* in ihren Lagern einmal von rechts nach links und einmal von links nach rechts, ohne dass dabei die gleitende Bewegung aufhört. Es wird durch dieses Verfahren vermieden, dass die Walze *D* eine Falte in den Lederheilchen vor sich hertreibt. — **75.** p. 37.

Zum Bronciren von Leder wird eine Lösung von Tannin 1 : 20 Weingeist empfohlen, in welcher man beliebige Bronce suspendirt. Die zu broncirenden Lederartikel werden damit mittelst eines Schwammes bestrichen. — Südd. Apoth.-Ztg. **49.**

Fett-Schwärze nach E. Campe besteht aus einer Lösung von harzsaurem Eisen in Vaselin. Zur Bereitung des harzsauren Eisens stellt man durch 3stündiges Kochen von 1 krystallisirter Soda mit $2^1/_2$ Colofonium und der nöthigen Menge Wss. zuerst eine Harzseife dar, fällt mit einer Lösung von Eisenvitriol (circa 1 : 5), läfst absetzen, wäscht das ausgefällte Harzeisen mit heifsem Wss. und läfst auf einem Spitzbeutel gut abtrocknen. Nach 2—3 Tagen nehme man dasselbe auf flache Porzellanteller und lasse an der Luft abtrocknen. Im trockenen Zustande läfst sich dasselbe sehr leicht mit gelber Vaseline verreiben; des Ansehens halber setzt man eine Kleinigkeit calcinirten Rufs hinzu. Es genügen 5—6 % an harzsaurem Eisen, um den Effect zu erzielen. Statt des calcinirten Russes kann man auch fettlösliches Anilin-Blau verwenden. — Chemiker u. Drogist (1889). **19. 49.** p. 39.

Als beste Vorschrift für Stiefelwichse haben eingehende Untersuchungen Folgendes ergeben: 80 g (besser 120 g) Melasse werden mit 14 g Schwefelsäure und 10 g Essigsäure vermischt. In dieses Gemisch werden 280 g fein geriebenes Spodium, welches mit 60 g Thran (besser 50 g Thran, oder man kann auch den Thran durch ein Gemenge von Knochenfett, ca. 30 g, und Mineralöl, ca. 20 g, ersetzen) übergossen wurde, gleichmäfsig eingerührt, hierauf wird je nach der gewünschten Concentration Wss. zugesetzt. Sollte das Spodium wenig Kohle enthalten, so ist der Wichse eine geringe Menge Lampenrufs zuzusetzen. — Ztschr. f. Nahrungsm.-Unters. u. Hygiene. Bd. IV. p. 60. **49.** p. 239.

Uebertragung bezw. Verpflanzung der Haar-, Feder- oder Faserdecke von der natürlichen Haut auf künstliches Unterlagsmaterial. D. P. 51070 f. A. F. Bilderbeck-Gomess in South Kensington, Middlesex, England. Die Haar-, Feder- und andere auf Haut oder Fellen befindliche Decke wird mit einer erstarrenden Salzmasse übergossen, worauf die Haut von den Haaren abgezogen und nach Ueberstreichen der aus der Salzmasse frei hervorstehenden Wurzelenden mit einem Klebstoffe durch eine weitmaschige Unterlage von z. B. Musselin, Gaze, Netz und dergl. ersetzt wird. Das Ganze wird dann mit dieser neuen Unterlage auf ein stärkeres Unterlagsmaterial aufgeklebt und die die Haare haltende Salzmasse durch Auflösen oder Verwittern wieder entfernt. — **75.** p. 310. **49.** p. 328.

Walfischleim, auf der russischen Insel Jeretika gewonnen, verdient nach Ch. Culmann als brauchbare Waare Beachtung. Er kommt in Gestalt einer dichten Gallerte, welche mit Conservirungsmitteln versetzt und in Blechbüchsen verpackt worden ist, in den Handel, und besteht der Hauptmenge nach aus Glutinleim. Die nach der Methode der Artillerie-Werkstatt zu Spandau ausgeführte mechanische Prüfung ergab für Hirnflächen von 16 qcm aus weichem und hartem Holz die Durchschnittsbelastung von 88,5 kg, während 70 kg für eine brauchbare Leimsorte genügen. Längsflächen, mit Walfischleim zusammengefügt, lassen sich überhaupt nicht mehr an der Fuge trennen, sondern brechen daneben ab. — **123.** p. 104.

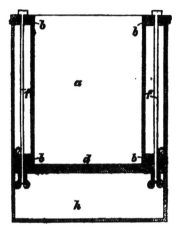

Sich selbst reinigender Leimkessel. D. P. 51891 f. C. Baxmann in Berlin. Mit dem zur Aufnahme des Leimes dienenden Cylinder *a* ist der Boden *d* mittelst der Schrauben *f* lösbar verbunden, während durch die beiderseits angeordneten kegelförmigen Ringe *b c* ein dichter Abschluß gegen den Wasserkessel *h* gebildet ist. Durch Umsetzen des Bodens *d* auf das andere Ende des Cylinders *a* und darauf folgendes Umkehren des letzteren wird die vorher oben entstandene Leimkruste nach unten verlegt, um durch den frisch eingegossenen Leim aufgelöst zu werden. — **75.** p. 484. **49.** p. 295.

v. Schröder; Bewerthung der Valonen. **73.** No. 46. 47 — der Myrobalanen. **73.** No. 50 — von Sumach. **73.** No. 52. 53 — der Algarobilla. **73.** No. 64.

R. Koch; zur Untersuchung von Sumach und Sumach-Extracten sowie „einige Bemerkungen zur gewichtsanalytischen Methode der Gerbstoffbestimmung". **73.** No. 45.

Gerben mit Fichtenborke. (Dieselbe enthält 5—10 % Gerbstoff; das erhaltene Leder ist weniger dicht und dauerhaft als mit Eichenlohegerbung; vgl. Rep. 1889 II. p. 76.) **73.** No. 37. **95.** p. 421.

C. Böttinger; Benzoyltannin. (Auch die natürlichen Gerbstoffe lassen sich in natronlaugehaltiger Lösung benzoyliren. Die Eichenrindegerbsäure ist jedenfalls ein Gemisch zweier Körper, von denen der eine sich ähnlich verhält wie Tannin.) **60.** Bd. 22. p. 2706. **89.** Rep. p. 17.

v. Schröder und A. Bartel; Gerbstoffverluste beim Gähren der Gerbebrühen. **73.** No. 67.

B. R.; die Fabrikation des Haarkalbleders nach neuester Methode. **73.** No. 1.

H. E. Freudenberg in Weinheim, Baden, D. P. 50902; Maschine zum Reinigen, Glätten und Ausrecken von nassen enthaarten Fellen oder Häuten. **75.** p. 253.

C. Klinik und Fr. Zawischa in Königshütte bezw. Beuten, Ober-Schlesien, D. P. 52029; Neuerung an der durch D. P. 44373 geschützten Lederzurichtmaschine. **75.** p. 491.

G. W. Baker in Wilmington, V. St. A., D. P. 51721; Maschine zum Glätten und Bearbeiten von Leder. **75.** p. 415.

Hartmann und Thomson in Offenbach, D. P. 50905; Lederfalzmaschine. **95.** p. 423.

A. H. Hobron; Darstellung von Leim. (Knochen werden mit starker Alkalilauge mehrmals in der Hitze ausgezogen; die Rückstände dienen als Düngemittel.) **95.** p. 426.

Gewebe.

Gewinnung von Gespinnstfasern aus Pflanzenfasern durch Behandlung mit neutralisirten oder alkalisch gemachten Rückständen der Naphtafabrikation. D. P. 52048 f. W. Schewelin in Balakhna und P. Mindowsky in Moskau, Rufsland. Flachs oder Hanf wird mit einer Lösung von mit Soda, Kalk oder Soda-Rückstand alkalisirtem Säure-Rückstand der Naphtaverarbeitung in 9 Th. Wss. 3 Stdn. lang gekocht, durch Walzen abgeprefst, ausgewaschen und getrocknet, worauf die übliche mechanische Bearbeitung (Schwingen u. s. w.) folgen kann. Die Erfinder schreiben nicht nur dem in den alkalisirten Rückständen enthaltenen Natriumsulfat und Aetznatron eine Wirkung bei Trennung der Faser vom holzigen Theile der Pflanzenstengel zu, sondern vorzugsweise den organischen Stoffen, welche aus den Mineralölen stammen. — **75.** p. 486.

Verarbeitung von faserigem Torf zu spinnbarem Material. D. P. 50304 f. G. H. Béraud in Bucklersbury, London. Den faserigen Torf bearbeitet man zunächst in Schlagmaschinen mit mehreren rotirenden Schlagwerken, welche sich in kreissegmentförmigen Siebmulden bewegen, und befreit hierdurch die Torffasern von den beigemengten erdigen Stoffen, zerfasert erstere darauf in einer sogen. Schneidmaschine, welche sich aus einer mit Stahlzähnen dicht besetzten, rasch rotirenden Trommel, einem endlosen Tuche und Speisewalzen zur Zuführung der Torffasern zusammensetzt, und erhält so ein Fasermaterial, welches sich zu Garn verspinnen läfst. Um dieses Material noch weiter, bis zur Feinheit von Wolle oder Baumwolle, zu zerfasern, bearbeitet man es in einer der vorhin erwähnten ähnlichen Maschine, deren Zerreifstrommel mit gebogenen Zähnen besetzt ist. Die feinen Fasern werden durch einen Exhaustor in einen langen Raum mit einer horizontalen Scheidewand geblasen und lagern sich dabei je nach dem Grade ihrer Feinheit an verschiedenen Stellen dieses Raumes ab. Der erhaltene feine Torffaserstoff wird für sich oder mit Wolle, Baumwolle od. dgl. auf Krempeln weiter verarbeitet. — **75.** p. 205. **49.** p. 190.

Waschen von Wolle. Engl. P. 66/1889 f. H. W. Langbeck, Loughton, Essex. Die Wolle wird zunächst in Wss. von nicht über 110° F. (43° C.) eingeweicht, geprefst und mittelst Centrifugalkraft getrocknet. Das von den ausgeschiedenen Schmutztheilen getrennte Wss., welches Kalisalze enthält, wird zur Trockne verdampft; oder das Wss. wird mit Salzsäure, Schwefelsäure oder Phosphorsäure versetzt und concentrirt, um das Kalium in Form des entsprechenden Salzes zu gewinnen. Die Emulsion, welche durch die geringe Menge von durch Verseifung der Fette entstandener Seife gebildet ist, wird durch die Säure zerlegt, und die Fette können durch Behandlung mit Schwefelkohlenstoff oder einem anderen Lösungsmittel gewonnen werden. Oder man läfst das Wss. nach entsprechender Einengung erkalten, wobei sich ein Kuchen von Seife und Fett ausscheidet. Der zweite Theil des Verfahrens besteht darin, dafs man die Wolle mit

Seifenlauge wäscht und entfettet, dann in Wss. ausspült und trocknet. Die so erhaltene Emulsion und die Waschwasser werden in Vacuumapparaten verdampft und wiederholt mit verdünntem Spiritus behandelt, wobei die Seife extrahirt wird. Das Wollfett wird dann dem Schmutzrückstande mittelst geeigneter Lösungsmittel entzogen. Eine Modification des Verfahrens besteht darin, dafs man das erste Einweichen in Wss. ganz unterläfst, die aus dem Waschen mit Seifenlauge erhaltene Flüss. concentrirt, mit Säure behandelt und erhitzt, um die Fettsäuren der Seife und des Wollfettes frei zu machen, welche dann durch Hitze und Druck oder durch Lösungsmittel gewonnen werden. — **89.** p. 808.

Chemie des Bleichens mit Hypochlorit. C. F. Crofs und E. J. Bevan untersuchten in Gemeinschaft mit F. E. Nelson die Reactionen, welche beim Bleichen von Pflanzenfasern mit Hypochlorit stattfinden und kamen zu folgenden Resultaten: a) Das Bleichen vermittelst der Hypochlorite wird von einer gröfseren oder geringeren Chlorirung der Faserbestandtheile begleitet, je nach der Natur des basischen Bestandtheiles der Bleichlösung und der Fasersubstanz. b) Die Chlorirung scheint geringer bei Verwendung von Magnesiumhypochlorit zu sein und noch geringer bei den durch Elektrolyse von Chlormagnesium entstehenden Lösungen. c) Das Stattfinden der Chlorirung zeigt sich aus der Thatsache: 1) dafs ein Theil des Chlors von der Bleichflüssigkeit nicht in den Zustand der Wasserstoffsäure oder des Chlorides übergeht und also ein Theil der Basis in einer anderen Verbindung denn als Chlorid in der erschöpften Lösung ist; 2) dafs „organische" Chloride im Waschwasser vorhanden sind. d) Das Stattfinden der Chlorirung unterscheidet die Bleichung mit Hypochlorit von denjenigen Processen, bei denen die entscheidenden Factoren nur Oxydation und Hydrolyse sind, wie Bleichen mit Permanganaten und Wasserstoffsuperoxyd. e) Der Grund der Chlorirung liegt in der Gegenwart von Ketonsauerstoff in den Faserbestandtheilen (Nichtcellulose). Aufser diesen theoretischen Punkten ergeben sich folgende praktisch wichtigen Folgerungen: f) Die einfachste und genaueste Methode, um die Menge der „freien Base" in Hypochloritlösungen zu bestimmen, ist die directe Titration nach der Zerstörung des Hypochlorits mit Wasserstoffsuperoxyd. g) Das Verhältnifs der freien Base zum Hypochlorit variirt in Lösungen aus Bleichkalk umgekehrt mit der Concentration. h) Die Factoren zur Erzielung einer wirksamen und billigen Bleichung sind das Verhältnifs der Base und ihrer Natur, die Temp. der Lösung und die Natur der negativen oder oxydirenden Bestandtheile. i) Die Gegenwart organischer Chloride in gebleichtem Esparto und Strohstoff ist ein wahrscheinliches Resultat des Bleichprocesses. — **26.** p. 450. **34.** p. 220.

Wasserstoffsuperoxyd in der Bleicherei. C. F. Göhring empfiehlt nicht zu concentrirte Flotten und die Verwendung eines möglichst reinen Wasserstoffsuperoxydes. Nur ein ganz reines Product liefert z. B. ein schönes Weifs auf Tussah-Seide. Zufällig in die Bleichflotte gelangende Gegenstände, namentlich Metalle oder auch Eisenrost sind im Stande, eine katalytische Wirkung zu veranlassen, so dafs der Sauerstoff entweicht, ohne eine bleichende Wirkung zu veranlassen. Bemerkt man eine derartige Zersetzung, so empfiehlt es sich, die Flotte mit

Phosphorsäure anzusäuern; es hört dann die Gasentwicklung auf und
die Flotte kann aufbewahrt und durch neues Alkalischmachen wieder
in Gang gebracht werden. Als Bleichwasser für Wolle empfiehlt Verf.
das Wasserstoffsuperoxyd des Handels in 10facher Verdünnung anzuwenden, und den beim Bleichen jeweilig verbrauchten Sauerstoff durch
Zusatz von frischem Superoxyd zu ergänzen. Verf. nennt es nur eine
Frage der Zeit, wann das Schwefeln der Wolle durch das Bleichen
mit Wasserstoffsuperoxyd verdrängt sein wird. Für Baumwolle scheint
die Chlorbleiche ihres erheblich billigeren Preises wegen beibehalten
werden zu müssen. — 20. p. 33. — Nach O. N. Witt wird das Bleichbad auf je 10 l 10—15%oige Wasserstoffsuperoxydlösung mit 210 g
Ammoniak von 0,985 spec. Gewicht versetzt. Die Stärke des Bleich-
bades beträgt je nach der Schnelligkeit, mit der man arbeiten will,
10—50 l Wasserstoffsuperoxydlösung für 100 l Wss. In dieses Bad
wird die trockene Wolle eingeführt und verbleibt 10 Stdn. in demselben bei 20° C.; nachher wird sie abgewunden und ohne zu waschen
in der Kälte getrocknet. Bei regelmäßigem Betriebe ist es am besten,
continuirlich zu arbeiten, indem man die Waare zunächst in ein
schwaches, schon oft gebrauchtes Bad bringt, und alle 2 Stdn. in ein
jüngeres Bad überträgt. Das letzte Bad ist frisch bereitet und ziemlich kräftig. Nach der Bleiche wird die Wolle in bekannter Weise mit
Methylviolett gebläut. Auch Baumwolle kann auf ähnliche Weise bequem gebleicht werden (vgl. oben). — 20. p. 32.

Bleichen baumwollener Gewebe. C. Köchlin weist nach, daß
das früher beobachtete Zurückbleiben von Schlichtebestandtheilen in
der gebleichten Waare heutzutage bei Anwendung des Mather und
Platt'schen Verfahrens nicht mehr vorkommen kann. Sobald die
Stärke der angewendeten alkalischen Laugen 3,5° B. überschreitet,
werden alle Stärkebestandtheile aus der Faser herausgelöst. Kohlensaures Natron vermag die Stärkebestandtheile nicht zu entfernen. Da
in dem neuen Verfahren von H. Köchlin das dem App. entströmende
Waschwasser noch 4,5° B. besitzt, so müssen alle Unreinigkeiten in
demselben gelöst worden sein. Obschon die modernen Bleichverfahren
wesentlich gründlicher sind als die früher üblichen, so ist doch die aus
denselben hervorgehende Faser noch nicht absolut rein, Kalk und Eisen
können gewöhnlich noch nachgewiesen werden. Es ist dies indessen
nur dann ein Fehler, wenn diese Metalle in genügender Menge vorhanden sind, um beim Drucke Farbstoffe anzuziehen und das Weiß zu
beschmutzen. Verf. bespricht ferner noch die verschiedene Festigkeit,
mit der Säuren vom Baumwollgewebe zurückgehalten werden; Schwefelsäure läßt sich am leichtesten auswaschen (vgl. Rep. 1889. I. p. 84.)
und sollte daher beim Ansäuren im Bleichverfahren den Vorzug vor
der sehr schwer zu entfernenden Salzsäure erhalten. — 5. Sept. 1889.
20. p. 33.

Bleichöl. D. P. 52505 f. Firma H. Ermisch in Burg-Magdeburg.
Etwa 10 kg 100%igen Chlorkalkes werden in 100 l kaltem Wss. aufgelöst. Alsdann mischt man ungefähr 20 l der klar gewordenen Lösung
mit 100 kg dunklem, schwerstem Paraffinöl vom spec. Gew. 1,905 bei
20° oder Theeröl, rührt diese Mischung tüchtig durcheinander und
läßt absetzen. Das noch etwas trübe Oel wird abgezogen und zu 25

bis 30 Th. mit 50—75 Th. schwerstem, destillirtem Harzöl (sogen. Mittelöl) gemischt. Die damit behandelten Faserstoffe erfordern angeblich zum eigentlichen Bleichen viel weniger Zeit und Chemikalien als sonst. — **49.** p. 350.

Behandlung von Fasern und Textilfabrikaten. Engl. P. 84/1889 f. M. Zingler, Middlesex. Pflanzliche und thierische Fasern und Textilfabrikate werden in folgender Weise gebleicht, zum Färben vorgerichtet und im Ansehen verbessert. Man reinigt das Material durch Einweichen in eine 5%ige Lösung· von Schwefelsäure, welche durch Ammoniak neutralisirt ist, nachdem zuvor die in den Stoffen vorhandene Schlichte durch Kochen in 10%iger Ammoniaklösung entfernt ist. Nach dem Waschen werden etwa 400 Pfd. (1engl. Pfd. = 0,4534 kg) des Materials in folgender Mischung mehrere Stdn. eingeweicht, oder darin auf etwa 130° F. (54° C.) erhitzt: 10 Pfd. Gelatine werden in 8 Gallonen (1 Gallone = 4,54 l) Wss. gelöst, worauf man 1 Pfd. Schwefelf., sowie weiter 5 Pfd. Glycerin und 2 Pfd. Ammoniak zugiebt und das Gemisch langsam digerirt, bis das Ammoniak verdampft ist. Sodann werden 5 Pfd. Oelsäure zugefügt, die zuvor mit Kaliumbicarbonat verseift wurden. Das Material wird nach dem Verlassen dieser Mischung etwas ausgerungen und getrocknet, worauf es in eine Lösung kommt, welche man erhält, indem man 5 Pfd. Zinkoxyd oder anderes Metalloxyd in 5 Gallonen Wss. kocht, in welches vorher 1 Pfd. Kaliumpermanganat oder 3 Pfd. Mangansulfat gegeben wurden; bei Anwendung von Permanganat werden 2 Pfd. oder mehr Natrium- oder Kaliumbisulfit zugegeben, bis die Flüss. eine weißliche Färbung annimmt. Vor dem Gebrauche muß die Lösung 1—2 Tage stehen und dann filtrirt werden. Nachdem das Material eine kurze Zeit eingeweicht ist, hängt man es zum Trocknen auf und läßt es dann Calanderwalzen passiren. Die Reihenfolge, in welcher obige Operationen ausgeführt werden, läßt sich umkehren, in welchem Falle das Material schließlich in eine 10%ige Tanninlösung oder 20%ige Sumachlösung gebracht wird. An Stelle von Gelatine lassen sich Eier- oder Blutalbumin oder Caseïn verwenden, die mittelst Aezkali in Wss. gelöst werden. — **89.** p. 808.

Bleichen von Textilstoffen und Papierzeug. D. P. 49851 f. E. Hermite, E. J. Paterson und Ch. F. Cooper in London. Statt des Chlormagnesiums, welches beim elektrolytischen Bleichverfahren des D. P. 35549 (vgl. Rep. 1886 II. p. 130) verwendet wurde, wird jetzt, um den gleichen Zweck mit noch billigeren Mitteln zu erreichen, ein Gemenge von Chlormagnesium mit Chlornatrium (Meersalz oder Steinsalz) oder Carnallit verwendet. Man benutzt zweckmäßig eine Lösung vom spec. Gew. 1,08 von 1 Th. Chlormagnesium und 4 Th. Chlornatrium, oder eine 5—6%ige Lösung von Carnallit. Ferner setzt man bei den Salzlösungen noch eine kleine Menge Magnesia (Magnesium-hydroxyd, aus Carnallit mit Hilfe von Aetzkalk dargestellt) hinzu. Durch die zugesetzte, wie auch durch die bei der Elektrolyse der Doppelsalze sich bildende Magnesia, wird das Bleichbad stets stark alkalisch erhalten, die am positiven Pole auftretende Sauerstoffverbindung des Chlors leichter gebunden und die Entfärbungskraft des Bades gleichmäßiger gehalten. — **113.** Bd. 13. p. 375. **49.** p. 222.

Bleichverfahren. Engl. P. 415/1889 f. A. G. Salamon, London. Bezweckt das Bleichen vegetabilischer Fasern ohne Anwendung von Chlor. Das Material wird zunächst einer vorläufigen Reinigung mittelst Aetzalkali in üblicher Weise unterworfen. Sodann bringt man es kurze Zeit in ein Bad von Natriumpermanganat und unmittelbar darauf in ein Bad von Borax, das mehr oder weniger mit schwefliger Säure gesättigt ist. Schließlich wird gewaschen. — 89. p. 808.

Bei dem Mather-Thompson'schen Bleichprocefs für Baumwolle (vgl. Rep. 1884 I. p. 80; 1885 I. p. 78; 1886 II. p. 130) ist die wichtigste Operation das Dämpfen der mit Natronlauge getränkten Waare, wobei die Luft vollständig abgehalten wird, so dafs die Festigkeit der Waare keine Einbufse erleidet. In der Fabrik zu Hollivell bei Manchester verfährt man nach J. Heilmann folgendermafsen: Die Rohwaare wird in gufseisernen Kufen durch heifse Natronlauge gezogen, ausgerungen, gewaschen, passirt dann nochmals eine Natronlauge von 3^0 B., worauf sie soweit ausgeprefst wird, das sie mit der Flüss. zusammen ungefähr das $2^1/_2$fache des ursprünglichen Gewichts hat. Jetzt wird sie auf Wagen in die gufseisernen liegenden Dämpfcylinder geschafft, die auf 0,5 at geprüft sind. Nachdem der Cylinder gut verschlossen ist, läfst man den Dampf eintreten und hält während der ganzen Dämpfung den Druck auf 0,5 at und die Temp. auf 107^0. Damit die Waare stets genügende und gleichmäfsig vertheilte Mengen Natronlauge enthalte, wird sie im Cylinder mit $2^0/_0$iger Natronlauge besprengt. Nach 5 Stdn. sperrt man den Dampf und den Zuflufs von Lauge ab. Durch das Kochen mit Alkali sind die in der Baumwolle vorhandenen Unreinigkeiten verseift und aufgelöst. Man füllt nun den Cylinder mit heifsem Wss., welches durch eine Pumpe in einer kreisenden Bewegung erhalten wird. Nach 1 Stde. wird die Wäsche mit frischem Wss. noch einmal wiederholt. Am Ende der 2. Stde. wird der Cylinder entleert und die Waare in einem Clapot vollständig gewaschen. Dem Dämpfen folgt das Chloriren in einem App. von Mather & Platt. Die beiden Kufen haben (6 + 4) Abtheilungen mit je 2 Walzen. Nur die 2 Abtheilungen, welche mit gasförmiger Kohlensäure gefüllt sind, haben eine Decke. In anderen Fabriken wird die Kohlenf. häufig durch ein Bad mit verdünnter Salzsäure ersetzt. Die Füllung der Abtheilungen ist in Hollivell folgende: 1) heifses Wss., 2) $0,4^0/_0$ige Chlorkalklösung, 3) CO_2, 4) kaltes Wss., 5) heifse $0,1^0/_0$ige Sodalösung, 6) kaltes Wss. Nach dem Passiren dieser 6 Abtheilungen der 1. Kufe ist die Waare bereits vollständig weifs. In der 2. Kufe passirt die Waare 1) $0,25^0/_0$ige Chlorkalklösung, 2) gasförmige Kohlenf., 3) kaltes Wss. und 4) ein kaltes Bad mit verdünnter Salzf. Die Chlorkalkbäder werden von oben her gespeist. Die Schnelligkeit der Waare beim Passiren der Kufen beträgt 60—65 m in der Minute. Die ganze Chlorirung beansprucht 2,5—3 Min. Die Leistungsfähigkeit beträgt bei 10 Stdn. Arbeitszeit 4500—5500 kg oder 36 000—40 000 m Waare. Einschliefslich der Dämpfung kann die Bleichung in 18—20 Stdn. fertig sein. 1000 kg Baumwolle verursachen 12,96 Mk. Unkosten. Das eben beschriebene Verfahren kommt zur Anwendung, wenn die Waare als weifse Waare verkauft werden soll. Für ein gutes Druckweifs sind kleine Veränderungen nöthig. Statt die Waare vor dem

Dämpfen durch Natronlauge zu ziehen, wendet man ein heifses, saures Bad an. Für das Dämpfen setzt man noch auf 1000 kg Baumwolle 5 kg vorher bereits verseiftes Kolophonium zu. Das Chloriren wird in der beschriebenen Art vorgenommen. — Soc.-Ind. Rouen. **29. 107.** p. 50.

Zum Bleichen von Tussah- und wilder Seide wird folgender Procefs von Ch. Girard vorgeschlagen: 1) Man ziehe Seide durch Salzsäure, um die kalkigen Stoffe zu entfernen. 2) Man behandle mit kohlensaurem Natron oder Aetznatron von 2° B. und wasche hierauf. 3) Man gebe ein oder mehrere Bäder von unterchlorigsaurem Ammonium. 4) Man ziehe durch schwache Salzf. und wasche. 5) Man gehe in ein schwaches Bad von ammoniakhaltigem Wasserstoffsuperoxyd. 6) Man wasche. Unterchlorigsaures Ammonium erhält man durch Zersetzung von Chlorkalk mit einer Lösung von kohlensaurem oder schwefelsaurem Ammonium, es wird nur die klare Flüss. benutzt. Das Bleichen dauert mehrere Tage, da die Seide in dem unterchlorigsauren Bade und im Wasserstoffsuperoxydbade mindestens 24 Stdn. zu liegen hat. Rathsam ist es, von Zeit zu Zeit ein wenig Ammoniak zuzufügen. — **II.** p. 110. **49.** p. 126.

Revolvirender Apparat zum Bleichen, Kochen, Imprägniren u. s. w. D. P. 47567 f. Fr. Gebauer in Charlottenberg. Der App. wird charakterisirt durch eine beliebige Anzahl auf einer Drehscheibe angeordneter Kessel, welche mit einem gemeinsamen Flottencirculationsapparat verbunden sind und durch Schaltung der Drehscheibe entweder nach einander oder zu zweien und dreien gleichzeitig ein- und ausgeschaltet werden können. — **75.** p. 431.

Glanzschwarz-Appretur für schwarze Zwirne: 1200 g Kartoffelmehl, 1000 g Flohsamen, 400 g Caragheen, 150 g Wallrath, 100 g Stearin, 100 g Venet. Talc, 280 g Blauholz-Extract werden mit 25 l Wss. aufgekocht. Das Klare wird zum Tränken der Zwirne verwendet. Soll Zwirn besonders geschmeidig werden, so setzt man noch Glycerin oder Seifenlösung zu. Ersteres ist vorzuziehen. — **II.** Nr. 18. **31.** p. 355. **19.** p. 394.

Gewebe und andere Stoffe zu schützen und wasserdicht zu machen. D. P. 50936 f. Ch. F. Hime in Camden Town, Grafschaft London und J. H. Noad in East Ham, Grafschaft Essex, England. Man behandelt die Gewebe mit einer Lösung von Cellulose in Zinkammonium statt Cuprammonium, welche man dadurch als farblose zähe Lösung erhält, dafs man aus einer Lösung von Baumwolle oder einem anderen Pflanzenfaserstoff in Kupferoxydammoniak das Kupfer durch Zink ausfällt. — **75.** p. 270. **49.** p. 246.

Gewebe mit Kupferoxyd-Ammoniak wasserdicht und unentflammbar zu machen. D. P. 52193 f. C. Baswitz, Inhaber der Firma A. Baswitz in Berlin. Die Gewebe werden mit einer Lösung von „vegetabilischem Pergament", Abfällen der Pergamentpapier-Fabrikation, in ammoniakalischer Kupferoxydlösung imprägnirt. Mittelst eines Exhaustors werden die Ammoniakdämpfe rasch entfernt und in einem Rieselthurm von Schwefelsäure absorbirt. Zur Entfernung des Kupferoxydhydrats wird das pergamentirte Gewebe mit einer geeigneten Säure behandelt, deren Ueberschufs durch Ammoniak und Waschen mit Wss.

fortgenommen wird. Hierzu wird auch eine Lösung von schwefelsauren Ammon und essigsaurer Thonerde empfohlen, wobei in dem Gewebe ein basisch schwefelsaures Thonerde-Ammonium zurückbleibt, welches ein Flammenschutzmittel bildet, während Kupferacetat in Lösung geht. — **113.** Bd. 13. p. 316.

Maschine zur Herstellung wasserdichter und ähnlicher Stoffe. D. P. 51914 f. J. Wood und J. Robinson, in Firma Broadhurst & Co. in Bradford, beide in Manchester, Grafschaft Lancaster, England. Die Maschine ermöglicht ein mehrmaliges Auftragen der Appreturmasse auf den Grundstoff ohne Unterbrechung des Arbeitsprocesses dadurch, dafs der Grundstoff wechselweise zwischen zwei Wickelwalzen hin- und zurückbewegt wird. Zwischen diesen befindet sich die Trockenvorrichtung, welche der Grundstoff erst passirt, nachdem er mit Appreturmasse versehen ist. — **75.** p. 468. **49.** p. 303.

Herstellung transparenter Gewebe. Am. P. 420696 f. L. L. Perry Peabody, Mass. Der gebleichte Stoff passirt zuerst eine Schlichte, bestehend aus Stärke, Borax, Wss. und Schweinefett und wird dann getrocknet. Nachdem er so die erforderliche Steife erlangt hat, passirt er ein Gemisch, bestehend aus Paraffin, in Naphta gelöst, gekochtem Leinsamenöl, gemischt mit Benzol, Leinölfirnifs, gemischt mit Terpentin, Stärke und Wss. Dann wird getrocknet, wieder angefeuchtet und kalandert. — **89.** p. 274.

Weitmaschiges Gewebe zu Decorationszwecken mit erhabenen ornamentalen Gebilden zu versehen. D. P. 51944 f. The Adamant Manufacturing Company in Syracuse, Grafschaft Onondaga, Staat New-York, V. St. A. Man giefst eine halbflüssige mit einem Klebstoff durchsetzte Gypsmasse auf das zu verzierende weitmaschige Gewebe, indem man entweder den Umrissen einer unter das Gewebe gelegten und durch dasselbe hindurch sichtbaren Zeichnung auf Fliefspapier oder den Ausschnitten einer auf das Gewebe gelegten Schablone folgt. Auch im letzteren Falle wird Fliefspapier unterlegt, welches sofort die Feuchtigkeit der Gypsmasse aufsaugt und dadurch verhindert, dafs letztere seitlich ausfliefst. Man stellt auf diese Weise ornamentale Figuren, Rosetten, Rankenverzierungen und Buchstaben auf weitmaschigem Gewebe oder Drahtgewebe dar. — **75.** p. 486. **49.** p. 311.

Herstellung von Mustern auf unappretirtem Sammet und sammetartigen Geweben. D. P. 51915 f: Firma F. Bovenschen & Co. in Crefeld. Die Herstellung der Muster erfolgt durch Walzen, welche an allen Berührungsflächen grob mattirt sind und leicht über die direct vom Webstuhl kommende und gedämpfte Waare hinweggeführt werden. Die von der Walze nur momentan niedergedrückten Haare erheben sich beim Weiterrollen der Walze wieder und nehmen hierbei gekräuselte Form und andere Farbe an, verbleiben aber in aufrechter Stellung, so dafs der Flor als volle, ebene Fläche erscheint. — **75.** p. 468.

Apparat zum Ornamentiren von Geweben. D. P. 51008 f. P. V. Renard in Fontenay-sous-Bois, Frankreich. Das Gewebe wird zunächst unter einer endlosen Schablone hinweggeführt, durch die ein Klebstoff aufgetragen wird, und läuft dann zu einem mit Schüttelsieb ausgestatteten Kasten, welcher Scheerhaare oder dergl. auf das vorgedrückte Muster aufträgt, nachdem ein Ofen den Klebstoff erweicht hat. In einer Klopfkammer wird der Stoff durch ein- oder zweiseitig wirkende Klopfer geschlagen und von dem frei werdenden Staub durch ein Gebläse befreit. — **75**. p. 270.

C. F. Cross und E. J. Bevan; Bestandtheile des Flachses. (Vgl. Rep. 1889 I. p. 79.) Procced. Lond. Chem. Soc. **8**. vol. 60. No. 1567. **38**. Rep. p. 130.

Nölting; Oxycellulose. (Unterschied zwischen der Oxycellulose von Witz, der von Cross und Bevan und der Hydrocellulose von Girard; Bedeutung für Färberei und Druckerei.) **23**. (1889) p. 2.

L. Vignon; thermochemische Untersuchungen über die Textilfasern (Wolle und Baumwolle). **9**. t. 110. p. 909. **34**. p. 172.

O N. Witt; hartes Wss. im Wollengewerbe (ist schädlich bei der Carbonisation, der Walke, der Rauherei und der Appretur). **20**. p. 82.

R. Lepetit; Festigkeit und Elasticität in der Schwarzfärberei abgekochter Seide. (Durch Beschwerung mit Pinksalz wird die Festigkeit bis zu 27,7, im Mittel um 10 %, die Elasticität um 29 vermindert; durch nachfolgendes Beizen mit basisch schwefelsaurem Eisen gehen Elasticität und Festigkeit um weitere 4—5 % zurück; durch die folgende Behandlung mit Ferrocyankalium nimmt die Festigkeit wieder zu.) **23**. p. 173. **123**. p. 411.

Croker in Liverpool, D. P. 49001; Maschine zum Entfasern von Baumwollsamen. **95**. p. 488.

Hawthorn und Liddell in Newton New-Mills, Chester, D. P. 49962; Zeugwaschmaschine. (Im Bottich rotirt eine Trommel, die auf ihrem Umfang eine Reihe Abtheilungen trägt.) **95**. p. 492.

H. Orval in Marseille, D. P. 51142; Einrichtung zum Trocknen und Carbonisiren der Wolle. **75**. p. 432.

A. Villain in Lille, D. P. 49328; Gassengmaschine. **95**. p. 495.

J. Farmer in Salford, Grafschaft Lancaster, England, D. P. 51018; Plattendruckmaschine für Fufsbodendecken, Gewebe und dergl. **75**. p. 270.

H. Schlichter; Prüfung von Textilfasern und -Fabrikaten. **107**. **49**. p. 249.

E. Cramer; Beziehung der Kleidung zur Hauttthätigkeit. (Baumwolle und Leinen halten die Schweifsbestandtheile zurück, während Wolle einen grofsen Theil derselben an die Oberkleidung abgiebt.) Arch. Hyg. p. 231. **123**. p. 255.

Glas und Thon.

Entglasung der gewöhnlichen Gläser des Handels tritt nach Appert und Henrivaux besonders dann ein, wenn die Gläser anhaltend bei einer Temp. erhitzt werden, welche ihrem Erstarrungspunkte nahe liegt. Die Entglasung ist die Folge von krystallinischen Ausscheidungen, deren Natur hauptsächlich von der Zusammensetzung des Glases abhängt. Ist das Glas vorwiegend ein Kalknatronglas, so bildet sich Wollastonit, ist es magnesium- und eisenhaltig, so bestehen die Krystalle aus eisenhaltigem Augit, und enthält es zu gleicher Zeit Calcium, so besteht die Entglasung aus Wollastonit und Augit. Wenn gleichzeitig mit diesen Basen noch Thonerde verbunden ist, so bilden sich **krystallinische Ausscheidungen** von Melilit oder Feldspath, wie

die Verf. an Dünnschliffen unter dem Mikroskop festgestellt haben.
Die Bildung der Feldspathkrystalle in den thonerdearmen Gläsern
des Handels wurde immer beobachtet, wenn das Glas den Schmelztiegel angegriffen, also Thonmasse gelöst hatte. Der entstandene Feldspath ließ sich schwer von Tridymit unterscheiden, welcher geringe
optische Kennzeichen gegen jenen besitzt. — Moniteur de la Céram.
p. 85. 89. Rep. p. 33. 49. p. 244. 47. p. 227.

Ursache des Irisirens von Tafelglas. Nach A. Jolles und F.
Wallenstein findet im Streckofen unter Mitwirkung der aus dem
Brennmaterial stammenden schwefligen Säure eine oberflächliche Alkali-
anreicherung statt. Unter dem Einflusse der Atmosphärilien zersetzt
sich das alkalireiche Glas zu kohlensaurem Natron und einer Haut
von amorpher Kieselsäure, welch letztere das Irisiren bewirkt. Den
aus kohlensaurem und schwefelsaurem Natrium bestehenden Krystall-
überzug findet man stets auf unabgewaschenen irisirenden Tafeln bei
der Betrachtung unter dem Mikroskope. Der irisirende Ueberzug läßt
sich durch kurzes Kochen (1 Min.) mit verdünnter Natronlauge entfernen. — 89. p. 669. 47. p. 685.

Neuerung an Glashäfen. D. P. 51356 f. A. G. Neville in La-
zearville, County of Brooke, West-Virgina, V. St. A. Bei diesem Glas-
hafen kann die Temp. der Glasmassen durch Regulirung des heißen
und kalten Luftstromes geregelt werden. Die Austrittsstellen des Luftstromes sind in verschiedenen Höhen im Innern des Hafens angebracht, um die Flamme auf die Oberfläche der Schmelzmasse herab-
zuziehen, während der heiße Wind an der Haube oder der Krone
des Hafens an mehreren Stellen eintritt, damit er mit der ganzen
Oberfläche der Schmelzmasse in Berührung kommt. — 75. p. 493.

Ausflachen von Fensterglascylindern. D. P. 51358 f. M. W. Griswold in Ridgewood, Staat New-Jersey, und W. B. Atterbury in
Brooklyn, Staat New-York, V. St. A. Sobald der aufgeschlitzte Glascylinder im Ofen weich und dehnbar wird, wird derselbe dadurch
flachgelegt, daß man einen Strom heißer Luft, heißen Dampfes oder
Gases hineinleitet, unter dessen Druck die durch das Aufschneiden
erhaltenen Kanten nach außen nachgeben und der Cylinder sich in
eine Fläche ausrollt. — 75. p. 375.

Herstellung von gepreßten Glaswaaren. D. P. 50634 f. G. Kersten
in Firma Boeck & Kersten, Glashütte in Charlottenburg bei Berlin.
Das in einem einzigen Eingußbehälter eingebrachte flüssige Glas wird
durch eine oder mehrere kleine konische Oeffnungen in die Form-
räume eingedrückt. — 75. p. 318.

Opake, hochstehende Emails auf Glas. Fluß: reinste Mennige
73 Th., eisenfreier Quarzsand oder gemahlener Quarz 27 Th. mischt
man aufs innigste, erhitzt das Gemenge im hessischen Tiegel, gießt,
sobald der Tiegelinhalt klar fließt, sofort in kaltes Wss., pulvert.
mahlt fein und trocknet. Dieser Fluß wird mit den Farbkörpern,
wie folgt, versetzt und abermals gut vermahlen. Glasemail Weiß:
Der Fluß ohne Zusatz auf Glas aufgeschmolzen, trübt sich beim langsamen Erkalten durch ausgeschiedene Kieselsäure, oder durch ein
Bleisilicat, so vollständig, daß er zugleich ein gutdeckendes Weiß
abgiebt. Die Trübung beim Erkalten ist bei vielen, insbesonders

borsäurehaltigen Flüssen zu beobachten. In compacter Masse und rasch gekühlt bleibt voriger Glasfluß vollkommen durchsichtig. Glasemail Schwarz: Fluß 13,5 Th., Iridiumoxyd 1,0 Th.; oder: Fluß 13,5 Th., Platinschwarz (Platinmoor) des Handels 1,0 Th. Schöner, aber bedeutend theurer, ist die Iridiumfarbe. Glasemail Grau: Fluß 100 Th., Platinschwarz 1 Th. Glasemail Eisenroth: Fluß 15 Th., Eisenthonerdepräparat 1 Th. Zur Herstellung dieses Präparates werden 100 Th. schwefelsaure Thonerde und 60 Th. Eisenvitriol in warmem Wss. gelöst, Eisenoxydul durch Salpetersäure oxydirt, abgedampft, in flachen Gefäßsen unter stetem Umrühren erhitzt, bis das Oxyd schön roth geworden ist und mit Wss. gewaschen, bis dieses keine Schwefelsäure-Reaction mehr giebt. Glasemail Braunroth: Fluß 15 Th., rothes Eisenoxyd 1 Th. Für Braunviolett nimmt man stark geglühtes violettes Eisenoxyd. Glasemail Braun I.: Fluß 30 Th., Braunpräparat I. 1 Th. Letzteres erhält man, wenn man in einer Lösung von 100 Eisen- und 20 Nickelvitriol Eisenoxydul durch Salpeterf. oxydirt und in Sodalösung giefst. Der Niederschlag wird bis zum Verschwinden der Schwefelsäure-Reaction gewaschen, getrocknet und sehr schwach calcinirt. Glasemail Braun II.: Fluß 20 Th., Braunpräparat II. 1 Th., aus 100 Eisenvitriol, 34 Chromalaun nach voriger Behandlungsweise. Glasemail Hellbraun I.: Fluß 15 Th., chromsaures Eisenoxyd des Handels 1. Glasemail Hellbraun II.: Fluß 15 Th., antimonsaures Eisenoxyd 1. Man erhält letzteres, wenn man 1 Th. metallisches Antimon in Pulverform mit 4 Th. Kalisalpeter mengt und partienweise in einem rothglühenden Tiegel verpufft. Der geschmolzene Rückstand wird mit kaltem Wss. gewaschen, dann mit Wss. ausgekocht und filtrirt. Zu diesem Filtrat giebt man eine mit etwas Sodalösung neutralisirte Eisenchloridlösung. Der sich bildende, gallertartige Niederschlag läfst sich äufserst schwer waschen. Man trocknet ihn daher vorerst, wobei er bedeutend an Volumen abnimmt und wäscht ihn dann. Hierauf wird schwach calcinirt. Glasemail Gelbbraun: Fluß 15 Th., chromsaures Zinkoxyd des Handels 1. Glasemail Okergelb: Fluß 15 Th., Zinkeisenoxydpräparat 1, das wie folgt erzeugt wird: schwefelsaures Eisenoxydul 50 Th., schwefelsaures Zinkoxyd 50 Th. werden wie Braunpräparat I. behandelt. Glasemail Orange: Fluß 25 Th., chromsaures Bleioxyd (nicht Chromgelb) 1, erhalten durch Fällen von essig- oder salpetersaurem Bleioxyd mit chromsaurem Kali. Glasemail Hochgelb: Fluß 40 bis 50 Th., chromsaurer Baryt des Handels 1. Glasemail Lichtgelb: Fluß 250 Th., chromsaurer Baryt 1. Glasemail Dunkelgrün: Fluß 15—30 Th., Grünpräparat 1, bestehend aus 46,5 Th. kohlensaurem Kobaltoxydhydrat (KOH) und 53,5 Th. Chromoxydhydrat. Glasemail Graugrün: Fluß 20 Th., Farbenpräparat 1. Letzteres erhält man aus Zinkvitriol 100 Th., Chromalaun 56, Kobaltvitriol 16, die in Wss. gelöst und ebenso wie Braunpräparat I. behandelt werden. Glasemail Türkisgrün: Fluß 15 Th., Türkispräparat 1, erzeugt aus 60 Th. Thonerdehydrat, 20 Th. Kobaltoxyd (RKO), 6,5 Th. Zinkoxyd, 13,5 Th. Chromoxydhydrat. Glasemail Hellblau: Fluß 35 Th., Thenardsblau 1, erzeugt aus 100 Th. Thonerdehydrat und 33 Th. kohlensaurem Kobaltoxydhydrat (KOH). Glasemail Dunkelblau: Mennige 70 Th., Quarzmehl oder eisenfreier Sand 30, reines Kobaltoxyd (RKO)

5, werden gemengt, wie der Farbfluſs geschmolzen, gepulvert und
gemahlen. Glasemail Ultramarinblau: Fluſs 30 Th., Blaupräparat
1, zu dessen Erzeugung kohlensaures Kobaltoxydhydrat (KOH) 100 Th.,
Quarzmehl 60 Th. naſs auf das Feinste gemahlen, getrocknet und
stark calcinirt werden. 50 Th. dieser gepulverten Fritte werden mit
50 Th. reinem Zinkoxyd abermals naſs gemahlen, heftig geglüht und
gewaschen. Glasemail Violett: Fluſs 100 Th., Magnesiagoldpurpur
1, dessen Bereitungsweise folgende ist: 100 g Magnesia usta werden
in destillirtem Wss. vertheilt. 0,5 g reines Gold werden in König-
wasser gelöst, die Lösung im Wasserbade eingedampft bis Krystallisation eintritt. Man löst die Krystallkrusten in Wasser, gieſst die
Lösung in den dünnen Brei von Magnesiumoxyd und Wss. und erwärmt, bis alles Gold gefällt, also die über dem Magnesiumoxyd
stehende Flüss. farblos ist. Hierauf filtrirt man, trocknet und glüht,
bis das grauviolette Präparat eine rothe Farbe angenommen hat. Glasemail Hellroth: Fluſs 150 Th., Carminpräparat 1, das man durch
Verreiben von 100 Th. Magnesiagoldpurpur mit 5 Th. Chlorsilber erhält. Die beiden letzten Farben sind nicht so hübsch wie die aus
Zinnoxydgoldpurpur und boraxhaltigen Flüssen erzeugten Farben, deren
Herstellungsweise bekannt ist. Diese sämmtlichen Emails lassen sich,
mit Dicköl und Terpentin richtig abgerieben, sehr hoch auftragen,
ohne daſs beim Einschmelzen ein Bläsern oder Abrutschen auftritt.
Sie haften sehr gut und stehen auf den meisten Glassorten absolut
rissefrei. Das Brennen findet bei der normalen Einschmelztemperatur
für Glasfarben statt. — 47. p. 218.

Porzellan- und Glasfarben und Fixiren derselben ohne Feuer.
D. P. 51880 f. F. Bapterosses & Cie. in Paris. Die zur Verwendung kommenden Farben sind gewöhnliche Aquarellfarben. Dieselben
werden mit einer Mischung abgerieben, welche aus 2 Lösungen A und
B besteht. Lösung A: Man füllt 100 Th. sehr weiſses Kaliwasserglas von syrupartiger Consistenz in ein weithalsiges Glas und während
man die Flüss. durch Einblasen eines Luftstromes bewegt, fügt man
10 Th. einer Lösung von essigsaurem Blei hinzu. Diese Lösung bringt
man langsam, nach und nach, ein und läſst den Luftstrom wirken,
bis der Inhalt des Glases gut gemischt ist, worauf man denselben
durch einen Trichter in eine Flasche füllt, die fest zu verschlieſsen
ist. Die Lösung von essigsaurem Blei wird in der Weise hergestellt,
daſs man in ein Gefäſs 100 Th. Wss. gieſst und auf 25—30° C. erwärmt. Hierauf werden 15 Th. pulverisirten essigsauren Bleies zu-
geschüttet und das Ganze 3 Stdn. bewegt. Die Lösung wird ebenfalls
in einer dichtverschlossenen Flasche aufbewahrt. Lösung B: Man giebt
in 100 Th. Wss. 50 Th. pulverisirten Borax und erwärmt. Bei Beginn
gleichmäſsiger Erwärmung fügt man 20 Th. weiſsen Glycerins bei und
läſst das Ganze 3 Stdn. in Bewegung, worauf es in eine wohlzuver-
schlieſsende Flasche gefüllt wird. Man nimmt nunmehr 60 Th. der
Lösung A und 40 Th. der Lösung B und reibt damit die Farben an.
Es empfiehlt sich, diese so angeriebenen Farben nicht mit Wss., sondern mit einer Mischung, die halb aus Wss. und halb aus Lösung B
besteht, zu verdünnen. Mit diesen nun fertigen Farben werden die
Gegenstände bemalt und nach dem Trocknen in das unten angegebene
Bad gebracht, um die Farben zu verglasen. Bad: Man füllt in eine

Flasche 12 Th. Wss. und 1 Th. Borax und läfst zur völligen Lösung
6 Stdn. stehen. Sodann giefst man die Lösung in ein kastenförmiges
Holzgefäfs, welches mit Guttapercha oder Marineleim ausgekleidet ist.
Hier füllt man 50 Th. Salzsäure, 10 Th. reine Schwefelsäure und
3 Th. Flufssäure hinzu. In diesem Bad läfst man die bemalten Gegenstände 10 Min. lang und wäscht dieselben dann sogleich mit reinem
Wss. ab. Die Farben sollen sodann wie die aus dem Muffelofen
kommenden Schmelzfarben erscheinen. (Vor der Hand darf man wohl
an dem versprochenen Erfolg zweifeln!) — 47. p. 687. 16. 49.
p. 239. 311.

Marmorirtes Glas; v. W. Zur Herstellung von massivem Marmorglas stöfst man in ein abgeschmolzenes und dann bis zur Halbflüssigkeit abgekühltes Gemenge gewöhnlichen, weifsopaken Glases farbige
Glasabfälle ein, bläst einige Mal auf übliche Art, arbeitet als Gufs-
oder Prefsglas aus, schleift und polirt. Zur Herstellung von Hohl-
Marmorglas werden am Külbchen farbige Glasstückchen befestigt,
wiederholt angewärmt und mittelst der Motze eine Kugel gebildet,
die aufgeblasen, abgekühlt und zerschlagen wird. Die Scherben werden sortirt und aus ihnen eine Mischung hergestellt, die auf den
Marbelstein ausgebreitet und durch Ueberrollen eines gröfseren Külb-
chens farblosen Glases aufgenommen wird. Ueber diesen derart bearbeiteten Glasposten nimmt der Arbeiter noch eine schwache Schichte
farblosen Glases auf und bildet aus der ganzen Masse einen Trichter
zum Ueberfang, in den ein gröfseres Quantum opakweifsen oder opak-
gefärbten Glases, welches den Grundfarbenton darstellen soll, eingeblasen und nach erfolgtem Anwärmen und Bearbeiten zu dem gewünschten Gegenstande geformt wird. Die besten Resultate erzielt
man mit lichtfarbigen opaken Gläsern, auf denen die farbige Marmor-
schichte sich natürlicher zeichnet und besser zum Ausdruck kommt.
Als gute Grundfarben sind hier zu erwähnen Elfenbeingelb, Schiefergrau, Steingrau, Yvory, zu denen nachstehend die Gemengevorschriften
folgen:

Schiefergrau:

100 kg	Sand,
45 „	Melasse,
30 „	Knochenasche,
8 „	Braunstein,
0,5 „	Kupferoxyd,
0,02 „	rothes Kobaltoxyd.

Steingrau:

100 kg	Sand,
45 „	Melasse,
30 „	Knochenasche,
0,2 „	Braunstein,
0,004 „	Nickeloxyd, grün,
0,9 „	Kupferoxyd.

Elfenbein:

100 kg	Sand,
45 „	Melasse,
30 „	Knochenasche,
4 „	Braunstein,
0,7 „	Eisenoxyd.

Yvory
(dunkeler als Elfenbeinglas):

100 kg	Sand,
45 „	Melasse,
30 „	Knochenasche,
6 „	Braunstein.

Um die natürlichen Adern des Marmors besser nachzuahmen, bedient
man sich öfter eines scharfspitzigen, wenig gebogenen Hakens, mit
welchem man die am Külbchen angeschmolzenen farbigen Schuppen
nach dem Erwärmen verschiedenartig durchkreuzt, wobei sich in den

7*

farbigen Schichten Streifen und Adern bilden, welche bei nachträg-
licher Fertigstellung bedeutend zur Natürlichkeit beitragen. Aufser
den hier angeführten Marmorgläsern treffen wir oft Glasgegenstände,
deren ganze Oberfläche ein- oder mehrfarbig betupft erscheint, als ob
sie mit Farben angespritzt wäre. Man verwendet hierzu zerstofsene
farbige Zapfen, in deren Gemisch man den Glasposten mehrere Male
herumrollt, bis eine genügende Menge der grobgestofsenen Glasmasse
angeschmolzen ist, worauf der Glasposten angewärmt und ausgearbeitet
wird. — 47. p. 79.

     Gelbfärben des Ueberfangglasses mit Silberverbindungen. Das
Gelbfärben des Glases mit Silbernitrat verwirft J. Havráneck wegen
der leichten Zersetzbarkeit des letzteren gänzlich, da es schon bei
224⁰ C. schmilzt. Auch das Chlorsilber und chromsaure Silber wird
bei der zur Schmelzung von Kali- oder Natronglas erforderlichen Hitze
leicht zersetzt, das Glas bleibt weifs, und das Silber ist als Kügelchen am Boden des Hafens ausgeschieden. Daher verwendet man am
sichersten nur ganz leichtflüssige bleihaltige Ueberfanggläser zur Gelbfärbung mit Silberchromat oder -chlorid und steht von der massiven
Färbung des Kali- oder Natronglases, sowie von der Anwendung von
Silbernitrat ab. — 47. p. 255. 89. Rep. p. 164.

     Aventuringläser sind meist röthlichbraun, leberfarbig, seltener
bläulich oder grünlich und dabei fast undurchsichtig, selbst bei dünner
Wandung, am seltensten jedoch weifs, d. h. hell und klar; die ganze
Glasmasse ist mit sehr kleinen, goldig glänzenden Flimmern durchsetzt. Sie haben ein Kupferglasgemenge zur Basis, dessen Kupferoxyd durch eine eigenthümliche Behandlung während oder nach der
Schmelze zu metallischem Kupfer reducirt wird. Hautefeuille, nach
dessen Methode auch in neuerer Zeit mehrere Kunstglashütten zu
arbeiten versuchten, mischte auf $3^{1}/_{2}$ Th. Kupferoxyd 1 Th. Eisen
nach erfolgter Schmelze unter die Glasmasse, setzte sie stark rufsen-
den, reducirenden Ofenflammen aus und liefs im vorgewärmten Kühlofen langsam abkühlen. Pelouge wandte bei dem Satze zu seinem
„Chromaventurin" auf 100 Th. Sand 16 Th. chromsaures Kalium an
und schrieb das aventurinähnliche Aussehen auf Rechnung abgespal-
tenen Chromoxyds, während es thatsächlich durch nicht gelöstes
chromsaures Kalium hervorgerufen wird. Zum Glassatze für Aventurin
kann man fast jedes Kupferglasgemenge verwenden; als geeignet sind
zu empfehlen: I. Sand 100 Th., Soda 20, Potasche 20, Salpeter 12,
Kalk 16, Kupferhammerschlag 8, geschl. Eisenfeilspähne 2. II. Sand
100 Th., Soda 25, Kalk 15, Mennige 15, Salpeter 10, Kupferoxydul 5,
Zinnsalz 3, Eisenoxyd 2. III. Sand 100 Th., Potasche 30, Borax 20,
Mennige 30, Kupferoxydul 5, Zinnsalz 5, Eisenoxyd 1. IV. A. Sand
100 Th., Soda 30, Mennige 10, Kalk 10, Kupferoxydul 6, Zinnasche 2.
B. Sand 100 Th., Soda 20, Salpeter 20, Kalk 10, Mennige 10, Eisenoxyd 1. Bei dem letzten Gemenge wird zuerst A in den Hafen eingelegt und nach dem Reinschmelzen in kaltes Wss. ausgeschöpft;
hierauf legt man in denselben Hafen Gemenge B, welches nach erfolgter Schmelze ebenfalls ausgeschöpft und mit A gut zusammengemischt wird, worauf beides gemeinschaftlich geschmolzen und der
üblichen weiteren Behandlung unterzogen wird. Die alten Oefen mit
directer Holz- oder Kohlenfeuerung eignen sich zu derartiger Schmelze

besser, da man bei diesen sehr leicht eine stark rufsende Flamme,
welche mehrere Stdn. reducirend auf das reingeschmolzene Glas wirkt,
unterhalten kann, worauf der Hafen, mit Asche gehörig eingestreut,
in den Kühlofen übertragen wird und hier langsam auskühlt. — Zur
Herstellung von Filigrangläsern, welche auf krystallklarem Hinter-
grunde breite, um das Glasstück schief gewundene Aventurinstreifen
besitzen, wobei jeder dieser Streifen mit einer feinen, opakweifsen
Linie umrahmt erscheint, müssen zuerst die Stäbchen vorbereitet
werden. Der Glasmacher erweicht am Hefteisen eine gröfsere Portion,
Aventuringlas im Arbeitsloche des Ofens, bildet dasselbe zu einem
länglich flachen viereckigen Stück durch Bearbeiten mit dem Plätt-
eisen, wobei er zugleich an die beiden länglichen Kanten schmale
Streifen von ebenfalls vorgewärmtem opakweifsem Emailglase heftet.
Dieser Glasposten wird gehörig vorgewärmt und an dem, dem Hefteisen gegenüberliegenden Ende an ein zweites Eisen geheftet, dann
durch Ziehen zu einem Stab gestreckt, welcher in viele Stücke zerschnitten wird. Diese Stäbchen werden beim Verwenden in gleicher
Gröfse in eine konische Form, deren innere Wandung mit Längsrippen
versehen ist, derart aufgestellt, dafs in jeder Höhlung der Rippe ein
Stäbchen sich befindet. In diese derart vorbereitete Form wird nun
ein Glasposten von hellem Krystallglase durch kräftiges Einblasen
eingeprefst, wobei die Stäbchen durch Anschmelzen an demselben
haften bleiben. Der Glasposten wird hierauf frisch angewärmt, mittelst
Zwickeisen und unter gleichzeitiger Drehung in die Länge gezogen,
die untere überflüssige und stäbchenfreie Partie mit der Scheere abgeschnitten, so dafs die durch Drehung schraubenförmig um die Glasmasse gewundenen Stabverzierungen am unteren Ende in einen Punkt
zusammenlaufen, worauf auf übliche bekannte Art der gewünschte
Gegenstand daraus geformt wird. Aufser diesen flachen Stäbchen verwendet man oft ähnliche von runder Form, wobei die schmalen Aventurinstreifen, welche mit Streifen von Dunkelblau, Rubin oder Email-
weifs wechselnd, schraubenförmig um den runden Stab gewunden sind.
Als Ueberfangglas läfst sich Aventurin sehr schwer verwenden, wie
überhaupt seine Verarbeitungsweise mit vielen Umständen verbunden
ist. Das allgemein im Gebrauche stehende venetianische Fabrikat ist
besonders weichflüssig, verlangt eine niedrige Ofentemperatur, da es
sich bei hoher Hitze oder mehrmaligem Aufwärmen bei hoher Temp.
sehr leicht verändert, indem es das flimmerartige Aussehen verliert
und unscheinbar wird. Es mufs daher das mit dem Aventurin vereinigte Krystallglas in den physikalischen Eigenschaften harmonisch
mit demselben übereinstimmen, weichflüssig und durch längere Zeit
dehnbar sein, um das oftmalige Aufwärmen zu ersparen; es dürfen
keine Spannungsunterschiede im Glase entstehen, welche ein Zerreifsen
des fertigen Gegenstandes zur Folge hätten. Am besten eignet sich
zu dem Zwecke das weiche französische Alkalibleiglas, sowie die
Arbeit in gedeckten Häfen. Aufser diesen mit Aventuringlas verzierten Gläsern giebt es noch Luxusgläser, die ein dem Aventurin
ähnliches Aeufsere besitzen, ohne jedoch von flimmerartigen Krystallen
durchsetzt zu sein, vielmehr ist deren Oberfläche gleichmäfsig grün
oder blau metallisch glänzend. Dieser metallfarbige Ueberzug ist
an der inneren Fläche der Gläser mittelst Ueberfang angebracht.

während außerhalb sich eine stärkere Schicht von schwachblau oder
grünlich gefärbten Krystallglase befindet. Zur Erhöhung der Spiege-
lung und des Metallglanzes sind derartige Gläser regelmäßig in
optisch vier- oder sechseckige Vorblasformen vorgeblasen und erst
dann zum eigentlichen Gegenstand ausgearbeitet. Es ist dies eine
eigenartige Abart des Aventuringlases, welche mit dem Chromaventurin
ziemlich verwandt sein dürfte. — 47. p. 317.

Herstellung rother Gläser. Während Ebell behauptet, daß die
Rothfärbung des Glases von metallischem Kupfer herrühre, das sich
in sehr feiner Vertheilung in der Glasmasse gelöst befinde, schließen
sich Ch. Guignet und L. Magne der gegentheiligen Ansicht an,
daß dieses rothes Glas seine Farbe der Gegenwart von Kupferoxydul
verdanke. Verf. begründen ihre Ansicht darauf, daß basisches Kupferchlorid, zwischen zwei Glasplättchen erhitzt, sofort ein rothes Glas
giebt, indem es durch eine der im Glase enthaltenen Basen, z. B.
Soda, in Kupferoxydul und Chlornatrium zersetzt wird. Selbst zugegeben, daß das Kupferoxydul bei hoher Hitze sich als metallisches
Kupfer unter Rothfärbung des Glases in ihm auflöse, so vollzieht sich
das oben angeführte Verfahren doch schon, sobald das Glas vor der
Lampe weich wird, wenn man es gleichzeitig von der Berührung mit
der äußeren Luft fern hält. Man kann auch zwei verschieden zusammengesetzte Gläser, das eine durch Kupferoxyd grünblau, das
andere durch ein Uebermaß von Eisenoxyd gelblich gefärbt und jedes
für sich geschmolzen auf einander wirken lassen, z. B. die beiden
Sätze von M. Henrivaux

	Satz I (grünblau)	Satz II (gelblich)
Natriumcarbonat	100	100
Calciumcarbonat	50	50
Sand	260	260
Kupferoxyd	10	—
Eisenoxyd (Hammerschlag)	—	15

Aus der Mischung der beiden zuerst einzeln geschmolzenen Gläser
erhält man beim Durchschmelzen eine dunkelgrüne, von purpurrothen
Adern durchzogene Masse. — Mon. de la Céram. 47. p. 409.

Neue Art Glasmalerei. Man überzieht eine Glasscheibe mittelst
gleichmäßig aufgestrichener Gelatinelösung mit einem Blatt dünnen
japanischem Seidenpapiers, wie es zu Copirzwecken und zur Herstellung von Probedrucken verwendet wird, sorgt für faltenloses,
glattes Aufliegen und läßt unter Druck trocknen. Eine derartig behandelte Scheibe sieht in der Durchsicht aus wie Matt- oder Opalglas.
Auf die Papierschicht kann nun mittelst des üblichen Pausverfahrens
eine Zeichnung übertragen und mit Lasurfarben angelegt werden. Die
Umrisse werden am besten nach Art der decorativen Glasmalerei mit
dunklen Strichen nachgezogen. Wenn man ein solches Bild mit Oel,
Firniß oder Lack überzieht, verschwindet die Papierfaser fast vollständig, und das Bild sieht einer Glasmalerei täuschend ähnlich.
Man kann das Verfahren vereinfachen, indem man nicht freies Papier,
sondern Abzüge von Holzschnitten oder dergl., die auf Japan-Seiden-
papier gemacht wurden, benutzt und aufklebt. Die weitere Bearbeitung beschränkt sich dann auf das Ausmalen der gegebenen Umrisse

und Flächen. Will man die Glasbilder besonders widerstandsfähig machen, so legt man auf die Papierseite noch eine Glasscheibe und läst beide Scheiben mittelst eines Metallrahmens zusammenfassen. — **57. 49.** p. **287.**

Galvanisiren von Glas und Porzellan; v. M. Tausen. Man bedeckt den Gegenstand mit einer leitenden Schicht, indem man eine Lösung von Goldchlorid oder Platinchlorid in Schwefeläther, versetzt mit Schwefelbalsam, verwendet. Nach schwachem Erhitzen kann man mit dem Pinsel eine stärkere Schicht durch nochmaliges Ueberlegen erzeugen; darauf brennt man den Gegenstand in einer Muffel, bis der Schwefel sich verflüchtigt und die Chlorverbindung sich zersetzt hat. Nun galvanisirt man. — Monit. de la Céram. p. **74. 89.** Rep. p. 164.

Einwirkung des Gehaltes an Schwefel in den Kohlen auf die Thonwaaren. Dafs die in früheren Jahrhunderten fabricirten Steine bei weit geringerer Homogenität als die heutigen Maschinenfabrikate dennoch viel widerstandsfähiger gegen die Einflüsse der Witterung sind als die jetzigen Ziegel, hat seinen Grund hauptsächlich in der Anwendung von fossilen Brennstoffen gegenüber dem früher allgemein zum Brennen gebrauchten Holz. Das Holz ist frei von Schwefelsäure; Torf, Braun- und Steinkohlen enthalten immer Schwefelverbindungen. Die Ofenatmosphäre ist meist oxydirend, daher entsteht bei der Verbrennung Schwefelf., welche sich mit dem Kali, Natron, Kalk und der Magnesia des Thones zu schwefelsauren Salzen verbindet. Nach dem Trockenwerden des Mauerwerkes und nach dem jedesmaligen Austrocknen der Nässe im Frühling scheiden sich nun die Sulfate krystallinisch aus und wirken wie Eis mechanisch zersetzend auf das Mauerwerk ein. Auch auf die Farbe des Ziegels und auf die Haltbarkeit eines mit Glasur versehenen Verblenders ist die Schwefelf. von bedeutendem Einflusse. Ein an kohlensaurem Kalk reicher Thon kann nur in reducirender Atm. (bei Torf oder Kohlen) gelb gebrannt werden, während er bei Holz immer gelb wird; ist der Kalkgehalt gegenüber dem Eisengehalte grofs, so wird der Stein nicht gelbbraun oder roth, sondern fleischfarben, nur im reducirenden Feuer gelb. Wird endlich ein mit Kohlen oder Torf oxydirend gebrannter Stein, welcher Sulfate enthält, die nicht durch eine reducirende Flamme zersetzt worden sind, glasirt, so erfolgt ein baldiges Abfallen der Glasurschicht durch die Krystallisation im Innern, die durch die Feuchtigkeit, die stets in den Stein eindringt, bedingt wird. — **115.** p. 59. **89.** Rep. p. 72.

Einflufs von Flufsmitteln und hoher Temperatur auf feuerfeste Thone. Weniger feuerfeste, aber plastische und darum bei niedriger Temp. sich völlig verdichtende Thone können nach Seger sich gegen die Einflüsse von Flufsmitteln viel widerstandsfähiger zeigen als die hoch feuerfesten, dabei aber porös bleibenden Kaoline. In der Glasindustrie werden zum Hafenmaterial die nach Bischof'scher Ausdrucksweise 10—20% feuerfesten, plastischen Thone sehr viel mit grofsem Erfolge verwendet, weil sie einen dichten Scherben geben und daher dem Eindringen von Flugasche, Schmelzflufs etc. viel weniger zugänglich sind. — **115.** p. 249. **89.** Rep. p. 144.

Schiefertheilchen aus Letten zu entfernen. Nach A. Dannenberg ist das Schlämmen fetter Letten und Thone nicht zu empfehlen, sondern nur für Kalkthone, mageren Berglehm etc. zum Ausscheiden von Sand und Steingeröll vortheilhaft. Fette Letten und Thone werden in der Schlämme langsam gelöst, und es wird hierdurch der letzteren Leistungsfähigkeit sehr beschränkt. Ferner trocknet fetter Thonschlamm so langsam, dafs in nassen Jahren das im Winter und Frühjahr geschlämmte Material den Sommer über trotz aller Vorrichtungen und Arbeit selten verwendet werden kann. Wendet man eine Thonmühle an, so wird der Thon im Sommer losgehackt und ausgebreitet und kann meistens schon nach 1—2 Tagen knochenhart entweder auf die Thonmühle oder in Vorrathsschuppen gebracht werden. Diese Mühle selbst ist sehr einfach construirt und besteht aus einem eisernen Gehäuse, Welle mit Vorgelege und mit sechs Stahlschlägern, welche den Thon zerkleinern. Derselbe fällt in ein conisches Cylindersieb und wird gereinigt. Die Schlämme erfordert ca. 12 und die Thonmühle im Maximum 1—2 Pferdekräfte. — **115. 29.** p. 67.

Neues Grün (Lichtfarbe). Untersuchungen Ed. Peyrusson's haben ergeben, dafs Chromoxyd, mit Beryllerde gemischt, ein Grün ergiebt, welches seinen frischen Ton auch bei künstlicher Beleuchtung bewahrt, also nicht wie viele andere Farben trübe wird. Man mischt gleiche Theile Beryllerde und Chromsäureanhydrid mit wenig Wss. und calcinirt 2—4 Stdn. bei 1500^0 C.; das Product wäscht, trocknet und pulverisirt man. Das Mischungsverhältnifs kann auch geändert werden; ein gröfserer Zusatz von Beryllerde stimmt die Farbe heller. Der grüne Farbkörper ist ganz unempfindlich gegen atmosphärische Einflüsse, nicht giftig und kann, wie jede keramische Farbe verwendet werden. Der Zusatz von Flufs verändert die Farbe im Feuer nicht, wie das bei anderen Chromfarben der Fall ist. — Mon. de la céram. **47.** p. 429.

Indische Thonindustrie; v. G. Birdwood. Das Brennen der sog. „Bidri-Waare", schwarzer Gefäfse mit silberglänzenden Blumenmustern, beruht auf einer Art Dämpfprocefs mit Senfölsaatkuchen. Die silberglänzenden Verzierungen werden durch Aetzen der Muster nach dem Brennen durch Einreiben mit einem Amalgam von Zinn und Quecksilber erzeugt. Im Pendschab wird ein „porcelain tendre" durch Verarbeiten von pulverisirtem Feldspath mit gummiartigem Schleim in bedeutender, fast milchglasartiger Transparenz hergestellt. Als Decorationsfarben werden Kobaltblau und Türkisblau (Kupfer) angewendet. — **94.** p. 247. **89.** Rep. p. 144.

Ueber die bei der Fabrikation des chinesischen Porzellans verwandten Gesteine. Ebelmen und Salvetat hatten 1850 die Behauptung aufgestellt, dafs die Kaolin- und Petun-tsé-Gesteine, welche zur Erzeugung der Glasur des chinesischen Porzellans dienen, eine analoge Zusammensetzung haben, wie die europäischen Materialien. Petun-tsé steht in seiner chemischen Zusammensetzung dem Pegmatit von Limousin nahe, während er mineralogisch mit dem compacten Feldspath oder Petrosilex identisch ist. Neuere Untersuchungen, die G. Vogt anstellte, führten dagegen zu dem Resultate, dafs die chinesischen Gesteine von den europäischen wesentlich verschieden sind. Yeou-ko, eine Varietät des Petuns, die leichter wie die Petun-tsé's schmilzt und zur Bereitung der Glasur dient, ist von dem Pegmatit dadurch unterschieden, dafs es bei gleicher procentischer Zusammensetzung in heifser concentrirter Schwefelsäure theilweise ($34,15$ %) löslich ist. Der in der Säure lösliche Theil besteht aus: löslichem Kieselsäurehydrat $1,01$, Kieselsäure $14,20$, Thonerde $11,28$, Eisenoxyd $0,45$, Kalk $1,14$, Kali $2,97$, Natron $0,89$, Kohlensäure $0,90$, Wss. $1,80$. Der Rückstand besteht aus $52,95$ Quarz und $13,41$ Natronfeldspath, während französischer Pegmatit von letzterem 75 % enthält. Der lösliche Theil hat annähernd die Zusammensetzung 6 SiO_2 . 3 Al_2O_3 . K_2O . 2 H_2O, welche Formel Tschermak dem Muskovit oder weifsen Mika gab. Die Zusammensetzung des Yeou-ko ist: $52,9$ Quarz, $31,3$ Muskovit, $13,4$ Natronfeldspath, $2,0$ Calciumcarbonat, $1,0$ Kieselsäurehydrat. Pegmatit von Limousin besteht aus $23,87$ Quarz, $72,83$ Feldspath, $3,30$ in Schwefelf. löslicher Substanz. Muskovit kommt übrigens in allen chinesischen Gesteinen vor. Die chinesischen Glasuren enthalten im Gegensatz zum europäischen Porzellan 20 % Mika, welche Menge genügt, um einen grofsen Einflufs auf die Eigenschaften des Porzellans auszuüben. — 9. p. 43. 89. Rep. p. 34. 34. p. 36.

Die neue Figuren-Masse, „Simili-Porzellan", eignet sich vornehmlich für Statuetten, Fantasie-Artikel u. s. w. und setzt sich nach E. Liger-Savieux zusammen aus: 35 Th. China Clay, 66 Th. plastischem Thon (Argile français), 5 Th. Marmor oder Schlemmkreide, 2 Th. Talk und $0,5$ Th. Oker oder rothem Thon (Bolus). Die Masse wird in Wss. erweicht, durchgearbeitet, geformt, in der Muffel gebrannt und mit Lackfarben decorirt. — Monit. de la céram. (1889) p. 240. 47. p. 247. 89. Rep. p. 11.

Aventuringlasuren zum Decoriren von Thonwaaren hatte auf der vorjährigen Pariser Weltausstellung zuerst die Firma Davis Callamore & Co., New-York, verwandt. Der Decor ihrer „Potterie de Rookwood" machte den Eindruck, als ob feiner Glimmerstaub in der Masse der Glasur ungleichmäfsig vertheilt wäre. Diese Flimmer bestehen nach V. Wartha aus auskrystallisirten Oxyden. Schönen Goldflimmer erhielt Verf. durch Zusetzen steigender Mengen von Eisenoxyd zu einer Glasur, erhalten durch Zusammenschmelzen von $101,0$ Kalisalpeter, $50,0$ Marmor, $98,5$ kohlensaurem Baryt, $191,0$ krystallisirtem Borax, $24,3$ krystallisirter Borsäure, $288,0$ Quarzsand. Bei der praktischen Ausführung bezw. Art des Auftragens der Glasur kann man auf verschiedene Weise verfahren. Man kann den Gegenstand stellenweise mit Eisenoxyd oder Uranoxyd engobiren und dann mit mehr oder weniger gefärbter Boraxglasur begiefsen, und man wird so stellenweise schönen Goldflimmer erzeugen. Auch kann man mit Oxyd übersättigter Glasur die ganze Fläche gleichmäfsig überziehen und dadurch sehr schöne Effecte erzielen, die man dann noch durch reducirendes Brennen variiren kann. Aus magnetithaltigen, aus vulcanischen Gesteinen erschmolzenen, vollständig klaren, durchsichtigen Gläsern kann man den darin gelösten Magnetit wieder dadurch zum Krystallisiren bringen, dafs man die betreffenden Gläser stundenlang bei einer dem Erstarrungspunkte der Masse nahe liegenden Temp. erhält. Verf. glaubt, dafs die schwarze, oft so schönen Lüstre zeigende dünne Glasur der antiken griechischen Vasen auf ähnliche Weise hervorgebracht wurde. — 89. p. 346. 115. p. 169.

Zur Herstellung von Schildkrötglasur für Porzellan, wie sie die alte Wiener Porzellanfabrik erzeugte, giebt Strele folgendes Verfahren an: Eine Mischung aus 65 Th. trockener Porzellanglasur, 15 Th. Braunstein, 20 Th. Umbra wurde geschmolzen, gestofsen und etwas grob gemahlen, mit Dicköl verrieben und auf die fertig glasirten und glatt gebrannten Porzellane gestupft. Gebrannt wurde im schwächsten Feuer des Ofens und die Farbe zeigte sich schön braun, schattirt und fein fleckig (infolge des gröberen Pulvers). Das bildete den Grund für Emaildekorationen. Auch auf neueren französischen Porzellanen findet man diese Glasur wieder. Das von Brogniart gegebene Recept lautet: Sand 37,69 Th., Kaolin 35,33 Th., Manganoxyd 21,54 Th., rothes Eisenoxyd 5,36 Th. Bis zum völligen Flufs durchgeschmolzen, wird die Mischung gestofsen und nochmals durchglüht, worauf ein feines Vermahlen erfolgt. Neben neutralem Feuer ist ein rasches Abkühlen der fertig gebrannten Waare erforderlich. — Thonwaar.-Ind. p. 26. 34. p. 53.

Elfenbeingelbe Porzellanglasur, nach einer französischen Angabe: Porzellanglasur 90 Th., Porzellanglasur mit 8°/₀ salpetersaurem Uranoxyd 5 Th., Porzellanglasur mit 8°/₀ Manganoxyd 5 Th. Das Uranoxyd ist empfindlich gegen reducirende Gase, worauf man in der Führung des Feuers Rücksicht nehmen muſs. — 47. p. 147.

Begufsmassen für Ofenkacheln müssen nach Esten 1) weiſs sein und sämmtliche Unreinheiten des unter ihnen liegenden Arbeitsthones verdecken; 2) genau dieselbe Ausdehnung wie dieser besitzen und so fest an demselben haften, dafs sie wie zu einem unzertrennlichen Ganzen vereinigt sind. Man trägt die Angufsmassen bald durch „Begiefsen", bald durch „Vorformen" auf und hält die bedeutende Schwindung des Kaolins durch Zusatz von feinem Quarz in mittleren Grenzen. Gute Resultate erzielte Verf. mit einem Versatze von: 300 g Meifsener Begufsthon, 40 g reinem Kaolin, 40 g Feldspath, 40 g Quarz, 20 g Schlemmkreide. Will man die Schwindung dieser Masse noch vermindern, so kann man den Kaolin entweder ganz oder theilweise vorher glühen und ihn dann als feines Chamottemehl zusetzen. — 94. p. 42. 89. Rep. p. 73.

Als Glasuren für Ofenkacheln empfiehlt Krätzer die folgenden Sätze: 1) Weiſse Glasur: 120 Th. concentrirte Natronwasserglaslösung und Kalkmilch (7¹/₂—12 Th. Kalk) werden bis zur vollständigen Trocknifs mit einander verrührt, gepulvert, gemahlen und gesiebt; die rohen Kacheln werden entweder mit Wasserglaslösung bestrichen, oder das Pulver wird mit Wasserglaslösung genetzt, als Glasur aufgetragen und gebrannt. Auch 100 Th. Pottasche, 12¹/₂ Th. Kalisalpeter und 25 Th. Kalk zusammengeschmolzen, pulverisirt und mit Wasserglaslösung gemengt, lassen sich in gleicher Weise verarbeiten. 2) Hochrothe Glasur: 15 Th. fein gepulvertes weifses Glas, 7¹/₂ Th. gepulverter Borax, 5 Th. geschlemmte Kreide, ¹/₄ Th. Kalisalpeter, 2¹/₂ Th. Cassius-Purpur werden mit einander geschmolzen, pulverisirt und mit Wasserglaslösung aufgetragen. 3) Tiefroth: 24 Th. Glas, 12 Th. Soda, 9 Th. Borax, 9 Th. Mennige, 4¹/₂ Th. Kalisalpeter, ⁸/₈ Th. Spiefsglanz, 3 Th. Cassius-Purpur, 3 Th. Salmiak, wie oben behandelt. 4) Azurblaue Glasur: 16 Th. Glas, 5¹/₃ Th. Soda, 4 Th. Borax, 2²/₃ weifsgebrannte Knochen, 1¹/₂ Th. Kalisalpeter, 1¹/₃ Th. Kobaltoxyd, in gleicher Weise behandelt.

— 7. (1889) p. 760. **95**. p. 144. — Nach andern Angaben erhält man eine gute Glasurmischung, indem man 60 Th. Blei und 40 Th. Zinn vorsichtig verbrennt. 100 Th. der so erhaltenen Asche schmilzt man mit 50 Th. eisenfreiem Sand, 50 Th. Kochsalz, 20 Th. Feldspath, 6 Th. Salpeter und 6 Th. Bleiglätte. Die geschmolzene Mischung wird gemahlen. Sollte diese Glasur für manche Massen zu leicht flüssig sein, so dafs die Glasur herunterschmilzt oder die „Gänsehaut" zeigt, so nimmt man zur obigen Mischung 60 Th. Sand und 25—80 Th. Feldspath. — Thonwaar.-Ind. p. **26**. **34**. p. 58.

Schott & Gen.; Einflufs der Abkühlung auf das optische Verhalten des Glases, und die Herstellung geprefster Linsen in gut gekühltem Zustande. Ztschr. f. Instrumentenk. p. 41.

Henrivaux; Aluminium im Glase (macht es spröde, hart und schwer kühlbar; erhält das Eisen als Oxyd darin). **17**. Bd. 19. p. **446**. **95**. p. 183.

J. R.; Torf in der Glasfabrikation. (Beim Generatorbetriebe mit Torf ohne künstliche Luftzufuhr dauerte die Schmelze 25 Stdn.; und es wurden verbrancht 2,8 kg Torf auf 1 kg Glasmasse; bei Holzvergasung mit künstlicher Luftzufuhr war die Schmelzdauer 18—20 Stdn., und es wurden verbrannt 1,9 kg Holz auf 1 kg Glasmasse.) **47**. p. 338. **89**. Rep. p. 164.

C. W. Simon, D. P. 49538; Herstellung von Tafel- und Spiegelglas. (Es werden wellenförmig geriefte Walzen, die zur Herstellung von perforirtem Glase mit Spitzen versehen sind, angewendet.) **95**. p. 157.

G. Richter in Dresden, D. P. 51466; Tafelglasstreckofen.

J. E. Mathewson, D. P. 49667; Sandstrahlgebläse.

J. Havránek; Gerbsäure und Hämatoxylin in der Fabrikation goldgelber Gläser. **47**. p. 459.

L. Solerti; Glasmosaik. Bautechn. **49**. p. 345. 354.

R. Leistner; Dortmunder Mosaik. **115**. p. 4.

A. Simon; Notiz über Kaolingewinnung. **128**. p. 357.

Zobisch; über Porzellanfabrikation. **71**. p. 246. 261.

A. Zobisch; Torf als Brennstoff beim Brennen von Porzellan (ergiebt Brennkosten-Ersparnifs, wenn die ersten 7 Stdn. mit Torf, dann mit Steinkohlen gefeuert wird.) **47**. p. 58. **89**. Rep. p. 46. **123**. p. 245.

Torf oder Kohlen als Brennmaterial in Ringöfen für Ziegeleien. (Torf ist nicht billiger als Kohlen, aber sehr bequem und erfordert weniger geübte Brenner als Steinkohlen.) **94**. p. 75. **89**. Rep. p. 72.

G. Steinbrecht; Masse und Glasurmaterialien für die Steingutfabrikation. **47**. p. 397.

Abel; englische feuerfeste Thone. (Nicht so gut wie viele inländische basische, feuerfeste Materialien.) **48**. p. 173. **89**. Rep. p. 89.

Ch. Beaurin-Vautherin; Schmelztiegel (aus 25 Th. plastischem feuerfestem Thon und 75 Th. Asbest sollen von grofser Dauer und Widerstandsfähigkeit sein und schnelleres Schmelzen gestatten als reine Thontiegel; nach J. R. [**47**. p. 439] schmelzen sie im Wannenofen und führen als Häfen dem Glase schädliche Magnesia zu). **115**. (1889) p. 673. **89**. Rep. p. 10.

Digby und Lycet; Schmelztiegelmasse. (3 Th. Granit, 3 Th. Thonschiefer, 4 Th. deutscher plastischer Thon und 4 Th. Lehm.) Mon. de la céram. (1889) p. 227. **89**. Rep. p. 10.

J. F. Rühne; Kammer-Ringöfen. **115**. p. 639.

W. G. Forster in Streatham Common, England, D. P. 50517; Ofen mit Ringfeuerung und centralem Stützpfeiler für Tiegel etc. **75**. p. 176.

A. Siemon und O. Rost, D. P. 50492; Herstellung und Ausschaltung der Verbindung des Ringofen-Brenncanals mit seinem Schornstein.

Holz und Horn.

Imprägniren von Holzpfählen. D. P. 50295 f. H. Liebau in Magdeburg-Sudenburg. Den Kern der Holzpfähle bohrt man aus, so weit sie später in die Erde oder in's Wss. reichen sollen, füllt die Bohrung nach dem Einsetzen der Pfähle und Verschlufs des unteren Endes des Bohrloches durch Eintreiben einer starken Metallkapsel mit einem Imprägnirungsmittel, z. B. Metallsalzlösungen, Theer, Theeröl oder Kreosot, besonders aber Kienöl, indem man diese Stoffe durch eine obere seitliche Bohrung einführt und füllt auch später von diesen Mitteln in dem Mafse, wie sie vom Holze aufgesaugt werden, nach. — **75.** p. 129. **49.** p. 231.

Herstellung biegsamer Holzplatten. D. P. 51711 f. C. Heepe in Bockenheim bei Frankfurt a. Main. Zwischen die einzelnen zu verleimenden Holzblöcke werden netzförmige Einlagen eingebracht. — **75.** p. 416. **49.** p. 334.

Fournierung von Hölzern. D. P. 51110 f. C. Zander in Gr. Wanzleben. Zur Vorbereitung von Blindhölzern, welche mit Fournier oder Zeug überzogen werden sollen, werden behufs Verhinderung des Reifsens oder Quellens derselben die Bindhölzer mittelst gezackter Walzen aufgelockert und von beiden Seiten mit Oeffnungen versehen, welche mit Kitt ausgefüllt werden. — **49.** p. 287. **75.** p. 296.

Maschine zum Einpressen von Mustern in Holzplatten. D. P. 51114 f. W. W. Krutsch in Fort Scott, Bourbon, Cansas, V. St. A. Das auf die Fourniere zu pressende Muster wird auf dem Umfange eines innen verzahnten Prägkranzes angebracht, welcher zum Theil ausgespart ist, wenn das Muster nicht den ganzen Umfang ausfüllt. Es wird der Kranz mit einem Ausschnitt verwendet, wenn das Muster eine gröfsere Länge bedingt, als der Umfang des gewöhnlichen Prägkranzes besitzt, damit es durch diesen Ausschnitt in die Maschine eingesetzt werden kann. Die Ansprüche beziehen sich noch auf Constructionseinzelheiten der zum Umtriebe des Prägkranzes beschriebenen Maschine und auf den Vorschub des zu bemusternden Fourniers. — **75.** p. 296. **49.** p. 288.

Metallisirung des Horns. Die wie gewöhnlich fertiggemachten, angefärbten Gegenstände aus Horn werden mit einem der folgenden Stoffe überzogen: Chlorzink giebt gelbe Broncefarbe, chromsaures Zinkoxyd eine grüne Farbe, Chlorkupfer im flüssigen Zustande eine schwarze Broncefarbe, flüssiges chromsaures Kupferoxyd eine braune Bronce; Jodkalium, auf diesen Farben angebracht, verwandelt sie nach Roth. Die mit diesen Stoffen behandelten Gegenstände werden bei 68° C. oder an warmer Luft getrocknet und mit einer Masse aus 5 Th. Quecksilber, 15 Th. Zinn, 3 Th. Schwefel und 5 Th. Salmiak gerieben. Zinn wird durch Quecksilber in einem heifsen Tiegel amalgamirt, das Amalgam nach dem Erkalten gepulvert, durchgesiebt und, mit den beiden andern Stoffen vermischt, im Sandbade erhitzt. — Werkstatt. **49.** p. 55.

Roßhaare und deren Prüfung. Nach M. Göldner werden zu Roßhaaren verwandt: Deutsche und amerikanische Pferdeschweif-haare, deutsche und amerikanische Ochsenhaare, Schweinehaare, Ziegenhaare, Mähnen-, Fessel-, Stallhaare und Fiber (Pflanzenfaser). Für Polsterungen sind stets Schweifhaare wegen ihrer Dauerhaftigkeit zu fordern. Die Prüfung, welche Verf. vorschlägt, ist mikroskopisch, chemisch und physikalisch-technisch. Nach der Behandlung mit verdünnter Natronlauge 1 + 5 aq kann mikroskopisch eine Verfälschung von Fessel- oder Mähnenhaaren erkannt werden. Verdünnte Natron-lauge läßt Pferdeschweifhaare stark quellen, Mähnenhaare sehr wenig, Fesselhaare und Fiber unverändert, Ochsenhaare wenig, Schweinehaare zu einer gallertartigen Masse quellen. Am wichtigsten ist die physikalisch-technische Untersuchung, welche die Tragfähigkeit und Dehnbarkeit der Haare benutzt. Gesunde Pferdeschweifhaare von 45 bis 50 cm Länge besitzen eine Tragfähigkeit von 510 g und eine Dehnbarkeit von 8 cm, gesunde, 35—40 cm lange Mähnenhaare eine Tragfähigkeit von 180 g und eine Dehnbarkeit von 3 cm, gesunde, 30 cm lange Ochsenhaare tragen 270 g und sind um 2,5 cm dehnbar. Fiber haben eine Tragfähigkeit von 350 g, sind aber nicht dehnbar. Diese aus 220 Wägungen gefolgerten Werthe sind natürlich nicht in völliger Strenge als Maßstab zu nehmen, doch sind hieraus gewisse Folgerungen abzuleiten. Pferdeschweifhaare sollen eine Tragfähigkeit von 400 g und eine Ausdehnung um 7,5 % ihrer Länge besitzen. Die Untersuchung der Roßhaare geschieht in folgender Weise. Auffallend starke, stumpfe, kantige und glänzende Haare werden aus dem Material gesondert und auf Anwesenheit von Oelen durch Pressen mit Filtrirpapier geprüft. Pflanzenfasern werden durch ihr geruchloses Verbrennen erkannt, sowie durch den Mangel an Elasticität. Die chemische Prüfung geschieht durch 12stündige Einwirkung der verdünnten Natronlauge auf die klein geschnittenen Haare. Die chemisch-technische Prüfung geschieht an einer besonderen, einfach construirten Waage. Aus den Untersuchungen ist besonders hervorzuheben, daß die billige Waare verhältnißmäßig am höchsten verkauft wird. Der reelle Werth des billigsten Roßhaares, das pro 100 kg für 150 Mk. verkauft wird, beträgt 70 Mk., so daß ca. 114 % aufgeschlagen sind. — **106.** (1889) p. 792. **34.** (1889) p. 388.

Imprägnirmittel für Holz. (Anthracin-, Bernstein- und Kreosot-Carbolineum, Bernstein- und Kreosot-Carbolineum-Anthracin; für Wohnungen und dergl. Zerener's Patent-Antimerulion.) **47.** p. 189.

Das Pressen des Holzes. **16. 49.** p. 204.

Kautschuk.

Aschengehalt technischer Gummiwaaren. E. Lampe fand in Schnuren von 6 mm 32,48 %, Asche, in Schnuren von 12 mm 29,90 %, von 19 mm 32,19 %, von 21 mm 33,51 %, in ganz dünnen Schnuren 55,19 %, in schwachen Schläuchen 28,50, in starken 4,44 %, in Gummi-Seilen 5,33 %, in Gummi-Schnuren mit Hanf-Einlagen 45,27 %. — Chem. u. Drog. **29.** p. 66.

Ein elastisches Material als Ersatz für Gummi elasticum für chirurgische Zwecke ließ sich H. A. Schlesinger in Deutschland patentiren. Lange Manilafasern werden mit einer Lösung von Seife und Gelatine in Wss. möglichst vollständig gesättigt, der Ueberschuß der Lösung abgepreßt und die Gelatine durch Eintauchen der imprägnirten Faser in ein Chromalaun-, Kaliumbichromat- und ein Thonerde-salz-Bad fixirt. Man läßt das so gewonnene Material trocknen, entfernt den Ueberschuß der Fixirungssalze durch Waschen mit Wss. und behandelt die Oberfläche des Materials mit Glycerin, in welchem man eventuell ein Antisepticum löst, oder mit Vaselin, um es weich zu erhalten. — **76. 26. 38.** Rep. p. 83. **49.** p. 175. **24.** p. 138.

Maschine zum Schneiden von Scheiben aus Gummi und dergl. D. P. 51097 f. d. Firma Luckhardt & Alten in Kassel. Der in einem umlaufenden Rohre auf einer liegenden Reibungsrolle gelagerte Gummistoff wird an drei Stellen durch Hebel gehalten und in dem Rohr durch einen Bolzen und einen durch ein Gewicht beeinflußten Schlitten vorgeschoben, um durch ein entgegen dem Rohr umlaufendes, auf beiden Seiten strahlenförmig geriffeltes und mittelst der Hubscheibe allmählich vorgeschobenes Kreismesser zerschnitten zu werden. — **75.** p. 296.

Schnürmann in Frankfurt a. M., D. P. 50004; Herstellung elastisch bleibender Velours-Gummibälle.

Kitte und Klebmaterialien, künstliche Massen.

Als Stein- und Terracotta-Kitt wird neuerdings wieder Sorel's Magnesiacement empfohlen. Während der ursprüngliche Magnesiacement durch Mischen einer concentrirten Lösung von Magnesiumchlorid mit gebrannter Magnesia hergestellt wurde, bestehen die neuerdings im Handel befindlichen Kitte der Hauptsache nach aus Portlandcement oder gewöhnlichem hydraulischem Kalk, gemengt mit gebrannter Magnesia oder auch für sich allein. Alle diese Mischungen werden mit Magnesiumchloridlösung angemacht. Der durch Mischen von Magnesiumchloridlösung mit gebrannter Magnesia hergestellte Kitt kann mit

Marmor-, Granit- oder anderem Sande, mit Chamottemehl, gemis
werden, je nachdem ein Material zu kitten ist. Je mehr solche I
mengungen dem Magnesiacement beigemischt sind, desto langsai
geht die Erhärtung vor sich. Die zu kittenden Stellen werden zue
mit der Magnesiumchloridlösung befeuchtet. Diese Magnesiakitte sol
sich besonders zur Ausbesserung ausgetretener Stiegenstufen eign
Der Magnesiacement läfst sich auch beliebig färben und poliren; äl
haupt beruhen die meisten Kunststeinartikel auf der Verbindung
Magnesia mit Magnesiachlorid, dem Magnesiamcement. — 47. p. 2
49. 24. p. 136.

Glaserkitt von vorzüglicher Consistenz, welcher auch ohne Stea
eisen wieder entfernt werden kann — denn die Ansicht, dafs
guter Glaserkitt steinhart werden mufs, ist nicht ganz richtig
stellt man sich nach Hogg durch Zusammenschmelzen von 9 gek
tem Leimöl, 1 Talg und Zumischen von so viel Bleiweifs, oder ei
billigen Ersatzmittel dieses, als zur gewünschten Consistenz nöthig
her. — 76. 49. p. 214.

Herstellung eines Glättepulvers. D. P. 50468 f. F. Diesing
Aschersleben. Talkpulver wird mit geschmolzenem Paraffin geb
verrührt und die noch heifse Masse, welcher durch Zusatz von O
eine geeignete Färbung ertheilt werden kann, durch ein Drahtsieb
passender Maschenweite gebürstet. Auf diese Weise wird ein
körniges Pulver erhalten, welches sich nicht mehr zusammenballt
75. p. 147.

Flüssiger Leim. Als geeignete Ersatzmittel des unter der
zeichnung „Royal Glue" bekannten flüssigen Leims sollen folg
Vorschriften dienen: 1) Gelatine wird im Wasserbad in ihrem eig
Gewicht starkem Essig gelöst, dann 1/4 ihres Gewichts Alkohol
eine sehr geringe Menge Alaun hinzugesetzt. Diese Lösung b
auch nach dem Abkühlen flüssig, und ist sehr geeignet zum K
von Horn, Perlmutter etc. auf Holz oder Metall. 2) 2 Unzen we
Leim werden in kleine Stückchen gebrochen, und in 8 Unzen E
säure gelöst, 10 Tropfen Salpetersäure zugesetzt, wohl umgerührt u
einer gut verkorkten Flasche aufbewahrt. 3) „Le Page's Liquid (
soll aus den Häuten gesalzener Fische dargestellt werden, meist d
von Kabljau und Dorsch. Das Salz wird ausgewaschen, dann w
die Häute mit Was. gekocht, um den Leim zu lösen, die Lösung
kolirt, bis zur geeigneten Consistenz concentrirt und ein Conservir
mittel (Borsäure) zugesetzt. 4) In der Formel No. 1 soll sich 1/
Gelatine vortheilhaft durch ein gleiches Gewicht Glycerin ers
lassen. 5) 1 Unze Borax wird in 12 Unzen weichem Was.
und nach Zusatz von 2 Unzen zerstofsenem Schellack unter be
digem Umrühren bis zur erfolgten Lösung gekocht. 6) Zerstol
Schellack wird in 3/4 seines Gewichts Methylalkohol oder rectific
Spiritus unter mäfsigem Erwärmen gelöst. — Pharm. Era. 29.

Eine neue Gummi-Art, die betrügerischer Weise als Is-Ha
in den Handel gebracht wird, zum grofsen Theil aus albissimum
Auslesen sich eignend, bestehend, kaum etwas weniger zerre
und ebenso etwas specifisch schwerer, in Was. jedoch unlöslici
nur aufquellend wie Kirschgummi, rangirt nach einer vorlä

Untersuchung E. Sickenberger's unter das „Persian Gum" des indischen Marktes, das sich nach J. Meyer's Verfahren in Wss. löslich machen läfst, und stammt von Prunus-Arten. — **89. 38.** p. 141.

Reindarstellung von unvergährbarem krystallisirtem Zucker, bezw. einem dem Gummi arabicum ähnlichen Klebstoff aus Kleie und anderen Getreideabfällen. D. P. 51948 f. E. Steiger in Unterstrafs-Zürich, E. Schulze in Hottingen-Zürich und R. Auer-Schollenberger in Unterstrafs-Zürich. Man befreit die Kleie zunächst durch Auswaschen mit Wss. vom anhaftenden Stärkemehl, kocht sie zur Entfernung der Proteïnstoffe mit einer Ammoniak- oder Kochsalzlösung, prefst sie ab und laugt sie aus, kocht die auf diese Weise erhaltene Zellstoffmasse, welche ein bisher unbekanntes Kohlehydrat, das Metaraban, enthält, 6 Stdn. lang mit mindestens 1—2 % verdünnter Schwefelsäure aus, wodurch das Metaraban verzuckert wird, neutralisirt wie bei der Stärkezuckerfabrikation mit kohlensaurem Kalk, entfärbt mit Thierkohle, und dampft ein, worauf aus der Lösung eine unvergährbare Zuckerart auskrystallisirt. Zur Darstellung von Gummi dagegen kocht man die das Metaraban enthaltende Zellstoffmasse aus Kleie mit Kalkmilch oder verdünnter etwa 1 % iger Alkalilauge unter Druck, prefst ab, neutralisirt, entfärbt, concentrirt die Lösung und erhält so ein Gummi von grofser Klebkraft. (Ein solcher Klebgummi ist als „Apparatine" vor Jahren bekannt gegeben worden; s. Repert. 1875 I. p. 90. D. Red.). — **76. 49.** p. 310, 358.

Herstellung künstlicher Steine und Formstücke. D. P. 51 692 f. C. Mey in Berlin. Aus Quarz, gebrannter Magnesia und Kaliwasserglas angefertigte Steine werden durch Evacuirung in geschlossenen Behältern von der eingeschlossenen Luft befreit und darauf einem Kohlensäuredruck von 1—10 Atm. ausgesetzt. — **49.** p. 366.

Herstellung von künstlichem Stein. Engl. P. 5808/1888 (vgl. Rep. 889 II. p. 82) f. Ponton, Moseley & Chambers. Ein Gemisch von kieselsäurehaltigen Stoffen, Farbstoffen, Flufs- und Bindemitteln wird in einem Ofen auf Rothgluth erhitzt, bis Krystallisation im Tridymitzustande eingetreten ist. Künstlicher Marmor wird aus Flint oder Sand mit Natron, oder Kaliwasserglas gewonnen. — **95.** p. 158.

Herstellung künstlicher Steine zum Schälen und Spitzen des Getreides. D. P. 51951 f. F. Rulf in Ratibor, O.-Schl. 45 Th. Alaun werden auf offenem Feuer geschmolzen und in die flüssige Masse 55 Th. gröblich gepulverten Süfswasserquarzes, wie er zur Herstellung der sogenannten französischen Mühlsteine dient, eingerührt. Die noch immer flüssig erhaltene Masse wird nun in cylindrische oder anders gestaltete Formen gegossen, wobei eiserne Kerne oder Unterlagen gleich mit eingegossen werden können. — **49.** p. 366.

Lavaoïd, ein von Irmler erfundenes Bindemittel, ist nach A. J. Peschl aus einigen Arten Quarz, Porzellan-, Marmor-, Gas- und Metallabfällen zusammengesetzt und hat ein Gufseisen- und Graphit-ähnliches Aussehen. Es besitzt keine elektrische Leitungsfähigkeit und zeichnet sich durch ein überaus festes Gefüge, grofse Härte, ungemein innige Bindefähigkeit aus und unterliegt keinen Veränderungen durch Witterungseinflüsse. Die böhmischen Maschinenfabriken verwenden dieses neue Bindemittel statt Schwefel und Blei zum Vergiefsen von Fundamentschrauben, zum Untergiefsen von Wandlagern, Verbindung von Quadern bei Brückenbauten, zum Vergiefsen von Rohrleitungen und bei elektrischen Anlagen als Isolationsmasse. (Es enthält anscheinend auch Schwefel, wie Zeiodelith und Spencemetall. D. Red.) **36. 49.** p. 166.

Herstellung von porösem Stein als Ersatz für Lampendochte, Filter u. dgl. Engl. P. 5214/1888 f. Gooch, Varley und Lindstone. Sand, Asbest, Borax und Bleioxyd werden zusammen fein gemahlen, getrocknet, bis zum beginnenden Schmelzen erhitzt, nochmals gemahlen und in Formen erhitzt. Sand und Asbest können ganz oder theilweise durch gepulverten Thon, Tripel, Smirgel oder Korund, Borax und Bleioxyd durch Glas und andere Flufsmittel ersetzt werden. — **95.** p. 159.

Herstellung von formbaren Massen und Farbstiften. D. P. 50932 f. W. Grüne in Berlin. Zu einer concentrirten mit Caseïn gesättigten Lösung von Harz- oder Fettseife setzt man als Füllmasse gepulverte Erden, Erdfarben, Kohle oder Faserstoffe mit oder ohne Zusatz von Farbstoffen und bringt in der Lösung durch Zusatz von Erdmetall- oder Metallsalzen, welche unlösliche Seifen bezw. Caseïnseifen bilden, einen Niederschlag hervor, welcher die Füllmasse einhüllt. Die Masse soll zur Herstellung von Knöpfen, Griffen, verzierten Platten u. dergl., oder bei Anwendung von viel Farbstoff und wenig Caseïn als Farbstiftmasse dienen. — **49.** p. 253. **75.** p. 276.

Herstellung einer horn- oder lederartigen Masse. D. P. 51873 f. E. Bartsch aus Breslau, z. Zt. in Wien. Man bringt pulverisirtes Albumin auf Papier (Filz oder dgl.), welches mit einer Lösung eines Wss. anziehenden Salzes (4—5 %) und Borax (2—3 %) in 30—40 % Glycerin enthaltendem Wss. bestrichen ist. Die so behandelten Stoffe werden dann zwischen geheizte Prefsplatten gebracht, um das Albuminpulver zu coaguliren. Man kann auch aus 35 % Albumin und 65 % von der Lösung, welche Glycerin und die erwähnten Salze in den angegebenen Verhältnissen enthält, eine dünne Paste bilden und diese auf die Grundstoffe auftragen. Die Coagulation erfolgt in gleicher Weise. Es hängt vom Salz- und Glyceringehalt und der Dauer der Wärmeeinwirkung ab, ob die aufgesiebte bezw. aufgestrichene Masse nach dem Erwärmen eine mehr hornartige oder mehr lederartige Schicht auf dem Grundstoff bildet. — **75.** p. 421. **49.** p. 294.

Celluvert ist ein aus vegetabilischen Fasern verschiedener Art dargestelltes Material, das sich ähnlich dem Celluloid zu den verschiedensten Gebrauchsgegenständen verarbeiten läfst. Seine Zähigkeit soll eine bedeutende sein; ein Streifen von 1' Breite bei $\frac{1}{4}$' Dicke vermochte einem Gewicht von 2210 Pfd. zu widerstehen, ohne zu zerreifsen. Das Fabrikat, welches in England schon im Handel ist, ist in 2 Formen der Biegsamkeit zu beziehen; beide nehmen hohen Glanz an und lassen sich auf alle mögliche Art bearbeiten. — Am. Drugg. **64.** p. 277.

Neuerung im Verfahren zum Entwässern von nitrirter Cellulose und an den dazu benutzten hydraulischen Pressen bei der Fabrikation von Celluloid. D. P. 50921 f. J. R. France in New-York, City, Staat New-York, V. St. A. Durch dies Verfahren soll besonders breiartige Nitrocellulosemasse in grofsen Mengen ohne Explosionsgefahr entwässert werden. Man schichtet die Masse zwischen Zeugstöcken in mehreren Lagen über einander auf, wozu geeignetenfalls noch Zwischenlagen aus Kampher und Farbstoffen treten, und preſst durch die Lagen, nachdem sie in der hydraulischen Presse möglichst stark abgepreſst sind, zur Entfernung des durch Druck allein nicht entfernbaren Wss. comprimirte Luft, dann Alkohol und schlieſslich wieder Luft zur Austreibung des Alkohols. Zu diesem Zwecke ist die hydraulische Presse mit einem besonderen Preſskasten verbunden. Derselbe ist zum Auseinandernehmen eingerichtet und mit einem Kopfstück mit starker Siebscheibe und Fuſsstück versehen, sowie ferner mit einem an den gegenüber liegenden Kanten aus einander zu nehmenden Behälter mit auswechselbarem falschem Boden. Luft und Alkohol treten oben durch die Siebscheibe des Kopfstükes in den Preſsstoſs ein und unten durch den falschen Boden wieder aus. — **75.** p. 318. **49.** p. 294.

Herstellung von Hohlkugeln aus Celluloid. D. P. 50008 f. Rheinische Gummi- und Celluloidfabrik in Mannheim. Um während des Pressens der Halbkugelstücke, aus welchen die Hohlkugeln oder Spielbälle zusammengesetzt werden sollen, die Bildung von Falten am Rande der in die Preſsform eingelegten Celluloidplatte zu vermeiden, ist an der Matrizenführung eine Randplatte angebracht, welche durch eine Spiralfeder gegen den Rand der Celluloidplatte gedrückt wird. Beim Zusammensetzen der Halbkugeln werden die Verbindungsstellen durch bandförmige Streifen überdeckt. Um die Haltbarkeit der Bälle zu erhöhen, kittet man auch wohl über eine Kugel eine etwas gröſsere, ebenfalls zweitheilige Kugel und zwar mit versetzten Verbindungsstellen. — **75.** p. 91.

Als Druckfarbe für Celluloid wird folgende Mischung empfohlen: Farbstoffe 12 Th., Albumin 12 Th., wässerige Glycerinlösung 1 Th. (1 Glycerin: 10 Wss.). Um die bindenden Eigenschaften des Albumins zu erhöhen, kann man Harzgummi in gepulverter Form, z. B. Copal, Mastix, Schellack oder dgl. zusetzen. Die Farbe ist zum Tiefdruck, d. h. zum Druck von gravirten Metallplatten, bestimmt. — Paper and. Press. **57. 49.** p. 205.

Maben: Akaziengummisorten. Pharm. J. p. 717. **38.** p. 139; — einige Gummimuster. **105.** p. 717. **38.** Rep. p. 127.

Lacke, Firnisse, Anstriche.

Zu gutem Signaturlack empfiehlt O. Märker folgende Vorschrift: 50 Th. Schellack, weiſser, luftgebleichter (von J. D. Riedel), werden gerieben, in einer starken weiſsen Medicinflasche mit 125 Th. absolutem Alkohol bis zur Lösung digerirt und mit 5 Th. bestem Copaivabalsam (Maracaibo) versetzt. Das Ganze filtrirt, giebt namentlich bei zweimaligem Ueberlacken einen schön hellen, gleichmäſsigen, nicht spröde werdenden Glanz. — **106. 49.** p. 263.

Unterscheidung von Leinöl und Leinölfirnifs. Nach Finkener sieht Leinöl in einem etwa 15 mm weiten Reagenzglase bei durchfallendem Lichte gelb, Leinölfirnifs braun aus. Wird ein Tropfen des Oeles auf einer Glasplatte mit dem Finger zu einer kreisförmigen Schicht von etwa 4 cm Durchmesser ausgebreitet, so fühlt sich das Leinöl nach 24 Stdn. noch so schlüpfrig an, wie zu Anfang, während der Firnifs klebrig oder selbst fest geworden ist. Schüttelt man 12 ccm des Oeles mit 6 ccm einer Bleioxyd enthaltenden Glycerinlösung in einem Reagenzglase kräftig durch und stellt das Glas dann etwa 3 Min. in kochendes Wss., so bildet der Firnifs eine salbenartige Masse, das Leinöl dagegen zwei flüssige Schichten, von denen die untere wasserhell ist. Ein auch nur mit 25 % Leinölfirnifs vermischtes Leinöl läfst sich auf diese Weise von reinem Leinöle unterscheiden. Zur Herstellung der Bleilösung löst man 100 g krystallisirtes essigsaures Bleioxyd in 150 ccm destillirtem Wss. und 32 g wasserfreiem Glycerin. Die etwas trübe Lösung wird in einer verschlossenen Flasche aufbewahrt. Zur Ausführung des Versuches werden 5 ccm dieser Lösung in einem Reagirglase mit 1 ccm 20%igen wässerigen Ammoniaks vom spec. Gew. 0,925 vermischt und dann mit 12 ccm Oel geschüttelt. Der sogen. gebleichte Leinölfirnifs hat eine weit hellere gelbe Färbung als das Leinöl, verhält sich aber sonst wie letzteres und nicht wie Leinölfirnifs. In dem Verhalten des Leinöls und des Leinölfirnisses gegen Lösungsmittel, Verseifungsmittel und Oxydationsmittel konnte ein leicht erkennbarer Unterschied nicht aufgefunden werden. Ebensowenig liefs sich der Firnifs von dem Oele durch Reiben in der Handfläche unterscheiden. — 114. 16. p. 234.

Ueber die Herstellung von Leinölfirnifs mit Blei-, Zink- und Manganverbindungen hat T. H. Thorp eine Reihe von Versuchen angestellt, welche ihn zu nachstehenden Schlufsfolgerungen führen. Die Bleitrockner geben dem Oel eine dunkle Farbe, welche sich auch in dünner Schicht mehr oder weniger bemerkbar macht. Zinktrockner scheinen nicht wesentlich auf das Oel einzuwirken, da hiermit bereitete Firnisse langsam trocknen und nicht sehr harte Ueberzüge geben. Mangantrockner liefern in jeder Beziehung die besten Resultate. (Leinölsaures Mangan ist von mir s. Z. als Siccativ empfohlen worden, vgl. Rep. 1864 II. p. 58, und wurde als solches einige Zeit lang in den Handel gebracht. J.) Von den Bleitrocknern wirkt Bleiglätte am günstigsten, indem das Oel schnell trocknet, nur mäfsig gefärbt ist, wenn es nicht überhitzt wurde, und einen harten Ueberzug liefert. Von den Zinksalzen scheint das Acetat das beste Resultat zu geben, wenngleich das Borat und Citrat fast ebensogut wirken, und von den Manganverbindungen wirken das Borat und Acetat am günstigsten. Das Acetat erfordert sorgfältiges Arbeiten, da es, wenn die Erhitzung wesentlich über 230⁰ geht, das Oel dunkel färbt, augenscheinlich infolge Theerbildung. Den besten Firnifs für alle Zwecke liefert unzweifelhaft das Borat. Die Oxalate der drei Metalle sind schwer zersetzbar; wenigstens zeigen sie wenig oder gar keine Wirkung, bevor nicht eine sehr hohe Temp. erreicht wurde. Die Chloride, Nitrate und Sulfate sind keine guten Trockner. Die beiden ersteren wirken zu heftig auf das Oel, und die letzteren sind sehr schwer zersetzbar, so dafs hohe Temp. erforderlich wird. Die Anwendung der ameisensauren, citronensauren und weinsauren Salze scheint keine Vortheile zu bieten, da die ersteren beiden leicht viel Theer erzeugen und die letzteren sich schwer zersetzen. Hinsichtlich des Verhältnisses zwischen der Menge des gelösten Trockenmittels und dem Grade des Trocknens des Oeles lassen sich aus den Versuchen keine bestimmten Schlüsse ziehen. Die Menge des gelösten Mangans scheint viel geringer zu sein als die des Bleies; 0,2 % Mangan scheinen ein gut trocknendes Oel zu geben, während ungefähr 1 % Blei in den besten trocknenden Oelen enthalten ist. — Technol. Quarterly. p. 9. **89.** Rep. p. 164.

Vorrichtung zur Beseitigung der beim Sieden von Lacken und Firnissen gebildeten Dämpfe. D. P. 52568 f. G. Flashoff in Hamburg. Die in dem Siedekessel a entwickelten Dämpfe werden durch

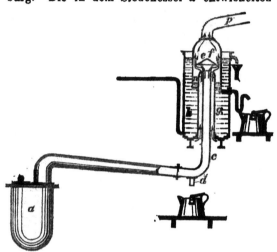

das ableitende Rohr c, welches durch ein weiteres Rohr g geführt ist, unter eine Glocke f geleitet. Das Rohr g und die Glocke f sind in ein mit Kühlwasser gefülltes Kühlgefäfs h eingesetzt. Die sich in dem Rohre c zu Flüss. verdichtenden Dämpfe werden durch einen Rohrstutzen d abgeleitet. Die flüchtigeren Dämpfe werden mit der durch das Rohr g angesaugten und an den Wandungen desselben abgekühlten Luft unter einer Kappe e gefangen, dabei mit dieser Luft gemischt und soweit verdichtet, dafs sie sich in Tropfenform theilweise an der Kappe selbst, theilweise an den gekühlten Wandungen der Glocke f niederschlagen und in den Raum n ablaufen, während die nicht verdichteten Gase mit der angesaugten Luft durch ein mit der Glocke f verbundenes Rohr p in die Esse entweichen können. — **49.** p. 351.

Harzöl-Farben, namentlich mit Lackzusatz, geben einen ebenso guten Anstrich wie Oelfarben. Gintl empfiehlt folgende Compositionen: Harzölfirnifs als Grundkörper. 100 Colophonium, 60 dünnes Harzöl, 40 Leinölfirnifs, 100 Pinolin, 80 Terpentinöl. Man schmilzt das Colophonium mit dem Leinöl-Firnifs in gelinder Wärme, fügt das Harzöl und das Pinolin und zuletzt das warme Terpentinöl hinzu, hält noch einige Min. warm und kolirt dann. Um Harzölfarben hieraus zu machen, nimmt man für Weifs: 25 Bleiweifs oder Zinkweifs, 10 getrocknetes und feingepulvertes Blanc fixe, 20 obigen Harzöl-Firnisses und läfst durch eine Farbenmühle gehen. Grau: man setzt für die Quantität von Weifs 2 guten Oel-Rufs dazu. Braun: 15 Umbra, 10 Harzfirnifs. Grün: 15 Chromgrün, 6 Harzölfirnifs. Dunkelgrün: zu obigem beliebig Oel-Rufs. Ockergelb, nicht dunkelnd: 18 französischer Ocker,

11 Harzöl-Firnifs; deutsche Ocker dunckeln etwas nach! **Gelbbraun:** 20 französischer Ocker, 4 Umbra, 4 Venetianer- (oder Berliner-) Roth, 12 Harzölfirnifs. **Dachroth:** 20 Venetianer-Roth (oder calcinirter Ocker oder Eisenroth), 20 Eisenroth, 10 Schwerspath, 16 Harzölfirnifs. **Eng-**

lischroth: 20 venetianisches Roth (oder Eisenminium), 13 Harzölfirnifs. **Blau:** 20 Zinkweifs, 10 Ultramarin, 16 Harzölfirnifs. Je nach Ton die Farben auch in umgekehrtem Verhältnifs. **Chromgelb:** 20 Chromgelb (Kasseler Gelb), 10 Schwerspath, 13 Harzölfirnifs. Siccativöl-Zusätze behufs noch schnelleren Trocknens oder Siccativöl-Pulver (etwa 2 % borsaures oder oxalsaures Mangan) dürften beim Anreiben der Farben ganz am Platze sein. Um durch Zusätze von Schwerspath die Deckkraft der Farben nicht zu sehr zu schwächen, zumal beim Weifs, nehme man statt des gemahlenen natürlichen Schwerspathes lieber das getrocknete Blanc fixe. Für Roth kann man denselben ganz weglassen. — Chem. Drog. **76.** p. 172. **49.** p. 111.

Pinsel mit Farbezuflufs. D. P. 50125 f. F. **Laesecke** in Leipzig. Der Pinsel steht mit einem blasebalgartigen Farbebehälter *b* in Verbindung, dessen Untertheil *f* derart mit Durchbohrungen versehen ist, dafs durch Zusammendrücken von *b* mittelst des mit Handhaben *c* und *d* versehenen Rahmens *k* beliebig viel Farbe aus *b* den Pinselborsten *a* zugeführt werden kann. — **75.** p. 87.

Apparat zum Abkratzen abblätternder Leimfarbe von Decken und Wänden. D. P. 51395 f. H. Stemplowsky in Dortmund. Der App.

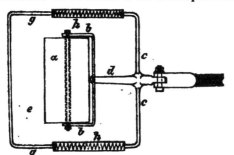

besteht aus dem in dem Bügel *b* des Gliedes *d* der Handhabe drehbar gelagerten Schaber *a*, in Verbindung mit dem einerseits an den Armen *c* des Gliedes *d*, andererseits an dem Bügel *g* befestigten Tuchbehälter *e*, in welchen das abgeschabte Material fällt. Gelangt der Arbeiter mit dem Schaber an das Ende der Decke, so schiebt sich der Bügel *g* beim Anstofsen an die Wand in die Federgehäuse *h* der Arme *c*, so dafs der Tuchbehälter *e* zusammengedrückt wird. — **49.** p. 263. **75.** p. 376.

Firnifscomposition. Engl. Pat. 12 827/1888 f. A. Andrews. Southdew, Middlesex. Die Composition, welche zum Schutze von Schiffen, Behältern etc. gegen die Einwirkung von Petroleum oder ähnlichen Stoffen dienen soll, besteht aus einem Gemische von Mastix,

Schellack, denaturirtem Spiritus, Leinölfirnifs und etwas Farbstoff, wie Eisenoxyd oder Graphit. — **89.** p. 353.

Eine Methode, um Leinöl zu verdicken, die besonders für die Fabrikation von Linoleumfirnifs und lithographischen Firnissen anwendbar ist, giebt C. H. Robinson an. Man erhitzt das Leinöl mit Bleioxyd und setzt es auf dünnen Verschlägen der Luft aus. 100 Th. frisches Oel werden mit $12^1/_2$ Th. derartig verdicktem Oel auf 350^0 F. bis zur völligen Lösung des verdickten Oeles erhitzt, was ungefähr 1 bis $1^1/_2$ Stdn. dauert. Die Erhöhung der Temp. auf 600 oder 630^0 F. giebt eine noch gröfsere Verdickung. — Corps gras. p. 276. **34.** p. 133.

Hlasiwetz und Barth; afrikanisches Ballharz. 1. Bd. 139. p. 225.

Metalle.

Aufbereitung geringhaltiger Manganerze; v. Diehl. Erhitzen der Erze mit wasserhaltigem Chlormagnesium behufs Bildung von Manganchlorür, Schmelzen des letzteren und Einwirkenlassen von Luft und Wasserdampf behufs Bildung von Manganoxyduloxyd und Chlor. — **89.** p. 668. **43.** p. 235.

Directe Gewinnung von Metallen aus ihren geschmolzenen Sauerstoffverbindungen durch unter Druck eingeführtes reducirendes Gas. D. P. 51892 f. N. Lébédeff in St. Petersburg. Man schmilzt die Verbindungen in Tiegeln oder in Flammöfen ein und führt ein reducirendes Gas (Kohlenoxyd, Wasserstoff etc.) unter Druck in die schmelzflüssige Masse ein. — **75.** p. 515. **49.** p. 326.

Reduction von Metalloxyden. Am. P. 420945 f. L. G. Laureau, Philadelphia, Pa. Man mischt Kohlenwasserstoffgase mit so viel Luft, dafs der Sauerstoff derselben zur Ueberführung des Kohlenstoffes der ersteren in Kohlenoxyd genügt, erhitzt das Gemisch auf die Verbindungstemperatur von Sauerstoff und Kohlenstoff und weiter auf die Reductionstemperatur des Erzes und läfst hierauf das erhaltene Gemenge von Kohlenoxyd, Wasserstoff und Stickstoff auf das Erz einwirken, — **89.** p. 307.

Ueber Elektrometallurgie; von v. Klobukow. Da von der durch Verbrennung der Kohle unter dem Kessel einer Dampfmaschine entwickelten Wärme nur 9 % in Form elektrischer Energie zum Vorschein kommen, während in Oefen bis 80 % der erzeugten Wärme ausgenutzt werden, so mufs bei jeder metallurgischen Operation, welche direct durch Wärmewirkung bewerkstelligt werden kann, auf die Verwendung der Elektricität verzichtet werden. Ehe es nicht gelingt, das Problem der directen Ueberführung von Wärme in Elektricität ganz oder befriedigender als bisher zu lösen, kann deren Anwendung nur in gewissen speciellen Fällen zulässig erscheinen, so bei trockenen Processen, wo es sich um Reduction in hoher Temp. handelt, auf nassem Wege für die Reinmetallgewinnung. — **43.** p. 215.

Elektrolyse feuerflüssiger Körper. D . P. 50506 f. M. Kiliani in Neuhausen, Schweiz. Um die Oberfläche des Elektrolyten vor dem Einfrieren zu schützen und die aufgegebenen festen Zuschläge in den bereits geschmolzenen Massen des Bades gleichmäfsig zu vertheilen,

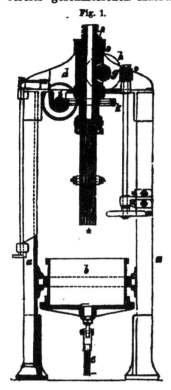

Fig. 1.

soll wenigstens eine von den beiden Elektroden continuirlich pendelnd oder centrisch oder excentrisch bewegt werden. Dies kann beispielsweise in folgender Weise zur Ausführung gebracht werden: Das Gefäfs *b* für die feuerflüssig zu elektrolysirende Masse wird durch die Säulen *a* getragen. In dasselbe wird durch die Leitung *c* der negative Strom von unten eingeführt. Die Brücke *d* der beiden Säulen hat die Vorrichtung zum Halten und Bewegen der positiven Elektrode *e*. Im Kopf *s* ist die Elektrodenspindel *f*, deren Verticalquerschnitt die zahnstangenartige Form für den Eingriff des Zahnkölbchens *g* hat, welches durch das Schneckengetriebe *h o* vom Handrädchen *n* aus bewegt wird. Die Zähne und Zahnlücken der Spindel *f* sind als Ringe und Rinnen auf dem ganzen Umfang der Spindel ausgebildet, so dafs auf die Spindel in jeder Drehstellung der letzteren vermittelst des Kölbchens *g* wie auf eine Zahnstange eingewirkt werden kann. Auf der Spindel *f* ist ein Schneckenrad *k* so aufgekeilt, dafs die Spindel sich in der Richtung der Bohrung des letzteren verschieben kann; mit dem Schneckenrad *k* ist die Schnecke *i* in Eingriff, welche auf der Achse der Antriebscheibe *l* (Fig. 2) liegt. Die Zuleitung des positiven Stromes geschieht durch Bürsten in der Bohrung der Elektrodenspindel. Von der Schneckenwelle aus wird die tauchende Elektrode also in beständiger Rotation erhalten, während vom Handrad *n* aus die Höher- oder Tieferstellung derselben bewerkstelligt wird. — **75.** p. 236.

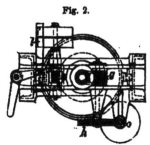

Fig. 2.

Gewinnung von Natrium und Kalium. Engl. P. 10785/1888 f. W. G. Forster, Streatham Common, Surrey. Der Erfinder zersetzt geschmolzenes Alkali mittelst Eisen oder Kohle. Er bedient sich eines aufrecht stehenden cylindrischen Behälters, dessen Deckel mit einer Stopfbüchse versehen ist, durch welche eine weitere, auf- und abschiebbare Röhre geht. Letztere trägt an ihrem unteren Rande eine etwas gewölbte Schale, deren Durchmesser fast dem des Cylinders entspricht und welche zum Untertauchen der Kohle oder zum Rühren der Flüss. dient. Die Schale ist durchlöchert, damit die Dämpfe entweichen können, welche dann durch ein im Deckel befindliches Rohr austreten. Die Kohle oder das Eisen wird zeitweilig durch die verschiebbare Röhre eingegeben. Die Alkalirückstände können durch dieselbe Röhre entleert werden, indem man letztere bis auf den Boden des Cylinders schiebt und dann das Rohr, durch welches die Dämpfe austreten, schliefst, oder indem man durch eine zweite im Deckel befindliche Röhre Kohlengas einprefst. — **89.** p. 180. — W. White in Cheshunt, Herts. (Engl. P. 13125/1888) taucht Holzkohle oder Koks in Stücken in das geschmolzene Hydrat, wobei es dasselbe absorbirt, und erhitzt dann in einer Retorte oder einem Tiegel auf die zur Abscheidung des Metalles erforderliche Temp. Auch kann man die Holzkohle und das Hydrat direct in eine Retorte geben und die Temp. allmählich steigern, wobei das Hydrat schmilzt, durch die Kohle absorbirt und schliefslich zersetzt wird. Werden beide Hydrate zusammen gemischt, so erhält man eine Legirung von Natrium und Kalium. — **89.** p. 378.

Apparat zur elektrolytischen Gewinnung von Alkalimetallen aus geschmolzenen Chloriden. D. P. 51898 f. L. Grabau in Hannover. Der Apparat besitzt glockenförmige, aus Porzellan, Chamotte oder

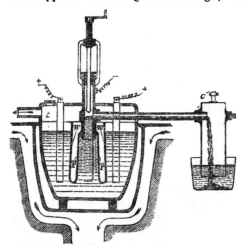

anderem feuerfestem, die Elektricität nicht leitenden Material gefertigte Polzellen, von deren unterem Rande eine Wand w ausgeht, welche die Polzellenwand p in einem gewissen Abstande umgiebt und bis über das Niveau der Schmelze reicht, so dafs letztere nicht an die äufsere Fläche der Polzellenwand p treten kann. Durch den auf diese Weise gebildeten Raum wird es vermieden, dafs eine elektrische Verbindung zwischen der innerhalb der Polzelle und aufserhalb derselben befindlichen Schmelze durch die Wandung der Zelle hindurch eintritt. Der elektrische Strom kann somit die Polzellenwand nicht durchlöchern. — **49.** p. 336.

Gewinnung von Metallen der Erden und alkalischen Erden. D. P. 50370 f. A. Feldmann in Linden vor Hannover. Die Erfindung betrifft die Darstellung der Metalle der Erden und alkalischen Erden aus den Haloidsalzen derselben oder den Verbindungen dieser mit Haloidalkalisalzen durch den elektrischen Strom unter Vermittelung gewisser Oxyde, wobei die Radicale der als vermittelnde Substanz benutzten Oxyde elektropositiver sein müssen als die Metalle, um deren

Gewinnung es sich handelt. Den Haloidsalzen der Erden oder alkalischen Erden oder den Verbindungen dieser mit Haloidalkalisalzen wird ein Oxyd eines Erd- oder Erdalkalimetalles zugesetzt, dessen Radical die besagte Eigenschaft besitzt, es wird die Masse geschmolzen und der Wirkung des Stromes ausgesetzt. Auf diese Weise läfst sich z. B. Magnesium gewinnen aus Chlormagnesium-Chlorkalium unter Anwendung von Calciumoxyd und Aluminium aus Chloraluminium-Chlornatrium durch Vermittelung von Calciumoxyd. — **75.** p. 151. **49.** p. 239.

Reinigung einer zur Aluminiumgewinnung bestimmten Reductionsmischung. D. P. 50723 f. The Alliance Aluminium Company Limited in London. Man setzt von dem Reductionsmetall zunächst nur so viel zu, dafs lediglich die zuvor ermittelten Mengen der Verunreinigungen oder nur ein verhältnifsmäfsig kleiner Theil des Aluminiums mit jenen Verunreinigungen sich abscheidet und niedersinkt. Nach dem Abgiefsen der so gereinigten Schmelze wird dann die gesammte Menge des Aluminiums zur Abscheidung gebracht. — **75.** p. 244. **113.** Bd. 13. p. 393. **49.** p. 189.

Elektrolyse des feuerflüssigen Aluminiumoxyds und Fluorids. A. Minet fand, dafs sich eine Mischung von 40 Th. Aluminiumnatriumchlorid und 60 Th. Kochsalz schon beim Schmelzen zersetzt, während eine Mischung von 40 Th. Aluminiumnatriumfluorid und 60 Th. Kochsalz viel bessere Resultate giebt. Das Gemenge ist schon bei 800° genügend flüssig und verflüchtigt sich nur in geringer Menge bis zu 1100°. Um das Bad zu regeneriren, genügt es, Aluminiumfluorid im äquivalenten Verhältnifs zuzumischen. Hierdurch entstehen Verluste an Fluor, die vermieden werden können, wenn man ein Gemisch von Thonerde und Aluminiumfluorid im Verhältnifs der Formel $Al_2O_3 . Al_2Fl_6$ anwendet. Das Gefäfs wird stets angegriffen, was aber vermieden wird, wenn an dem negativen Pol ein Wiederstand R eingeschaltet wird, der nur $^5/_{100}$ des Gesammtstromes durchgehen läfst. Hierdurch werden die Wände des Gefäfses mit einer dünnen Aluminiumschicht bedeckt, welche die Angriffe des Bades abhält. Der Werth des ökonomischen Coeffizienten wird 70 % betragen, die Menge des in einer Viertelstunde niedergeschlagenen Aluminiums ist 30 g. Bei einer anderen Versuchsreihe wurde die höchste Ausbeute von 68 % mit einer Kohlenkathode erzielt. Der Versuch währte 12 Stdn., die Stromintensität betrug 360 Amp., die Potentialdifferenz an den Elektroden war 6 Volt und es schlugen sich 1000 g Aluminium statt der berechneten 1469 nieder. Die geringste Ausbeute 61 % wurde mit Eisenelektroden erhalten. Die Resultate konnten nur mit Hilfe neu construirter Apparate erhalten werden und es gelang auch, die Theorie der fraglichen Vorgänge festzustellen. — **9.** t. 110. p. 1190. **34.** p. 91. 220. — Nach Wahl wird das Bad durch Zusatz von Thonerde oder Bauxit regenerirt. Nach Hall, mit dessen Verfahren (vgl. Rep. 1889 I. p. 114) das Minet'sche im wesentlichen identisch ist, unterliegt die Thonerde der Elektrolyse, während die lösend wirkenden Fluoride nicht angegriffen werden. Minet und mit ihm Verf. glauben, dafs die Fluoride zersetzt werden und dafs das frei werdende Fluor mit der Thonerde frisches Fluorid liefert, wodurch das Bad erhalten bleibt. — **8.** vol. 60. p. 292. **89.** Rep. p. 11.

Apparat zur elektrolytischen Gewinnung von Aluminium aus Chloraluminium-Chlornatrium unter beständiger Erneuerung der Schmelze. D. P. 50054 f. J. L. E. Daniel in London, England. Die bei der elektrolytischen Gewinnung von Chloraluminium-Chlornatrium freiwerdenden Chlordämpfe werden auf ein Gemenge von Thonerde und Kohle geleitet, welches in Retorten erhitzt wird. Der hierbei entstehende Chloraluminiumdampf wird zur Schmelze zurückgeführt, um letztere zu regeneriren. Zwischen den genannten Retorten und dem Elektrolysirgefäß sind daher entsprechende Rohrverbindungen hergestellt. Die Anoden bestehen aus Kohle, die Kathoden aus Metall. — **49.** p. 263. **113.** Bd. 13. p. 393.

Den Einfluß der Titansäure auf die Verhüttung titanhaltiger Eisenerze hat A. J. Rossi untersucht und ist dabei zu folgenden Resultaten gekommen: Titansäure ist nicht nothwendigerweise und immer Ursache zu Störungen im Hochofen. Bis zum heutigen Tage sind Erze mit kleinen Mengen Titanf. (0,8—1,9 %) ohne geringste Schwierigkeit verhüttet worden, größere Mengen haben die Neigung, die Schlacke dickflüssig zu machen und im Ofen Nasen von titanhaltiger Abscheidung zu bilden, falls sie nicht durch richtige Behandlung in die Schlacke übergeführt werden. Mit der nöthigen Vorsicht und mit von den gewöhnlichen wenig verschiedenen Flußmitteln können höher titanhaltige Erze glatt, aber vielleicht weniger ökonomisch verhüttet werden. Mit der richtigen Auswahl von Flußmitteln, passend zu der Zusammensetzung der Erze, um eine Schlacke von bestimmter Zusammensetzung zu erhalten, sind geringhaltige Eisenerze mit bis zu 48% Ti O_2 ohne Schwierigkeit, aber mit großem Aufwand an Brennmaterial verhüttet worden. Die titanhaltigen Erze, wie sie in Europa und Amerika in großer Menge unbenutzt vorkommen, sind wegen der nahezu vollständigen Abwesenheit des Phosphors Bessemererze „par excellence", sie sind auch meist frei von Schwefel. Das Titan wirkt der Aufnahme von Schwefel in das Eisen entgegen. — Iron No. 912. **97.** p. 91. **123.** p. 394. **43.** p. 400.

Kritische Punkte bei der Darstellung von Eisen und Stahl; v. F. Osmond. Wenn Eisen und Stahl einer allmählichen Erhitzung oder langsamen Abkühlung zwischen gewöhnlicher Temp. und ihrem Schmelzpunkte unterworfen werden und hierbei die Veränderung der physikalischen Eigenschaften im Zusammenhang mit der Temp. beobachtet wird, so wird man finden, daß diese Veränderungen einem bestimmten Gesetze unterworfen sind, und daß bei bestimmten kritischen Temp. ganz eigenthümliche Erscheinungen auftreten. Die Verzögerung der Temperaturabnahme ist bei elektrolytisch dargestelltem Eisen nahezu Null, tritt aber beim härtesten Stahl ungemein stark auf; diese Recalescenz ist eine Folge der chemischen Bindung des Kohlenstoffes im Stahl, während die Verzögerung der Temperaturabnahme beim elektrolytischen Eisen auf der Umwandlung von β-Eisen (Eisen bei hohen Wärmegraden oder mit gewissen Beimengungen bei schneller Abkühlung) in α-Eisen (reines Eisen unter 855° oder Eisen mit gewissen Beimengungen bei langsamer Abkühlung) beruht. Im Gegensatz zu der herrschenden Theorie des Härtens glaubt Verf., daß nicht der Kohlenstoff sondern das allotropische β-Eisen dem Metall seine neuen Eigenschaften mittheilt. Das Anlassen wäre dann eine Zurückwandlung des β- in α-Eisen und des Härtungskohlenstoffes in Eisencarbid. Die Elemente, deren Atomvolumen niedriger ist als das des Eisens (7,2) sind Ursache einer mehr oder weniger starken Härtung des Eisens, die mit höherem Atomvolumen theoretisch eine Ursache der Schmiedbarkeit und Weichheit des Metalls, ähnlich wie das Ausglühen. — Indust. p. 446. 9. t. 110. p. 846. 123. p. 360. — Die magnetische Capacität und Zugfestigkeit von Stahl ändern sich nach Ball beim Erhitzen des Stahls bis zu bestimmten kritischen Temp. und plötzlicher Abkühlung; zwei derselben fallen mit den von Osmond beobachteten zusammen, während eine dritte höher liegt, bei 1300⁰. Iron, p. 422, 429. 43. p. 47.

Aluminium im Eisen. Nach Untersuchungen J. Heep's, Mabery's und D. Vorce's (vgl. Rep. 1888 II. p. 144) wird durch Zusatz von 0,1 % Aluminium zu weißem Roheisen seine Widerstandsfähigkeit gegen Stoß um 6 % erhöht, durch Zusatz von 0,25 % um mehr als 70 % (bei grauem Roheisen weniger) und um 20 % gegen ruhende Last. Das Korn wird durch Beimengung von 0,25 % Aluminium weißer und feiner, der Bruch gleichmäßiger und von spiegelndem Glanz. Im Augenblick des Erstarrens veranlaßt Aluminium den Uebergang eines Theils des gebundenen Kohlenstoffs in graphitischen, der sich gleichmäßig durch das ganze Gußstück vertheilt und in um so größerer Menge abgeschieden wird, je plötzlicher die Abkühlung vor sich geht, d. h. je dünner das Gußstück ist. Der Bildung von graphitischem Kohlenstoff durch Abkühlung giebt den Gußstücken ein gleichmäßiges Korn) während beim Hartguß gewöhnlichen Gußeisens die der Form anliegende Seite des Gußstücks gebundenen Kohlenstoff enthält), verhindert das Anhaften von Sand an der Oberfläche des Gusses und macht letztere so weich wie das Innere. Die durch die feine Graphitausscheidung bewirkte Feinheit des Korns macht das mit Aluminium hergestellte Gußeisen leicht bearbeitbar, verleiht ihm hohe Elasticität, vermindert die bleibende Schwindung und verhindert oder schwächt das Schwindungsvermögen. Für weißes Eisen, fast ohne Silicium, vermehrt es im allgemeinen Aluminium die Flüss., für graues Roheisen vermindert es in Verbindung mit Silicium dieselbe. Doch zeigten spätere Versuche, daß auch bei diesem Eisen Aluminium in bemerkenswerther Weise die Flüssigkeit steigern kann. Mit dem Zusatze von Aluminium verändert das Eisen seine magnetischen Eigenschaften; je mehr der Aluminiumgehalt wächst, desto weniger magnetisch wird die Legirung, bis endlich mit 17 % Al das „Ferro" nichtmagnetisch wird. Von dieser Eigenschaft hat man in dem Probirlaboratorium der neuen Cowles-Ofen-Anlage zu Stoke-on-Trent in England für die grobe Sortirung des Products durch eine einfache magnetische Probe Anwendung gemacht, mittelst welcher ein Mann mit einiger Uebung durchaus fähig wird, bis zu ziemlicher Genauigkeit den Aluminiumgehalt zu bestimmen. — 99. Bd. 126. p. 220. 92. Bd. 46. p. 237. 43. p. 324. — Spätere Untersuchungen W. J. Heep's ergaben, daß beim Robert-Bessemer-Flußeisen Aluminium die Durchbiegung vermindert, dagegen die Steifheit vermehrt, das Korn dichter und gleichmäßiger macht und das Metall in seiner Güte als Baumaterial in jeder Hinsicht verbessert. Schmiedeeisen mit 2,45 % Aluminium ist gut schweißbar, kann kalt zusammengebogen werden und beinahe so leicht wie

Gufseisen geschmolzen und gegossen werden. Bei niedrigem Kohlenstoffgehalt wird kein Kohlenstoff in Graphit umgewandelt, aber etwa vorhandener Graphit durch das Aluminium theilweise ausgetrieben. Wenn graues Roheisen mit Aluminium statt Silicium hergestellt werden könnte, ohne die Kosten zu vermehren, so würde dies Material in jeder Hinsicht besser sein; bei den gegenwärtigen Preisen des Aluminiums, ist es noch mit Vortheil beim Flufseisen zu verwenden. — Indust. p. 458. 92. Bd. 49. p. 108. 314. 123. p. 362. 365. — Auch v. Langhenhove bestätigt, dafs Aluminium, Eisen bei jedem Gehalte an Kohlenstoff und Silicium flüssiger macht und gesunde Güsse giebt, so dafs die sonst bedeutenden Giefsverluste wegfallen und fast kein Ausschufs erfolgt. — Rev. univ. (1889) p. 126. 43. (1889) p. 466. — Derselbe Verf. handelt über die Verwendung von Ferro-Aluminium als Zusatz zu den verschiedensten Eisensorten. Wird Roheisen im Cupol- oder Flammofen, oder im Tiegel geschmolzen, so erfolgt der Aluminiumzusatz nur in die Giesskelle, wenn sie passend grofs ist. Dazu bricht man das Ferro-Aluminium in kleine Würfel von bis 50 mm Seitenlänge und bringt es auf Weifsgluth. Die anzuwendenden Mengen hängen ab von der Natur des Roheisens, von dessen chemischer Zusammensetzung. vom Kohlenstoff-, besonders aber vom Siliciumgehalt, weiter auch von den verschiedenen Mengen des Phosphors, Mangans u. s. w. Hierzu sei noch bemerkt:

1) In allen Fällen mufs man die kleinsten Aluminiummengen anwenden. 2) Das Aluminium wirkt, indem es die Stärke und Härte auf Kosten der Dehnbarkeit erhöht, in derselben Weise, wie der Kohlenstoff. 3) Was die Erhöhung der Flüss. und die Abwesenheit von Blasen anlangt, so wirkt es in gleicher Richtung, wie das Silicium. 4) Silicium und Kupfer, besonders aber Phosphor, verursachen beim Giefsen mit Aluminium mehr oder weniger starke Störungen. Allemal mufs man die Zusammensetzung der zu benutzenden Roheisensorten möglichst genau kennen. Bisweilen, besonders beim Giefsen sehr feiner Sachen, kann es gut sein, dafs Ferro-Aluminium in einem Tiegel unter einer Kryolithdecke und das Roheisen besonders zu schmelzen und dann beide in einem rothglühenden Gefäfse zu vereinigen, indem man darauf achtet, das Ferro-Aluminium zuerst in die Giefskelle zu giefsen. Das dritte Gefäfs ist unnöthig, wenn man die Gufskelle in einen so heifsen Ofen bringen kann, dafs das Ferro-Aluminium schmilzt. In diesem Falle wird das Roheisen direct auf das flüssige Ferro-Aluminium ausgegossen. Das Roheisenbad mufs man überhitzen und nach dem Aluminiumzusatz 1—10 Min. lang warten. Beim Puddeln bringt man gröfsere Ferro-Aluminium-Mengen als beim Roheisen- und Stahlgufs in 3—5 cm seitenlangen zerkleinerten Würfeln in dem Augenblicke auf die Ofensohle, wo das Zusammenballen des Eisens beginnt. Beim Mitiseisen setzt man bis 0,05 % der Legirung im Tiegel zur eben breiig werdenden Masse. Beim Stahl erfolgt der Zusatz des Ferro-Aluminiums wie beim Roheisen in die Gufskellen. Ausgezeichnete Resultate hat man auch erlangt, indem man einen Theil der Legirung in den Bessemerconverter oder in den Martinofen selbst hineinbrachte, in jenem Fall einige Zeit vor gänzlicher Abstellung des Gebläses und in diesem kurz vor dem Abstich. Das Metall, welches in beiden Fällen gewöhnlich unter Aufkochen in der Zwischenkelle anlangt, fliefst, beeinflufst durch das

Aluminium, jetzt dagegen ruhig, lebhaft und glänzend, wenn der Aluminiumzusatz im günstigen Moment erfolgte. Der Zusatz in den Converter erfolgt genau so wie derjenige des Ferromangans. Eine andere Zusatzart des Ferro-Aluminiums ist die, dafs man dasselbe wie früher zerkleinert, weifsglühend macht und dann mittelst einer Schaufel in das flüssige Metall wirft, je nachdem dieses aus dem Converter oder Martinofen in die Zwischenkelle rinnt. Der Vortheil dieses Verfahrens liegt in der allmählichen Einwirkung des Aluminiums, die man durch starkes Umrühren mittelst lehmumkleideter Stangen bewirkt. Dennoch scheint der einmalige Zusatz der ganzen berechneten Aluminiummenge in das Bad die Art der Gufsproducte auffallend günstig zu beeinflussen. Denn indem das Ferro-Aluminium in Berührung mit den ersten flüssigen Metalltheilen schmilzt, wird es immer voluminöser und dabei immer ärmer, bis es den zuvor bestimmten Gehalt erreicht. Das so erzeugte Product besitzt stets und in allen seinen kleinsten Theilen genau den gleichen Aluminiumgehalt; die Vertheilung des Aluminiums ist demnach eine vollkommene und die genau homogene Masse wird damit gleichförmig imprägnirt. Für Tiegelstahl gilt wörtlich das über den feinen Roheisengufs Gesagte. Die weifsglühenden sehr kleinen Stücke oder das flüssige Ferro-Aluminium kommen entweder direct in den Tiegel oder in einen Nebentiegel im Moment des Giefsens, oder auch in den Tiegel selbst kurz vor dem Operationsende. In den meisten Fällen werden die Gehalte sehr klein und dürfen $^{1}/_{100}$ % nicht übersteigen. Mit diesem Gehalt wird der Stahl, wenn seine chemische Zusammensetzung sonst eine passende ist, einen Nutzen aufweisen, der mit den Gold- oder Silberlegirungen wetteifert. — Rev. univ. t. 8. p. 145. 43. p. 296.

Verarbeitung von Eisenerz im Hochofen oder Eisen im Flammofen unter Anwendung eines thonerdereichen Zuschlags. D. P. 52221 f. J. A. Stephan und R. Southerton in Birmingham. 10 Th. Smirgel werden grob gekörnt, innig mit 8—10 Th. Alaun, vorzugsweise Ammoniakalaun, vermengt und bis zur Rothgluth erhitzt, um das Krystallwasser bis zu den letzten Spuren auszutreiben. 4 % dieses Gemenges werden dann 100 Th. Eisenerz, vorzugsweise Hämatiteisenerz, zugesetzt und mit demselben in üblicher Weise mit Kohle, Holzkohle oder Koks und dem gewöhnlichen Flufsmittel, Kalkstein, im Hochofen verhüttet. — **75.** p. 525.

Kohlung von Eisen. D. P. 51968 (Zus.-P. zu D. P. 47215; vgl. Rep. 1889 II. p. 127) f. „Phoenix", Actiengesellschaft für Bergbau und Hüttenbetrieb in Laar bei. Ruhrort a. Rh. Es hat sich gezeigt, dafs es zur Ausführung des im D. P. 47215 beschriebenen Verfahrens zur Kohlung von Eisen genügt, das Kohlungsmaterial gleichzeitig mit dem aus dem Erzeugungsapparat oder einer Sammelpfanne ausfliefsenden zu kohlenden Metall in einen gemeinsamen Behälter gelangen zu lassen. Die Vereinigung beider Körper kann in einem eingeschalteten Gefäfs (Filter) oder in einer Giefspfanne, oder in der Gufsform erfolgen. — **75.** p. 510.

Ausgleichen der chemischen Zusammensetzung von Roheisen. D. P. 50250 f. W. R. Jones in Braddock, Allegheny County, Pennsylvanien, V. St. A. Das theilweise aus einem. oder mehreren Schmelzöfen oder theilweise verschiedenen Zeitpunkten des Abstiches aus einem oder mehreren Schmelzöfen gewonnene flüssige Metall wird in einem mit feuerfester Ausfütterung versehenen und auf drehbarem Zapfen gelagerten Mischgefäfs zusammengebracht und nach genügender Vermischung theilweise wieder aus dem Gefäfse abgelassen, damit zu dem verbleibenden flüssigen Metall wiederum flüssiges Metall zugesetzt werden kann. Auf diese Weise sollen immer Sätze von einer durchschnittlich gleichen chemischen Zusammensetzung erhalten werden. — **75.** p. 144. **71.** p. 207.

Herstellung von gereinigtem Gufseisen; v. Rollet. Der Procefs soll als Hülfsverfahren bei der Darstellung von Specialstahlen dienen und bezweckt die Entfernung von Schwefel, Phosphor und Silicium aus dem Roheisen. Das Verfahren besteht in Schmelzen des Roheisens, worauf es der doppelten Einwirkung einer leichten Reduction und leichten Oxydation bei sehr hoher Temp. in Gegenwart einer Schlacke, erhalten durch Mischung von Kalk, Eisenerz und Flufsspath in verschiedenem, dem Roheisen entsprechendem Verhältnifs unterworfen wird. Der Schwefel wird bis zu 99 % entfernt, der Phosphor bis zu 80 % oder mehr; das Product kann wiederholt im Ofen behandelt und so auf jeden gewünschten Grad der Reinheit gebracht werden; es kann im sauren Siemensofen, im Puddelofen bei Gufsstahl, oder Cementstahlfabrikation verwendet werden. — Indust. p. 458. Iron p. 449. **123.** p. 364. **43.** p. 311.

Kohlen von hämmerbarem Gufseisen oder Stahl von niedrigem Kohlenstoffgehalt. Am. P. 422118—422121 f. M. F. Coomes und A. W. Hyde, Louisville, Ky. Die Erfinder tauchen das auf Weifsgluth erhitzte Metall in ein Bad, bestehend aus Wss. oder Milch und einem Kohlenhydrat, wie Zucker, oder nur aus Milch, oder aus einer Lösung von Oxalsäure, oder endlich aus Wss. oder Milch, Zucker und caustischem Alkali. — **89.** p. 378.

Fabrikation von Flufs-Eisen und Stahl. Engl. P. 18843/1888 f. H. J. Smith, Newmains, Lanarkshire. Dem Metalle wird anstatt. oder zugleich mit Ferromangan Natron- oder Kalikalk zugesetzt. — **89.** p. 441.

Filtrirter Stahl; v. Darby. Der seit einem Jahre auf dem Werke zu Brymbo in Wales ausgeführte Procefs liefert wöchentlich an 1000 t Metall mit 0,1 % Kohlenstoff. Analysen von solchem Stahl: C = 0,90; 0,81; 0.55; 0,48; Si = 0; Mn = 0,27; 0,259; 0,252; 0,198; P = 0,067; 0,065, 0,061; 0,047; S = 0,026; 0,031; 0,02. Ein Product mit 0,31 C, 0 Si, 0,06 P und 0,02 S hatte Zugfestigkeit 26.8 t, Elasticitätsgrenze 15,5 t, Verlängerung bei 8 Z. 28,12. — **92.** (1889) vol. 48. p. 454. **43.** p. 39. — Nach Elbers fliefst der Stahl aus dem Martinofenherd durch eine Rinne in einen Behälter, so dafs der Stahlstrahl mit einem Kohlenstaubstrom in Berührung kommt, welchen ein über dem Behälter aufgestellter Trichter entläfst. Aus dem Behälter fliefst durch eine Anzahl Kanäle im Boden der gekohlte Stahl in einen gröfseren auf Schienen beweglichen Recipienten mit Siopföffnung am Boden zum Füllen der untergestellten Formen. Die Reactionen bei der Kohlung sind folgende: $6 FeO + 3 FeC = 9 Fe + 3 CO_2$; $3 CO_2 + 3 C$ (Filterkohle $= 6 CO$; $6 CO + 2 FeO = 2 FeC + 4 CO_2$. — **92.** vol. 50. No. 2. **43.** p. 299. — Nach J. v. Ehrenwerth tritt durch diese Rückkohlung mit fester Kohle das basische Eisen mit Sicherheit in die Reihe der

Stahlmaterialien ein, vorerst gleichberechtigt mit vorzüglichen Sorten derselben und sicher befähigt, unter Umständen voraussichtlich bald den ersten Rang zu erobern. — 6l. p. 184. 123. p. 265.

Kohlen von Stahl. Am. P. 420539 f. C. Jones, Derby, England. Der Stahl wird zunächst mit verdünnter Säure gereinigt, in Wss. gekocht und dann gewaschen, worauf man ihn in ein Oel oder Fett und weiter in Rufs taucht, dann in einem Kasten in gepulverte Kohle einpackt, in einem Ofen erhitzt und hierauf langsam erkalten läfst. — 89. p. 273.

Chromerzfutter und Chromeisen. Nach Lundström hat sich Chromeisenerz als Seitenfutter der Martinöfen als aufserordentlich widerstandsfähig erwiesen, weniger gut als Sohlenfutter. Letzteres wird nach Ståhl neuerdings in Rufsland sehr dauerhaft hergestellt, indem man nach Einlegen des Chromerzbodens in denselben mehrere Male dünne Dolomitlagen hineinsintert, welche die Chromerzstücke verbinden. — Trotz der für die Darstellung von Chromroheisen erforderlichen hohen Temp. hat man in Schweden ein Roheisen mit sehr bedeutendem Chromgehalte erzeugt, das aber noch recht theuer ist. Stahl mit höchstens 1 % Chrom dagegen hat man verschiedentlich dargestellt. Er soll manche sehr ausgezeichnete Eigenschaften besitzen und in vieler Beziehung englischen Gufsstahl überflügeln. Nach Stridberg soll ein Chromzusatz auf gewöhnlichen Stahl aus guten Roheisensorten einen sehr verbessernden Einflufs ausüben, dagegen einen kaum merklichen auf Dannemora- und andere beste Stahlsorten. Chromstahl ist bei gewöhnlicher Temp. härter, aber gleich zähe, wie Kohlenstahl mit gleichem Kohlenstoffgehalt; Werkzeuge daraus erweisen sich dauerhafter und widerstandsfähiger. Er verträgt auch höhere Schweifshitze, so dafs Stahl mit 0,9 % Cr. bei hoher Temp., ohne zu verbrennen, sich schweifsen läfst; dagegen läfst er sich etwas schwerer bearbeiten und ist beim Härten für Risse geneigt. Letzterem Umstande soll aber durch sorgfältiges Glühen, zweimal vor dem Fertigschmieden des Werkzeuges und einmal vor dem Härten, vorzubeugen sein. Da ein *Chromzusatz die Stahlhärte vermehrt*, so mufs der Kohlenstoffgehalt des Chromstahls um $1/10$ kleiner bleiben, wie ohne diesen Zusatz. — Wermländska Annaler (1889) p. 18. 21. 43. p. 316.

Der Gufs kleiner Stahlartikel im Cupolofen unter Verwendung von Stahlbruch, den Gautier vorschlägt, gelang J. Hardisty bei einer Charge aus 19 Stahlbruch (mit 2—4 % Kohlenstoff), 1 Ferrosilicium (mit 10 % Silicium und $1^{1}/_{2}$—$1^{3}/_{4}$ % Kohlenstoff) und 6 Hämatit-Eisen No. 3; sobald der Hauptwärmequell, das Silicium, verzehrt war, blieb so wenig Kohlenstoff (0,2 %) übrig, dafs der Stahl zu allen Gufszwecken heifs genug wurde. Einige Proben liefsen sich ungeschmiedet, kalt mit einem Radius von der $1^{1}/_{2}$fachen Dicke des Streifens auf einen Winkel von 180° biegen; die Zugfestigkeit für diesen ungeschmiedeten Stahl betrug 27,8 Tonnen pro Quadratzoll engl. (Bruch); die Verlängerung betrug 36,6 %, eine Länge von 2 Zoll, und die Zusammenziehung 50,2 %. Dieses Ergebnifs ist weit höher, als es durchschnittlich von weichem Flammofenstahl (Flufseisen) erhalten zu werden pflegt. Turner macht darauf aufmerksam, dafs schon ungefähr im Jahre 1847 M. Stirling ein Patent auf die Erzeugung von zähem Gufseisen ertheilt worden sei; man liefs das geschmolzene Gufseisen in Kammern laufen, in denen sich Stahlbruch befand und schmolz nochmals. Am vortheilhaftesten solle man seiner Ansicht nach stark silicium- und phosphorhaltiges Eisen zusammenschmelzen und dann mit Stahlbruch versetzen. Dadurch würde der Gufs, wenn die Bestandtheile richtig gewählt sind, stärker als der von besserem Roheisen. Es fragt sich nur, ob sich das Verschmelzen von Stahlbruch mit 10 % Silicium-Roheisen pecuniär verlohnt. — Iron and Stul Inst. Metall- u. Eisenztg. Ztschr. f. Maschinenbau- u. Schloss. **31.** p. 336.

Härten von Stahl nach C. Feodosieff. Die zu härtenden Stücke werden in die ein- bis sechsfache Menge ihres Gewichts an Glycerin (spec. Gew. $1,08$—$1,26$ bei 15^0) getaucht, dessen Temp. 15—200^0 beträgt, und zwar wird eine höhere Temp. für härtere, eine niedere für weiche Stahlsorten angewendet. Dem Glycerinbade werden für härteres Anlassen 1—34% Mangansulfat oder $0,25$—4% Kaliumsulfat, für weicheres Anlassen 1—10% Manganchlorid oder 1—4% Chlorkalium zugesetzt. — **28. 49.** p. 270. — Nach W. Smith bietet das neue Verfahren folgende Vortheile: 1) Man kann die Temp. der wässerigen Glycerinlösungen innerhalb weiter Grenzen schwanken lassen. 2) Da wässerige Glycerinlösungen auch die meisten der in Wss. löslichen Salze lösen, so kann die Kühlfähigkeit des Glycerins leicht durch Lösen geeigneter Salze verändert werden. Der Erf. hat beim Tempern von schweren Geschossen, Panzerplatten und Radreifen nach seinem Glycerinverfahren sehr gute Resultate erhalten. — **26.** Bd. 9. p. 144. **89. Rep.** p. 89. **49.** p. 159.

Ausglühen der durch Ziehen spröde gewordenen Drähte. D. P. 50575 f. W. Majert in Berlin. Der Draht z wird über die beiden

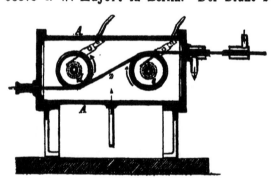

Rollen e und d hinwegbewegt, welche in einem Kasten A drehbar gelagert sind. Letzterer ist mit einem die Oxydation des Drahtes verhindernden Gase angefüllt. Von der einen zur anderen Rolle wird dabei durch das zwischen denselben befindliche Drahtstück ein genügend starker elektrischer Strom geleitet, welcher den Glühprocefs ermöglicht. — **75.** p. 199. **49.** p. 188.

Stahlhärtungsverfahren; v. Schneider. Die Härtebäder werden dadurch auf einer constanten Temp. erhalten, dafs man dem Bade in dem Mafse, als seine Temp. durch den eingehängten heifsen massigen Gegenstand erhöht wird, Eisstücke (beim Härten bei 0^0 im Wasser- oder Salzwasserbade) oder Stücke von Blei oder Natronsalpeter (beim Härten in höherer Temp. im Blei- oder Natronsalpeterbade) zusetzt. — Glückauf. (1889) No. 99. **43.** p. 38.

Härten und Tempern von Stahl. Engl. P. 14332/1888 f. H. W. Wallis, London. Man taucht in ein Bad von geschmolzenem Kalium oder Natrium, oder einem Gemische beider Metalle. — 89. p. 470.

Anlauffarben des Stahls. Bei Stahlsorten verschiedener Härte muß nach Schwirkus und v. Liechtenstein, die Erwärmung bei dem härteren Stahl höher getrieben werden, um die gleiche Anlauffarbe (vgl. Rep. 1889 II. p. 104) zu erhalten. Ferner sind von Einfluß die Zusammensetzung des Stahls und die Dauer der Erwärmung. — Darnach können die in Schriften verschieden angegebenen Zahlen der den einzelnen Temp. zukommenden Anlauffarben nicht auffallen. — 56. p. 238. 43. p. 125.

Aufschließung chromhaltiger Materialien. D. P. 50301 f. E. A. Seegall in Berlin. Um bei dem Aufschließen chromhaltiger Materialien mittelst Alkalibisulfaten die Chrommaterialien in dem geschmolzenen Bisulfat in Suspension zu erhalten, wird der Schmelze ein Zusatz eines bei ca. 600° nicht schmelzenden und sich nicht zersetzenden Körpers, z. B. Schwerspath, gegeben. Dadurch soll das Entweichen von unbenutzten Schwefelsäureanhydrid-Dämpfen verringert werden. — 75. p. 164.

Darstellung von Chrom und Chromlegirungen. Amer. P. 422509 f. A. K. Eaton, Brooklyn, N.-Y. Der Erfinder erhitzt ein Gemenge von Kaliumbichromat und Zinksulfat oder dem Sulfat eines anderen Metalles, wodurch ein Chromit entsteht, das nun zur Gewinnung der Legirung mittelst Kohle reducirt wird. Behufs Darstellung des Chroms wird das mehr basische Metall aus der Legirung entfernt. — 89. p. 407.

Gewinnung von Kupfer. Engl. P. 13859 (1888) f. H. Doetsch, Huelva, Spanien. Das Kupfer wird aus seinen Erzen mittelst einer Lösung von Eisensalzen, besonders Eisensulfat, gelöst. Zu diesem Zwecke bringt man das Erz in Haufen, begießt es in Zwischenräumen mit einer Lösung des Eisensalzes und behandelt die abfliessende Flüss. in üblicher Weise behufs Gewinnung des Kupfers. Zur Herstellung der Eisensalzlösung behandelt man neutrale Eisenoxyde mit einer Säure, hauptsächlich, indem man das Erz, wie Oker etc. in Haufen bringt, in der Mitte eine Vertiefung macht und diese mit Schwefelsäure anfüllt, welche man durch Zufügen von Wss. oder in anderer Weise erhitzt, worauf man die Masse rührt. Das gebildete Persulfat wird in Wss. gelöst. — 89. p. 407.

Raffiniren von Kupfer. Am. P. 421046 f. J. Garnier, Paris. Kupfer wird in einem basisch gefütterten Ofen mit Kohle und einer basischen Schlacke (70 °/₀ Base und 30 °/₀ Kieselsäure), sowie Flußspath geschmolzen. — 89. p. 307. 43. p. 125.

Herstellung eines dichten Kupfergusses. Dango und Dienenthal zu Siegen-Sieghütte, haben vor Kurzem ein österr.-ungar. Privilegium auf ein neues Verfahren erhalten, nach welchem das Einschmelzen des Kupfers in dicht verschlossenen Gefäßen durch Zusatz von reinem Phosphorkupfer zu dem flüssigen Metall zwecks Reduction der in letzterem enthaltenen Oxyde geschieht. Die Ausführung des Verfahrens erfolgt auf folgende Weise: Das zur Verwendung kommende Kupfer wird in luftdicht verschlossenen Schmelztiegeln aus Graphit,

Thon oder ähnlicher Masse in einem Giefsofen, welcher mit Koks oder Holzkohle gefüllt ist, geschmolzen. Um den Schmelzprocefs controliren zu können, befindet sich im Deckel des Tiegels eine kleine Oeffnung, welche durch einen kleinen Lehmpfropfen, der nur ganz kurze Zeit entfernt werden darf, verschlossen gehalten wird. Sobald das Kupfer vollständig flüssig geworden, wird der Tiegel aus dem Ofen genommen und der Deckel entfernt. Dem flüssigen Metall wird darauf eine Quantität reinen Phosphorkupfers so lange zugesetzt, bis eine mittelst eines kleinen eisernen Löffels genommene Probe beim Erkalten nicht mehr steigt und einen dichten Bruch zeigt. — **29.** p. **23. 49.** p. 103.

Kupfersulfür in Kupfer und Eisen. Nach W. Stahl verläuft die Umwandlung von Kupfersulfür in Kupfer entsprechend dem Gehalte des Kupferbades an Kupferoxydul und ist nur bei einem hohen Grade der Rohgaare oder durch wiederholte Raffination des Kupfers vollständig zu erreichen. Der schädliche Einflufs des Kupfers auf die Schmiedbarkeit des Eisens ist wahrscheinlich nicht auf das Kupfer als solches, sondern auf Kupfersulfür zurückzuführen. — **43.** p. **99. 123.** p. **244.**

Reduction von Zink- und Eisenerz; v. Westmann. Einblasen von überhitztem Kohlenoxydgas durch einen mit Zinkerz und Steinkohle gefüllten Schachtofen, Zuführung der Zinkdämpfe mit Kohlenoxydgas in einen von zwei mit Koks gefüllten Schächten, in welchem sich die Zinkdämpfe niederschlagen; theilweises Verbrennen des Kohlenoxydgases, theilweises Abkühlen desselben und Einpressen mittelst eines Gebläses in einen andern heifsen Regenerator, von wo dasselbe erhitzt wieder in den Reductionsschachtofen gelangt. — Zur Eisen- oder Mangangewinnung: Füllen des Schachtofens nur mit Erz und Steinkohle und der Niederschlagschächte mit Steinkohle, welche durch das heifse Kohlenoxyd entgast, bezw. in Koks umgewandelt wird. — Glückauf Nr. 57. **43.** p. 327.

Elektrolytische Gewinnung von Zink oder Zinn unter Anwendung einer Zinkat- bezw. Stannatlösung. D. P. 49682 f. Ch. A. Burghardt in Manchester, Grafschaft Lancaster, England. Als Elektrolyt dient eine Zinkat- bezw. Stannatlösung. Um erstere herzustellen, wird festes Aetznatron geschmolzen und dann allmählich Zinkoxyd oder geröstetes Zinkerz zugesetzt. Die Masse wird unter Umrühren längere Zeit erhitzt. Um die Einwirkung zu fördern, wird das Erzpulver vor dem Eintragen in die Schmelze mit 3—4 % Kohle gemischt. In ähnlicher Weise wird die Stannatlösung gebildet. Als Anoden dienen Platten von Eisenblech; die Kathoden, welche von den Anoden durch poröse Scheidenwände getrennt sind, werden vorzugsweise aus Zink- bezw. Zinnblechen gebildet. — **49.** p. 118. 113. Bd. 18. p. 394. — Denselben Inhalt haben im wesentlichen die Engl. P. 9886/1888 und 18182/1888. — **89.** p. 36. 378. — **89.** bemerkt dazu: Die Fällung des Zinks aus alkalischer Lösung ist bereits vor 6 Jahren von Kiliani vorgeschlagen (D. P. 29900 und 32864; vgl. Rep. 1885 I. p. 106 und II. p. 113), doch ist über einen günstigen Erfolg nichts bekannt geworden. Die ebenfalls schon wiederholt in Patenten aufgetauchten porösen Scheidewände haben den Nachtheil, ein gewaltiges Hindernifs für den Durchgang des Stromes zu sein.

Fällbarkeit des Zinns durch metallisches Eisen; v. B. Schultze. Die Fällung tritt ein, sobald das Zinn in völlig neutraler und nur Oxydule enthaltender Lösung vorhanden ist. Die geringsten Spuren von überschüssiger Säure oder von höheren Oxyden verhindern sie. Die Fällung ist eine vollständige, sie geht aber im Vergleich mit der durch Zink äufserst langsam vor sich und erfordert Tage lange Zeit. Das ausgeschiedene Zinn bildet theils ein lockeres, graues Pulver, theils schöne, halb stahl-, halb silberfarbige, glänzende Krystallschuppen. — **60.** Bd. 23. p. 974. **89.** Rep. p. 126. **38.** Rep. p. 174.

Gewinnung von Blei aus dessen Erzen. Engl. P. 14331/1888 f. C. H. Havemann in Paris. Man schmilzt Schwefelblei mit Aetznatron oder Natriumcarbonat. Aetznatron soll vortheilhafter sein, weil es angeblich einen Theil des Schwefels als Schwefelwasserstoff austreibt, anstatt Schwefelnatrium zu bilden, so dafs weniger Alkali erforderlich ist. Aufserdem verursacht Natriumbicarbonat die Bildung eines Blei-Natrium-Doppelsalzes, falls nicht etwa 10 % Eisen hinzugefügt worden sind. Die Schlacke wird mit Wss. ausgelaugt und die Lösung mit Kohlensäure oder Natriumcarbonat behandelt, so dafs man Soda und Schwefelwasserstoff erhält. Die Sodalösung kann kaustificirt und das Aetznatron wiederum in dem Verfahren benutzt werden (vgl. Rep. 88 II. p. 141). — **113.** Bd. 13. p. 53.

Gewinnung von Silber aus Kupfererzen, Kupfersteinen und anderen kupferhaltigen Produoten. Am. P. 421031 f. R. Pearce, Denver, Colo. Man mischt das fein gepulverte Erz mit 2—5 % Natrium- oder Kalium-sulfat, röstet das Gemisch und laugt mit heifsem Wss. aus, behufs Gewinnung des Silbersulfats. — **89.** p. 307. **43.** p. 117.

Extraotion von Metallen. Engl. P. 12074/1888 f. v. Rottermund, Bendow, Volhynien, Rufsland. Man röstet die Golderze in einem geeigneten Ofen, wobei je nach der Natur der in ihnen vorhandenen Metalle, geeignete Stoffe, wie Kochsalz, Eisensulfat etc., zugegeben werden. Ausgelaugt wird mit heifser Salz- oder Schwefelsäure oder einem sauren Salze, worauf man die unedlen Metalle durch Eisen fällen kann. Ist viel Silber zugegen, so wird dasselbe mittelst eines Jodides entfernt. Die Chlorirung erfolgt, indem man zu den in einem Behälter befindlichen Golderzen verdünnte Lösungen von Salzf. oder einem sauren Salze und weiter Chlorkalk giebt. Die Goldlösung wird behufs weiterer Behandlung abgelassen. — **89.** p. 273. — Nach H. Hutchinson (Engl. P. 14400/1888) werden die goldführenden Massen für sich oder mit Kochsalz geröstet und die gebildeten Sulfate oder Chloride mit Wss. ausgelaugt. Den Rückstand behandelt man mit einem Alkali oder Erdalkali, oder einem Salze dieser Verbindungen, worauf derselbe für die Amalgamation fertig ist. Oder das Erz wird mit Alkalien oder Erdalkalien, oder Verbindungen derselben, gemischt und dann geröstet, in welchem Falle das Laugen nicht nöthig ist. Ist das Erz reich an Blei, so wird es geröstet behufs Bildung von Sulfat, das durch ein Alkalihyposulfit gelöst wird. Die bei diesen Processen erhaltenen Lösungen werden in geeigneter Weise behandelt, behufs Gewinnung der Metalle, wie Kupfer, Zink, Kobalt, Nickel, Blei und Silber. — **89.** p. 470.

Gewinnung von Gold und Silber aus edelmetallhaltigen Erzen mittelst trockenen Chlorgases. D. P. 51117 f. S. W. Cragg aus Bal-

9*

timore, Maryland, V. St. A., z. Z. in Paris. Die Erzmassen werden mit trockenem Chlorgas in einem mit Dampfmantel umgebenen Gefäße in der Weise behandelt, dafs durch den einströmenden Dampf oder ein anderes gasförmiges Heizmittel die Temp. in dem Chlorirungsgefäß während der Einwirkung des Chlorgases 100—150° beträgt. Die zu chlorirenden Erzmassen und die Chlorgase kommen mit dem Erwärmungsmittel nicht in Berührung. Der Chlorirungsprocefs soll sich auf diese Weise sehr schnell vollziehen. Das Auslaugen der Chlormetalle geschieht in hölzernen Gefäßen, die mit einem Asphaltüberzug, Doppelboden und Filter versehen sind. — 75. p. 319. 113. Bd. 12. p. 394.

Gewinnung von Gold. Engl. P. 14240/1888 f. J. Greenwood, London. Die gepulverten und, wenn nöthig, zuvor gerösteten Erze werden in einem rotirenden Cylinder mit Chlorwasser behandelt, das durch Einpressen in den Cylinder unter Druck gebracht ist. Wenn die Chlorirung beendet ist, filtrirt man in einem geeigneten Behälter über Asbesttuch und gemahlenen Asbest und elektrolysirt die Goldlösung. Hierbei wird das Gold abgeschieden und wieder Chlorwasser gebildet, das zur Behandlung von frischem Erze dient. — 89. p. 470.

Extraction von Gold aus Erzen. Am. P. 416781 f. G. W. Goetz, Pittsburg, Pa. Das gepulverte goldhaltige Erz wird gemischt mit Chlorkalk und Schwefelsäure in einer Menge, welcher weniger Chlor entwickelt, als zur Lösung allen Goldes erforderlich ist, und weiter mit Brom in größerer Menge als nöthig ist, um das durch das entbundene Chlor ungelöst gebliebene Gold in Lösung zu nehmen. — 89. p. 7.

Extraction von Gold und Silber. Engl. P. 10238/1888 f. J. S. Mac Arthur, Pollokshields, und R. W. W. Forrest, Glasgow. Das Erz wird zuerst mit Kali oder Kalk oder einem anderen Alkali oder Erdalkali bis zur Neutralität behandelt und dann weiter mit Cyanidlösungen, behufs Extraction der Edelmetalle. Die Lösung wird filtrirt und über fein vertheiltes Zink geleitet. Die gefällten Metalle können von dem Zink durch Destillation oder in anderer Weise getrennt werden. Auch andere Lösungen als solche von Cyaniden können mit fein vertheiltem Zink behandelt werden. — 89. p. 37. vgl. a. 26. p. 267. 123. p. 400. — Nach W. Jones eignet sich der Procefs (Extrahiren von Gold und Silber durch Cyankaliumlösung und Fällung durch Zink) besonders für Edelmetall führende Pyrite. — 92. Bd. 48. p. 544. 89. Rep. p. 37. 43. p. 116.

Sehr wirksamen Platinmohr stellt O. Loew dar, indem er 50 g Platinchlorid in Wss. zu 50—60 ccm löst, mit 70 ccm eines 40—50 % Formaldehyds mischt und sodann allmählich und unter guter Kühlung 50 g Aetznatron, gelöst in 50 g Wss. zufügt, wobei der größte Theil des Metalls sofort abgeschieden wird. Filtrirt man nach 12 Stdn. auf dem Saugtrichter, so erhält man ein gelbliches Filtrat, das beim Kochen noch etwas Metall abscheidet. Ist der größte Theil der Salze ausgewaschen, so läuft eine tiefschwarze Flüss. ab. Man unterbricht daher das Auswaschen, bis ein sich bald in dem abgesaugten Schlamm einstellender Oxydationsprocefs beendet ist, worauf das Filtrat farblos abläuft. Die lockere poröse Masse wird nun bis zur Entfernung jeder Spur Chlornatrium gewaschen, abgeprefst und über Schwefelsäure getrocknet. — 60. Bd. 23. p. 289. 89. Rep. p. 56.

Natriumlegirungen. Heycock und Neville haben die Löslichkeit der Metalle im Natrium ermittelt, indem Natrium unter Paraffin in einer Proberöhre geschmolzen und dann kleine Mengen des fein zertheilten Metalls hinzugefügt wurden. Das Paraffin bildet auf dem Natrium eine Decke, welche das Metall vor der Oxydation schützt. Es wurde nun bis zum Sieden des Paraffins erhitzt und nach dem Erkalten ein blankes Stück der Legirung mit absolutem Alkohol behandelt, wobei das gelöste Metall sich als feines Pulver, gewöhnlich in kleinen Kryställchen, ausschied. Gefälltes und geglühtes Gold wird in Natrium leicht gelöst. 100 Atomgewichte Natrium halten etwa 3,5 Atomgewichte Gold in Lösung. Beim Behandeln der Goldnatriumlegirung mit Alkohol bleibt das Gold in Form von sehr feinen Nadeln zurück. Die Legirungen ähneln dem Natrium selbst, sind aber etwas heller in der Farbe, ein wenig härter und oxydiren sich viel schneller, wahrscheinlich infolge Wirkung der Feuchtigkeit der Luft auf die durch Gold und Natrium gebildete Kette. Die relative Dichte einer Legirung von 85 % Natrium und 15 % Gold wurde zu 1,152 ermittelt, während sich durch die Rechnung 1,141 ergiebt. Dies deutet darauf hin, dafs sich die Legirung beim Uebergange aus dem flüssigen in den festen Zustand entmischt, wofür auch spricht, dafs die beim Auflösen des Natriums erhaltenen Goldkrystalle relativ grofs sind. Thallium löst sich sehr leicht in Natrium bis zu 20 %, Cadmium schwerer um etwa 3 %. Silber und Zink sind in Natrium selbst bei erhöhter Temp. unlöslich. Blei löst sich nur spärlich, und von den übrigen Metallen gehen keine wahrnehmbaren Mengen in Lösung. — 32. Int. pharm. Gen.-Anz. p. 105.

Cönservirung antiker Broncen. Nach Rathgen beseitigt Finkener die grünen Ausblühungen, welche aus basischen Kupferchloriden bestehen, mit Hülfe des elektrischen Stromes. Nachdem die Bronce einige Tage in Salzsäure gelegen, wird diese ausgewaschen. Der so vorbereitete Gegenstand bildet dann den positiven Pol einer Meidinger'schen Batterie von 4 — 6 Elementen; als negativer Pol dient Platinblech. Der am positiven Pol auftretende Sauerstoff reducirt die Chloride zu metallischem Kupfer. Waren die Broncen nicht stark angegriffen, so geht die Reduction in 2—4 Tagen vor sich. Es mufs alsdann der Gegenstand ausgewaschen, gut abgerieben und unter einer Glasglocke über concentrirter Schwefelsäure im luftverdünnten Raume getrocknet werden. Die Broncen vertragen fast sämmtlich die Behandlung und werden dadurch vor dem Zerfall gerettet. Durch die Reduction werden obenein vielfach feinere Zeichnungen, Silbereinlagen u. dgl. erst sichtbar. Nur bei sehr hellgrünen Broncen mufs man das Verfahren unterlassen. — 49. p. 95.

Als Silberbronce bringt die Cowles Elektric Smelting and Aluminium Co. ein von E. H. und A. H. Cowles erfundenes Ersatzmittel für Neusilber an den Markt, welches an Stelle von Nickel Mangan enthält. Reines metallisches Mangan ertheilt bereits in geringerer Menge dem Kupfer eine weifse Farbe. 18½ % Mangan sind in dieser Hinsicht gleichwerthig mit 25 % Nickel. Ein Manganzusatz bis zu 20 oder 25 % verringert nicht die Dehnbarkeit des Kupfers und verdoppelt die Zugfestigkeit. Schmilzt man Mangan, Kupfer und Zink zusammen und giefst die Legirung in Formen, so erhält man, ebenso

wie beim Neusilber, einen mit Gufsblasen durchsetzten Barren; auch
steigt die Legirung vor dem Erkalten über die Gufsform. Die Legirung von Mangan und Kupfer wird sehr leicht oxydirt. Ein Zusatz
von 1,25 % Aluminium macht aber die Legirung sehr gut giefsbar und
schwieriger angreifbar als Neusilber (vgl. Rep. 1889 II. p. 122). Die
Silberbronce für Stäbe, Blech und Draht hat folgende Zusammensetzung: 18 Th. Mangan, 1,20 Th. Aluminium, 5 Th. Silicium, 13 Th.
Zink und 67,5 Th. Kupfer. Sie läfst sich zu dünnem Blech auswalzen
und zu Draht von 0,008 Zoll (1 Zoll = 2,54 cm) ausziehen. Der elektrische Leitungswiderstand dieses Drahtes ist 41,44 mal gröfser als der
des reinen Kupfers. — Trans. of the Amer. Inst. of Mining Engineers.
89. Rep. p. 164.

**Darstellung von Zinklegirungen mit mehr als 9 % Eisen oder
Mangan.** D. P. 50003 (vgl. Rep. 1889 I. p. 124) f. J. C. Bull in
Finsbury Park, County of Middlesex, England. Eisen, Mangan oder
Legirungen dieser Metalle, deren Schmelzpunkt über demjenigen des
Zinkes liegt, werden längere Zeit hindurch in ein Bad von geschmol-
zenem Zink, welchem 2—6 % an Phosphor, Arsen oder beiden Ele-
menten zugesetzt sind, ein- oder in demselben untergetaucht. — 75.
p. 151. 49. p. 231.

Magnolia-Lagermetall, welches von einer englischen Gesellschaft
mit grofser Reclame in den Handel gebracht wird, besteht nach W. H.
aus 78 % Blei, 16 % Antimon und 6 % Zinn. Für 100 kg werden
240 M. gefordert, wirklicher Werth etwa 50 M. — 24. p. 238. 123.
p. 267. — Es ist von blauweifser Farbe, mit strahlig blättrigem Bruch,
von geringer Biegsamkeit, 10,8 spec. Gew., Schmelzpunkt 340°, fliefst
gut und füllt die Formen gut aus. — 28. Bd. 276. p. 476. 43.
p. 259.

**Herstellung leicht abhebbarer Metallniederschläge auf galvano-
plastischem Wege.** D. P. 50890 f. A. K. Reinfeld in Wien. Die
Druckplatte oder eine beliebige geeignete Form wird zuerst mit einem
Nickelüberzug versehen, oder man verwendet mit Nickel legirte Platten,
da Nickel nur in geringem Grade die Eigenschaft besitzt, galvano-
plastische Niederschläge festzuhalten. Unterwirft man die Nickelober-
fläche überdies einer Behandlung mit oxydirenden Körpern (Chromaten,
Manganaten) oder seifenartigen Mischungen (Fett- und Harzsäuren in
Verbindung mit alkalischen Körpern), zum Zwecke, dieselbe von ver-
tieften Stellen zu befreien und vollständig glatt zu machen, so verliert sie die genannte Eigenschaft vollkommen, und es wird möglich,
leicht abhebbare Metallniederschläge von nur $^1/_{1000}$—$^2/_{1000}$ mm Dicke
herzustellen. — 75. p. 320. 49. p. 294.

Herstellung zinkhaltiger, galvanischer Niederschläge. D. P. 49826
(Zus.-P. zum D. P. 45220; vgl. Rep. 1888 II. p. 154) f. A. Schaag
und R. Falk in Berlin. Dem Bade des Haupt-Pat. werden von Zeit
zu Zeit Citronen- und Weinsäure, oder Essigf. oder Zinksalze dieser
Säuren zugesetzt. Aufser den magnesiumhaltigen Zinkniederschlägen
ist es auch möglich, Niederschläge aus reinem Zink oder aus Zink iu
Verbindung mit Zinn und Quecksilber zu erhalten. — 75. p. 65. 49.
p. 825.

Zum Verkupfern von Eisen taucht man dasselbe in geschmolzenes
Kupfer, dessen Oberfläche mit einer Lage geschmolzenen Kryoliths

und Phosphorsäure bedeckt ist, und erhitzt dann auf die Temp. des schmelzenden Kupfers. Man kann auch das Object in eine geschmolzene Mischung von 1 Th. Kupferchlorid oder -fluorid und 5—6 Th. Kryolith nebst etwas Chlorbaryum oder in eine wässerige Lösung von Kupferoxalat und Soda, welche mit organischen Säuren angesäuert ist, tauchen und den elektrischen Strom durchgehen lassen. — Iron. Bd. 33. p. 477. **95.** p. 44.

Imprägnirung von porösen, nicht metallischen Körpern zum Zweck des Galvanisirens. D. P. 51113 f. G. Greif in München. Man imprägnirt mittelst einer durch Erhitzen flüssig gemachten Mischung von ca. 10—30 % Reten und schwarzem Pech, event. unter Zusatz von etwas Naphtalin. Diese Imprägnirungsflüssigkeit soll durch ihre Leichtflüssigkeit bei verhältnifsmäfsig niedriger Temp. rasch in den Körper eindringen, rasch trocknen und erhärten und einen homogenen Ueberzug bilden, welcher sich beim Erkalten nicht zusammenzieht. — **49.** p. 279. **75.** p. 300.

Bearbeitung von Metallen durch örtliche Erhitzung derselben mittelst Elektricität (vgl. Rep. 1889 II. p. 124). D. P. 50909 f. N. von Benardos in St. Petersburg. Durch elektrische Stromwärme werden Körper, welche aus Elektricität schlecht leitendem Stoffe (Graphit, Kohle, Gemenge von feuerbeständigen nicht leitenden und leitenden Massen) hergestellt sind, zunächst glühend gemacht, worauf das zu bearbeitende Werkstück mit den glühenden Körpern in Berührung gebracht wird. — **75.** p. 321. **49.** p. 294.

Die zur Metallbearbeitung gebrauchten Schleifscheiben sind eigentlich umlaufende Feilen mit dem Vorzug gegen jene, dafs sie die Metalle vom weichsten bis zum härtesten Zustand angreifen. Der zu ihnen verwendete Stoff ist meist zerkleinerter Schmirgel, ferner Quarzsand, Glasstaub, sowie ein Gemisch aus diesen beiden, aber auch die natürlichen Schleifscheiben finden noch vielfach Verwendung. Neben der Herstellung der richtigen Korngröfse des Schmirgels ist auf die richtige Wahl des Bindemittels grofse Sorgfalt zu legen. Eine gute Schleifscheibe mufs sehr fest sein, um der, bei der hohen Umfangsgeschwindigkeit auftretenden Fliehkraft sicher widerstehen zu können; sie mufs unempfindlich gegen Einflüsse der Wärme und Feuchtigkeit sowie chemischer Einwirkungen sein. Das Bindemittel darf nicht zu dicht sein, da sonst der abgeschliffene Metallstaub an der Oberfläche haften bleibt und der Scheibe die Schärfe nimmt. Von den bisher angewendeten Bindemitteln soll sich vulkanisirter Kautschuk am besten bewährt haben; er giebt den Schleifscheiben eine gewisse Elasticität bei hoher Festigkeit, macht dieselbe nicht so leicht schmelzbar und von den atmosphärischen Einflüssen frei. Man soll im Stande sein, Scheiben von 500 mm Durchmesser bei 1 mm Dicke herzustellen und dieselben ohne Verstärkung in der Mitte oder Leinwandbekleidung mit einer Umfangsgeschwindigkeit von 26 m in der Secunde noch völlig gefahrlos laufen zu lassen. Dafs die Möglichkeit des Zerspringens mit dem Durchmesser zunimmt, ist ein Vorurtheil, das durch das Gesetz der Fliehkraft widerlegt wird. Es soll dafür gesorgt werden, dafs die Scheibe schneller umläuft, wenn sie kleiner geworden ist, damit die Umfangsgeschwindigkeit immer dieselbe bleibe. — **55.** 19. p. 184. **49.** p. 183.

Herstellung von Metallröhren durch galvanischen Niederschlag.
D. P. 51028 f. J. & G. Kumme in Berlin. Ein Dorn von beliebiger
Länge aus Eisen, Stahl oder anderem Material, dessen Durchmesser
der lichten Weite des herzustellenden Rohres gleichkommt, wird in
ein galvanisches Bad gebracht. Nachdem durch Einleiten des elektrischen Stromes in dieses Bad ein Niederschlag von gewünschter
Stärke auf dem Dorne hergestellt ist, wird der Dorn aus dem Bade
herausgenommen und die Metallumhüllung zunächst geglüht und dann
durch Druck comprimirt. Die Röhren können auch in der Weise hergestellt werden, dafs ein Blechstreifen um einen Dorn gerollt wird und
die Kanten desselben durch galvanischen Niederschlag verbunden werden, worauf dann das Rohr geglüht und comprimirt wird. — **75.**
p. 437. **49.** p. 301.

Herstellung von Röhren ohne Naht mittelst Flüssigkeitsdruckes.
D. P. 50636 f. F. Garnier in Lyon. Ein Rohrstück mit starker
Wandung oder ein über ein dünnes Blech gegossener und daher seiner
Länge nach offener Metallblock wird zunächst zu einem Flachstabe
ausgewalzt; letzterer wird alsdann mittelst Prefsflüssigkeit zu einem
Rohr aufgeweitet. — **75.** p. 242. **49.** p. 190.

Zerstörung von Wasserleitungsröhren, die in Letten lagerten,
wurde in Tübingen beobachtet; sie wurden von den Chloriden des
Bodenwassers unter Mitwirkung eines sich bildenden elektrischen
Stromes zwischen Zink, Eisen und Chlorammon zerfressen. Als Gegen-
mittel empfiehlt sich Trockenlegung der Röhren durch Ueberziehen mit
Asphalt. — **82.** (1889) p. 469. **49.** p. 30.

**Herstellung von Metallspiegeln mit unsichtbaren, durch Reflection
hervorzurufenden Bildern, Zeichen und dergl.** D. P. 50591 f. Ph.
Rosenthal u. C. Wegener in Moskau. Bilder, Zeichen und dergl.
werden zunächst auf der polirten ebenen oder krummen Fläche eines
Metallspiegels durch Aetzen, Graviren, Pressen oder dergl. hervorgebracht. Hierauf werden dieselben durch einen nochmaligen Schleif-
und Polirprocefs für ein directes Erkennen unsichtbar gemacht. Wird
aber das reflectirte Licht eines solchen Spiegels mittelst einer weifsen
Scheibe aufgefangen, so sind die Bilder und dergl. auf dieser Scheibe
wieder sichtbar. (Wenn wir nicht irren, ist im Vorstehenden das
längst bekannte Verfahren der Herstellung der chinesischen magischen
Spiegel gegeben. D. Red.) — **75.** p. 242. **49.** p. 190.

**Bewegliche und zerlegbare Ingotformen zur Fabrikation von
Platten, Blechen und sonstigen Gegenständen aus Kupfer und seinen
Legirungen.** D. P. 50715 f. Th. H. Martin in Swansea, England.
Die Formen werden um Zapfen drehbar oder auseinandernehmbar in
besonderen Gestellen, die fahrbar eingerichtet werden können, angeordnet. Sie sind mit einem Kupferboden oder Klappboden versehen,
nach dessen Lösung die Blöcke (Ingots) direct aus den Formen herausfallen. Derartige Formen sollen dazu dienen, das schnelle Herüber-
schaffen der Stücke von einem Ende der Walze nach dem anderen
zu ermöglichen. — **75.** p. 318.

Künstliches Färben von Kupferwaaren. Die mannigfaltigen Farbenerscheinungen japanischer Kupferwaaren von röthlich-braun bis grauschwarz werden, wie S. Utsumi berichtet, dadurch hervorgebracht,

dafs die Kupfer- oder Broncegegenstände mit Kupferacetat in sehr verdünnter essigsaurer Lösung behandelt werden. — **89. 33.** Rep. p. 111. **49·** p. 167.

Schwarzbeizen von Messing. Im Werkstatts-Laboratorium der Physikalisch-technischen Reichsanstalt hat sich folgende Blauschwarzbeize für Zinkkupferlegirungen bewährt: 100 g Kupfercarbonat (Kupfergrün) werden in 750 g Ammoniak gelöst und in dieser mit 150 ccm Wss. versetzten kalten Lösung die zu beizenden sorgfältig gereinigten Gegenstände an einem Messingdrahte hängend 2—3 Min. bewegt, darauf abgewaschen und getrocknet. — Zum Schwarzbeizen auf heifsem Wege wird eine Lösung von 600 g Kupfernitrat in 200 ccm Wss., gemischt mit 2,5 g Silbernitrat in 10 ccm Wss. empfohlen. — **123.** p. 365. **49.** p. 222.

Die Anlauffarben der Metalle und ihre Verwendung in der Technik. Wenn man nach Löwenherz ein Metall durch Anlaufen (vgl. Rep. 1889 II. p. 114) färbt, mit Kupferstechergrund auf der gefärbten Fläche eine Zeichnung entwirft und dann die Fläche in eine Säure eintaucht, so erhält man nach Entfernung des Aetzgrundes mit Benzin oder dergl. eine metallisch glänzende, entsprechend gefärbte Zeichnung auf mattem Grunde. Es ist auch nicht schwer, besonders in höheren Farben, durch kurze Einwirkung einer Stichflamme in einzelnen Theilen der Fläche verschiedene Färbungen hervorzurufen; insbesondere kann man mit grofser Leichtigkeit einzelne Stellen roth, andere grün färben. Ueber die Haltbarkeit der Anlaufüberzüge liegen erst Erfahrungen von 6—9 Monaten vor. Danach ist die Haltbarkeit bei Gegenständen, die im Zimmer bleiben, aufserordentlich befriedigend. Im Freien sind bisher nur mit einigen wenigen Stücken Versuche gemacht worden, doch scheint die Haltbarkeit durchaus hinreichend zu sein. — **46.** p. 155. **123. 49.** p. 287.

Ein Verfahren des Rostschutzes für eiserne Leitungsdrähte wurde der Hydrogengesellschaft in den Ver. Staaten Nordamerikas patentirt. Dasselbe besteht darin, dafs die Drähte in einem Cylinder 15 Min. einer Temp. von 650⁰, dann 1 Stde. überhitztem Dampf und endlich der Einwirkung von Naphtadämpfen oder anderen Kohlenwasserstoffen, dann nochmals dem Wasserdampf ausgesetzt werden. — **42.** p. 33. **49.** p. 289.

Gegenstände aus Eisen oder Stahl gegen Rost zu schützen. D. P. 49827 f. J. Ewart in Birkdale, England. Die zu schützenden Metallflächen werden zuerst durch Smirgel etc. geglättet, dann mit einer Säure abgewaschen oder abgerieben und nach Entfernung aller Säuretheilchen rothglühend gemacht, worauf sie in Oel oder einer anderen kohlenstoffreichen Flüss. abgekühlt werden. — **75.** p. 65. **49.** p. 126.

Vertilgung von Rost auf Gegenständen aus Eisen und Stahl. D. P. 52162 f. August Buecher in Heidelberg. Das Mittel besteht aus einer wässerigen Lösung von Stannum chloratum fumans (bezw. solches erzeugendem Zinnchlorür und Quecksilberchlorid), Weinsäure und Indigolösung. Als geeignetes Mischungsverhältnifs wird angegeben: 1 l destillirtes Wss., 8 g Weinsäure, 10 g Zinnchlorür, 2 g Quecksilberchlorid, 50 ccm einer mit dem hundertfachen Quantum Wss. ver-

dünnten Indigolösung. — **49.** p. 858. — Um Rost von kleinen eisernen Gegenständen, welche sich leicht erwärmen lassen, zu entfernen,
nimmt man nach der „Eisenzeitung" ein Stück Bienenwachs, bindet
dasselbe in einen nicht zu dicken Lappen und verreibt es auf dem
warmen Eisen, welches dadurch einen feinen Wachsüberzug erhält.
Darauf nehme man einen zweiten Lappen, tauche ihn in pulverisirtes
Kochsalz und reibe damit Wachs und Eisen ab. — **49.** p. 415.

Auffrischen von Nickelsachen. Nickelsachen, welche infolge Tem-
peraturwechsels oder anderer Einflüsse gelb angelaufen sind oder
Flecken bekommen haben, legt man 10—15 Sec. in 50 Th. rectificirten
Spiritus und 1 Th. Schwefelsäure. Hierauf taucht man sie in reines
Wss., spült sie tüchtig ab und legt sie kurze Zeit in gereinigten
Spiritus. Abgetrocknet werden sie in Sägespähnen oder mit weicher
Leinewand. — Journ. suisse d'horlogerie. **16. 49.** p. 224.

Der Apparat zur Fällung von Metallpartikeln aus erdigen Massen
von E. B. Sharp besteht aus einer verticalen Röhre von gröfserem
Durchmesser, in welcher Wss. mit einer bestimmten Geschwindigkeit
allmählich aufsteigt. In diese Röhre wird die Mischung von metallischen und erdigen Theilen geleitet. Die ersteren sinken schneller
und werden in einem besonderen Reservoir aufgefangen, während die
letzteren mit dem Wss. aufsteigen und in den Ausflufs gelangen. —
52. 49. p. 199.

Nieten mittelst des elektrischen Stromes. D. P. 50243 f. E.
Thomson in Lynn, Massachusetts, V. St. A. Durch den in das Niet-

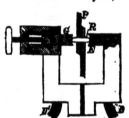

loch eingesteckten Nietbolzen R wird mittelst
der Kabel $D\,D^1$ ein starker elektrischer Strom
geleitet, welcher jenen glühend macht. Hierauf werden mittelst der Stempel G und E die
Nietköpfe gebildet. Ist dabei R und das Werkstück P unmittelbar an R durch den elektrischen Strom schweifsglühend gemacht worden,
dann findet ein Zusammenschweifsen der beiden
Theile des Arbeitsstückes P mit einander und
mit dem Nietbolzen R statt. — **75.** p. 154.

Zum Löthen von Aluminium und Aluminiumbronce bringt die
Aluminium-Fabrik Neuhausen ein besonders präparirtes Aluminiumblech in den Handel, welches auf gewöhnliche Weise mittelst
des Kupferkolbens und mit Zinn gelöthet werden kann. Vor dem
Löthen bestreicht man die Löthstelle mit einer Paste aus Kolophonium,
Talg und neutralem Chlorzink. Schaben, wie überhaupt jedes Reinigen
der Löthstelle mit andern Mitteln als höchstens Alkohol oder Terpentinöl
soll dabei vermieden werden. Auch gewöhnliches Aluminiumblech
läfst sich leicht löthen, wenn man die Löthstellen vorher schwach verkupfert; dies Verfahren wird genügen, wenn die Ränder nach der
Verkupferung übereinander gefalzt werden. 5%ige Aluminiumbronce
läfst sich mit gewöhnlichem Zinnloth ganz gut weich löthen. 10%ige
Bronce verkupfert man an den Löthstellen vorher ganz schwach oder
bestreicht sie mit einem frisch bereiteten Gemisch von Kolophonium,
Talg, neutralem Chlorzink und Salmiak. Das Hartlöthen erfolgt mit
einem Loth aus 52 Th. Kupfer, 46 Th. Zink und 2 Th. Zinn unter

Zuhilfenahme von Borax auf gewöhnliche Art. Dünnwandige Cylinder kann man auch durch fälschlich sogen. „Schweifsen" herstellen, indem man die zu vereinigenden Stücke in Sand einbaut und eine grofse Menge ziemlich heifsen Metalls darüber hinwegfliefsen läfst. Die Zugfestigkeit solcher Schweifsstellen ist die gleiche, wie die der nicht geschweifsten Stellen. — Ill. Ztg. f. Blech-Ind. **31.** p. 335.

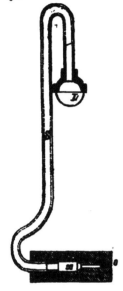

Pneumatischer Löthkolben. D. P. 50230 f. G. A. Hardt in Köln a. Rh. In die Höhlung x des Kolbens K wird geschmolzenes Löthmetall durch die Bohrung o dadurch eingebracht, dafs man die am Ende des hohlen Griffes S angebrachte federnde Kappe L eindrückt und, nach Eintauchen von K in das Metall, losläfst. Das Löthmetall wird durch Druck auf L der Löthstelle zugeführt. — **75.** p. 153.

Als Putzflüssigkeit für Maschinentheile und andere Eisentheile empfiehlt man eine Auflösung von Paraffin in Petroleum, womit die Eisentheile vor dem Abreiben mit wollenen Lappen eine Nacht stehen sollen. Der Wirkung dieses Mittels kommt natürlich diejenige des Vaselins oder flüssigen Paraffins nahe. — **49.** p. 239.

Eisenkitt soll hergestellt werden, indem man gleiche Th. Schwefel und Bleiweifs mit ungefähr $^1/_6$ Th. Borax mischt, mit concentrirter Schwefelsäure befeuchtet und in dünner Schicht zwischen die zu verbindenden Eisentheile bringt, worauf letztere stark zusammengeprefst werden. Nach 5 Tagen ist angeblich die Verbindung vollständig, der Kitt ist verschwunden und die Metallstücke sehen aus wie zusammengeschweifst. — Amer. Drugg. **39. 49.** p. 198.

Zum Löthen des englischen Gufsstahls werden folgende bewährte Verfahren angegeben: 64 Th. Borax, 20 Th. Salmiak, 10 Th. Blutlaugensalz, 5 Th. Kolophonium werden in gepulvertem Zustande mit einer kleinen Menge Wss. und einem Gläschen Branntwein versetzt und unter fortwährendem Umrühren so lange in einem eisernen Gefäfse erhitzt, bis eine gleichmäfsige Masse entsteht, welche man in dem Gefäfs erkalten läfst und nachher pulverisirt. Die zu löthenden Stahlgegenstände werden auf Rothgluth erhitzt; man erhöht diese Temp. und vollendet das Löthen unter Anwendung des Pulvers nach dem gewöhnlichen Verfahren. Ein anderes Löthpulver ist folgendes: 61 Th. Borax, 17 Th. Salmiak, 52 Th. Blutlaugensalz und 5 Th. Kolophonium. Borax und Salmiak werden gepulvert, in einem eisernen Gefäfse geschmolzen und unter tüchtigem Umrühren so lange erhitzt, als sich ein starker Geruch nach Ammoniak bemerkbar macht; das verdampfte Wss. ersetzt man von Zeit zu Zeit; dann giebt man das gepulverte Blutlaugensalz und Kolophonium zu und erhitzt alles unter fortwährendem Umrühren zu einem gleichmäfsigen Brei. Die geschmolzene Masse breitet man mittelst eines eisernen Spatels auf einem eisernen

Bleche aus, woselbst sie bei gelinder Wärme getrocknet und schliefslich gepulvert wird. Das erhaltene Löthpulver bewahrt man in gut
verschlossenen Gefäfsen auf. Beim Löthen streut man es auf den
rothglühenden Stahl und verfährt wie oben angegeben. Manche Arbeiter
streuen vor der Löthung noch eine kleine Menge Sand auf den Stahl-
gegenstand und halten ihn dann ins Feuer. St. Mierzinki giebt für
Stahl folgende Löthpulver-Zusammensetzung: 300 g Borax, 200 g Blutlaugensalz, 1 g Berliner Blau werden fein gepulvert, mit Wss. eingekocht und in der Hitze ausgetrocknet. Die erkaltete Masse wird gepulvert und mit 100 g Schmiedeeisenfeilspähnen gemischt. Dieses
Löthpulver kommt auf dem weifsglühenden Stahle zur Anwendung. —
Eisen u. Metall. Ill. Ztg. f. Blech-Ind. 31. p. 443. 49. p. 64.

Formmaterial für Metallgufs. D. P. 50097. f. A. Cl. Cole in Firma
W. H. Cole & Co. in London. Man mischt Kokspulver und Graphit-
pulver mit einem sich verkokenden Bindemittel, wie Pech, erhitzt
das Gemisch bis zur Verkokung und pulverisirt. — **75.** p. 127.
49. p. 214.

**Versuche über die Beiz- und Rostsprödigkeit des Eisens und
Stahles** hat A. Ledebur in Freiberg angestellt. Die Beobachtung,
dafs durch das Beizen des Eisens mit Säuren, wobei eine Wasserstoffentwicklung stattfindet, die Biegungsfestigkeit sich verringern kann,
während die Druckfestigung kaum merkliche Einbufse erleidet, kann
bestätigt werden. Wenn aber die Biegungsfestigkeit abnimmt, ohne
dafs die Zugfestigkeit sich verändert, so läfst nach den Gesetzen der
Festigkeitslehre sich folgern, dafs die Druckfestigkeit vermindert sei;
die meisten Ergebnisse der durch Druck und Stauchung angestellten
Versuche erweisen eine derartige Einwirkung. Mit Deutlichkeit hat
sich nicht nachweisen lassen, dafs durch Verzinkung des Eisens eine
Benachtheiligung seines Verhaltens im frischen oder gerosteten Zustande herbeigeführt wurde. Wenn die Beobachtung gemacht ist, dafs
verzinkte Federn aus Stahl nach kurzer Zeit zerspringen, unverzinkte
aus demselben Material dagegen nicht, so mufs die Frage offen bleiben,
ob hier die Verzinkung an und für sich die Ursache war, indem sie
die Entstehung der Rostsprödigkeit beförderte oder ob, was wahr-
scheinlicher ist, das dem Verzinken vorausgehende Beizen, die eigentliche Veranlassung bildete. Durch längeres Lagern der gebeizten
Gegenstände an trockenem Orte läfst sich die stattgehabte Veränderung wieder ausgleichen. Die elastischen Eigenschaften des Eisens
— Streckgrenze, Proportionalitätsgrenze, Elasticitätsmodul — haben
bei keinem Versuche eine deutliche Aenderung erfahren. Wichtig ist
die Beobachtung, dafs die Beiz- und Rostbrüchigkeit um so unmerk-
licher auftritt, je dicker die Querschnittsabmessungen der betreffenden
Eisentheile sind und je schwächere Säure beim Beizen zur Anwendung
kam. Während Drähte mit Leichtigkeit brüchig werden, ist bei
starken Eisentheilen kaum eine Gefahr durch das Beizen zu befürchten und eine Vermeidung der Gefahr wird um so besser und
vollständiger gelingen, je schwächere Säure man zum Beizen benützt
und je kürzer die Einwirkung dauert. Die chemische Zusammensetzung des Eisens beeinflufst nicht unwesentlich die Neigung, beim
Beizen und Rosten brüchig zu werden. Nach der bisherigen Beob-

achtung widersteht Gufseisen am kräftigsten, Schweifseisen wird leicht brüchig, noch zugänglicher ist Stahl. Gebundener Kohlenstoff scheint die Entstehung der Beinbrüchigkeit zu befördern, Silicium ihr aber entgegen zu wirken. — 19. 49. p. 409.

Prüfung, schwach. versilberter Waaren; v. Georg Buchner. Silberne Gegenstände oder stark versilberte Waaren werden bekanntlich leicht mittelst der „Silberchromatprobe" erkannt und von anderen in der Farbe ähnlichen Legirungen unterschieden, indem ein Tropfen einer gesättigten Lösung von Kaliumbichromat in 30%iger reiner Salpetersäure, auf den Gegenstand gebracht, einen blutrothen Fleck von chromsaurem Silber erzeugt, welcher auch nach dem Abspülen mit Wss. sichtbar bleibt. Bei sehr schwach versilberten Waaren, die nur eine hauchdünne Schicht Silber erhalten haben, läfst diese Probe im Stich, indem hier die Menge Silber auf einer gegebenen Fläche zu gering ist, um die Ausscheidung von chromsaurem Silber zu ermöglichen. Nach B. kann man die Probe auch hier anwenden, wenn man die Lösung mit dem gleichen Volumtheil Wss. verdünnt, oder zuerst einen kleinen Tropfen Wss. auf den Gegenstand bringt und dann mittelst eines Capillarröhrchens einen kleinen Tropfen der unverdünnten Lösung durch den Wassertropfen fallen läfst. Bei solchen Arbeiten erhält man auch bei sehr schwach versilberten Waaren, z. B. Rockknöpfen für Uniformen, einen deutlichen blutrothen Fleck. — 19. No. 41. 49. p. 415.

Gore; geschichtliche Entwicklung der elektrolytischen Trennung und Reinigung der Metalle. Glückauf No. 41. Met.- u. Eisen-Ztg. 43. p. 304.

Mansfeld; Unterharzer Hüttenprocesse und Schwefelsäurefabriken in Oker. 123. p. 192. 43. p. 131.

Foehr; Anwendung des Flufsspathes in der Metallurgie. 89. p. 253 ff.

Roberts-Austen; einige merkwürdige Eigenschaften von Metallen und Legirungen. Iron. Bd. 32. p. 462. 43. p. 153.

R. Fabinyi; Einflufs des Magnetismus auf die Löslichkeit der Metalle. (Magnetisches Eisen und Nickel lösen sich in Säuren bedeutend besser als unter gewöhnlichen Umständen.) 89. p. 407. 38. Rep. p. 111.

Graf E. v. Rottermund in Limburg, Belgien, D. P. 51897; Apparat zur ununterbrochenen Extraction von Metallen aus Erzen durch lösende Flüssigkeiten. 75. p. 516.

A. J. Rogers; Herstellung schwer reducirbarer Metalle. (Herstellung von Natrium, Blei- und Zinn-Natriumlegirungen, Aluminium auf elektrolytischem Wege.) 99. Bd. 128. p. 468. 123. p. 51.

Kiliani; die Aluminium-Fabrikation. 19. p. 217.

v. Langhenhove; elektrometallurgische Darstellung von Aluminium. (Aluminiumdarstellung, Aluminium-Bronce, -Messing und Ferroaluminium.) Rev. univ. d. min. t. 8. p. 18. 133.

Aluminium-Industrie-Actien-Gesellschaft in Neuhausen; Aluminium, dessen Behandlung und Verwendung, 123. p. 433.

W. Diehl, Engl. P. 813/1889; elektrolytische Gewinnung von Aluminium und dessen Legirungen. 123. p. 365.

J. Ball; Veränderungen des Eisens durch Erhitzen. Indust. p. 446. 128. p. 302.

Dürre; westdeutsche phosphorhaltige Eisenerze. 56. p. 408. 43. p. 315.

Ball; Schmelzen von Eisenerzen. (Rationell sind Oefen mit einer Capacität von etwa 438—440 cbm Inhalt und Anwendung mäfsig erhitzten Windes.) Jahresvers. d. Soc. of Chem. Ind. in Nottingham am 9.—11. Juli. 43. p. 327.

W. Fitz-Charles Mason M'Carty, W. H. Ashton und H. D. Wal-Bridge, sämmtlich in City and County of Washington, District of Columbia, V. St. A., D. P. 50910; unmittelbare Gewinnung von Eisen aus Erzen (vgl. Rep. 1889 I. p. 116). 75. p. 428.

W. Than in Friedrich-Wilhelmshütte bei Troisdorf, D. P. 49 963 (Zus.-Pat. zum D. P. 47 132); Nutzbarmachung von Eisenerzklein, Rotheisenstein, Magneteisenstein, Eisenglanz oder manganhaltigen Eisenerzen. 75. p. 55.

W. C. Roberts-Austen; Kohlung des Eisens mittelst Diamanten. Indust. p. 446. 123. p. 361.

Graham; Gebrauch der „Softeners" in der Giefserei-Praxis. (Am zweckdienlichsten ist ein Softener mit 6 % Si, 3 % Graphit, 0,35 % gebundenem Kohlenstoff, 0,53 % Mangan, 0,03 % S.) Iron. Bd. 34. p. 30. 95. p. 8.

Müller; Bessemerprocefs. (Roheisen mit 0,8 % Silicium läfst sich ausgezeichnet bessemern, wenn es mit einer Temp. von 1400—1500° in den Converter kommt.) 48. p. 115. 95. p. 23.

Galbraith; chemische Erscheinungen bei der Darstellung von Stahl. Indust. p. 458. 123. p. 362.

W. Anderson; Erklärung des Härtens und Temperns von Stahl. (Bedingung ist der Kohlenstoffgehalt; bei der Erwärmung tritt Dissociation ein und diese Molekularbewegung wird in einer gewissen Phase durch das Abkühlen fixirt, so dafs das Metall eine andere Structur wie früher erhält.) 106. p. 434.

Evrard; Härtung des Stahls. (Bleibad an Stelle des Oelbades empfohlen.) D. Met.-Ind.-Ztg. 48. Bd. 10. p. 172.

F. Osmond; Härten von Stahl und Eisen. 81. 49. p. 235.

Manganstahl. 46. Jan.

Hoogson, E. P.; Ausglühen spröden Drahtes. (Letzterer schliefst zwischen zwei isolirten Brücken einen elektrischen Stromkreis und wird glühend im Weiterrücken durch Oel geführt.) 48. Bd. 10. p. 154. 95. p. 43.

Keep und Orton; Ferrosilicium. (Mangangehalt ist schädlich, Phosphorgehalt in gewissen Grenzen nicht; vgl. Rep. 1889 II. p. 112.) Iron. Bd. 33. p. 254.

Weissmann; Hitzeentwicklung in Haufen von Eisendrehspähnen (die Schmieröl enthielten; wird vielleicht durch Mikroorganismen verursacht; dasselbe wurde an Rückständen von der Anilinölherstellung beobachtet). 89. p. 96. 43. p. 82.

W. J. Hudson; Betrieb der amerikanischen Eisenhochöfen. Rev. univ. (1889) p. 153. 43. p. 51.

F. Burgers; Anwendung von Kohlenstoff- und Koksziegeln im Hochofengestell. 48. p. 112.

F. Kupelwieser; Verwendung von Koksziegeln im Hochofengestelle. 61. p. 195.

C. Cochrane; die Benutzung von gebranntem Kalk statt Kalkstein im Hochofen (ergiebt Kohlenstoffersparnifs, bewirkt aber, dafs die Erze in den kälteren Theilen weniger vollkommen reducirt werden und somit mehr Reductions-CO_2 in CO umgewandelt wird). 26. (1889) p. 891. 123. p. 111.

Lindenthal; Bessemer-Puddelwerkanlage. 48. p. 264.

Haedicke und Jungk; Doppelexplosion der Puddelöfen (veranlafst durch gröfsere Mengen Was.). 48. p. 205. 307.

Neuere Cupolöfen. **28**. Bd. 274. p. 163. 220. 529.

Forsberg; Frischherd. Jern. Kont. Ann. (1889) p. 350. **43**. p. 79.

Fr. W. Lührmann in Ruhrort, D. P. 51360; Cowper-Apparat. **75**. p. 429.

Mehrwaldt, D. P. 51017; Wendegetriebe für Reservirwalzwerke.

W. Stahl; Blei im schwefelhaltigen Kupferbade (scheint bei seiner Verdampfung eingeschlossene Gase und schweflige Säure zu verdrängen, letztere
zu zersetzen, ebenso das vorhandene Kupferoxydul zu zerlegen und seine
Entstehung zu hindern; deshalb wird, falls nicht zu viel Blei zugesetzt
wurde, das Kupfer dicht, walz- und schmiedbar). **43**. p. 127. **89**. Rep.
p. 146. **123**. p. 270.

Unwin; Widerstandsfähigkeit des Kupfers und seiner Legirungen gegen Dampfdruck. Rev. univ. d. min. p. 314. **43**. p. 299.

E. Orgler; Bedeutung des Schwefels beim Zinkhüttenprocefs. (Disponibler
Kalk, d. h. weder an Schwefel noch an Schwefelsäure gebundener, kann
in einer nicht völlig gerösteten Blende den Schwefel wirkungslos auf das
Ausbringen machen, während bei Abwesenheit oder nicht genügender Anwesenheit von disponiblem Kalk 1 Atom Schwefel 1 Atom Zink zurückhalten
kann.) **123**. p. 15. **43**. p. 128.

E. Jensch; der Eisengehalt des Rohzinks bei Verarbeitung von zinkischem
Hochofenflugstaube (ist weniger auf einen Gehalt des Flugstaubes an Chlorverbindungen, als darauf zurückzuführen, dafs fein vertheiltes Eisenoxydul
auf mechanischem Wege in das Zinkbad gelangt). **123**. p. 13.

v. Rösing; Zinkgewinnung in Schachtöfen. **112**. p. 219.

Schmieder; Zinkdarstellung auf Hohenlohehütte in Oberschlesien. B.- u. H.-
Jahrb. Leoben. (1889) p. 389. **43**. p. 129.

Actien-Gesellschaft für Glasindustrie, vorm. Friedr. Siemens in
Dresden, D. P. 50917; Einrichtung belgischer Zinkdestilliröfen bei Benutzung des Siemens'schen Heizverfahrens mit freier Flammenentfaltung.
75. p. 256.

Dunstan und Dymond; Apparat zum Destilliren von Quecksilber im Vacuum.
8. vol. 61. p. 131.

Silberanreicherung aus Zinkblende enthaltenden Schlacken. (Die geschmolzenen
Schlacken läfst man an der Oberfläche erstarren; die erstarrten Massen
sind dann silberreicher als das Flüssiggebliebene.) **43**. p. 128.

H. N. Warren; borhaltiges Silber (mit 5—6 % Bor; durch Schmelzen von
Borsäureanhydrid mit Silber unter Zusatz von Magnesium in einem mit
Holzkohle gefütterten eisernen Tiegel). **8**. vol. 61. p. 231. **123**. p. 365.
89. Rep. p. 156.

Schmidt; über den heutigen Stand der Goldgewinnung. **56**. p. 355.

Egleston; Goldchlorationsprocefs von Thies (soll sich durch Erfordernifs von
wenig Raum für den Apparat, Schnelligkeit der Operation, hohes Ausbringen, leichte Behandlung der Chargen und sehr geringe Abnutzung
empfehlen.) School of Mines Quarterly No. 2. vol. 11. **43**. p. 212.

A. Vita; Zink- und Bleigehalt von verbrannten Hochofengasen. (Selbst bei
der vollkommensten Reinigung wird es nie gelingen, sämmtliches in der
Beschickung enthaltene Zink und Blei zu gewinnen; die Zinkverluste be-
trugen rund 27 %, die Bleiverluste 9,2 %.) **123**. p. 69. **43**. p. 128.

R. Müller; Flugstaubgewinnung. (Zu empfehlen ist das Freudenberger'sche
System mit in den Abzugscanal eingehängten Blechen; auf Halsbrückner
Hütte bei Freiberg sind mit Erfolg vor dem Flugstaubcanal Bleithürme
mit durch Wss. berieselten Hartbleiblechdächern eingeschaltet worden.)
Freib. Jahrb. (1889) p. 57. **43**. p. 128.

Quecksilber-Verluste beim Amalgamiren. Iron. p. 158. **89**. Rep. p. 120.

Schneider; Herstellung von Kupfereisen. **48**. Bd. 10. p. 154.

R. A. Hadfield; Legirungen, von Eisen und Silicium. (Siliciumstahl kann wohl keine technische Verwendung finden, da das Silicium, abgesehen von seinen dichtenden Eigenschaften, dem Stahl keine Eigenschaften zu geben vermag, die ihn dem Kohlenstoffstahl gleichwerthig machen.) Iron and Steel Inst. **123**; p. 106.

J. Glyne Thomas in Llangennech, South Wales, und G. H. White in Lliw-Forge bei Pontardulais, County of Glamorgan, England, D. P. 51446; Apparat zum Ueberziehen von Metallblechen mit Metall. **75**. p. 427.

Thomson, D. P. 50388; Stauchen, Verstärken, Trennen oder Strecken von Metallstücken durch den elektrischen Strom.

v. Pallin; Beizen von Draht. (Er wird in Ringform auf dem Schaft einer Art Schwanzhammer aufgehängt und unter gelegentlicher Benetzung mit Säure so lange geschleudert, bis er rein ist.) **95**. p. 43.

Kesselbleche aus Schweiss- und Flusseisen. (Letztere zeigen gröfsere Gleichmäfsigkeit der Festigkeit und Dehnbarkeit.) **48**. p. 24. **95**. p. 4.

Kellogg, D. P. 50413; Auswalzen von Röhren und dergl. aus hohlen Blöcken.

Wüstenhöfer, D. P. 51069; Herstellung von Eisen- und Stahlröhren mit schraubenförmiger Schweifsnaht.

Reuleaux; das Mannesmann'sche Rohrwalzverfahren. **49**. p. 142.

E. Correns und Eckelt; Löthverfahren für Kabel. Ill. Ztg. f. Blech-Ind. **29**. p. 43.

H. B. Groenewald in Bremen und R. Schultze in Hameln, D. P. 50465; Aufthauen von Rohrleitungen. (Durch Einführen von Wasserdämpfen, kochendem Wss. mit oder ohne Kochsalz oder Spiritus in die evacuirten Leitungen; worin liegt das Neue und Patentfähige? D. Red.) **75**. p. 140. **49**. p. 207.

W. C. Fisch; E. Thomson's elektrisches Schweifsverfahren. Vortr. a. d. Par. Vers. d. Iron and Steel Inst. **123**. p. 183.

J. Patrick in Frankfurt a. M., D. P. 51339; Formsand (aus Kies- und Holz-oder Braunkohlentheer.) **75**. p. 293. **49**. p. 279.

A. M. Hill; Zerkleinerungsmaschine. Amer. Manuf. Apr. p. 15. **123**. p. 403.

W. Goudale; Howell'sche Röstöfen. (Beschreibung der zur Verminderung der Staubentwicklung benützten Abweiser.) Trans. Am. Min. Engl. (1889). **123**. p. 399.

S. G. Valentine; der Davis-Colby-Röstofen. Iron. p. 290. **89**. Rep. p. 120.

F. Gudernatsch in Radeberg i. S:, D. P. 51974; Cylinder-Verschmelzofen. **75**. p. 513.

Laureau; Grubenwärmofen (eine Art Durchweichungsgrube). Iron Age. Bd. 31. p. 10. **48**. Bd. 10. p. 18.

J. Hansen in Helsingör, Insel Seeland, Dänemark, D. P. 51003; Vorrichtung zum Einführen von Gufseisen, Bohr-, Dreh- und Hobelspähnen in den Schmelzraum eines Ofens. **75**. p. 317.

Leeder, D. P. 50223; Formmaschine.

Bell; Anwendung heifser Schlacken zur Verdampfung von Soole. (Die heifsen Schlackenblöcke werden mit Wss. besprengt, der entstehende Wasserdampf dient zum Heizen der Pfannen; man kann auch Luft durch die Schlackenblöcke sich erhitzen lassen.) **92**. p. 292. **43**. p. 137.

Abkürzungen.

Die im Texte bei Angabe der Quelle fettgedruckten Zahlen entsprechen den Nummern, mit welchen die hier aufgeführten Journale bezeichnet sind.

1. Annalen der Chemie (Liebig's).
2. Annalen der Physik und Chemie.
3. Archiv der Pharmacie.
4. Bulletin de la société d'encourag.
5. Bulletin de la société de Mulhouse.
6. Engineer.
7. Chemisches Centralblatt (Hamburg).
8. Chemical News.
9. Comptes rendus.
10. Deutsche Industriezeitung (Chemnitz).
11. Färberei-Muster-Zeitung (Leipzig).
12. Gewerbeblatt, Sächsisches (Dresden).
13. " Breslauer.
14. " Hessisches.
15. " Württemberger.
16. Wieck's Illustr. deutsche Gewerbezeitung.
17. Journal de Pharmacie et de Chimie.
18. Journal für praktische Chemie.
19. Bayr. Industrie- und Gewerbeblatt.
20. Romen's Journal f. Färberei u. Druckerei.
21. Hannover'sches Wochenblatt für Handel und Gewerbe.
22. Landwirthschaftl. Versuchsstationen.
23. Reimann's Färberzeitung.
24. Pharmac. Centralhalle v. Hager u. Geißler.
25. Photogr. Archiv von Liesegang.
26. Journal of the Society of Chemical Industry.
27. Amerik. Bierbrauer.
28. Dingler's Polytechn. Journal.
29. Polytechn. Notizblatt.
30. Milchzeitung (Bremen).
31. Chem.-techn. Centr.-Anz.
31a. Chem.-techn. Zeitung.
32. Journ. of the Chem. Soc.
33. Ackermann's Gewerbezeitung.
34. Deutsche Chem.-Zeitg.
35. Technologiste.
36. Techniker (New York).
37. Zeitschr. f. analyt. Chemie v. Fresenius.
38. Apotheker-Zeitung (Berlin).
39. Zeitschrift des allgem. österr. Apotheker-Vereins (Wien).
40. Pharmaceut. Zeitschrift für Rußland.
41. Hübner's Zeitschrift für die Paraffin- etc.-Industrie.
42. Elektrotechnische Zeitschrift.
43. Berg- und hüttenmännische Zeitung.
44. Ztschr. f. d. gesammte Brauwesen (München).
45. Der Bierbrauer (Halle).
46. Verhandlungen d. Vereins z. Beförderung des Gewerbefl. in Preußen.
47. Sprechsaal Org. f. Glas- und Thonwaaren-Industrie (Coburg).
48. Stahl und Eisen (Düsseldorf).
49. Industrieblätter von Jacobsen (Berlin).
50. Photogr. Mitthlg. von H. Vogel (Berlin).
51. Zeitschrift des Vereins für die Rübenzuckerindustrie im Zollverein.
52. Wochenschrift des Niederösterr. Gewerbe-Vereins (Wien).
53. Photogr. Correspondenz v. Hornig (Wien).
54. Bulletin belge de la photographie (Brüssel).
55. Mitth. d. technolog. Gewerbemuseums.
56. Zeitschr. d. Vereins Deutscher Ingenieure.
57. Hofmann's Papierzeitung (Berlin).
58. Wagner's Jahresber. d. chem. Technologie.
59. Würzburg. gemeinn. Wochenschrift.
60. Berichte d. deutschen chem. Gesellschaft.
61. Oesterr. Zeitschr. f. Berg- u. Hüttenwesen.
62. Annales des mines.
63. Scientific American.
64. D.-Amerik. Apoth.-Zeitung.
65. Journal für Gasbeleuchtung.
66. Zeitschrift für Spiritusindustrie.
67. Badische Gewerbezeitung.
68. Der Naturforscher (Tübingen).
69. Deutsche Zuckerindustrie (Berlin).
70. Annal. du Génie civil.
71. Dampf.
72. Annales de Chimie et de Physique.
73. Deutsche Gerberzeitung.
74. Patentanwalt (Frankfurt a. M.).
75. Auszüge aus d. Patentschriften (Berlin).
76. Pharmaceutische Rundschau (Prag).
77. Uhland's Maschinen-Constructeur.
78. Schweizer. Zeitschr. für Pharmacie.
79. Deutsche Bauzeitung (Berlin).
80. Americ. Journ. of science (Silliman).
81. Eisenzeitung.
82. N. Erfindungen u. Erfahrungen.
83. Photographic News.
84. Brit. Journ. of Photogr.
85. Photograph. Wochenblatt.
86. Pharmac. Rundschau (New-York).
87. Moniteur des produits chimiques (Paris).
88. Moniteur industriel.
89. Chemiker-Zeitung (Cöthen).
89a. Rep. = Chemiker-Zeitung, Repertorium.
90. Centralbl. f. d. Papierfabrik. (Dresden).
91. Engineering.
92. Engineering and Mining Journ.
93. Journ. de l'agricult. p. Barral (Paris).
94. Töpfer- und Zieglerzeitung (Halle).
95. Techn. Chem. Jahrbuch v. Biedermann.
96. Zeitschr. d. Oesterr. Ing.- u. Arch.-Ver.
97. Journ. amer. chem. soc.
98. Bullet. de la société chimique (Paris).
99. Journ. of the Frankl. Instit. (Philadelphia).
100. Neue Zeitschr. für Rübenzuckerindustrie von Scheibler (Berlin).
101. Bayerische Gewerbe-Zeitung (Nürnberg).
102. Der Gerber (Wien).
103. Pataky's Metallarbeiter (Berlin).
104. Philosoph. Magazine (London).
105. Pharm. Journ. and Transact.
106. Pharmac. Zeitung (Berlin).
107. Centralbl. f. Textil Industrie (Berlin).
108. Zeitschrift d. Ver. der Oesterr. - Ungar. Rübenzuckerindustrie.
109. Das deutsche Wollengewerbe.
110. Moniteur de la teinture.
111. Moniteur scientif.
112. Zeitschr. f. Berg-, Hütten- u. Salinenwesen (Berlin).
113. Die Chemische Industrie (Berlin).
114. Mittheilungen der Königl. technischen Versuchsanstalt (Berlin).
115. Thonindustrie Zeitung (Berlin).
116. Die Weinlaube (Wien).
117. The Analyst.
119. Biedermann's Centralbl. für Landwirthschaft.
120. Journ. of the soc. of Dyers and Color.
121. Monatshefte der Chem. Sitzungsber. der Wiener Acad.
122. Der Seifenfabrikant.
123. Zeitschrift für angewandte Chemie.
124. Archives de Pharmacie.
125. Journal d. russ. phys. chem. Gesellschaft.
126. Berichte d kaiserl. russ. techn. Gesellschaft.
127. L'Industria.
128. Deutsche Medicinal Zeitung.
129. Zeitschrift. f. landwirthschaftl. Gewerbe.
130. Uhland's Industrielle Rundschau.
130a. " Technische Rundschau.
131. Deutsche Wochenschrift f. Bierbrauerei.
132. Textil-Colorist.
133. Leipziger Monatshefte f. Textilindustrie.

Flss.	steht für Wasser.		°Tr	steht für Grade nach Tralles.
Flüss.	"	Flüssigkeit.	Temp.	"	Temperatur.
Spec. Gew.	"	Specifisches Gewicht.	at	"	Atmosphäre.
°B.	"	Grade nach Celsius.	f.	"	-säure.

Ankündigung.

Das chemisch-technische Repertorium

herausgegeben von

Dr. E. Jacobsen,

dem Redacteur der „Industrie-Blätter" und der „Chemischen Industrie",

ist seit seinem Erscheinen (i. J. 1862) zum **übersichtlichsten** und **vollständigsten** Jahresberichte geworden, der in gedrängter Kürze alles Wesentliche bietet, was in der Literatur des In- und Auslandes aus dem Bereiche der **chemischen Technik** an Erfindungen, Fortschritten und Verbesserungen verzeichnet wurde. Nicht minder findet die **mechanische Technik,** soweit sie den chemischen Gewerben dienstbar ist, in zahlreichen Notizen und Nachweisen (in dem Abschnitt: **„Repertorium der Apparate, Geräthe und Maschinen")** Berücksichtigung.

Wenn das Repertorium vorwiegend die **chemischen Kleingewerbe** und damit alles Dasjenige, was unmittelbar praktisch nutzbar gemacht werden kann, berücksichtigt, so ist doch auch die **chemische Grofsindustrie,** mindestens in den Nachweisen, nicht weniger vollständig vertreten.

Dem analytischen Chemiker bietet der Abschnitt **„Chemische Analyse"** das vollständigste **Repertorium der analytischen Chemie,** in welchem alle dem praktischen Analytiker wichtigen Methoden, Hülfsmittel und Apparate Erwähnung finden.

In einem Anhang wird über medicinische Geheimmittel, Verfälschungen von Handelsproducten etc. Bericht erstattet.

Die fleifsig und geschickt bearbeiteten **General-** und **Special-Sachregister** erhöhen die Brauchbarkeit des Repertoriums in besonders hervorzuhebender Weise und lassen es zu einem willkommenen **Nachschlagewerke** werden, zu einem Helfer und Freunde in allen einschlägigen Fragen.

Erschienen sind: **1862.** I. 1,20 $\mathcal{M}$, II. **1863.** I. II. **1864.** I. II. **1865.** I. II. **1866.** I. II. à 1,50 $\mathcal{M}$, **1867.** I. II. **1868.** I. à 1,80 $\mathcal{M}$, II. **1869.** I. II. **1870.** I. à 2 $\mathcal{M}$, II. 2,40 $\mathcal{M}$, **1871.** I. II. à 3 $\mathcal{M}$, **1872.** I. 3,50 $\mathcal{M}$, II. **1873.** I. à 4 $\mathcal{M}$, II. **1874.** I. à 4,40 $\mathcal{M}$, II. à 5,40 $\mathcal{M}$, **1875.** I. II. à 6 $\mathcal{M}$, **1876.** 14 $\mathcal{M}$, **1877.** 17 $\mathcal{M}$. **1878.** I. 11 $\mathcal{M}$, II. 7,40 $\mathcal{M}$, **1879.** I. 11,60 $\mathcal{M}$, II. 10 $\mathcal{M}$, **1880.** 13 $\mathcal{M}$, **1881.** 11,20 $\mathcal{M}$, **1882.** 11,85 $\mathcal{M}$, **1883.** 14,60 $\mathcal{M}$, **1884.** 14 $\mathcal{M}$, **1885.** 15,80 $\mathcal{M}$, **1886.** 18 $\mathcal{M}$, **1887.** 19,50 $\mathcal{M}$, **1888.** 17 $\mathcal{M}$, **1889.** 15,50 $\mathcal{M}$.

Am Schlufs jedes 5. Jahrganges erscheint ein „Generalregister". Bisher erschienen davon:

zu Jahrgang	I — V	(1862 — 1866)	75 $\mathcal{J}$.
„ Jahrgang	VI — X	(1867 — 1871)	1,80 $\mathcal{M}$.
„ Jahrgang	XI — XV	(1872 — 1876)	3 $\mathcal{M}$.
„ Jahrgang	XVI — XX	(1877 — 1881)	6 $\mathcal{M}$.
„ Jahrgang	XXI — XXV	(1882 — 1886)	9 $\mathcal{M}$.

Das „Repertorium" erscheint vom Jahrgang 1882 ab mit in den Text gedruckten Holzschnitten und wird von 1881 ab, um ein rascheres Erscheinen bei mäfsigem Einzel-Preise zu ermöglichen, in

Vierteljahrs-Hefte

AUG 24 1891
LIBRARY

Chemisch-technisches Repertorium.

Uebersichtlich geordnete Mittheilungen

der neuesten

Erfindungen, Fortschritte und Verbesserungen

auf dem Gebiete der

technischen und industriellen Chemie

mit Hinweis auf Maschinen, Apparate und Literatur.

Herausgegeben

von

Dr. Emil Jacobsen.

———•———

1890.

Erstes Halbjahr. — Zweite Hälfte.

———

Mit in den Text gedruckten Illustrationen.

Berlin 1891.

R. Gaertner's Verlagsbuchhandlung

Hermann Heyfelder.

SW. Schönebergerstrafse 26.

Inhalts-Verzeichnifs.

Nahrungs- und Genufsmittel 145
Papier 161
Photographie und Vervielfältigung 166
Rückstände, Abfälle, Dünger, Desinfection und gewerbliche Gesundheitspflege 197
Seife 2:7
Zündrequisiten, Sprengmittel 220
Darstellung und Reinigung von Chemikalien 225
Chemische Analyse 262
Apparate, Maschinen, Elektrotechnik, Wärmetechnik 827
Anhang. Geheimmittel, Verfälschungen von Handelsproducten etc. . . 840
Neue Bücher 846

Die I. Hälfte enthält:

Baumaterialien, Cemente, künstliche Steine.
Farbstoffe, Färben und Zeugdruck.
Fette, Oele, Beleuchtungs- und Heizmaterialien.
Gegohrene Getränke.
Gerben, Leder und Leimbereitung.
Gewebe.
Glas und Thon.
Holz und Horn.
Kautschuk.
Kitte, Klebmaterialien, künstliche Massen.
Lacke, Firnisse und Anstriche.
Metalle.

AUG 24 1891

LIBRARY

Nahrungs- und Genußmittel.

Darstellung von krystallisirtem Eieralbumin und die Krystallisir-barkeit colloïder Stoffe. F. Hofmeister behandelt Eiweiß mehrmals mit Ammoniumsulfat. Schließlich scheidet sich an Stelle der sonst üblichen Globuliten das Albumin in Nadeln oder schiefwinklig dünnen Plättchen aus. Da aber in dieser Weise nicht alles Albumin krystallisirt zu erhalten ist, empfiehlt es sich, das Albumin in halbgesättigte Ammonsulfatlösung. zu legen. Nach der Ansicht des Verf.'s besteht der Grund, daß „colloïdale" Beimengungen die Krystallisation hindern, darin, daß sie in der Flüss. in ungelöstem, stark gequollenem Zustande vorhanden sind. Die Hauptschwierigkeit, Colloïdale krystallinisch zu erhalten, liegt aber in ihrer „Quellfähigkeit". Der physikalisch nicht mehr haltbare Gegensatz von „Colloïd" und „Krystalloïd" hat eine physiologische Bedeutung, indem gerade die Quellbarkeit die Colloïdkörper zum Aufbau der Zellen geeignet macht. — Ztschr. f. phys. Chem. Bd. 14. p. 165. 34. (1889) p. 379.

Darstellung und Eigenschaften aschefreien Albumins. Nach E. Harnack wird eine größere Menge gut zerschnittenen Eiweißes mit Wss. und reichlich mit Essigsäure versetzt, das Filtrat genau neutralisirt, nochmals klar filtrirt und mit Kupfervitriollösung gefällt. Der blaugrüne, feinflockige Niederschlag wird sorgfältigst ausgewaschen, in etwas Wss. vertheilt, durch einige Tropfen Natronlauge gelöst und durch Neutralisiren mit Essigf. wieder gefällt. Dieselbe Procedur wird nochmals wiederholt, der Niederschlag wieder sorgfältigst gewaschen, in einer reichlichen Menge Natronlauge gelöst und die dunkelviolettblaue, beinahe gallertige Flüss. 24 Stdn. ruhig stehen gelassen. Hierbei erfolgt durch Einwirkung des starken Alkalis Zerlegung der Kupfer-Eiweißverbindung. Man fällt am folgenden Tage durch Neutralisiren mit Salzsäure, wäscht sorgfältig aus und trocknet in einer Platinschale bei 100° oder darüber. Der so erhaltene Eiweißkörper ist nahezu aschefrei, namentlich enthält er weder Phosphor, noch Spuren eines Phosphates oder Eisen. Dieses aschefreie, d. h. unverbundene Albumin besitzt zum Theil ganz andere Eigenschaften, als nachdem es sich mit Kalkphosphat etc. verbunden hat; es wird 1) durch Siedhitze nicht coagulirt und scheint überhaupt für sich der sog. geronnenen Modification nicht fähig zu sein; 2) es wird durch Alkohol, Aether, Phenol und Tannin nicht gefällt; 3) es bildet mit reinem kaltem Wss. eine Quellung, die allmählich, namentlich beim Erhitzen bis zum Sieden, den Charakter einer „Lösung" annimmt. Aus letzterer wird das Albumin gefällt durch Neutralsalzlösungen (wieder löslich durch sehr starke Verdünnung) und durch Säuren (unlöslich im Ueberschusse), nicht durch Alkalien. Wird der durch Neutralsalzlösung er-

zeugte Niederschlag zusammen mit der Lösung gekocht, so wird er
mehr und mehr in die unlösliche Eiweiſsmodification übergeführt;
4) das durch Eindampfen seiner Lösung bei 100° eingetrocknete Eiweiſs
hat seine Eigenschaften nicht verändert. — **60.** Bd. 22. p. 3046.
89. Rep. p. 18. — Das aschefreie Albumin hat den unveränderten
hohen Schwefelgehalt des Albumins, wodurch erwiesen ist, daſs es
wirklich Albumin und kein Zersetzungsproduct ist. — **60.** Bd. 23.
p. 40. **89.** Rep. p. 61.

**Entfernung wässeriger Feuchtigkeit aus Fleisch, Gemüse, Früchten,
Mehl, explodirbaren oder leicht entzündlichen Stoffen.** D. P. 51922
f. O. Ch. Hagemann in London. Die Stoffe werden im geschlossenen Raum dem Strom eines beständig circulirenden indifferenten Gases
(Kohlensäure, Stickstoff) ausgesetzt, welches auf seinem weiteren Kreislauf Glycerin passirt, an das es die von dem Trockengut mitgenom-
mene Feuchtigkeit abgiebt, um dann wieder trocken in den Trocken-
behälter zurückzukehren. — **75.** p. 506. **49.** p. 334.

**Chemische Untersuchung verschiedener, im Handel vorkommen-
der Conservirungsmittel für Fleisch und Fleischwaaren;** v. E. Polenske
(vgl. Rep. 1889 I. p. 134). Sozolith, concentrirtes Fleischpräservsalz
von Fr. M. Schultz-Berlin, enthält 37,27 % Natriumsulfat, 21 %
Natriumoxyd, 39,68 % schweflige Säure, 2,05 % Wss. Das Natriumoxyd
ist in diesem Salze mit der schwefligen Säure theilweise als Sulfit,
theilweise mit Einschluſs des Wss. als Bisulfit verbunden. — Berlinit,
concentrirt von Delvendahl & Küntzel-Berlin, enthält 7,46 % Natriumchlorid, 9,80 % Borsäure, 45,75 % Borax mit 36,80 % Krystallwasser. — Berlinit, Pöckel von Delvendahl & Küntzel-Berlin,
besteht aus 45,92 % Natriumchlorid, 32,20 % Kaliumnitrat, 19,16 %
Borf., 2,28 % Wss. — China-Erhaltungspulver, Minerva, Fabrik für
Erhaltungspräparate von L. Schultz-Berlin, enthält 25 % Natriumchlorid, 17,70 % Borf., 38,84 % Natriumsulfat, 9,20 % Natriumsulfit,
9,40 % Wss. — Conservesalz von M. Brockmann, Eutritzsch bei
Leipzig, enthält 34,82 % Natriumchlorid, 14,04 % Kaliumnitrat, 15 %
Kaliumsulfat, 24,86 % krystallisirten Borax, 12 % Borf. — Australian
Salt von Ohrtmann, Inhaber Glaser & Ehrlich-Berlin, ist ein
weiſses, in Wss. mit alkalischer Reaction milchig, trübe lösliches
Pulver, von eigenthümlichem, schwach an Petroleum erinnerndem
Geruche. Es war mit $1/2$ % eines dickflüssigen, flüchtigen Kohlenwasserstoffes durchtränkt, welcher sich durch Waschen mit Petroleum-
äther leicht entfernen lieſs. In dem entölten Salze wurden gefunden:
5,5 % Natriumchlorid, 54 % Borax mit 40,8 % Krystallwasser. — Dr.
C. Rüger's Barmenit von A. Wassermuth & Co.-Barmen, enthält
49,95 % Natriumchlorid, 27 % Borsäureanhydrid mit 22,50 % Krystallwasser. — Magdeburger Conservesalz von Dr. G. Moeriës-Magdeburg,
enthält 0,46 % Calciumoxyd, 20,42 % Natriumchlorid, 33,45 % Borsäureanhydrid und 15 % Borax, 30 % Krystallwasser. — Einfaches Conservesalz von Th. Heydrich & Co.-Wittenberg, enthält 15,50 %
Kaliumnitrat, 73,40 % Natriumchlorid, 9,45 % Borf., 1,23 % Wss. —
Dreifaches Conservesalz oder Erhaltungspulver von Th. Heydrich u.
Co.-Wittenberg, besteht aus 55,5 % Borsäureanhydrid mit 44,1 %
Krystallwasser. — Die folgenden 3 Conservirungsflüssigkeiten bestehen

der Hauptsache nach aus einer wässerigen Lösung von schwefligsaurem Kalk und schwefliger Säure (vgl. Rep. 1889 II. p. 129). Von letzterer haben sich bereits geringe Mengen zu Schwefelsäure oxydirt. Die anderen Bestandtheile sind unwesentlich und als Verunreinigung des Kalkes anzusehen. 1) Real Australian Meat Preserve von F. Hellwig - Berlin ist eine fast farblose, klare, stark nach schwefliger Säure riechende Flüss. vom spec. Gew. 1,0844 bei 19⁰ C. In 1 l derselben wurden gefunden: 9,50 g Calciumoxyd, 36,82 g schweflige Säure, 3 g Schwefelf., 0,60 g Eisenoxyd und Thonerde, 0,40 g Kieselsäure, 1,80 g Magnesia und Alkalien. 2) Ohrtmann's Real Australian Meat Preserve hat das spec. Gew. 1,0467 bei 19⁰ C. In 1 l derselben wurden gefunden: 11,10 g Calciumoxyd, 61,76 g schweflige Säure. Von Schwefelf., Eisenoxyd, Thonerde u. s. w. enthielt diese Flüss., wie auch die folgende ebenfalls Spuren. 3) Real Australian Meat Preserve von Delvendahl & Küntzel - Berlin war gelblich gefärbt und hatte ein spec. Gew. von 1,0799 bei 10⁰ C. In 1 l derselben wurden gefunden: 20,7 g Calciumoxyd, 100 g schweflige Säure. — Arb. aus d. kais. Ges.-Amt Bd. 6. p. 151. **106. 49.** p. 149. — Die Stuttgarter Conservirungsflüssigkeit ist nach B. Fischer zur Zeit eine Lösung von Calciumbisulfit mit einem Ueberschufs von freier schwefliger Säure von nur technischer Reinheit; Magnesium, Natrium und Chlor sind in ganz geringer Menge vorhanden, Salicylsäure, Borf. und Arsen fehlen. — **106. 49.** p. 278. — Die Conservirungsmittel, welche dem Hackefleisch seine rothe Farbe erhalten, sind nach Bischoff (vgl. Rep. 1889 I. p. 134, II. p. 129): 1) Mehr oder weniger concentrirte Lösungen von gewöhnlichem doppeltschwefelsaurem Kalk; 2) Lösungen von schwefliger Säure in Wss. in sehr starker Verdünnung, oder 3) von doppeltschwefligsaurem Kalk und Borax in Wss., oder 4) Lösungen von schwefliger Säure, mit Boraxlösung versetzt. Die Verwendung dieser Mittel in geringer Menge wird als gesundheitsschädlich nicht bezeichnet. — **49.** p. 230.

Conservirende Eigenschaften von Boroglycin, Boroglycinlauge und Boroglycin-Conservesalz. Boroglycin der Firma Chr. Rohkrämer & Sohn in Erfurt soll eine durch Condensation von Borsäure mit Zucker erhaltene, in spitzen, seidenglänzenden Krystallen anschiefsende Verbindung sein. Die Boroglycinlauge ist eine dicke, süfse Flüss., welche aufser Boroglycin Zucker enthält. Das Conservesalz besteht aus einer Mischung von Boroglycin, Kochsalz und Salpeter. Versuche, welche Marpmann mit diesen 3 neuerdings empfohlenen Conservirungsmitteln anstellte, führten zu dem Ergebnifs, dafs vor allem Boroglycin ein ausgezeichnetes Conservemittel für Milch und Fleisch ist, dafs das Conservesalz für Fleisch ebenfalls sehr gute Dienste leistet, dagegen für Milch weniger geeignet sein dürfte. Conservesalz hindert die Fäulnifs von frischem Fleisch und von Seefischen in hohem Grade und dürfte unter Umständen das Räuchern ersetzen können. Ob durch das Salzen die pathogenen Pilze, die dem Schlachtfleisch von kranken Thieren sehr oft anhängen, vernichtet werden können, ist aus den Versuchen des Verf.'s nicht zu schliefsen; durch gewöhnliches Räuchern oder Einpöckeln werden sie nicht zerstört. — **24.** p. 283. **49.** p. 174.

Fleischpulver für Kranke stellt Bulle her, indem er Würfel oder Lamellen von gutem Rindfleisch erst an der Luft, dann im Backofen

10*

trocknet und schliefslich pulvert. Es besitzt einen schwachen, an Bouillon erinnernden Geruch, keinen unangenehmen Geschmack und wird trocken oder mit Milch, Wein, Citronensaft genossen. — 128. 49. p. 262.

Zur Erkennung des Wasserzusatzes zur Milch stellt P. Radulescu folgende Sätze auf: 1) Das spec. Gew. eines Serums oder einer Molke von normaler Milch sinkt nie unter 1,027; 2) ein Wasserzusatz von je 10 % zu normaler Milch erniedrigt das spec. Gew. des Serums um 0,0005—0,001. 3) Neben der Bestimmung des spec. Gew. des Serums oder der Molke sollte man stets auch die Menge der Trockensubstanz sowie des Fettes im Serum feststellen. 4) Das Serum oder die Molke von normaler Milch enthält 6,8—7,5 % Trockensubstanz, 0,22—0,28 % Fett. 5) Mit dem Zusatze von je 10 % Wss. zu normaler Milch tritt ein Herabsinken des Gehaltes an Trockensubstanz im Serum um 0,3—0,5 % an Fett um 0,02 % ein. — 123. 49. p. 286.

Das schnelle Säuern der Milch während eines Gewitters hat nach Tolomei seinen Grund nicht in der gröfseren elektrischen Spannung, sondern in dem dabei gebildeten Ozon. Derselbe fand, dafs eine Milch, durch welche ein elektrischer Strom geleitet wurde, sich 6 Tage lang hielt, während dieselbe ohne solche Behandlung schon nach 3 Tagen sauer war. — Brit. med. Journ. 38. 49. p. 373.

Herstellung von Milch in Pulverform. Frische, zur Hälfte abgerahmte, zur Hälfte volle Milch wird in einem kupfernen Kessel über einem gleichmäfsigen Feuer bis zur Dicke von condensirter Milch eingedampft und dann so viel Zucker zugesetzt, dafs nach dem Abkühlen auf circa 25⁰ eine bröckelige Masse entsteht. Diese wird entweder zu Pulver gemahlen oder in Würfel geprefst. — Milch-Industrie. 24. p. 121. 49. p. 110.

Milch-Conserven. Nach Soxblet entspricht, aufser der im Kleinen unter allen Kautelen sterilisirten Milch, nur die sterilisirte, ohne Zucker condensirte Milch den Anforderungen, die an eine Conserve zu stellen sind. Die Milch in Pulverform nimmt in verhältnifsmäfsig kurzer Zeit einen ranzigen, fast käseartigen Geschmack an und ist auch in Wss. zu schwer löslich. Die condensirte (mit Zucker eingedickte) Milch enthält zu viel Zucker und ist deshalb nicht in allen Fällen gleich gut zu verwenden. Die sterilisirte, ohne Zucker condensirte Milch ist dagegen fast ein Jahr lang haltbar und schmeckt gut. Sie wird in der Weise dargestellt, dafs man die ganz frisch gemolkene Milch in Centrifugalmaschinen vom „Milchschmutz" reinigt, dann in der Luftleere auf genau 37 % eindickt, in Blechbüchsen füllt und in diesen verlöthet sterilisirt. Verdünnt man diese Milch mit zweimal so viel Wss., so erhält man wieder eine fast ganz normale Kuhmilch. — Münch. med. Wochenschr. 76. 49. p. 309.

Das Pasteurisiren der Milch vermag diese nach Ritter im heifsesten Sommer für mindestens 80 Stdn. zu conserviren, ohne dafs der Geschmack dadurch geändert würde. Man erwärmt die Milch zu diesem Behufe auf 65—75⁰ und kühlt sie sofort auf 10—12⁰ ab. Will man auf den völligen Rohgeschmack der Milch verzichten, so kann man sie sogar auf 96⁰ erwärmen, wodurch sie ungleich haltbarer wird. — Ztschr. f. Hyg. p. 240. 49. p. 301.

Die Deutsche Butterfarbe von Th. Heydrich-Wittenberg, ein
tief rothgelb gefärbtes, klares Oel, enthält nach E. Polenske wie
die meisten derartigen Producte „Orleanfarbstoff". Andere Farbstoffe
konnten nicht nachgewiesen werden. — **38. 49.** p. 101.

**Verfahren und Apparat zur Vermeidung des Vacuums
in Milchconservirungsgefäfsen.** D. P. 49980 f. A. Vásár-
helyi und M. Zellerin in Budapest. Das oben durch
Hahn k verschliefsbare Vermittelungsgefäfs B wird auf die
mit Hahn c verschliefsbare Mündung des Milchconservi-
rungsgefäfses A aufgeschraubt und das entstandene Doppel-
gefäfs AB so weit mit Milch gefüllt, dafs dieselbe oberhalb des Hahnes c steht. Die Milch steigt beim Erhitzen
des Gefäfses A bis oberhalb des Hahnes k; darauf wird
Hahn k zunächst geschlossen, die Milch abgekühlt und
dann Hahn c ebenfalls geschlossen. Die abgekühlte Milch
füllt nun das Gefäfs A, unter Vermeidung eines Vacuums,
ganz und gar aus. — **75.** p. 47.

Butter soll nach P. Vieth keinen zu hohen, oder
aber keinen gar zu niedrigen Wassergehalt haben. Abgesehen davon, dafs sich die zu starke Verminderung des
Wassergehaltes nur durch eine zu weit gehende Bearbeitung der Butter bewerkstelligen läfst, wodurch der Werth
des Productes ungünstig beeinflufst wird, ist, wo es sich
um gesalzene Butter handelt, in Betracht zu ziehen, dafs sich das
Salz nicht vollständig löst, oder, wenn es gelöst war, dafs es schon
bei geringer Verdunstung von Wss. sich in Krystallen auf der Oberfläche der Butter ausscheidet. Für die Haltbarkeit ungesalzener Butter
aus ungesäuertem Materiale ist die durch Waschen bewirkte möglichste
Entfernung von aus Milch stammenden Eiweifskörpern und Milchzucker unzweifelhaft von Vortheil. Der Geschmack leidet jedoch unter
dieser Behandlung. Solche Butter hat wenig oder kein Aroma und
hinterläfst nur einen fettigen Geschmack auf der Zunge, der um so
stärker hervortritt, je mehr die Butter ausgearbeitet ist. Verf. schlägt
vor, von Handelsbutter zu verlangen, dafs sie nicht weniger als 80 %
Fett, nicht mehr als 15 % Wss. und nicht mehr als 2 % „sonstige
Bestandtheile" — ausschliefslich Kochsalz — enthalte. — **30.** p. 381.
89. Rep. p. 160.

In der Margarinfabrikation erhält E. Mérian nach seinem paten-
tirten Verfahren das Oleo-Margarin frei von Stearin, indem er das
geschmolzene Fett nicht bis zur völligen Erstarrung abkühlt, sondern
die Temp. nur so weit erniedrigt, dafs ein Theil des Stearins abgeschieden wird. Durch Filtration, Pressen u. s. w. wird das Stearin
von dem flüssigen Theil getrennt. Falls der Talg im festen Zustande
in die Fabrik kommt, wird derselbe zunächst bei niedriger Temp.
geschmolzen und dann weiter behandelt. Das erhaltene Product
nennt Erf. „Oleo-Butyrin". — Corps gras ind. Bd. 16. p. 179.
34. p. 38.

Reinigen und Entschalen von Getreide. D. P. 50584 f. F. Correll in Neustadt a. d. Haardt, Rheinpfalz. Das Getreide wird mit fein ge-körnten Eisen-(Stahl-)Spähnen zusammen in einer Schälmaschine be-arbeitet und darauf mittelst eines Magnet- oder Siebwerkes von den Spähnen wieder getrennt. Die fein gewordenen Eisentheilchen werden nach jedem Durchgang durch die Schälmaschine mittelst eines Lüfters oder Siebwerkes entfernt. Getreide und Eisenspähne werden getrennt abgefangen und letztere durch ein Hebewerk wieder nach der Schäl-maschine zurückgeführt. — **75.** p. 191. **49.** p. 182.

Verbacken von ausgewachsenem Roggen zu Brod. Nach J. Leh-mann geben sich die durch das Keimen der Getreidekörner entstehen-den Veränderungen in der Hauptsache in einem theilweisen Löslich-werden des Klebers und dem dadurch herbeigeführten Verschwinden der Elasticität und Dehnbarkeit (der teigbildenden Eigenschaft) des-selben, sodann aber in einer Umwandlung des theilweise löslich ge-wordenen Stärkemehls vermittelst der mit dem Kleber in geringer Quantität gebildeten Diastase in Dextrin und Zucker kund. Das Koch-salz besitzt die Eigenschaft, den in Lösung befindlichen Kleber wieder unlöslich zu machen und ihm seine teigbildende Eigenschaft wieder zu ertheilen. Bei den praktischen Versuchen erhielt man bei Zusatz von 2 Loth Salz auf 3 Pfd. Mehl ein in jeder Beziehung zufrieden-stellendes, lockeres, trockenes, wohlschmeckendes Brod ohne allen Schliff. Die gleichzeitig angestellten Versuche mit Mehl aus aus-gewachsenem Weizen ergaben bis jetzt kein befriedigendes Resultat. Kochsalz verhindert ferner, abgesehen davon, daſs zur vollständigen Verdauung der im Brod enthaltenen Proteïnstoffe Salz nöthig ist, auch die Schimmelbildung und bewirkt, daſs sich das Mehl ungleich weiſser bäckt, worauf auch Mège-Mouriès hingewiesen hat. — Die Fundgrube. **49.** p. 109.

Das Süſswerden der Kartoffeln hat nach H. Müller nichts mit dem Erfrieren derselben gemein. Kartoffeln erfrieren, wenn unter 3⁰ Kälte gelagert, ohne süſs zu werden, bei geringerer Kälte werden sie süſs, ohne zu erfrieren und ohne ihre Keimfähigkeit zu verlieren. Bei der Lagerung wird in jeder Temp. die Stärke der Kartoffeln all-mählich in Zucker verwandelt; nur bei Temp. über dem Gefrierpunkt wird der Zucker durch eine Art Athmungsproceſs consumirt, während sich bei den Kältegraden ein Zuckerüberschuſs anhäuft. Bringt man daher süſse Kartoffeln in höhere Temp., bis 20⁰ etwa, so nimmt der Zuckergehalt derselben ab und sie werden schon nach 6 Tagen brauchbar. — Braunschw. landw. Ztg. **49.** p. 230.

Schleimbildung in Rohrzuckerfabriken. In den Säften und Syrupen der Rohrzuckerfabriken kommt nach Winter neben Dextran auch eine Art Galactan vor, welche mit keiner der bisher bekannten Arten identisch zu sein scheint. Durch verdünnte Säuren wird es in Galac-tose übergeführt. Ob in den Rohrzuckersäften auch Raffinose vorhan-den ist, konnte bisher nicht mit Sicherheit entschieden werden, ist aber sehr wahrscheinlich. — Mededelingen van het proefstation Midden-Java te Semarang. p. 50. 58. **89.** Rep. p. 117.

In der ersten Saturation nach erfolgtem Kalkzusatz kocht Hoppe den Dünnsaft auf. Die Aufbesserung der Säfte beträgt in der ersten

Saturation 5,23, in der zweiten 0,23, bei Anwendung schwefliger Säure 0,63, im Dicksafte 1,76. Die Saturation dauert bei Anwendung von 26 % Kohlensäure höchstens 8 Min. Hille hat mit dem Aufkochen nach dem Saturiren keinen Erfolg erzielt. Er giebt erst 2 % Kalk und nachdem der Saft aussaturirt und aufgekocht noch 1 % zu. Hentschel kocht erst auf, setzt dann Kalk zu, kocht nochmals auf und saturirt dann. — **69.** p. 241. **95.** p. 238.

Klärung von Zuckersäften. D. P. 49214 f. Heffter. Der Rübendicksaft wird bis zu einer Alkalinität von 0,1—0,05 saturirt, mit so viel Gerbsäure versetzt, bis bei gutem Umrühren in kurzer Zeit ein flockiger Niederschlag entsteht, auf etwa 70° erhitzt, unter Umrühren mit Gelatinelösung vermischt und etwa $1/2$ Stde. der Ruhe überlassen, worauf der schleimige Niederschlag von Leimtannat abfiltrirt wird. Die Gelatine wirkt auch zugleich schönend. — **95.** p. 239.

Schaumgährung und Bildung reducirender Substanzen im Zucker. Als Ursache der Schaumgährung fand Herzfeld die sog. Bodenbender'schen Substanzen, welche Fehling's Lösung kräftiger reduciren als die Soldaini's. Sie entstehen: 1) durch ungenügende Behandlung glycose- und invertzuckerhaltiger Säfte, Melassen und dergl. mit Kalk; 2) durch Ueberhitzen der Zuckerlösungen im Betriebe; sie dürften mit dem sog. optisch-inactiven Zucker von Maumené und Leplay identisch sein, sind aber in Wahrheit nicht inactiv, sondern schwach rechtsdrehend. Die sog. reducirenden Substanzen der Rohzucker sind vorzugsweise Producte der Ueberhitzung von Zucker. Bei Anwesenheit solcher Substanzen giebt die Inversionspolarisation richtigere Resultate als die directe. Die alleinige optische Bestimmung der Raffinose ist in solchen Fällen ungenügend und die Berechnung gefundener Differenzen auf Raffinose unzulässig, es sei denn, daß man die Herkunft der Producte genau kennt. Kleinere Mengen jener reducirenden Substanzen läßt das abweichende Verhalten gegen Soldainische und Fehling'sche Lösung erkennen, größere das abweichende Resultat der Gesammtzuckerbestimmung nach der Kupfermethode. — **51.** p. 263. **89.** Rep. p. 144.

Reinigungsverfahren für Rohzucker. Nach Demmin wird der beim Centrifugiren ablaufende Syrup in einer Anzahl kleiner Portionen aufgefangen, welche bei der nächsten Operation wieder zum systematischen Ausdecken neuen Rohzuckers verwendet werden. Die schlechteste Portion wird jedesmal ausgeschieden, und die hierdurch im Kreislaufe entstehende Lücke durch Einführung frischer Deckkläre ausgefüllt, welche den bereits gereinigten Rohzucker als letzte Decke passirt. Die verschiedenen Syrupe werden in entsprechend eingerichteten Gefäßen aufgesammelt und aus diesen wieder vertheilt. — Sucrerie indigène p. 80. — Das Verfahren beruht auf dem nämlichen Principe wie D. P. 31486 f. Steffen; vgl. Rep. 1885 I. p. 146. **89.** Rep. p. 73.

Zur Reinigung von Melassen, die invertirbare Saccharosen enthalten, wird nach L. Lindet die Melasse zunächst mit Bleisubacetat geklärt, das überschüssige Bleiacetat durch Zusatz von Kupfersulfat in Kupferacetat umgewandelt und sodann in Gegenwart einer geringen Menge Ammoniak mit Kupferarsenit gekocht, behufs Bildung von unlöslichem Acetoarsenit (Schweinfurter Grün). Besser schüttelt man die mit dem 5—10fachen Volum Wss. verdünnten Melassen in der Kälte mit Mercuribisulfat, wobei ein brauner Niederschlag entsteht, der complicirt zusammengesetzt ist und Ulminstoffe, Stickstoff und Quecksilber enthält. Die Flüss. wird sodann mit Barytwasser neutralisirt und gekocht. Man kann so selbst beim Verarbeiten sehr unreiner Melassen mit einem Male fast weißen Zucker erhalten. Um die Reinigung zu vollenden, wird zweckmäßig eine Behandlung mit Aethyl- oder Methylalkohol angeschlossen. — 89. p. 594. 9. t. 110. p. 795. Sucr. ind. p. 427. 100. p. 288.

Entzuckerung von Melasse mittelst Baryumhydroxyds. D. P. 50831 f. E. W. Hopkins in London. Dem Baryumhydroxyd, welches man zur Fällung des Zuckers aus Melasse verwendet, setzt man soviel Baryumsulfhydrat hinzu, als zur Umwandlung der Kali- oder Natronsalze der Melasse in Schwefelalkalien hinreicht. Die vom Baryumsaccharat abfiltrirte Lösung oder Nichtzuckerlauge wird mit Kohlensäure saturirt, um die Schwefelalkalien von Baryumverbindungen zu reinigen. Die Schwefelalkalien gewinnt man dann durch fractionirte Krystallisationen in festem Zustande. — 75. p. 288.

Apparat zur Darstellung reiner schwefliger Säure und zur

Einführung derselben in Flüssigkeiten, insbesondere Zuckersäfte. D. P. 50443 f. C. Bartels Söhne in Oschersleben. Der App. bildet einen aufrechtstehenden Ofen mit regulirbaren Lufteinströmungsöffnungen B, Scheidewänden a, a, a, einem Röhrenkühler D, Sammelraum E und einer Schneckenpumpe F. Die schweflige Säure entsteht durch Verbrennung von Schwefel, welcher sich in einem Einsatzbehälter H befindet, unter beschränktem bezw. geregeltem Zutritt der zur Verbrennung erforderlichen Luft, setzt beim Durchstreichen der Züge zwischen den Scheidewänden den bei der Verbrennung sublimirenden Schwefel ab, wird in dem Röhrenkühler gekühlt und durch die konische Schnecke aus dem Ofen abgesaugt und nach den Saturationsgefäßen übergedrückt. — 75. p. 246.

Saccharin als Zusatz zur Nahrung setzt nach A. Stift die Verdaulichkeit resp. Ausnützbarkeit sämmtlicher Nährstoffe, also der gesammten Trockensubstanz, herab. Procentisch wird durch Saccharinzusatz am stärksten die Fettverdauung vermindert, die Ausnützung der stickstoffhaltigen Bestandtheile der Nahrung, ebenso jene der mineralischen Stoffe wird um so geringer, je mehr Saccharin zugesetzt wird. Die

durch Saccharinzusatz herbeigeführte Verminderung der Ausnützung
ruft Gesundheitsstörungen im Verdauungsacte hervor, welche zur Er-
krankung des Gesammtorganismus des Thieres führen. Durch diese
Resultate werden die bereits früher von Scheibler vorausgesehenen
Uebelstände des Saccharins bestätigt. — **100.** No. 12. **49.** p. 181. —
Zu günstigeren Resultaten für Saccharin gelangte Dante Torsellini;
es erwies sich ihm als ein Stoff, der keinen Einfluſs auf die diastatische Wirkung des Speichels ausübt. Wenn das Saccharin in starken
Dosen die Magenverdauung etwas verzögert, so ist dies nur eine
Folge der Säure und die Verzögerung verschwindet sofort, wenn man
die Säuren durch Zusatz von Alkalien neutralisirt. In kleinen Gaben
übt das Saccharin auf den Magensaft eher eine die Verdauung för-
dernde als sie hemmende Wirkung aus. Die Bauchspeicheldrüsen-
Verdauung wird durch Saccharin nicht ungünstig beeinfluſst; auch für
den Darmsaft darf man dies annehmen; die Säure dieses Stoffes wird
vielleicht durch die Galle, deren Lösung und Absorption er befördert,
neutralisirt. Saccharin ist kein antiseptischer Stoff; sein gährungs-
hemmender Einfluſs wird nur durch die Säure verursacht und verschwindet mit dieser. — La Saccarina nella alimentazione. J. d'Hyg.
(1889). **49.** p. 181. — Bei Versuchen F. Jessen's erwies sich das
leicht lösliche Saccharin ohne Einfluſs auf die Verzuckerung der Stärke
durch das Ptyalin und von geringer verzögernder Wirkung auf die
Peptonisirung des Eiweiſses. Der Genuſs bedeutender Mengen Saccharin
störte die Ausnutzung der Milch nicht, und selbst dauernder Gebrauch
desselben Präparates beeinfluſste die Verdauungsorgane nicht im mindesten in Bezug auf ihr Ausnutzungsvermögen. Auch durch einmalige
groſse Dosen wurden weder bei Mensch, noch Thier Störungen beobachtet. Bereits 1/2 Stde. nach dem Genusse erscheint das Saccharin
im Harne, nach 2½ Stdn. erscheinen nur noch geringe Mengen, und
nach 24 Stdn. ist die letzte Spur Saccharin verschwunden. Das
Sacchar. purum besitzt in mäſsigem Grade die Fähigkeit, Gährungs-
und Fäulniſspilze in ihrer Lebensthätigkeit zu hemmen. Auf pathogene
Pilze, denen ein guter Nährboden zur Verfügung steht, ist es ohne
Einfluſs. Das Saccharin. solubile zeigte nur auf Milchsäurebacillen
eine schwach hemmende Wirkung. — Arch. f. Hygiene. p. 64. **89.**
Rep. p. 64. — Die Unschädlichkeit des Saccharins als Zusatz zu
Nahrungs- und Genuſsmitteln bestätigt J. Huygens (**38. Rep.** p. 107)
und auch R. Kayser; doch ist es noch nicht mit Sicherheit zu beurtheilen, ob nicht bei dauernder und ausschlieſslicher Verwendung
des Saccharins als Süſsstoff schädliche Nebenwirkungen desselben auftreten können. Nahrungs- und Genuſsmittel, die ihren süſsen Geschmack ganz oder theilweise einer Beimischung von Saccharin verdanken und ohne Angabe dieses Umstandes verkauft werden, sind in
der Regel als nachgemachte oder verfälschte im Sinne des § 10 des
Nahrungsmittelgesetzes zu beurtheilen. — 9. Jahresvers. bayer. Vertr.
d. angew. Chem. **89.** p. 686. — Der ungarische Landessanitätsrath
bestimmte, daſs das Saccharin in Ungarn nur auf ärztliche Verordnung
in Apotheken zu verabfolgen sei. Liqueure, Chocoladen und Zucker-
waaren, welche Saccharin enthalten, seien als Verfälschungen zu betrachten und in Ungarn aus dem Verkehre auszuschlieſsen. Das Gre-
mium der Wiener Apotheker hat sich dafür erklärt, daſs das Saccharin

es königlichen Decretes vom 9. Aug
barin und saccharinhaltiger Producto
he Zwecke, und in dem Falle jedes
cialbewilligung — gänzlich untersagt
gier wurde die Einfuhr von Sacchari:
icten durch Decret des Präsidenten d
888 verboten. Durch das Decret v
die spanische Regierung nicht nur
dern verordnete auch die Strafbarkei
ucker in Genuſsmitteln durch Saccb
das Gesetz vom 21. Mai 1889 der
r 1 kg Saccharin, sowie alle Producte
$1/2\,\%$ herunter enthalten, festgesetzt.
als Drogue, bislang einem Einfuhrzoll
werthes unterworfen, dürfte aber die s
rhöhung im Betrage von 60 Gulden pe
. In Italien wurde 1888 (Decret vom
accharin auf 10 Lire per kg angesetzt,
der Kammer vorgelegt, nach welchen
saccharinhaltigen Producten für das
n werden und Zuwiderhandelnde St
e für Contrebande gelten; für die Ein
sollen besondere Normen festgesetzt
rurde durch ein Circular der Zollbehör
en, daſs das Saccharin unter die chen
nicht einzeln benannten Artikel zu cla
ll von 2 Rbl. 40 Kop. per Pud belast
Zoll von 3 Rbl. 50 Kop. per Pud zu

Den Kaffeesurrogaten, Cichorien und Feigen, steht C. Kernauth nicht unsympathisch gegenüber. Das Rösten derselben ist nicht nur überflüssig, sondern sogar im Hinblick auf den Nährwerth schädlich. Da die Handelsproducte häufig bis 18 % Wss. aufweisen, die vom Verf. bereiteten Substanzen nur 8 %, so deutet dies auf eine absichtliche Beschwerung · ersterer mit Wss. hin. Die wasserreichen Surrogate sind vielfach mit Schimmelvegetationen durchsetzt. In Wien existirt bereits eine „Matta" des Feigenkaffees, bestehend aus Speckrüben, Birnen etc. — Rev. intern. fals. denr. alim. Bd. 3. p. 8. **95.** p. 399.

Entfettung von Cacao. D. P. 49982 (Zus.-Pat. zum D. P. 47226; vgl. Rep. 1889 I. p. 141) f. W. Spindler in Stuttgart. Die Entfettung wird an Stelle von Honig oder zuckerhaltigen Lösungen mit Milch, Malzextract, Fruchtsaft oder Pflanzenschleim vorgenommen. — **75.** p. 11. **49.** p. 158.

Choooladenbutter der Firma Petty & Co., Silverton, London, die ein reines vegetabilisches Fett (vielleicht Cocosbutter? D. Red.) sein soll und nur ungefähr $^1/_8$ des Preises der Cacaobutter kostet, unterscheidet sich nach F. Filsinger durch eine viel niedrigere Jod- und höhere Verseifungszahl wesentlich von dem Cacaofett, so dafs es im Verein mit den Abweichungen im Schmelzpunkte und dem Verhalten gegen Aether und Aether-Alkohol, nicht schwer fallen wird, das mit diesem Surrogat versetzte Cacaofabrikat bezw. das daraus abgeschiedene Fett als abnorm zu erkennen und zu beanstanden. — **38. 89.** (1889) p. 507. **49.** p. 141.

Beurtheilung gemahlener Gewürze; v. Hilger. 1) Bei der mikroskopischen Untersuchung der Gewürze müssen die staubfeinen Theile zunächst von den gröberen mittelst eines entsprechenden Siebes getrennt werden. Von den gröberen Theilen sind, soweit möglich, mikroskopische Schnitte anzufertigen und zu untersuchen. Mindestens 6 einzelne Proben sind dem vorliegenden Materiale zu entnehmen und der mikroskopischen Untersuchung zu unterziehen. Die Anfertigung von Dauerpräparaten bei verfälschten oder nicht als marktfähig befundenen Waaren ist zum Zwecke der Verwendung als corpus delicti dringend nothwendig. 2) Bei der Feststellung des Gehaltes an Mineralbestandtheilen (Asche) empfiehlt sich, je nach dem Resultate der mikroskopischen Untersuchung, ein Schlämmprocefs. 3) Geringe Beimengungen vereinzelter Stärkekörner des verschiedenartigsten Ursprunges bei den gemahlenen Gewürzen beeinträchtigen noch nicht die Marktfähigkeit der betreffenden Waare. Safran, welchem vereinzelte Gewebselemente vom Griffel, den Blättern der Blüthe oder anderen Theilen der Safranblüthe beigemengt sind, ist noch als marktfähig zu bezeichnen und nicht zu beanstanden. Die Beimengungen kleiner Mengen Gewebstheile von Nelkenstielen bei Nelken macht die Waare ebenfalls noch marktfähig. 4) Als reine Waare soll bei der Prüfung der gemahlenen Gewürze nur jene Waare bezeichnet werden, welche vollkommen frei von jeder fremden Beimengung gefunden wird. 5) Als höchste Grenzzahlen des Aschengehaltes bei der Beurtheilung marktfähiger Waare sind festzustellen für:

	Mineralbestandtheile	
	Asche	in Salzsäure unlöslich
Schwarzer Pfeffer . . .	6,5 %	2,0 %
Weißer Pfeffer	3,5 „	1,0 „
Zimmt	5,0 „	1,0 „
Nelken	7,0 „	1,0 „
Piment	6,0 „	0,5 „
Muskatblüthe (Macis) . .	2,5 „	0,5 „
Muskatnuß	5,0 „	0,5 „
Kardamon, mit Schale .	10,0 „	2,0 „
Safran	8,0 „	0,5 „
Ingwer	8,0 „	3,0 „
Kümmel	8,5 „	2,0 „
Fenchel	10,0 „	2,0 „
Anis	10,0 „	2,0 „
Majoran	10,0 „	2,0 „
Paprika	5,0 „	1,5 „

Sämmtliche Zahlen beziehen sich auf lufttrockene Waare. — **9.** Jahresvers. bayer. Vertr. d. angew. Chem. **39.** p. 369. **49.** p. 198.

Zur Conservirung von Pilzen im natürlichen Zustande unterwirft
sie Heise zunächst der desinficirenden Einwirkung einer Lösung von
Calciumbisulfit und bewahrt sie dann unter flüssigem Paraffin auf. —
38. 49. p. 304.

Maschine zum Aushülsen grüner Erbsenschoten. D. P. 50330 f.
L. Lüders in Firma H. Lüders in Braunschweig und L. Thies in
Wolfenbüttel. Diese Maschine enthält eine Schleudervorrichtung, be-
stehend aus den auf der schnell rotirenden Welle angebrachten Gegen-

Fig. 1.   Fig. 2.

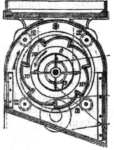 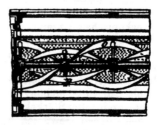

spiralen *o p* und der zwischen den Rollen *x x* gelagerten, um diese
Gegenspirale langsam rotirenden Kammertrommel, deren einzelne
Kammern am äußeren Umfang durch gelochte Bleche *w w* abgeschlossen
sind. — **75.** p. 235.

Unter Hochdruck gedämpfte Lupinen verlieren nach S. Gabriel
erheblich an Verdaulichkeit, das Eiweiß der gedämpften Lupinen fällt
aber im Organismus weniger der Zerstörung anheim als das der gewöhnlichen. — J. Landw. Bd. 38. p. 69. **123.** p. 379.

Bildung von Schwefelzinn in Weifsblechbüchsen (vgl. Rep. 1889 II. p. 138). Dafs aus den schwefelhaltigen Verbindungen der Gemüse-conserven Schwefel leicht abgespalten und zur Bildung von Schwefel-zinn Veranlassung werden kann, beweist nach H. Beckurts und P. Nehring die Bildung von Schwefelsilber auf Silberblech, welches mit wohlerhaltenem Spargel und Erbsen während mehrerer Stunden unter Druck erhitzt wurde. Zur quantitativen Bestimmung des Schwefels in dem dunkeln Beschlage der Büchsen wurden die Blechflächen mit Natriumcarbonat bestreut und mit Watte schwach abgerieben und dar-auf die Watte bezw. das Natriumcarbonat mit Salpeter geschmolzen. Der braune Beschlag besteht ausschliefslich aus Zinnsulfür. — **38.** p. 96. **89.** Rep. p. 86.

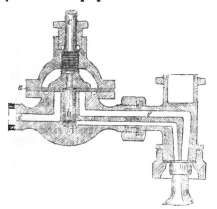

Füllhahn für Selterswasser und dergl. D. P. 51451 f. Fr. F. Wegmann in Düsseldorf. Durch die Spindel c werden die beiden Dichtungsplatten a und b gehoben oder gesenkt. Die eine Dichtungsplatte öffnet bezw. verschliefst die Canäle d und e für die Flüss., während die andere den Canal k für die Luft öffnet bezw. verschliefst. — **75.** p. 443. **49.** p. 327.

Zur Prüfung der Verzin-nung von Mineralwasserappa-raten wendet man nach Gold-ammer am besten kohlensaures destillirtes Wss. an, welches man 1—3 Tage unter Druck in dem App. stehen läfst. In den meisten Fällen ist die Ursache des Kupfergehaltes eines Sodawassers das lange Lagern auf schlecht verzinnten Schankcylindern; Blei kann entweder durch Löthungen oder durch Verwendung von bleihaltigem Zinn zur Verzinnung in die App. gelangen. — **24. 49.** p. 238.

Verdrahten von Flaschen. D. P. 50128 f. A. E. H. Lozé in Liverpool. Eine aus zwei Schleifen a und b bestehende Drahtschlinge, bei welcher die Schleifen an einem Ende vereinigt, am anderen Ende frei sind, wird in der Weise zum Verdrahten von Flaschen verwendet,

Fig. 1.   Fig. 2.   Fig. 8.

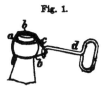

dafs ein Theil des Drahtes den Hals der Flasche umschlingt, während der andere Theil über den Kork hinüber gebogen wird. Das Ganze wird dann durch Umeinanderdrehen der freien Enden der Schleifen bei c mittelst eines Schlüssels d am Flaschenkopf befestigt. — **75.** p. 160.

Herstellung von Brausemischungen. D. P. 46985 f. P. Petzold
in Schirgiswalde. Es werden 25 Th. schwefelsaure Thonerde mit
10 Th. gepulvertem doppeltkohlensaurem Natron und 11 Th. weinsaurem
Salz, z. B. Seignettesalz, in gepulvertem Zustande, gut gemischt, je
nach dem beabsichtigten Zweck gewisse ätherische Oele und Farbstoff
hinzugefügt und das pulverförmige Gemisch mit so viel 90°/₀igem Weingeist angefeuchtet, dafs sich mit Hilfe eines gewöhnlichen Pastillen-
stechers Pastillen von 1—2 g Gewicht daraus formen lassen, welche,
getrocknet, leicht aufbewahrt werden können und sich rasch selbstthätig in Wss. lösen. (Aus dem Pat. ist nicht ersichtlich, zu welchem
Zweck die Brausemischung dienen soll. Das Pat. ist unter der Klasse
der Nahrungsmittel aufgeführt; dagegen spricht indefs der Gehalt an
Thonerdesulfat, der als gesundheitsunzuträglich angesehen werden mufs.
Red.) **75.** p. 11. **49.** p. 158.

Demuth; Nährwerth der Nahrungsmittel. (Kritik besonders der König'schen
   Methode zur Berechnung des Nährwerthes und Aufstellung einer eigenen.)
   Festschr. z. 50jähr. Jubil. d. Ver. pfälz. Aerzte 1889. **128.** (1889) p. 77.
   24. p. 129.

A. Stutzer; künstliche Verdauung der Proteinstoffe. **22.** p. 321. **123.** p. 60.

A. Stutzer; verdauliches Eiweifs verschiedener Futterstoffe und Nahrungsmittel.
   (Die in den Nahrungsmitteln enthaltenen, durch Magensaft verdaulichen
   Proteinstoffe sind wahrscheinlich nicht gleichwerthig: Verfahren zur Werth-
   schätzung der Eiweifsstoffe.) **22.** p. 107. **123.** p. 276.

P. Vieth; Zusammensetzung von Milch und Milchproducten. **117.** p. 44. **34.**
   p. 109.

Renk; hygienische Untersuchungen über die Marktmilch. **49.** p. 278.

Isbert und Venator; Beurtheilung der Milch. (Allgemein gültige Grenzzahlen lassen sich nicht festsetzen.) **123.** p. 85.

N. Kowalewsky; Verhalten der Milch zum Guajakharz. (Milch giebt unter
   dem Einflufs des Lactoglobulins und Lactoalbumins mit Guajaktinctur und
   Terpentinöl Blaufärbung, nicht aber nach dem Abkochen.) Centralbl. f.
   med. Wiss. Bd. 9. p. 145. Bd. 10. p. 162. **38.** Rep. p. 168.

A. Gawalowski; Schauscher'sches Milchpulver. (1 g Eisensulfat, 2 g Kochsalz, 5 g Casein, 8 g Natriumbicarbonat, 550 g Milchzucker, 25 g Natriumphosphat; ein Efslöffel des Pulvers in 0,5 l Wss. gelöst und mit Hühner-
   eiweifs verrührt, giebt eine künstliche Milch.) Ztschr. f. Nahrungsm. u.
   Hyg. Bd. 3. p. 97. **95.** p. 372.

H. Scholl; blaue Milch (veranlafst durch die Ammoniakverbindung einer Fettsäure; in schwach alkalisch reagirenden Flüss. gedeihen die Bacterien der
   blauen Milch nicht.) Centr. f. med. Wiss. Bd. 27. p. 953. **123.** p. 254.

Ueber die Conservirung der Milch. **24.** p. 407.

Neuhauss, Gronwald und Oehlmann; Milchsterilisation. **49.** p. 327.

Th. Timpe; Sterilisirungs-Apparate und Milchflaschen nach Prof. Escherich.
   49. p. 363.

P. Corbetta; Gehalt an flüchtigen Fettsäuren in der ranzigen Butter (ist
   kleiner als in der nicht ranzigen und nimmt progressiv ab, aber nicht sehr
   bedeutend; durch Waschen mit Wss. oder mit Natriumbicarbonatlösung
   können aus der ranzigen Butter keine flüchtigen Fettsäuren entfernt werden).
   89. p. 406.

v. Freudenreich; Blähung der Käse (wird durch Bacterien veranlafst).
   123. No. 2.

A. Müller; Brod mit Centrifugenmilch. **30.** Bäcker- u. Cond.-Ztg. **49.** p. 292.

Zuntz; Stärkezubacken zum Brod. (Der Eiweifsgehalt des Brodes wird zwar herabgedrückt, aber nicht so weit, dafs eine nicht ausreichende Eiweifsernährung der Consumenten zu befürchten sei.) **66.** p. 67.

Saare; Absatzbottiche für Stärkefabriken. **66.** p. 59.

Alban; Untertauch-Absatzbottichsystem in der Stärkefabrikation. **66.** p. 59.

R. A. Cripps; Prüfung des diastatischen Werthes der Malzextracte. (Gutes Malzextract soll bei 55° in 10—15 Min. mindestens sein gleiches Gewicht Kartoffelstärke verzuckern.) **105.** (1889) p. 481. **24.** p. 131.

Cl. Fermi; diastatische Fermente. (Aufzählung der Zuckererzeuger; die Fermente dienen zur Ernährung der Pilze, die Toxine sind Zersetzungsproducte des ausgenutzten Nährbodens.) Arch. f. Hyg. Jan. **38.** Rep. p. 186.

R. Hundrieser; Bildung von Invertzucker in Frucht- und anderen Syrupen. (Beim Aufbewahren der Syrupe im Keller tritt Vermehrung des Invertzuckergehaltes ein, worauf bei der Analyse Rücksicht zu nehmen ist, wenn es sich darum handelt, eine Verfälschung von Syrupen, eingemachten Früchten u. a. mit Stärkezucker nachzuweisen.) **40.** p. 33. **38.** Rep. p. 103.

J. Stocklasa; Bedeutung der Phosphorsäure animalischen und mineralischen Ursprungs für die Production der Zuckerrübe (ist die gleiche). Listy cukrovarnické. p. 112. **89.** Rep. p. 64.

Claassen; Zuckerverlust der Rüben in den Mieten (ist in Luft- und Erdmieten im Grofsen und Ganzen gleich; erstere lassen sich leichter füllen und entleeren und geben Steuergewinn bei Verarbeitung procentisch zuckerreicher Rüben, sind aber bei nicht gut durchlüftbaren Rüben oder bei zu stark durchlüfteten gegen die Erdmieten im Nachtheil). **51.** p. 154. **89.** Rep. p. 109.

Bergreen, D. P. 50007; Rübenschnitzelmesser.

E. Maigrot und J. Sabates in Havanna, Cuba, D. P. 50443; Apparat zur Läuterung von Zuckersäften mittelst Elektricität. **75.** p. 246.

Rassmus; Filtration vor dem ersten Verdampfkörper. (Nutschfilter von Fuckner empfohlen.) **69.** p. 337.

Greiner; D. P. 50603; Vacuumkochapparat.

Schwager, D. P. 50062; Gegenstrom-Condensator.

Vier, D. P. 51701; Vorrichtung zur Verhütung übermäfsiger Schaumbildung beim Kochen, Erhitzen oder Verdampfen von Flüssigkeiten.

Ruhnke; Krystallisation unter Bewegung nach Bock (bewährt sich). **51.** p. 55.

C. Steffen in Wien, D. P. 50188 (Zus.-Pat. zum D. P. 43484); Auslaugebatterie für Zucker und Zuckerfüllmasse. **75.** p. 140.

L. Lindet; Einwirkung des Kalks auf die Raffinose. Journ. des fabr. de sucre No. 19. **100.** p. 290.

W. Dunstan; Mussaënda-Caffee (enthält kein Coffeïn). **105.** (1889). Ztschr. f. Nahrungsm. u. Hyg. p. 13.

C. A. Otto in Dresden, D. P. 51402; Röstapparat. **75.** p. 385.

Y. Kozai; Zusammensetzung der grünen und rothen Theeblätter. (Grüner und rother Thee unterscheiden sich nur durch die Verschiedenheit in der Behandlung beim Trocknen.) Journ. Tokio Chem. Soc. Bd. 10. No. 8. **89.** Rep. p. 109.

D. Hooper; Gerbstoffgehalt indischer und ceylanischer Theesorten. (Die feinsten Theesorten haben den höchsten Gerbstoffgehalt.) **38.** Rep. p. 129.

Ver. schweiz. analyt. Chem.; Beurtheilung und Untersuchung von Cacao und Chocolade. **78.** No. 19. **24.** p. 358. **76.** p. 559.

Versuchsstation der Königl. Lehranstalt für Obst- und Weinbau in Geisenheim; Aufbewahrung des frischen Obstes. Bäcker- u. Cond.-Ztg. **49**. p. 299.

W. Maxwell; lösliche Kohlehydrate der Hülsenfrüchte. (Phaseolus vulgaris enthält 5,36 %, die Samen nach dem Keimen 3,35 %.) **97**. p. 265. **34**. p. 205.

A. Emmerling; Prüfung der Futtermittel auf Unverfälschtheit und Unverdorbenheit. **22**. p. 38.

E. Mach-Zacransky; Nährwerth von Münchener Malzkeimen. Tyrol. landw. Bl. (1889) p. **24**. **119**. **45**. p. 514.

O. Saare; Einflufs der Kartoffelsorte auf Feinheit und Stärkegehalt der Pülpe. (Die Schätzung der Pülpe nach dem äufseren Anblick stimmt mit dem analytischen Resultat überein.) **66**. p. 68. **123**. p. 372.

Büttner und Meyer; Vorbereitung der Rübenschnitte zum Trocknen. (Die Schnitte werden mittelst einer schrägen Schnecke durch lebhaft bewegte Kalkmilch geführt; vgl. Rep. 89 I. p. 128.) **100**. p. 144. **89**. Rep. p. 109.

Maercker; Fütterung mit nach Büttner und Meyer getrockneten Rübenschnitten (zeigte sich der mit nassen überlegen). **51**. (1889) p. 1086. **89**. Rep. p. 43.

H. W. Wiley; Zusammensetzung der Sorghumsamen, mit Rücksicht auf ihren Futterwerth. (Der Werth der Sorghumsamen als Nährmittel für Menschen und Thiere ist gleich dem des Mais und Hafers und nur wenig geringer als der des Weizens.) Vortrag in d. Generalversamml. d. „Society for the promotion of agricultural science" in Torento, Canada. **89**. Rep. p. 7.

O. Kellner; Zusammensetzung und Verdaulichkeit des Reisstrohes. (Der Gehalt an verdaulichen Nährstoffen übertrifft den des Haferstrohes, beim Sumpfreis um etwas mehr als beim Bergreis.) **22** p. 23. **89**. Rep. p. 64.

A. Devarda; der Proteïngehalt des Wendenburg'schen Holzmehlfutters und die Bestimmung desselben. (Reines Holzmehl hat nur einen sehr geringen Stickstoffgehalt [ca. 0,1 %]; die Stickstoffbestimmug kann nach Kjeldahl oder nach Will-Varrentrapp ausgeführt werden.) **89**. p. 3.

Schuster und Liebscher; Nährwerth der Steinnufs-Spähne. (Praktisch nicht von Bedeutung; die Versuche erweisen aber, dafs die jetzt herrschende Ansicht, günstige Mastresultate seien an reiche Eiweifsnahrung geknüpft und der Nährwerth der Cellulose sei ein überaus zweifelhafter, nicht richtig ist.) Landw. Jahrb. p. 143. **89**. Rep. p. 161.

O. Kellner und J. Sowano; Bereitung des Sauerfutters. (Die Stickstoffverluste werden gröfstentheils durch Bildung von Ammoniak bedingt.) **22**. p. 16. **89**. Rep. p. 64.

K. k. chem.-phys. Versuchsstation Klosterneuburg; Einbeizen von Mais- und Hülsenfrucht-Saatgut zur Abhaltung thierischer Schädlinge. (Petroleum wird zum Einbeizen von Mais, Felderbsen, gelber Lupine und gemeiner Wicke empfohlen, nicht für anderes Saatgut.) **82**. **49**. p. 310.

H. Hencke & Co.; Biertreber-Trockenapparat. **131**. **49**. p. 207.

P. Lohmann; Erzeugung der Kohlensäure in den Mineralwasserfabriken. **106**. p. 249.

W. Bügler in Stuttgart, D. P. 51862; Fruchtpresse. **49**. p. 295.

Papier.

Elektrische Bleichung des Papiers durch Zersetzen einer wässerigen Magnesiumchloridlösung führen E v a n s & O w e n s in ihrer Papierfabrik bei Cardiff aus. Die einzige Substanz, welche beim Verfahren aufgebracht wird, ist Wss., dessen Wasserstoff in Blasen entweicht, während sein Sauerstoff durch die Flüss. den Bleichtrögen zugeführt wird. Dasselbe Magnesiumchlorid kommt immer wieder zur Verwendung, das Chlor dient gewissermafsen nur als ein Mittel, um den Sauerstoff aus dem Farbestoff zu entladen. Die Elektrolysoren bestehen aus Kästen von galvanisirtem Eisen, die oben offen sind und unten eine durchlöcherte Röhre haben, durch welche die erschöpfte Flüss. eintritt und zwischen einer Reihe von Elektroden nach oben steigt. Die positiven Elektroden sind aus Platin, die negativen aus Zink. Die Flüss. rinnt über die Seiten des Kastens ab und ergiefst sich in einen darunter stehenden Trog aus Cement, von wo eine Centrifugalpumpe dieselbe nach einem oberen Behälter hebt, der die Gestalt eines Kessels mit runden Enden hat, wie bei allen Elektrolysoren und mit denselben durch mit Hähnen versehene Röhren communicirt. Von diesem Behälter wird die Flüss. in die Bleichmühle gepumpt und tritt von dort in Tröge ein, in welchen sich das Ganzzeug für das Papier befindet. Das Bleichen erfolgt durch Waschtrommeln, wie üblich, und die erschöpfte Flüss. kehrt zum Hauptbehälter zurück, um abermals durch die Elektrolysoren zu gehen und wieder gekräftigt zu werden. — 52. 31. p. 113.

Bleichen von Cellulose. Eng. P. 1834/1889 f. R a m s e y in Leeds. Holzspähne werden in einem Kessel mit Circulirvorrichtung für die Flüss. mit Kalkwasser gekocht und dann mit einer Magnesiumhypochloritlösung von 3° B. (aus Chlorkalk und Magnesiumsulfat hergestellt) behandelt. Das Bleichen erfolgt in einem anderen Gefäfse mit Magnesiumhypochlorit. — 95. p. 509.

Die Leimung der Papierfaser im Holländer. Nach E. M u t h mufs die für Leimpapier verwendete Faser derart vertheilt werden, dafs sie dem wasserabstofsenden Zusatze eine möglichst grofse Oberfläche darbietet, was möglich ist, wenn sie nach der Längsrichtung derselben aufs feinste gespalten wird. Hierdurch behält die Faser gröfste Geschmeidigkeit; beim Schüttelprocesse verfilzt sie sich mit den zunächst liegenden Fasern, so dafs das Papier um so fester ist. Die zum Leimen des Papiers dienenden Stoffe müssen die Eigenschaft haben, das Innere der Faser vollständig auszufüllen. Die auf der Faser selbst befindlichen wasserabstofsenden Stoffe müssen den höchsten Grad von Feinheit besitzen, da so die Faser am vollständigsten überzogen wird. Die gleichen wasserabstofsenden Stoffe, welche im Holländer die Faser überziehen, füllen auch die Zwischenräume im Papiere aus. Damit dies möglichst vollständig erreicht wird, müssen diese Stoffe verschiedene Gröfse haben. Genügende Leimfestigkeit im Papiere

wird nur erreicht, wenn die feuchte Papierbahn auf dem Trocken-
cylinder bis zur nöthigen Temp. erwärmt ist. — **28.** Bd. **275.** p. **29. 71.
89.** Rep. p. **34.**

Apparat zur continuirlichen Darstellung von Sulfitlauge. D. P.
52012 f. A. Wendler in Wilmington, Delaware, V. St. A. In der mit
Rieselflächen ausgestatteten Kammer K wirken schweflige Säure, durch
B zugeführt, und Kalkmilch, durch D zugeleitet, aufeinander ein. Die
durch A abfliefsende Sulfitlauge wird in dem Behälter R noch einmal

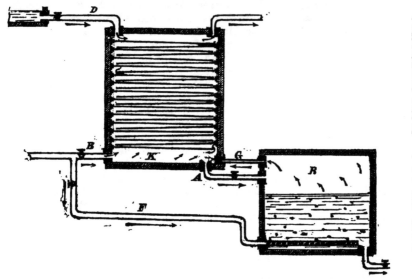

mit durch F zugeleiteter schwefliger Säure behandelt, um auf diese
Weise eine Lauge von möglichst gleich bleibender Concentration zu
erhalten. Die in R nicht absorbirte schweflige Säure tritt durch G
in die Rieselkammer K, während die fertige Sulfitlauge nach einem
Sammelgefäfs geleitet wird. — **75.** p. **507.**

Eiserne oder stählerne Sulfitkocher mit innerer Schutzkruste.
D. P. **50789** f. F. Salomon in Berlin und H. Brüngger in Cunners-
dorf, Reg.-Bez. Liegnitz. Der von aufsen auf etwa **130⁰** zu erhitzende
Kocher aus Eisen- oder Stahlblech wird dadurch mit einer inneren
Schutzkruste versehen, dafs man ihn vorher heizt und dann mit
Sulfitlauge oder Gypslösung füllt. Beim Sieden der Flüss. scheidet
sich eine feste und dauerhafte Kruste gleichmäfsig auf der inneren
Wandung des Kochers ab. Bei rotirenden eisernen oder stählernen
Kochern stellt man zweckmäfsig sämmtliche durch Ueberzug zu
schützenden Theile doppelwandig her, damit vermittelst des so ge-
schaffenen Zwischenraumes die Heizung des Kochers erfolgen kann.
Einfachwandige Kocher werden mit einem Mantel von Mauerwerk versehen; in den Zwischenraum werden heifse Gase zur Heizung eingeführt. Nicht rotirende Kocher werden in ähnlicher Weise mit einem
Ueberzug versehen. An einer Stelle des Kochermantels ist ein Rohr

angebracht, welches nach einem geschlossenen Cylinder führt. Derselbe dient zur Aufnahme der beim Erhitzen voluminöser werdenden Lauge. — **75.** p. 283.

Ausscheiden von Harz und Fett aus ihren alkalischen Lösungen entweder als freie Säuren oder als unlösliche Salze. D. P. 51782 f. F. J. H o m e y e r in Sachsenhausen-Frankfurt a.M. und O. W o l f f in Frankfurt a. M. Man bringt zu mit Harzseifenlösung versetzter Papiermasse Kieselfluorwasserstoffsäure. Die gebildete Harzsäure schlägt sich dann auf der Faser nieder, während das gleichzeitig entstehende kieselfluorwasserstoffsaure Alkali, da es im Wss. fast unlöslich ist, von der Papiermasse festgehalten wird. Aus dieser Art der Leimung geht keinerlei Lauge hervor, vielmehr läuft das früher zugesetzte Wss. klar ab. Das ausgefällte Salz dient der Papiermasse als Füllung. Das Verfahren läfst sich auch für verschiedene andere technische Zwecke anwenden. — **75.** p. 400. **49.** p. 271.

Nachgeahmtes japanisches Papier als Ersatz des echten Tokiopapieres besteht nach W. H e r z b e r g aus Holzcellulose (vermuthlich Sulfitstoff). Holzschliff ist nicht vorhanden, Aschengehalt $3,1\ \%$; es ist leimfest, mit Harz und Stärke geleimt und entspricht nach der preufsischen Normalie der Stoffklasse III. und der Festigkeitsklasse 8. Es kann dementsprechend, soweit es sich um Documente handelt, nur für Acten gebraucht werden, welche für den gewöhnlichen Gebrauch bestimmt sind und nur einige Jahre aufbewahrt werden sollen. — **38.** Rep. p. 71. **49.** p. 126. **114.** Bd. 7. p. 152.

Herstellung pergamentisirter Pappe. Nach einem amerikanischen Patent versetzt man starke Schwefelsäure des Handels mit etwa der gleichen Menge Wss., giebt zu dieser verdünnten Säure $10{-}25\ \%$ ihres Gewichts Salzsäure, soviel Zink, als sich auflöst, und nach dem Abkühlen etwa $^1/_6 - ^1/_4$ des Gewichts Dextrin. Durch das aus dieser Mischung bereitete Bad läfst man eine von einer Rolle sich abwickelnde Papierbahn laufen und nach Verlassen des Bades sich auf einer Rolle wieder aufwickeln, bis die gewünschte Stärke der Pappe erreicht ist, worauf man, wie bei der Herstellung gewöhnlicher Pappe, das Aufgewickelte der Länge nach durchschneidet und in eine Ebene ausbreitet. Die erhaltene Tafel wird sodann in Wss. oder ein Neutralisir-Bad getaucht, um die überschüssige Säure zu entfernen. Man kann auch das Zink in der Salzf. auflösen, ehe man letztere der Schwefelf. zusetzt, sowie das Dextrin durch Abfälle der so erzeugten Pappe oder durch Papier, Blut oder Albumin ersetzen. — **57. 29.** p. 108.

Unnachahmbares Papier. Nach einem amerikanischen Patent giefst man Tinte auf einen lithographischen Stein, legt eine andere lithographische Platte darauf, reibt beide eine Zeit lang miteinander und trennt sie dann. Die Tinte wird durch das Reiben so vertheilt, dafs auf der Platte ein Abdruck hervorgebracht wird. Die Tinte läfst man trocknen, die lithographische Platte wird hierauf wie gewöhnlich behandelt und die Copie auf die übliche Art und Weise hergestellt. Das Verfahren soll Abdrücke von einer so unendlichen Mannigfaltigkeit in Form und Schattirung hervorbringen, dafs eine Reproduction, aufser von der Originalplatte, unmöglich ist. Die Copie kann in irgend einer gewünschten Farbe angefertigt werden. — **16.** No. 15. **49.** p. 319.

Papier mit Seidengewebe-Einlagen, welches sich insbesondere zur Herstellung von Banknoten und Werthpapieren eignet, kann nach einem österreichischen Patente entweder von Hand aus oder auf der Papiermaschine erfolgen. Bei der Herstellung von Hand aus wird das Seidengewebe zwischen zwei Lagen Papier gelegt; die beiden Papierblätter werden mittelst eines beliebigen Klebestoffes an das Gewebe festgeklebt und das so angefertigte Papier in einer Presse gepreßt und getrocknet. Bei der Herstellung auf der Papiermaschine wird in der bekannten Art der abfließende Papierstoff mit dem innerhalb desselben sich fortbewegenden, von einer Walze abrollenden Seidengewebe zusammengegautscht. Ein solches Papier dürfte nicht nur sehr dauerhaft, sondern auch schwer nachzuahmen sein, auch sind Radirungen darauf leicht erkennbar. — **36. 49.** p. **223.**

Einrichtung zur Herstellung endlosen Hektographen-Papiers. D. P. 51664 f. J. Prasch in Wien. Das Hektographenpapier ist ein starkes Papier, welches auf einer Seite mit einem sehr feinen Häutchen von einer der bekannten gelatinösen Copirmassen (Leim und Glycerin oder dergl.) überzogen ist. Die neue Vorrichtung besteht aus einer Trommel *A*, welche das mit Hektographenmasse versehene Papier aufnimmt, dem Behälter *m* für die Copirmasse, welcher durch ein Wasserbad *w* erwärmt wird und mit einem verstellbaren Auslaufbecken *o* versehen ist, einem elastischen Widerlager *E*, der Trommel

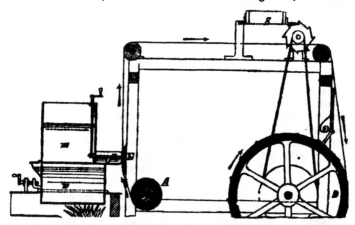

D zum Aufwickeln des fertigen Hektographenpapiers, sowie dem mit einem Bestäubungspulver gefüllten Schüttelbehälter *S*. Das Papier überzieht sich, indem es sich in aufsteigender Richtung an dem Rande des Auslaufbeckens *o* vorbeibewegt, mit einer dünnen Schicht von der geschmolzenen Copirmasse, welche alsbald erstarrt, und wird, da es sich ohne weiteres wegen seiner Klebrigkeit nicht würde in Rollen aufbewahren lassen, durch den Schüttelapparat mit einem feinen Pulver, z. B. Federweiß überstäubt, welches das Haften der Copirblätter an einander verhindert. Vor dem Gebrauch wird dieses Pulver wieder durch Abwischen mit einem feuchten Schwamm entfernt. — **75.** p. 509. **49.** p. 385.

Herstellung weißen Sicherheitspapiers. D. P. 51248 f. A. Schlumberger in Paris. Nach D. P. 32403 werden Sicherheitspapiere mit Hülfe von Ferrocyankalium und Eisen-, Blei-, Mangan-, Zinn- oder Zinksalzen hergestellt. Um nun ein völlig weißes Papier zu gewinnen, versetzt man die erwähnten Zusätze mit Harzseife und kann so die verschiedenen Metallsalze in der Papiermasse in Harzseifen überführen. Dieselben haften leicht auf der Faser, geben aber bei jeder sauren Reaction im Fall eines Fälschungsversuches unter theilweiser Umsetzung deutlich gefärbte Niederschläge auf dem Papier. — **75.** p. 304. **49.** p. 279.

Herstellung von Gold- und Silberpapier. D. P. 51643 f. J. v. d. Poppenburg in Berlin. Man bereitet ein Bad aus 5 g Silber (oder sonstigem Edelmetall), 15 g Cyankalium und 5 g doppeltkohlensaurem Kali auf 1 l Was. Zu diesem Bad gießt man so viel Salzsäure, daß keine Trübung entsteht. Darauf überzieht man eine blanke Metallplatte mit Fett oder Oel und taucht sie in das auf etwa 60° erwärmte Bad, wobei sich auf der Platte ein dünner Ueberzug von Silber oder dergl. bildet. Nach dem Abtrocknen der Platte wird Papier auf das Metallhäutchen geklebt, worauf man beides zusammen ablöst, was infolge des Fettüberzuges leicht möglich ist. — **75.** p. 380. **49.** p. 270.

Briefumschläge aus nicht klebbarem Stoff. D. P. 49740 f. M. Krause in Berlin. Die Briefumschläge werden nach dem Falzen auf der Vorderseite mit einem Klebmittel aufnehmenden Streifen für die Freimarke versehen, welcher durch zwei Einschnitte des Umschlages gezogen wird. Auf der Rückseite ist ebenso eine Zunge zum Verschließen der einzelnen Klappen aus zusammenklebbarem Stoff in Einschnitten derselben befestigt. — **75.** p. 11.

H. G. Ströhl; Herstellung von japanischem Krepp-Papier. Freie Künste. **57.** p. 595.

O. Knöfler; Berechnung des Trockengehaltes von Holzstoff. (Tabelle.) **57.** p. 230.

A. Thumb in Rattiman, D. P. 49745; Holzstoffsortirer. **75.** p. 11.

Chelius in Rumbeck, D. P. 49672; Holzschleifmaschine.

H. Leavitt in Yarmouth, Maine, Amer. Pat. 423384; Maschine zum Zerkleinern von Lederabfällen zu Papierstoff. **57.** p. 1124.

G. Schumann in Zeitz, D. P. 48783; Kochapparat. (Vorrichtung, um Undichtheit zu erkennen.)

Chelius jr. in Rumbeck bei Oeventrop, D. P. 50359; Papierstoff-Sortirer. **75.** p. 157.

Favier Söhne in Gromelle, D. P. 49646; App. zum Mahlen von Papierstoff.

J. Hoyt in Manchester, New-Hamshire, Am. P. 412258; Wasch- und Bleichholländer. **57.** p. 152.

J. H. Annandale in Polton, Grafsch. Mid. Lothian, Schottland, D. P. 50416; Einrichtung zur Herstellung von Papier-Ganzzeug. **75.** p. 157.

B. Dropisch; Zubereitung des Papier-Ganzzeuges. **57.** p. 1230.

G. H. Gemmel; Feuchtigkeit im Papier-Ganzzeug. (30—40%; gleich nach dem Eintreffen der Waare sollen 3 Proben von Ende zu Ende genommen werden, die 4—5 g wiegen und bei 100° zu trocknen sind.) **26.** p. 165. **34.** p. 99.

Maschinenfabrik Germania, vorm. J. S. Schwalbe und Sohn in Chemnitz i. S., D. P. 48180; Trockenmaschine für Stoffbänder, Papierbahnen und dergl.

Photographie und Vervielfältigung.

Weißes unaotinisches Licht erhält R. E. Liesegang, indem er das Licht durch eine wässerige Lösung von 3 Th. Nickelchlorür und 1 Th. Kobaltchlorür gehen läßt; gesilbertes Papier veränderte sich in mehr als 1 Woche hinter einer solchen ganz verdünnten Lösung nicht. Um die vielleicht noch hindurchgehenden ultravioletten Strahlen abzuhalten, wurde eine Glaswand des Gefäßes mit einer Lösung von Chininsulfat in Collodion, welche etwas mit Schwefelsäure angesäuert war, überzogen. Bestreichen der Fenster allein mit einer fluorescirenden Lösung von Chininsulfat war zur Abhaltung aller wirksamen Strahlen nicht geeignet. — **25.** p. 122. — Nach H. W. Vogel werden durch die Lösung nur die violetten Strahlen verschluckt; gesilbertes Eiweißpapier bleibt hinter der Lösung weiß, da es hauptsächlich violettempfindlich ist. Für Bromsilberplatten ist die Lösung schädlich, da erstere hauptsächlich blauempfindlich sind und die blauen Strahlen durch die Lösung hindurchgelassen werden. Nimmt man letztere sehr concentrirt (3 Chlornickel + 1 Chlorkobalt in 10 Wss.), so absorbirt sie das Blau fast ganz, läßt aber gelbes und grüngelbes Licht durch, ist also für farbenempfindliche Platten unbrauchbar. Für gewöhnliche Platten ist sie zu dunkel gefärbt; ein Hellermachen durch Verdünnung ist nicht zulässig, weil dann blaue chemisch wirksame Strahlen hindurchgelassen werden. — **50.** Bd. 27. p. 82.

Photographische Lichthöfe kann man nach M. Cornu in ihrer Intensität vermindern durch Vergrößerung der Dicke der Platten; man kann sie verschwinden machen durch Ueberziehen der Rückseite mit einem schwarzen Firniß. Letzterer muß im trockenen Zustande einen Brechungsindex haben, der jenem der Platte möglichst nahe kommt, und die Firnißschicht muß die wirksamen Lichtstrahlen, welche sie durchdringen, absorbiren. — Bull. de la Soc. franç. de Phot. p. 160. **53.** p. 425. — Gebrüder Henry empfehlen zur Beseitigung der Lichthöfe Hintergießen der Platten mit Chrysoidin-Collodion. — Journ. de l'Ind. Phot. p. 72. — Nach Stolze muß man dem Collodion 1—2 % Ricinusöl zusetzen. — Phot. Nachr. p. 209. 454. — Nach W. E. Debenham ist Caramel eine sehr geeignete Substanz zur Hinterkleidung, besonders, wenn sie mit einer Gelatine zubereitet wird, die sich fast direct ablöst. — **25.** Eder's Jahrb. (1891) p. 423. 425.

Zur Herstellung von Ammoniak-Emulsion weicht B. Nicole in einem Gefäß mit weiter Oeffnung 3—4 Th. weiche Gelatine in 150 Th. Wss., löst bei 50°, fügt 8 Th. Ammoniumcarbonat, 45 Th. Ammoniumbromid, 18 Th. Ammoniak (0,910 spec. Gew.), 420 Th. absoluten Alkohol hinzu, gießt unter Schütteln eine 50° warme Silbernitratlösung (60 : 200) in die vorige 50° warme Lösung, setzt kalte Jodkaliumlösung (1 : 99) zu und schüttelt alle Viertelstunden gut bei einer Temp. von 35—40°. Sobald sich das Bromsilber schwer vom Boden entfernen läßt (nach 1—3 Stdn.), kühlt man auf 15—30° ab und läßt noch 5—6 Stdn. stehen. Dann trennt man das Bromsilber durch die

Centrifuge oder fügt 44 Th. harte Gelatine, die man in Wss. quellen läfst, hinzu, schmilzt im Wasserbade bei 60—70⁰, läfst erstarren, quetscht Nudeln, wäscht und schmilzt unter nochmaligem Zusatz von 40 Th. Gelatine und 5 Th. Alkohol. — Rev. Suisse. p. 133. Phot. Nachr. p. 317. Eder's Jahrb. (1891) p. 451.

Aurincollodion dient zum Uebergiefsen der Rückseite der Gelatine-platten, um Reflexe zu vermeiden, welche manche Aufnahmen, beson-ders astronomische, sehr beeinflussen können. Das Aurincollodion wird bereitet durch Zusatz einer alkoholischen Auflösung von Aurin zu 2 % Collodion, so dafs es genügend gelb gefärbt wird, und Hin-zufügen von 1—2 % Ricinusöl. Letzteres soll dem Collodion die Sprödigkeit benehmen. Man mufs sich beim Aufgiefsen des Aurin-collodions in Acht nehmen, damit es nicht auf die vordere, mit Gela-tine-Emulsion überzogene Seite der Glasplatte geräth, weshalb es an-zurathen ist, die Arbeit vor Auftragen der Emulsion auszuführen. Von anderer Seite ist zu gleichem Zwecke anstatt Aurincollodions Druckschwärze empfohlen, welche jedoch alle damit in Berührung kommende Gegenstände beschmutzt. — Phot. Nachr. p. 204. **89.** Rep. p. 122.

Ursache der Randschleier der Gelatineplatten. Meist wird die-selbe der Art der Verpackung zugeschrieben, doch sind mit Sicher-heit auch noch andere Ursachen ermittelt worden. Nächstdem, dafs die empfindlichsten Platten, besonders mit sogenannter Ammoniak-emulsion bereiteten, am stärksten diesen Fehler zeigen, so kommt er vornehmlich bei den Giefsrändern vor. Bekanntlich werden nur Platten grofsen Formates mit Emulsion überzogen und dann in kleinere Formate zerschnitten. Die Schnittränder bekommen viel seltener und schwächere Schleier. Auch bei ungenügend getrockneten Platten, die in diesem Zustande verpackt wurden, zeigen sich bald Rand-schleier. Auch starker Druck, z. B. bei fest zusammengepackten Platten, soll Veranlassung zu Schleiern geben; geeignete Zwischen-lagen an den Rändern sind deshalb unentbehrlich. — Deutsche Phot.-Ztg. p. 103. **89.** Rep. p. 146.

Verpackung der Gelatineplatten. Man tränkt Conceptpapier in Sodalösung (1:40), trocknet dasselbe, und packt je 6 Stück Platten, die mit Zwischenstreifen von Cartonpapier an den Rändern aufein-ander gelegt sind, so ein, dafs das Papier sie überall zweimal be-deckt, wickelt darüber Paraffinpapier und zuletzt braunes Packpapier. Ueber die Ecken der Packete legt man noch dünne Pappstreifen. — Phot. Nachr. p. 26. **89.** Rep. p. 38.

Farbenempfindliche Gelatineplatten. Nach Ives übergiefst man hochempfindliche Gelatineplatten mit einer Auflösung von 1 Erythrosin in 1 l Alkohol, trocknet, wäscht aus und trocknet wieder. Diese so bereiteten Platten sollen die käuflichen orthochromatischen Platten in der Empfindlichkeit für Grün und Roth um das Zehnfache übertreffen. Für Portraitaufnahmen nimmt man ein gelbes Lichtfilter zu Hülfe. Cyanin, auf gleiche Weise den Platten imprägnirt, wirkt noch stärker, man mufs aber bei der Bereitung derselben fast in völliger Dunkel-heit arbeiten. Für derartige orthochromatische Platten benutzt man am besten eine Emulsion mit wenig Gelatine und vielem Bromsilber. — Amateur-Photogr. p. 47. **89.** Rep. p. 77.

Zusatz von kohlensaurem Kalk bei Herstellung von Matrizenplatten aus Gelatine und Glycerin. D. P. 52189 f. O. Steuer in Berlin. Der Zusatz von kohlensaurem Kalk macht heifses Wss. zum Abwaschen des Copie-Negativs, wie es bisher nothwendig war, entbehrlich, es genügt vielmehr zu diesem Zwecke, die Matrizenplatte mit kalter verdünnter Säure abzuwischen. Es entwickelt sich bei der hierbei unter Entweichen von Kohlensäure eintretenden chemischen Reaction so viel Wärme, dafs sich eine ganz dünne Schicht Gelatine auflöst und infolge dessen das Copie-Negativ mit abgestofsen wird. Bei Anwendung einer grofsen Menge von kohlensaurem Kalk erhält man Matrizenplatten, welche als Ersatz der natürlichen Lithographiesteine dienen können. — 75. p. 510.

Giefsmaschinen für photographische Trockenplatten. D. P. 51645 (Zus.-Pat. zum D. P. 48252; vgl. Rep. 1889 I. p. 149) f. M. Kattentidt in Hameln a. W. Zur Vergröfserung oder Verkleinerung der Ausflufsöffnung des Giefsers ist an dem letzteren eine durch Schraube und eine elastische Zwischenlage einstellbare Platte angeordnet. Um ein gleichmäfsiges Vertheilen der Gelatine herbeizuführen, wird der die Vertheilung bewirkende Leinwandstreifen durch eine elastische Schnur auf die zu überziehenden Glasplatten gedrückt. Die Transportschnüre für die Glasplatten sind aus Gummibändern mit halbrundem oder eckigem Querschnitt hergestellt, welche auf Metallketten befestigt sind. — 75. p. 442.

Orthoskopische Photographie. Das für Rothempfindlichkeit von Vogel empfohlene Azalin ist sehr theuer und sehr wenig haltbar. Gute Resultate gab M. L. Vidal ein Gemisch von Indophenol und Malachitgrün. Neben der Steigerung der Rothempfindlichkeit bewirkt es Verminderung der Blauempfindlichkeit; Grün und Gelb behalten ihre richtigen Tonwerthe. Zu einer Lösung von 1 g Malachitgrün in 200 ccm Wss. von 70^0 giefst Verf. eine Lösung von 10 g doppeltchromsaurem Kali in 100 ccm Wss. von $70-80^0$, erhält $^1/_2$ Stde. lang heifs, filtrirt, wäscht den Niederschlag mehrmals aus, löst ihn in einer Lösung von 6—8 g Chininsulfat in wenig warmem Alkohol, die durch weiteren Alkoholzusatz auf 250 ccm gebracht ist, und filtrirt (Mutterlösung). Die Platte wird in 60 ccm einer Mischung von 4 ccm Indophenol-Lösung $(0,1$ g : 500 ccm Alkohol), 4 ccm Mutterlösung und 600 ccm destillirtem Wss. 2 Min. unter Bewegen der Cuvette und Abschlufs directen rothen Lichtes gebadet, auf ein Stück Fliefspapier gestellt und in absoluter Dunkelheit getrocknet. Eine noch viel stärkere Rothempfindlichkeit kann man durch Anwendung eines Ergänzungs-Strahlenfilters erzielen; man färbt zu dem Zweck Gelatine durch Weichen in Erythrosin-Lösung und bringt sie nach der normalen Belichtung mit der ersten Gelbscheibe in Verbindung. — 25. p. 161.

Orthochromatische Effecte auf gewöhnlichen Platten will Bierstadt durch Vorsetzen eines farbigen Mediums erreichen. Unmittelbar hinter der Linse an der Camera wird ein Gefäfs befestigt, das aus 2, auf eine in der Mitte ausgeschnittene Kautschukplatte von ca. $^1/_2$ cm Dicke aufgeprefsten, 13 qcm grofsen Glasplatten besteht, und durch ein Röhrchen an der Seite mit einer Lösung gefüllt wird, die besteht aus 1) 300 ccm einer Lösung gleicher Theile Wss., Alkohol und Anilingelb, **versetzt** mit 2) 0,25 g **festem Eosin** oder 10 Tropfen concentrirter **Eosinlösung**. Die erzielten Resultate sollen, besonders für Roth, denen mit orthochromatischen Platten analog sein. Die Belichtung dauert ca. 200 Mal länger als ohne farbige Medien. Die Anilinlösung kann durch eine Lösung von 1 Th. Ammoniumbichromat in 160 Th. Wss. ersetzt werden. — Amer. Ann. of Phot. p. 154. 53. p. 172.

Das Verschwinden des latenten photographischen Bildes tritt nach Greene durch den elektrischen Strom ein, wenn man die belichtete Platte in eine Zinkschale legt, die mit angesäuertem Wss. gefüllt ist, und kurze Zeit einen galvanischen Strom hindurchleitet. Nach dem Waschen und Trocknen der Platte kann dieselbe wieder wie eine neue zu photographischen Aufnahmen benutzt werden. — Wilson's Photogr. Magazine. 85. (1889) p. 410. 89. Rep. p. 22.

Die gebräuchlichsten Entwickler geben nach J. Gaedicke bei normaler Exposition und geeigneter Behandlung sämmtlich gute Negative. Bei unterexponirten Platten bringt Hydrochinon mehr heraus als die anderen, ist also der geeignetste Entwickler für Moment-Aufnahmen, wenn man gleiche Theile alten und frischen Entwicklers verwendet und auf je 10 ccm 1 Tropfen 40%iger Kalilauge hinzufügt. Für stark überexponirte Platten sind Pyrogallol und Hydrochinon brauchbar, letzterer ist aber vorzuziehen. Hat man Negative zu entwickeln, deren Exposition man nicht kennt, so arbeitet man am sichersten mit Hydrochinon; man übergiefst die Platte erst mit dem alten Entwickler und fügt, wenn nach 1 Min. noch kein Bild erscheint, vorsichtig nach Bedürfnifs frischen zu. Hydrochinon ist bequemer, haltbarer und billiger als die anderen Entwickler und hat nur eine Schattenseite, in der Kälte sehr schwer zu entwickeln. — 85. 50. Bd. 27. p. 100.

Aus den Erfahrungen praktischer Photographen über die gebräuchlichsten Entwicklungsmethoden, welche Liesegang veröffentlicht, entnehmen wir folgende Zusammenstellung: Bei weitem am meisten scheint noch immer mit Eisenoxalat entwickelt zu werden; die auf diesen Entwickler abgegebenen Stimmen betragen über 50 % (genau 44 : 80)! Dann folgt der neue Eikonogen-Entwickler mit 25 % (20 : 80), der Hydrochinon-Entwickler mit 15 % (12 : 80) und schliefslich der Pyrogall-Entwickler mit 10 % (8 : 80). Die Eigenschaften, welche dem Eisenoxalat-Entwickler nachgerühmt werden, sind vor allem seine Einfachheit und Sicherheit (16, resp. 17 : 44), ferner seine Gleichmäfsigkeit (9 : 44), sowie Modulationsfähigkeit (9 : 44). Er liefert klare Negative (7 : 44), entwickelt schnell (7 : 44) und ist billig (7 : 44). Aufserdem ist er reinlich (3 : 44) und dehnungsfähig (2 : 44) und liefert gut copirende Negative (2 : 44). Der Eikonogen-Entwickler zeichnet sich vor allem dadurch aus, dafs er äufserst weiche und klare, dabei kräftige Negative liefert (18 : 20). Sodann besitzt er den Vorzug, dafs er eine bedeutend abgekürzte Exposition zuläfst (10 : 20), sogar eine noch kürzere als Eisenoxalat. Er liefert sehr feine Durcharbeitung in den Schatten (8 : 20), arbeitet schnell (7 : 20) und giebt brillante Mitteltöne und Spitzlichter (7 : 20). Eine Annehmlichkeit ist es ferner, dafs er mehrmals gebraucht werden kann (4 : 20), Negative von guter Copirfähigkeit liefert und sehr reinlich ist (2 : 20). Am Hydrochinon-Entwickler wird besonders dessen Haltbarkeit und vielseitige An-

wendbarkeit gelobt (5 : 12), sodann hervorgehoben, daſs er weiche aber
kräftige und klare Negative liefert und bequem in der Anwendung ist
(3 : 12). Auſserdem arbeitet man sicher damit (3 : 12) und erhält
schöne Modulation (2 : 12). Der Pyrogallol-Entwickler liefert
äuſserst brillante und fein detaillirte Negative, von vorzüglicher Färbung und Druckfähigkeit (4 : 8). Er gestattet groſsen Spielraum in
der Exposition, ist in getrennten Lösungen lange haltbar und arbeitet
sehr schnell. Andererseits erfordert er in allen Manipulationen gröſste
Reinlichkeit. Bezüglich des Vorbades ist bemerkenswerth, daſs ein
solches bei Eikonogen- und Pyrogallol-Entwicklung ausnahmslos nicht
angewendet wird, bei Hydrochinon-Entwicklung in einzelnen Fällen,
bei Eisen-Entwicklung in der Hälfte der Fälle, aber stets nur bei
Kinder- und Momentaufnahmen oder bei trübem Wetter. Es besteht
durchweg in sehr verdünnter Fixirnatronlösung (1 : 1000—10000), bisweilen unter Zusatz einiger Tropfen einer Sublimatlösung. — 25. 49.
p. 191.

    Eikonogen-Entwickler. Eikonogen (vgl. Rep. 1889 II. p. 146)
wird jetzt von Andresen in haltbarer Form als weiſses krystallinisches Mehl versendet. Für Momentaufnahmen mit Detectivcameras
(ca. $^1/_{50}$ Sec. Belichtung) bediene man sich der Vorschrift im Rep.
1889 II. p. 146, jedoch mit dem Unterschiede, daſs die krystallisirte
Soda durch die gleiche Menge reiner Potasche ersetzt wird. Für sehr
kurze Momentaufnahmen ($^1/_{1000}$ Sec. Belichtung) und zum Kräftigen der
Entwickler bei Unterexposition werden 100 g schwefligsaures Natron,
40 g reine Potasche, 20 g Eikonogen in einem irdenen oder emaillirten
Gefäſse mit 600 ccm destillirtem Wss. kochend gelöst. Man läſst erkalten und bewahrt den zum Gebrauche fertigen Entwickler in einer
gut zu verschlieſsenden Flasche auf. Derselbe hält sich, wenn genau
auf diese Weise hergestellt, lange Zeit unverändert. Entwickler für
Bromsilber-Gelatinepapier: Das belichtete Papier wird in 400 ccm
destillirtem oder auch weichem Brunnen- oder reinem Regenwasser
eingeweicht, dann herausgehoben und dem Bade 100 ccm Lösung der
vorhergehenden Vorschrift zugesetzt. Kommt das Bild zu langsam,
so füge man allmählich mehr der Lösung zu. Bei starker Ueber-
exposition setze man gleich anfangs weniger Lösung hinzu. Bromkali
vermeide man thunlichst, da hierdurch Details fortbleiben. Nach dem
Entwickeln spülen, alsdann ins Alaunbad und fixiren. Das destillirte
Wss. kann ersetzt werden durch reines Regen- oder weiches Brunnenwasser, oder durch Brunnenwasser, welches mit Soda gereinigt wurde,
durch Zusatz von 2—3 g Soda auf je 1 l Wss. und Klärenlassen.
Sehr wichtig ist es, wirklich reines kohlensaures Kali und gutes und
nicht verwittertes schwefligsaures Natron zu benutzen. — 34. p. 20.
— Acworth giebt folgende Vorschriften: Gemisch: 10 Th. Natriumsulfit, 5 Th. Aetzkali, 5 Th. Eikonogen, 100 ccm Wss. beim Gebrauch
mit dem 2—3fachen Vol. Wss. verdünnt. Getrennt: 2 Vol. der Lösung
von 5 g Eikonogen und 5 g Natriumsulfit in 100 ccm Wss. und 1 Vol.
der Lösung von 5 Th. Aetzkali in 100 Th. Wss., bei zu schneller Entwicklung mit dem gleichen Vol. Wss. verdünnt. Nach Verf. besitzt
der Eikonogen-Entwickler für gewöhnliche Fälle vor dem Pyrogallol-
oder Hydrochinon-Entwickler keine Vortheile. Höchstens bei Momentaufnahmen scheint er mit reichlichem Zusatz von Aetzkali mehr her-·

auszubringen, als die beiden anderen Entwickler. — **84.** Almanac.
p. 551. **53.** p. 127. — Nach Sebastianutti & Benque stellt man
sich her: I. 3000 g Wss., 225 g schwefligsaures Natron; II. 1000 g
Wss., 150 g kohlensaures Natron; III. 500 g von I., 6,5 g Eikonogen.
Zum Entwickeln einer Platte 12 $\times$ 16^1/$_2$ werden 40 g von III. und
40 g von II. genommen, von letzterem jedoch erst die Hälfte. Zeigt
sich nach ^{1}/$_2$ Min. die Exposition richtig, so wird der Rest zugesetzt;
war zu lange exponirt, so werden nur einige Tropfen Bromkalium-
lösung zugetröpfelt; war zu kurz exponirt, so fügt man den Rest von
II. und 20—30 Tropfen einer 20^0/$_0$igen Aetzkalilösung hinzu. Der
Entwickler muß mindestens 12—14^0 R. haben. — **25.** p. 126. — J.
Nicol mischt: A. 30 g Eikonogen, 60 g Natriumsulfit, 600 ccm Wss.;
B. 45 g Natriumcarbonat, 600 ccm Wss.; C. 30 g Aetznatron, 300 ccm
Wss. Zum Gebrauch mischt man 30 ccm A., 30 ccm B., 60 ccm Wss.
Wenn Dichtigkeit und Contrast vermehrt werden soll, nimmt man von
B. weniger und von A. mehr. Bei Ueberlichtung läßt man die Platte
so lange in einer Mischung von 80 ccm A. mit 90 ccm Wss. liegen,
bis das Bild gänzlich, aber schwach heraus ist und setzt dann ^{1}/$_2$ bis
2 ccm C. zu. Die Mischung von A. und C. hält sich nicht und bleibt
beim Hintereinander-Entwickeln mehrerer Platten nicht energisch, wohl
aber die Mischung von A. und B. — Amer. Ann. of Phot. p. 41. **25.**
p. 22. — Die „Phot. Times" empfehlen: 288 g krystallisirtes Natriumsulfit, 48 g Potasche, 1440 g Wss., 48 g Eikonogen, 1 g Glycerin für
einen schnell wirkenden und haltbaren Entwickler. — Bull. Soc. franç.
p. 177. Eder's Jahrb. (1891) p. 465. — C. B. Barnes erhielt gute
Resultate bei 4—5 Min. langem Entwickeln mit 90 g Eikonogenlösung
(4 Th. Natriumsulfit, 1 Th. Eikonogen, 10 Th. kochendes Wss.) und
30 g Natronlösung (3 Th. reines, krystallisirtes Natriumcarbonat, 20 Th.
kochendes Wss.). Beim Fixiren in Hyposulfit und Bisulfit ohne Alaun
wurden gut copirende Negative erhalten. Alter Entwickler ergab ein
Negativ voll von Details, aber ohne die erforderliche Intensität. Anwendung von Ammoniak giebt nicht so gute Resultate. Durch Zu-
fügung von 3,6 g Bromnatrium wird die Entwicklung verzögert; die
Details nehmen ab. — **83.** Febr. **50.** Bd. 26. p. 338. — W. K. Burton
fand, daß Eikonogen mit Natriumsulfit ohne Alkalizusatz auf Bromsilbergelatine ein schwaches Bild nach 20 Min. entwickelt. Eikonogen-
Ammoniak gab ein schwaches, schleieriges und gefärbtes Bild. Die
bekannten Vorschriften mit Soda und Potasche wirken dagegen sehr
gut. Ein Vorbad von Fixirnatron (1 : 1000) beschleunigt die Entwicklung sehr. — **84. 54.** p. 59. Eder's Jahrb. (1891) p. 465. — Nach
Warnerke wirkt Aetzkali besser als das Carbonat. Er mischt eine
concentrirte Lösung von 40 Th. Natriumsulfit, 100 Th. heißes destillirtes Wss., 10 Th. Eikonogen, 10 Th. Aetzkali, füllt heiß in Flaschen
und verkorkt. Vor dem Gebrauche verdünnt man für starke Contraste
mit 2 bis 3 Th. Wss., für weiche Bilder mit der 9—10fachen Menge
Wss. Eikonogen ist viel wirksamer, die Details hervorzurufen, als
Hydrochinon. — **83.** p. 15. Eder's Jahrb. (1891) p. 465. — Nach
Melandoni soll eine Mischung aus 100 Th. heißem Wss., 16 Th.
Natriumsulfit, 2 Th. Aetzkali, 3 Th. Eikonogen sehr energisch wirken.
— The phot. Journ. p. 111. Eder's Jahrb. (1891) p. 466. — H. Arlt
bereitet als Vorrathslösung eine Lösung von 200 g Natriumsulfit und

75 g Aetzkali in 3 l Wss. und giebt 100 ccm zu 2 g Eikonogen. Stellt
man die Vorrathslösung etwas verdünnter her, so erhält man sehr
zarte Negative, kräftigere, wenn man mehr Natriumsulfit zufügt. Ein
verhältnifsmäfsig gröfseres Quantum von Aetzkali bedingt ein schnelles
und weiches Entwickeln; solche Zusammensetzung eignet sich vorzüglich zu Momentaufnahmen. — Phot. Nachr. No. 5. p. 3. Eder's Jahrb.
(1891) p. 466. — Nach Piffard kann der Entwickler entgegen anderen
Angaben sehr gut mit Ammoniak verwendet werden. Man mischt
1000 Th. heifses Wss., 60 Th. Natriumsulfit, 30 Th. Eikonogen, $^1/_2$ Th.
Bromkalium und setzt vor dem Gebrauch zu je 500 Th. Eikonogen
1—2 Th. Ammoniak. — St. Louis Photogr. p. 64. Phot. Nachr. p. 223.
Eder's Jahrb. (1891) p. 467. — Archer empfiehlt den Zusatz von
Ferrocyankalium im Eikonogen-Entwickler. — Anthony's Bull. Bd. 21.
p. 69. The phot. Journ. p. 129. Eder's Jahrb. (1891) p. 467. — Für
Eikonogen-Entwickler mit Blutlaugensalz wird folgende Vorschrift gegeben: A. 10 g Eikonogen, 50 g Natriumsulfit, 400 ccm destillirtes
Wss. B. 48 g krystallisirtes Natriumcarbonat, 48 g Kaliumcarbonat,
48 g gelbes Blutlaugensalz, 480 ccm destillirtes Wss. Zum Entwickeln
einer Viertelplatte verdünnt man 30 ccm A. mit 30 ccm destillirtem
Wss. und setzt 20 Tropfen von B. zu. Wenn nach 2 Min. noch kein
Bild erscheint, setzt man noch alle 2—3 Min. von B. einige Tropfen
zu. Das destillirte Wss. wird am besten abgekocht und warm verwendet. — Anthony's Phot. Bull. 25. p. 112. — Die Braunfärbung
des fertigen Entwicklers rührt nach E. Vogel von einem Alkaligehalt
des käuflichen Natriumsulfits her; sie kann vermieden werden, wenn
man die Natriumsulfitlösung vor dem Eikonogen-Zusatz mit Schwefelsäure neutralisirt. Viel besser fügt man zu der grünen Natriumsulfit-
und Eikonogenlösung so lange unter Umschütteln Natriumbisulfitlösung
(Kahlbaum'sche saure Sulfitlauge), bis die grüne Farbe verschwunden
und die Lösung fast farblos geworden ist. Die so zubereitete Lösung
scheint vollständig unveränderlich zu sein. Auf die Entwicklung wirkt
der Natriumbisulfit-Zusatz in keiner Weise schädlich ein, sobald kein
Ueberschufs vorhanden ist. Auch zur Conservirung des Pyrogallol-
Entwicklers empfiehlt sich ein Zusatz von Natriumbisulfit an Stelle
der bisher üblichen Schwefels. — 50. Bd. 26. p. 279. 335. — Nach
Voigt braucht der Eikonogen-Entwickler nicht gerade sauer zu sein,
um seine rasche Zersetzung zu verhüten. Es scheint, dafs der Zusatz
von Salzsäure, resp. die dabei sich bildenden Doppelsalze und die ver-
ringerte alkalische Beschaffenheit die Haltbarkeit der Lösung bedingen.
Wird einer sauren Lösung kohlensaures Natron und Kali zugesetzt,
so erscheint das Bild sofort und entwickelt sich schön und gleichmäfsig. Verf. nimmt: 1) 500 ccm Wss., 25 g Natriumsulfit, 5—6 g
gepulvertes Eikonogen; nach vollständiger Lösung des letzteren werden
20 ccm saure Natronsulfit-Lösung zugesetzt. 2) 500 ccm Wss., 20 g
kohlensaures Natron, 5 g kohlensaures Kali. — 53. p. 179. — Ein
Gemisch von Hydrochinon- mit Eikonogen-Entwickler soll nach den
Resultaten einer Discussion im Pariser photographischen Club jedem
der beiden einzelnen Entwickler überlegen sein; es soll so energisch
wie Eikonogen wirken, ohne die Schatten zu verschleiern und die
charakteristische Kraft des Hydrochinon liefern. Empfohlen wird 100 g
Natriumsulfit, 15 g Eikonogen, 5 g Hydrochinon heifs in 1 l Wss. zu

lösen und nach dem Abkühlen 50 g Kaliumcarbonat zuzusetzen. Mit
6 Secunden Belichtung wurde bei einer Temp. des Entwicklers von
+ 20° C. ein tadelloses Negativ hergestellt. Bei + 30° zeigte das
Negativ schon bei 4 Sec. Belichtung dieselben Details und schon bei
3 Sec. dieselbe Dichtigkeit in den Lichtern. Bei + 10° waren für
die Schatten 12 Sec. nöthig, während die Lichter erst nach 24 Sec.
dieselbe Kraft erhielten. — 25. p. 204. — Die Menge des entwickelnden Körpers und des Natriumsulfits im Verhältniß zur Potasche deutet
auf sehr schleierige Platten hin, weshalb sie bei unseren Plattensorten
zu modificiren sein dürfte. — Eder's Jahrb. (1891) p. 468. — Für
Momentaufnahmen ist der Eikonogen-Entwickler nach Hastings allen
anderen Entwicklern vorzuziehen, da er am weichsten arbeitet und
nicht wie der ihm zunächst kommende Pyrosoda-Entwickler immer
frisch bereitet werden muß. Verf. verwendet: 4 g Natriumsulfit, 8 g
Natriumcarbonat, 1 g Eikonogen, 80 ccm Wss. Unter Umständen
scheint die Hinzufügung von 5 Tropfen einer 10%igen Lösung von
Bromkalium den Negativen größere Dichte zu geben. — 84. Almanac.
p. 520. 53. p. 76. — Für Bromsilberpapier bietet er gegenüber dem
Oxalat-Entwickler nach Beach folgende Vortheile: Er zersetzt sich
nicht so rasch und behält seine entwickelnden Eigenschaften längere
Zeit, wirkt rascher, erzeugt keine Flecken in den Weißen und im
Papier, arbeitet schleierlos, schließt bei Unterexposition nicht die
feinen Linien und erlaubt größere Freiheit in der Belichtung. Vorschrift für Entwicklung von Bromsilberbildern: I. 16 g Eikonogen,
32 g Natriumsulfit, 480 ccm Wss.; II. 168 g Potasche, 480 ccm Wss.
Beim Gebrauch mischt man: 48 Vol. I., 3 Vol. II. und 700 Vol. Wss.
Bei geringer Energie fügt man noch 1 Vol. II. hinzu. Wenn die Dichte
in den Schatten zu gering wird, verlängert man die Entwicklung und
fügt event. 1 Vol. I. hinzu. Die Vorschrift bezieht sich mehr auf das
directe Copiren von Linienzeichnungen, welche constant reich ausfallen müssen. Bei Vergrößerungen wird die Menge der Lösung I.
reducirt. — Amer. Ann. of Phot. p. 230. 53. p. 225. — Eikonogen
gestattet nach Burton gegenüber Hydrochinon oder Pyrogallol die
Belichtungszeit um höchstens ¼ herunterzusetzen. Die Entwicklung
dauert bei Anwendung gleich größer Mengen Pyrogallol und Eikonogen
bei letzterem doppelt so lange als bei ersterem, wird aber durch
niedrige Temp. nicht so stark verzögert; ein Vorbad beschleunigt nur
die Entwicklung, bringt aber nicht mehr Details heraus. Das rascheste
und beste Resultat ohne Vorbad wurde in 4 Min. mit 2 g Eikonogen,
10 g Sulfit, 20 g Potasche, 1 g Bromkalium, 480 g Wss. erzielt. Alter,
schon gebrauchter Eikonogen-Entwickler erschöpft sich nicht so rasch
als Pyrogallol-Entwickler. Vermehrung der Quantität von Eikonogen
steigert erheblich die Schnelligkeit der Entwicklung; 5 g auf 480 g
Wss. entwickeln ebenso rasch als 2 g Pyrogallus auf 480 g Wss. —
84. 50. Bd. 26. p. 361. — Vergleichende Versuche mit Eikonogen-
und Pyrogallus-Entwickler, die auf 100 ccm 10,5 g Pyrogallus bezw.
1,5 g Eikonogen und 2,5 g Alkali enthielten, stellte R. Hitchcock an
und fand, daß bei diesem Verhältniß Eikonogen dichtere Negative
als Pyrogallus ergab; wurde die Eikonogenmenge auf die Hälfte reducirt, so erhielt er etwas weniger dichte Negative als mit 0,5 g Pyrogallus. Es macht keine Schwierigkeit, mit Eikonogen irgend einen

gewünschten Grad von Dichtigkeit zu erlangen. Die Platten werden
nicht fleckig. Eikonogen-Negative copiren viel schneller, als solche
mit Pyrogallus von augenscheinlich derselben Dichtigkeit. Eikonogen
liefert einen billigeren Entwickler als Pyrogallus, weil der gemischte
Entwickler wiederholt verwendet werden kann. — **84. 50.** Bd. 26.
p. 290. **25.** p. 1.

Hydrochinon-Entwickler; v. L. Backelandt. 100 g Natriumsulfit,
25 g Hydrochinon, 40 g Kaliumcarbonat, 10 g Kalihydrat, 1 g Bromkalium, 1000 g Wss. — Anthony's phot. Bull. vol. 21. p. 203. **50.**
Bd. 27. p. 131. — Besser als das leicht zersetzliche Natriumsulfit ist
nach Loehr Calciumbisulfit. Er verwendet eine concentrirte Lösung,
von welcher er beim Gebrauche 20 ccm mit 100 ccm Wss. verdünnt
und darin 1 g Hydrochinon löst. Als Alkali benützt Verf. Aetzkali;
von einer concentrirten Lösung desselben fügt er der obigen Menge
Hydrochinonlösung kurz vor dem Gebrauche 20 ccm hinzu, nachdem
er sie jedoch früher durch Verdünnung auf eine Stärke von 50 bis
100 % gebracht hat. Der gemischte Entwickler opalisirt; auf leicht
erwärmtes Eastmannpapier verwendet, bewirkt er in $1/_2$ Min. die vollständige Entwicklung. Das übliche Klärungsbad kann bei diesem
Entwickler ausbleiben, da sich die Wss. ohnehin ganz rein erhalten.
Die Wirkung des Entwicklers kann durch Verdünnung mit Wss., durch
gröfsere oder geringere Mengen des Alkalis modificirt werden. Als
Verzögerer wirken geringe Mengen der concentrirten Lösung von
Calciumbisulfit. Der Entwickler verlangt die gröfste Reinlichkeit, besonders völlige Abwesenheit von Fixirnatron und Eisensalzen. —
Phot. Times (1889) p. 132. **53.** p. 24. — Nach Bolton ist Zusatz
von Verzögerern nur bei kurz exponirten Platten vortheilhaft. Natriumsulfit verzögert nur die Entwicklung, ohne das Endresultat zu beeinflussen und verhindert Gelbfärbung, während Bromkalium längere Belichtung erfordert. Der Zusatz des letzteren ist bei Entwicklern, die
mit Soda, Potasche oder Ammoniumcarbonat angesetzt wurden, nicht
räthlich; in sehr kleinen Mengen dagegen nothwendig, wenn mit Aetzkali oder Aetznatron angesetzt wurde. Die Wirkungen des Hydro-
chinons bei verschiedenen Platten zeigen weit gröfsere Unterschiede
als bei Pyrogallol-Entwicklern. Der Ersatz der Carbonate durch Aetzalkalien scheint bei Momentaufnahmen Vortheile zu bieten. Im Gegensatz zum Pyrogallol-Entwickler giebt beim Hydrochinon-Entwickler
eine Erhöhung des Alkalizusatzes bei den meisten Plattensorten Härte;
ebenso wirkt eine Herabminderung des Hydrochinon-Gehalts, so dafs
man weichere Platten nur durch Verdünnung mit Wss. erreichen kann.
Die besten Verhältnisse für Hydrochinon-Entwickler sind für die
meisten Fälle: 1 g Hydrochinon, 2 g Aetznatron (oder 3 g Aetzkali),
240 ccm Wss. und so viel Natriumsulfit und event. Bromkalium, als
die betreffende Plattensorte erfordert. — **84.** Almanac. p. 527. **53.**
p. 77. — Die Entwicklung geht viel schneller von statten wie gewöhnlich und die Belichtungszeit kann wesentlich abgekürzt werden,
wenn man nach F. Müller auf je 100 ccm des normalen Entwicklers
allmählich 5—15 Tropfen einer 10%igen Lösung von gelbem Blutlaugensalz zusetzt. Noch bessere Negative erhält man vielleicht, wenn man
die Hervorrufung mit dem gewöhnlichen Entwickler beginnt und erst

beim Fortschreiten des Processes 5—10 Tropfen der Blutlaugensalzlösung zugiebt. — Amer. Ann. of Phot. p. 73. **25.** p. 28.

Entwickler für Blitzpulveraufnahmen; v. C. Br. Barnes. A. 80 g

Pyrogall, 15 g Bromammonium, 240 ccm destillirtes Wss., 3 Tropfen
Salpetersäure. B. 30 ccm Ammoniakflüssigkeit, 210 ccm Wss. C. Zu
30 ccm A. giebt man 600 ccm Wss. D. Zu 30 ccm B. giebt man 450 ccm
Wss. Beim Entwickeln mischt man gleiche Theile von C. und D.,
giefst aber Lösung D. zuerst über die Platte. Diese Vorschrift gilt
für Platten von mittlerer Empfindlichkeit, indem es vorzuziehen ist,
lieber eine etwas gröfsere Menge Pulver abzubrennen und dafür von
den äufserst empfindlichen Plattensorten abzusehen. — **25.** (1889)
p. 355. **34.** p. 21.

Magnesia-Pyrogallol-Entwickler. Magnesiumcarbonat, zum Pyro-

gallol, anstatt Ammoniak oder Kalium- bezw. Natriumcarbonat, gesetzt,
soll sich nach F. York gut bewähren. — Wilson's Phot. Mag. Phot.
Nachr. p. 236. **89.** Rep. p. 122.

Der Pyrogallol-Tartrat-Lithion-Entwickler, der von J. Vansant

erfunden wurde, soll alle Vortheile des Pyrogallols in sich vereinigen,
ohne dessen Nachtheile zu besitzen: 25 weinsteinsaures Kali-Natron,
25 Natriumsulfit und 1 Lithioncarbonat werden in 500 destillirtem
Wss. gelöst, dann 2 Pyrogallol zugesetzt. Bei Luftabschlufs soll sich
dieser Entwickler unbegrenzt lange Zeit farblos und unzersetzt erhalten.
Auch nach mehrfachem Gebrauch werden die darin entwickelten Platten
nicht gefärbt, ebenso kräuselt sich die Schicht nicht wegen der geringen Menge der darin enthaltenen Alkalis. Das kohlensaure Lithion
löst sich schwer in Wss., wirkt aber sehr energisch. Das Seignettesalz
und das Natriumsulfit verhindern die Färbung der Lösung, sowie aller
hineingekommener organischer Körper auf der Haut. Eine Vergleichung
mit Eikonogen ergab die Ueberlegenheit dieses Pyro-Entwicklers. —
Phot. Nachr. p. 28. **89.** Rep. p. 38. — Eine ganz ähnliche Vorschrift
giebt A. Cowan für Diapositive und Projections-Photogramme. —
Mitth. a. d. Lond. phot. Ges. **25.** p. 160.

Pyrocatechin-Entwickler mit Aetzkali zieht L. Backelandt dem

mit Soda oder Potasche vor. A. 10 Th. Natriumsulfit, 2 Th. Pyrocatechin, 100 Th. Wss. B. 10 Th. Aetzkali, 100 Th. Wss. Vor dem
Gebrauche mischt man 5 ccm A., 5 ccm B., 100 ccm Wss. Der frische
Entwickler arbeitet etwas schleierig, weshalb ihm etwas Bromkalium
zugesetzt werden mufs; besser ist ein Zusatz von altem Entwickler
zum frischen. — Anthony's Phot. Bull. vol. 21. p. 78. Eder's Jahrb.
(1891) p. 477. — Cl. Saux bereitet folgenden Entwickler, der besser
als Hydrochinon wirken, keinen Schleier und viel Details in den
Schatten geben soll: 60 ccm Wss., 2 ccm 40%ige Natriumsulfitlösung,
2 ccm 1%ige Pyrocatechinlösung, 3 ccm 20%ige Sodalösung, 2 ccm
7%ige Aetzkalilösung. — **83.** No. 1633. **54.** p. 297. Eder's Jahrb.
(1891) p. 477. — Nach Beernaert giebt folgende Formel sehr gute
Resultate: 90 ccm Wss., 15 ccm 40%ige Natriumsulfitlösung, 3 ccm
1%ige Pyrocatechinlösung, 4 ccm 20%ige Natriumcarbonatlösung,
3 ccm 7%ige Aetzkalilösung. — Helios. p. 22. Eder's Jahrb. (1891)
p. 477.

Eisenacetat-Entwickler, eignet sich nach Just von allen am besten für Chlorsilbergelatine; in concentrirter Lösung bringt er schwarze Töne hervor, durch Verdünnen werden die Töne wärmer. Man bereitet zuerst reines Ammoniumacetat, wirft ein Stück nicht verwittertes Ammoniumcarbonat hinein und rührt so lange um, bis sich keine Kohlensäure mehr entwickelt. Die Lösung giefst man dann gleich davon ab und thut zu 100 ccm derselben 33 ccm Ferrosulfatlösung (1 : 3). Für braune oder sepiafarbige Töne verdünnt man obige Mischung mit 150—250 ccm Wss. und belichtet 3—6 Mal länger im Copirrahmen. Man mufs diesen Eisenacetat-Entwickler jedoch öfter filtriren, da er bald pulveriges schwarzes Oxydsalz absetzt, sogar während der Entwicklung auf den Bildern, von welchen sich dasselbe aber leicht abwaschen läfst. — Phot. Nachr. p. 14. **89.** Rep. p. 38.

Verwendung von Formaldehyd und von Verbindungen des Formaldehyds zur Herstellung lichtempfindlicher Schichten und photographischer Entwickler. D. P. 51407 f. Y. Schwarz und H. Mercklin in Hannover. Zur Herstellung lichtempfindlicher Schichten oder Präparate, welche die Einwirkung des Lichtes auf photographische Schichten unterstützen und fortführen, sollen Formaldehyd, Paraformaldehyd oder Verbindungen des Formaldehyds mit schwefliger Säure oder den sauren Sulfiten der Alkalimetalle, des Ammoniaks, des Hydroxylamins, des Eisens, des Silbers oder mit Gemischen oder Doppelverbindungen der genannten Salze Verwendung finden, entweder allein oder in Gemischen mit anderen geeigneten Substanzen. — **49.** p. 294. — Nach P. Richter steigert oxymethylsulfonsaures Natron (Formaldehyd-Natriumbisulfit) die Empfindlichkeit der Platten nicht; auch der damit hergestellte Entwickler ergab ein negatives Resultat. — **50.** Bd. 26. p. 352. — Auf Veranlassung J. H. Eder's von R. von Reisinger und Heitinger angestellte Versuche ergaben, dafs das sog. Präparat II., welches aus 150 Th. oxymethylsulfonsaurem Natron, 150 Th. oxymethylsulfonsaurem Ammon und 1 Th. Farbstoff (durch Fällen einer wässerigen Fuchsinlösung mit wässeriger Oxymethylsulfonsäure, Auswaschen und Trocknen erhalten) besteht, als Zusatz zur Emulsion während der Digestion die Zeit des Reifens nicht merklich verkürzt und die Empfindlichkeit nicht erhöht, dagegen schleierwidrig wirkt. Es ist fraglich, ob durch Einführung des Formaldehyd-Natriumbisulfits in den gewöhnlichen Pyrogallol-Entwickler ein Vortheil für die Praxis erzielt wird. Ein Vorbad aus einer Lösung von 2 Th. Formaldehyd-Natriumbisulfit und 1 Th. wasserfreiem kohlensaurem Natron oder kohlensaurem Ammon in Wss. (1 : 1000—1 : 2000) bei Bromsilbergelatine-Platten nach der Belichtung, vor der Entwicklung ½ Min. hindurch angewendet, bewirkt, dafs die Platte sich im Eisenoxalat-Entwickler rascher und kräftiger entwickelt und bei unterexponirten Platten mehr Details in den Schatten herausbringt. Zur Vermeidung von Schleiern mufs die Platte vor dem Einlegen in den Oxalat-Entwickler abgespült werden. Im Allgemeinen wirkt dieses Vorbad wie das von Fixirnatron. — Eder's Jahrb. **53.** p. 106. **50.** Bd. 26. p. 371. — Nach E. Vogel jun. hält das oxymethylsulfonsaure Natron die Platte klar, wirkt aber etwas verzögernd auf die Entwicklung. Der Hydrochinon- oder Pyrogallolgehalt des Entwicklers kann nicht ohne Nachtheil wesentlich herabgesetzt werden. Verf. zieht Natriumsulfit vor. — **50.** Bd. 27. p. 3.

Verwendung der Diamidonaphtalinsulfosäuren und der Amido-naphtolsulfosäuren als Entwickler in der Photographie. D. P. 50265 f. M. Andresen in Berlin. Zur Entwickelung von Bildern in Schichten, welche Chlor-, Brom- oder Jodsilber allein oder gleichzeitig verschiedene Mengen von zwei oder drei Halogensilbersalzen enthalten, sollen die nachstehend angeführten Säuren Verwendung finden: a) Diamidonaphtalinsulfosäuren, welche durch Reduction von Azofarbstoffen aus aromatischen Basen und α- oder β-Naphtylaminmono- oder disulfosäuren erhalten werden können; b) Amidonaphtolsulfosäuren, welche durch Reduction der Nitroverbindungen oder der mittelst α- und β-Naphtolmono- und -disulfosäuren hergestellten Azofarbstoffe darstellbar sind. — **75.** p. 171. **49.** p. 249.

Partielle Entwicklung. Es kommt oft vor, daſs sich einzelne Partien des Negativs zu schwarz entwickeln. Um sie zurückzuhalten, nimmt man die Platte bei Zeiten aus dem Entwickler, spült sie ab und läſst sie einige Min. abtropfen. Hierauf bestreicht man die zu schwarz kommenden Stellen mittelst eines Pinsels mit concentrirter Bromkaliumlösung, die man 1—2 Min. einwirken läſst. Man spült hierauf die Platte ab und entwickelt sie weiter. Bei vollendeten Negativen wird die Abschwächung durch partielle Anwendung einer 40%igen Lösung von Natriumhyposulfit, der man einige Tropfen einer Lösung von rothem Blutlaugensalze zusetzt, bewirkt, eine partielle Verstärkung dagegen durch stellenweise Anwendung einer concentrirten Lösung von Sublimat, bis die Stelle ganz weiſs geworden, dann Abwaschen und Baden in verdünntem Ammoniak oder Natriumsulfitlösung. — Phot. Rundschau. p. 22. **89.** Rep. p. 38.

Zum Entwickeln von Bromsilberdrucken nimmt A. R. Dresser 150 ccm gesättigte Lösung von oxalsaurem Kali, 30 ccm gesättigte Lösung von schwefelsaurem Eisenoxydul-Ammoniak, 3—4 Tropfen 10%iger Bromkaliumlösung und erzielt damit gleichmäſsiger schöne Töne als mit Hydrochinon. — Amer. Annual of Phot. p. 39. **25.** p. 21.

Die Entwicklung von Eosinsilberplatten darf nach H. W. Vogel nicht zu früh unterbrochen werden. Man muſs den Entwickler durcharbeiten lassen, selbst auf die Gefahr hin, überentwickelte Platten zu bekommen. Letztere lassen sich dann leicht mit rothem Blutlaugensalz (5 ccm einer 1.: 5 zu 100 ccm Fixirnatron 1 : 6—7). Frischer Hydrochinon-Entwickler, auf 10 ccm mit 1 Tropfen Bromkaliumlösung 1 : 10 versetzt, liefert glasklare Negative. — **50.** Bd. 27. p. 63.

Zum Verstärken der Negative übergieſst R. Flamank, nachdem der Entwickler abgegossen ist, dieselben sogleich mit einer Mischung gleicher Theile von 2 g Pyrogallol, 2,5 g Bromammonium, 60 ccm Wss. und 7,5 ccm Ammoniak, 120 ccm Wss., fixirt, wäscht und klärt in gesättigter, mit einem Paar Tropfen Salzsäure versetzter Alaunlösung. Bei der Reproduction von Strichzeichnungen soll diese Lösung, als Entwickler verwendet, unschätzbar sein. — Yearbook of Phot. **25.** p. 20.

Einen Hydrochinon-Verstärker für Collodion-Negative, der sich sowohl bei Reproductionen nach Strichzeichnungen (für Photolithographie etc.) als bei Halbtonbildern (für Lichtdruck) bewährt, stellt Hübl her, indem er A. 100 g Hydrochinon in 1000 g Wss. löst, etwas Schwefelsäure oder 5—6 g Citronensäure zusetzt, B. 1 g Silbernitrat in 30 g Wss. löst und 3 Vol. A. mit 1 Vol. B. mischt. Die mit Eisenvitriol entwickelten nassen Collodionplatten werden abgespült und mit dem Hydrochinon-Verstärker übergossen; dabei kräftigen sich nicht nur die Lichter, sondern es entwickeln sich auch bei unterexponirten Negativen die zarten Details noch weiter fort. Die hierauf fixirten Negative sind meistens kräftig genug, doch steht einer nachherigen Verstärkung mit Quecksilber nichts im Wege. Ist das Negativ annähernd gut exponirt und gut entwickelt, so wird der Hydrochinon-Verstärker nach dem Fixiren angewendet, und es bleiben dabei die klaren Linien vollständig erhalten. Cassebaum's Hydrochinon-Silberverstärker (vgl. Rep. 1889. II. p. 150.) ist wenig wirksam und nicht zweckdienlich. — 53. p. 14.

Quecksilberverstärkung. Bei der Verstärkung mit Sublimat und Natriumsulfit wird nach Ch. Jones schwarzes Quecksilber gebildet und Chlorsilber nur theilweise gelöst. Daher erklärt sich auch, weshalb bei der Wiederholung des Processes keine Verstärkung, sondern eine Abschwächung eintritt. Die Verstärkung mit Sublimat und Schwärzen mit Eisenoxalat-Entwickler ist nach Verf. sehr wirksam. nur mufs man nach dem Behandeln mit Sublimat sehr gut waschen (1½ Stdn.); beim Uebergiefsen mit Eisenoxalat wird das weifse Bild völlig reducirt. — 83. p. 100. Phot. Nachr. p. 122. Eder's Jahrb. (1891) p. 483. — Stolze hat bereits 1882 diesen Procefs empfohlen.

Silberverstärker; v. Richmond. Zu einer Lösung von 1 Th. Silbernitrat in 12 Th. Wss. fügt man so viel einer Lösung von 1 Th. Schwefelcyanammon und 1 Th. Fixirnatron in 6 Th. Wss., dafs der entstehende Niederschlag sich gerade noch auflöst. Zu 160 Th. der Mischung fügt man 3 Th. Pyrosulfit-Lösung und 6 Tropfen Ammoniak. Falls gröfsere Dichte erwünscht ist, giebt man während des Verstärkens nach und nach einige Tropfen Ammoniak hinzu. Dieser Verstärker verändert nicht den Ton der Negative; er kann deshalb auch zur partiellen Verstärkung mittelst des Pinsels benützt werden. Das Negativ mufs nach dem Entwickeln, am besten in Chromalaun, gut gegerbt werden. Nach dem Fixiren genügt ein kurzes Waschen. Nach dem Verstärken wird nochmals fixirt und gewaschen. Reinlichkeit der Schalen ist Hauptbedingung des Gelingens. — 84. Almanac. p. 518. 53. p. 126.

Ein neuer Verstärker. Man stellt drei Lösungen her: 1) durch Auflösen von 10 g Gallussäure, $0,1$ g Weinsteinsäure, $0,3$ g Bleinitrat in 2 ccm destillirtem Wss., wozu man noch 1 g Schwefelsäure setzt. 2) 3 g Silbernitrat in 100 ccm destillirtem Wss. 3) 2 g Eisenvitriol, $0,4$ g Weinsteinf., $0,5$ g Bleinitrat und 300 ccm destillirtes Wss. Man nimmt 100 Th. von 1 und fügt 2 Th. von 2 hinzu, sowie $0,5$—$0,8$ Th. von 3. Der Verstärker erzeugt einen leicht bläulichen Ton und eignet sich besonders für Platten, die mit Pyrocatechin entwickelt werden. Vorher mufs aber alles Natriumhyposulfit sorgfältig aus der Gelatineplatte ausgewaschen sein, was am besten durch Einschieben eines Kochsalzbades gelingt. Bei dieser Entwicklung muß man übrigens dem Fixirprocefs ein Chromalaunbad vorhergehen lassen. — Progrès Phot. Phot. Nachr. (1889) p. 161. 89. Rep. p. 22.

Der grüne haltbare Abschwächer; v. Belitzki. 200 g Wss., 10 g Kaliumferrioxalat. 8 g neutrales krystallirtes Natriumsulfit, 3 g Oxal säure, 50 g Natriumhyposulfit. Im Dunkeln hält sich diese Lösung lange unzersetzt, im Licht bilden sich bald hellbraun gefärbte Ferro oxalate. Nimmt man anstatt der Oxalsäure Weinsäure, Salzsäure oder Schwefelsäure, so erhält man zwar auch Natriumbisulfit, aber die Lösung ist von gelbrother Farbe und läfst nicht so leicht, wie das Oxalat, die entstandene Zersetzung erkennen. Dieser Abschwächer kann mit Vortheil gleich nach dem Fixiren des zu kräftigen Negativs angewandt werden, auch für locale Abschwächung, ebenso nach jedem Entwickler, was z. B. mit rothem Blutlaugensalz nach Eisenentwick- lung nicht der Fall ist. — Deutsche Phot. Ztg. p. 62. — 89. Rep. p. 77.

Das saure Fixirbad (vgl. Rep. 1889 II. p. 155.), aus gleichen Theilen Fixirsalzlösung und saurer Sulfitlösung (250 g Natriumsulfit, 1 l Wss. und 70 ccm Salzsäure) bestehend, wirkt nach A. Lainer sehr allmählich und sehr klärend abschwächend. Die Abschwächung wird beschleunigt durch Zusatz einer Spur rothen Blutlaugensalzes. Sehr geeignet ist das saure Fixirbad auch für den Abschwächer mit oxalsaurem Eisenoxydkali, da diese Lösung entgegen dem gewöhnlichen Fixirbad lange klar bleibt. Auf bereits getonte und fixirte Albumin- bilder, Aristotypien etc. wirkt das stark saure Fixirbad nach längerer Einwirkung ebenfalls bedeutend abschwächend, wobei auch der Ton eine Veränderung erleidet. Als Vorbad bei Entwicklung mit Eisen- oxalat modellirt das saure Fixirbad nach Belitski in der Verdünnung 1 : 2000 — 1 : 3000 die Lichter besser als blofses Fixirnatron. Im Gegensatz zu den neutralen Fixirbädern kann aus alten sauren das Silber ohne Verlust wiedergewonnen werden. Das saure Fixirbad ist auch sehr geeignet, um mit Quecksilber verstärkte Platten, welche infolge schlechten Auswaschens des Fixirnatrons braun geworden sind, zu restauriren, ebenso Gelatinenegative, die durch Copiren mit noch nicht vollständig trockenem Albuminpapier gebräunt sind. — 53. p. 16.

Gelbschleier auf Gelatinenegativen stellt sich erst beim Fixiren ein und entsteht nach M. Balagny fast immer bei zu kurzer Belich- tung, bei sehr vorsichtiger oder zu langer Entwicklung ziemlich richtig belichteter Platten und nur bei alkalischer Entwicklung (Pyrogallol, Hydrochinon, Eikonogen) oder vielmehr, wenn die Bromsilberschicht mit alkalischen Salzen gesättigt wird. Legt man eine so entwickelte Platte nach der Hervorrufung zuerst in ein Wasserbad, dann 2 Min. in ein Bad aus 1 l Wss. und 25 g Citronensäure und wäscht sie dann gründlich aus, so kommt das Negativ vollkommen klar aus dem Fixir- bade. — 25. p. 165.

Als Klärmittel für Gelatinenegative empfiehlt P. Austen dieselben nach dem Abspülen in folgendes Bad zu legen: 50 g Alaun, 10 g Chromalaun, 50 g Eisenvitriol, 20 g schwefelsaures Ammon, 900 ccm Wss.; nach erfolgter Lösung setzt man zu: 10 ccm conc. Schwefel-

säure und so viel Wss., daſs das Ganze 1 l Flüss. giebt. Wenn nöthig.
ist das Bad noch zu verdünnen. — Intern. Annual. Bd. 2. p. 14.
25. p. 87.

Härten der Negative. Für Gelatineplatten, welche kräuseln, empfiehlt Ch. Ehrmann folgendes Bad: 7 g Natriumsulfit, 2 g Tannin,
480 ccm Wss., 3 ccm Salzsäure. — Amer. Ann. of Phot. p. 79. **25.**
p. 24.

Zur Wiederherstellung vergilbter Matrizen legt J. Robischek
die mit Alkohol sorgfältig ablackirte und darauf mit Wss. gut ausgewaschene Platte in Wss., das mit einigen Tropfen Bromwasser versetzt ist. Ist das Bild nach ca. 6—8 Min. im durchfallenden Lichte
klar geworden, so legt man die Platte in Alkohol und trocknet. —
53. p. 216.

Abziehen der Negativschicht; von Ch. Petit. Das fertige
Negativ wird nach gründlichem Waschen und Trocknen 10 Min. in
ein Bad von 100 ccm Wss., 5 g Kalium- oder Ammoniumbichromat
und einigen ccm Alkohol gelegt, dann abtropfen gelassen und im
Dunkeln getrocknet. Man belichtet es dann zuerst von der Glasseite
her, 10 Min. in der Sonne, $3/4$ Stdn. in zerstreutem Licht und bedeckt
dabei die Gelatineschicht mit einem schwarzen Papier. Hierauf belichtet man etwas kürzere Zeit von der Gelatineseite her. Man wäscht
in mehreren Wasserwechseln, bis dasselbe klar abläuft und trocknet
dann bis zu einem Feuchtigkeitsgrad, ähnlich dem, den die Gelatine
bei 24stündigem Trocknen in einem Keller besitzen würde. Um die
Schicht abzustreifen, macht man einige mm von den Rändern der
Platte entfernt einen Einschnitt in dieselbe, hebt eine Ecke der
Schicht in die Höhe und zieht vorsichtig ab, dann legt man eine
Glasplatte, die etwas gröſser als das ursprüngliche Format ist, auf
den Boden einer mit reinem Wss. gefüllten Schale und die umgekehrte
Schicht darüber, hebt beides heraus und läſst einen Augenblick abtropfen; um völligen Contact zwischen Schicht und Glas zu erzielen,
legt man ein Blatt Schreibpapier über das Glas und preſst das über-
schüssige Wss. mittelst des Ballens der Hand oder eines Kautschuk-
quetschers aus. Hierauf läſst man in bekannter Weise trocknen.
Will man die abgezogene Schicht als Negativfolie, die sich von beiden
Seiten copiren läſst, verwenden, so kann man nach dem Trocknen.
welches auf das Auswaschen des Bichromates folgt, auf die Gelatine-
fläche eine Schicht Rohcollodion, dann eine 5%ige, mit etwas
Glycerin versetzte Gelatinelösung auftragen. Das Abziehen von der
Glasplatte geschieht in derselben Weise wie vorher beschrieben. Die
Folie wird in einem Hefte zwischen Flieſspapier verwahrt. Man
kann die Uebertragung auch mit Hilfe der im Handel befindlichen
Gelatinefolien nach den Vorschriften der Eastman Company oder M.
Balagny's vornehmen. — La Mode illustrée. No. 23. **25.** p. 187.
49. p. 223.

Um zerbrochene Negative zu repariren, entfernt H. Brebner
den Lack durch Alkohol mit 2% Aetzkalizusatz, wäscht und legt
sie in eine Schale mit salzsaurem Wss. Wenn sich die Häute am
Rande lösen, bringt man sie in eine zweite Schale mit Wss. und
sucht die Haut abzuziehen. Die abgelösten Häute kommen in eine
dritte Schale, dann in Spiritus und hierauf einzeln auf die Glasplatte.

Man hält sie mit den Fingern fest, läfst die Flüss. ablaufen, bringt das zweite und die folgenden Stückchen in die richtige Lage, befeuchtet mit einem weichen Pinsel und bringt sie in bessere Berührung. Sind sie nahezu trocken, so fährt man nochmals mit einem feinen Pinsel über die Trennungsstellen. Hierbei ist es gut, wenn die feuchten Häute etwas übergreifen. Man kann sie auch ohne Uebergreifen gut vereinigen, wenn man sie halbtrocken am Rande anfeuchtet, mit einem trockenen Pinsel gegen das Mittelstück schiebt, und die Feuchtigkeit wieder wegnimmt, wenn alles in der richtigen Lage ist. Dann läfst man trocknen und retouchirt leere Stellen zu. — **83.** Jan. **50.** Bd. 26. p. 340.

Einen Niederschlag von Bromkalium auf überlichteten Platten beseitigt R. E. M. Bain, indem er das in einem Alaunbade gehärtete Negativ in eine Lösung von 1 Th. Cyankalium in 480 Th. Wss. legt und gründlich wäscht. — Amer. Ann. of Phot. p. 91. **25.** p. 24.

Behandlung stark überbelichteter Platten. Wenn man aus Versehen eine Negativgelatineplatte 60—100 Mal zu lange belichtet hat, so kann man dieselbe nach Eder durch Anwendung des nachfolgenden Entwicklers noch zu einem guten, copirfähigen Negativ entwickeln: 4 ccm Pyrogallollösung (10%ige), 8 ccm Bromkaliumlösung (10%ige), 24 ccm kaltgesättigte Lösung von Natriumcarbonat und 72 ccm Wss. Wenn die Platte nicht so sehr lange überbelichtet wurde, kann man den Bromkaliumzusatz vermindern. — **85.** (1889) p. 421. **89.** Rep. p. 38.

Zum Tonen von Bildern auf Bromsilber, welche, infolge langer Entwicklung nach kurzem Exponiren oder durch Anwendung alter gefärbter Entwickler bei Ueberexponiren, bei Entwicklung mit Hydrochinon gelbe Flecke oder einen unangenehmen grünlich-schwarzen Ton erhalten haben, wendet Roden ein Bad von 20 g Kaliumjodid und 1 g Goldchlorid in 400 ccm Wss. an, das auf schwache Sherryfarbe mit Wss. verdünnt wird. Die damit behandelten gut fixirten und gewaschenen Copien färben sich auf der Rückseite durch Bildung von Jodstärke blau. Wird diese Farbe auch auf der Vorderseite sichtbar und werden die Flecke schwach purpurfarben, so nimmt man die Bilder heraus und wäscht 1 Stde. in Wss. Die fertigen Bilder zeigen eine angenehme schwarze Farbe, keine gelben Flecke mehr und erscheinen etwas kräftiger. — **84.** Almanac. p. 416. **53.** p. 75.

Zur Umwandlung von empfindlichem Albuminpapier des Handels in Bromsilberpapier für Vergröfserungen läfst Graham ersteres auf einem Bade von 80 g Bromkalium und 1000 ccm Wss. 1/4 Stde. lang schwimmen und trocknet. Die Empfindlichkeit soll etwa der des Alphapapiers gleichen. Die Entwicklung geschieht mit den gewöhnlichen Entwicklern für Bromsilberpapier. Das Papier ist haltbar. — Bull. de la Soc. franç. de Phot. p. 35. **53.** p. 278.

Albuminpapier, mit Bromkalium gesalzen, für Vergröfserungen. Legt man gewöhnliches Albuminpapier in eine 3—5%ige Bromkaliumlösung und läfst es dann 15 Min. auf einem Silberbade schwimmen, so wird das Papier nach dem Trocknen ebenso empfindlich wie Alpha-Papier. — Helios. p. 22. Eder's Jahrb. (1891) p. 497.

Ueberlichtete Copien auf Bromsilberpapier weicht man in Wss. auf, legt sie auf den Boden einer Porzellanschale und bedeckt einen Augenblick mit sehr verdünnter Cyankaliumlösung, die etwas Jod enthält. Der klar gewordene Druck wird schnell in fliefsendes Wss. gebracht. — 25. p. 98.

Zum Tonen von Albuminbildern legt James dieselben 20 Min. in ein altes oder schwaches Tonbad, taucht 10 Min. in ein Bad aus einer warm bereiteten Lösung von 5 g Bleiacetat in $33^{1}/_3$ ccm Wss. die mit einer Lösung von 10 g Fixirnatron in $66^{2}/_3$ ccm Wss. versetzt ist, und wäscht wie gewöhnlich. — Bull. de la Soc. franç. de Phot. p. 33. 53. p. 280.

Direct in der Camera erzeugte Diapositive. Eine überbelichtete und so lange mit Eisenoxalat entwickelte Platte, bis sie auf beiden Seiten ganz schwarz geworden, wird mit Kaliumbichromatlösung und etwas Salpetersäure behandelt, bis die Schwärze verschwunden ist. dann bei Tageslicht in verdünntem Ammoniak gebadet, gut ausgewaschen und nochmals mit Oxalat entwickelt. Gelatinearme Emulsionen verdienen den Vorzug. — Phot. Rundschau. p. 135. 89. Rep. p. 146.

Diapositive zu Laternenbildern auf Bromsilbergelatine. J. B. Lloyd empfiehlt die Bromsilberplatten mit folgendem Entwickler zu entwickeln: A. 20 grains Pyrogallol, 90 grains Natriumsulfit, 5 grains Citronensäure, 10 Unzen Wss. B. 30 Tropfen Ammoniak (d = $0_{,880}$), 3 grains Bromkalium, 10 Unzen Wss. Dieser Entwickler giebt schwarze Töne mit bräunlicher oder olivenfarbener Nüance. Rein schwarze Töne erhält man durch Mischen gleicher Mengen der folgenden beiden Lösungen: A. 30 grains Hydrochinon, 120 grains Natriumsulfit, 5 grains Citronenf., 10 Unzen Wss. B. 60 grains Aetznatron, 120 grains Natriumsulfit, 5 grains Bromkalium, 10 Unzen Wss. — The phot. Journ. p. 112. Eder's Jahrb. (1891) p. 500.

Uebertragen von Aristobildern auf Glas. Eine gut gereinigte Glasplatte wird mit Eisessig abgerieben, mit einer wässerigen Gelatinelösung übergossen und getrocknet. Auf diese Schicht wird der noch nasse Aristodruck unter Vermeidung von Luftblasen aufgelegt, eine Ecke desselben umgeschlagen und davon die Gelatineschicht abgekratzt. Das Ganze wird durch Gewichte beschwert und bis zum Trocknen geprefst, sodann Wasserdämpfen von ca. 80^0 C. ausgesetzt und, wenn die Schicht hinlänglich erweicht ist, von der umgeschlagenen Ecke aus das Papier vorsichtig inmitten des Dampfes abgezogen. Nachdem das Bild 20 Min. an der Luft getrocknet hat, taucht man die ganze Platte in Wss. von 30^0 C., hierdurch wird ersteres schön glänzend, ohne sich zu lösen. Nach dem freiwilligen Trocknen überzieht man das auf Glas übertragene Bild mit einem guten Firnifs. — Amateur-Photograph. p. 7. 89. Rep. p. 38.

Chlorsilbercollodion-Verfahren; v. Gilbert. A. 180 ccm Alkohol. 270 ccm Aether, 11,5 g Collodionwolle. B. 6,5 g chemisch reines Chlorstrontium, 6,5 g Citronensäure, 180 ccm Alkohol. C. 26 g Silbernitrat. 26 ccm Wss., 67 ccm Alkohol. Emulsion: 420 ccm A., 67 ccm B., 37 ccm C. Zu je 450 ccm Emulsion setzt man 10 ccm einer Mischung gleicher Theile Glycerin und Alkohol. D. 90 g Rhodanammonium, 240 ccm Wss. Tonbad: 600 ccm Wss., 30 ccm D., Chlorgold so viel, als zum Tonen nöthig ist. Das Bad mufs schwach sauer sein. Fixirt wird 5—8 Min. in einem Fixirbade 1 : 20. — St. Louis and Ian. Phot. **25**. p. 173.

Tonbad für Aristodrucke; v. A. Stieglitz (vgl. a. Rep. 1889 II. p. 152). Man wäscht die Drucke nach dem Copiren, tont 10 Min. in einem Bade aus 1 g Kaliumplatinchlorür, 1150 ccm destillirtem Wss. und 1,5 ccm concentrirter Salpetersäure und wäscht nochmals. Die erhaltenen Töne variiren je nach der kürzeren oder längeren Zeit des Tonens zwischen Hellbraun und Schwarz. — Amer. Ann. of Phot. p. 121. **25**. p. 25.

Als Tonfixirbad für Aristopapier verwendet R. E. Liesegang am vortheilhaftesten: 1000 g Fixirnatron, 400 g Alaun, 10 g Bleinitrat, 3 l kochendes Wss. Nach 2 Tagen werden weitere 2 l kochenden Wss. zugesetzt und filtrirt. Dazu wird gemischt eine Lösung von 800 g Rhodanammonium in 6 l Wss. und 50—100 ccm 1%ige Goldchloridlösung. Die Bilder erhalten in diesem Bade in 3—5 Min. jeden beliebigen Ton. Wolframsaures Natron giebt einen Niederschlag und wirkt sehr schwächend auf das Bad; fast ohne Wirkung sind essigsaures und phosphorsaures Natron; benzoesaures Natron schwächt bedeutend, giebt aber sehr warme Töne; verzögert wird die Wirkung ferner durch Bromkalium, Chininsulfat etc. und durch Neutralisation mit doppeltkohlensaurem Kali; Ansäuern mit Weinsäure beschleunigt den Procefs sehr, färbt aber die Weifsen der Bilder etwas gelblich. Ersetzt man das Goldchlorid durch Kalium-Platinchlorür, so entsteht ein sehr gut tonendes Platintonfixirbad. — **25**. p. 117.

Bleitonungsbad. Nach vorhergehendem Waschen wird nach W. A. Ribbler mit dem gewöhnlichen Goldbade aus essigsaurem Natron und Goldchlorid getont, bis die Drucke einen angenehm warmen Ton zeigen, dann mehrmals gewaschen und in ein sofort nach der Mischung zu verwendendes Bad von 1,296 g Bleizucker zu je 0,568 l Fixirbad von der Stärke 62 g Natriumhyposulfit 568 g Wss. gebracht. In dem Bade bleiben die Drucke unter fortwährender Bewegung 10 Min., werden dann fixirt, wobei ein weiches Schwarzgrau erzielt wird, und gewaschen. Als Vortheile werden gerühmt: Zeit- und Goldersparnifs, Veränderung der Farbe ohne Verminderung der Kraft. Die ersteren Vortheile konnten nach Versuchen von anderer Seite nicht erhalten werden. — Amateur Photographer, Nov. (1889). **53**. p. 27.

Ersetzung von Silber durch Platin und Palladium; v. Fr. P. Perkins. Versetzt man eine schwach angesäuerte Lösung von Platinchlorid mit einem Stückchen Natriumsulfit und pinselt die Flüss. über einen gut gewaschenen Silberdruck auf gesalzenem Papier, so wird das Silber fast augenblicklich durch Platin ersetzt. Dies ist ein einfaches Verfahren zum „Tonen", wenn man das fertige Platinosalz nicht zur Hand hat. Eine schwach angesäuerte Lösung von Palladiumchlorür kann in gleicher Weise mit denselben Resultaten verwendet werden. — **8**. vol. 61. p. 87. **89**. Rep. p. 77. s. a. **25**. p. 145.

Zum Tonen der Silberbilder mit Salzen der Metalle der Platingruppe müssen nach P. Mercier die Bäder sauer reagiren und auf die Anwendung eines Minimumsalzes basirt sein. Die Platinchlorüre geben vorzügliche Tonbäder. Typus: 1 Kaliumplatinchlorür, 5 Schwefelsäure, 1000 Wss. Die Schwefelf. kann durch 1—3 g Salzsäure auf

1000 ccm Flüss. oder durch jede andere mineralische und nicht
reducirende organische Säure ersetzt werden. Man kann auch eine
Lösung von 2 g Platinchlorid und 1 g neutralem Natriumtartrat bis
zum Uebergang der gelben Farbe in eine graue kochen und mit Wss.
auf 1000 ccm auffüllen. Die Tonung mit den Verbindungen des Rho-
diums und Rutheniums ergab bisher nur gelbe Copien, die sich von
den nicht getonten kaum unterscheiden; das Palladiumchlorürtonbad
tont sehr rasch bis tiefschwarz, färbt jedoch das Papier gelb, 1—2 g
Kalium-Natrium-Iridiumchlorid, 1000 ccm Wss., wie gewöhnlich angesäuert, liefert ähnliche Töne wie das Goldbad. Das Tonen geht langsam vor sich, jedoch bleibt das Papier weifs und man erhält Bilder
von schönen, violetten Farben. Ein Bad von 1—2 g Osmium-Ammo-
niumchlorid, 20 g Essigsäure, 1000 ccm Wss. giebt erdbraune Bilder,
die allmählich in Blau übergehen. Fixirt man vor Vollendung dieser
Umwandlung, so werden die Bilder braun in den schwarzen, blau in
den Halbtönen. Bei Verwendung von Mineralsäuren ist der schliefsliche Ton zart violett. — Bull. de la Soc. franç. de Phot. p. 52. **9.**
t. 109. p. 950. **50.** Bd. 27. p. 42. **53.** p. 278.

Platintonbad. Nach Gastine werden 20 g Chlornatrium und
10 g saures weinsaures Natrium in 300 g Wss. gelöst, ohne dafs die
Temp. über 50—55⁰ steigt und 5—7 ccm einer 10%igen Platinchlorid-
lösung zugesetzt. Die umgerührte Mischung wird mit Wss. zum Liter
aufgefüllt. — **83.** Bd. 33. p. 753. **50.** Bd. 27. p. 42.

Zur Präparation von haltbar gesilbertem Albuminpapier bereitet
H. N. King zwei Lösungen: I. 3600 ccm destillirtes Wss., 300 g
Silbernitrat, 150 g reines Natriumnitrat, 15 g Hutzucker; etwas Kaolin-
Zusatz hält die Lösung klar. ·II. 300 ccm Wss., 30 g reines Natrium-
nitrat, 60 g Silbernitrat, 7 g Hutzucker. Man giebt 60 ccm II. zu I.,
läfst das Papier darauf schwimmen, zieht es ab und trocknet im
Dunkeln. Nach je 4 Bogen setzt man weitere 80 ccm II. zu. In
einer Chlorcalciumbüchse läfst sich dieses Papier 10—14 Tage aufbewahren. Unbegrenzt lange hält es sich, wenn man es mit der
Rückseite ½ Min. auf einer Lösung von 105 g Citronensäure in 3 l
Wss. schwimmen läfst, abzieht und trocknet. Das Bad mufs von Zeit
zu Zeit auf seinen Silbergehalt geprüft werden. — **84.** Almanac.
25. p. 14.

Blasen auf Albuminbildern entfernt J. Swain durch Zufügen von
5—15 ccm Methyl- oder Aethylalkohol zu 100 ccm Fixirbad oder Verdünnen des letzteren; Zufügen von Salz zum Fixirbade; 8 Minuten
langes allmähliches Verdünnen des Fixirbades, nachdem die Bilder
10 Min. darin gewesen sind, und Auswaschen in fliefsendem Wss.; Eintauchen in starke Salzlösung. Ursachen der Blasenbildung sind eine
zu dicke trockene Albuminhaut zu einer schwachen Silberlösung oder
zu kurzes Eintauchen im Sensibilisirungsbade. — Phot. Journ. — Auch
Eintauchen der getonten Bilder in 70gräd. Alkohol bis sie glasig werden und darauf folgendes Fixiren soll zum Ziele führen. — **50.**
Bd. 26. p. 370. — Zur Vermeidung der Blasen im Albuminpapier löst
C. A. Smyth in 2,5 l fast kochenden Wss. 450 g Fixirnatron und
etwas doppeltkohlensaures Natron, läfst die Drucke 10—20 Min. unter
beständigem Umwenden darin liegen, bringt sie einzeln 10 Min. lang

in starke Kochsalzlösung und wäscht gründlich. — Amer. Ann. of Phot. p. 75. **25.** p. 24.

Chlormagnesium als Fixirmittel für Chlorsilberbilder hat R. E. Liesegang empfohlen. Nach A. Miethe geht das Fixiren in einem Bade aus 100 ccm Wss., 15 g Chlormagnesium, 2 g Alaun verhältnifsmäfsig schnell. Ein Chlorsilbercollodiondruck nahm bräunliche Färbung an, die beim Trocknen in Braun-Purpur überging. Wurde dasselbe Papier mit unterschwefligsaurem Natron fixirt, so zeigte es einen schmutzig gelbgrünen Ton. — **85.** p. 98. **25.** p. 101.

Beim Platindruck mittelst Hervorrufung schlagen die Bilder öfter ein, d. h. erscheinen nur in der Durchsicht kräftig, in der Aufsicht jedoch flau und grau. Da die Ursache hierfür nach H. Lenhard in der Zerstörung des Papierleimes liegt, paralysirt Verf. die üble Wirkung des „Einschlagens" durch eine Gelatine-Alaun-Lösung. 125 g reine Gelatine werden mit 1 l Wss. allmählich zum Kochen erhitzt und unter stetem Umrühren mit 125 g pulverisirten Alaun versetzt. In diese mit derselben oder der doppelten Menge Wss. verdünnte warme Lösung werden die Platindrucke einige Min. getaucht, dann in kaltem Wss. gewässert und zwischen Fliefspapier oder auf Hürden getrocknet. Um den Effect der Lichter zu heben, kann man der Gelatine-Alaun-Lösung einige Tropfen einer wässerigen Indigocarminlösung zusetzen. Die Bilder werden durch diese Behandlung wieder brillant auch in der Aufsicht und saugen aufserdem bei der Positiv-Retouche die Farbe nicht mehr so gierig auf wie früher. — **53.** p. 107.

Blaudrucke auf Albumin. Sehr schöne Effecte erhält man, wenn man zum Copiren gewöhnliches Albuminpapier benutzt, welches in folgendem Bade sensitirt wurde: a) citronensaures Eisenoxydammon 15 g, Wss. 65 ccm; b) rothes Blutlaugensalz 10 g, Wss. 65 ccm. Man mischt erst kurz vor Gebrauch gleiche Theile von a. und b., da sich die Mischung nicht lange hält, läfst das Papier wie auf einem Silberbade ungefähr 1/2 Min. darauf schwimmen und hängt es dann an einer Ecke im Dunkeln zum Trocknen auf. Die Abdrücke, die nach dem Copiren in Wss. ausgewaschen werden, zeigen fast ebenso reichliches Detail wie Albuminbilder, dabei ist das Verfahren einfacher und billiger. Die Abdrücke können aufgeklebt und satinirt werden. Das Papier darf erst kurz vor dem Gebrauche sensitirt werden, da es sich im präparirten Zustande nicht lange hält. — **63. 25.** p. 223. **34.** p. 313.

Das Colas'sche Lichtpausverfahren beruht auf dem sogenannten Tintencopirprocefs und liefert Copien in schwarzen Linien auf weifsem Grunde. 10 Gelatine, 20 Ferrichlorid, 10 Weinsäure, 10 Zinksulfat werden in 300 Wss. gelöst und mittelst eines Pinsels auf gut geleimtes starkes Papier im Dunkeln aufgetragen. Die grünlichgelbe Farbe mufs während des Copirens verschwunden sein, nur nicht unter den schwarzen Linien. Das Bild wird durch 20 Gallussäure in 1000 Wss. und 200 Alkohol entwickelt; in diese Lösung wird das Papier mit der Bildseite nach oben eingetaucht. Wenn es richtig belichtet war, erscheinen die Linien zuletzt kräftig schwarz. Es wird dann gut in fliefsendem Wss. ausgewaschen, mit einem Baumwollbäuschchen abgerieben und zum Trocknen aufgehängt. In der Sonne mufs man

5—10 Min., im Schatten 20—40 Min. belichten. Das präparirte Papier läfst sich nicht lange aufbewahren. — Phot. Nachr. p. 203. 89. Rep. p. 122.

Ein neues Tintenbildverfahren. Doppelt albuminirtes Papier läfst man mit der Rückseite auf einer concentrirten Lösung von Kaliumbichromat schwimmen und trocknet im Dunkeln, nachdem man den Ueberschufs der Lösung an einem Glasstabe abgestrichen hat. Man copirt unter einem Negativ nur ein Drittel der gewöhnlichen Zeit, welche gesilberte Albuminpapiere bedürfen, und legt die Copie in eine grofse Quantität Wss. Wenn jeder Ueberschufs des löslichen chromsauren Salzes ausgewaschen ist, legt man es in eine Auflösung von 1 Th. Eisenvitriol in 25 Th. Wss. und nach 5 Min. aus derselben in eine Auflösung von Natriumcarbonat, wäscht abermals tüchtig aus und färbt es in einem Gallussäurebad (3 : 500). Bei Ueberbelichtung nimmt man mehr Soda, bei Unterbelichtung weniger; auch kann dieselbe nach der Gallussäure nochmals angewandt werden. — Phot. Nachr. p. 291. 89. Rep. p. 166.

Präparation von Pigmentpapier. In dem militär-geographischen Institute in Wien wird auf nachfolgende Weise ein sehr gutes Kohlenstaubverfahren praktisch ausgeübt. Gutes starkes Rohpapier zieht man durch eine Gelatinelösung 1 : 60, die entsprechend erwärmt ist, trocknet es durch Aufhängen und bestreicht es mittelst eines Pinsels mit nachstehender Lösung: 10 Gelatine, 10 Gummi arabicum, 20 Rohrzucker, 80 destillirtes Wss. Während dies Papier noch feucht ist, wird es eingestäubt, indem man ein Gemisch von 100 Rohrzucker und 5 feinstem Rebenschwarz in Pulverform in einen Staubkasten bringt, vorher nochmals denselben rotiren läfst und das Papier 1—2 Min. hineinbringt. Vor dem Gebrauch macht man letzteres durch nachstehendes Chrombad empfindlich: 50 Kaliumbichromat, 50 Ammoniumbichromat, 6 l Wss. und so viel Ammoniak bis zur hellgelben Farbe. Man entwickelt das belichtete Papier erst mit warmem, dann mit kaltem Wss. — Eder's Jahrb. 29. p. 100.

Weifse Pigmentbilder auf schwarzem Grunde. Man nimmt einen weifsen Farbstoff — Zinkcarbonat oder besser gefälltes Baryumsulfat — auf schwarzem oder purpurfarbenem Glanzpapier. Nach der Entwicklung erscheinen die Lichter dieser Bilder gleichsam erhaben, die Schatten — von dem schwarzen Grunde gebildet — vertieft. Man belichtet unter einem Diapositiv, überträgt es mittelst des bekannten Transportverfahrens auf die schwarze Unterlage und entwickelt sorgfältig mit lauwarmem Wss. — 25. p. 70. 89. Rep. p. 77.

Urangolddruck. Nach Redding löst man 20 g Ferrichlorid in 200 ccm Wss., kocht und setzt Aetznatronlösung bis zur alkalischen Reaction zu. Das gefällte Ferrihydroxyd wird ausgewaschen und ausgequetscht und 10 Th. Oxalsäure in Krystallen zugesetzt. Die Masse wird im Dunkeln aufbewahrt und nach 2—3 Tagen die grünbraune Lösung abfiltrirt. Dieselbe soll sauer reagiren und maafsanalytisch der Gehalt derselben an Eisen und Oxalsäure bestimmt werden. Auf dieser Normallösung läfst man das Copirpapier schwimmen, welches sich in gut verschlossenen lichtdichten Büchsen ziemlich lange hält; ein wenig Sublimat macht es noch haltbarer. Nach dem Copiren läfst man das schwach braune Bild auf 500 ccm Wss., 15 g Urannitrat und 1 g Goldchlorid schwimmen. Nach der Entwicklung wäscht man es in verdünnter Salzsäure aus, dann in warmem Wss. Je mehr Unsman nimmt, desto schwärzer wird der Ton; durch mehr Gold wird derselbe bläulicher. — Phot. Nachr. (1889) p. 178. 89. Rep. p, 22.

Photographien in natürlichen Farben, theils auf Glas, theils auf Papier hat F. Verres hergestellt. Die rubinrothen bis orangegelben Farbentöne überwiegen. Das farbenempfindliche Präparat ist eine Chlorsilber-Collodion- oder Gelatine-Emulsion, welche eigenthümlich präparirt ist und auf Glas oder Papier gegossen wird. Die Platte wird in einem Copirrahmen. — auf Glas 2—3 Stdn., auf Papier drei Tage — unter einer transparenten, colorirten Zeichnung exponirt; die Farbe der Emulsionsschicht ist braunroth; das Bild erscheint in einigen Min. negativ, die dunklen Stellen erscheinen weiss, die Farben entwickeln sich langsam, dann wird das Bild in einem alkalischen Bade fixirt, wodurch die Farben noch intensiver werden. Nach J. M. Eden's Vermuthung handelt es sich um eine glückliche Anwendung der von C. Lea beschriebenen Photochloride des Silbers, welche wahrscheinlich dieselben Substanzen sind, mit denen schon Herschel, Becquerel und Niepce de St. Victor experimentirten und worüber Zeucker in seiner Photochromie berichtete. — 53. p. 149; vgl. a. 50. Bd. 27. p. 2. 24. — Nach H. W. Vogel sind die älteren Bilder von Niepce de St. Victor, Becquerel und Zencker farbenreicher als die Verres'schen. — 50. Bd. 27. p. 36. — Eine absolute Fixirung ist nach J. M. Eder noch nicht erreicht, jedoch eine anerkennenswerthe Haltbarkeit. Nach Miethe erhält man ähnliche Bilder wie die von Verres, wenn man gesilbertes Albuminpapier braun ankaufen läfst und 2 Min. in eine concentrirte Lösung von Kupfervitriol mit etwas Kaliumbichromat taucht; man erhält unter farbigen Gläsern ganz hübsche Farben, besonders auch gelb. J. Gaedicke läfst Chlorsilber-Gelatine-Emulsionspapier (Aristopapier) am Lichte dunkelrothbraun anlaufen, taucht 2 Min. in eine Mischung gleicher Theile einer Kupfervitriol- und einer 5%igen Kalibichromatlösung bei Lampenlicht und trocknet im Dunkeln. Die ultravioletten Strahlen sind durch mit Gelatine, Uranin oder Aesculin überzogene Glasplatten abzufiltriren. Nach A. Miethe überzieht man eine Platte mit einer warm bereiteten, filtrirten Mischung von 2 g Gelatine, 2 g Glycerin, 25 ccm Wss., 0,05 g Aesculin, eine andere mit 2 g Gelatine, 2 g Glycerin, 25 ccm Wss., 0,02 g Fluorescein, trocknet an einem staubfreien Orte, legt Schicht auf Schicht an einander und verklebt die Ränder. Hat sich das Aesculin gebräunt, so müssen die Platten erneuert werden. Wird das erwähnte Chlorsilberpapier mit den Absorptionsscheiben ½ Stde. im Tageslicht belichtet, so entwickeln sich die Farben (roth, gelb, grün, blau) lebhafter. J. Gaedicke wässert dann mit schwefelsäurehaltigem Wss. und trocknet im Dunkeln; die Farben halten sich ziemlich lange, wenn man sie nicht dem directen Tageslichte aussetzt. Chlorsilber-Collodionpapier giebt bessere Töne in Blau, aber schlechtere in Gelb und Roth; Fixirnatron zerstört die Farben; jedoch fand J. Gaedicke gewisse Salzlösungen, welche das Bild beständiger machen. A. Miethe fixirt mit Chlormagnesiumlösung. — 85. p. 142. 53. p. 304. — R. E. Liesegang hat Photographien in natürlichen Farben auf Chlorsilbercollodion mit Silbernitratüberschufs hergestellt.

Diese Emulsion wurde auf Kreidebarytpapier gegossen und am Lichte
schiefergrau gefärbt. Roth, Blau und Grün zeigten sich nach 2tägiger
Belichtung sehr gut auf demselben. Nach dem Baden in Chlornatriumlösung und Fixiren in verdünntem Fixirnatron wurden die Farben
kräftiger. Löst man die Schicht, so erscheinen die Farben auf der
Rückseite viel besser ausgeprägt als auf der Vorderseite. Das Bild
verändert sich am Tageslicht nicht. Auf Rothbraun gefärbter Chlorsilbergelatine ging die Färbung unter rothem Glase etwas zurück und
entsprach ziemlich genau der des Glases. Blau zeigte sich auch sehr
gut; es verwandelte sich schon bei geringem Druck in Broncegrün.
25. p. 146. — M. E. Vallot läfst starkes photographisches Rohpapier
3 Min. auf Kochsalzlösung (1 : 10) schwimmen, trocknet schnell, sensitirt 5 Min. auf Silbernitratlösung (1 : 50), läfst einige Augenblicke
abtropfen, wäscht 10 Min. in fliefsendem Wss., entfernt das freie
Silber völlig durch 5 Min. langes Liegen in Kochsalzlösung (1 : 5),
wäscht aus, bringt in einer Cuvette, die 500 ccm Wss. und 20 ccm
einer Lösung von 3 g Zinnchlorür in 100 ccm destillirtem Wss., versetzt mit 10 Tropfen Schwefelsäure, enthält, so lange ans Licht, bis
ein dunkelvioletter Ton erreicht ist, wäscht 5 Min. lang und trocknet.
Dann kommt das Papier 2 Min. lang in ein Bad aus gleichen Theilen
einer 5%igen Kaliumbichromat- und einer gesättigten Kupfervitriollösung, hierauf wird getrocknet und unter farbigen Gläsern dem directen Sonnenlicht ausgesetzt. Brillanter werden die Farben durch kurze
Einwirkung eines Bades aus 1000 ccm Wss. und 20 ccm Schwefelsäure. Nach gründlichem Waschen kann albuminirt werden. — Moniteur de la Phot. **25.** p. 198.

Herstellung transparenter Bilder. D. P. 49847 f. W. Read jr. in
Boston, Mass., V. St. A. Ein Papierbild wird auf einer oder zwischen
zwei Gelatineplatten vermittelst eines transparenten, das Bild durch-
dringenden Bindemittels aufgezogen und die Gelatineplatten aufsen
mit einem wasserdichten Ueberzug versehen. Um farbige Bilder dieser
Art herzustellen, werden hinter dem nach dem vorstehenden Verfahren
hergestellten Bilde noch eine oder zwei Gelatineplatten in einem bestimmten Abstande angeordnet, deren Rückseite bemalt wird. — **75.** p. 66.

Salzsaures Hydroxylamin, Reducirsalz und Reducirlösung. Salzsaures Hydroxylamin ist in wässeriger Lösung haltbar, die Färbung
des durch dasselbe aus Bromsilber abgeschiedenen Silbers ist nach
A. Lainer sehr schön grauschwarz, ohne je Gelbfärbung zu zeigen;
das Silber aus reducirtem Chlorsilber zeigt rothe, rothbraune, braune.
braunschwarze, blauschwarze und schwarze Töne. Bei Bromsilbergelatine-Trockenplatten ist es bis jetzt nicht verwendbar, weil sich
bei der Entwicklung Gase bilden, welche die Gelatine theilweise von
der Platte heben. Für Chlorsilbergelatine zeigt es sich sehr geeignet.
wahrscheinlich ist es auch für Bromsilber-Collodion-Trockenplatten gut
verwendbar. Das breiartige Reducirsalz der Badischen Anilin-
und Sodafabrik enthält Hydroxylamin an Säure gebunden, in wenig
Wss. unlösliche Stoffe, besonders Kaliumsulfat, und organische Substanz. Die braune, aber klare Reducirlösung hat ähnliche Zusammensetzung und Eigenschaften wie das Reducirsalz. Letzteres ist ersterer
wegen seiner höheren Reductionskraft und gröfseren Haltbarkeit vorzuziehen. — **53.** p. 155.

Zur Darstellung von Jodammonium für Photographie versetzt W. Weissenberger eine Lösung von 10 g Jodkalium in 20 ccm Wss. mit einer Lösung von 4 g Ammoniumsulfat in 30 ccm Wss. und bringt durch Zusatz von absolutem Alkohol auf 218 ccm. Die Lösung enthält 4 % Jodammonium. Die Vortheile des Verfahrens sind, dafs das Jodammonium erst im Augenblick des Gebrauchs gebildet und stets in gleicher Qualität erhalten wird. Auf ähnliche Weise können Jodcadmium, Jodzink etc. dargestellt werden. Für Jodzink nimmt man z. B. 10 g chemisch reines Jodkalium, 8,65 chemisch reinen Zinkvitriol, 50 ccm Wss. und bringt mit absolutem Alkohol das Volumen auf 240 ccm. — **53.** p. 273.

Photographische Camera. D. P. 49919 f. O. Anschütz in Lissa. Nahe vor dem lichtempfindlichen Präparat wird eine mit Schlitz versehene Jalousie vorübergeführt. Die Expositionszeit wird durch die Breite des Schlitzes geregelt, welcher vermittelst einer Schnur enger oder breiter gemacht werden kann. Um das Objectiv auf verschiedene Entfernungen einstellen zu können, ist das Gehäuse desselben mit einer steilgehenden Schraube versehen, welche in einem entsprechenden Muttergewinde in der Camerawandung gedreht werden kann, wobei sich ein am Objectivgehäuse befestigter Zeiger über eine empirisch getheilte Scala bewegt. — **75.** p. 136. **49.** p. 206.

Photographische Camera mit Rollenpapier. D. P. 51089 f. M. B. Leisser und F. Steub in München. In der Camera ist ein kegel-

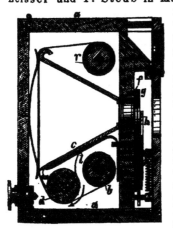

förmiges Metallgehäuse *c* angeordnet, welches die durch das Objectiv einfallenden Strahlen umschliefst. Zwischen diesem Gehäuse und den Wandungen *a* der Camera sind die zur Aufnahme und Führung des lichtempfindlichen Papieres dienenden Rollen *b*, *d* und *v* gelagert. Ein Messer *l* wird von dem Objectivverschlufs derart beeinflufst, dafs dasselbe bei jeder Aufnahme bezw. jeder Bewegung des Verschlusses in das lichtempfindliche Papier eindringt, um die Grenzen jeder Aufnahme ersichtlich zu machen. Der Verschlufs besteht aus drei übereinander liegenden, durch Federn beeinflufsten Platten *f g h*. Derselbe kann sowohl für Zeit- als auch für Momentaufnahmen eingestellt werden. — **75.** p. 441. **49.** p. 303.

Photographische Moment-Handcamera. D. P. 50797 f. W. Eras in Breslau. Die das Objectiv tragende Vorderwand ist an der Camera drehbar befestigt. Der auf der Rückseite dieser Wand angeordnete Objectivverschlufs besteht aus einer Platte, deren rechteckige Oeffnung durch Einsatzplatten in ihrer Gröfse verändert werden kann. Zur Bewegung des Verschlusses dient ein über verstellbare Gleitrollen geführtes endloses Gummiband. Ueber der Visirscheibe ist ein Einstellzelt angeordnet, welches aus mit Tuch überzogenen Drähten besteht und zusammengelegt werden kann. — **75.** p. 341.

Die Chromirungsbäder für gelatinirte photolithographische Umdruckpapiere hat C· Kampmann verglichen und gefunden, dafs die Bäder, welche Ammoniumbichromat enthalten, die gröfste Lichtempfindlichkeit geben, die mit Kaliumbichromat eine um $1/3$ geringere. Sämmtliche Bilder entwickeln sich in fetter Farbe leicht und schön und geben vollkommen brauchbare Copien. Von den Kaliumbichromat-Bädern ist das Manganosulfat haltende beim praktischen Copiren von Negativen etwas empfindlicher; die fette Umdruckfarbe hält in den feinen Ausläufen fest am Papier. — 53. p. 109.

Reproductions-Emailpapier von Husnik besitzt eine härtere und sicherere Gelatineschicht als das bisher gebräuchliche photolithographische Uebertragungspapier und einen stärkeren Rohstoff; es giebt Copien, welche ein viel schwächeres Relief haben und deshalb nicht Veranlassung zu starken Punkten in den Lichtern geben können. Sensibilisirt wird mit folgendem Bade 1 : 13 : 30 g doppeltchromsaures Ammon, 70 g doppeltchromsaures Natron, 1300 g Wss. Aetzammoniak bis zur Neutralisation und 5—6 Min. Badezeit der Papiere. — 50. Bd. 26. p. 281.

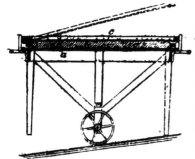

Lichtpaus-Apparat. D. P. 51532 f. A. Gebensleben in Dortmund. Der App. besteht aus dem fahrbaren, drehbaren und schief einstellbaren Tisch a mit Wattekissen b und der auf diesem liegenden Glasscheibe c, welche durch Eigengewicht die Zeichnung und das unter dieser befindliche lichtempfindliche Papier auf das Wattekissen aufprefst. — 75. p. 441. 49. p. 327.

Directer photozinkographischer Procefs für Farbendruck. Zur Herstellung genau übereinstimmender Farbplatten für den Druck von Karten eignet sich das directe Copiren auf Zinkplatten besser als das Uebertragen von Umdruckpapier. Waterhouse verwendet dünnes Zinkblech, welches nach der gewöhnlichen Körnung mit einer concentrirten Lösung von Gummi und Galläpfelextract geätzt wird. Die zerkleinerten Galläpfel werden 24 Stdn. mit dem 20fachen Gewicht Wss. digerirt. Die Lösung wird auf die Hälfte eingedampft, mit $1/10$ Vol. concentrirter Phosphorsäure und gleichen Theilen Gummiwasser gemischt. Diese Aetzlösung läfst man auf den Platten eintrocknen, wischt dann dieselben gut ab, übergiefst sie dünn mit einer Chromatlösung und trocknet bei gelinder Wärme in einigen Min. Die Chromatlösung wird hergestellt: A. 20 Th. Arrowroot, 9 Th. Kaliumbichromat, 700 Th. Wss. B. 1 Th. Albumin, 1 Th. Wss. Für den Gebrauch mischt man 40 Th. Lösung A., 5 Th. Kaliumbichromat, 15 Th. Lösung B. Copirt wird unter einem verkehrten Negativ ca. 6 Min. in der Sonne. Die abgekühlte Platte wird ca. $1/2$ Stde. in Wss. gelegt, mit einem Schwamm gereinigt, abgespült, getrocknet, mit Uebertragsfarbe eingeschwärzt und nach 15 Min. mit Terpentin abgewaschen. Vor dem Einwalzen mit der Druckfarbe wird sie mit einigen Tropfen Wss. benetzt.

Ein nochmaliges Aetzen ist nicht nothwendig, höchstens zur Reinigung der Ränder. — Amer. Annual of Phot. p. 124. **53.** p. 170.

Darstellung von Buch- und Steindruckformen in Aquatinta-Manier. D. P. 50923 f. C. Aller in Kopenhagen. Man bedeckt nach Uebertragung der Contouren der Zeichnung auf den Stein die nach dem Druck weifs erscheinenden Stellen mit einer gummihaltigen Farbe, stäubt darauf die ganze Form mit einem feinen Asphaltpulver oder dergl. ein, bringt dasselbe zum Schmelzen, bedeckt wieder die folgenden hellsten Stellen des Bildes, stäubt ein, schmilzt, und führt fortfahrend diese Operationen so oft aus, als das Bild Farbenschattirungen zeigen soll. Darauf bringt man die Form in Wss., so dafs sich die Asphaltschichten bis zu der betreffenden Gummifarben-Unterlage ablösen und läfst dann die Aetzung des Steines folgen. — **75.** p. 314. **49.** p. 294.

Lichtempfindliche Marineleim-Lösung kann man zum directen Copiren auf Stein oder Metall verwenden. Die Zinkplatte wird sehr gut gereinigt, etwas angefeuchtet und die Marineleim-(Glumarine-)Lösung gleichmäfsig 2 Mal hintereinander, wie Collodion, aufgegossen, unter Vermeidung von Blasen. Benutzt man eine Drehscheibe, so fällt der Ueberzug sehr gleichmäfsig aus, die Platte mufs aber erwärmt werden. Man dreht so lange, bis letztere ganz trocken ist. Nach dem Erkalten belichtet man die sehr empfindliche Schicht unter einem Negative 2 bis 20 Min. Das mit bräunlicher Farbe schwach sichtbare Bild wird mit Buchdruckerschwärze eingewalzt, in eine Schale mit Wss. 10 Min. lang gelegt und mit einem Baumwollbäuschchen leicht abgerieben. Das so entwickelte Bild wird abgewaschen, getrocknet, leicht erwärmt, mit Colophonium-Pulver eingestäubt, der Ueberschufs des Pulvers abgepinselt, bei gelinder Wärme geschmolzen und nach dem Erkalten die Platte wie gewöhnlich geätzt. — Phot. Nachr. p. 88. **89.** Rep. p. 77.

Photoxylographie. Der betreffende Holzblock wird erst in Kupfersulfatlösung, sodann in Sodalösung gekocht, um seine Poren mit Kupfercarbonat auszufüllen. Nach dem Trocknen wird die Hauptseite polirt und die anderen Seiten durch Ueberstreichen mit Asphaltlack geschützt. Erstere wird hierauf mit Gelatinechromatlösung überzogen, ähnlich einer Lichtdruckplatte, ein Negativ nach einem liniirten Bilde (Holzschnitt, Stahlstich oder dergl.) darauf gelegt und in der Sonne copirt. Die Gelatinechromatschicht läfst sich hierauf durch warmes Wss. entwickeln und mit Asphaltlack überstreichen, welcher bei einiger Vorsicht, gleich der Druckerschwärze, nur an den belichteten Stellen haftet. Dann legt man den Block erst in starke Salpetersäure, dann in Schwefelsäure, jedes Mal 1 Stde., wodurch auf der Bildseite alles freiliegende Holz weggeätzt wird. Nach dem Waschen und Bürsten entfernt man den Asphalt durch Benzin. Man kann auch den ganzen Procefs mittelst Pigmentpapier ausführen und das Bild auf den Holzstock übertragen, dann einschwärzen, ätzen u. s. f. — Photogr. Nachr. p. 27. **89.** Rep. p. 38.

Zu Aetzungen auf Glas vermittelst photomechanischer Processe verwendet A. Müller-Jacobs seine Resinatfarben (vgl. Rep. 1889 II. p. 12). Er stellt sich zunächst dar: I. Lichtempfindliches Resinat: 100 g helles Colophonium werden mit 10 g kaustischem Natronhydrat, 33 g krystallisirtem Natriumcarbonat und 1 l Wss. 2 Stdn. anhaltend gekocht und noch 1 l Wss. zugefügt. Man löst hierauf 7,5 g Methylviolett 3 B bezw. Methylgrün, Fuchsin, Safranin, Rhodamin. Auramin, Chrysoïdin, Nilblau, Victoriablau u. s. w. in etwa 500 ccm kochendem Wss., filtrirt und giebt die Lösung der Seife bei. Im Ferneren löst man 60 g Magnesiumsulfat in 500 ccm kochendem Wss. und fällt nun durch langsame portionenweise Zugabe der letzteren Lösung zu der ersteren unter stetem Umrühren das Farbresinat aus. Der Niederschlag wird auf das Filter gebracht, gut ausgewaschen und bei 60—80⁰ getrocknet. Er muſs dabei 2—3 Mal zerrieben werden, um ihn vollständig wasserfrei zu erhalten. II. Kautschuklösung: Man schüttelt 50 g feingeschnittenen Kautschuk längere Zeit hindurch mit 4000 g Schwefelkohlenstoff, bis eine vollkommene Vertheilung stattgefunden hat; hierauf erhitzt man die dicke Flüss. auf kochendem Wasserbade, bis sich ungefähr die Hälfte des Schwefelkohlenstoffes verflüchtigt hat und fügt hierauf so viel reines Benzol hinzu, daſs die gesammte Lösung 3333 g wiegt. Sie enthält in diesem Fall 1,5 % Kautschuk. III. Lichtempfindlicher Ueberzug. 20 g Magnesiumresinatviolett (7,5 % Farbstoff), 8 g Magnesiumgrün (7,5 % Farbstoff), 8 g Magnesiumchrysoïdin (7,5 % Farbstoff), 4 g Magnesiumfuchsin werden in 130 ccm reinem Benzol und 70 ccm Chloroform gelöst und hierauf 120 ccm Kautschuklösung 1,5 % zugegeben. Die Flüss. wird nach 8 Tage langem Stehen durch Watte filtrirt und angewandt. Sie muſs im Dunkeln verwahrt werden. Die gut gereinigten Glasoder Metallplatten werden mit dieser Schicht gleichmäſsig überzogen und nach 6stündigem Trocknen unter einem Negativ dem directen Sonnenlicht ausgesetzt. Die Dauer der Belichtung wechselt zwischen 15 Min. bis 3 Stdn. Rothe Resinatfarben erhöhen die Lichtempfindlichkeit, blaue und grüne dagegen erniedrigen sie. Für Tiefätzungen (wie z. B. für Ueberfangglas erforderlich), wird der Ueberzug bedeutend dünner gemacht und hierauf länger belichtet (eine weitere Abkürzung der Belichtungsdauer kann durch Vor- oder Nachbelichtung der Platte, selbst nach dem Entwickeln erreicht werden, sowie durch Anwendung von gefärbten Metallsalzen jodirter oder bromirter Abietinsäuren). Nach der Belichtung läſst man die Platten im Dunkeln abkühlen, worauf man sie entwickelt. Für technische Zwecke verwendet Verf. ausschlieſslich den Benzol-Terpentinölentwickler und zwar im Verhältniſs von 1:3 oder im Hochsommer von 1:4. Die Entwicklung erfolgt im Halbdunkel oder am Licht, bis sämmtliche Details erscheinen, worauf man die Platte in einer Schale mit reinem Petroleumbenzin abwäscht und gleichmäſsig antrocknen läſst. Dieselbe wird nun in üblicher Weise mit Asphalt umrändert und unter Beobachtung der nöthigen Vorsichtsmaſsregeln geätzt, bis eine charakteristische Farbeveränderung der Schicht auftritt. Bei zu langer Zeitdauer der Aetzung wird das Korn zerstört und kein Matt erzielt, namentlich wenn zu kurze Zeit belichtet oder zu stark entwickelt wurde. Bei Tiefätzungen (z. B. auf Ueberfangglas) ist, um ein „Sichwerfen" der Schicht zu vermeiden, eine weit längere, mehrere Stunden andauernde Belichtung nothwendig. Man erzielt dann aber wunderbare Wirkungen sowohl in Strichmanier wie in Halbtönen. Exponirt man beim Benzolentwicklungsverfahren unter einem Negativ, so erhält man nach vollendeter Aetzung Bilder.

deren Lichtpartien geätzt sind, während die Schatten unangegriffen
und durchsichtig bleiben und welche, mit einem weifsen Farbstoff,
z. B. Bleiweifs eingerieben, sich gegen einen dunklen Hintergrund
voll abheben; andernfalls erhält man sogen. Diapositive von höchster
Klarheit. Solche können direct zu Fensterverzierungen, Sciopticon-
bildern u. s. w. benutzt oder aber weiterhin mit Glasfarben bemalt
und eingebrannt werden. Roult's Methode der Herstellung von Helio-
gravüren mit Hilfe harzsaurer Salze (vgl. Rep. 1887 II. p. 216) ist
fast eine wörtliche Wiedergabe der in England, Deutschland und Frankreich vom Verf. hierauf erwirkten Patente (Amer. Pat. 358 816 und
358 817). — **123. p. 451. 49. p. 290.**

Vervielfältigung von Schriften. D. P. 51936 f. Ch. A. Thompson in Newyork. Die Einrichtung besteht aus einer Walze _D_, welche
das mit Copien zu versehende Papier aufnimmt, einem Flüssigkeits-
behälter mit Walze _E_ zum Anfeuchten desselben, zwei Wringwalzen
_F_ zum Abpressen der überschüssigen Flüss. und zwei gröfseren Walzen

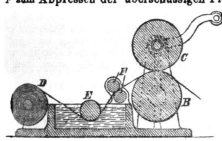

_B C_, von welchen die obere
mit Uebertragungspapier überzogen ist, welches beim Drehen
der Walze die zu verviel-
fältigende Schrift auf das
Papier überträgt. Die Schrift
auf dem Uebertragungspapier
wird dadurch hergestellt, dafs
man es zwischen zwei mit
Anilinfarbe getränkte oder
überzogene Blätter legt und
mit einem harten Stift auf einem der Blätter schreibt, so dafs die
Schriftzüge auf dem Uebertragungspapier infolge des Durchdrückens
in Anilinfarbe erscheinen. Das Uebertragungsblatt kann auch durch
Schablonenpapier mit Lochungen oder Radirungen, welche mit Hilfe
der bekannten Cyclostylfedern oder elektrischen Nadelfedern hergestellt
sind, ersetzt werden. — **75. p. 510. 49. p. 384.**

Herstellung von Maltuch. D. P. 51111 f. E. Friedlein in Würzburg. Man legt Leinwand in gespanntem Zustande auf eine polirte
Platte aus Cement, Marmor, Glas oder dergl. und übertränkt von der
Rückseite aus mit einer gelatinösen die Leinwand durchziehenden
Masse. Diese Masse wird aus Leimlösung, einer Emulsion von Ricinusöl, arabischem Gummi und Farbstoff wie Zink-, Blei- oder Baryt-
weifs zusammengemischt. — **75. p. 312.**

**Herstellung von mehrfarbigen Gemälden oder Zeichnungen durch
Malen oder Zeichnen jeder einzelnen Farbe auf eine separate, transparente Schicht ohne Benutzung photographischer Hilfsmittel und Anwendung dieser in Einzelfarben gemalten Schichten zur Herstellung
von Farbendruckplatten.** D. P. 51116 f. M. Wirths in Newyork.
Man malt jede Farbe, welche in dem Gemälde vorkommt, auf eine
besondere durchsichtige Schicht, indem man entweder jede der letzteren mit Anhaltsmerkmalen für das Auftragen der Farben versieht oder
beim Malen eine Schicht mit Anhaltsmerkmalen unterlegt und dann
sämmtliche einzelnen Schichten übereinander bringt. Zweck dieses

Verfahrens ist die Hervorrufung von weichem Farbenschmelz im Gemälde und Variation des Stimmungseffectes bei demselben Bilde durch Fortlassen von Farbplatten. Stellt man nach den einzelnen Schichten eines Gemäldes, welches in dieser Weise direct durch Künstler gemalt ist, Druckplatten für den Farbendruck her, so wird einer den Absichten des Künstlers widersprechenden Zerlegung des Originalbildes, wie sie beim bisherigen Farbendruckverfahren vorkommen kann, vorgebeugt. — **49.** p. 263. **75.** p. 334.

Le Chatelier; Anwendung der Photographie zur Temperaturbestimmung. **25.**
82. 49. p. 303.

E. Fleichl von Marton; monochromatisches Licht. (Bromnatrium an Stelle
von Chlornatrium empfohlen.) **2. Bd. 38.** p. 675. **7.** p. 306. Eder's
Jahrb. (1891) p. 404.

R. E. Liesegang; actinometrische Waage (beruht auf der Zersetzung von
Oxalatlösung durch das Licht und Absorption der gebildeten Kohlensäure
durch Kalilauge). **25.** p. 106.

R. Hitchcock; die Wirkung des Lichts auf Chlorsilber. (Im Exsiccator getrocknetes Chlorsilber färbte sich bei einstündiger Belichtung im Sonnenlicht kaum; die Zersetzung scheint bei fein vertheiltem Chlorsilber und
längerer Belichtung bis zur Bildung von Metall zu gehen. Amer. chem. J.
vol. 11. **50.** p. 317. Phot. Nachr. p. 94.

R. E. Liesegang; ein Sensitometer. **25.** p. 155.

R. E. Liesegang; Einfluß von mechanischem Druck auf die empfindliche
Schicht. (Auf der Rückseite mit einem Bleistift beschriebenes, schwach
belichtetes Aristopapier in ein Tonfixirbad gebracht, zeigt ein helles Bild
der Schrift auf dunklem Grunde.) **25.** p. 95. 156.

J. Waterhouse; Photographie des rothen Endes des Spectrums (durch mit
Alizarinblau sensibilisirte Bromsilbergelatine). Phot. Journ. p. 75. **50.**
Bd. 27. p. 130. Eder's Jahrb. (1890) p. 422.

C. v. Zamboni; praktische Winke über Beleuchtung bei Porträtaufnahmen im
Zimmer bei Tages- oder Blitzlicht. A. Moll's „Notizen". **50.** Bd. 26.
p. 364.

E. Olbrich; einfacher Expositionsmesser. **25.** p. 201.

A. Lainer; Bestimmung der Expositions- und Copirzeit. **53.** p. 212.

A. Watkins; mathematische Berechnung von Expositionen. **83.** p. 319. **50.**
Bd. 27. p. 64.

E. Vogel; Dunkelkammerfenster. (Mit Aurantia und Rhodamin gefärbte Gelatineschichten.) **50.** Bd. 27. p. 135. Eder's Jahrb. (1891) p. 403.

H. W. Vogel; farbige Gläser für Dunkelkammerlichter. (Dünnes Kupferrubinglas mit Goldglas oder gewöhnliche Glasplatten, die mit roth gefärbtem
Lack oder rother Gelatine übergossen werden.) **50.** Bd. 27. p. 81.

F. Wilde; Anlage von Glashäusern. **85.** p. 312.

H. W. Vogel; Verschiedenheit in der Farbenempfindlichkeit an verschiedenen
Tagen. Eder's Jahrb. **50.** Bd. 27. p. 41.

E. V. Boisonnas; Einfluß der Beschaffenheit des Tageslichtes auf die Empfindlichkeit der farbenempfindlichen Platten. Eder's Jahrb. **50.** Bd. 27.
p. 69.

W. K. Burton; Mischen von Bromsilbergelatine-Emulsionen von sehr verschiedener Empfindlichkeit. (Es werden Mängel der beiden einzelnen
Bestandtheile beseitigt, die guten Eigenschaften bewahrt.) **25.** p. 181.

H. W. Vogel; Unterscheidung von Eosin- und Eosinsilberplatten. **50**. Bd. 26. p. 280. 301.

Wilde; schwarze Ränder bei Trockenplatten (werden durch die Qualität der Gelatine veranlafst; weiche Gelatinen und gelatinearme Emulsionen neigen besonders zur Randbildung). Eder's Jahrb. **50**. Bd. 26. p. 354.

G. Mercator; Theorie und Praxis bei der Entwicklung von Gelatine-Trockenplatten. **25**. p. 106.

L. G. Bigelow; combinirter Eikonogen- und Pyrogallol-Entwickler. St. Louis and Canadian Phot. **25**. p. 172.

J. Waterhouse; Guajakol als Entwickler für Trockenplatten. (20 Tropfen in 60 g einer 4%igen Sodalösung; die Negative sind nicht so dicht, aber harmonischer als die mit Brenzcatechin.) Photogr. Journ. Bd. 14. p. 161. **50**. Bd. 27. p. 102.

A. Lainer; der Silbergehalt der negativen Fixirbäder. **53**. p. 70.

W. H. Sherman; Beseitigen des Fixirnatrons aus Abdrücken (wird durch Kochsalzgehalt des Wss. sehr verlangsamt). Amer. Ann. of Phot. p. 103. **25**. p. 24.

W. H. Gardner; Reinigen der Rückseite von Negativen (durch Bimssteinpulver). Amer. Annual of Phot. p. 109. **25**. p. 25.

C. Schiendl; Negativ-Retouche auf chemischem Wege. Amer. Ann. of Phot. (1889). **25**. p. 131.

A. Beyersdorf; Duplicatnegative und Staubfarbenentwicklung. **53**. p. 111.

A. Miethe; Herstellung von Duplicatnegativen. **85**. **50**. Bd. 27. p. 68.

Methoden, um von Negativen andere Negative herzustellen. (Russel's, Foxlee's, Brook's, Bolas' Procefs.) Phot. Journ. **50**. Bd. 27. p. 13. **25**. p. 177.

T. H. Voigt; Copiren auf Bromsilber-Emulsionspapier mittelst Blitzlicht. **53**. p. 233.

Kurz's Celloidinpapier. **85**. p. 104. **89**. p. 1221.

M. Dessendier; automatischer Copirapparat. Bull. de la Soc. franç. de Phot. (1889) p. 316; (1890) p. 45. **53**. p. 322.

J. R. Swain; hartes Wss. im Tonbad (giebt einen Niederschlag auf den Abdrücken; Zusatz von Ammoniak beseitigt den Uebelstand und soll auch das Blasenwerfen des Albuminpapieres auf ein Minimum beschränken). Phot. Times. **25**. p. 183.

R. E. Liesegang; das Gelbwerden des gesilberten Papiers. (Albumin- und Chlorsilbergelatinepapier, welches eine kurze Zeit dem Lichte ausgesetzt war, hält sich besser als das nicht belichtete, weil die anfängliche Reduction die spätere Oxydation sehr erschwert; die Luft ist also hier die Ursache des Gelbwerdens; auch der Druck hat einen grofsen Antheil an der Schleierbildung.) **25**. p. 138.

C. R. Arnold; Fliefspapierbausche beim Silbern des Albuminpapieres. Amer. Ann. of Phot. p. 63. **25**. p. 23.

W. Steiner; Chlorsilbergelatine-Emulsionspapier-Entwicklung. (Für Contactcopien wird Just's Chlorsilber-Papier angewendet, relativ starker Entwickler mit viel Alkalien und mit Bromkalium als Verzögerer, Magnesium-Blitzlicht.) **50**. Bd. 27. p. 37.

Voigt; Herstellung von Vergröfserungen mit Eikonogen-Entwicklung. **53**. p. 134.

W. Smith; Coloriren von Projectionsbildern. Amer. Annual of Phot. p. 159. **53**. p. 224.

A. W. Scott; Coloriren von Laternenbildern. Phot. Answers von Wall. p. 37. Eder's Jahrb. (1891) p. 506.

A. Gil de Tejada; Gelatiniren colorirter Abdrücke. 84. 25. p. 123.

W. Willis; neues über den Platindruck. 25. p. 129.

M. Putz; Platindruck. 53. p. 163. 217.

J. B. Gardner; Verwerthung alter Tonbäder. 25. p. 110.

Ch. Cooper & Co.; Wiedergewinnung von Silber- und Goldrückständen. Wilson's phot. Mag. Eder's Jahrb. (1891) p. 541.

M. Friese-Green; lichtempfindliche Cartons. 25. p. 179. 49. p. 231.

E. Vogel jun.; Perutz'sche Emulsionshäute. 50. Bd. 26. p. 335; Behandlung derselben. Bd. 27. p. 25.

A. Brunner; Waschvorrichtung für Emulsionen. 25. p. 102.

A. Hesekiel und Jacoby, Berlin; Photographiren bei Magnesiumlicht mittelst des Fulgurapparates. 49. p. 103 (vgl. 50. p. 304).

J. M. Eder; über Zirkon- und Magnesialicht im Knallgasgebläse. 53. p. 61.

E. v. Schlicht; das Magnesiumblitzlicht. 25. p. 17.

J. Schnaufs; Anwendung von Magnesiumblitzlicht. 25. p. 99.

Sands und Hunter; Blitzlicht-Lampe. 83. (1889) p. 681. 53. p. 26.

Baltin; Magazin-Blitzlampe. 50. Bd. 26. p. 313.

L. Roquette; Moment-Feder-Apparat. 50. Bd. 26. p. 266. 290.

Ch. Föge, J. Ruders, C. Griese, Hamburg, D. P. 51081; App. zur selbstthätigen Herstellung von Photographien. 75. p. 457.

Winter; Detectiv-Camera. 83. (1889) p. 665. 53. p. 25.

M. Friese-Green und M. M. Evans; Camera zur Anfertigung von 10 Aufnahmen in der Secunde. 83. 25. p. 113.

C. Geick; Amateur-Camera mit Papphülsen statt Cassetten. 50. Bd. 27. p. 9.

C. P. Stirn in Newyork, D. P. 49849; Panorama-Camera. 75. p. 136.

F. Th. Stein in Frankfurt a. M., D. P. 49888; photographische Camera. 75. p. 136. 49. p. 191.

E. V. Swinden und J. Earp in Bootle, Grafschaft Lancashire, England, D. P. 50074; photographische Camera. 75. p. 157.

Unger & Hoffmann in Dresden, D. P. 51159; Neuerung an photographischen Cameras. 75. p. 361. 49. p. 294.

Hartnack in Potsdam, D. P. 51529; Vorrichtung zur Erzeugung eines gleichmäfsig erleuchteten Bildfeldes bei photographischen Weitwinkelobjectiven 75. p. 362. 49. p. 294.

Voigtländer & Sohn; Sectoren-Objectiv-Verschlufs. 50. Bd. 27. p. 7.

R. Kändler in Dresden, D. P. 49842; Objectivverschlufs für photographische App. 75. p. 135.

Stolze; Bestimmung der Brennweite eines photographischen Objectivs. Phot. Nachr. 50. Bd. 27. p. 55.

Th. R. Dallmeyer; photographische Linsen. 83. Eder's Jahrb. (1891) p. 342.

C. Zeifs; neue photographische Objective. 50. Bd. 27. p. 84.

O. Haglund in Berlin, D. P. 50600; Objectivverschlufs. 75. p. 242. 49. p. 190.

R. Blänsdorf Nachf. in Frankfurt a. M., D. P. 50793; Moment- und Zeitverschlufs für photographische Objecte. 75. p. 263. 49. p. 183.

Aug. Krücke in Bockenheim bei Frankfurt a. M., D. P. 50801; Objectiv-Verschlufs für photographische App. 75. p. 341.

H. Frahnert in Dresden-Neustadt, D. P. 50803; Momentverschluſs für photographische App. **75**. p. 342. **49**. p. 247.

R. Krügener in Bockenheim bei Frankfurt a. Main, D. P. 50102; Einrichtung an photographischen Cameras zum Auswechseln der Platten (Simplex-Camera). **75**. p. 171. **50**. Bd. 26. p. 348.

R. Krügener in Bockenheim b. Frankfurt a. M., D. P. 50740; Wechselcassette für photographische Platten. **75**. p. 341.

C. P. Stirn in Newyork, D. P. 51155; Platten- und Exponirungskasten für photographische Cameras. **75**. p. 441.

Ritter von Staudenheim; Photozom, Lichtvertheiler bei Landschafts-Aufnahmen. **53**. p. 8.

W. H. Warner in Bristol, England, D. P. 49804; Heber für photographische Badeapparate. **75**. p. 135.

L. Heine in Edenkoben, Bayr. Rheinpfalz, D. P. 49880; Wässerungsapparat für photographische Platten. **75**. p. 136. **49**. p. 206.

J. M. Eder; der Elektrotachyskop oder der elektrische Schnellseher von O. Anschütz. (Eine rotirende Trommel mit durchsichtigen Bromsilber-Gelatine-Bildern, die mittelst einer Geiſsler'schen Röhre beleuchtet werden.) **53**. p. 260.

A. Brunner; Stereographie. **25**. p. 193.

Autotype Company; neue Pigmentpapiere. Phot. Notiz. p. 157. Eder's Jahrb. (1891) p. 528.

J. M. Eder; Tangirplatten von L. Manifico in Wien, zum Zwecke der Herstellung von gerasterten oder gekörnten Zeichnungen für Umdrucke auf Stein oder Zink. **53**. p. 151.

C. Kampmann; Zinkflachdruck. **53**. p. 64. 152. 267. 368. Eder's Jahrb. (1891) p. 193.

W. Weiſsenberger; Anwendung des Manganvitriols in der Photolithographie. (Zur Beschleunigung der Zersetzung des Bichromats werden auf 1000 Th. Wss. und 40 Th. Kaliumbichromat 5 Th. Manganvitriol zugesetzt.) **53**. p. 159.

A. M. Villon; Ueberdruck von Photolithographien und Lichtdrucken auf Glas behufs Aetzung derselben. Traité pratique de Photogravure sur verre. **25**. p. 153.

O. Volkmer und O. Fritz; Stein-Autotypie und Stein-Heliogravüre. **57. 82. 49**. p. 307.

R. Maschek; die Technik der Heliogravüre. **53**. p. 245.

Rückstände, Abfälle, Dünger, Desinfection und gewerbliche Gesundheitspflege.

Die Beizsäuren von der Drahtzieherei und vom Galvanisiren des Eisens kann man nach Turner nutzbar machen, indem man sie zur Trockne eindampft und den Rückstand bis zur schwachen Rothglüth erhitzt, wobei Eisenoxyd im Ofen zurückbleibt und die verdampfte Salzsäure condensirt und immer wieder nutzbar gemacht wird. Nach

Versuchen auf den Werken von **Walker Broth** zu Walsall und Netherton in Staffordshire wiegt das gewonnene Eisenoxyd die Kosten für das Brennmaterial auf. — **92.** p. 7. **43.** p. 298.

Behandlung der beim Verzinnen abfallenden Beizflüssigkeit. Engl. Pat. 14061/1888 f. H. J. **Kirkman,** Swansea. Durch Kalkmilch wird das Eisen als Oxyd gefällt, während Chlorcalcium in Lösung bleibt. Ersteres wird abfiltrirt und zur Reinigung von Gas, zur Fabrikation von Farbstoffen und für andere Zwecke verwendet. Das Calciumchlorid kann ebenfalls geeignete Verwendung finden. Auch die beim Galvanisiren von Eisen abfallenden Flüss. können in dieser Weise verarbeitet werden. An Stelle oder zugleich mit Kalkmilch läfst sich Magnesia benutzen. — **89.** p. 442.

Gewinnung von Zinn, Loth und dergl. aus Weifsblechabfällen. D. P. 50735 f. R. C. **Thompson** in St. Helens, Junction Lane, Grafschaft, Lancaster, England. Die Abfälle werden bis über den Schmelzpunkt der sie überziehenden Metalle und Metalllegirungen unter Verwendung von solchen Gasen und Flüss. erhitzt, welche keinen oxydirenden Einfluſs auf die zu gewinnenden Metalle ausüben. Als Gase sollen daher vorzugsweise Wasserstoff, Stickstoff etc. Anwendung finden. Als Flüss.

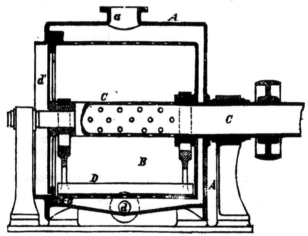

will Erf. Palmöl und das unter dem Namen „Cylinderöl" bekannte Petroleum benutzen. Diese Stoffe gelangen durch die mit Perforationen versehene hohle Welle C in die mit Schüttelvorrichtung D versehene perforirte Trommel B, die zur Aufnahme der Abfälle dient. Die zur Erhitzung dienenden Gase und Flüss. entweichen durch Oeffnung a aus dem Mantel A, während das abgeschmolzene Zinn durch d abflieſst. — **75.** p. 318. **49.** p. 254. — Analog ist der Inhalt des Engl. Pat. 12937/1888.

Gewinnung des Zinns aus Weifsblechabfällen und anderen zinnhaltigen Substanzen. D. P. 50718 f. B. **Schultze** in Trotha bei Halle a. d. S. Die Abfälle behandelt man entweder mit einer Lösung von Eisenoxyd in irgend einer Säure, oder mit verdünnter Schwefelsäure oder Salzsäure, in der Eisenoxydhydrat oder Eisenoxyd in irgend einer Gestalt suspendirt ist, oder mit Zinnoxydlösung, durch Oxydation von Zinnoxydullösung mittelst Eisenoxydhydrats oder Eisenoxyds oder Eisenoxydlösung oder durch Einleiten von Luft in dieselbe erhalten. Das Zinn wird durch solche Behandlung oxydirt und gelöst unter Reduction des Eisenoxydsalzes zu Eisenoxydulsalz oder des Zinnoxydsalzes zu Zinnoxydulsalz bezw. unter Reducirung des Eisenoxyds und unter Bildung von Eisenoxydulsalz. Die erhaltene, noch saure Zinnlösung läfst man langsam über ein Gemenge von metallischem Zinn und Eisenoxydhydrat (oder Eisenoxyd) fliefsen. Dabei nimmt sie äquivalente Mengen von Zinn und Eisenoxyd auf und sättigt sich mit ihnen unter Bildung völlig neutraler Oxydulsalze. Auf die so dargestellte, ganz neutrale, das Zinn als Oxyd enthaltende Metallsalzlösung läfst man nun reines Eisen einwirken. Indem dieses sich löst, wird Zinn in Gestalt eines grauen Pulvers und silberglänzender Metallschuppen abgeschieden. — **49.** p. 190.

Wiedergewinnung des Zinns in der Färberei. M. Martinon bringt die ersten Waschwässer der Seide in einem grofsen Behälter zusammen, setzt Kalk oder die Carbonate der Alkalien oder alkalischen Erden, oder Tannin, oder Schwefelsäure zu und rührt man von Zeit zu Zeit um (Körting'scher App. zu empfehlen), um die Zersetzung des Zinnoxyds zu erleichtern. Zur passenden Behandlung dieser Waschwässer sind wenigstens zwei Behälter von genügender Gröfse erforderlich; während die Flüss. des einen decantirt wird, kann im anderen gefällt werden. Hat sich genug Niederschlag angesammelt, so läfst man die klare Flüss. ab und bringt den Niederschlag auf eine Reihe von Filtrirtüchern. Das Filtriren des Zinnoxyds geht sehr langsam von statten und selbst nach 24 Stdn. ist erst ein 15%iger Teig zurückgeblieben, der entweder direct in Bichlorid verwandelt oder durch die bekannten metallurgischen Processe zu Metall reducirt wird. 30 bis 40% des benutzten Zinns können so wiedergewonnen werden und schon wird die Methode in fast allen Färbereien Lyons angewandt. Sie ging aus von dem Hause Bonnet, Ramel, Savigny, Girand & Marnas, welches ein Franz. Pat. darauf genommen hat. Die Seifenbäder, die zum Kochen oder Seifen mit Zinn beschwerter Seide verwandt werden, und die Niederschläge der in der Schwarzfärberei benutzten Catechu- und Zinnsalzbäder können in ähnlicher Weise zur Wiedergewinnung des Zinns behandelt werden. — Ann. Soc. scient. et industr. Lyon. **II.** p. 13.

Wiedergewinnung von Silber und Gold aus gebrauchten cyankalischen Flüssigkeiten. Um aus Silberlösungen das Silber zu fällen, genügt es nach Stockmeier und Fleischmann, 2 Tage lang ein blankes Zinkblech in die Lösung zu stellen; noch besser eignet sich die gleichzeitige Anwendung eines Zink- und Eisenbleches. Das ausgeschiedene, meist kupferhaltige Silberpulver wäscht man, löst nach dem Trocknen in warmer concentrirter Schwefelsäure und fällt nach dem Verdünnen mit Wss. das gelöste Silber durch Kupferstreifen aus. Das so gewonnene Cementsilber ist völlig rein. Ist der Kupfergehalt nur gering, so gelingt meist die Entfernung desselben aus dem direct durch Zink gefällten Silber durch Umschmelzen mit etwas Salpeter und Borax. Versetzt man ein ausgebrauchtes cyankalisches Goldbad mit Zinkstaub und schüttelt von Zeit zu Zeit innig oder rührt um, so ist in 2—3 Tagen alles Gold ausgefällt. Die zur Ausfällung nöthige Zinkmenge richtet sicht selbstredend nach der Menge des vorhandenen Goldes, doch befördert ein Ueberschufs von Zinkstaub die Ausscheidung. Das durch Zinkstaub und meist auch durch mitausgefälltes Silber und Kupfer verunreinigte Goldpulver wird gewaschen, dann durch Behandeln mit Salzsäure vom Zink und mit Salpetersäure von Silber und Kupfer befreit und rein erhalten. Das Cyankalium der bei diesen Verfahrungsweisen gewonnenen cyankalischen Lösungen dürfte zweckmäfsig durch Erwärmen mit Kalkmilch und Eisenvitriol in gelbes Blutlaugensalz überzuführen sein; jedenfalls wäre es aber öconomischer und bei dem meist hohen Cyankaliumgehalte dieser Bäder auch rentabel, wenn man die Verarbeitung derselben auf Berliner Blau unternehmen würde. — 19. 49. p. 268.

Fabrikation von Chlorammonium aus den Nebenproducten der Gasfabrikation und den Metallchloriden; v. Dubosc und Henzey. Als Nebenproducte der Gasfabriken gelangen zur Verarbeitung auf Chlorammonium: 1) rohe Gaswässer von 4—5° Bé. und etwa 4% Ammoniak; 2) concentrirte Gaswässer von 10—12° Bé. und 12—14°,0 Ammoniak; 3) Ammonsulfat mit 25% Ammoniak. Die zuvor durch 48stündiges Absetzenlassen von Theer etc. befreiten Gaswässer werden mit der erforderlichen Menge eines Gemisches aus Eisenchlorür und Chlorcalcium gemischt, worauf man nach 12 Stdn. eine völlig klare, schwefelwasserstoff- und kohlensäurefreie Salmiaklösung von etwa 7° Bé. erhält, die man event. schwach ansäuert. Der im Bottich befindliche Niederschlag wird filtrirt und bildet getrocknet ein vorzügliches Reinigungsmittel für Rohgas. Die Lauge wird auf 13° Bé. concentrirt und dann der gestörten Krystallisation überlassen. Der Salmiak krystallisirt in Nadeln. Will man Würfelform erzielen, so werden 5% Eisenchlorid von 35° Bé. zugesetzt, welches völlig in der Mutterlauge verbleibt. Für gewisse, für die Galvanisation bestimmte Salmiake giebt man in wechselnden Mengen Salze des Mangans, Zinks oder auch Fettstoffe zu. Nach beendigter Krystallisation trocknet man die Krystallmasse bei 50—60° und frittet event. im Flammofen. Behandlung mit gelöschtem Kalk giebt dem Salze die im Handel geforderte braungelbe Farbe. Um raffinirtes Salz zu erhalten, unterbricht man die Einengung bei 11° Bé., fällt durch Schwefelammonium alle Metalle, concentrirt dann weiter und läfst krystallisiren. Die Verarbeitung des Ammonsulfats auf Salmiak ist verschieden, je nachdem dasselbe mit dem Metall des zugefügten Chlorides ein unlösliches (Chlorcalcium) oder ein lösliches (Chlornatrium, Zinkchlorid, Eisenoder Manganchlorür) Sulfat liefert. Im ersteren Falle bringt man das Sulfat, in möglichst wenig Wss. gelöst, in einen Behälter, in welchem sich die nöthige Menge Chlorid befindet, rührt, läfst absetzen, filtrirt mittelst Filterpresse und concentrirt. Das gefällte Calciumsulfat läfst sich in der Landwirthschaft verwerthen. Als Chlorid, welches mit dem Ammonsulfat ein lösliches Sulfat giebt, verwendet man die beim Beizen abfallende Eisenchlorürlösung oder Chlornatrium. Erstere hat 24° Bé. und enthält 25% Salz. Nach zuvoriger Neutralisation erhitzt man auf 60° und setzt dann die zur völligen Umsetzung nöthige Menge Ammonsulfat hinzu. Sobald beim Eindampfen Krystallbildung

beginnt, zieht man die Flüss. ab, worauf 95 % des Eisensulfats auskrystallisiren. Die Mutterlauge wird, nachdem sie mittelst Schwefelammon und Chlorbaryum gereinigt ist, zur Gewinnung von Rohsalz
in flachen Bottichen, von reinem Salz in emaillirten Gefäfsen ein-
geengt. — Bull. Soc. ind. de Rouen. Bd. 17. p. 439. **89.** Rep.
p. 143.

Destillation von Theer und ähnlichen Stoffen. D. P. 50152 f. F.
Lennard in Greenwich, Grafschaft Kent. In das in einen Ofen eingesetzte Oelbad B taucht das Destillirgefäfs C, welches in eine beliebige Anzahl Abtheilungen c getheilt ist, theilweise ein. Der Boden
obiger Abtheilungen ist treppenartig versetzt (Fig. 1), so dafs stets

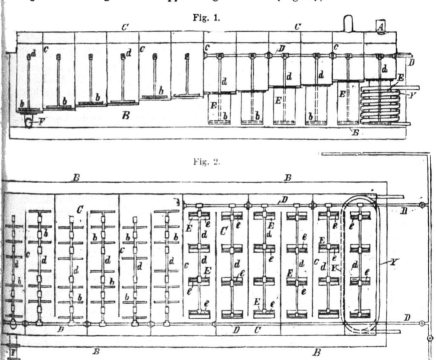

Fig. 1.

Fig. 2.

derjenige der folgenden Abtheilung tiefer liegt, als der der vorhergehenden. Die Ein- und Auslafsöffnungen des von einer Abtheilung
in die folgende fliefsenden Theeres liegen auf entgegengesetzten Seiten
des Destillirgefäfses, und entsprechend der Lage dieser Oeffnungen ist
der Boden geneigt, also von der Ein- zur Auslafsöffnung. In das
Destillirgefäfs C wird eine Dampfrohrleitung D geführt, deren Ab-
zweigungen d in jede Abtheilung c hineinreichen und über dem Boden
in eine Brause b münden. Die dem Einlafsrohr für den Theer zunächst liegenden Abtheilungen haben am Boden Einsenkungen E,
welche durch eine Scheidewand e getheilt sind. Auf einer Seite der
letzteren ragt das Dampfrohr mit seiner Brause b hinein. Der Theer
fliefst nun bei A in die erste Abtheilung, füllt die Einsenkungen E

und tritt durch die auf der entgegengesetzten Seite von A liegende
Einlafsöffnung zur zweiten Abtheilung, und so fort, immer der Boden-
senkung der einzelnen Abtheilungen folgend, bis derselbe durch die
Einwirkung der Wärme vom Boden aus, sowie durch die Wirkung
des durch die Brausen b austretenden Dampfes in Pech übergeführt
wird und durch F entweicht. Vor seinem Eintritt in das Destillirgefäfs wird der Theer soweit vorgewärmt, dafs die Destillation sofort
beim Eintritt beginnt. Diese Vorwärmung geschieht zunächst in einer
Spirale Y, welche in dem Oelbade B liegt, dann weiter in einem
Scrubber, in welchem der Theer über körniges Gestein, einem aufsteigenden Dampfstrom entgegen, herabfliefst. Die hierbei und die bei
der Destillation entwickelten Dämpfe werden durch Condensationsvorrichtungen geführt, als deren Kühlmedium der Theer selbst, bezw.
seine condensirten Destillationsproducte dienen, wobei letztere selbst
wieder der theilweisen Destillation bezw. der Dephlegmation unterliegen, und wodurch eine Trennung der sogenannten Theeröle erzielt
wird. — **75.** p. 109. **113.** Bd. 13. p. 145.

    Verarbeitung von Theer. Engl. Pat. 10192/1888 f. J. H. East-
man, Liverpool. Der Theer wird auf etwa 100^0 F. ($37{,}7^0$ C.) erhitzt
und dann innig mit schwefelsaurem Kalk und Wss. gemischt, wobei
man, wenn nöthig, mehr Calciumsulfat zusetzt, bis kein Ammoniak
mehr entweicht. Das Gemisch scheidet sich in eine wässerige Lösung,
gereinigten Theer und einen Niederschlag. Die Phenole werden aus
dem Niederschlage erhalten, indem man denselben mit Schwefelsäure
behandelt und dann mit leichten Theerölen auszieht. Die erhaltene
Lösung wird mit einer Aetznatronlösung behandelt, worauf man von
den Theerölen trennt und die Phenole durch verdünnte Schwefelf. frei
macht. Die leichten Theeröle lassen sich für den gleichen Zweck
wieder verwenden. Das Ammonsulfat wird durch Eindampfen der
wässerigen Lösung gewonnen. Die als Anstrichmittel für Eisen und
Stahl dienende Masse erhält man durch Mischen des gereinigten Theers
mit Petroleum, Naphta oder ähnlichen Oelen. — **89.** p. 7.

    Reinigung von Gas, ammoniakalischen Flüssigkeiten etc. Engl. P.
10186/1888 f. A. Campbell, Upton Park, Essex, und W. Boyd, Glasgow.
Das Gas wird, nachdem es einen Waschapparat passirt hat, der mit
Flüss. aus der Vorlage gespeist wird, behufs Entfernung der Schwefelverbindungen mit künstlich dargestelltem Manganperoxyd behandelt, das
in Ammoniakflüssigkeit suspendirt ist. Der Manganschlamm fliefst so-
dann mit der ammoniakalischen Flüss. in ein Klärgefäfs und der abgeschiedene Schlamm, oder die ganze schlammige Flüss., wird in einen
Oxydirer gepumpt und Luft durchgeblasen, während man auf 120 bis
140^0 F. (49—60^0 C.) erhitzt. Das ausgetriebene Ammoniak und die
Kohlensäure treten in einen Scrubber, zwecks Gewinnung einer Lösung
von Ammoncarbonat, oder in eine Lösung von Mangansulfat, wodurch
Ammonsulfat gebildet wird. In letzterem Falle wird das gefällte
Mangancarbonat durch Erhitzen in einem Luftstrom wieder in Peroxyd
umgewandelt. Wenn der Schlamm vor der Oxydation von der Flüss.
getrennt wird, so erhitzt man die Flüss. auf 140—180^0 F. (60—82,2^0 C.)
und rührt, um die Kohlensäure auszutreiben, mittelst eines Luftstromes oder in anderer Weise. Die rückständige ammoniakhaltige
Flüss. dient zur weiteren Abscheidung von Kohlenf. aus Gas. — In

einer Modification des Processes wird die Kohlenf. entfernt, indem man das Gas zuerst durch einen Scrubber leitet, in welchem mit Wss. oder Ammoniakflüssigkeit gemahlene Alkalirückstände abwärts fliefsen. Der aus den Rückständen ausgetriebene und der schon in dem Gase vorhandene Schwefelwasserstoff werden in einem Manganperoxyd-Scrubber entfernt. Die Flüss., welche das in dem ersten Scrubber gebildete Calciumcarbonat enthält, wird periodisch entfernt, gekocht, absetzen gelassen, filtrirt und das Product, behufs Entfernung aller löslichen Ammonsalze, geprefst und gewaschen. Der Manganschlamm wird, nachdem der Schwefel sich genügend angereichert hat, gekocht und bei hoher Temp. einem Drucke unterworfen, wobei der geschmolzene Schwefel zusammenfliefst. Ist die Menge des Schwefels nicht so grofs, dafs letzterer zusammenfliefst, so wird das Material in Kuchen geprefst und das Mangan durch Säuren gelöst, worauf man den Schwefel schmelzen kann. Auch kann man die Kuchen in eine Lösung tauchen, z. B. Chlorcalciumlösung, welche oberhalb des Schmelzpunktes des Schwefels siedet. Von der Flüss., in welcher das Manganperoxyd suspendirt ist, werden periodisch Theile aus dem Kreislauf entfernt, filtrirt und eingedampft, worauf Ammoniumsulfocyanid auskrystallisirt. Ammoniakhaltige Flüss. können ebenfalls gereinigt werden, indem man sie zur Entfernung des Schwefels mit Mangansuperoxyd mischt, oder indem man sie destillirt und das Ammoniak sowie den Dampf durch einen Peroxyd-Scrubber leitet, worauf die Gase zur Gewinnung von Ammonsulfat in Mangansulfat geleitet werden können. Gase aus Koksöfen, Hohöfen etc. kann man ebenfalls, um Schwefel und Ammoniak zu entfernen, in einem Manganscrubber behandeln. — 89. p. 6.

Entschwefelung von Gaskalk. Engl. P. 15655/1888 f. W. T. Walker, Highgate, Middlessex. Durch den Gaskalk wird Kohlensäure geleitet, und die frei gemachten Schwefelverbindungen werden in einen Gasbehälter geleitet, oder in einen Condensator und Scrubber und darauf in einen Claus'schen Ofen, in welchem der Schwefel abgeschieden wird. Die angewendete Kohlensäure wird hauptsächlich bei der Wiederbelebung des Kalkes gewonnen. — 89. p. 609.

Gewinnung des Flaumhaares aus den Abfällen von Thierfellen. D. P. 51588 f. Frau P. Puech, geb. C. Laure in Paris. Fellabfälle und Schwänze von Kaninchen, Hasen, Bibern oder peruanischen Schafen werden stark gekocht, so dafs die Ledersubstanz der Fellstücke ihren Leimgehalt abgiebt, abgespült und bei 70—85° gedörrt. Hierbei wird die Ledersubstanz infolge der Beseitigung des Leimgehaltes so brüchig und spröde, dafs sie sich (noch heifs) vollständig pulverisiren läfst, wodurch die Haare frei werden, so dafs sie durch Absieden vom Lederstaub getrennt werden können. Letzterer findet als Düngemittel Verwendung. — 75. p. 492. 49. p. 294.

Die Verwerthung des Wollschweifses; v. Borchers. Die Bestandtheile des Wollschweifses lassen sich nach ihrem Verhalten gegen Wss. in drei Gruppen eintheilen: 1) Das „Wollfett" ist in Wss. unlöslich, aber leichter als dasselbe und stellt wesentlich ein Gemenge von Cholesterin, Isocholesterin und Fettsäureäthern dar. 2) Die in Wss. löslichen Stoffe bestehen vorwiegend aus organischen Salzen des Kalis, neben wenig Kaliumchlorid und -sulfat. Auch organische Baens sind in geringer Menge nachgewiesen. 3) In Wss. unlöslich, aber schwerer als dasselbe sind die von aufsen in die Wolle gekommenen Verunreinigungen. Bei der Verwerthung des Wollschweifses als Dünger heben die gleichzeitig vorhandenen bedeutenden Fettmengen durch Verschmieren des Bodens einen Theil des Nutzens der Kaliverbindungen auf, auch ist die Lage der Wollwäschereien für diese Verwendungsart meist ungünstig. Bei der Pottaschegewinnung aus Rohwolle, die nur durch das Aufblühen der Stafsfurter Industrie in den Hintergrund getreten ist, laugt man die Rohwolle in einer Reihe von Bottichen systematisch mit heifsem Wss. aus und behandelt dann die Wolle mit den gewöhnlichen Waschmitteln. Das zuletzt gewonnene Wss. wird nicht weiter verarbeitet. Die mit Kaliverbindungen angereicherte Lauge (10^0 Bé.) wird direct eingedampft in Flammöfen mit treppenförmig hintereinander liegenden Abtheilungen. Man hat auch die Verkohlung der eingedickten Laugen aus dem Eindampf- und Calcinirprocesse dadurch getrennt, dafs man dieselbe in Retorten vornimmt und die Destillationsproducte in Form von Leuchtgas u. s. f. verwerthet. Die Verwerthung des Wollfettes kann in verschiedener Weise erfolgen. Das Gemenge freier Fettsäuren und unverseifbarer Fette, das durch Zersetzung der Fette mit billigen Säuren, Kalk oder Chlorcalcium erhalten werden kann, kann direct zur Leuchtgasgewinnung benutzt werden. Nach einer Reinigung durch Schmelzen und Pressen und nach einer Bleichung kann die Masse, falls sie vorwiegend aus verseifbaren Fetten besteht, als Zusatz zur Seifenfabrikation verwandt werden. Bedeutung wird wohl das Verfahren von Lortzing erlangen, nachdem die fetthaltigen Niederschläge mit kohlensaurem Kalk zu „Asphalte comprimé" oder durch Einkneten fester Stoffe zu „Asphalt mastix" verarbeitet werden. Nach anderen Verfahren soll nur das Wollfett, nicht auch wie vorher fremde, aus Seifen stammende Fettfn. gewonnen werden. Das Wollfett besteht hauptsächlich aus zwei Theilen, einem bei 15^0 schmelzbaren, in Alkohol löslichen und verseifbaren sog. Wollöle, und einem bei 60^0 schmelzbaren, in Alkohol unlöslichen und unverseifbaren Fette. Die Trennung beider geschieht am besten durch Naphta. Der schwerer schmelzbare Theil bildet ein vorzügliches Einfettungsmittel für Leder. Das Wollöl eignet sich aufser für die Seifenfabrikation als Einfettungsmittel in der Wollindustrie und zwar namentlich in Mischung mit Mineralölen. Hierdurch wird auch das Trennungsverfahren der beiden Bestandtheile bedeutend vereinfacht, weil eine Reindarstellung des Wollöls unnöthig wird. — **123.** p. 96. **34.** p. 76.

Behandlung des Stallmistes. Nach Holdefleifs zeigten der frisch gewonnene und der erst nach längerer Lagerung auf's Feld gefahrene Rindermist, gleichviel wie die Fütterung war, ungefähr denselben Stickstoffgehalt, nämlich 0,42 %. Als Normaldünger mufs der im Stalle gesammelte und dort aufgehäufte Mist gelten, der einen Durchschnittsgehalt von 0,54 % Stickstoff aufwies. Durch Lagern an der Luft verliert der Mist nach Verf. und Weiske 20 % an Stickstoff in Form von Ammoniak, aufserdem aber viel von den organischen. humusbildenden Substanzen in Form von Kohlensäure. Die Mittel, diesen Verlust zu mindern, sind: Boden, Kalisalze, Superphosphatgyps. Gyps und schwefligsaurer Kalk. Bei Bedecken mit Erde entsteht kein

Stickstoffverlust. Sämmtlicher Stickstoff wird in Form von Salpetersäure wiedergefunden, dagegen ist der Verlust an Kohlensäure bedeutend. Bei Superphosphatgyps wird ein Theil des Stickstoffs, in Form von Salpeterf., ein gröfserer Theil unverändert wiedergefunden. Der Verlust an Kohlenf. ist wesentlich geringer als bei Bodenbedeckung. Bei Anwendung von Kalisalzen erhält man allen Stickstoff in unveränderter Form wieder, und der Verlust an Kohlenf. ist gering. Die Düngungsversuche, die mit solchem conservirten Miste gegenüber dem gewöhnlichen angestellt wurden, zeigten einen viel höheren Ertrag bei Kartoffeln. Von gutem Superphosphatgyps scheinen $^3/_4$ kg pro Haupt Rindvieh und Tag zur vollständigen Conservirung zu genügen. Einstreuen von Gyps bewirkte ebenfalls, dafs aller Stickstoff in ursprünglicher Form zurückgehalten wurde, schützte aber nicht vor Verlust an Kohlenf. Es scheinen 1,5 kg Gyps zu genügen. Auch schwefligsaurer Kalk (vgl. Rep. 1889 II. p. 159) conservirte den Stickstoff vollständig in seiner ursprünglichen Form, aufserdem aber noch einen Theil der organischen Substanz. Schafdünger, der immer im Stalle liegen bleibt, erleidet im Stalle selbst grofsen Stickstoffverlust, weil er aufserordentlich trocken ist. Es wurde empfohlen, denselben von Zeit zu Zeit mit Jauche anzufeuchten und mit Erde zu bedecken, um seinen hohen Gehalt an Stickstoff zu conserviren. — 89. p. 306. — Auch H v. Krause fand, dafs thierischer Dünger beim Aufbewahren möglichst vor Luftzutritt zu schützen ist, und dafs Zusatz von Superphosphat oder Superphosphatgyps vorzüglich conservirend wirkt. Gypszusatz ist nach ihm verwerflich; Kaïnit wirkt anfangs günstig, bewirkt dann aber grofse Verluste von freiem Stickstoff, Thomasschlacke wirkt sehr ungünstig. — J. Landw. Bd. 38. p. 1. **123.** p. 379.

Zur Herstellung von Blutdünger empfiehlt es sich, das frische Blut mit Torfmüll und Kalk zu mischen. Eine Mischung von 250 g Blut und 58 g Torfmüll war fast geruchlos und trocknete in dünnen Lagen schnell an freier Luft: in 5 Tagen betrug der Wasserverlust 71 % des Blutgewichtes. Eine gleiche Menge mit 250 g gemahlenem Aetzkalk zusammengerührt und mit 82 g Torfmüll aufgetrocknet, trocknete leicht an der Luft; in 5 Tagen verdunsteten 60 % Wss. des Blutzusatzes. — Landwirthsch. Börse. **49.** p. 230.

Bereitung von Düngemitteln mittelst kalihaltiger Gesteine. Franz. Pat. 201 584 f. v. Savigny. Kalihaltige Gesteine, wie Granit, Gneifs, Glimmer, Orthoklas etc., werden in einem hierzu geeigneten Ofen 1 bis 2 Stdn. einer ziemlich hohen Temp. ausgesetzt. Hierauf wird die Masse zerkleinert, zu einem feinen Pulver gemahlen und so der Landwirthschaft geliefert. Oder man kann diese Gesteinsarten in zerkleinertem Zustande mit Kalk- oder Kalksteinen mischen. Unter dem Einflusse des Kalkes bei hoher Temp. geht eine Reaction vor sich, durch welche die Assimilation des Kalis im Boden bedeutend erleichtert wird. Diese Operation kann in einem Ofen, ähnlich dem Kalkofen, ausgeführt werden, indem man denselben abwechselnd mit Schichten von Gesteinsmischung und Brennmaterial beschickt. Kalkcarbonat oder Kalk können auch durch andere alkalische Erden, wie Baryt, Strontian, Magnesia etc., ersetzt werden. — 89. p. 409.

Superphosphatgyps und Gypsphosphat sind Nebenerzeugnisse der Phosphorsäuregewinnung aus natürlichen Phosphaten. Der Kalk der natürlichen Phosphate wird bei der Fabrikation mittelst Schwefelsäure in Gyps übergeführt. Wird dieser von der in Freiheit gesetzten Phosphorsäure abfiltrirt und getrocket, so erhält man den noch an freier Phosphorf. reichen Superphosphatgyps; wird er aber vor dem Trocknen erst ausgewaschen, so ist das Product Gypsphosphat, auch Düngegyps genannt. Es ist dies kein Fabrikat, sondern ein Abfallproduct, welches nach Th. Meyer neben 2,5—3 % unlöslicher noch $^3/_4$ % Citrat- und $^1/_4$ % wasserlöslicher Phosphorf. (P_2O_5) enthält. Es ist ungemein billig, 0,90 Mk. pro 100 kg, und wegen dieses niedrigen Preises — gegenüber dem von 2 Mk. pro 100 kg natürlichen Gyps — und wegen seiner äußerst feinen Vertheilung als Bindungsmittel für den Stickstoff des Stallmistes ganz vorzüglich zu empfehlen (vgl. oben). Es ist zweifellos das rationellste Einstreumaterial. — **89.** p. 2. 38. Rep. p. 37.

Fabrikation von phosphathaltigen Düngemitteln. Am. P. 423 390 f. Ed. R. Hodgkins, Baltimore, Rd. Der Erf. bringt fein gepulpertes phosphathaltiges Material und gebrannten Kalk in abwechselnde Schichten, löscht dann den Aetzkalk und mischt schließlich innig. — **89.** p. 442.

Anreicherung von Phosphatkreide. Franz. Pat. 201 427 f. Dumonceau. Die calcinirte graue Phosphatkreide wird in einem eisernen Kessel mit Wss. und Schwefel gemischt und erhitzt, wobei Calciumsulfide und Hyposulfit sich bilden, welche in Wss. löslich sind. Auf diese Weise sollen die Phosphate um 20—30 und mehr % reicher werden. — **89.** p. 307. — Auf ganz gleiche Art verfährt Nicolas (Franz. P. 201 461). Der Schwefel wird nach und nach zugegeben, damit das Wss. im Kessel erneuert werden kann, bevor eine Sättigung desselben mit Calciumbisufid, welches sich bildet, erreicht wird. Die Reaction sei folgende: $Ca_3(PO_4)_2 + 2 CaO + 4 S = Ca_3(PO_4)_2 + 2 CaS_2 + O_2$. Das Phosphat wird hierauf in Behältern absetzen gelassen. Die Calciumbisulfidlösung wird nun mit Kohlensäure, welche dem Kalkofen entstammt, behandelt: Calciumcarbonat und Schwefel schlagen sich nieder und Schwefelwasserstoffgas entweicht. Um den Schwefel des letzteren nicht zu verlieren, wird gleichzeitig Schwefligsäure in die Flüss. geleitet und so sämmtlicher Schwefel niedergeschlagen. Der mit dem Calciumcarbonat gemischte Schwefel wird von ersterem mittelst überhitzten Wasserdampfes oder durch Destillation in einer eisernen Retorte getrennt. — Nach **89.** p. 878 ist das Verfahren in seinem Ganzen zu complicirt und würde für das angereicherte Kalkphosphat einen viel zu hohen Erstehungspreis ergeben. Zudem ist obige Reactionsgleichung unrichtig; bekanntlicher Weise entweicht kein Sauerstoff, sondern es bildet sich nebenbei Hyposulfit.

Darstellung eines eisenoxydfreien in ammoniakalischen Ammoniumcitrat fast vollkommen löslichen Bicalciumphosphat-Niederschlages. D. P. 51739 f. C. E. D. Winfsinger in Brüssel. Irgend ein unreines Kalkphosphat wird mit überschüssiger Schwefelsäure behandelt, wobei sich neben Gyps (Phosphat-Gyps) eine Phosphorsäurelösung bildet. Ein Theil derselben wird nach dem Erkalten durch Hinzufügen von

Calciumcarbonat in eine wässerige Lösung von Monocalciumphosphat umgewandelt. Der Niederschlag enthält alles Eisen und wird dem übrigen Theil der ursprünglichen Phosphorsäurelösung zugefügt. Hierbei schlägt sich von Neuem Gyps nieder, der durch Zusatz von Natriumsulfat noch vermehrt wird, in Lösung aber bleibt Mononatriumphosphat, welches durch Natriumcarbonat von Eisen vollständig befreit und in Binatriumphosphat, durch Behandeln mit Kalkmilch in eine Lösung von kaustischem Natron und einen Niederschlag von Calciumphosphat umgewandelt wird. Der letztere giebt zu oben erhaltener Lösung von Monocalciumphosphat hinzugefügt, den in ammoniakalischem Ammoniumcitrat fast ohne Rückstand löslichen eisenfreien Phosphat-Niederschlag, während als Nebenproducte Gyps und kaustisches Natron sich ergeben. — 49. p. 286. 75. p. 388.

Rübendüngungsversuche, welche in den landw. Ver. Hildesheim und Göttingen i. J. 1889 angestellt wurden, ergaben nach K. Müller, dafs schon Chilisalpeter allein, besser aber bei gleichzeitiger Verwendung von Superphosphat oder Schlackenmehl einen guten Reinertrag lieferte. Besonders günstig wirkt die gleichzeitige Verwendung von Kali; der Zuckergehalt der Rüben wurde durch die Düngung nicht beeinflufst. — Hildesh. landw. Vereinsbl. p. 2. **123.** p. 289.

Rebendüngung mit künstlichen Düngemitteln. Nach A. Rossel ist der Boden, je nachdem er Thonboden, Kalkboden oder Kalk- und Thonboden zugleich (also das, was wir Lehmboden nennen) ist, verschieden zu behandeln, ebenso müsse die Düngung wechseln, je nachdem die Vegetation eine normale oder eine schwache oder eine überaus reiche Ueberdüngung mit Stickstoff erfordert. Indem Verf. betont, dafs es natürlich keinen überall passenden künstlichen Dünger gebe, führt er doch als Anhaltspunkt die Zusammensetzung eines solchen an. Derselbe bestünde aus: 90 kg Chilisalpeter, 100 kg Superphosphat mit 15 % löslicher Phosphorsäure, 100 kg Kalisalz mit 50 % Kali, 210 kg Gyps, zusammen 500 kg Specialdünger für Reben zur Erzeugung von Holz und Frucht. Von diesem Dünger hätte man pro Rebstock 300 g zu verwenden, und ihn in einer Rinne um den Stock herum unter zu graben. Die Düngung findet Anfang März statt. Die Kosten der Düngung pro Rebstock betragen $2-2^{1}/_{2}$ Kr. ö. W.; der Ertrag, wenn die Boden- und übrigen Verhältnisse günstig sind, kann dadurch erheblich erhöht werden. — Monatsschr. f. Obst- u. Weinbau. **49.** p. 182.

Absorption des atmosphärischen Ammoniaks durch die vegetabilische Erde. Nach H. Schloesing absorbirt die vegetabilische nackte, von Pflanzenwuchs freie, kalkhaltige, saure oder neutrale, trockene oder feuchte Erde atmosphärisches Ammoniak. Die Feuchtigkeit der Erde begünstigt die Absorption, wie letztere andererseits durch die Trockenheit der Erde verzögert wird. Die Absorption steht in engem Zusammenhange mit der Erneuerung der Luft an der Erdoberfläche; es ist daher nicht gleichgültig, ob die Oberfläche eines brach liegenden Feldes vollkommen nackt und rein ist, da durch Ernte-Rückstände sowie spontane Vegetation die zur Ammoniakabsorption in Beziehung stehende Lufterneuerung behindert wird. — **9.** t. 110. No. 9 u. 10. **38.** Rep. p. 149.

Die Holzwolle als Streumaterial und ihre Zersetzungsfähigkeit.
Nach G. Raman und v. Kalitsch bietet die Holzwolle den Thieren
ein durchaus gesundes, weiches und trockenes Lager und ihre Auf-
saugefähigkeit ist eine für die Zwecke der Praxis genügend hohe.
Holzwolle von Weichhölzern besitzt eine dem Stroh gleiche Aufnahmefähigkeit für Flüss. Auch der aus Holzwolle gewonnene Dünger zersetzt sich im Boden innerhalb Jahresfrist; eine schädigende Einwirkung
desselben auf den Boden ist nicht anzunehmen. Wurde die Holzwolle
mit Jauche getränkt, so erlitt dieselbe eine viel raschere Zersetzung
als im reinen Zustande. Zusatz von Düngesalzen (Kaïnit und namentlich Chilisalpeter) veranlaßte eine ebenso rasche Zersetzung der Holzwolle wie die des Strohes. Der Gehalt an Pflanzennährstoffen der
Holzwolle ist gering und kommt für die Anwendung derselben als
Streu bezw. als Düngemittel kaum in Betracht. In dieser Beziehung
steht sie entschieden hinter dem Stroh zurück, ist aber der Torfstreu
gleichwerthig. Als Streu benutzt ist die Holzwolle sowohl in Bezug
auf die Stallthiere, als auch infolge der leichteren Zersetzung der
Torfstreu weit überlegen. Die Streifenbreite der Holzwolle ist ohne
Bedeutung für die Wassercapacität, als Streu empfiehlt sich solche
von 1,5—3 cm Breite. Zur Herstellung von Holzwolle können alle
Holzarten benutzt werden; am meisten zu empfehlen sind Weichhölzer
und die Knüppelhölzer von Kiefer, Buche und Fichte. — Landw. Jahrb.
Bd. 13. p. 908. 89. Rep. p. 87. 49. p. 150.

Reinigen und Weichmachen von Wasser. D. P. 51601 f. Ch. A.
Doremus in New-York. Zum Ausfällen von Calcium, Magnesium
oder Aluminium dient Fluornatrium, Fluorkalium, Fluorammonium,
Fluorwasserstoffsäure oder Kryolith. — 75. p. 367.

Bleigehalt des Leitungswassers entfernt man durch Filtration über
Thierkohle. Holzkohle ist ungeeignet, so daß die Vermuthung nahe
liegt, daß bei der Thierkohle der Phosphorgehalt (80 %) deren Brauchbarkeit bedinge. Das entstehende Bleiphosphat übertrifft andere Bleisalze an Unlöslichkeit und bleibt deshalb in den Poren der Kohle
leichter zurück als jede andere Bleiverbindung. — 38. 49. p. 182.

Die Selbstreinigung der Flüsse beruht nach W. Prausnitz nicht
auf einer Zersetzung der organischen Stoffe durch die Bacterien, da
Zersetzungsthätigkeit ohne Vermehrung derselben nicht denkbar sei.
Gegen Bacterienthätigkeit spricht auch die große Schnelligkeit des
Verschwindens der organischen Stoffe im Flußwasser, während man
aus Laboratoriumsversuchen weiß, daß die organischen Stoffe im Wss.
trotz Zerstörungsthätigkeit von Spaltpilzen nur sehr allmählich zerstört werden. Angesichts dieser Erscheinungen glaubt Verf. in Uebereinstimmung mit Erisman der Sedimentation der eingeführten Verunreinigung und deren Ablagerung am Grunde der Flüsse in Form
von Schlamm eine Hauptrolle bei dem Selbstreinigungsproceß zuweisen
zu sollen, während außerdem die dem fließenden Wss. im Allgemeinen
zukommende Fähigkeit der Oxydation organischer Substanzen als mit-
wirkend anzunehmen ist. — 7. p. 867. 49. p. 302.

Für die Reinigung der Sielwasser im Frankfurter Klärbecken
besitzt nach B. Lepsius die Anwendung von Chemikalien nicht so
wesentliche Vorzüge vor der mechanischen Klärung, als daß man sich
entschließen sollte, eine derselben der mechanischen Klärung voran

zu stellen. Bei Anwendung von Klärbecken, welche sich dem Frankfurter in Bezug auf Anlage und Abmessungen, namentlich Längen-
Abmessungen, anschliefsen, ist man im Stande, auf rein mechanischem
Wege zum mindesten dasselbe zu leisten, was man in Klärbecken von
geringeren Abmessungen nur mit Hilfe eines Zusatzes von Chemikalien,
also mit grofsen laufenden Kosten erreichen kann. — **79. 49.** p. 383.

Die sauren Abwässer vom Kämmen der Wolle klärt J. de Mollins
mit blauem Thon (1 g auf 1 l Abwasser). Der Niederschlag enthält
nicht nur die suspendirt gewesenen Fettkörper, sondern auch eine beträchtliche Menge stickstoffhaltiger Stoffe aus dem Wss. Das extrahirte Fett ist hell, von guter Qualität und schmilzt gegen 34—35⁰.
Wo seine Extraction zu beschwerlich ist, könnte man den Niederschlag zur Leuchtgasfabrikation verwenden. Die von Fett befreite
Masse enthält noch $1,_{19}$ %˙ Stickstoff. Für eine industrielle Anwendung des Verfahrens würden die Auslagen für den Thon bei der
Billigkeit desselben kaum in Betracht kommen. — Soc. ind. du Nord
de la France. **89.** Rep. p. 22. **49.** p. 166.

Die Sandfilter sind nach Fränkel und Piefke keine keimdicht
arbeitenden App., weder die gewöhnlichen Wasserbacterien noch auch
Typhus- und Cholerabacillen werden von denselben mit Sicherheit
zurückgehalten. Die Menge der in das Filtrat übergehenden Mikroorganismen ist abhängig von der Anzahl der im unfiltrirten Wss. vorhandenen und von der Schnelligkeit der Filtration (vgl. Rep. 1889 II.
p. 162). Anfang und Ende einer jeden Periode sind besonders gefährliche Zeiten, weil im ersteren Falle die Filter noch nicht ihre volle
Leistungsfähigkeit erlangt haben, im letzteren die Pressung der oberflächlichen Filterschichten, vielleicht auch das selbstständige Durchwachsen der Bacterien durch diese ein Abwärtssteigen der Mikroorganismen begünstigen. — Ztschr. f. Hyg. **38. 49.** p. 240.

Die Filter von Chamberland-Pasteur sind nach Kübler praktisch
unbrauchbar, da sie zu wenig filtrirtes Wss. liefern und dieses nur
einige Tage keimfrei. Sie stehen noch wesentlich hinter den Sandfiltern zurück. — Ztschr. f. Hyg. p. 48. **123.** p. 367.

Desinfection der Abgangsstoffe; v. S. v. Gerloisly. 1) Desinfection eines Flüssigkeitsquantums in Senkgruben mit der gleichen
Menge einer ganz concentrirten Sublimatlösung hatte keinen unbedingten Erfolg und ebenso mufs man Sublimat wegen der hohen
Kosten auch bei der Desinfection von frischen Fäkalien zurückweisen.
Da es überdies noch ein sehr starkes Gift ist, so scheint demselben für die Dauer keine praktische Bedeutung beizulegen zu sein.
2) Kupfersulfat 1 : 1000 Kloakenwasser desodorirt und sterilisirt (?),
ebenso desinficirt werden auch die Fäkalien. Die Vorzüge, welche
dem Kupfersulfat zukommen, sind sein billiger Preis, die geringe
Giftigkeit und seine Farbe, welche eine Verwechslung unmöglich macht.
3) Seifensiederlauge desinficirt frische Exkremente schon in der Kälte,
obwohl die Wirkung beim Erwärmen viel rascher und intensiver ist.
4) Krystallisirte Carbolsäure scheint dem Verf. viel schwächer zu
wirken, als die beiden vorstehenden Mittel und ist auch wegen des
verhältnifsmäfsig hohen Preises weniger vortheilhaft. 5) Rohe Carbolsäure hat Werth als Desodorans. 6) Kreolin- und Naphtoësäure, die

neueren Desinfectionsmittel, können für diese Zwecke nicht mit Vortheil verwendet werden. Die vollständige Desinfection der Senkgruben wird nur in besonderen Fällen, bei Cholera z. B. nothwendig werden, wenn Cholerastühle in solche Gruben gelangt sind. Dann hat man wenigstens 20 kg einer gesättigten Kupfersulfatlösung anzuwenden, wofür die Kosten sich auf 5—6 Mk. belaufen werden. Für Desinfection der Abwässer ist ebenfalls das Kupfersulfat am besten zu verwenden. Die Leitungen der Abwässer verlieren den unangenehmen Geruch, wenn man auf 1000 Th. des Abwassers 2 Th. rohe Carbols. zusetzt. Die trocknen Materien des Kericht und der Schmutz auf den Strafsen müssen befeuchtet und möglichst bald aus der Stadt entfernt werden. In den Häusern und den Höfen kann man zur Desodorirung Carbolkalk anwenden, aber die Aborte und der Koth müssen mit concentrirter Kupfersulfatlösung (auf 100 ċcm von Exkrementen nicht weniger als 1 g Kupfersulfat) übergossen werden. Ebenso gut kann man 3 Th. einer kochenden Lauge anwenden, welche 1 Th. der Seifensiederlauge mit 2 Th. Wss. enthält. Kalkmilch ist ein gutes Desinficiens (1 Th. Kalk verdünnt mit 20 Th. Wss.) in dem Verhältnifs von $^1/_{10}$ zu $^1/_{50}$ der zu neutralisirenden Substanz. — Rev. d'hyg. 17. **106.** p. 361.

Bei der Desinfection der Fässer liefert nach E. Kramer weder schweflige Säure noch verdünnte Schwefelsäure, noch Sodalösung, noch endlich das Ausbrennen der Fässer mit Spiritus hinreichende Gewähr für die völlige Abtödtung der Bacterienkeime. Er fand den strömenden gespannten Wasserdampf allein dem Zwecke völlig entsprechend, da derselbe auch in die Poren der Fässer eindringt und deshalb alle Schimmel- und Hefepilze, gleichwie die Bacterien in kurzer Zeit zu vernichten im Stande ist. — **49.** p. 165.

Reinigung von Fässern mittelst schwefliger Säure und Chlor. D. P. 51368 f. H. Löb-Stern und F. Richheimer in Mannheim. Das Verfahren besteht in der Einwirkung von schwefliger Säure oder Chlorgas auf das Fafsinnere unter Druck (vgl. vorstehendes Referat). — **49.** p. 270.

Graf's Antibacterikon (Ozonwasser), das als „reine" Ozonlösung angepriesen wird, enthält keine Spur Ozon; dasselbe gleicht vielmehr, wie auch L. Keuthmann (**24.** (1889) p. 750) hervorhebt, völlig einer sehr verdünnten, mit Salzsäure versetzten Lösung von Eau de javelle (vgl. dagegen Rep. 1889 II. p. 178). — **34.** p. 2. **38.** Rep. p. 71.

Chlor als Desinfectionsmittel. Nach Versuchen von J. Geppert ist Chlor das beste Antiparasiticum, denn es vernichtet die Virulenz der Milzbrandsporen in wenigen Secunden. Das beste Desinficienz aber ist es vor allem deshalb, weil es die gröfste Gewähr für eine vollkommene Reinigung bietet. — Berl. klin. Wochenschr. No. 11. **123.** p. 274.

Borfluorammonium, dessen Darstellung aus Flufssäure, Borsäure, Ammoniak eine leichte ist, wirkt nach Stolba im Gegensatz zu Kieselfluorammonium nur wenig giftig und ist auch von nur schwacher antiseptischer Wirkung. — **89.** Rep. p. 353. **24.** p. 103.

Desinfection der Latrinen mit Kalk; v. E. Pfuhl. Der zu verwendende Kalk mufs ziemlich rein sein. Das Löschen des Kalkes zu pulverförmigem Kalkhydrat geschieht durch Zusatz von etwa 60 Th.

Wss. zu 100 Th. gebranntem Kalk. Im allgemeinen genügt eine Kalkmilch aus 1 l Kalkhydratpulver und 4 l Wss. Die Wirksamkeit der Desinfection wird am einfachsten durch Prüfung der Reaction des Latrineninhaltes mit rothem Lackmuspapier geprüft. Man stellt sich eine Skala der alkalischen Reactionen her, indem ein Streifen von rothem Lackmuspapier in concentrirtes Kalkwasser, ein zweiter Streifen in ein mit der gleichen Menge destillirten Wss. verdünntes Kalkwasser, ein dritter Streifen in eine zweifach verdünnte Lösung u. s. w. eingetaucht wird. Das Reagenzpapier muſs nach $1/2$ Min. langen Berührung mit den verschiedenen Verdünnungen des Kalkwassers noch Farbenunterschiede erkennen lassen. Bei Senkgruben empfiehlt es sich, die Desinfection mit einer solchen Kalkmenge zu beginnen, daſs 1 l Kalkhydratpulver 100 l des täglichen Zuwachses des Latrineninhalts entspricht. Bei Tonnen würden 1,5 l auf 100 zu nehmen sein. Der tägliche Zuwachs der Latrine ist, wenn das Pissoir getrennt davon ist, auf 400 ccm pro Mann zu rechnen. Die Desinfection wird am besten täglich vorgenommen. Die Vermischung des Kalkes mit den Fäkalien wird entweder sich selbst überlassen oder geschieht durch eine Rührvorrichtung. — Ztschr. f. Hyg. Bd. 7. p. 363. **34.** p. 21. **49.** p. 62.

Lister'sches Verbandsalz, Zinkcyanid, das Quecksilbercyanid mechanisch eingeschlossen enthält, stellt W. R. Dunstan am besten und ausgiebigsten folgendermaſsen dar: Fein gepulvertes Quecksilbercyanat wird völlig in warmer concentrirter Cyankaliumlösung gelöst und nach dem Erkalten auf 12—15° C. mit einer kalt gesättigten Lösung von Zinksulfat gefällt. Die Ingredienzien sollten in den Verhältnissen der Gleichung: $Hg(CN)_2 + 2 KCN = HgK_2(CN)_4$ und $HgK_2(CN)_4 + ZnSO_4 = HgZn(CN)_4 + K_2SO_4$ genommen werden. Das angewendete Cyankalium soll wenigstens 95 % KCN enthalten. Der Niederschlag wird so lange mit kaltem Wss. ausgewaschen, bis er sich von Cyanquecksilber frei zeigt, dann über kaustischer Soda getrocknet. Trocknet man ihn bei 100°, so werden 2—3 % Cyanquecksilber für kaltes Wss. wieder löslich gemacht. Lister ist der Ansicht, daſs ein vermehrter Gehalt an eingeschlossenem Cyanquecksilber die antiseptische Wirkung des Präparates erhöben wird. — **38.** Rep. p. 78. **105.** p. 653.

Platt's Chlorides, ein in Amerika viel gebrauchtes Desinfectionsmittel, besteht aus Aluminium-, Zink- und Natriumchlorid mit nebensächlichen Mengen von Schwefelsäure, Salpetersäure und Eisen in Lösung, nebst Calciumsulfat als incrustirendem Bodensatz. Auf der Etiquette fehlt Aluminium, dagegen sind Kalium und Magnesium als Hauptbestandtheile angegeben, was aber nicht der Fall ist. — **86.** **49.** p. 189.

Kreolin von gleichmäſsiger Zusammensetzung ist, da es vielfache arzneiliche Verwendung findet, durchaus zu fordern. Nach J. W. Gunning destillire man rohe Carbolsäure oder Kreosotöl des Handels am besten in einer eisernen Retorte, und lasse die bei 215 und 300° übergehende Fraction einige Tage in einem kühlen Raum stehen, bis sich das Naphtalin möglichst senkt und scheide es durch Filtration ab. Das jetzt erhaltene Oel wird so lange mit 5%iger Natronlauge ausgeschüttelt, bis das nachher damit behandelte Wss. wenig verdünnte

Eisenchloridlösung nicht oder kaum noch färbt und dann mit 5 bis
10%iger Schwefelsäure behandelt. In dem so gesäuberten, mit Wss.
gewaschenen Oel löse man 30% fein gestofsenes Kolophonium unter
Erwärmen auf, füge 4,6% Aetznatron vom Gewicht des Harzes, in
möglich wenig Wss. gelöst, hinzu und zum Schlufs 5% Alkohol von
92%. Dieses Gemenge wird unter Erwärmen längere Zeit geschüttelt.
Man erhält so ein Kreolin, das den besten Handelssorten entspricht.
— Nederl. Tijdschr. voor Pharm. etc. **34.** p. 403. **49.** p. 62.

Desinfeotol heifst ein neues, von B. Loewenstein in Rostock
in den Handel gebrachtes Desinfectionsmittel. Es stellt nach H.
Meyer eine ölige, schwarzbraune Flüss. dar mit dem spec. Gew. 1,08
bei 15°. Die hauptsächlichsten und wirksamen Bestandtheile darin
sind Harzseifen, die Natriumverbindungen von Phenolen. Seifen und
Phenylate sind in geeigneter und eigenthümlicher Weise in den Kohlenwasserstoffen in Lösung gebracht. Die Flüss. reagirt alkalisch und
bildet mit Wss. geschüttelt eine sehr haltbare Emulsion. Anscheinend
ist das Mittel demnach identisch mit dem Kreolin. — **49.** p. 197.

**Herstellung von Sulfosäuren bezw. deren Salzen aus von Phenolen
befreiten Theerkohlenwasserstoffen zu Desinfeotionszwecken.** D. P.
51515 f. A. Artmann in Braunschweig. Die von Phenolen befreiten
Theerkohlenwasserstoffe werden sulfurirt und die in wässerige Lösung
gebrachten Sulfosäuren durch Aussalzen abgeschieden. Neutralisirt
und mit Theerkohlenwasserstoffen vermischt, sollen diese Säuren als
Desinfectionsmittel Verwendung finden. — **75.** p. 352. **49.** p. 270.

Kresolsäure des Handels. A. H. Allen untersuchte die Zusammensetzung des sogenannten „Neosot", das aus dem Theer der
Hochöfen hergestellt wird. In Lugar behandelt man das Kreosotöl
mit Natronlauge vom spec. Gew. 1,11—1,15 und zwar in geringerer
Menge als zur Entfernung aller Phenole erforderlich ist. Die höheren
Homologe und Oxyphenole bleiben bei den unlöslichen Kohlenwasserstoffen zurück. Die alkalische Flüss. wird durch Einleiten von Hochofengasen zersetzt, wodurch die Phenole freigemacht werden und eine
Lösung von Natriumcarbonat entsteht. Letztere wird ohne Concentration oder Verdünnung mit Kalk kaustisch gemacht und dient dann
zur Verarbeitung weiterer Mengen Kreosotöls. Die erhaltenen freien
Phenole stellen das „Neosot" dar; es enthält besonders Kresole und
ihre höheren Homologen, wodurch die Flüchtigkeit des Präparates
bedeutend verringert wird. Während Calvert's Carbolsäure No. 5 in
einem Tage 5,48% durch Verflüchtigung verlor, betrug der Verlust
bei Neosot 0,84%. Diese geringere Flüchtigkeit kann, je nach den
Umständen, von Vortheil oder Nachtheil sein. — **26.** p. 141. **34.**
p. 98.

Kresole, die bei 185—205° siedenden Antheile der rohen Carbolsäure, erwiesen sich, wenn mit Schwefelsäure wasserlöslich gemacht,
nach Fraenkel als wirksames Desinfectionsmittel. Diese Lösungen
können auch mit Salzsäure dargestellt werden und haben vor Carbolsäure den Vorzug der vollständigen Geruchlosigkeit. — Ztschr. f. Hyg.
49. p. 221.

Lysol, das von der Firma Schülke und Mayr in den Handel
gebracht und von Schottelius als vorzügliches Desinficiens empfohlen
wird, ist nach Engler eine Lösung schwerer, namentlich kresol und

xylenolhaltiger Theeröle in Kaliseifenlösung. — **24.** p. 449. **95.** p. **419.**

Carbolseifenlösungen zu Desinfectionszwecken erhält man nach **Nocht**, wenn man sich eine heifse, wässerige Seifenlösung herstellt und dann die Carbolsäure unter starkem Umschütteln resp. Umrühren hineingiefst. Je concentrirter die Seifenlösung ist, umsomehr Carbolf. wird gelöst. 3 % Seifenlösungen lösen bei 60° bis zu 6 % Carbolf. Die Art der verwandten Seife ist ohne Einflufs. Beim Abkühlen opalesciren die klaren Carbolseifenlösungen und werden zu feinen Emulsionen, ohne aber Tropfen von Carbolf. abzuscheiden. 3 % Seifenlösung mit 5 % Carbolf. sind noch bei 40° ziemlich durchsichtig, 6 % Seifenlösungen mit 5 % Carbolf. bleiben auch bei Zimmertemperatur durchsichtig. Der Vortheil dieser Lösungen gegen Carbolf. ist, dafs die Stoffe etc. keine Flecke von etwaigen Oeltropfen erhalten. Bei der Desinfectionswirkung ist der Seifengehalt ohne Einflufs, wohl aber die Temp., bei der die Desinfection erfolgt. Für die Praxis verwendet man 3 % heifse Seifenlösungen, in welche bis zu 5 % der „100%igen Carbolf." hineingegossen werden. — Ztschr. f. Hyg. Bd. 7. p. 521. **34.** p. 21. **49.** p. 63.

Benzosol, der Benzoësäureäther des Guajacols soll nach **Bongartz** an Stelle des Guajacols treten, und da dasselbe als das wirksame Princip des Kreosots betrachtet wird, das letztere ersetzen. Zur Darstellung des Benzosols verfahren die **Höchster Farbwerke** wie folgt: Das aus Holztheer durch fractionirte Destillation abgeschiedene rohe Guajacol vom Siedepunkt 200—205° wird in das Kaliumsalz übergeführt, dieses durch Umkrystallisiren aus Alkohol gereinigt, mit der berechneten Menge Benzoylchlorid auf dem Wasserbade erwärmt und die gebildete Benzoylverbindung aus Alkohol umkrystallisirt. Im Uebrigen läfst sich das gleiche Product durch Erhitzen des Guajacols selbst mit Benzoësäureanhydrid erhalten. Das Benzosol ist fast unlöslich in Wss., leicht löslich in Chloroform und Aether, sowie in heifsem Alkohol. Es bildet farblose Kryställchen, schmilzt bei 50° und ist in reinem Zustande fast geruch- und geschmacklos. — Südd. Apoth. Ztg. **49.** p. 277.

Antiseptische Wirkung einiger Salicylsäurederivate; v. H. Zimmerli. Die salicylsauren Kresole wirken schwächer als Salol; das salicylsaure m-Kresol würde sich als feines, leichtes Pulver zu Streupulver eignen. Das saure salicylsulfonsaure Natrium steht bezüglich seiner antiseptischen Wirkung unter der Salicylsäure, aber über dem Natriumsalicylat. Das α-oxynaphtolsulfonsaure Natrium zeigt weniger antiseptische und antifermentative Kraft als das saure salicylsulfonsaure Natrium und scheint den Körper unverändert zu durchlaufen. — Schweiz. Wochenschr. f. Pharm. (1889) p. 365. **24.** p. 118.

Styron, ein antiseptisches Verbandmittel, welches man durch Mischung des flüssigen Styrax mit Peru-Balsam erhält, wird neuerdings von amerikanischen Chirurgen wärmstens empfohlen. Es soll sehr wirksam, nicht toxisch und von angenehmem Geruche sein. — Intern. pharm. Gen.-Anz. **49.** p. 261.

Desinfectionsmittel (vgl. Rep. 1889 I. p. 176). Engl. Pat. 15676 f. J. E. Reynolds, Dublin. Durch Einwirkung von gasförmiger schwefliger Säure auf Camphor wird eine Flüss. erhalten, welche an

Stelle von Benzoësäure, Salicylsäure, Borsäure, Quecksilberchlorid, Eucalyptusöl, Nitrobenzol, Phenolen etc. zu Desinfectionszwecken gebraucht werden kann. Beim Erhitzen der Flüss. entweichen desinficirend wirkende Gase oder Dämpfe, und der Rückstand kann mit Soda oder Seife zum Waschen von Fufsböden und Holzwerk Verwendung finden. — **89.** p. 610.

Zur Desinfection von Abzugscanälen verwendet Klein Kalkmilch, der in gewissem Verhältnifs Heringslake zugesetzt ist. Das durch den Kalk frei gemachte Trimethylamin soll fäulnifswidrig wirken und der Inhalt des Sammelbassins soll frei von Organismen und geruchlos sein. Die fäulnifswidrige Eigenschaft des Trimethylamins ist bereits von Koch erkannt. — **24.** p. 29. **95.** p. 419.

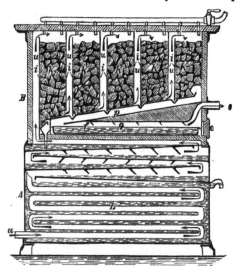

Luftkühl- und Desinfectionsapparat. D. P. 50776 f. H. Fricke in Alfeld an der Leine, Prov. Hannover. Die durch *a* in den Kasten *L* eintretende Luft wird in der unteren Abtheilung *A* durch Wss. gekühlt, steigt dann in den oberen Theil *B*, in welchem mittelst der Zwischenwände *i* Eiskammern *k* und die Luftzüge *u p* und *q* gebildet werden. Der Raum *q* dient zur Aufnahme eines Desinfectionsbeckens *f*. Von *q* aus strömt die gereinigte Luft durch *o* ab. — **75.** p. 235. **49.** p. 215.

Zur Desinfection von Viehtransportwagen auf Eisenbahnen sollen nach P. Canalis nach Entfernung von Stroh etc. zunächst die Wände mit einem Schabeisen abgekratzt, sodann mit harten Bürsten, welche in saure Sublimatlösung zu 1⁰/₀₀ eingetaucht und abgebürstet werden, bis sie rein sind. An diesen Procefs schliefst sich eine Abwaschung resp. Irrigation mit derselben Sublimatlösung. Dann läfst man die Wände bei offenen Thüren trocken. Für jeden Wagen sind etwa 40 l der Lösung erforderlich, 60 g Sublimat und 200 g Salzsäure. Das Verfahren hat Aussicht, in Italien zur Einführung zu gelangen. (Das Abkratzen mit Schabeisen ohne vorherige Anfeuchtung mit Sublimatwasser dürfte für die Arbeiter doch wohl nicht ganz unbedenklich sein; eine Stäubung ist wohl grundsätzlich zu vermeiden. Ref.) — **128. 49.** p. 78.

Die Dauer der Lebensfähigkeit der Typhus- und Cholerabacillen in Fäcalmassen prüfte J. Uffelmann. Verf. gelangte zu dem Ergebnisse, dafs Typhusbacillen sehr lange, jedenfalls Monate lang in faulenden Fäcalmassen lebensfähig bleiben, Cholerabacillen höchstens 4 Tage. Man mufs also die Exkremente Typhuskranker unter allen Umständen

mit einem wirksamen Desinfectionsmittel versetzen, bevor man dieselben irgendwo unterbringen darf. — Int. pharm. Gen.-Anz. **49.**
p. 133.

Vorrichtung zum Schutz gegen Einathmen von Staub. D. P. 51916
f. H. Dahmen in Friesheim bei Weilerswist Reg.-Bez. Köln a. Rh.
Ein nach innen gepolsterter Blechmantel legt sich luftdicht um Mund
und Nase. An diesem Mantel sitzen mehrere Röhren, durch welche
die Athmung erfolgt. In jeder Röhre befindet sich eine metallene
Schnecke, welche auf beiden Seiten mit wollenem Zeug bedeckt ist.
Diese Schnecken werden vor dem Gebrauch ausgezogen, mit Rüböl
angefeuchtet und wieder eingesteckt. Wird nun beim Athmen die
staubige Luft durch die Röhren eingezogen, so stößt dieselbe gegen
die Schneckenwände und der Staub bleibt in den Wollflächen sitzen.
— **75.** p. 458.

Abscheiden und Sammeln der festen Bestandtheile des Rauches.
D. P. 51896 f. F. P. Dewey in Washington, District von Columbia,
V. St. A. Der Rauch wird durch oder über ein Bad geleitet, welches
aus Petroleum, Wachsarten, Harzen, Fetten, Oelen oder ähnlichen
Körpern besteht. — **75.** p. 516.

J. Biehringer; zur Kenntniß der leichtest flüchtigen Antheile des Steinkohlentheers. **28. 31.** p. 325.

J. Mullerus; Wiedergewinnung des Indigo aus dem Bodensatz der erschöpften
Zink- und Eisenvitriolküpen. **11.** p. 40.

J. W. Kynaston und Sutherland; Wiedergewinnung von Natron bei der
Zellstofffabrikation. (In der wiedergewonnenen Soda-Asche sollen die schäd-
lichen Beimengungen durch Natriumbicarbonat-Zusatz zersetzt werden.) The
Saper Trade Rev. **57.** p. 987.

G. H. Gerson; Verwerthung des Fruchtwassers der Kartoffelstärkefabriken bei
Frost. (Das Fruchtwasser wird während der Frostperiode in Erdcisternen
aufgespeichert und nach dem Aufthauen durch eine Pumpe auf Felder
gerieselt.) **66.** p. 168.

P. Wagner; zur Klarstellung einiger Düngungsfragen. Hannov. land- u. forstw.
Ztg. p. 263. **49.** p. 137.

H. Riemann; heutiger Standpunkt der Fabrikation künstlicher Düngemittel.
Vers. d. Chem. u. deutsch. Düngerfabr. etc. **123.** p. 64.

Fleischer; Kalidüngung auf Moorboden. (Kaïnit empfohlen.) Centralbl. f.
Agric.-Chem. p. 18. **95.** p. 414.

Ville; kohlensaurer Kalk als Dünger für Weinberge. Centralbl. f. Agric.-Chem.
p. 68. **95.** p. 415.

J. Mery; Fettgehalt des Knochenmehls. (Druck bei der Extraction ist zwecklos und gefährlich.) **89.** p. 95.

J. Stoklasa; Constitution des Knochenmehls. (Die ungünstigen Ergebnisse
comparativer Düngungsversuche sind fettreichen Knochenmehlen zuzuschreiben, deren Phosphorsäure weniger leicht zersetzbar ist. Feingemah-
lene und entfettete Knochenmehle [0,6—1 % Fett] übertrafen an Dünge-
werth die Thomasschlacke und standen dem Präcipitat nicht nach.) **89.**
p. 1. 21. 32.

S. Winogradsky; der Organismus der Nitrification (ist einer vollständigen
Synthese seiner Substanz auf Kosten von Kohlensäure und Ammoniak un
abhängig vom Lichte und ohne andere Kraftquelle, als die durch Oxyda
tion des Ammoniaks entwickelte Wärme fähig). **9. t. 110.** p. 1013. **89.**
Rep. p. 161.

Nimax; Vorrichtung zum Reinigen und Klären des Wassers für gewerbliche Zwecke. (Setzmaschine von Paul Gaillet.) **16. 49.** p. 187.

E. Devonshire; Reinigen des Wassers mit Eisenschwamm. (Anderson's Drehcylinder empfohlen.) J. Frankl. p. 449. **123.** p. **408.**

Jung; über die Reinigung der Wollenwaschwässer. **5.** p. 1.

E. L. Neugebauer; Härterwerden erweichter Wässer. (Bedingt durch basisch kohlensaure Magnesia.) **123.** p. 103. 179.

A. F. Fryer; krystallinischer Kesselabsatz. (Bestand vorwiegend aus Anhydrit und Kieserit.) **26.** p. 373. **34.** p. 172.

L. Vignon; Gerbstoffe als Antikesselsteinmittel (sind zu verwerfen als nachtheilig für das Kesselmaterial). **98.** p. 410. **89.** Rep. **49.** p. 168.

Die öffentlichen Desinfectionseinrichtungen der Stadt Berlin. **49.** p. 297.

Geppert; zur Lehre von der Antisepsis. Berl. klin. Wochenschr. p. 3. **38.** Rep. p. 57.

Behring; Bestimmung des antiseptischen Werthes chemischer Präparate mit besonderer Berücksichtigung einiger Quecksilberpräparate. Deutsche med. Wochenschr. (1889) p. 41. **38.** Rep. p. 57.

H. Sonntag; Bedeutung des Ozons als Desinficiens (ist sehr gering; Linder's Ozonwasser enthält neben Ozon auch Unterchlorigsäure und dergl.; ob 0. Ringk's „Antibacterion" wirklich Ozon enthält, ist noch nicht bewiesen. Z. f. Hyg. p. 95. **123.** p. 404.

v. Ermenger; Experimental-Untersuchungen über das Creolin. Centralbl. f. Bact. No. 1. **38.** Rep. p. 57.

M. Pfrenger; über Creolin-Kreosot. **38.** p. 32.

J. Stilling; Anilinfarbstoffe als Antiseptica. **49.** p. 155.

W. Budenberg; Desinfectionsapparate mit strömendem Wasserdampf. **49.** p. 214.

Blaschko; Schädlichkeit des denaturirten Spiritus. Med. Wochenschr. **49.** p. 293.

R. Stern; Einfluß der Ventilation auf in der Luft suspendirte Mikroorganismen. (Die praktisch durchführbare Ventilationsstärke wirkt kaum besser wie Absetzenlassen; schnell und vollständig entfernt kräftiger Zug die Keime.) Schmidt's Jahrb. d. ges. Chem. p. 225. **38.** Rep. p. 74. **49.** p. 117.

G. Kesselring; Lüftung und Befeuchtung der Luft in Textil-Fabriken. Wochenschr. f. Spinn. **71.** p. 89.

Schmieder; Einrichtung beim schlesischen Zinkdestillationsofen für Abführung der beim Räumen der Muffeln sich bildenden Dämpfe und Gase. **43.** p. 301.

Petri; Schädlichkeit oder Nichtschädlichkeit der öffentlichen Begräbnisplätze **49.** p. 312.

Lipari und Crisafulli; Untersuchungen über die Ausathmungsluft Kranker. Int. pharm. Gen.-Anz. **49.** p. 373.

J. Forster; Einwirkung von Kochsalz auf das Leben von Bacterien. (Das Widerstandsvermögen gewisser Bacterien gegen gesättigte Kochsalzlösung scheint mit der Eigenschaft, Sporen zu bilden, im Zusammenhang zu stehen. Das Pökeln hat also keine allgemein antiseptische Wirkung.) **128. 38.** Rep. p. 57. **29.** p. 42.

K. W. Jurisch; die Verunreinigung der Gewässer. Eine Denkschrift im Auftrage der Flußcommission des Vereins zur Wahrung der Interessen der chemischen Industrie Deutschlands. Berlin, R. Gaertner's Verlag, H. Heyfelder. 10 Mk.

Seife.

Rapoleïn zur braunen Schmierseife. Das als Nebenproduct bei
der Rübölfabrikation gewonnene, von der Firma S. Herz in Witten-
berge eingeführte röthlich-braune Rapoleïn ist ein billiger und verhältnifsmäfsig guter, theilweiser Ersatz für Leinöl. Da es schon bei
ganz geringer Kälte erstarrt, so kann es nur in wärmerer Jahreszeit
zu Schmierseife verwendet werden. Im Sommer läfst sich, ohne dem
Ansehen der Seife zu schaden, die Hälfte Rapoleïn mit versieden.
Der gewohnte Harzzusatz kann der gleiche bleiben. Rapoleïn macht
die Seife fester und haltbarer; die Farbe wird etwas dunkler. Das
Sieden wird mit denselben Laugen ausgeführt, wie bei reiner Leinöl-
seife; auch kann die Abrichtung und Eindampfung in gleicher Weise
geschehen. Die Ansätze würden folgende sein: Frühjahr und Herbst:
400 kg Rapoleïn, 600 kg Leinöl, 75 kg Harz; Sommer: 500 kg Rapoleïn, 500 kg Leinöl, 50 kg Harz. Bei diesem Ansatze sind im heifsen
Sommer 10—12 % Sodalauge hinreichend, um genügend feste Seifen
zu erhalten. Die Differenz von einer mit der Hälfte Rapoleïn und
einer nur mit reinem Leinöl gesottenen Seife, angenommen bei gleicher
Ausbeute, beträgt 1,12 Mk. pro 100 kg Seife. — **122.** p. 251. **89.**
Rep. p. 165.

Herstellung von harten Natron- und Kaliseifen. D. P. 51496 f.
H. Eurich in Karlstadt a. M. Man verseift Fette oder Harze durch
geschmolzenes Alkali, indem man dasselbe den auf mindestens 100° C.
erhitzten geschmolzenen Fetten oder Harzen in dünnem Strahle unter
fleifsigem Umrühren zusetzt und das Gemisch so lange erwärmt, bis
die Verseifung vollständig beendigt ist. Man kann so in etwa 15 Min.
feste Kali- oder Natronseife oder Kalinatronseife herstellen. — **75.**
p. 432.

Harzseife, als ein emulgirendes Agens; v. H. Collier. Eine
nach folgender Vorschrift hergestellte Harzseife besitzt aufserordentlich emulgirende Eigenschaften. 112 g gelben Harzes werden mit
20 g kaustischer Soda 2 Stdn. lang in 580 g Wss. gekocht. Nach
dem Abkühlen scheidet sich die Seife als gelbe, teigförmige Substanz
ab, welche, nachdem sie von der Flüss. abgetrennt und gut aus-
geknetet worden ist, auf dem Wasserbade so lange erwärmt wird,
bis eine trockene, leicht in Pulver zu verwandelnde Masse resultirt.
Die erhaltene Seife ist gelblich, von harzigsäuerlichem Geschmacke,
löslich in Wss. und Weingeist. Durch Zersetzungsmittel, wie Salzsäure, kann man aus den wässerigen Lösungen der Harzseife 84,4 %
reines Harz ausfällen. Die Harzseife besitzt die Eigenschaft, beim
Schütteln mit Quecksilber dieses augenblicklich in einen Zustand
feinster Vertheilung überzuführen. Chloroform wird durch Harzseife
in eine weifse rahmartige Flüss. verwandelt, ebenso werden die in
der Pharmacie gebräuchlichen Balsame, die Fette und ätherischen
Oele, Thymol, Camphor, Kreosot durch geringe Mengen Harzseife
schnell und vollständig emulgirt. — **105.** vol. 20. p. 751. **89.** Rep.
p. 116.

Darstellung harter Harzseifen. D. P. 50817 (Zus.-Pat zum D. P.
45960; vgl. Rep. 1888 II. p. 220) f. W. Rödiger in Firma Kluge & Co.
in Magdeburg. Der Zusatz des wasserfreien Natriumcarbonats zur
Harzseife beim Verfahren des Hauptpatents wird so regulirt, dafs
sich ein hartes Hydrat des harzsauren Natriums bilden kann, indem
man entweder die Bindung des überschüssigen Wss. durch das zugesetzte wasserfreie Natriumcarbonat mittelst Erhöhung der Temp. bis
auf 80⁰ oder durch Zusatz von etwa 5 % Chlornatrium oder durch
beide Mittel befördert, oder, falls in der Harzseife weiches, wasser-
armes, harzsaures Natrium vorhanden ist, die Bildung des Hydrats
durch Zusatz von Wss. oder Krystallsoda in auszuprobirender Menge
herbeiführt. Dieses Verfahren wird auch bei der Fabrikation von
Harzfettseifen angewandt, deren an Natron gebundene Säuren zu mehr
als 50 % aus Harzsäuren bestehen. — **75.** p. 316. **49.** p. 286.

Die Nutzbarmachung des in Fichten- und Tannennadeln enthaltenen
Harzes beabsichtigt ein amerikanischer Erfinder, indem er durch Ausziehen mit Alkali aus diesen eine Harzseife gewinnt, aus welcher die
Holzfaser entfernt wird und welche nach Zusatz von Fett und voll-
zogener Verseifung eine gute gewöhnliche Seife ergeben soll. — **49.**
p. 342.

Flüssige medicinische Seifen empfiehlt N. Saidemann, da 1) nur
bei flüssiger Consistenz der Seife die Einreibung gut erfolgen und
Seife nach Belieben entfernt oder auf der Haut belassen werden kann;
2) Arzneimittel sich mit flüssiger Seife leichter vermischen, in derselben auflösen und in beliebigen Mengen zusetzen lassen; 3) flüssige
Seifen stets aus Pflanzenölen dargestellt werden können, welche vor
den Thierfetten, die auch von gefallenen Thieren herstammen können.
in sanitärer Beziehung den Vorzug verdienen. Verf. giebt für seine
Seifen folgende Vorschrift: 1 Th. Aetzkali wird in der gleichen Menge
Wss. gelöst, mit 4 Th. Oel (Oliven- oder Sesamöl) und ¹/₄ Th. Alkohol
gemischt und das Gemenge 10 Min. stark geschüttelt; man läfst es
1 Stde. unter öfterem Schütteln stehen, verdünnt alsdann mit der
gleichen Wassermenge und filtrirt nach mehrtägigem Stehen. Die
Seifen haben die Consistenz von dickem Glycerin, enthalten einen
Ueberschufs von Fett und bis zu 70 % Wss. — **40.** Bd. 30. p. 818.
49. p. 127.

Neuerung an Kerzen. D. P. 51444 f. Manufacture Royale
des Bougies de la Cour, Societé Anonyme in Brüssel. Um
Kerzen auf einen Lichtstock mit Dorn fest aufstecken zu können, so
dafs sie nicht zerbröckeln und ohne merklichen Abfall vollständig bis
zu Ende brennen können, wird der Docht am unteren Ende der Kerze
durch ein Röhrchen von brennbarem Material (Stroh, Schilf, Papier.
Leinen- oder Baumwollgewebe) hindurchgezogen. Die Neuerung eignet
sich für Stearin-, Paraffin- und Ceresinkerzen. — **75.** p. 431. **49.**
p. 301.

Reinigung von Seifen-Unterlaugen zur Gewinnung von Glycerin.
D. P. 50438 f. d. Firma F. C. Glaser in Berlin. Die rohe Unterlauge reinigt man zunächst durch Aetzkalk (2—3 kg auf 1000 l Lauge)
von Seife, zieht sie von dem Niederschlag von Kalkseife ab, dampft
sie bis zur Sättigung mit Chlornatrium ein, neutralisirt sie genau mit

Salzsäure, wobei sich noch eiweifsartige Substanzen abscheiden und versetzt sie dann, um die letzten Spuren von gelöst gebliebenen Substanzen infolge der Bildung von basischen Metallseifen auszufällen, mit Salzen und darauf Oxyden von Metallen: Eisen, Mangan, Chrom, Zink, Zinn, Kupfer, Aluminium. Die von den Niederschlägen getrennte Lauge dampft man weiter ein, um das Chlornatrium zum Krystallisiren zu bringen und concentrirt schliefslich auf Rohglycerin. — 49. p. 223.

Combinirte Seifenschneide- und Prägemaschine. D. P. 51000 f. O. W. Röber in Dresden. Mit einer Seifenschneidemaschine ist ein Prägemechanismus verbunden, welcher die Seifen-Riegel oder -Tafeln prägt, kurz bevor sie beim Vorschieben den Schneiderahmen r (Fig. 1)

Fig. 1. Fig. 2.

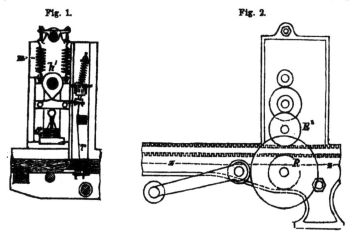

passiren. Der durch Spiralfedern m emporgehaltene Träger A des Prägstempels wird durch zwei rotirende Herzstücke h^1 niedergedrückt, welche ihre Bewegung durch zweifache Räderübersetzung $R R^2$ von zwei an der Seite des Schneidetisches liegenden Doppelzahnstangen z aus erhalten. — 75. p. 317. 49. p. 255.

G Lunge; Seife, Kerzen, Fette, Oele und dergl. auf der Pariser Welt-Ausstellung. 123. p. 37.

F. Eichbaum; Verwendung des festen, weifsen Oleïns in der Seifenfabrikation 122. p. 523.

Harz; neuer Pilz im Glycerin. (Physomyces heterosporus; in der warmen Rohglycerinlösung der unterirdischen dunklen Reservoire einer Kerzen und Seifenfabrik beobachtet.) 49. p. 112.

Zündrequisiten, Sprengmittel.

Herstellung farbiger Dextrin-Sicherheits-Zündhölzer; v. P. Garber.
Braune Zündhölzer: 2000 g dunkles Dextrin, werden in 3 l Wss. eingerührt, 12 Stdn. stehen gelassen und im Wasserbade gelöst. Dann
werden in der Lösung 11000 g pulverisirtes chlorsaures Kali gut
durchgerührt, auch die folgenden Substanzen fein pulverisirt zugegeben
und gemischt: Glasmehl 3000 g, helles Caput mortuum 750 g, Braunstein von 85—90% 250 g, doppeltchromsaures Kali 375 g, Schwefelblüthe 1000 g. Es wird dreimal auf der Massemühle gemahlen, dann
werden 800 g Leim, welcher vorher 6 Stdn. in kaltem Wss. geweicht
war, im Wasserbade gelöst und zu der fertigen Masse unter fortwährendem Rühren gegeben. Hellroth: 2400 g weifses Dextrin, werden
in 2½ l Wss. 12 Stdn. stehen gelassen, dann im Wasserbade gelöst;
in die Lösung werden 14000 g gut pulverisirtes chlorsaures Kali eingerührt, auch die folgenden Substanzen fein pulverisirt zugegeben und
gemischt: Glasmehl 2000 g, Zinkweifs 2400 g, feinste Sorte Zinnober-
roth 400 g, chromsaurer Baryt 800 g, Schwefelblüthe 1000 g, zweimal
auf der Mühle fein gemahlen, dann werden 600 g Leim, welcher vorher 6 Stdn. geweicht, im Wasserbade gelöst und unter fortwährendem
Rühren zu der Masse gegeben. Grün: 2400 g helles Dextrin, werden
in 2½ l Wss. 12 Stdn. stehen gelassen, dann im Wasserbade gelöst.
In die Lösung werden 14000 g pulverisirtes chlorsaures Kali eingerührt, dann die folgenden Substanzen pulverisirt zugegeben: Glasmehl
2000 g, doppeltchromsaures Kali 750 g, Zinkgrün 2800 g, Schwefelblüthe 1000 g, zweimal auf der Mühle gemahlen, dann werden 600 g
Leim, welcher vorher 6 Stdn. geweicht war, im Wasserbade gelöst
und unter fortwährendem Rühren zu der Masse gegeben. Gelb: 1400 g
weifses Dextrin, werden in 2 l Wss. 12 Stdn. stehen gelassen, dann
im Wasserbade gelöst. In der Lösung werden 11000 g pulverisirtes
chlorsaures Kali eingerührt, dann werden die folgenden Substanzen eingerührt: Glasmehl 1200 g, gelber Ocker 2000 g, doppeltchromsaures
Kali 800 g, Schwefelblüthe 1000 g, zweimal auf der Mühle gemahlen.
hierauf werden 800 g Leim, welche vorher 6 Stdn. geweicht, im Wasserbade gelöst und unter fortwährendem Rühren zu der Masse gegeben.
Sollten die Mischungen beim Durchmahlen in der Mühle zu steif
werden, so wird etwas Wss., immer in kleinen Portionen, in den
Trichter der Mühle eingerührt, doch nur so weit, bis der regelmäfsige
Kopf nicht abtropft. Sollte die Masse nach längerer Zeit etwas steif
geworden sein, so genügt ein 3—4 Min. langes Einsetzen in ein
warmes Wasserbad bei gleichzeitigem Umrühren. Alle angegebenen
Massen können kalt verarbeitet werden, solche, welche entweder mit
weniger oder mehr Leim bereitet werden, nie unter 25° R. Die fertigen, getunkten Rahmen sollen bei höchstens 20° R. getrocknet werden.
— 82. p. 5.

   Bleisaurer Kalk an Stelle des die Hitze übertragenden Bleisuper-
oxyds bietet nach G. Kafsner in der Fabrikation von Zündhölzern die

Vortheile, dafs die damit angefertigten Zündhölzer wohlfeiler sind, als alle anderen, dafs sie sicher und gleichmäfsig anbrennen und dafs sie sehr wenig unangenehmen Rauch und Dampf verursachen, weil durch den Kalk die durch die Entzündung entstehenden Säuren, wie z. B. Schwefelsäure, gebunden werden. Ueberdies haftet die Zündmasse sehr fest an den Hölzchen, sie benöthigt auch nicht viel eines anderen Bindemittels, wie Leim, Dextrin etc. — 24. 49. p. 366.

Versuche über die Einwirkung fettartiger Stoffe auf Schiefspulver führten S. Bein zu folgenden Ergebnissen: 1) Jedes Pulver ist vermöge seines Kohlengehalts im Stande, fettige Substanzen aufzusaugen. 2) Die Entzündlichkeit eines Pulvers wird durch ein Aufsaugen von Fett benachtheiligt, und zwar rückt die Entzündlichkeit in eine höhere Temp. sofort nach vorgenommener Fettung bei mittelkörnigem, gewöhnlichem Schiefspulver erst wesentlich von 10 % Fett aufwärts, dagegen bei feinkörnigem, schon bei 2 %, bei Zünderpulver ebenfalls schon bei 2 %; feinkörnige Pulver, die mit 3 oder 4 % Fett gemischt sind, sind schwer oder nicht mehr mit den gewöhnlichen Mitteln zu entzünden. Die Entzündlichkeit wird in eine höhere Temp. gebracht (oder durch gewöhnliche Mittel nicht mehr erreicht), nach längerer Berührung mit Fett bei mittelgekörntem Pulver, wenn es mit etwa 4 % Fett gemischt wird, bei allen anderen feingekörnten und bei Mehlpulver schon von 2 % aufwärts. 3) Die Verbrennungsgeschwindigkeit bezw. die Dauer der Verbrennung einer bestimmten Pulvermenge wird sowohl sofort nach dem Zusammenbringen und innigen Mischen mit Fett, als auch nach längerem Liegen in derart präparirtem Zustande beeinträchtigt, indem die Geschwindigkeit des Abbrennens verlangsamt und daher die Dauer des Abbrennens einer bestimmten Pulvermenge gegenüber einer gleichen ungefetteten vergröfsert wird. 4) Die Triebkraft des Pulvers wird durch einen Fettgehalt ebenso erniedrigt, wie durch jede Art von Flüss., indem die Verbrennung verlangsamt, die Verbrennungstemperatur dadurch erniedrigt und zur Bildung des Dampfes der Flüss. (des Fettes) mehr Wärme erfordert wird, als der Dampf zur Spannung beiträgt. 5) Die Fettarten üben zwar alle einen wechselnden, jedoch untereinander nicht wesentlich verschiedenen Einflufs auf das Pulver aus. Infolge der geringeren Gasspannung auf die Geschützwände könnte man letztere bei Anwendung von gefettetem Pulver leichter herstellen. Dafs durch die geringere Gasspannung infolge der allmählichen Verbrennung des gefetteten Pulvers nicht auch die Bewegungsgeschwindigkeit des Geschosses nothwendig beeinträchtigt werden mufs, beweist Verf. durch mathematische Berechnung. Man wird die gefetteten Pulver derart herstellen müssen, dafs die Gasentwicklung von Augenblick zu Augenblick steigt und erst im Moment, wo das Projectil das Rohr verläfst, die nothwendige Triebkraft erzeugt. — 123. p. 217; 310. 95. p. 177. 46. p. 63.

Sicherheitssprengstoffe. Nach M. Bielefeldt wird die Fortpflanzung der Flamme auf umgebende Gase und Kohlenstaub beim Sprengen durch den in den Sprenggasen vorhandenen freien Sauerstoff veranlafst; er setzt daher so viel Kohlenstoffverbindungen zu, dafs bei der Explosion nur Kohlensäure entsteht. Aus demselben Grunde ist bei dem neueren Carbonit für Kohlen die Sicherheit gegen-

über Kohlenstaub und Schlagwetter eine sehr grofse, aber die Kraft
läfst zu wünschen übrig, daher der Stoff im praktischen Betriebe noch
immer zu kostspielig erscheint. Auch die in ihm enthaltene kleine
Menge Nitroglycerin kann von Nachtheil werden. Diese Uebelstände
fallen bei Sekurit und Roburit fort. Die Gefahr der Wetterzündungen
kann um vieles verringert werden, wenn feuchter, gleichmäfsig plastischer Besatz zur Stelle ist, und das Bohrloch in sorgfältiger, aus-
reichender Weise damit besetzt wird. Vorzuziehen ist ein Sprengmittel, das auch ohne jeglichen Besatz ein gewöhnliches Wettergemisch
nicht entzündet. Die Zündschnüre sind schon allein im Stande, Wetterzündungen zu bewirken; die elektrische Zündung gewährt hier die
einzige Sicherheit, und zwar in solcher Weise, dafs sie unter gewöhnlichen Verhältnissen als völlig ausreichend bezeichnet werden darf.
— **112.** p. 145. **123.** p. 405.

Rauchschwaches Pulver soll nach Guttmann folgenden Ansprüchen genügen: 1) hohe Kraft im kleinen Raume, 2) geringes spec.
Gew. (um die Patrone leichter zu machen), 3) geringen Gasdruck,
4) grofse Anfangsgeschwindigkeit, 5) grofse Rasanz (Gestrecktheit)
der Flugbahn, 6) geringe Rauchentwicklung, 7) Unschädlichkeit des
Rauches, 8) Beständigkeit, 9) ungefährliche Handhabung. — **23.**
Bd. 275. p. 111. **95.** p. 162.

Herstellung von rauch-, flamm- und geruchlosem Schiefspulver.
Engl. Pat. 13656/1888 f. C. F. Hengst, Plumstead, Kent. Zerkleiner-
tes Stroh, hauptsächlich Haferstroh, wird 24 Stdn. lang bei 50° F.
(10° C.) mit einem Gemische von Schwefelsäure und Salpetersäure
behandelt (vgl. Rep. 1889 I. p. 183), worauf man die Säure durch
Druck und theilweises Auswaschen, sowie schliefslich durch Kochen
mit verdünntem Kaliumcarbonat entfernt. Das getrocknete Material
wird nun einer oxydirenden Behandlung mit verdünntem Permanganat
oder einem anderen geeigneten Agens unterworfen, worauf man wäscht
und das oxydirte Product durch Dampf, heifse Luft oder in ähnlicher
Weise trocknet. Um die Verbrennbarkeit einzuschränken, sowie auch
für die Bindung und Härtung des getrockneten Sprengstoffs, wird derselbe mit einer schleimigen Substanz imprägnirt, wie man sie durch
Kochen von Leinsamen, event. unter Zusatz von wenig Stärke oder
Dextrin, erhält. Die plastische Masse wird dann gekörnt, gesiebt und
polirt. Auch kann man sie in Formen pressen. Um das Pulver für
Wss. undurchdringlich zu machen, behandelt man es mit einer Lösung
des beim Poliren abfallenden Staubes in einer Flüss., welche durch
Destilliren der benutzten Säure mit Spiritus erhalten wird. Auch
kann eine Lösung von Camphor in Benzolin für diesen Zweck verwendet werden. — **89.** p. 408.

Gekörntes rauchloses Schiefspulver und Herstellung desselben.
D. P. 51755 f. W. Schückler in Wien. Das rauchlose Schiefspulver
besteht aus einem Gemenge von gelöster Nitrostärke mit Kali-, Natron-,
Ammoniak- oder Barytsalpeter, pikrinsaurem Kali, Natron oder Ammoniak, chlorsaurem Kali, Nitronaphtalin oder Kohle. Die Herstellung
desselben geschieht durch Vermischen der Nitrostärke in nassem Zustande mit den vorgenannten organischen oder anorganischen Stoffen.
Trocknen, Comprimiren und Körnen der Mischung. Um eine innige
Vermischung der einzelnen Gemengtheile zu erhalten, wird das Ge-

menge mit einem Lösungsmittel für Nitrostärke, d. i. einer schwachen Lösung von Nitrobenzol in Benzin, Aether oder Chloroform, imprägnirt und darauf das flüchtige Lösungsmittel durch Verdampfen im Vacuum entfernt. — **75.** p. 425. **49.** p. 293.

Rauchloses Jagdpulver, das von einer englischen Firma in den Handel gebracht wird, war nach A. Jaksch ein Gemisch von Holz-Nitrocellulose und salpetersaurem Baryt. Von letzterem waren 4 % beigesetzt. Ein ganz gleiches Präparat wurde auf folgende Weise hergestellt: In ein stark abgekühltes Gemisch von 1 Th. rauchender Salpetersäure und 2 Th. concentrirter Schwefelsäure wird so viel auf bekannte Weise gereinigte Holzcellulose nach und nach eingetragen, bis ein dicker Brei entsteht. Nach sechsstündiger Einwirkung wird mit heifsem Wss., dem etwas Ammoniak zugesetzt wurde, gut ausgewaschen und die nun fertige Nitrocellulose in einer concentrirten Lösung von salpetersaurem Baryt eine Viertelstunde gekocht. Hierauf wird, aber nicht allzu stark, abgepreſst und bei 40° getrocknet. Wahrscheinlich ist dieses rauchlose Pulver dasselbe Präparat, welches vor etwa zwei Jahren von einer englischen Firma der deutschen und österreichischen Regierung angeboten, von diesen jedoch wegen verschiedener Mängel abgelehnt wurde. Thatsache ist, daſs dieses rauchlose Pulver beim Lagern in nicht ganz trockenen Räumen bedeutende Mengen von Feuchtigkeit aufnimmt. Ein weiterer Uebelstand ist das geringere spec. Gew. Gewöhnliches weifses Filtrirpapier, welches ohne vorherige Reinigung auf obige Weise behandelt wurde, ergab ein ähnliches, jedoch viel heftiger explodirendes Präparat. — **89.** p. 303.

Rauchloses Schiefspulver. Engl. P. 9799 f. Wanklyn. Salpetersaurer Harnstoff wird mit Schiefsbaumwolle oder anderer Nitrocellulose oder einem Dynamit in fein vertheilter Form gemischt. Je nach der Natur des Nitrokörpers wird ½—⅕ seines Gewichtes an salpetersaurem Harnstoff zugesetzt. — **95.** p. 166.

Darstellung von zu Schiefspulver geeigneter Spренggelatine. D. P. 51471 f. A. Nobel in Paris. In auf 6—8° C. abgekühlte Nitrocellulose läſst man unter Benutzung der Luftleere Nitroglycerin einsickern, worauf bei gleich niedriger Temp. soviel von letzterem abgepreſst oder ausgeschleudert wird, bis etwa gleich grofse Mengen Nitroglycerin und Nitrocellulose beisammen sind. Durch Erwärmen des Gemisches auf 60—90° C. wird sodann die Gelatinirung desselben bewirkt, worauf bei gleicher Temp. die erhaltene Gelatine zwischen heifsen Walzen geknetet und zu Platten gewalzt wird. Letztere werden in geeigneter Weise durch Körnen in Schiefspulver verwandelt. Das so erhaltene Schiefspulver kann durch Behandeln mit verdünntem Methylalkohol durch Herauslösen des Nitroglycerins an Nitrocellulose angereichert werden. Zur Sicherung der chemischen Stabilität des auf diese Weise gefertigten Schiefspulvers erhält dasselbe vortheilhaft einen Zusatz von 1—2 % Diphenylamin. — **75.** p. 384. **49.** p. 270.

Herstellung von Sprenggelatine in dünnen Drähten behufs Verwendung derselben als Patronenbesatz. D. P. 51189 f. F. A. Abel und J. Dewar in London. Auf gewöhnlichem Wege, nur mit einem gröfseren Gehalt von löslicher Nitrocellulose und einem flüchtigen Lösungsmittel, wie Aceton oder Essigäther, hergestellte Sprenggelatine oder gewöhnliche Sprenggelatine mit einem Zusatz von löslicher Nitrocellulose und Lösungsmitteln, welche genügen, um der Sprenggelatine eine gallertartige Consistenz zu geben, wird durch Löcher einer Platte geprefst. Die Drähte sind anfänglich weich und biegsam, werden darauf durch Verflüchtigung des Lösungsmittels zähe. Sie werden dann in Stücke zerschnitten, welche neben einander in Patronenhülsen eingesetzt werden und somit Drahtbündel von Explosivstoff bilden, welche bei der Verbrennung eine wenig brisante, aber sehr bedeutende Schleuderkraft entwickeln. — 49. p. 279. 75. p. 308.

Herstellung von Nitroglycerin. D. P. 51022 f. E. Liebert in Berlin. Um das Nitroglycerin weniger empfindlich gegen Stofs und Kälte zu machen und die Explosionskraft desselben zu erhöhen, erhält entweder das fertige Nitroglycerin einen Zusatz von ca. 3 % Isoamylnitrat, oder es wird gleich ein Gemisch von Glycerin mit Isoamylnitrat oder Isoamylalkohol nitrirt. — 49. p. 279. — Nach D. P. 51660 desselben Erfinders erhält, um die plötzliche Zersetzung des Nitroglycerins bei der Nitrirung zu verhindern, das Nitrirungssäuregemisch (Salpeterschwefelsäure) einen Zusatz von schwefelsaurem oder salpetersaurem Ammoniak. Durch letztere soll die die Zersetzung des Nitroglycerins nach Angabe des Erf. veranlassende, secundär gebildete salpetrige Säure zerstört werden, wie folgende Gleichung veranschaulicht:

$$(NH_4)_2 SO_4 + 2 NO_2 H = H_2 SO_4 + 4 N + 4 H_2 O. — 49. p. 302.$$

Nitrocellulosehaltiger Sprengstoff. Engl. Pat. 1471 f. A. Woble. Nitrocellulose und Nitroglycerin mit oder ohne Zusatz von nitrirter Stärke oder Nitrodextrin werden zu einem Sprengstoff von hornartiger Beschaffenheit vereinigt, der sich leicht zu Körnern zerkleinern läfst. Für Feuerwaffen erhält man einen ausgezeichneten Sprengstoff durch Lösen von 20—30 Th. löslicher Schiefsbaumwolle in 100 Th. Nitroglycerin und 20 Th. Campher. Hierzu werden noch 106 Th. nitrirter Stärke (von 12—12½ % Stickstoff) und 200 Nitrodextrin desselben Stickstoffgehalts durch Einkneten bei 60° zugemischt. Dann wird die Masse in dünne Platten ausgerollt und in Körner zerschnitten oder in Formen geprefst. Es können aufserdem, je nachdem man eine mehr oder weniger vollständige Verbrennung erzielen will, sauerstoffabgebende Salze (Nitrate, Chlorate oder auch Pikrate) bei 60° eingeknetet werden. — 95. p. 160.

Sprengstoff. Engl. Pat. 10722/1888 f. A. Nobel in Paris. Der Sprengstoff enthält als wesentlichsten Bestandtheil Ammoniumnitrat. Man mischt in analoger Weise wie bei der Schiefspulverfabrikation 3 Th. Ammoniumnitrat und 1 Th. Ammoniumpikrat, fügt aber, behufs Härtung der Körner, eine geringe Menge Gummi arabicum, Dextrin oder eines ähnlichen Stoffes zu. Die Kraft des Sprengstoffes kann durch Zusatz einer geringen Menge anderer Pikrate, wie Kaliumpikrat oder Kupferammoniumpikrat, erhöht werden. Der Sprengstoff ist mit wasserdichten Umhüllungen von irgend welchem explodirbaren Material zu umgeben. — 89. p. 130.

Sprengstoffe. Engl. Pat. 17212/1888 f. J. Sayers, Stevensten, Ayrshire. Der Erf. verbindet ein oder mehrere geeignete Nitrate mit einem oder mehreren Nitroderivaten von Kohlenwasserstoffen, welche mittelst einer geeigneten Nitrocellulose gelatinirt sind. Beispielsweise können 4 Th. Kaliumnitrat verbunden werden mit 2 Th. Nitrobenzol, mit welchem eine geeignete Menge Nitrocellulose combinirt ist. — 89. p. 671.

Ch. E. Munroe; Bestimmung der Entzündungstemperatur von Sprengstoffen. 97. Bd. 12. p. 57. 123. p. 272.

Mallord; Sicherheitssprengstoffe. (Zusatz von Ammoniumnitrat empfohlen, um die Verbrennungstemperatur der anderen Sprengstoffe möglichst auf 1500° herabzudrücken, bei der eine Gefahr der Entzündung von Grubengas beim Schiefsen ausgeschlossen sein soll.) 62. p. 15. 123. p. 405.

F. Abel; rauchlose Explosivstoffe. (Geschichtliches.) 105. p. 685. 34. p. 90.

Fr. Krupp; rauchloses Pulver. C/89. 49. p. 338.

Das rauchlose Pulver und seine Verpackung. 49. p. 65.

G. Mac Roberts; Nobel'sche Spreng-Gelatine (ist besonders zu submarinen Sprengungen geeignet). 26. 89. p. 379.

Ochse, D. P. 50861; Sprengpatronen mit Knallgasfüllung.

Darstellung und Reinigung von Chemikalien.

Zur Verdünnung von Flüssigkeiten auf ein bestimmtes specifisches Gewicht ohne Anwendung von Gehaltstabellen wird die Verwendung der folgenden Formel empfohlen:

$$x = \frac{p\,[s-s']}{s\,[s'-s'']},$$

in welcher x das gesuchte absolute Gewicht der Verdünnungsflüssigkeit, p das absolute Gewicht der zu verdünnenden Flüss., s das spec. Gew. der letzteren, s' das gesuchte spec. Gew., s'' das spec. Gew. der Verdünnungsflüssigkeit bedeutet. Die aufgefundene Zahl ist ziemlich richtig, doch ist es nöthig, die Rechnung durch einen Versuch zu bestätigen, da eine event. Contraction das Resultat beeinflufst. — Rep. Pharm. 76. p. 339.

Einfache und schnelle Entwicklung reiner Gase. H. Bornträger treibt die gasförmigen Säuren aus den betreffenden Salzen durch saures schwefelsaures Natron aus und erblickt hierin grofse Vortheile für synthetische und gerichtsanalytische Arbeiten. Gleiche Aequivalente Natriumbicarbonat und Natriumbisulfat liefern einen sehr constanten Gasstrom für Feuerlöschapparate. — 37. p. 140. 89. Rep. p. 147.

Bildung von Wasserstoffperoxyd aus Aether. Entgegen der gewöhnlichen Annahme finden W. R. Dunstan und T. S. Dymond, dafs reiner Aether, trocken oder feucht, nicht Wasserstoffsuperoxyd bildet, wenn er dem Lichte (Tageslicht oder elektrisches Licht) ausgesetzt ist. Aether, der aus mit Holzgeist denaturirtem Spiritus gewonnen wurde, liefert bei längerem Aufbewahren Wasserstoffsuperoxyd, nicht aber, wenn er zuvor mittelst verdünnter Chromsäure gereinigt

war. Weder Wss. noch verdünnte Schwefelsäure geben Wasserstoffsuperoxyd, wenn sie in Berührung mit Luft dem Lichte ausgesetzt
werden. Bei Einwirkung von Aether in Gegenwart von Wss. entsteht
Wasserstoffsuperoxyd. Auch bildet sich das Superoxyd unter gewissen
Bedingungen während der langsamen Verbrennung von Aether in Berührung mit Wss. Bei dunkler Rothgluth scheinen Aether und Sauerstoff in ähnlicher Weise auf einander zu wirken, wie Ozon und Aether.
— **89.** p. 669.

    **Vorrichtung zur Gewinnung von Wasserstoff und Sauerstoff auf
elektrolytischem Wege.** D. P. 51998 f. D. Latchinoff in St. Petersburg. Die Vorrichtung besteht aus einer Gleichstrommaschine, einer
Batterie von elektrolytischen Zersetzungszellen mit Einrichtungen zur
getrennten Ableitung des Sauerstoffs und Wasserstoffs, Trockenapparaten und Gasometern für diese Gase. Aus den Gasometern werden
die Gase in Stahlcylinder gedrückt und in comprimirtem Zustande
versandt. Eine besondere Zelleneinrichtung gestattet die Herstellung
comprimirten Gases ohne Zuhilfenahme von Pumpen. Eine solche Zelle

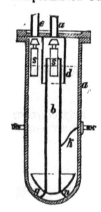

besteht aus einem Gufsstahlcylinder *a* mit heraus-
gekrümmtem Boden; sie wird oben nach Zwischenlage einer Bleidichtung mit einem flachen oder con-
vexen aufgebolzten Deckel verschlossen. Auf dem
Boden des Hohlcylinders steht auf einer nicht leitenden Unterlauge *n* ein Eisenrohr *b*, das mit einem
Leiter *k* verbunden und um seinen Fufs herum mit
einem Ablenkungsconus *g* versehen ist. Im Deckel
ist ein centraler Stutzen *a* und ein seitlicher Stutzen *e*.
Unter der Mündung jedes Stutzens ist an einem langen
und dicken cylindrischen Schwimmer aus Holz oder
paraffingetränktem Kork *s* ein Ventilconus angeordnet;
der Schwimmer führt sich in einem kurzen Rohr
(oder Ring), das seitlich von Löchern durchbrochen
ist. Diese Führung ist auf der Zeichnung weggelassen.
An der Unterseite des Deckels sitzt eine weite, cylindrische Haube *d* aus nicht leitendem Material (z. B. aus Ebonit),
welche die beiden Gase getrennt zu halten hat. Die Zelle wird zu
³/₄ ihrer Höhe mit einer wässerigen Lösung von Aetznatron angefüllt
und dann der Deckel aufgesetzt. Wenn der Strom durchgeht, entwickelt sich der Wasserstoff an den Wänden des äufseren Stahlcylinders, der Sauerstoff an dem Rohr *b*; hierbei lenkt der Conus *g*
den am Boden des Stahlcylinders entwickelten Wasserstoff nach den
Wänden hin. Jedes der beiden Gase wird durch den betreffenden
Stutzen *a* oder *e* in den betreffenden Trockner und Gasometer gedrückt.
Zur Ausgleichung der durch die ungleiche Entwicklung von Sauerstoff
und Wasserstoff in den Gasometern hervorgebrachten Druckverschieden-
heit dienen die Schwimmerventile *s*. Steigt das Flüssigkeitsniveau in
der mittleren Abtheilung, so verengert bezw. schliefst das Ventil den
Gasabflufs; das Gas häuft sich also an und drückt das Niveau zurück.
Infolge Eingreifens der Ventile wird also in beiden Abtheilungen der
Zelle immer der Gasdruck gleich bleiben, trotzdem er in den Gasometern variiren kann. Im Falle die Zelle mit schwacher Schwefelsäure gefüllt wird, mufs man ihre Innenwand mit Blei verkleiden und

auch die centrale Elektrode *b* aus Blei bestehen lassen. — **75.** p. 506. **49.** p. 342.

Zur Darstellung von Wasserstoffsuperoxyd als Handelsartikel empfiehlt Bourgougnon folgendes Verfahren: Um zunächst ein geeignetes Baryumsuperoxydhydrat zu erhalten, giebt man das fein gepulverte Baryumsuperoxyd in kleinen Portionen unter kräftigem, anhaltendem Umrühren in viel Wss. und läfst so lange stehen, bis sich ein weifser, gleichmäfsiger Brei gebildet hat. Dieser wird unter Eiskühlung in eine verdünnte Fluorwasserstoffsäure (10 kg : 24 kg BaO_2) allmählich unter Umrühren eingetragen, wobei darauf zu achten ist, dafs die Temp. 10^0 nicht übersteigt. Nach genügendem Absetzen des Fluorids decantirt man die klare, schwach gelbliche Flüss. von dem Bodensatze ab, versetzt sie kalt unter Umrühren mit kleinen Mengen Baryumsuperoxyd, entfernt, sobald der Eintritt einer schmutzig grauen Färbung den Beginn der Alkalinität anzeigt, die ausgefällten Unreinigkeiten und colirt oder filtrirt so schnell als möglich in so viel verdünnte Schwefelsäure, dafs das Baryum vollkommen ausgefällt wird. Nach einigem Stehen filtrirt man die ganz klare Flüss. von dem Baryumsulfatniederschlage ab. Zwecks quantitativer Bestimmung einer Wasserstoffsuperoxydlösung mit Schwefelf. und Kaliumpermanganat ist vorher auf etwaige Anwesenheit von Oxalsäure — eine solche wurde mehrfach beobachtet — zu prüfen, eine Verunreinigung, welche selbst in kleinster Menge zu ganz unrichtigen Resultaten Anlafs geben könnte. — **105.** p. 874. **76.** p. 479.

Zur Conservirung des Wasserstoffsuperoxyds eignet sich nach G. E. Davis am besten ein kleiner Zusatz von Aether. Die von Kingzett mit Aether, Alkohol und Schwefelsäure angestellten Versuche haben folgendes Resultat ergeben. Reines Wasserstoffsuperoxyd erlitt, in Procenten ausgedrückt, folgende Verluste: nach 28 Tagen 10, nach 98 Tagen 27,4, nach 202 Tagen 39, nach 499 Tagen 89,2. Bei Schwefelsäurezusatz war der Verlust in denselben Zeiträumen: 9 — 22,8 — 27,6 — 68,3; bei Alkoholzusatz 1 — 7,4 — 7,4 — 22,8; bei Aetherzusatz dagegen nur: 0 — 1,8 — 2,4 — 15,9. Es scheint, dafs die Haltbarkeit des H_2O_2 bei Aetherzusatz durch den Druck bedingt wird, welchen der in Gasform übergegangene Aether auf die Flüss. ausübt. — **26. 39.** p. 540.

Darstellung von Chlor. Braunstein liefert je nach der Güte mit der genügenden Menge Salzsäure 75—85 % von der berechneten Menge Chlor, man mufs auf 1 kg Braunstein 4 l 36%ige Salzf. verwenden. Der niedrigste Chlorwasserstoffgehalt, der zur Chlorentwicklung nothwendig ist, beträgt 8 %. Bei Anwendung von 36%iger Salzf. gehen also 16 % Chlorwasserstoff verloren. Zu dieser Chlorentwicklung wird nach P. Klason ein Kipp'scher App. aus gebranntem Thon verwendet, der aber nur aus dem gewöhnlichen Einsatzstück und einem cylindrischen unteren Theil besteht. Derselbe trägt im Innern einen mit radialen Schnitten versehenen kreisförmigen Einsatz. Die Entwicklung geschieht durch Erwärmen im Wasserbade. Das Chlorgas kann auch aus Braunstein, Kochsalz und Schwefelsäure entwickelt werden in den Mengenverhältnissen der Gleichung: $4\,NaCl + MnO_2 + 3\,H_2SO_4 = 2\,NaHSO_4 + Na_2SO_4 + MnCl_2 + 2\,H_2O + Cl_2$; so erhält man 30 % Chlor mehr als gewöhnlich. Unpraktisch ist die Darstellung aus

15*

Braunstein, Salzf. und Schwefelf. Zur Darstellung von Chlor aus
Chlorkalk ist ein Pressen des Chlorkalks, wie es Thiele (Rep. 1889
II. p. 176) vorschlug, unnöthig; man benutzt den gewöhnlichen Chlorkalk; derselbe fällt nur spurenweise in den unteren Raum. — Svensk
kemisk Tidsskrift (1889) p. 114. **34. 76.** p. 319.

Gewinnung von Chlor. Engl. Pat. 15063/1888 f. H. W. Deacon
und F. Hurter, Widnes, Lancashire. Die Neuerung betrifft die Darstellung von Chlor durch Behandeln von Salzsäure und Luft oder
Sauerstoff mit einem katalytisch wirkenden Material bei höherer Temp.
und besteht in Darstellung und Verwendung eines Gemisches von Chlorwasserstoff und Luft oder Sauerstoff in trockenem Zustande. Man
giebt allmählich Salz zu Schwefelsäure, erhitzt und hält die Masse in
Bewegung durch Durchleiten von Luft oder Sauerstoff. Das resultirende Bisulfat wird eingedampft und schliefslich in einer Retorte
oder dergl. erhitzt, behufs Gewinnung von Sulfat, Schwefelf. (rauchender und gewöhnlicher) und schwefliger Säure. Die Schwefelfn. werden
condensirt und die schweflige Säure wird in die Bleikammern geleitet.
— **89.** p. 544.

Gewinnung von Chlor. Engl. Pat. 10187/1888 f. **A. Campbell,**
Upton Park, Essex, und **W. Boyd,** Glasgow. Zunächst werden drei
Verfahren beschrieben, um alles oder fast alles in der Salzsäure enthaltene Chlor zu gewinnen, wozu Mangansuperoxyd und Schwefelsäure
angewendet werden. Als Rückstand hinterbleibt hierbei stets trockenes Mangansulfat. Letzteres wird, behufs Regenerirung des Mangan-
superoxydes, in Wss. gelöst, erhitzt, mit kohlensaurem Kalk neutralisirt und mittelst Ammoncarbonat gefällt. Aus der Mutterlauge wird
durch Krystallisation Ammonsulfat gewonnen. — **89.** p. 6. — Nach
Engl. Pat. 18056/1888 derselben Erf. wird Salzsäure in einer Lösung
von Mangansulfat, das in dem Procefs gebildet wird, absorbirt und
diese Lösung für sich oder mit frischem Manganperoxyd gemischt in
der im Engl. Pat. 10187/1888 beschriebenen Weise verarbeitet. Die
resultirende Flüss. enthält hauptsächlich Mangansulfat, und wird, wenn
sich das Sulfat zu sehr darin anhäuft, eingedampft, worauf man das
auskrystallisirte Sulfat auskrückt und dann mit Ammoncarbonat behandelt. Das erhaltene Mangancarbonat wird in bekannter Weise in
Peroxyd umgewandelt. — **89.** p. 703. — Nach Engl. Pat. 3407/1889
behandeln dieselben Erf. Chlorcalciumlösung (aus dem Weldon- oder
Dunlop-Verfahren) mit der äquivalenten Menge Mangansulfat. 60
bis 70 %/0 der so erhaltenen Manganchlorürlösung werden mit dem
neutralisirten Rückstand aus gewöhnlichen Chlorapparaten gemischt
und mit in Chlorcalciumlösung gelöschtem Kalk nach dem Weldon-
Verfahren verarbeitet. Die übrigbleibenden 30—40 %/0 werden auf 70°
Tw. eingedampft und mit der äquivalenten Menge Weldonschlamm vermischt. Das Gemisch wird mit der dem vorhandenen Chlor äquivalenten Menge Schwefelf. erhitzt, wobei sämmtliches Chlor entwickelt
wird. Die Mangansulfatlösung wird mit Manganschlamm neutralisirt
und wie oben benutzt. Um den zur Chlorentwicklung dienenden
Weldon-Schlamm völlig von Calciumverbindungen zu befreien, wird
derselbe in einem Chlorapparat mit der entsprechenden Menge Salzf.
behandelt und ausgewaschen, oder mit Manganchlorürlauge versetzt.
— **95.** p. 86.

Chlordarstellung. Engl. Pat. 5225/1889 f. Dormer in Garston. Sämmtliches vorhandene Chlor soll durch Behandlung von Mangansuperoxyd mit Salzsäure und Schwefelsäure (vgl. vorher Engl. Pat. 10187/1888) gewonnen, die Mangansulfatlösung mit Chlorcalcium gefällt und das Manganchlorür nach dem Weldon-Verfahren verarbeitet werden. — **95**. p. 87.

Darstellung von Chlor aus Chlormetallen mittelst Salpetersäure und künstlichen Manganbioxyde. D. P. 51923 f. J. Alsberge in Gent. Bei dem von Schloesing (**58**. Bd. 8. p. 235; Rep. 1862 II. p. 68) angegebenen Verfahren zur Darstellung von Chlor aus Salzsäure mittelst Salpetersäure und Braunstein wird die Salzf. durch Metallchloride, wie Chlormangan, Chlorcalcium und Chlormagnesium ersetzt. Aus den bei der Chlorentwicklung gebildeten salpetersauren Salzen wird in der von Schloesing bereits angegebenen Weise Salpeterf. und Mangansuperoxyd durch Erhitzen regenerirt. — **75**. p. 540.

Darstellung von Chlor, Aetznatron und Aetzkali. Engl. Pat. 6710/1889 f. J. A. Bradbury in Syracuse, Ver. St. Am. Erhitzt man 2 Mol. Chlornatrium mit 4 Mol. Salpetersäure und 1 Mol. Mangansuperoxyd, so tritt folgende Reaction ein: $2 NaCl + MnO_2 + 4 HNO_3 = 2 NaNO_3 + Mn(NO_3)_2 + Cl_2 + H_2O$. Das Chlor wird zur Darstellung von Chlorkalk benutzt. Aus der Lösung wird durch Aetznatron Manganhydroxydul gefällt, welches durch einen Luftstrom höher oxydirt und dann wieder für das erste Stadium des Verfahrens benutzt werden kann. Durch Verdampfen der Lösung erhält man Natriumnitrat, welches, mit Eisenoxyd gemischt, im Luftstrom erhitzt wird. Die salpetrigen Gase werden zu Salpetersäure oxydirt, und der Rückstand in der Retorte wird ausgelaugt, wobei man Aetznatron gewinnt, während das zurückbleibende Eisenoxyd von Neuem gebraucht wird. — **95**. p. 108.

Chlor und Alkali. Engl. Pat. 14199/1888 f. T. Parker und A. E. Robinson, Wolverhampton. Eine Lösung von Chlorkalium oder Chlornatrium wird elektrolysirt in einem Behälter, der zwischen den beiden Elektroden kein poröses Diaphragma etc. enthält. Es entstehen Chlor und kaustisches Alkali, welche sich sofort zu Hypochlorit vereinigen. Da sich letzteres unter der Einwirkung des Stromes schnell zersetzen würde, so leitet man einen Kohlensäurestrom in den Behälter, wodurch Carbonat entsteht und Chlor frei wird, das man sammelt. Die Kohlensäure wird durch Brennen von kohlensaurem Kalk erzeugt, und der hierbei resultirende Aetzkalk dient zum Kausticiren des Alkalicarbonats, wobei wieder Calciumcarbonat erhalten wird, das man abermals zur Gewinnung von Kohlenf. benutzt. — **89**. p. 471.

Gewinnung von Chlor. Engl. Pat. 17367/1888 f. T. Parker und A. E. Robinson, Wolverhampton. Eine Lösung eines Metallchlorides, besonders von Eisen- und Zinkchlorid, wie sie beim Abbeizen und Galvanisiren entsteht, wird in einem geschlossenen, durch eine poröse Wand getheilten Behälter elektrolysirt. Das gebildete Chlor wird aufgefangen oder in geeigneter Weise absorbirt. Die Chloridlösung wird, wenn sie sauer ist, vor der Verarbeitung durch ein Metall, Oxyd oder Carbonat, besonders durch ein Alkali oder Erdalkali, neutralisirt. — **89**. p. 670.

Darstellung von Chlor und Natriumsulfat auf elektrolytischem Wege. Engl. Pat. 2310/1889 f. T. Parker und A. E. Robinson in Wolverhampton. Ein geeignetes Gefäls ist durch ein poröses Diaphragma in zwei Hälften getheilt. In die eine kommt eine halbgesättigte Chlornatriumlösung, in die andere eine Eisenvitriollösung. Beim Durchleiten des elektrischen Stromes wird an der positiven Elektrode Chlor entwickelt, während sich an der negativen Eisen abscheidet und die in Freiheit gesetzte Schwefelsäure Natriumsulfat bildet. — **95.** p. 88.

Darstellung von Chlor und Salzsäure. Engl. Pat. 18921/1888 f. R. Steedman in Dalmuir und A. J. Kirkpatrick in Glasgow. Mangansulfatlösung wird bei Siedetemperatur mit Magnesiumcarbonat oder Magnesia und Kohlensäure behandelt. Das entstandene Mangancarbonat wird nach der Filtration durch Glühen in ein zur Chlorerzeugung geeignetes Oxyd umgewandelt. Die Magnesiumsulfatlösung wird nach dem Verdampfen mit Natriumchlorid erhitzt, wobei Chlorwasserstoff entwickelt wird. Der aus Magnesia und Natriumsulfat bestehende Rückstand wird mit Wss. ausgelaugt. Die zurückbleibende Magnesia, sowie die aus dem Mangancarbonat erzeugte Kohlenf. gehen in den Procefs zurück. — Nach dem Engl. Pat. 881/1889 derselben Erf. wird der Rückstand von der Chlorentwicklung aus Kochsalz, Braunstein und Schwefelsäure gelöst, die Lösung mit Magnesiumcarbonat versetzt und zum Sieden erhitzt. Die von dem ausgefällten Mangancarbonat filtrirte Lösung wird eingedampft, bis das Natriumsulfat auskrystallisirt. Die Magnesiumsulfatlösung wird nach dem Engl. Pat. 18921/1888 behandelt. Oder aus der Lösung von Natrium- und Mangansulfat wird durch Ammoniumcarbonat Mangancarbonat gefällt. Die Lösung wird eingedampft und der Rückstand in der Hitze mit Dampf und Kohlenf. behandelt. Das Ammoniak wird ausgetrieben und der aus Natriumbisulfat bestehende Rückstand wird anstatt Schwefelf. zur Zersetzung von Chlornatrium bei der Chlordarstellung benutzt. Anstatt die Lösung abzudampfen, kann man dieselbe mit Magnesiumcarbonat erhitzen, wobei nach der Entwicklung von Ammoniak die zurückbleibende Lösung von Magnesium- und Natriumsulfat wie vorhin aufgearbeitet wird. — **95.** p. 86.

Chlordarstellung. D. P. 51450 f. A. Reychler in Brüssel. Ein wasserhaltiges Gemenge von 1 Mol. Manganchlorür mit 1 Mol. Magnesiumchlorid und 1—2 Mol. Magnesiumsulfat wird zur Trockne gebracht und sodann in Berührung mit Luft zur dunklen Rothgluth erhitzt, wobei Salzsäure entweicht, welche nur wenig mit Chlor verunreinigt ist. Der Rückstand, welcher aus entwässertem Magnesiumsulfat und Magnesiummanganoxyd besteht, wird mit Salzf. versetzt, infolge dessen Chlor (ein Viertel oder mehr des in der Säure vorhandenen) entwickelt wird und von Neuem die Lösung von Manganchlorür, Magnesiumchlorid und Sulfat entsteht, von welcher das Verfahren ausgeht. Auf diese Weise wird dasselbe zu einem continuirlichen, welches fast die ganze Menge der verbrauchten Salzf. in freies Chlor verwandelt. In dem als Ausgangsproduct des Processes dienenden Gemenge kann ein Theil (bis zu einem Drittel) des Manganchlorürs durch die äquivalente Menge von Magnesium- oder Calciumchlorid, das Magnesiumchlorid theilweise oder ganz durch Calciumchlorid, das Magnesiumsulfat theilweise oder ganz durch Calciumsulfat oder sogar durch Mangansulfat ersetzt werden. — **75.** p. 333. **49.** p. 253.

Darstellung von flüssigem Chlor. D. P. 50329 f. B a d i s c h e A n i l i n - u n d S o d a f a b r i k in Ludwigshafen a. Rh. Chlor wird in getrocknetem Zustande mittelst einer Compressionsvorrichtung und unter Benutzung von concentrirter Schwefelsäure als Drucküberträger comprimirt, in einer Kühlvorrichtung verflüssigt und in einem Autoclaven gesammelt. Die mit der atmosphärischen Luft in Berührung stehenden bewegten Theile der Compressionsvorrichtung (im Besondern Stiefel und Kolben der Pumpe) werden durch Mineralöle vor der Berührung mit der Schwefelsäure geschützt. Um eine Bildung von flüssigem Chlor in der Compressionsvorrichtung selbst und die Absorption von Chlor durch Schwefels. zu verhindern, wird dieser Theil der Vorrichtung von aufsen erwärmt; andererseits würden bei der Druckentlastung daselbst grofse schädliche Räume durch das sich verflüchtigende Chlor gebildet werden. An Stelle einer einfachen Compressionspumpe, welche nur einen discontinuirlichen Betrieb gestattet, kann auch eine Saug- und Druckpumpe verwendet werden, wodurch der Betrieb continuirlich wird. Eine solche Vorrichtung ist in der Zeichnung dargestellt. In dem U-förmigen Gefäfs AB bewegt sich

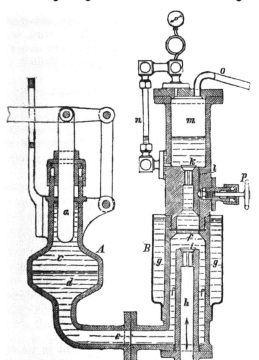

im linken Schenkel ein Pumpenkolben a in Petroleum c. Dieses ist durch Schwefels., welche den ganzen übrigen Theil des U-förmigen Gefäfses def erfüllt, abgeschlossen. An der Berührungsstelle von beiden Flüss. ist der Schenkel erweitert, um die senkrechte Bewegung der Begrenzungsschicht zu vermindern und dadurch Emulsionen vorzubeugen. Der rechte Schenkel f steht durch ein Ventil k und eine Durchbohrung l, welche durch Ventil p verstellbar ist, in Verbindung mit dem Raum m. Raum m trägt einen Flüssigkeitsstandsanzeiger n und das Rohr O, durch welches das comprimirte Chlor in die Kühlschlange und nach dem Autoclaven gelangt. In f befindet sich noch Rohr h mit Ventil i, durch welches beim Aufgang des Kolbens a trockenes Chlor nach f gesaugt wird. Der Schenkel f wird durch ein Wasserbad g auf ca. 50—80° C. geheizt. Beim Heben des Kolbens *a* wird Chlor durch *h* und *i* eingesaugt, beim Niedergange durch *k* nach *m* gepreſst. Würde hierbei nur eine kleine Blase Chlor in *f* verbleiben, so bedingte diese bei der darauf folgenden Druckentlastung infolge Hebens des Kolbens *a* einen groſsen schädlichen Raum. Um diesem Nachtheile vorzubeugen, ist die Durchbohrung *l* angebracht. Bei jeder Entlastung in *f* dringt von *m* nach *f* eine kleine Menge Schwefelſ., welche bedingt, daſs etwas weniger Chlor angesaugt wird, als dem Hub von *a* entspricht. Die Folge davon ist, daſs beim Niedergange von *a* nicht nur sämmtliches Chlor nach *m* gedrückt wird, sondern auſserdem noch etwas Schwefelſ., nämlich gerade so viel, als vorher durch *l* nach *f* geflossen ist. Das Ventil *p* wird nach dem Stande der Flüss. in *m* eingestellt. Zur Herstellung der vorbeschriebenen Comprefsvorrichtungen u. s. w. eignen sich die folgenden Metalle, welche nicht vom trockenen comprimirten Chlor weder für sich, noch im Contact mit concentrirter Schwefelſ. angegriffen werden: Guſseisen, Schmiedeeisen, Stahl, Phosphorbronce, Messing, Kupfer, Zink, Blei. — **75.** p. 110. **113.** Bd. 13. p. 144.

Apparat zum Ansammeln und Versenden von flüssigem Chlor. D. P. 49472 f. J. B. Hanney in Cove Castle, Loch Long, Schottland (Engl. P. 4037/1889). In ein mit Blei ausgekleidetes starkwandiges birnenförmiges Gefäſs wird Chlorhydrat eingefüllt. Beim Erwärmen dieses Gefäſses entstehen zwei Schichten, eine untere aus flüssigem Chlor, eine obere aus Wss. bestehend. Durch einen Hahn wird das sofort in Gaszustand übergehende flüssige Chlor abgelassen und streicht als Gas durch eine Schicht concentrirter Schwefelsäure, wodurch es getrocknet wird. — **89.** p. 38. **24.** p. 48.

Chlorentwicklung. D. P. 51778 f. O. Stüber in Stuttgart. Chlorkalk wird mit den gepulverten Bisulfaten des Kaliums und Natriums innig gemengt. Diese Mischung kann dann entweder direct verwendet werden, indem man dieselbe mit Wss. übergieſst oder sie kann in hölzernen Formen einem höheren Druck ausgesetzt und in comprimirter Form in Benutzung genommen werden. — **75.** p. 391. **49.** p. 262.

Unterchlorige Säure bereitet S. Reformatzki, indem er Chlor, das in einem $1^1/_2$ l-Kolben aus HCl und $K_2Cr_2O_7$ entwickelt wird, durch eine dreifache Flasche in einen $1/_2$ l-Kolben mit 1 Vol. HgO und 5 Vol. Wss. leitet. Der Kolben steht in Schnee und Wss. und ist mit einem zweifach durchbohrten Kork versehen. Die Chlor zuführende Röhre geht bis auf den Boden des Kolbens, eine zweite Röhre leitet Chlor ab. Erst gegen Ende der Reaction ist Umschütteln des Kolbens nothwendig. Die Reaction ist beendet, sobald das HgO verschwunden ist. Die wässerige Lösung von unterchloriger Säure wird zur Trennung der Säure von Quecksilberchlorid destillirt. Zur Entfernung von Chlor leitet man Kohlensäure durch das Destillat. — **18.** Bd. 40. p. 396. **34.** (1889) p. 378.

Darstellung von reinem Jod; v. F. Musset. Jod wird in einem Becherglase mit einer concentrirten Jodkaliumlösung übergossen und das mit einer Glasplatte bedeckte Glas bis zum Schmelzen des Jods erhitzt. Nach dem Erkalten wird das Jod zerdrückt, auf einem Trichter gesammelt und nach dem Abtropfen der Mutterlauge mit

Wss. ausgewaschen. Man soll auf diese Weise ein völlig chlorfreies Product erhalten. — **24.** p. 230. **38.** Rep. p. 174. **34.** p. 132.

Ofen zur Zersetzung von Metallchloriden zum Zwecke der Gewinnung von Salzsäure bezw. Chlor und von Metalloxyden.

Fig. 1.

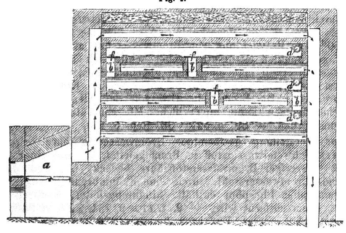

Fig. 2.

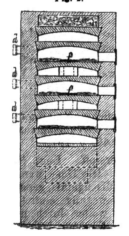

D. P. 48845 (II. Zus.-Pat. zum D. P. 41996; vgl. Rep. 1888 I. p. 174) f. Ch. Heinzerling und J. Schmid in Zürich. Die Befeuerung der Muffeln soll entweder von einer gemeinschaftlichen Feuerung *a* geschehen, oder jeder Feuercanal soll seine eigene Feuerung besitzen. Um ein Entweichen der Reactionsgase aus den Arbeitsthüren der einzelnen Muffeln während der Bearbeitung der Chloride durch die Arbeiter zu vermeiden, sind die Verbindungscanäle der einzelnen Muffeln mit Deckeln *f* und jede einzelne Muffel selbst mit einem besonderen Abzug *d* versehen, so dafs jede Muffel für diese Zeit einen besonderen Apparat darstellt. — **49.** p. 327.

Entfernung der Schwefelsäure aus der gasförmigen Salzsäure der Sulfatöfen.

D. P. 50510 f. Th. Vorster in Schalke. Zur Gewinnung von schwefelsäurefreier Salzsäure werden die aus dem Sulfatofen kommenden Gase vor dem Eintritt in die Condensation durch einen Thurm geführt, in welchem sie in geeigneter Weise mit einem feinen, möglichst langsam niedergehenden Regen von Chlorbaryumlösung überrieselt werden. Praktisch ist die Anordnung einer grofsen Anzahl konischer, mit der Spitze nach oben gerichteter Thonkörper über einander, an denen die Chlorbaryumlauge langsam herabfliefst. Im Thurm ist die Temp. so hoch zu halten, dafs eine Condensation von Salzf. nicht stattfinden kann. — **75.** p. 164.

Bromwasserstoffdarstellung; v. Stahlschmidt. Durch Uebergiefsen von fein gepulverter Stein- oder Braunkohle mit Brom findet auch in Gegenwart von Wss. eine lebhafte Reaction unter Entwicklung von Bromwasserstoff statt; es entsteht eine harzige, im Ueberschufs von Brom lösliche Masse. Durch Erwärmen an der Luft wird das überschüssige Brom ausgetrieben. Die letzten Spuren entfernt man durch Waschen mit Wss. und 75 % Weingeist. Diese Bromkohle hat das Aussehen von Magerkohle. Wird dieselbe erhitzt, so fängt bei 180° eine Entwicklung von Bromwasserstoff an, und durch Erhitzen zur dunklen Rothgluth, wobei schliefslich alles Brom ausgetrieben wird, erhält man einen sehr gleichmäfsigen, reinen Strom von Bromwasserstoff; es entstehen nebenbei weder Kohlensäure noch Theerproducte. Die Bromkohle wird von den Alkalicarbonaten und schwachen Laugen kaum angegriffen. Mit concentrirter Lauge giebt sie Bromalkalien. — **89.** p. 527. **38.** Rep. p. 150.

Zur Darstellung gasförmiger Bromwasserstoffsäure wird nach Recoura Schwefelwasserstoff in Brom geleitet, das mit einer kleinen Schicht wässeriger Bromwasserstoffsäure bedeckt ist, und die entweichende Bromwasserstofff. durch eine Kaliumbromidlösung, welche etwas amorphen Phosphor enthält, hindurchgeleitet, wodurch beigemengtes Brom entfernt wird. — **9.** t. 110. p. 784. **24.** p. 348. — A. Naumann hat dieses Verfahren bereits 1876 mitgetheilt. — **89.** p. 655.

Zur Entwicklung von chemisch reinem Sauerstoffgas im Kippschen Apparate (vgl. Rep. 1889 II. p. 177) bringt A. Baumann in die mittlere Kugel des Kipp'schen Apparates einen Kautschukring, auf den er etwas Asbest lagert, beschickt sie mit erbsengrossen Stücken eines hochprocentigen Braunstein (Pyrolusit) und zersetzt mit der gewöhnlichen Wasserstoffsuperoxydlösung des Handels, welche er im Verhältnifs von 7 : 1 mit starker Schwefelsäure versetzt. — **123.** p. 79. **76.** p. 217.

Zur Darstellung ozonisirten Sauerstoffes empfiehlt Marpmann ein Gemisch gleicher Theile Kaliumbichromat und Baryumsuperoxyd mit starker Schwefelsäure zu übergiefsen. — **24. 49.** p. 197.

Gewinnung von Schwefel aus Schwefelwasserstoff. Engl. Pat. 10322/1888 f. J. Hargreaves, Ditton, Lancashire. Die Gase werden in den erforderlichen Mengenverhältnissen in ein Mischgefäfs gesaugt oder geprefst, in welches sie mit tangentialer Bewegung eintreten, um innig gemischt zu werden. Sie gehen dann weiter durch perforirte Steine, welche sich in einer geschlossenen Kammer befinden, und durch netzartiges, zwischen den Steinen angebrachtes Material. Hierauf gelangen die Gase tangential in die Verbrennungskammer, in welcher der Schwefelwasserstoff behufs Gewinnung von Schwefel theilweise oxydirt wird. Diese Kammer ist lang und röhrenförmig, so dafs die Gase sich bis zum Ausgange allmählich abkühlen können. In den rückständigen Gasen sind einige schwefelhaltige Säuren, welche in einem geeigneten Chlorid absorbirt und in den Procefs zurückgeführt werden. Die Behälter, welche das Gasgemisch vor der Verbrennung enthalten, haben nach der äufseren Luft hin Oeffnungen, welche durch eine Membran aus Kautschuk oder ähnlichem Stoff geschlossen sind und für etwaige Explosionen in Betracht kommen. — 89. p. 99.

Gewinnung von Schwefel. Engl. Pat. 17183/1888 f. J. B. Thompson, Peckham, Surrey. Es werden salpetrige Dämpfe verwendet, welche den Sauerstoff übertragen und durch Zuführen von Luft fortwährend zur Wiederverwendung regenerirt werden. Die salpetrigen Dämpfe können aus Natrium- oder Kaliumnitrat, oder aus Salpetersäure erhalten werden. Der event. durch Behandeln von Schwefelnatrium mit Kohlensäure (Bildung von Natriumcarbonat) entwickelte Schwefelwasserstoff wird in geeigneter Weise mit Luft gemischt und in den Zersetzungsraum geleitet, in welchem die salpetrigen Dämpfe entwickelt werden. — 89. p. 670.

Gewinnung von Schwefelwasserstoff aus Calciumsulfhydratlaugen mit Anwendung von Wasserdampf. Nach B. Deutecom und F. Rothe ist ein wesentlicher Uebelstand des Verfahrens von v. Miller und Opl zur Gewinnung von Schwefelwasserstoff aus Sodarückständen der langsame Verlauf der chemischen Reaction. Selbst in grofsen App. kann in der Zeiteinheit nur wenig geleistet werden, weshalb Anschaffungs- und Unterhaltungskosten der App., Arbeitslöhne, Kraft- und Wärmeverluste für 100 kg des producirten Schwefels hoch ausfallen müssen. Einige Versuche mit dem in dem Processe ausgeschiedenen Kalkhydrat, an dessen vortheilhafte Verwendung viele Hoffnungen geknüpft waren, ergaben, dafs dasselbe zur Chlorkalkfabrikation, sowie zum Kausticiren von Soda nicht anwendbar ist. Hasenclever bemerkt, dafs die benutzten Rührapparate und schmiedeeisernen Cylinder von dem Sodaschlamm stark mechanisch angegriffen wurden. Wenn sich indefs eine Verwendung für massenhafte Ausnutzung des Dampfes bei seiner Condensation (zum Erwärmen, Concentriren etc.) fände, ohne dafs der beigemengte Schwefelwasserstoff schädlich wirkte, so dürfte es sich empfehlen, das v. Miller-Oplsche Verfahren wieder aufzunehmen. — 113. Bd. 13. p. 25. 89. Rep. p. 33.

Abscheidung von Schwefelwasserstoff aus Gasgemischen und Gewinnung von Schwefel aus demselben. Engl. Pat. 17528/1888 f. J. Barrow, Clayton, Manchester. Man bedient sich einer Lösung von Eisen- oder Manganperchlorid, oder von beiden Salzen. Das Chlorid kann nach dem Gebrauch fortwährend durch Eisen- oder Manganperoxyd für die Wiederverwendung regenerirt werden. Das nach bekannten Methoden von Theer, Ammoniak etc. befreite Gas passirt zunächst einen kastenartigen Waschapparat, in welchem sich das Perchlorid befindet, tritt sodann in einen Scrubber, in welchem Perchloridlösung abwärts fliefst, und entweicht oben aus dem Scrubber. Die Perchloridlösung fliefst unten aus dem Scrubber in den Waschapparat, von diesem in einen Absatzbehälter, dann weiter durch ein Filter und schliefslich, ganz von Schwefel befreit, in einen Behälter, wo sie mit den Peroxyden in Berührung kommt. Von hier aus wird das regenerirte Perchlorid wieder auf den Scrubber gedrückt. — 89. p. 708.

Zur Construction eines einfachen Apparates zur Entwicklung von Schwefelwasserstoff benutzt Drossaert eine gewöhnliche Spritze. Sie wird nach Entfernung des Kolbens und des Korkes bis zu $1/3$ mit

erbsengrofsen Eisensulfid-Stückchen beschickt. Die breite Oeffnung
des Spritzrohres wird mit einem doppelt durchbohrten Kautschuk-
pfropfen verschlossen, in dessen eine Bohrung man eine doppelt gebogene Glasröhre einsetzt, deren freies Ende in einem Gummischlauch
mit Klemmschraube oder Quetschhahn endet, an den eine Glasröhre
angepafst wird. Will man diesen App. verwenden, so stellt man ihn
in ein mit Salzsäure angefülltes Erlenmeyer'sches Kölbchen und öffnet
den Quetschhahn, worauf sich Schwefelwasserstoff entwickelt. Um die
Entwicklung zu unterbrechen, schliefst man den Hahn, nimmt den
App. aus dem Kölbchen und stellt ihn bei geöffnetem Hahn in reines
Wss. Das nun aufsteigende Wss. wäscht das gebildete Eisenchlorid
und die überschüssige Säure aus, welche Waschung man noch 2 bis
3 Mal wiederholt, um schliefslich den App. bis zum weiteren Gebrauche in einem Glase mit reinem Wss. stehen zu lassen. — Bull.
Pharm. Brux. **76.** p. 320.

Fabrikation von Schwefelsäureanhydrid. D. P. 52000 f. R.
Schuberth in Bras, Böhmen. Die Erhitzung der Sulfate zur Erzeugung von Anhydrid bezw. des aus SO_2 und O bestehenden Gemenges geschieht im luftverdünnten Raume in der Weise, dafs diese
Gase aus der Retorte, in welcher die Sulfate bezw. Bisulfate erhitzt
werden, durch eine Pumpe stetig abgesaugt und dann in die Contact-
cylinder und Condensatoren fortgedrückt werden. — **75.** p. 507.

Reduction von nitroser Schwefelsäure durch Koks; v. Lunge.
Da Koks nitrose Säure unter Bildung von Kohlensäure und Stickoxyd
zersetzt, ist im Gay-Lussac-Thurm die Koksfüllung zweckmäfsig durch
unangreifbare Stoffe, wie z. B. in den Lunge-Rohrmann'schen Platten-
thürmen, zu ersetzen. Auch ist die Verwendung der Koks im Innern
der Schwefelsäurekammern sowie im oberen Theile des Gloverthurmes
zu vermeiden. — **123.** p. 195. **43.** p. 171.

Die Reinigung arsenhaltiger Schwefelsäure bewirkt Kupferschläger auf die Weise, dafs er die mit dem gleichen Gewicht
destillirten Wss. verdünnte Schwefelsäure mit einem Strom schwefliger
Säure behandelt, um Arsensäure, Salpetersäure etc. zu reduciren.
Dann läfst er zweimal bis zur Sättigung Schwefelwasserstoff hindurchgehen und an einem warmen Orte absetzen. Die von Schwefelarsen
getrennte Schwefelf. wird in einer Retorte erhitzt, bis die bei der
ursprünglichen Verdünnung angewendete Menge des Wss. abdestillirt
ist. — **7.** p. 377. — Zur Reinigung arsenhaltiger Schwefelf. und Salzsäure schlägt L. Ducher vor, Schwefelnatrium oder Sodarückstände
in diese Säuren zu bringen, was natürlich, falls nicht eine Destillation
nachfolgt, zu einer Verunreinigung der Säuren mit Salzen führt.
Das Verfahren ist demnach wohl billig, aber nur für ganz bestimmte
Fälle, wo derartige Verunreinigungen nichts schaden, anwendbar. —
7. p. 226. **24.** p. 280.

Rothfärbung der Schwefelsäure tritt nach R. Nörenberg beim
Stehenlassen nitrosehaltiger Säure in eisernen Gefäfsen ein und beruht
auf der Reaction des Stickstoffoxydes auf Eisenoxydsalze. Die Verhütung der Rothfärbung geschieht durch vollständige Denitrirung der
Säure. Reine Kammersäure wird beim Concentriren auf 60⁰ Bé. vollständig durch Ammonsulfat denitrirt; der Verbrauch an Ammonsulfat

ist bei richtiger Leitung des Kammerprocesses gering. 66°ige Säure löst Eisen und Eisensalze weniger als 60°ige Säure und wird daher nicht roth. Rothe Schwefelsäure kann sich auch in der Vorkammer bilden, indem Flugstaub sich in der Bodensäure löst und die Eisensalze Stickoxyd aufnehmen. Wird diese rothe Säure für sich oder mit der Hauptkammersäure vermischt concentrirt, so geht das Stickoxyd weg und die Säure wird farblos. — 113. p. 363. 34. p. 310.

Darstellung von Stickstoff aus der Luft. Berthelot leitet Luft durch ammoniakalische Kupferchlorürlösung, wobei bekanntlich Sauerstoff absorbirt wird, reinigt den zurückbleibenden Stickstoff von Nitriten und Ammoniak, indem er denselben durch Kalilösung und hierauf durch Schwefelsäure hindurchleitet. — 7. p. 85. 24. p. 348.

Die Bindung des atmosphärischen Stickstoffs unter den verschiedensten Bedingungen hat A. A. Brueman studirt und ist zu folgenden Schlüssen gelangt: 1) Die Temp. zur Bildung von Cyan ist niedriger, als bisher angenommen wurde, aber nicht unter heller Rothgluth. Für Ammoniak genügt Dunkelrothgluth. 2) Die Anwesenheit von Sauerstoff ist schädlich. 3) Kleine Mengen Wss. schaden nicht bei der Cyanbildung, ein Ueberschuß davon ist für die Ammoniakbildung erforderlich. 4) Lange Berührung zwischen Kohle und Stickstoff ist weniger wichtig als die innige Vermischung der reagirenden Stoffe. 5) Die Gegenwart einer starken Basis ist wesentlich; unter Umständen kann diese das entstandene Ammoniak sein und die Synthese von Cyanammonium bewirken. 6) Von den Alkalien verdient Kali den Vorzug, wahrscheinlich wegen der intermediären Bildung von Kalium, welches bei niedrigerer Temp. entsteht als Natrium; unter den alkalischen Erden eignet sich am besten Baryt. 7) In Bezug auf Temp. und Anwesenheit von Feuchtigkeit sind die Bedingungen zur Bildung von Cyan und Ammoniak von einander verschieden. 8) Gegenwart von Kohlenoxyd, überhaupt von reducirenden Gasen wirkt förderlich, Sauerstoff, Kohlensäure und bei der Cyanbildung auch überschüssiger Dampf sind schädlich. Der Einfluß von schwefliger Säure oder Schwefelwasserstoff ist nicht bekannt. 9) Kohlenwasserstoffe wirken günstig und können unter Umständen die Bildung von Cyan und Ammoniak gestatten. 10) Ueber den Einfluß des Drucks auf die Reaction ist noch nichts Bestimmtes bekannt. — 97. vol. 11. p. 1. 95. p. 128.

Fabrikation des Phosphors; v. J. B. Readman. Bei der Auswahl der Phosphate ist namentlich ein möglichst hoher Phosphorgehalt und ein Minimum von Kalk und Eisen erforderlich. Unter den Phosphormineralien sind besonders die Apatite von Canada, Spanien, Somme, Sombrero und Norwegen, sowie das „Redondaphosphat" von einer der Leeward-Inseln Westindiens wichtig; letzteres enthält 35 % P_2O_5. Die erste Operation ist die Darstellung der Phosphorsäure. Sie geschieht durch Zersetzung des fein gepulverten Minerals mit Kammerschwefelsäure vom spec. Gew. 1,55 in großen Tonnen von gepichtem Fichtenholz, die mit hölzernen Rührern versehen sind. Während der Operation wird offener Dampf eingeblasen. Nach einigen Stunden wird über mit Blei beschlagenen Holzfiltern das Kalksulfat von der abfließenden sherrygefärbten Phosphorsäurelösung abfiltrirt. Sobald die abfließende Flüss. das spec. Gew. 1,01 hat, unterbricht

man das Auswaschen und entfernt den Gyps, der 62 % Feuchtigkeit
enthält und nach dem Trocknen den Phosphatgyps bildet. Die von
den Filtern abfliefsende Phosphorf. wird durch Dampfelevatoren in
Sammelbassins gehoben und rinnt von hier durch ihre Schwere zu
den Verdampfungsapparaten, die aus Eisen oder aus mit Blei aus-
geschlagenem Holz verfertigte kreisförmige Bassins sind. Jeder App.
besitzt einen Rührer und wird durch Dampf unter hohem Druck erhitzt. Kalksulfat, das in der Säure löslich ist, wird im Laufe der
Verdampfung abgeschieden und zwar in solcher Menge, dafs Decantation nothwendig ist. Die starke Phosphorsäurelösung wird nach dem
Klären bis zum spec. Gew. 1,4 oder 1,5 concentrirt und ein etwaiger
Niederschlag entfernt. Man mischt den starken Syrup mit kohle-
haltigem Material, gepulverter Holzkohle oder Koks bis 25 % und
trocknet. Die Masse wird dann in luftdicht schliefsenden Kästen ver-
schlossen. Die Destillation geschieht in kleinen, flaschenähnlichen
Retorten aus feuerfestem Thon. Der Ofen gleicht einem belgischen
Zinkofen, ist aber nur zweietagig an jeder Seite und fafst 28 Retorten.
Die Mündungen der Retorten sind mit den Condensationsapparaten
durch ein zweizölliges Eisen- oder Kupferrohr verbunden. Man verwendet in den Condensationsapparaten heifses Wss., so dafs der
Phosphor in geschmolzenem Zustande durch seine Schwere auf den
Boden rinnt. Jede Retorte hält 20—30 % der Phosphormischung und
giebt innerhalb 15 Stdn. den Phosphor der ungebundenen Phosphorf.
Der rohe Phosphor sieht mahagonibraun aus. Er wird mit möglichst
wenig Wss. in einem runden Bleigefäfs mit Dampf unter Druck erhitzt. Das Wss. enthält 4 % Kaliumbichromat und wird während der
Operation beständig gerührt. Nach dem Erstarren wird Schwefelsäure
hinzugefügt, wodurch sich Chromsäure, die oxydirend wirkt, bildet.
Eine andere Methode besteht in der Destillation. Die Phosphorstangen
werden durch Einbringen des geschmolzenen Phosphors in kreisförmige Zinngefäfse hergestellt, indem man dieselben nach dem Füllen
mit kaltem Wss. umgiebt. Nach dem Füllen wird eine „sternförmige"
Form zum Schneiden eingeführt. — Gegen das heute übliche Fabri-
kationsverfahren können folgende Einwände erhoben werden. Zunächst
müssen mit der Phosphordarstellung andere Industrien, die für sich
besondere Apparate erfordern, z. B. zur Schwefelsäuregewinnung, vereinigt sein. Dann ist eine Anlage zur Zerkleinerung des Rohmaterials, sowie zur Erzeugung der Retorten nothwendig. Die Ver-
dampfungs- und Trockenpfannen, die Destillation in kleinen Röhren
oder Tiegeln veranlassen eine umfangreiche Anlage. Aufserdem finden
grofse Materialverluste statt, z. B. ist es nicht möglich, alle Phosphorf. aus dem Calciumsulfat zu entfernen, weil sonst die Flüss. zu
verdünnt werden und viel Calciumsulfat in Lösung halten. Auch die
Gegenwart von Thonerde und Eisen bewirkt Verluste, die besonders
bei der Destillation auftreten. Aus diesen Gründen stellte Verf. Versuche an, ob die Anwendung der Schwefelf. und der Retorten bei der
Darstellung von Phosphor zu umgehen ist. Mit Charleston-Calciumphosphat waren die Versuche ganz ungenügend, mit basischer Bessemer-
schlacke wurde auch wenig Phosphor erhalten, während sich ein Eisen-
phosphid bildete. Günstigere Ergebnisse zeigten sich bei einem Gemische von Charleston-Calciumphosphat und basischer Schlacke im

Verhältnifs: Charleston-Kalkphosphat (11,86 % P 100), basische Schlacke 33, Sand 75, Kohle 33 Th. 71,8 % des Gesammtphosphors wurden ausgetrieben. Aehnliche Resultate ergab Knochenasche. Es zeigte sich, dafs der ausgetriebene Phosphor auch wirklich condensirt werden konnte. Die Anwendung der basischen Schlacke unnöthig zu machen, gelang dadurch, dafs eine Mischung von 10 Th. Charleston-Kalkphosphat, 50 Kaolin, 17 Holzkohle in Anwendung kam, indem die als Muster dienende basische Schlacke die folgende Zusammensetzung besafs: 38,60 % Kieselsäure, 12,85 % Thonerde, 32,54 % Kalk, 4,98 % Manganoxyd, 0,64 % Eisenoxyd, 6,49 % Magnesia, 3,58 % Calciumsulfid und Spuren von Phosphorf. Als Oefen werden Stichöfen empfohlen. — **26.** p. 163. 493. **34.** p. 98. 212. — Nach dem Engl. P. 14962/1888 mischt derselbe Verf. eine Lösung von Phosphorf. oder saurem Calciumphosphat, Knochenasche oder ein geeignetes Phosphat mit Kohle oder kohlenstoffhaltigen Substanzen, trocknet sorgfältig durch Erhitzen auf dunkle Rothgluth und bringt dann die Masse in einen elektrischen Ofen, wo der Phosphor durch die intensive Hitze frei gemacht wird und in einem Condensator verdampft. Der Ofen besteht aus einem Behälter in feuerfestem Mauerwerk, in welchen durch zwei gegenüberstehende Seiten 2 Sätze Kohleelektroden eintreten, die in geeigneter Weise mit den Polen einer Dynamomaschine verbunden sind. — **89.** p. 544.

Fabrikation von Phosphor. Engl. Pat. 17719/1888 f. T. Parker und A. E. Robinson, Wolverhampton. Phosphorsäure oder ein Phosphat wird mit Kohle oder kohlehaltigen Stoffen gemischt und in einem elektrischen Ofen irgend welcher Construction durch die Hitze des elektrischen Bogens zersetzt. Der entwickelte Phosphordampf wird in Wss. condensirt. — **89.** p. 703.

Fabrikation von Alkalisalzen des Antimons. Amer. P. 421 935 f. J. Holliday, Broocklyn. Metallisches Antimon wird mit einer heifsen wässerigen Lösung eines Alkalinitrats oder Nitrits und Aetzalkali behandelt. — **89.** p. 378.

Darstellung von Fluor-Antimondoppelsalzen. D. P. 50281 f. A. v. Rad in Pfersee bei Augsburg und G. Hauser in Augsburg. Zur Darstellung der Doppelsalze: 8 SbFl$_3$ · $_2$NH$_4$Fl, 8 SbFl$_3$ · $_2$NaFl und 8 SbFl$_3$ · $_2$KFl werden Ammonium- bezw. Natrium- oder Kaliumphosphat und Antimonoxyd in Fluorwasserstoffsäure in den aus den obigen Formeln sich ergebenden Mengenverhältnissen aufgelöst. Die Krystallisation beginnt sogleich mit dem Erkalten der Lösung und wiederholt sich in der abgegossenen Lauge nach einigem Abdampfen bis auf einen geringen Rest, der aus freier Phosphorsäure besteht. — **75.** p. 87. **49.** p. 206.

Gase von Kohlenoxyd und Kohlenwasserstoff zu befreien. D. P. 51572 f. L. Mond in Northwich und C. Langer in South-Hampstead. Man leitet die Gase bei einer Dunkelrothgluth nicht übersteigenden Temp. (350—450° C.) über metallisches Nickel oder Kobalt. Diese Metalle bewirken die Zerlegung der Kohlenwasserstoffe in Wasserstoff und Kohlenstoff, sowie die Zersetzung des Kohlenoxyds in Kohlensäure und Kohlenstoff. Der hierbei abgeschiedene und mit dem Nickel bezw. Kobalt verbundene Kohlenstoff wird durch Behandeln der Carbide mit Wasserdampf bei annähernd gleicher Temp. in Kohlenf. und

Wasserstoff ohne Bildung von Kohlenoxyd übergeführt. — **75.** p. 356. **113.** Bd. 13. p. 395. — Denselben Inhalt hat das Engl. P. 12608/1888. (D. Red.)

Darstellung von Aetznatron- oder -kali. Engl. P. 5341/1889 f. Gabet in Paris. Eine etwa 15%ige Lösung von saurem Calciumphosphat wird mit Natrium-(Kalium-)sulfat behandelt und mit Kalkmilch versetzt, so dafs sich Calciumsulfat und Alkalihydrat bilden. Auch die Doppelsalze von Kalium, Natrium und Magnesium (Kaïnit) können so zersetzt werden. Da das saure Magnesiumphosphat löslich ist, so wird erforderlichenfalls Magnesiumphosphat entweder, gemischt mit Calciumphosphat, durch Zusatz von Kalkmilch gefällt, oder es wird durch Zusatz von Kalihydrat rein dargestellt, und die mit Kali in Lösung gegangene Phosphorsäure wird mit Kalkmilch gefällt. Ganz reines Aetznatron wird dargestellt, indem man einen Theil des Phosphats mit Kalkmilch ausfällt, dann Dinatriumphosphat auskrystallisiren läfst und dieses schliefslich mit Kalkmilch zersetzt. — **95.** p. 108.

Darstellung von kaustischem oder kohlensaurem Kali mittelst Calciumpyrophosphat. D. P. 51707 f. L. G. G. Daudenaert in Brüssel. Aus frisch gefälltem Calciumpyrophosphat wird mit Schwefelsäure eine Lösung von saurem Calciumpyrophosphat neben unlöslichem Calciumsulfat hergestellt; erstere wird mit Kaliumsulfatlösung in Calciumsulfat und eine Lösung von saurem Kaliumpyrophosphat umgesetzt. Beide Operationen können auch zusammen ausgeführt werden. Die Lösung von saurem Kaliumpyrophosphat wird bis zur Erzeugung von neutralem Kaliumpyrophosphat mit Kalkmilch versetzt und das abgeschiedene Calciumpyrophosphat von der Lösung getrennt. Hierauf wird mit der Fällung von Calciumpyrophosphat aus der Lösung mit Hilfe von Kalkmilch fortgefahren, bis sämmtliches Kaliumpyrophosphat in Kalihydrat umgewandelt ist, welches nach der Trennung vom Calciumpyrophosphat eingedampft und event. mit Hilfe von Kohlensäure auf Carbonat verarbeitet wird. Bei dem vorstehend beschriebenen Verfahren kann die Schwefelsäure auch durch Salzsäure oder schweflige Säure ersetzt werden, wobei dann die entstandene Lösung von saurem Kaliumpyrophosphat u. s. w. behufs Austreibung der ungebundenen und gebundenen Salzf. bezw. schwefligen Säure und Erzeugung von neutralem Kaliumpyrophosphat zur Trockne verdampft und der Rückstand erhitzt wird. Der im wesentlichen aus Kaliumpyrophosphat bestehende Rückstand wird sodann, wie vorbeschrieben, mit Kalkmilch behandelt. — **49.** p. 326. — (Durch Lösen der normalen Pyrophosphate in Schwefelf. entstehen keine sauren Salze, sondern die normalen gehen als solche in Lösung. D. Red.)

Darstellung von Kaliumcarbonat aus Kaliummagnesiumcarbonat. D. P. 50786 f. Salzbergwerk Neu-Stafsfurt in Loederburg bei Stafsfurt. Das Kaliummagnesiumdoppelsalz wird mittelst Wss. in geschlossenen App. unter einem Druck von ca. 5 Atm. (wenigstens aber von $1/2$ Atm.) und bei einer Temp. von ca. 140° C. (wenigstens über 115°) zersetzt. Hierdurch wird alles etwa in Lösung gegangene Kalium- oder Magnesiumbicarbonat sicher zersetzt, das Magnesiumcarbonat in dichtem Zustande abgeschieden und eine von Wasserdampf ziemlich freie Kohlensäure gewonnen. — **49.** p. 198.

Darstellung von Potasche unter gleichzeitiger Gewinnung von Blanc fixe. D. D. 51224 f. H. Jannasch in Bernburg. Eine gesättigte Lösung von Kaliumsulfat, welches aus Kaïnit gewonnen wird, wird mit Witherit gekocht. — **75.** p. 344.

Elektrolytische Darstellung von unterchlorigsaurem Natron. D. P. 51534 f. E. Andreoli in London. Um die Wirkung der Elektrolyse, durch welche in einer alkalisch gemachten Lösung von Chlornatrium unterchlorigsaures Natrium erzeugt wird, zu verstärken, wird bei dem zur Elektrolyse dienenden App. eine gröfsere Anzahl von Anoden zwischen zwei Kathoden eingeordnet, so dafs die der Flüss. ausgesetzte Anodenfläche weit gröfser wird, als die Oberfläche der Kathoden. Ferner sind die Kathoden zur Oxydation des sich an denselben entwickelnden Wasserstoffs von Behältern aus Drahtgeflecht umgeben, welche mit kleinen Stücken von Mangansuperoxyd gefüllt sind. Die Chlornatriumlösung wird in einer Concentration von 12^0 Bé. (spec. Gew. 1,089) der Elektrolyse unterworfen. Das so gewonnene Bleichmittel wird nach Erschöpfung seiner Bleichkraft durch Elektrolyse regenerirt. — **75.** p. 486. **49.** p. 310.

Bei Darstellung von Natriumnitrit wird nach Scheuer von allen Reductionsmitteln nur Blei zur fabrikmäfsigen Darstellung benutzt (vgl. Rep. 1889 I. p. 193). Der Grund dafür liegt darin, dafs Salpeter und Blei bei einer Temp. aufeinander wirken, bei welcher beide Körper sich im flüssigen Zustande befinden, wobei natürlich die chemische Einwirkung am leichtesten von statten geht; so lassen sich mittelst des Blei-Verfahrens 90 % des Salpeters in Nitrit verwandeln, was mit den anderen Reductionsmitteln nicht zu erreichen ist. Aufserdem ist das als Nebenproduct gewonnene Bleioxyd ein werthvolles Material für die Fabrikation von Mennige oder irgend welchen Bleisalzen. Bei dem Verfahren der Reduction des Salpeters mittelst gefällten metallischen Kupfers können 75 % des Salpeters reducirt werden; das hierbei entstehende Kupferoxyd kann als Farbe in der Keramik und Glasmalerei verwendet werden oder zur Darstellung von Kupfersalzen und in der Bunt-Feuerwerkerei dienen. — **123.** p. 346. **24.** p. 402.

Darstellung von Ammoniumnitrat. Engl. P. 12451/1889 f. Wahlenberg in Stockholm. Ein geeignetes Nitrat wird mit Ammoniumsulfat oder -chlorid zersetzt und das Ammoniumnitrat mittelst Alkohol von den anderen Salzen getrennt (vgl. D. P. 48705; Rep. 1889 II. p. 190). — Hase (Engl. P. 11731/1888) schlägt vor, festes Ammoniumnitrat durch Zusammenbringen von Salpetersäuredampf und Ammoniakgas in einer geeigneten Mischkammer darzustellen, oder durch Zerstäuben flüssiger Salpetersäure in einem Raum, in den Ammoniakgas geleitet wird. Im ersten Falle erhält man das Nitrat als feines Pulver, im zweiten in Form einer übersättigten Lösung, welche beim Erkalten erstarrt. Die Temp. infolge der Bildungswärme soll in der Mischkammer nicht über 120^0 steigen. — **95.** p. 127.

Verunreinigung des käuflichen Chlorbaryums. L. Blum beobachtete, dafs ein als „chemisch reines Chlorbaryum" bezogenes Präparat Chamäleonlösung stark reducirte. Wahrscheinlich ist zur Darstellung des Salzes ein bei der Wasserstoffsuperoxyddarstellung als Nebenproduct gewonnenes Chlorbaryum angewandt worden, das ent-

weder noch geringe Mengen unzersetzten Baryumsuperoxyds enthielt
oder in den Krystallen Theilchen von Wasserstoffsuperoxyd eingeschlossen hielt. — **37**. p. 139. **34**. p. 155.

Ofen zur Darstellung von Baryumhydroxyd aus Baryumcarbonat.
D. P. 47593 (II. Zus.-Pat. zum D. P. 42468; vgl. Rep. 1888 I. p. 187)
f. R. Schneider in Dresden. Der nach dem Hauptpatent zur Zuführung des Dampfstromes dienende Abziehherd wird durch einen
kleinen, unter Umständen nur als Ablauf gestalteten überwölbten oder
offenen, dann mit Seitenwänden versehenen Raum ersetzt, welcher
sich unmittelbar an den Schmelzraum anschliefst. In diesem Falle
wird die Anwendung von Wasserdampf überhaupt entbehrlich. Ferner
ist an Stelle des im Hauptpatent beschriebenen Vorwärmschachtes ein
solcher mit horizontaler oder nach dem Ofen zu ansteigender Sohle
angebracht, in welchen die zu bearbeitenden Massen mit der Hand
oder vermöge irgend eines mechanischen Hilfsmittels — z. B. einer
Transportschnecke — hineingebracht und fortbewegt werden. — **49**.
p. 142.

**Darstellung von wasserfreiem Chlormagnesium und Gewinnung von
Chlor aus demselben.** D. P. 51084 f. d. Firma Solvay & Co. in Brüssel.
Zur Darstellung von wasserfreiem Chlormagnesium wird eine heiße
Chlormagnesium-Lösung benutzt, in welcher das Chlormagnesium mit
6 Mol. Wss. vorhanden ist und durch Abkühlung in dieser Zusammensetzung auskrystallisirt. In diese Lösung wird eine gegebene Menge,
z. B. 50 %, wasserfreien Chlormagnesiums, beispielsweise aus einer
früheren Operation herrührend, eingemischt. Beim Abkühlen entsteht
eine feste Masse, die zu Stücken zerbrochen wird. Letztere können
in einem stehenden und continuirlichen App. bis auf $300-400^0$ erhitzt werden, ohne Schmelzung zu erfahren und ohne Salzsäure abzugeben, während dies beim ursprünglichen Salz schon bei 150^0 stattfindet. Bei dieser Temp. werden dann die Stücke der Einwirkung
eines zuvor mittelst Schwefelsäure, Chlorcalcium etc. getrockneten Luftstromes ausgesetzt, infolge dessen ihnen der ganze Wassergehalt entzogen wird und wasserfreies Chlormagnesium entsteht. Das letztere
giebt, in feuerflüssigem Zustand in innige Berührung mit Luftsauer-
stoff gebracht, fast sein gesammtes Chlor in freiem Zustande ab. Der
aus dem Reactionsgefäfs entweichende Gasstrom enthält etwa $15-20$ %
Chlorgas, welcher Gehalt sich während der ganzen Operation constant
erhält. — **75**. p. 344.

**Zersetzung von Magnesiumchlorid und Calciumchlorid durch
Hitze.** Die des letzteren findet nach H. Grimshaw erst bei ziemlich hohen Temp. statt, jedenfalls nicht bei Temp., die bei der
Fabrikation von Zeugen etc. erreicht werden. Dagegen zersetzt sich
das Magnesiumchlorid bereits bei 117^0 C., und dieser Temp. können
Zeugstoff und dergl. leicht ausgesetzt werden. — **26**. p. 472. **34**.
p. 218.

Darstellung von Magnesiumhydroxyd. Engl. Pat. 2786/1889 f.
Muspratt und G. Eschellmann in Northwich. Die Hydratisirung
des Oxyds oder Oxychlorids oder einer Mischung · beider Stoffe erfolgt
viel rascher und glatter, als bei Anwendung von Wss., beim Behandeln mit Lösungen von Magnesium-, Calcium-, Strontium- oder Baryum-

chlorid bei etwa 30⁰. Das Magnesiumhydroxyd ist zur Absorption von Chlor geeigneter als Magnesia. — **95.** p. 129.

Reinigung und Verarbeitung von Kaïnit. D. P. 50596 f. Consolidirte Alkaliwerke in Westerregeln. Kaïnit wird in zerkleinertem Zustande und unter gewöhnlichem Atmosphärendruck mit ungefähr 30 % Chlormagnesiumlösung bezw. einer entsprechend concentrirten Chlormagnesiumlauge (Endlauge der Chlorkaliumfabrikation) gekocht, wobei der Kaïnit infolge von Krystallwasserabgabe in ein feuchtes Pulver zerfällt, welches von den Verunreinigungen durch Abschlämmen etc. getrennt werden kann. Aus der abgekühlten Lauge krystallisirt beim Erkalten künstlicher Carnallit aus, da die ·kochende Lauge aus dem Kaïnit Chlorkalium aufgelöst hat. Durch Vermehrung der angewendeten heifsen Chlormagnesiumlösung kann man schliefslich dahin gelangen, dafs sämmtliches Chlorkalium des Kaïnits in Lösung geht und der suspendirte Kaïnitrest reines Magnesiumsulfat ist und eine dem Kieserit ähnliche Zusammensetzung besitzt. Andererseits bleibt das gesammelte Chlorkalium mit dem Magnesiumsulfat vereint, wenn die verwendete Chlormagnesiumlösung zuvor mit Chlorkalium, ihrer Temp. entsprechend, gesättigt worden ist. — **75.** p. 196. **49.** p. 199.

Doppelchloride von Aluminium und Natrium oder Kalium. Engl. Pat. 12543/1888 f. W. White, Cheshunt, Herts. Kalium- oder Natriumalaun wird getrocknet, gepulvert und innig mit so viel Chlornatrium gemischt, als zur Bildung des Doppelchlorides nöthig ist. Das Gemisch wird dann bei Rothgluth geschmolzen, wobei das Doppelchlorid sublimirt, das condensirt wird, während Kalium- oder Natriumsulfat als Rückstand hinterbleibt. — **89.** p. 307.

Reinigung von Aluminiumdoppelchlorid. Amer. Pat. 422 500 f. H. Y. Castner, London. Eisenhaltiges wasserfreies Aluminiumdoppelchlorid fliefst in geschmolzenem Zustande durch eine Reihe von Behältern, in welchen es der Einwirkung elektrischer Ströme unterliegt, wodurch die Eisenchloride unter Abscheidung des Eisens zersetzt werden. Die Stromstärke nimmt allmählich in dem Mafse zu, wie die Menge des Eisens abnimmt. — **89.** p. 407.

Darstellung von Natronalaun. D. P. 50323 f. E. Augé in Montpellier, Frankreich. Zu einer Lösung von Aluminiumsulfat, welche bei einer Temp. von 50—60⁰ eine Dichte von 1,30—1,31 besitzt, entsprechend einem Gehalt von 675 g Aluminiumsulfat pro Liter, fügt man in kleinen Stücken Natriumsulfat hinzu, bis die erhaltene Lösung bei 50—60⁰ eine Dichte von 1,35 besitzt, entsprechend einem Natriumsulfat-Zusatz von 146 g pro l. Beim allmählichen Abkühlen der Lösung soll in den Krystallisationsbottichen eine reiche Ausbeute des sonst schwer krystallisirenden Natronalauns erhalten werden. Zu der Mutterlauge wird von Neuem Aluminiumsulfatlösung und festes Natriumsulfat hinzugefügt, bis dieselbe wieder eine Dichte von 1,35 bei 50—60⁰ besitzt, worauf sie wieder der Krystallisation überlassen wird. — **75.** p. 120. **49.** p. 206. — Vgl. a. **9.** t. 110. p. 1139.

Darstellung der orthobleisauren Salze der Erdalkalien behufs Verwendung derselben zu Bleioh- und Oxydationszwecken. D. P. 52459 f. G. Kafsner in Breslau. Die orthobleisauren Salze der Erdalkalien

16*

werden dargestellt durch bei Luftzutritt erfolgendes Glühen von
Mischungen der Carbonate, Oxyde oder Hydroxyde der alkalischen
Erden mit Bleioxyd, Bleicarbonat oder solchen Bleiverbindungen,
welche beim Erhitzen an der Luft Bleioxyd geben. Durch Behandlung dieser Plumbate mit Kohlensäure, doppeltkohlensauren Salzen,
Ammoniumsalzen oder Säuren, mit Wss. allein unter Druck und bei
höherer Temp., mit Lösungen von einfach kohlensauren Salzen bei
erhöhter Temp. mit oder ohne Druck erhält man bleisuperoxydhaltige
Gemische, welche direct zu Oxydationszwecken oder zunächst zur
Reindarstellung von Bleioxyd dienen (vgl. Rep. 1889 II. p. 177). —
49. p. 350.

Darstellung von Permanganaten und Chloraten. Engl. P. 10193/1888
f. G. H. Bolton, J. R. Wylde und H. Auer, Widnes, Lancashire.
Bei der Fabrikation von Natriumpermanganat nach dem im Engl. P.
8217/1887 beschriebenen Verfahren (vgl. Rep. 1888 II. p. 243) resultirt
eine Lösung, welche Natriumpermanganat, Chlorat und Chlorid enthält.
Aus dieser Lösung wird nunmehr Kaliumpermanganat und Natrium-
oder Kaliumchlorat erhalten. Die Lösung wird eingekocht und Kaliumchlorid zugefügt, worauf Kaliumpermanganat auskrystallisirt. Nach
weiterem Einkochen krystallisirt Natriumchlorat aus; wird Kaliumchlorat verlangt, so ist eine weitere Menge Chlorkalium zuzufügen.
Während des Concentrirens wird das sich ausscheidende Chlornatrium
ausgekrückt. Vor der Gewinnung des Chlorats wird das noch rückständige Permanganat durch Behandlung mit Schwefelwasserstoff oder
einem Sulfid oder einem Sulfhydrat abgeschieden. — **89. p. 6.**

Goldchloridkalium erhält Lainer, wenn Gold in Königswasser
gelöst und mit der entsprechenden Menge Kaliumchlorid, das vorerst
in wenig Wss. gelöst war, versetzt wird. Nach genügender Concentration überläßt man die Lösung über gebranntem Kalk und Schwefelsäure der Krystallisation. Die Zusammensetzung der Verbindung ist
$AuCl_3 \cdot KCl$. Selbst bei einem gröfseren Zusatz von Wss., als zur
Lösung des Kaliumchlorids nöthig gewesen wäre, wurde das wasserfreie Salz erhalten, während aus schwach sauren Lösungen das wasser-
haltige Goldchloridkalium $AuCl_3 \cdot KCl + 2H_2O$ krystallisirte. Die
Krystallform des Salzes ist mit derjenigen einer von Topsoe früher
erhaltenen Verbindung $2(AuCl_3 \cdot KCl) + H_2O$ identisch. — **121. p. 221.
34. p. 243.**

Fabrikation von Cyanverbindungen. Engl. P. 17447/1888 f. T.
Parker und A. E. Robinson, Wolverhampton. Eine 10- oder
20%ige Lösung eines Sulfocyanides wird mit Schwefelsäure angesäuert und dann elektrolysirt mittelst eines Stromes von 10—20 Am-
pères pro Quadratfufs (1 engl. Fufs = 0,3048 m) der Anode. Das erzeugte Cyanwasserstoffgas wird in Wss. oder einer Lösung eines
Alkalis oder Erdalkalis condensirt. Die erhaltenen Cyanide können
zur Fabrikation von Ferrocyaniden etc. verwendet werden. — **89.**
p. 670. — Nach Engl. P. 2383/1889 derselben Erf. wird Sulfocyanat-
lösung durch Kupfersulfat und ein Reductionsmittel gefällt. Das Cupro-
sulfocyanat wird feucht mit Kohlensäure oder Schwefelwasserstoff unter
Druck behandelt, wobei neben unlöslicher Kupferverbindung Sulfo-
cyansäurelösung entsteht, die elektrolysirt und dann wie vorher behandelt wird. — **95. p. 125.**

Einige aus der Destillation des Holzes herrührende Substanzen. Nach V l a d e s c o enthielt eine aus der Rectification des Methylalkohols herrührende Substanz, die zwischen 85 und 140⁰ siedete, Methyl-propylketon, Methyläthylketon und aufserdem Toluol und Xylol. Eine bei 70—143⁰ destillirende Substanz gleichen Ursprungs bestand aus Methyläthylketon. Wenn man gröfsere Materialmengen verarbeitet, wird es wahrscheinlich auch gelingen, das Propion oder das Methyliso-propylketon, die sich auch bei der Destillation bilden, nachzuweisen. — **98.** t. 3. p. 510. **89.** Rep. p. 127. **34.** p. 172.

Zur Reinigung von Alkohol für Laboratoriumszwecke schüttelt ihn E. W a l l e r mit gepulvertem Kaliumpermanganat, bis er eine deutliche Färbung annimmt, und läfst ihn dann einige Stdn. stehen, bis das Permanganat zersetzt ist und sich braunes Manganoxyd ab-geschieden hat. Hierauf wird eine Prise gepulvertes Calciumcarbonat zugegeben und der Alkohol dann aus einer, mit einer W ü r t z'schen Röhre oder dem L e B e l - H e n n i n g e r - Apparate versehenen Flasche so destillirt, dafs etwa 50 ccm in 20 Min. übergehen. Von dem De-stillate kocht man wiederholt ca. 10 ccm mit 1 ccm starker syrupöser Aetzalkalilösung und läfst sodann 20—30 Min. stehen. Tritt keine Gelbfärbung mehr ein, so wird der weiter überdestillirende Alkohol zum Gebrauche gesondert aufgefangen, wobei man indefs nicht bis zur völligen Trockne destillirt. Der so gereinigte Alkohol ist völlig neu-tral und als Lösungsmittel für kaustische Alkalien oder Silbernitrat sehr gut geeignet. Die Lösungen bleiben selbst nach dem Kochen oder nach unbegrenzt langem Stehen so farblos, wie destillirtes Wss. — **97.** Bd. 11. p. 124. **89.** Rep. p. 23.

Chloralimid krystallisirt nach C h r a y in langen Nadeln, ist farb-los, ohne Geruch und Geschmack, in Wss. unlöslich, löslich in Alkohol, Aether, Chloroform und fetten Stoffen. Die Wirkung übertrifft die des Chloralformamids, da es bei gleichem Gewicht mehr Chloroform enthält, dauerhaft ist, während Chloralamid sich bei 60⁰ zersetzt. Die Dosis des Mittels ist dieselbe wie die des Chloralhydrats. — Rép. de Pharm. **49.** p. 277.

Chloralamid und Antipyrin geben nach S c h n e e g a n s schon im Mörser gemischt eine breiige Masse, die nach einiger Zeit zu einer öligen Flüss. zerfliefst. Dieselbe, die sich auch beim Vermischen der concentrirten wässerigen Lösungen beider Substanzen bildet, bleibt beim Stehen flüssig und setzt keine Krystalle ab. In ihrer Zusammen-setzung wird sie wohl dem von R e u t e r aus Chloral und Antipyrin gewonnenen Condensationsproduct, Trichloraldehyd-Phenyldimethyl-pyrazolon, in welchem das Chloral durch das Amid ersetzt ist, ent-sprechen. Beim Erwärmen mit Natronlauge zersetzt sich die Verbin-dung unter Bildung von Chloroform. — Journ. d. Pharm. v. Elsafs-Lothr. p. 100. **38.** Rep. p. 208.

Darstellung von Chloralformamid. D. P. 50586 f. C h e m i s c h e F a b r i k a u f A c t i e n (vorm. E. S c h e r i n g) in Berlin. Die Darstellung des als Hypnoticum (vgl. Rep. 1889 II. p. 195), Desinfections- und Conservirungsmittel anzuwendenden Chloralformamids geschieht durch Einwirkung von Chloral auf Formamid im Verhältnifs ihrer Molecular-gewichte bei gewöhnlicher Temp. Auch kann die Darstellung durch

Behandlung von Chloral-Ammoniak mit irgend einem Ameisensäureester bei mäfsiger Temp. geschehen. — **75.** p. 164. **49.** p. **246.**

Verbindungen von Chloral mit Antipyrin (Hypnal); v. Béhal und Choay. Mischt man concentrirte Lösungen gleicher Gewichtsmengen Chloral und Antipyrin, so scheidet sich alsbald krystallisirendes Oel. Monochloralantipyrin, aus; dasselbe schmilzt bei 67—68⁰, ist in Wss. löslich (7,85 g in 100 g Wss. bei 14⁰), giebt mit Eisenchlorid die charakteristische Rothfärbung des Antipyrins und reducirt in der Wärme Fehling'sche Lösung. Erwärmt man den Körper einige Zeit auf seine Schmelzpunkts-Temp., so scheidet sich die Verbindung $C_{13}H_{13}N_3Cl_3O_2$ ab, welche bei 186—187⁰ schmilzt, in Wss. unlöslich ist, mit Eisenchlorid keine Reaction giebt und nicht wieder durch einfache Hydratation in den ursprünglichen Körper zurückgeführt werden kann. Beim Erhitzen des Monochloralantipyrins mit Acetanhydrid im Ueberschusse in Gegenwart von wenig Chlorzink entsteht ein **Monoacetylderivat** $C_{15}H_{17}Cl_3O_3N_2$, das bei 154—155⁰ schmilzt und die Antipyrinreactionen nicht mehr zeigt. Verwendet man beim Zusammenbringen von Chloralhydrat und Antipyrin in concentrirter wässeriger Lösung einen Ueberschufs an ersterem, so scheidet sich als gleichfalls krystallisirend ein Oel, Bichloralantipyrin, aus; dasselbe schmilzt merkwürdigerweise ebenfalls bei 67—68⁰ und löst sich leichter in Wss. als das Monochloralantipyrin: 100 g Wss. lösen bei 14⁰ 9,98 g. Aus einer wässerigen gesättigten Lösung des Körpers scheiden sich zuerst Krystalle von Monochloralantipyrin, dann solche von Dichloralantipyrin aus. Letztere bilden prismatische Nadeln. Mit Eisenchlorid giebt Dichloralantipyrin die charakteristische blutrothe Färbung des Antipyrins; in der Wärme reducirt es Fehling'sche Lösung. — **17.** p. 539. **89.** Rep. p. 156.

Behandlung von Essigsäure. Engl. Pat. 14333/1888 f. M. Cannon, Lavender Hill, London SW. Rohe Essigsäure, welche durch Destillation von Holz oder durch Zersetzung von rohem essigsaurem Kalk oder anderen, theerartige Stoffe enthaltenden Acetaten durch Säuren und nachfolgende Destillation erhalten worden ist, wird bei etwa 143⁰ F. (62⁰ C.) mit ca. 3 % Manganbioxyd, Natriummanganat oder einem anderen Manganat, resp. Kaliumpermanganat oder einem anderen Permanganat behandelt, bis kein Aufbrausen mehr stattfindet. Nun wird zur Zersetzung der gebildeten Acetate ein Aequivalent Schwefelsäure zugegeben. Wurde Bioxyd benutzt, so erfolgt der Schwefelsäurezusatz gleichzeitig. Das Gemisch wird sodann destillirt und das zuerst und zuletzt Uebergehende für weitere Behandlung abgesondert. Wenn nothwendig, wird das Verfahren mit etwa 1 % des Oxydationsmittels wiederholt. Der Rückstand in den Retorten kann in geeigneter Weise behandelt werden, behufs Regenerirung des angewandten Oxydationsmittels. — **89.** p. 471.

Zur Darstellung von Bleiacetat mit metallischem Blei behandelt man letzteres nach J. Löwe mit 40%iger Essigsäure, welcher soviel Salpetersäure zugesetzt ist, als nöthig ist, um alles Blei in Bleioxyd zu verwandeln. Die Auflösung geht unter Wärmeentwicklung vor sich und die dabei entweichenden Dämpfe werden durch eine passende Kühlvorrichtung in das Entwicklungsgefäfs zurückgeleitet. Die so erhaltene Lösung enthält kein Bleinitrat und kann durch geringes Eindampfen zur Krystallisation gebracht werden. — 98. 17. Bd. 20. p. 179. 38. Rep. p. 9.

Klären von Bleizuckerlösung. D. P. 51865 f. verwittwete Frau C. Kirchberg in Greifswald. Die durch Kochen von Bleiglätte mit Essig dargestellte Bleizuckerlösung wird mit thierischer Milch versetzt, welche gerinnt und die Verunreinigungen zu Boden reifst, so dafs die klare Lösung in die Krystallisationsgefäfse abgelassen werden kann. — 75. p. 448.

Arsenik im Glycerin. L. Siebold findet, dafs Glycerin aus arsenikhaltigem Glase kein Arsenik aufnimmt. Hinsichtlich des Nachweises von Arsenik im Glycerin mittelst der Gutzeit'schen Probe ist zu beachten, dafs jeder Ueberschufs von Jodlösung zur Zerstörung der Schwefelverbindungen die Reaction verzögert. Die Reaction kann auch zur quantitativen Bestimmung des Glycerins benutzt werden. — 105. p. 682. 34. p. 99.

Bei der Einwirkung von Schwefel auf Glycerin tritt nach C. H. Keutgen bei 290—300° Reaction ein, indem unter theilweiser Verkohlung und heftigem Aufschäumen sich in reichlicher Menge Schwefelwasserstoff, Kohlendioxyd und Aethylen entwickeln, und unzersetztes Glycerin, Wss. und Schwefel, sowie eine dicke, ölige, zähe Flüss. überdestilliren. Letztere besteht aus ätherlöslichem Allylmercaptan und alkohollöslichem Diallylhexasulfid $(C_3H_5)_2S_6$. Das Diallylhexasulfid, welches bisher noch nicht bekannt war, schmilzt bei 75,5°, ist sehr leicht löslich in Aether, weniger in Alkohol und nur spurenweise in Wss. Die alkoholische Lösung von Diallylhexasulfid giebt mit einer alkoholischen Lösung von Quecksilberchlorid einen amorphen gelben Niederschlag der Formel $(C_3H_5)_2S_6 \cdot 2\,HgCl_2$. Die Platinverbindung $(C_3H_5)_2S_6 \cdot PtCl_4$ bildet einen amorphen, röthlichen Niederschlag. — 3. p. 1. 89. Rep. p. 50. (Das Gemisch der Destillationsproducte aus Schwefel und Glycerin habe ich vor Jahren bereits dargestellt und die erhaltene, äufserst intensiv und höchst übelriechende Flüss. zum Riechendmachen von Wassergas etc. empfohlen. J.)

Die Löslichkeit des Brechweinsteins wird nach J. Köchlin durch Alkalichloride bedeutend erhöht. Mit gleichen Theilen Brechweinstein und Kochsalz oder Salmiak kann man Lösungen herstellen, welche 250 g von jedem dieser Salze in 1 l enthalten und ein spec. Gew. von 1,3 haben. Die mittelst Salmiak erhaltene Lösung kann durch Ammoniak neutralisirt oder alkalisch gemacht werden, ohne dafs Zersetzung erfolgt. — 5. 106. p. 243.

Fällbarkeit colloïdaler Kohlehydrate durch Salze. J. Pohl benutzt zur Darstellung der Pflanzenschleime die Fällung des wässerigen Extractes durch Salze. Die durch mehrfache Fällung gereinigten Saccharocolloïde können vermittelst Diffusion durch Pergament salzfrei erhalten werden. Die Saccharocolloïde können nach ihrem Verhalten gegen gesättigte Salzlösungen oder gepulverte Salze in vier Klassen getheilt werden. Durch Sättigen mit Neutralsalzen sind Gummi arabicum und arabinsaures Natron nicht fällbar. Durch Sättigen mit Ammonsulfat fallen Tragantschleim, Altheaschleim, Leinsamenschleim, Cydoniaschleim. Durch Sättigen mit Ammonsulfat, Ammonphosphat und Kaliumacetat ist Carragheenschleim fällbar. Durch Sättigen mit

Natriumsulfat, Magnesiumsulfat, Ammonsulfat und Ammonphosphat fallen lösliche Stärke, Lichenstärke, Dextrin, Salepschleim, Pectin. Die Eintheilung der Schleime nach ihrem Verhalten gegen Salze bietet den Vortheil, an die augenfälligste Eigenschaft der Schleime, ihre Quellfähigkeit und colloïdale Natur unmittelbar anzuknüpfen. — Ztschr. f. phys. Chem. 1889. **34.** (1889) p. 379.

Darstellung von löslichem Eisensaccharat ohne Vermittelung von Alkali. D. P. 52082 f. J. Athenstaedt in Bremen. Es wird zunächst ein möglichst wasserhaltiges Eisenhydroxyd durch Fällen einer verdünnten Ferrisalzlösung mit verdünnter Alkalilösung bezw. verdünntem Ammoniak bei einer 10—15⁰ C. nicht übersteigenden Temp. beider Lösungen dargestellt. Dasselbe wird sodann mit Wss. von ebenfalls höchstens 10—15⁰ C. vollständig ausgewaschen und sofort mit dem Zucker vermischt, worauf das Gemisch unter möglichst geringem Aufschub bis zur völligen Lösung des Eisenhydroxyds eingekocht wird. — **49.** p. 286.

Xylose und Holzgummi aus Stroh und anderen Materialien; v. E. W. Allen und R. Tollens. Da die Eigenschaft der Xylose (und Arabinose) mit Säuren viel Furfurol zu liefern und mit Phloroglucin und Salzsäure beim Erwärmen Rothfärbung zu geben, von vielen Rohmaterialien gezeigt wird, war es wichtig, festzustellen, ob in diesen Stoffen Xylose oder Arabinose vorhanden ist. Vielleicht konnte auch so Aufschlufs über die Natur der sog. „stickstofffreien Extractstoffe" erhalten werden. Aus Weizenstroh, Loofah und Kirschbaumholz konnte Holzgummi erhalten werden (Stroh gab 16 %/o), und gab derselbe bei der Hydrolyse Xylose. — **60. 34.** p. 93.

Darstellung von Pikrinsäure aus rohen Phenolen. D. P. 51603 f. E. de Lom de Berg in Brüssel. 1) Das rohe Phenol wird zu einer dem Gehalt desselben an krystallisirbarem Phenol entsprechenden Menge Schwefelsäure zugefügt, das Gemisch in öligem Zustande ins Wss. gegossen, in welchem die Phenolsulfosäure sich löst, während die anderen Producte sich in Gestalt eines Oeles abscheiden und durch Decantation entfernt werden. Die saure Flüss. wird hierauf mit einer zur Umwandlung der Sulfosäure in Trinitrophenol nöthigen Menge Salpetersäure (oder salpetersaurem Salz und Schwefelf.) behandelt. Während dieser Behandlung wird diejenige Partie Kresol, welche etwa durch die Decantation nicht entfernt worden sein sollte, fast gar nicht von der Salpeterf. angegriffen. Nachdem die Einwirkung beendigt ist, wird das Ganze bis zur Syrupconsistenz eingedampft. dann fügt man noch etwas concentrirte Schwefelf. hinzu zur Bildung von Kresolsulfosäure, für den Fall, · dafs noch etwas Kresol zurückgeblieben sein sollte. Hierauf giefst man das Ganze in Wss. und trennt so die in Wss. wenig lösliche Pikrinsäure von der leicht löslichen Kresolsulfof., welche in Lösung verbleibt. Die so erhaltene Pikrinf. wird nochmals in Wss. gelöst und umkrystallisirt. 2) Man behandelt das rohe Phenol mit einem grofsen Ueberschufs an Schwefelf.. um die Sulfofn. zu erhalten, welche in Wss. gelöst und zur Syrupconsistenz eingedampft werden. Hierauf wird das Säuregemisch mit nur soviel Salpeterf. versetzt, als dem Gehalt desselben an Kresolsulfosäure entspricht; das gebildete Nitrokresol scheidet sich als ölige Schicht auf der Sulfosäurelösung ab und wird durch Decantirung abgeschieden, worauf die Phenolsulfof. mit der berechneten Menge Salpeterf. in Pikrinf. übergeführt wird, welche sich krystallinisch aus der Lösung ausscheidet. 3) Man behandelt das, wie oben beschrieben, erhaltene Gemisch der Sulfofn. in Syrupconsistenz direct mit etwas mehr als der berechneten Menge concentrirter Salpeterf., entfernt nach beendeter Reaction den aus einer Mischung von Trinitrokresol und Trinitrophenol bestehenden Kuchen aus der Lösung und setzt ihn dann in mit 12 %/o Schwefelf. versetztem Wss. einer Temp. von 90 bis 100⁰ C. aus. Die Pikrinf. bleibt dabei fest, selbst beim Erhitzen über die angegebene Temp. hinaus. Das Trinitrokresol dagegen geht schon bei 75⁰ in einen ölartigen Zustand über und kann so von der festen Pikrinf. leicht getrennt werden. Durch den Zusatz der Schwefelf. wird die Löslichkeit der nitrirten Phenole in Wss. wesentlich vermindert, und es ist aus diesem Grunde rathsam, sich immer des schon gesättigten Wss. zu bedienen, um die weitere Löslichkeit der genannten Körper gleich Null zu machen. — 75. p. 352. 113. Bd. 13. p. 477. 49. p. 262.

Herstellung von Pikrinsäure. D. P. 51321 f. A. Arche in Wien und E. Eisenmann in Berlin. Um beim Nitriren des Phenols die Anwesenheit freier Salpetersäure, welche oxydirend auf das Phenol einwirkt, zu vermeiden, wird das Phenol zunächst durch Behandlung mit Pyroschwefelsäure bei etwa 100—110⁰ in Phenoltrisulfosäure übergeführt, welche bei Zusammenbringen mit Natronsalpeter bei etwa 100⁰ glatt in Pikrinsäure und Natriumbisulfat umgesetzt wird. — 49. p. 279.

Trimethylenphenyldiamin stellt L. Balbiano folgendermafsen dar: 1 Th. N-Phenylpyrazol wird in 20 Th. absolutem Alkohol gelöst und mit 1 Th. Natrium nach und nach versetzt. Man verdünnt mit Wss., verjagt den Alkohol auf dem Wasserbade und zieht mit Aether aus. Man wäscht die ätherische Lösung mit Wss., filtrirt nach 24 Stdn. und schlägt mit concentrirte alkoholischer Oxalsäurelösung das Oxalat des Trimethylenphenyldiamins nieder, das aus Wss. umkrystallisirt wird. Ausbeute 45 %/o der Theorie. Die Aetherlösung enthält noch N-Phenyl-pyrazol und N-Phenylpyrazolin, die durch Natrium eine neue Menge obiger Base liefern. Die aus dem Oxalat mit Kali freigemachte Base siedet bei 281—282⁰ (758,₁ mm), ist in Aether, Alkohol und etwas in Wss. löslich (in 300 Th.). Das bernsteinsaure Salz ist leicht in Wss., wenig in Alkohol, nicht in Aether löslich. Letzteres Salz, mit Benzoyl-chlorid und Natron in wässeriger Lösung behandelt, liefert das Di-benzoyltrimethylenphenyldiamin, welches in schwach röthlichen Blätt-chen krystallisirt, in Wss. unlöslich, in Alkohol löslich ist und bei 96,₅—97.₅⁰ schmilzt. Mit Schwefelkohlenstoff giebt es ein gut kry-stallisirendes Product. — Gazz. chim. Bd. 19. p. 688. 89. Rep. p. 60.

Darstellung von Fehling'sche Lösung nicht reducirenden Acetyl-derivaten des unsymmetrischen Methyl- oder unsymmetrischen Aethyl-phenylhydrazins. D. P. 51597 f. B. Philips in Aachen und L. Diehl in Genf. Das unsymmetrische Methyl- bezw. Aethylphenylhydrazin wird mittelst Essigsäureanhydrid, Eisessig oder Acetylchlorid acetylirt. Die erhaltenen Acetylderivate sollen medicinische Verwendung finden. — 75. p. 352. 113. Bd. 13. p. 478.

Exalgin (Methylacetanilid), das durch Acetylirung von Monomethylanilin dargestellt wird, bildet nach E. Ritsert weifse bei 100° schmelzende und bei 245° siedende Krystalle und löst sich leicht in Alkohol, schwer in Wss. Das Verhalten des Exalgins an sich sowie im Vergleich zu Acetanilid, Phenacetin und Methacetin ergiebt sich aus nachfolgender Tabelle:

	I. 0,1 g Substanz mit 1 ccm conc. kalter Salzsäure	II. Zur Lösung I 1 Tropfen conc. Salpetersäure zugesetzt	III. Lösung I gekocht, erkaltet und verdünnt mit 3 gtt. 3%iger Chromsäurelösung versetzt	IV. 0,1 g Substanz mit 5—6 ccm kalter conc HCl u. 1 ccm 8%iger Chromsäurelösung versetzt	V. 0,1 g Substanz mit 1 ccm Kalilauge gekocht, erkaltet mit 5—8 gtt. KMnO₄ versetzt, färbt sich	VI. Schmelzpunkt
Exalgin	löslich	farblos bleibend	gelb	gelb bleibend	dunkelgrün, ohne Carbylamingeruch	100°
Methacetin	löslich	allmählich rothbraun	blutroth	sofort grün	alsbald braungelb	127°
Phenacetin	unlöslich	allmählich gelblich	blutroth	gelb, nach einigen Minuten grün	dunkelgrün	135°
Acetanilid	löslich, fällt aber gleich wieder aus	farblos bleibend	gelb	gelb, erst nach mehreren Stdn. grün	dunkelgrün, dabei Carbylamingeruch	115—120° ?

Als einfaches Mittel zur Unterscheidung des Exalgins vom Acetanilid, Phenacetin und Methacetin dient nach obigem die Löslichkeit in concentrirter Salzsäure und das Verhalten auf Zusatz von concentrirter Salpetersäure. Ferner kann noch durch folgende Reaction eine Beimengung von Acetanilid im Exalgin gut nachgewiesen werden: Versetzt man nämlich die erkaltete, mit Kalilauge gekochte und dann verdünnte Lösung des Exalgins mit etwas Chlorwasser (frisch), so trübt sich die Lösung vorübergehend, bleibt 1—2 Min. farblos und nimmt dann eine rein kornblumenblaue Farbe an; Acetanilid ebenso behandelt, giebt auf Zusatz von Chlorwasser sofort die zwiebelrothe Färbung der Anilinreaction, welche Färbung mit der Zeit intensiver wird, aber nicht in Blau umschlägt. — **106.** Bd. 34. p. 754. **38.** Rep. p. 40.

Darstellung von Acetylaethylenphenylhydrazin und Aethylenphenylhydrazinbernsteinsäure. D. P. 51964 f. A. Michaelis in Aachen. Die Darstellung des Acetylaethylenphenylhydrazins geschieht durch Kochen einer Auflösung von Aethylenphenylhydrazin, welches durch

Einwirkung von Aethylenbromid auf Natriumphenylhydrazin erhalten wird, in überschüssigem Essigsäureanhydrid. Die Aethylenphenylhydrazinbernsteinsäure wird durch Kochen einer alkoholischen Lösung von Aethylenphenylhydrazin und Bernsteinsäureanhydrid dargestellt. Beide Körper krystallisiren gut, der erstere schmilzt bei 222°, der letztere bei 203°; sie sollen als Antipyretica in der Medicin Verwendung finden. — **75.** p. 487. **49.** p. 302.

Die Antipyrinsorten des Handels. Nach Arzberger unterscheidet sich das Antipyrin aus Creil von den Präparaten aus Höchst a. Main und Basel durch sein Verhalten gegen das Licht (indem es im Tageslichte allmählich deutlich gelb gefärbt wird, während die beiden anderen rein weifs bleiben) und den beim Zerreiben auftretenden, eigenthümlich ätherartigen Geruch. Die beiden anderen verhalten sich vollständig gleich. Alle drei Antipyrine entsprechen den Anforderungen der neuen österreichischen Pharmacopöe. — Pharm. Post p. 69. **89.** Rep. p. 45.

Synthetische Carbolsäure (vgl. Rep. 1889 II. p. 196) wird nach A. Schneider durch Kork, Holz, Zink, Zinn, Eisen und Blei gelb gefärbt, während die Vergleichsproben mit gewöhnlicher Carbolsäure röthlichgelb wurden. Die mit Kupfer angesetzte Probe wurde bei gewöhnlicher Carbolf. rascher, sonst aber ebenso lebhaft roth, wie die mit synthetischer, weshalb Verf. annimmt, dafs die Erklärung, das Rothwerden der Carbolf. (vgl. Rep. 1889 I. p. 212) beruhe auf Verunreinigungen mit von den Destillirapparaten herrührendem Kupfer, grofse Wahrscheinlichkeit für sich hat. — **24.** p. 68. **76.** p. 275.

Darstellung der Carbonsäuren des Metaamidophenols und seiner Alkylderivate. D. P. 50835 f. d. Gesellschaft für Chemische Industrie in Basel. Man erhitzt m-Amidophenol (Rep. 1888 II. p. 16) mit Wss. und Ammoniumcarbonat, Kalium- oder Natriumbicarbonat längere Zeit im Autoclaven auf 110°. Nach dem Eindampfen werden zunächst durch vorsichtigen Zusatz von Salzsäure die Verunreinigungen in Form brauner Flocken gefällt. Alsdann wird durch weiteren Zusatz von Salzf. das Chlorhydrat der m-Amidophenolcarbonsäure in kurzen flachen Nadeln abgeschieden. — Die Dimethyl-m-amidophenolcarbonsäure wird nach D. P. 38742 (vgl. Rep. 1887 I. p. 266) hergestellt, indem trockenes Alkalidimethyl-m-amidophenolat bei 120 bis 140° unter Druck mit trockener Kohlensäure behandelt wird. — **75.** p. 233.

Im Phenacetin des Handels sind nach E. Ritsert meist noch kleine Beimengungen von Harzen und nicht acetylirten Amidoverbindungen vorhanden, die sich durch Entfärbung sehr verdünnter Permanganatlösung bemerkbar machen. Auch Orthoverbindungen scheinen beigemischt zu sein; zu ihrem Nachweis fehlt aber noch ein scharfes Reagenz. Die Schwarz'sche Isonitrilprobe ist nicht einwandfrei. — **106.** p. 75.

Darstellung von Guajacolcarbonsäure. D. P. 51381 f. d. Firma Dr. F. von Heyden Nachfl. in Radebeul bei Dresden. In gleicher Weise, wie die Carbonsäuren des Phenols und seiner Homologen nach D. P. 29939, 33635 und 38742 (vgl. Rep. 1884 II. p. 178, 1885 II. p. 222, 1887 I. p. 266) dargestellt werden, läfst sich aus dem Gua-

jacol eine Methoxyoxybenzoësäure erhalten. Zu dem Zweck wird
Guajacol-Natrium entweder bei gewöhnlicher Temp. unter Druck mit
Kohlensäure gesättigt und über 100^0 erhitzt oder direct in der Hitze
unter Druck mit Kohlenſ. behandelt. Das Reactionsproduct wird in
Wss. gelöst und mit einer Mineralsäure versetzt, worauf die Guajacolcarbonsäure krystallinisch ausfällt. Dieselbe schmilzt bei $148-150^0$;
sie soll zur Herstellung von Azofarbstoffen sowie als Antisepticum
und Antipyreticum Verwendung finden. — **75.** p. 338. **49.** p. 245.

Pyrocatechin entsteht nach W. H. **Perkin** jun. in beinahe theoretischer Ausbeute beim Kochen des Guajacols mit rauchender Jodwasserstoffsäure. Es ist so wesentlich billiger darstellbar, als nach
den gebräuchlichen Methoden. — **89.** p. 756.

Zur Darstellung der Zimmtsäure bringt L. Claisen zu überschüssigem reinem (alkoholfreiem) Essigäther unter Eiskühlung draht-
förmiges Natrium und läſst unter Kühlung den Benzaldehyd (1 Mol.
auf 1 Atom Na) allmählich zufliefsen. Ist alles Natrium verschwunden.
so läſst man noch einige Zeit stehen, giebt dann die erforderliche
Menge Eisessig und sodann Wss. hinzu und trennt den aufschwim-
menden Essigäther von der wässerigen Lösung. Letztere wird mit
Sodalösung gewaschen, mit Chlorcalcium getrocknet und das nach dem
Abdestilliren des Essigäthers rückständige Oel rectificirt. Dasselbe
siedet bei $260-270^0$ und giebt bei der Verseifung reine Zimmtsäure.
Die Ausbeute an dieser Säure beträgt etwa $100-110\,^0/_0$ vom Gewichte
des angewandten Aldehydes. — **89.** Rep. p. 751. **60.** Bd. 23. p. 976.
— L. Edelcano und Rudishteano wollen Zimmtsäure in besserer
Ausbeute als bisher erhalten, indem sie Benzaldehyd mit Acetylchlorid
in molekularen Mengen mit 3 Mol. Natriumacetat am Rückfluſskühler
erhitzen. — **98.** p. 191. **34.** p. 100.

**Löslichkeit der Salicylsäure in alkoholhaltigen Flüssigkeiten bei
verschiedenem Alkoholgehalte;** v. K. Imendörffer. Für die Löslichkeit der Salicylsäure in wässerigen alkoholhaltigen Flüss. hat Verf.
die nachstehenden Zahlen gefunden: 1 Th. Salicylsäure (Löslichkeit
in Wss. 1 : 621, Schmelzpunkt 154^0) wird gelöst von 4,7 Th. 80^0 Alkohol, 6,7 Th. 70^0, 10 Th. 60^0, 19 Th. 50^0, 49 Th. 40^0, 206 Th. 30^0.
338 Th. 20^0, 547 Th. 10^0. — **106.** p. 395.

Salicylsäure und ihre Verunreinigungen. Charteris fand in den
künstlichen Präparaten giftige Stoffe, die in den natürlichen nicht enthalten sind. Aeuſserlich haben diese Körper ein mehlartiges Aeuſsere
und scheinen sehr löslich zu sein, und obwohl sie in chemischer
Hinsicht noch nicht genau identificirt sind, hat man doch schon die
Vermuthung ausgesprochen, daſs es Derivate der Kresotinsäure seien
(vgl. Rep. 1889 I. p. 277). Verf. reinigt die künstliche Säure durch
Ueberführen in Calciumsalicylat, das er durch Salzsäure zersetzt, und
5—6malige Umkrystallisation der abgeschiedenen Säure aus heiſsem
Wss. Das Endproduct ist eine ganz reine Salicylsäure, die den äuſse-
ren Anschein und die reine physiologische Wirkung der natürlichen
Säure besitzt. Deutsche Salicylsäurefabrikanten haben sich entschlossen.
Salicylpräparate nach der Methode des Verf. zu reinigen. — Brit. Med.
Journ. p. 498. **38.** Rep. p. 115. — G. G. Henderson krystallisirt
nach dem Verfahren von Williams die auf obige Weise erhaltene

Salicylf. nach dem Waschen mit kaltem Wss. aus heifsem Alkohol um. — **26.** p. 591. **34.** p. 236.

Trennung der beiden nach D. P. 46413 darstellbaren isomeren Dithiosalicylsäuren. D. P. 51710 (Zus.-Pat. zum D. P. 46418; vgl. Rep. 1889 I. p. 214) f. d. Firma Dr. F. von Heyden Nachfl. in Radebeul bei Dresden. Bei dem Fällen mit Kochsalz fällt ein grofser Theil des schwerer löslichen Salzes der Dithiosalicylsäure I. aus, während das Salz der Dithiosalicylf. II. mit wenig Salz I. verunreinigt in Lösung bleibt. Am vollständigsten gelingt die Trennung durch Behandlung des trockenen Natriumsalzes der rohen Dithiosalicylf. mit kochendem Spiritus. Letzterer löst nur das auch in Wss. leichter lösliche dithiosalicylsaure Natrium II., während das schwerer lösliche Natriumsalz I. als schwefelgelbes Pulver zurückbleibt. Die Mutterlauge ergiebt eingedampft das Salz II. als eine grauweifse Masse, welche im Wss. äufserst leicht löslich und hygroskopisch ist. — **75,** p. 506.

Löslichkeitsverhältnisse des Tannins. Nach Procter sind in je 100 Th. des Lösungsmittels folgende Mengen trockenen Tannins löslich: in kaltem Wss. 253 Th.; warmem Wss. 300 Th.; wasserfreiem Alkohol 120 Th.; wasserfreiem Aether 90 Th.; Chloroform $0{,}007$ Th.; Benzol noch weniger; Salzlösungen nur Spuren. — **105.** p. 351. **24.** p. 105.

Fabrikation des farblosen Tannins. Um aus Kastanien-, Quebracho-, Sumach-, Valonea-, Dividi-, Eichenholz farbloses Tannin herzustellen, sind nach Villon drei Operationen nothwendig: 1) das Ausziehen der tanninhaltigen Substanzen; 2) die Fällung des Tannins als unlösliches Tannat; 3) die Isolirung des Tannins. Durch methodisches Auslaugen in 6 Bottichen, die im Kohlensäurestrom bei 80 bis 90° functioniren, erhält man je nach der Natur des Materials eine Flüss. von 4—8° B. Man läfst abkühlen, bringt die Lauge, wenn sie die gewöhnliche Temp. erlangt hat, in einen Kühlapparat, wie sie in Brauereien benutzt werden und erhält ½ Stde. lang auf + 2°. Die Extractstoffe und das Tannin fallen hierbei aus; man filtrirt auf einer Filterpresse. Um die Klärung vollständiger zu machen, setzt man $0{,}5\%$ Zinksulfat hinzu. Hierauf bestimmt man den Tanningehalt und setzt pro Kilogramm der tanninhaltigen Flüss. 2,5 kg Zinksulfat in der 5fachen Wassermenge gelöst zu. Dann wird die Flüss. in ein Gefäfs mit Rührer gebracht, während ein Ammoniakstrom, aus 2,5 kg Ammoniumsulfat mittelst Kalks erhalten pro Kilogramm Tannin, eingeleitet wird. Man schliefst das Gefäfs und leitet das überschüssige Ammoniak in ein zweites Gefäfs. Das durch Ammoniak in Freiheit gesetzte Zinkoxyd verbindet sich mit dem Tannin zu einem in neutraler oder ammoniakalischer Lösung nicht löslichen Zinktannat. Während des Einleitens von Ammoniak erhält man die Flüss. durch eine Schlange im Kochen, wodurch bewirkt wird, dafs nur Zinktannat fällt. Das Zinktannat wird auf der Filterpresse zuerst mit heifsem, dann mit kaltem Ammoniak ausgewaschen, schliefslich mit kaltem Wss. Das Filtrat wird zur Wiedergewinnung des Ammoniaks mit Kalk gesättigt. Das Zinktannat wird in dem 5fachen Gewicht Wss. aufgeschwemmt und mit verdünnter Schwefelsäure zersetzt, wodurch sich Zinksulfat und freies Tannin bildet. Zur Entfernung des Zink-

sulfats giefst man allmählich Baryumsulfidlösung ein, bis sich kein
Niederschlag mehr bildet. Aus letzterem regenerirt man Zinksulfat
und Baryumsulfid. An Stelle des Zinksulfats kann man, allerdings
weniger vortheilhaft, Kupfersulfat benützen. Aus den Tanninextracten
von 10—15⁰ B. mit 20—30% Tannin kann man Tannin frei von
Extractstoffen und wenig gefärbt gewinnen. — **98.** p. 784. **34.** p. 212.
76. p. 582.

Benzoyltannin hat Böttinger dadurch erhalten, dafs er eine mit
5 ccm concentrirter Natronlauge versetzte kalte, verdünnte, wässerige
Lösung von 3 g Tannin mit Benzoylchlorid versetzte und durchschüttelte,
die entstandene Verbindung von Benzoyltannin mit Benzoësäureanhydrid
durch Behandeln mit Aether oder Alkohol zersetzte und das Benzoyltannin auf dem Filter wusch und trocknete. Es bildet ein sandiges,
gelblich gefärbtes, wasserunlösliches Pulver, welches von Natronlauge
nur schwer gelöst wird. Wird die durch concentrirte Schwefelsäure
bewirkte Lösung mit Wss. verdünnt und wiederholt mit Aether ausgeschüttelt, so erhält man beim Verdunsten des Aethers ein Gemisch
von Gallussäure und Benzoësäure. — **60.** Bd. 22. p. 2706. **24.**
p. 154.

Gewinnung reiner Gallusgerbsäure. D. P. 51326 f. R. Gartenmeister in Berlin. Wird gerbstoffhaltiges Material mit Essigäther
extrahirt, das ätherische Extract zur Trockene gebracht und mit Wss.
aufgenommen, so resultirt eine Emulsion, aus welcher die ungelösten
Stoffe: Fett, Chlorophyll, Harz u. s. w. sich nicht absetzen. Durch
lebhafte mechanische Bewegung, Rühren mittelst geeigneter Rührvor-
richtungen, Schütteln in rotirenden Trommeln, Einblasen comprimirter
Luft oder durch Ausschleudern in Centrifugen können dieselben indefs
leicht zum Zusammenballen gebracht und darauf durch Filtriren oder
Decantiren abgeschieden werden. Die nur wenig gefärbte Lösung der
Gerbsäure wird darauf zur Trockene gebracht. Die Abscheidung der
genannten Stoffe gelingt eben so leicht durch Zugabe löslicher Kupfer-,
Blei- oder Zinksalze zur wässerigen Lösung und Ausfällen der Metalle
durch Schwefelwasserstoff. — **75.** p. 289. **49.** p. 279.

Darstellung von chlorirten, bromirten und jodirten Phtalsäuren.
D. P. 50177 f. N. Juvalta in Basel, Schweiz. Tetrachlor-, Tetrabrom-,
Tetrajodphtalsäuren werden erhalten, indem man Phtalsäureanhydrid
mit rauchender Schwefelsäure von 50—60% Anhydridgehalt bis ca.
60⁰ erwärmt und, unter Zusatz einer geringen Menge Jod, Chlor durch-
leitet oder Brom bezw. Jod hinzufügt und die Temperatur allmählich auf 180—200⁰ steigert. — Dibromphtalsäure wird in analoger
Weise unter Verringerung der zuzusetzenden Brommenge erhalten. —
Wendet man als Ausgangsproduct Dichlorphtalsäureanhydrid an und
behandelt dieses mit rauchender Schwefelf. und Brom, so entsteht
Dichloridbromphtalf. — **75.** p. 72.

Darstellung von β-Naphtolcarbonsäure. D. P. 50341 f. d. Firma
Dr. F. von Heyden Nachfolger in Radebeul bei Dresden. Die
β-Naphtolcarbonsäure (D. P. 31240 und Zus.-Pat. 38052; vgl. Rep.
1885 I. p. 15 und 1886 II. p. 324.) entsteht, wenn man auf die Alkalisalze des β-Naphtols unter Druck und bei 120—145⁰ C. Kohlensäure
wirken läfst. Diese sehr unbeständige Säure zerfällt sehr leicht

wieder in Kohlenf. und β-Naphtol; sie schmilzt bei 157⁰ C. Steigert
man aber bei der Operation die Temp. auf 200—250⁰ C., so entsteht
eine zweite sehr beständige β-Naphtolcarbonf., die gelb gefärbt ist,
deren Schmelzpunkt bei 216⁰ C. liegt und welche ihrer gröfseren
Beständigkeit wegen eine Verwendung in der Farbenindustrie gestattet.
Dieselbe wird in gleicher Weise durch Erhitzen der Alkalisalze des
sauren β-Naphtolkohlensäureesters in einem Digestor in einer Kohlen-
säureatmosphäre auf 200—250⁰ erhalten. — **75**. p. 111.

Darstellung der Naphtalin-α-sulfosäure. D. P. 50411 f. Chemische
Fabrik Grünau, Landshoff & Meyer in Grünau bei Berlin. Fein
gemahlenes und durch ein Sieb von 0,5 mm Maschenweite geworfenes
Naphtalin wird mit englischer Schwefelsäure, mit Gemischen von englischer und rauchender Schwefelf. oder ausschliefslich mit so viel
rauchender Schwefelf., dafs ihr Gesammtgehalt an Anhydrid höchstens
80 Th. auf 128 Th. des angewendeten Naphtalins beträgt, bei Temp.
unterhalb 70⁰ C. so lange durchgerührt, bis sich alles an der Oberfläche schwimmende Naphtalin gelöst hat. Es soll ohne Mehrauf-
wand von Material, bei geringerem Brennmaterialverbrauch und weniger
Arbeit direct ein viel reineres Product als bei dem früheren Verfahren. erhalten werden. — **75**. p. 126.

Darstellung von Salzen einer neuen Thionaphtolsulfosäure. D. P.
50613 (Zus.-Pat. zum D. P. 50077; vgl. Rep. 1889 II. p. 15) f. Actien-
gesellschaft für Anilin-Fabrikation in Berlin. Die Darstellung
erfolgt in gleicher Weise wie bei der Thionaphtolsulfosäure B, indem
man α-Naphtolsulfosäure aus Naphtionsäure mit Alkali und Schwefel
erhitzt. Die freie Säure ist in reinem Zustande bisher nicht erhalten
worden. Charakteristisch für diese Säure ist das Baryumsalz, welches
sich auf Zusatz von Chlorbaryum zu einer stark verdünnten, schwach
angesäuerten Lösung des Natriumsalzes in grauweifsen Flocken ausscheidet. — **75**. p. 182. **49**. p. 182.

Herstellung von Tereben; v. B. Reber. In 2 kg Terpentinöl
werden tropfenweise 100 g reiner Schwefelsäure unter fortwährendem
Umrühren eingetragen, worauf man zum leichten Sieden erhitzt und
24 Stdn. stehen läfst. Während des Eintragens der Säure mufs das
mit Oel gefüllte Gefäfs in kaltem Wss. stehen. Nach dem Absetzen
wird das obenstehende Tereben von dem dunklen Säurebodensatze
abgezogen, mit 100 g Kreidepulver versetzt und die Mischung öfter
umgeschüttelt, damit die saure Reaction verschwindet. Das sorgfältig
filtrirte Tereben wird in kleinen wohlverschlossenen Flaschen aufbewahrt. — Fortschr. d. D. Pharm. Südd. Apoth.-Ztg. **31**. p. 93.

Gutes Cassiaöl soll nach E. Hirschsohn folgendes Verhalten
zeigen: Beim Schütteln des Oeles mit dem dreifachen Vol. Petroläther von 0,650 spec. Gew. darf sich das Vol. des in der Ruhe ausgeschiedenen Oeles nicht verändern. Ein reines Oel löst sich in dem
dreifachen Vol. 70⁰/₀igen Alkohols bei 15⁰ klar oder opalisirend auf.
Erzeugt Kupferoxyd oder Kupferoxydhydrat Blaugrünfärbung, so ist
Kolophonium resp. auch Kopaivabalsam beigemischt. — **40**. **38**. p. 291.

Das ätherische Oel von Daucus Carota bereitete M. Landsberg
aus den Früchten von D. Carota von Schimmel & Co. durch Destillation mit gespanntem Wasserdampfe. Es ist rein gelb, von angenehmem,

mohrrübenähnlichem Geruche und scharfem Geschmacke. Auf Papier macht es einen allmählich verschwindenden Fettfleck. Es röthet blaues Lackmuspapier und ist in Alkohol, Aether, Eisessig, Chloroform etc. leicht löslich. Spec. Gew. bei 20^0 $0{,}8829$. Es enthält ein bei 159 bis 161^0 siedendes Terpen, welches sich der von Wallach aufgestellten Gruppe des Pinens einreiht, und einen sauerstoffhaltigen Körper $C_{10}H_{18}O$. der in naher Beziehung zum Cineol steht und sich als Terpenmonohydrat auffassen läfst. In geringer Menge wurde Essigsäure nachgewiesen. — 3. p. 85. 89. Rep. p. 61.

Darstellung von substituirten Dihydrochinazolinen (Orexin). D. P. 51712 f. C. Paal in Erlangen. Chinazolinderivate, welche sich von einem Dihydrochinazolin $C_6H_4 < \genfrac{}{}{0pt}{}{N = CH}{CH_2 - \dot{N}}$ ableiten, entstehen durch Reduction von o-Nitrobenzylformanilid, o-Nitrobenzylformotoluid u. s. w. Es bildet sich intermediär die Amidoverbindung, die unter spontaner Wasserabspaltung das entsprechende Chinazolinderivat liefert. Diese Verbindungen (Phenyl-, Tolyl-, Anisyl- und Phenetyldihydrochinazolin) sollen Verwendung finden zu therapeutischen Zwecken. — 75. p. 506. — Nach Penzoldt ist das Orexin ein echtes Stomachicum, d. h. es ist im Stande, sämmtliche Magenfunctionen einschliefslich des Appetits zu verbessern. Das Hydrochlorat enthält 2 Mol. Krystallwasser, die es im Exsiccator allmählich abgiebt, wobei die Krystalle verwittern. Der Schmelzpunkt des ersteren liegt bei 80^0, der des wasserfreien bei 221^0. Es ist, auf die Zunge gebracht, schwach bitter und hinterläfst ein intensiv brennendes Gefühl, auch reizt es die Nasenschleimhaut heftig. In Aether ist es unlöslich, leicht löslich dagegen in heifsem Wss. und in Alkohol. Letztere Eigenschaft war mafsgebend, der chlorwasserstoffsauren Verbindung zur Einführung in die Therapie den Vorzug zu geben, denn die freie Base ist fast unlöslich in Wss. Sie fällt als krystallinisch erstarrendes Oel aus, wenn man die wässerige Lösung des Chlorhydrats mit Alkali versetzt. Aus Petroläther krystallisirt sie in glänzenden, zu Warzen vereinigten, sechsseitigen Tafeln. Sie schmilzt bei 95^0 und destillirt bei sehr hoher Temp. unter partieller Zersetzung. Dafs stets eine gröfsere Menge Flüss. dazu genommen werde, ist wegen der scharf reizenden Eigenschaften der Substanz streng zu beachten. Unangenehme Nebenwirkungen sind bei Einhaltung der zulässigen Dosis selten bemerkt worden. Günstige Nebenwirkungen kamen gar nicht zur Beobachtung, speciell kein Einfluss auf das Fieber der Phthisiker. Betreffs der Wirkung auf Spaltpilze schien das Orexin den Eintritt der Fäulnifs im Blute in Lösungen von $0{,}2\%$ an zu verzögern, pathogene Spaltpilze jedoch in der Entwicklung nicht aufzuhalten. Das salzsaure Diphenyldihydrochinazolin (Phenylorexin) ist wirkungslos. Giftiger als Orexin sind salzsaures Methylphenyldihydrochinazolin (Methylorexin) und Anisyldihydrochinazolin. Weniger giftig ist das Phenetyldihydrochinazolin, während das salzsaure Tolyldihydrochinazolin in seiner Giftwirkung mit dem Orexin übereinstimmt, ohne die appetiterregenden Eigenschaften zu besitzen. — Ther. Monatsh. p. 59. 76. p. 214. 38. p. 86. — Nach A. Donner erzeugt in der wässerigen Lösung (1 : 20) Quecksilberchlorid einen weifsen, Kaliumbichromat einen gelben, beim

Stehen an der Luft sich nicht verändernden Niederschlag. Kaliumpermanganatlösung wird durch dieselbe bereits in der Kälte entfärbt, Bromlösung wird unter Bildung eines gelblichen, amorphen Niederschlages entfärbt. Erhitzt man ein Gemisch von Orexin mit Zinkstaub kurze Zeit über freier Flamme, so tritt ein starker, carbylaminartiger Geruch auf. Behandelt man hierauf das Gemisch mit Salzsäure, so nimmt das Filtrat auf Zusatz von Chlorkalklösung eine blaue Farbe an. Auf Platinblech erhitzt, verbrennt die Verbindung, ohne einen Rückstand zu hinterlassen. — 106. p. 418.

Löslichkeit einiger Alkaloïde und deren Salze in chemisch reinem absolutem Aether; v. K. Tamba.

	Temp. 17° Einwirkungsdauer 24 Stdn. Gelöste %	Siedetemp. 5 Min.	Siedetemp. 40 Min.
Strychnin	0,0232	0,057	0,305
Morphin	0,0250	0,057	0,130
Brucin	0,5083	0,480	0,765
Atropinsulfat	0,0070	0,0133	0,065
Strychninnitrat . . .	0,0013	0,0133	0,055
Morphinsulfat	0,033	0,077	0,075
Narkotin	0,387	0,680	2,545
Narceïn	0,0033	—	—
Thebaïn	0,5283	—	—
Veratrin	1,527		
Colchicin	0,510		

— 31. p. 112.

Caffeïn wird nach R. Leipen durch Ozon ähnlich wie durch Bichromat und Schwefelsäure unter Bildung von Dimethylparabansäure, Ammoniak, Methylamin und Kohlensäure oxydirt. Oxalsaures Caffeïn zeichnet sich, im Gegensatz zu anderen Caffeïnsalzen, durch grofse Beständigkeit aus. — 121. Bd. 10. p. 184. 95. p. 443.

Zur Herstellung von Antiseptol oder Jodcinchoninsulfat löst Yvon 25,0 g Cinchoninsulfat in 2 l Wss. und fällt mit folgender Lösung: Jod 20 g, jodsaures Kalium 10 g, Wss. 1000 g. Man mufs stets das Cinchoninsulfat vorwalten lassen. Der auf diese Weise erhaltene voluminöse Niederschlag enthält 50 % Jod, ist pulverförmig, leicht, von kermesbrauner Farbe, geruchlos, unlöslich in Wss., löslich in Alkohol und Chloroform. — 106. p. 522.

Damascenin, $C_{10}H_{15}NO_3$, ist nach A. Schneider in der Samenschale von Nigella Damascena enthalten. Die Benzinauszüge der zerquetschten Samen wurden mit verdünnter Salzsäure ausgeschüttelt und die filtrirte salzsaure Lösung mit Sodalösung alkalisch gemacht. Der Niederschlag wurde in absolutem Alkohol gelöst und unter einer Luftpumpe über Schwefelsäure zur Krystallisation gebracht. Die Krystalle wurden dann durch wiederholtes Schmelzen und Abpressen der wieder erstarrten Masse zwischen Filtrirpapier rein erhalten. Das reine Damascenin bildet schwach gelbliche, gut ausgebildete Krystalle, die bläulich fluoresciren, bei 27° schmelzen und einen eigenthümlichen, an die Blüthen von Cytisus laburnum oder Robinia pseudacacia erinnernden

Geruch zeigen. Es ist in kaltem Wss. unlöslich, leicht löslich in
Alkohol, Benzin, Chloroform, fetten Oelen etc. Im geschmolzenen
Zustande bildet das Damascenin ein gelbliches, schwach fluorescirendes Oel. Erhitzt man das salpetersaure Salz auf dem Platinblech, so
färbt sich dasselbe gelb, grün, dann prachtvoll dunkelblau, wird darauf braun, giebt nach Chinolin riechende Dämpfe ab und verbrennt
ohne Rückstand. Der beim Erhitzen entstehende blaue Farbstoff,
Damasceninblau, ist in Alkohol und Chloroform löslich, in Aether
und Benzin unlöslich, ist lichtecht, und zeigt, durch Verdunsten seiner
Lösung gewonnen, einen metallischen Schimmer. Läfst man Damasceninlösungen, welche überschüssige Salpetersäure enthalten, monatelang stehen, so nehmen sie eine prachtvolle violette Färbung an.
während sich an den Gefäfswandungen ein violetter Farbstoff absetzt.
der in Chloroform. Essigsäure und Alkohol leicht löslich ist und in
den Lösungen die Farbe des Methylvioletts zeigt (Damasceninroth).
Der beim Verdunsten der alkoholischen Lösung hinterbleibende Rückstand zeigt den metallischen Glanz der Theerfarbstoffe. Die Lösung
färbt Fliefspapier schön violettroth. Die Färbung ist gleichfalls lichtecht. — **24.** p. 173. **89.** Rep. p. 104.

Käufliches Hyoscinhydrobromid ist nach E. Schmidt kein einheitliches Product und entspricht weder nach den Eigenschaften, noch
in der Zusammensetzung Ladenburg's Hyoscin. — **38.** p. 186. **34.**
p. 132.

Eine alkoholische Lösung des Kunstmoschus riecht nicht moschusartig, verdünnt man dieselbe jedoch mit Wss., so entwickelt sich ein
ungemein starker Moschusduft, der in Lösungen von 1 : 50 000 noch
deutlich wahrnehmbar ist. Selbst Lösungen von 1 : 100 000 und mehr
riechen noch, wenn man auch den betreffenden Geruch nicht mehr
als den des Moschus identificiren kann. Verdünnt man eine 1%ige
alkoholische Lösung mit Wss. bis zum Verhältnifs 1 : 2000, so ist die
Lösung noch opalescirend, verdünnt man sie jedoch bis 1 : 20 000,
so wird sie klar und mit der Verdünnung scheint der specifische Geruch an Stärke zuzunehmen. Fügt man der mit 3000 Th. Wss. verdünnten 1%igen alkoholischen Lösung des synthetischen Moschus etwa
fünfmal soviel kaustische Soda zu, als das Gewicht des Kunstmoschus
selbst beträgt, so bleibt die Lösung immer noch opalescirend. Kocht
man sie jedoch, so verschwindet die Opalescenz und der Moschusgeruch wird viel stärker, als in einer neutral alkalischen Lösung.
Behandelt man die an und für sich neutrale Lösung des Kunstmoschus mit verdünnter Schwefelsäure, so scheidet sich das synthetische Product in Form kleiner Krystallnädelchen aus. Mischt man
dasselbe mit Rosenöl im Verhältnifs 1 : 10 und verdünnt dann das
Gemisch mit Wss., so waltet zunächst der Rosenölgeruch vor, bei
weiterem Verdünnen jedoch beginnt der Moschusgeruch sich zu entwickeln. Das Verhalten des Kunstmoschus zu kaustischer Soda läfst
darauf schliefsen, dafs er als Parfüm bei der Toiletteseifenfabrikation
erfolgreiche Verwendung finden kann. — **38. 49.** p. 279.

J. W. Brühl; Concentration der Sonnenstrahlen für chemische Reactionen
(z. B. Darstellung von Zinkäthyl durch einen metallenen Hohlspiegel oder
eine Linse). **60.** Bd. 23. p. 1462.

W. Hempel; Verbrennungen unter hohem Druck (führen Schwefel zur Hälfte direct in Schwefelsäureanhydrid über und gestatten, Stickstoff mit Sauerstoff zu verbrennen). **60.** Bd. **23.** p. 1455.

Weifs; Messung der Consistenz von Flüssigkeiten. **106.** p. 529.

F. J. Herz; Verdünnungs-Tabellen für die Praxis. **89.** p. 3.

A. G. Bloxam; Herstellung ammoniakfreien Wassers (durch Kochen von destillirtem Wss. in einer weithalsigen Flasche). **8.** vol. 61. p. 29. **123.** p. 184.

A. Gorgeu; Einwirkung von Wasserstoffsuperoxyd auf die Sauerstoffverbindungen des Mangans. **9.** t. 110. p. 958. **34.** p. 154. **170.**

M. Netto; einige Fluorsalze und deren industrieller Werth. (Magnesium-Natriumdoppelsalze.) **123.** p. 45.

R. Knietsch; Eigenschaften des flüssigen Chlors. **1.** Bd. 259. p. 100.

F. Maierl; Arsengehalt der rohen Salzsäure. (0,24 %.) Pharm. Post (1889) p. 873.

H. M. Vernon; Einwirkung von Salzsäure auf Mangandioxyd. (Es entsteht zuerst ohne Chlorentwicklung Mangantetrachlorid.) **89**, p. 563.

L. T. Thorne; Methoden, Sauerstoff im Grofsen herzustellen. (Brin's Verfahren.) **26.** p. 246. **34.** p. 141.

F. A. Flückiger; Schwefelgewinnung bei Girgenti. **3.** Bd. 227. p. 1035.

J. Uhl; Einwirkung von Schwefeldioxyd auf Metalle. **60.** Bd, 23. p. 2151.

P. J. Hartog; Darstellung von Sulfiten. Am. Journ. of Pharm. vol. 20. No. 3. **38.** Rep. p. 174.

G. Lunge und M. Isler; neue Bestimmung der specifischen Gewichte von Schwefelsäuren verschiedener Concentration. **123.** p. 129.

A. Ditte; Wirkung von Schwefelsäure auf Aluminium. (Schwefelf. löst Aluminium bei Gegenwart von Platin-, Gold-, Kupfer-, Quecksilberchlorid.) **9.** t. 110. p. 573.

F. Bode; Vorschläge zur Verbesserung der Schwefelsäurefabrikation. **123.** p. 11.

Hasenclever'scher Röstofen der Rhenania. Revue univ. des mines. p. 18. **43.** p. 171.

G. Lunge in Zürich und L. Rohrmann in Krauschwitz, D. P. 50336; Plattenthurm.

Veitch in Crieff, Engl. Pat. 7901/1889; Schwefelsäureconcentrations-Apparat.

O. Loew; Ueberführung von atmosphärischem Stickstoff in salpetrige Säure und Ammoniak (durch Platinmoor in Gegenwart von Natronlauge; energische Bewegung des Protoplasma kann entschieden bei Gegenwart von wenig Alkali denselben Vorgang in den Pflanzenzellen bewirken). **60.** Bd. 23. p. 1443.

O. Loew; katalytische Bildung von Ammoniak aus Nitraten. (Spaltpilze verwandeln in Nährflüssigkeit ein Gemenge von Alkohol und Salpeter in ein Gemenge von Kalium- und Ammoniumacetat, eine Erscheinung, die nur durch den energischen Bewegungszustand im lebenden Protoplasma erklärt werden kann; ebenso lieferte ein erhitztes Gemenge von Dextrose, Kaliumnitrat und Platinmoor Ammoniak-Verbindungen.) **60.** Bd. 23. p. 675.

Davis, Engl. Pat. 16349/1888; Ammoniak-Destillirapparat.

A. Ditte; Wirkung von Salpetersäure auf Aluminium. **9.** t. 110. p. 782.

Hübener; Darstellung von Mellithsäure (aus Graphit und Salpetersäure oder Kaliumchlorat). **89.** p. 440.

Fowler-Grant; Sauerstoffabgabe des Kaliumchlorats. (Einwirkung der Beimischung gewisser Oxyde genauer untersucht.) **8.** p. 117. **38.** p. 153.

Prehn; Verunreinigung des Kaliumbromids und -jodids (durch Alkalicarbonat an der Oberfläche). **106.** Bd. 34. p. 730. **38.** Rep. p. 9.

E. F. Smith; Vorkommen von Vanadium im Aetzkali. **8.** vol. 61. No. 1572.

17*

Berthelot; Reduction der Alkalisulfate durch Wasserstoff und Kohle. (Durch Wasserstoff entstehen bei 500° neben Wss. Alkalihydrat und -sulfhydrat; letztes dissociirt in Sulfid und Schwefelwasserstoff, welch' letzterer sich theils als solcher entwickelt, theils mit dem Hydrat das Sulfhydrat regenerirt; das Sulfhydrat zerfällt mit Wasserdampf in Hydrat und Sulfhydrat; Endproducte sind Alkalisulfid, Alkalihydrat und Alkalipolysulfid, durch Dissociation des H_2S entstanden. Bei der Einwirkung von Kohle ist in der Technik im Anfang immer Kohlenoxyd vorhanden, weshalb der Procefs nach der Gleichung: $2 K_2SO_4 + 8 CO = 2 K_2S + 8 CO_2$ verläuft.) 9. t. 110. p. 1106. 34. p. 210.

Cornet & Jones in Paris, Engl. Pat. 3336/1889; Eindampfen von Soole.

Hewson in Stockton-on-Tees, Engl. Pat. 17 807/1888; Herstellung transportfähiger Salzblöcke.

C. Huggenberg; Gewinnung von Aetznatron mittelst Eisenoxyd aus calcinirter Soda. 122. p. 165.

J. Morrison; Erfahrungen über den Bachet-Procefs. 26. p. 160. 34. p. 115.

C. F. Cross und E. J. Bevan; Ammoniumhypochlorit. 89. p. 329.

G. Brügelmann; Beiträge zur Charakteristik der alkalischen Erden und des Zinkoxyds. 37. p. 126.

Cl. Winkler; Reduction von Sauerstoffverbindungen durch Magnesium. 60. Bd. 23. p. 44. 129.

R. Nahnsen; zum Stande der Chlormagnesium-Zersetzung. 123. p. 673. 89. p. 356.

Salzbergwerk Neu-Stafsfurt, D. P. 48552; Ofen zur Darstellung von Magnesia aus Chlormagnesium.

Bailey; Verhalten des Kupferoxyds in der Hitze. (Es bildet sich Cu_2O.) 43. p. 137.

Grimbert und Barbé; Niederschlag, der beim Zusatz von Kupfersulfatlösung zu gewöhnlichem Wss. entsteht (ist $3 CuO \cdot CuSO_4 + 4 H_2O$ und wird durch Calciumbicarbonat-Gehalt des Wss. veranlafst). 17. t. 21. p. 414.

G. Kafsner; die Oxyde des Bleis. 3. p. 171.

J. Fogh; Zersetzung des Bleihyposulfits durch Wärme. (Durch Kochen mit Wss. entsteht Schwefelblei und Bleitrithionat.) 9. t. 110. p 524.

J. Fogh; Doppelthyposulfite von Blei und Natrium. 9. t. 110. p. 571.

L. Backeland; Dissociation von Bleinitrat. (Bleinitrat giebt beim Erhitzen erst die basischen Salze $(PbO) 3 (N_2O_5)_2$, $(PbO)_3 \cdot N_2O_5$ und zuletzt Bleioxyd.) Mém. couronnés et autres Mém. publ. par l'Acad. royale de Belgiques. 89. Rep. p. 155.

Dieterich: Moorsalz. (900 trockenes Eisensulfat, 20 gefälltes Calciumsulfat, 20 trockenes Bittersalz, 40 trockenes Glaubersalz, 20 Ammonsulfat.) 24. 4g. p. 240.

M. Lecerf; krystallisirtes Ferrum phosphoricum cum Ammonio citrico. Rép. de Pharm. 17. t. 20. p. 353. 38. Rep. p. 13.

Pétricon; eine neue Chlorirungsmethode in der aromatischen Reihe (mit nascirendem Zinnchlorid; besonders für höher gechlorte Derivate geeignet.) 98. p. 189. 34. p. 100.

G. Linossier und G. Roux; über alkoholische Gährung und Umwandlung des Alkohols in Aldehyd durch den Soorpilz. 9. t. 110. p. 868. 38. Rep. p. 223.

F. Mayer; Darstellung der Aethylsulfonsäure (aus Natriumsulfit und äthylschwefelsaurem Natrium unter Druck; vortheilhafter und bequemer als die bisherigen Methoden). 60. Bd. 23. p. 908. 34. p. 150.

v. Hebra; Seifen-Glycerin (dient als Salbengrundlage; 80—92 Th. Glycerin, 20—8 Th. Cocossseife). 76. 49. p. 181.

R. Leuckart; Darstellung aromatischer Mercaptane. (Einwirken von Diazoverbindungen auf Xanthogenate und Verseifen.) 18. p. 179.

E. Fischer; Synthese des Traubenzuckers. (Man kann vom Glycerin, ja sogar vom Formaldehyd zum Traubenzucker gelangen.) 60. Bd. 23. p. 799. 80. p. 455.

G. Lange; zur Kenntnifs des Lignins. Ztschr. phys. Chem. Bd. 14. p. 217.

Ed. Hirschsohn; über Exalgin und seine Unterscheidung von Antifebrin und Phenacetin. (Verf. benutzt dazu die leichte Löslichkeit des Exalgins in Chloroform und das Verhalten dieser Lösung zu Petroläther.) 40. p. 17. 38. Rep. p. 71.

A. Ihl; Einwirkung der Phenole auf Honig und auf die Substanz, welche man erhält, wenn man gebrauchte Sulfitlauge vorsichtig zur Trockene verdampft. 89. p. 3.

A. Schneider; über Oreolin. (Nachweis eines Solvingehalts.) 24. p. 68.

G. Ciamician und P. Silber; Eugenol. 60. Bd. 23. p. 1164.

G. Ciamician und P. Silber; Safrol. 60. Bd. 23. p. 1159.

A. Claus; zur Kenntnifs der gemischten fettaromatischen Ketone und ihrer Oxydation durch Kaliumpermanganat. 18. Bd. 41. p. 396.

J. Remsen und A. R. L. Dohme; o-Sulfobenzoësäure. Amer. Chem. Journ. Bd. 11. p. 78. 332.

H. Schiff; Phloroglucingerbsäure. 1. Bd. 252. p. 87.

C. Gräbe; Euxanthon, Indischgelb, Euxanthinsäure. 1. Bd. 254. p. 265. 60. Bd. 22. p. 1405.

A. Groos; Doppelsalze des Pyridins mit Quecksilbersalzen. 3. Bd. 28. p. 78.

E. Borsbach; Metallverbindungen des Chinolins. 60. Bd. 23. p. 431. 924.

Arnaud; Untersuchungen über das Cinchonamin. 72. t. 19. p. 98. 38. Rep. p. 144.

P. Cazeneuve; über sulfoconjugirte Phenole, welche vom gewöhnlichen Camphor deriviren. (Aus den Untersuchungen ergiebt sich, dafs die Terebenreihe den Benzolkern enthält; die Phenolfunction wird durch Bindung der Hydroxyle der Schwefelsäure an dem Kern hervorgerufen.) 9. t. 110. p. 719. 89. Rep. p. 128.

D. S. Kemp; Untersuchungen des Betelblätteröles. (Hauptbestandtheile: Terpene, Chervicol und besonders Betelphenol und Sesquiterpen; das Schimmel'sche Oel enthält nur die beiden letzteren Bestandtheile.) 105. No. 1029. p. 749. 38. Rep. p. 166.

F. W. Semmler; indisches Geraniumöl. (Verf. stellt die Constitution des Geraniols für optische Activität und Inactivität fest.) 60. Bd. 23. p. 1098.

H. Andres; Bestandtheile des russischen Pfefferminzöles. (Terpen $C_{10}H_{16}$, Menthen $C_{10}H_{18}$, Menthol $C_{10}H_{20}O$, Menthon.) Inaug.-Diss. 40. No. 22. 106. p. 395.

E. M. Holmes; Rosmarinöl. (Details über die Cultur von Rosmarinpflanzungen und Gewinnung des Oels.) Amer. Journ. of Pharm. vol. 20. No. 3. 105. 38. Rep. p. 167.

F. B. Power; chemische Zusammensetzung des Wintergrün- und Birkentheeröls und die Charaktere des synthetischen Wintergrünöls. (Nach Verf. besteht Wintergrünöl aus Methylsalicylat mit kleinen Mengen eines Terpens.) 8. vol. 62. p. 92. 34. p. 310.

E. Schmidt; die Alkaloïde der Atropa Belladonna und einiger anderer Pflanzen aus der Familie der Solanaceae. 38. p. 511.

E. Schmidt; Berberisalkaloïde. 3. Bd. 228. p. 217.

J. Würstl; Chinaalkaloïde. 121. Bd. 10. p. 55.

H. Skraup; Chinaalkaloïde. 121. Bd. 10. p. 39.

H. Skraup und Würstl; Chinaalkaloïde. 121. Bd. 10. p. 39.

H. Schniderschitsch; Chinaalkaloïde. 121. Bd. 10. p. 51.

A. Einhorn; Beziehungen zwischen Cocain und Atropin. **60**. Bd. **23**. p. 1338.

C. Liebermann und F. Giesel; ein Nebenproduct der technischen Cocainsynthese (ist rechtsdrehendes Methylcocaïn, identisch mit Einhorn und Marquart's Rechtscocaïn). **60**. Bd. **23**. p. 508. 926.

A. Einhorn und A. Marquardt; Rechtscocaïn. **60**. Bd. **23**. p. 468. 979.

Thoms; Aethoxycoffeïn. **24**. Bd. **11**. p. 207.

G. Inkna; Condurangin. Arb. a. d. pharmak. Inst. Dorpat. Heft IV. **38**. Rep. p. 205.

E. Lellmann und W. O. Müller; γ-Conicein, Conyrin und inactives Coniïn. (Constitution des ersteren, das durch Salzsäure und Zinn in der Wärme in das letztere übergeführt wird; dessen Chlorhydrat schmilzt bei 213°: Conyrinplatinat existirt in zwei Zuständen von verschiedenem Schmelzpunkt.) **60**. Bd. **23**. p. 680.

H. Kiliani; Digitonin. **60**. Bd. **23**. p. 1555.

E. Schmidt und W. Kerstein; Hydrastin. **3**. Bd. **28**. p. 49.

F. Schmidt; über Alkylhydrastine und deren Derivate. (Methylenjodid scheint Hydrastin in Narkotin überzuführen.) **3**. p. 221. **34**. p. 170.

W. Roser; Narcotin. **1**. Bd. **254**. p. 334. 359.

J. Tsawoo-White; Ptomain (in giftigen Nahrungsmitteln). **8**. vol. 60. p. 114.

A. B. Griffiths; Ptomaine. **9**. t. 110. p. 416. **8**. vol. 61. p. 87.

A. Jorissen und L. Grosjean; das Solanidin der Kartoffelkeime. Bull. de l'Ac. de Belgique. Bd. 19. p. 245. **89**. Rep. p. 152.

E. Hirschsohn; wirksamer Bestandtheil des Insektenpulvers (ist keine freie Säure; ist löslich in Aether, Chloroform, Benzol, Schwefelkohlenstoff; mittelst dieser Auszüge kann ein unwirksames Pulver wirksam gemacht werden). **40**. p. 209. **34**. p. 157.

Schlagdenhauffen und Reeb; das toxische Princip des Insectenpulvers (ist entgegen E. Hirschsohn eine Säure). Journ. d. Ph. v. Elsass-Lothr. No. 6. **106**. p. 361.

Chemische Analyse.

Für die Concentration der Reagentien empfiehlt Blochmann als zweckmäfsiges Princip die stöchiometrischen Verhältnisse. Man könnte Säuren, Alkalien, Natrium- und Ammoniumsalze in Doppelnormal-, Edelmetallsalze und Baryumnitrat in Halbnormal-, die meisten übrigen Stoffe in $^1/_1$-Normallösungen vorräthig halten. Abgesehen von den concentrirten Säuren und einigen „Wässern", wie Kalkwasser, Gypswasser, nehmen auch die oxydirend und die reducirend wirkenden Substanzen eine Sonderstellung ein, für welche der Concentrationsgrad zweckmäfsig so zu wählen wäre, dafs 1 l der Lösung $^1/_2$ O = 8,0 Sauerstoff abzugeben oder aufzunehmen vermag, wozu beispielsweise 49,0 Kaliumbichromat, 37,2 Natriumhypochlorit, 42,5 Kaliumnitrit oder 112,5 Zinnchlorür erforderlich sein würden, ohne dafs natürlich die Genauigkeit etwa dem Sinne der Mafsanalyse zu entsprechen brauchte. — **89**. p. 735. **38**. p. 308.

Dobbin's Reagenz bereitet man sich nach R. Kifsling zweck-mäfsig,; indem man eine Lösung von etwa 5 g Kaliumjodid mit einer Lösung von Quecksilberchlorid mischt, bis eben ein bleibender Nieder-schlag entsteht, von dem abfiltrirt wird. Hierauf giebt man 1 g Am-moniumchlorid hinzu und versetzt dann vorsichtig mit so viel einer verdünnten Natronlauge, bis abermals ein bleibender Niederschlag entsteht. Die von diesem abfiltrirte Lösung wird zum Liter verdünnt. — **123.** p. 263.

Kaliumbitartrat als Grundlage der Acidimetrie und Alkalimetrie. Zur Erlangung eines reinen Weinsteins löst H. Heidenhain 60 g eines käuflichen Präparates von hohem Reingehalt nach der Bestim-mung des Calciumtartrats in 1 l Wss. unter Erhitzen, versetzt die Lösung mit etwas mehr als der berechneten Menge Salzsäure, kocht noch einige Min. und filtrirt in eine Porzellanschale.· Das Filtrat wird während des Erkaltens häufig umgerührt, um ein Krystallmehl zu er-halten, das nach dem Erkalten von der Mutterlauge getrennt wird. Der Krystallbrei wird durch einmalige Decantation gewaschen und aus $^9/_{10}$ der zuerst angewandten Menge siedenden Wss. umkrystallisirt. Das so erhaltene Krystallmehl wird auf einem Trichter so lange mit Wss. ausgewaschen, bis etwa 200 ccm des Waschwassers durch Silber-nitrat nicht mehr opalisirend getrübt werden. Darauf wird noch einige Male mit reinem Weingeist nachgewaschen und das Präparat bei 100^0 C. getrocknet. Man erhält das Salz auf diese Weise voll-kommen rein als feinsandiges, krystallinisches, wasserfreies, nicht hygroskopisches Pulver, das sich sehr gut als Ursubstanz eignet, um Normalalkalilösungen herzustellen. Es zeigt beim Titriren, unter An-wendung von Phenolphtaleïn als Indicator, einen sehr scharfen Um-schlag, und beim Eintritt des Umschlages von farblos in schwach rosa sind Alkali und Säure in genau äquivalenten Verhältnissen gemischt, wie die mitgetheilten Beleganalysen zeigen. — **76.** p. 133. **38.** Rep. p. 221.

Zur Kenntnifs des Natriumcarbonats. Die von R. Kifsling (s. Rep. 1889 II. p. 188) früher behauptete Kohlensäureabnahme des Na-triumcarbonats bei 400^0 ist nach neueren Untersuchungen desselben Verf. bei reinem Material äufserst gering; beim längeren Schmelzen des Natriumcarbonats finden eigenthümliche Gewichtsschwankungen statt, welche den Eindruck erwecken, als fände ein in der Abgabe und Aufnahme von Kohlensäure bestehendes Oscilliren um eine Gleich-gewichtslage statt. Das Natrium carbon. sicc. pulv. puriss. von E. Merck in Darmstadt ist als ein bicarbonathaltiges Natriumcarbonat anzusprechen; es erscheint daher nach allem zweckmäfsiger, sich als Grundlage für Gehaltsermittelung der Mafsflüssigkeit des Kaliumtetra-oxalates zu bedienen. — **123.** p. 262.

Auf die Haltbarkeit von Permanganatlösungen ist nach R. W. Oddy und J. B. Cohen das Licht ohne Einfluſs. Die Lösung, welche zuvor gekocht worden ist, soll alle 14 Tage auf ihren Gehalt geprüft werden. — **26.** p. 17. **89.** Rep. p. 39.

Lackmusfarbstoff von groſser Reinheit stellt O. Förster folgen-dermaſsen her: Käuflicher Lackmus von bester Qualität wird zunächst mit gewöhnlichem Spiritus in der Kälte extrahirt, hierauf mit Wss. digerirt, die Lösung filtrirt und eingedampft. Der Rückstand wird

wiederum in Wss. gelöst, filtrirt und das Filtrat mit absolutem
Alkohol gefällt, dem etwas Eisessig zugesetzt war. Der Niederschlag
wird auf einem Filter gesammelt und mit Alkohol ausgewaschen,
wobei ein violetter, fluorescirender Farbstoff in Lösung bleibt. Der
Rückstand wird nochmals in Wss. gelöst und die Fällung, Filtration
und das Auswaschen wie vorhin wiederholt, wobei ein rother, in
alkalischer Lösung violetter Farbstoff gelöst bleibt. Bei einer nochmaligen Wiederholung dieses Verfahrens bleibt nur noch eine kleine
Menge dieses Farbstoffes in Lösung. Der Niederschlag auf dem Filter
wird nun getrocknet und dabei wiederholt mit Alkohol durchfeuchtet,
um die Essigsäure zu vertreiben. Der Niederschlag wird dann nochmals in Wss. gelöst und die Lösung filtrirt. Der Farbstoff, schlieſslich mit schwach ammoniakalischem Alkohol gefällt, auf einem Filter
gesammelt, mit reinem Alkohol ausgewaschen und getrocknet, ist nunmehr zur Verwendung fertig. — 37. 29. p. 99.

Die Entfärbung der Lackmustinctur beim Aufbewahren in geschlossenen Gefäſsen erklärt R. Dubois durch die Einwirkung eines
Mikroorganismus, welcher bei Luftabschluſs reducirend auf Lackmusfarbstoff einwirkt und denselben in eine leicht oxydirbare Leukover-
bindung verwandelt, welche bei Zutritt der Luft wieder blau wird.
In sterilisirten Gefäſsen hält sich die Lackmustinctur auch bei Luftabschluſs unverändert. — 98. vol. 49. p. 963. 33. Rep. p. 2.

α-Naphtol-Benzeïn als Indicator kann nach R. Zaloziecki überall
an Stelle von Phenolphtaleïn angewendet werden, mit Ausnahme der
kohlensauren Salze. Zur Herstellung des Körpers läſst Verf. ein Gemisch von 2 Mol. α-Naphtol, 1 Mol. Benzotrichlorid und der entsprechenden Menge Benzol 24 Stdn. stehen, erwärmt dann auf 30 bis
40⁰ und treibt Benzol und überschüssiges Benzotrichlorid mit Wasserdämpfen ab. Das Reinigen der Farbstoffmasse geschieht durch mehrmals wiederholtes Lösen in verdünnter Natronlauge, fractionirtes
Fällen mit Salzsäure und Auswaschen mit Wss. Die Anwendung des
α-Naphtol-Benzeïns geschieht in folgender Weise: 10—20 Tropfen der
1%igen alkoholischen Lösung werden der zu titrirenden verdünnten
Flüss. zugesetzt und so lange titrirt, bis ein Tropfen der Titerflüssig-
keit entweder die Wandlung der Farbe von grün in orange, beim
Titriren mit Säuren, oder von orange in grün, beim Titriren mit
Alkalien, bewirkt. Weil jedoch der Farbstoff gegen Säuren empfindlicher ist, wird vorgezogen, mit Säuren zu titriren, wobei ein Tropfen
einer $\frac{n}{10}$-Säure genügt, um einen deutlichen Uebergang von grün in
orange zu constatiren. — 89. p. 605.

Bestimmung der Dampfdichte von Körpern unterhalb ihrer Siedetemperatur; v. R. Demuth und V. Meyer. Die Verdünnung, welche
bei der Dampfdichtebestimmung nach dem Gasverdrängungs-Verfahren
durch das als Sperrflüssigkeit dienende Gas erfolgt, bringt, wenn
man für rasche Ausbreitung der in den App. geworfenen Substanz
auf dem Boden desselben sorgt, ähnliche Wirkungen hervor, wie eine
mäßige Verdünnung mit der Luftpumpe. Schon bei Verwendung von
Luft kann man 13⁰ unter dem Siedepunkte richtige Werthe erhalten.
Viel überraschendere Resultate erhält man, wenn als Sperrflüssigkeit
der viel rascher diffundirende Wasserstoff benutzt wird. — 60. 3L p. 173.

Das Gasvolumeter, ein Apparat zur völligen Ersparung aller Reductionsrechnungen bei Ablesungen von Gasvolumen; v. G. Lunge. Mittelst eines Dreischenkelrohres und Kautschukschläuchen sind drei Glasröhren miteinander verbunden. Das eine Rohr ist das Gasmessrohr, das zweite „Reductionsrohr" ist ein oben erweitertes Rohr, das bis zu dem ersten Theilstrich unterhalb der Erweiterung 100 ccm fasst, und darunter im cylindrischen Theile noch 30—40 ccm in $^1/_{10}$ getheilt enthält. Das Instrument wird derartig eingestellt, dass man das Volumen ermittelt, das in dem Reductionsrohr 100 ccm trockene Luft einnimmt. Die dritte Röhre dient als Druckrohr. Benutzt man das Instrument nur für einen bestimmten Zweck, so kann man auf der Gasbürette statt der Eintheilung in ccm oder neben derselben, gleich Gewichtsmengen in mg oder aber die bei Anwendung einer bestimmten Substanzmenge erhaltenen Procente anbringen lassen. In welcher Art dies geschieht, zeigt die folgende Tabelle, in deren fünfter Spalte angegeben ist, welche Gewichtsmenge der „wirksamen Substanz" ausgedrückt in mg, je 1 ccm des entwickelten auf 0^0 und 760 mm reducirten Gases entspricht. Wenn man zur Analyse das Hundertfache der in Spalte 5 angezeigten Menge Substanz verwendet, so giebt je 1 ccm des entwickelten Gases die Gewichtsprocente der wirksamen Substanz direct an.

Bezeichnung der analysirt. Substanz	Wirksamer Bestandtheil	Analysenmethode	Entw. Gas	1 ccm Gas = mg wirks. Best.
Organ. Substanz	Stickstoff	nach Dumas	N	1,254
Ammoniaksalze	do.	durch Bromnatron (Azotometer)	N	1,285 [1]
do.	Ammoniak	do.	N	1,561 [1]
Harn	Harnstoff	do.	N	2,952 [1]
Knochenkohle, Mergel u. s. w.	Kohlensäure	Zersetz. m. HCl	CO_2	1,966
do.	Calciumcarbonat	do.	CO_2	4,468
Braunstein	Mangandioxyd	durch H_2O_2	O	3,882
Chlorkalk	Chlor	do.	O	1,5835
Kaliumpermanganat	Sauerstoff	do.	O	0,715
Chilisalpeter	Natriumnitrat	im Nitrometer	NO	3,805
Nitrose	N_2O_3	do.	NO	1,701
do.	HNO_3	do.	NO	2,820
do.	Salpetersäure 36^0 B.	do.	NO	5,330
do.	Natriumnitrat	do.	NO	3,805
Nitroglycerin, Dynamit u. s. w.	Trinitroglycerin	do.	NO	3,387
do.	Stickstoff	do.	NO	0,6267
Nitrocellulose, Pyroxylin	do.	do.	NO	0,6267

— 123. p. 139. 34. p. 99.

[1] Mit Correction für die sog. „Absorption" des Stickstoffs.

Magnesium als Reagenz (vgl. Rep. 1889 II. .p. 205). Dasselbe reducirt nach Cl. Winkler leicht Soda und Kupferoxydul. — **60.** Bd. **23.** p. 44. **43.** p. 126.

Einige Anwendungen von Kalium- oder Natriumhydrat und Kohle bei der qualitativen und quantitativen Analyse von Mineralien. Ch. A. Burghardt mischt zum Aufschliefsen schwer zerlegbarer Mineralien (Silikate, Oxyde, Oxydverbindungen) die feingepulverte Substanz mit .10 % des Gewichts fein zerriebener Holzkohle und mengt mit der sechsfachen Menge Kali oder Natron. Man schmilzt im Silbertiegel vorsichtig über einer Bunsenflamme, bis die Reaction beginnt, was man an dem Aufhören der Entwicklung von brennbarem Gase bemerkt. Es scheint sich Wasserstoff und Kohlenoxyd während der Reaction zu bilden, auch scheint metallisches Kalium oder Natrium zu entstehen, das dann im Entstehungsmoment wirkt. Die Methode wurde an Zinnstein, Wolframit quantitativ, qualitativ an Rutil, Eisentitanit und Baryumsulfat erprobt. — **8.** vol. 61. p. 261. **34.** p. 211.

Zur Analyse von Wasser für industrielle Zwecke und Dampf-kessel - Heizung (vgl. Rep. 1889 I. p. 228) mufs nach L. Vignon 1) das für die typischen Flüss. angewandte destillirte Wss. unmittelbar zuvor gekocht werden, da andererseits die Resultate dadurch beeinflufst werden, dafs das destillirte Wss. Kohlensäure enthält; 2) aus dem zu untersuchenden Wss. wird die freie oder halb gebundene Kohlenf. vor der Prüfung mit Natriumcarbonat bequemer durch 15 Min. langes Kochen in einer Porzellan- oder Platinschale als durch Einwirkung von Kalk entfernt. Von dem destillirten Wss. kocht man etwa 150 ccm und nimmt dann 50 ccm hiervon; von dem zu untersuchenden Wss. kocht man 50 ccm und füllt mit gekochtem destillirtem Wss. zu dem ursprünglichen Volum auf. — **98.** 3. Sér. vol. 3. p. 2. **89.** Rep. p. 29.

Zur Bestimmung der Salpetersäure im Trinkwasser nach Schulze-Tiemann concentrirt man nach E. Schmidt je nach dem Gehalte an Salpetersäure 50—500 ccm Wss. in einer Schale auf 20—30 ccm und saugt den Rückstand in ein Denner'sches Kölbchen, das aus einem zugeschmolzenen Kolben besteht, in dem ein bis in die Mitte reichendes spitzwinklig gebogenes Glasrohr eingeschmolzen ist, während ein zweites Rohr an der Wandung angeschmolzen wird. Beide Röhren werden nach dem Einsaugen mit zwei geraden Röhren verbunden; die Gummischläuche sind durch Quetschhähne verschliefsbar. Bei offenen Röhren verdampft man das Wss. bis auf 20—30 ccm, schliefst das zweite Rohr und verbindet dasselbe mit dem Schiff'schen App. Sobald die Luft ausgetrieben, schliefst man den Verbindungshahn und saugt 10 ccm der Tiemann'schen Eisenchloridlösung ein. Ein zweites Mal verwendet man 5 ccm. — **38.** p. 287. **34.** p. 188.

Ein empfindliches Reagenz auf gebundene Kohlensäure im Wasser ist nach H. Schulze Chlorbleilösung, welche in diesem Falle eine milchige Trübung giebt. Freie Kohlensäure ist ohne Einwirkung auf Chlorblei. Die Grenze der Erkennbarkeit der gebundenen Kohlenf. mittelst Chlorblei liegt bei einer Verdünnung von 1 : 240 000, während für Chlorbaryum als Reagenz auf freie Kohlenf. die Grenze der Empfindlichkeit bei 1 : 11 100 liegt. — **24. 31.** p. 264.

Zum Nachweis von Blei in Wasser versetzt S. Harvey 50 ccm des in einem Spitzglase befindlichen Wss. mit 60 mg dichromsaurem Kalium. Noch bei 1 : 3 500 000 Blei soll nach 15 Min. Trübung, nach 12 Stdn. Niederschlag entstehen. — 117. p. 68. 123. p. 403.

Zum Nachweis von Fäkalien im Wasser verwendet Griefs die Para-Diazobenzolschwefelsäure in frisch bereiteter, verdünnter (1 : 100), schwach alkalischer Lösung. Zur quantitativen Vergleichung verschiedener Wasserproben wird das Wss. in 100 ccm fassenden Glascylindern mit dem Reagenz versetzt. Tritt innerhalb 5 Min. keine Färbung auf, so ist das Wss. als frei von einer Verunreinigung mit Fäkalien zu bezeichnen. Eine mehr oder minder starke Gelbfärbung zeigt eine Verunreinigung mit organischen, menschlichen oder thierischen Auswurfs- und Verwesungsstoffen an. Normaler Menschenharn läfst sich mit dieser Probe noch bei einer Verdünnung von 1 : 5000 im Wss. nachweisen, Pferdeharn sogar noch bei einer Verdünnung von 1 : 50000. — **60. 31.** p. 355.

Charakteristische Reaction des Wasserstoffsuperoxyd. Eine $10^0/_0$ige wässerige Ammonmolybdatlösung, welche mit dem gleichen Vol. concentrirter Schwefelsäure versetzt ist, giebt nach G. Denigès mit einigen Tropfen Wasserstoffsuperoxyd eine sehr ausgeprägte gelbe Färbung. Diese Reaction scheint der Bildung einer Permolybdänsäure zu entsprechen; durch Kochen wird sie weder verhindert, noch abgeschwächt. Sie gestattet den Nachweis von $0{,}1$ mg Wasserstoffsuperoxyd. Das Ammoniummolybdat kann, allerdings ohne Vortheil, ersetzt werden durch Natriummolybdat oder Molybdänsäure, die in wenig Aetznatron gelöst ist. — **9. t. 110.** p. 107. **89.** Rep.

Zum Nachweis freien Chlors in Salzsäure empfiehlt Leroy Diphenylamin. Eine freies Chlor enthaltende Salzsäure nimmt auf Zusatz einiger Blättchen Diphenylamin sofort eine blaue Färbung an. — **98.** (1889) p. 739. **76.** p. 63.

Salzsäure in einer Lösung von salzsaurem Hydroxylamin bestimmt J. A. Muller unter Benutzung von Phenolphtaleïn als Indicator mittelst einer völlig carbonatfreien Aetznatronlösung. Verf. beobachtete weiter, dafs das Pyridin, die käuflichen Picoline und Lutidine sich gegenüber dem Phenolphtaleïn als neutrale Körper verhalten. Hiernach ist es sehr wahrscheinlich, dafs die Säuren der Salze dieser Basen ebenso bestimmt werden können, wie die Salzsäure des Hydroxylaminchlorhydrats. Bekannt ist übrigens, dafs die alkoholischen Lösungen von Ammoniak, Triäthylamin, Anilin, o- und p-Toluidin keine Rothfärbung mit Phenolphtaleïn geben. — **98. 3. Sér. vol. 3.** p. 605. **89.** Rep. p. 186.

Reagenzpapier zum Nachweis von Chloriden bereitet Hoogvliet in der Weise, dafs er Silbernitratlösung mit Kaliumchromat fällt und das Silberchromat durch einige Tropfen Ammoniak in Lösung bringt. Mit dieser Lösung wird Filtrirpapier getränkt und noch feucht durch sehr verdünnte Salpetersäure gezogen. Hierdurch wird das Silberchromat fein vertheilt auf der Papierfaser niedergeschlagen. Wird das getrocknete rothe Reagenzpapier in eine chloridhaltige Flüss. getaucht, so wird das Papier entfärbt, indem sich das Silberchromat in Silberchlorid umsetzt. Ein $0{,}03$ $^0/_0$ Kochsalz enthaltendes Wss. entfärbt das Reagenzpapier in einigen Secunden. — Pharm. Weekblad. 24. p. 268.

Die Bestimmung der freien Halogene und die Bestimmung der Jodide bei Gegenwart von Brom und Chlor nach der Methode von Fresenius erfordert ziemlich lange Zeit zur Ausführung. P. Lebeau bringt in einen 200 ccm Kolben je 30—40 ccm Schwefelkohlenstoff und destillirtes Wss., sowie ein bekanntes Vol. der zu prüfenden Jodlösung und setzt etwas Indigosulfat hinzu. Aus einer Hahnbürette läfst man titrirtes Bromwasser hinzufliefsen und schüttelt lebhaft. Das frei gemachte Jod färbt den Schwefelkohlenstoff violett, während die obere Flüss. blau bleibt, bis sie ein überschüssiger Tropfen Bromwasser entfärbt. Das Bromwasser darf nicht mit Kautschukschlässen in Berührung kommen; auch stellt man vor jeder Bestimmung den Titer desselben gegen eine Lösung von reinem Jodkalium fest. Die Bestimmung der freien, in Lösung befindlichen Halogene geschieht, indem man sie durch Zinkstaub in das entsprechende Zinksalz überführt und mit Silbernitrat titrirt. — 9. t. 110. p. 520. 34. p. 108.

Fehlerquelle bei Schwefelsäurebestimmungen. E. v. Meyer findet, dafs bei dem Abdampfen gröfserer Flüssigkeitsmengen, je nach der Dauer des Verdampfens aus dem Leuchtgas, das nie absolut schwefelfrei ist, nicht unbeträchtliche Mengen Schwefelsäure dem Wss. zugeführt werden. Die Beobachtungen sind namentlich bei Ausführung von Wasseranalysen zu beachten. — 18. p. 270. 33. Rep. p. 221.

Volumetrische Methode von allgemeiner Anwendbarkeit zur Bestimmung von gebundener Schwefelsäure. Man fügt nach L. W. Andrews zur Lösung des Sulfates einen Ueberschufs einer Lösung von Baryumchromat in Salzsäure, neutralisirt mit Ammoniak oder Calciumcarbonat und filtrirt; das Filtrat wird angesäuert mit Salzs. und Kaliumjodid versetzt und schliefslich das ausgeschiedene Jod mit Thiosulfat (1 ccm = 12,654 mg Jod = 2,662 mg SO_3) bestimmt. Das anzuwendende Baryumchromat darf Baryumsulfat enthalten, mufs aber frei von Baryumcarbonat, -Nitrat und -Chlorid sein. Die Lösung von Baryumchromat bereitet man durch Digestion von Baryumchromat mit Salzs., welche 86 g Säure im Liter enthält. Diese Lösung enthält je nach der Temp., bei welcher sie hergestellt ist, 2—4 % Baryumchromat. Die Ausführung der Methode ist folgende: Das zu analysirende Sulfat wird, wenn nöthig, verdünnt, und zwar so, dafs die möglichst neutrale Lösung nicht mehr als ca. 2 % SO_3 enthält, dann wird zum Kochen erhitzt, ein Ueberschufs der Baryumchromatlösung zugesetzt, noch etwas erhitzt, mit Calciumcarbonat neutralisirt, heifs abfiltrirt vom abgeschiedenen Baryumsulfat, endlich der Niederschlag ausgewaschen, bis das Filtrat farblos ist. Zum erkalteten Filtrat setzt man jodatfreies Jodkalium, sowie 5—7 ccm rauchende Salzs. auf je 100 ccm Flüss., dann wird das abgeschiedene Jod mit Thiosulfat titrirt. Bei Gegenwart von Eisen-, Nickel- oder Zinksalzen mufs zum Neutralisiren statt Calciumcarbonat Ammoniak genommen werden. — Amer. chem. Journ. Bd. 11. p. 567. 117. p. 74. 33. Rep. p. 222.

Zum Nachweis von Stickstoffverbindungen in Schwefelsäure wendet J. H. Wilson Resorcin an. 1 ccm Schwefelsäure mit 5 ccm Wss. verdünnt, giebt (wie bekannt) bei Anwesenheit von Stickstoffverbindungen sofort auf Zusatz von wenig Resorcin eine gelbe Färbung. Wenn man diese Färbung mit derjenigen vergleicht, welche in reiner Schwefelf. 1 : 5 nach Zusatz von Kaliumnitritlösung von bekanntem Gehalte entsteht, ist auch eine ·quantitative Bestimmung des Stickstoffgehaltes möglich. Vielleicht kann die Reaction von Resorcin mit Stickstoffverbindungen zur Gehaltsbestimmung des Salpetrigsäureesters benutzt werden. — 105. p. 541. 34. p. 52.

Zur Reinigung der Schwefelsäure für die Kjeldahl'sche Methode. G. Lunge hält gegenüber Meldola und Moritz die bereits früher von ihm ausgesprochene Behauptung, dafs eine ammoniakhaltige Schwefelsäure durch Kochen mit Kaliumnitrit für die Verwendung zur Kjeldahl'schen Stickstoffbestimmungsmethode nicht gereinigt werden kann, aufrecht, da hierbei die beständige Nitrosylschwefelsäure entsteht, die durch Kochen nicht zu zerlegen ist. — 123. p. 447. 34. p. 261.

Die Kjeldahl-Wilfarth'sche Methode der Stickstoffbestimmung. P. Argutinsky hat möglichst knapp das Verfahren beschrieben, welches sich als das praktischste bewährt hat. Zur Oxydation verwendet Verf. reine englische Schwefelsäure oder ein Gemisch derselben mit Phosphorsäureanhydrid (auf 1 l Schwefelf. 200 g Phosphorf.) und immer metallisches Quecksilber (ca. 1,₄ g). Für die schwerer zersetzlichen Substanzen, wie z. B. Fleisch, Fäces, Benzolverbindungen etc., ist es rathsamer, Schwefelf. + Phosphorf. anzuwenden, da dadurch eine grofse Zeitersparnifs sich ergiebt. Die Oxydation wurde in dem üblichen runden langhalsigen Kölbchen (Inhalt 200 ccm, Halslänge 15 cm) vorgenommen, das auf einem Dreifufse über einem Drahtnetze in geneigter Lage erhitzt wurde. Nach Eintritt der vollständigen Entfärbung liefs Verf. noch ca. ¹/₄ Stde. kochen und bekam dabei ganz dieselben Resultate, als wenn noch mehrere Stdn. nach der Entfärbung weiter gekocht wurde. Zur Destillation bediente sich Verf. eines einfachen App., der aus einem langhalsigen Destillationskolben, einem Schlangenkühler und einer U-förmigen Vorlage (Peligot'sche Röhre) besteht. Damit die concentrirte alkalische Flüss. ruhig koche, empfiehlt Verf. die Vermeidung eines grofsen Ueberschusses von freiem Alkali und Zusatz von geringen Mengen Talk zu der zu destillirenden Flüss. Um das Ammoniak aus den Mercuramidverbindungen leichter auszutreiben, setzt er vor der Destillation 12 ccm einer recht concentrirten Schwefelkaliumlösung (1 Th. in 2¹/₂ Th. Wss.) zu. Die vorgelegte titrirte Schwefelf. wurde mit $\frac{n}{10}$-Kaliumhydratlösung unter Zusatz von 20 Tropfen Cochenilletinctur zurücktitrirt. Die Cochenilletinctur wurde durch Stehenlassen von 3 g Cochenille mit 250 ccm eines schwachen Spiritus (1 Th. Alkohol auf 3—4 Th. Wss.) bereitet; nach einigen Tagen konnte die anfangs trübe Flüss. klar abgegossen werden und hielt sich monatelang. Als Endreaction ist das Verschwinden der gelben Farbe und das Auftreten der Rosafärbung ohne jede Spur von gelber Nüance anzusehen. Die angeführten Analysen beweisen, dafs die Bestimmungsfehler der Kjeldahl-Wilfarth'schen Methode in recht engen Grenzen sich bewegen und beim sorgsamen Arbeiten nur bis 3—6 dmg betragen. — Arch. f. Physiol. p. 581. 89. Rep. p. 41. — Dazu bemerkt der Ref. der 89., dafs selbst bei

Anwendung von Quecksilber als Metallzusatz zur Schwefelf. bei der nachherigen Destillation mit Natronlauge ein Zufügen von Schwefelkalium nicht erforderlich ist, dafs vielmehr ein Zusatz von ca. 1 bis $1\frac{1}{2}$ g Zinkstaub genügt, um das Ammoniak vollständig und schnell abdestilliren zu können. Durch den Zusatz von Zinkstaub wird auch das Stofsen beim Kochen fast vollständig ausgeschlossen.

Bestimmung des gesammten Stickstoffs in Düngemitteln. Der organische Stickstoff wird nach E. Aubin und J. Quenot durch $2^0/_0$ige Tanninlösung in unlöslichen Zustand übergeführt. Man erschöpft hiermit in einem kleinen Filter 1 g des Düngemittels; 30 bis 40 ccm der Lösung genügen, um alle Nitrate und einen grofsen Theil der Ammoniaksalze zu lösen. Man bringt Filter nebst Rückstand in einen Kolben, zersetzt nach Kjeldahl's Verfahren und fügt, wenn man den Inhalt in den Destillirapparat übergeführt hat, die durch Erschöpfung der Probe durch die Tanninlösung erhaltene Flüss. hinzu. Auf diese Weise vereinigt man den umgewandelten organischen Stickstoff und die Ammoniaksalze. Man braucht nur zu destilliren, um die Summe des organischen und des Ammoniakstickstoffs zu erhalten. Andererseits bestimmt man den Salpetersäure-Stickstoff nach Schlösing und addirt das Resultat hinzu. Dieses Verfahren gestattet die getrennte Bestimmung des Stickstoffs in seinen drei Formen, selbst wenn das Düngemittel Ammonmagnesiumphosphat enthält. Zu diesem Zwecke mischt man 1 g des Düngemittels mit 0,5 g Tannin und digerirt 15 Stdn. mit 150 ccm Selterwasser, welches das Ammonmagnesiumphosphat leicht löst. Sodann filtrirt man und wäscht den unlöslichen Theil mit der Tanninlösung. Der Rückstand wird nach Kjeldahl behandelt und liefert den organischen Stickstoff. Die filtrirte Lösung giebt beim Destilliren mit Natron das Ammoniak der Ammonsalze. Die Salpetersäure wird nach Schlösing's Verfahren bestimmt. — **98.** 3. Sér. vol. 3. p. 322. **89.** Rep. p. 107.

Zur Bestimmung des Stickstoffs in Chilisalpeter wägt man (oder pipettirt aus Lösungen) nach O. Foerster 2—3 g des Salpeters in einen geräumigen Porzellantiegel hinein, dessen Gewicht sammt dem des Deckels bekannt ist, und trocknet denselben (bei Anwendung von Lösung nach dem Eindampfen derselben im Wasserbade) im Trockenschranke bei 150^0 oder durch vorsichtiges Erhitzen bis zum beginnenden Schmelzen über directer Flamme. Der wiederum gewogene wasserfreie Salpeter wird nun in dem Tiegel in 25 ccm einer etwa $19^0/_0$igen Salzsäure (3 Vol. Salzf. von $1,_{124}$ spec. Gew. und 1 Vol. Wss.) gelöst und auf dem Wasserbade unter stets erneutem Zusatz von 25 ccm Salzf. wiederholt zur Trockne verdampft. Nach dreimaligem Abdampfen ist das Nitrat vollständig in Chlorid übergeführt. Eine stärkere Salzf. anzuwenden, ist nicht rathsam, weil durch die dann eintretende lebhafte Chlor-Entwicklung Flüssigkeitstheilchen verspritzt werden. Der bedeckte Tiegel wird jetzt im Trockenschranke einige Zeit auf etwa 150^0 und hierauf über freier Flamme bis zum schwachen Glühen erhitzt und nach dem Erkalten gewogen. Der Gewichtsverlust, multiplicirt mit $0,_{52828}$, giebt das Gewicht des Stickstoffs. Bei Anwesenheit von Magnesiumsalzen ist von der Anwendung des Verfahrens Abstand zu nehmen. — **89.** p. 509.

Bei der Bestimmung von Ammoniak nach Ruffle's Verfahren versetzt A. Buchan den gewöhnlichen Natronkalk durch ein in folgender Weise bereitetes Präparat. Man reibt Aetzkalk und Waschnatron durch ein Sieb mit 16 Löchern auf 1 Zoll (2,54 cm) Länge, mischt zu gleichen Theilen und erhitzt in einem eisernen Topfe unter fortwährendem Rühren über offenem Feuer, bis kein Wasserdampf mehr abgegeben wird. Verf. hat viele Versuche angestellt zur gemeinschaftlichen Bestimmung des Salpetersäure-Stickstoffs und des Ammoniaks, aber nie so gute Resultate erfahren, als nach Ruffle's Verfahren. — **8.** vol. **61.** p. **231. 89.** Rep. p. **158.**

Quantitative Bestimmung der Pyridinbasen im Salmiakgeist. 100 g Salmiakgeist, mit verdünnter Schwefelsäure (1:5) unter guter Abkühlung mit Lackmustinctur als Indicator genau neutralisirt und mit einem Tropfen verdünnter Natronlauge versetzt, müssen, nach Verdünnung auf 400 ccm, während einstündiger Destillation zu zwei Drittel abdestillirt, nach W. Kinzel ein Destillat geben, welches mit 10 g Quecksilberchlorid in Lösung auf 400 ccm aufgefüllt und wiederum in derselben Zeit ebensoweit abdestillirt, nicht mehr als 2 ccm $^1/_{10}$-Normalsalzsäure — entsprechend $(2,_0 - 0,_{80}) \times 0,_{0079} = 0,_{00948}$ % Pyridin — bis zur Rosafärbung mit Dimethylorange als Indicator, verbraucht. — **24.** p. **239. 38.** Rep. p. **182.**

Apparat zur Bestimmung von Ammoniakverbindungen in Sand und Abwasser. A. Hagen bringt das Untersuchungsmaterial in einen Kolben mit doppelt durchbohrtem Stopfen, dessen eine Bohrung durch ein bis auf den Boden reichendes Glasrohr mit einem zweiten, größeren, wasserenthaltenden Kolben in Verbindung steht, während die andere Bohrung zu einem Liebig'schen Kühler führt. Im größeren Kolben wird Dampf entwickelt und durch denselben das freie Ammoniak ausgetrieben. Die Condensation von Dampf in der kleinen Kochflasche ist unbedeutend und kann nöthigenfalls durch Erhitzen mit einer kleinen Flamme verhindert werden. Ist das freie Ammoniak übergetrieben, so setzt man zu dem Untersuchungsmaterial alkalische Permanganatlösung und destillirt von Neuem. Die Gummistopfen und Verbindungsschläuche müssen vor der ersten Benutzung durch andauerndes Auskochen von Ammoniak befreit werden. — Amer. chem. Journ. p. **427. 38.** Rep. p. **226.**

Zur Salpetersäurebestimmung als Ammoniak giebt E. Boyer in eine geeignete Röhre von ca. 30 cm Länge und 22 mm Weite 5 g granulirtes Zink in erbsengrofsen Stücken und fügt mittelst einer Pipette 10 ccm einer Lösung zu, die in maximo 0,$_{317}$ g HNO$_3$ enthält (= 0,$_5$ g KNO$_3$ crc.). Dann setzt Verf. 8 ccm Salzsäure (spec. Gew. 1,$_{19}$) zu mit der Vorsicht, dafs durch letztere alle etwa an der Wandung des Gefäfses haftenden Tröpfchen der Nitratlösung heruntergespült werden. Durch vorsichtiges Bewegen werden die beiden Flüss. gemischt und sofort beginnt die Reduction. Läfst die Wasserstoff-Entwicklung nach, so setzt man auf's Neue 5 ccm Salzf. zu, wodurch vollständige Reduction erzielt wird. Der Inhalt der Röhre wird nun mit Hilfe von Wss. in einen geeigneten Destillationskolben gespült, mit genügend Kalilauge und aufserdem noch mit 2 g Magnesiumhydroxyd versetzt und das Ammoniak in Normalsäure überdestillirt. — **9.** t. **110.** p. **954. 38.** p. **292.**

Zur Bestimmung der Nitrite sättigt T. Cuthbert Day die concentrirte Lösung des Nitrits in einem Kölbchen vollständig mit festem Chlorammonium und erhitzt die Flüss., nach dem Verdrängen der Luft durch reine Kohlensäure, zum Sieden, worin dieselbe zu erhalten ist, bis die Stickstoffentwicklung aufhört und die letzten Reste des Gases mit den Wasserdämpfen übergegangen sind. Bei der Berechnung ist zu berücksichtigen, dafs nur die Hälfte des entwickelten Stickstoffs aus dem Nitrit stammt. — **32.** (1889) p. 306. 422. **37.** (1889) p. 620. **38.** Rep. p. 2.

Bei der „Citratmethode" der Phosphorsäurebestimmung findet nach O. Raitmair 1) eine unvollständige Ausfällung der Phosphorsäure immer und bei allen Abänderungen der Methode statt; 2) auch bei Gegenwart von Kalk, Eisen, Thonerde und Mangan in der Lösung ist nur bei reichlichem Ueberschufs von Magnesiamischung eine Compensation der Fehler möglich; 3) dieser Ueberschufs von Magnesia hat sich zu richten nach der Menge des verwendeten Ammoncitrats und der sonst vorhandenen, Doppelsalze bildenden Säuren; 4) das Minimum des Ammoncitratzusatzes kann nicht nach dem Vorgange von Brassier und Glaser ermittelt werden. vielmehr ist immer ein Ueberschufs von Ammoncitrat erforderlich; 5) bei genügendem oder reichlichem Ueberschufs von Magnesiahydrat bedingt hauptsächlich der Kalk eine wechselnde Gewichtsvermehrung des Niederschlages; 6) bei vollständiger Abscheidung des Kalks als Oxalat, sowie bei partieller Abscheidung desselben als Sulfat ist dagegen immer ein Minus gegen die correcte Bestimmung zu erwarten, wenn nicht mindestens das Doppelte der bisher normirten Magnesiamenge zur Verwendung kommt. — **123.** (1889) p. 702; (1890) p. 19. **38.** Rep. p. 33. — 1) Das Aufschliefsen der Phosphate mit Salzsäure verunreinigt den Niederschlag stark mit Kieselsäure und mit Salzen. 2) Das Aufschliefsen mit Schwefelsäure ergiebt eine kieselsäureärmere Lösung, immerhin ist aber jeder Niederschlag mit mindestens 1 mg SiO_2 verunreinigt. 3) Selbst bei bedeutendem Ueberschusse an Ammonnitrat und sehr geringem Kalkgehalte der Lösung (Superphosphate) enthält der geglühte Niederschlag mehrere mg CaO als Pyrophosphat; der hierdurch bedingte Plusfehler des gewogenen Magnesiumpyrophosphates ist auf 1—2 mg zu schätzen. 4) Die Gegenwart von Mangansalzen übt denselben Einfluss aus, und kann die Verunreinigung des geglühten Niederschlages mit Manganpyrophosphat unter Umständen sehr bedeutend werden. 5) Die Verunreinigung des Niederschlages durch Eisenoxyd und Thonerde ist in kieselsäurearmen, schwefelsauren Lösungen der Phosphate sehr gering, auch bei Gegenwart grofser Mengen dieser Oxyde; dieselben verzögern jedoch die Ausfällung. 6) Eine geringe Verunreinigung des Niederschlages mit Magnesiahydrat ist bei der Citratfällung immer zu erwarten. Dieselbe ist am geringsten, wenn in ammoniakalischer Lösung (2,5%iges Ammoniak) gefällt wird, und kann nur bei Fällungen in annähernd neutraler Lösung und bei Gegenwart gröfserer Mengen von Alkalisalzen bedeutend werden. 7) Allen diesen Verunreinigungen steht die unvollständige Ausfällung der Phosphorsäure gegenüber, welche im günstigen Falle 1—2 mg $Mg_2P_2O_7$ entspricht. 8) Bei Controlirung der Citratfällung durch die Molybdänmethode ist bei kieselsäurereichen Substanzen auf die Auf

schliefsmethode Rücksicht zu nehmen. Bei Anwendung der Citratmethode für die Bestimmung der wasserlöslichen Phosphorf. der Superphosphate dürfte nach den Vergleichsanalysen des Verf.'s die Differenz
gegen die Molybdänmethode im Maximum $+ 2$ mg $= + 0{,}128$ %/0 betragen und Minusfehler hauptsächlich bei ¯niedrigem Phosphorsäuregehalte zu erwarten sein. (Vorschrift: 1 g Substanz, 5 g Citronensäure, 25 ccm Magnesia, Ammoniakgehalt der Fällungsflüssigkeit 2,5 %/0.
Für Thomasschlacken und Rohphosphate hat man auch beim Arbeiten
mit schwefelsauren Lösungen einen Plusfehler zu erwarten, der in
kieselsäure- und manganarmen Lösungen sehr gering sein kann, für
dessen Gröfse sich aber kein Durchschnittswerth feststellen läfst. —
123. p. 196. 89. Rep. p. 129.

Zur Bestimmung von Eisenoxyd und Thonerde in Rohphosphaten
pipettirt A. Stutzer von der salzsauren Lösung des Rohphosphates
(5 g mit 50 ccm Salzsäure von 1,12 spec. Gew. gekocht, dann mit Wss.
zu 500 ccm verdünnt) 100 ccm (1 g der ursprünglichen Substanz entsprechend), macht durch Ammoniak alkalisch, dann durch Essigsäure
schwach sauer. Das ausgeschiedene Eisenthonerdephosphat wird auf
einem Faltenfilter gesammelt, die Wand des Becherglases einmal mit
Wss. abgespritzt und dieses Wss. ebenfalls auf das Filter gegossen.
Nach völligem Abtropfen der Flüss. wird das Filter nebst Inhalt in
das vorhin benutzte Becherglas geworfen, 150 ccm Molybdänlösung hin-
zugegossen, die Mischung entweder 5 Min. lang mittelst eines mechanischen, durch eine Turbine getriebenen Rührapparates gerührt, oder
die Mischung einige Zeit im Wasserbade erwärmt. Jetzt wird der
gelbe, aus phosphormolybdänsaurem Ammon bestehende Niederschlag
abfiltrirt, das Filtrat durch Ammoniak schwach alkalisch gemacht und
10 Min. lang im Wasserbade erwärmt. Man sammelt Eisenoxyd und
Thonerde auf einem kleinen Filter. Bisweilen ist der Niederschlag
durch geringe Mengen von Molybdänsäure verunreinigt; zur völligen
Entfernung derselben wird er nochmals in Salzf. gelöst und in gleicher
Weise wie vorhin durch Zusatz von Ammoniak gefällt. — 123. p. 43.
34, p. 53.

**Bestimmung der Kieselsäure und Analyse von kieselsäurehaltigen
Stoffen.** G. Craig treibt alle Kieselsäure durch Fluorwasserstoffsäure
und Schwefelsäure aus und bestimmt die übrigen Bestandtheile im
Rückstande. Vor Ausführung der Analyse hat man sich von der
Reinheit der käuflichen Fluorwasserstoff. durch einen blinden Ver-
dampfungsversuch zu überzeugen. — 8. vol. 60. p. 227. 24. p. 154.

Zur Bestimmung des Kohlenstoffs im Graphit. Nach J. Widmer
entsteht bei der Oxydation von Graphit mit Chromsäure und Schwefelsäure Kohlenoxyd neben Kohlensäure. Um die durch ersteres hervorgerufenen Fehler zu vermeiden, verfährt man in folgender Weise: Der
möglichst langhalsige Entwicklungskolben ist an einen Liebig'schen
Kühler angeschlossen, auf den zur völligen Absorption nicht condensirter Schwefelsäuredämpfe ein U-Rohr folgt, das unten mit concentrirter Schwefelf. übergossene Glasperlen enthält. Es folgt ein grofses
U-Rohr mit Chlorcalcium und mit Kupfervitriol getränktem Bimsstein,
dann zwei Wiegeröhrchen mit Natronkalk und wenig Chlorcalcium.
Daran schliefst sich eine etwa 40 cm lange Verbrennungsröhre mit
körnigem Kupferoxyd zwischen ausgeglühten Asbestpfropfen. Die fol-

gende gröfsere U-Röhre, unten etwas Chlorcalcium enthaltend, steht
in einem Glase mit kaltem Wss. und wirkt als Kühler; daran schliefst
sich ein Wiegeröbrchen mit Natronkalk und wenig Chlorcalcium, ein
in gleicher Weise gefülltes Schutzrohr und endlich ein 6—8 l haltender Aspirator. Man erhitzt das Kupferoxydrohr wenigstens auf eine
Länge von 15 cm zum Rothglühen, saugt mittelst Aspirators einen
langsamen Strom gereinigter Luft durch und erhitzt den Entwicklungskolben anfänglich mit kleiner Flamme, zuletzt aber bis zum gelinden
Kochen. — **37.** p. 160. **34.** p. 171.

Zur Bestimmung der Alkalien in Gegenwart von Sulfiten läfst
man nach J. Grant und J. B. Cohen ein abgemessenes Volum Wasserstoffsuperoxyd in ein Becherglas laufen und setzt einige Tropfen
Methylorange hinzu. Die geringe Menge Säure der Wasserstoffsuperoxydlösung wird durch sehr verdünnte Natronlauge neutralisirt. Dann
setzt man die zu untersuchende Alkalilösung hinzu und kocht sofort,
aber vorsichtig auf. Das Methylorange wird während des Kochens
gebleicht. Die Lösung wird dann schnell abgekühlt, mit einigen
Tropfen Methylorange versetzt und mit Normalsäure titrirt. — **26.**
p. 19. **123.** p. 187. **24.** p. 205.

Zur Bestimmung des Kaliums wird nach Woussen das ausgefällte, mit Alkohol und Aether gewaschene Kaliumplatinchlorid auf dem
Filter in siedendem Wss. gelöst, in eine Lösung von Natriumformiat
gebracht, Salzsäure zugefügt und eine Zeit lang im Kochen ·erhalten;
schliefslich wird das abgeschiedene Platin gesammelt, gewaschen und
gewogen. — **32.** (1889) p. 54. **37.** (1889) p. 312. **24.** p. 103.

Prüfung des Natriumbicarbonat auf Thiosulfat; v. F. Musset.
5 g Natriumbicarbonat und 0,1 g Calomel werden mit 2 Tropfen Wss.
zusammengerieben. Die geringste Menge Thiosulfat giebt sich durch
Bildung von Schwefelquecksilber und dadurch bewirkte Graufärbung
der Mischung zu erkennen. — **24.** p. 230. **38.** Rep. p. 174.

Zur Analyse des Natriumaluminats, wenn es unbedeutende Mengen
Kieselsäure enthält, löst G. Lunge eine gewisse Menge desselben zu
einem bestimmten Volumen, pipettirt bestimmte Mengen heraus, setzt
Phenolphtaleïn zu und titrirt mit Normalsalzsäure bis zum Verschwin-
den der Färbung; hierdurch erhält man das an Thonerde (bezw.
Kiesels.) gebundene Natron. Nun setzt man zu derselben Flüss. einen
Tropfen Methylorangelösung und titrirt weiter, bis die vorher gelbe
Flüss. 5 Min. hindurch roth bleibt, wodurch die Thonerde bestimmt
ist. — **123.** p. 227.

Prüfung des Bittersalzes. Bezüglich des Chlorgehaltes verlangt
A. Goldammer völlige Indifferenz der Magnesiumsulfatlösung gegen
Silbernitrat. Für den Arsennachweis in dem Präparat schlägt Verf.
vor, 2 g Bittersalz in 10 ccm verdünnter Salzsäure zu lösen und nach
Zusatz von Zink und etwas Jodlösung mit Silbernitratpapier zu prüfen.
Der Nachweis von Alkalien gelingt am besten und sichersten nach
der von Biltz angegebenen Methode, nach welcher man 2 Th. reinsten
Aetzkalk mit 2 Th. Bittersalz innig zusammenreibt und das Pulver
in eine Mischung aus 10 Th. 90 %igem Weingeist und 10 Th. Wss.
bringt. Nachdem man unter öfterem Umschütteln 1½—2 Stdn. hat
stehen lassen, fügt man noch 40 Th. absoluten Weingeist hinzu,

schüttelt um und filtrirt nach einem Weilchen durch ein mit absolutem Weingeist genäfstes Filter ab. Das Filtrat versetzt man mit 4 Th. Curcumatinctur, wobei, wenn das Bittersalz rein war, die Lösung citronengelb gefärbt wird; bei Anwesenheit von nur $1/2\%$ wasserfreien Natriumsulfats tritt orangerothe, bei 1% bereits dunkelrothe Färbung auf. — 24. (1889) p. 757. 38. Rep. p. 38.

Freie Salzsäure in Zinnchlorürlösungen bestimmt W. Minor, indem zunächst aus 10 ccm Lösung nach dem Verdünnen alles Zinn mit Schwefelwasserstoff gefällt wird. Das Filtrat wird zum Liter verdünnt. 500 ccm des Filtrates werden zum Vertreiben des Schwefelwasserstoffes einige Male aufgekocht und die Salzsäure mafsanalytisch mittelst Natronlauge bestimmt. Aus dem Gehalt an Zinn, den man am besten durch Titriren mit Jodlösung ermittelt, berechnet man die gebundene Menge Salzf., die man von dem gefundenen Gesammtgehalte in Abzug bringt. Mittelst des spec. Gew. erfolgt die Umrechnung der erhaltenen Volumprocente in Gewichtsprocente. — 123. p. 25. 34. p. 19.

Zur Bestimmung des Antimons verwerthen F. Beilstein und O. v. Bläse das antimonsaure Natron $NaSbO_3$. Das gewaschene gefällte Sulfid wird mit Natronlauge und Wasserstoffsuperoxyd behandelt, nach dem Erkalten $1/3$ Vol. Alkohol von 90% zugegeben, nach 36 Stdn. filtrirt, mit alkoholischem essigsaurem Natriumacetat gewaschen und nach dem Veraschen des Filters und Glühen als $NaSbO_3$ gewogen. — 7. p. 350. 95. p. 78.

Nachweis geringer Mengen von Arsen unter Zuhilfenahme des Inductionsfunkenstromes. N. v. Klobukow stellt fest, dafs die Ablagerung des Arsenspiegels nur in der unmittelbaren Nähe der Funkenstrecke erfolgt und man so Arsenniederschläge im Zustande der gröfstmöglichen Concentration erhalten kann, wodurch noch Arsenmengen von $0{,}01$ mg als Metallspiegel nachweisbar sind. Die Zersetzung geschieht in einem Funkenröhrchen, das eine Verjüngung von $0{,}7$—$0{,}8$ mm besitzt. Die Länge der Funkenstrecke soll 3—4 mm betragen, die Funken werden vermittelst einer Ruhmkorff'schen Spirale erzeugt, die durch zwei Bunsenelemente (grofses Modell) getrieben wurde und bei einer Stärke des Arbeitsstromes in der primären Wirkung von $1{,}8$ bis $2{,}2$ Ampère zwischen abgerundeten Platinspitzen die Funkenentladung bei einer Schlagweite von 16—17 mm eben noch veranlafste. — 37. p. 129. 34. p. 155.

Schnelle Bestimmung von Arsenik. Nach F. W. Boam werden 1—$1{,}5$ g bei 100^0 getrocknetes und gepulvertes Mineral mit 20—25 ccm starker Salpetersäure gekocht und eingedampft. Nach dem Erkalten fügt man 30 ccm 30%ige Natronlauge hinzu, kocht kurze Zeit, filtrirt und verdünnt auf 250 ccm. 25 ccm dieser Lösung werden durch 10% Natriumacetatlösung in 50% Essigsäure sauer gemacht, gekocht und dann mit $1/4$ Normaluranacetatlösung (durch Lösung von $17{,}1$ g Uranacetat in 15 ccm starker Essigf. und Verdünnung auf 2 l erhalten) titrirt. Als Indicator dient gelbes Blutlaugensalz. Diese Methode ist bei allen Arsenmineralien, die durch Salpeterf. angegriffen werden, anwendbar. — 8. vol. 61. p. 219. 34. p. 171.

Bestimmung von Arsen in Pyriten und in Kupfer; v. Clark. Erhitzen von 3 g Kies mit der 4 fachen Menge Magnesia und Aetznatron. Ausziehen der Schmelze mit Wss., Filtriren, Ansäuern des zu kochenden Filtrates mit Salzsäure, wobei sich das meiste Schwefelarsen abscheidet, der Rest durch Einleiten von Schwefelwasserstoff. Oder Lösen der aufgeschlossenen Masse direct in starker Salzf., Zusatz eines Gemisches von Kupfer- und Eisenchlorür und Abdestilliren von Chlorarsen. — Erhitzen von 100 g Kupferspähnen mit stark salzsaurer Lösung von Eisen- oder Kupferchlorid in einem Destillirapparat, wiederholter Zusatz von starker Salzf. und Abdestilliren von Chlorarsen. — **37.** (1889) p. 702. **43.** p. 125.

Arsensäure bestimmt W. Younger durch die Reduction derselben mit Jodkalium und unterchloriger Säure zu arseniger Säure. Nach Neutralisation der arsenigen Säure mit Natriumbicarbonat titrirt man mit Jodlösung. — **26.** p. 158. **34.** p. 99.

Zur Bestimmung des Kupfers erhitzt C. Holthof die noch feuchten Niederschläge von Schwefelkupfer sammt dem Filter 7 bis 10 Min. in einem Porzellantiegel über einem Moste'schen oder Muenckeschen Brenner und wägt das gebildete Oxyd. — **37.** Bd. 28. p. 680.

Die Bestimmung des Bleies mit Phosphormolybdänsäure kann nach Beuff gewichtsanalytisch oder volumetrisch in neutraler oder schwach essigsaurer siedender Lösung geschehen, bei Zusatz des Reagenz ersteren Falls bis zur eintretenden Gelbfärbung. Der Niederschlag besteht aus $Mo_{25} Pb_{25} P_2 H_{14} O_{112}$. Die Menge des Bleies erhält man durch Multiplication des Gewichtes des ausgewaschenen und bei 90—100° getrockneten Niederschlages mit 0,54802. — **98.** vol. 3. p. 852. **34.** No. 30. **43.** p. 311.

Silber in Gegenwart von Blei weist Johnstone nach, indem er die Substanz vor dem Löthrohr auf Holzkohle mit einer Mischung von Kalium- und Natriumcarbonat in der reducirenden Flamme erhitzt, in Salpetersäure löst, fast mit kohlensaurem Natron neutralisirt und einen Zink- und einen Kupferstreifen in die Lösung stellt. Das Blei scheidet sich an der Zinkplatte, das Silber am Kupfer aus. Man betupft das Silber mit einem Tropfen Salpeterf. und bringt in Kaliumchromatlösung, wodurch der charakteristische braunrothe Niederschlag entsteht. Bei Abwesenheit von Silber wird die Kupferplatte überhaupt keinen Beschlag zeigen. — **8.** vol. 60. p. 309. **34.** p. 19. — Weit einfacher verfährt Th. P. Blunt. Er giebt zu der Lösung der Bleikörnchen in Salpeterf. einige Tropfen einer gesättigten Bleichloridlösung. — **8.** vol. 61. p. 11. **89.** Rep. p. 20.

Quantitative Bestimmung des Quecksilbers. J. Volhard neutralisirt die Quecksilberoxydsalzlösung nahezu mit reinem Natriumcarbonat, fällt mit nicht zu grofsem Ueberschufs von Schwefelammonium und setzt unter Umrühren so lange reine Natronlauge zu, bis die Flüss. sich aufzuhellen beginnt; dann erwärmt man und setzt weiter Natronlauge zu, bis das Sulfid völlig in Lösung gegangen ist. Aus dieser alkalischen Lösung fällt man das Quecksilbersulfid durch eine Lösung von Ammoniumnitrat in der Siedehitze wieder aus und kocht, bis das Ammoniak nahezu verflüchtigt ist. Das Sulfid setzt sich dichter und rascher ab, als durch Schwefelwasserstoff gefälltes. — **I.** Bd. 255. p. 255. **38.** Rep. p. 46. **24.** p. 364.

Zur Bestimmung des Cadmiums als Sulfid durch Fällen mit Schwefelnatriumlösung löst man nach W. Minor das Cadmium bezw. den Cadmiumstaub, Zinkstaub oder Galmei in Salpeter- bezw. Salzsäure und fällt das Blei mit Schwefelsäure aus. Die vom Bleisulfat abfiltrirte Lösung versetzt man mit überschüssiger Natronlauge, behandelt den gut ausgewaschenen Niederschlag mit Ammoniak, filtrirt von dem ungelösten Eisenoxydhydrat ab und fällt im Filtrate das Cadmium mit Schwefelnatriumlösung. Der auf einem gewogenen Filter gesammelte Niederschlag von Cadmiumsulfid wird mehrere Stdn. bei ca. 140° getrocknet. Hat man das Cadmium nach genannter Vorschrift von Blei, Zink und Eisen getrennt, so kann man dasselbe auch ganz analog dem Zink in ammoniakalischer Lösung durch Titriren mit Schwefelnatrium bestimmen. Als Indicator verwendet man, wie bei der Zinkbestimmung, auch hier am zweckmäfsigsten Eisenoxydhydrat. Den Uebergang der braunen Eisenkörnchen in schwarzes Schwefeleisen kann man infolge der hellen, schwefelgelben Farbe des Cadmiumniederschlages sehr deutlich erkennen. — 89. p. 439.

Zur volumetrischen Bestimmung des Cadmiums in Producten von hohem Zinkgehalt löst W. Minor in Salzsäure, filtrirt vom Chlorblei ab, fällt mit Schwefelwasserstoff, ermittelt das Gewicht des gut ausgewaschenen und getrockneten Niederschlages, löst ihn in verdünnter Salzf., behandelt mit überschüssiger Natronlauge, filtrirt vom ungelösten Cadmiumhydroxyd ab, bestimmt im Filtrat das Zink durch Titriren mit Schwefelnatrium, berechnet auf Schwefelzink und bringt dieses von dem Gewicht des Schwefelwasserstoff-Niederschlages in Abzug. Zur Bestimmung des Cadmiums in seinen Präparaten titrirt Verf. in neutraler Lösung mit Normalnatronlauge. Nach der Gleichung: $CdCl_2 + 2NaOH = Cd(OH)_2 + 2NaCl$ entspricht 1 ccm Normalnatronlauge 0,0558 g Cd. Als Indicator verwendet man am besten entweder Schwefelnatriumpapier und tüpfelt bis zum Verschwinden der Cadmiumreaction, oder man tüpfelt so lange auf rothes Lackmuspapier, bis die alkalische Reaction eingetreten ist. Statt der Normalnatronlauge verwendet man zweckmäfsiger 1/4- oder 1/5-Normalnatron, indem 1/10 ccm der ersteren schon 1/2 % Cadmium entspricht. — 89. p. 347.

Zur Bestimmung des Cadmiums im Galmei übersättige man nach W. Minor das nach dem Aufschliefsen des Erzes mit Salzsäure und Fällen des Eisens mit Ammoniak erhaltene Filtrat mit Salzf. bis zur schwach sauren Reaction und trage die heifse Flüss. in heifse, überschüssige Natronlauge ein. Das unlösliche Cadmiumhydroxyd filtrirt man ab und wägt es als Oxyd (vgl. oben). In dem alkalischen Filtrate bestimmt man, nachdem der gröfste Theil der überschüssigen Natronlauge mit Salzf. abgestumpft ist, das Zink durch Titration mit Schwefelnatrium. — 89. p. 34.

Zur Bestimmung des Cadmiums in Producten der Zinkfabrikation löst man nach W. Minor eine bestimmte Menge der zu untersuchenden Substanz in der (Rep. 1889. II. p. 233) angegebenen Weise in Salzsäure und fällt zur Trennung des Cadmiums von Eisen mit Schwefelwasserstoff. Den Niederschlag wäscht man mit heifsem Wss. aus und löst ihn in verdünnter Salzf. Die filtrirte salzsaure Lösung erhitzt man sodann zum Sieden und trägt sie in überschüssige, verdünnte Natronlauge ein, welche man gleichfalls zum Sieden erhitzt hat. Das abgeschiedene, unlösliche Cadmiumhydroxyd wird abfiltrirt und zur vollständigen Entfernung von Zinkoxydhydrat mehrmals mit 1·0/₀iger Natronlauge ausgewaschen. Zuletzt wäscht man noch so lange mit heifsem Wss. aus, bis das Filtrat nicht mehr alkalisch reagirt. Filter und Niederschlag bringt man noch nafs in einen mit durchlöchertem Deckel versehenen Tiegel, verjagt das Wss. durch gelindes Erwärmen und glüht dann kurze Zeit im Sauerstoffstrome. Aus dem erhaltenen Cadmiumoxyd ergiebt sich die Menge des vorhandenen Cadmiums. Soll der Gehalt an Cadmium in dem von den Zinkhütten gewonnenen, sogenannten „reinen Cadmium" ermittelt werden, so löst man das Metall in Salzf. oder Salpetersäure und fällt das Cadmium direct durch Eintragen in Natronlauge in der angegebenen Weise. — 89. p. 4.

Bestimmung des Zinkes in imprägnirten Eisenbahnschwellen; v. Grittner. Zerreiben von 10 g feinen Bohrspähnen, Mengen mit 2—3 g Salpeter und 5 g Soda, behutsames Verkohlen im Platintiegel, Auslaugen mit Essigsäure nach stattgehabter Verkohlung und theilweiser Verbrennung, vollständige Verbrennung des getrockneten Filterinhalts im Platintiegel, Auflösen der Asche in Essigf., Vereinigung der beiden essigsauren Filtrate, Zusatz von einigen Tropfen essigsaurem Natron. Fällen mit Schwefelwasserstoff, Absetzenlassen 12 Stdn., Filtriren durch ein dichtes Filter, Auswaschen mit mit Essigf. angesäuertem Schwefelwasserstoffwasser, Trocknen und Glühen des Schwefelzinkes mit Schwefel im Rose'schen Tiegel im Wasserstoffstrom oder Glühen bei Luftzutritt über dem Gebläse. — 123. p. 386. 43. p. 311.

Zur Bestimmung des kohlensauren und kieselsauren Zinks im bleihaltigen Galmei kocht W. Minor 2 g ¼ Stde. mit 50—60 ccm verdünnter Natronlauge, den Rückstand ebenso, filtrirt, wäscht mit heifser verdünnter Natronlauge, übersättigt das Filtrat zur Bleibestimmung mit Schwefelsäure, bringt die Lösung auf ein bestimmtes Vol. und bestimmt nach mehrstündigem Stehen in der ammoniakalisch gemachten Hälfte des Filtrats das Zink durch Titriren mit Schwefelnatriumlösung, wobei Anwesenheit von Thonerde nicht schadet. — 89. p. 1003. 38. Rep. p. 208.

Bestimmung von Zink. Um Zink von Eisen und Mangan zu trennen, fällt Ribau es mit Schwefelwasserstoff in Gegenwart von Hyposulfaten, wobei Eisen und Mangan in der Lösung bleiben und später darin bestimmt werden. Dieses Verfahren gestattet die genaue und schnelle Bestimmung des Zinks, ohne vorherige Abscheidung des Eisens, und ist aufserdem anwendbar in Gegenwart von Kalk. — 89. p. 1004. 38. Rep. p. 209.

Manganhaltige Zinkblenden untersucht W. Stahl in folgender Weise: Die Lösung in concentrirter Salpetersäure wird eingedampft, durch Kaliumchlorat alles Mangan in Superoxyd übergeführt, der Rest des Bleies aus dem Filtrat der vorher ammoniakalisch gemachten Lösung durch Ammonphosphat entfernt, die Operation mit den vereinigten Niederschlägen wiederholt und die vereinigten ammoniakalischen Zinklösungen mit Natriumsulfid und Bleipapier als Indicator bestimmt. Kupfer wird in einer gröfseren Substanzmenge nach Entfernung des Mangans colorimetrisch bestimmt und dessen Menge vom Zink abgezogen. — 43. p. 5. 95. p. 70.

Zur Werthbestimmung des Zinkstaubs bringt Klemp 0,5—1 g Zinkstaub in ein trocknes, mit eingeschliffenem Glasstopfen versehenes Fläschchen von etwa 200 ccm Rauminhalt. In einem Becherglase mischt man die Kalilauge, jodsaure Kalilösung und das nöthige Wss. Man benutzt für je 0,1 g Zinkstaub 3 ccm jodsaure Kalilösung (15,25 g KJO_3 in 300 ccm) und nimmt so viel Lauge, dafs die Gesammtmenge der Flüss. 13 ccm beträgt. Diese Mischung wird auf einmal zu dem Zinkstaub, zu dem vorher Glasperlen gesetzt waren, hinzugefügt. Dann schüttelt man 5 Min. lang kräftig durch und bringt ohne zu filtriren, je nach der Menge des Zinkstaubs in einen 250 oder 500 ccm-Kolben, spült mit Wss. bis zum Verschwinden der alkalischen Lösung nach, mischt und füllt zur Marke auf. 100 ccm werden in die Retorte des Topf'schen App. gebracht und im Kohlensäurestrom nach Zugabe von Schwefelsäure destillirt. Zum Auffangen des Jods benutzt man bei 0,5 g Zinkstaub für 100 ccm zu destillirende Lösung 4 g KJ in 20 ccm Wss. gelöst. Die Destillation ist in 20 Min. beendet. Man titrirt mit Natriumthiosulfat und Jodlösung. Die Alkalihydratlösung enthält im Liter 300 g NaOH oder 370 g KOH; man verwendet für je 0,1 g Zinkstaub 10 g. — **37.** p. 256. **34.** p. 228.

Analyse von Zinkkupferlegirungen. H. N. Warren bewirkt die Trennung des Zinks vom Kupfer und verwandten Metallen mittelst metallischen Magnesiums. Messing wird, am besten in Form von Feilspähnen, in einer kleinen konischen Flasche mit einer hinreichenden Menge starker Schwefelsäure auf dem Sandbade erwärmt, wobei in wenigen Min. Lösung erfolgt. Nachdem sodann entsprechend verdünnt ist, giebt man einige Spiralen Magnesiumband in die Lösung und hält letztere auf ungefähr 100° F. (38° C.), bis alles Kupfer gefällt ist. Das gefällte Kupfer, welches völlig roth sein mufs, wird abfiltrirt, mittelst wenig Aether in eine tarirte Platinschale gewaschen, getrocknet und gewogen. Sind Zinn, Antimon oder andere Metalle derselben Gruppe zugegen, so ist das Kupfer entsprechend weiter zu behandeln. Das Filtrat wird mit ziemlich starker Natriumacetatlösung versetzt und zum Sieden erhitzt, wodurch alle freie Schwefelf. neutralisirt, etwa vorhandenes Eisen als dreibasisches Acetat gefällt und das Zinksulfat in Acetat umgewandelt wird. Man führt nun wieder Magnesium ein und zwar jetzt am besten in Form von dickem Blech oder Stäben, wovon das gefällte Zink sich leichter entfernen läfst. Wird das Zink behandelt, wie für das Kupfer angegeben ist, so zeigt es bei vorsichtigem Arbeiten nur sehr geringe Neigung zur Oxydation. — **8.** vol. 61. p. 136. **89.** Rep. p. 95.

Prüfung von Zinkoxyd auf Reinheit. Die Prüfung auf Magnesia ist nach Bernstein derartig anzustellen, dafs die mit Ammoniak alkalisch gemachte essigsaure Lösung des Zinkoxyds mit H_2S-Wasser völlig ausgefällt und dann das völlig klare Filtrat mit Natriumphosphat versetzt wird. Auf Blei prüft man, indem die essigsaure Lösung des Zinkoxyds, mit Ammoniak alkalisch gemacht, mit einigen Tropfen Natriumphosphatlösung versetzt wird. — **106.** p. 282. **34.** p. 171.

Zur Analyse des Braunsteins mittelst Wasserstoffsuperoxyds bringt man nach A. Baumann die abgewogene Probe sehr fein zerriebenen Braunsteins in einen Entwicklungskolben zusammen mit 30 ccm Schwefelsäure von 25 % H_2SO_4, beschickt den App. mit Wasserstoff-

superoxyd und wägt genau.   Dann läfst man das H_2O_2 allmählich zu
dem Braunstein in das Entwicklungskölbchen einfliefsen, indem man
ständig langsam umschüttelt.   Nachdem man durch ein kurzes An-
saugen von Luft den im App. vorhandenen Sauerstoff wieder durch
Luft ersetzt hat, wird der App. sogleich wieder gewogen und aus dem
Gewichtsverlust die Menge des Mangansuperoxyds berechnet.   Wenn
man zu einer Analyse 2,7168 g Braunstein abwägt, so geben die gefundenen Milligramme Sauerstoff die Zehntelprocente an MnO_2 an. —
123. p. 72. 38. Rep. p. 64.

Um Eisen und Stahl von einander zu unterscheiden taucht S é v o z
das zu untersuchende Metall, nachdem es zuvor gut gereinigt ist, in
eine Lösung von Chromsäure, welche durch Einwirkung von überschüssiger Schwefelsäure auf doppeltchromsaures Kali erhalten wird.
Nach $1/2$—1 Min. entfernt man das Stück aus der Lösung, wäscht es
mit Wss. und trocknet es schliefslich ab.   Die weichen Stahlarten
zeigen nach dieser Behandlung eine gleichförmig graue Färbung; die
harten Stahlsorten erscheinen fast schwarz, ohne irgend welchen metallischen Glanz, während der übrige Theil der Oberfläche unregelmäfsige
schwarze Flecken zeigt. — Ztschr. f. Instrument. 115. 49. p. 223.

Bestimmung des freien und gebundenen Kohlenstoffes in Eisen
und Stahl; v. P e t t e r s o n und S m i t h.   Aufschliefsen von 0,4—0,8 g
Eisen in Blech-, Feilspahn- oder Drehspahnform in geschmolzenem saurem
schwefelsauren Kali 5—12 Min. unter Bildung von schwefelsaurem
Eisenoxyd und Kohlensäure von gebundenem Kohlenstoff bei Ausscheidung von Graphit in glänzenden krystallinischen Blättern; Ent-
fernung der schwefligen Säure und Kohlenf. durch Ueberleiten kohlen-
säurefreier Luft, Absorbirenlassen der Säuren durch eine abgemessene
Menge Natron- und Barytlauge; Oxydation des Baryumsulfits durch
Permanganat in geringem Ueberschusse zu Sulfat, Sauermachen der
Lösung mit Salpetersäure und Bestimmung der Kohlenf. aus dem
Carbonat nach Petterson's Methode (Kochen der Substanz im Vacuum unter Mitwirkung von nascirendem Wasserstoff mit verdünnter
Säure. — 60. Bd. 23. p. 1402. 34. p. 221); Behandlung der graphit-
haltigen Schmelze mit Salzsäure, Sammeln des Graphits auf einem
kleinen Platinfilter mit Asbest, Trocknen, Glühen und Wägen; Verbrennen des Inhalts des in eine Glasröhre gebrachten Filters durch
einen mit nitrosen Dämpfen beladenen Luftstrom, Zurückwägen des
Filters und Berechnung des Graphits aus der Differenz. — 60. Bd. 23.
p. 1401. 43. p. 311.

Zur analytischen Bestimmung von Aluminium und Aluminiumstahl
giebt A. Z i e g l e r $1/2$—1 g feinst gepulvertes und gesiebtes $10^0/_0$iges
Ferroaluminium in einen, etwa zur Hälfte mit reinem, zuvor geschmolzenem und gepulvertem Natriumbisulfat gefüllten Platintiegel
und erhitzt, wobei er nach etwa 1 Stde. schwachen Schmelzens stärkere Hitze giebt.   Die Schmelze wird nach dem Erkalten in siedendem
Wss. gelöst, die Kieselsäure nach dem Filtriren und Auswaschen mit
1-$^0/_0$iger Salzsäure bestimmt und mittelst Flufssäure und Schwefelsäure
auf ihre Reinheit geprüft.   Ein hierbei verbleibender wesentlicher
Rückstand wäre nochmals mit saurem Natriumbisulfat aufzuschliefsen,
in Wss. zu lösen und der Hauptmenge zuzufügen.   Die Schmelzlösung
wird, am besten nach R e i n h a r d t, mittelst unterphosphorigsaurem

Natron (10 ccm einer Lösung von 1 $NaH_2PO_2 \cdot 2 H_2O$) desoxydirt (den Endpunkt der Reaction zeigt Rhodankalium an), durch aufgeschlämmtes Zinkoxyd in geringem Ueberschusse die Thonerde gefällt, filtrirt und diese Operation nach Lösen der ersten Fällung in Salzf. wiederholt. Das die Thonerde enthaltende Zinkoxyd wird nun in Salzf. gelöst und daraus das Aluminiumhydroxyd mittelst Ammoniak doppelt gefällt. Die Thonerde wird nach dem Glühen durch anhaltendes Schmelzen mit Natriumcarbonat von den Verunreinigungen befreit. Um den gröfsten Theil des Aluminiumoxydes zu reinigen, fällt man dasselbe aus der alkalischen Schmelzlösung zweckmäfsig durch Einleiten von Kohlensäure, mufs aber nach dem Filtriren aufserdem, nach Ansäuern mit Salzf., mit Ammoniak fällen. Die Niederschläge werden auf den Filtern in Salzf. gelöst und die vereinigte Aluminiumchloridlösung, wenn sie keine Kieself. mehr enthält, mittelst Ammoniak und Chlorammonium endgiltig niedergeschlagen. Vor dem Fällen versetzt Verf. die ganze Lösung mit einigen Tropfen reiner filtrirter Lackmuslösung und kocht, unbekümmert um den Geruch, so lange in der Porzellanschale, bis das rein blau gefärbte Aluminiumhydroxyd eben beginnt, einen violetten Stich zu bekommen. Hierdurch vermeidet man, dafs vom Niederschlage weder durch überschüssiges Ammoniak noch durch sich bildende Salzf. etwas wieder gelöst werde, und erzielt somit vollständige Fällung. Man verdünnt dann mit heifsem Wss., läfst absetzen, decantirt noch mehrmals und filtrirt. Aluminiumstahl kann in derselben Weise analysirt werden, nur mufs man 5—10 g in Arbeit nehmen. Da sich ferner Stahlbohrspäbne in der Schmelze mit Natriumbisulfat nicht leicht zersetzen, so kann man den Stahl auch in Salzf. lösen, die Kieself. durch Eindampfen zur Trockne, abscheiden, mit verdünnter Salzf. aufnehmen und das Filtrat dann weiter behandeln, wie für die Schmelzlösung angegeben ist. Im Aluminiumstahl ist das Aluminium häufig nicht mehr nachzuweisen, selbst wenn der Stahl, nach dem Aluminiumzusatz berechnet, einige Zehntel $^0/_0$ von diesem Elemente enthalten sollte. Es kann nämlich das Aluminium durch Oxydation in dem geschmolzenen Stahle ganz verschlacken. — **28.** Bd. **275.** p. **526. 89.** Rep. p. **94.**

Bestimmung geringer Mengen von Aluminium im Eisen und Stahl; v. J. E. Stead. Enthält die Probe Eisen oder Stahl nicht weniger als $0_{,01}$ $^0/_0$ Al, so werden 11 g, anderenfalls 22 g, in 44 ccm bezw. 88 ccm starker reiner Salzsäure auf dem Wasserbade gelöst, worauf man zur Trockne verdampft, den Rückstand mit Salzf. und heifsem Wss. aufnimmt, von der Kieselsäure abfiltrirt und auswäscht. Filtrat und Waschwasser sollen zusammen nicht über 200 ccm betragen. Um die Thonerde von der Hauptmasse des Eisens zu trennen, werden 3 ccm gesättigte Natrium- oder Ammoniumphosphatlösung hinzugegeben, worauf man mit verdünntem Ammoniak neutralisirt, welcher Punkt leicht daran erkannt wird, dafs nach wiederholtem Schütteln eine kleine Menge Eisen- und Thonerdephosphat unlöslich bleibt. Man giebt dann tropfenweise Salzf. zu, bis die Flüss. klar ist, erhitzt, versetzt, so bald das Sieden beginnt, mit einem grofsen Ueberschufs gesättigter Natriumhyposulfitlösung (50 ccm) und kocht, bis keine schweflige Säure mehr entweicht (1 Stde.). Der Niederschlag wird nun auf einem Filter gesammelt, mit heifsem Wss. gut ausgewaschen und dann mit 5 ccm Salzf. und 5 ccm siedendem Wss. übergossen, worauf man noch auswäscht. Auf dem Filter hinterbleibt nur Schwefel. Die Lösung, welche in dem Glase gesammelt wurde, in welchem ursprünglich die Thonerde gefällt war, wird nun in einer Platinschale über siedendem Wss. zur Trockne verdampft, worauf man 2 g reines Aetznatron und etwa 1 ccm siedendes Wss. zugiebt und erhitzt, bis die Masse ruhig schmilzt. Nach dem Abkühlen giebt man 50 ccm siedendes Wss. hinzu, kocht 5 Min., setzt weiter Wss. zu bis genau 100 ccm und filtrirt von den unlöslichen Oxyden durch ein trockenes Filter. Die ersten Theile gehen trübe durch und müssen nochmals auf das Filter gegeben werden. Genau 100 ccm des Filtrates (= 10 g Stahl) werden mit Salzf. neutralisirt, bis die Lösung blaues Lackmuspapier röthet, worauf man 8 ccm gesättigte Natriumphosphatlösung und dann Natriumhyposulfit in grofsem Ueberschusse zusetzt. Man kocht, bis alle schweflige Säure vertrieben ist, fügt 2 ccm Ammonacetat hinzu, kocht 2 weitere Min., filtrirt, wäscht mit siedendem Wss., bis das Filtrat chlorfrei ist, verbrennt und wägt als AlPO$_4$. — **26.** vol. 8. p. 965. **89.** Rep. p. 28.

Zur Bestimmung und Trennung von Kobalt und Nickel löst J. Hope 0,5 g des Metallgemisches in Salzsäure oder Königswasser, verdampft zur Trockne, nimmt mit Wss. auf und entfernt die Metalle der 2. Gruppe mit Schwefelwasserstoff, nachdem Kieselsäure abfiltrirt ist. Das Filtrat wird mit Salpetersäure oxydirt, mit kohlensaurem Natron neutralisirt und Eisen und Thonerde mit Natriumacetat gefällt. Die von Thonerde und Eisen befreiten Filtrate werden mit Essigsäure angesäuert und Kobalt und Nickel mit Schwefelwasserstoff gefällt. Die calcinirten Schwefelmetalle werden gewogen, um das ungefähre Gewicht beider Metalle zu erhalten, in Königswasser gelöst, etwa ausgeschiedener Schwefel mit Brom oxydirt und die Metalle durch Eindampfen mit verdünnter Schwefelsäure in Sulfate übergeführt. Man füllt auf 50 ccm auf, setzt das vierfache Gewicht der Metalle Ammoniumphosphat in concentrirter Lösung mit einigen ccm Schwefelf. hinzu. Dann fügt man verdünntes Ammoniak (2 Th. 0,880 auf 1 Wss.) vorsichtig bis zur Lösung des anfänglich gebildeten blauen Niederschlages und hierauf Ammoniak unter Reiben hinzu, bis sich Ammoniak Kobaltphosphat CoNH$_4$PO$_4$ bildet. Man erwärmt 5—10 Min. auf dem Wasserbade, filtrirt ab und löst den Niederschlag in einigen Tropfen verdünnter Schwefelf. Nach Zusatz von Ammoniumphosphat fällt man das Kobalt, wie angegeben, nochmals und trocknet bei 100°. Dann verbrennt man das Filter in einem Platintiegel und erhitzt auch den Niederschlag 10—20 Min. über dem Bunsenbrenner, wodurch das Ammoniak-Kobaltphosphat in das Pyrophosphat Co$_2$P$_2$O$_7$ übergeführt und als solches gewogen wird. Das Gewicht des metallischen Kobalts wird durch Multiplication des Gewichtes des Niederschlages mit 0,403 gefunden. Das angegebene Wiederlösen des Niederschlages ist bei Gegenwart einer grofsen Nickelmenge unbedingt erforderlich. Von Bedeutung ist auch die Menge des Ammoniakzusatzes. Das klare, blaue Filtrat wird auf 200 ccm aufgefüllt, mit 10 ccm starker Ammoniaklösung versetzt, auf 70° C. erhitzt und sofort der Electrolyse unterworfen, wodurch Nickel bestimmt wird. — **26.** p. 375. **34.** p. 171.

Zur Bestimmung der relativen Mengen von Chromat und Bichromat in einem Gemisch titrirt J. A. Wilson mit $\frac{n}{5}$-Schwefelsäure, bis Papier, welches mit neutraler Lackmoidlösung gefärbt ist, schwache Röthung zeigt. Eine zweite Methode gründet sich darauf, dafs die an Aether übertragbare blaue Farbe des Chromheptaoxydes erst auftritt, wenn ein geringer Ueberschufs an Schwefelf. vorhanden ist. Man löst 5 g der Substanz in ungefähr 50 ccm Wss. und versetzt mit 3 ccm Wasserstoffsuperoxyd, dessen Acidität sehr schwach sein mufs; anderenfalls ist letztere zu bestimmen und in Rechnung zu bringen. Sodann überschichtet man wenige ccm hoch mit Aether. Die Spitze der Bürette mufs lang sein und durch einen Kautschukstopfen gehen, der die Proberöhre oder das kleine Fläschchen, in welchem sich das Gemisch befindet, lose schliefst. Man giebt nun unter Schütteln Normalschwefelsäure zu, bis die Aetherschicht die bekannte blaue Farbe annimmt. Die Resultate fallen etwas zu hoch aus, genügen aber für alle praktischen Zwecke. — The Chem. Trade Journ. p. 92. **89.** Rep. p. 39.

Verbrennung mittelst Bleichromat; v. R. de Roode. Ein Gemisch von ungefähr 4 Th. gepulvertem Bleichromat und 1 Th. Mennige wird auf einem Saugfilter gut ausgewaschen, noch feucht mit einem Spatel in erbsengrofse Stücke zertheilt und letztere in kleinen Portionen in Porzellantiegeln zur Rothgluth erhitzt. Nach dem Erkalten werden die Stücke im Mörser zu weizenkorngrofsen Partikeln zerbrochen und das feine Pulver abgesiebt. Da die Mischung aus Bleichromat und Mennige bei Rothgluth nicht schmilzt, verdient sie vor reinem Bleichromat den Vorzug. Das gekörnte Präparat hat eine gröfsere Wirkungsoberfläche als gepulvertes Bleichromat und besitzt alle Vorzüge des Kupferoxyds. — Americ. Chem. Journ. p. 226. **38.** Rep. p. 226.

Gleichzeitige Bestimmung von Schwefel- und Kohlenstoff in schwefelhaltigen organischen Stoffen. Nach Prunier wird die Substanz mit dem 80—100fachen Gewicht reinen, gepulverten Kaliumpermanganats vermischt und in einem Verbrennungsrohr verbrannt. Die Verbrennungsproducte gehen durch eine wässerige Permanganatlösung und weiter durch ein Probegläschen mit Barytwasser, das sich bei regelrechtem Verlauf des Processes nicht trüben darf. Es entweicht nur Sauerstoff, da aller Schwefel und Kohlenstoff im Rohr und in der vorgelegten Permanganatlösung zurückbleiben. Der Röhreninhalt wird in Wss. gelöst, durch Asbest filtrirt, die eine Hälfte des Filtrats mit Salzsäure angesäuert, entfärbt und die Schwefelsäure als Baryumsulfat gefällt. Die zweite Hälfte des Filtrats und der auf dem Asbest verbliebene Rückstand werden mit Schwefelf. und Permanganat gekocht; die entwickelte Kohlensäure wird in bekannter Weise aufgefangen und bestimmt. — **9.** (1889) p. 904. **24.** p. 199.

Bestimmung von Schwefel in organischen Verbindungen; Sauer verbrennt die Substanz im Sauerstoffstrom, leitet die gebildete Schwefligsäure in mit Salzsäure angesäuertes Bromwasser und bestimmt die gebildete Salzf. als Baryumsulfat. Burton leitet die Schwefligf. in eingestellte Kalilösung und titrirt mit Schwefelsäure (unter Verwendung von Tropäolin 00) zurück. Dieses Verfahren ist nur anwendbar, wenn

die Substanz weder Halogene noch Phosphor oder Arsen enthält. —
Amer. chem. J. (1889) p. 472. **24.** p. 199.

**Zur Bestimmung des Acetons im Methylalkohol und in den Dena-
turirungsmethylenen** löst L. Vignon 5 ccm des Gemisches in 200 ccm
Wss. und verdünnt auf 250 ccm. In einen 100 ccm-Cylinder, der in
ccm getheilt ist, bringt man 10 ccm zweifach normale Natronlauge
sowie 50 ccm der Mischung und schüttelt. Dann setzt man 5 ccm
zweifach normale Jodlösung hinzu (254 ccm J, 332 ccm KJ und
destillirtes Wss., zusammen 1 l). Man schüttelt sofort, wobei sich
Jodoform niederschlägt. Man behandelt die Mischung mit 10 ccm
Aether, der frei von Alkohol sein mufs (käuflicher Aether von 65⁰
ist genügend). Das Volumen v des Aethers wird notirt, 5 ccm der
ätherischen Lösung werden im luftleeren Raum verdampft und der
Rückstand als Jodoform nach spätestens 1 Stde. gewogen. Das Gewicht
des Jodoforms sei p, dann berechnet sich das Gewicht x des Acetons,
das in 100 ccm der Mischung enthalten ist, in Grammen nach der Formel:

$$x = \frac{1000\,p \cdot v \cdot 58}{5 \times 394} = p \cdot v \times 29{,}_{44}.$$

Die Methode ist bei Methylenen, die Aldehyd, Aethylalkohol oder eine
andere jodoformbildende Substanz enthalten, nicht anwendbar. — **9.**
t. 110. p. 534. **34.** p. 109.

Erkennung von Verunreinigungen des Alkohols. E. Mohler prüft
die Anwendbarkeit der zur Erkennung von Verunreinigungen im Alkohol vorgeschlagenen Reagentien: Schwefelsäure, Rosanilinbisulfit,
Anilinacetat und Kaliumpermanganat. Es wurden Lösungen der Verunreinigungen im Verhältnifs 1 : 1000 in Aethylalkohol von 50⁰ der
Prüfung unterworfen. Schwefelsäure: Man darf hiervon höchstens
10 ccm Säure auf 10 ccm Alkohol verwenden, da sich sonst auch
reiner Alkohol färbt. Die folgende Tabelle zeigt nach Graden Savalle
die Intensität der Färbungen, die mit den verschiedenen Lösungen
$1/1000$ entstehen:

	Grad Savalle, entspr. den Lösungen enthaltend im Liter:			Geringstes Gehalt im L., der noch Färbg. hervorruft
	1 g	0,5 g	0,225 g	
Furfurol . .	tiefschwarz	schwarz	grau	0,010
Isobutyl-Aldehyd	9	3	1/4	0,125
Para- „	8	4	1/2	0,125
Propion- „	7	2,5	1/4	9,250
Oenanth- „	5	2,5	Spuren der Färbung	0,250
Valer- „	5	1	„	0,250
Aethyl- „	3	3	1/2	0,125
Methylal . . .	2,5	Spuren	„	0,500
Acetal	1,5	„	„	0,500
Kapryl-Alkohol .	7	3	1/2	0,050
Isobutyl- „ .	6	2,5	1/4	0,125
Heptyl- „ .	4	Spuren	„	0,500
Amyl- „ .	2	„		0,500
Amylacetat . . .	3			0,250

Die Lösung $^1/_{1000}$ von Butylaldehyd, Aceton, Propyl-, Isopropyl-, Normalbutyl-, Methylalkohol und Aethylacetat, -propionat, -butyrat, -isobutyrat, -valerianat, -capronat, -önanthylat, -hebat(?), -benzoat, -salicylat geben keine Färbung. Die Reaction kann nur zur qualitativen Bestimmung dienen. Rosanilinbisulfit. Das Verhältnifs von Schwefelf. und Natriumbisulfit, das zu der Reaction benutzt wird, ist von grofser Wichtigkeit in Bezug auf die Schärfe. Mit wenig Säure färbt das Reagenz selbst reinen Alkohol. Ein Reagenz, das 30 ccm Fuchsinlösung 1 : 1000, 20 ccm Natriumbisulfit 34° B., 3 ccm Schwefelf. und 200 destillirtes Wss. enthält, färbt sich nicht mit reinem Alkohol, gestattet aber, noch $^1/_{100000}$ Aldehyd zu entdecken. Man benutzt das frisch dargestellte Reagenz, 4 ccm auf 1 ccm Alkohol. Die gröfste Intensität der Färbung wird nach halbstündiger Digestion erhalten. Man kann im Liter Alkohol von 50° entdecken: 0,01 Aethylaldehyd, Oenanthylaldehyd, Acetat, 0,02 g Valeraldehyd, 0,05 Propion- und Isobutylaldehyd, 0,5 g Paraldehyd, Furfurol, Butylaldehyd, Aceton. Die Alkohole und Aether sind auf die Reaction ohne Einflufs. Eine quantitative Bestimmung ist nur möglich, wenn man Vergleichsproben von bekanntem Gehalt benutzt, da die Färbung der Menge nicht proportional ist. Anilinacetat. Anilinacetat in saurer Lösung ist ein specielles Reagenz auf Furfurol, während es mit den anderen Verunreinigungen keine Färbung giebt. Man verwendet am besten auf 10 ccm Alkohol 10 Tropfen Anilin und 2 ccm Eisessig und digerirt $^1/_2$ Stde. Man kann noch $^1/_{10000000}$ Furfurol erkennen; die Reaction kann zur Bestimmung des Furfurols dienen. Kaliumpermanganat. Fügt man 2—3 Tropfen $^1/_{100}$-Normalkaliumpermanganat zu 10 ccm reinem Aethylalkohol, so ist die Reduction in 2 Min. beendet. Bei Verwendung der Verunreinigungen verläuft die Reduction mehr oder weniger schnell, ohne dafs man praktisch nach der Schnelligkeit der Reduction die einzelnen Körper unterscheiden kann. Arbeitet man aber in saurer Lösung, so wird die Färbung des Permanganats sofort durch Paraldehyd, Isobutylaldehyd und Isobutylalkohol zerstört, während der Alkohol noch einige Secunden gefärbt bleibt. Man kann so die genannten Verbindungen quantitativ bestimmen. — **9. 34. 31.** p. 405.

Zur Aschenbestimmung vegetabilischer Stoffe, Nahrungsmittel etc. ist von Kwasnik Calciumplumbat als sehr geeignet gefunden worden. Das Calciumplumbat zerfällt beim Glühen in Kohlensäure und Bleisuperoxyd; dieses giebt seinen Sauerstoff an die organische Substanz ab. Durch weiteres Glühen (20 Min. für 1,0 g Calciumplumbat) wird dasselbe quantitativ wieder zurückgebildet. — **124.** p. 178. **24.** p. 414.

Nachweis von Chloroform in Bromäthyl. L. Scholvien giebt einige ccm des zu prüfenden Bromäthyls in ein Reagirglas, setzt ebensoviel concentrirte Natronlauge und einen Tropfen Anilin hinzu, schüttelt tüchtig um und erwärmt. Es darf neben dem Geruche des Anilins nur der des reinen Bromäthyls sich bemerkbar machen. Bromäthyl mit 1 % Chloroform gab sofort kräftigen Carbylamingeruch. — **106.** p. 138. **89.** Rep.

Untersuchung von Branntwein auf denaturirten Spiritus. Nach O. Schweisinger sind die Methoden, welche auf Nachweis des

Methylalkohols beruhen, theils umständlich, theils unzuverlässig. Die quantitative Bestimmung des Pyridins als Quecksilberchloridpyridin giebt ungenaue Resultate; als qualitativer Nachweis ist diese Reaction bei Anwesenheit von 5—10 % denaturirtem Spiritus noch brauchbar: Zucker verhindert die Reaction resp. macht sie undeutlich. Mit Dimethylorange als Indicator kann das Pyridin auch bei Gegenwart von Zucker und ätherischen Oelen, selbst bei Anwesenheit von nur geringen Mengen, direct titrirt werden. Gröfsere Mengen von Carbonaten im Wss. stören die Reaction; in diesem Falle mufs das Pyridin durch Destillation abgetrennt werden. — **24.** p. 141. **38.** Rep. p. 96.

Zum Nachweis von Pyridin in Branntwein empfiehlt sich eine gesättigte alkoholische Lösung von Cadmiumchlorid. Für die Bestimmung dampft man den Spiritus unter Zusatz eines Ueberschusses von Schwefelsäure (25 ccm $1/2$-Normalsäure) ab, bis aller Alkohol verjagt ist, und titrirt die überschüssige Schwefelf. zurück; als Indicator ist Congopapier zu empfehlen, das man mittelst einer Lösung von 1 g Congo in 1 l Wss. herstellt. Zum Nachweis und zur Bestimmung des Holzgeistes führt man das Aceton, das bis 30 % in demselben vorhanden ist, in Jodoform über, das nach der Krämer'schen Methode zur Wägung gebracht werden kann (vgl. Arachequesne, p. 289). Aethylalkohol giebt hierbei kein Jodoform. — **49.** p. 189.

Zum Nachweis von Methylalkohol in Aethylnitrit giebt J. Muter einige ccm der zu prüfenden Flüss. in ein Reagenzglas, fügt ein Stückchen Kaliumhydrat (so viel wie eine halbe Bohne) hinzu und läfst unter zeitweiligem Schütteln stehen, bis fast völlige Lösung erfolgt ist. Richtig bereitetes Aethylnitrit verliert dabei seinen Geruch nach Aethylnitrit vollkommen, ist nach $1/2$stündigem Stehen kaum blafs strohgelb gefärbt und riecht lediglich nach reinem Weingeist. Mit Methylalkohol hergestellte Präparate dagegen werden durch Kali tiefgelb bis orangeroth gefärbt und besitzen nach Einwirkung von Kali den charakteristischen Methylalkoholgeruch. Zur weiteren Bestätigung der Gegenwart von Methylalkohol kann man 10 g Destillat aus dem mit Kali behandelten Präparate 48 Stdn. mit Ueberschufs von Hübl'scher Jodlösung an einen dunklen Ort stellen. Echtes Aethylnitrit absorbirt in dieser Zeit niemals Jod, wohl aber mit Methylalkohol dargestellte Präparate, welche 0,4—0,7 % Jod absorbirten, je nach der Qualität des Methylalkohols. Nach Verf. ist übrigens schon allein der Geruch vor und nach der Behandlung mit Kali vollkommen genügend, um sagen zu können, ob äthylirtes oder methylirtes Präparat vorliegt. — **117.** p. 48. **38.** Rep. p. 222.

Bei der Titration von Blausäure mittelst Kupfersulfat bringt C. Kreuz zur Erkennung der Endreaction, d. h. ob die Probeflüssigkeit eben blau gefärbt erscheint, ein kartenblattgrofses Stück dünnen Pergamentpapiers, welches man hart an das Titrationsgefäfs, und zwar an der dem Lichte zugekehrten Seite, anlegt; er hält das Gefäfs gegen das Licht eines Fensters und sieht dann durch die Flüss., gleichzeitig auch das Weifs des seitlich hervorragenden Pergamentpapiers beachtend. — **38.** Rep. p. 64. **39.** p. 42.

Die Methode der Ferrocyanbestimmung (Rep. 1889 II. p. 215) in alten Reinigungsmassen wendet R. Gasch zur Bestimmung des Cyans im Leuchtgase an. Es wird Leuchtgas durch 3 oder 4 Woulffsche Flaschen mit Lösung von Eisenvitriol und Natronlauge geleitet und mittelst einer Gasuhr gemessen. Die Flaschen stehen in einem Blechkasten, der es ermöglicht, dieselben beliebig warm zu halten. Warmes oder heifses Gas mufs in den Flaschen auf seiner ursprünglichen Temp. gehalten werden, da sonst die Ausbeute an Ferrocyan geringer wird; bei Bestimmung in kaltem Gase ist Erwärmung der Flaschen wünschenswerth. Der Inhalt derselben mufs also vor dem Beginn der Absorption erwärmt werden. Mehrere cbm Gas werden durch die Flaschen geleitet, deren Inhalt zusammengegossen und gemessen wird, worauf man in der Lösung Ferrocyan, Carbonylferrocyan und Rhodan bestimmt, Alles auf 100 cbm Gas oder 1 T. Kohle berechnet. Die zulässige Geschwindigkeit bei der Absorption ist 60 bis 70 l in der Stde.; die zulässige Wärme der Faschen 50° C. Ist die Lösung zu verdünnt, so wird sie theilweise eingedampft. Enthält sie viel Schwefel, so ist es zweckmäfsig, denselben mit kohlensaurem Blei zu entfernen. Nach der Titration mit Zinklösung enthält die Lösung neben Rhodan auch etwas Carbonylferrocyannatrium, welches nach dem Titriren mit einer auf das Kaliumsalz empirisch gestellten Eisenchloridlösung bestimmt wird, wobei die Rhodanreaction als Indicator dient. Im Filtrat kann das Rhodan bestimmt werden. Da der von Carbonylferrocyansalz herrührende violette Niederschlag sich in Wss. löst, so ist es nöthig, die Lösung zuerst mit Kochsalz zu versalzen. Ferner giebt Verf. auch die Anwendung der Zinktitration auf Gaswasser an. — 65. p. 215. 89. Rep. p. 136.

Eine Methode zur Bestimmung der Ferrocyansalze und des Gehalts der Blutlaugenschmelze stützt R. Zaloziecki auf die Thatsache, dafs aus der Lösung des Ferrocyannatriums und -kaliums die Ferrocyansalze durch Zinkcarbonat und Einleiten von Kohlensäure vollständig in der Form von Zink-, Alkali-, Ferrocyandoppelsalzen ausfallen. Die durch das Zink ausgeschiedene äquivalente Menge Natrium oder Kalium setzt sich in Natrium- bezw. Kaliumcarbonat um und kann leicht alkalimetrisch bestimmt werden. Da sich constant zusammengesetzte Doppelsalze von der Zusammensetzung $2 Zn_2 Fe Cy_6 + R_4 Fe Cy_6$ bilden, so kann der Gehalt an Ferrocyansalzen aus der gefundenen Menge Kali oder Natron berechnet werden. Alkalisulfate und Chloride bewirken die Bildung einer zinkreicheren Verbindung, der Einflufs wird durch einen Ueberschufs von Alkalicarbonat aufgehoben. Zur Untersuchung der Blutlaugensalzschmelze löst man 10 g in 100 ccm Wss. und bestimmt in 25 ccm die Alkalinität mit Normalsäure und Methylorange, nimmt 50 ccm in ein Kölbchen, versetzt mit 10 g feuchtem Zinkcarbonat und leitet $1/2$ Stde. unter Erhitzen Kohlenf. ein, füllt den Inhalt nach dem Erkalten in einen 100 ccm-Kolben um und titrirt die Hälfte davon mit $1/10$-Normalf., nachdem man zuvor die für die Alkalinität des Schmelzeauszuges gefundene ccm-Anzahl Säure zugesetzt hat. Bei gefärbten Schmelzelösungen kann man die Lösung genau mit verdünnter Schwefelsäure neutralisiren und vor der Zersetzung mit Zinkcarbonat mit 20 ccm normal-kohlensaurem Alkali versetzen. — 123. p. 210. 34. p. 125.

Zur Bestimmung des Ferrocyans in gebrauchten Gasreinigungs-massen benutzt R. Zaloziecki die früher (s. vorher) von ihm an-gegebene Methode zur Bestimmung der Ferrocyansalze. Man verfährt in folgender Weise: 20 g fein zertheilter Reinigungsmasse werden mit 20 ccm 10%iger Kalilauge und etwas Wss. in einem 100 ccm-Kolben auf dem Wasserbade ¼ Stde. mäsig erwärmt und nach dem Abkühlen bis zur Marke mit Wss. aufgefüllt. 50 ccm der klaren Lösung (ge-nauer 45 ccm) entsprechend 10 g der Probe, werden in einem 100 ccm-Kolben über freiem Feuer bis zum vollständigen Entweichen des Ammoniaks gekocht und darauf vollständig mit verdünnter Säure neu-tralisirt. Zur Erleichterung der Neutralisation kann man auch einige Tropfen Phenolphtaleïnlösung zusetzen und die Säure aus der Bürette bis zum Verschwinden der Rothfärbung eintröpfeln. Eine bessere Klärung erzielt man, wenn man das Ammoniak nach Leschhorn durch Zusatz von Kalkmilch besorgt und den Kalk durch Pottasche-lösung aus der Flüss. entfernt. Man setzt der Blutlaugensalzlösung 20 ccm Normalalkalicarbonat hinzu, um den störenden Einfluß von Chlorkalium oder Kaliumsulfat aufzuheben, und nimmt dann nach Hin-zufügen von 5 g feuchtem Zinkcarbonat die Zersetzung unter Einleiten von Kohlensäure und halbstündigem Erhitzen vor. Nach beendeter Reaction und Erkaltenlassen wird auf die 100-Marke aufgefüllt und die Hälfte entsprechend 5 g Reinigungsmasse mit ¹/₁₀ Normalsäure und Methylorange titrirt, nachdem zuvor die 10 ccm zugesetztem Normal-alkalicarbonat äquivalente Menge Normalf. eingeführt oder dieselbe von der Gesammtzahl der verbrauchten ccm Säure in Abzug gebracht wurden. Hat man die Säure so gestellt, daß 1 ccm = 0,001 g K_2CO_3, so wird die Anzahl der beim Zurücktitriren verbrauchten ccm Säure mit 0,23 multiplicirt und giebt verdoppelt die Procente an krystallisir-tem Blutlaugensalz in der Gasreinigungsmasse an. — **123.** p. 301. **34.** p. 188.

Eine maßanalytische Bestimmung des rothen Blutlaugensalzes gründet G. Kafsner auf folgende Gleichung: $Fe_2(CN)_6 + (KCN)_6 + H_2O_2 + 2KOH = 2Fe(CN)_2(KCN)_4 + 2H_2O + O_2$. Man löst die abgewogene Menge des Ferricyankaliums in einem Becherglas in etwas destillirtem Wss. und setzt darauf eine so grofse Menge Kalilauge hinzu, dafs nach be-endeter Reaction noch ein Ueberschufs der letzteren vorhanden ist. Man vermischt nun mit etwas Wasserstoffsuperoxyd, jedoch nicht zu viel, und beobachtet, ob die Farbe der Flüss. nach einigen Sec. in ein schwaches, kaum mehr kenntliches Gelb übergegangen ist. Es ent-wickelt sich dabei beständig Sauerstoffgas, den Ueberschufs an Wasser-stoffsuperoxyd beseitigt man sodann durch Erwärmen bis zum Sieden, säuert die inzwischen abgekühlte und stark verdünnte Lösung von Ferrocyankalium mit verdünnter Schwefelsäure an und titrirt mit Chamäleonlösung. — **3.** p. 182. **24.** p. 280.

Schnelle Erkennung und Bestimmung eines Chlorgehaltes in Rhodanalkalien; v. C. Mann. Wird ein Rhodanalkalimetall mit einer Kupfersulfatlösung gemischt und H_2S eingeleitet, so fällt anfangs nur weifses Kupferrhodanür, und erst nach längerer Einwirkung wird dieses in Schwefelkupfer umgewandelt. Ist aber mehr Kupferlösung vorhanden, als eben zur Bildung des Rhodankupfers hinreicht, und unterbricht man in dem Zeitpunkte den Gasstrom, wo die Flüss. braun wird, fügt sodann eine entsprechende Menge neuer Kupferlösung hinzu, um den freien Schwefelwasserstoff völlig zu binden und allenfalls frei gewordene Rhodanwasserstoffsäure wieder niederzuschlagen, so zeigt das Filtrat keine Rhodanreaction mehr. War daher im Rhodanide Chlor (Brom) vorhanden, so kann dieses durch Zusatz von etwas Salpetersäure und einigen Tropfen Silberlösung leicht erkannt und event. bestimmt werden. Zur Untersuchung löst man 5 g des Rhodansalzes in 100 ccm Wss. und versetzt mit 20 g Kupfervitriol, ebenfalls in 100 ccm Wss. gelöst. Nach Unterbrechung des Gasstromes setzt man noch 8 g Kupfervitriol in 40 ccm Wss. gelöst hinzu. Das Gemenge von Rhodan- und Schwefelkupfer läfst sich sehr schnell und klar abfiltriren; das Filtrat wird wie oben geprüft. — **37.** Bd. 28. p. 668. **38.** Rep. p. 79.

Zur **Bestimmung von Aceton nach der Jodoformmethode** nimmt G. Arachequesne von 20- bis 30%igen Methylenen 5 ccm, verdünnt auf 500 ccm mit Wss. und verwendet hiervon wieder nur 5 ccm = $0{,}05$ ccm Methylen. Die gefundene Zahl, mit 20 multiplicirt, giebt dann das gesuchte Resultat. Durch diese Multiplication werden jedoch auch die Fehler multiplicirt, so dafs man bei einem Gehalte von über 30 % Aceton nur annähernde Werthe erhält. Bei weniger als 30 % verdünnt Autor 5 ccm auf 50 ccm mit Wss., nimmt hiervon 5 ccm = $0{,}5$ ccm Methylen, giebt dieselben in einen 200 ccm fassenden Kolben, fügt 10 ccm Doppelnormalnatronlauge und 5 ccm Jodlösung hinzu, dann nach dem Umschütteln von Neuem gleich viel Natronlauge und Jod und wiederholt den Zusatz so lange, bis man in der klaren über dem bereits ausgeschiedenen Jodoform stehenden Flüss. keine Jodoformbildung mehr beobachtet. Das abgeschiedene Jodoform wird dann in eine Mohr'sche Bürette gebracht, an deren unterem Ende etwas Asbest angebracht ist; nach dem Ablaufen der Flüss. löst man das Jodoform in 10 ccm Aether und wiegt den Verdunstungsrückstand. Autor fand auf diese Weise den Gehalt von 95- bis 99%igen Acetonen bis auf $0{,}5$ % genau. — **9.** t. 110. p. 642. **38.** Rep. p. 223.

Zur **Untersuchung von Petroleumbenzinen, welche unter Gewährleistung bestimmter Siedegrenzen verkauft werden,** benutzt R. Kifsling folgendes Verfahren, das trotz seiner Einfachheit hinlänglich genaue und unter gleichen Versuchsbedingungen nahezu übereinstimmende Ergebnisse liefert. Als Destillationsgefäfs benutzt Verf. einen gläsernen Fractionskolben, dessen Gröfse und Gestalt den von Engler für die Destillation von Leuchtpetroleum in Vorschlag gebrachten Mafsverhältnissen entspricht. Man beschickt den Kolben mit 100 ccm des betr. Benzins, verbindet ihn mit einem Liebig'schen Kühler, dessen Kühlröhre ca. 60 cm lang sei, und bringt unter den Kolben ein dickes Drahtnetz. Das Destillat fängt man in einem graduirten Cylinder auf, dessen Theilung das zuverlässige Ablesen von halben ccm gestattet. Es ist zweckmäfsig, bei der Destillation leichter Benzine das abwärts gebogene Ende des Vorstofses, zumal im Beginne der Destillation, weit in den Cylinder hinabreichen zu lassen, damit das Verdunsten der leichten Antheile des Destillates möglichst beschränkt werde. Die Raschheit des Destillationsbetriebes beträgt $2-2{,}5$ ccm pro Min. Im Beginne der Destillation steigt das Quecksilber des Thermometers wie gewöhnlich, zunächst rasch, dann langsamer in die Höhe, und es tritt alsbald eine mit genügender Schärfe wahrzunehmende relative Constanz des Quecksilberstandes ein. Dieser Punkt wird als „untere Siedegrenze" des betr. Benzins bezeichnet. Man führt die Destillation dann in der angegebenen Weise durch und liest von 10 zu 10⁰ (mit dem niedrigsten vollen Zehner beginnend) das Volumen des Destillates ab. Zum Schlusse, wenn der Boden des Kolbens flüssigkeitsfrei geworden ist, giebt man die volle Flamme des Bunsenbrenners und bezeichnet als „obere Siedegrenze" den hierbei beobachteten höchsten Quecksilberstand. Es gelingt übrigens nicht, auf diese Weise auch die letzten hochsiedenden Antheile, welche in den meisten Fällen nur $0{,}1$—$0{,}2$ % betragen, überzutreiben. Um die Siedetemperatur dieser Resttheile zu bestimmen, muſs man daher das Thermometer etwa bis zum Fuſspunkt des Kolbenhalses hinabsenken. — 89. p. 508.

Qualitativer Nachweis von Glycerin. Kohn dampft die zu prüfende Flüss. mit Kaliumbisulfat zur Trockne und erhitzt die Mischung dann in einer Hartglasröhre; die Dämpfe des hierdurch gebildeten Acroleïns leitet Verf. in vorgelegtes Wss. Das Wss. wird dann durch einige Tropfen Schiff's Reagenz (durch Schwefligsäure entfärbte Fuchsinlösung) geprüft; die Rothfärbung entwickelt sich langsam und erreicht nach 15—20 Min. den höchsten Grad. Erwärmung giebt zu Irrthümern Anlaſs, da die Flüss. dadurch auch roth wird. Auf diese Weise sind noch $0{,}015$ g Glycerin nachweisbar. Kohlehydrate beeinträchtigten die Empfindlichkeit; Zucker muſs durch Eindampfen mit Aetzkalk und Ausziehen des Glycerins mit Alkohol und Aether entfernt werden; in solchen Fällen sind dann nicht weniger als $0{,}03$ g Glycerin nachweisbar. Die Reaction ist auch zum Nachweis von Glycerin in Bier, Wein, Milch anwendbar; bei der Prüfung von Milch sind Caseïn, Albumin und Zucker zuvor zu entfernen. Fettsäuren stören die Empfindlichkeit der Probe nicht. — 26. p. 148. 89. Rep. p. 86. 24. p. 364

Zur Bestimmung des Glyceringehaltes in Handelsglycerinen löst man nach E. und Ch. Deifs in einem 100 ccm-Kölbchen 6 g krystallisirte Carbolsäure in 10 g des zu untersuchenden Glycerins auf und läſt aus einer Bürette so viel ccm einer Normallösung, aus 50 g reiner krystallisirter Carbolf. und 1000 g Wss. bereitet, zulaufen, bis eine entstehende milchige Trübung beim Umrühren nicht mehr verschwindet. 10 g wasserfreies reines Glycerin bedarf, auf diese Weise behandelt, $21{,}40$ ccm der Normallösung bis zur bleibenden Trübung. Jeder Procentgehalt an Glycerin weniger bedarf entsprechend $0{,}28$ ccm Normallösung weniger. Die Zahl $0{,}28$ bleibt constant, doch stimmen die Angaben nur, wenn man bei einer Temp. von 11⁰ operirt, die sich leicht durch Einstellen des Kölbchens in kaltes Wss. erzielen läſst. Die Berechnung stellt sich wie folgt: Nennen wir v die Zahl der bei der Titration angewandten ccm und x den fehlenden Procentgehalt des Glycerins an 100, so ist

$$21{,}40 - v = x \cdot 0{,}28 \text{ oder } x = \frac{21{,}40 - v}{0{,}28}$$

Anwesenheit von Salzen und Extractivstoffen soll keinen Einfluſs bei der Titration ausüben. — L'union pharm. Les corps gras ind. p. 293. 38. p. 292.

Prüfung des Handelsglycerins; v. J. H. Wainwright. Ein Muster von 10 g wird in einer vorher tarirten Porzellanschale verbrannt und der kohlige Rückstand gewogen. Destillirtes oder raffinirtes Glycerin darf nicht weniger wie 0,5 % kohligen Rückstand ergeben, nur höchst selten beträgt dieser mehr denn 0,5 %, über 1 % darf er nie hinausgehen. Derjenige des Rohglycerins beträgt dagegen oft 10 %. Von allen Prüfungsmethoden empfehlen sich die mit 2%iger Silbernitratlösung und die mit wässeriger basischer Bleiacetatlösung, welch letztere man darstellt, indem man 10 g Bleiacetat, 8 g Bleiglätte und 500 g destillirtes Wss. kocht und dann filtrirt. Die Silbernitratprobe geschieht, indem man 5 ccm Glycerin mit 20 ccm destillirtem Wss. in einem weiten Reagenzrohr schüttelt, unter Umschütteln 5 ccm Silbernitratlösung zugiefst und hierauf 1 Stde. stehen läfst. In raffinirtem Glycerin tritt höchstens nach einiger Zeit eine dunkle Färbung ein unter leichter Reduction des Silbers, in rohem Glycerin dagegen haben wir, und in der Regel eine sofortige, Fällung zu verzeichnen, oft ist die Masse auch flockig. Die Farbe des Niederschlages variirt vom weifsen bis zum schwarzen, je nachdem die Natur der Verunreinigungen ist. Bei der Bleiprobe giefst man in einem ebenfalls weiten Reagenzrohre gleiche Volumina Bleiacetatlösung, Glycerin und destillirtes Wss. zusammen, schüttelt um und läfst dann mindestens 1 Stde. stehen. Raffinirtes Glycerin bleibt unverändert oder zeigt nur geringe Trübung oder winzigen, jedoch niemals einen flockigen Niederschlag, wenn die Versuchsprobe auch lange Zeit steht, im Rohglycerin zeigt derselbe sich immer mehr oder weniger. Wenn man die eben erwähnten Proben anwendet, soll man keine allein benutzen, erst wenn beide in ihren Hinweisen übereinstimmen, kann man sich darüber schlüssig machen, ob das Muster Rohglycerin ist oder nicht. Es erscheint jedoch ferner wünschenswerth, auch noch einige andere Prüfungen anzuführen: 1) Die Zumischung von einem gleichen Volumen destillirtem Wss. Raffinirtes Glycerin bleibt klar; ist im rohen viel Fett oder Oel enthalten, so werden diese hierdurch vom Glycerin getrennt. 2) Ammoniak. Dieses giebt mit raffinirtem keine Aenderung, rohes wird angezeigt durch einen aus Eisen und Thonerde bestehenden Niederschlag. 3) Chlorbaryum. Mit gereinigter Waare keine Aenderung, in rohem einen Niederschlag von Sulfaten. Gasförmiges Stickstoffperoxyd: Gereinigtes Glycerin verändert sich nicht, rohes gerinnt und zeigt damit fettige Verunreinigungen an. Fehling's Lösung. Gereinigtes giebt mit derselben keine Aenderung, rohes zeigt die Gegenwart von Glykosen. — 97. vol. 11. p. 125. 38. Rep. p. 77.

Wachsprüfung. Nach H. Röttger kann als vorläufiger Orientirungsversuch bei der Prüfung von Wachsproben die Bestimmung des spec. Gew. manchmal, jedoch nicht immer Anhaltspunkte für die Beurtheilung geben. Das spec. Gew. des gelben wie des weifsen reinen Bienenwachses spielt zwischen 0,956 und 0,964, ist also durchschnittlich 0,960, meistens 0,958—0,960. Geht das spec. Gew. nach beiden Seiten über diese Grenze hinaus, so ist das Wachs bei geringer Differenz einer Verfälschung verdächtig; bei gröfserer Differenz ist eine solche sicher angezeigt. Liegt das spec. Gew. über 0,964, so deutet das auf die Anwesenheit von Stearinsäure, Harz, japanischem Wachs, Wss., Schwerspath, Ziegelmehl etc.; liegt es unter 0,956, so ist Paraffin,

Ceresin oder Talg anwesend. Nicht jedes Wachs, dessen spec. Gew.
innerhalb der normalen Grenzen liegt, braucht reines Bienenwachs zu
sein, da ja das richtige spec. Gew. durch Doppelfälschung erzielt sein
kann. Die zur Prüfung auf Paraffin und Ceresin angegebenen Methoden
sind sämmtlich mangelhaft und nur durch die Hübl'sche Methode lassen
sich diese Verfälschungen sicher nachweisen. Stearinf. wird nach Verf.
am besten durch die von Fehling angegebene Methode, vermittelst
welcher noch ganz gut 1 % Stearinf. gefunden werden kann, nachgewiesen. Er empfiehlt folgende Form des Nachweises: 1 g wird in
10 ccm 80%igem Spiritus in einem Reagenzcylinder einige Min. gekocht und dann auf 18—20° erkalten gelassen; man filtrirt nun in
einen gleich grofsen Reagenzcylinder ab, fügt Wss. zu und schüttelt
kräftig um. Die Stearinf. scheidet sich sofort in Form von Flocken
auf der Oberfläche der Flüss. ab. — **89.** p. 606. **106.** p. 307.

**Revision der bei der Analyse der Fette und Oele benutzten Con-
stanten.** R. T. Thomson und H. Ballantyne zeigen, dafs die Behauptung Allen's, 5 % freier Fettsäuren verminderten das spec. Gew.
des Oeles um 0,7, falsch ist. Die Jodabsorption wurde nach Archbutt ausgeführt, doch liefs man 8 Stdn. stehen. Die aus Mills'
Bernsteinabsorptionsmethode umgerechneten Jodwerthe können nicht
als correct angesehen werden, da Differenzen bis zu 50 % vorkommen.
Das zu untersuchende Schmalz mufs vor der Probenahme umge-
schmolzen sein. Die Jodabsorption wächst um 1.8 % für eine Zunahme von 0,1 im spec. Gew. Dieselbe Regelmäfsigkeit zeigt sich
beim Pferdefett, während für Baumwollsamenöl die Jodabsorption nur
um 0,6 % für 0,1 Zunahme im spec. Gew. wächst.

Oel oder Fette.	Spec. Gew. bei 15,5° C. (Wss. bei 15,5° = 1,000).	Spec. Gew. bei 99° C. (Wss. bei 15,5° = 1,000).	Jod-Absorption. %	KOH Neutral. %	Freie Säure. %
Olive (Gioja)	915,6	—	79,0	19,07	9,42
„ nach Entfernung der freien Säure	915,2	—	79,0	19,07	—
Olive	914,8	—	83,2	18,93	3,86
„	914,7	—	80,0	—	23,78
„	916,8	—	83,1	19,00	5,19
„	916,0	—	81,6	—	19,83
„ zum Färben	915,4	—	78,9	19,00	9,67
„	914,5	—	86,4	18,90	11,28
„ zum Kochen	915,1	—	83,1	19,20	4,15
„ „	916,2	—	81,2	19,21	Nicht best.
Lard	—	859,8	52,1	—	—
„ vom Bein	—	860,5	61,3	—	—
Schmalz von Rippen	—	860,6	62,5	—	—
Ochsenfett (von der Niere)	—	857,2	34,0	—	—
„ (Oleomargarine)	—	858,2	46,2	—	—

Oel oder Fette.	Spec. Gew. bei 15,5°C. (Wss. bei 15,5° = 1,000).	Spec. Gew. bei 99° C. (Wss. bei 15,5° = 1,000).	Jod-Absorption. %	KOH Neutral. %	Freie Säure. %
Fett von Ochsenmark	—	858,5	45,1	19,70	—
Ochsenfett vom Beine	—	850,2	47,0	19,77	—
Baumwoll	923,6	868,4	110,1	—	—
„	922,5	—	106,8	19,35	0,27
Leinöl (Baltisch)	934,5	—	187,7	19,28	—
„ (Ost-Indien)	931,5	—	178,8	19,28	—
„ (River Plate)	932,5	—	175,5	19,07	—
„	932,5	—	173,5	19,00	0,76
„	931,2	—	168,0	19,00	—
Raps	916,8	—	105,6	17,53	2,43
„	913,1	—	110,7	17,33	—
„	914,5	—	104,1	17,06	2,53
„	915,0	—	104,5	17,19	3,10
„	914,1	—	100,5	17,39	—
Ricinus (Handelswaare)	967,9	—	83,6	18,02	2,16
„ „	965,3	—	—	17,86	—
„ (medicinisch)	963,7	—	—	17,71	—
Arachis (Handelswaare)	920,9	—	98,7	19,21	6,20
„ (französisch raffinirt)	917,1	—	98,4	18,93	0,62
Schmalzöl (Prima)	917,0	—	76,2	—	—
Südlicher Walrat	880,8	—	81,3	13,25	—
Arktischer „ (Butzkopf)	879,9	—	82,1	13,04	—
Walfisch (roh Norwegen)	920,8	—	109,2	—	—
„ (hell)	919,3	—	110,1	—	—
Robbe (Norwegen)	925,8	—	152,1	—	—
„ (kalt ausgezogen hell)	926,1	—	145,8	19,28	—
„ (heifs ausgezogen hell) . . .	924,4	—	142,2	18,93	—
„ (gefärbt)	925,7	—	152,4	—	—
„ (gekocht)	923,7	—	142,8	—	—
Menhaden	931,1	—	160,0	18,93	—
Neufundländischer Leberthran . . .	924,9	—	160,0	—	—
Schottischer Leberthran	925,0	—	158,7	—	—
Leberthran (medicinisch)	926,5	—	166,6	18,51	0,36
Mineralöl	873,6	—	12,8	—	—
„	886,0	—	26,1	—	—
Harz	986,0	—	67,9	—	—

— **26.** p. 588. **34.** p. 244.

Bestimmung des Schmelzpunktes der Fette. Die üblichen Me thoden weisen nach B. Kohlmann hauptsächlich folgende Fehler-quellen auf: 1) Die Fette werden, bevor sie schmelzen, weich, und lassen sich demzufolge durch genügenden Druck einer Wasser- oder Luftsäule verschieben, ehe sie noch wirklich geschmolzen sind. 2) Die Fette werden, bevor sie schmelzen, durchscheinend, dann nach und nach durchsichtiger bis zuletzt ganz klar; es ist aber durch das Auge nicht festzustellen, in welchem dieser verschiedenen Stadien das Fett wirklich geschmolzen ist; nebenbei wird aber durch das längere Zeit andauernd starre Hinsehen auf das in der Capillare eingeschlossene Fett das Auge in der Beobachtung unsicher; aufserdem wird von Wimmel angegeben, dafs die maximale Durchsichtigkeit eines Fettes nicht mit dem Schmelzpunkte desselben zusammenfalle, sondern um einige Grad höher sei. 3) Durch die Erwärmung des Wss. oder Glycerins, in welchem sich das mit Fett beschickte Röhrchen befindet, entstehen in diesen Flüss. Wärmeströme, deren störende Einwirkungen nur durch fortwährendes lebhaftes Umrühren beseitigt werden können; hierdurch wird aber die Sicherheit der Beobachtung in nicht geringem Mafse beeinträchtigt. Verf. empfiehlt als ein von Zufälligkeiten möglichst unabhängiges Verfahren das folgende, welches von der Annahme ausgeht, dafs der Schmelzpunkt eines Fettes die Temp. ist, wo die Cohäsion der einzelnen Theilchen so weit verloren geht, dafs ein geringer Druck hinreicht, um dieselben aus ihrer Lage zu bringen. Ein ganz dünnwandiges Glasröhrchen von etwa 1 mm lichtem Durchmesser und 6—8 cm Länge wird mit dem Fette durch Aufsaugen gefüllt, dann in horizontale Lage gebracht, an dem einen Ende ein Stückchen Platindraht von 1—2 mm Länge und etwa 0,5 mm Durchmesser soweit eingeführt, dafs es eben in das Fett eintaucht, und das andere Ende nach dem Erkalten mit Siegellack oder dergl. verschlossen. Die Erwärmung des so beschickten Röhrchens ist in einem Luftbade dergestalt vorzunehmen, dafs der Punkt der Röhre, an welchem das Platinstückchen sitzt, die Kugel des Thermometers an deren convexester Stelle berührt. Hat man hierbei berücksichtigt, dafs beim Erwärmen des Röhrchens der darin befindliche Fettfaden sich ausdehnt und dadurch das Platinstückchen ein wenig hebt, so ist die weitere Beobachtung sicher und einfach. Nachdem man das Luftbad erwärmt, beginnt in kurzer Zeit das Schmelzen des Fettes am unteren Röhrenende und setzt sich langsam nach oben fort; ist dasselbe nahe am Platin angekommen, so beginnt erst die eigentliche scharfe Beobachtung, und diese besteht einfach darin, dafs man in dem Augenblick die Temp. am Thermometer abliest, in welchem das Platin sich nach unten bewegt. Man erhält auf diese Weise sehr gut übereinstimmende Zahlen, und zwar in kurzer Zeit, denn wenn die Röhrchen vorbereitet sind, kann man in 1 Stde. eine Anzahl von Schmelzpunktbestimmungen vornehmen. — 3. 31. p. 52.

Ueber Benedikt's Acetylwerthe. J. Lewkowitsch hat durch Acetylirung der Oelsäure, Palmitinsäure, Stearinsäure, Caprinsäure, Laurinsäure und Cerotinsäure Resultate erhalten, welche mit der Benedikt'schen Behauptung, dafs nur hydroxylirte Fettsäuren beim Erhitzen mit Essigsäureanhydrid das Radical der Essigsäure aufnehmen und die nicht Hydroxyl enthaltenden Fettfn. unverändert bleiben, so dafs die zum Neutralisiren der Fettfn. vor und nach der Behandlung mit Essigsäureanhydrid erforderlichen Mengen Kali identisch sind, in directem Widerspruch stehen. — 8. vol. 61. p. 238. 89. p. 670. 756. 34. p. 194.

Den Gefrier- und Erstarrungspunkt der Fette und Oele bestimmt Schädler in eigens dazu construirten App. Ein einfacher App. zur Bestimmung der Temperatur-Erhöhung mit Schwefelsäure besteht aus einem calibrirten Cylinder mit doppelt durchbohrtem Stopfen; letzterer trägt ein Ableitungsrohr für die entstehenden Gase und ein Ther-

mometer. Man bringt in den Cylinder die Schwefelf. (spec. Gew.
1,84 : 80 Vol. concentrirte und 20 Vol. rauchende Schwefelf.) und darauf
25 ccm des Oeles. Die Temperatur-Erhöhung beträgt bei:

Baumwollsamenöl, roh .	$71,_0{}^0$	Leberthran	103^0
„ gereinigt	$69,_5{}^0$	Mohnöl	71^0
Bucheckernöl	$65,_0{}^0$	Nufsöl	102^0
Erdnufsöl	$67,_0{}^0$	Olivenöl	42^0
Hanföl	$125,_0{}^0$	Ricinusöl	48^0
Klauenöl	$50,_0{}^0$		

Derselbe App. kann zur Bestimmung der Temperatur-Steigerung beim
Mischen des Oeles mit Salpetersäure (1,45) dienen. Ein anderer App.
ähnlich dem Koenig'schen dient zur Bestimmung des spec. Gew. bei
100^0. Verf. fand (Wss. bei $15^0 = 1$):

	bei 15^0	bei 100^0			bei 15^0	bei 100^0
Baumwollsamenöl	$0,_{9264}$	$0,_{871}$	Olivenöl . . .	$0,_{9170}$	$0,_{869}$
Butter	$0,_{9300}$	$0,_{868}$	Ricinusöl . .	$0,_{963}$	$0,_{910}$
Erdnufsöl . .	$0,_{9202}$	$0,_{864}$	Rindsfett . . .	$0,_{9537}$	$0,_{859}$
Hammelfett . .	$0,_{9357}$	$0,_{860}$	Schweinefett . .	$0,_{938}$	$0,_{860}$
Mohnöl . . .	—	$0,_{872}$			

Das Drehungsvermögen beträgt von:

Aprikosenkernöl . .	$^{\alpha}D - 0,_2$	Mandelöl	$- 0,_2$
Cottonöl, gereinigt .	$+ 0,_8$	Mohnöl	$+ 0,_1$
Erdnufsöl	$- 0,_2$	Olivenöl	$+ 0,_2$
Leberthranöl . . .	$+ 0,_5$	Ricinusöl	$+ 9,_8$

— 3l. Bd. 7. p. 259. 269. **95.** p. 381.

Beiträge zur Fettanalyse. Die Acidität der Fette und fetthaltigen
Substanzen drückt man nach H. Nördlinger zweckmäfsig nicht in
mg Kalihydrat aus, sondern bezieht sie auf bestimmte Säuren, z. B.
Oelsäure; das mit rectificirtem, säurefreiem Petroläther erhaltene und
bei der Fettbestimmung gewogene Fettextract titrirt man direct. Verf.
giebt eine Tabelle über den mittleren Gehalt einiger Oelsaaten und
unverdorbener Oelkuchen an Fett und freien Fettsäuren; so war er
im Stande, in einigen Fällen verfälschte oder verdorbene Kuchen zu
erkennen; jedoch kann auch durch die Säurebestimmung nicht allen
Ansprüchen genügt werden. — **37.** p. 6. **89.** Rep. p. 29.

Zu Fettuntersuchungen verwendet R. W. Moore E. Waller's
Modification des Reichert'schen Verfahrens. 2,5 g Fett werden mit
1 g Aetzkali und 50 ccm $70^0/_0$igem Alkohol verseift, worauf man den
Alkohol vertreibt, zuletzt mittelst eines Luftstromes, die Seife unter
Erwärmen in 50 ccm Wss. löst und mit 20 ccm verdünnter Schwefelsäure (1:10) zersetzt. Man destillirt genau 50 ccm ab und titrirt mit
$\frac{n}{10}$-Natron, wodurch Reichert's Zahl erhalten und ein gewisser Theil
der flüchtigen Fettsäuren entfernt wird. Zu dem Inhalte der Flasche
giebt man 50 ccm Wss., destillirt, titrirt das Destillat und wiederholt
diese Operationen, bis ein neutrales Destillat von 50 ccm erhalten
wird, d. h. ein solches, welches $^1/_{10}$ ccm oder weniger $\frac{n}{10}$-Natron zur
Neutralisation erfordert. Die Gesammtmenge der Säure aller Destillate

wird auf Buttersäure berechnet und so der Gesammtgehalt an flüchtiger Fettf. erhalten. Die unlöslichen Fettfn. bleiben in der Flasche und Kugelröhre oder an den Seiten des Kühlers oder des Filters, durch welche das Destillat filtrirt wurde. Die in der Kugelröhre und dem Kühler vorhandenen Antheile bringt man mittelst wenig heifsem Alkohol in ein kleines Fläschchen. Die in der Flasche befindlichen Fettfn. läfst man fest werden, giefst die Flüss. ab und behandelt wiederholt mit heifsem Wss. (etwa dreimal mit je 100 ccm), wobei man erstarren läfst, bevor man das Waschwasser auf das Filter giebt. Das Waschen ist beendet, wenn das Wss. nicht mehr auf Schwefelf. reagirt. Der Spülalkohol aus dem Kühler wird nun mit den unlöslichen Fettfn. vereinigt, das Filter behufs Entfernung der anhaftenden Fettfn. mit heifsem Alkohol extrahirt, der Alkohol vertrieben und der Flascheninhalt bei 105⁰ bis zum constanten Gewichte getrocknet. Das Verfahren liefert also Reichert's Zahl, sowie die löslichen und unlöslichen Fettfn. Die Vorzüge sind: 1) Eine Combination von Reichert's und Hehner's Verfahren. 2) Gröfsere Schnelligkeit in der Ausführung als bei Dupré's Methode. 3) Vermeidung jedes Verlustes an unlöslichen Fettf. 4) Verwendung von einer eingestellten Lösung statt von 4, wie bei Dupré's Methode. 5) Genauigkeit der Resultate, welche Verf. durch vergleichende Versuche vermittelst der beschriebenen und Hehner's Methode erweist. — **97. Bd. 11. p. 144. 89. Rep. p. 42.**

Flammpunktsbestimmung von Schmierölen (vgl. Rep. 1889. I. p. 53); v. Holde. Die Bestimmung des Flammpunktes im offenen Tiegel gestattet gegenüber der Prüfung im geschlossenen Gefäfse nicht die Feststellung solcher Mengen leicht entflammbarer Substanzen, welche genügen, um in geschlossenen oder nur wenig mit Luft in Verbindung stehenden Räumen die für eine gleichzeitige Entzündung nothwendige Dampfmenge zu liefern. Für Fälle, in welchen unter den eben erwähnten Umständen ein hoher Flammpunkt dringendes Erfordernifs ist, z. B. bei Maschinen, welche mit comprimirter Luft arbeiten, wie Bremsen, Torpedomaschinen etc., ist daher die Prüfung im offenen Tiegel unbedingt zu verwerfen, weil sie die eigentlich gefährlichen Bestandtheile mit Sicherheit nicht erkennen läfst. — **114. (1889) p. 153. 89. Rep. p. 40.**

Bestimmung von Mineralölen in fetten Oelen. A. Grittner findet, dafs Horn's Methode zur Bestimmung der Mineralöle in fetten Oelen durch Behandlung der trockenen Seife mit Chloroform bei geringen Mengen Mineralöl gute Resultate liefert, während sie bei Anwesenheit von gröfseren Mengen nicht benutzbar ist. Im letzteren Falle verfährt man in folgender Weise: In eine Porzellanschale bringt man 2—3 g der zu untersuchenden Probe, setzt 20 ccm alkoholische Natronlauge zu, die man durch Auflösen von 20—25 g Aetznatron im 1 95—96⁰/₀ Alkohol erhält. Die ganze Masse wird auf dem Wasserbade bis zum Verschwinden des Alkoholgeruches verseift und dann mit Sand (welcher mit Salzsäure zur Entfernung des Kalkes gereinigt ist) gemengt und im Soxhlet'schen App. mit Chloroform ausgezogen. Wenn die Auslaugung beendet ist, wird das Chloroform abdestillirt und der Rückstand bei 100⁰ getrocknet, bis der Chloroformgeruch verschwunden ist. Das Chloroform des Handels wird durch Destillation mit concentrirter Schwefelsäure gereinigt. — **123. p. 261. 34. p. 156.**

Nachweis von Harzöl in Fetten und Mineralölen; v. D. Holde.
Morawsky hatte gefunden, daſs die von Holde angegebene Reaction
auf Harzöle (Rothfärbung bei der Behandlung mit Schwefelsäure vom
spec. Gew. 1,530) bei einigen sehr zähflüssigen Harzölen nicht eintrifft.
Dies ist, wie auch Morawsky jetzt selbst angiebt, unrichtig, die Probe
wurde allerdings verzögert und trat bei zwei Oelen erst nach heftigem
Schütteln auf, doch ist sie immerhin zu erhalten. Um die Probe empfindlicher zu gestalten, wurde Schwefelſ. vom spec. Gew. 1,624 verwandt. Alle untersuchten Proben lieſsen einen Zusatz von 1,5 %
Harzöl noch erkennen, die meisten ergaben noch bei 0,5 bis 1 %
starke Rothfärbung. Nur das zähflüssige Ricinusöl giebt erst bei
Gegenwart von 5 % Harzöl nach dem Schütteln deutliche Rothfärbun-
gen der Säure, dagegen setzt sich schon bei Anwesenheit von 1 %
Harzöl das Oel nach einiger Zeit mit rother Farbe ab, während reines
Ricinusöl sich mit gelblich-weiſser Farbe absetzt. Der Harzölnachweis
mittelst Schwefelſ., spec. Gew. 1,624, geschieht in folgender Weise:
5 ccm Oel und Säure werden in einem mit eingeschliffenem Glasstopfen
versehenen Cylinder von ungefähr 15 mm Lichtbreite und 7 cm Höhe
tüchtig durcheinander geschüttelt. Ist nach Trennung der Oel- und
Säureschicht die Farbe der letzteren (bei Ricinusöl die Farbe des
Oeles) hellgelb, tiefgelb oder hellbraun, so ist Zusatz von Harzöl bis
zu den erwähnten Mengen ausgeschlossen. Hat sich die Säure stark
geröthet oder gebräunt, so werden 10 ccm Oel mit 20 ccm 86—90 %
Alkohol tüchtig im Kölbchen umgeschüttelt. Thran, Erdnuſsöl, sowie
bei Mineralölen der gröſste Theil der asphalthaltigen Substanzen
bleiben hier zurück. Einige Tropfen des Alkohols werden im Reagenzglas mit Schwefelſ. 1,624 versetzt. Bei Nichteintritt der Rothfärbung
destillirt man den Alkohol des gesammten Extractes ab und prüft den
Rückstand mit 1—2 ccm Säure. Morawsky-Storch's Probe (Rothfärbung durch Essigsäureanhydrid und Schwefelſ.; vgl. Rep. 1889. I.
p. 267) ist empfindlicher wie Holde's Reaction, sie tritt aber nicht
nur bei Anwendung von Harzöl, sondern auch von Harz ein. Nachdem durch die Verseifungsprobe und das Verhalten gegen Schwefelſ.
1.624 die Abwesenheit von Harzöl festgestellt ist, kann man Morawsky-
Storch's Reaction zum Nachweis von freiem Harz benutzen. Der
Nachweis von Thran mittelst syruppartiger Phosphorsäure ist unsicher, da mit derselben auch Harzöle Rothfärbung geben. Thran und
Erdnuſsöl geben auch Morawsky's Reaction. — **114. 34. p. 125. 31.**
p. 224.

Zum Nachweis von Harzöl neben Leinöl in einer Handelsfarbe
bringt man nach A. Aigan eine bestimmte Menge der Farbe in einen
Kolben, setzt Aether hinzu, schüttelt und läſst stehen. Der Aether
löst das Oel und schwimmt an der Oberfläche. Man füllt ein Polari-
meterrohr mit der ätherischen Lösung. Ist die beobachtete Rotation
gleich Null, so ist kein Harzöl in der zu prüfenden Farbe. Ist dagegen eine Rechtsrotation vorhanden, so ergiebt sich der Zusatz von
Oel aus der Formel: $h = \dfrac{[\alpha]_D}{43^r}$, wo $[\alpha]_D$ die Rotation bezeichnet, die
in einer Dicke von 20 cm beobachtet wurde. Dann bringt man die
ätherische Lösung in einen Kolben vom Gewichte p_1, erhitzt auf dem
Wasserbade auf 100° zur Vertreibung des Aethers und bestimmt das

Gewicht des zurückbleibenden Oeles p_2. Man ermittelt so das Verhältnifs: $\frac{p_1}{p_2} \cdot 100 = h_1$ für 100 Oel, das in der ätherischen Lösung, die im Polarimeter geprüft wurde, enthalten ist. Ist $h_1 = h$, so kann man schliefsen, dafs die Farbe nur Harzöl ohne Leinöl enthielt. Im allgemeinen ist h_1 gröfser als h, dann ist $\frac{h_1}{h} \cdot 100$ die procentuale Menge, die im Leinöl enthalten ist. — 9. t. 110. p. 1273. 34. p. 228.

Pyrrol, ein empfindliches Reagenz für eine Gruppe ätherischer Oele. A. Ihl kommt zu dem Resultate, dafs jene ätherischen Oele, welche Derivate des Allylbenzols $C_6H_5 \cdot C_3H_5$ enthalten, also Zimmtaldehyd, Eugenol, Safrol, Anethol mit Pyrrol charakteristische Farbenreactionen geben, und zwar dieselben, wie sie Lignin giebt. Am empfindlichsten wirkt Pyrrol auf Zimmtöl ein. Eine sehr verdünnte alkoholische Zimmtöllösung, versetzt mit etwas verdünnter alkoholischer Pyrrollösung und concentrirter Salzsäure, giebt zuerst eine gelbrothe Färbung, die schnell dunkelroth wird und schliefslich einen dunkelgefärbten Niederschlag ausscheidet. Spuren von Zimmtöl und umgekehrt von Pyrrol sind noch nachweisbar. Nelkenöl, in Alkohol gelöst, gemischt mit einer verdünnten alkoholischen Pyrrollösung und concentrirter Salzf., giebt eine prachtvolle carminrothe Färbung. Mit Pimentöl erscheint ebenfalls eine sehr schöne carminrothe Farbenreaction. Eine alkoholische Sassafrasöllösung, versetzt mit einer alkoholischen Pyrrollösung und concentrirter Salzf., giebt eine prachtvolle rosenrothe Färbung. Esdragonöl, so behandelt, bewirkt eine schöne carminrothe Farbenerscheinung. Bei Fenchelöl tritt die Reaction schon schwach auf, und Anis- und Sternanisöl geben nur noch gelbliche Färbungen. Alle diese Reactionen führen zu dem Schluss, dafs Derivate des Allylbenzols Bestandtheile der Holzsubstanz seien. — 89. p. 438.

Zur Prüfung des Cassiaöles schlägt E. Hirschsohn folgendes Verfahren vor: 1) Beim Schütteln des Oeles in einem graduirten Rohre mit dem dreifachen Volum Petroläther (0,650 spec. Gew.) darf weder eine Verminderung noch eine Vermehrung des abgeschiedenen Oelvolumens eintreten. Findet eine Verminderung statt, so können andere ätherische oder fette Oele oder auch Harz und Kerosin zugegen sein, bei einer Vermehrung des Volumens ist die Gegenwart einer gröfseren Menge Ricinusöl wahrscheinlich. 2) Die klare Petrolätherausschüttelung, mit wirksamem Kupferoxyd oder besser Kupferoxydhydrat einige Min. geschüttelt, darf kein grün oder blau gefärbtes Filtrat geben; ist dasselbe blau oder grün, so sind Kolophonium oder Copaivabalsam vorhanden. 3) 1 Vol. des zu prüfenden Oeles mufs mit 3 Vol. $70^0/_0$igen Alkoholes bei 15^0 eine klare oder nur opalisirende Lösung geben, ist diese trübe und findet Abscheidung statt, so deutet dies auf Gegenwart von Petroleum oder anderer ätherischer oder fetter Oele oder gröfserer Mengen von Kolophonium. 4) Die obige Lösung des Oeles, in $70^0/_0$igem Alkohol mit einer alkoholischen Bleiacetatlösung (bei Zimmertemperatur gesättigte Lösung in $70^0/_0$igem Alkohol) tropfenweise bis zu einem $^1/_2$ Volumen versetzt, darf keinen

Niederschlag zeigen, findet ein solcher sich ein, so ist Kolophonium oder ein ähnliches Harz zugegen. — **40.** p. 225. **38.** Rep. p. 207.

Zum Nachweis und zur Bestimmung von Petroleum in Terpentinöl bringt Burton in eine mit Tropftrichter und Rückflufskühler versehene Flasche 300 ccm rauchende Salpetersäure und läfst aus dem Trichter 100 ccm Terpentinöl tropfenweise zufliefsen. Die Flasche steht zur Kühlung in einem Gefäfs mit Wss. und wird öfter geschüttelt. Durch die Salpeterf. wird das Terpentinöl leicht zu verschiedenen, in heifsem Wss. löslichen Säuren der Fettreihe und der aromatischen Reihe oxydirt. Das Reactionsgemisch wird auf einem Scheidetrichter mit heifsem Wss. gewaschen, bis alle löslichen Bestandtheile gelöst sind, die rückständigen Petroleumparaffine werden gemessen. — Amer. chem. J. p. 102. **89.** **24.** p. 368.

Prüfung von Rosmarinöl. Petroleum im Rosmarinöl kann man nach R. A. Cripps, da letzteres flüchtiger ist als ersteres, schon entdecken und annähernd schätzen, indem man das verdächtige Oel so lange in einer offenen Schale der Wärme eines heifsen Wasserbades aussetzt, bis es keine nach Rosmarinöl riechenden Dämpfe mehr entwickelt; der Rückstand besteht dann aus Petroleum und einer geringen harzigen Masse, welche das Oel immer zurückläfst. Das etwa mit Alkohol verfälschte Oel prüft man durch Schütteln mit einer Spur Magentaroth. Während thatsächlich reines Oel durch jenes nicht gefärbt wird, färbt sich das mit Alkohol verfälschte desto mehr und um so intensiver, je gröfser die Menge des beigefügten Alkohols ist. Auch das Löslichkeitsverhältnifs des Rosmarinöles in Alkohol von 0.833 spec. Gew. ist ein Mafsstab für die Reinheit des ersteren. Reines Oel löst sich darin im Verhältnifs 1 : 5, mit Petroleum verfälschtes in dem von 1 : 20 bis 1 : 30, mit Alkohol verfälschtes in dem von weniger wie 1 : 5. — **105.** (1889) p. 415. **38.** Rep. p. 46.

Zur Bestimmung des Zimmtaldehydgehaltes des Zimmtöls haben Schimmel & Co. folgendes Verfahren ausgearbeitet: 75 g Kassia-Oel werden in einer geräumigen Kochflasche mit 800 g einer siedend heifsen, etwa 30 %igen Lösung von saurem schwefligsauren Natron gemischt; man schüttelt kräftig um und läfst kurze Zeit stehen. Bei aldehydreichen Oelen tritt fast stets beträchtliche Selbsterhitzung ein, welche eventuell durch Zugiefsen von etwas kaltem Wss. gemäfsigt werden mufs. Alsdann setzt man ungefähr 200 g heifses Wss. hinzu und erwärmt das Ganze unter häufigem Umschütteln auf dem Wasserbade, bis die Verbindung des Aldehyds mit dem sauren schwefligsauren Natron vollständig in Lösung gegangen ist und die Nichtaldehyde als ölige Schicht auf der Lösung des Aldehydsalzes schwimmen. Man läfst nun abkühlen, schüttelt zweimal mit Aether aus, zuerst mit etwa 200 ccm, dann mit 100 ccm, vereinigt die mittelst Scheidetrichter abgehobenen, ätherischen Auszüge der Nichtaldehyde und filtrirt dieselben in ein geräumiges, vorher gewogenes Becherglas, in welches man einen unten spiralartig gewundenen Platindraht einsetzt. Man verdampft nun den Aether möglichst schnell durch Einstellen des Becherglases in heifses Wss. Sobald die rückständige Flüss. beim Umschwenken nicht mehr aufschäumt, läfst man abkühlen und wägt. Hierauf bringt man das Becherglas von Neuem 10 Min. lang in das Wasserbad, wägt

nach dem Abkühlen wiederum u. s. f., bis der Unterschied zweier
Wägungen nicht mehr als höchstens 0,3 g beträgt, und nimmt alsdann
die vorletzte Wägung als die richtige an. Das so erhaltene Gewicht
der Nichtaldehyde wird von dem des angewandten Kassia-Oeles abgezogen, die Differenz ergiebt den Gehalt desselben an Zimmtaldehyd.
Bei genauer Befolgung dieser Vorschriften wird man bei zwei Control-
bestimmungen meist nur Differenzen von wenigen Zehntel-%oen, selten
bis 1 % erhalten, was für die Praxis mehr als genügend ist. Die anderen Bestandtheile des Kassia-Oeles, einschliefslich etwaiger Verfälschungen (Harz, Petroleum, fettes Oel u. s. w.) werden von dem benutzten Reagenz nicht verändert und können durch Ausschütteln mit
Aether leicht vollständig von der wässerigen Lösung getrennt werden.
— **76.** p. 318.

Brauerpech untersucht Z. v. Milkowski in folgender Weise: Man
verseift 0,5—1 g Pech mit alkoholischer Kalilauge, dampft die Flüss.
bis zur Trockne ein, nimmt den Rückstand mit Wss. auf und behandelt
in einem Scheidetrichter oder Extractionsapparat mit Aether. Derjenige Theil, welcher sich in Aether löst, ist „neutral reagirendes
Harz". Dasselbe wird im Wägegläschen getrocknet und gewogen. Die
Seife behandelt man jetzt im Scheidetrichter oder Extractionsapparat
mit verdünnter Salzsäure. Harz und Fettsäuren scheiden sich als
flockiger Niederschlag aus. Letzterer wird mit Aether aufgenommen
oder extrahirt und mit Wss. gut ausgewaschen. Dann verdunstet man
den Aether, trocknet den Rückstand bei 100° C. und wägt. Dieses
Harz und die Fettfn. löst man in 15—20 ccm Alkohol, setzt Kalilauge
bis zur alkalischen Reaction hinzu, — dampft bis auf 5 ccm ab, nimmt
mit Wss. auf und fällt mit Silbersalz. Dabei fallen alle Harz- und
Fettsilbersalze aus. Dieselben werden abfiltrirt, bei 100° C. getrocknet
und mit Aether im Soxhlet'schen App. extrahirt oder die Flüss. im
zweiten Kolben des Extractionsapparates mit Silbersalz gefällt und
mit Aether extrahirt. In Lösung geht Harz mit Silberspuren über.
Bei ersterem Verfahren fällt man mit Salzf. das Silber aus und filtrirt
die ätherische Lösung des Harzes in ein Trockengläschen. Den Aether
verdunstet und den Rückstand trocknet und wäscht man. Bei Anwendung des Extractionsapparates schaltet man ein Gefäfs mit verdünnter Salzf. und eins mit Wss. ein. Die so erhaltene ätherische
Harzlösung, von Silber und Säure frei, wird bei 100° C. getrocknet
und dann gewogen. Die Fettsilbersalze zersetzt man mit Säure, das
freigewordene Fett nimmt man mit Aether auf, trocknet und wägt es.
Die Art des Fettes kann man mit Hilfe der Verseifungszahlen bestimmen. Der vorgeschlagene Extractionsapparat ist eine Modification
eines früher von H. Schwarz angegebenen App. — **37. 34.** 31.
p. 503.

Zur Erkennung von Baumwollsamenöl im Schweinefett benutzen
J. Muter und L. de Koningh (**117.** (1889) April) die Thatsache, dafs
die Oelsäure des Schweinefettes weniger Jod zu absorbiren im Stande
ist, als die des Baumwollsamenöls. A. v. Asbóth hat die Methode
geprüft und sie bequem und leicht gefunden. 3 g Substanz, mit 50 ccm
Alkohol vermischt, werden mit einem Stückchen Kaliumhydroxyd verseift. Die Lösung wird mit 1—2 Tropfen Phenolphtaleïn versetzt,
schwach mit Essigsäure angesäuert und dann so viel alkoholisches

Kali zugegeben, bis die Mischung gerade roth scheint. Nun giebt man zu 200 ccm Wss. 30 ccm $10^0/_0$iger Bleizucker-Lösung, kocht und schüttet die neutralisirte Seifen-Lösung während fortwährenden Rührens hinein. Nachdem die Flüss. abgekühlt ist, wird die klare Lösung vom Niederschlage abgezogen und letzterer mit heifsem Wss. vollständig ausgewaschen. Die Bleiseife giebt man in ein Fläschchen mit gutschliefsendem Glasstöpsel, mengt 80 ccm zweimal destillirten Aethers dazu und wäscht den Rest des Niederschlages aus dem Becherglase mit so viel Aether nach, dafs das Volumen der Flüss. ungefähr 120 ccm beträgt. Das geschlossene Fläschchen läfst man 12 Stdn. stehen, was zur Lösung des ölsauren Bleies genügt. Jetzt filtrirt man in eine Oelbürette und wäscht mit Aether so lange aus, bis das Filtrat kein Blei mehr enthält, zu welchem Zwecke etwa 120 ccm nöthig sind. Nach dem Filtriren verdünnt man mit verdünnter Salzsäure (1 : 4) auf 250 ccm und schüttelt den App. so lange, bis die Seife zersetzt ist, was man an der vollständigen Klärung der ätherischen Lösung erkennt. Nachdem die beiden Schichten sich vollkommen getrennt haben, läfst man die untere wässerige Schicht ab, giebt Wss. bis zur Marke zu, schüttelt und wiederholt dies so lange, bis die abgelassene wässerige Flüss. nicht mehr sauer ist. Sodann giebt man so viel Wss. in die Bürette, bis der untere Meniscus des Aethers 0 erreicht, und bringt die ätherische Lösung mit reinem Aether auf ein beliebiges Volumen, z. B. 200 ccm, schüttelt noch einmal und läfst endlich stehen. Von der ätherischen Lösung giebt man 50 ccm in eine Erlenmeyer'sche Kochflasche, verdunstet den gröfsten Theil des Aethers, setzt 50 ccm Alkohol zu und titrirt mit $\frac{n}{10}$-Natron, 1 ccm $\frac{n}{10}$-Natron = $0,_{282}$ g Oelf. Zur Bestimmung der Jodzahl giebt man so viel von der ätherischen Lösung in eine ca. 350 ccm fassende Kochflasche, dafs sie beiläufig 0,5 g Fettsäure enthält. Die Kochflasche wird auf ein lauwarmes Wasserbad (50^0) gestellt und so lange ein starker Kohlensäure-Strom durchgeleitet, bis der sämmtliche Aether verdunstet ist. Zum übrig gebliebenen Theil giebt man 50 ccm Hübl'sche Flüss. und läfst ihn 12 Stdn. im Dunkeln stehen. Dann mischt man 35 ccm $10^0/_0$ige Jodkalium-Lösung dazu, verdünnt mit Wss. auf 250 ccm, vermischt mit 15 ccm Chloroform und titrirt mit $\frac{n}{10}$-Natriumthiosulfat-Lösung. Mit diesem Versuche zugleich titrirt man auf gleichem Wege 50 ccm Hübl'sche Lösung. Von den ccm die hierzu gebrauchten Natriumthiosulfats zieht man das zuvor gebrauchte Quantum ab und rechnet die Differenz auf das von der Fettf. gebundene Jod, von welchem man die Jodzahl erhält, wenn man die Quantität des Jod auf 100 g Fettf. umrechnet. — 89. p. 93. — P. Perkins giebt in ein Porzellanschälchen $0,_{02}$—$0,_{08}$ g Kaliumbichromat, einige Tropfen concentrirter Schwefelsäure und 0,5 g des fraglichen Fettes, rührt um, fügt etwas Wss. hinzu und rührt wieder um. In Gegenwart von Baumwollensamenöl wird die Chromsäure zu Chromoxyd reducirt, welche Reaction die grüne Farbenreaction anzeigt. Reines Fett soll nach Verf. das Bichromat nicht reduciren. — 117. p. 51. 38. Rep. p. 223. — D. Wesson hat über Bechi's Methode gearbeitet. Die benutzte Silberlösung wurde erhalten durch Lösen von 2 g Silbernitrat in 200 ccm $95^0/_0$igem Alkohol und Zufügen von 40 ccm Aether. Die Lösung

wurde dem Sonnenlichte ausgesetzt, bis keine Fällung mehr erfolgte,
und dann sorgfältig in eine Flasche aus dunklem Glase decantirt.
Zur Anstellung des Versuches wurden 5 ccm der Lösung zu 10 g
geschmolzenen Fettes in eine 60 ccm fassende cylindrische Flasche
gegeben, worauf man gut schüttelte und dann 15 Min. unter gelegent-
lichem Schütteln in einem Dampf- oder Wasserbade erhitzte. Reines
Baumwollsamenöl oder ein Gemisch aus Schmalz mit viel Oel gab
einen Spiegel von metallischem Silber, während das Oel tief grünlich
gefärbt wurde. Bei Gegenwart von wenig Oel entstand eine tiefrothe
Färbung unter Abscheidung von mehr oder weniger metallischem
Silber. Schmalz allein dunkelte etwas oder gab eine purpurne Färbung mit geringer oder gar keiner Silberreduction. Wie Verf. findet,
hat Baumwollensamenöl, welches erhitzt wurde, bis es 1—2 Min. lang
raucht, sein Reductionsvermögen gegen Silbernitrat verloren. Dasselbe
gilt von Oel, durch welches mehrere Tage lang ein Luftstrom geleitet
wurde. Verf. schliefst aus seinen Versuchen, dafs die Färbung mit
Silbernitrat die Gegenwart von Baumwollensamenöl nur dann anzeigt,
wenn metallisches Silber abgeschieden wird. Fast jedes reine käufliche Schmalz giebt je nach dem Alter und der zu seiner Fabrikation
angewandten Sorgfalt mehr oder weniger Färbung mit Silbernitrat.
Nur für frische Schmalzproben, welche mehr als 10 % Baumwollensamenöl enthalten, kann Bechi's Verfahren als beweiskräftig angesehen werden. Für den Nachweis geringer Mengen Baumwollensamenöl
in alten Schmalzproben ist nach Ansicht des Verf. Bechi's Methode
werthlos. — Journ. anal. Chem. (1889) p. 361. 89. Rep. p. 7.

   Zur Fettbestimmung in Seifen löst M. Saupe 2 g der feingeschabten (aus dem Innern entnommenen) Seife in einem Schüttel-
cylinder mit gut schliefsendem Stopfen in 50 ccm Wss., fügt 5 ccm
verdünnte Schwefelsäure und 54 ccm wasserhaltigen Aether hinzu und
schüttelt, bis die Lösung der Fettsäuren erfolgt ist. Von der klar
abgesetzten ätherischen Fettlösung werden mittelst einer Pipette 20 ccm
in ein tarirtes Bechergläschen gebracht und der Aether in der Weise
verdunstet, dafs man das Gläschen oben auf einen Trockenschrank
setzt, der auf etwa 100° geheizt ist, um das Condensiren von Wss.
zu verhüten, welches nur sehr schwierig wieder zu entfernen ist.
Das Gläschen wird nun gewogen und die Gewichtszunahme auf Procente verrechnet (= mit 125 multiplicirt). — 24. p. 314. 38. Rep.
p. 209.

   Zur Beurtheilung und Untersuchung medicinischer Seifen empfiehlt Lichtenstein folgendes zweckmäfsigstes Verfahren: Zur Bestimmung des Wassergehaltes (der bei guten Kernseifen höchstens
20 %, bei guten Schmierseifen 35—40 % betragen soll) wird ein
Schälchen mit ausgeglühtem Sand und Glasstab abgewogen, und eine
gewogene Menge fein geschabter Seife mit Weingeist auf dem Wasserbade unter stetem Rühren darin vertheilt. Hierauf wird der Weingeist abgedunstet und der Rückstand bei 104° bis zum constanten
Gewicht getrocknet. Um Alkali und Fettsäuren zu bestimmen, löst
man 20 g fein geschabte Seife am Wasserbade in 100 ccm Normalsalzsäure auf, setzt zu der abgeschiedenen Fettsäure-Schicht eine gewogene Menge festes Paraffin zu, schmilzt und läfst erkalten. Der
Fettf.-Paraffinkuchen wird dann abgehoben, abgewaschen, mit Filtrir-

papier vorsichtig abgetupft und bei höchstens 50⁰ bis zum constanten Gewicht getrocknet und gewogen. Den Fettsäure-Gehalt giebt man als Anhydrit an, indem man im Mittel 3,25 % abrechnet; er soll bei guten Kernseifen 65—70 % betragen. Die unter dem Kuchen befindliche Flüss. wird einschliefslich der Abwaschwasser zurücktitrirt, wodurch man erfährt, wie viel Salzf. man zur Bindung des Alkalis der Seife verbrauchte. — **106. 76.** p. 955.

Zur **Unterscheidung von frischer und condensirter Milch** benutzt H. Faber das Verhalten des Milchalbumins beim Kochen, nachdem das Caseïn durch Kochsalz oder Bittersalz ausgefällt ist. War die Milch nur auf 75⁰ erhitzt, so wird das Albumin zu ²/₃ mit dem Caseïn auf diese Weise mit ausgeschieden, und es enthält das Filtrat (mit Gerbsäure oder Phosphorwolframsäure behandelt, darauf Stickstoffbestimmung des Niederschlages) sehr geringe Mengen von Albumin. — **117.** p. 41. **95.** p. 369.

Zur **Caseïnbestimmung der Milch** benutzen Auriol und Monier die Thatsache, dafs eine Lösung von Kupfersulfat Caseïn als Kupfercaseat fällt, während alle anderen Proteïnstoffe, mit Ausnahme des Globulins, im Ueberschufs des Reagenz lösliche Verbindungen liefern. Man nimmt 1—2 g Milch und 5 ccm 5%ige Kupfersulfatlösung und erwärmt zusammen. — Arch. Scienc. Phys. natur. Genève. Bd. 22. p. 55. **7.** Bd. 60. p. 521. **95.** p. 369.

Fettbestimmung der Milch. Lezé erhitzt in einem Kolben, dessen langer Hals in ¹/₁₀ ccm kalibrirt ist, 1 Vol. Milch und 2 Vol. concentrirte Salzsäure bis zur Bräunung, giebt so viel verdünntes Ammoniak zu, bis sich die Flüss. klärt, und füllt dann mit so viel warmem Wss. nach, bis das Niveau der ausgeschiedenen Fettschicht die Scala erreicht. Da die geschmolzene Butter ein spec. Gew. von ca. 0,90 hat, so braucht man nur die Anzahl der abgelesenen ccm mit 0,9 zu multipliciren, um auf das Gewicht zu kommen, oder noch einfacher, man nimmt ¹/₁₀ Vol. Milch mehr und läfst dieses aufser Rechnung. — **9. t. 110.** p. 647. **38.** p. 205. — Nach E. Gottlieb werden 10 ccm (= 10,30 g) Milch in einen 40 cm hohen Mefscylinder gebracht, welcher in ¹/₂ ccm getheilt ist. Man fügt zunächst 1 ccm 10%iges Ammoniakwasser, nach dem Umschütteln 10 ccm Alkohol Tr. (95 %) und nach wiederholtem Umschütteln 25 ccm reinen Aether hinzu, wodurch das Fett augenblicklich bei schwachem Schütteln vollständig gelöst wird. Schliefslich werden 25 ccm Petroleumbenzin (Siedepunkt unter 80⁰ C.) hinzugefügt, und das Gemisch wird bis zum folgenden Tage hingestellt. Das Volumen der Flüss. ist dann 70,5 ccm und das der Benzinlösung 53 ccm. Mit einem feinen, einem Spritzrohr ähnlichen Glasheber werden 51,5 ccm der Benzinlösung in einen tarirten Glaskolben gebracht und nach Abdampfen und Trocknen das zurückgebliebene Fett gewogen. Die so gefundene Fettmenge entspricht 10 g Milch. Die Mischung der obengenannten Flüss. kann auch in einer gewöhnlichen Flasche vorgenommen und die Gesammtflüssigkeit am folgenden Tage in den Mefscylinder gebracht werden. Ebenso kann Milch mit Weingeist versetzt Monate hindurch aufbewahrt und dann auf genannte Weise das Fett ausgeschüttelt werden; hierdurch erhält die Methode eine ausgedehntere Anwendung. Die Resultate stimmen mit den durch Gewichtsanalyse erhaltenen gut überein; in der Regel sind sie für

Magermilch ein wenig höher. — **89.** p. 306. **24.** p. 280. — Nach J.
Gorodetzky beträgt die Differenz zwischen der Röse'schen und der
Sandmethode bei 3stündiger Extractionsdauer von ganzer Milch im
Mittel + 0,08 %, sinkt bei 5stündiger Extractionsdauer im Mittel auf
+ 0,04 % herab und würde bei noch längerer Extraction jedenfalls
noch kleiner werden. Die Differenzen zwischen der Sand-(Gyps-)
Methode und der Soxhlet'schen aräometrischen Methode sind bei
nur 3stündiger Extractionsdauer gering und betragen im Mittel nur
+ 0,02 %, dagegen steigen sie bei 5stündiger Extractionsdauer im
Mittel auf + 0,05 %. Dagegen sinken wiederum die Differenzen bei
7stündiger Extractionsdauer von magerer Milch, indem dieselben im
Mittel = + 0,015 betragen und sind kleiner, als bei nur 3stündiger
Extractionsdauer von ganzer Milch. Die Differenzen schliefslich zwischen der Röse'schen und Soxhlet'schen aräometrischen Methode
sind am gröfsten und betragen im Mittel + 0,081 %; höchste Maximal-
differenz + 0,21 %. Aus den Analysen geht hervor, dafs die Methode
von Röse im Vergleich mit der Sand- und der aräometrischen Methode
die genauesten Resultate liefert; um mittelst der Sand-(Gyps-)Methode
genaue Resultate zu erhalten, mufs die Auslaugung bei Vollmilch
mindestens 6—8 Stdn., bei Magermilch vielleicht 10—20 Stdn. dauern.
Die aräometrische Methode giebt bei ihrer grofsen Einfachheit und
Raschheit der Ausführung doch oft zu niedrige Resultate. — **123.**
p. 418. **34.** p. 245.

Vorrichtung zur Bestimmung des Fettgehaltes der Milch.
D. P. 50988 f. N. G. K. Hufsberg in Arboga, Schweden.
Diese Vorrichtung besteht in einem, einer Handspritze ähnlichen Glasgefäfs, in welches die Milch, sowie Chemikalien
in bestimmten Raumtheilen eingesaugt werden, worauf
behufs Abscheidung des Fett- oder Buttergehaltes der
Milch die Flüss. durch Schütteln gemischt werden. Nachdem die Butter sich auf der Oberfläche der Flüss. gesammelt
hat, befördert man erstere durch Einschieben des Kolbens a
in die Mefsröhre b und bestimmt in letzterer die Höhe der
Fettsäule mittelst einer Scala. — **75.** p. 277. **49.** p. 262.

Zur Butter-Untersuchung bestimmen St. Bondzynski
und H. Rufi das Neutralisationsvermögen der flüchtigen Fettsäuren gegen Alkali (die Reichert'sche Zahl) entweder aus der
Differenz zwischen der Sättigungscapacität der Gesammtmenge
der Säuren der Butter und der unlöslichen, oder trennen.
nachdem das zur Verseifung angewandte Alkali vollständig
an Oxalsäure oder Schwefelsäure gebunden ist, die flüchtigen
Fettsäuren durch Filtration von den unlöslichen und titriren
im Filtrate. 1) Erste Methode: 4—5 g Butter werden mit
50—60 ccm ½-normaler alkoholischer Kalilauge rasch verseift, das überschüssige Kali, genau wie es die Bestimmung
der Verseifungszahl erfordert, mit ½-Normal-Salzsäure neutralisirt, dann der Alkohol durch Abdampfen entfernt, die
Seife mit überschüssiger Salzf. zerlegt, die abgeschiedenen
unlöslichen Fettfn. auf ein Filter gebracht, mit heifsem Wss. ausge-

waschen, in Alkohol gelöst und mit $^1/_2$-normaler alkoholischer Kalilauge titrirt. Aus der Differenz zwischen der Menge des an die Gesammtsäuren gebundenen Kalihydrates und der zur Neutralisation der unlöslichen Säuren gebrauchten Lauge ergiebt sich die Zahl der ccm $^1/_2$-Normal-Kalilauge, welche zur Neutralisation der flüchtigen Säuren erforderlich ist. 2) Zweite Methode durch directe Titrirung: 4—5 g Butter werden mit 50—60 ccm $^1/_2$-normaler alkoholischer Kalilauge verseift, der Alkohol wird durch Abdampfen entfernt und die wässerige Seifenlösung mit der der angewandten Menge Kalilauge genau entsprechenden Anzahl ccm $^1/_2$-Normal-Schwefels. versetzt. Sodann werden die ausgeschiedenen unlöslichen Säuren wie vorher ausgewaschen und im Filtrat die flüchtigen Fettfn. mit $^1/_{10}$-Normallauge titrirt. — **37.** p. 1. **38.** Rep. p. 25.

Zur Bestimmung von Kunst- in Naturbutter eignet sich nach C. Bischoff am besten das Reichert-Meissl'sche Verfahren in der von Sendtner und Raumer angegebenen Fassung: Die kritischen Zahlen der Ergebnisse schwanken zwischen 20 und 33. Die unter 24 gelegenen Zahlen treten bei frischer Butter nur ausnahmsweise auf, und unter Verhältnissen, die man als abnorme und nicht aufgeklärte bezeichnen kann. Bei stark ranziger Butter können ausnahmsweise auch unter normalen Verhältnissen die Zahlen bis auf 21 heruntergehen, ausgewaschene ranzige Butter ergiebt noch niedrigere Zahlen. Treten in gröfseren Massen von Butter Säurezahlen unter 23 auf, so ist die Waare als verdächtig zu bezeichnen, geht die Zahl unter 20, so liegt eine Mischbutter vor. In extremen Fällen können selbst 30—40 % Margarine in einer Butter enthalten sein, ohne dafs man einen solchen Zusatz mit Sicherheit erkennen könnte. Im Durchschnitt wird sich ein Zusatz von 5—25 % Margarin aber verrathen. — D. Vierteljahrsschr. f. öff. Gesundheitspflege. Heft 2. **38.** p. 232.

Zum Nachweis von Oleomargarin in Butter und Baumwollöl in Schweinefett empfiehlt Th. Taylor 9 g der Butterprobe in 20 ccm Petroleumbenzin unter vorsichtigem Erwärmen zu lösen und dann in ein Probeglas zu filtriren, welches man hierauf in Eiswasser stellt. In 5—20 Min. scheidet sich das Oleomargarin ab, während die reine Butter gelöst obenauf schwimmt. Man filtrirt, prefst zwischen Fliefspapier, um das Oleomargarin von anhaftendem Benzin zu befreien und wägt dann. In gleicher Weise wird die Schweinefettprobe untersucht, bei der sich jedoch das Schmalz ausscheidet, während das Oel gelöst bleibt. — **117.** p. 96. **76. 49.** p. 246.

Nachweis von gesundheitsschädlichen mineralischen Verunreinigungen im Wein; v. L. Liebermann. Nachweis von Kupfer, Blei und Arsen. 100 ccm Wein werden zur Hälfte eingedampft, mit 10 bis 15 ccm Salzsäure versetzt und dann mit starkem Schwefelwasserstoffwasser auf das ursprüngliche Volumen gebracht. Wein, welcher von Metallen jener Gruppen, zu denen Blei, Kupfer und Arsen gehören, nichts enthält, bleibt hierbei völlig rein und behält seine ursprüngliche Farbe; anderenfalls entsteht eine Trübung oder ein Niederschlag. Zur weiteren Untersuchung des event. erhaltenen Niederschlages verfährt man wie üblich. Nachweis von Zink. Der Wein wird zur Hälfte verdampft, mit Ammoniak alkalisch gemacht, mit

überschüssiger Essigsäure und hierauf bis zum ursprünglichen Volumen
mit starkem Schwefelwasserstoffwasser versetzt. Bei Anwesenheit von
Zink entsteht ein grauer, bei Rothwein ein violettgrauer Niederschlag.
Der Niederschlag wird ausgewaschen — jedoch läfst sich der Farbstoff nicht vollständig entfernen — und in verdünnter Salzf. gelöst,
wobei darauf geachtet wird, ob eine Schwefelwasserstoff-Entwicklung
stattfindet. Man kocht bis zur Verjagung des H_2S, filtrirt abermals
und versetzt das Filtrat mit Kalilauge; es entsteht ein Niederschlag,
welcher sich theilweise in einem Ueberschusse von Kalilauge löst.
Die Lösung wird durch Glaswolle oder sehr dichte Leinwand filtrirt.
In dem mit etwas Wss. verdünnten Filtrate erzeugt Salmiaklösung
bei Gegenwart von Zink einen Niederschlag, der sich im Ueberschusse
von Salmiak wieder löst. — **89.** p. 635. **38.** Rep. p. 183.

Zur schnellen Bestimmung der Chloride in Weinen verwendet
L. Roos genau auf einander eingestellte $\frac{n}{10}$-Lösungen von Silbernitrat
und Ferrocyankalium. Zu 20 ccm Wein wird ein Ueberschufs der
Silbernitratlösung gegeben, worauf man allmählich Ferrocyankalium
zufügt und hierbei von Zeit zu Zeit mittelst der Flüss. einen Fleck
auf Berzelius-Papier macht und zu demselben einen Tropfen Ferrosulfatlösung giebt. Der Fleck bleibt roth, so lange kein Ferrocyanid
überschüssig vorhanden ist, und wird deutlich blau, sobald die Sättigung überschritten ist. Das Verfahren ist nicht ganz so genau, wie
die übliche Prüfung mit Silbernitrat und Kaliumchromat als Indicator,
hat aber den Vorzug einer schnellen Ausführbarkeit und giebt völlig
befriedigende Resultate. — **17.** p. 416. **89.** Rep. p. 187.

Salicylsäurenachweis im Wein. Medicus gelang es, aus den
Kämmen der Reben eine ölige, nicht krystallisirbare Substanz abzuscheiden, welche durch die Eisenfärbung nicht von Salicylsäure unterschieden werden kann. Verf. empfiehlt daher, zum Nachweis nur
ca. 50 ccm Wein zu verwenden, das Ausschütteln mit Aether-Petrol-
äther höchstens bei Rothweinen zu wiederholen und vor dem Zusatz
der Eisenchloridlösung den Rückstand mit wenigstens 10 ccm Wss. zu
verdünnen, damit durch die Färbung des Eisenchlorides nicht schon
Farbenveränderungen auftreten. — IX. Vers. d. freien Ver. bayer. Vertr.
d. ang. Chem. **38.** p. 288.

Zur volumetrischen Bestimmung des Gerbstoffs im Wein ist nach
L. Roos, Cusson und Ciraud folgende Methode vor der Zinktannat-
Permanganat- sowie der durch Indigocarmin-Anwendung modificirten
Permanganat-Methode zu bevorzugen. Man sättigt eine 10%ige Wein-
steinsäurelösung bis zur schwachen Alkalinität mit Ammoniak, mischt
dann so viel einer neutralen Bleiacetatlösung hinzu, bis sich der ent-
standene Niederschlag eben nicht mehr auflöst und filtrirt. Diese
Lösung fällt Gerbstoff vollständig aus seinen Lösungen. Man stellt
sie folgendermafsen gegen Tannin ein: 25 ccm einer Lösung von 5 g
Tannin im Liter, also = 0,1 g Tannin, giebt man mit 4—5 Tropfen
Ammoniakflüssigkeit in ein Becherglas, läfst dann Bleiacetat-tartrat-
Lösung zufliefsen, bis ein herausgenommener Tropfen ein mit Schwefel-
natrium-Lösung getränktes Fliefspapier eben bräunt. Man kennt nun
den Titer der Bleilösung. Zur Titration des Weines nimmt man vom

letzteren 25 ccm, macht mit möglichst wenig Ammoniak schwach alkalisch und titrirt mit der Bleilösung wie oben. Verf. sind der Ansicht, dafs diese Methode auch zur Gerbstoffbestimmung in Gerbmaterialien geeignet sein dürfte. — 17. No. 2. 38. Rep. p. 114.

Einfluls des Saccharins auf die Reactionen der Glykose. Torselini fand, dafs der Nachweis der Glykose mit Fehling'scher und Bismuth-Lösung unmöglich wird durch Zusatz einer relativ grofsen Menge Saccharins, dafs die Glykosereactionen dagegen eintreten sowohl bei Anwendung eines Ueberschusses der betreffenden Reagentien wie auch nach vorheriger Neutralisation des Saccharins mit Natriumbicarbonat. Da Saccharin die Ebene des polarisirten Lichtes nicht beeinflufst, so empfiehlt Verf., Harne von Diabetikern, welche Saccharin einnehmen, im Polarisator zu prüfen. — Annali di Chim. e di Farm. vol. 10. No. 4. 38. Rep. p. 192.

Soldaini's Reagenz enthält nach Herzfeld nur $1/5$ so viel Kupfer als Fehling'sche Lösung und ist daher in manchen Fällen unempfindlicher, sie läfst bei starker Verdünnung Kupferoxyd fallen, sie besitzt ein weit geringeres Lösungsvermögen für Kalk, sie scheidet bei längerem Kochen erheblich mehr Kupferoxydul aus, und endlich mufs man 150 ccm in Arbeit nehmen und nach Preufs 10 Min. kochen. Es hat sich übrigens gezeigt, dafs auch 5 Min. Kochdauer genügen. — 51. p. 52. 89. Rep. p. 41.

Zur Klärung trüber Rübensäfte genügt nach Jesser ein Zusatz von 1—2 Tropfen concentrirten Ammoniaks (welches, wie ausgedehnte Control-Versuche zeigen, das Resultat der Analysen nicht beeinflufst), Durchschütteln und Filtriren. — Oesterr. Ztschr. f. Zuckerind. (1889) p. 594. 89. Rep. I. p. 140.

Zur Untersuchung saccharinhaltiger Nahrungs- und Genufsmittel ist nach Th. Weigle die Börnstein'sche Resorcinprobe nicht zu empfehlen. Ein wesentliches Erkennungszeichen vorhandenen Saccharins bildet der süfse Geschmack des Rückstandes des ätherischen Auszuges. Die Ausführung der von Pinette und Schmitt empfohlenen Salicylmethode giebt nur dann zuverlässige Resultate, wenn sie mit grofser Vorsicht erfolgt, besonders ist jede Erhitzung der Schmelze über 300° C. zu vermeiden, da sonst die entstandene Salicylsäure wieder zerstört wird. Die Sulfatmethode giebt stets gute Resultate, feste Substanzen trocknet man zweckmäfsig und zieht sie im Extractionsapparate aus. Ein Gehalt der zu prüfenden Substanz an Proteïnkörpern, Schwefelsäure oder Sulfaten ist ohne Einflufs, anders jedoch ist es, wenn freier Schwefel oder schwefelhaltige ätherische Oele noch vorhanden sind. In solchen Fällen ist eine Aufnahme des Ascherückstandes mit etwas alkalischem Wss., Beseitigung von Schwefel durch Filtriren, von schwefelhaltigem ätherischem Oele mittelst des Scheidetrichters erforderlich; die wässerige alkalische Saccharinlösung wird dann angesäuert und wie gewöhnlich behandelt. Hilger macht darauf aufmerksam, dafs es bei der Sulfatmethode nöthig sei, den erhaltenen, mit Soda gemischten Rückstand allmählich in schmelzenden Salpeter einzutragen, da man sonst unter Umständen erhebliche Verluste bekomme. Er führte quantitative Saccharinbestimmungen in Weinen in folgender Weise aus. Zuerst wurde nach Zusatz von

Phosphorsäure, wie bei der Glycerinbestimmung, zum Syrup abgedampft, mit Sand zu einem dicken Brei gebracht, bei mäfsiger Wärme
(30—40⁰ C.) mit einem Gemische von gleichen Theilen Aether und
Petroläther behandelt. Der bei der Verdunstung des letztgenannten
Lösungsmittels erhaltene Rückstand wurde mit Alkali aufgenommen,
mit Soda vermischt und trocken in schmelzenden Salpeter eingetragen.
Bei Anwendung von reinem Saccharin wurden wiedergefunden von
$0_{,01} : 0_{,009}$, von $0_{,05} : 0_{,042}$, von $0_{,19} : 0_{,136}$, von $0_{,006} : 0_{,005}$. — 9.
Jahresvers. bayer. Vertr. d. angew. Chem. **89**. p. 686.

Zum Saccharinnachweise in Zucker, Confituren, Backwerk etc.
versetzt Reischauer die zerkleinerte Substanz mit wenig Phosphorsäure und schüttelt mit Aether. Der Rückstand vom Aetherextract
schmeckt bei Gegenwart von Saccharin intensiv süfs und riecht
schwach nach Bittermandelöl; durch Schmelzen und Oxydiren mit
Natriumnitrat und -carbonat und Fällen der Schwefelsäure als Baryumsulfat kann man das Saccharin bestimmen. Der Schmitt'sche Nachweis ist nicht überall anwendbar. Die durch 1 mg Saccharin in 5
bis 6 l Wss. erzeugte Fluorescenz ist ebenso intensiv wie die von
mehreren dg Resorcin herrührende. — Rev. intern. fals. denr. alim.
t. 3. p. 118. **95**. p. 394.

Die Untersuchung von Honig empfiehlt W. Mader in folgender
Weise vorzunehmen: 1) Bestimmung des Trockenrückstandes und
eventuell der Asche, da oft scheinbar consistente Honige verhältnifsmäfsig viel Wss. und entsprechend weniger Zucker enthalten. 2) Herstellung einer Lösung von 15,0 Honig auf 100 ccm und Polarisation
der Lösung. 3) Bestimmung des Zuckers in 1,2%iger Lösung nach
Allihn. Wenn Verfälschung mit Rohrzucker vorliegt, so wird sich
dieselbe bei der Zuckerbestimmung und Polarisation bemerklich
machen, doch dürfte ein Gehalt von 8—10% noch nicht als Verfälschung zu betrachten sein. Traubenzucker und Stärkesyrup werden
den Drehungswinkel stets in sehr merklicher Weise nach rechts verschieben. In beiden Fällen wird eine Vergährung mit Hefe nöthig
sein, um über die Natur des rechtsdrehenden Körpers Aufschlufs zu
erhalten, und zwar wird sich zur Unterscheidung von „Gallisin" und
jenen erstgenannten Prefshefe dann empfehlen, wenn nach der zweiten
Inversion noch eine bemerkenswerthe Reduction stattgefunden hatte,
indem dann nur hauptsächlich die unvergährbaren Stärkedextrine zur
Beobachtung kämen. Im anderen Falle aber wird Bierhefe bessere
Dienste leisten und besonders einen zweifelhaften Naturhonig leichter
als solchen erkennen lassen. Die Reindarstellung des Gallisins ist
noch nicht gelungen. — Arch. f. Hyg. p. 445. **34**. p. 229.

Zur Bestimmung des Dextrins im Malzextracte löst man 5,0 Malzextract in 25 ccm Wss., versetzt die Lösung im langsamen Strahle
unter Umrühren mit 400,0 absoluten Alkohols, läfst 12 Stdn. stehen,
filtrirt darauf die geklärte Flüss., bringt den Niederschlag auf ein
Filter und wäscht ihn durch zweimaliges Aufgiefsen von absolutem
Alkohol nach. Sodann löst man ihn in etwa 60 ccm Wss., kocht
auf, filtrirt und bringt nach dem Abkühlen auf 100 ccm. Diese
Dextrin-Maltoselösung benutzt man zu folgenden Bestimmungen: a)
Man erhitzt 50 ccm der Lösung mit 4 ccm 25%iger Salzsäure in

einem Becherglase von etwa 100 ccm Inhalt mit aufgelegtem Uhrglase 3 Stdn. lang im Wasserbade unter lebhaftem Kochen des Wss., wobei man das Becherglas bis zum Rande in das Bad einsenkt, setzt das Erhitzen nach Entfernung des Uhrglases noch $^1/_2$ Stde. fort, kühlt ab, neutralisirt mit Natronlauge und füllt wieder zu 50 ccm auf. 25 ccm dieser Flüss. — findet man über 10 % Dextrin, so wird der Versuch zweckmäßig mit 20 ccm wiederholt — benutzt man sodann zur gewichtsanalytischen Bestimmung des Traubenzuckers nach Allihn und findet aus dem erhaltenen Kupferwerthe die Menge des Traubenzuckers nach der Allihn'schen Tabelle. b) Man verwendet 25 ccm der Dextrin-Maltoselösung zur gewichtsanalytischen Bestimmung der mitgefällten Maltose nach Soxhlet, findet aus der erhaltenen Kupfermenge nach der Wein'schen Tabelle die Maltose und berechnet letztere durch Division mit 0,95 auf Traubenzucker. Aus der Differenz beider Traubenzuckermengen findet man durch Multiplication mit 0,9 das Dextrin. — Helfenberger Annalen (1889) p. 48. 89. Rep. p. 133.

Zum Nachweis von Benzoësäure in Nahrungsmitteln extrahirt man nach E. Mohler den mit Alkohol hergestellten und zur Syrupdicke verdampften Auszug mit Aether. Die erhaltene Flüss. läßt man abdunsten und erhitzt sie mit Schwefelsäure auf 240^0. Setzt man dann Natriumnitrat hinzu und gießt in überschüssiges Ammoniak, so entsteht eine Gelbfärbung, welche mit Ammonsulfhydrat in Rothbraun übergeht. — 98. p. 414. 38. 49. p. 174.

Bestimmung der Rohfaser und der Stärke. M. Hönig hat beobachtet, daß Eiweiß beim Erhitzen mit Glycerin auf 210^0 in eine im Wss. wie auch in Aetheralkohol lösliche Modification übergeführt wird. Zum Erhitzen verwendet Verf. ein dem Anschütz'schen Fettbestimmungsapparat ähnliches Glasgefäß, das sich von jenem nur durch die Größenverhältnisse (Höhe 22 cm) und dadurch unterscheidet, daß der reagenzglasähnliche Einsatz (3,5 cm weit) mit dem Erhitzungsgefäß nicht verschmolzen, sondern in dasselbe eingeschliffen und zum Herausnehmen eingerichtet ist. Als Erhitzungsflüssigkeit dient concentrirte Schwefelsäure. Die Untersuchung wird folgendermaßen ausgeführt: Von der möglichst fein zerkleinerten Substanz werden 2 g abgewogen, in die trockene Eprouvette eingetragen, 60 ccm möglichst wasserfreies Glycerin hinzugefügt, ein Thermometer eingesetzt und unter fleißigem Umrühren die Temp. bis auf 210^0 C. gesteigert. Bei 150^0 ungefähr beginnt die sehr dünnflüssig gewordene Glycerinmasse infolge Abgabe von Wasserdämpfen zu schäumen, und letzteres währt so lange, bis der größte Theil des Wss. verdampft ist. Man hat dafür Sorge zu tragen, daß die von der Schaumdecke emporgehobenen Substanztheilchen mit dem Thermometer wieder in die Glycerinmasse zurückgeführt werden. Ist die Temp. von 190^0 erreicht, so hat in der Regel die Blasenbildung schon gänzlich aufgehört, die Masse fließt ruhig, und die Cellulosetheilchen sammeln sich an der Oberfläche der specifisch schwereren Flüss. an. Durch öfteres Umrühren sucht man sie immer wieder in der Glycerinmasse zu vertheilen, bis die Temp. von 210^0 erreicht ist. Die Aufschließung ist in $^1/_2$, längstens $^3/_4$ Stde. beendet, worauf man die Glycerinlösung bis auf etwa 130^0 abkühlen läßt. Die abgekühlte Lösung wird in dünnem Strahle in 200 ccm

95 %igen Alkohol unter Umrühren eingegossen und die an den Wänden der Röhre zurückgebliebenen Flüssigkeitsreste und Rohfasertheilchen mit Hilfe von etwa 50 ccm heifsem Wss. ausgespült. Hartnäckig an den Wandungen der Röhre festhaftende Substanztheilchen können durch Reiben mit dem Thermometer leicht gelockert und entfernt werden. Nachdem man hierauf die etwas verdünnte alkoholische Lösung innig gemischt und vollständig abkühlen gelassen hat, werden noch 50—60 ccm Aether hinzugefügt, gemischt, nach dem Absetzen des Niederschlages über ein Faltenfilter filtrirt und mehrmals mit Alkoholäther (5 : 1) gewaschen. Dann läfst man Filter sammt Niederschlag auf einer porösen Thonplatte einige Zeit absaugen und spritzt hierauf den Niederschlag mit ungefähr 100—150 ccm heifsen Wss. in einen Kochkolben, wo man entweder über der Flamme oder im kochenden Wasserbade so lange zum Sieden erhitzt, bis aller Alkohol verjagt erscheint. Die von Alkohol befreite heifse Lösung wird nach Zusatz von 10 ccm Salzsäure von der Dichte 1,125 im kochenden Wasserbade 1/2 Stde. lang mit aufgesetztem Kühlrohre erhitzt; man erzielt dann eine sehr leicht filtrirbare Lösung. Die auf einem tarirten Faltenfilter gesammelte Rohfaser wird mit heifsem Wss. bis zum Verschwinden jeder Jodreaction ausgewaschen und nach dem Trocknen bei 110° bis zur Gewichtsconstanz gewogen. Sie enthält natürlicherweise noch den gröfsten Theil der Mineralstoffe, dagegen von Stickstoffsubstanzen nur sehr geringe Mengen (im Maximum 1 % Stickstoff). Es genügt daher, von der trockenen Rohfaser eine Aschenbestimmung auszuführen und den hierfür gefundenen Werth in Abzug zu bringen. Das salzsaure Filtrat bringt man auf 250 ccm, hebt hiervon 200 ccm ab, setzt zu diesen noch 12 ccm Salzf. von 1,125 spec. Gew., invertirt 2 1/2—3 Stdn. im kochenden Wasserbade mit aufgesetztem Kühler und verfährt im Uebrigen wie zur Bestimmung des Zuckers mit Fehlingscher Lösung. — **89.** No. 54. 55. **66.** p. 243.

Zur quantitativen Bestimmung der Cellulose werden nach G. Lange je 10 g der auf ihren Cellulosegehalt zu untersuchenden Substanz mit dem 3—4fachen Gewichte reinen Aetzkali's und etwa 30—40 ccm Wss. in eine geräumige, ziemlich steile, tubulirte Retorte gebracht, diese mittelst Glasstöpsels geschlossen und im Oelbade erhitzt. Die Temp. des Oelbades wird durch ein Thermometer, dessen Kugel sich mit dem Boden der Retorte in gleicher Höhe befindet, gemessen. Bei etwa 140° tritt unter lebhaftem Schäumen das Sieden ein. Die Temp. wird nach und nach bis gegen 180° gesteigert und das Erhitzen etwa 1 Stde. fortgesetzt. Das Aufschäumen ist dann vorüber, die Massen in der Retorte fallen zusammen, glätten sich und trocknen schliefslich ein: Ende der Reaction. Die Retorte wird nun aus dem Oelbade entfernt, der Inhalt nach dem Erkalten auf etwa 80° mit heifsem Wss. versetzt und vorsichtig unter gründlichem Nachwaschen von heifsem, schliefslich mit kaltem Wss. in ein Becherglas gespült. Nach dem Erkalten säuert man mit verdünnter Schwefelsäure an, wodurch alsbald ein dickflockiger Niederschlag, durchsetzt mit Cellulosetheilchen, die in der starken Lauge noch suspendirt geblieben waren, entsteht; durch die Säure wird die Cellulose quantitativ ausgefällt. Der Inhalt des Becherglases wird nun durch vorsichtigen Zusatz sehr verdünnter Natronlauge eben schwach alkalisch gemacht, so dafs alle ausgefällten

Substanzen mit Ausnahme der Cellulose wieder in Lösung gehen. Mit einer starken Wasserstrahlpumpe wird nun über einen aus einem Stücke bestehenden, siebartig fein durchlöcherten Platinkonus abgesaugt, der Rückstand im Trichter tüchtig mit heifsem Wss. und kaltem Wss. nachgewaschen, schliefslich auf dem Wasserbade getrocknet und gewogen. Durch Veraschen des Rückstandes und Subtraction des Gewichts der Asche vom Gesammtgewichte des erhaltenen Productes findet man den Gehalt an reiner Cellulose. Die nach dieser Methode erhaltenen Resultate sind nach den Angaben des Verf.'s sehr genaue. Die Schulze'sche Methode liefert durchweg geringere Mengen Cellulose, weil hierbei alle die Rohfaser incrustirenden Substanzen zerstört werden. — Ztschr. f. phys. Chem. Bd. 14 p. 283. **29.** p. 52.

Der Nachweis des Holzschliffs in Papier kann nach W. Herzberg auf zweierlei Weise erbracht werden: 1) durch verschiedene chemische Verbindungen, die mit den im Holze vorkommenden Producten mehr oder minder intensive Färbungen geben, und 2) mit Hilfe des Mikroskops auf Grund anatomischer Merkmale. Von den chemischen Reagentien benutzt man besonders eine mit concentrirter Salzsäure versetzte Lösung von Phloroglucin in Alkohol, die mit Holzschliff eine Rothfärbung giebt. Diese Rothfärbung kann auch durch gewisse Farbstoffe, die durch Säuren roth gefärbt werden, z. B. das viel benutzte Metanilgelb, veranlaſst werden oder durch gewisse Fasersorten, z. B. die nicht gebleichten Scheven des Hanfes, ungebleichte Jute, Adansoniafasern, nicht völlig aufgeschossene Cellulose. Die Farbstoffe können kaum zu einer Verwechslung führen, da die Art und Weise des Auftretens der Reaction eine ganz andere ist, wie beim Holzschliff. Bringt man Phloroglucin auf holzschliffhaltiges Papier, so entsteht ganz allmählich eine an Tiefe zunehmende Rothfärbung, wobei einzelne dickere Fasern besonders hervortreten und durch ihre dunklere Färbung auffallen. Ist indessen nur Farbstoff vorhanden, so tritt die Färbung plötzlich und gleichmäfsig auf. Zur Controle prüft man das Papier allein mit concentrirter Salzf. Dagegen können die Faserstoffe zu Verwechselungen führen, wenn man nur chemische Erkennungsmittel anwendet. Zieht man indefs das Mikroskop zu Rathe und gründet seinen Schlufs auf den anatomischen Bau der Fasern, so ist jeder Irrthum ausgeschlossen. — **II4.** p. 132. **34.** p. 251.

Thieröl und Lignin. Etwas Thieröl verdünnt mit Alkohol auf Holz gegossen und mit concentrirter Salzsäure oder mäfsig verdünnter Schwefelsäure versetzt, giebt nach A. Ihl nach kurzer Zeit eine intensive rothe Farbenerscheinung. Papier, welches Holzcellulose enthält, färbt sich, mit alkoholischer Thieröllösung und concentrirter Salzf. oder mäfsig verdünnter Schwefelf. benetzt, intensiv roth. Je concentrirter die alkoholische Thieröllösung ist, desto stärker die Reaction. Man kann aber auch diese Farbenreaction mit allen denjenigen Substanzen direct hervorrufen, die bei der trockenen Destillation Thieröl geben, wie Albuminoïde, Albuminate etc. In eine Eprouvette bringt man z. B. Horndrehspähne, erhitzt und läfst die entweichenden Gase auf einen mit Salzf. befeuchteten Holzspahn oder Papierstreifen strömen. Nach einiger Zeit färben sich die Streifen roth. Oder man bringt etwas Schafwolle in eine Eprouvette, verkohlt und wäscht die

Proberöhre mit etwas Alkohol aus. Wird nun Holz mit dieser alkoholischen Lösung benetzt und Salzf. zugesetzt, so färbt sich das Holz nach einiger Zeit intensiv roth. Diejenige Verbindung der Holzsubstanz, welche farbstoffgebend auf die Pyridinbasen einwirkt, ist höchst wahrscheinlich Zimmtaldehyd, da reiner Zimmtaldehyd, wie oben behandelt, ähnliche Farbenerscheinungen hervorruft. — 89. p. 34.

Zum Nachweise des Nitrobenzols in Liqueuren, Seifen etc. eignet sich nach Morpurgo besonders folgende Reaction: In eine Porzellanschale bringt man 2 Tropfen Carbolsäure, 3 Tropfen destillirtes Wss. und ein erbsengrofses Stück Kaliumhydroxyd und erwärmt das Gemisch vorsichtig bis zum Sieden. Giebt man nun in demselben Momente einige Tropfen eines Gemisches von Wss. und Nitrobenzol hinzu, so bemerkt man bei anhaltendem Kochen an den Rändern der Flüss. einen carminrothen Ring, der mit gesättigter Calciumhypochloritlösung eine smaragdgrüne Farbe annimmt. Um Nitrobenzol aus Liqueuren zu isoliren, dampft Verf. die Flüss. auf ein kleineres Volum ein, giebt Kalkhydrat hinzu, läfst erkalten und extrahirt endlich mit Aether. Dann läfst man bis zur Trockne eindampfen, schüttelt mit einer kleinen Menge destillirten Wss. gut durch und verfährt wie oben. Seifen werden in Wss. gelöst, mit überschüssigem Kalkhydrat behandelt, mit Aether extrahirt und ebenso behandelt. — Pharm. Post p. 258. **24.** p. 368.

Analyse von Carbolsäure- und Schwefligsäure-Desinfectionspulver; v. J. Muter. Die Bestimmung der Phenole geschieht mit 150 ccm 10%iger Natriumhydratlösung. Zu beachten ist, dafs die Säuren über der Salzlösung gemessen 5% Wss. aufnehmen. Zur schnellen Bestimmung des Naphtalins werden 50 ccm der Säure mit 200 ccm 10%iger Natriumhydratlösung geschüttelt, wobei das Naphtalin auf der Oberfläche schwimmend ungelöst bleibt. Dasselbe wird nach Entfernung der Flüss. mit 5%iger Natronlauge gewaschen, abfiltrirt und mit Wss. in ein Becherglas gespritzt, dann auf zwei gleich schweren Filtern gesammelt. Die Filter werden nach dem Trocknen getrennt und das Innere gewogen, während das Aeufsere als Tara dient. Die Analyse des Schwefligsäuredesinfectionspulvers geschieht in folgender Weise: 2 g Substanz werden auf einem kleinen Filter mit wasserfreiem Aether bis zur Entfernung der Phenole und der Theersubstanzen gewaschen. Nach dem Abtropfen des Aethers wird der Rückstand in eine Flasche mit 50 ccm $\frac{n}{10}$-Jodlösung gebracht. Man läfst unter öfterem Schütteln $\frac{1}{2}$ Stde. stehen und titrirt mit „Hypo"lösung. Die Anzahl der ccm Jodlösung mit 0,0032 multiplicirt giebt die Menge der schwefligen Säure an. Von Wichtigkeit ist der Zerfall des Schwefligsäurepulvers durch Oxydation. Man mufs deshalb danach streben, den Betrag dieses Verlustes an Schwefligsäure festzustellen. Um dies zu ermöglichen, stellen verschiedene Fabrikanten Pulver mit einer Grundlage von Kieselsäure, die nur wenig Sulfat enthält, her, während, wenn Gyps als Basis dient, Natriumsulfit benutzt wird. Zur Analyse werden 20 g Substanz mit 200 ccm Wss. geschüttelt und nach dem Absetzen durch ein trocknes Filter filtrirt. 20 ccm der Flüss. (= 2 g Substanz) werden mit überschüssigem Brom gemischt und von ungelöstem Bromkresol abfiltrirt. Dann wird mit Baryumchlorid versetzt und das gefällte Baryumsulfat gewogen. Da die Schwefelsäure auch von gelöstem Calciumsulfat herrührt, wird in weiteren 20 ccm der Kalk mit Ammoniumoxalat gefällt und als Carbonat gewogen. Der gefundene Kalk wird auf sein Aequivalent Schwefelf. berechnet und dies vom Gesammtbetrage abgezogen. Vom Rest wird noch der Betrag der Schwefelf., welcher der vorher gefundenen schwefligen Säure äquivalent ist, abgezogen. Die bleibende Summe stellt die oxydirte schweflige Säure dar. Ist die Basis des Pulvers Kieselsäure, so schüttet man 2 g in ein Becherglas mit überschüssigem Bromwasser, während weitere 2 g mit rauchender, chlorfreier Salzsäure in einer Schale eingedampft werden. In beiden Proben wird die Schwefelf. mit Baryumchlorid bestimmt. Die Differenz wird auf schweflige Säure berechnet und bildet die in den 2 g vorhandene Menge. — 117. p. 63. **34.**

Prüfung von Acid. carbol. liquef. 100 Th. krystallisirter Carbolsäure mit 100 Th. Wss. verflüssigt, entsprechend dem officinellen Präparat, bleiben nach G. Looff mit dem gleichen Volum Chloroform gemischt klar, 100 Th. krystallisirter Säure mit 11 Th. Wss. verhalten sich ebenso. Aber 100 Th. mit 12 Th. Wss. geben mit dem gleichen Volum Chloroform geschüttelt eine trübe Mischung, die nach einiger Zeit Wss. an der Oberfläche abscheidet. — **38.** p. 263.

Farbenreactionen einiger Phenole. Gutzkow hat beobachtet, daſs in starker Schwefelsäure gelöste Phenole auf Zusatz einer Spur salpetriger Säure charakteristische Farbenänderungen geben, welche intensiver sind, wenn man statt einer wässerigen Lösung von Kaliumnitrit auf die Lösung der Phenole in Schwefelf. Amylnitrit-Dampf einwirken läſst. Die charakteristischen Färbungen sind folgende: Carbolsäure giebt eine blaue Färbung, die bei Zusatz von Wss. in Blauroth bezw. Violettroth übergeht; schüttelt man die verdünnte Flüss. mit Aether aus, so nimmt dieser eine gelbe Färbung an. Thymol giebt eine blaue Färbung; auf Zusatz von Wss. scheidet sich ein violetter Farbstoff aus, der von Aether mit blaustichig rother Farbe aufgenommen wird. Resorcin bewirkt lazurblaue Färbung und auf Zusatz von Wss. rothbraune Abscheidung, die von Aether mit gelber Farbe aufgenommen wird. Macht man die Flüss. alkalisch, so erhält man violette Färbung mit ziegelrother Fluorescenz; der fluorescirende Farbstoff wird von einem Gemische aus gleichen Th. Alkohol und Aether aufgenommen, während die untere Schicht blaue Farbe zeigt. — **40. 76.** p. 63.

Zur Prüfung von Bittermandelöl verbrennen Schimmel & Co. ein mit dem zu prüfenden Oele getränktes Papier, schlagen die Verbrennungsgase an den feuchten Wänden eines Becherglases nieder, spülen auf ein Filter und prüfen das Filtrat mit Silbernitrat. — **76.** p. 317. — Zur Prüfung auf Blausäure schüttelt man 10—15 Tropfen des zu untersuchenden Oeles mit 2—3 Tropfen starker (3%iger) Natronlauge; dann fügt man einige Tropfen oxydhaltige Eisenvitriollösung hinzu, schüttelt nochmals kräftig um und säuert die Flüss. mit verdünnter Salzsäure an. Nach erfolgter Lösung des Eisenoxydoxydulniederschlages tritt bei Gegenwart von Blausäure der charakteristische blaue Niederschlag (Berlinerblau) auf. Diese Probe ist so genau, daſs

man mittelst derselben die geringsten Spuren von Blauf. leicht nachweisen kann. — Ber. v. Schimmel. **24.** p. 246.

Zum Nachweis von künstlichem in echtem Bittermandelöl bringt
G. Heppe chemisch reinen Salpeter und etwa die Hälfte desselben
chemisch reines Aetzkali oder Aetznatron zum Schmelzen und läst
in diese Mischung das zu prüfende Bittermandelöl aus einer Pipette
tropfenweise fallen; jeder Tropfen entzündet sich sofort und wird mit
einem starken Platindraht durch Umrühren unter die Oberfläche der
schmelzenden Masse gebracht. Nachdem die Masse vollständig weiß
geworden, giefst man sie noch heiß auf ein Stück blankes Blech aus
und löst davon nach dem Erkalten einen Theil in destillirtem Wss.
Nach Uebersättigung mit Salpetersäure prüft man mit Silbernitrat und
erhält, wenn das Oel mit künstlichem Benzaldehyd vermischt war,
den Chlorsilberniederschlag. Obschon es keinem Zweifel unterliegen
kann, dafs bei obigem Schmelzprocefs alles in der Blausäure des
Bittermandelöles enthaltene Cyan zersetzt wird, so kann man doch, um
jeden Einwand zu beseitigen, das Chlorsilber abfiltriren, trocknen und
glühen; hierbei wird alles etwa vorhandene Cyansilber zersetzt. Der
Rückstand wird dann mit kohlensaurem Natron-Kali geschmolzen, die
Masse, die nun Chlornatrium und Chlorkalium enthält, in Wss. gelöst, mit Salpetersäure übersättigt und mit Silberlösung geprüft. — 31.
p. 131.

Zur Prüfung des Acetanilid empfiehlt E. Ritsert folgende
Reactionen als die einfachsten und rationellsten: 0,1 g zerriebenes
Acetanilid löst sich in 1 ccm concentrirter Salzsäure beim Umschütteln
klar auf, scheidet sich aber nach einigen Augenblicken als salzsaures
Salz fast vollständig wieder aus (Methylacetanilid bleibt gelöst!).
Auf Zusatz eines Tropfens Salpetersäure bleibt das Gemisch vollkommen farblos (Oxyäthyl- und Oxymethylacetanilid verursachen nach
einiger Zeit eine gelbe bezw. Braunfärbung). 0,1 g Acetanilid mit
2 ccm concentrirter Salzf. mehrere Male aufgekocht, nach dem Erkalten
mit 1—2 Tropfen Chlorwasser versetzt, nimmt eine kornblumenblaue,
wieder verschwindende Färbung an. Die wässerige Lösung reagirt
nicht sauer (Essigsäure) und nimmt, zum Sieden erhitzt, durch einige
Tropfen Eisenchlorid eine dunkelrothbraune Färbung an, welche auf
Zusatz einer Mineralsäure verschwindet (Acetylverbindung). Wird der
kochenden Lösung von 1 g Acetanilid in 30 ccm Wss. ein Tropfen
einer 0,1 %igen wässerigen Permanganatlösung (1 : 1 L) zugesetzt, so
mufs der Acetanilidlösung eine mindestens 5 Min. lang bestehen
bleibende Rosafärbung ertheilt werden, die auch beim abermaligen
Aufkochen nicht in Gelb umschlägt und Ausscheidungen in der Lösung
verursacht (Entfärbung und Ausscheidungen zeigen Acettoluide, freies
Anilin, harzige Producte und Staubverunreinigungen an). Auf Platinblech verbrennt Acetanilid ohne jeden Rückstand (anorganische Verunreinigung). — **106.** p. 306. **24.** p. 391.

Zum Nachweis von Antifebrin im Phenacetin kocht man 0,5 g Phenacetin
mit 5—8 ccm Wss., läfst abkühlen (wobei das meiste Phenacetin wieder
auskrystallisirt) und filtrirt. Das Filtrat kocht man mit etwas Kaliumnitrit und verdünnter Salpetersäure, fügt einige Tropfen von Plugge's
Reagenz (Lösung von Merkuronitrat mit wenig salpetriger Säure) hin-

zu und kocht wieder. Entsteht keine rothe Farbe, so ist Antifebrin gar nicht oder in geringerer Menge als 2 % vorhanden, welch letzteres Verhältnifs bei Verfälschungen nicht vorkommt. — Ned. Tijgschr. voor Pharmacie. **49.** p. 286.

Unterscheidung des Exalgins von Antifebrin und Phenacetin.
Uebergiefst man nach E. Hirschsohn 1 g Substanz mit 2 ccm Chloroform, so erfolgt, falls Exalgin vorliegt, völlige Lösung, bei Phenacetin und Antifebrin nicht. Eine Beimengung zum Exalgin wird durch seine völlige Löslichkeit in Schwefelkohlenstoff und Petroläther erkannt, in welchen Lösungsmitteln Phenacetin und Antifebrin unlöslich sind. — **40.** p. 17. **34.** p. 52.

Volumetrische Bestimmung des Tannins.
Da die Löwenthal-Neubauer'sche Methode zur Bestimmung des Tannins mit Permanganat bei Gegenwart anderer organischer Substanzen unbrauchbar ist, so benutzt E. Guenez ein neues Verfahren, das auf folgenden Reactionen beruht: Fügt man zu einer siedenden Brechweinsteinlösung, die mit einem passenden Anilinfarbstoff versetzt ist, eine Tanninlösung, so bildet sich ein Niederschlag von Antimontannat, der den Farbstoff unter Entstehung eines Lackes mit sich reifst. Ist die Tanninmenge hinreichend, so wird die Flüss. farblos. Das Volumen der Weinsteinlösung und der Tanninlösung, das zur Entfärbung nothwendig ist, ist stets proportional und ist von der Verdünnung unabhängig. Eine bestimmte Menge Antimontannat fixirt immer dieselbe Menge Farbstoff. Gallussäure bildet mit Brechweinstein nicht sofort Antimongallat, während der Niederschlag von Antimontannat sofort entsteht. Die Anwesenheit von Gallusf. schadet bei der Tanninbestimmung nicht. Die Brechweinsteinlösung besteht aus 12 g Brechweinstein und 1 g Grün Poirrier 4 J E in 1 l Wss. Die grünen Farbstoffe eignen sich allein zu der angegebenen Bestimmung. Die Lösung wird gegen eine Lösung von 5—6 g Tannin im l, der etwas Thymol zur Vermeidung von Schimmelbildung hinzugesetzt ist, eingestellt. Die Angaben der Analyse beziehen sich ausschliefslich auf Gallusgerbsäure. Zur Bestimmung des Tannins im Wein ist die Methode nicht anwendbar, vielmehr ist in diesem Falle A. Girard's Verfahren empfehlenswerth. — **9.** t. 110. p. 532. **34.** p. 109.

Annähernde Gerbstoff-Bestimmung in Drogen; v. Fayetteville.
1) Eisenlösung: 0,04 Ferricyankalium, 500 ccm Wss., 1,5 Liq. Ferri chlorat. 2) Tanninlösung: 0,04 getrocknetes Tannin, 500 ccm Wss. Bei der Ausführung der Prüfung erschöpft man 0,8 g (bei tanninreichen Drogen entsprechend [so dafs die sich ergebende Lösung hellblau ist] weniger) der Droge mit heifsem Wss. und füllt das Filtrat auf 500 ccm auf. Von dieser Lösung werden 5 Tropfen in ein Glas, in je ein anderes 4, 5, 6 u. s. w. Tropfen der Tanninlösung abpipettirt. Man setzt je 5 ccm der Eisenlösung den verschiedenen Proben zu und vergleicht nach 3 Min. die Tiefe der eingetretenen Färbung. Der Procentgehalt der Droge kann als annähernd gleich mit der in der entsprechend gefärbten Normallösung vorhandenen Tropfenzahl der Tanninlösung angenommen werden. — Amer. Journ. Pharm. p. 119. **76.** p. 338.

Bestimmung von Fettsäuren im Alizarinöl; v. F. Guthrie. Ca. 5 g
des in einem kleinen Becherglase abgewogenen Oeles werden mit wenig
Wss. in ein Fläschchen von ca. 170 ccm Inhalt gespült, worauf man
10 ccm Normal-Aetznatronlösung zugiebt und $1/2$ Std. langsam kocht.
Dann setzt man weiter 20 ccm Normal-Schwefelsäure zu und erhitzt
$1/2$ Stde. oder länger auf dem Wasserbade. Man bringt den Inhalt
der Flasche auf ein tarirtes schwedisches Filter und schüttelt die
Flasche wiederholt stark mit siedendem Wss. aus, das man jedesmal
ebenfalls auf das Filter giebt. Die Fettfn. werden mit siedendem
Wss. säurefrei gewaschen, worauf man das Filter nebst Inhalt in einer
tarirten Platinschale 8 Stdn. oder bis zum constanten Gewichte bei
100^0 C. trocknet. Die Vortheile des Verfahrens sind: 1) Die Sulfofettsäuren werden zersetzt und die Schwefelf. wird durch Waschen
entfernt; die Fettfn. erleiden daher bei 100^0 C. keine Zersetzung oder
Schwärzung. 2) Die Fettfn. sind in siedendem Wss. unlöslich, so dafs
man sie durch Waschen von der zu ihrer Abscheidung benutzten Säure
befreien kann. 3) In dem Alizarinöl etwa enthaltenes freies Oel wird
verseift und als Fettf. gewogen. Bei genauen Analysen trocknet man
zweckmäfsig die kleine Flasche, in welcher die Fettf. frei gemacht
wurde, wäscht sie dann mit wenig Aether aus, verdampft den Aether
in einem kleinen Becherglase und wiegt das hinterbleibende Fett. —
8. vol. 61. p. 52. **89.** Rep. p. 40. — Nach R. Williams liefert das
Verfahren zu niedrige Resultate. — **8.** vol. 61 p. 76.

Zur Unterscheidung von α- **und** β-**Naphtol** fügt Yvon 10 ccm
einer concentrirten wässerigen Lösung des Naphtols 10 ccm Salpetersäure zu, 10 ccm Alkohol und 7—8 gtts. Merkuronitratlösung. Mit
β-Naphtol bildet sich eine orangerothe Färbung, die nach einiger Zeit
kirschroth wird, während mit α-Naphtol nur Orangefärbung entsteht. —
38. p. 219.

Anthrarobin unterscheidet sich von Goapulver nach H. Mühe
durch folgende Reactionen: Eine kleine Menge Anthrarobin mit verdünnter Natronlauge oder verdünntem Ammoniak behandelt, löst sich
sogleich mit gelbbrauner Farbe, die beim Schütteln mit Luft bald in
grün, dann in blau und schliefslich in violett übergeht. Goapulver
löst sich uuter denselben Bedingungen sofort mit schön violettrother.
sehr beständiger Farbe, welche sich auch beim Schütteln mit Luft nicht
verändert. Anthrarobin wird von concentrirter Schwefelsäure ohne
Schäumen mit tiefbraun-gelber Farbe (Rückbildung von Alizarin) gelöst. Goapulver dagegen wird von concentrirter Schwefelf. unter
Schäumen mit roth-gelber Farbe gelöst. — **38.** p. 105. **89.** Rep.
p. 68.

Sulfotellursaures Ammonium als Reagenz auf Alkaloïde. 1 g
sulfotellursaures Ammonium mit 20 ccm concentrirter Schwefelsäure
verrieben giebt nach Decantation von dem Unlöslichen nach A. Bron-
ciner mit Alkaloïden folgende Färbungen: Digitalin: rothblau. Cheli-
donin: nach 3—4 Min. grün (sehr empfindlich). Narceïn: gelb, bald
schmutzig grün, nach $1/2$ Stde. violett mit rosa Rändern. Narcotin:
schnell verschwindende Rosafärbung. Apomorphin: violett. — **17.**
p. 468. **89.** Rep. p. 137.

Prüfung der Chininsalze des Handels. Man löst nach J. E. de Vry 1 g Chininsulfat in 40 g Wss. bei Siedetemperatur, fügt 6 ccm 10%iger neutraler Kaliumchromatlösung hinzu und läfst erkalten. Das Filtrat vom abgeschiedenen Chininchromat wird nun mit einigen Tropfen einer 10%igen Natronlauge versetzt; enthält das Chininsulfat mehr als 8 % Cinchonidinsulfat, so trübt sich die Flüss. fast sofort bei gewöhnlicher Temp. Sind weniger als 8 % vorhanden, so tritt bei gewöhnlicher Temp. erst spät Trübung ein; beim Erwärmen im Wasserbade jedoch trübt sich die Flüss. mehr oder weniger, je nach der Menge des vorhandenen Cinchonidins. Verf. beweist ferner, dafs die Chromatprobe sehr wohl geeignet ist zum Nachweis selbst von nur 1 % Cinchonidin im Sulfat und den anderen löslichen Chininsalzen. — Journ. de Pharm. d'Anvers. **38.** Rep. p. 205.

Zur Prüfung von Chininsulfat löst Prunier dasselbe in dem 30fachen Gewichte Wss. unter Sieden, ersetzt nach erfolgter Lösung das verdampfte Wss. und läfst auf 15° abkühlen. Sodann giebt man in mehrere Probirröhren je 5 ccm der filtrirten Flüss. und zu jeder Röhre zunehmende Mengen Ammoniak vom spec. Gew. 0,960. Man notirt die geringste Menge Ammoniak, welche sofort eine klare Lösung giebt. — **17.** p. 277. **89.** Rep. p. 69.

Bestimmung des Chinins im Chinintannat. Nach der Orrillard'-schen Methode (mit Aetzkalk eintrocknen, den heifsen alkoholischen Auszug mit Schwefelsäure versetzen concentriren und nach 6stündigem Stehen im Filtrat das Chinin mit Kali fällen) wiegt man nach S. Neumann nur etwa die Hälfte des wirklich vorhandenen Chinins. Verf. erhält nach folgender Methode, die sich leicht in $1^1/_2$ Stdn. ausführen läfst, Werthe, die für die Praxis vollkommen brauchbar, für wissenschaftliche Untersuchungen aber immer etwas zu hoch sind (in trockenem Chininsulfat statt 82,94 im Mittel gefunden 85,4 %. 2 g gepulvertes Chinintannat schüttelt man in einem ca. 300 ccm fassenden Cylinder mit 20—25 ccm Kalilauge, spec. Gew. 1,240, und zwar so, dafs es nicht an den Wandungen festhaftet, verdünnt auf 60—80 ccm und schüttelt dann mit genau 100 ccm Aether. Von der überstehenden klaren Lösung werden 50 ccm abpipettirt, im Becherglase verdunstet und das bei 100° getrocknete Chinin gewogen, das man dann auch auf andere Alkaloïde prüfen kann. — **37.** Bd. 28. p. 663. **89.** Rep. p. 69.

Um eine Beimengung von Jutefaser in Geweben zu erkennen, erwärmt man die Fäden nach Schultze mit officineller Salpetersäure und etwas chlorsaurem Kali, wäscht mit Wss., erwärmt dann mit kalihaltigem Wss. und schüttelt wieder mit reinem Wss. Nachdem in einem herausgenommenen Tropfen auf einem Objectträger das Wss. verdunstet ist, setzt man einen Tropfen Glycerin zu. Wenn dieser die Faser vollständig durchdrungen hat, erkennt man deutlich die kennzeichnenden Verdickungsverhältnisse der Jutewandungen, und bei gekreuzten Nicols (in dunklem Sehfeld) erscheinen die Jutefasern einfarbig bläulich oder gelblich, während die Lein- und Hanffasern ein überaus prächtiges Farbenspiel zeigen. Sind die Fasern nicht deutlich getrennt, sondern liegen sie über oder dicht neben einander, so entstehen natürlich auch bei Jute an den Berührungsstellen lebhaftere

Färbungen. Die Bruchlinien der Bastzellen, die zur Zellwand fast senkrecht stehen, sowie die diesen Bruchlinien oft nicht unähnlichen anhaftenden Parenchymreste erscheinen im polarisirten Lichte viel deutlicher und bieten so dem Kundigen weitere Anhaltspunkte zur Unterscheidung. — **37.** p. 138. **34.** p. 157. **49.** p. 287.

R. Blechmann; über die Concentration der Reagentien. **60.** Bd. 23. p. 31. **34.** p. 77.

M. Gröger; Kaliumjodat als Urmaß für die Jodometrie, Alkalimetrie, Acidimetrie. **123.** p. 385.

M. Gröger; jodometrische Bestimmung der Alkalien und Säuren. (Grundlage: $KJO_3 + 5 KJ + 3 H_2SO_4 = 3 K_2SO_4 + 3 H_2O + J_6$; die Lösungen der Alkalien werden zuerst mit überschüssiger Schwefelsäure, sodann mit Kaliumjodid und -jodat, die Lösungen der Säuren nur mit letzteren versetzt und in beiden Fällen das in Freiheit gesetzte Jod gemessen.) **123.** p. 353.

Leybold; Beiträge zur technischen Gasanalyse mittelst der Bunte'schen Bürette. **65.** p. 239. 257. 277. 299.

A. Sabanejew; Bestimmung des Molekulargewichtes von colloïden Substanzen nach der Methode von Raoult. **125.** p. 102. **89.** Rep. p. 124.

C. Schall; Bestimmung der Dampfdichte. **60.** Bd. 23. p. 919.

J. C. Thresh; Bestimmung des im Wss. gelösten Sauerstoffs. **32.** p. 185.

S. Rideal; colorimetrische Methoden zur Bestimmung der Nitrate im Trinkwasser. **8.** vol. 60. No. 1566.

A. Gawalowski; neue Reaction für Wasserstoffsuperoxydlösungen in Gegenüberstellung zu Ozonlösungen. (Bleiessig giebt in wasserstoffsuperoxydhaltigem Wss. unter Gasentwicklung einen braunrothen Niederschlag, der sich allmählich heller und schliefslich weifs färbt, basische Kupfervitriollösung einen schwarzen, hellblau werdenden Niederschlag; Ozon reagirt nicht.) **76.** p. 79. **38.** Rep. p. 63.

F. A. Gooch und F. W. Mar; directe Bestimmung von Chlor in Mischungen von Alkalichloriden und -jodiden. (Jodwasserstoffsäure wird durch Ferrisulfat oder durch die Dämpfe, die durch Einwirkung von Schwefelsäure auf Natriumnitrit entstehen, oxydirt und Chlor als Chlorsilber bestimmt.) **8.** vol. 61. p. 235. **34.** p. 211.

G. Lunge; Werthbestimmung des Chlorkalks, Braunsteins und Chamäleons auf gasvolumetrischem Wege (mittelst des Nitrometers). **123.** p. 6.

W. Younger; Analyse von Deacon-Gas. (Das Gas wird mittelst eines Aspirators durch Schwefelsäure, arsenige Säure und einen Sauerstoffapparat geleitet und so Feuchtigkeit, Chlor, unterchlorige Säure, Luft und Stickstoff bestimmt.) **26.** p. 159. **34.** p. 99.

P. Jannasch; Schwefelbestimmung in unorganischen Sulfiden. (Verallgemeinerung des Verfahrens der Pyritanalyse; vgl. Rep. 1889 II. p. 232.) **18.** p. 566. **43.** p. 319.

E. Donath; Bestimmung und Trennung des Tellurs. **123.** p. 214.

Atwater und Ball; Haynes; Fehlerquellen der Stickstoffbestimmung nach Will-Varrentrapp. **37.** p. 208.

Schönherr; Saugeron; Kjeldahl's Stickstoffbestimmung. (Ammoniak mit Hilfe des Azotometers bestimmt.) **37.** Bd. 29. p. 353.

A. Atterberg; die Gunning'sche Modification der Kjeldahl'schen Stickstoffbestimmungs-Methode (liefert die höchsten Stickstoffziffern. Da die Methode alle Zusätze überflüssig macht und schnellere Oxydation der organischen Substanz bewirkt als die übrigen Modificationen der Methode Kjeldal, so ist sie für die Praxis der Controlstationen sehr zu empfehlen.) **88.** p. 509.

F. Cochius und Th. Moeller; Stickstoffbestimmungen nach der Schultze-Tiemann'schen Methode. (Man hat auf die Concentration der Reagentien und auf die Menge des Wss., welches für Vertreibung der Luft aus dem App. benutzt wird, zu achten und die Menge der Probe in passendes Verhältnifs mit der Gröfse des ganzen App., besonders des Entwicklungskolbens und der Gasmefsröhre zu bringen.) **89.** p. 33.

A. Hagen und H. W. Clack; Einflufs der Temp. auf die colorimetrische Bestimmung des Ammoniaks mit Nefsler'schem Reagenz. (Es empfiehlt sich, die ammoniakhaltigen Destillate vor der colorimetrischen Bestimmung die Nacht über neben den Probelösungen stehen zu lassen, damit die Temp. derselben gleich wird.) **97.** p. 425. **38.** Rep. p. 226.

Morgan und Bates; Salpetersäurebestimmung. (Modification der Pelouze-schen Methode.) **37.** p. 195.

G. Denigès; Unterscheidung von Phosphoroxychlorid und Phosphortrichlorid. (Ersteres giebt mit Zinkstaub das gelbe Oxyd P_4O und mit Zinkstaub und wenig Wss. Phosphorwasserstoff-Entwicklung.) **98.** t. 2. p. 788.

Hundershagen; volumetrische Bestimmung von Phosphorsäure (durch Molybdänsäurelösung). **48.** p. 146.

Lorenz; Nachweis von mineralischen Phosphaten im Knochenmehl (durch den Fluorcalciumgehalt der ersteren; 30 g werden mit Schwefelsäure behandelt). Centralbl. Agric. Chem. Bd. 18. p. 130. **95.** p. 415. — Stocklasa fand, dafs Bordeaux-Phosphat und Ciplyt die Lorenz'sche Reaction nicht geben. Centralbl. Agric. Chem. Bd. 18. p. 444. **95.** p. 415.

R. Jones; Bestimmung von Eisenoxyd und Thonerde in Phosphaten. (Einwandfreie Resultate soll man erhalten, wenn man phosphorsaures Eisenoxyd + Thonerde nach Glaser und aus diesen die reinen Oxydhydrate nach Stutzer fällt.) **89.** p. 269.

Zur Analyse und Beurtheilung der sog. Selter- und Sodawasser. **34.** p. 146.

J. Hirschwald; Verhalten der Kieselsäure und ihrer Verbindungen im Phosphorsalzglase. (Die Phosphorsalzperle ist kein untrügliches Reagenz auf Kieself.) **18.** Bd. 41. p. 360. **38.** Rep. p. 150.

J. W. Thomson; Trennung des Natriums vom Lithium. (Beruht auf der geringen Löslichkeit von Natriumchlorid in Salzsäure.) **105.** p. 721. **38.** Rep. p. 150.

A. Johnstone; Nachweis von Zinn in Mineralien. **8.** vol. 60. p. 271. **89.** Rep. p. 5.

Perron; Prüfung des Zinns auf Blei mit Kaliumjodid (erfordert grofse Vorsicht, da durch Salpetersäure in Freiheit gesetztes Jod sich mit Blei- und Kaliumjodid zu einem intensiv gelben Doppelsalze vereinigt.) **17.** t. 21. No. 5. **38.** Rep. p. 119.

Schlegel; Ermittelung des Bleigehalts in Zinnlegirungen (aus der Dichte durch die hydrostatische Waage). **7.** p. 297.

J. Thiele; analytische Beiträge zur Kenntnifs von Antimon und Arsen. Inaug.-Diss. **38.** Rep. p. 86.

Brunn; Erkennung von Antimon neben viel Arsen. (Man leitet das Gemisch von Arsen- und Antimonwasserstoff durch ein auf 208° erwärmtes Rohr, wobei sich nur Antimon abscheidet.) **60.** (1889) p. 3202. **43.** p. 125.

B. Kühn und O. Saeger; Verhalten des Arsenwasserstoffs zu Aetzkali. (Arsenwasserstoff wird durch Aetzkali zerlegt.) **60.** Bd. 23. p. 1802.

B. Kühn und O. Saeger; quantitative Arsenbestimmung nach dem Marshschen Verfahren. **60.** Bd. 23. p. 1798.

W. Jounges; Arsenbestimmung. (Arsensäure wird durch Kochen mit Kaliumjodid in salzsaurer Lösung in arsenige Säure übergeführt und diese mit Jod titrirt.) **26.** p. 158. **95.** p. 78.

H. Thoms; empfindliche Kupferreaction. (Aus Jodkalium wird durch Kupfer-sulfat unter Bildung von Cuprojodid Jod freigemacht.) **24.** p. 31.

A. Etard und P. Lebeau; volumetrische Kupferbestimmung. (Die mit Brom-wasserstoffsäure versetzte Kupfersalzlösung wird mit einer Lösung von Zinnbromür oder -chlorür in Bromwasserstoff oder Salzsäure titrirt.) **9.** t. 110. p. 408. **89.** Rep. p. 85.

R. A. Fessenden; volumetrische Kupferbestimmung. (Bei der Titration mit Cyankalium soll durch Natriumcarbonat neutralisirt werden; es muß stets etwas mehr Salpetersäure zugegen sein, als zur Lösung des Kupfersulfides nöthig ist.) **8.** vol. 61. p. 183. **89.** Rep. p. 130.

Le Roy W. Mc Cay; Trennung des Kupfers von Arsen. (Leitet man einen elektrischen Strom durch eine mit einem Alkaliarseniat versetzte ammo-niakalische Kupfersalzlösung, so fällt das Kupfer frei von Arsen aus.) **89.** p. 509.

D. Vitali; volumetrische Silberbestimmung (beruht darauf, daß Kaliumferro-cyanür das Silber aus seinen Lösungen vollkommen ausfällt.) Bolletino farmac. Rép. de Pharm. p. 171. **89.** Rep. p. 154.

Luckow; elektrolytische Trennung von Silber und Blei (in 15 % freie Salpeter-säure enthaltender oder mit einigen Tropfen concentrirter Oxalsäurelösung versetzter salpetersaurer Lösung). **123.** p. 345.

G. Gore; Reinheitsprüfung des Quecksilbers (durch Bestimmung der elektro-motorischen Kraft). **8.** vol. 61. p. 40. **34.** p. 53.

T. Charlton; Löthrohprobe auf Quecksilber. (Man erhitzt im Rohr mit etwas Jod.) **8.** vol. 61. p. 41. **34.** p. 276.

G. Tate; Bestimmung kleiner Mengen Gold (unter Beihilfe des Mikroskops bei der Probe). **8.** vol. 61. p. 43. 54. 67.

Warren; Goldquartationsprobe. (Selenhaltige Salpetersäure führt zu bedeuten-den Verlusten, da Selensäure Gold stark angreift.) **8.** vol. 61. p. 100.

E. Donath und G. Hattensauer; volumetrische Bestimmung des Zinks und Kupfers (in ammoniakalisch-weinsaurer Lösung durch Ferrocyankalium; Endreaction an der Blaufärbung mit Essigsäure kenntlich). **89.** p. 323.

L. Blum; Donath-Hattensauer'sche Zinkbestimmung (liefert bei Mangan-gegenwart zu hohe Resultate). **37.** p. 271.

D. Coda; Zinkbestimmung in Erzen. (Durch Ammoniumsulfatzusatz geht kein Zink in den Eisenhydroxydniederschlag.) **37.** p. 266.

H. Alt und J. Schulze; Trennung des Zinks vom Nickel. (Durch Schwefel-wasserstoff fällt in stark bernsteinsaurer Lösung alles Zink, während Nickel bei Abwesenheit sonstiger Salze gelöst bleibt.) **60.** Bd. 22. p. 3259.

Finkener; Bestimmung des wirksamen Sauerstoffs im Manganhyperoxyd. (Die Bunsen'sche Methode liefert zu wenig, die Bestimmung durch Oxalsäure und die durch Eisenoxydul zu viel Sauerstoff; die übrigen geben überein-stimmende Resultate.) **114.** (1889) p. 158. **38.** Rep. p. 62.

S. B. Patterson; Werthbestimmung von Eisenerzen. **92.** vol. 48. p. 201. **123.** p. 31.

R. Fresenius und E. Hintz; Untersuchung von Chromeisen. **37.** p. 28.

L. Archbutt; Bestimmung von Schwefel in Eisen und Stahl. (Man oxydirt durch Salpetersalzsäure und Kaliumchlorat.) **26.** p. 25. **89.** Rep. p. 40.

Galbraith; Bestimmung von Phosphor bei dem basischen Siemensprocefs. Indust. p. 458. **123.** p. 363.

Clerc; Siliciumbestimmung im Roh- und Spiegeleisen. (Silicium wird durch Erhitzen mit Brom und Salzsäure oxydirt.) Compt. rend. de la Soc. de l'Ind. min. (1889) p. 107. **7.** p. 192. **89.** Rep. p. 28.

A. Partheil; mafsanalytische Bestimmung des Eisens im Ferrum reductum. (Zur schwefelsauren Lösung wird Permanganat bis zur bleibenden Rosafärbung gefügt, die Flüss. zu Jodkaliumlösung fliefsen gelassen und das Jod zurücktitrirt.) **38**. p. 55.

L. Blum; zur Schwefelbestimmung im Eisen. (Die klebrig-harzigen, durch Einwirkung von Bromsalzsäure entstandenen Verbindungen erschweren das Filtriren des Baryumsulfatniederschlags und werden daher zweckmäfsig durch Abdampfen der Lösung bis auf einen kleinen Rest und Behandeln mit Aether entfernt; die Löslichkeit des Baryumsulfats wird durch Salzsäure erhöht.) **37**. p. 138. **89**. Rep. p. 153.

A. Ihl; Farbenreactionen der Kohlenstoffverbindungen. **89**. p. 348.

E. Donath; Nachweis von Stickstoff in organischen Stoffen (durch Erwärmen mit Kalilauge und Permanganat und Nachweis des Nitrits mit Diphenylamin). **121**. p. 15. **123**. p. 249.

R. L. Wagner; quantitative Ermittelung des Stickstoffgehaltes organischer Substanzen mit Hilfe alkalischer Permanganatlösung. (Verf. macht E. Donath gegenüber Priorität geltend; praktisch anwendbar bei der Analyse der reinen Nitroderivate und der Salpetersäureäther, besonders bei nicht flüchtigen und in Alkalien löslichen. Nach derselben Methode gelingt die Schwefelbestimmung im Schwefelkohlenstoff und Thiophen.) **89**. p. 269.

P. C. Plugge; Salpetrigesäure haltiges Quecksilbernitrat als Reagenz auf aromatische Körper mit einer Gruppe OH am Benzolkern. **3**. Bd. 228. p. 9.

R. Bourcart; Titration von Aldehyd mittelst Chromsäure. (1 Mol. Aldehyd braucht zur Ueberführung in Essigsäure $^1/_3$ Mol. Bichromat.) **5**. (1889) p. 561. **89**. Rep. p. 29.

R. Bourcart; Titriren von Alkohol mittelst Chromsäure. (Beruht auf der quantitativen Oxydation des Alkohols zu Essigsäure durch Kaliumbichromatlösung und Schwefelsäure; 1 Mol. Alkohol braucht $^2/_3$ Mol. Bichromat.) **5**. (1889) p. 558. **89**. Rep. p. 29.

Bundesrathsbeschlufs, betr. den Gehalt des zur Herstellung von Lacken und Polituren dienenden Branntweins an Schellack oder sonstigen Harzen, sowie betr. die Anleitung zur Ermittelung jenes Gehaltes. **66**. p. 5.

W. Fresenius; Beiträge zur Untersuchung und Beurtheilung der Spirituosen. **37**. p. 283.

E. Ritsert; zur Prüfung des Chloroforms auf Aldehyd mit Phenolphtaleïnkalium. **106**. p. 180.

H. Alt; gewichtsanalytische Bestimmung von Sulfocyanaten. (Rhodanwasserstoffsäure wird oxydirt zu Blausäure und Schwefelsäure; als gesundheitsschädlich nicht zu empfehlen.) **60**. Bd. 22. p. 3258. **38**. Rep. p. 65.

J. Wolfmann; Weinsäurebestimmung. (Tüpfelanalyse auf Lackmuspapierstreifen am genauesten.) **89**. p. 220. **38**. Rep. p. 65.

J. Telbisz; Bestimmung des Weinsteinsäuregehaltes in Rohproducten der Weinsäurefabriken. (Die modificirte Goldenberg-Geromont'sche Methode ist vorläufig die genaueste.) **89**. p. 347.

E. Claassen; quantitative Bestimmung der Citronensäure in Früchten; Abscheidung der Apfelsäure. **86**. p. 107.

E. Claassen; Trennung der Citronensäure von Apfelsäure (soll in den Ammonverbindungen durch absoluten Alkohol, nicht in den Magnesiumverbindungen mit kaltem Wss. geschehen). **86**. p. 12. **24**. p. 199.

M. Bamberger; zur Analyse der Harze und Balsame. (Bestimmung der Methylzahl durch den Benedikt-Grüssner'schen Apparat.) **121**. p. 88.

J. A. Wilson; Harzbestimmung nach Gladding's Methode. (Jede Spur von Neutralfett mufs verseift sein.) **8**. vol. 61. p. 255. **34**. p. 211.

R. Williams; Bestimmung von Harz in Seife. (Gladding's Methode ist sehr gut anwendbar. Man geht am besten von der Seife selbst aus, ohne erst die Fettsäuren abzuscheiden.) 117. p. 81. 34. p. 164.

F. Filsinger; Bestimmung des Gehalts der Rohglycerine. (Permanganat giebt stets die besseren, mit den Ergebnissen des Fabrikbetriebes übereinstimmenden, das Acetinverfahren stets zu hohe Resultate.) 89. p. 198. 24. p. 199.

R. Kayser; Untersuchung von Wachspräparaten. 9. Jahresvers. bayer. Vertr ang. Chem. 89. p. 686.

L. Lichtenstein; Einiges zur Untersuchung der in den Apotheken gebräuchlichen Fette und Oele. 38. p. 289.

Strohmer; Brechungsindices für Oele und Fette. Ztschr. f. Nahr. u. Hyg. Bd. 3. p. 77.

E. Dieterich; Bestimmung des spec. Gew. fester Fette (besser bei 90° als bei 15°). Helfenb. Ann. 76. p. 399.

R. R. Tatlock; Analyse von Olivenöl und anderen Oelen. (Beim Erhitzen der Fettsäuren auf 90° erhält man beim Olivenöl eine Gewichtsabnahme, bei anderen Oelen eine Gewichtszunahme.) 26. p. 374. 89. Rep. p. 159. 34. p. 164.

Dieterich; Prüfung ätherischer Oele. (In alkoholischer Lösung mit so viel Wss. versetzt, bis eine dauernde Trübung entsteht.) Helfenb. Ann. (1889). 24. p. 277.

R. W. Moore; Analyse von Fischölen. (Abnorm hoher Gehalt an löslichen oder flüchtigen Fettsäuren.) 97. Bd. 11. p. 155. 89. Rep. p. 40.

Bockairy; Auffindung von Baumwollensamenöl im Schweineschmalz. (Spec. Gew. des letzteren bei 50° 0,889—0,891, des ersteren 0,897 und 0,898.) 93. t. 2. p. 310. 95. p. 383.

E. Dieterich; Nachweis von Baumwollsamenöl im Schweinefett. (Das Ausbleiben der Bechi'schen Silbernitrat- und der Hirschsohn'schen Goldchloridreaction ist kein Beweis für die Abwesenheit von Baumwollsamenöl.) Helfenb. Ann. (1889) p. 16. 89. Rep. p. 134.

Fr. Walls; Milchanalyse. (An Stelle der Papierspirale soll Asbest verwendet werden; J. Klein fand denselben nicht brauchbar.) 8. vol. 61. p. 162. 89. Rep. p. 134.

Ballario und Revelli; Bestimmung des Trockenrückstandes der Milch. (Die Differenzen zwischen der directen Bestimmung und der Berechnung nach der Fleischmann-Morgen'schen oder Fleischmann'schen Formel aus dem spec. Gew. und dem Fettgehalt sind gering. Die Muster müssen vor Anwendung des Lactodensimeters erst 16 Stdn. lang bei 6—8° aufbewahrt und dann erst auf 10—20° gebracht werden.) Staz. sperim. agrar. Ital. Bd. 18. p. 113. Viertelj. Fortschr. Nahrungsm. Chem. Bd. V. p. 21. 95. p. 366.

St. Bondzynski; Fettbestimmung in der Milch nach W. Schmid. (Brauchbare Resultate.) Landw. Jahrb. d. Schweiz (1889). 89. Rep. p. 20.

Fleischmann; Fettbestimmung in der Milch (in den Molkereien, welche die Milch nach dem Fettgehalt verkaufen, geschieht am besten durch das Lactokrit). Molk.-Ztg. Bd. 3. p. 47. 95. p. 367.

O. Langkopf; Bestimmung des Milchfettes in den Molkereien. 106. p. 225.

Teyxeira; Erkennung von Verfälschungen der Milch (mit Emulsionen von Mandelmilch, Lein-, Hanf- und Mohnsamen, Gummi, Dextrin, Eieralbumin, Fischleim, Gelatine, Hammelhirn; Alkalicarbonate sind zugesetzt, wenn das Filtrat von der Caseïncoagulation (mit Essigsäure) mehr als 0,23 % Asche hinterläfst). L'Orosi. Bd. 12. p. 163. 7. Bd. 60. II. p. 203. 95. p. 369.

C. Violette; Untersuchungen über die Butter und die Margarine. (Die Fettsäuren werden in einer geschlossenen Atmosphäre mit Wasserdampf destillirt.) 9. t. 111. p. 345. 34. p. 311.

A. Vigna; Butter-Untersuchung. (Sicher ist nur der Nachweis von 33% Margarin aufwärts.) Staz. sperim. agric. Ital. Bd. 16. p. 397. 7. Bd. 60. II. p. 386.

Salvatori; Butter-Untersuchung. (Prüfung der Hehner'schen Methode, Trocknen der Fettsäuren im Vacuum, die Dalican'sche Modification ist unbrauchbar.) Staz. sperim. agric. Ital. Bd. 16. p. 410. 7. Bd. 60. p. 387. 95. p. 375.

Jerissen und Henrad; Erkennung fremder Fette in der Butter (durch die Meissl'sche Methode und das spec. Gew. bei 100°; letzteres läfst bei Pflanzenfetten und Pferdefett im Stich). Rev. intern. fals. denr. alim. Bd. 3. p. 139. 152. 95. p. 376.

Hamel Roos; Erkennung von Cocosbutter in Kuhbutter (aus dem Gehalt an flüchtigen Säuren nach Reichert). Rev. intern. fals. denr. alim. Bd. 3. p. 116. 95. p. 377.

C. J. H. Warden und C. L. Bose; Analyse gewisser Sorten von in Zinnbüchsen conservirtem Fleisch. 8. vol. 61. p. 291. 34. p. 235.

Warren; Analyse von Fleischextract. 8. vol. 61. p. 15.

C. Bruylands; Analyse von Fleischpeptonen. Rev. intern. fals. denr. alim. Bd. 3. p. 158. 167.

A. Danayer; Methoden der Analyse von Fleischpepton. Assoc. d. Chim. Belge. 7. Bd. 61. I. p. 1084.

S. Bein; Bestimmung der Eisubstanz und der Dotterfarbstoffe. 60. Bd. 23. p. 421. 443.

C. Reichl; Reaction auf Eiweifskörper. (2—3 Tropfen einer verdünnten alkoholischen, blausäurefreien Lösung von Benzaldehyd, ziemlich viel verdünnte Schwefelsäure (oder concentrirte Salzsäure) und ein Tropfen Ferrisulfatlösung (oder Eisenchloridlösung) geben mit Eiweifskörpern dunkelblaue Färbung. Für mikrochemisch-botanische Zwecke geeignet.) Sitzungsber. d. Akad. d. Wiss., Wien. 121. p. 317. 38. Rep. p. 225.

N. Rüber; Trocknen von Gerste und Malz und directe Bestimmung des Extractes in Bier und Würze (im luftve-dünnten Raum). 44. p. 97.

H. Ellion; Beiträge zur Kenntnifs der Zusammensetzung von Würze und Bier. 123. p. 291.

H. Elion; Maltosebestimmung in Würze und Bier. (Ermittelung des Reductionsvermögens mit Fehling'scher Lösung und Umrechnung auf Maltose ist völlig ungenügend; genauere Methode angegeben. Die im Bier enthaltene Maltose darf gewisse Grenzen nicht übersteigen.) 123. p. 321. 34. p. 205.

R. László; Extractbestimmung im Wein. 89. p. 438. 455.

R. W. Bauer; Birotation der Arabinose und Reductionswerth derselben gegen Fehling's und Sachse's Lösung. 22. (1889) p. 304. 51. p. 79.

A. Hébert; Analyse von Stroh. 9. p. 969. 89. Rep. p. 160.

Boyer; Einflufs der Entfärbung mit Knochenkohle auf die Polarisation. (Man soll 2% mit Salzsäure ausgewaschener Knochenkohle anwenden.) Bull. ass. chim. p. 358. 95. p. 255.

Gawalowsky; Entfärbungspulver (klärt zu polarisirende dunkelgefärbte Zucker-, Syrup- oder Melasselösung in ½—1 Stde.). Oel- u. Fett-Ind. p. 59. 95. p. 254.

Pellet; directe Bestimmung des Zuckers in der Rübe. (Auf 100 g Pülpe sind 20 ccm Bleiessig zuzusetzen und die alkoholischen Flüss. mit Wss. aufzufüllen; vgl. Rep. 1889 II. p. 222.) Bull. ass. chim. p. 329. 89. Rep. p. 63.

Pellet; Rübenanalyse. (Verf. tritt für seine Methode ein.) Sucr. indig. (1889) p. 639. 89. Rep. p. 5.

Pellet; Claassen; Rüben-Untersuchung. **69.** p. 369.

v. Lippmann; Drenkmann; Pellet's Verfahren giebt keine übereinstimmenden Resultate. **89.** p. 457.

Szyfer; Rüben-Analyse. (Bei normalen Rüben gaben die wässerige und die alkoholische Digestion nur kleine Unterschiede, bei unreifen gröfsere; die Resultate der warmen und kalten wässerigen Digestion stimmten gut.) **69.** p. 250. **89.** Rep. p. 63.

W. Minor; Aschebestimmung in Rohzucker (im Sauerstoffstrom.) **89.** p. 510.

Stammer; Lippmann; Aschenbestimmung im Rohzucker. (St. will den Sauerstoff ausgeschlossen wissen, L. sieht keinen Grund dafür und empfiehlt zur Herstellung der Rohasche sein Verfahren der Veraschung mit Vaselinöl vom Siedepunkt 400⁰.) **51.** p. 321. **89.** Rep. p. 133.

E. Wein; quantitative Bestimmung des Traubenzuckers nach der gewichtsanalytischen Methode mit Fehling'scher Lösung. Allg. Brauer- und Hopfen-Ztg. p. 527.

Baumann; Erkennung des Endpunktes bei Zuckerbestimmungen mittelst Kupferlösung. (Concentrirte Lösung von Borsäure und Ferrocyankalium benutzt.) Corr.-Bl. Schweiz. Aerzte. p. 224. **24.** p. 280.

H. Ost; Bestimmung der Zuckerarten mit Kupferkaliumcarbonatlösung. **60.** Bd. 23. p. 1035.

Schneider; Zuckerbestimmung durch Polarisation. (Ein Glasstab wirft das Licht von der Lampe auf die Scala und macht so für letztere eine besondere zweite Lichtquelle unnöthig.) Böhm. Ztschr. f. Zuckerind. p. 219. **89.** Rep. p. 86.

Dziegielowsky; Zuckerbestimmung. (Modification des Scheibler'schen Extractionsapparates.) **69.** p. 170.

G. Holzner; Berechnung der Ausbeute nach der Extractgehaltsanzeige mittelst Balling's Saccharometer. **44.** p. 122.

J. Formánek; Invertzucker-Bestimmung auf elektrolytischem Wege. (Das durch Fehling'sche Lösung ausgeschiedene Kupferoxydul wird auf einem schwedischen Filter gesammelt, ausgewaschen, in Salpetersäure gelöst und elektrolysirt.) Listy cukrovazniscki. p. 107. **89.** Rep. p. 63.

Herzfeld; Invertzucker- und Raffinose-Bestimmung. **51.** p. 265.

Courtonne; Inversionsmethode nach Lindet (empfohlen). Sucrerie indigène. p. 430. **89.** Rep. p. 137.

Curin; rasche Bestimmung des Quotienten von Füllmassen. Böhm. Ztschr. f. Zuckerind. p. 215. **89.** Rep. p. 86.

Dupont; Melassen-Analyse. (Die mit Bleiessig geklärten Lösungen sollen durch Schwefelwasserstoff oder schweflige Säure entbleit werden; Ammoniak im Bleiessig hindert bei Inversionsanalysen die Wirkung der Säure.) Bu∷ assoc. chim. p. 384. **89.** Rep. p. 133.

Karlik; Phenolphtaleïnpapier zur Aufsicht der Saturation. (1 Th. gesättigte Phenolphtaleïnlösung, 2 Th. Wss., so viel Schwefelsäure, dafs die Acidität 0,₁₈₇ beträgt; mit dieser Mischung getränktes Papier wird durch Saft von der Alkalität 0,₀₆₄ schwach rosenroth gefärbt.) **51.** Bd. 13. p. 155. **95.** p. 255.

Woussen; Untersuchung von Schlempekohle. (Vor der Bestimmung der Schwefelsäure mufs mit Königswasser oxydirt werden.) Bull. assoc. Bd. 8. p. 291. **123.** p. 248.

Ad. Genileser; Bestimmung des spec. Gew. von zähflüssigem, schaumigem Syrup und dergl. **123.** p. 44.

E. v. Raumer; Untersuchung und Beurtheilung des Honigs. 9. Jahresvers. bayer. Vertr. z. angew. Chem. **89.** p. 686.

Z. von Milkowski; Stärkemehlbestimmung in Getreidearten. (Asbóth's und Maercker's Methoden sind gut und liefern übereinstimmende Resultate; die directe Inversionsmethode nicht.) **37.** p. 134.

W. C. Young; Bestimmung von Aluminiumphosphat im Brot (beruht auf der Löslichkeit des Salzes in Essigsäure; Brot mit 0,008 % Aluminiumphosphat gab stets sehr starke Hämatoxylinreaction.) **117.** p. 61. **83.** **95.** p. 389.

Beschlüsse des Vereins schweizerischer analytischer Chemiker, betreffend die Untersuchung und Beurtheilung von Cacao und Chokolade. Schweiz. Wochenschrift f. Pharm. p. 28. 155. **38.** Rep. No. 27. 28.

W. A. Withers; Rohfaserbestimmung. (Verf. behandelt erst mit Natronlösung, dann mit Schwefelsäure und filtrirt durch ein mit einer Schicht Glaswolle bedecktes Filter aus grobem Asbest. Das übliche Verfahren liefert nur Annäherungsresultate.) Journ. of anal. Chem. p. 35. 37. **89.** Rep. p. 133.

J. A. Wilson; Bestimmung von Wasser in Phenol (am besten durch Destillation). **8.** vol. 61. p. 236.

E. Ritsert; Prüfung des Phenacetins. (Die Schwarz'sche Isonitrilprobe ist nicht einwandfrei, vgl. Chemikalien.) **106.** p. 75.

S. Lüttke; Prüfung des Phenacetins. (Phenacetin muſs nach dem Kochen mit Salzsäure auf Zusatz von Eisenchlorid blutrothe Färbung geben; erzeugen Chlorkalk und Salzsäure Rothfärbung, so sind Diamidoverbindungen zugegen.) **24.** p. 65. **89.** Rep. p. 62.

H. R. Procter; Gautter's Methode der Tanninbestimmung (kann in der vorläufigen Art der Ausführung der Löwenthal'schen Methode nicht gleich gesetzt werden). **26.** p. 261. **34.** p. 139.

S. J. Hinsdale; colorimetrische Methode zur Bestimmung des Gerbstoffes in Rinden etc. Amer. Journ. of Pharm. No. 3. **8.** vol. 62. p. 19. **38.** Rep. p. 144.

C. Böttinger; neue Reaction des Tannins. (Wird eine Tanninlösung mit Phenylhydrazin einige Zeit gekocht und dann vorsichtig mit Natronlauge versetzt, so erhält man unter Abspaltung von Phenylhydrazin eine prachtvoll grünblaue, gelb werdende Lösung.) **1.** Bd. 256. p. 341. **89.** Rep. p. 152.

Hooper; Tanninbestimmung im Ceylonthee. (Fällen des kochenden wässrigen Auszugs mit Bleiacetat.) **8.** vol. 60. p. 311. **95.** p. 398.

A. Bujard und A. Klinger; zum Nachweis des Alkannafarbstoffs (mittelst Spektroskop; enthalten im Weiſsmann'schen Schlagwasser). **123.** p. 26.

E. Hirschsohn; Unterscheidung des reinen Chininsulfats vom gewöhnlichen Handels-Chininsulfat (Ein mit 30 Vol. % Petroläther versetztes Chloroform giebt mit reinem Chininsulfat einen Auszug, der auf Zusatz von Petroläther vollkommen klar bleibt, während alle übrigen Chinaalkaloïdsulfate hierbei Trübungen oder Niederschläge geben.) **40.** p. 1. **38.** Rep. p. 70.

Seaton und H. D. Richmond; Bestimmung des Chinins in Arzneien (beruht darauf, daſs Chininbisulfat neutral reagirt gegen Methylorange, während die Base selbst auf Phenolphtaleïn keine Wirkung übt). **117.** p. 42. **89.** Rep. p. 69.

P. C. Plugge; die vermeintliche Cocaïnreaction von Lerch und Schärges. (Eine sehr verdünnte Eisenchloridlösung giebt auch ohne Cocaïn beim Erwärmen infolge Dissociation des Eisenchloris in Salzsäure und colloïdales Eisenhydroxyd eine schöne Rothfärbung, die in der Kälte nicht verschwindet.) Nederl. Tydschr. v. Pharm., Chem. u. Toxic. p. 82. **38.** Rep. p. 110.

E. Claassen; quantitative Bestimmung des Codeïns und von Morphin neben Codeïn. **86.** p. 41.

M. Popovici; Beiträge zur Analyse des Tabaks (Will-Warrentrapp's Methode ungeeignet.) Zschr. phys. Chem. Bd. 14. p. 182.

W. Herzberg; Papierprüfung und Praxis. **114.** **34.** p. 141. **31.** p. 343.

Bericht über die gemeinsame Sitzung der Düngercommission des Verbands der Versuchsstationen und Vertreter der Düngerfabrikanten zu Leipzig am 26. Januar 1890. **22.** p. 291. **123.** p. 285.

J. M. von Bemelen; Bestimmung des Wassers, des Humus, des Schwefels, der in den colloïdalen Silicaten gebundenen Kieselsäure, des Mangans u. s. w. im Ackerboden. **22.** p. 279.

J. Roulin; Bestimmung von Kali und Humus in den Ackererden. **9.** t. 110. p. 289.

A. Seyda; Nachweis und quantitative Bestimmung organischer und anorganischen Gifte in Leichentheilen. **89.** p. 31. 51. 128.

P. Pierrard in Paris, D. P. 49676; Dichtigkeitsmesser zur Bestimmung der Dichtigkeit faseriger, schwammiger, poröser und pulverförmiger Körper. **75.** p. 8. **49.** p. 167.

Prof. Dr. Ad. Pinner; Repetitorium der anorganischen Chemie. Mit besonderer Berücksichtigung auf die Studirenden der Pharmacie u. Chemie bearbeitet. 8. Aufl. gr. 8. (IX, 427 S. mit 28 Holzschn.) Berlin 1889, Oppenheim. 7,50 Mk.

Prof. Dr. Rud. Arendt; anorganische Chemie in Grundzügen. Method. bearb. (Aus: „Grundzüge der Chemie, 3. Aufl.") gr. 8. (XI, 174 S. mit Abb.) Hamburg, Voss. 1,20 Mk.

Prof. Dr. Rud. Arendt; Grundzüge der Chemie. Method. bearb. 3., verm. Aufl. gr. 8. (XII, 288 S. mit Holzschn.) Ebend. 2 Mk.

Prof. Dr. F. Beilstein; Handbuch der organischen Chemie. 2., gänzl. umgearb. Aufl. 50. u. 51. Liefg. gr. 8. (3. Bd. S. 1201—1344.) Hamburg, Voss. à 1,80 Mk.

Prof. Dr. A. Bernthsen; kurzes Lehrbuch der organischen Chemie. 2. Aufl. 8. (XVI, 524 S.) Braunschweig, Vieweg & Sohn. 10 Mk.

Dr. C. Arnold; Repetitorium der Chemie. Mit besonderer Berücksichtig. d. f. d. Medicin wichtigen Verbindungen, sowie der „Pharmacopoea german.". 3., verb. und verm. Aufl. 8. (XII, 589 S.) Hamburg, Voss. 6 Mk.

Prof. Dir. Dr. E. Schmidt; ausführliches Lehrbuch der pharmac. Chemie. Mit Holzschn. u. farb. Spectraltaf. 2. Bd. Organische Chemie. 2., verm. Aufl. 3. Abth. gr. 8. (VI, XV—XXII u. S. 977—1555.) Braunschweig, Vieweg & Sohn. 12,50 Mk.

Dr. Ad. Kleyer; die Chemie in ihrer Gesammtheit bis zur Gegenwart und die chemische Technologie der Neuzeit. Bearb. nach eigenem System unter Mitwirkung der bewährtesten Kräfte. Mit zahlr. Illustr. 51.—57. Heft. gr. 8. (1. Bd. XVI u. S. 801—816 u. 2. Bd. S. 1—80.) Stuttgart, Maier. 25 Mk.

F. Stohmann und Br. Kerl; Muspratt's theoretische, praktische und analytische Chemie in Anwendung auf Künste und Gewerbe. Encyklopädisches Handbuch der techn. Chemie. Mit Abb. 4. Aufl. Unter Mitwirkung von E. Beckmann, R. Biedermann, H. Bunte etc. 2. Bd. 31. Liefg. u. 3. Bd. 1.—10. Liefg. hoch 4. (2. Bd. XVII u. Sp. 1921—1928 u. 3. Bd. Sp. 1—640.) Braunschweig, Vieweg & Sohn. à 1,20 Mk.

Encyklopädie der Naturwissenschaften, herausgeg. von Proff. DDr. W. Förster, A. Kenngott, A. Ladenburg etc. 1. Abth. 63. u. 64. Lfg. gr. 8. (Mit Abb.) Breslau, Trewendt. à 3 Mk.

Privatdoc. Dr. Geo. Baumert; Lehrbuch der gerichtlichen Chemie, mit Berücksichtigung sanitätspolizeil. u. medicinisch-chem. Untersuchungen. 1. Abth. gr. 8. (200 S. mit Holzst.) Braunschweig 1889, Vieweg & Sohn. 4 Mk.

Prof. Dir. Dr. E. Schmidt; Anleitung zur qualitativen Analyse. 3., verm. u. verb. Aufl. gr. 8. (IV, 76 S.) Halle, Tausch & Grosse. geb. 2,40 Mk.

Prof. Dr. R. Blochmann; erste Anleitung zur qualitativen chemischen Analyse. 8. (VI, V, 116 S.) Nebst 3 Tafeln. gr. 8. Königsberg i. P., Hartung. 4,50 Mk.

Apparate, Maschinen, Elektrotechnik, Wärmetechnik.

I.

Abdampf- und Trockenvorrichtungen.

Trocken- und Kühlapparat. D. P. 51347 f. R. Sauerbrey in Stafsfurt. Die zu trocknende Substanz fällt aus dem Fülltrichter *b* auf den obersten der mit der Spindel rotirenden Schleuderteller *a*, steigt an dessen Wandung empor, fliegt schliefslich über den Rand desselben hinweg und wird durch den durchbrochenen Falltrichter *c* auf den nächstfolgenden Schleuderteller geführt. Dieses

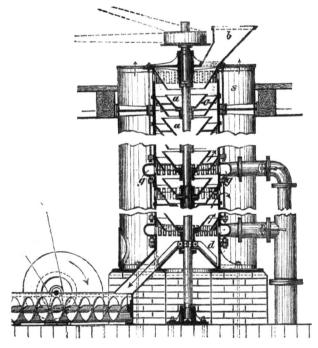

Spiel wiederholt sich, bis endlich die Substanz, unten angelangt, durch einen Abstreicher *d* ausgeworfen und durch ein geeignetes Transportelement fortgeschafft wird. Die Trockenluft wird dem App. in verschiedenen Höhenlagen *g* zugeführt, während die feuchten Dämpfe gleichfalls in verschiedenen, unterhalb des Eintrittes für Trockenluft liegenden Höhenlagen in einen von einem Mantel *s* gebildeten Sammelraum entweichen. — **75.** p. 384.

Verdampf- und Destillirapparat. D. P. 51564 f. Zeitzer Eisengiefserei und Maschinenbau-Actiengesellschaft in Zeitz. Der App. besteht aus

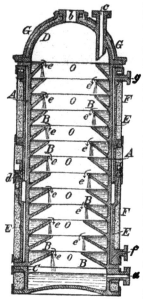

einem mit ringförmigen, nach Kegelflächen gestalteten Tellern *B* versehenen Hartbleicylinder *A*, welcher unten durch einen Untersatz *C* mit Abflufsstutzen *a* und oben durch die Haube *D* mit den beiden Stutzen *b* und *c*, beide Theile aus demselben Material, geschlossen ist. Der ganze Cylinder ist von dem gufseisernen Dampfmantel *E* umgeben, welcher in halber Höhe getheilt und durch die Stopfbüchse *d* in seiner Höhe veränderlich gemacht ist, so dafs die verschieden grofse Ausdehnung durch die Wärme von Blei und Eisen dadurch ausgeglichen wird. Aufserdem trägt er an seinem oberen Ende den Dampfeintrittsstutzen *g* und unten den Condensationswasseraustrittsstutzen *f*. Der ganze App. ist an seinem cylindrischen Theile durch den Blechmantel *F* und oben durch eine zweite Haube *G* gegen Wärmeausstrahlung geschützt. Die innere Oeffnung *O* der Ringteller *B* vergröfsert sich von unten nach oben hin von Teller zu Teller, so dafs bei etwaigem Ueberkochen eines Tellers die durch *c* zugeführte Flüss., z. B. verdünnte Säure, nicht vollständig nach unten fallen kann, sondern immer erst den nächsten Teller treffen mufs. Jeder Teller *B* zeigt einen Ueberfall *e*, bestehend aus einem Ausschnitt im Tellerrande. Die Ueberfälle der Ringteller sind um 180° zu einander versetzt, um die Bildung von sog. todten Winkeln zu verhindern. Die aus der erhitzten Flüss. abgetriebenen Dämpfe entweichen durch *b*; die erhitzte, bezw. concentrirte Flüss. fliefst durch *a* ab. — 49. p. 336.

C. Heckmann; neues Schauglas für geschlossene Verdampf-Apparate. 89. p. 1674.

II.

Apparate für das chemische Laboratorium.

Das Eichhorn'sche Aräopyknometer (s. Rep. 1889 II. p. 240) ist nach O. Schweissinger verhältnifsmäfsig billig und recht brauchbar. Eine besonders kleine Form dient zur Bestimmung des spec. Gew. von Frauenmilch und Harn. — 24. p. 69. 38. Rep. p. 93. 49. p. 159.

Ausbessern von Platintiegeln. Um durch den Gebrauch schadhaft gewordene Platintiegel zu repariren, wendet Pratt Goldchlorid an. Man bringt einige Milligramme festes Goldchlorid über das zu verlöthende Loch und erhitzt langsam bis zum Schmelzen des Salzes auf 200°. Bei weiterm Erhitzen wird das Goldchlorid zersetzt unter Ausscheidung von metallischem Gold. Mit Hülfe einer Löthrohrflamme wird das Gold geschmolzen. Dieses Verfahren wird mehrere Male wiederholt, bis die Oeffnung durch das geschmolzene Gold geschlossen ist. Diese Methode giebt eine gute Löthung und ist wegen ihrer Einfachheit und leichten Ausführung zu empfehlen. — Nat. Woch. 21. 49. p. 143.

Verbesserter Bunsenbrenner. Einige sehr bemerkenswerthe Verbesserungen hat L. Reimann in Berlin an dem bekannten Bunsenbrenner angebracht, und besonders die Regelung des Verbrennungsprocesses zu einer sehr empfindlichen gemacht. Die hierzu angewendeten Mittel sind aufserordentlich einfach. Das Brennerrohr verjüngt sich nach unten zu einem im Untergestell drehbaren Hahnküken. In demselben sind zwei Bohrungen und zwei Schlitze angebracht, welche als Gas- und Luftzuflufsöffnungen dienen. Durch einfaches Drehen des Brennrohres an einem kurzen Handgriff hat man demnach die Stärke der Flamme leicht in der Hand. — D. Gastechn. **49.** p. 263.

Apparat zur ununterbrochenen Bestimmung des specifischen Gewichtes von Flüssigkeiten. D. P. 49700 f. J. V. von Divis in Prelouc, Böhmen. Die auf

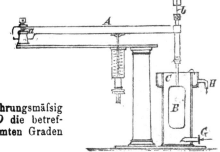

ihr spec. Gew. zu prüfende Flüss. strömt bei G in das Gefäfs C ein, um bei H wieder frei herauszufliefsen, wodurch im Gefäfs C stets die nämliche gleich hohe Flüssigkeitssäule eingehalten wird. Auf Grund des archimedischen Princips erleidet der Schwimmkörper B einen desto stärkeren Auftrieb, je dichter die zu prüfende, das Gefäfs durchströmende Flüss. ist. Der Schwimmer steigt bei Zunahme der Dichte der Flüss. entsprechend in die Höhe oder sinkt bei Abnahme der Dichte herunter, wobei der Hebel A eine drehende Bewegung um den Stützpunkt a mitmacht. Diese Bewegung wird durch Faden b und eine Rolle auf den Zeiger übertragen, welcher auf einer erfahrungsmäfsig festgestellten kreisförmigen Scala D die betreffenden Dichteänderungen in bestimmten Graden anzeigt. — **75.** p. 9. **49.** p. 174.

A. Blümcke; Pictet'sche Flüssigkeit (enthält 1 Mol. CO_2 auf 32 Mol. SO_2). **2.** Bd. 36. p. 911.

S. Schiff; neuer Kaliapparat. **37.** (1889) p. 679.

O. Foerster; Apparat zur Erhaltung constanter Concentration von Salzlösungen etc. **89.** p. 607.

Leffmann und Beam; Anwendung der Schleuderapparate in Laboratorien. **117.** p. 25. **24.** p. 198.

O. Knöfler; Porzellanschalen für quantitative Arbeiten (mit dunkler Innenglasur). **37.** Bd. 28. p. 673.

A. C. Christomanos; Apparat zur Bestimmung der Schmelzpunkte. **60.** Bd. 23. p. 1093.

T. L. Patterson; quantitative Bestimmung farbiger Stoffe mittelst ihres Absorptionsspectrums. (App. dazu.) **26.** p. 36. **123.** p. 155.

C. Engler und A. Künkler; Viscosimeter. **28.** Bd. 276. p. 42.

Ed. R. Squibb; verbesserter Pyknometer. **86.** p. 189. **89.** Rep. p. 237.

Fr. Poupe; das Oelpyknometer. Listy chemické. p. 205. **89.** Rep. p. 105.

E. Valenta; Apparat zur fractionirten Destillation unter vermindertem Druck. **37.** (1889) p. 673.

A. Burgemeister; Gasentwicklungsapparat. **37.** (1889) p. 676.

A. C. Hertzog; Vorrichtung zur Entleerung von Gasentwicklungs-Apparaten. **37.** (1889) p. 678.

P. N. Raikow; selbstregelnde Apparate zur Entwicklung von Gasen aus Flüssigkeiten. **89.** p. 95.

H. Greff; Trockenschrank für constante Temperatur. **106.** p. 362.

J. Stumpf; Reservoir-Bürette mit automatischer Füllung und automatischer Einstellung auf den Nullpunkt. **89.** p. 441.

H. Kronecker; Quecksilberluftpumpe. Z. f. Industr. p. 281. **123.** p. 523.

A. Stutzer; ein Schüttelapparat für Flüssigkeiten. **123.** p. 640.

G. Barthel; der Spiritusbrenner zum Ersatz des Bunsenbrenners. **123.** p. 359.

M. Gröger; neue Gasbrenner für Laboratoriumszwecke. **123.** p. 639.

F. W. Branson; ein neuer dreifacher Bunsenbrenner. **26.** Bd. 8. p. 957. **89.** Rep. p. 23. **123.** p. 154.

G. E. R. Ellis; ein Kohlenwasserstoffofen für Probirzwecke. **26.** Bd. 8. p. 956, **89.** Rep. p. 30. **123.** p. 155.

III.
Apparate für die chemische Industrie.

Ein Apparat zum Zusammenpressen von Luft wurde E. F. Clarke in Walsall, Staffordshire, Albridge Lodge, England, patentirt. Das Zusammenpressen der Luft geschieht mit Hilfe von Dampf, welcher auf eine Säule von Wss. oder anderer Flüss. wirkt, die zwischen dem Dampf und dem zusammenzupressenden Gase eingeschaltet ist. Zu dem Zwecke sind mit Wss. gefüllte Cylinder angebracht, deren Wss. nach Einführung von Dampf in die Cylinder als Kolben zum Zusammenpressen des in die Vorrichtung durch Ventile u. s. w. tretenden Gases wirkt. Dampf wird abwechselnd in die Cylinder mittelst eines Schiebers eingelassen. — **49.** p. 247.

Schutzmantel für Kohlensäure- und andere unter hohem Drucke stehende Behälter. D. P. 49656 f. J. Fleischer in Frankfurt a. M. und W. Thomas in Offenbach a. M. Der Schutz gegen die Wirkungen einer Explosion besteht in einem gelochten Blechmantel, welcher den Kohlensäurebehälter vollständig umschliefst und eine durch Aufreifsen des Behälters eintretende plötzliche Entleerung dadurch verhindert, dafs die Durchlochungen eine allmähliche Entlastung des Behälters herbeiführen. — **49.** p. 119.

Apparat zur continuirlichen Destillation mittelst Wasserdampfes unter gleichzeitigem Classiren der Destillationsproducte. D. P. 50373 f. N. Notkin und P. Marix in Paris. Der App. setzt sich zusammen aus einem Dampfüberhitzungsapparat mit fortlaufend heifser werdenden Abtheilungen, einer Reihe von treppenförmig über einander liegenden und je mit einer heifseren Abtheilung des App. verbundenen Retorten, von denen jede mit der vorhergehenden und mit der nachfolgenden communicirt, einem Verdichter mit je einer besonderen Abtheilung für jede Retorte und continuirlicher Circulation der Kühlflüssigkeit von der kältesten nach der heifsesten Abtheilung, sowie einem Auffanggefäfs für jede Abtheilung des Verdichters. Diese Verdichter können jeder am oberen Theile mit dem vorhergehenden durch Rohre verbunden und die Verbindungsrohre zwischen den Retorten und Verdichtern durch eine Rückleitung mit der betreffenden Retorte verbunden sein. Die Verdichter können auch durch Sammelbehälter ersetzt werden, welche zwischen zwei Retorten angeordnet werden, den Destillationsrückstand der vorhergehenden Retorte aufnehmen und mittelst desselben die in der folgenden Retorte entwickelten Dämpfe verdichten. Ferner kann der App. mit dem in der Patentschrift

No. 35619 von Julien und Blumsky beschriebenen App. in der Weise verbunden werden, dafs durch denselben die Rückstände der vorhergehenden Retorten in die folgenden Retorten übergehen, die abdestillirten Producte der folgenden Retorten aber durch sie hindurchgeleitet werden, um die Oleïnsäure an Verdichtung zu hindern. Das Destillirgut (hauptsächlich rohes Fettsäuregemisch der Stearinsäurefabrikation) wird vorgewärmt mittelst überhitzten Dampfes in die Retorten eingeführt und zwar durch eine besondere Zerstäubungsvorrichtung am Ende der Retorten. — 75. p. 244. 113. Bd. 13. p. 396. 49. p. 215.

Der Merz'sche Universal-Extracteur. Der Universal-Extracteur, Patent J. Merz, besitzt gegenüber anderen Extractions-Apparaten folgende Vorzüge: Da sich das Lösungsmittel fortwährend erneuert und bei Siedetemperatur einwirkt, werden selbst die letzten Fetttheilchen leicht gelöst und durch die ununterbrochene Circulation im App. unter gleichzeitiger Wärmezuführung die Extraction so beschleunigt, dafs dieselbe in 2—4 Stdn. beendet ist. Gleichviel findet trotz der Siedetemperatur des Lösungsmittels keine Expansion statt, wodurch jede Gefahr, welche in der Spannung der leicht entzündlichen Dämpfe liegt, ausgeschlossen ist. Ferner erfolgt fast kein Verlust an Lösungsmitteln, und das Lösungsmittel wird nach beendeter Extraction nahezu vollständig wiedergewonnen. Der App. arbeitet automatisch und bedarf, sobald er gefüllt ist, Dampf- und Wasserhähne entsprechend geöffnet sind, keiner weiteren Bedienung. Das extrahirte Material verläfst den Extractor trocken und bedarf keiner Nachtrocknung. Schon die Art der Extraction verhindert ein „Nafswerden" im eigentlichen Sinne, wodurch einerseits ein Verlust der im Wss. löslichen oder durch Wss. veränderlichen Bestandtheile nicht zu befürchten ist, anderseits ohne irgend welche Vorrichtung oder specielle Procedur ein trockener Rückstand erzielt wird. Der App. bedarf keiner Hilfsapparate, wie Luftpumpen, Vacuum-, Ueberhitzungs-Apparate etc., sondern wird complet geliefert und ist betriebsfähig, sobald die Verbindung mit der Dampf- und Wasserleitung hergestellt ist. — 49. p. 342.

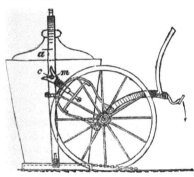

Transportkarre für Säureballons. D. P. 49643 f. E. Alisch & Co. in Berlin. Die Karre enthält zur Vermeidung von Erschütterungen der Säurebehälter federnde Gabeln m zur Aufnahme eines mit Tragbolzen c versehenen, den Säurebehälter umfassenden Bügels a. — 49. p. 160.

F. Fuchs; Apparat zur fractionirten Destillation im Vacuum. 89. p. 607.

A. Vivien; Auslaugeapparat. Sucrer. Bd. 34. No. 5. 123. p. 53.

O. Knöfler; Extractions-Apparat. 37. (1889) p. 671.

A. Simon; continuirlich wirkender Montejus ohne Luftverlust. 123. p. 356.

Lamberton & Co.; Kugelmühle. Industries. p. 516. 123. p. 401.

Salzbergwerk Neu-Stafsfurt, D. P. 51209; Retortenofen zur Behandlung von pulverförmigen Substanzen mit Gasen.

IV.

Apparate zum Messen und Wägen.

Den Langen'schen Druckmesser hat F. Lux ganz aus Glas hergestellt. Er besteht aus einem kurzen, weiten, geschlossenen und einem langen, engen Schenkel, an welchem die Ablesungen vorgenommen werden. Bei einem einseitig auftretenden Drucke auf den weiten Schenkel, also bei Druckmessung, verhalten sich die Steighöhen in den Schenkeln umgekehrt wie deren Querschnitte. Hat also der enge Schenkel einen Querschnitt von einer Einheit, der weite von 39 solchen, so hebt z. B. ein Druck von 40 mm den weiten Wasserspiegel um 1 mm, den engen um 39 mm, und in diesem Verhältnifs von $39:40$ wird jeder Druck angezeigt werden. $2,5\%$ des Drucks bleiben also im weiten, $97,5\%$ im engen Schenkel. Theilt man nun $97,5$ mm in 100 gleiche Theile, so kann man direct den wirklichen Druck ablesen. Es empfiehlt sich, das Druckwasser durch Petroleum zu ersetzen vom spec. Gew. $0,800$, um so eine gröfsere Theilung zu erhalten. Das vom Verf. hergestellte Manometer hat im weiten Schenkel 30 mm, im engen 5 mm Durchmesser, so dafs ein Querschnittsverhältnifs von $1:36$ sich ergiebt. Die Länge des Steigrohres ist 200 mm, so dafs man bequem bis 150 mm Wasserdruckhöhe messen kann. Um den Stand leicht controliren zu können, ist der Hahn, welcher den Glaskörper trägt, ein Dreiweghahn, so dafs das Manometer stets mit der Luft in Verbindung gesetzt werden kann. — Journ. f. Gasbel. Bd. 33. p. 217. 89. Rep. p. 143.

Wiebe's Quecksilberpyrometer. Man kann Thermometer aus Jenaer Glas zu Messungen bis 450^0 benutzen, wenn man die Capillarröhre über dem Quecksilber mit Stickstoff füllt und dadurch bewirkt, dafs bei steigender Temp. das Quecksilber im Thermometer unter stetig wachsendem Drucke steht. Auch müssen die Thermometer durch andauerndes Erhitzen gegen Standänderungen geschützt werden. — Ztschr. f. Instrumentenkunde. Bd. 10. p. 720. 49. p. 367.

E. Rimbach; Correctionen der Thermometerablesungen für den herausragenden Faden. 123. p. 52.

L. Grunmach; das elektrische Contactthermometer von M. Stuhl. Z. Industr. p. 297. 123. p. 522.

W. Thorner; Apparat zur schnellen Controle der Gasgeneratoren. 48. Bd. 10. p. 33. 89. Rep. p. 33.

V.

Elektrotechnik.

Beziehungen zwischen chemischer Energie und Stromenergie galvanischer Elemente; v. H. Jahn. Der Satz, dafs die von einem Elemente zu erzielende elektrische Energie der gleichzeitig verbrauchten chemischen Energie gleich sein müsse, ist zuerst von Helmholtz in seiner Abhandlung über die Erhaltung der Kraft aufgestellt und später theoretisch weiter ausgeführt worden.

Eine experimentelle qualitative Bestätigung dafür erbrachten auf Grund Thomsen'scher Zahlen Czapski und Gockel. Um über die Gültigkeit oder Nichtgültigkeit des in Frage stehenden Gesetzes weiter zu entscheiden, unternahm es Verf., die Gesammtwärme der einzelnen Elemente direct zu messen, und konnte er in der That den quantitativen Beweis für den obigen Satz erbringen. Aus den Messungen folgt, dafs die gesammte von einem galvanischen Elemente entwickelte Wärmemenge gleich ist der Summe der Stromwärme und der an den Berührungsflächen der Elektroden und Elektrolyten entwickelten Peltierwärmen. Der auf Grund der thermodynamischen Theorie zwischen Gesammtwärme und Stromwärme der Elemente bestehende Unterschied und die Ursache für die Abweichung der von Becquerel abgeleiteten Formel von der Erfahrung dürfte in der Vernachlässigung der Peltierwärmen zu suchen sein. — Ztschr. f. chem. u. physikal. Unterr. Bd. 3. p. 129. 89. Rep. p. 155.

Durchgang von Elektricität durch sehr schlechte Leiter; v. H. Koller. Aus der umfangreichen Arbeit geht hervor, dafs die Abweichungen der beobachteten Dielektricitätsconstante von dem Quadrate des Brechungsexponenten im Allgemeinen nicht mit der Leitung der betreffenden Dielectrica zusammenhängen. So entspricht z. B. einem der besten Isolatoren, dem schweren Flintglase, die gröfste Dielectricitätsconstante. Nur bei den Oelen halten die Abweichungen der Dielektricitätsconstante vom Quadrate des Brechungsexponenten dieselbe Reihenfolge wie ihre Leitungsfähigkeiten ein. In folgender Tabelle sind die Mittelwerthe der für die untersuchten Substanzen gefundenen specifischen Widerstände zusammengestellt:

	Spec. Wid.			Spec. Wid.	
Petroleumäther . .	$2000. 10^{15}$	S. E.	Xylol	$10. 10^{15}$	S. E.
Terpentinöl . . .	$50. 10^{15}$ „ „		Wasser	$10. 10^{8}$ „ „	
Ricinusöl	$2. 10^{15}$ „ „		Alkohol	$200. 10^{8}$ „ „	
Leinöl	$6. 10^{15}$ „ „		Aether	$200. 10^{8}$ „ „	
Mandelöl	$30. 10^{15}$ „ „		Glas {schwer schmelzbar	$100. 10^{18}$ „ „	
Olivenöl	$100. 10^{15}$ „ „		{leicht schmelzbar	$10. 10^{18}$ „ „	
Schwefelkohlenstoff .	$3. 10^{15}$ „ „		Guttapercha	$100. 10^{18}$ „ „	
Vaselinöl	$2000. 10^{15}$ „ „		Ebonit		
Benzol	$200. 10^{15}$ „ „		Hartgummi } . . . über 10^{22} . „		
Toluol	$2. 10^{15}$ „ „		Paraffin		

— Rep. d. Phys. Bd. 26. p. 69. 89. Rep. p. 166.

Element, bestehend aus einer Zink-Elektrode und einer Silber-Doppelsalz-Elektrode. D. P. 51160 f. A. Schmidt in Cölln a. Elbe. Als positive Elektrode dient ein Stäbchen, welches durch Schmelzen von 3 Th. Chlorsilber und 1 Th. Chlorquecksilber hergestellt und in Pergament, Papier, Tuch oder dergl. eingehüllt wird, während die negative Elektrode aus 90 Th. Zink, 8 Th. Antimon und 2 Th. Quecksilber und die Erregungsflüssigkeit aus einer Lösung von Aetzammoniak besteht. — 75. p. 430. 49. p. 319.

Galvanisches Element. D. P. 50889 f. L. M. J. Ch. C. Renard in Meudon, Frankreich. Die Erregungsflüssigkeit besteht aus einer Lösung von Chromsäure in verdünnter Chlorwasserstoffsäure. Die Elektroden bestehen aus Zink und Kohle oder an Stelle der Kohle aus beiderseitig mit Platin plattirtem Silber. — 75. p. 429.

Verbesserung an Primärbatterien. Die Construction der Batterien, in welchen salpetersaures Natron verwendet wird, wurde von Harris verbessert, welcher alle Zwischencontacte und Klemmen dadurch vermeidet, dafs er die Elemente auf dem Boden der Batterie hintereinander verbindet, statt diese Verbindung, wie es bisher geschah, im oberen Theile vorzunehmen. Es wird da-

durch die Corrosion der Contacte unmöglich gemacht. Das Element besteht
aus einer Zink-Kohle-Combination, die man in eine Lösung von salpetersaurem
Natrium und von Schwefelsäure taucht. Die Lösung erhält einen geringen Zusatz von doppelt chromsaurem Natrium, um die Entwicklung schädlicher Gase
zu vermeiden. Eine aus vier solchen Elementen bestehende Batterie wiegt etwas
weniger als ½ kg und kann für die Dauer von 12 Stdn. den für eine Lampe
von 2½ Kerzen nothwendigen Strom liefern. — **82.** p. 211.

Elektrodenplatten für Secundärbatterien. D. P. 51411 f. W. Main in
Brooklyn, V. St. A. Um die Leitungsfähigkeit der Elektrodenplatten auch
nach deren Oxydation aufrecht zu erhalten, wird das die Platten bildende Metall vor der Formirung der Platten mit einem Ueberzug oder bei Herstellung
der Platten aus lamellenartigen Blättern mit Zwischenlagen aus Kohle, verkohl-
tem Gewebestoff oder einem anderen vom Elektrolyt nicht angreifbaren, dagegen
leitenden Material versehen. — **75.** p. 431. **49.** p. 303.

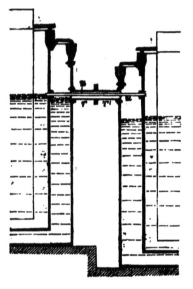

**Vorrichtung zur continuirlichen elek-
trolytischen Zerlegung von Salzlösungen.**
D. P. 49627 f. O. Knöfler, W. Spilker und C. Löwe in Berlin. Um eine
gleichzeitige Abführung von Flüss. und
Gas aus zu Batterien verbundenen elektrolytischen Zersetzungsgefäßen bewirken
zu können, sind die letzteren, und zwar
die entsprechenden Abtheilungen derselben, durch concentrisch zu einander angeordnete Ueberlaufrohre *u* und *r r*, verbunden. — **75.** p. 14. **113.** Bd. 13. p.
393. **49.** p. 167.

**Vorrichtung zur Ergänzung der Feuch-
tigkeit bei Trockenelementen.** D. P. 51624
f. Wolfschmidt & Brehm in Berlin.
In die poröse Füllmasse des Elementes
werden Canülen aus Glas oder anderem
geeignetem Material eingebettet, welche
seitliche Oeffnungen haben, bis zum Boden des Elementgefäßes führen und mit
hygroskopischen Salzen gefüllt sind, die
aus der atmosphärischen Luft Feuchtig-

keit aufnehmen und dieselbe an die Erregermasse abgeben. — **75.** p. 337. **49.**
p. 263.

Neues System elektrischer Accumulatoren. In der Absicht, den Planté-
schen Accumulatoren in kurzer Zeit eine möglichst große Oberfläche zu geben,
bedeckt Ch. Pollak die Platten mit schwammigem, elektrolytisch erhaltenem
Blei. Damit dasselbe gut haftet, wird die Oberfläche der Platte derartig bearbeitet, daß sie einer Bürste mit abgeschorenen Haaren gleicht, was mittelst
einer besonderen Walze erreicht wird. Die Platte wird mit einer aus Bleisulfat
und Salzwasser hergestellten Paste bedeckt und in Salzwasser zwischen zwei
Zinkstücken getaucht. Läßt man nun den elektrischen Strom in gleichem
Sinne 50 Stunden lang durch die Platten gehen, so erhält man Accumulatoren.
Die Capacität ist 9,133 Ampèrestunden an 4 kg Blei. Die Platten sind von
Kautschuk umgeben und durch Ebonitrahmen getrennt. Das Ganze ist völlig
trocken. — **9.** t. 110 p. 569. **34.** p. 133. **89.** Rep. p. 98.

Herstellung von Elektrodenplatten für Accumulatoren aus Bleichrom- und Bleiwolframlegirung. D. P. 49209 für G. E. Heyl in Charlottenburg. Da es bei Accumulatoren hauptsächlich darauf ankommt, in wie hohem Maße die positiven Platten bei der Ladung Sauerstoff aufnehmen und wie viel sie bei der Entladung abgeben, so müssen Metalle mit hoher Oxydationsfähigkeit zur Anwendung kommen. Als solche werden nach vorliegendem Patent Legirungen aus Blei und Chrom oder Blei und Wolfram benutzt, die wie folgt hergestellt werden: Der Boden eines geeigneten Schmelzapparates wird mit einem Gemisch aus Chromsäure oder einem Chromat bezw. Wolframsäure oder einem Wolframat und fein pulverisirter mit Theer oder Oel angerührter Kohle bedeckt. Diese Mischung wird mit einer Schicht flüssigen Bleies übergossen, und darauf folgen abwechselnd mehrere Schichten der genannten Mischung und geschmolzenen Bleies. Wird der App. bis zur Weißgluth erhitzt, so nimmt das durch die Mischungsschichten durchsickernde Blei, das inzwischen durch die Kohle reducirte Chrom oder Wolfram auf. — 49. p. 311.

Neuerungen an elektrischen Sammlern. D. P. 51031 f. E. Correns in Berlin. Um das Herausfallen der Füllmasse zu verhindern, besteht der Masseträger aus zwei übereinander liegenden Gittern, die nach aufsen zu enger werdende Oeffnungen haben und gegeneinander versetzt sind, so dafs die diese Oeffnungen ausfüllende Masse ein einziges zusammenhängendes Ganzes bildet. Die Gitter können entweder gleich in der entsprechenden Form gegossen werden, oder es werden Gitter mit Rippen von rechteckigem Querschnitt mit einem besonderen Stempel derart bearbeitet, dafs durch die Oeffnung des oben liegenden Gitters hindurch die Rippe des darunter liegenden Gitters derart deformirt wird, dafs ein Querschnitt der Rippe entsteht, der nach aufsen zu sich vergröfsert. — 75. p. 430.

Fig. 1.   Fig. 2.

Thermoelektrische Sammler. D. P. 51650 f. Actiengesellschaft für elektrisches Licht und Telegraphenbau „Helios" in Köln - Ehrenfeld. Thermoelektrische Ketten werden mit einer an einzelnen Stellen leicht abnehmbaren Schutzhülle umgeben, welche dieselben gegen Wärmeausstrahlung und Elektricitätsableitung isolirt. Die so geschützten Ketten werden durch Einleitung eines elektrischen Stromes erhitzt und sollen die ihnen mitgetheilte Wärme so lange halten, bis die Schutzhülle an einer Stelle entfernt und diese Stelle durch einen kalten Luftstrom abgekühlt wird, wodurch nun so lange ein thermoelektrischer Strom entsteht, bis eine Temperaturausgleichung in der Kette eintritt. — 75. p. 337. 49. p. 263.

Isolirmaterialien für elektrische Leitungen. Eine neue Isolirmasse besteht aus Papier, welches mit einer ammoniakalischen Kupferlösung durchtränkt ist. Die breiige Masse wird dann durch Walzen auf die Drähte aufgetragen und das Ganze einem starken Drucke unterworfen. Nach dem Trocknen wird der umhüllte Draht in ein Bad von kochendem Leinöl gebracht und darin gelassen, bis die Umhüllung mit Oel gesättigt ist. Dies macht dieselbe elastisch und gegen Nässe undurchlässig. — Electrician. Bd. 24. p. 133. 89. Rep. p. 90. — Eine andere Isolirmasse wird hergestellt aus 1 Th. griechischem Pech und 2 Th. gelöschtem Gyps. Die heiße Mischung ist breiig und kann durch eine

Bürste aufgetragen oder in Mulden gegossen werden. Sie ist bernsteinfarbig und kann gedreht und polirt werden. Ihre Vorzüge sind, dafs sie grofse Hitze und Feuchtigkeit verträgt ohne Schaden ihrer Isolirfähigkeit. — Electrician. Bd. 24. p. 184. **89.** Rep. p. 90.

Vorrichtung zum Melden von bestimmten Temperaturgrenzen auf elektrischem Wege. D. P. 51269 f. R. H. Gould in Berlin. Die durch Temperaturerhöhung bewirkte Ausdehnung eines metallenen Rohres wird auf den kürzeren Arm eines zweiarmigen Hebels übertragen. Das Ende des längeren Armes dieses Hebels bewegt sich zwischen zwei Contactfedern, welche mittelst Schrauben auf verschiedene Temperaturgrenzen eingestellt werden können. Berührt der Hebel eine dieser Federn, so wird ein elektrischer Strom geschlossen und durch diesen eine Signalvorrichtung in Thätigkeit gesetzt. — **75.** p. 382. **49.** p. 263.

Herstellung von Leitungsdrähten mit Metallüberzug. D. P. 47950 f. E. Martin und J. L. Martiny in Paris. Das den Ueberzug bildende dehnbarere Metall wird nur um einen Theil der Länge der den Kern des Drahtes liefernden Stange herumgegossen und diese mit der theilweisen Hülle zu fertigem Drahte ausgewalzt. — **49.** p. 143.

Verlöthung der Leitungsdrähte elektrischer Kabel. D. P. 49896 f. J. L. C. Eckelt in Berlin. Auf die mit einander verflochtenen Drähte wird hoch erhitztes Fett, Oel oder dergl. gegossen, welches durch Lücken, die mittelst quer zwischen die Drähte gesteckter Ahle gebildet sind, bis zum Kerne vordring'. Nachdem die Verflechtung die Temp. des Fettes erlangt hat, folgt ein Aufgiefsen von hoch erhitztem Loth so lange, bis dasselbe mit der Temp. des Aufgiefsens wieder abläuft. Bei dieser Verlöthung werden die freigelegten Enden der Kabelumhüllung fast nicht angegriffen. — **75.** p. 10. **49.** p. 167.

Oulton-Edmonson; Elektricitätsmesser. (Vom Aaron'schen durch Anwendung eines Torsionspendels unterschieden.) Electrician (1889) p. 111. **89.** Rep. p. 120.

Manwaren; Elektricitätszähler. Electrician. Bd. 24. p. 212. **89.** Rep. p. 90.

E. Gerosdeff, D. P. 51716; Telephonanlage für weite Entfernungen. **75.** p. 450. **49.** p. 319.

VI.

Eismaschinen.

Verfahren und Einrichtung zur Benutzung von Triebkraft zur Kälte-Erzeugung. D. P. 51740 f. V. Popp in Paris. Das Verfahren besteht darin, dafs die einer Hauptleitung entnommene comprimirte Luft zunächst in dem Cylinder einer Maschine als Triebkraft dient, und dafs die Maschine darauf die Luft in einen Kühlbehälter ausströmen läfst, aus welchem sie von derselben Maschine wieder angesaugt wird, um von Neuem comprimirt und behufs weiterer Benutzung in die Hauptleitung zurückgeführt zu werden. Die comprimirte Luft, welche aus der Hauptleitung mittelst des Einlafsschiebers d (Fig. 1) in den Treibcylinder a der Maschine eingelassen ist, giebt zunächst Triebkraft an die Welle r ab, die mit einem oder mehreren Schwungrädern versehen ist, und comprimirt in einem zweiten Cylinder b die kalte Luft, welche dieser Cylinder aus dem Kühlbehälter B (Fig. 4) durch das Ventil n und das

Fig. 1.

mit *B* communicirende Rohr *m* ansaugt, während die in dem Cylinder *a* comprimirte Luft durch Auslafsschieber *e* und Rohr *l* in den Kühlbehälter *B* ausströmt. Auf den Gegenkolben *f* wird durch ein kleines Rohr *g* (Fig. 2), das

Fig. 2.   Fig. 3.

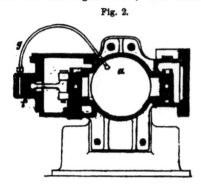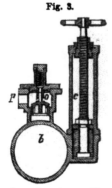

am Boden des Cylinders *a* abgezweigt ist, Luft zu dem Zwecke geführt, den Schieber *e* an seinem Spiegel anliegend zu erhalten, und zwar ist die Einmündung des Rohres *g* so angeordnet, dafs bei beginnender Bewegung des Auslafsschiebers *e* der Kolben *f* entlastet wird. Die beiden Schieber *d* und *e* werden mittelst der durch Schubscheiben *j* und *k* der Triebwelle *r* gesteuerten Kolben kleiner Cylinder *h* und *i* getrieben.

Fig. 4.

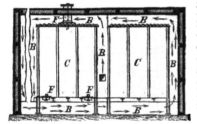

Die aus dem Kühlbehälter *B* in den Cylinder *b* des Compressors angesaugte und in diesem comprimirte Luft strömt durch das Ventil *o* und das Rohr *p* (Fig. 3) in die Hauptleitung zurück. Die Anordnung des Cylinders *c* mit stellbarem Kolben am Compressionscylinder hat den Zweck, eine Regelung des Volumens des schädlichen Raumes im Compressionscylinder zu ermöglichen. Der Kühlbehälter *B* ist doppelwandig ausgeführt; die kalte comprimirte Luft circulirt in demselben, wie die Pfeile andeuten und umgiebt die Kühlkammern *C* vollständig. Die Luft in den Kühlkammern kann durch Oeffnen von Ventilen *F* erneuert werden. — 4⁹. p. 254.

VII.

Wärmetechnik.

Leichtes feuerbeständiges Material als Wärmeschutzmasse und dergl. Engl. Pat. 9000/1888 f. E. Langen. Gepulvertes Mais oder ähnliches Pflanzenmaterial wird mit Kartoffelstärke gemischt, durch Zusatz von Leinöl oder Theer elastisch, durch Wasserglas, wolframsaures Natron und dergl. feuerbeständig gemacht und schliefslich getrocknet. — 58. Jahrg. 35. p. 169.

Verfahren zum Abscheiden und Sammeln der festen Bestandtheile des Rauches. D. P. 51896 f. F. P. Dewey in Washington, District von Columbia, V. St. A. Um die festen Bestandtheile des Rauches zu gewinnen, wird der letztere durch oder über ein Bad geleitet, welches aus Petroleum, Wachsarten, Harzen, Fetten, Oelen oder ähnlichen Körpern besteht. Diese Stoffe sollen besonders geeignet sein, die festen Bestandtheile des Rauches zu benetzen und infolge dessen ihre Ausscheidung herbeizuführen. — **49. p. 326.**

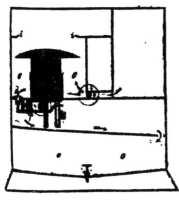

Dampfkesselfeuerung für flüssige Kohlenwasserstoffe. D. P. 51605 (II. Zus.-Pat. zum D. P. 38166 und I. Zus.-Pat. zum D. P. 40142) f. F. Mörth in Wien, C. Diener in Wien und H. Freiherr von Stokinger in Budapest. An der früheren Einrichtung ist die Abänderung getroffen, dafs dem Gemisch von Kohlenwasserstoff und überhitztem Wasserdampf heifse Luft unter Vermittelung einer an dem Injectionsapparat A befindlichen Düse a mit Luftkammer b und eines Luftwärmungsrohres beigemengt wird. Unter Umständen soll noch ein Theer-Einspritzapparat hinzugefügt werden, durch welchen ein Gemenge von zerstäubtem Theer, überhitztem Wasserdampf und heifser Luft seitlich in den Feuerraum eingeführt wird. — **75. p. 409.**

Kochherd zur Heizung mit Kohle und Gas. D. P. 51133 f. O. Wehle, Rheinische Gas-Koch-Herdfabrik in Düsseldorf. Von einem um den Herd geführten Gaszuleitungsrohr werden die leicht auswechselbaren Brenner für die verschiedenen Kochlöcher der Herdplatte, den Bratofen und den Wasserkessel gespeist. In den Zuführungsmuffen von dem Hauptrohr zu den Brennern ist ein Schieber gelagert, welcher in Verbindung mit einem zweiten den Rauchaustritt verhindert, sobald mit Kohlen gefeuert und den Einlafs des Gasluftgemisches gestattet, wenn mit Gas geheizt wird. — **75. p. 375.**

Spiritus-Kochapparat. D. P. 49510 f. E. Otto in Magdeburg. Die Brenner-Oeffnung i kann mittelst eines durch Trieb einer Zahnstange beeinflufsten Kolbens h regulirt werden. Beim völligen Abschlufs der Brenner-Oeffnung wirkt die unterhalb des Kolbens angebrachte geschlitzte Schiene k auf einen Ventilhebel f ein, wodurch der Abflufs des im Raum c noch befindlichen Spiritus durch Ventil d nach dem Reservoir o veranlafst wird. — **75.** p. 5.

R. v. Helmholtz; Messung der Wärmestrahlung brennender Gase mittelst Bolometer. **123.** p. 54.

F. Fischer; der heutige Stand der Gasfeuerungsfrage. **123.** p. 19. 144.

Dessauer Gasgesellschaft; Gas-Koch- und Heizapparate (scheinen vortheilhafter als die Wobbe'schen zu sein.) **123.** p. 265.

B. H. Thwaite; Generator Simplex. Industries. **123.** p. 393.

M. Ponpardin; Einfluß der Temperatur der zum Rost der Dampfkesselfeuerung zugeführten Luft auf den Wirkungsgrad der Verbrennung. (Nach Versuchen Meunier's und Scheurer-Kestner's ergiebt sich bei Anwendung vorgewärmter Luft eine um 6—7,5 % bessere Verdampfung als bei Anwendung kalter Luft.) Rev. ind. **19.** 49. p. 164.

H. Schomburg; Kohlenersparniß in unseren Feuerungen. Sitzungsber. d. Ver. z. Bef. d. Gewerbfl. v. 14. April.

R. Gerken in Rübeland im Harz, D. P. 50 280; Kochherd, welcher gleichzeitig als Grudeofen benutzt werden kann. **75.** p. 149.

Himax; Ersparniß von Brennmaterial bei steinfreiem Kesselwasser. **115.** p. 62.

J. Inwald in Prag und J. Wanka in Smichov bei Prag, D. P. 52226; Feuerungsanlage. **75.** p. 491.

J. v. Ehrenwerth in Leoben, D. P. 51613; Doppelschachtofen. **75.** p. 450.

Firma Dr. Th. v. Bauer & Rüderer in München, D. P. 50331 (Zus.-Pat. zum D. P. 41901); Neuerung an Koksöfen. **75.** p. 163.

C. Stauss in Berlin, D. P. 52022; Rost. **75.** p. 491.

Anhang.

Geheimmittel, Verfälschungen von Handelsproducten etc.

Neuere Geheimmitteluntersuchungen, auf Veranlassung des Berliner Polizeipräsidiums in den Jahren 1886, 1887 und 1888 ausgeführt. Es mögen daraus hervorgehoben werden: Meyer's Choleraliqueur Abdallah ist ein spirituoser gezuckerter Auszug aus Pflanzenstoffen, Ingwer, Kalmus, bitteren Drogen u. s. w. Oelmann'scher Wundbalsam: Auflösung von venetianischem Terpentin in Alkohol. Riebschläger's Geheimmittel gegen Epilepsie: Wässerige, schwach gefärbte Lösung von Bromkalium. Mittel gegen Diabetes von Medicinalrath Dr. Müller: Salicylsäure, Salpeter und Glycerin enthaltende Decocte von mehr oder weniger indifferenten Pflanzenstoffen. Mittel des Electrohomöopathen F. Schnee gegen Reißen, Taubheit, Ohrensausen: Streukügelchen aus Zucker und Weizenstärke in Zuckerpulver ohne sonstige erkennbare Bestandtheile. Hennig's Bandwurmmittel: Aetherisches Farrnkrautextract. Trunksuchtpillen des Drogisten Vollmann: Pillen aus Enzianwurzelextract und Enzianpulver mit Lycopodiummehl bestreut. Heilsalbe der Wittwe Wurff: a) Grüne Salbe nach Art der zusammengesetzten Rosmarinsalbe, b) gelbe Salbe aus Talg, Wachs, Bleipflaster und Lavendelöl. Essenz gegen Kopfschmerzen von Fräulein Clara Meyer ist nicht merklich von Eau de Cologne verschieden. Heilmittel von Wollahn und Schuch gegen Bleichsucht: Mit Zucker versetzte Auflösung von schwefelsaurem Chinin, versetzt mit ätherischer essigsaurer Eisentinctur. Kwiet's Lebensthee besteht aus Stiefmütterchenkraut, Hollunderblüthen,

Sennesblättern, Coriander, Fenchel, Anis und Weinstein. Kwiet's Lebens-
extract: Im wesentlichen bittere Rhabarbertinctur. Gerlach's Preservativ-
Crème: Gemisch von mit Zinkoxyd verriebener Seife, mit Salicylsäure, Kampheröl
und Carbolöl. Happe's Geheimmittel gegen Fieber, Kolik bei Kindern:
Alkoholischer Auszug aus Rhabarber, Safran, Süfsholz und indifferenten Bitter-
stoffen. Keim's Trunksuchtmittel: Pillen aus Enzianpulver, Enzianwurzelextract und geringem Zusatz von Eisenpräparaten. Esser's Hühneraugen-
tinctur: Mischung von Collodion, Salicylf. und Indischem Hanfextract. Medicinalrath Dr. Müller's Miraculo-Bitterliqueur: Verdünnte alkoholische
Lösung eines eisenhaltigen Fruchtsyrups, versetzt mit etwas Brechnufstinctur.
Dr. Müller's Miraculopillen sind Pillen aus Aloe, Pflanzenpulver (Enzian-
wurzel u. a.), mit Zimmtpulver bestreut. Mittel gegen Rheumatismus von
Drogist Felix Meyer: Mischung von Lindenblüthen, Hollunderblüthen, Königs-
kerzenblüthen, Bärentraubenblättern, Sennesblättern, Buccoblättern, Bittersüfs-
stengeln, Faulbaumrinde, Fenchel, Hauhechelwurzel, Süfsholz, Sarsaparille,
Altheewurzel und Liebstöckel. Heilmittel des Drogisten Dr. Loewenthal
gegen Reifsen: a) 4%ige Lösung von salicylsaurem Natron mit etwas Zuckersyrup; b) Einreibung aus Petroleum, fettem Oel und Terpentinöl. Conden-
sed beer des Dr. Bernard ist mit Alkohol versetztes Malzextract. Berliner
Bandwurmmittel von J. Lewinsohn: Gelatinekapseln mit Extract, Filicis
aethereum. Lehmann's Mittel gegen Diphtheritis: Milchzucker mit einer
Spur eines Quecksilbersalzes und einer geringen Menge eines Pflanzenpulvers.
Harmsen's Universalmittel: Pflanzenauszug, wahrscheinlich verdünnte Ar-
nicatinctur. Warner's Safe Cure: Pflanzendecoct angeblich aus Hepatica
nobilis und Lycopus virginicus, versetzt mit Glycerin, Salpeter, Spiritus und
Gaultheriaextract. G. Golz' Heilmittel gegen Zahnschmerz: Geras-
peltes Guajakholz, Guajaktinctur und unkenntliche Wurzelstücke. Lafawitz'
Hühneraugenextract: Unreine, acetonhaltige etwa 65%ige Essigsäure.
Herm. Janke's Haarfarbewiederhersteller besteht in einer mit Alkohol
und Glycerin versetzten ammoniakalischen Lösung von Silbernitrat. Ullrich's
Mundwasser: Auflösung von Salmiak und Chlorkalium in Wss., welche mit
etwas Kampherspiritus und Alkohol bis zur Klärung versetzt ist. Esprit de
Menthe von M. Schultze gegen Kopfreifsen: Weingeist mit Pfefferminzöl und
Essigäther versetzt. Werner's Katarrh- und Hustentropfen: Lösung
von Salmiak mit Glycerin und Zucker versetzt, gemischt mit Anistinctur.
Goldstein's Gicht- und Rheumatismusbalsam: Mischung von Ammoniak, Alkohol, Chloroform, Kampher, Terpentin, fettem Oel und wahrscheinlich
etwas Cannabisextract. St. Jacobstropfen von O. Alberts: Spirituöser
Auszug indifferenter Pflanzenstoffe mit etwas Rhabarbertinctur. Ch. Smith's
Heilmittel gegen Diphtheritis: Lösung von chlorsaurem Kali in Zuckersyrup. E. Franke's Mittel gegen Trunksucht: Gemisch von Kalmus-
und Enzianpulver. W. Bahre's Heilmittel gegen Magenleiden: Homöopathische Tinctur, anscheinend Spuren von Strychnin enthaltend. Stange's
Asthmasalbe ist eine dünne Salbe aus Fetten und Wachs mit Terpentinöl,
venetianischem Terpentin und Chloroform. Mittel des Kurpfuschers Selle
gegen Leberleiden: a) Unreiner Weinstein, b) trübes Decoct von Aloe und
Rhabarber mit Zuckersyrup versetzt. Mittel der Frau Grinot gegen Magenleiden: Homöopathische, stark verdünnte Tinctur irgend einer pflanzlichen Substanz. Schweizer Alpenthee von Otto: Huflattich, Sennesblätter, Isländi-
sches Moos, Althee, Süfsholz und Anis. Magenmittel der Frau Fritzsche:
Salbe aus Wachs, Fett, Zinkoxyd und Quecksilberoxyd nebst einem Thee aus
meist unwirksamen Kräutern und Blüthen. Paglianosyrup von J. Braun:
Süfswein mit Jalapenpulver und vielleicht etwas Tamarindenmus. Pagliano-
pulver von J. Braun ist nur Jalapenwurzelpulver. Sandrock's Universal-
Blutreinigungsthee: Quecken, Faulbaumrinde, Lavendelblüthen und Pome-
ranzenschalen. American coughing cure des Formers Graudenz ist
Zuckersyrup mit Zwiebelsaft. Alteschadensalbe von Mathias Sachs:

Gemisch von Rüböl und Wachs. Blutreinigungsthee der Frau Brosée:
Sennesblätter, Faulbaumrinde und Koriander. Dr. Schuhmachers Rheuma-
tismusheil: Gemisch aus Kaliseife, Harz, Kampher, Lorbeeröl, Ammoniak,
fettem Oel, Alaun und Talg. Dr. White's Specialty for Diphtheri ist
mit Oenanthäther versetzter Rum, über spanischem Pfeffer aufgestellt. Heilmittel gegen Epilepsie vom Arbeiter Lüdicke: Leinwandstreifen in Blut
eingetaucht. Mittel des Kurpfuschers Lützow gegen Lungenleiden: a) Mischung von Liquor Amonii anisatus und Tinctura Opii benzoica. b) Decoct
bitterer Pflanzenstoffe mit Zucker und Bitterwasser versetzt, Fenchel und Anis-
syrup enthaltend. Neu-Carlsbader Mineralwasser von Dr. H. Bracke-
busch ist eine Auflösung von Glaubersalz, Kochsalz und Soda in kalkarmem
Wss., mit Kohlensäure imprägnirt. Thorner Lebenstropfen von Rob
Störmer: Gewöhnlicher Bitterliqueur. Antidot, Mittel gegen Zahnschmerzen
von Otto Kretschmer: Mischung von Alkohol, Chloroform und Essigäther,
mit Fuchsin gefärbt. Gadczika's Heilmittel gegen Lungenleiden ist Oleum
Therebinthinae sulfuratum. Heilmittel des Kurpfuschers Selle: a) Mit Alkohol
und Zucker versetztes Baldriandecoct. b) Mit Zucker versüfste weinige Aloe-
und Rhabarbertinctur. Pasta cosmetica. Heilmittel gegen Gesichtsfinnen vom
Drogist Rother: Fett, Schwefel und Storax enthaltende Salbe. Salicyl-
Talcum von H. Rother ist eine Mischung von Stärkemehl, Talcum und
Salicylf. Heilmittel des Bürgermeisters a. D. Meyer gegen Magenleiden:
a) Spirituöse Arzneitinctur indifferenter Bitterstoffe, anscheinend homöopathische
Tinctur, b) homöopathische Kamillentinctur. Blähungs-Heilmittel der
Gebr. Menard in Thouars, Frankreich (Liquide météorifuge) besteht aus
Teufelsdreck-Tinctur mit Salmiakgeist. Heilmittel des Heilgehülfen Höpner
gegen Lungenleiden ist Zuckersyrup mit Zwiebelsaft und Schafgarbendecoct.
Hühneraugen-Tinctur von Sikorski ist Collodion und Cannabisextract.
Hühneraugen-Tincturen von Kranich, Würfling, Golienski, Bar-
kowski, Bongartz sind Mischungen von Collodion, Salicylf. und Cannabisextract. Biester's Heilmittel gegen Rheumatismus: Streukügelchen
ohne specifische Bestandtheile. Apotheker Maafs' Muskauer Blutreini-
gungspillen bestehen aus Aloe, Sennesblätterpulver, wahrscheinlich Enzian,
Stärkemehl und einem Bindemittel. Desinfectionspulver und Desinfec-
tionsfluid von Dunkel & Co.: Die Pulver sind Carbolkalk mit ein wenig
Quecksilberchlorid, die Flüss. besteht aus verdünnten wässerigen und spirituö-
sen Lösungen von Chlorzink und Sublimat, aromatisirt. Mittel gegen Magen-
krampf vom Arbeiter Speer ist Pfefferminzwasser mit Kümmelwasser. Bock's
Pektoral besteht aus Pastillen mit Malzextract, Süfsholzpulver, isländischem
Moos, Althee etc., Traganth, mit Rosenöl parfümirt. Bartwuchspomade
von Anna Csillag ist gewöhnliche Fettpomade mit Spuren von Bergamottöl
Perubalsam und ähnlichen Zusätzen. Thee zum Kopfwaschen von Anna
Csillag besteht aus Kamillenblüthen. Feldmann's Schweizer Alpenthee
sind Species aus inländischem Moos, Sennesblättern, Walnufsblättern, Schaf-
garbe, Sassafras- und Sandelholz, Faulbaumrinde, Johannisbrod, Fenchel, Ko-
riandersamen, Lavendel- und Hollunderblüthen, Süfsholz. Rohmann's Alpenthee ist mit vorigem übereinstimmend zusammengesetzt. Grolich's Gesichts-
salbe von C. F. Dahms ist weifse Präcipitatsalbe mit Wismuthweifs gemischt
und mit Rosenöl parfümirt. Gröfsler's Kaiser-Zahnwasser ist verdünnte
Guajakharztinctur, vielleicht Spuren Benzoeharz enthaltend. Zahnelixir der
Benedictinermönche: Stark alkoholische Lösung von Pfefferminzöl, Anis,
Nelkenöl, gefärbt mit Cochenille. Echter Aromatique von A. Schulz-
Dietendorf ist Bitterliqueur. Wende's Bandwurmmittel besteht aus Gelatinekapseln mit Extractam Filicis. Janke's Haarfärbemittel. Non plus
ultra ist einestheils parfümirte Pyrogallussäurelösung, anderentheils ammoniak-
lische Silbernitratlösung. Balke's Blutreinigungsthee besteht aus Sennesblättern, Lavendelblüthen, Süfsholz, Huflattig, isländischem Moos, Sassafrasholz

und Faulbaumrinde. (Vergl. Rep. 1888 I. p. 292). — **49**. p. 229. 237. 245. 253. 261.

Das Diphtheritismittel der Antidiphtheriagesellschaft in Berlin, in Glasröhrchen eingeschmolzen, ist im Wesentlichen ein Gemenge von chlorsaurem Kali und Eisenchlorid. — **128. 49**. p. 213.

Eau de Quinine Pinaud enthält nach Tscheppe weder eine Spur Chinin, noch eine andere Chinabase, noch irgend einen anderen charakteristischen Bestandtheil der Chinarinde. Ebenso fehlen vollständig Metallsalze, Gerbstoffe, Salicylsäure und Canthariden. — **86. 49**. p. 309.

Eau de Zénobie, Haarfärbemittel, besteht nach Jolles im Wesentlichen aus einer Lösung von unterschwefligsaurem, schwefelsaurem und essigsaurem Natrium, mit freier Essigsäure und einem Bodensatz von Schwefelblei. Es soll durch Fällen einer Bleiacetatlösung mit verdünnter Schwefelsäure und Lösen des Niederschlages in unterschwefligsaurem Natrium hergestellt sein. Infolge freiwilliger Zersetzung ist das Blei als Schwefelblei ausgefallen. — Z. f. N.-U. 38. **49**. p. 117.

Dr. R. Fischer's Epilatoire besteht nach A. Gawalowski aus einer etwa 1,3%igen sauer reagirenden Wasserstoffsuperoxydlösung, welcher etwas Glykosesubstanz (Honig oder Stärkesyrup) zugesetzt ist. Preis für 100 ccm 5 Gulden, Werth etwa 10 Kreuzer. — **76**. p. 57. **38**. p. 84. **49**. p. 93.

Dr. Krell's Bartthuctur, von F. Netter verfertigt und verschickt, besteht aus Lein- und Ricinusöl, Holzkohle, Salpeter, etwas Schwefel und zerstofsener Brodkruste, theils hell, theils dunkel gefärbt. — **106. 49**. p. 149.

Als Gehöröl-Extract von Dr. Schipek preist F. Giaconelli in Wien, Fünfhaus Stadiongasse No. 1, eine Mischung verschiedener Oele gegen Ohrensausen marktschreierisch an, die keine Heilwirkung ausübt. Der Preis des Gehöröls würde in den Apotheken 60 Pf. betragen, während Giaconelli sich 3 Mk. 50 Pf. bezahlen läfst. — **49**. p. 141.

Gegen geheime Krankheiten, insbesondere Nerven-, Rückenmarks-, Haut-, Nieren- und Blasenleiden versendet nach einer Veröffentlichung des Ortsgesundheitsraths in Karlsruhe ein gewisser Dr. Hartmann, Wien I., Lobkowitzplatz No. 1, eine Flüss. zum Einreiben, Pulver zum Einnehmen, Tropfen und Pulver zu Sitzbädern. Die Flüss. zum Einreiben erwies sich als parfümirter Seifenspiritus, die Tropfen als ein Gemisch von gleichen Theilen apfelsaurer Eisentinctur und aromatischer Tinctur, während die Pulver zum Einnehmen aus reinem Bromkalium, das Pulver für Sitzbäder aus doppeltkohlensaurem Natron, das mit einem stark eisenhaltigen Farbstoff gefärbt ist, bestanden. — **49**. p. 141.

Löw's Magnetic-Elixir (eine Art Pain-Expeller) besteht aus 90 Th. Terpentinöl, 110 Th. Capsicumtinctur, 960 Th. Kamphersprit, 90 Th. Salmiakgeist, 180 Th. Alkohol (spec. Gew. 0,830), 6 Th. Sassafrasöl, 40 Th. Sassafras-Fluidextract. — Intern. pharm. Gen.-Anz. **49**. p. 268.

Purgativ (Gérandet) enthält nach H. G. de Zaaijer als wirksamen Bestandtheil Jalapa, ferner Süfsholzpulver, Gummipulver und Pfefferminzöl. — Maandblad tegen de Kwakzalvery. p. 7. **38**. Rep. p. 228.

Pillen der heiligen Elisabeth bestehen nach H. G. de Zaaijer hauptsächlich aus Aloë und Gentianwurzel-Pulver. — Maandblad tegen de Kwakzalvery. p. 7. **38**. Rep. p. 228.

Englischer Wunderbalsam von Dinkler in Oberweifsbach, von Friseur Berlinghof in Karlsruhe verkauft, besteht nach einer Veröffentlichung des Ortsgesundheitsraths in Karlsruhe aus zusammengesetzter Benzoëtinctur, die mit Sandelholz roth gefärbt ist. — **49**. p. 141.

Poudre laxative de Vichy ist das bekannte Pulvis liquiritiae compositus. — Maandblad v. d. Vereeniging tegen de Kwakzalvery. p. 1. **38**. Rep. p. 100.

Aeschlimann's Schnupfpulver gegen Nasenkatarrh besteht aus 25 g fein gepulvertem Naphtalin, 25 g Borsäurepulver, 1 g Kampherpulver, 1 g Extrait de Violette, 0,01 g Rosenöl und 0,01 g Patchouliöl. — Intern. pharm. Gen.-Anz. **49.** p. 237.

Sanjana. Die von der „Sanjana-Compagnie" (vgl. Rep. 1887 I. p. 349) gegen alle möglichen Krankheiten angepriesenen, berüchtigten Schwindelmittel wurden auf Veranlassung des königlich sächsischen Landes-Medicinal-Collegiums einer Analyse unterzogen, die laut Gutachten der chemischen Centralstelle für öffentliche Gesundheitspflege in Dresden nachstehendes Resultat ergab. Zur Einsendung gelangten I. 2 Flaschen, bezeichnet Sanjana, Specific No. V; II. 2 Flaschen, bezeichnet Sanjana, Specific No. VII. I. Eine der mit Sanjana, Specific No. V bezeichneten Flaschen enthielt 196,7 g einer weingelben, klaren Flüss., von salzig-bitterem Geschmack, schwach weinigem Geruch, von neutraler Reaction und 1,0357 spec. Gew. bei + 15° C. Die Ausschüttelung mit Chloroform und Amylalkohol, Verdampfung und Prüfung des Rückstandes ergab einen Gehalt an 3,89 % Alkohol, 3,05 % Bromnatrium, 3,35 % Bromammonium, 0,05 % Chinin als Chininsalz in der Lösung, 0,05 % Farbstoff u. s. w., 89,70 % Wss. II. Eine der mit Sanjana, Specific No. VII bezeichneten Flaschen enthielt 212,9 g einer rothbraun gefärbten trüben Flüss. von 1,0120 spec. Gew. bei + 15° C., bitter-süfsem Geschmack, spirituösem Geruch. Dieselbe reducirte alkalische Kupferlösung, gab an Chloroform 0,044 % eines rothgelben Harzes ab, welches die Eigenschaften des Frangulins: Rothfärbung mit Alkalien und mit Schwefelsäure, theilte. In der Flüss, wurden gefunden: 10,31 % Alkohol, 4,06 % Zucker (incl. 3,115 % Rohrzucker), 3,21 % Extract (frangulinhaltig), 0,05 % Mineralbestandtheile (Asche), 81,71 % Wss. Obige 3,31 % Extract entsprachen nahezu 10,36 % lufttrockener Faulbaumrinde; die untersuchte Flüss. dürfte als ein mit Alkohol und Zucker vermischter wässeriger Auszug der ersteren zu beurtheilen sein. Der für die Mittel geforderte Preis (12 M. excl. Porto) ist ein schwindelhaft hoher. — Sächs. Corr.-Bltt. No. 12. **49.** p. 268.

Sapo Hierosolymitanus (Jersulamer Seife) ist nach M. L. C. van Ledden-Hulsebosch eine aus Olivenöl bereitete Natronseife, vermischt mit 20% Calciumcarbonat. — Pharm. Weekblad. p. 39. **38.** Rep. p. 100.

Ellman's Royal Embrocation besteht aus 1 Th. Aetzkali, 13 Th. venetianischer Seife, 24 Th. Terpentinöl, 18 Th. Thymianöl, 6 Th. Bernsteinöl, 700 Th. Wss. — New Jd. **49.** p. 333.

Listerine, ein Antisepticum, besteht nach Tscheppe aus einer Lösung von je 1,0 g Eucalyptusöl. Wintergrünöl, Menthol und Thymol nebst 100,0 g Borsäure in 864,0 g Weingeist, mit Wss. auf 3 l verdünnt. Die Mischungen enthalten meist auch Citronensäure. — **76. 49.** p. 181.

Alabastrine ist eine in Täfelchen-Form gebrachte Naphtalin-Kampher-Composition. — **49.** p. 56. 197.

Perlenessenz nennt sich nach Geifsler ein Präparat, welches Branntwein schön perlen läfst; sie besteht wahrscheinlich aus einer stark weingeistigen Ammoniakseifen-Lösung. — **24. 76. 49.** p. 141.

Tartarine und Tartarette, in England von den Bäckern benutzt, werden jetzt auch nach Deutschland vertrieben. Tartarine ist eine Mischung von 14 Th. gebranntem Alaun und 2 Th. Mehl. Tartarette wird hergestellt, indem man 1500 g krystallisirten Alaun auf 1000 g durch Glühen eintrocknet, dann fein pulverisirt und mit 60 g Mehl vermischt. Alaun, zu schlechtem Mehle hinzugesetzt, liefert bekanntlich ein weifses lockeres Gebäck. — **106. 49.** p. 141.

Ein Weinverbesserungspulver von grüngelblicher Farbe fand E. Vinassa zusammengesetzt aus 97 % Aleppo-Gallen, 2 % Weinsäure, 1 % Veilchenwurzel. — Monatsschr. für Obst- und Weinbau. **116.** p. 43. **49.** p. 69.

Hartmann's Materialien zur Bereitung von künstlichem Most bestehen nach Nessler aus einem Päckchen mit etwa 400 g Tamarinden und einem anderen mit 100 g, der Hauptsache nach aus einer Mischung von Weinstein, Zucker und Cichorienkaffee bestehenden Masse. Preis 3 Mk. 75 Pf. — **24.** p. 185.

Cristalline wine preserver von Broakes & Cie. in London enthält nach E. Vinassa 56,$_3$% Schwefligsäureanhydrit und 39,$_5$% Kali, scheint also ein unreines Kaliumbisulfit zu sein, dessen Preis (Frcs. 15 pro kg) jedenfalls ein relativ sehr hoher ist. — 116. 49. p. 221.

Essenzenrum soll auf Veranlassung der Berliner Polizei künftig als „Kunstrum" bezeichnet werden. — 106. 49. p. 141.

Milchverfälschung. Perron fand Milch mit durch Borax oder Eigelb emulsionirtem Oel versetzt. Der Zusatz eines mit Borax emulsionirten Oeles giebt der Milch viel Körper und dient hauptsächlich zur Verdeckung eines Wasserzusatzes; zum Nachweis dampft man ein, verascht und prüft im Spectroskop. Die Beimischung eines sehr reinschmeckenden, mittelst Eigelb emulsionirten Oeles von geringem spec. Gew. ist sehr wohl geeignet, eine stattgehabte Entrahmung zu verdecken; man ermittele den Erstarrungspunkt der Fettsäuren. — 17. p. 63. 89. Rep. p. 42.

Deutsche Butterfarbe von Th. Heydrich in Wittenberg ist nach E. Polenske ein mit Orlean gefärbtes Oel. — Arb. a. d. K. Gesundh. Bd. 6. p. 123. 123. p. 274.

Zur Verfälschung der Cacaobutter wird in Frankreich das von Magnifera gabonensis stammende Dikafett angeboten, dessen Schmelzpunkt bei 30—31° C. liegt. — Maandblad tegen de Vervalsching. 106. p. 419.

Cichorie, welche von Stettin in grofsen Mengen nach dem Auslande exportirt wird, soll häufig zu einem Dritttheil aus getrockneten und gerösteten Rübenschnitten bestehen. — 63. 49. p. 197.

Kaffeeverfälschungen. E. Hanausek fand in Gassen's Kunstkaffee neben Mahlproducten von Cerealien und Leguminosen Gewebereste der natürlichen gerösteten Kaffeebohnen, so dafs der Coffeingehalt (entgegen Rep. 1889 II. p. 261) nicht nur durch directen Zusatz von Coffein hervorgerufen sein dürfte. — Ztschr. f. Nahrungsm. u. Hyg. p. 25. 38. Rep. p. 105. — „Domkaffee", „Allerweltskaffee" und eine dritte Sorte der Fabrik von C. Teichmann in Gipsersleben bei Erfurt enthalten nach Untersuchungen R. Wolffenstein's kein Coffein, sondern bestehen, wie auch Wittmack bestätigt, aus gebrannter Cichorie mit Zusatz von Kasseler Braun; der „Allerweltskaffee" ist mit Lupinen vermischt. — 123. p. 84. 38. Rep. p. 81.

Farb- und Appreturmittel des Kaffees, die zur Qualitätsverdeckung in Triest gebräuchlich sind, bestehen nach F. Wallenstein aus Eisenoxyd für Roth, basischem Bleichromat und Orange II. für Orange, Eisenhydroxyd, Chromgelb und Azogelb für Gelb, Malachitgrün und Methylgrün für Grün, Berliner und Turnbull's Blau, Ultramarin für Blau, Ferritannat, Graphit und Kohle für Schwarz. Die rohen Kaffeesorten werden mit diesen Farbstoffen längere Zeit geschüttelt, wobei noch Federweifs angewandt wird, um den Bohnen ein glänzendes Aussehen zu verleihen. — Ztschr. f. Nahrungsm. u. Hyg. Bd. 4. p. 101. 95. p. 399.

Theeverfälschungen kommen nach M. Riche und M. E. Collin schon in China vor. Verf. untersuchten Proben, deren Aschen- und Gerbsäuregehalt wenig von unverdächtigem Thee abwichen; dagegen ergab die botanische Untersuchung Unterschiede, besonders in der Gestalt der die Spaltöffnungen umgebenden Zellen. — 17. p. 6. 89. Rep. p. 42. — Nach Lubelski ist „kaukasischer Thee" ein gefärbtes Gemenge von geringem oder schon einmal verwendetem Thee mit den Blättern einer alpinen Pflanze, Vaccinium arctostaphylos Linné. — Le Caucase. Journ. intern. de falsif. p. 88. 89. Rep. p. 63.

Spice mixtures dienen in Nordamerika zur ausgezeichneten Nachahmung von Gewürzen, wie Pfeffer und Gewürznelken. — Zu ihrer Herstellung wird eine schlechte Sorte Weizenmehl, mit oder ohne Farbzusatz, mit Wss. zu einem Teige angemacht, ausgerollt, geschnitten, in einem Ofen gebacken, gründlich austrocknen gelassen und gemahlen. — Americ. Journ. of Pharm. 49. p. 341.

Macis fand T. F. Hanausek mit dunkelrothbraunen Partikeln der fast geruch- und geschmacklosen Bombay-Macis ausgiebig vermischt. Zieht man den Inhalt der grofsen Oelzellen der letzteren mit Alkohol aus und alkalescirt so weit, dafs ein mit der Lösung getränktes Filtrirpapier orangeroth erscheint, so genügt nach dem Abspülen mit Wss. eine Spur einer Säure, um sofort einen safrangelben Fleck zu erzeugen. — Ztschr. f. Nahrungsm.-Unt. u. Hyg. p. 77. **89.** Rep. p. 137.

Pfeffer fand A. Andouard mit Galanga verfälscht. Diese Verfälschung läfst sich leicht ermitteln, da die Stärkekörner der Galanga länglich, birnen-, keulen- oder flaschenförmig sind. Die eine ihrer Flächen ist allgemein durch einen Einschnitt markirt, der bald eng, bald ziemlich breit ist, um das ganze Korn einen sehr ausgeprägten Ring bildend. — **17. 49.** p. 253. — Im gestofsenen Pfeffer fand Gennotte Graphit mit Kartoffelmehl. — Journ. Pharm. d'Anvers. Rev. intern. fals. **76.** p. 586. **49.** p. 221.

Im Anissamen fand W. Lawson 70 % Thon. — **105.** p. 722. **39.** p. 163.

Opium wird nach Powell in den letzten Jahren häufiger mit Blei verfälscht. — **105.** p. 759. **34.** p. 109.

Ricinusöl, das aus Indien über Kalkutta kommt, ist nach M. Conroy oft mit 20—30 % Kokosnufsöl verfälscht. Auch Baumwollsamenöl, das man durch Hindurchleiten eines Stromes heifser Luft dichter und etwas klebriger gemacht hat, wird zur Verfälschung verwendet. — **105. 38. 31.** p. 14.

Weinsäure, die nach salpetriger Säure roch, fand Rozsnyay mit Natriumnitrat verfälscht. — **49.** p. 253.

F. Filsinger; Verfälschung von Cacaofabrikaten, besonders der Chokolade. (Die Chokoladenbutter ist von dem Cacaofett unterschieden durch eine viel niedrigere Jod- und höhere Verseifungszahl, durch Abweichungen im Schmelzpunkt und dem Verhalten gegen Aether und Aether-Alkohol.) **89.** p. 507.

L. Archbutt; Olivenölverfälschung. Maandblad tegen de Vervelsching. Ztschr f. Nahrungsm. u. Hyg. (1889) p. 249. **38.** Rep. p. 54. **106.** p. 419.

Aignan; Verfälschung von französischem Terpentinöl (mit Harzöl). Rev. intern. d. falsif. **49.** p. 165.

Neue Bücher.

Pflanzen-Physiologie. Die Lebenserscheinungen und Lebensbedingungen der Pflanzen. Von Dr. Adolph Hansen. Stuttgart. Verlag von Otto Weisert. 1890. — Bisher mangelte es an einem auf populärer Grundlage stehendem Werk. das den Laien, besonders den mit anderen naturwissenschaftlichen Disciplinen Vertrauten, mit Erfolg in das Studium der Lebenserscheinungen und Lebensbedingungen der Pflanzen einführen konnte. Es war dies um so mehr zu beklagen, als die pflanzenphysiologischen Probleme nicht nur an und für sich sehr interessant sind, sondern auch, weil die sich ergebenden Thatsachen die Grundlage der rationellen Land- und Forstwirthschaft, des Obst- und Weinbaues bilden und dadurch in naher Beziehung zur Praxis stehen. Deshalb ist das vorliegende Buch hoch willkommen, indem der auf diesem Gebiete verdiente Verf. eine allgemein verständliche Uebersicht über die Organe der Pflanzen, ihren inneren Bau, sowie die Festigkeitseinrichtungen und Elasticitätsverhältnisse, über Ernährung und Fortpflanzung, Bewegungserscheinungen, Organbildung und Wachsthum der Pflanzen, sowie den Einflufs der Temperatur auf ihre Lebenserscheinungen giebt. Da leider die für das Studium pflanzlicher Lebensvorgänge so wichtige Erläuterung an der lebenden Pflanze in einem Buche wegfallen muß, sind zahlreiche lehrreiche Abbildungen in den Text eingestreut worden, so daß das Werk gut geeignet erscheint, seinen Zweck, die allgemeinere Verbreitung pflanzenphysiologischer Kenntnisse beizutragen zu erreichen.

Leitfaden für die Darstellung chemischer Präparate. Zum Gebrauche für Studirende von Dr. Hugo Amsel. Stuttgart. Verlag von Eugen Ulmer. 1891. — Der Titel des Buches ist nicht bestimmt genug gewählt, da nur die Darstellung organischer Präparate in demselben besprochen wird. Infolge dieser Beschränkung kann auch Verf. unmöglich ernsthaft darauf Anspruch machen, durch seine Veröffentlichung einem „notorischen Bedürfnisse" abzuhelfen; darin sind ihm Fischer und Levy längst zuvorgekommen. Jedem Beispiele sind die Reactionsgleichungen und kurze Angaben über die Eigenschaften der erhaltenen Verbindungen beigegeben; auch die Ausbeute ist meist berücksichtigt. Die Literaturangaben hätten unseres Erachtens nach in größerer Vollständigkeit gebracht werden können, zumal sich Verf. einer Kürze beflissen hat, die nur zu loben ist. Wenn diesem Mangel in einer zweiten Auflage, die auch einige Verbindungen auszumerzen und durch andere zu ersetzen hätte, abgeholfen wird, kann das Buch nur gewinnen.

Neues pharmaceutisches Manual. Von Eugen Dieterich. Dritte vermehrte Auflage. Berlin. Verlag von Julius Springer. 1890. — Die strenge Durchführung des Grundsatzes, nur solche Vorschriften wiederzugeben, bei deren Anwendung Verf. selbst günstige Resultate erzielte, hat vorliegendem Buch seinen guten Ruf erworben. Da ferner die verschiedene Beschaffenheit der Rohstoffe sehr oft eine Ursache schlechter Resultate ist, wurden als Ausgangsproducte solche der Fabrik des Verf. genommen, was natürlich nicht ausschließt, daß man mit solchen aus anderen Fabriken bezogenen ebenso günstige Ergebnisse erzielen kann. Auch für die Aufnahme von App. und Maschinen ist der Grundsatz des Selbsterprobten maßgebend gewesen. Gegen die zweite Auflage hat die vorliegende die durch die gemachten Fortschritte nothwendig gewordenen Aenderungen und Erweiterungen erfahren. Daß das „pharmaceutische Manual" nicht nur für den Apotheker, sondern für alle Fabrikanten, die sich mit dem chemischen Kleingewerbe befassen, von Nutzen ist, mögen Artikel wie „Aufmachen und Ausstattung der Handverkaufsartikel", „Extracte", „Farben", „Firnisse", „Lacke und Polituren", „Liqueure und Branntweine", „Parfümerien", „künstliche Mineralwässer", „Stempelfarben", „Tinten" u. a. beweisen.

Taschenbuch bestbewährter Vorschriften für die gangbarsten Handverkaufsartikel der Apotheken und Drogenhandlungen. Unter Mitarbeiterschaft Th. Kindermann's verfaßt von Ph.-Mr. Adolf Vomacka. A. Hartleben's Verlag in Wien, Pest und Leipzig. — Obgleich an Receptbüchern für das chemische Kleingewerbe gerade kein Mangel herrscht, wird sich vorliegendes Büchelchen doch seinen Platz erobern und ein unentbehrlicher Rathgeber manches Fabrikanten und Verkäufers werden. Verf., der schon früher einige ähnliche, recht brauchbare Werke veröffentlichte, hat sich nämlich nicht nur auf eine Zusammenstellung von Vorschriften beschränkt, sondern auch seine Erfahrungen über richtige Wahl der Rohmaterialien und zweckmäßige Arbeitsweise dem Leser zugänglich gemacht und damit den häufigsten Ursachen der Klagen über unbefriedigende Ergebnisse der mitgetheilten Recepte vorgebeugt.

Die Eisengallustinten. Grundlagen zu ihrer Beurtheilung. Im Auftrage der Firma Aug. Leonhardi in Dresden bearbeitet von deren Chemikern Osw. Schluttig und Dr. G. S. Neumann. Verlag von v. Zahn & Jaensch. Dresden. 1890. — Bei der großen Ungleichheit der verschiedenen Tintensorten in Bezug auf die Widerstandsfähigkeit ihrer Schriftzüge gegen Licht, Luft und chemische Reagentien und der Bedeutung, welche dieser Widerstandsfähigkeit bei Herstellung documentarischer Schriftstücke zukommt, macht sich der Mangel einer brauchbaren, für Behörden und Chemiker, sowie für das gesammte schreibende Publikum geeigneten Prüfungsmethode ganz besonders bemerkbar. Die in der Königlichen Versuchsanstalt zu Berlin angewendete wird geheim gehalten und liefert aufserdem Ergebnisse, die anfechtbar sind. Diese Mifsstände führten Verff. zur Abfassung der vorliegenden Schrift, die nicht nur dem Chemiker eine neue Prüfungsmethode in die Hand giebt, sondern auch jeden in den Stand setzt, durch eine ohne nennenswerthe Kosten und Arbeit auszuführende Vorprüfung sich ein vorläufiges Urtheil über die Güte oder Nichtbrauchbarkeit der Tinte zu bilden. Das gediegene, auf jeder Seite den erfahrenen Fachmann verrathende Buch handelt in den einzelnen Abschnitten über Begriff und Eintheilung der Tinten, giebt Beiträge zur Geschichte der Eisengallustinten, bespricht die chemische Ursache des Nachdunkelns derselben, giebt eine Kritik der „Grundsätze für amtliche Tintenprüfung", erläutert die von den Verff. zur Beurtheilung der Eisengallustinten angewandte Methode, besonders die sog. „Streifen-Methode", welche die Schnelligkeit und Kraft des Nachdunkelns ermittelt, bringt Vorschläge zur Abänderung der „Grundsätze für amtliche Tintenprüfung" und giebt schliefslich einen Gang der Prüfungsmethode. In einem Schlufswort plaidiren Verff. warm für die Errichtung selbstständiger Versuchsanstalten für Schreibmaterialien.

Die galvanische Metallplattirung und Galvanoplastik. Von Wilh. Pfanhauser. Dritte, vollständig neu bearbeitete Auflage des Werkes: „Das Galvanisiren von Metallen." Wien 1890. Spielhagen & Schurich. — Die durch die Fortschritte der Elektrotechnik nothwendig gewordene Neubearbeitung des Buches: „Das Galvanisiren von Metallen" hält sich von ermüdenden theoretischen Auseinandersetzungen möglichst fern; sie bringt nur das, was dem praktischen Fachmanne unumgänglich nöthig ist, um ihn in die richtige Anwendung des elektrischen Stromes einzuweihen, ihm sicheres und gutes Arbeiten zu ermöglichen und ihn zu befähigen, bei vorkommenden Störungen die Ursachen derselben zu erkennen und sie zu vermeiden. Nach einleitenden Ausführungen über die Vorbereitung der Metallwaaren zum Galvanoplattiren, über den Strom und seine Erreger und über die Bäder wird das Vernickeln, Verkupfern, Vermessingen, Vergolden, Versilbern, Verzinken, Verzinnen, die Oxydirung etc. und die Galvanoplastik besprochen. Das reclamenhafte Waaren-Verzeichnifs am Schlusse des Buches wäre wohl besser weggeblieben und als gesonderte Brochüre an die Interessenten versandt worden.

Das Fahlberg'sche Saccharin (Anhydroorthosulfaminbenzolsäure). Von Dr. Robert Stutzer. Verlag von Vieweg & Sohn. Braunschweig 1890. — Bei der noch lange nicht abgeschlossenen Controverse über den seit einigen Jahren aufgetauchten Concurrenten des Zuckers, das Saccharin, darf vorliegende Brochüre auf ein allgemeineres Interesse Anspruch machen. Verf. hat in derselben alle ihm zu Gebote stehenden literarischen Angaben über Darstellung, Eigenschaften und Anwendung des Saccharins zusammengetragen. In den wiedergegebenen Urtheilen über Schädlichkeit oder Unschädlichkeit des neuen Süfsstoffes ist Verf., der Assistent einer Zuckerfabrik ist, nicht unparteiisch genug gewesen. Während von den wider das Saccharin veröffentlichten Arbeiten kaum eine in der Brochüre nicht vertreten ist, wurde von den günstigen Urtheilen nur eine gar zu enge Auslese aufgenommen.   P.

C. F. Winter'sche Verlagshandlung in Leipzig.

Soeben erschien in unserem Verlage:

Anleitung zur systematischen Löthrohr-Analyse

für Chemiker, Mineralogen und Hüttenleute

von

Prof. Dr. J. Hirschwald.

Mit einer color. Reactionstafel und in den Text eingedruckten Holzschnitten.

**Zweite, gänzlich umgearbeitete Auflage der „Löthrohr-Tabellen"
desselben Verfassers.**

8. Eleg. cart. Ladenpreis 6 Mark.

Verlag von August Hirschwald in Berlin.

Vom 1. Januar 1891 ab erscheint

Hygienische Rundschau.

Herausgegeben

von

Dr. Carl Fraenkel, und Dr. Erwin von Esmarch,

Professor d. Hygiene in Königsberg i/Pr.   Privatdocent d. Hygiene in Berlin.

1. Jahrgang. Monatlich zweimal. — Abonnementspreis halbjährlich 10 Mark.

Bestellungen werden von allen Buchhandlungen und Postanstalten entgegengenommen.

Nun vollständig!   Nun vollständig!

Prof. Dr. K. Elbs,

Die synthetischen Darstellungsmethoden

der Kohlenstoffverbindungen.

I. Band 294 Seiten, Preis M. 7,50
II.   „   474   „   „   „ 9,50
durch alle Buchhandlungen — auch zur Ansicht — zu beziehen.

Die vorzügliche Brauchbarkeit dieses Werkes für Alle, welche sich mit organischer Chemie — sowohl wissenschaftlich als in der Technik — beschäftigen, wird von allen Fachzeitschriften hervorgehoben.

Die „Naturwiss. Rundschau" sagt: „Ohne Zweifel wird dieses Werk in erster Linie dem Fortgeschritteneren als Nachschlagebuch und zur schnellen Orientierung bei praktischen Arbeiten willkommen sein; aber auch für den Anfänger ist es als Lehrbuch zur Einführung in die organische Chemie von wesentlichem Nutzen, zumal da der allgemeine Teil von dem (klein gedruckten) speciellen, welcher die Citate und Referate enthält, streng gesondert ist."

Verlag von Johann Ambrosius Barth in Leipzig.

Verlag von Ferdinand Enke in Stuttgart.

Soeben erschienen:

Handbuch der analytischen Chemie

von Professor Dr. A. Classen in Aachen.

——— II. Theil. — Quantitative Analyse. ———

Vierte vermehrte und verbesserte Auflage.

Mit 75 Holzschnitten. 8. geh. M. 9.— (Preis d. I. Theiles: Qualitative Analyse M. 6.—.)

Handbuch der

Elektrochemie und Elektrometallurgie

von

Prof. Dr. Fr. Vogel in Berlin und Docent Dr. A. Rössing in Braunschweig.

Inhalts-Verzeichnifs.

———

	Seite
Baumaterialien, Cemente, künstliche Steine	3
Farbstoffe, Färben und Zeugdruck	8
Fette, Oele, Beleuchtungs- und Heizmaterialien	28
Gegohrene Getränke	39
Gerben, Leder und Leimbereitung	50
Gewebe	54
Glas und Thon	58
Holz und Horn	66
Kautschuk	69
Kitte, Klebmaterialien, künstliche Massen	70
Lacke, Firnisse und Anstriche	72
Metalle	75

Die 2. Hälfte wird bringen:

Nahrungs- und Genufsmittel.

Papier.

Photographie und Vervielfältigung.

Rückstände, Abfälle, Dünger, Desinfection und gewerbliche Gesundheitspflege.

Seife.

Zündrequisiten, Sprengmittel.

Darstellung und Reinigung von Chemikalien.

Chemische Analyse.

Apparate, Maschinen, Elektrotechnik, Wärmetechnik.

A n h a n g. Geheimmittel, Verfälschungen von Handelsproducten etc.

Neue Bücher.

Chemisch-technisches Repertorium.

Uebersichtlich geordnete Mittheilungen

der neuesten

Erfindungen, Fortschritte und Verbesserungen

auf dem Gebiete der

technischen und industriellen Chemie

mit Hinweis auf Maschinen, Apparate und Literatur.

Herausgegeben

von

Dr. Emil Jacobsen.

— ✦ —

1890.

Zweites Halbjahr. — Erste Hälfte.

Mit in den Text gedruckten Illustrationen.

Berlin 1891.

R. Gaertner's Verlagsbuchhandlung

Hermann Heyfelder.

SW. Schönebergerstrafse 26.

Gedruckt bei Julius Sittenfeld in Berlin W.

Baumaterialien, Cemente, künstliche Steine.

Prüfung von Cement. Versuche der königl. Prüfungsstation für Baumaterialien über die Eigenschaften käuflicher Cemente in den letzten beiden Jahren zeigen im Vergleich mit den Ergebnissen früherer Jahre im Ganzen einen erfreulichen Fortschritt der deutschen Cementindustrie. Eine ausführliche Tafel läfst erkennen, dafs Cemente mit geringer Zugfestigkeit stets in der Minderzahl blieben, und dafs bei den Proben eine gröfsere Festigkeit als 15 kg die Regel bildete. Daneben zeigt sich deutlich das Bestreben, die neuerdings vorgeschriebene Druckfestigkeit von 160 kg zu erreichen bezw. zu übersteigen, namentlich insofern, als seit 1887 die nicht normenbeständigen Cemente auf 41 Hundertstel zurückgegangen sind, während die Zahl derer, die eine Festigkeit von 160 kg und mehr (bis über 200 kg) zeigen, auf 59 % hinaufgegangen ist. Auch die Feinheit der Mahlung hat bei fast allen Cementen erheblich zugenommen, so dafs die Rückstände einen verhältnifsmäfsig geringen Procentsatz bilden. — Centralbl. d. Bauv. **71.** p. 919.

Cement. Engl. P. 8145/1889 f. G. P. Gildea, Ipswich, Suffolk. Kleine Mengen organischer Stoffe, Oele oder Fette, werden mit natürlichen Cementsteinen, armen Thonen und dergl. gemischt, um das Material für die Fabrikation von Portland- oder hydraulischem Cement geeignet zu machen. Rohe Oele und Fette werden unter Mitwirkung von heifsem Wss. mit dem zerkleinerten Cementmaterial gemischt, worauf man die Mischung etwa eine Woche in Behältern sich selbst überläfst, dann trocknet und calcinirt. — **89.** p. 1505.

Herstellung von Portlandcement aus hartem Kalkstein. Engl. P. 15737/1889 f. W. T. Timewell, Bristol. Harter Kalkstein (z. B. von Somersetshire und Devonshire) wird so fein gepulvert, dafs 75 % durch ein Sieb mit 6400 Maschen pro Quadratzoll hindurchgehen. Dann mischt man mit Thonerdesilicat und Wss., trocknet und brennt. — **34.** (1891) p. 6.

Fehler beim Mischen von Cement mit trocknem oder feuchtem Sand; v. Candlot. Sand mit 20 % Feuchtigkeit hat pro cbm ein um 269 kg niedrigeres Gewicht als trockener, d. h. um 18 % des Anfangsgewichtes, woraus sich ergiebt, wie sehr die Mörtelmischung nach der Feuchtigkeit des Sandes schwanken kann. — Mon. de la Céramique etc. p. 144. **43.** p. 393.

1 *

Herstellung von Magnesiacement. D. P. 53952 f. A. van Berkel in Berlin. Man bildet zunächst ein Gemenge von pulverisirtem Fluſsspath und Schwefelsäure. Diesem Gemisch wird nach einiger Zeit eine wässerige Lösung von Magnesiumsulfat zugesetzt. Sobald Fluſssäuredämpfe auftreten, setzt man allmählich gebrannten Magnesit zu. Es entsteht dann neben dem schwefelsauren Kalk schwefelsaure Magnesia und Fluormagnesium. Durch Zusatz von Wss. zu dem Gemisch erhält man einen brauchbaren Magnesiacement. — **75.** p. 914.

Zur Prüfung von Gesteinen auf Wetterbeständigkeit ist nach W. Bolton die Auslaugung durch Salzsäure und der Krystallisationsversuch mit Natriumsulfat nicht maſsgebend. Es erscheint erforderlich, zunächst eine Anzahl natürlicher Gesteine auf ihre chemische Zusammensetzung, und zwar speciell auf die der in Salzf. löslichen Bestandtheile zu prüfen und die gewonnenen Resultate mit den Erfahrungen zu vergleichen, welche hinsichtlich der Wetterbeständigkeit jener Materialien bekannt geworden sind; erst so wird es gelingen. eine allen wissenschaftlichen Anforderungen entsprechende praktische Untersuchungsmethode aufzustellen. — **28.** p. 303.

Die Frostbeständigkeit natürlicher und künstlicher Bausteine; v. Bauschinger. Aus den Versuchen geht hervor, daſs die Frostwirkung abhängig ist von der Art und Weise, wie der Stein mit Wss. getränkt wurde, da Steine, die nur einige Stunden in Wss. gelegt und dabei sogleich untergetaucht werden, sehr viel weniger Wss. aufnehmen, als wenn sie Gelegenheit haben, dasselbe längere Zeit hindurch capillar aufzusaugen, oder als wenn sie gar unter der Luftpumpe mit Wss. gesättigt werden; ferner daſs die Frostwirkung um so gröſser wird, je öfter man das Gefrierenlassen wiederholt. In der preuſsischen Prüfungsstation sind seit Jahren Frostversuche an Bausteinen angestellt worden, welche nur einmal dem Frost ausgesetzt wurden, und es hat sich gezeigt, daſs jeder, selbst der festeste Stein, schon bei einmaligem Gefrieren einen Festigkeitsverlust erleidet, der im Vergleich zu dem Festigkeitsverlust anderer Steine sehr wohl einen Schluſs auf die gröſsere oder geringere Frostbeständigkeit zuläſst, auch wenn die Frosteinwirkung äuſserlich an dem Stein selbst nicht erkennbar ist. Verf. kommt zu dem Ergebniſs, daſs die Steine, unter der Luftpumpenglocke mit Wss. getränkt, nur selten dem Froste widerstehen, daſs daher die Behandlung eine zu strenge ist, und daſs das beste und natürlichste Verfahren das langsame Eintauchen der Steine in Wss. ist. — Mittheil. a. d. mech.-techn. Laborat. d. techn. Hochschule in München. Heft 19.

Geformte, widerstandsfähige Blöcke. D. P. 49670 f. B. L. Mosely und Ch. Chambers. Kieselerde soll zunächst durch Erhitzen in den Tridymitzustand übergeführt werden, hierauf wird kieselsäurehaltiges Wss. zugeführt, so daſs durch Mischen eine plastische Masse entsteht, welche in Formen gebracht, getrocknet und dann der Glühhitze eines Porzellanofens so lange ausgesetzt wird, bis die mit dem Wss. zugesetzte Kieselerde gleichfalls in Tridymitform übergeführt ist.

Säurebeständige Steine für Gloverthürme. Man stellt dieselben zweckmäſsig aus einem Gemenge von 25—30 Feldspath, 25—30 fettem feuerfestem Thon und 40—50 Quarz her mit einer Glasur aus 54

Quarz, 84 Flufsspath, 35 Schlämmkreide und 26 geschlämmten Zettlitzer Kaolin. Ein kieselreiches Material ist einem thonerdereichen
vorzuziehen und möglichst dicht zu brennen. — 115. p. 642. 43.
(1891) p. 31.

Herstellung künstlicher Steine und Formstücke. D. P. 51692 f.
C. Mey in Berlin. Aus Quarz, gebrannter Magnesia und Kaliwasser-
glas angefertigte Steine werden durch Evacuirung in geschlossenen
Behältern von der eingeschlossenen Luft befreit und darauf einem
Kohlensäuredruck von 1—10 Atm. ausgesetzt. — 75. p. 541.

Für Kunststeine verwendelt J. Ducourneau 10 Th. Wasserkalk,
10 Th. Steinpulver und 10 Th. einer 5%igen Schwefelsäure. — Mon.
de la céram. p. 159.

Feuerfeste Steine. Besson empfiehlt, um das Zerreifsen und
Rissigwerden feuerfester Steine zu verhindern, den Zusatz von Asbest
zum Thon, in Form von kurzen Fasern oder längeren Fäden. Die
Vorzüge seiner Anwendung sollen in seiner Zähigkeit und Feuer-
beständigkeit liegen und ferner darin, dafs zerklüftete Steine weniger
leicht abbröckeln. — Monit. de la Céram. et de la Verr. Bd. 21.
p. 216. 89. Rep. p. 319.

Cement-Dielen. Die Fabrik von Otto Böklen zu Lauffen a. Neckar
bringt unter der Bezeichnung Cement-Dielen ein Erzeugnifs in den
Verkehr, welches weder als Diele, noch als Platte bezeichnet werden
kann, da es mit beiden nur insoweit übereinstimmt, dafs eine ebene
Fläche vorhanden ist, während die andere Fläche, welche die Rück-
oder Unterseite bilden soll, zellenartige Vertiefungen besitzt, die zur
Füllung mit leichtem und geräuschdämpfendem Material dienen sollen.
Die Gröfse der Platten ist 1 m zu 0,5 m. Verwendung sollen die
Cement-Dielen zu Fufsböden, Wandverkleidungen, Decken-Fachfüllun-
gen u. s. w. finden; ihre Befestigung soll mittelst Schrauben, Nägel
u. s. w. geschehen. — 79. 115. (1891) p. 21.

Herstellung eines pulverigen Strafsenbaumaterials aus Asphaltstein.
D. P. 52704 f. E. Heusser in Eschershausen, Braunschweig. Bitumenhaltiger Asphaltstein wird im pulverisirten Zustande mit Schwefelsäure
aufgeschlossen. Dem Gemenge wird dann in noch warmem Zustande
bitumenhaltiger Steinkohlentheer (Goudron) zugesetzt, welch' letzterer
sich dann leicht mit dem Bitumen des Asphaltsteines mischt. — 75.
p. 741.

Herstellung einer Unterlagsmasse für Holzfourniere. D. P. 53263
f. C. O. Kliemand in Dresden. In einer Lösung aus Zucker und
Eibischwurzel wird Holzwolle mit Sägemehl gesotten. Dem so vorbereiteten Holz wird in einer drehenden Trommel Gypsmehl und
Schwerspath zugefügt, welche Stoffe das Holz aufsaugt, und von denen
es vollständig umschlossen wird. Schliefslich mengt man gepulvertes
Glas bei und bringt die Masse in Formen. Vor der völligen Erstarrung werden die Fourniere auf die Parquetfufsböden aufgelegt und die
Verbindung unter Druck hergestellt. — 75. p. 766.

**Das Härten und Conserviren von weichen bezw. mürben Kalk-
steinen.** D. P. 52471 f. G. J. Randall in Marbrier, Grafschaft Surrey,
und F. Carter in Merton, Grafschaft Surrey. Um auf mürben Kalk-

steinen eine harte Oberfläche zu erzeugen, werden dieselben in ein
aus Kalkmilch, Zucker und Essigsäure bereitetes Bad eingelegt oder
mit demselben bestrichen. — **75**. p. 658.

**Verbesserungen in der Herstellung von Baumaterial und einer
Composition zu diesem Zwecke.** Engl. P. 17758/1889 f. H. B. Bassel
in Birmingham. 200 Th. einer zähen Mischung von Leim und Wss.
werden mit 40 Th. Oel, Raps- oder Leinsamenöl und 12 Th. Natriumcarbonat unter Umrühren erhitzt. Zur Herstellung künstlicher Steine
nimmt man $6^1/_2$ Th. dieser Mischung und 16 Th. Wss. und giebt
9 Th. Borax hinzu. 1 Th der erhaltenen Massen wird zu 6 Th. Wss.
und 1 Th. Porzellanerde gegeben und genügend Stuck hinzugefügt.
dafs eine steife formbare und polirbare Masse entsteht. Zur Herstellung von Mauersteinen setzt man $6^1/_2$ Th. zu 16 Th. Wss., 96 Th
Stuck und 1 Th. luftgelöschtem Kalk, trocknet und mischt 9 Th.
Boraxpulver hinzu. 1 Th. der getrockneten Masse wird mit $14^1/_2$ Th.
Stuck, 40 Th. Bausand, $1^1/_2$ Holzstaub und genügend Wss. gemischt.
— **34**. (1891) p. 6.

**Ununterbrochen arbeitender Zwillingsschachtofen mit Regenerativ-
gasfeuerung und Friedrich Siemens'scher freier Flammenentfaltung
zum Brennen von Kalk, Granit, Cement und dergl.** D. P. 52207

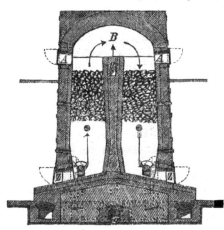

f. Actiengesellschaft für
Glasindustrie, vorm. Friedr.
Siemens in Dresden. Die
beiden lothrecht neben einander
liegenden Schächte münden in
eine gemeinsame Brennkammer
B, in welcher die Verbrennung
des zwischen beiden Schächten
im Gascanal *g* zugeführten Heiz-
gases erfolgt. In die Brennkammer *B* münden auch die
Aufgabethüren *A* für frisches
Brennmaterial. Das gare Brenngut wird durch die Thüren *Z*
abgezogen. Durch die abwärts
gerichteten Verbrennungsgase
wird in dem einen Ofen der
Garbrand, in dem anderen die
Vorwärmung der aufwärts strömenden Brennluft durch das nach abwärts sich bewegende heifse Brenngut abwechselnd bewirkt. — **75.**
p. 658.

**Verwerthung von Kalkschlammrückständen aus Zucker- und an-
deren Fabriken.** D. P. 53601 (Zus.-Pat. zum D. P. 47071; vgl. Rep.
1889 I. p. 166) f. J. S. Rigby und A. Macdonald in Liverpool,
County of Lancaster, England. Nach der Behandlung der Kalkschlammrückstände mit Kohlensäure verbleibt dem erhaltenen Calciumcarbonat noch ein Gehalt an Schwefel oder Schwefelverbindungen,
welcher denselben zur Herstellung von Cement ungeeignet macht.
Behufs Entfernung des Schwefels wird die unreine Calciumcarbonatmasse mit einer gröfseren Menge Kalk gemischt, als wie sie dem in

derselben enthaltenen Schwefel entspricht. Diese Mischung behandelt man dann unter Umrühren mit Dampf, bis der Schwefel sich mit dem Kalk verbunden hat. Hierauf wäscht man mit Wss. die löslichen Salze aus und bringt die Masse, etwa vermittelst Durchleitens, mit Luft in Berührung, um die zurückbleibenden Schwefelverbindungen zu oxydiren. Um den etwa gebildeten Gyps zu entfernen, wird zu der Masse ein Ueberschufs an Alkalicarbonat-Lösung behufs Auflösung bezw. Zersetzung des Sulfats zugegeben, worauf der Kalkschlamm wieder gut mit Wss. gewaschen wird. Die so behandelte Masse wird mit fein zertheiltem Thon oder dergl. in den zur Cementerzeugung geeigneten Verhältnissen gemengt und gebrannt. — **75.** p. 914.

J. Ta ka y a ma; über den Gebrauch des zersetzten Granitsandes als natürlichen Mörtel in Japan. (Granitsand wird mit staubförmig gelöschtem Kalk vermischt ebenso hart als Trafs.) **28.** Bd. 278. p. 275. **89.** Rep. p. 333.

W. Michaelis; Vorrichtung zur Ermittelung der Haftfestigkeit des Mörtels. **94.** (1891) p. 140.

Grosclaude; Anwendung der Hochofenschlacke zur Cementfabrikation. (Basische, granulirte Schlacken verwendet.) Ann. industr. **28.** Bd. 275. p. 433. **43.** p. 143.

Anlagen zur Fabrikation von Portland-Cement und Cement-Platten. Prakt. Masch.-Constr. Jahrg. 24. No. 5 und 6.

Bestimmungen für die einheitliche Lieferung und Prüfung von Romancement aufgestellt vom Oesterreichischen Ingenieur- und Architecten-Verein. **58** p. 775.

R. Dyckerhoff; normaler Cement. (Verf. bringt die Durchschnittszahlen von 25 Cementmarken in Bezug auf Glühverlust, Feinheit, Festigkeit, spec. Gew. etc.) **58.** p. 769.

Böhme; vergleichende Untersuchung von Puzzolan-, Portland- und Roman-Cementen (zeigt, dafs die Ergebnisse der Prüfung von Puzzolan- und Roman-Cementen nach den Normen für Portlandcemente nicht als ausschlaggebend für die Verwendung der ersteren im Vergleich mit den letzteren angesehen werden dürfen). **114.** Heft V. **94.** (1891) p. 41.

Debray; Ausdehnung von Stäben aus Kalk und Cement und Einflufs von schwefelsaurer Magnesia auf Cement. **94.** (1891) p. 2.

C. Schindler-Escher; Hohlquader in Beton nach Lascelles & Co. Schweiz. Bau-Ztg. **115.** p. 672.

Stephan Quaast; über das Halbtrockenverfahren bei der Ziegelsteinfabrikation. **115.** p. 623.

W. Lloyd Wise in London, D. P. 54134; Presse zur Herstellung von Ornamentsteinen, Ziegeln u. s. w. **75.** p. 973.

H. Hauenschild in Berlin, D. P. 52504; Schachtofen zum continuirlichen Brennen von Portlandcement mit Darreinrichtung. **75.** p. 673.

J. Heinen in St. Moritz, Schweiz, D. P. 51404; Apparat zur Herstellung eines gleichmäfsigen rauhen Bewurfs an Gebäuden. **75.** p. 392.

Farbstoffe, Färben und Zeugdruck.

Ueber die physikalischen Untersuchungsmethoden der Farbstoffe.
Ad. Keim weist darauf hin, dafs man die Farbstoffe des Handels
häufig mit hygroskopischen Salzen, Glycerin u. s. w. mischt, um die
Tiefe und Brillanz des Tones zu erhöhen. Er empfiehlt daher, den
(unlöslichen) Farbstoff mit Wss. auszukochen, und den Rückstand erst
mit einem Standmuster zu vergleichen. Auch A. Vogel hat bereits
darauf hingewiesen, dafs der Feuchtigkeitsgrad auf den Farbenton
wesentlichen Einflufs hat. — Mitth. f. Malerei. p. 151. **24.** (1891)
p. 27.

Fabrikation von Bleiweifs. D. P. 52562 f. P. Bronner in Stuttgart. Durch Erwärmen von neutralem Bleisulfat mit passenden Mengen
Alkalilauge entstehen basische Bleisulfate, welche durch Behandlung
mit Natriumcarbonat leicht in basische Carbonate (Bleiweifs) übergehen. Wählt man die Menge Natronlauge so, dafs entweder die Verbindung $2\,PbSO_4 . Pb(OH)_2$ oder die Verbindung $3\,PbSO_4 . Pb(OH)_2$
gebildet wird, so lassen sich diese Verbindungen durch Erwärmen mit
etwas mehr als 2 bezw. 3 Molekülen Natriumcarbonat unmittelbar in
Bleiweifs $2\,PbCO_3 . Pb(OH)_2$ bezw. $2\,PbCO_3 . Pb(OH)_2$ umwandeln.
— **75.** p. 570. **113.** Bd. 13. p. 314.

Fabrikation von Bleiweifs. Amer. Pat. 434623 f. A. C. Bradley,
Broocklyn, Newyork. Man setzt eine Lösung von basischem Bleiacetat mit $10—11\,\%$ Acetatgehalt, welche in dünner Schicht langsam
fortbewegt wird, bei 120^0 F. (49^0 C.) der Einwirkung von Kohlensäure
aus. — **89.** p. 1206.

Verwendung von wasserfreiem Mangansulfür als grüne Malerfarbe;
v. de Clermont. Zur Darstellung desselben können leicht die Mangan-
rückstände Verwendung finden, indem man dieselben in Chlorür überführt und letzteres mit Schwefelammonium fällt. Der erhaltene fleisch-
farbene Niederschlag wird durch längeres Kochen mit Wss. dehydra-
tisirt. Das Präparat oxydirt sich jedoch leicht an der Luft, und um
es haltbar und luftbeständig zu machen, mufs es im Schwefelwasser-
stoffgas-, Kohlensäure- oder Ammoniakgasstrome erhitzt werden. Der
Farbkörper läfst sich sowohl zu Aquarell- als zu Oelfarben verarbeiten.
Seine Nüance ist die des todten Laubes (feuille morte). — **5. 49.**
p. 375.

Violetter Farbstoff aus Leuchtgas oder Gasreinigungsmasse; v. R.
Gasch. Bereitung aus Leuchtgas: Man saugt Leuchtgas durch eine
alkalisirte Eisenoxydullösung, fällt in der filtrirten, angesäuerten
Lösung das Ferrocyan durch Zinksulfat oder Eisenvitriol aus und
filtrirt. Das Filtrat giebt mit verdünnt anzuwendenden Eisenoxyd-
salzen den violetten Farbstoff. Der Farbstoff hat den Charakter von
wasserlöslichem Pariserblau, ist gallertartig und setzt sich nicht ab,
wenn die Lösung nicht zu verdünnt ist, auf Zusatz von Kochsalz fällt
er indessen. Aus Gasreinigungsmasse: Man extrahirt reichhaltige Reini-

gungsmasse auf die in Fabriken übliche Weise, entweder mit dünner Natron- oder stärkerer Ammoniaklauge und fällt in der abgezogenen, filtrirten und angesäuerten Lauge entweder mit Zinkvitriol oder mit Eisenvitriol das Ferrocyan aus. Darauf läfst man absetzen, versetzt die abgezogene oder abfiltrirte Flüssigkeit mit Eisenoxydsalzlösung, wodurch das Violett fällt. — **65. 31.** p. 363.

Flavin, ein Farbstoffpräparat aus der Quercitronrinde, kommt nach H. Soxhlet in Form eines bräunlich-hellgelben bis tief orange-gelben Pulvers in den Handel und dient hauptsächlich in der Woll-färberei zur Darstellung gelber und oranger Farben oder zum Nüan-ciren grüner oder rother Farbentöne. Das Flavin ist kein Extract, sondern ein Niederschlag (Lack). Die Extraction geschieht in ge-schlossenen Gefäfsen unter einem Drucke von 1—1,5 Atm. unter Zu-satz von 5—7% Soda vom Gewichte der Rinde. Die Abkochungen werden heifs filtrirt, dann mit verdünnter Säure (am besten mit einer Mischung von Salz- und Schwefelsäure) unvollständig gesättigt; man erhitzt hierbei bis zum Kochpunkte und läfst dann erkalten. Das Flavin findet man nach 24—30 Stdn. als Lack niedergeschlagen. — **39.** p. 1345. **38.** Rep. p. 247.

Darstellung eines beizenfärbenden Farbstoffes aus Blauholzextract und Nitrosodimethylanilin. D. P. 52045 f. Dahl & Co. in Barmen. In eine wässerige Blauholzextractlösung wird mit wenig Wss. ange-rührtes salzsaures Nitrosodimethylanilin unter gutem Umrühren ein-getragen. Nach kurzem Erwärmen auf 90—100° beginnt eine Reac-tion, welche beendigt ist, sobald kein Schäumen mehr stattfindet. Aus der resultirenden grünen Lösung wird nach dem Abkühlen der Farbstoff mit Kochsalz gefällt. Derselbe färbt mit Eisensalz vorge-beizte Baumwolle tief schwarz; die Färbung ist wasser- und walkecht, und schlägt durch Mineralsäuren nicht um. — **75.** p. 471. **113.** Bd. 13. p. 185.

Kohlentheerderivate.

Gewinnung von Benzol, Toluol, Xylol, Cumol, Naphtalin und Anthracen aus Petroleum, Petroleumrückständen, Steinkohlentheer, Steinkohlentheeröl, Schiefertheer, Schiefertheeröl, Braunkohlentheer, Braunkohlentheeröl, Paraffin, Vaselin. D. P. 51553 f. F. Hlawaty in Wien. Weit über 400° erhitzter Wasserdampf wird in ein ebenfalls über 400° erhitztes Gemenge von 150 Th. Petroleumrückständen etc., 50—60 Th. Sägespähnen und 25 Th. Aetzalkali eingeleitet. Das dabei resultirende Gemisch von Dämpfen wird durch rothglühende Röhren, welche mit Eisen und Kohle oder dergl. gefüllt sind, und darauf durch einen Kühler geleitet. Aus dem erhaltenen Destillat wird auf bekanntem Wege Benzol, Toluol, Xylol, Cumol, Cymol, Styrol, An-thracen und dergl. abgeschieden. Zur Vermehrung der Ausbeute werden die aus dem Kühler entweichenden, nicht condensirbaren Gase wieder in den Procefs zurückgeführt. An Stelle des Wasserdampfes werden mit Vortheil die Dämpfe von Methyl- bezw. Aethylalkohol oder Essigsäure verwendet. — **75.** p. 355. **49.** p. 262. **113.** Bd. 13. p. 166.

Darstellung von geschwefelten Condensationsproducten des p-To-luidins. D. P. 52509 f. Pick, Lange & Co. in Amersfoort, Holland.

Man sättigt auf 70—80⁰ erhitztes p-Toluidin am besten unter Zusatz einer geringen Menge Schwefel mit schwefliger Säure und steigert dann unter weiterem Einleiten des Gases die Temp. auf 220—250⁰. Die Reactionsmasse erstarrt beim Erkalten. Behufs weiterer Verarbeitung wird dieselbe in concentrirter heifser Salzsäure gelöst und mit einem Ueberschufs von Wss. das Condensationsproduct in gelben Flocken gefällt. An Stelle von gasförmiger schwefliger Säure kann man auch das Toluidin mit sauren schwefligsauren Salzen erhitzen. — **75.** p. 569. **113.** Bd. 13. p. 314.

Darstellung von Diamidophenyltolyl. D. P. 52839 f. **F a r b e n - fabriken vorm. Friedr. Bayer & Co.** in Elberfeld und **Actien- Gesellschaft für Anilinfabrikation** in Berlin. o-Toluidin und Nitrobenzol werden beim Erhitzen mit pulverisirtem Aetznatron auf 180⁰ zu einem Gemenge von Methylazoxy- und Methylazobenzol condensirt, welches bei der Reduction mit Zinkstaub und Natronlauge in Methylhydrazobenzol übergeht. Mit Säuren behandelt, lagert sich die Hydrazoverbindung zu Diamidophenyltolyl (Methylbenzidin) um. Dieses wird aus seinen Salzlösungen in Form eines zähen Syrups abgeschieden, welcher allmählich zu einer glasigen Masse erstarrt. Die Disazoverbindung der Base liefert Farbstoffe, deren Nüance zwischen den Benzidin- und den Tolidinfarbstoffen liegt. — **75.** p. 648. **113.** Bd. 13. p. 479.

Darstellung von Diamidophenyltolylsulfon und dessen Mono- und Disulfosäure. D. P. 53436 (II. Zus.-Pat. zum D. P. 33088) f. **F a r b e n - fabriken vorm. Friedr. Bayer & Co.** in Elberfeld. Wie das Benzidinsulfon bezw. Tolidinsulfon sich nach den Verfahren des D. P. 33088 und D. P. 44784 bildet, so entsteht auch aus dem Diamidophenyltolyl des D. P. 52839 beim Eintragen seines Sulfates in stark rauchende Schwefelsäure und Erhitzen des Gemisches auf 80—100⁰ ein Sulfon. Dieses Sulfon, welches einen grüngelben amorphen in heifser verdünnter Salzsäure leicht löslichen Niederschlag bildet, läfst sich durch Eintragen in rauchende Säure und Erhitzen des Sulfurirungsgemisches über 120⁰ in eine Mono- und Disulfosäure überführen. — **75.** p. 748.

Verbesserungen in der Herstellung von Rohmaterialien für Farbstoffe; v. R. J. Friswell. Die Verbesserung betrifft die Herstellung von Oxyazotoluidin aus Azoxytoluidin vom Schm. 168⁰. Letzteres wird durch alkalische Reduction des Nitrotoluidins vom Schm. 107⁰ gewonnen. Man löst das Azoxytoluidin in Schwefelsäure vom spec. Gew. 1,84 und läfst die Mischung 24—140 Stdn. bei 15—60⁰ C. stehen. Durch Zusatz von Wss. wird die Oxyazoverbindung in Form des Sulfats gefällt und kann als Amidokörper für die Herstellung der Farbstoffe in gewöhnlicher Weise gebraucht werden. — **34.** (1891) p. 54.

Darstellung von Trioxybenzophenon. D. P. 54661 f. **B a d i s c h e Anilin- und Sodafabrik** in Ludwigshafen a. Rh. Bei der Condensation von Pyrogallol mit Benzotrichlorid zu einem beizenfärbenden violetten Farbstoff arbeitet man, um die Zersetzung des Benzotrichlorids zu vermeiden, mit nicht wasserhaltigen und nicht wasserabspaltenden Lösungsmitteln. Führt man dagegen die Condensation in wasserhaltigen oder wasserabspaltenden Lösungsmitteln (Wss., Alkohol, Essigsäure) aus, so nimmt die Reaction einen anderen Verlauf, indem sich das im D. P. 49149 beschriebene Trioxybenzophenon bildet. Es tritt beim Eintragen des Benzotrichlorids in die alkoholische Pyrogallol-Lösung unter Rothfärbung eine kräftige Reaction ein. Man giefst das Reactionsproduct in viel siedendes Wss. und filtrirt, worauf sich beim Erkalten der Lösung das Trioxybenzophenon in gelben Krystallen ausscheidet. — 113. (1891) p. 176.

Darstellung von Dinitrodibenzylbenzidin und -tolidin und Ueberführung derselben in Diamidodibenzylbenzidin und -tolidin. D. P. 53282 f. Dahl & Co. in Barmen. Durch Erhitzen von 1 Mol. Benzidin bezw. Tolidin mit 2 Mol. p-Nitrobenzylchlorid in wässeriger Suspension auf ca. 100° erhält man Dinitrodibenzylbenzidin bezw. -tolidin, welches durch Auskochen mit verdünnter Salzsäure vom unveränderten Benzidin befreit wird. Durch Reduction mit Zinn und Salzf. werden die entsprechenden Diamidoproducte gewonnen, deren Disazoverbindungen direct färbende Baumwollfarbstoffe liefern. — 75. p. 711. 113. Bd. 13. p. 497.

Naphtylaminsulfosäuren. Engl. Pat. 10934/1889 f. The Clayton Aniline Company, Limited, und C. Dreyfus. Phenyl-β-naphtylaminsulfosäuren werden erhalten, indem man ein Gemisch aus der Base mit dem vierfachen Gewichte Schwefelsäuremonohydrat 2 Tage lang auf 15—20° hält. Die Lösung wird in kaltes Wss. eingetragen und gekocht, bis die Säuren sich als körniges Pulver ausscheiden, das man abfiltrirt und mit Wss. und Ammoniak kocht. Beim Abkühlen scheidet sich das Ammonsalz der Phenyl-β-naphtylamin-A-monosulfosäure aus, und beim Behandeln des Filtrats mit Aetznatron oder Chlornatrium wird das Natriumsalz der Phenyl-β-naphtylamin-B-monosulfof. gefällt. o-Tolyl-β-naphtylamin wird in ähnlicher Weise sulfonirt, wobei zwei Monosulfosäuren entstehen, von denen die eine, die A·Säure, ein fast unlösliches, die andere, die B-Säure, ein lösliches Calciumsalz liefert. — 89. Rep. p. 1709.

Gallonaphtylamid. D. P. 53315 f. L. Durand, Huguenin & Co. in Basel. Wird erhalten durch Condensation des Tannins mit α- oder β-Naphtylamin. Man trägt trockenes Tannin in die dreifache Menge des geschmolzenen α- oder β-Naphtylamins ein und erhitzt langsam auf 160 bis 180° so lange, als noch lebhaftes Schäumen das Entweichen von Wasserdämpfen beweist. Beim Erkalten krystallisirt das gebildete Gallonaphtylamid (α und β) bald aus; man giefst die Schmelze in Benzol oder ein anderes Lösungsmittel, welches den Ueberschufs des angewendeten Naphtylamins gelöst enthält, das Amid hingegen nicht aufnimmt. — 113. p. 498.

Darstellung einer Naphtosulfonsulfosäure. D. P. 52724 f. Ewer & Pick in Berlin. Die α-β-Naphtalindisulfosäure des D. P. 45229 wird durch Nitriren und darauf folgende Reduction in eine Naphtylamindisulfof. übergeführt. Wird nun die Diazoverbindung dieser Säure bei Gegenwart von wenig freier Säure mit Wss. gekocht, so entsteht die Naphtosulfonsulfof. f. Dieselbe ist in Wss. sehr leicht löslich, wird aber durch Schwefelsäure gefällt. Sie krystallisirt in seideglänzenden weifsen Nadeln, welche bei 241° schmelzen. — 75. p. 627. 43. Bd. 13. p. 394.

Darstellung von Amidooxynaphtalindisulfosäure und Amidodioxy-naphtalinmonosulfosäure. D. P. 58023 f. Farbwerke vorm. Meister, Lucius & Brüning in Höchst a. M. Wird die β-Naphtylamintrisulfo-säure, welche entsteht, wenn man die β-Naphtoltrisulfosäure des D. P. 22038 mit Ammoniak erhitzt, mit Aetznatron bei 200—230⁰ behandelt, so beginnt eine nach 12—18 Stdn. vollendete Reaction, bei welcher eine Sulfogruppe durch Hydroxyl ersetzt und eine Amidooxynaphtalin-disulfosäure erhalten wird, welche sich, im Gegensatz zu den bisher bekannten isomeren Säuren, glatt in eine Diazoverbindung überführen läfst. Erhitzt man die Salze dieser Säure mit Aetzalkalien auf 240 bis 280⁰, so tauscht sich eine zweite Sulfogruppe gegen Hydroxyl aus, und es entsteht eine Amidodioxynaphtalinmonosulfosäure, welche eine ponceaurothe Diazoverbindung bildet. Dieselbe kann natürlich auch direct aus der Naphtylamintrisulfosäure durch Verschmelzen mit Aetzalkalien bei 240—280⁰ erhalten werden. — **75.** p. 679. **113.** Bd. 13. p. 479.

Darstellung von Amidonaphtolmonosulfosäuren. D. P. 53076 t. Farbwerke vorm. Meister, Lucius & Brüning in Höchst a. M. Die β-Naphtylamindisulfosäure R und G, welche durch Einwirkung von Ammoniak auf die β-Naphtoldisulfosäure R des D. P. 3229 und die isomere G-Säure der D. P. 3229 und 36491 (Rep. 1886 II. p. 36) bezw. durch Sulfurirung von β-Naphtylamin nach dem Verfahren des D. P. 35019 (vgl. Rep. 1886 I. p. 12) erhalten werden, gehen beim ein-stündigen Erhitzen mit Aetzalkalien auf 200—280⁰ in Amidonaphtol-monosulfosäuren über. Die beiden erhaltenen Säuren sind in heifsem Wss. sehr schwer löslich und unterscheiden sich von allen bekannten, nicht diazotirbaren Amidonaphtolsulfosäuren dadurch, dafs sie Diazo-verbindungen liefern, welche auf Azofarbstoffe verarbeitet werden können. — **75.** p. 679. **113.** Bd. 13. p. 479.

Darstellung fuchsinrother Azofarbstoffe aus der Dioxynaphtalin-monosulfosäure S. D. P. 54116 f. Farbenfabriken vorm. Friedr. Bayer & Co. in Elberfeld. Durch Einwirkung von Diazobenzol und dessen Homologen, sowie deren Sulfosäuren auf Naphtolsulfosäure er-hält man orangefarbene bis gelbrothe Azofarbstoffe. Wenn man aber auf diejenige Dioxynaphtalinsulfosäure, welche durch Verschmelzen der α-Naphtoldisulfosäure S des D. P. 40571 gewonnen wird, die obige Diazoverbindung einwirken läfst, so erhält man prachtvolle fuchsin-rothe Farbstoffe, welche als Ersatz für Säurefuchsin geeignet sind und sich durch grofse Lichtechtheit auszeichnen. — **113.** (1891) p. 34.

Darstellung schwarzfärbender Azofarbstoffe. D. P. 52616 f. A. F. Poirrier und D. A. Rosenstiehl in Paris. Farbstoffe von grofser Färbkraft, welche Wolle in schwarzen Nüancen licht- und seifenecht färben, werden erhalten, wenn man Anilin- bezw. α-Naphtylamindi-sulfosäure (erhalten aus p- oder m-Sulfanilsäure bezw. Naphthionsäure) diazotirt, mit α-Naphtylamin kuppelt und nach erneutem Diazotiren mit alkylirten m-Diaminen (Diphenyl- bezw. Ditotyl-m-phenylendiamin) verbindet. — **75.** p. 594. **113.** Bd. 13. p. 315.

Darstellung rothbrauner, violetter und blauer direct färbender Azofarbstoffe. D. P. 53494 f. Farbenfabriken vorm. Friedr. Bayer & Co. in Elberfeld. Analoge Farbstoffe, wie aus Benzidin und Tolidin nach dem Verfahren der D. P. 35341, 40954, 43493, 45342 erhalten werden, lassen sich auch aus der im D. P. 52839 beschriebenen Base, dem Diamidophenyltolyl, darstellen. Die so erhaltenen Farbstoffe ähneln in ihren Nüancen mehr denjenigen des Benzidins als denjenigen des Tolidins. — **75.** p. 748.

Darstellung violetter bis blauvioletter substantiver Azofarbstoffe aus I-8-Dioxynaphtalin. D. P. 52140 f. Badische Anilin- und Sodafabrik in Ludwigshafen a. Rh. Das 1-8-Dioxynaphtalin liefert mit den Disazoverbindungen des Benzidins, Tolidins und Diamidostilbens violette bis blauviolette Farbstoffe, welche sich vor den Combinationen anderer Dioxynaphtaline durch ihre vollkommene Beständigkeit gegen Essigsäure und ihre große Affinität zur Faser auszeichnen. — **75.** p. 490. **113.** Bd. 13. p. 241. — Nach Zus.-Pat. 53499 ist ein weiterer brauchbarer Farbstoff der durch Combination von 1 Mol. der Disazoverbindung des o-Dianisidins mit 2 Mol. 1-8-Dioxynaphtalin erhaltene. — **75.** p. 748. **113.** Bd. 13. p. 479.

Darstellung blauer Azofarbstoffe aus Tetrazodiphenoläthern und Dioxynaphtalinmonosulfosäuren. D. P. 53567 (IV. Zus.-Pat. zum D. P. 38802, vgl. Rep. 1887 I. p. 24, und III. Zus.-Pat. zum D. P. 44775, vgl. Rep. 1888 II. p. 31) f. Farbenfabriken vorm. Friedr. Bayer & Co. in Elberfeld. Durch Ersatz der in dem Verfahren der D. P. 38802 und 40571 zur Anwendung kommenden Dioxynaphtalinmonosulfosäuren durch diejenigen Isomeren, welche durch Verschmelzen der β-Naphtoldisulfosäuren G und R mit Aetzkali entstehen, werden blaue bis grünblaue Farbstoffe erhalten, welche sich von den isomeren Producten durch größere Lichtechtheit auszeichnen sollen. — **75.** p. 748. **113.** Bd. 13. p. 479.

Darstellung eines gelben Farbstoffes durch Einwirkung von Ammoniak auf die Diazoverbindung des Primulins. D. P. 53666 f. J. R. Geigy & Co. in Basel. Man löst 50 kg Primulin in 10 Hektol. Wss. und diazotirt unter Zusatz von 30 kg Salzsäure (20,5° Bé.) mit 7 kg Natriumnitrit. Zur fertigen Diazoverbindung fügt man 30 kg Salmiakgeist (25° Bé.). Nach 12stündigem Stehen kocht man auf und scheidet nach Beendigung des Schäumens aus der dunkelgelben Lösung den Farbstoff mit Kochsalz ab. — **58.** p. 718.

Darstellung von Disazofarbstoffen aus p-Diamidodiphenylenketoxim. D. P. 52596 f. Badische Anilin- und Sodafabrik in Ludwigshafen a. Rh. Aus dem p-Diamidodiphenylenketoxim (aus Diamidodiphenylenketon und Hydroxylamin) lassen sich Farbstoffe erhalten, welche hervorragende Affinität zur Pflanzenfaser zeigen. Die symmetrischen Farbstoffe aus dem Ketoxim mit 2 Mol. Naphthionsäure, β-Naphtylamin-β-sulfosäure (Brönner), β-Naphtylamin-δ-sulfosäure sind amaranthfarben, diejenigen mit Salicylsäure orangegelb. Außer diesen sind auch roth- bis violettbraune unsymmetrische Farbstoffe dargestellt worden. — **75.** p. 594. **113.** Bd. 13. p. 315.

Darstellung von Gallocyaninfarbstoffen. D. P. 54114 f. L. Durand Huguénin & Co. in Basel. Man läßt salzsaures Nitrosodimethylanilin auf Gallonaphtylamide zu gleichen Theilen in alkoholischer oder essigsaurer Lösung einwirken. Gallonaphtylamide sind die Condensationsproducte von Tannin mit α- oder β-Naphtylamin. Der aus α-Naphtylamin entstehende Farbstoff färbt rothviolett, der β-Naphtylaminfarbstoff ist dagegen blauer.

Darstellung eines rothen basischen Naphtalinfarbstoffes und dessen Sulfosäuren. D. P. 52922 (Zus.-Pat. zum D. P. 45370, vgl. Rep. 1888 II. p. 47) f. Badische Anilin- und Soda-Fabrik in Ludwigshafen a. Rh. Man benutzt zum Aufbau des Farbstoffmoleküls Sulfosäuren der Farbstoffcomponenten. So wird eine Monosulfosäure dadurch hergestellt, dafs man an Stelle des Amidonaphtochinonimids, dessen aus dem Naphtolgelb S darstellbare Sulfosäure mit Anilin und salzsaurem Anilin verschmilzt. Aus dieser lassen sich dann anderweitige Sulfofn. durch directe Sulfonirung darstellen. — **75.** p. 664. **113.** Bd. 13. p. 395.

Rother Farbstoff. Amer. Pat. 441945 f. Clayton Aniline Company. Man combinirt diazotirte Dehydrothioparatoluidinsulfosäure mit β-Naphtol und verwandelt die Verbindung in das Ammoniumsalz. Der Farbstoff stellt ein rothbraunes, in Wss. lösliches Pulver dar. — **34.** (1891) p. 6.

Darstellung von orangegelben Farbstoffen. D. P. 52328 (VII. Zus.-Pat. zum D. P. 28753, vgl. Rep. 1884 II. p. 16, und VI. Zus.-Pat. zum D. P. 46953) f. Actiengesellschaft für Anilinfabrikation in Berlin. Der orangegelbe Farbstoff Benzidin + β-Naphtylamindisulfosäure R + Phenol (Beispiel: D. P. 41095, vgl. Rep. 1887 II. p. 36) hat, ebenso wie der entsprechende Tolidin-Farbstoff, die Eigenschaft, dafs seine Nüance durch Alkalien verändert wird. Dieser beim Färben störende Uebelstand wird dadurch beseitigt, dafs man die freie Hydroxylgruppe des im Farbstoff enthaltenen Phenolrestes alkylirt, indem man die alkalische Lösung desselben mit Alkohol und Bromäthyl einige Zeit im Wasserbade erwärmt. — **75.** p. 528. **113.** Bd. 13. p. 480.

Tetramethylbenzidinfarbstoffe. H. v. Perger und F. Ulzer erhitzten 25 g Dimethylanilin mit 85 g Schwefelsäure, welche 4 % Anhydrid im Ueberschusse enthielt, 8 Stdn. hindurch bei 210°. Die erhaltenen Farbstoffe schienen wenig werthvoll. — **123.** p. 649. **58.** Jahrg. 36. p. 719.

Darstellung von basischen Farbstoffen aus der Gruppe des m-Amidophenol-Benzeïns (Rosindamine). D. P. 52030 (Zus.-Pat. zum D. P. 51348) f. Farbwerke vorm. Meister, Lucius & Brüning in Höchst a. M. Verwendet man in dem Verfahren des D. P. 51348 an Stelle der dort aufgeführten secundären Amine der Fettreihe aromatische Amine, wie Anilin, o- und p-Toluidin, Xylidin, α- und β-Naphtylamin, so werden roth- bis blauviolette Farbstoffe erhalten, welche als symmetrisch dialkylirte m-Amidophenolbenzeïne aufzufassen sind. — **75.** p. 471. **113.** Bd. 13. p. 316.

Darstellung von Nitroderivaten des Phenolphtaleïns. D. P. 52211 f. The Clayton Aniline Comp. Limited in Clayton b. Manchester. Das Tetranitrophenolphtaleïn wird nach drei Verfahren hergestellt: 1) Durch Behandlung einer Lösung von Phenolphtaleïn in concentrirter Schwefelsäure folgeweise bei — 10 bis + 10° mit einem Gemisch von concentrirter Schwefel- und Salpetersäure und sodann mit einem gleichen Säuregemisch bei etwa 20—30°, Fällen des Nitroproductes mit Wss. und Reinigen desselben durch Extraction mit Essigsäure; 2) durch Behandlung einer eisessigsauren Lösung von Phenolphtaleïn mit Salpeterf. oder Salpeter-Schwefelf., wobei ein Dinitrophenolphtaleïn

(Schmelzpunkt 196°) gebildet wird, und weitere Nitrirung des letzteren mit Salpeter- und Schwefels. bei 20—30°; 3) durch Behandlung von Phenolphtaleïn mit concentrirter Schwefels. bei 90—100° und Nitrirung der entstandenen Phenolphtaleïnsulfosäure mit Salpeter-Schwefels. Das Tetranitrophenolphtaleïn schmilzt bei 244,5° und ist schwer löslich in den gewöhnlichen Lösungsmitteln. Die Alkalisalze sind leicht lösliche gelbe Farbstoffe, welche besonders zum Färben animalischer Faser geeignet sind. — **75.** p. 511. **113.** Bd. 13. p. 205.

Darstellung von Farbstoffen aus Fluoresceïnchlorid. D. P. 53300 (II. Zus.-Pat. zum D. P. 48367, vgl. Rep. 1889. p. 25) f. **Farbwerke vorm. Meister, Lucius & Brüning** in **Höchst a. M.** Fluoresceïnchlorid und dessen Halogensubstitutionsproducte reagiren ebenso mit Aminen wie im D. P. 49057 (vgl. Rep. 1889 II. p. 28), auch mit Amidophenoläthern, wie Anisidin, Phenetidin, Amidokresolmethyläther, Amidophenolbenzyläther. Die dabei entstehenden Farbstoffe, welche sich vor den aus Aminen erhaltenen durch lebhaftere blauere Töne und gröfsere Lichtechtheit auszeichnen, sind gleich jenen unlöslich in Wss. und löslich in Sprit. Durch Sulfurirung werden dieselben wasserlöslich gemacht. — **75.** p. 711. **113.** Bd. 13. p. 497.

Darstellung gelber beizenfärbender Farbstoffe des Dioxy-β-methylcumarins. D. P. 52927 f. **Farbenfabriken vorm. Friedr. Bayer & Co.** in **Elberfeld.** Das Dioxy-β-methylcumarinsäureanhydrid, welches an sich schon einen ausgesprochenen Farbstoffcharakter besitzt, wird durch Einführung saurer Gruppen, wie Chlor und Brom, in Producte übergeführt, welche auf Wolle ganz nach Art der Alizarinfarben färben. Die Bromirung erfolgt durch allmählichen Zusatz von Brom zu der alkoholischen Lösung des Anhydrid, Erwärmen auf 60° und Eingiefsen in kaltes Wss., wobei sich das Dibromproduct abscheidet. Die Chlorirung erfolgt durch Einleiten von Chlor in das in Eisessig suspendirte Dioxymethylcumarinsäureanhydrid. — **75.** p. 664. **113.** Bd. 13. p. 480.

Darstellung eines wasserlöslichen beizefärbenden Baumwollfarbstoffes aus Indulin. D. P. 53357 f. **K. Oehler** in **Offenbach a. M.** Das bei der gewöhnlichen Indulinschmelze als Endproduct erhaltene, in Wss. nahezu unlösliche sog. Spritindulin, dessen Base die Formel $C_{36}H_{27}N_5$ zugeschrieben wird, geht leicht und vollständig in einen wasserlöslichen Farbstoff über, wenn es mit p-Phenylendiamin auf 150 bis 200° erhitzt wird. Der resultirende Farbstoff färbt tannirte Baumwolle grünstichig blau. — **49.** p. 382. **113.** Bd. 13. p. 480.

Darstellung wasserlöslicher indulinartiger Farbstoffe. D. P. 53198 f. **Farbenfabriken vorm. Friedr. Bayer & Co.** in **Elberfeld.** Durch Zusammenschmelzen von Azobenzol mit p-Phenylendiamin bei 150—200° in Gegenwart von etwas salzsaurem p-Phenylendiamin, Chlorammonium oder Oxalsäure, Auflösen der Schmelze in verdünnter Salzsäure und Aussalzen wird ein wasserlöslicher violetter Farbstoff erhalten, welcher ein aufserordentliches Färbevermögen besitzen soll. Bei Anwendung von Azotoluol geht die Farbstoffbildung etwas weniger glatt; der entstehende Farbstoff verhält sich demjenigen aus Azobenzol vollständig analog. — **75.** p. 711. **113.** Bd. 13. p. 497.

Darstellung künstlichen Indigos. D. P. 54626 f. **Badische Anilin- und Sodafabrik,** Ludwigshafen a. Rh. 1 Th. Phenyl-

glycocoll aus Monochloressigsäure und Anilin wird mit 2 Th. trockenem Aetzkali bei möglichst vollständigem Luftabschluss zum Schmelzen
erhitzt und die Temp. allmählich auf 260° gesteigert, wobei sich die
Schmelze orangegelb färbt. Während des Schmelzens werden Proben
genommen und in Wss. gebracht; vermehrt sich die bei Luftzutritt
augenblicklich stattfindende Indigo-Ausscheidung nicht weiter, so löst
man die erkaltete Schmelze in Wss., während gleichzeitig ein Luftstrom eingeleitet wird. Der abgeschiedene Indigo wird abfiltrirt, mit
salzsäurehaltigem Wss. und dann mit Alkohol ausgewaschen und getrocknet.

Extraction von Indigotin aus käuflichem Indigo; v. Th. M. Morgan.
Fein gemahlener und mit etwa dem gleichen Gewichte Zinkstaub innig
gemischter käuflicher Indigo wird in etwa 1 Zoll dicken Schichten
auf dünnen Brettern ausgebreitet und so in einen luftdicht verschließbaren Dampfkasten gebracht, der mit Dampf-Ein- und Austrittsröhren
versehen ist und eine Oeffnung zur Einführung einer Lösung von
schwefliger Säure hat. Die Indigomischung wird durch einen Schirm
vor dem Auftropfen condensirten Dampfes geschützt. Man vertreibt
nun die Luft vollständig durch einen schnellen Dampfstrom, schliefst
dann das Dampfventil nahezu und läfst nur wenig Dampf den Apparat
passiren. Sodann führt man die Lösung von schwefliger Säure ein,
stets nur wenig zur Zeit, so dafs der Dampf immer mit schwefliger
Säure gesättigt ist, während die Reduction des Indigos vor sich geht.
In etwa 1—2 Stdn. ist das Indigotin vollständig reducirt. Es bildet
dann eine schmutzig gelbe oder grünlich gelbe Masse. Dem Gemische
entzieht man das Indigoweifs mittelst Holzgeist in einem Extractionsapparate oder in Flaschen, welche bis zum Halse mit dem Lösungsmittel gefüllt sind. Setzt man die Lösung in flachen Gefäfsen der
Luft aus, so scheidet sich das Indigotin rein und krystallinisch aus.
Die Ausbeute ist sehr grofs. — **97.** p. 302. **89.** Rep. p. 345.

Färberei und Zeugdruck.

Die Lichtechtheit der Benzidinfarbstoffe auf Wolle; v. O. Müller.
Mit Ausnahme der Benzazurine und der damit gemischten Farben,
Heliotrop, Azoviolett sind sämmtliche übrige Farben ohne Bedenken
gut zu heifsen und für Modeartikel verwendbar; besonders schön sind
die Färbungen mit Chrysophenin und Chrysamin. Auch zum Färben
loser Wolle eignen sich die Benzidinfarben sehr gut, weil derselben
die Verarbeitungsfähigkeit in hohem Grade verbleibt. — Oesterr. Wollen-
u. Leinenindustrie. p. 1060. **58.** Jahrg. 36. p. 1136.

**Verwendung von Nitrosoverbindungen im Zeugdruck und in der
Färberei.** G. Ullrich zeigt durch Versuche mit Naphtolgrün B, dafs
die zur Zersetzung des Farbstoffes nöthige Menge Säure von der
Dauer der Einwirkung abhängt und dieser umgekehrt proportional ist.
Unter gleichen Bedingungen wirkt die Essigsäure erst bei einer um
20° höheren Temp. als die Schwefelsäure. Der Zusatz einer nicht
zu geringen Menge Glaubersalz erhöht die Säurebeständigkeit des
Farbstoffes bei 80—100°. Ebenfalls erhöht ein Zusatz von Ferrosulfat die Säurebeständigkeit unter 80°. Für Nitroso-β-naphtol ist folgende Druckfarbe zu empfehlen: 300 g Dextrin werden mit 300 g
Wss. gekocht, kalt gerührt und auf 600 g gebracht. Hierzu setzt

man eine Lösung von 50 g Nitroso-β-naphtol in Aetznatronlösung (50 g 80%iges Natronhydrat in 300 g Wss.). Die bedruckte Waare wird bei niederer Temp. getrocknet und dann durch eine Metallsalzlösung, zur Entwickelung der Farbe geführt, gewaschen und getrocknet. — **55.** p. 47. **58.** Jahrg. 36. p. 1140.

Beizen für Wolle. Nach W. M. Gardner können schwefelsaures Mangan, Kobalt, Nickel und Uran als Beizen verwendet werden, ohne aber hervorragende Eigenschaften zu zeigen. — **120.** p. 37. **58.** Jahrg. 36. p. 1120.

Einwirkung von Anilin auf weiß gebleichte Baumwolle; v. St. Lipkowski. Unterwirft man weiß gebleichte Baumwolle der Wirkung des Anilins, wie es in den Druckereien für Schwarz gebraucht wird, so bekommt man keine Rosafärbung. Nimmt man aber statt Anilin ein in gewissen Verhältnissen zusammengesetztes Gemisch aus Anilin bezw. Anilinsalz, chlorsaurem Natrium, Ferro-Ferricyankalium, oder Anilinsalz, chlorsaurem Natrium, Schwefelkupfer oder salzsaurer Lösung von vanadsaurem Ammonium, und wiederholt man denselben Versuch, wie mit reinem Anilin, so bemerkt man schon nach 18—24 Stdn. eine Rosafärbung. Beide Versuche beweisen, daß nicht reines Anilin, sondern eine chemische Verbindung desselben, und zwar chlorsaures Anilin in seinen successiven Veränderungen, wie sie unter der Einwirkung von Salzsäure, Wärme, Licht etc. erfolgen, die Rosafärbung verursacht. Nicht alle Baumwollsorten sind gleich empfindlich gegen die Einwirkung des Anilins. Angestellte Versuche ergeben, daß die indische Baumwolle die empfindlichste ist, dagegen die amerikanische und persische viel weniger empfindlich sind. Die Bleichoperationen sind auch nicht ohne Einfluß auf die Intensität der Rosafärbung. Zu langes Liegen in Chlorwasser, eine zu energische Wirkung desselben, nicht genügendes Auswaschen im Wss., wie auch das Bleichen ohne Druck bewirken raschere und stärkere Rosafärbung. — **89.** p. 1203.

Woher rühren Schwierigkeiten bei Erzeugung von Primulin- und Thiochromogen-Farben auf der Faser? Der ungleichmäßige Ausfall der Färbungen scheint darin seinen Grund zu haben, daß die Diazoverbindung von Primulin, der orangegefärbte Körper, welcher gebildet wird, wenn die primulin- oder thiochromogen-gelb gefärbte Baumwolle durch das salpetrigsaure Bad geht, sehr empfindlich gegen Licht ist, und daß das dem Lichtaussetzen von nur kurzer Dauer vollständig genügt, irgend eine Art der Zersetzung zu erzielen, welche derart ist, daß das Product sich nicht mit den die Färbung entwickelnden Agentien zu der Form der sog. Ingrainfarben auf der Faser umsetzt. Wenn die Baumwolle, nachdem sie durch das salpetrigsaure Bad gegangen ist, nicht sofort und unmittelbar in dem Entwicklungsbade behandelt wird, wird das Licht, welchem sie in der Zwischenzeit nothwendigerweise ausgesetzt werden muß, auf sie wirken und stellenweise die Zersetzung herbeiführen, weshalb die Ingrainfarben verhindert werden, sich selbstständig zu entwickeln. — **II.** p. 393.

Die direote Bildung von Azofarben auf der Wollfaser; v. J. Mullerus. Die gebleichte Wolle wird auf einer Klotzmaschine mit 50 l Wss. und 500 ccm Salzsäure von 21° Bé. behandelt. Beim Durchziehen eines jeden Stückes wird diesem Bade 750 ccm Chlorkalklösung von 7^0 Bé. zugefügt. Die Stücke läfst man dann 1 Stde. liegen, darauf werden sie gewaschen und getrocknet. Die getrockneten Stücke erhalten nun auf einer Klotzmaschine folgendes Bad: 600 g α- oder β-Naphtol, 1100 g Aetznatronlauge von 36^0 Bé. und 10 l kochendes Wss. Nachdem das Naphtol gelöst ist, werden noch 30 l kaltes Wss. hinzugefügt. Die so imprägnirte Waare wird getrocknet und ist zum Druck fertig. Die Versuche ergaben, dafs ein Zusatz von 2 % Türkischrothöl zur Druckfarbe, bezüglich der Intensität, ein viel besseres Resultat giebt. Als Verdickungsmittel für die directen Farben eignet sich am besten Stärkeverdickung und eine Mischung von Clot und Leiogomme, während Leiogomme allein keine guten Resultate liefert. Die Versuchsfarben waren wie folgt hergestellt:

Erste Farbe.	Zweite Farbe.	Dritte Farbe.	
2 kg	2 kg	2 kg	Stammfarbe,
2 „	—	—	Stärkeverdickung,
—	2 kg	1 kg	Leiogommelösung (1 : 1),
—	—	1 „	Clotlösung (1 : 1),
80 g	80 g	80 g	Türkischrothöl 50 %,
240 „	240 „	240 „	Natronacetat.

Stammfarbe = 725 g α-Naphtylamin + 5 l kochendes Wss. Nachdem das Naphtylamin gelöst ist, werden 1500 g Salzsäure von 21^0 Bé. hinzugefügt, das Ganze im Wasserbade etwas erwärmt und dann auf $+ 1^0$ abgekühlt. Bei $+ 1^0$ setzt man unter Umrühren 2250 ccm Natriumnitritlösung in dünnem Strahl hinzu, zugleich sorgend, dafs die Temp. nicht über $+ 4^0$ steigt. Dann wird von dem Ungelösten abfiltrirt und das Filtrat mit Tragantschleim (1:1) auf 12,5 kg gebracht. Natriumnitritlösung 140 g (Natriumnitrit + 1 l Wss.). Stärkeverdickung: 1500 g weifse Stärke, 1000 g gebrannte Stärke, 10 l Wss., $^1/_2$ l Olivenöl gut gekocht. — 23. p. 407. 58. p. 1141.

Für Stückfärberei giebt S. Ladek bei gewissen Farben einzelnen Methoden den Vorzug. Helle Farben, wie Crême, Ivoire, Hellrosa, Hellblau, lichtes Chamois werden auf dem Rouleau oder der mit einer Hitzkammer versehenen Klotzmaschine angefertigt. Dunkle Nuancen, wie Schwarz, Puce, Braun, Olive werden durch Klotzen mit Mordant und nachheriges Ausfärben hergestellt oder auf tannirtem Grunde ev. mit Eisen- oder Thonerden mordant gemacht. Anilinschwarz wird auf der Klotzmaschine bei nachherigem Trocknen, Fixiren und Chromen (bei unvergrünbarem Schwarz unbedingt nothwendig) gemacht. Bei Türkischroth ist das nasse Verfahren das beste, doch macht das Naphtolroth dem Türkischroth schon empfindliche Concurrenz. Indigoblau wird noch immer in der Küpe, deren Form allerdings geändert worden ist, gefärbt. Die Zukunft wird wohl derjenigen Methode gehören, bei der die Farben, wie die des Naphtolroths, auf dem Stoffe selbst entwickelt werden. — 23. p. 5. 34. p. 381.

Indigo-Lösung. Amer. Pat. 437638 f. A. Ashworth, Manchester. Eine Lösung zur Reduction des Indigos für Färbereizwecke wird erhalten, indem man eine Lösung von Natriumbisulfit mit Metallspähnen sättigt, die Flüss. abscheidet, sie mit Natriumsulfit versetzt, bis kein Niederschlag mehr entsteht, filtrirt und dann Aetznatron zugefügt. — 89. p. 1446.

Drucken und Färben mit gemischten Salicylsäure- bezw. Kresolcarbonsäure-Tetrazofarbstoffen. D. P. 52183 f. Farbenfabriken vorm. Friedr. Bayer & Co. in Elberfeld. Die sogen. gemischten Salicylsäure-Farbstoffe, welche sich durch Einwirkung von 1 Mol. der Tetrazoverbindungen der Paradiamine, Benzidin, Tolidin, Diamidodiphenoläther, zunächst auf je 1 Mol. Salicylsäure (oder m-Kresolcarbonsäure) und darauf auf je 1 Mol. eines Amides, Phenols oder deren Sulfosäuren, besonders der Naphtol-mono- und di-Sulfosäuren bilden, werden ebenso wie die bereits im Handel bekannten Salicylsäure-Tetrazofarbstoffe Chrysamin und Carbazolgelb zum Färben und Drucken unter Anwendung von Chromsalzen z. B. Chromacetat als Beizen benutzt, wobei sich ebenso wie dort die Chromlacke der Farbstoffe bilden, welche lichtecht sind und selbst siedender Seifenlösung widerstehen. — **75.** p. 544. **II3.** Bd. 13. p. 316.

Diaminscharlach B aus der Farbenfabrik L. Cassella & Co. färbt Baumwolle unter Zusatz von 500 g Glaubersalz und 25 g Soda oder 50 g Seife auf je 20 l Wss. Auf Wolle bietet der Farbstoff den grofsen Vortheil, dafs er auch mit Weinsteinpräparat gefärbt werden kann, und sind die Färbungen walkecht. Seide wird in gebrochenem Seifenbade gefärbt. Für gemischte Stoffe soll der Farbstoff besser geeignet sein als die bisherigen.

Diaminblau 6 G. Ein neuer direct färbender Farbstoff aus der Farbenfabrik L. Cassella & Co. Er zeichnet sich durch seine hervortretende grünlichblaue Nüance aus. Auf Baumwolle wird er in kochendem Bade mit $15^0/_0$igem Glaubersalz und $5^0/_0$iger Soda, auf Wolle mit $10^0/_0$igem Weinsteinpräparat, auf Seide im Bastseifenbad mit $3^0/_0$iger Essigsäure und auf Halbseide mit $5^0/_0$igem phorphorsaurem Natron gefärbt. In Echtheit entspricht er den anderen im Handel befindlichen Diaminblaufarben.

Metaphenylenblau B der Firma Cassella & Co. soll neben Neublau und Indazin als Ersatz für Indigo auf Baumwolle und Leinen dienen. Es entspricht in der Nüance dem Indigoküpenblau und besitzt diesem gegenüber den Vortheil, ganz gleichmäfsig zu färben und nicht abzureiben. Es ist säure-, alkali- und seifenecht. Metaphenylenblau ist in heifsem Wss. leicht löslich. Es färbt mit Tannin und Brechweinstein gebeizte Baumwolle bezgl. Leinen in schwach angesäuertem Bade und kann mit allen anderen beizefärbenden Farbstoffen beliebig nüancirt werden. Eine Nachbehandlung mit Chrom ist bei Metaphenylenblau unnöthig. — **34.** p. 410.

Methoden zur Weifs- und Chamoisätzung auf Indigoblau; v. W. Geller. Folgendes Verfahren empfiehlt Verf. zum Weifssätzen: 300 g Leiogommeverdickung (1 : 1), 150 g schwefelsaures Blei, abgepreíst, 40 g chlorsaures Natron, 42 g Chlorammonium, 19 g Ferricyankalium. Man löst die Salze bei $40—50^0$ in der Leiogommelösung und rührt mit der so erhaltenen Verdickung langsam den Bleivitriol an. Nach dem Bedrucken wird wie gewöhnlich getrocknet und im Continueapparat bei trockenem Dampf $^1/_2$ Stde. gedämpft. Nach dem Dämpfen haben die geätzten Stellen eine grünblaue Färbung von etwas aus dem Ferricyanammon sich bildendem Berlinerblau. Man passirt alsdann durch heifse (ca. 70^0 verdünnte Natronlauge z. B. 30 g von 38^0 Bé. auf 1 l Wss.) innerhalb 1—2 Min. und, falls das Weifs noch

einen gelblichen Ton haben sollte, durch sehr verdünnte Schwefelsäure.
darauf wäscht man mit Wss. Will man die Schwefelf. grundsätzlich
vermeiden, so kann man auch anstatt Ferricyankalium Kaliumbichromat anwenden. Folgende Vorschriften gaben gute Resultate. I. 300 g
Leiogommeverdickung (1 : 1), 150 g abgeprefstes schwefelsaures Blei,
40 g chlorsaures Natron, 42 g Chlorammonium, 25 g Kaliumbichromat.
II. 300 g Leiogommeverdickung (1 : 1), 150 g abgeprefstes schwefelsaures Baryt, 40 g chlorsaures Natron, 42 g Chlorammonium, 20 g
Kaliumbichromat. Im ersten Falle nimmt man zweckmäfsig die Natronlösung etwas concentrirter, z. B. 50 g Natronlauge von 38º Bé. auf
1 l bei 70º, um das gebildete Bleichromat leichter zu zerstören. Das
Chamois wird in folgender Weise erzeugt: 130 g Leiogomme, 60 g
Stärke, 250 g Wss., 65 g chlorsaures Natron werden gekocht, 70 g
Chlorammonium und 40 g Ferricyankalium gepulvert, bei ca. 40—50º
eingerührt. Das Ganze angerührt mit 200 g abgeprefstem Bleisulfat.
und kalt zugefügt 16 g Oxalsäure, fein pulverisirt, und z. B. 100 ccm
essigsaures Eisenoxyd aus 20 g Eisenchlorid, krystallisirt mit Krystallwasser und der berechneten Menge essigsaurem Natron. Diese Verdickung wird nach 24stündigem oder längerem Stehen aufgedruckt
und die Waare durch den Oxydationsapparat von Mather & Platt
(innerhalb 1 Min.) gelassen, dann durch den Ammoniakapparat, um
die Oxalsäure unschädlich zu machen und endlich im Continuedämpf-
apparat fertig gedämpft. Man passirt hierauf innerhalb 5 Min. durch
eine 70º heifse Sodalösung (30—40 g auf 1 l) und wäscht mit Wss.
— 107. p. 936. 58. Jahrg. 36. p. 1142.

Aetzpappe für Blaudruck; v. E. Paul. Man druckt auf hellblau
vorgefärbter und leicht gestärkter Waare folgende Pappe: I. Weifse
Aetzpappe. a) 18 kg China Clay werden in 26 kg salpetersaurem
Kupfer von 50º Bé. eingeweicht und über Nacht stehen gelassen;
b) 3 kg Weizenstärke werden mit 2 l Wss. gut verrührt, 2 l salpetersaures Kupfer von 50º Bé. zugefügt. a und b werden gemischt und
allmählich so lange erwärmt, bis die Pappe anfängt dick zu werden.
dann läfst man ohne zu rühren kalt werden. Vor dem Drucken nimmt
man 15 kg obiger Stammpappe, erwärmt bis auf 62,5º und fügt 1,5 kg
chlorsaures Natron hinzu. Andererseits löst man: 800 g chromsaures
Natron in 1 l Wss., giebt langsam 540 g krystallisirte Soda zu und
nach einiger Zeit 2000 g Zinkvitriol. Die Mischung wird den 15 kg
Pappe zugefügt und nun passirt. II. Blaupappe. 12 kg Grünspan
werden einige Tage vorher in 28 l salpetersaurem Kupfer von 50º Bé.
eingeweicht, dann 15 kg China-Clay zugegeben und aufkochen gelassen. Nach einigem Abkühlen giebt man 15 kg Gummi in granis
zu. Man läfst den Gummi aufweichen, was 10—12 Stdn. dauert, erwärmt bis stark lauwarm und zieht durch. Diese beiden Pappen
werden aufgedruckt, und zwar als erste Farbe die Blaupappe, als zweite
die Weifsätzpappe, darauf wird die Waare auf 24 Stdn. verhängt,
dann in starke Küpen gebracht und schliefslich abgesäuert, gewaschen
und getrocknet. — 23. p. 255. 58. Jahrg. 36. p. 1142.

Brillantazurin 5 G der Farbenfabriken vorm. F. Bayer & Co.
färbt auf Baumwolle in hellen wie in dunklen Nüancen ein lebhaftes
grünliches Blau. Es ist aufserordentlich echt gegen Licht und Luft.
auch ohne nachherige Präparation mit Kupfervitriol und wird durch

Säuren nicht verändert. Es empfiehlt sich, Brillantazurin 5 G mit gleichen Theilen phosphorsaurem Natron und Glaubersalz auszufärben. Bei einem Zusatz von Seife bleibt mehr Farbstoff im Bade zurück, weshalb man nur so viel Seife zusetzen soll, als zur Entfernung des Kalkes nothwendig ist. Soda und Pottasche sind als Beize nicht zu empfehlen, auch eignet sich Kochsalz nicht so gut. Dieses neue Product läfst sich mit allen anderen directfärbenden Farbstoffen combiniren, doch ist dann von der Benutzung von Soda und Pottasche als Beize abzurathen. Wolle wird kochend mit Schwefelsäure und Glaubersalz leicht egal zu einem kräftigen und schönen Marineblau ausgefärbt; doch ist es empfehlenswerth, zuerst nur Glaubersalz und Farbstoff dem Bade zuzusetzen, 10—15 Min. bei 60⁰ R. anzufärben und dann die Schwefelf. nachzugeben. Erst bei Zusatz von letzterer und Erhöhung der Temp. bis zum Kochpunkt entwickelt sich die Farbe. Alle mit Säure zu färbenden Farben, Säuregrün, Echtgrün, Säureviolett, Echtgelb etc. lassen sich auf Wolle direct in einem Bade mit Brillantazurin 5 G combiniren. Das Brillantazurin 5 G auf Wolle gefärbt und nachträglich auf frischem kochendem Bade mit 5 % Kupfervitriol oder einem anderen Kupfersalz behandelt, wird aufserordentlich echt gegen Luft, Licht, Säure, Seife, Walke und gegen Schwefeln. Es verändert durch diese Operation seine Nüance zu einem vollständigen Indigoküpenblau. Es liegt ein klares, directfärbendes Küpenblau vor. — **34. 31.** p. 437.

Neuerung in der Herstellung licht- und seifenechter Färbungen mittelst der den Diamidodiphenoläthern entstammenden Farbstoffe. D. P. 52858 (Zus.-Pat. zum D. P. 50463) f. Farbenfabriken vorm. Friedr. Bayer & Co. in Elberfeld. Die im Hauptpatente genannten Farbstoffe Benzoazurin, Heliotrop und Azoviolett werden durch die Farbstoffe aus 1 Mol. Tetrazodiphenoläther und 2 Mol. Dioxynaphtalinmonosulfosäure aus β-Naphtoldisulfosäure R oder G des D. P. 3229 ersetzt, im übrigen aber werden genau wie beim Verfahren des Hauptpatents die Ausfärbungen durch Kochen mit Kupfer-, Nickel- oder Zinksalzen nachbehandelt, um einen höheren Grad von Licht- und Walkechtheit zu erzielen. — **75.** p. 645. **113.** Bd. 13. p. 480.

Thiocarmin R der Firma Cassella & Co. soll für Wolle und Seide Indigocarmin, schwefelsauren Iudigo und Indigoextract ersetzen. Es färbt in saurem Bade leicht und gleichmäfsig und wird ebenso wie Indigocarmin und andere sauer färbende Farbstoffe angewandt. Die Färbungen reiben nicht ab, auch ist Thiocarmin alkaliecht. Beim Betupfen mit starken Alkalien, wie z. B. Ammoniak, verändert es sich nicht. Das Bläuungsvermögen des Thiocarmins kommt durch die Reinheit der Nüance und den intensiv grünlichen Stich namentlich in Mischungen zur vollen Geltung. Thiocarmin ist schwefelecht und läfst sich mit Zinkstaub oder Zinnchlorür ätzen. — **34.** p. 410.

Alizarin-Cyanin R der Farbenfabriken vorm. Friedr. Bayer & Co. ist sowohl in der Baumwollgarnbereitung als auch im Kattundruck gut zu verwerthen, aber besonders gut für Wollfärberei. Die Färbevorschrift für Wolle lautet: Ansieden wie üblich mit 3 % Chromkali und 1 % Oxalsäure und Ausfärben unter Zusatz von ½ % Schwefelsäure. Man beginnt bei 30—40⁰ R., erhöht langsam bis zum Kochpunkte und läfst mindestens 1 Stde. gut kochen. Nimmt man das

gefärbte und gespülte Tuch durch ein warmes Seifenbad mit etwas
Ammoniak und Soda, so erhält man noch lebhaftere bläulichere
Nüancen. Alizarin-Cyanin ist aufserordentlich echt gegen Licht, Luft
und Walke und übertrifft in Lichtechtheit das Alizarinblau bei weitem:
auch durch die wesentlich gröfsere Färbekraft ist es diesem überlegen.
Am besten wird es auf Holz gefärbt, da kupferne Gefäfse die Klarheit der Farbe beeinträchtigen, und läfst es sich mit allen auf Chrom
fixirbaren Farben combiniren. — **89.** Rep. p. 284.

Pyronin der Anilinfabrik A. Leonhardt & Co. giebt auf Baumwolle nach dem üblichen Tannin- und Brechweinsteinverfahren ein
brillantes Blauroth, welches in Waschechtheit alle bisher in den Handel
gebrachten ähnlichen Farbstoffe übertrifft. Aufser für Baumwolle
eignet sich der Farbstoff für Seide, Jute, Leder, Papiermasse, Lacke
und Pigmentfarben.

Diaminviolett N und **Diaminechtroth F** der Firma Cassella & Co.
Diaminviolett N ist ein lebhaftes Violett von grofser Ergiebigkeit.
Diaminechtroth ist ein Roth von der Farbe des Sandelholzes, der
erste licht- und säureechte rothe Diaminfarbstoff. Diaminviolett und
Diaminechtroth können sowohl miteinander, als mit anderen Diamin-
farben in Mischungen angewendet werden. Namentlich lassen sich
mit Diaminschwarz Ro und Diamingelb N zahlreiche Mischfarben erzielen, denen besonders Echtheit nachgerühmt werden mufs. — **34.**
p. 410.

Alizarinbordeaux B und G (Farbenfabriken, Elberfeld) wird
genau wie Alizarinroth gefärbt. Im Kattundruck kann man mit dem
neuen Product nach dem gewöhnlichen Alizarin-Thonerde-Verfahren
direct ein besonders klares echtes Bordeaux erhalten, was bisher nicht
möglich war. Mit Chromsalzen gedruckt erhält man intensiv schwarz-
blaue Töne, die durch Kalk- oder Magnesiasalze zu nüanciren sind.
Gleich günstiges Resultat giebt Alizarinbordeaux in der Baumwollen-
färberei bei Anwendung gewöhnlicher Beizen und des abgekürzten
Neurothverfahrens. Auf Wolle färbt Alizarinbordeaux mit Alaunbeize
weinrothe, mit Chrombeize kräftige Prüne-Nüancen. Letztere übertreffen die mit Galleïn erzeugten Farben wesentlich an Luft- und Lichtechtheit. — **34.** p. 373.

Kroceïn AZ der Firma Cassella & Co. ist besonders für Baumwolle und Jute empfehlenswerth. Die Färbung geschieht am besten
bei 75⁰ C. unter Zusatz von 15 % Alaun und ebenso viel calcinirtem
Glaubersalz. Auf Leder erzeugt Kroceïn AZ ein sehr deckendes
Carmoisin. Papier färbt man unter Zusatz von schwefelsaurer Thonerde. — **34.** p. 410.

Congo-Orange R No. 331 (Farbenfabriken, Elberfeld) ist ein
neuer substantiver Baumwollenfarbstoff, der gelblicher wie Benzoorange
färbt und widerstandsfähiger gegen Säure ist. Als Beize für Baumwolle dient 10 % Kochsalz oder Glaubersalz, weshalb sich der Farbstoff besonders für Combinationen mit Brillantazurin, Benzoazurin,
Azoblau, Azoviolett, Benzobraun, Chrysophenin, hessisch Purpur eignet.
Wolle und Seide wird mit 5 % Weinsteinpräparat oder 10 % Glaubersalz und 2 % Schwefelsäure gefärbt. Bei gemischten Geweben, Halbseide und Halbwolle wird die Seide bezw. Wolle kräftiger als die
Baumwolle angefärbt. — **31.** p. 484.

Congo-Orange R (Berl. Act.-Ges.) ist ein Tolidinfarbstoff, der aus Naphtylamindisulfosäure R erhalten wird. Auf Baumwolle wird Congo-Orange R nach den für die directen Baumwollenfarbstoffe üblichen Methoden gefärbt. — **34.** p. 372.

Acridin-Orange, ein Farbstoff der Firma A. Leonhardt & Co., der zum Färben von Baumwolle mit Tannin und Brechweinstein gebeizt, für Seide in mit Essigsäure gebrochenem Seifenbade, und für Leder und Jute ohne Beize empfohlen wird. Acridin-Orange eignet sich auch vorzüglich zum Drucke auf Baumwolle und giebt eiu waschechtes und brillantes Orange. — **89.**

Wollgelb in Teig der Bad. Anilin- und Sodafabrik soll als Ersatz für Gelbholzextract dienen und besitzt diesem gegenüber den Vortheil, ganz gleichmäfsig zu färben. Die Färbungen liefern volle Gelbtöne, sind licht- und walkecht, und widerstehen dem Schwefeln vorzüglich. Wollgelb wird wie die Alizarinfarben gefärbt und kann mit diesen zusammen verwendet werden. Auch mit Glaubersalz und Schwefelsäure kann gefärbt werden, der Farbstoff läfst sich also auch mit allen Anilinfarben combiniren, die man in einem Bade verarbeitet. — **II.** p. 394.

Walkgelb O der Firma Cassella & Co. ist ein gelber, sehr lichtechter Farbstoff für Wolle und Seide. Man färbt Wolle in saurem Bade mit Schwefelsäure und Glaubersalz oder benutzt eine der für Alizarin und Holzfarben anwendbaren Methoden. Die Färbungen sind lichtecht, säureecht, schwefelecht und widerstehen starker Walke. Wolle mit Walkgelb gefärbt und mit weifser Wolle zusammen in Seifenlauge eingelegt, hatte nach 24 Stdn. nichts an die weifse Wolle abgegeben. Walkgelb O kann mit allen sauerfärbenden Wollfarbstoffen und mit Alizarin und Holzfarben combinirt werden. — **34.** p. 410.

Diamantgrün der Farbenfabriken vorm. Friedr. Bayer & Co. ist ein neues dunkles Russischgrün für Wolle, das die gleiche Eigenschaft hat, wie das Diamantschwarz und daher mit diesem zusammen gefärbt werden kann. Ebenso kann es mit allen Alizarinfarben, wie den Benzidinfarben zusammen combinirt werden. Die Färbevorschrift lautet: Mit 3%igem Chromkali und 1%iger Oxalsäure 1 Stde. kochend vorbeizen, spülen und unter Zusatz von Essigsäure je nach Nüance mit 1—2% Farbstoff ausfärben, oder nach einer zweiten Methode, indem man 1 Stde. mit 10%igem Glaubersalz auffärbt, gut spült und dann in einem zweiten Bade mit 2%igem Chromkali ½ Stde. kochend behandelt. Die zweite Methode hat den Vortheil, dafs der zu färbende Stoff sehr leicht egal wird, gut durchfärbt und das Färbebad beliebig lange aufbewahrt werden kann. Seide färbt man am besten kochend mit Glaubersalz. — **89.** Rep. p. 333.

Erzeugung schwarzer Azofarbstoffe auf der Faser. D. P. 53799 f. Farbenfabriken vorm. Friedr. Bayer & Co. in Elberfeld. Baumwolle, welche mit Farbstoffen aus den Tetrazofarbstoffen des Benzidins, Tolidins, Dianisidins, Diamidostilbens und der Amidonaphtolsulfosäure G vorgefärbt ist, wird mit schwach sauren Lösungen von Natriumnitrit behandelt, wodurch sich die Diazoverbindungen der Farbstoffe bilden, und darauf mit essigsauren Bädern von Phenolen, Aminen, Amidophenolen bezw. deren Sulfo- oder Carbonsäuren, wobei

sich combinirte schwarze Azofarbstoffe bilden. Die Farbentöne derselben sind je nach den Componenten bläulich-, grünlich-, röthlich-,
violett- oder reinschwarz. In der Patentschrift ist eine grofse Anzahl
von Beispielen aufgeführt. — 75. p. 846.

**Erzeugung violetter bis schwarzer Farben auf chromgebeizter
Wolle mit Hilfe von Azofarbstoffen aus 1-8-Dioxynaphtalin.** D. P. 51559
f. Badische Anilin- und Sodafabrik in Ludwigshafen a. Rh.
24,5 kg naphtionsaures Natron löst man in 550 kg Wss., setzt zur
Lösung 100 kg Eis und 73 kg Salzsäure (25 % HCl) und diazotirt
mit 7 kg Natriumnitrit, gelöst in 28 kg Wss. Die Diazoverbindung
trägt man in eine Lösung von 16 kg Dioxynaphtalin in 27 kg calcinirter Soda und 1200 kg Wss. ein. Der entsprechende Niederschlag
wird nach zweistündigem Rühren auf dem Filter gesammelt, geprefst
und zur Reinigung in 8000 kg Wss. unter Zusatz von 0,5 calcinirter
Soda kochend gelöst und filtrirt. Aus dem Filtrat wird der Farbstof
mit Kochsalz gefällt, geprefst und getrocknet. — 75. p. 607. 113.
Bd. 13. p. 315. — Nach Zus.-Pat. 52958 kann man zur Combination
oder Kuppelung des 1-8-Dioxynaphtalins zu Azofarbstoffen statt der
im Hauptpatente benutzten Naphtionsäure auch β-Naphtylamin-α-sulfo-
säure auch 1-5-α-Naphtylaminsulfof. (Erdmann, I. Bd. 247. p. 315) oder
β-Naphtylamin-γ-sulfof. (D. P. 29084), β-Naphtylamin-β-sulfof. (D. P.
22547), β-Naphtylamin-δ-sulfof. (D. P. 39925 und 44248), oder das
Gemisch der nicht getrennten, schwer löslichen β-Naphtylaminsulfofn.
nach D. P. 20760 anwenden. Beim Färben von chromirter Wolle mit
diesen Azofarbstoffen erhält man blaue bis schwarze Azofärbungen.
— 75. p. 726. 113. Bd. 13. p. 479.

Das Aetzen von Anilinschwarz; v. A. Kertész. Man bereitet folgende Mischung: 3500 g chlorsaures Natron werden in 20 l Wss. gelöst.
5500 g Anilinöl werden mit 6250 g Salzf. von 19½° Bé. und 10 l Wss.
gemischt, wenn beides erkaltet, 12 l Ferrocyanammonium, wie folgt
bereitet, zugegeben und das Ganze auf 63 l ergänzt. Ferrocyanammonium wird bereitet: 1800 g Ferrocyankalium werden in 32 l Wss.
gelöst. Andererseits löst man: 9000 g schwefelsaures Ammoniak in
13 l Wss. Beide Lösungen kochend gemischt, das schwefelsaure Kalium auskrystallisiren lassen und die Lösungen verwenden. Die Waare
wird mit obiger Farbe auf der Foulard-Maschine geklotzt und entweder am Spannrahmen oder in der Hänge getrocknet. Nach dem
Trocknen wird die alkalische Aetze aufgedruckt und nach dem Trocknen auf dem Mather-Platt mit einmaliger Passage gedämpft. Darauf
wird die Waare, ohne zu chromiren, das 1. Mal bei 40° und ein 2. Mal
bei 25° R. gewaschen. — 23. (1890/91) 2, p. 7. 89. Rep. p. 310.

Färben von Haaren und Federn. D. P. 51073 (Zus.-Pat. zum
D. P. 47349) f. H. Erdmann in Halle a. d. S. Anstatt der im Haupt-
Patent genannten Diamine werden p-Amidophenol, s-Triamidophenol,
1-5-Dioxynaphtalin (Schmelzpunkt des Acetats 160°) oder Mischungen
dieser Körper zum Braun- oder Schwarzfärben von Kopf- und Bart-
haar des Menschen angewandt und zwar in Combination mit Oxydationsmitteln (auch der Luft) oder mit Chinon und Toluchinon, welche
Körper sich gleicherweise auch mit den Diaminen des Hauptpatents
zu braunen bis schwarzen Farbstoffen auf Haaren und Federn combiniren lassen. — 75. p. 311.

Drucken und Färben mit Mononitroso-β_1-α_1-Dioxynaphtalin. D. P. 53203 (Zus.-Pat. zum D. P. 51478) f. **Farbenfabriken vorm. Fr. Bayer & Co.** Beim Verfahren des Hauptpatents ersetzt man die dort verwendeten Nitroso-1-8-Dioxynaphtaline durch das im D. P. 53915, Kl. 22, beschriebene Mononitroso-β_1-α_1-Dioxynaphtalin. Beim Bedrucken von mit Eisen- oder Chromsalzen vorgebeizter Baumwolle liefert dasselbe ein intensives, gegen Licht, Luft und Wäsche echtes Schwarz, bei Wolle tiefbraune Färbungen. — **75.** p. 846.

Darstellung einer Druckfarbe zum Drucken von Karten und dergl. D. P. 53359 f. **Th. A. Decker** in Monnerich, Luxemburg. Einer bekannten aus Colophonium, Melasse, Theer, Bleiglätte und Indigo bestehenden Buchdruckfarbe wird Copaivbalsam, Lösung von salpetersaurem Silber und Königswasser zugesetzt. Die Zusätze bewirken, daß die Druckfarbe in das Gummizeug, aus welchem z. B. wetterbeständige Karten hergestellt werden, tief eindringt und daher fest haftet. — **49.** p. 383.

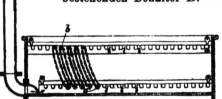

Verfahren und Apparat zum Färben von Garn in Form von Strähnen. D. P. 49718 f. **G. A. Greeven** in Crefeld. Die in einem Behälter straff eingespannten Strähne werden abwechselnd der Einwirkung der Luft und Flüss. dadurch ausgesetzt, daß die Flüss. wechselweise am unteren Ende des Behälters in denselben eintritt und ihn nach der Füllung wieder verläßt. Das Aufspannen der Strähne erfolgt mittelst zweier Stäbe a und b und die Zuführung und Abführung der Flüss. durch den mit einer Luftpumpe oder dergleichen in Verbindung bestehenden Behälter B. — **75.** p. 2.

Färbmaschine für Baumwolle. D. P. 52400 f. **L. Weldon** in Amsterdam, Staat New-York. Bei dieser Färbmaschine für Baumwolle ist das zu behandelnde Material in einer im Farbbottich um eine horizontale Achse sich drehenden Trommel untergebracht, die durch tangential zur Trommelachse angeordnete Siebwände a in eine Anzahl Zellen getheilt ist. Jede Zelle enthält eine Schlagwelle e, welche ein Zertheilen des in Behandlung befindlichen Materials herbeiführt. — **75.** p. 544.

Färben von Häuten, Fellen und Geweben auf heifsem Wege.
D. P. 53053 f. J. Koenigswerther in Paris. Das Verfahren besteht
darin, dafs die eine Seite des zu färbenden, auf einer Fläche ausgespannten Felles oder anderen Gegenstandes, welche auf dieser Fläche
anliegt, durch Abkühlen dieser bewegten oder stillstehenden Fläche
kühl erhalten wird, während die andere Seite des Felles u. s. w. die
Einwirkung der auf eine geeignete Temp. gebrachten Färbeflotte, in
welche das Fell u. s. w. getaucht ist, erleidet. — **49.** p. 383.

Drucken von Wasserfarben. D. P. 53990 f. R. Cantow in Neu-
Ruppin. Um beim Drucken mit Wasserfarben das Durchschlagen der
Farbe durch das Papier, Markirung der Ränder der bedruckten Flächen,
u. s. w. zu vermeiden, verfährt man folgendermafsen: Man schneidet
aus einer Gummiplatte von 2—3 mm Stärke Stücke aus, welche der
Form der zu färbenden Flächen entsprechen. Alsdann bestreicht man
die obere Seite mit Gummi arabicum und klebt die Muster auf einen
starken Cartonbogen, auf welchem ein dem zu bedruckenden Bilde
entsprechendes Bild aufgespannt ist. Nachdem man so sämmtliche
Gummimuster, welche zur Aufnahme und zum Druck desselben Farben-
tones bestimmt sind, auf ein und derselben Grundplatte vereinigt hat,
bestreicht man das Ganze mit einer Klebmasse aus 60 % Schellack
und 40 % Colophonium in alkoholischer Lösung und bedeckt das
Muster mit einem Bogen starker Lederpappe, welche auf ihrer dem
Muster zugekehrten Seite gleichfalls mit jener Klebmasse überzogen
ist. Hierauf bringt man die so in das Klebmittel eingebetteten, auf
der einen Seite vom Cartonbogen, auf der anderen Seite von der
Lederpappe umschlossenen Gummimuster unter eine Presse und läfst
sie gut austrocknen. Zum Schlufs mufs man den Cartonbogen mittelst
Wss. loslösen, so dafs nun das zum Druck fertige Muster übrig bleibt.
— **75.** p. 901.

Lewis und Bartlett; Beutelprocefs zur Darstellung weifser Bleifarbe aus
    im amerikanischen Bleiherd (Jumboofen) verschmolzenem Bleiglanz. **43.**
    p. 387.
J. Garnier; über die künstliche Erzeugung eines Chromblau. (Verf. schmilzt
    in einem mit Kohlenstaub ausgefüttertem Tiegel Kaliumchromat, Flufsspath
    und Kieselsäure zusammen, und erhält so ein schön blaues Glas, umgeben
    von einer Haut metallischen Chroms.) **9.** Bd. 111. p. 791. **89.** Rep. (1891)
    p. 10.
L. Bruehe; praktische Erfahrungen über Blauholz. (Die Güte des Blauholzes
    steht nicht in gleichem Verhältnisse mit dessen Abstammung.) **82.** p. 485.
R. Dubois; die Eigenschaften der natürlichen färbenden Stoffe der gelben
    Seide und ihre Analogie mit dem pflanzlichen Carotin. **9.** Bd. 111. p. 482.
    89. Rep. p. 329.
F. W. Passmore; die Chemie der organischen Farbstoffe. **105.** p. 504. **34.**
    (1891) p. 14.
O. N. Witt; Theorie des Färbeprocesses. Färb.-Ztg. p. 1. **34.** p. 372.
E. Knecht; Verhalten neuer Farbstoffe. **120.** p. 170.
R. Hirsch; über o-Methylbenzidin. **60.** Jahrg. 23. p. 3222.
E. Lellmann und F. Mack; über Dinitrodimethylamidodiphenylamin. (Ent-
    steht durch Einwirkung von o-p-Dinitrochlorbenzol auf p-Amidodimethyl-
    anilin; durch Reduction dieses Körpers entsteht anscheinend Dimethyltri-
    amidodiphenylamin.) **34.** p. 357.

C. Liebermann und F. Haber; über Bidioxymethylenindigo. 60. Jahrg. 23. p. 57.

E. Nölting und P. Werner; über Azofarbstoffe der Diphenylbasen. 60. Jahrg. 23. p. 3252.

C. A. Bischoff; über Azofarbstoffe aus α-Naphtylamin, Dimethylanilin und α-Oxynaphtoësäure. 60. Jahrg. 23. p. 1908.

O. Fischer und E. Hepp; über Fluorindine. 60. Jahrg. 23. p. 2789.

Ernst Istel; zur Kenntnifs der Induline. 89. p. 1535.

F. Kehrmann; über die Constitution der Eurhodine, Induline und verwandter Farbstoffe. 60. Jahrg. 23. p. 2446.

O. Förster; zur Kenntnifs des Lackmoids. 123. p. 163.

P. Cazeneuve; gelber Farbstoff aus Campher. 9. Bd. 110. p. 961. 58. p. 724.

Ferd. Vict. Kallab und Chr. Rudolph; über das K. Oehler'sche Toluylenbraun TBR. 89. p. 1731.

R. Hirsch und F. Kalckoff; über die Einwirkung aromatischer Basen auf Meldola's Blau. 89. Rep. p. 320.

Cl. Scheurer; schädliche Wirkung von chloraluminiumhaltigem Wasser. (Verf. beobachtete, dafs durch die Verunreinigung des Wss. mit Chloraluminium auf Stoffen, die mit Alizarin gefärbt oder bedruckt waren, Flecken entstanden, und dass viele Farben ein ganz anderes Aussehen zeigten als sonst.) 5. p. 78. 58. p. 1120.

Neue Farbstoffe (Gelb V; Seidenblau; Metaminblau; Indaminkûpenblau; Echtbraun für Wolle, Seide, Filz u. s. w.; unvergängliches Blau auf Baumwolle; Diaminviolett N und Diaminechtroth F; Alizarin-Cyanin R; Türkischroth auf Baumwollgarn.) 107. Mon.-Ausg. p. 125.

A. v. Perger; Versuche mit neuen Farbstoffen. (Verf. berichtet über die Erzeugung von Azofarbstoffen auf der Faser nach dem Verfahren von Holliday; aber trotz mehrfacher Verbesserungen läfst die Seifenechtheit noch zu wünschen übrig.) 55. p. 85 und 113. 58. p. 1132.

A. Kielmeyer; Verwendung der Anilinfarben. Oesterr. Wollen- und Leinenindustrie. p. 956, 1060 und 1218.

Walter Gardner; die Verwendung der Alizarinfarbstoffe in der Wollfärberei. 11. p. 79.

C. Goebel; die Erzeugung licht- und walkechter Farben auf Wolle im Bade. 11. p. 345.

A. Gutknecht; über Anilinschwarz. 89. p. 1557.

Cl. Kertesz; über Dampfanilinschwarz. 89. p. 180.

A. Lohmann; über Halbseide- oder Satinfärberei. 23. p. 385. 58. p. 1130.

E. Cleve; Behandlung der Tussah, vor, während und nach dem Färben. 23. p. 389.

Die Färberei der Militärtuche. 107. p. 755.

O. Müller; die Leinengarnfärberei. Oesterr. Wollen- u. Leinenindustrie. p. 901.

Rudolf Osthoff; Leitfaden der Walkecht-Färberei loser Baumwolle für Zwecke der Tuchfabrikation. 11. p. 337.

Gustav Schulz; die Färberei und Appretur halbseidener Bandgewebe. 11. p. 339.

Gustav Ulrich; über Velourfärberei. 11. p. 340.

Henri Schmid; das Aetzen der mit Chromoxyd befestigten Farben. 89. p. 1439.

W. M. Gardner; Bemerkungen zur Fixirung der substantiven Farben auf Baumwolle. 89. Rep. p. 284.

J. Herzfeld; die Corron'sche Garnfärbemaschine. 23. p. 124.

E. Fischer, D. P. 52515; Handdruckmaschine.

O. Walter; Stückfärbemaschine für warme Küpen. 23. p. 291. 58. p. 1112.

Fette, Oele,
Beleuchtungs- und Heizmaterialien.

Carapafett, das Fett aus den Samen verschiedener in Brasilien, Guyana, Fernando Po, Ceylon, Molukken wachsender Bäume (Carapa-Arten), welches auch die Namen Andirobaöl, Kundaöl, Tulucunafett führt, wird in Europa eingeführt und zur Seifenbereitung verwendet. Das Carapafett ist strychninhaltig, worauf Gawalowski aufmerksam macht. — Pharm. Post. p. 257. **24.** p. 366.

Herstellung eines neuen Stoffes aus dem Wollfett. D. P. 52978 f. **Norddeutsche Wollkämmerei und Kammgarnspinnerei** in Bremen. Der Stoff, ein Extract- oder Gummiharz, ist nach Angabe der Patentschrift löslich in Wss., verdünntem Alkohol und in Wollfett, dagegen unlöslich in Benzin, Aether, Chloroform, Schwefelkohlenstoff, Aceton und concentrirtem Alkohol und wird aus dem mittelst Schwefelsäure gefällten Fettschlamm der Wollwäschereien dadurch gewonnen, daß man ihn (vor oder nach Verseifung) mit Benzin, Aether, Chloroform, Schwefelkohlenstoff oder einem sonstigen fettlösenden Mittel, sowie Alkoholen, z. B. Aethyl-, Methyl- oder Amylalkohol behandelt und die gewonnene Lösung mittelst Wss. oder verdünnten Alkohols reinigt, wobei sich der neue Stoff als Bodensatz absetzen soll. — **75.** p. 711.

Ausscheiden von Fett aus Emulsionen. D. P. 54490 f. C. D. Hellström in Stockholm. Die Emulsion wird der gleichzeitigen Beeinflussung der Schleuderkraft und einer hin- und hergehenden Bewegung ausgesetzt, welche der Emulsion in der Richtung der Schleudertrommelachse oder annähernd in dieser Richtung ertheilt wird. — **75.** p. 987.

Verfahren zur Oxydation und zum Verdicken von Oelen. Engl. Pat. 18628/1889 f. L. T. Thorne und „Brin's Oxygen Company", London. Die Oxydation erfolgt durch Benutzung von reinem oder fast reinem Sauerstoff in fein vertheiltem Zustande. Der Proceß dauert 2—7 Stdn. Man braucht 2000—4000 cft Sauerstoff pro Tonne Oel. — **34.** (1891) p. 6.

Das Ranzigwerden der Fette. Nach E. Ritsert ist das Ranzigwerden ein directer Oxydationsproceß durch den atmosph. Sauerstoff, unabhängig von dem Vorhandensein von Organismen. Der Proceß verläuft um so rascher, je größer die Intensität gleichzeitiger Lichteinwirkung ist. Für die Verhütung des Ranzigwerdens der Fette ist demnach absoluter Luftabschluß, verbunden mit Aufbewahrung im Dunklen, Erfordernifs. — **38.** (1891) p. 26.

Zersetzung der Glyceride durch Wasser unter Druck wird nach F. Jean von Hugues in L'Etoile ausgeführt. In einen cylindrischen Autoklaven aus Kupfer, der 1000 kg Fett faßt, tritt durch ein Rohr am Boden Wasserdampf unter einem Druck von 14—15 Atm. Nachdem das Fett emulsirt ist, wird der Dampf in eine Schlange gepumpt.

Die Zersetzung geschieht innerhalb 6—7 Stdn. derartig, dafs nur 5 % Neutralfett zurückbleibt. In einem Becken setzt sich die Emulsion ab. Das glycerinhaltige Wss. zeigt 3 % Bé. und wird durch den Dampf des Autoklaven auf 28⁰ gebracht. Die ausgewaschenen Fettsäuren werden bei 120⁰ getrocknet mit 4 % Schwefelsäure von 66⁰ behandelt und dann destillirt. Die Destillationsapparate werden auf 300⁰ mit Wasserdampf erhitzt, jeder der 10—12 App. erhält eine Charge von 1700 kg. Die Destillation währt 5 Stdn. und liefert 92 % weifser Fettfn. Die zurückbleibenden 8 % werden nochmals im Autoklaven behandelt. Bouïs hat eine Anordnung getroffen, um die Fettfn. schnell zu condensiren. Ein Kupferrohr trägt eine Douche, die kaltes Wss. unter 60 m Druck aussprüht. Zuerst enthalten die Fettfn. viel Oelsäure und sind opalisirend, nicht krystallinisch. Die folgenden Fractionen enthalten hauptsächlich Stearinsäure. — Corps gras p. 182. 197. **34.** p. 37.

Gewinnung von Glycerin aus Seifen-Unterlaugen. D. P. 53500 f. Firma C. Glaser in Berlin. Von der einzudampfenden Glycerinflüssigkeit wird ein Theil im kochenden, der andere im nicht kochenden Zustande erhalten und beide Theile sind durch eine Absperrvorrichtung trennbar. Die sich beim Ein-

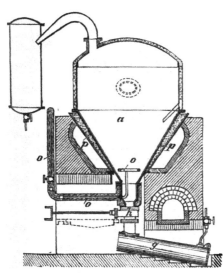

dampfen ausscheidenden Salze sinken in den tiefer liegenden, nicht kochenden Theil hinab, und können dann, nach Absperrung vom kochenden Theile, gründlich und ohne erheblichen Verlust von Flüss. entleert werden. Die nachzufüllende frische Glycerinflüssigkeit wird in den nicht kochenden Theil eingeführt, weil sonst das Glycerin infolge plötzlicher Entwicklung von Wasserdampf überkocht. Wird das neue Verfahren bei einem Destillirapparat für Glycerin angewandt, so wird derselbe (*a*) unten zweckmäfsig mit zwei Behältern (*g*) für den nicht kochenden Theil des Glycerins verbunden, von denen jeder durch einen Schieber (*h*) abgesperrt werden kann. Man kann dann abwechselnd den einen und den anderen Behälter entleeren, ohne gleichzeitig die Destillation zu unterbrechen. *o* stellt ein Dampfrohr zum Einlassen von überhitztem Dampf, *p* ein Sandbad dar. — **75.** p. 824. **113.** Bd. 14. p. 35.

Reinigung des Glycerins. L. Siebold giebt ein Verfahren an, das auf der bekannten Eigenschaft des frisch gefällten Eisenoxydhydrats, arsenige Säure aus Lösungen durch Bildung einer unlöslichen Verbindung zu entfernen, beruht. Das Eisenoxydhydrat, das durch Auswaschen von allen Salzen befreit ist, wird zu dem mit seinem

gleichen Volumen Wss. verdünnten Glycerin gesetzt und bei einer
leicht erhöhten Temp. unter Umrühren digerirt. Dann läfst man bis
zum nächsten Tage stehen, während man bisweilen rührt, filtrirt dann
und verdampft bis zu dem verlangten spec. Gew. Das Product ist
völlig farblos, sowie frei von Arsen, Eisen- und Schwefelverbindungen.
— Pharm. Journ. p. 421. **34.** p. 339.

   **Apparat zum Reinigen für die Stearinfabrikation bestimmter fester
Säuren.** D. P. 50301 f. Wittwe Ch. Petit, geb. M. V. Brisset in St.

Fig. 1.

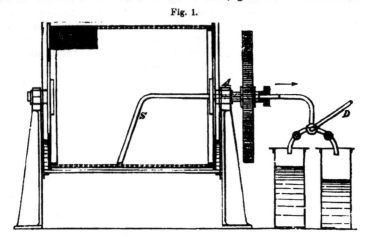

Denis, Frankreich. Das Saugtrommelfilter zum Absaugen der Oelsäure
von der Stearinsäure aus dem Krystallbrei, welcher beim Umkrystallisiren der rohen Stearinf. aus Alko-
hol oder anderen Lösungsmitteln erhalten wird, besteht aus einem hohlen
mit Drahtgewebe und Filtertuch be-
spannten in einem Troge langsam
rotirenden, horizontalen Cylinder,
dessen Innenraum mit einer Luftpumpe in Verbindung steht, und einer
rotirenden Bürste B (Fig. 2), welche
die sich auf der Oberfläche des Filters bildende Stearinsäureschicht beständig ablöst und die Filterfläche
rein erhält. Das Saugrohr S (Fig. 1),
welches gleichzeitig die Oelf. mit
absaugt, ist durch eine hohle Achse
A der Trommel hindurchgeführt; ein
Dreiweghahnrohr D gestattet zeit-
weise die Entleerung des äufseren
Endes des Saugrohrs ohne Unterbrechung der Saugwirkung. — **75.**
p. 204.

Fig. 2.

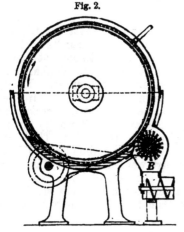

   Zur Reinigung von Glycerin empfiehlt Brunner folgendes Verfahren: 1000 Rohglycerin werden mit 80 wasserfreien Zinksulfat er-

wärmt, und nach Abkühlen mit 27 gepulvertem Aetzkalk versetzt. Es wird nun unter Druck filtrirt und das Glycerin hierdurch von den unlöslichen basischen Salzen der fetten Säure und Calciumsulfat getrennt. (Das im Glycerin zurückbleibende Zinkoxyd wird durch Schwefelwasserstoff entfernt.) An Stelle des Zinksulfats kann man die Sulfate des Magnesiums, Aluminiums, Eisens oder des Kupfers verwenden und den Aetzkalk event. durch kohlensaures Baryt ersetzen. — 76. p. 826.

Ein vorzügliches Schmieröl für Maschinen, sowie zum Ausschmieren der Walzengußformen erhält man wie folgt: ca. 1 l Olivenöl wird in eine reine Glasflasche gegossen, in das Oel hängt man vermittelst des Flaschenkorkes ein dünnes Stück Blei, das man korkzieherartig gewunden hat. Hierauf stellt man die Flasche in die Sonne, deren Strahlen man sie während eines Monats ausgesetzt läfst; haben sich in dieser Zeit alle Unreinlichkeiten zu Boden gesetzt, so giefst man das klare Oel ab, das durch einen Zusatz von Paraffin zu einem feinen, niemals verharzenden Schmieröl wird. — Central-Bl. d. g. chem. Gr.-Ind. **49.** p. 366.

Neuerung an Schmiermitteln. D. P. 52166 f. A. Sommer in Berkeley, Californien, V. St. A. Um den Schmierwerth von Maschinenschmiermitteln zu erhöhen, setzt man ihnen mit Chlorschwefel behandelte (s. g. „sulfochlorinirte") neutrale Oele oder Fette zu, auf deren Herstellung in neutralem Zustande sich die D. P. 50282 und 50543 (vgl. Rep. 90 I. p. 51) beziehen. Oder man behandelt, falls die Natur der Oele oder Fette, welche das Schmiermittel enthält, dies gestattet, letzteres direct mit Chlorschwefel und neutralisirt darauf das Gemisch. Die neuen Schmiermittel sollen nach Angabe des Erfinders sich durch einen sehr hohen Grad von Schlüpfrigkeit auszeichnen. Als Beispiel wird u. a. ein breiiges Schmiermittel aus 1 Th. Talg und 2 Th. breiigen Petroleumrückstandes angegeben, welches mit 13 % vom Gewicht des Talgs an Chlorschwefel behandelt oder „sulfochlorinirt" und mit 2½ % pulverisirtem Calciumhydroxyd neutralisirt wird, ferner ein flüssiges Schmiermittel aus 1 Th. Chlorschwefel, 5 Th. Talgöl und 6 Th. Paraffinöl und 3½ % von letzterem an Calciumhydroxyd. Der überschüssige Kalk wird durch Stehenlassen des Gemisches an einem warmen Orte zum Absetzen gebracht. — **75.** p. 549.

Viscosität von Schmierölen. H. Joshua Phillips macht darauf aufmerksam, dafs die Bestimmung der Viscosität an Schmierölen bisher durchaus nicht gleichmäfsig und zuverlässig erfolgt. Sacker's Viscosimeter ist werthlos, da noch nicht zwei App. miteinander übereinstimmen. Es wird der App. von Boverton Redwood empfohlen. — **8.** Bd. 62. p. 288. 31. (1891) p. 35.

Kautschukhaltiges Mineralöl; v. Holde. Beim Behandeln mit einem Gemische von etwa 4 Th. Aether und 3 Th. Alkohol schied das Oel eine anfänglich schleimige Masse aus, die sich bald fester zusammenballte und nach dem Abgiefsen der alkohol-ätherischen Lösung einen völlig elastischen kautschukartigen Klumpen von brauner Farbe darstellte. Es gelingt so, die in dem Oele enthaltene Kautschukmasse durch Zusatz von Alkohol zu der ätherischen Lösung

völlig zu fällen. Die Kautschuknatur der abgeschiedenen ausgewaschenen und getrockneten Masse erweist sich auch darin, dafs letztere
beim Verbrennen den bekannten Geruch nach angebranntem Kautschuk zeigt. Wie vergleichende Versuche mit dem mit Kautschuk
versetzten Oele und dem von diesem Zusatze befreiten Oele ergaben,
verhält sich letzteres hinsichtlich des Reibungswerthes wesentlich
günstiger als das kautschukartige Product. — 114. p. 308. 89. Rep.
(1891) p. 14.

Apparat zum Reinigen von dickflüssigem Oel und Maschinenfett.
D. P. 54046 f. C. A. Köllner in Neumühlen bei Kiel (vgl. Rep. 83 II.
p. 27). Die das Filtrirmaterial *F* zusammenhaltenden Siebplatten *S*
sind jetzt in einem kastenartigen Gefäfse zwischen verticalen Platten
mit Führungs-Rippen derart eingeschoben, dafs das Oel aus dem Kasten
seitlich durch das Filtrirmaterial hindurchfiltrirt und das Filtrat aus

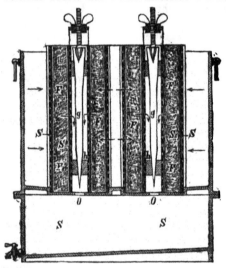

den Zwischenräumen durch Oeffnungen *O* im Boden in einen
unterhalb des Filtrirkastens
liegenden Sammelbehälter *S* abfliefst. Bei dieser Einrichtung
kann man viele sehr grofse
Filtrirflächen benutzen und das
Oel bei geringer Drucksäule
äufserst langsam durch die
Filterflächen hindurchdringen
lassen. Um das Filtrirmaterial,
als welches jetzt Heusamen,
Kleie oder Keime, Spitzen und
Bärtchen von Getreide angewandt werden, je nach dem
Verlauf der Filtration, zusammenpressen oder lockern zu
können, dient ein auf- und
niederschraubbarer Keil *g*, welcher gegen Keilflächen *h* an
den Siebplatten wirkt, oder auch eine drehbare verticale Stange mit
excentrischen Seitenflächen, welche durch eine Sperrvorrichtung in
ihrer jeweiligen Stellung gesichert wird. Bei Verwendung des Filters
zur Reinigung von neuem Oel kann das ausgebrauchte Filtrirmaterial
zur Herstellung von Oelkuchen dienen. — 75. p. 925.

Egyptisches Erdöl eignet sich nach Kast und Künkler wegen
seines geringen Gehaltes an leichten flüchtigen Bestandtheilen nicht
besonders zur Brennölfabrikation, wohl aber vorzüglich zur Darstellung von Schmierölen. — 89. Rep. p. 298.

Fabrikation des zum Hausgebrauch etc. bestimmten Petroleums;
v. Smith Peter. Die raffinirten und des Geruches beraubten Oele
werden in einer Destillirblase mit einer geringen Menge Seife, die zur
Erzeugung des festen Aggregatzustandes dient, auf hohe Temp. erhitzt.
Wenn das Oel gereinigt und raffinirt ist, kann man den üblen Geruch
leicht entfernen, indem man es in einem Reservoir der Einwirkung
des elektrischen Stromes unterwirft. Das rohe unreine Oel wird mit

einem geeigneten Salze (z. B. Magnesiumchlorid) gemischt, das durch den elektrischen Strom zersetzt werden soll und ein Oxydations- oder Bleichmittel in Freiheit setzt. Hiernach decantirt man und filtrirt durch Thierkohle. Die Behandlung mit Seife geschieht in einer besonderen Destillirblase mit Condensator bei 150—195⁰ C. Die Seife muſs pulverisirt und völlig trocken sein, man verwendet 3—5 % und rührt lebhaft 10 Min. nach der Mischung. Dann gieſst man in Formen, wo die Masse bald als weiſses Product erstarrt, das beliebig parfümirt werden kann. — Corps gras. p. 294. **49.** p. 334.

Ueber Erdöltrübung; v. A. Veith. Manches klare raffinirte Erdöl wird nach einiger Zeit trübe infolge Bildung und Ausscheidung von organischen (kerosinsauren) und sulfosauren Salzen. Um diese Trübungserscheinungen zu vermeiden, reinigt man das Petroleum erst mit Natronlauge, dann mit Schwefelsäure und zuletzt wieder mit Natronlauge. — **28.** Bd. 277. p. 567. **43.** p. 460.

Schwefelverbindungen im rohen Erdöl. Ch. F. Mabery und A. W. Smith unterwarfen Erdöl der Ohio-Oelfelder der fractionirten Destillation, es sammelten sich dabei Schwefelverbindungen, besonders in den höheren Fractionen (200—300⁰) an, die sich hieraus leicht mit concentrirter Schwefelsäure ausziehen lieſsen. Durch Neutralisation der verdünnten sauren Lösung mit Bleicarbonat oder Calciumhydrat bildete sich ein Salz, das sich beim Verdampfen der Lösung abschied. Letzteres war sehr unbeständig und zersetzte sich in wässeriger Lösung durch Destillation mit Dampf. Die Schwefelverbindungen gingen hierbei ohne Zersetzung in Form eines hellgelben Oeles in das Destillat. Die unter vermindertem Druck erhaltenen Fractionen enthielten 14,2—18,3 % Schwefel. Thiophenverbindungen und Merkaptane waren nicht vorhanden. — **60.** (1889) p. 3303. **58.** p. 33.

Reinigung von Petroleumbenzin; v. Berninger. Benzin wird mit einem erkalteten Gemisch von Wss., Schwefelsäure und Kaliumpermanganat öfters geschüttelt, dann abgehoben und mit Lösung von Kaliumpermanganat und Natriumcarbonat geschüttelt. Es ist farb- und geruchlos und bedarf keiner Destillation. — **106.** (1891) p. 51.

Die Löslichkeit der Mineralöle in Benzin, speciell der dunkeln deutschen Mineralöle, untersuchte A. Bender. Benzin (von 0,705 spec. Gew.) schied daraus schwarzbraune, pulverige Körpers aus, löslich in Benzol, Schwefelkohlenstoff etc., die sich als Asphalt charakterisirten. Zwei deutsche Mineralöle enthielten davon im Mittel 1,8—2 %, ein Elsasser Rohöl 1,8 %. (Schon E. Jacobsen zeigte — Repert. 1864, Heft I, p. 63 —, daſs Asphalt in den leichten Kohlenwasserstoffen der Braunkohlen, der Schieferkohlen und des Petroleums unlöslich sei, und daſs dadurch Asphalt ein einfaches Mittel biete, Benzol von Benzinen zu unterscheiden.) — **114.** p. 311. **34.** (1891) p. 28.

Zur Kenntniſs des Paraffins. Das Verhalten des Paraffins bezüglich des Eisessigs einerseits und des Benzols und anderer Lösungsmittel andererseits läſst folgern, daſs es sich in letzteren wie ein colloïdaler Körper verhält. Aus Lösungen mit Benzol, Chloroform, Schwefelkohlenstoff und Terpentin fällt das Paraffin beim Abkühlen gallertartig aus, aus Aether in Flocken, die aber einer Gallerte sehr

ähnlich sind; von einer Krystallisation ist weder mit bloſsem Auge
noch mit dem Mikroskop eine Spur zu entdecken. Aus Essigsäure
dagegen scheidet sich das Paraffin beim Abkühlen in kleinen Schuppen
oder Blättchen ab, die sich vollkommen vom Lösungsmittel trennen.
Das Paraffin kann also als ein Colloïd betrachtet werden, der Essigſ.
gegenüber verhält es sich aber als ein Krystalloïd. Durch die colloïdale Natur des Paraffins läſst sich sein Auftreten im Rohpetroleum
als Vaselin erklären. — **82.** p. 415.

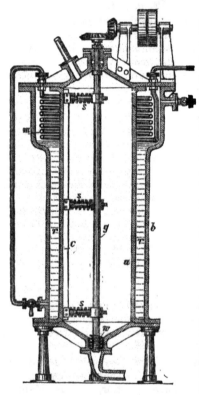

**Ausfrierapparat für paraffin-
haltige Mineralöle.** D. P. 53498 f.
F. N. Mackay in London. Der
App. besteht aus einem von einem
Mantel *b* umgebenen Cylinder *a*,
in dessen ringförmigem Zwischenraum *r* eine ihm stetig zugeleitete
Kälteflüssigkeit, z. B. Ammoniak,
durch Absaugen verflüchtigt wird.
Hierdurch wird der Wandung des
Cylinders so viel Wärme entzogen,
daſs sich an ihr aus dem Mineralöl Paraffin niederschlägt. Dieses
wird durch eine Schabevorrichtung
s s, welche um eine senkrechte
Welle *g* rotirt, fortgesetzt abge-
schabt und dann durch eine kleine
Transportschnecke *w*, welche den
Abschluſs der Welle und gleichzeitig den unteren Verschluſs des
Cylinders bildet, entleert. Das
Ammoniak wird, bevor es sich in
die Zwischenwand des Cylinders
ergieſst, durch ein im oberen
Theile desselben liegendes Schlangenrohr *m* geleitet, um es vorzu-
kühlen und seinen Gegendruck auf
die Compressionspumpen herabzumindern. — **75.** p. 824.

Vaselin; v. Thede. Man hat in den verschiedenen Oelen zwei
Paraffine zu unterscheiden, die isomer sind: die Normalparaffine und
die Isoparaffine. Für die Gewinnung des gelben Vaselins ist der
amerikanische Rohstoff — die bei der Destillation des Petroleums gewonnenen zähflüssigen Rückstände — unerläſslich. Das amerikanische
Petroleum enthält beide Paraffine, von welchen das Normalparaffin
nur dann krystallinisch wird, wenn man das Petroleum zur Destillation bringt, während das Isoparaffin gelöst bleibt. Je nach dem
Grade, wie weit man die das Paraffin lösenden Oele davon abdestillirt, erhält man ein mehr oder weniger zähflüssiges oder salbenartiges
Product. Die russischen Oele erlangen besonderes Interesse durch
das aus ihnen dargestellte „Vaselinöl". Nachdem leichte Oele und
Normalparaffin aus den Oelen abgeschieden sind, werden die schweren

Oele durch Pressen, Centrifugiren und Entfärben gereinigt und stellen so das Paraffinum liquidum der Pharmacopöe dar, welches wahrscheinlich auch eine Lösung des Isoparaffins in Mineralöl ist. Um ein viscoses Vaselin zu erhalten, ist es nöthig, von einem Rohmaterial auszugehen, welches das Paraffin nur im amorphen Zustande enthält und das auch in gröfster Kälte ohne Krystallbildung bleibt; aus Oelen, die Normalparaffin enthalten, ist es nicht möglich, ein viscoses Vaselin zu erzeugen, man erhält vielmehr eine Lösung von Normalparaffin in Oelen ohne die dem eigentlichen Vaselin eigene Zähigkeit, und das Präparat neigt dazu, in der Kälte Paraffin krystallinisch auszuscheiden. — **24.** p. 635. **38.** Rep. p. 18.

Gewinnung von Gas. Engl. Pat. 8192/1889 f. J. v. Langer und L. Cooper, Leeds, Yorkshire. Betrifft die Fabrikation von Wassergas und Generatorgas und besteht darin, dafs man abwechselnd Luft und Dampf in abwärts gehender Richtung durch den Generator bläst. — **89.** p. 1505.

Fabrikation von Gas. Engl. Pat. 8263/1889 f. S. B. Darwin, Portsea, Hampshire. Betrifft eine in die Gasretorten einzuführende Composition, um die Leuchtkraft des Gases zu erhöhen, sowie die Verstopfungen der Steigeröhren und die Abscheidung von Naphtalin zu verhindern. Die Composition besteht aus einem Gemische von Theer, Oel und Cokesabfall, wozu in einigen Fällen noch gelöschter Kalk kommt. Als Oel kann Schieferöl, Petroleum oder Theeröl dienen. Das Gemisch wird mit der Beschickung, oder später in die Retorte gebracht. — **89.** p. 1505.

Entfernung von Kohlenoxydgas aus Wassergas. Engl. P. 10164/1889 f. W. Crookes und F. J. Ricarde, Seaver, Middlesex. Geschieht durch Leiten von Wassergas über erhitzten Natronkalk. Das resultirende Gas besteht fast ganz aus Wasserstoff. — **89.** p. 1604.

Herstellung von Kohlenwasserstoffen zum Carburiren von Gasen. D. P. 53096 f. C. Heyer. Die Carburirkohlenwasserstoffe werden mit Wasserstoff behandelt, wodurch die in denselben enthaltenen Schwefelverbindungen unter Bildung von Schwefelwasserstoff zerlegt werden sollen. Sehr unreine, namentlich an Phenolen und Schwefelkohlenstoff reiche Kohlenwasserstoffe sollen aufserdem noch über Aetzkali oder Aetzkalk destillirt, oder mit wässerigen oder alkoholischen Alkalilösungen digerirt werden. — **58.** p. 141.

Carburirung von Generatorgas oder Wassergas. D. P. 52712 f. B. Loomis. Das Gas wird mit feinzerstäubtem Oel gemischt, durch eine Reihe von Retorten oder eine Carburirkammer geleitet, welche durch einen Theil des Generatorgases geheizt werden. In diesen findet eine allmählich sich steigernde Erhitzung des Gemisches statt, wodurch dasselbe in ein haltbares Leuchtgas verwandelt werden soll. — **58.** p. 141.

Um Wassergas stark riechend zu machen, wird Thioaceton vorgeschlagen, welches einen entsetzlichen Geruch hat. Auch Acroleïn ist vorgeschlagen. — **8.** Bd. 61. p. 219.

Leuchtgasersparung. Die Société de Carburation du Gaz, O. Du Bois & Co. in Brüssel bringt ein sog. Hydrocarbure in den Handel,

welches die Leuchtkraft des Gases bedeutend erhöhen soll. Nach F.
Fischer's Untersuchung ist dasselbe ein Robbenzol, dem ganzen Verhalten nach die Flüssigkeit, welche sich beim Pressen von Fettgas
für die Eisenbahnwagenbeleuchtung nach Pintsch abscheidet. Besondere Beachtung verdient aber dieses Rohbenzol für Wassergas, da es
demselben auch den gewünschten schlechten Geruch ertheilt. — **58.**
p. 134.

Herstellung von Braunkohlenpresssteinen. D. P. 53339 f. E. Kästner. Verf. hat gefunden, daß man eine erhöhte Brennwirkung und
eine bessere Bindung der einzelnen Theile untereinander erzielt, wenn
man dem Kohlenstaub oder den zerkleinerten Kohlen Lederfalzspähne
beimischt. Es soll sich das Verhältniß von 2 Th. Kohlenstaub und
1 Th. Lederfalzspähnen bewährt haben. — **58.** p. 31.

Apparat zur Darstellung harter Schwarzkohle unter gleichzeitiger
Gewinnung von Nebenproducten. D. P. 53776 f. L. Zwillinger in
Wien. Mit Hilfe eines Compressors C wird atmosph. Luft durch ein
Rohr K in ein von aussen beheiztes Schlangenrohr S getrieben, von
wo die auf etwa 90° C. erwärmte Luft durch ein Rohr W in den unteren Theil eines bis etwa zu einem Drittel mit Wss. gefüllten Misch-
gefäßes M tritt. Dieses Mischgefäß ist mit brauseähnlichem Wasser-

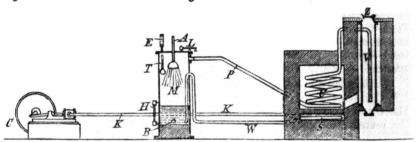

zulauf A, Wasserablauf B, Entlüftungsventil L, Manometer E, Wasser-
standsanzeiger H, Thermometer T ausgestattet; das Wss. fließt beständig in Form eines Regens zu und in demselben Maße wieder ab.
Aus diesem Mischgefäß gelangt die sauerstoffärmer gewordene und
mit etwa 270—295 g Wasserdampf pro 1 cbm beladene Luft mit etwa
1—1¼ Atm. Spannung durch ein Rohr P, Ueberhitzer U, perforirtes
Rohr V in den erwärmten und mit dem Verkohlungsmaterial (z. B.
Holz, Torf, Braunkohle, Knochen, Schlempe) gefüllten Verkohlungs-
cylinder Z, welcher mit Condensationsvorrichtungen durch eine Rohrleitung in Verbindung steht. In dem Ueberhitzer U wird die aus dem
Mischbehälter M kommende Luft auf etwa 320—400° C. erhitzt und
gleichzeitig auch die Ummauerung des Verkohlungscylinders genügend
angewärmt. Durch die so überhitzte, wasserdampfreiche, sauer-stoff-
gasarme Luft wird nun das Verkohlungsmaterial in dem 800—1200 kg
fassenden Cylinder in 5—6 Stdn. verkohlt. Um die Temp. der mit
Wasserdampf gesättigten Luft im Mischgefäß andauernd auf etwa
90° C. zu erhalten, wird der Wasserdurchlauf durch Regulirung eines
an der Brause befindlichen Wasserzulaufhahnes und des Wasserablauf-
hahnes derart regulirt, daß etwa 170 l Wss. pro Min. durchfließen
und der Wasserstand im Gefäß M stets gleichbleibt. — **75.** p. 918.

Gasreinigungsmasse, die sich nach J. A. Waldschmid bewährt hat folgende Zusammensetzung: Eisenoxyd 49,27 %, Mangansuperoxyd 18,35 %, Thonerde 5,42 %, kohlensaurer Kalk 10,28 %, kohlensaure Magnesia 2,81 %, Kieselsäure 13,44 %, Phosphorsäure 0,75 %. — **65.** p. 909.

Maschine zum Kerzengiefsen; v. A. A. Royau. Dieselbe besteht im Wesentlichen aus einem Blechkasten, in welchem sich die Formen, die durch einen Wasserstrom erhitzt oder abgekühlt werden, befinden. Durch Heben des Untertheiles werden die Stofser in die Formen getrieben und die Kerzen werden zurückgehalten, wenn der untere Theil in seine normale Lage kommt. Das Giefsen geschieht in folgender Weise: Wenn das zu giefsende Material in das Gefäfs gebracht ist, bringt man einen Dampfstrom in Thätigkeit. Derselbe mufs die Formen völlig umgeben, um Leeren und Höhlen zu vermeiden. Die Entleerung geschieht, indem man einen Strom kalten Wss. benutzt und den unteren Theil hebt. — Corps gras. p. 294. **49.** p. 327.

Magnesium-Beleuchtungsapparat. D. P. 52892 f. J. Beaurepaire in Berlin. Derselbe besteht aus einer ringförmigen Spirituslampe *a*, in deren Mitte zur Aufnahme des pulverförmigen Magnesiums

ein kesselartiger Behälter *m* angeordnet und mit einem Luftzuführungsrohr *r* derart versehen ist, dafs der Luftstrom central von oben nach unten auf den Boden des Behälters trifft und das Magnesium gleichmäfsig in die Flamme treibt. — **75.** p. 659.

J. Lewkowitsch; über Glycerin. **34.** p. 338.

F. Filsinger; über Rohglycerine und die Analyse derselben. (Verf. empfiehlt das Permanganatverfahren; das Acetinverfahren ist unzuverlässig. **89.** p. 1729.

Rudnitzky; über Naphtalichte. (Bestehen aus einem Gemenge von Ammoniakseife, Stearinsäure und Erdöl.) **28.** p. 563

Die Petroleumindustrie von Baku und Ersatz der Steinkohle. Ztg. f. Blech-Ind **43** p. 439.

B. Lach; über elektrische Erscheinungen bei der Fabrikation von Ceresin. **89.** (1889) p. 1671.

Krey; die Mineralöl- und Paraffinfabriken der A. Riebeck'schen Montanwerke. **58.** p. 44.

D. R. Stenart; über die schottische Paraffinindustrie. **26.** (1889) p. 100.

Ueber Paraffin und Producte der Braunkohlentheerdestillation. (Paraffinbildung — Paraffinbildung bei der Destillation — Braunkohlentheerkreosot.) **58.** p. 70.

Grotowsky; die Verarbeitung von Köpsener Gasöl 0,912/20 unter Anwendung von Krey's Druckdestillation. Jahresber. d. Technikerver. d. sächsisch-thüring. Mineralöl-Ind. (1888). **58.** p. 62.

Scheithauer; der Vergasungswerth druckdestillirter Oele. **58.** p. 66.

Wiborgh; über die Anwendung von Wassergas. **43.** p. 389.

Trewby; Verwendung von Wassergas. **65.** p. 24.

Fr. H. Shelton; über Wassergas zu Beleuchtungszwecken. **65**. p. 435. **89**.
Rep. (1891) p. 17.

B. van Steenbergh, D. P. 52271; Wassergasapparat. **58**. p. 171.

W. S. Wright, Am. P. 414470; Apparat zur Erzeugung von Leuchtgas und
Wassergas. **58**. p. 114.

A. Kitson in Philadelphia, Staat Pennsylvania, V. St. A., D. P. 53823;
Apparat zur Erzeugung von Leucht- bezw. Heizgas. **75**. p. 926.

J. H. Fergusson in Liverpool, D. P. 53929; Retortenofenanlage zur Erzeugung von Leuchtgas. **75**. p. 905.

E. Völcker, D. P. 49221 und 53153; Gaserzeuger. **58**. p. 194.

W. J. Taylor, D. P. 50137; Gaserzeuger. **58**. p. 194.

E. Solvay und L. Semet in Brüssel, D. P. 53487; Vergasung von Brennstof.
75. p. 850.

G. Hargreaves, J. P. Scranton und E. W. Porter in Detroit, Michigan,
V. St. A., D. P. 53454; Luft-Carburator. **75**. p. 849.

G. Jaunez, D. P. 48746; Luftcarburator. (Ist mit Hilfsflammen versehen.)
58. p. 141.

Cl. Conze; Leuchtgasofen mit schiefliegenden Retorten. **4**. Bd. **88**. p. 421.
Gasworld. p. 733.

L. Semet, D. P. 52538; Vertheilung des Brenngases bei Koksöfen. **58**. p. 23.

F. G. Bremme, D. P. 49277; Verwendung von Koksofengasen. (Gase, welche
zur Theer- und Ammoniakgewinnung gedient haben, empfiehlt Verf. zur
Heizung steinerner Winderhitzer.) **58**. p. 24.

C. Otto und F. W. Lürmann, D. P. 52206; Universal-Koksofen. **58**. p. 17.

O. Dilla, D. P. 53860; Neuerung an Koksöfen. **123**. p. 636.

Fr. Siemens, Engl. P. 4644/1889; neue Form der Siemens'schen Gasfeuerung.
58. p. 189.

W. Kochs; über die Verwendbarkeit der Zirconerde-Leuchtkörper in der
Leuchtgas-Sauerstoffflamme. **89**. Rep. p. 319.

J. Rüderer, W. Loé und C. Gumbart, sämmtlich in München, D. P. 53844;
Einrichtungen zum Briquettiren von Torf. **75**. p. 919.

Fuel Gas and Light Improvement Comp., D. P. 53066; Gaserzeuger.
58. p. 179.

G. A. Ruhrberg, D. P. 49728; Braunkohlentrockenapparat. **123**. p. 30.

R. Remy; die Kohlen-Aufbereitung und Verkokung im Saargebiete. **112**.
p. 101.

E. Schilling; Beurtheilung der Gasreinigungsmassen. (Nach Verf. ist der
Gehalt an Eisenoxyd nicht maßgebend, vielmehr ist die Aufnahmefähigkeit
für Schwefelwasserstoff durch besonderen Versuch zu bestimmen.) **65**. p. 322.
58. p. 126.

W. Leybold; über Cyan in der Gasfabrikation. **65**. p. 336 und 427.

A. Bunte; chemische Zusammensetzung einiger Zusatzkohlen deutscher Gas-
anstalten. **58**. p. 107.

V. B. Lewes; die Selbstentzündung der Kohlen (wird besonders durch Oxydation der bituminösen Stoffe veranlaßt. — Die Explosion in Kohlenschiffen
wird durch den Methangehalt der frischgeförderten Kohle herbeigeführt.)
Industries. p. 386. **58**. p. 32.

M. Lassberg, D. P. 52275; Apparat zur ununterbrochenen Verkohlung von
Holz- und Lederabfällen. **58**. p. 25.

P. Büttgenbach in Herzogenrath bei Aachen, D. P. 53713; Vorrichtung zur
Bestimmung der Leistung von Briquetpressen. **75**. p. 838.

A. Robert in Gilly bei Charleroi, Provinz Hennegau, Belgien, D. P. 53119;
Briquetpresse. **45**. p. 838.

Ueber Explosionen in Briquetfabriken. **71**. p. 769.

E. Wünsche, D. P. 53149; Magnesiumlampe. **58**. p. 170.

Gegohrene Getränke.

Ueber Alkoholgährung. Nach D u r i n entsteht der Amylalkohol
ebenso wie der Butylalkohol infolge einer Nebengährung durch ein
besonderes Ferment. Die Aldehyde entstehen, wie Verf. meint, nicht
durch Oxydation der Alkohole (sie bilden sich auch nachweislich beim
Fehlen jeder Spur von Luft), sondern durch Reduction von Säuren,
da die gährende Lösung ein eminent reducirendes Mittel vorstellt.
Auch die große Praxis lehrt, daß die Producte unreiner Gährungen,
die viel Säuren (Essig-, Butter-, Milch-, Propionsäure, letztere vermuthlich durch Reduction von Milchsäure) erzeugen, auch die an
Aldehyden reichsten sind. Als Gegenmittel empfiehlt sich daher reich-
liche Durchlüftung mittelst Einblasen feinvertheilter Luft in die gährende Flüss. — Bull. Ass. Chim. 8. p. 296. **89.** Rep. p. 34.

Die durch den Soorpilz hervorgerufene Gährung ist von
G. L i n o s s i e r und G. R o u x studirt worden. Die Soorhefe ist danach Alkoholferment und Oxydationsvermittler zugleich. Die Menge
des gebildeten Alkohols ist kleiner als bei den durch die bekannten
Saccharomycesarten hervorgerufenen Gährungen; das Ferment selbst
dehnt die Oxydation des Alkohols nur bis zum Aldehyd aus, während
Essigsäure auf Kosten des letzteren durch bloße Wirkung der Luft
gebildet wird. — **9.** t. 110. p. 868. **66.** p. 307.

Darstellung gewisser Aether mittelst Gährung. G. J a c q u e m i n
säte von einer milchsauren Gährflüssigkeit, die durch Käse in Gährung versetzt worden war und die mehrere Organismen, nämlich das
Pasteur'sche Milchsäureferment, das Buttersäureferment und Hefezellen
enthielt, einige ccm zu gleichen Th. in zwei Portionen derselben Bierwürze unter Zufügen von kohlensaurem Kalk. Die eine Portion blieb
in Berührung mit der Luft, jedoch mit den nöthigen Vorsichtsmafsregeln, um eine Infection zu verhüten; dieselbe behielt den Charakter
einer milchsauren Gährung bei. Die zweite Würze, die in einem
Ballon vergohr, aus dem zwar das sich entwickelnde Gas entweichen,
aber keine Luft zutreten konnte, lieferte nach ein paar Tagen bei der
Destillation eine beträchtliche Menge Buttersäureäther und Aethylalkohol, untermischt mit höheren Alkoholen, ferner einen Rückstand,
welcher sich nach dem Verdampfen als buttersaurer Kalk mit Spuren
von milchsaurem Kalk erwies. Bekanntlich ist das Milchsäureferment
aërob, während das Buttersäureferment anaërob ist. Unter den vorbeschriebenen Bedingungen mußte das Milchsäureferment dem Buttersäureferment weichen. Da der gegenwärtige Saccharomyces Alkohol
producirte, so verband sich dieser und die Buttersäure im Entstehungs-
zustande zu Buttersäure-Aethyläther. In einem zweiten Versuch säte
der Verf. in eine sterile Bierwürze das Pasteur'sche Milchsäureferment
aus, ebenfalls unter Zusatz von kohlensaurem Kalk, und zwar in
einem Gefäfs, welches den Zutritt und die Erneuerung der reinen Luft
gestattete. Die Gährung verlief langsam bei Temp. zwischen 15 und
20°. Nach acht Tagen säte er in dieselbe Flüss. eine Reincultur

von Saccharomyces ellipsoideus aus. Aus dieser Gährung ging ein Milchsäure-Aethyläther hervor. — La Distillerie Française No. 320. 131. **45.** p. 1150.

Gewinnung von Hefe, Engl. Pat. 12187/1889 f. L. Lederer.

Dalston, Middlesex. Dieselbe geschieht ohne Zuhilfenahme von Mineralsäuren. Zunächst wird eine Infusion von Hopfen hergestellt, welche als Antisepticum dient, und in diese Infusion wird das Korn, hauptsächlich eine Mischung von grob zerkleinerter Gerste, Malz und Roggen, eingemaischt. Die Maische bleibt einige Zeit stehen, damit freiwillige Bildung von Milchsäure erfolgt, worauf man abkühlt und in Gährung versetzt. Die gebildete Hefe wird abgehoben, gewaschen und geprefst.

Ueber neue chemische Eigenschaften des alkoholischen Bierhefeextractes.

De Rey-Pailhade berichtet über ein alkoholisches Bierhefeextract, welches er durch Verrühren gewaschener und geprefster Hefe mit ihrem gleichen Gewicht Alkohol von 86° und darauf folgender Filtration erhielt. Das Extract, darstellend eine gelbe, klare Flüss. von schwach saurer Reaction, hat die Eigenschaft, beim Schütteln mit Schwefel in Substanz, oder in Aether gelöst, Schwefelwasserstoff zu entwickeln. Als Grund dieser Schwefelwasserstoffentwicklung nimmt Verf. die Gegenwart eines oder mehrerer Körper im Bierhefeextract an, für welche er den Namen Philothion vorschlägt. Der Luft ausgesetzt, verliert das Extract bei gewöhnlicher Temp. in 2 bis 3 Tagen, beim Erwärmen noch schneller, seine Schwefelwasserstoff erzeugende Eigenschaft. Chlor, Brom und Jod zerstören dagegen das Philothion augenblicklich; Ansäuern mit Salz- oder Schwefelsäure ebenfalls fast gänzlich, wogegen beim Neutralisiren mit einem Alkali die Schwefelwasserstoff erzeugende Eigenschaft wieder erscheint. — **45.** p. 1243.

Erzeugung von Schwefelwasserstoff bei der Alkoholgährung. Nach

L. Sostegni und A. Sannino verwandelt das Alkoholferment zugesetzten Schwefel theilweise in Schwefelwasserstoff. — Stat. speriment. agr. ital. p. 434. **58.** p. 964.

Aufbewahrung der ausgewählten Heferasse; v. Alfred Jörgen-

sen. Zu diesem Zwecke eignet sich am besten eine 10%ige Rohrzuckerlösung, welche, klar filtrirt und durch längeres Kochen in einem Pasteur'schen oder Freudenreich'schen Kolben sterilisirt, mit einer sehr geringen Menge der betreffenden Reinhefe versetzt wird. Es entsteht eine sehr schwache Gährung, die sich über einen langen Zeitraum erstreckt. Sobald eine Cultur nöthig ist, braucht man nur unter den bekannten Vorsichtsmafsregeln aus dem Kölbchen einen Tropfen der vorsichtig aufgeschüttelten Flüss. in einen mit sterilisirter Würze gefüllten Pasteur'schen Kolben zu geben. In kurzer Zeit zeigt sich eine Gährung, die erzielte Hefe wird dann in gröfseren Kolben wie gewöhnlich weiter vermehrt. Hansen hat auf diese Weise Culturen mehr als 10 Jahre lang rein erhalten. Rohrzuckerculturen, welche mehrere Jahre hindurch bei der sehr wechselnden Temperatur des Zimmers gestanden hatten, haben sich nach der gewöhnlichen Auffrischung mehrere Generationen hindurch ganz normal verhalten, Unterhefe sowohl als Oberhefe. Würzegelatine zur Aufbewahrung zu benutzen, ist nicht zu empfehlen, da schnell klärende Oberhefen, welche auf diese Weise behandelt waren, auf einige Zeit ihr Vermögen, schnell zu klären, verloren hatten. — Allg. Ztschr. f. Bierbr. u. Malzfabr. 18. p. 1215. **89.** Rep. p. 355.

Verfahren zum Weichen von Gerste und dergleichen. D. P. 54649 f. F. Kleemann in Obertürkheim. Gerste oder anderes zur Malzbereitung bestimmtes Getreide wird zur Vorbereitung für die Mälzung unter Benutzung eines Vacuums in Wss. geweicht. — **75.** p. 1000.

Das Trocknen von Gerste und Malz und die directe Bestimmung des Extractes in Bier und Würze soll nach C. N. Rüber im luftverdünnten Raume geschehen, da das bisherige Trocknen im Luftbade selbst nach 24 Stdn. noch nicht den richtigen Wassergehalt ergiebt. — **44.** p. 97. **123.** p. 314. **58.** p. 1017.

Malzanalysen; v. F. Schwackhöfer. Verf. berichtet über 152 Analysen von Malzen verschiedener Darrung, welche an der österreichischen Versuchsstation für Brauerei und Mälzerei ausgeführt wurden. Die Extractbestimmung wurde nach der Proportionalitätsmethode mit Benutzung der Schultze-Ostermann'schen Tabelle und die Maltosebestimmung auf gewichtsanalytischem Wege ausgeführt.

	Wss. in %.		Extract der Trockensubstanz in %.		Maltose der Trockensubstanz in %.		Maltose zu Nichtmaltose.	
	Max.	Min.	Max.	Min.	Max.	Min.	Max.	Min.
54 Pilsener Malze . . .	10,48	1,60	82,86	73,43	59,93	47,42	1 : 0,35	1 : 0,64
59 Wiener Lager-Malze .	9,32	0,74	82,51	74,50	56,63	39,27	1 : 0,37	1 : 0,95
39 Bayerische Malze . .	6,18	0,38	80,72	73,45	54,33	38,61	1 : 0,43	1 : 0,95

— Mittheil. d. österr. Versuchsstat. f. Brauer. u. Mälz. Heft 3. **89.** Rep. p. 355.

Malzkeime hatten nach Larbaletrier folgende Zusammensetzung:

	I.	II.	III.
Wss.	2,10	3,22	5,00
Organische Substanz	89,20	90,00	84,57
Asche	8,70	6,78	10,43
Stickstoff in der organischen Substanz	3,87	5,00	4,10
Phosphorsäure in der Asche	1,20	1,13	1,30
Kali in der Asche	2,00	2,30	2,56

Er empfiehlt sie als Düngemittel. — Wochenschrift f. Brauerei. p. 502. **93.**

Bier mit Reinzuchthefe dargestellt. Reinzuchthefe verwendete P. Freund für Infusions- und Decoctionswürzen. Bei beiden verliefen die Gährungen sehr schön, die Hefe vermehrte sich reichlich und lag fest am Boden des Botichs; die Gährungsdauer war durchschnittlich 8 Tage. Der Bruch der Biere war gut, der Geschmack rein; die Biere hatten einen feurigen Glanz. Der einzige Unterschied war im Vergährungsgrad, der bei den Infusionsbieren immer etwas höher liegt als bei den Dickmaischbieren. In den Lagerfässern klärten sich beide Biersorten gleich schön und gleich schnell. Der Grundgeschmack der beiden Biere war derselbe, nur war der Geschmack der Infusionsbiere etwas leer; dagegen hatte man bei den Dickmaischbieren einen angenehmen Malzgeschmack, der länger auf der Zunge blieb. — Allg. Brauer- und Hopfenztg. p. 1495. **58.** p. 1006.

Der Pfaudler'sche Vacuumprocefs zum Reifen des Bieres. Das Bier kommt hierbei von den Gährbottichen aus in luftdicht verschlossene, glasirte Stahlfässer, welche mit Doppelvacuumpumpen in Verbindung stehen. Die Fässer bleiben unter einem theilweisen Vacuum von ungefähr 17—20 Zoll, und das Bier soll dadurch in weniger als 10 Tagen für die Spanfässer fertig werden. Mit Hülfe eines Regulators bleibt das Vacuum stets gleichmäfsig. Solches Bier soll sich auf den Spanfässern schneller klären und schon innerhalb 20 Tagen nach beendeter Hauptgährung die Qualität von reifem, altem Lagerbier haben. Wahl und Henius stellten nun eingehende Untersuchungen über die Ursachen des schnelleren Reifens des Bieres im Vacuum an, die ergaben, dafs dieselben Veränderungen in der Zusammensetzung des Bieres unter Vacuum stattfinden, wie in der des Bieres auf Ruh, nur erfolgen diese Veränderungen und damit das Reifen in einem viel kürzeren Zeitraume. Es zeigen also die Untersuchungen, dafs der Einflufs des Vacuums sich nicht, wie man wohl glaubte, derart äufsert, dafs eine Verzögerung oder gar ein Stillstand der Malzgährung einträte, sondern dafs im Gegentheil das Vacuum die Hefe in ihrer Thätigkeit, eine Nachgährung durchzuführen, unterstützt, indem es dieselbe zur Gährung und Vermehrung anregt. — **45.** p. 383.

Schwefligsäurewirkung bei Dickmaischen. J. E. Brauer bestätigt, dafs die Anwendung der schwefligen Säure in Form von schwefligsauren Salzen bei der Vergährung von Maischen in der That eine antiseptische Wirkung und somit eine Erhöhung der Alkoholausbeute herbeiführt. — **66.** p. 328. **58.** p. 1056.

Verarbeitung stärkereicher Kartoffeln in den landwirthschaftlichen Brennereien Frankreichs; v. A. Girard. In der Brennerei von Ch. Michon zu Crépy-en-Valois wurden 78000 kg Kartoffeln, Varietät Chardon, verarbeitet. Obgleich die Kartoffel nur 16 % Stärke hatte, betrug die Ausbeute 11,17 bis 11,20 l Alkohol von 100⁰ pro 100 kg, gleichgiltig, ob die Kartoffel für sich allein oder, um die Schlempe zu verbessern, mit 1/6 Mais verarbeitet wurde. Liefsen schon diese Versuche die Frage betr. Verwerthung französischer Kartoffelsorten für Brennereizwecke als gelöst erscheinen, so war es von Interesse, stärkereichere Kartoffeln, wie Richters Imperator, zu verwenden. In der Brennerei von Maquet zu Fère-Champenoise wurden 100000 kg der genannten Kartoffelsorte mit einem Stärkegehalte von 20,9 % verarbeitet. Dieselben lieferten pro 100 kg 14,88 l Alkohol von 100⁰, wonach 100 kg dieser Kartoffel mindestens 40 kg Mais oder 250 kg Rüben gleichwerthig sind. Schätzt man den Ertrag an Richters Imperator nur auf 30000 kg, so entspricht dies 4300 l Alkohol pro 1 ha. Ein derartiges Resultat ist zuvor in Frankreich nie erreicht worden. Das Product ist nach Lindet's Untersuchung ebenso rein, wie dasjenige aus Rübe oder Körnerfrucht. Die Rectification ist leichter und der erzielte Alkohol empfiehlt sich durch vollkommene Neutralität. Verf. hält nach allen bisherigen Versuchen die Ansicht, dafs die Spiritusbrennerei aus Kartoffeln, welcher die deutsche Brennerei ein so bedeutendes Uebergewicht verdankt, in Frankreich im

Grofsen nicht möglich sei, für ein Vorurtheil. Er glaubt vielmehr, dafs Frankreich in dieser Beziehung Deutschland sehr wohl ebenbürtig sein könnte. — **9.** 111. p. 795. **89.** Rep. p. 355.

Reifmachen von Spiritus. Engl. Pat. 8277/1889 f. J. Leslie, Belfast.) Bei der Destillation soll den alkoholischen Dämpfen nascirender Sauerstoff, der in der Blase erzeugt wird, oder ozonisirte Luft bezw. ozonisirter Sauerstoff beigemischt werden. Der Sauerstoff kann in der Blase durch Einwirkung von Salzsäure auf Baryumdioxyd erzeugt werden. — **89.** p. 1506.

Trennung von Gemischen des Aethylalkohols und Wassers von Fuselöl und sonstigen in Spiritus enthaltenen Verunreinigungen. - D. P. 53486 (Zus.-Pat. zum D. P. 41207, vgl. Rep. 1887 II. p. 275) f. J. Traube & G. Bodländer in Hannover. Anstatt· gemäfs dem Hauptpatent die Schichtenbildungen durch einen Zusatz von Salzen z. B. Pottasche oder durch Temperaturerhöhung hervorzurufen, werden dieselben nach vorliegendem Verfahren in der Weise erzeugt, dafs man nach jedesmaligem Entfernen der oberen Schicht aufser dem Zusatz von Pottasche auch noch Wss. und Alkohol in solchem Verhältnifs zu-

giebt, wie diese drei Componenten in der oberen Schicht enthalten sind, damit die Concentration der unteren Schicht nicht verändert, insbesondere der Alkoholgehalt für die Destillation nicht zu gering wird. Da nun die derart erhaltenen oberen Schichten nach einander immer reiner werden, so benutzt man dieselben nach der Ordnung ihrer Reinheit für die später folgenden Abscheidungen zur Erzeugung neuer Schichten an Stelle des oben angeführten Zusatzes von Salz, Wss. und Alkohol. Die jedesmaligen ersten Schichten werden als besonders unreine aus dem Betriebe zur eventuellen weiteren Verwerthung bezw. Reinigung entfernt und zur Erzeugung der letzten Schichten wird reiner Sprit und Pottaschelösung angewendet. Sollen die Abscheidungen in verschiedenen Behältern vorgenommen werden, so verbindet man zweckmäfsig diese Behälter, z. B. $A^1 A^2 A^3$ u. s. w. in beliebiger Anzahl zu einem System durch die gemeinschaftlichen Zu- und Ableitungsrohre B bezw. E. Durch die Rohre $C^1 C^2$ u. s. w. werden die oberen Schichten abgeleitet. — **75.** p. 844. **113.** Bd. 14. p. 31.

Gewinnung von reinem Spiritus. D. P. 53672 f. J. Hradil in
Altdöbern, Niederlausitz. Es werden zur Verhinderung der Entstehung
von Nebenproducten bei der alkoholischen Gährung der Maische
Stearinsäure oder andere aus Fetten bereitete Säuren mit oder ohne
Zusatz von gerbstoffhaltigen Materialien hinzugefügt. — **75.** p. 845.
113. Bd. 14. p. 31.

Reinigung alkoholischer Flüssigkeiten. D. P. 53495 f. P. C.
Rousseau, M. J. de la Baume und J. de Chantérac in Paris.
Zu den alkoholischen Flüss., welche gereinigt werden sollen, setzt
man neutrales Kaliumtartrat oder Kaliumnatriumtartrat, fügt darauf
Natrium- oder Baryumhyposulfit hinzu, trennt die Flüss. vom Nieder-
schlage und rectificirt. — **75.** p. 761. **113.** Bd. 14. p. 31.

Destillir- und Rectificationsapparat. D. P. 53700 f. J. Frommel
und Bogdan Hoff in Jarofslau, Galizien. — Neben dem Maisch-
destillirapparat werden ein oder mehrere Cylinder aufgestellt, welche
durch Netze in Zwischenräume getheilt und mit hart gebrannten, von
Canälen in beliebiger Weise durchzogenen Läuterungskörpern gefüllt
werden. Auf der grofsen Oberfläche dieser Körper findet eine starke
Verdichtung der aus der Maische kommenden Spiritusdämpfe statt,
wodurch dieselben unter Ersparung von Kühlwasser dephlegmirt und
rectificirt werden sollen. — **75.** p. 845.

Zur Entfärbung und Klärung von trüben Branntweinen empfiehlt
J. Nessler, dieselben mit süsser, frischer oder abgerahmter Milch
zu vermischen, und zwar genügt gewöhnlich $1/4$ l Milch auf 1 hl Branntwein. Zweckmässiger Weise stellt man zuerst einen Vorversuch an,
indem man 1 l mit 40—50 Tropfen Milch vermischt. — **116. 38.**

**Zur Herstellung künstlichen Branntweins und Cognacs im Handel
befindliche Essenzen** untersuchte E. Polenske.

Rheinische Cognac-Essenz von Dr. Ludwig Erkmann enthielt im Liter:

0.54 g Citronenöl,
0,65 „ Weinbeeröl,
30,00 „ Essigsäureäthyläther,
21,80 „ Perubalsam,
0,20 „ Vanillin (krystallisirt),
Spuren von Buttersäure- } Ester,
„ „ Ameisensäure-
5,6 g Harz (Perubalsam),
1,1 „ Asche,
77,00 „ Volumprocent Alkohol,
0,24 „ „ Fuselöl.

Cognac-Essenz „fine Champagne mit Bouquet" von Kölling &
Schmitt, Zerbst:

1,10 g freie Buttersäure, Spuren freier Essigsäure enthaltend,
2,00 „ freie Ameisensäure,
0,03 „ Vanillin (krystallisirt),
2,60 „ Weinbeeröl,
7,50 „ Ameisensäureäthyläther,

2,50 g Buttersäureäthyläther, Spuren von Essigsäure enthaltend,

1,40 „ trockenes Extract,

0,04 „ Asche.

Cognacgrundstoff von Louis Maul, Berlin:

0,9 g freie Essigsäure, Spuren freier Buttersäure enthaltend,

0,20 „ Vanillin (unrein),

1,30 „ Weinbeeröl,

0,96 „ Ameisensäureäthyläther,

3.83 „ Essigsäureamyl- und äthyläther,

2.00 „ Buttersäureäthyläther,

47,31 „ Extractivstoffe und Zucker,

59,84 „ Volumprocent Alkohol.

Branntweinschärfe von Stephan in Schwerin ist ein alkoholischer Auszug von Capsicumfrüchten.

Branntweinbasis von Eduard Büttner, Leipzig, enthält im
Liter:

3,00 g Tannin,

3,60 „ Glycerin,

6,67 „ freie Weinsäure,

1.87 „ „ Ameisensäure,

22,80 „ „ Essigsäure,

1,20 „ Ameisensäureäthyläther,

16,50 „ Essigsäureäthyläther,

3,12 „ Buttersäureäthyläther,

15,00 „ Essigsäureamyläther,

Capsicumtinctur, Spuren von Zucker und Weinbeeröl,

15,60 g Extract,

0,06 „ Asche.

Kornbranntwein-Essenz von Louis Maul, Berlin:

0,65 g Essigsäure-, Buttersäure-(Ester),

0,16 „ Weinbeeröl,

6,14 „ Extract, enthaltend:

    0,75 „ Traubenzucker (Invertzucker),

    4,25 „ Rohrzucker,

    1,14 „ harzartiges Extract (in Aether löslich),

    0,11 „ Asche.

Der Alkoholgehalt der Essenz betrug 56,7 Volumprocente, mit Ein-
schlufs von „24,8 Volumprocent Fuselöl".

Nordhäuser Korngrundstoff von Louis Maul, Berlin:

0,14 g freie Buttersäure, enthaltend Spuren freier Ameisensäure,

0,40 „ Buttersäureester,

9,53 „ Extract, enthaltend:

    3.24 „ Traubenzucker,

    0.23 „ Asche,

    6,29 „ vegetabilischen Extract.

Nordhäuser Kornwürze von Delvendahl & Küntzel, Berlin:

0,068 g freie Ameisensäure,
0,924 „   „   Buttersäure,
0,640 „   Essigsäureäthyläther,
0,130 „   Ameisensäureäthyläther,
89,500 „   Extract, enthaltend:
{ 52,500 „   Traubenzucker,
  1,680 „   Asche.

Cognac-Essenz von Delvendahl & Küntzel, Berlin, ist eine röthlich-gelbe, sauer reagirende, alkoholische Flüss. vom spec. Gew. 0,9283 bei 15° C. In 1 l dieser Essenz wurden gefunden:

0,83 g freie Aepfelsäure,
0,18 „   „   Essigsäure,
0,06 „   Weinbeeröl,
Spuren Essigsäure- und Ameisensäureäther,
     „   Vanillin.
9,26 g Extract, dasselbe enthielt:
{ 6,78 „   Traubenzucker und
  0,248 „   Asche.

Die Asche enthielt:

20 % Kaliumoxyd,
 6 „ Phosphorsäure.

Der Alkoholgehalt betrug 54,92 Volumprocente.   Fuselöl waren nur Spuren vorhanden.

Cognacfaçon von Delvendahl & Küntzel, Berlin. Es ist eine röthlich-gelbe, fast neutrale, nach Fruchtäthern und Weinbeeröl riechende alkoholische Flüss., vom spec. Gew. 0,886 bei 15° C. In 1 l des Cognacs wurde gefunden:

0,06 g Vanillin (krystallisirt),
2,22 „ Weinbeeröl,
6,00 „ { Essigsäureamyläther,
         {   „   äthyläther,
1,00 „ Extract, enthaltend:
0,32 „ Traubenzucker.

Der Alkoholgehalt des Cognacs betrug 71,80 Volumprocente. Erst nach der Zersetzung der Ester war Fuselöl nachweisbar.

Rumfaçon von Delvendahl & Küntzel, Berlin. Es ist eine röthlich-braune, sauer reagirende, nach Rumäther riechende, alkoholische Flüss. vom spec. Gew. 0,906 bei 15° C. In 1 l derselben wurden gefunden:

0,12 g Ameisensäureäthyläther,
10,35 „ Extract, enthaltend:
{ 5,88 „   Traubenzucker,
  1,74 „   Rohrzucker,
  0,106 „   Asche (eisenreich).

Der Alkoholgehalt der Flüss. betrug 64,54 Volumprocent, dessen Fuselölgehalt kaum nachweisbar war.

Arracfaçon von **Delvendahl & Küntzel**, Berlin. Es ist eine gelblich gefärbte, schwach rumartig riechende, sauer reagirende, alkoholische Flüss., vom spec. Gew. 0,924 bei 15° C. In 1 l derselben wurden gefunden:

Vanillin,
Weinbeeröl, } deutlich nachweisbare Mengen,
5,53 g Extract, enthaltend:
{ 4,68 g Rohrzucker,
{ 0,07 „ Asche.

Der Alkoholgehalt des Arracs betrug 55,85 Volumprocent; derselbe enthielt Spuren Fuselöl.

Bittermandelöl, blausäurefrei, von **Delvendahl & Küntzel,** Berlin. Es ist eine stark lichtbrechende, fast farblose Flüss. von bittermandelölartigem Geruche und dem spec. Gew. 1,06 bei 15° C. Die Anwesenheit von Chlorverbindungen beweist, daſs das Bittermandelöl künstlicher, aus Benzylchlorid dargestellter Benzaldehyd ist.

Pfefferminzöl, englisch, von **Delvendahl & Küntzel,** Berlin. Es ist ein schwach grünlich gefärbtes Oel, vom spec. Gew. 0,906 bei 15° C. Dasselbe war frei von Alkohol und fetten Oelen. Der mit demselben bereitete Oelzucker besaſs den ausgeprägten Pfefferminzgeruch und Geschmack. Dies Oel gab weder direct, noch nach der Rectification mit Säuren jene Farbenreactionen, welche mit sämmtlichen, aus hiesigen Drogenhandlungen bezogenen Oelen deutscher, englischer und amerikanischer Herkunft erzielt wurden. Diese Eigenschaft verliert das Pfefferminzöl entweder durch das Alter, oder, wie Versuche lehrten, durch tagelange Einwirkung der Sonnenstrahlen. — **45.** p. 285, 349.

Zur Verfeinerung von Liqueuren, Spirituosen u. s. w. empfiehlt es sich, dem fertigen Präparate auf 100 l 5—8 Tropfen echtes Cognacöl zuzusetzen. Nach einem längeren Lagern soll beim Befolgen dieses Rathes ein sehr zartes Weinbouqet zum Vorschein kommen. — **49.** p. 317.

Herstellung von Schaumwein durch periodische Gährung mit getrenntem Ferment. D. P. 52500 f. F. Gantter in Heilbronn a. N. Der zur Erzeugung der Kohlensäure nöthige Zucker wird nicht in der ganzen Menge des Weines, sondern nur in einem Theil desselben gelöst und letzterer für sich allein in Gährung gebracht, während der übrige Theil des Weines über den angegohrenen zuckerhaltigen Theil geschichtet wird. Das zur Einleitung der Gährung nöthige Ferment bleibt während der Gährung durch eine den Durchgang der Kohlenſ. gestattende Membran von dem nicht gährenden Theil des Weines getrennt und wird durch ein in das Gährfaſs gestelltes Gefäſs so zurückgehalten, daſs es sofort ohne weiteres zur Einleitung einer neuen Gährung benutzt werden kann. — **75.** p. 589.

Ueber den Einfluſs der Sulfatage (Behandlung mit Kupfersulfat) des Weinstocks; v. E. Chuard und J. Dufour. Die Verf. gelangen zu dem Resultate, daſs durch die Sulfatage gar kein Kupfer, oder höchstens unwägbare Spuren in den Wein gelangen. Die von sulfatirten Reben stammenden Moste sind im allgemeinen zuckerreicher als diejenigen der nicht mit Kupfersalzen behandelten Reben. Die Sulfatage der Reben steigert also den Alkoholgehalt der Weine in einem nicht zu vernachlässigenden Verhältnisse. — Bullet. de la Société Vaudoise des sciences naturelles. vol. 25. No. 100. **89.** p. 225. **47.** p. 728.

Rührapparat zum Vermischen von Wein mit einem Klärmittel.

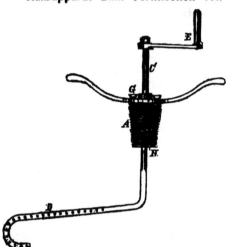

D. P. 53715 f. S. Rohe in Bad Neuenahr. Derselbe besteht in der Verbindung eines durch eine Kurbel *E* gedrehten, an der Stange *C* sitzenden Armes *D* mit einem eine Bohrung *H* besitzenden Spund *A*, welcher in das Spundloch des mit Wein gefüllten Fasses gesetzt wird; durch *H* läuft das in die Schale *G* gegossene Klärmittel an der Stange *C* herunter auf die Oberfläche des Weines und wird durch Drehen mit der Kurbel durch den Arm *D* innig mit dem Wein gemischt. — **75.** p. 845.

J. Neumayer; Untersuchung über die Wirkung der verschiedenen Hefearten auf den thierischen und menschlichen Organismus. **45.** p. 1111.

E. Ch. Hansen; über reine Unterhefearten. **58.** p. 959.

E. Ch. Hansen; die Entstehung von Varietäten bei den Saccharomyceten; (hängt ab von der Art der Behandlung und von der Beschaffenheit der Nährlösung). Annal. de Mikrographie. Febr. **44.** p. 145.

A. Zeidler; Beiträge zur Kenntnifs einiger in Würze und Bier vorkommenden Bacterien. **89.** Rep. p. 356.

C. Ehrich; über Infection in der Brauerei. **45.** p. 1437.

Franz Schwackhöfer; zur Beurtheilung des Wassers für die Zwecke der Brauerei und Mälzerei. **27.** p. 335.

H. T. Brown und H. Morris; über Keimung der Gerste. **32.** Bd. 57. p. 459. **44.** p. 375.

A. Hilger und F. van der Becke; Veränderung der Stickstoffverbindungen in der Gerste während der Keimung. (Verf. fanden, dafs von den in der Rohgerste befindlichen löslichen Stickstoffverbindungen in der geweichten Gerste nur ungefähr die Hälfte wiedergefunden wurde, die fehlende Hälfte war durch den Weichprocefs entzogen worden.) Archiv f. Hygiene. p. 477. **58.** p. 987.

Windisch; über die Umwandlungsproducte der Stärke. **66.** p. 291.

F. Schütt; die Keimungswärme des Malzes. **66.** p. 203.

Vogel und Laff; über Farbmalz. Wochenschrift f. Brauerei. p. 405.

Th. Langer; Ausnützung des Malzes beim Sudprocefs. Allg. Zeitschr. f. Bierbr. p. 207.

J. F. Gent in Columbus, V. St. A., D. P. 52638; Darre für Malz und ähnliche Stoffe. **75.** p 607.

· J. Ph. Lipps; runde Malzdarre mit Wendapparat. Allgem. Zeitschr. f. Bierbr. p. 746.

J. Kuntze in Nordhausen, D. P. 52960; Apparat zur pneumatischen Mälzerei. **75.** p. 660.

A. Bau; die scheinbare Zunahme des Dextringehaltes in Bierwürzen. (Ist durch die Gegenwart einer oder mehrerer Zuckerarten bedingt.) Wochenschrift f. Brauerei. p. 710. **58.** p. 1006.

H. Gandel; zur Verhütung der Infection der Würzen. (Verf. sorgt während der Kühlung und Lüftung der Würze auf dem Kühlschiffe für die Zuführung einer möglichst keimfreien Luft.) **45.** p. 1337.

F. Wrede in Flensburg, D. P. 53559; Maschine zur Herstellung milchsäurehaltiger Würze. **75.** p. 8v0.

O. Reinke; Maischprocefs. (Das langsame Aufmaischen in der Pfanne scheint dem Verf. bedeutungslos.) Wochenschrift f. Brauerei. p. 533. **58.** p. 998.

Holzner; Vergleichung der Kosten bei der Vermaischung zweier Malzsorten. **44.** p. 566.

J. Hampel, D. P. 52023; Maischgefäfs. **58.** p. 1046.

R. Luhn in Haspe, Westfalen, D. P. 52440; Maische-Destillirapparat. **75.** p. 563.

F. Wrede in Flensburg, D. P. 52622; Maisch- und Kühlmaschine. **75.** p. 606.

G. Heinzelmann; über den Werth der Flufssäure und der schwefligsauren Salze zur Vergährung von Dickmaischen. **66.** p. 267 und 288.

M. Delbrück und Lindner; Vergährung von Dickmaischen. (Die Einführung von Luft bei Verwendung gewisser Heferassen ist vortheilhaft.) **66.** Ergänzungsheft p. 30.

Küpper; Herstellung schwach vergohrener Biere. (Man mufs ein leicht gebräuntes aromatisches Malz verwenden, dessen diastatische Kraft reichlich grofs genug bleibt, um eine vollständige Auflösung zu ermöglichen. Das Decoctionsverfahren hält Verf. zur Herstellung dextrinreicher Würzen für nicht geeignet.) Wochenschrift f. Brauerei. p. 631. **58.** p. 1001.

Windisch; über abnorme Gährungserscheinungen in der Weifsbierbrauerei. (Zur Vermeidung derselben empfiehlt Verf. gutes Malz und peinlichste Reinlichkeit.) Wochenschr. f. Brauerei. p. 640. **58.** p. 1007.

F. Chodounsky; über Bierpasteurisiren. (Ch. empfiehlt den Kulm'schen App.) Wochenschr. f. Brauerei. p. 82 und 125.

L. Haas in Zürich-Riesbach, Schweiz, D. P. 52498; Sammlung der bei der Bierbereitung entweichenden Kohlensäure. **75.** p. 605.

Faulkner; Behandlung der Treber unter Hochdruck. Wochenschrift f. Brauerei. p. 587.

Siegler; Maismalz an Stelle von Gerstenmalz in der Spiritusfabrikation. **66.** p. 32.

J. E. Bauer; über Herstellung von Malz für Spiritus. (Man soll nicht über 10—13° gehen, um bessere Ausbeuten zu bekommen, als bei Malz mit 15 bis 17,5°.) **66.** p. 134.

G. Heinzelmann; über Anwendung von Flufssäure in der Melasse-Brennerei zu Uuseburg. **66.** p. 247.

W. Hayduck; über den Ilges'schen Feinsprit-Automat für gesonderte Darstellung von Feinsprit und Fuselöl aus Maische. (Wird gelobt vom Verf.) **66.** p. 351.

Wittelshöfer; über die Verarbeitung von Mais. **66.** p. 303.

E. Theisen in Sinzig a. Rh., D. P. 52435; Condensations-, Kühl- und Verdampfungsapparat. **75.** p. 563.

50   Gerben, Leder- und Leimbereitung.

Behrend-Hohenheim; über Herstellung von Branntweinen aus Wachholder-
beeren. **66.** p. 253.
K. Windisch; über denaturirte Branntweine. Arbeiten aus d. k. Gesundheits-
amt 6. p. 471.
Behrend-Hohenheim; Untersuchungen über den Fuselgehalt und die son-
stige Beschaffenheit von Branntweinen des Kleinbetriebes. **66.** p. 273.
E. Sell; über Cognac, Arrac und Rum. (Verf. berichtet, dafs man zur Zeit
noch nicht im Stande ist, auf Grund der chemischen Analyse ein sicheres
Urtheil über die Beschaffenheit eines vorliegenden Cognacs etc. zu geben.)
106. p. 819. **49.** (1891) p. 26.
A. Herzfeld; Versuche zur Darstellung rumartiger Producte aus Rübensaft,
Melasse und Rohrzucker. **51.** p. 645.
E. Mach und K. Portele wiesen nach, dafs Wein, aus durch Ueberschwem-
mung gelittenen Trauben hergestellt, erhebliche Mengen von Buttersäure
und Milchsäure enthielt. **22.** p. 305.
L. Roos und E. Thomas; über die Art der Bindung der Schwefelsäure in
gegypsten Weinen, und über ein Verfahren zur Unterscheidung der Gyp-
sung von der Säuerung durch Schwefelsäure. 9. t. 111. p. 575. **89.** Rep.
p. 307.
E. Kramer; Bacteriologische Untersuchungen über Umschlagen des Weines.
(Dieselben ergaben, dafs das sog. Umschlagen als faule Gährung anzu-
fassen ist, an welcher sich 9 vom Verf. beschriebenen Bacterienarten bethei-
ligen.) **22.** Bd. 37. p. 325. **58.** p. 966.
J. Leuchtmann; über süfse Medicinalweine und ihre Verfälschungen. **106.**
p. 794.
R. Kayser; über die Zusammensetzung gallisirter Weine. **89.** p. 1201.
F. A. Reihlen, D. P. 50597; Herstellung von Schaumwein in Holzgefäfsen.
58. p. 968.
G. Mack und G. U. Glpggengiefser in Neustadt a. d. Haardt, D. P. 52891;
Maschine zum Keltern und Entfernen der Traubenkämme. **75.** p. 660.

Gerben, Leder- und Leimbereitung.

Die Rowe, ein etwa vor 10 Jahren aufgetauchter neuer Gerbstoff,
hat nach früheren Angaben einen Gerbstoffgehalt von 27—34%.
Aehnliche Zahlen fanden Hundeshagen und Philip. Leichte Mahl-
barkeit, leichte und vollständige Löslichkeit des Tannins und hoher
Gerbstoffgehalt qualificiren die Rowe von vornherein zu einem sehr
brauchbaren Gerbmaterial, und die — freilich nicht sehr zahlreichen
— praktischen Versuche, die seiner Zeit mit diesem Stoffe ausgeführt
wurden, bestätigen übereinstimmend diese Annahme. Reine Rowe-
gerbung erwies sich als vorzüglich, besonders für leichtes Leder. Dieser
Gerbstoff soll sich ferner sehr gut zum Versetzen des Sohlleders in
Mischung mit Eichen- oder Fichtenrinde eignen (also als Ersatz besonders von Valonea), und auch in Farben, mit Eichenlohe gemischt,
hat man mit Rowe gute Resultate bei Geschirrledern erzielt. Die
Gerbung vollzieht sich verhältnifsmäfsig schnell, und in allen Fällen
wird die schöne helle Farbe, die Dichtigkeit und der schöne Schnitt

des Productes gerühmt; auch das Gewicht scheint zufriedenstellend gewesen zu sein. — **73.** No. 103.

Klärung und Entfärbung von Gerbstoffextracten und Lohbrühen. D. P. 53398 f. A. Foelsing in Düsseldorf. Die durch Extraction gewonnenen Brühen von gerbstoffhaltigen Pflanzen werden, nachdem sie auf 4^0 Bé. bei 17^0 C. gebracht sind, mit Kaliumantimonoxalat bei ca. 60^0 und unter beständigem Umrühren behandelt, wobei auf 1000 l 4grädige Brühe 1 kg des Kaliumantimonoxalats oder die äquivalente Menge der sonstigen wasserlöslichen Antimonsalze kommen. — **75.** p. 728.

Vorbereitung von Häuten zum Gerben. Engl. Pat. 13542/1889 f. G. Mitchell und R. W. Rutherford, Dunedin, Neuseeland. Die Häute werden in wässerige Lösungen von Ammonium-, Magnesium-, Kalium- oder Natriumsulfat getaucht, anstatt in Alkalilösung nach dem Kalken. — **89.** p. 151.

Gerben von Häuten. Am. P. 444771 f. N. Wilson, Becket, Mass. Die Häute werden, nachdem sie behufs Entfernung der Haare etc. in üblicher Weise mit Kalk behandelt sind, zur Neutralisation des aufgenommenen Kalkes der Einwirkung einer Lösung, bestehend aus Wss., Schwefelsäure, Borax und Glaubersalz unterworfen. Sodann kommen sie in die gewöhnliche Gerbstofflösung, zu welcher man Salzsäure und Kochsalz gefügt hat. Hierdurch werden alle fremden Stoffe in der Flüss. gefällt, und die Häute werden weicher. — **89.** p. 151.

Gerben von Häuten. Am. P. 435922 f. T. L. Crafton, Sidney. Die Häute werden zunächst in ein Gemisch von 15 Gallonen (1 Gallone = 4,54 l, Wss., 6 Quart (1 Quart = $^1/_4$ Gallone) gelöschtem Kalk, 6 Quart Asche und 1 Pfd. (0,454 kg) Soda gebracht. Sodann entfernt man den Kalk aus den Häuten durch Eintauchen derselben in ein Bad aus 20 Gallonen Salzwasser, 1 Peck (9,1 l) Weizenkleie, 2 Gallonen Buttermilch, $^1/_2$ Pfd. $6^0/_0$iger Essigsäure oder starkem Essig und 3 Pfd. Kochsalz. Schliefslich kommen die Häute in eine Lohbrühe, bestehend aus 15 Gallonen Wss., 10 Pfd. Gambir, 4 Pfd. Kochsalz, 3 Pfd. Salpeter und 1 Pfd. $6^0/_0$iger Essigf. oder starkem Essig. — **89.** p. 1357.

Rotirender Apparat zum Gerben mittelst Elektricität. Engl. P. 9776/1889 f. B. Nicholson, South Norwood, Surrey, und T. Palmer, London. Die Häute hängen in einer rotirenden Trommel, welche die Gerbflüssigkeit enthält, an Stangen, die so angeordnet sind, dafs sie mit dem positiven Pole einer Elektricitätsquelle in Verbindung stehen, wenn sie sich aufserhalb der Flüss. befinden. Die Flüss. bleibt fortwährend in Verbindung mit dem negativen Pole der Elektricitätsquelle. — **89.** p. 1576.

Das Färben des Fettgarleders soll nach einer neuen Methode schon vor dem Gerben mit Anilinfarben geschehen. Die rohe thierische Hautfaser nimmt im nassen Zustande den Farbstoff sehr leicht auf, und derselbe wird sofort fest von ihr gebunden. Es genügt, die in warmem Wss. aufgelöste dünne Farbe mit der Bürste auf die ausgebreitete Haut gleichmäfsig aufzutragen, oder was noch vortheilhafter ist, letztere in einer mit Farbbrühe gefüllten Färbekufe auszufärben.

4*

Als zweckmäfsigste Farben wählt man Phosphin oder Ledergelb. Nach dem Färben hängt man die Häute zum Abwelken auf und behandelt sie dann wie jedes andere Fettgarleder. Die von den Häuten nicht gebundene, überschüssige Farbe läfst sich mit den gleichfalls auf der Oberfläche des fertigen Leders sitzenden Fetttheilen leicht abstofsen, und die Waare erscheint nach dem Zurichten resp. nach dem Krispeln von schöner, in's Orange fallender Lederfarbe, wie sie nach den alten Methoden nicht zu erzielen ist. — **73.** No. 22.

Herstellung von gemustertem Leder. D. P. 53587 f. G. Zingraf in Bockenheim b. Frankfurt a. M. Die Narbenseite des Leders wird mit Pressungen versehen und dann mit Hilfe von Bimsstein, Sand oder dergl. derart aufgeraubt, dafs das Schleifmittel nur auf die erhabenen Stellen einwirkt. — **49.** (1891) p 29.

Gifte in der Lederindustrie. W. Eitner bezweifelt, dafs die angeblichen Vergiftungen durch Hut, Handschuhleder und dergl. wirklich vom Leder herrühren. Die Verwendung von Auripigment ist durch das Schwefelnatrium entbehrlich geworden. Gefährlich sind dagegen die Häute von an Milzbrand, Rotz und dergl. verendeten Thieren, da diese pathogenen Mikroorganismen gewöhnliche Aescherbrühen ohne Schaden vertragen. — **102.** p. 73. **123.** p. 285.

Dégras wirkt nach W. Eitner nicht allein durch die Einfettung des Leders, sondern durch eine Art Nachgerbung, durch welche das Leder milder, voller und griffiger wird. Von dieser gerbenden Substanz ist in reinem, wasserfreiem Sämischdégras (Moëllon pure) an 20 % vorhanden, ebenso viel auch in gereinigtem wasserfreien Weifsgerbedégras. Manche Thrane enthalten bis 12 % von dieser Substanz, die meisten zwischen 2 und 6 %, manche nur Spuren. An dem gröfseren oder geringeren Vorhandensein im Thran drückt sich dessen Qualität als Lederschmiermittel, insbesondere aber als Gerbemittel der Sämischgerberei aus. Im Handel kommen gröfstentheils Kunstproducte vor. — **102.** p. 85, 181. **58.** Jahrg. 36. p. 1182.

Vaselinöl als Lederschmiermittel soll nach F. Simand bei 15° nie eine Dichte unter 0,900 haben, beim 1—2stündigen Abkühlen auf — 10° nur dickflüssiger werden, nie aber beträchtliche Ausscheidungen von Paraffin aufweisen, frei von Schwefelsäure sein und keine Harzöle enthalten. — **102.** p. 193. **58.** Jahrg. 36. p. 1183.

Säurefreie Wichse für Lederwaaren. D. P. 52558 f. F. Bense in Einbeck. Die Wichse enthält neben den gebräuchlichen Bestandtheilen (Beinschwarz, Fett, Zucker) eine Casein-Borax- oder Casein-Sodalösung und harzsaures Eisen. Die Caseinlösung soll der Wichse einen hohen Glanz verleihen, während infolge der Gegenwart des harzsauren Eisens das Leder echt schwarz gefärbt wird. — **75.** p. 570. **49.** p. 342.

Lagerschalen aus Ledermasse. D. P. 52748 f. E. Hüller in Hammer bei Mögeldorf nächst Nürnberg. Die Ledermasse wird aus gereinigtem, entfettetem, zerkleinertem Leder bereitet, das unter Beigabe von Thier- oder Pflanzenleim in einer Lösung von Leinöl, Wss. und doppeltchromsaurem Kali gekocht, in Formen geprefst und getrocknet wird. — **75.** p. 652. **49.** p. 359.

Herstellung eines Filzstoffes als Ersatz für Holz oder Leder zur Anfertigung von Reisekoffern. D. P. 53213 f. K. Vollmar in Baden-Baden. Filzplatten werden mit Leim, Terpentinbalsam und Essig getränkt, mit Segeltuch oder Leinen belegt, mittelst hydraulischen Druckes gepreſst und mit einer Farb- oder Firniſsschicht überzogen, wodurch eine leichte, feste und elastische Masse erhalten wird. — **75.** p. 705.

Lösemittel für Gelatine in der Kälte. Nach H. u. L. Lumière löst sich Gelatine in einer kalten 15%igen Lösung von Chlorbaryum so bedeutend, daſs die Flüss. Syrupconsistenz erlangt. Fällt man den Baryt durch Natriumsulfat, so bleibt die Gelatine in Lösung, obgleich nur noch Chlornatrium sich in derselben befindet. Brombaryum und Chlorstrontium wirken ähnlich, aber schwächer, Chlormagnesium löst dagegen die Gelatine in der Kälte ebenfalls leicht. 50 g Chlorbaryum in 750 g Wss. gelöst, lösen binnen 2 Stdn. bei einer Temp. von 18° R. 13 g Gelatine. — **84. 89.** Rep. 19. **19.** p. 639.

F. H. Haenlein; die Bedeutung mikroskopischer Untersuchungen in der Gerberei. **73.** No. 76.

Waage; Nachweis der Gerbstoffe in der Pflanze. **76.** p. 991.

W. Eitner; Gerbstoffe. (Valonea ist zu theuer und sollte durch ein Gemisch von 1 Th. Fichten- und 3 Th. Eichenholzextract ersetzt werden.) **102.** (1889) p. 277; (1890) p. 49.

C. Böttinger; Gerbstoffextracte. (Einwirkung von Phenylhydrazin.) **1.** Bd. 256. p. 341; Bd. 258. p. 252; Bd. 259. p. 125, 132.

S. Kapf; Canaigre (vgl. Rep. 1890 I. p. 81; 40% Gerbstoff; Canaigregerbsäure giebt mit Eisenvitriol sofort einen dunkelblaugrauen Niederschlag). **23.** p. 313.

J. Wladika; organische Säuren in Fichtenbrühen. **102.** p. 3, 62.

W. Eitner; Oberleder- und Militärleder-Fabrikation der Neuzeit. **102.** p. 1, 98.

H. E. Freudenberg in Weinheim, Baden, D. P. 52301; Erweichen, Strecken, Entfleischen und Reinigen von Häuten und Fellen in nassem Zustande. **75.** p. 529.

R. Rühlmann; das elektrische Gerbverfahren von Worms und Balé. **29.** p. 193.

W. Eitner; Bleichen von lohgarem Leder mit Wasserstoffsuperoxyd (wirkungslos). **102.** p. 280.

J. A. Safford in Boston, V. St. A., D. P. 52782; Lederspaltmaschine. **75.** p. 628.

Ueber das Färben groſser Schaffelle. **73.** No. 26.

J. Mohr und A. Tscheschner in Wien, D. P. 54220; Lederfärbmaschine. **75.** p. 947.

W. Eitner; Lederappreturmittel (bestand aus slavonischem Eichenholzextract). **102.** p. 124. **123.** p. 501.

Gewebe.

Behandlung von Pflanzenfasern. Engl. Pat. 12626 f. G. W. Robertson in Glasgow, D. Black in Lenzie und J. Mc. Glashan in Edinburgh. Die Stauden der Urticaceen (Rhea, Ramie, Chinagras) werden in kaltem oder warmem Wss. oder in einer schwachen Lösung von Natronhydrat oder einem anderen Alkali 6—12 Stdn. eingeweicht. Die Masse gelangt dann in eine Maschine mit schweren eisernen Walzen, welche die äußere Hülle zerreisen, sowie die Verunreinigungen und die Flüss. entfernen soll. Ferner soll die Faser gestreckt werden, was dadurch erreicht wird, daß eine der Walzen einen schnelleren Gang wie die übrigen besitzt. Dann wird das Material auf Haspeln gewunden, die ein hohles Centrum besitzen, während jede Rolle frei von Flüss. umspült werden kann. Man erhitzt nunmehr mit einer Natronlauge-Lösung von 2—4⁰ Tw. unter Dampfdruck 12 Stdn. lang, während die einzelnen Spulen auf Spindeln beständig rotiren. Nach Beendigung dieser Operation läßt man die Flüss. abtropfen und benutzt die Lauge in verdünntem Zustande zu der vorbereitenden Operation. Nach Auswaschen mit heißem Wss. wird gehechelt und weiter zum Spinnen vorbereitet. — **34.** (1891) p. 6.

Herstellung künstlicher Seide. D. P. 52977 f. J. H. du Vivier in Paris. Man löst Pyroxylin oder Nitrocellulose in Eisessig statt in einer Mischung von Aether und Alkohol (vgl. Rep. 1887 I. p. 97) auf und setzt dieser Lösung Lösungen von Fischleim in Eisessig, oder Guttapercha in Schwefelkohlenstoff, oder Ricinusöl zu. Die aus diesen Stoffen hergestellte künstliche Seide wird mit einer Reihe von Bädern behandelt, nämlich einem neutralisirenden und bleichenden Bade aus Aetznatron, Soda oder Natriumbisulfit, einer Albuminlösung, einem sog. Coagulirungsbade, d. i. einer Lösung von Carbolsäure oder einem Quecksilbersalz, weiter einer Lösung eines Aluminiumsalzes zur Verminderung der Verbrennlichkeit und endlich einer die Oberfläche des Fadens glättenden Albuminlösung. Zur Nitrirung der Cellulose zu Pyroxylin wird ein Nitrirungsgefäß verwendet, welches zum Zweck inniger Durchmischung des Inhalts gleichzeitig nach zwei Richtungen gedreht werden kann. — **75.** p. 825. **49.** (1891) p. 46. 71.

Herstellung einer Bleichflüssigkeit mittelst ozonisirten Terpentinöls. D. P. 52205 f. L. Schreiner in Stuttgart. Man stellt vermittelst Harzkaliseife eine wässerige Lösung des Terpentinöls her und oxydirt es in dieser Lösung durch Einwirkung des Sauerstoff der Luft oder des Wasserstoffsuperoxyds. Das Terpentinöl geht dabei angeblich in „Terpentinsuperoxyd" $C_{10}H_{14}O_4$ über (Kingzett, Rep. 1887. p. 668). Zur Darstellung eines vom Erfinder „Ozonin" benannten Präparates löst man 125 Th. Harz in 200 Th. Terpentinöl und rührt in die Lösung eine Lösung von 22,5 Th. Kalihydrat in 40 Th. Wss. sowie 90 Th. Wasserstoffsuperoxyd ein. Die entstehende klare Gallerte wandelt sich im Licht schon nach 2—3 Tagen, im Dunkeln aber erst nach Wochen in eine dünne haltbare Flüss., das „Ozonin", um. Eine

Emulsion von 1 g desselben in 1 l Wss. wirkt kräftig bleichend auf Faserstoffe, Holz, Stroh, Kork, Papier, sowie Gummi und Seifenlösungen; das Ozonin wirkt auch in saurer Emulsion ebenso stark wie in alkalischer und eignet sich daher besonders zum Bleichen solcher Stoffe, welche durch Alkalien leiden. — **75**. p. 564. **49**. p. 350.

Hydrosulfit soll nach Dommergue schweflige Säure und Wasserstoffsuperoxyd als Bleichmittel übertreffen. Es wird in der Weise dargestellt, daſs man in 300 l einer Lösung von Natriumbisulfit von 35 bis 40° Bé. eine den $1/4$ Theil des Gesammtgewichtes nicht übersteigende Menge von blanken Zinkabfällen oder Zinkstaub einträgt und mit Wss. kühlt. Nach etwa 1 Stde. ist die Reaction beendet und man zieht nun die Lösung in ein Faſs ab, welches davon immer voll sein muſs. Nach 12stünd. ruhigem Stehen zieht man die über dem schwefligsauren Zinknatron stehende klare Flüss., das Hydrosulfit, ab, welches man behufs Bleichens von wollenen oder seidenen Stoffen mit gleich viel Wss. verdünnt. Die Stoffe werden erst in Soda, hierauf in einem Seifenbade gewaschen, dann mit Wss. gespült und in einer Kufe mit der Bleichlösung, welche sie voll bedeckt, 6 Stdn. stehen gelassen. Man preſst dann ab, spült mit reinem Wss. nach und erhält hierdurch die Wolle oder Seide von sehr gutem sammetartigen Aussehen. Das Verfahren ist billig (10 kg Fasern vertheuern sich durch diesen Proceſs nur um etwa 1 Mk.), einfach und seit Jahren bereits erprobt. — **III. 49**. p. 390.

Zum Bleichen von Baumwolle, Wolle und Tussahseide mit Wasserstoffsuperoxyd verwendet H. Köchlin-Baumgartner gebrannte Magnesia an Stelle des sonst zugesetzten Ammoniaks. Baumwollene Gewebe werden zuerst in ein kaltes Bad von sehr verdünnter Schwefelsäure (2° Bé. = 2% Schwefelf.) gebracht, bis zum folgenden Tag in Haufen liegen gelassen und dann 6 Stdn. in einem Bade gekocht von 1000 l Wss. 10 kg Aetznatron (trocken, 72%), 30 kg Seife, 50 kg Wasserstoffsuperoxyd (12 Vol.-%), 8 kg gebrannter Magnesia. Dies genügt für 5 Stück à 100 m. Verhältniſsmäſsig ist allerdings die Bleiche theuer, empfiehlt sich daher besonders für feine Waare, welche rasch gebraucht wird. Wolle durchtränkt man mit Wasserstoffsuperoxyd, welches mit dem vierten Theil seines Volumens an kieselsaurer Natronflüssigkeit 20° Bé. gemischt ist und mit Wss. entsprechend dem Grade der Bleiche, den man erreichen will. Z. B.: Wasserstoffsuperoxyd (12 Vol.-%) 1 l, kieselsaures Natron 20° Bé. $1/4$ l, Wss. 3—10 l. Man bringt das Gewebe ein, läſst die Stücke während 24 Stdn. zusammengerollt liegen, wäscht, drückt aus und bringt in Bisulfit (1 Th. mit 10 Wss. verdünnt) ein. Man läſst das Zeug 24 Stdn. zusammengerollt liegen, wäscht und trocknet. Bei Tussahseide vor allem eignet sich Magnesia als Zusatz zu dem Wasserstoffsuperoxyd besser wie Ammoniak. Man erhält ein gutes Weiſs, wenn man die Seide 5—6 Stdn. mit einer Mischung von Seife, gebrannter Magnesia und Wasserstoffsuperoxyd kochen läſst. — Agenda du Chimiste. **II**. No. 23. **19. 49**. p. 390.

Beim Bleichen der Baumwollstoffe hat J. Mullerus bei Kattun sehr schöne Resultate erhalten, wenn er denselben 2 Stdn. in dünner Natronlauge kochte, gut wusch, ohne zu trocknen in Baryumsuperoxydwasser (1%) klotzte, 2 Stdn. zusammengerollt liegen lieſs und ohne

zu waschen in 2⁰ Bé. starker Schwefelsäure klotzte. Das Gewebe
blieb nun 13 Stdn. zusammengerollt liegen, dann wurde dasselbe gut
gewaschen, 2 Stdn. in dünner Natronlauge gekocht, gut gewaschen,
in Baryumsuperoxydwasser geklotzt, 2 Stdn. zusammengerollt liegen
gelassen, ohne zu waschen in 3⁰ Bé. starker Schwefelf. geklotzt,
6 Stdn. zusammengerollt liegen gelassen, gut gewaschen, in Baryumsuperoxydwasser geklotzt, 2 Stdn. zusammengerollt liegen gelassen,
ohne zu waschen in 2⁰ Bé. starker Schwefelf geklotzt, 15 Stdn. zusammengerollt liegen gelassen, gut gewaschen, gebläut und getrocknet.
Das so erzeugte Weifs war sehr rein. — 23. p. 41. 123. p. 744.

Erzeugung von Mustern auf Geweben u. dgl. mittelst Vexirfarben.
D. P. 52575 f. J. E. Strohschein in Berlin. Die zu behandelnden Stoffe
werden mit einer Lösung von Harz in Benzin getränkt, in welcher
spirituslösliche Anilinfarbstoffe staubfein gepulvert suspendirt sind, so
dafs nach dem Verdunsten des Benzins die Farbstoffe als fast kaum
bemerkbarer Staub auf den Stoffen haften, und dann, sobald man die
Färbung eintreten lassen will, mit einer alkoholhaltigen Flüss., z. B.
Kölnischem Wss., überstäubt, wobei die Anilinfarbstoffe sich in Alkohol auflösen und dadurch die Färbung bewirken. (Seltsam, dafs dieser
alte Scherz, der wohl vor 20 Jahren schon im Cotillon auf Chemiker-
bällen Furore machte, jetzt noch zur Ehre eines Patentes gelangt! J.)
— 75. p. 623. 49. p. 351.

**Herstellung von Zeugdruck- und Präge-Musterwalzen ohne Löth-
nath auf galvanoplastischem Wege.** D. P. 52852 f. A. Michaud in
Paris. Die auf bekannte Weise dargestellten ebenen Reliefplatten oder
gravirten Platten biegt man zu einem vollständigen Cylinder zusammen, welcher das Muster auf der äufseren Fläche trägt, stellt nach
demselben auf galvanoplastischem Wege eine cylindrische Ueberform
mit innerem Muster her, verstärkt dieselbe nach Ablösen vom Cylinder
durch Umwickeln mit einem erhitzten Guttaperchablatt und fertigt
nach ihr auf galvanoplastischem Wege wieder einen hohlen Druck-
cylinder mit äufserer Musterung an, welcher auf einem Metallkern
montirt wird. — 75. p. 710.

**Vorbereitung von Gewebestoffen zur Fabrikation von künstlichen
Blumen.** D. P. 52195 f. E. Degerdon in Weifsenau bei Ravensburg,
Württemberg. Das baumwollene Gewebe wird zunächst in einem in
Gährung versetzten Weichbade aus Weizenkleie behandelt, ausgewaschen,
getrocknet und hierauf weiter mit einer Appreturmasse (Stärke und
einem Mineralweifs), welcher ein Antimonsalz und chemisch reines
Tannin zugesetzt ist, behandelt. Die Gährung soll Schlichte u. dgl.
aus der Faser entfernen, und die Appreturmasse die Aufnahmefähigkeit für sog. Anilinfarben erhöhen. — 75. p. 544. 49. p. 383.

Feuerschwamm für Waschzwecke brauchbar zu machen. D. P.
52287 f. M. Bauer und M. Rosenfeld in Berlin. Man taucht den
Feuerschwamm 15—30 Sec. lang in ein heifses Gemisch von 27—30
Th. concentrirter Schwefelsäure und 100 Th. Wss., prefst ihn aus und
wäscht ihn vollständig aus. Bei richtiger Ausführung der Operation
wird hierdurch der Schwamm sammetartig weich, ohne an Zerreifsfestigkeit einzubüfsen. Statt Schwefelf. kann man ein Gemisch von
25—30 Volumtheilen rauchender Salzsäure und 100 Th. siedendem
Wss. oder 20⁰/₀ige Zinkchloridlösung anwenden. — 75. p. 571.

Künstlicher antiseptischer Schwamm. D. P. 52116 f. A. Poehl in St. Petersburg. Ein mit antiseptischer Flüss. gefüllter wasserdichter Beutel ist zunächst mit einer Verbandbinde umwickelt und sodann noch von einem hygroskopischen Stoffe umschlossen. Wird der Beutel mit einer Nadel durchstochen, so tritt die antiseptische Flüss. aus demselben in die Verbandbinde über, und es kann nun das Ganze als Schwamm zum Waschen oder Sterilisiren benutzt werden. — **75.** p. 528.

Antiseptischer Verbandstoff. D. P. 52236 f. H. & W. Pataky in Berlin. Mit antiseptischen Mitteln getränkte, comprimirte Watte ist auf beiden Seiten zum Schutze gegen chemische und andere Einwirkungen mit Gaze oder ähnlichen Deckmitteln versehen. — **75.** p. 571.

(Aus dem vorstehenden Patentauszuge ist die Neuheit der Erfindung nicht zu erkennen. R.)

Kohlschmidt; deutsche und überseeische Wolle. (Die deutsche ist i. a. nicht so fein, besitzt denselben Grad der Dehnbarkeit wie die ausländische, aber bedeutend gröfsere Haltbarkeit, wogegen sie der australischen an Sanftheit, Milde und Glanz nachsteht.) Landwirthschaftl. Jahrb. (1889) Heft 6. **23.** p. 307. **58.** Jahrg. 36. p. 1100.

Hauterive; wilde Wolle. Industr. textile No. 64.

Franz v. Höhnel; Collodiumseide. (Behandelt die Beurtheilung des Fadens der Vivier'schen und Chardonnet'schen Seide bezüglich seines Gebrauchswerthes, seines chemischen und physikalischen Verhaltens und seiner mikroskopischen Beschaffenheit.) **55. 20.** p. 146. **19.** p. 651.

E. Hanausek; Erkennung von Chardonnet'scher künstlicher Seide (an dem streifigen Aussehen unter dem Mikroskop). Ztschr. f. Nahr. p. 196.

W. M. Gardner; Eigenschaften, Bleichen (durch Natriumhypochlorit oder Kaliumpermanganat oder Wasserstoffsuperoxyd) und Färben von Jute. **23.** p. 24.

C. Goebel; die Seifen in der Textilbranche und Verfahren zur Herstellung derselben. **11.** p. 379.

J. J. Hummel; Waschen der Wolle mit flüchtigen Lösungsmitteln. **120.** p. 2.

W. Eastwood und A. Ambler, D. P. 53680; Waschen von Wolle und anderen Faserstoffen (in auf- und niedergehenden Trögen mit durchlöchertem Boden).

Schulze & Co., D. P. 53841; Trockenvorrichtung für Wolle, Baumwolle und dergl.

F. Wever in Chemnitz i. S., D. P. 53980; Trocknen von Faserstoffen. **75.** p. 996.

Simonis & Chapuis in Verviers, Belgien, D. P. 52431 (Zus.-Pat. zum D. P. 47850); Vorrichtung zum Trocknen und Carbonisiren von Wolle und anderem Fasermaterial. (Der Transport des Fasermaterials geschieht durch einen Luftstrom.) **75.** p. 571.

H. Stockmeier; die Anwendung der Bleichmittel in der Industrie und im Gewerbe. **107.** p. 756, 796.

Stepanoff; elektrisches Bleichen. (Seesalzlösung, und Elektroden aus Blei und Platin.) Electrician p. 542. **58.** Jahrg. 36. p. 1111.

Andreoli; elektrisches Bleichverfahren. (Anoden: Retortenkohle in kupfernen Kapseln; Kathoden: Eisendrahtgitter; Flüss.: Seesalzlösung mit Sodazusatz; verwendet von der London Electrical Bleaching Comp.) **42.** p. 690.

Karl Kellner in Wien, Franz. Pat. 204827; elektrische Bleichen. **57.** p. 1961.

A. Waldbauer, D. P. 53435; Schleudermaschine zum Bleichen, Waschen, Färben und dergl.

G. Bell Sharples in Manchester, D. P. 54236; Maschine zum Bleichen, Stärken und Tränken von Stoffen und Garnen in Strangform. **75.** p. 948.

E. Remy in Mülhausen i. E., D. P. 52944; Maschine zum Behandeln von Textilstoffen, Garnen, Papier und dergl. mit Gasen, Dämpfen, Heifsluft u. s. w. **75.** p. 661.

O. Löbner; praktische Erfahrungen aus der Tuch- und Buckskin-Fabrikation. Rationelle Behandlung von Wolle, Garn, Waare, Maschinen etc. I. Bd. (Inhalt: Wolle, Wollwäscherei, Färberei.) Verlag von Weifs Nachf., Grünberg i. Schl. 1891.

J. Herzfeld; das Färben und Bleichen von Baumwolle, Wolle, Seide, Jute, Leinen etc. im unversponnenen Zustande, als Garn und als Stückwaare. Praktisches Hülfs- und Lehrbuch, bearb. f. Färber u. Färberei-Chemiker, sowie zum Unterricht in Fachschulen. 2. Theil. (Inhalt: Bleicherei, Wäscherei, Carbonisation.) Verlag von S. Fischer, Berlin.

Glas und Thon.

Herstellung von Rohglas. D. P. 51962 f. J. Quaglio in Berlin. Das Glasgemenge wird durch Gebläsestichflammen aus Wasser-, Kohlen-, Holz- oder Naturgas in unabhängig von dem Läuterungsraum angeordneten Schmelztöpfen *i* vorgeschmolzen, tritt dann durch die Schächte *k* auf die Schmelzplateaus *e* und von hier unter Ueberschreitung der Wälle *f* in dünner Schicht in das Sammelbassin *d* der geheizten Schmelzwanne. Auf diesem Wege wird das Glas geläutert. — **75.** p. 551.

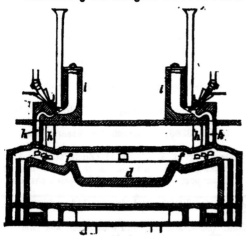

Zum langsamen Mattätzen von Glasscheiben schlägt Kampmann vor: Von der käuflichen concentrirten Flufssäure (spec. Gew. 1,2563) werden 240 ccm allmählich mit 600 g gepulverter Krystallsoda versetzt und dann noch 1 l Wss. zugegossen. Die Flüss. ätzt in Verlauf von 1 Std. gut. — **47.** p. 699. **89.** Rep. p. 281.

Gelbes Glas wird durch Kohle, sowie durch die Oxyde des Eisens, des Silbers, Urans und Cadmiums erzeugt. Bei Anwendung von Kohle, die als Reductionsmittel des im Glase enthaltenen Alkalisulfats fungirt, muſs der Glassatz weichflüssig sein; bei höherer Temp. wird das Kohleglas leicht gispig. Dasselbe ist bei dem mit Glasgelb oder Glasschwarz, einer eigenen Eisenoxydationsstufe, gefärbten Glase, bei dem ein härterer Satz genommen werden kann, der Fall. Ein blankes Glas erzielt man durch mehrmaliges Umschmelzen. Eine Lösung von Silber in Königswasser giebt Kalibleiglassatz, eine schöne Farbe von citronengelbem Ton. Das Färbungsvermögen ist sehr intensiv, jedoch unbeständig, von der Ofenhitze, von der Bearbeitung des Glases und dem Anlaufenlassen abhängig, weshalb dieses Glas stets als Ueberfang benützt wird. Es ist dann, in Zapfen ausgearbeitet, von trüber braungelber Färbung, bei dem Ueberfangen ändert sich die Farbe in schönes Gelb, dessen Kraft durch längeres Bearbeiten und Aufwärmen zunimmt; bei übermäſsiger Erhitzung jedoch wird das Glas braun und stellenweise, namentlich an den Rändern, opalisirend. Antimonpräparate besitzen nur ein schwaches Färbungsvermögen und sind höchstens bei niedrig schmelzenden Bleigläsern verwendbar. Ein ausgesprochen schönes, sehr zartes Grünlichgelb (Annagelb) erzeugt das bekannte Uranoxydnatron, das aber für allgemeine Verwendung zu kostspielig ist. Manche Hütten gebrauchen zum Färben auch Schwefelblüthe. Durch Braunsteinzusatz (mit oder ohne Schwefel) zum Kohlenglas soll die Färbung besser im Glase fangen und nie miſslingen. Ein reines Glas von hübscher lichtgoldgelber Färbung erzielt man durch folgenden Satz: 100 Sand, 42 Pottasche, 15 Kalkstein, 2 Borax, 2 Mennige, $1^{1}/_{2}$ gepulverte Erlenkohle, 1 Braunstein, 2 Schwefelblüthe. Das von J. Schreiber & Neffen mit Cadmiumsulfid hergestellte Kaisergelb, welches einen sehr satten goldgelben Farbenton mit einem grünlichen Stich besitzt, wird mittelst Ueberfang gearbeitet. Es erfordert ein Goldrubingemenge oder überhaupt weiche Alkalibleisilicatgläser und gedeckte Häfen, in denen es keiner hohen Temp. und keiner reducirenden Flamme ausgesetzt ist. Ueberschreitet man mit dem Sulfidzusatz eine bestimmte Grenze, so nimmt das Glas zwar an Intensität der Färbung zu, verliert aber an Glanz und Feuer und wird derart spröde, daſs es, abgekühlt, in Stücke zerfällt. — **47.** p. 177.

Herstellung eines in verschiedenen Färbungen durchscheinenden Glases. D. P. 54091 f. F. E. Grosse in Berlin. Verschieden gefärbte Glasflüsse, in je einem Hafen abgeschmolzen, werden mit der Pfeife stufenförmig aufgenommen und darauf innig zusammengewolpert. — **75.** p. 980.

Einfluſs der Zusammensetzung des Glases auf die durch Einbrennen zu befestigenden Farben. R. Weber untersuchte zwei Glasplatten, deren Grund beim Einbrennen matt geworden war und deren Schmelzfarben wenig hafteten. Es waren kalkarme, alkalireiche Gläser, bei denen sich an der Luft Schichten von wasserhaltigen Silicaten bilden, die ihr Wss. beim Erhitzen verlieren, dann abblättern und die Oberfläche rauh erscheinen lassen. Sind die Gläser zu hart, so fixiren sich die Schmelzfarben erst bei starker Hitze. Ein gutes, zum Einbrennen von Gemälden und Decorationen bestimmtes Glas

muſs bei längerem Stehen in freier, trockener Luft blank und spiegelnd
bleiben. Noch mehr empfiehlt es sich, vor der Verwendung Probe-
stücke des zu decorirenden Glases in der Einbrennmuffel zu erhitzen.
— **47.** p. 910. **49.** (1891) p. 31.

Ueber Glasfarben; v. E. Adam. Die Glasschmelzfarben unterscheiden sich von den Porzellanfarben über Glasur in erster Reihe
durch ihre leichtere Schmelzbarkeit; sie bestehen aus einem schwer
schmelzbaren Farbpräparate und einem leicht schmelzbaren Glase, dem
sogenannten Flusse. Der färbende Bestandtheil des Präparates wird
meistens durch Fällen eines Metallhydrates in den schwer schmelzbaren Theil erhalten, dann eingetrocknet und etwa bei Silberschmelz-
hitze gefrittet. Derartige Farbfritten kann man ohne Weiteres nach
den für Porzellan üblichen Recepten herstellen. Als Flüsse für Glasschmelzfarben, die schon unter der Erweichungstemperatur blank geschmolzen sein müssen, verwendet Verf. folgende Schmelzen:

I. Mennige	77 Th.	III. Mennige	28 Th.
Reiner Sand . . .	11 „	Reiner Sand . . .	28 „
Borsäurehydrat . .	22 „	Marmor	3 „
II. Mennige	75 Th.	Calcin. Soda . . .	2,5 „
Reiner Sand . . .	15 „	Krystallisirter Borax	78 „
Borsäurehydrat . .	20 „	Besonders f. Purpur und Carmin geeignet.	

Beim Feinreiben wird zu III. für Purpur und Carmin noch eine Spur
Chlorsilber zugesetzt. — **47.** p. 869. **89.** Rep. p. 354.

Mattfarben für Glas erzielt E. Adam dadurch, daſs er den für
die Herstellung der Farben verwendeten Fluſs mit einem hohen Zink-
oxydgehalte versieht. Als derartigen Fluſs verwendet Verf. eine
Schmelze aus: 36 Th. Mennige, 25 Th. Quarz, 20 Th. krystallisirtem
Borax, 30 Th. Zinkoxyd. Das Mattwerden entsteht durch nicht gelöstes oder ausgeschiedenes Zinkoxyd. — **47.** p. 889. **89.** Rep. 354.

Zur Herstellung von mit Silber belegten Spiegeln empfiehlt
Kayser folgende Flüss.: I. Silberlösung. 10 g krystallisirtes Silbernitrat werden in 50 ccm destillirtem Wss. gelöst, dann reine Ammoniakflüssigkeit (empyreuma- und eisenfrei) allmählich bis zur Klärung
hinzugefügt. Zu dieser Lösung fügt man tropfenweise unter Umrühren
mit einem Glasstabe eine Lösung von Silbernitrat (1 : 5), bis eine
schwache Opalescenz entstanden ist. Die Lösung bringt man mit destillirtem Wss. auf 1 l und läſst dieselbe dann entweder einige Zeit
stehen, bis sie ganz klar geworden ist, oder man filtrirt, jedoch ist
die Klärung durch Absetzenlassen vorzuziehen. II. Reductionsflüssigkeit. 20 g Tartar. natronatus und 20 g weiſser Kandiszucker werden
in 200 ccm destillirtem Wss. gelöst, zu der Lösung fügt man eine
Lösung von 4 g Silbernitrat in 20 ccm destillirtem Wss., schüttelt
tüchtig um, siedet ½ Stde. und mischt sofort mit so viel kaltem Wss.,
daſs 1 l Flüss. entsteht. Nach dem Umschütteln wird filtrirt. Zum
Zweck der Versilberung wird 1 Vol. der Silberlösung I mit einem
gleichen Vol. der Reductionsflüssigkeit II gemischt und die Mischung
möglichst schnell auf die sich auf den Belegtischen befindlichen
Spiegelgläser gegossen, so daſs die Oberfläche derselben eine gleichmäſsig dicke Schicht der Versilberungsflüssigkeit trägt. Nach kurzer

Zeit beginnt die Versilberung der Glasfläche und ist in 15—20 Min. vollendet. Man läfst hierauf die überschüssige Lösung von den Spiegeln abfliefsen und wäscht wiederholt mit destillirtem Wss. Hierauf stellt man die Spiegel schräg, läfst sie abtropfen und trocknen. Man giebt dann zweckmäfsig zuerst einen Schutzlack von Rubinschellack in Weingeist, nach dem Trocknen desselben einen zweiten Anstrich von Rubinschellack-Weingeistlösung, in die man einen beliebigen indifferenten Farbstoff, gewöhnlich Chromgelb oder Ocker, verrieben hat. Wss. und Chemikalien müssen absolut chlorfrei sein. Das Seignettesalz ist aufserdem auf einen Gehalt an Thonerde zu prüfen. — **123.** p. 541. **49.** p. 359.

Herstellung einer Farbzier auf Hohlglasgegenständen. P. P. 52844 f. J. Oertel & Co. in Haida, Böhmen. Man überstreicht die zuvor innen versilberten Glasgegenstände auf der Aufsenseit mit einer beliebigen Glasfarbe, läfst diese trocknen, trägt mittelst eines geeigneten Aushebemittels (Copaiva-Balsam, Mohnöl etc.) ein beliebiges Muster auf die Grundfarbe auf, wischt hierauf die aufgeweichte Farbe ab und überzieht die von der Farbe befreiten, dem Muster entsprechenden Stellen mit Firnifs-, Lack- oder anderen Farben, Gold, Goldstreifen und dergl. — **75.** p. 735. **47.** p. 847.

Dinasbricks in Glasofenklappen besitzen bedeutende Ausdauer und Widerstandsfähigkeit; die sich bildenden Schlieren sind hell, niemals so mifsfarben wie bei Thonsteinen (basischen Silicaten). — **47.** p. 690. **89.** Rep. p. 281.

Steingutthon aus Oberjahna ist nach Heinecke im geschlämmten Zustande wegen seiner Bildsamkeit, seiner weifsen Brennfarbe und seines hohen Quarzgehaltes vorzugsweise für die Steingutindustrie, als Begufs für Ofenkacheln, als Zuschlag für die Herstellung weifser Gläser und für die Fabrikation von Wandbekleidungsfliesen geeignet. Der zu 54.3% abgeschlämmte Thon, zu Gefäfsen geformt, ist an sich schon ohne weiteren Zusatz als Steingutmasse verwendbar. Für gewöhnliches Hartporzellan dagegen ist der geschlämmte, wie der ungeschlämmte Thon wegen seines hohen Quarzgehaltes weniger geeignet. — **115.** p. 592. **58.** Jahrg. 36. p. 750.

Für Glashafenthone sind folgende die besten Verhältnisse von Kieselsäure zu Thonerde und folgende Beziehungen zwischen gebranntem und ungebranntem Material:

Thonsorten:	Verhältn. von $SiO_2 : Al_2O_3$	Mischung roh : gebrannt
Passauer	100 : 50,9	100 : 1 6,6
Kehlheimer	100 : 41,3	100 : 92,6
Grofsalmeroder . . .	100 : 72,8	100 : 111
Göttweiher	100 : 50,5	100 : 200
Vallendarer	100 : 37,6	100 : 225
Grünstädter	100 : 76,1	100 : 100
Belgischer	100 : 51,9	100 : 150
Langenauer (Schweiz) .	100 : 40,6	100 : 75

— Danemarks geolog. Undersögelser. **89.** No. 92. **47.** p. 789. **43.** (1891) p. 31.

Lavamasse (vgl. Rep. 1889 II. p. 94) ist nach F. Gillet ein Gemisch aus pulverisirter natürlicher Lava, Flufsmittel und Thon zu folgenden Th.: 2 Th. Lava, 1 Th. Flufsmittel, Fritte, 1 Th. plastischer Thon. Die Mischung läfst sich auf der Drehscheibe gut verarbeiten, leicht modelliren und beliebig färben. Für Schleifsteine und Werkzeuge zum Schärfen, Glätten und zur Metallbearbeitung nimmt man etwas weniger Thon und dafür noch Schleifsand oder Sandsteinpulver hinein. An Stelle von Lava ist auch Basalt oder Schlacke vorgeschlagen worden. — Mon. de la céramique et de la Verrerie p. 159. 89. Rep. p. 345. 49. p. 359.

Zusammensetzung chinesischer Porzellanmassen. G. Vogt erbrachte schon früher (vgl. Rep. 1890 I. p. 104) den Nachweis, dafs die chinesische Porzellanmasse oft bis 20 und mehr % weifsen Glimmer enthält, wodurch sich die wesentlichen Unterschiede zwischen den chinesischen und europäischen Porzellanen erklären. Verf. erhielt im Laboratorium sehr befriedigende Resultate mit einer Mischung aus 25 Th. reinem Kaolin, 25 Th. Glimmer, 25 Th. Orthoklas und 20 Th. Quarz. Eine Masse mit 17 % Glimmer, bestehend aus 35 Th. Kaolin mit 20 % Glimmergehalt, 57 Th. Felsart von Montebras mit 23 % Glimmer und 20 Th. Orthoklas lieferte ein sehr weifses und schönes Porzellan. — 98. p. 343. 89. Rep. p. 281.

Darstellung porzellanartiger Thonwaaren unter Benutzung von Chloriden. D. P. 54210 f. F. Wallbrecht in Hannover. Die rohen Thone werden mit Chlornatrium, Chlorkalium oder Chlormagnesium gemischt, und die aus der Mischung geformten Gegenstände in feuchtem Zustande gebrannt. — 75. p. 1017.

Die neue Porzellanmasse von Sèvres, die bei 1300—1400° C. gar wird, besteht aus: Kaolin von St. Yrieix 35,6 %, Natron- und Kalifeldspath je die Hälfte 38,0 %, Quarz 26,4 %. — 47. p. 941.

Weiche Porzellanmasse für Figürchen u. a. kleine Gegenstände. Zettlitzer Kaolin 30 Th., plast. weifsbrenn. Thon, Meifsen, 10 Th., Feldspath, norweg. 60 Th. Mit 5—6 % Rutil färbt man die Masse elfenbeingelb. — 47. p. 861.

Scharffeuerblau auf Porzellan erzielt man in Sèvres nach Ch. Lauth dadurch, dafs 15 Th. schwarzes Kobaltoxyd mit 85 Th. Pegmatit zusammen gemahlen und gefrittet, dann fein gemahlen und als Farbe auf die Glasur des glattgebrannten Porzellans aufgetragen werden. Beim Brennen im Scharffeuer treten häufig fehlerhafte Erscheinungen auf. Das Aufkochen, der schlimmste dieser Fehler, wird nach Verf. durch folgende Ursachen bedingt: 1. Reducirende Gase gegen Schlufs des Brandes rufen ein Aufschäumen hervor, z. B. Holz, welches in die Kapsel geworfen wird, sobald die Gutbrandtemperatur erreicht ist. Zu Anfang schadet reducirendes Feuer nicht. 2. Wo sich bei geringem Luftzuge in den Kapseln Gegenströmungen und Anhäufung von Gas als Erzeugnisse unvollkommener Verbrennung bilden, tritt der Fehler gleichfalls auf. — La Manufacture de Sèvres 1879—1887. 47. p. 847. 89. Rep. p. 345. — Wendet man zur Herstellung des Scharffeuerblau Kobaltverbindungen allein an, so wirkt das Blau, unvermittelt auf das weifse Porzellan gesetzt, einigermafsen derb und erscheint in künstlicher Beleuchtung schwarz und düster. Die Schattirungen haben falsche und unangenehme Töne und die Linien und die Correctheit der Zeichnung bleiben nicht rein. Je reiner das Kobalt, je gröfser sind die Unvollkommenheiten. Ebelmen und Salvetat haben schon lange nachgewiesen, dafs das in China verwendete Kobalt ziemlich bedeutende Mengen von Mangan enthält. Ch. Lauth hat nun ein Scharffeuer-Schwarzblau mit einem schwachen Stich ins Graue hergestellt, das sehr weich in der Farbe ist, mit dem Weifs sehr gut zusammenstimmt und sich bei künstlicher Beleuchtung im Aussehen nicht ändert. Er mischt einfach Scharffeuerblau und „Schildpatt", eine mit Eisen- und Manganoxyd gefärbte Glasur, oder frittet 75 Th. Hartporzellan-Glasur mit 25 Th. einer Mischung aus 100 Th. Kobaltoxyd, 88 Th. Mangansuperoxyd, 44 Th. Eisenoxyd. — **47.** p. 950.

Kupferrothe und geflammte Glasuren für Porzellan sollen nach Lauth und Dutailly durch einen heftigen Reductionsprozefs bei Anwesenheit von Zinnoxyd ihre Färbung erhalten. H. Seger weist durch Versuche nach, dafs eine abwechselnd reducirende und oxydirende Wirkung der Flammengase erforderlich ist, und dafs die Flamme recht stark rufsen mufs. Im Grofsbetriebe gelingt die Rothfärbung mit einer beliebig zusammengestellten kupferhaltigen Glasur nur selten. Sie tritt leichter bei Anwesenheit kleiner Mengen von Eisenoxyd oder Zinnoxyd hervor. Die von Lauth und Dutailly angewendeten Kupferoxydmengen (5—6$\%$; vgl. Rep. 1889 II. p. 88) hält Verf. für viel zu hoch; er erzielte mit 0,5—1$\%$, für durchsichtig rothe Glasuren mit 0,10—0,15$\%$ Kupferoxyd sehr gute Resultate. Die Menge der als Fritte dienenden leichtflüssigen Steingutglasur (26,5 Th. kohlensaures Natron, 25 Th. Marmor, 75 Th. gemahlener Quarz, 31 Th. Borsäurehydrat) wird immer abhängig sein von dem Feuer, welches man dem Scherben geben mufs, um ihn zu garem Porzellan zu brennen. Dieselbe kann schwanken von 12—50$\%$ der fertigen Glasur. Je leichtflüssiger, d. h. kieselsäurearmer, man dieselbe nimmt, desto geringer kann die Menge derselben sein, und um so schöner bildet sich die rothe Farbe; je strengflüssiger sie ist, desto schwieriger entwickelt sich das Roth. Die Porzellanglasur besteht aus einem ungefritteten Gemenge von 88,55 Th. Feldspath, 85 Th. Marmor, 25,90 Th. Zettlitzer Kaolin und 54 Th. Quarzsand. Man wird auch sehr wohl andere Porzellanglasuren anwenden können, wird aber immer darauf sehen müssen, dafs die Mischung möglichst porös bleibt; durchgeschmolzene Porzellanglasuren werden zu dem Zwecke nicht mehr anzuwenden sein, da sie dadurch zu grofse Dichtigkeit erlangen. Je nach der Zusammensetzung des Scherbens und der Temp., welche er zum Garbrand gebraucht, wird man in der Zusammensetzung der (weifsen) Porzellanglasur sich Schwankungen erlauben dürfen; man wird nur darauf sehen müssen, dafs sie durch den Zusatz einer bestimmten leichtflüssigen Fritte (Steingutglasur) bei nicht zu hoher Temp. verdichtet wird. Man verfährt folgendermafsen: Nachdem die Geschirre entweder durch Eintauchen oder Anspritzen des wässerigen Glasurschlammes mit einer Glasurschicht versehen worden und so eingesetzt worden sind, dafs der Rauch zu ihnen frei zutreten kann, wird zunächst ein möglichst oxydirendes Feuer unterhalten. Sobald sich dunkle Rothglut im Ofen zeigt, ist möglichst viel und anhaltend Rauch zu erzeugen, bis zu einer Temp., bei welcher die Glasurschicht zusammenzufritten beginnt. Dann ist in kleinen Zwischenräumen, aber immer nur eine kurze Zeit, etwa auf je $\frac{1}{4}$ Stde. 1—2 Min. wieder oxydirendes Feuer zu erhalten, dazwischen aber stark reducirende Ofenatmosphäre zu bewahren. Dies muſs fortgesetzt werden, bis die Glasur völlig zu einer dichten, etwas glänzenden Schicht sich umgebildet hat. Darauf kann weiter mit oxydirender oder auch reducirender Ofenatmosphäre bis zum Schlusse des Brandes gebrannt werden. Am besten eignen sich zum Brennen Pultfeuerungen mit Holz. — 115. p. 671. 687.

Zum Glasiren von Thonröhren sind Eisenhochofenschlacken wenig geeignet, wenigstens ohne Zusatz von Sand und Thon, weil sie eine starke Neigung zum Entglasen haben, in Pulverform keine plastischen Eigenschaften besitzen und bei einem Gehalt an Schwefelcalcium durch Entstehung von schwefelsaurem Kalk beim Brennen ein blasiges Auftreiben der Glasur wahrnehmen lassen. Am besten verwendet man einen eisenhaltigen Mergel, welcher aufgegossen oder aufgepinselt wird, wenn die Röhren lederhart sind. Das Aufbrennen geschieht bei ziemlich hoher Temp. — 115. p. 754. 89. Rep. (1891) p. 10. 43. (1891) p. 11.

Emaillen für Eisen und andere Metalle; v. Petrik. Wenn sich die Emaille vom Eisen löst, oder wenn sich das Eisen auf der nicht emaillirten Seite krumm biegt, d. h. wenn die Zusammenziehung der Emaille während des Erkaltens geringer ist, als die des Metalles, so muſs a) entweder der Kieselsäuregehalt vermehrt werden, oder b) ein Theil Borsäure durch Kieselsäure, oder c) in bleihaltigen Emaillen ein Theil des Bleioxydes durch Alkali oder alkalische Erden, oder d) ein Theil der alkalischen Erden durch Alkali ersetzt werden, oder e) die Alkalien vermehrt, die Borſ. verringert, oder endlich f) anstatt des Zinnoxydes theilweise Knochenasche verwendet werden. Bekommt dagegen die Emaille Risse, und krümmt sich das dünne Eisenblech nach der emaillirten Seite, ist also die Zusammenziehbarkeit der Emaille gröſser als die des Eisens, so verfährt man in allen Punkten umgekehrt. Gut erprobte Emaillen sind:

I.	II.	III.	IV.	V.	
30,8	15,4	32,4	—	—	PbO
18,5	18,5	6,0	18,5	18,5	Na_2O
47,1	47,1	58,1	63,8	36,7	SiO_2
3,6	3,6	3,4	7,8	14,0	B_2O_3
—	15,4	—	—	30,8	SnO_2
—	—	—	10,4	—	CaO

VI.	VII.	VIII.	IX.	
18,5	18,5	18,5	18,5	Na_2O
52,1	36,7	36,7	52,5	SiO_2
14,0	14,0	14,0	14,0	B_2O_3
15,4	—	15,4	7,7	SnO_2
—	30,8	15,4	7,7	Knochenasche

Das Verhältniſs zwischen Zinnoxyd und Knochenasche trägt viel zur Güte der Emaillen bei. — Monit. de la céramique et de la Verrerie. p. 199. 89. Rep. p. 297.

Eine bleifreie, leicht schmelzbare Glasur für Wasserleitungsröhren, die vor der Anwendung nicht zu fritten ist, erhält man durch Mischen von 83,55 Th. Feldspath, 35 Th. Marmor, 66 Th. Quarzsand, 16 Th. Eisenoxyd. Die gewöhnlich für diesen Zweck verwendeten geschlämmten Lehme sind ähnlich zusammengesetzt, aber auch meistens etwas schwerflüssiger. Gefrittete und gemahlene Glasuren werden kostspieliger. — 115. p. 786. — Bleifreie Glasuren kann man vermittelst Borsäure noch leichtflüssiger machen, sie müssen aber wegen der Löslichkeit der Borsäure und des Natriumbiborats im Wss. vor der Anwendung eingeschmolzen werden. — 89. Rep. (1891) p. 17.

G. Steinbrecht; Kobalt und Chlor in der keramischen Fabrikation. 47. p. 665.

Hundeshagen; Entglasung und ähnliche Molekularveränderungen des Glases. (Die Erklärungen umfassen nicht alle Erscheinungen der Entglasung; sie kann durch physikalische oder chemische Processe, oder, was am häufigsten der Fall ist, durch beide zusammen bewirkt werden.) 123. p. 725.

A. Katz in Stuttgart, D. P. 52725; Herstellung von Hohltafeln oder Steinen. 75. p. 640.

J. B. Curtis in Cambridge, V. St. A., und J. W. Mackintosh in Boston, V. St. A., D. P. 51887; Herstellung von Hohlwaaren aus Glas oder ähnlichem Material. 75. p. 551.

H. Hilde, D. P. 52665; Herstellung von Hohlglas mit hocherwärmter Prefsluft.

W. Ambler, J. Rhodes und S. Rhodes in Bradford, England, D. P. 51682; Fabrikation von Glasflaschen. 75. p. 550.

A. Frank; mechanische Flaschenfabrikation mit Prefsluft. 46. p. 82.

H. M. Ashley, D. P. 52208; Herstellung von Flaschen mit Prefsluft.

E. Wittich, D. P. 53665; Vorrichtung zur Herstellung glatter, gerippter und gewellter Glasplatten.

Gewalztes Tafelglas. (Der continuirliche Betrieb bietet Schwierigkeiten.) 47. p. 728.

Beiträge zum Glas-Aetzverfahren mittelst Umdruckes. 47. p. 827.

L. Mondron in Lodelinsart, Belgien, D. P. 53733; bei Glaswannenöfen die Anwendung von Häfen zum Schmelzen von besonderen Gemengen. 75. p. 928.

A. Hahne, D. P. 51886; auswechselbare Thonrahmen bei Glasschmelzwannen.

H. Schulze-Berge in Rochester, Pennsylvania, V. St. A., D. P. 52899; Ofen zum Umformen oder Ueberschmelzen von Glaswaaren. 75. p. 825.

P. Hammer in Glogau, D. P. 54038; Wagen zu Sandblasapparaten mit selbstthätiger Vor-, Rück- und Seitwärtsbewegung. 75. p. 979.

Rördam; über verschiedene Thonarten. (Die Bornholmer Thonsorten, welche den höchsten Gehalt an amorphen Silicaten besitzen, dienen ausschliefslich zu den besten und feinsten Terracotten.) 43. (1891) p. 31.

L. Sipöcz; Kaoline des Braunkohlenreviers von Elbogen-Karlsbad. Berg- u. hüttenm. Jahrb. p. 245.

Bischoff; Grünstädter (Hettenleidelheimer) Thon aus der Pfalz; (enthält eine beträchtliche Flufsmittelmenge neben einer verhältnifsmäfsig hohen Thonerde- und einer mäfsigen Kieselsäure-Menge). 115. p. 594. 43. p. 443.

F. Rhien; Hettenleidelheimer Glashafenthon. 115. p. 594.

P. Gaudin; Eisenberg-Hettenleidelheimer Thon (ist der thonerdereichste von allen bekannteren Thonen). 115. p. 562.

H. Hecht; Oberjahna'er Steingut-Thon. 115. p. 592; (1891) p. 33.

Thone von Oberbriz in Böhmen. 115. (1891) p. 1.

H. Seger; Kachelthon von Mühlenbeck. 115. Bd. 14. p. 735.

Ueber Thonplatten aus Gyps. **57**. p. 2261.

O. Sembach; das Trocknen des Porzellans und Steinguts. **47**. p. 215.

B. N. Ohle; Wärmeverbrauch beim Trocknen und Schmauchen von Ziegelsteinen. **115**. p. 405, 421, 483, 499, 527.

J. B. G. Bounaud, D. P. 52824; Verzierung von Porzellan mit Bildern.

A. Dannenberg; continuirlich zu betreibende Kammeröfen mit niedergehendem Feuer. **115**. p. 577.

B. N. Ohle in Reinbeck und E. Hotop in Berlin, D. P. 53616; Brennofen mit Trockeneinrichtung unterhalb des Ofenraumes. **75**. p. 943.

R. Niendorf in Görlitz, D. P. 53960; Garbrennen des Brenngutes in Kammer- und Ringöfen von der Decke des Ofens aus. **75**. p. 944.

G. Weigelin, R. Burghardt, Heilmann und Dannenberg; Abzug beim Ringofen. **115**. p. 235, 390, 607.

N. Procter, A. Middleton, Ch. E. Fraser und H. M. Carter in Leeds, England, D. P. 53744; Maschinen zur Herstellung von Ziegeln oder Briquets. **75**. p. 857.

W. Mertens; das Sandstrahlgebläse im Dienste der Glasfabrikation. Verlag von Hartleben. Wien 1891.

G. Steinbrecht; die Steingut-Fabrikation. Für die Praxis bearbeitet. Verlag von Hartleben. Wien 1891.

Holz und Horn.

Härten und Färben von Holz. D. P. 52164 f. C. Amendt in Oppenheim a. Rh. Buchenholz oder eine andere Holzart wird, um sie für technische Zwecke dem Eichenholz gleichwerthig zu machen, mit einer geschmolzenen Mischung von 100 Th. Harz und 10—15 Th. dunklen schwerflüssigen hochsiedenden Mineralöls imprägnirt. Das so behandelte Holz eignet sich besonders zur Herstellung von Parketfußböden. Die Imprägnirung erfolgt in einem Doppelkessel von im Wesentlichen bekannter Construction. — **75**. p. 552. **49**. p. 391.

Zum Imprägniren von Holz mit Kreosotöl setzt man nach F. S. Clark dasselbe der Hitze, dem Vacuum und dem Einpressen von Oel aus. Die erste Procedur ist ein künstliches „Altmachen", was durch überhitzten Wasserdampf bewirkt wird. Gleichzeitig mit dem Trocknen wird eine Druckerniedrigung bei 26 Zoll Quecksilber erzeugt. Dadurch werden Eiweissubstanzen des Holzes coagulirt und die Feuchtigkeit entfernt. Nach dem Trocknen wird 120° F. warmes Oel in den Cylinder gepumpt und ein Druck erzeugt. Ein besonders wichtiger Vortheil des Kreosotirens ist, dafs weiches Holz durch das Verfahren ebenso dauerhaft wird, wie hartes. Es hat sich gezeigt, dafs für das Conserviren des Holzes namentlich die Unlöslichkeit und Nichtflüchtigkeit des Conservirungsmittels wichtig ist. Kreosotirtes Holz verliert mehr Oel durch Verflüchtigung, als man allgemein glaubt. Vergleichende Versuche über die Wirksamkeit der Producte zur Präservirung von Bauholz, das der zersetzenden Wirkung von Wss. und Seewürmern unterlag, ergaben, dafs Holzkreosot dem gewöhnlichen Kohlentheerkreosot und den verschiedenen, von Zeit zu Zeit als Präservirungsmittel vorgeschlagenen Metallsalzen bei weitem überlegen ist. — **26.** p. 1005. **34.** p. 418. **89.** p. 1526.

Zur Präservirung des Holzes liefert das Aitken'sche Verfahren bis jetzt die besten Ergebnisse. Man legt das zu präservirende Holz, welches frisch oder abgelagert sein kann, in auf 180—200° F. (je nach der Stärke des Holzklotzes für 2—12 Stdn.) erwärmtes und geschmolzenes Naphtalin. Das Naphtalin löst die Albuminverbindungen auf, verdrängt den Saft und das Wss. des Holzes, wird dann fest und durchdringt die ganze Masse. Das naphtalisirte Holz kann in jeder Art weiter bearbeitet werden und wird von allen kleinen Lebewesen gemieden. — **91. 76.** (1891) p. 72. **49.** (1891) p. 64.

Schutz des Holzes gegen Fäulnifs. D. P. 53691 f. Actien-Gesellschaft der vereinigten Arader und Csanader Eisenbahnen in Arad. Neben den zum Tränken des Holzes gegen Fäulnifs schon gebräuchlichen Metallsalzen (Salzen von Eisen, Zink, Kupfer und dergl.) wird eine Harzkreosotseife verwendet, welche man durch Verseifen eines Gemisches von Harz und rohem Buchenholzkreosotöl mit Natronlauge herstellt. Die Harzkreosotseife, mit welcher man das Holz nach der Einwirkung der Metallsalze tränkt, fällt aus denselben innerhalb der Faser des Holzes unlösliche Salze. — **75.** p. 851. **113.** Bd. 14. p. 36. **49.** (1891) p. 23.

Imprägniren von Holzpfählen u. drgl. D. P. 52898 (Zus.-Pat. zu D. P. 50295; vgl. Rep. 1890 I. p. 108) f. H. Liebau in Magdeburg-Sudenburg. Das Verfahren des Hauptpatents kann auch für Pfahlbauten und zwar in der Weise verwendet werden, dafs man im oberen Theile der Pfähle eine durch einen Pfropfen verschlossene Bohrung anbringt, welche das fäulnifswidrige Mittel aufnimmt, ebenso auch für Eisenbahnschwellen, welche horizontale Bohrungen mit Kappen sowie Füllöcher auf ihrer oberen Seite erhalten. — **75.** p. 713. **49.** (1891) p. 38.

Imprägniren von Eisenbahnschwellen und dergl. D. P. 53854 f. R. Scholz in Lods, Polen. Auf der Mitte der Schwellen schraubt man eine gufseiserne Büchse mit einem Docht ein, welche mit Theeröl gefüllt wird und dasselbe infolge der Wirkung des Dochtes allmählich dem Holze mittheilt. — **75.** p. 851. **49.** (1891) p. 31.

Imitiren eingelegter Holzarbeiten oder Intarsien durch Beizen. D. P. 52807 f. C. Hettwig in Berlin und F. Heckner in Braunschweig. Nachdem auf die mit Alaun vorbereitete Fläche die Zeichnungsumrisse in irgend einer bekannten Weise aufgetragen sind, wird unter deren Berücksichtigung das schnell trocknende Deckmittel, welches aus einer Lösung von Kautschuk in Chloroform besteht, aufgetragen. Darauf tränkt man die freigelassenen Stellen der Holzoberfläche, ohne dafs man auf die Zeichnungsumrisse besonders zu achten braucht, mit einer Lösung von doppeltchromsaurem Kupferoxyd und, nachdem diese eingesogen, aber noch nicht trocken ist, mit einer Lösung von Pyrogallussäure. Die so behandelte Holzfläche wird jetzt dem Tageslicht ausgesetzt, welches allmählich eine lichtbeständige und

chemisch fast unzerstörbare, einen Farbstoff darstellende Verbindung
zwischen dem Kupfersalz und der Pyrogallusf. hervorruft. In etwa
24 Stdn. entsteht auf diese Weise an den geätzten Holzstellen ein
mehr oder weniger dunkles Braun. Nach der Belichtung sind die
Flächenmuster fertig abgestellt. — **75.** p. 649. **49.** p. 359.

Behandeln von Holz beim Einpressen von Verzierungen. D. P.
52860 f. R. Grassnick in Berlin. Man taucht das Holz wenige Min.
in möglichst concentrirte Salzsäure, prefst es in erwärmte Metallformen.
in welche Verzierungen eingravirt sind, wäscht den gröfsten Theil
der Salzsäure durch Auswässern wieder aus, trocknet das Holz und
neutralisirt die in ihm noch zurückgebliebenen Spuren Säure durch
Ammoniakgas in geschlossenen Räumen, z. B. mit Bleiplatten ausge-
kleideten Schränken. — **75.** p. 712.

Herstellung von Holzseilbrettern. D. P. 53883 f E. Voitel in
Bautzen. Aus grober Holzwolle gesponnene Seile werden mit flüssigem Wasserglas imprägnirt und nach der Trocknung in einem Bade
von Gypsmilch geknetet, um vor dem Abbinden des Gypses in einer
dem herzustellenden Brett entsprechenden Form zusammengedrückt zu
werden. Nach dem erfolgten Abbinden der nun ein Ganzes bildenden
brettförmigen Masse wird diese aus der Form geschüttet und, und um
zu erhärten, der Luft ausgesetzt. — **75.** p. 867.

Herstellung von Gegenständen aus feinfaseriger Holzwolle. D. P.
53714 f. M. E. Villeroy in Schramberg, Württemberg. Die Holzwolle
wird ohne Anwendung irgend eines Bindemittels in entsprechende
Formen unter Anwendung sehr hohen Druckes geprefst, getrocknet
und alsdann nochmals einem sehr hohen Druck ausgesetzt. — **75.**
p. 828. **49.** (1891) p. 29.

Rittmeyer; Holzimprägnirverfahren. (Beschreibung der auf der Wiener Aus-
stellung ausgestellten imprägnirten Gegenstände und der dabei angewandten
Methoden.) **28.** Bd. 278. p. 222.

O. Evenstad und O. Senstad in Rasten Store-Elvdalen, Norwegen, D. P
53900; Hobelmesser für Holzwollmaschinen. **75.** p. 886.

H. Ekelund in Jönköping, D. P. 53617; Ofen zum continuirlichen Verkohlen.
75. p. 918.

M. Kodl in Pilsen und E. Kostelecky in Dobran, Böhmen, D. P. 54080;
Maschine zum Schneiden von Scheiben aus Horncylindern. **75.** p. 929.

W. Schmidt; das Beizen, Schleifen und Poliren des Holzes, Elfenbeins, Horns,
der Knochen und des Perlmutter, sowie deren Conservirung als technisches
Material und die Verschönerung der daraus gefertigten Kunst- und In-
dustriearbeiten. 7., verm. u. verb. Aufl. Verlag von B. F. Voigt in
Weimar. 1891.

Kautschuk.

Vulcanisiren und Zersetzung von Kautschuk. W. Thomson zeigt, daſs bei der Vulcanisation des Kautschuks auf kaltem Wege nicht der Schwefel, sondern das Chlor der eigentlich wirksame Bestandtheil ist. Der gelbe Einfach-Chlorschwefel eignet sich besser zum Vulcanisiren, als der dunkelgefärbte, da dessen höherer Chlorgehalt die Stoffe leicht hart macht. In den Kautschuksurrogaten, welche durch Behandlung von Raps-, Lein- und anderen Oelsorten mit einer Lösung von Chlorschwefel erhalten werden, wirken die öligen Verbindungen präservirend auf den Kautschuk. — Kupfersalze und metallisches Kupfer wirken höchst nachtheilig auf den Kautschuk, weniger Platin, gar nicht Zink und Silber. — **8.** vol. **62.** p. 192. **89.** Rep. **45.** (1891) p. 141. **49.** (1891) p. 70.

Als Lösungmittel für Kautschuk empfiehlt Lasseles Mischungen von Benzin 96—92 : 4—8 Eukalyptusöl oder Schwefelkohlenstoff 85 : 15 Eukalyptusöl, wovon 100 Th. 16—20 Th. Kautschuk zu lösen vermögen. In derselben Weise kann man eine Mischung von Thymianöl 2 : 3 Citronenöl benutzen, welche man in demselben procentischen Verhältniſs zu Benzin und Schwefelkohlenstoff verwendet. — **76. 49.** (1891) p. 24.

Conservirung von Gummiwaaren. Nach A. Gawalowski werden Gummischläuche, Stöpsel und Platten geschmeidig erhalten, wenn man dieselben in eine $^1/_{10}$ % wässerige oder alkoholische Creolinlösung einlegt. Vor dem Gebrauch werden sie mit Wss. gut abgespült. — Chem.- u. Techn.-Ztg. Pharm. Post. **128.** p. 1147. **49.** (1891) p. 48.

Eine Guttapercha-Composition, geeignet zu Sohlen, Absätzen und ähnlichen Gegenständen, stellen Kunz und Führberg nach einem Engl. Pat. derart her, daſs sie bis zum Erweichen erhitzte Guttapercha im Gemisch mit Eisenfeilspähnen zu Platten auswalzen und aus diesen die gewünschten Formen stanzen. — **76. 49.** (1891) p. 31.

Vorrichtung zur Wiedergewinnung des Lösungsmittels beim Streichen von Kautschukgeweben. D. P. 53903 f. F. N. Mackay in London. Ueber dem das Gewebe führenden Tisch oder Rahmen sind an Rollseilen mit Gegengewicht hutförmige Glocken derart aufgehängt, daſs zwischen deren unterem Rande und dem Tische ein feiner Spalt bleibt, durch welchen von auſsen Luft eindringen kann. Die Spitze der Glocke steht durch Rohre mit einem Ventilator in Verbindung, welcher die von dem Kautschukgewebe aufsteigenden Dämpfe des Lösungsmittels absaugt und in einen Condensator bläst, in welchem sie sich wieder zu Flüss. verdichten. — **75.** p. 929.

Okenit, ein Isolirungsmittel, welches die Guttapercha in der Kabelfabrikation zu verdrängen sucht, soll folgende Zusammensetzung haben: Gummi 49,60 %, Schwefel 5,30, Rufs 3,20 %, Zinkoxyd 15,50 %, Bleioxyd 26,30 %, Kieselerde 0,10 %. — Electr. Rev. **42.** p. 447. **58.** Jahrg. 36. p. 1178.

Ueber die Löslichkeit von Kautschuk in concentrirter Boraxlösung. **76**. p. 936.
E. Herbst; die Technik des Weichkautschuks. **52**. p. 122.
G. L. Hille, G. und M. A. Audsley in London, England, D. P. 54063:
Färben und Bemalen von Gummibällen. **75**. p. 929.

Kitte und Klebmaterialien, künstliche Massen.

Kitt zur Verbindung von Holz, Stein und anderen Stoffen. Engl.
Pat. 7913/1889 f. S. Hindley und G. R. Mac Kenzie, Middlesex.
Man giebt zu einer Lösung von Leim in Wss. kleine Mengen von
Bleiweifs, Mennige oder Zinkweifs, Parian-, Portland- oder anderem
Cement, sowie eine Lösung von Harz in denaturirtem Spiritus oder
Mineralöl zu. — **89**. p. 1478.

Als brauchbarer Kitt für Kautschuk wird in starker wässeriger
Lösung von Aetzammoniak unter Erwärmen zu einer flüssigen Gelatine
erweichter Schellack empfohlen. Dieser Kitt (der übrigens nicht neu
ist, D. Red.) soll sich für jede glatte Fläche, gleichgültig ob Glas,
Metall u. s. w., eignen. — **42. 49**. p. 326.

Künstliches Gummi arabicum. Schuhmann arbeitet nach einem
Franz. Pat. folgendermafsen: Einer siedenden verdünnten Lösung von
Salzsäure (1 Th. : 500—800) werden kleine Mengen mit Wss. gemischter
Stärke zugesetzt (100 Th. : 400). Die Flüss. wird in constantem
Kochen erhalten und dies so lange fortgesetzt, bis die Jodprobe keine
blaue Farbe mehr, sondern nur eine rötbliche zeigt. Die Säure wird
dann mit Kreide neutralisirt, die Lösung abgekühlt, filtrirt und zu
einem Syrup eingedampft, dann auf Gestellen getrocknet und granulirt.
— **49**. p. 390. — Von anderer Seite wird eine Abkochung von Leinsamen in verdünnter Schwefelsäure und Wss. im Verhältnifs 1 : 8 : 8
empfohlen. Diese Mischung wird zuerst dick, dann aber nach und
nach flüssig. Ist dieselbe recht flüssig geworden, so wird sie abge-
seiht und zur Colatur schliefslich das Vierfache ihres Volumens starker
Alkohol gegeben. Der Niederschlag wird abfiltrirt, mit Alkohol gewaschen und getrocknet, wodurch man einen klaren Gummi ohne Farbe
und Geschmack erhält. — **28. 49**. p. 36.

Anticorrosive und Fäulnifs verhindernde Masse. Am. P. 441291
f. M. E. Dejonge, Stapleton, New-York. Man löst 1 Pfd. Colophonium
(1 engl. Pfd. = 0,4534 kg) in ½ Pfd. Paraffinöl, mischt 1 Pfd. geschmolzenes Paraffin bei und verdickt dann die Masse durch Zusatz
von 4 Pfd. Zinkstaub. — **89**. p. 1208.

**Herstellung eines neuen Materials ("Laktit") zum Ersatze von
Knochen oder Celluloid.** Engl. P. 12375/1890 f. W. M. C. Callendier
in London. Man mischt 10 kg Kasein mit einer Lösung von 3 kg
Borax in 6 kg Wss. und erhitzt. Nach Entfernung des Wss. setzt
man die Lösung von 1 kg Bleiacetat in 3 kg Essigsäure zu dem ge-

latinirten Kaseïn und rührt gut durch. Die saure Flüss. wird abgehoben, der Rückstand gut geprefst und schliefslich zur völligen Entfernung der Feuchtigkeit erhitzt. — **34.** (1891) p. 6. **49.** (1891) p. 71.

Herstellung von künstlichem Schieferüberzug an Schreib- und Wandtafeln. D. P. 52239 f. Firma J. Tecker Gayen in Altona. Man trägt mehrmals eine Mischung aus Harzlösungen, Bimsstein, Schmirgelmehl und Farbstoffen, wozu man noch eine Kautschuklösung bringt, auf. Derartig überzogene Tafeln ziehen sich nicht, reifsen nicht und haben ein dem Naturschiefer ähnliches Aussehen. Für Kreide und Griffel sind dieselben gleich den natürlichen verwendbar. — **75.** p. 560. **49.** p. 391.

Erzeugung von klarer Wasserglaslösung. D. P. 52570 f. P.

Sievert in Deuben, Sachsen. Die Wasserglasstücke werden in einem mit äufserem Mantel *a* umschlossenen perforirten Cylinder *b* lose und möglichst hoch aufgeschichtet, worauf durch ein besonderes Dampfrohr *c* oder durch die an einem Dampfstrahlapparat angebrachte Brause *d* auf 4—5 Atm. gespannter Dampf eingelassen wird, um ein Erweichen der Glasstücke zu bewirken. Nach kurzer Zeit läfst man durch den Dampfstrahlapparat und die Brause *d* Wss. ein, welches fein zerstäubt auf die Glasstücke niederfällt und sie abspült. Die klare Wasserglaslösung läuft durch Rohr *e* beständig ab. Auf diese Weise soll eine Trübung der Lösung, welche durch die Bildung saurer Silicate beim sonst gebräuchlichen Kochen der Wasserglasstücke mit Wss. hervorgerufen werden soll, vermieden werden. — **5.7** p. 719. **113.** Bd. 14. p. 80. **49.** (1891) p. 7.

Herstellung künstlicher Lithographiesteine unter Anwendung von Collodiumwolle. D. P. 52868 f. Firma Capitaine & von Hertling in Berlin. Man löst Collodiumwolle in einem Gemisch von Aether und Alkohol oder einer Lösung von Campher in Alkohol oder einem anderen bekannten Lösungsmittel und stellt durch Einrühren von fein gepulvertem Lithographiestein in die Lösung eine plastische Masse und aus dieser künstliche Steinplatten her, welche nach dem Austrocknen des Lösungsmittels die Eigenschaften der natürlichen Lithographiesteine zeigen sollen. — **49.** p. 366. **75.** p. 663.

Verwendung des Thiophens als Gummilösungsmittel (scheint entgegen anderen Behauptungen — India Rubber J. Gummiztg. Bd. 4. No. 3 — keine Zukunft zu haben, da es zu theuer ist). **34.** 19. p. 123.

Lacke, Firnisse und Anstriche.

Herstellung von Lacken. D. P. 54794 f. G. H. Smith. Das zerkleinerte und in dünnen Schichten ausgebreitete Harz wird bei einer seinen Schmelzpunkt nicht erreichenden Temp. (bis 100⁰) durch Einwirkung der Dämpfe von Phenol, Kresol allein oder im Gemisch mit Terpentinöl, Methylalkohol aufgeschwellt und durch fortgesetzte Behandlung mit immer frischen heifsen Dämpfen der genannten Lösungsmittel in Lösung gebracht. — **58.** Jahrg. 36. p. 1172.

Zur Herstellung von Lacken und Firnissen löst man nach Lamb und Boyde die Harze in Amylalkohol, dem flüchtige Kohlenwasserstoffe, wie Benzol oder Terpentinöl im Verhältnifs von 80—20% beigemischt werden, je nachdem der Lack rasch oder langsam trocknen soll. Je gröfser die Menge der zugesetzten Kohlenwasserstoffe ist, desto langsamer trocknet der Lack. Sehr zu empfehlen ist nachstehende Mischung: In 6 kg des obigen Lösungsmittels werden 1 kg Dammarharz und ½ kg Benzoëharz gelöst. Soll der Lack als Holzanstrich dienen, so verdoppelt man die Menge der Harze. Gefärbt wird mit Anchusa, Safran, Anilinblau, Aurin, Bismarckbraun, Safranin, Chrysoidin, Rosein. — Droguisten-Ztg. **49.** (1891) p. 78.

Bereitung von Firnifs. Amer. Pat. 441853 f. B. Piffard in Hemel Hempstead, England. Der Firnifs besteht aus harzsaurem Blei, Wachs oder wachsartiger Substanz und einem Lösungsmittel. Man mischt Kolophonium mit Bleioxyd und Wachs, schmilzt und löst das Product. — **34.** (1891) p. 6.

Herstellung von Harzölfirnifs. D. P. 54510 f. E. Pietzcker in Hamburg-Pöseldorf. Geschmolzenes Harz, in welchem ein Trockenmittel (z. B. leinölsaures Mangan) gelöst ist, wird mit unterschwefligsaurem oder schwefligsaurem Alkali, Erdalkali, Blei oder Zink, oder mit den betreffenden Schwefelmetallen erhitzt und durch Zusatz von mit Trockenmitteln behandeltem Harzöl in Firnifs verwandelt. Oder Harzöl, in welchem Harz und ein Trockenmittel gelöst ist, wird mit einer der genannten Schwefelverbindungen erhitzt. — **49.** (1891) p. 101.

Herstellung eines säurebeständigen Firnisses. D. P. 55225 f. Ph. Helbig, H. Bertling und Fr. Reineke in Baltimore, V. St. A. Baumwollsamenöl wird mit flüssigem Blei so lange geschüttelt, bis das Oel die Dickflüssigkeit von Oelfarbe zeigt. Der Firnifs eignet sich zum Schutz von Metall- und Holzflächen gegen Rostbildung und zerstörende Einflüsse. — **49.** (1891) p. 182.

Copaivafirnifs wird nach E. Friedlein bereitet, indem man Copaivabalsam mit gleichen Raumtheilen starken Weingeistes mischt, die Lösung durch Stehenlassen oder Filtriren klärt und zu 50 Th. 5,₂ Th. Ricinusöl zusetzt. Letzteres verhindert die Bildung von Sprüngen und giebt dem Firnifs eine schön bleibende Elasticität. Man mufs aber bei Anwendung dieses Firnisses sicher sein, dafs die Farben keine weingeistlöslichen Harze, wie Sandarac, Mastix u. s. w. enthalten; ist dies der Fall, so nimmt man statt des Weingeistes Terpentinöl, wobei keine Ausscheidung unreiner Bestandtheile eintritt. Auch für Dammarfirnifs — 1 Th. Dammarharz auf 30 Th. Terpentinöl — dürfte ein Zusatz von Ricinusöl vortheilhaft sein. — **82.** p. 545. **49.** (1891) p. 78.

Seifenfirnifs besitzt Elasticität und vollständige Undurchlässigkeit. Man stellt sich eine ganz klare Talg-Seifenlösung her, die man durch mehrfach zusammengelegtes Leinen noch heifs colirt, hierauf mit dem gleichen Volumen destillirtem Wss. versetzt, zum Kochen bringt und so lange mit einer kochenden klaren Alaunlösung versetzt, als noch Niederschlag entsteht. Hat sich der Niederschlag abgesetzt, so wird derselbe von der überstehenden Flüss. getrennt, mehrmals mit kochendem Wss. ausgewaschen, getrocknet und in so viel kochendem Terpentinöl gelöst, bis die Flüss. die Dicke eines Firnisses angenommen hat. Die Sachen, welche mit diesem Firnifs überzogen werden, müssen vorerst ganz trocken gemacht werden. Dieser Firnifs besitzt zwar wenig Brillanz, ist aber sehr haltbar und aufserdem sehr billig. — Einen Firnifs zum Wasserdichtmachen von Papier, Pappe etc., welcher jedoch gefärbt ist, erhält man durch Ausfällung einer Seifenlösung mittelst Eisenvitriol; die erhaltene Eisenseife wird gesammelt, gewaschen und getrocknet, worauf man sie in Benzin löst. Für weifses Papier benützt man Alaunseifenlösung. — Als Vergoldergrund benützt man eine Harzseife, welcher Glycerin und Leim zugefügt ist. Man bringt in einem Kupferkessel 50 Th. Soda und 150 Th. Wss. zum Sieden und setzt nach und nach 100 Th. feines Harzpulver zu, bis — unter fortwährendem Kochen — vollständige klare Lösung erfolgt; man läfst erkalten und versetzt mit einer Lösung aus 15 Th. Leim und 100 Th. Wss., welche man sodann wieder so lange kocht, bis klare Lösung resultirt. Dieser Firnifs trocknet ungemein rasch und kann als Siccatif verwendet werden. Soll derselbe nicht so rasch trocknen, so setzt man 10 bis 20 Th. Glycerin zu. Löst man diesen Firnifs in Wss. und setzt Ammoniak zu, so erhält man einen gefärbten Niederschlag, welcher als Farbe Verwendung finden kann, die sehr rasch trocknet und gegen alle Witterungswechsel ungemein haltbar ist. Diese Farbe ist sehr billig und allemal da vorzuziehen, wo der Preis in Frage kommt. — Corps gras. d. Techn. Mitth. f. Malerei. **49.** p. 358.

Herstellung flüssiger Bronce (Fluidbronce). D. P. 52973 f. J. E. Stroschein in Berlin. Es werden die unter dem Namen Broncepulver bekannten feinen Metallpulver in einen Lack eingerührt, der auf folgende Weise bereitet wird: Dammarharz wird mit kohlensaurem Alkali geschmolzen und die geschmolzene, fein gepulverte Masse mehrere Monate lang einer Temp. von etwa 50° C. ausgesetzt. Das so erhaltene alkalische Harz wird hierauf in einem unter 150° siedenden Steinöldestillat gelöst, dessen etwaiger Säuregehalt vorher durch Einleiten von trockenem Ammoniakgas zerstört worden ist. Das Gemisch dieses Lacks mit dem Broncepulver hält sich lange Zeit unverändert. — **75.** p. 678. **49.** p. 383. — Vomáčka hat schon früher folgende Vorschrift gegeben: 100 Dammarharz werden mit einigen Glasstücken in einer Flasche mit 900 Benzin übergossen öfter geschüttelt. Die Lösung wird mit dem entstehenden feinen Bodensatz von den Glasstücken abgegossen, in derselben 300—400 Gold, Silber oder eine andere farbige Bronce suspendirt und in kleine Fläschchen gefüllt.

Als flüssiges Gold bezeichnet man eine Verreibung von Goldbronce mit einem das Kupfer nicht grün färbenden Lacke. Neben der obenerwähnten Vorschrift wird in neuerer Zeit auch eine Lösung von Guttapercha in Benzol oder Chloroform empfohlen; sie wird in manchen Fällen der ersterwähnten in der That vorzuziehen sein. — **82. 49.** p. 310.

Terpentinölersatz für Anstriche. D. P. 53936 f. L. Reisberger. 2 Th. Petroleum mischt man mit 1 Th. ätherischem Campheröl und filtrirt. — **123.** p. 648.

Zum Anreiben der Farben für Oelmalerei empfiehlt E. Friedlein ganz besonders verdicktes Mohnöl, das durch 24stündiges Erhitzen von Mohnöl im Sandbade hergestellt wird. — **123.** p. 661.

Tempera- und Majolica-Malverfahren. D. P. 54511 f. Freiherr A. v. Pereira in Stuttgart. Die Farben werden mit einer Mischung aus Glycerin und Honig angerieben und mit einem Malmittel, welches aus in Wss. gelöster, mit Essigsäure versetzter Hausenblase (eventuell auch Leim) besteht, aufgetragen, worauf nach dem Eintrocknen ein Lackiren des Gemäldes stattfindet. Diese in Wss. vollkommen löslichen Farben trocknen, mit dem Malmittel vermischt, in kurzer Zeit vollkommen hart auf, bleiben aber auf der Palette und auf der Bildfläche hinreichend lange schmiegsam und feucht, so dafs sie sich ganz wie Oelfarben mischen und in einander malen lassen. — **49.** p. 391. (1891) p. 127.

Farbe. Amer. Pat. 442195 f. J. T. Mc. Kim in Thorntown Ind. Besteht aus kalkhaltigem Ocker, Eisenerzfarbe, Bleiglätte, Weinstein, Katechu, Steinkohlentheer und Benzin — ein wundersames Gemisch! — **34.** (1891) p. 7.

Anstrichfarbe. Engl. Pat. 12292/1889 f. R. Condy, Adelphi, Middlesex. Man mahlt 2 Th. Bleisulfat und 1 Th. Bleihydroxyd zusammen oder mischt basisches Bleiacetat mit Natriumsulfat oder Natriumsulfat und Schwefelsäure und filtrirt den Niederschlag von Bleisulfat und -Hydrat ab. Die Lösung kann man alkalisch machen und eindampfen, behufs Gewinnung von Natriumacetat. — **89.** (1891) p. 80.

Fester Anstrich für Holz- und Eisenwerk etc., „Leonardi". Erster Anstrich: Theer, in Terpentinöl streichflüssig gelöst, 90 Th., Eisenoxyd 10 Th., werden warm aufgetragen. Zweiter Anstrich, nach dem Trocknen des ersten: Ammoniumchlorid 10 Th., weifser Arsenik 10 Th., Eisenoxyd 25 Th., erste Anstrichmasse 55 Th., werden gut verrieben und ebenfalls warm aufgestrichen. Das Holz bleibt conservirt, das Eisen wird gegen Rost geschützt. Der Anstrich trocknet fest, wird nicht rissig, blättert nicht ab. — Corps gras. **34.** p. 294. **47. 49.** p. 326. 389.

Als Grundlage für Wichse, Druck- und Malfirnifs, erhalten durch Lösen von Wolle, kann man nach Ph. A. H. Schlosser jede beliebige bedruckte oder unbedruckte Wolle verwenden. Das Material wird in einem Autoklaven unter Dampfdruck (4 kg) 6 Stdn. lang erhitzt. Hierdurch erhält man eine Mischung von 14° B., event. mufs man diese Concentration durch Eindampfen gewinnen. Zu der so gewonnenen Substanz fügt man je nach der Verwendung weitere (? R) Stoffe hinzu. — Corps gras. p. 296. **34. 49.** p. 326.

O. F. Müller; Verhalten einiger Lacke, Harze und deren Lösungsmittel gegen Anilinfarben. 123. p. 634.

E. Friedlein; Chloroform für Malzwecke (zum Entfernen kleinerer Flecke aus Oelbildern, zum Aufweichen der Farben, Pinsel etc.). Techn. Mitth. f. Mal. p. 8. 58. Jahrg. 36. p. 1172.

L. Blank; Technik der alten Oelmalerei. Techn. Mitth. f. Mal. p. 102.

Th. Pöckh; Grundirungen für Oelmalereien. Techn. Mitth. f. Mal. p. 5.

Büttner-Pfenner und A. Keim; Erhaltung von Oelbildern. Techn. Mitth. f. Mal. p. 165. 205.

A. Keim; Stereochromie und Mineralmalerei. Techn. Mitth. f. Mal. p. 172.

A. Keim; Denkschrift über die Nothwendigkeit, Mittel und Wege einer Verbesserung unserer Maltechnik auf dem Gebiete der Kunst und des Gewerbes. Verlag von Th. Ackermann, München.

Metalle.

Abnutzung der Metalle; v. Dudley. Die geringste Abnutzung zeigt das Metall, welches die stärkste Formveränderung ohne zu brechen verträgt; bei gleicher Ausdehnung an der Bruchgrenze wächst der Widerstand gegen Abrieb mit der Zugfestigkeit und bei gleicher Ausdehnung und gleicher Zugfestigkeit ist die Abnutzung um so geringer, je feineres Korn das Metall (Eisen, Stahl, Bronce) zeigt. — Iron. t. 36. p. 342. 43. (1891) p. 31.

Vergleichende Untersuchungen über die Einwirkung der Metalle auf Schwefelsäure hat A. Ditte angestellt und ist dabei zu einer Eintheilung der durch Schwefelsäure angreifbaren Metalle in zwei Gruppen gelangt. Zur ersten Gruppe gehören Silber, Quecksilber, Kupfer, Blei und Wismuth. Sie werden nur von concentrirter Schwefelf. und bei erhöhter Temp. angegriffen und liefern nur schweflige Säure unter Ausschluß secundärer Reactionen. Die Metalle der zweiten Gruppe werden von Schwefelf. jeder Concentration mehr oder weniger heftig angegriffen. Hier ist das charakteristische Reactionsproduct der Wasserstoff, welcher in der Kälte niemals fehlt, in der Hitze selten ganz verschwindet. Schweflige Säure bildet sich nur bei Anwendung von heißer concentrirter Säure. Die Temp., bei welcher sie auftritt, wechselt je nach dem angewandten Metall und ihre Menge wird um so größer, je höher die Temp. steigt. Mit abnehmender Concentration fällt auch die Menge der schwefligen Säure, um bei einem Concentrationsminimum gänzlich zu verschwinden. Diejenigen Metalle, welche mit schwefliger Säure Sulfide zu bilden vermögen, liefern daneben Schwefelwasserstoff und Abscheidung von Schwefel. Zur zweiten Gruppe gehören Magnesium, Mangan, Nickel, Kobalt, Eisen, Zink, Cadmium, Aluminium, Zinn, Thallium und wahrscheinlich auch die Alkalimetalle. Das Verhalten der letzteren gegen heiße concentrirte

Schwefelf. konnte jedoch wegen der grofsen Heftigkeit der Reaction nicht studirt werden. — **72.** t. 19. p. 68. **38.** Rep. p. 134.

Einwirkung von schwefliger Säure auf Metalle in der Hitze Palladium giebt nach U h l Sulfid, Platin desgl.; Gold zerlegt, ohne angegriffen zu werden, das Gas in Schwefelf. und Schwefel; Kupfer giebt Sulfat und Sulfür und wenig weifses Sublimat, während Sulfid im Wasserstoffstrom bei schwacher Rothgluth erhitzt, theilweise Metall giebt, wonach die Bestimmung des Kupfers als Sulfür im Rose'schen Tiegel keine genauen Resultate zuläfst; Silber verhält sich wie Kupfer unter Bildung geringer Mengen Schwefelf.; Quecksilber und Wismuth werden nicht verändert; Cadmium verhält sich wie Kupfer. — **60.** Bd. 23. p. 2151.

Natrium als Reduotionsmittel; v. R o s e n f e l d. Zink-, Blei-, Eisen-oxyd mit Natrium zu höchst feinem Pulver zerrieben, reducirt die Oxyde zu Metall, Gyps zum grofsen Theil zu Calciumsulfid. — **60.** Bd. 23. p. 3147. **43.** (1891) p. 31.

Kammerofen mit Gasfeuerung zum Brennen und Reduoiren von Mineralien. D. P. 52905 f. G. O l b e r g in Grevenbroich. Bei diesem Ofen sind Canalsysteme so angeordnet, dafs die vorgewärmte Luft unter Ueberspringung der im Hochbrand befindlichen Kammer an geeigneter Stelle in die im Vorbrand befindliche Kammer geleitet wird, um dort, oder auf dem Wege dahin die aus der Hochbrandkammer kommenden Gase, soweit sie unverbrannt sind, noch zu verbrennen. — **75.** p. 735.

Höhere Erhitzung bereits verflüssigter Metalle. D. P. 54146 f. C. G. P. de La v a l in Stockholm. Damit das verflüssigte Metall behufs höherer Erhitzung zwischen den Polen einer Elektricitätsquelle hin-fliefse. wird der Eisenkasten A mit feuerfestem Material derart gefüllt, dafs ein ganz schmaler Canal C entsteht. Das geschmolzene Metall wird bei D eingeführt, von wo aus der Canal sich bis E verengt. worauf er mit gleichbleibendem Querschnitt bis F verläuft. Darauf erweitert sich der Querschnitt der Breite nach, und der Canal macht

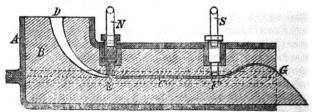

eine Biegung nach aufwärts. Hierdurch wird ein Druck des flüssigen Metalles in dem engeren Theil der Rinne bewirkt und verhindert. dafs der Metallstrang unter Einwirkung des elektrischen Stromes zer-sprengt werde. Die elektrischen Pole N und S werden bei E und F bis zu dem Canal C in den App. eingeführt und vermittelst Asbest oder eines anderen passenden Materials isolirt und abgedichtet. Der Strom durchläuft alsdann den Metallstrang E-F, und das überhitzte Metall läuft bei G aus, um nach seiner Verwendungsstelle geführt zu werden. — **75.** p. 1008.

Trennung von Metallen und Schlacken im geschmolzenen Zustande durch Schleudern. D. P. 52814 f. O. B. Peck in Chicago, Illinois, V. St. A. Geschmolzene Gemische von Metallen und Schlacken oder Lechen läfst man in entsprechend starken Strömen auf den Boden eines in schnelle Drehung versetzten Behälters fallen. Hier wird die Schmelze sofort durch die Centrifugalkraft nach der Seitenwandung zu auseinander geschleudert und nach dem spec. Gew. in ihre Bestandtheile mechanisch zerlegt. — **75.** p. 666. **49.** p. 366.

Schmelzen im Siemens'schen elektrischen Ofen und Giefsen aus demselben im luftverdünnten Raume. D. P. 52650 f. Taussig. Der Schmelztiegel ist in einer luftdicht verschliefsbaren Blechhülle aufgestellt, deren Innenraum durch ein Rohr mit der Luftpumpe in Verbindung steht. Durch den Blechmantel gehen in dichten Stopfbüchsen von oben der an einem Balancier hängende Draht mit dem negativen Kohlencylinder und seitlich der mit Thon bestrichene Metallstöpsel zum Schliefsen der Abstichöffnung, von unten der positive Poldraht. — **43.** p. 401.

Gewinnung von Alkalimetall. D. P. 52555 f. C. Netto in Wallsend-on-Tyne, England. Die Reduction der Aetzalkalien oder Alkalicarbonate geschieht mittelst Kohle in der Weise, dafs dem Reductionsgemisch nur so viel Luft zugeführt wird, wie für die zur Erzeugung der Reductionstemperatur nothwendige Verbrennung erforderlich ist. Die Ausführung des Verfahrens geschieht entweder in einem Schacht- oder in einem Flammofen. Der durch Fig. 1 dargestellte Schachtofen

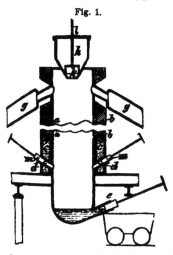

Fig. 1.

besteht aus einem den Ofenraum bildenden, eisernen, cylindrischen Behälter *a*, welcher mit einem Mantel *b* aus Mauerwerk und an der Stelle, an welcher die Düsen *d* angeordnet sind, mit einer Wasserkühlung *c* umgeben ist. Durch diese Düsen wird Luft unter gewöhnlichem oder höherem Druck in den Ofenraum eingeführt, welche Luftzufuhr durch Regulirvorrichtungen *m* geregelt wird. Am unteren Theil des Ofenraumes ist eine Abstichvorrichtung *e* für die bei der Reduction gebildete Schlacke angeordnet. Der obere Theil des Ofens *a* ist mit Condensatoren *g* behufs Condensation der entwickelten Alkalimetalldämpfe und mit einem Chargirtrichter *h* ausgestattet, durch welchen abwechselnd Alkali und Holzkohle eingeführt wird; derselbe ist mit Deckelverschlufs *l* und Auslaufverschlufs *k* versehen. Der Flammofen (Fig. 2) mit Herdsohle *i* aus Gufseisen trägt im oberen Theil des Herdraumes *a* das Alkalischmelzgefäfs *b* mit durch Ventil regulirbarem Ablauf *c*, während die Reductionskohle vermittelst eines Trichters *d* ebenfalls in den Herdraum eingelassen werden kann. Der Feuerraum *h* ist mit Rost *e* ausgestattet. Die Herdsohle *i* enthält die Abstichöffnung *g* zum Ablassen der bei dem Reductionsprocefs ent-

stehenden Schlacke. Die aus dem Herdraum mit den in den Feuerraum erzeugten Heizgasen entweichenden Alkalimetalldämpfe gelangen
durch Canal *w* in einen Condensator oder Schornstein *k*, welcher mit
schräg gestellten Condensationsplatten *m* ausgestattet ist, auf welchen
das flüssige Alkalimetall durch die Oeffnungen *o* in die Auffange-
taschen *p* fliefst und so einen hydraulischen Verschlufs bildet. Ebenso
ist am Boden des Condensators eine derartig eingerichtete Abflufs-
vorrichtung *t* angeordnet. Der Zug wird durch die Klappe *r* geregelt.

Fig. 2.

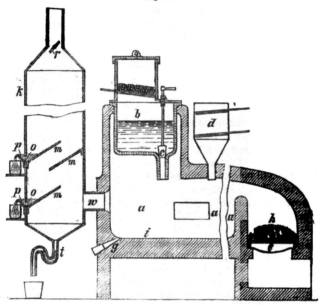

Die Vortheile des Verfahrens der Alkalimetallgewinnung in Oefen vor
derjenigen in Retorten bestehen im Wesentlichen in der Vermeidung
der grofsen Kosten für die Retorten; in der Möglichkeit, verhältnifsmäfsig alkaliarme Stoffe verwenden zu können, da die Oefen im Gegensatz zu den Retorten in ihrer Gröfse nicht beschränkt sind und Retorten wegen ihrer Kleinheit reines Rohmaterial verlangen, um die
Ausbeute einigermafsen mit den Kosten in Verhältnifs zu bringen;
in der daraus folgenden Möglichkeit, eine fabrikmäfsige Alkalimetallgewinnung betreiben zu können, etwa in ähnlicher Weise wie für
Blei, Kupfer oder Eisen. — **75.** p. 719. **113.** Bd. 14. p. 718. **49.**
p. 374.

Gufsverfahren vermittelst Centrifugalkraft. D. P. 52332 f. J. L.
Sebenius in Stockholm. Die Giefspfannen, Schalen oder Formen,
welche das geschmolzene Metall enthalten, werden in einem Rotations-
apparat mit verticaler Welle aufgehängt, worauf der App. mit dem
Metall in Rotation versetzt wird. In dem Mafse, wie die Rotations-
geschwindigkeit gesteigert wird, streben die Formen mit dem eingeschlossenen Metalle zufolge der Centrifugalkraft eine radiale Richtung

einzunehmen, wobei die Metallpartikel, welche ein gröfseres spec. Gew., als die Gase und die vorher erwähnten Verunreinigungen haben, sich in radialer Richtung drücken und verschieben und schnell den Raum einnehmen, welchen die Gase und Verunreinigungen inne hatten. Nach einer sehr kurzen Zeitdauer nimmt das Metall unvermengt den möglichst kleinsten Raum der Form ein, die Verunreinigungen befinden sich an der inneren offenen Eingufsfläche und die Gase sind entwichen. — **75.** p. 572. **49.** p. 343.

Die Vorrichtung zur Entdeckung von Blasen in Metallen "Schizophon" von de la Place besteht aus einem Mikrophon in Verbindung mit einem Klopfer und einem Telephon. Bei den vorzunehmenden Metallproben wird der Klopfer über das Metall geführt. Sobald derselbe eine blasige Stelle des Metalls trifft, erleidet der Ton eine durch Vermittelung des Mikrophons an dem in einem Nachbarraume befindlichen Telephon wahrnehmbare Veränderung. — La Nature. Centralbl. d. Bauverw. **49.** p. 383.

Extraction von Metallen. Engl. Pat. 11707/1889 f. T. Parker und A. E. Robinson, Wolverhampton. Natrium, Kalium und Magnesium werden aus ihren Oxyden, Hydraten oder Carbonaten erhalten, indem man dieselben mit Kohle mischt und mittelst eines elektrischen Stromes erhitzt. Der Behälter wird vor dem Durchleiten des Stromes erhitzt. Die Elektroden sollen von Eisen sein, und zwar besteht eine derselben am besten aus geschmolzenem Eisen. — **89.** p. 1785.

Herstellung von Aluminium. D. P. 54113 und Engl. P. 5914/1889 f. R. E. Green. Ein Gemisch von Kryolith und Sand wird unter einer Decke von Kalk in einem Strom von Leuchtgas geglüht. Wird vorher Kupfer, Zink oder Zinn zugesetzt, so sollen die entsprechenden Broncen erhalten werden. Besonders vortheilhaft soll das Verfahren dort sein, wo es sich um die Herstellung von Ferroaluminium handelt; man wählt für diesen Fall ein Eisen von möglichst hohem Siliciumgehalt (etwa 7 %) und behandelt dasselbe zusammen mit Aluminiumfluorid in einem Strom von Kohlenwasserstoffen. — **123.** p. 639.

Einwirkung von Schwefelsäure auf Aluminium. Aluminium verhält sich nach A. Ditte zu verdünnter Schwefelsäure wie amalgamirtes Zink; es wird angegriffen, überzieht sich aber sofort mit einer undurchdringlichen Schicht von Wasserstoffgas, welche um so zusammenhängender und dauernder ist, je vollkommener die Politur des Metallstückes. Stoffe oder Verbindungen, welche daher den Zusammenhang der Gasschicht aufzuheben vermögen, erhöhen die Angreifbarkeit des Metalls seitens der dasselbe umspülenden Säure. In dieser Richtung wirken vor allem gewisse Metallchlorüre, welche vom Aluminium leicht reducirt werden, wie Platin-, Gold-, Kupfer- und Quecksilberchlorür. Die Chlorüre des Eisens und Zinks etc. dagegen, welche nach der Reduction durch Aluminium ein in verdünnter Schwefelf. leicht lösliches Metall produciren, bleiben natürlicherweise ohne bemerkbare Einwirkung. Führt man die Lösung von Aluminium in verdünnter Schwefelf. unter Beihilfe einer Spur eines Chlorides, also ziemlich schnell, durch, so verläuft die Reaction in zwei Phasen: Zuerst entwickelt sich Wasserstoff in grofser Menge, es bildet sich neutrales Aluminiumsulfat; dabei bleibt es aber nicht; die Wasserstoffentwicklung wird langsamer, ohne jedoch aufzuhören, und nach einigen Tagen beobachtet man einen weifsen Niederschlag von Subsulfat $4 Al_2O_3 \cdot 2 SO_3$, welcher zunimmt, bis die Reaction beendigt ist. Es verhält sich demnach Aluminium fast in gleicher Weise zu Schwefelf. wie zu Aluminiumsulfat. Diese Erscheinung macht auch die Einwirkung von Aluminium auf gewisse Metallsalze verständlich. Giebt man in eine Kuprisulfatlösung Aluminium, so scheint keine Reduction einzutreten, selbst nicht in Gegenwart freier Schwefelf.; augenblicklich jedoch vollzieht sich die Reduction, wenn man eine Spur eines der oben erwähnten Chlorüre zugiebt. In der sauren Flüss. scheidet sich das Kupfer als rothes Pulver ab; arbeitet man dagegen nur mit Aluminium, einer Spur Chlorür sowie Kuprisulfat. so bedecken sich die Gasblasen, welche vom Aluminium aufsteigen, häufig mit einer Schicht metallischen Kupfers, welches dann an die Oberfläche der Flüss. getragen wird; zuletzt bedeckt sich auch das Aluminium mit einer Schicht metallischen Kupfers. Etwas anders verhält sich die Sache bei Anwendung einer reinen Kuprisulfatlösung; es bildet sich Aluminiumsulfat, welches das metallische Aluminium weiter angreift unter Bildung von Wasserstoff und eines basischen Sulfates. Bald bedeckt sich die Metallscheibe mit einer Gasschicht; erst nach einiger Zeit treten auf Unebenheiten der Metallscheibe Kupferkrystalle auf, welche sich vermehren, bis alles Kuprisulfat zersetzt ist. Die Einwirkung von Aluminium auf verdünnte Schwefelf. und Metallsulfate ist daher eine der bei Entstehung von Aluminiumsalzen auftretenden Wärme vollständig entsprechende. Die grofse Langsamkeit der Einwirkung unter den gewöhnlichen Bedingungen ist eine Folge der rein mechanischen Wirkung des Wasserstoffs, welcher, indem er das Metall bedeckt, dasselbe dem Einflufs der umspülenden Flüss. entzieht. — 9. t. 110. p. 11. 38. Rep. p. 214.

Die Wirkung verdünnter Salpetersäure auf Aluminium ist nach A. Ditte eine ähnliche wie die der verdünnten Schwefelsäure. Es entwickelt sich Stickstoff, Stickoxyd und Ammoniak; letzteres bleibt als Ammoniumnitrat in Lösung. Giebt man zu einer $3^0/_0$igen Salpetersäure einige Tropfen Platinchlorid und läfst diese Mischung auf Aluminium einwirken, so bedeckt sich letzteres mit einer lockeren Schicht reducirten Platins und löst sich unter kaum merklicher Gasentwicklung auf, während sich in der Flüss. zuletzt viel Ammoniak nachweisen läfst. Arbeitet man im Vacuum, so vollzieht sich die Auflösung des Metalles zunächst unter Bildung von Aluminiumnitrat, das aber beim Erwärmen durch das metallische Aluminium unter Entwicklung von Wasserstoff in basisches Nitrat — $2 Al_2O_3 \cdot N_2O_5 \cdot 10 H_2O$ — übergeführt wird, welches sich als weifser Niederschlag abscheidet. In der Kälte ist die Einwirkung eine sehr langsame. Läfst man Kupfernitratlösung auf Aluminium einwirken, so kann man erst nach einigen Tagen eine Wirkung beobachten, und indem sich metallisches Kupfer abscheidet, geht Aluminiumnitrat in Lösung; beim Erwärmen geht die Reaction schneller vor sich. Aus diesen Versuchen läfst sich auch das Verhalten von Aluminium gegen Wss. erklären; die Schicht von Aluminiumhydrat und Wasserstoff verhindert die weitere Einwirkung; erwärmt man, so entweicht der Wasserstoff, und kocht man mit der Lösung eines Aluminiumsalzes, so löst sich das Metall nach und nach auf. — 9. t. 110. p. 14. 38. Rep. p. 230.

Der Einfluſs des Phosphors auf das Verhalten des Gieſsereiroheisens ist nach W. J. Keep bei einer Beimengung von 0,5—1% ein günstiger; ein höherer Phosphorgehalt mindert die Festigkeit zu sehr ab, ohne einen Ausgleich für diese Benachtheiligung durch wohlthätige Einflüsse zu liefern. — **48.** p. 604. **58.** p. 302.

Adam's directer Proceſs der Eisengewinnung; v. Howe. Das Erz, mit 10—15% Brennstoff gemengt, wird in einen Ofenschacht aufgegeben, welcher mit regeneratorartigem Mauerwerk umgeben ist. Nach Reduction des ersteren durch einen heiſsen Gasstrom fällt dasselbe durch einen Trichter in einen darunter befindlichen, flüssiges Roheisen enthaltenden Flammofen. Die Gichtgase des Schachtofens werden verbrannt und erhitzen vor dem Eintritt in die Esse das durch Scheidewände davon getrennte frische Gas. — **92.** vol. 50. p. 599. **43.** (1891) p. 39.

Fabrikation von Eisen und Stahl. Engl. Pat. 8543/1889 f. T. Twynam, Bedford Park, Middlesex. Der Erfinder bewirkt die Rückkohlung von kohlenstoffarmem Stahl oder Fluſseisen durch Zufügen einer entsprechenden Menge Kohle zu dem geschmolzenen Metall auf seinem Wege vom Ofen zum Gieſslöffel durch eine Rinne oder einen Trog. Die Kohle wird in Form von Holzkohlen lose zwischen Steine gelegt, welche an den Seiten des Troges aufgestellt sind, oder sie kommt, für hoch kohlenstoffhaltigen Stahl, ganz oder theilweise in kleinen Stücken in den dem Ofen benachbarten Theil des Troges. Dieses Verfahren unterscheidet sich nicht wesentlich von dem bekann ten Darby'schen Rückkohlungsproceſs. — **89.** p. 1505.

Kohlung von Eisen. D. P. 53784 (II. Zus.-Pat. zu D. P. 47215, vgl Rep. 1889 II. p. 127. und I. Zus.-P. zu D. P. 51963, vgl. Rep. 1890 I. p. 125) f. „Phönix", Actien-Gesellschaft für Bergbau und Hüttenbetrieb in Laar bei Ruhrort a. Rh. Behufs Erzielung einer gleichartigen Zusammensetzung der gekohlten Blöcke wird das geschmolzene Metall mit dem zerkleinerten, in gleichbleibenden Mengen zugeführten Kohlungsstoff vor dem Eintritt in die Guſsform oder während desselben vereinigt. — Nach D. P. 53791 derselben Erf. gelangen an Stelle der in den D. P. 47215 und 51963 bezeichneten Kohlungsmaterialien für Eisen (Koks, Graphit, Holzkohle) zerkleinerte, durch Ausglühen vom Wss. befreite Kohlungsmaterialien zur Benutzung. — **75.** p. 902.

Basisches Birnenfutter. Das Patent von E. Bertrand in Kladno hat die Pottstown Iron Comp. in Pottstown, Pa. erworben. Gemahlener Dolomit oder Kalkstein wird mit Wss. angemengt zu Steinen geformt, diese bei Weiſsgluth 48 Stdn. im Schachtofen gebrannt, dann gemahlen, mit 10—12% Theer vermengt und die Masse als Ofenfutter benutzt. — **92.** vol. 50. No. 11. **43.** p. 419.

Zur Erzeugung von Roheisen für den basischen Proceſs sind nach Pilkington Bedingungen basische Schlacke und solche Temp., daſs das Roheisen einerseits weiſs und deshalb siliciumarm ist, andererseits der Schwefel in die Schlacke geht und der Ofengang glatt ist. Passende Zuschläge sind kieselsäurearme Mangan-Carbonate, sowie auch Schlacken von der Spiegeleisendarstellung. Es enthalten solche Roheisensorten Mangan 1,5—2,25, Silicium 0,25—0,75, Schwefel 0,04—0,06, Phosphor 2—3,25%. — Iron p. 516. **43.** p. 347.

Entkohlung eines Roheisenbades. D. P. 51698 f. R. F. Ludlow.
Das geschmolzene Eisen wird in einen mit feuerfestem Futter versehenen Kessel abgelassen und dadurch gleichmäfsig entkohlt, dafs
die Berührungsstellen zwischen der Oberfläche des Eisenbades und
den gegen dieselbe unter einem Winkel gerichteten Luftströmen fortwährend geändert werden. Mit der so behandelten Masse wird eine
Menge irgend eines Ankohlungsmittels dadurch verschmolzen, dafs
dasselbe mit dem geschmolzenen Eisen nach Entfernung der Unreinigkeiten und Entkohlung der Masse gemischt wird. — **123.** p. 338.

Desoxydation basisch erzeugten Flufseisens. D. P. 52848 f. L.
Pszczolka in Graz. Das wie gewöhnlich ausgefrischte Metall wird
im flüssigen Zustande unter möglichstem Zurückhalten der basischen
Schlacke in eine entsprechend vorgewärmte, auch eventuell von aufsen
heizbar gemachte Pfanne oder einen aus feuerfestem Material hergestellten Kasten etc. eingegossen. Während des Einfliefsens, vor oder
nach demselben werden zwecks Verschlackung der vorhandenen Fe_3O_4-
Verbindungen stark SiO_2-haltige Substanzen, wie z. B. Schlacken, Glas,
Quarz, Feldspat oder andere SiO_2-haltige Mineralien oder künstliche
Mischungen aus SiO_2 mit Alkalien, Erdalkalien oder dergleichen bestehend, in geschmolzenem oder festem Zustande, warm oder kalt, in
Pulverform oder in beliebiger Stückgröfse zugesetzt. Diese stark
SiO_2-haltigen Substanzen läfst man so lange Zeit auf das Metallbad
einwirken, bis zwei nach einander genommene Schlackenproben keine
weitere Aufnahme von Eisenoxydoxydulverbindungen durch dunklere
Farbentöne erkennen lassen. — Das so erzeugte Flufseisen soll keine
Kürze besitzen und eine ausgezeichnete Schweifsbarkeit erlangen. —
75. p. 729. Ztschr. f. Maschinenb. u. Schloss. **31.** p. 383.

Erzeugung von Flufseisen auf saurem oder basischem Herde.
D. P. 53795 f. L. Pszczolka in Graz. Den Abfällen (Schrott) werden behufs theilweisen oder gänzlichen Ersatzes des Roheisens kohlen-
stoff- oder kohlenstoff- und stickstoffhaltige Materialien, z. B. Graphit,
Anthracit, Koks, Steinkohle, Braunkohle, Holzkohle, Holz, gedarrtes
Holz, Sägespähne, Theer und Theerrückstände zugeschlagen. — **75.**
p. 922.

Herstellung von Flufseisen bestimmter Zusammensetzung. Engl.
Pat. 7047/1889 f. W. F. Jackson und W. Galbraith. Das ent-
kohlte bezw. entphosphorte Eisen wird erst in eine grofse Pfanne ab-
gestochen und von hier in eine vorgewärmte Pfanne, welche Ferromangan und dergl. enthält. — **58.** p. 318.

Fabrikation und Härten von Stahl (vgl. Rep. 1890 I. p. 126.)
Amer. Pat. 440039 f. M. F. Coomes und A. W. Hyde, Louisville,
Ky. Schmiedbares Gufseisen und Stahl von geringem Kohlenstoff-
gehalte wird gekohlt oder gehärtet, indem man das Metall auf Weifs-
gluth erhitzt und dann in ein aus Wss., Zucker, Chlornatrium und
Chlorammonium bestehendes Bad taucht. — **89.** p. 1637.

Reinigen von Stahl und Eisen. D. P. 52192 f. J. Richardson
in Myrtle Grove Pocklington, Grafschaft York, England. Behufs Reinigung des Stahls von Phosphor und Schwefel wird durch das geschmolzene Metall hoch gespannter Wasserdampf getrieben, welcher
solche Chemikalien, die bei der Zersetzung eine bedeutende Wärme

entwickeln, mit sich führt. Auf diese Weise soll verhindert werden, dafs durch den Dampf eine Abkühlung des Bades herbeigeführt werde. Als geeignete Chemikalien werden angeführt: 1. Natriumnitrat, 2. Kaliumnitrat, 3. Cyankalium, 4. Kaliumbichromat, 5. Naphta, Paraffin oder ein anderer Kohlenwasserstoff, 6. Catechugummi oder Tannin, 7. Zucker, 8. Kaliumcarbonat, 9. Essigsäure, 10. Chlorkalk. Die Mischung aus Dampf und genannten Chemikalien wird derart gebildet, dafs man einerseits die unter 1—5 genannten Theile, andererseits die unter 6 und 7 und endlich die unter 8—10 angeführten Substanzen in drei besonderen Behältern in kochendem Wss. auflöst bezw. damit vermischt, die für sich gebildeten Lösungen mit einander vereinigt und verdampft. — **75.** p. 592. **49.** p. 358.

Darstellung von Nickelstahl (vgl. Rep. 1889 II. p. 122.) Engl. Pat. 8492/1889 f. Riley. Eisen- oder Stahlabfälle werden mit Nickel im Tiegelofen geschmolzen, dann Ferromangan, Aluminium oder eine Aluminiumlegirung zugesetzt; beim Arbeiten im Converter oder Flammofen mufs die Masse hinreichend entkohlt, Ferromangan und Nickel, dann im Ofen oder Giefslöffel ein zweites Quantum Ferromangan und zuletzt Aluminium oder eine Aluminiumlegirung zugesetzt werden. Eine Legirung von Nickel, Kupfer und Eisen kann an Stelle oder zugleich mit dem Nickel verwendet werden. — **43.** p. 443.

Magnetismus des Nickelstahls (vgl. Rep. 1889 II. p. 122.) Nach Brustlein ist Stahl mit 12% Mangan und mehr nicht magnetisch, desgleichen nicht Stahl mit 25% Nickel. Wenn man diesen Stahl auf —20⁰ abkühlt, so wird er und bleibt magnetisch bei gewöhnlicher Temp. Erhitzt man denselben auf 580⁰, so nimmt er seine ursprünglichen Eigenschaften wieder an und behält sie bei, wenigstens bei einer neuen Abkühlung auf —20⁰. Man kann somit beliebig die Legirung in ihrem magnetischen und nicht magnetischen Zustande erhalten. Bei der Abkühlung zeigt dieselbe, wenn sie ursprünglich eine Bruchfestigkeit von 75 kg pro qmm und 30 % Verlängerung aufwies, resp. 126 kg und nur 8%. Stahl mit 5% Nickel wird bei 800⁰ nicht magnetisch wenn man denselben abkühlt, so bleibt er nichtmagnetisch bis 600⁰ und nicht bis —20⁰. — Das nicht magnetische Wolfram erhöht den Magnetismus des Stahls; 3% Wolfram machen Nickel magnetischer als Stahl, aus welchem man sonst Magnete fertigt. Nach Preece erhöht Wolfram die magnetische Induction des Stahls von 700 auf 5000, die des Nickels von 120 auf 1032. — **92.** (Juni). **43.** p. 435.

Einflufs des Aluminiums auf Schmiedeeisen- und Stahlgüsse. Die günstige Wirkung des Aluminiums (gröfsere Festigkeit und Verhinderung der Blasenbildung) wird nach Keep (vgl. Rep. 1890 I. p. 123) durch einen Rückhalt an Aluminium im Carburet herbeigeführt, nach Howe dadurch, dafs das Aluminium das im Eisen enthaltene Oxyd reducirt. — **92.** vol. 50. p. 218. **43.** p. 461.

Gufsform. D. P. 53433 f. F. D. Taylor in Brockville, Grafsch. Leeds, Prov. Ontario, Canada. Man verwandelt gepulvertes Eisenoxyd bezw. an solchem reiche Eisenerzpulver durch Einstampfen in Holzstoffzeug in eine plastische Masse, bekleidet mit dieser das Modell und verdichtet auf letzterem durch geeigneten Druck. — **75.** p. 927.

Gewinnung von Nickel und Kobalt. D. P. 52035 f. C. W. B.
Natusch in Niederlöfsnitz bei Dresden, jetzt W. Schoeneis. Geschwefelte und arsenikhaltige Nickel- und Kobalterze werden bis zur vollständigen Oxydation des Schwefels bezw. Arsens geröstet, oxydische Erze dagegen zur Vertreibung des hygroskopischen Wss. einfach geglüht. Nach dem Glühen wird das Röstgut gemahlen, mit Eisenchlorür gemischt und gleichzeitig mit Eisenchlorürlösung angefeuchtet. Nach dem Trocknen wird die Masse bis zur vollständigen Zersetzung des Eisenchlorürs geglüht, um die zu gewinnenden Metalle (sowie etwa vorhandenes Gold, Silber, Kupfer, Zink) in Chlorüre überzuführen, welche dann in Wss. gelöst werden können. Das Eisenchlorür ist dagegen in Eisenoxyd übergegangen. Durch dieses Verfahren sollen Nickel und Kobalt eisenfrei zu gewinnen sein. — **75.**
p. 529. — Nach den Erfahrungen der „Hütte Silberhoffnung" in Beienfeld im Erzgebirge besteht der Vortheil dieses Verfahrens gegenüber dem bisher üblichen darin, dafs man mit einer Manipulation aus minderhaltigen Producten sofort reine concentrirte Kobaltlösungen herstellen kann, demnach nicht mehr so grofse Mengen Eisen mit in Lösung gehen und nicht ein Theil des Nickels und Kobalts ungelöst im Rückstande bleibt. Die Unkosten sind gering, weil die fast werthlose Eisenchlorürlauge der Cementkupferfabrikation Verwendung findet und das als Nebenproduct abfallende schwarze Eisenoxyd zu mannigfachen Zwecken verwerthet werden kann. — **89.** p. 1475.

Zur Darstellung von Chrom reducirt E. Glatzel Kaliumchromchlorid, das durch Versetzen einer concentrirten Lösung von Kaliumbichromat mit Salzsäure, Weingeist und Chlorkalium, Filtriren, Eindampfen zur Trockne und weiteres Erhitzen erhalten wurde, mit Magnesiumfeilspähnen in einem hessischen Tiegel. Die Schmelze wird ausgewaschen und mit verdünnter Salpetersäure behandelt. Das erhaltene Chrom ist ein hellgraues Pulver von 6.72 spec Gew., das sich nur in einem Deville'schen Ofen schmelzen läfst und dann auf den Bruchstücken ein silberweifses Aussehen zeigt. — **60.** Bd. 23. p. 3127.

Beschaffenheit des Handelskupfers; v. Stahl. Neben Kupferoxydul, Cuproarsenaten, -Antimonaten und Kupferoxydul-Bleioxyd u. s. w. ist in den höheren Flammofentemperaturen auch eine Absorption von Sauerstoff durch das feurigflüssige Kupfer ermöglicht, der nach entsprechender Temperatur-Erniedrigung in eine Verbindung nach festen Verhältnissen übergeht. In gegen Ende der Zähepolperiode mit Blei versetzten Kupfern finden sich nur noch minimale Sauerstoffmengen, die vorwiegend mit den Beimengungen (Blei, Antimon, Arsen u. s. w.) verbunden sind. — **43.** p. 399.

Kupfergewinnung. D. P. 53782 f. Höpfner. Den durch ein geeignetes Diaphragma von einander getrennten Anoden (Kohle) und Kathoden (Kupferbleche) eines elektrolytischen Bades werden zwei getrennte Ströme von Kupferchlorür, gelöst in Laugen eines Halogensalzes, wie Kochsalz, zugeführt. An den Kathoden scheidet sich aus der Lauge etwa vorhandenes Silber und Kupfer metallisch ab, während sich an den Anoden Kupferchlorid bildet, welches durch Behandlung mit Schwefelkupfererzen, die dadurch gleichzeitig ausgelaugt werden, wieder zu Kupferchlorür wird. — **43.** p. 460.

Kupferdarstellung auf basischem Herd; v. Gilchrist. Bei Verarbeitung von Weifs- oder Pimplemetall auf Schwarzkupfer, der Reinigung von Kupferböden und dem Kupferraffiniren auf basischem Herd aus Dolomit, Magnesia, Chromeisenerz u. s. w. bei gleichzeitigem Zusatz passender Kalkmengen entstehen von Arsen reinere Producte bei weniger und ärmerer Schlacke, als auf saurem Herd. — **92.** vol. 50. No. 6. **43.** p. 347.

Herstellung eines kupferhaltigen Elektrolyten. D. P. 53196 f. H. A. Seegall in Berlin. Zunächst wird durch Auslaugung der betreffenden Materialien mit Eisenchlorid unlösliches Cuprochlorid erzeugt. Dieses wird dann von der Lösung abgetrennt und durch Zusatz eines Halogensalzes oder einer Halogensäure als Cuprochlorid unverändert gelöst. — **75.** p. 851.

Feinen von Kupfer durch Elektrolyse. D. P. 50371 f. E. S. Smith. In mit Kupfervitriollösung gefüllten Kästen lagern gegossene Kupferplatten über einander, die durch Holzstäbe von einander gehalten werden und zwischen sich Filter- oder Spanntücher haben. Die obere Platte wird mit dem positiven, die untere mit dem negativen Pole einer Dynamomaschine verbunden. Die Räume zwischen den Platten bilden getrennte Zellen in Hintereinanderschaltung, wobei die Platten die Leiter zur Verbindung der Zellen bilden. Das Kupfer wird von der unteren Fläche der oberen Plattenlage entnommen und auf der oberen Fläche der nächsten Lage darunter ausgefällt und so fort. Die unlöslichen fremden Bestandtheile in dem Kupfer, einschliefslich Gold und Silber, werden frei gesetzt, sobald das Kupfer aufgelöst ist, und fallen auf die Filter- oder Spanntücher, so dafs nur reines Kupfer auf den oberen Flächen der Platten niedergeschlagen werden kann. — **123.** p. 113.

Elektrolytische Abscheidung des im Kupfer enthaltenen Arsens. Läfst man durch eine Lösung eines arseniksauren Salzes, welche mittelst Ammoniak alkalisch gemacht ist, einen Strom von 4—6 Meidinger-Elementen hindurch geben, so findet weder eine Abscheidung des Arsens, noch eine Reduction der Arseniksäure statt. Bei der ammoniakalischen Lösung eines Kupfersalzes dagegen bewirkt der nämliche Strom eine vollständige Abscheidung des Kupfers. — **42.** p. 537. **89.** Rep. (1891) p. 63.

Entfernung schädlicher Verunreinigungen aus Zinkerzen. D. P. 52714 f. The Alkaline Reduction Syndicate, Limited, in London, England. Man schmilzt zur Entfernung von Blei, Gold und Silber das Zinkerz mit Aetzalkali, vorzugsweise mit Aetznatron, in einem Flamm- oder anderen Ofen, zieht das abgesetzte Blei (und etwa vorhandenes Silber und Gold) ab und läfst die zurückbleibende flüssige Masse in Wss. laufen, so dafs Aetznatron, Natriumsilicat und Natriumsulfid gelöst werden, während die durch die Beseitigung von Silicium und Blei angereicherte Zinkmasse sich zu Boden setzt. Die Natronlösung kann man von dem darin enthaltenen Silicium durch Zusatz von Kalk befreien. Die zurückbleibende Lösung kann man dann einengen und zu späteren Beschickungen benutzen. In dem Zinkerz etwa enthaltenes Eisen oder Kupfer wird bei der beschriebenen Behandlung nicht entfernt, jedoch wirkt ihre Anwesenheit nicht störend bei der darauf folgenden Zinkmetallgewinnung. — **75.** p. 850.

Trockene Aufbereitung von Zinkblende. D. P. 52901 f. d. Firma F. C. Glaser in Berlin. Zur mechanischen Trennung der im Grün- stein vorkommenden Zinkblende von ihrem Nebengestein wird der Unterschied zwischen der Cohäsion der Blende und der Cohäsion des Grünsteins benutzt. Durch diesen Unterschied wird es ermöglicht, durch Quetschen des Roherzes die Blende zum gröfsten Theil in ein Mehl von einer weit geringeren Korngröfse zu zerkleinern als den Grünstein. Lediglich unter Benutzung eines Siebes von z. B. ¹/₂ qmm Maschenweite kann man durch trockenes Absieben der Blende letztere so weit vom Nebengestein trennen, dafs sie reich genug an Zink ist um unmittelbar geröstet und in der Zinkhütte verarbeitet werden zu können. — **75.** p. 725.

Ausscheidung von Zink aus Zinkschaum, Legirungen und dergl. durch Destillation. D. P. 53277 f. B. Rösing in Friedrichshütte, Ober- schlesien. In einer kippbaren vorgewärmten Birne wird der Zink- schaum mit geschmolzenem Eisen übergossen. Letzteres erwärmt den Zinkschaum bis auf oder über die Verdampfungstemperatur des Zinks, so dafs letzteres sich von dem Zinkschaum abtrennt und durch die Decke aus hocherhitztem geschmolzenem Eisen hindurch sich ver- flüchtigt. — **75.** p. 852.

Extraction oder Reduction des Zinks aus Erzen oder Verbindun- gen. Engl. Pat. 19501 f. C. Rabache in Morchain, Frankreich. Es wird zunächst der metallische Theil des Erzes von der Gangart be- freit, indem das Verbindungswasser verdampft wird. Das Erz wird geschmolzen und bei Abwesenheit der atmosphärischen Luft mit reinem Kohlenstoffmonoxyd reducirt. Das Erz wird in Körnern von 1—3 mm Durchmesser durch Verbrennung des Kohlenstoffmonoxyds kurze Zeit auf 200—400⁰ C. unter fortwährendem Schütteln erhitzt. Hierdurch werden das Krystallwasser, Schwefel und andere flüchtige Verunreini- gungen entfernt, und die Metalltheile von der Gangart getrennt. Das reine Zinkoxydpulver wird auf höchstens 2730⁰ F. durch Verbrennung von Kohlenstoffmonoxyd erhitzt. Nach Luftabschlufs wird nur Kohlen- stoffmonoxyd eingeführt und ohne Flamme verbrannt. — **34.** (1891) p. 63.

Behandlung von Zinnschlacken. Engl. Pat. 9821/1889 f. J. Shears, London. Die Schlacken werden mit einem Alkali oder Al- kalicarbonat geschmolzen, worauf man mit Wss. auslaugt, die Lösung decantirt und den Rückstand behufs Extraction von Nickel, Kobalt und Eisen weiter behandelt. Die Lösung wird in eisernen Behältern elektrolysirt und das Zinn ausgeschieden. Das Alkali wird wieder gewonnen, indem man mittelst Kalkmilch Kieselerde und Thonerde fällt. Der Niederschlag läfst sich in der Cementfabrikation verwen- den. War in den Schlacken Wolfram zugegen, so krystallisirt das- selbe beim Verdampfen der Alkalilösung aus. — **89.** p. 1575.

Gegen Schwefelsäure widerstandsfähiges Blei erhält man nach J. Hochstetter, wenn man reinem Jungfernblei 20—25⁰/₀ altes Blei oder in geringer Menge Kupfer oder Antimon beifügt. — Soc. ind. du Nord de la France. — **89.** Rep. (1891) p. 36.

Reinigung von Blei oder Legirungen desselben. Amer. Pat. 438117 f. W. S. Camden, Gloucester City, N.-Y. Man setzt dem geschmolzenen Metall Natrium oder Kalium, bezw. eine Legirung dieser Alkalimetalle in genügender Menge zu. Hierdurch wird der Sauerstoff entfernt und eine Schicht von caustischem Alkali gebildet, welche die Oberfläche des geschmolzenen Metalles schützt. — **89**. p. 1477.

Zur Gewinnung des im Blicksilber enthaltenen Wismuths schmilzt C. Rössler dasselbe erst aus der Schlacke aus, reducirt mit Soda und Kohle, löst die granulirten Metalle in concentrirter Schwefelsäure, laugt mit verdünnter Schwefelf. von 20^0 B. bei 10^0 aus, wodurch Bleisulfat zurückbleibt, fällt Silber durch Cementkupfer, Wismuthsulfat durch Erwärmen auf 50^0, reducirt mit metallischem Eisen, wäscht, preſst und schmilzt unter Zusatz von etwas Kohle in einem Graphittiegel. — **113**. (1889) p. 388. **58**. p. 411.

Darstellung von chemisch-reinem Wismuth; v. Classen und Schneider. Wiederholtes Ausscheiden aus einer salzsauren Lösung des Handelswismuths von Oxychlorid durch Wss., mehrmaliges Auflösen und Wiederfällen, desgleichen Auflösen des Wismuths in Salpetersäure und Fällen von basischem Wismuthnitrat ergiebt immer noch bleihaltiges Wismuth. Völlig reines Metall erfolgt aber bei dem Auflösen des Wismuths, aus in obiger Weise gereinigten Salzen mit Cyankalium reducirt, in Salpeterf. und Elektrolysiren, wo sich dann auf der Platinschale (positive Elektrode) wismuthhaltiges Bleisuperoxyd, auf dem Platinconus (negative Elektrode) reines Wismuth im dichten krystallischen Zustande absetzt. — **60**. Bd. 23. p. 928. **18**. p. 553. **43**. (1891) p. 31.

Extraction von Edelmetallen. Engl. Pat. 11883 f. S. Trivick, Clampham Road, Surrey. Das Erz wird in einem Ofen mit Kochsalz geröstet, dann gemahlen und hierauf in die Laugebehälter gebracht, die am Boden mit einer Filtrirschicht versehen sind. Die auf etwa 150^0 F. (= 65.5^0 C.) vorgewärmte Laugeflüssigkeit besteht aus einer Lösung von Chlornatrium mit wenig Kupferchlorid. Das Filtrat wird mit Chlornatriumlösung. Kalk und Schwefel gemischt. Sodann filtrirt man und leitet das Filtrat behufs Wiederbenutzung in das Laugereservoir zurück, während der Rückstand getrocknet und auf Metalle verschmolzen wird. — **89**. p. 1785.

Amalgamationsverfahren zur Gewinnung von Gold und Silber. D. P. 52904 f. M. Johnson, W. E. Field und J. S. Beeman in Saint-Kilda bei Melbourne, Colonie Victoria. Um das Krank- oder Mehligwerden des Quecksilbers während des Amalgamationsprocesses zu verhindern, wenden die Erfinder nicht reines Quecksilber, sondern ein Amalgam desselben, beispielsweise Zinkamalgam an, welches in Berührung mit einer geeigneten verdünnten Säure Wasserstoff entwickelt. Der nascirende Wasserstoff umgiebt dann die losgetrennten, dem Einflusse der Luft sonst ausgesetzten Quecksilbertheilchen und verhindert auf diese Weise, daſs sich dieselben mit einer grauen Haut überziehen. Auch kann der Wasserstoff durch seine reducirende Wirkung bereits krankgewordenes Quecksilber wieder beleben. — **75**. p. 735.

Behandeln von Erzen, die Blei, Silber und Zink enthalten. Engl. Pat. 442016 f. Ch. L. Coffin in Detroit, Mich., und G. H. Lothrop. Die Entfernung des Zinks geschieht, indem man das Erz röstet, aus-

laugt, die Flüss. durch Kohle filtrirt und dann mit Blei und Zink behandelt. Das Zink wird dann niedergeschlagen; das Silber durch
Verwendung von Blei gewonnen. — **34.** (1891) p. 6.

Versuche über die Zinkentsilberung von H. Rössler und B.
Edelmann ergaben, dafs alles Zink, welches in silberhaltiges Blei
mehr eingerührt wird, als zu seiner Sättigung bei der betreffenden
Temp. nöthig ist, sogleich wieder daraus hervorkommt und sich mit
dem gröfsten Theil des Silbers auf die Oberfläche setzt und davon
abgenommen werden kann, dann, dafs bei rascher Arbeit eine weiter-
gehende Oxydation vermieden werden kann und endlich, dafs sich
eine silberarme Zinksilberlegirung beim Eiurühren in Blei bei hoher
Temp. durch Abgabe von Zink in eine silberreichere Legirung verwandeln läfst. — Auf Grund dieser Beobachtungen wurde eine syste-
matische Entsilberung durchzuführen versucht, welche darauf beruht,
dafs allmählig gröfsere Mengen von Zink in so kurzer Zeit durch im
Anfang auf ca. 600⁰ erhitztes Blei geführt werden, dafs dabei nur
wenig Oxydation stattfinden kann. Die Abscheidung des Zinks aus
dem Blei ging, wenn ein vorgewärmtes Gemisch von Kohlenoxyd und
Stickstoff in fein vertheiltem Zustande über 700⁰ einwirkte, sehr gut
von Statten. — **43.** p. 245. **58.** p. 409.

Entsilberung von Blei durch Elektrolyse. Engl. Pat. 442661/1890 f.
F. D. Bottome, Hoosick, N.-Y. Aus dem zu entsilbernden Blei bestehende Anoden werden der elektrolysirenden Wirkung eines elektrischen Stromes unterworfen, während sie in eine Lösung von Ammoniaksalzen tauchen, die durch Einleiten von Kohlensäure mit letzterer gesättigt gehalten wird. Das gelöste Blei wird als Carbonat
gefällt, während das Silber sich auf den Kathoden abscheidet. — **89.**
(1891) p. 13.

Herstellung von Chlor zur Chlorirung von Gold. Engl. Pat.
12641/1890 f. C. T. J. Vautin in London. Das Chlor wird aus einer
Mischung von gleichen Th. Chlorkalk und Eisenperchlorid oder Mangan mit 5% Wss. erhalten. — **34.** (1891) p. 63.

Die Goldfällung mit Ferrosulfat oder Schwefelwasserstoff ist nach
L. D. Godschall unvollkommen. Bei Weitem vorzuziehen ist der
Vorschlag von Aaron, mit Kupfersulfid zu fällen, doch mufs das
überschüssige Chlor vor Beginn der Fällung durch Erwärmung auf
60⁰ ausgetrieben werden. Die Fällung erfolgt so gut wie vollkommen,
aber es ist schwer, das Gold von dem überschüssigen Kupfersulfid zu
trennen. Diese Schwierigkeiten lassen sich vermeiden durch Anwendung von gefälltem Schwefeleisen oder noch besser von Schwefelblei.
Die filtrirte Lauge, welche die Chlorverbindung des unedlen Metalles
enthält, mufs sehr häufig auf etwaigen Goldgehalt untersucht werden,
was am besten colorimetrisch unter Zusatz von etwas Ferrosulfat geschieht. — **92.** vol. 50. p. 620. **89.** Rep. (1891) p. 11.

Verhütung von Porenbildung im Golde. D. P. 53401 f. F. Burger
in Hamburg. Man schmilzt 100 g chemisch reinen Zinks mit 2 g
reinem Blei und 2 g reinem Wachs zusammen, giefst die Masse in
entsprechende Formen und giebt ½ g zu 100 g geschmolzenem Golde.
— **75.** p. 787.

Amalgamir-Verfahren. Engl. Pat. 10 822/1889 f. G. Button und
W. E. Wyeth, Cambridge, Griqualand West, Südafrika. Das Gemisch
von Erz und Was. wird über einen Planherd geleitet, auf dem sich
Querrinnen und Quecksilber befinden. Ueber jeder Rinne ist eine
Bürste mit hin- und hergehender Bewegung angebracht, deren Borsten
das Quecksilber nahezu berühren. Das Quecksilber ist mit dem einen
Pole, und die Bürsten sind mit dem anderen Pole einer Dynamo-
maschine oder sonstigen Elektricitätsquelle verbunden. — **89.** p. 1677.

Amalgamator zur Gewinnung von Gold. D. P. 54140 f. Grusonwerk in Magdeburg-Buckau. Der Amalgamator besteht aus einer
Schale *A*, in welcher durch einen oder mehrere concentrische Ringe
a zwei oder mehrere zur Aufnahme des Quecksilbers bestimmte getrennte Abtheilungen hergestellt sind, und aus einer Drehscheibe *B*,
deren Ringe *b* im Verein mit den Ringen *a* die Pochtrübe behufs Ab-

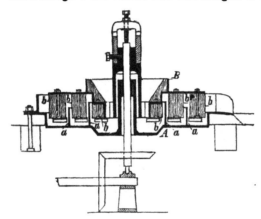

lagerung der Goldkörn-
chen auf dem Quecksilber
beim Durchlaufen zu ab-
wechselndem Steigen und
Sinken nöthigen. Die
Trübe wird also bestän-
dig gezwungen, langsam
über die Ringe *a* hinweg
zu steigen und zu sinken.
Diesem Aufsteigen wider-
setzen sich nämlich die
specifisch schwereren
Goldkörnchen in höherem
Mafse als die leichteren
Pochmehle und sinken
auf den Quecksilber-
spiegel; umgekehrt er-
halten beim Niedersinken der Trübe die specifisch schwereren Goldtheilchen, welche dennoch mit aufgestiegen sind, eine gröfsere Beschleunigung, und es ergiebt sich somit abermals die Wahrscheinlichkeit, dafs sie auf den Quecksilberspiegel, der keinerlei Bewegungen
von nachtheiliger Heftigkeit zeigt, gelangen. — **75.** p. 1008.

Trennung von Gold und Antimon. D. P. 54219 f. Th. Cr. Sanderson in Minas do Corgo bei Lixa, Oporto, Portugal. Behufs Gewinnung eines geeigneten Elektrolyten in Gestalt einer gegen viel
Was. beständigen Antimonchloridlösung wird die sog. Antimonbutter
in einer mit Chlorwasserstoffsäure angesäuerten stark concentrirten
Lauge von Kochsalz, oder Chlorkalium, oder Chlorammonium gelöst.
In den auf diese Weise dargestellten Elektrolyten werden goldhaltige
Antimonplatten als Anoden eingehängt. Beim Durchleiten des Stromes
werden letztere allmälig aufgelöst, das Antimon wird auf den Kathoden
elektrolytisch niedergeschlagen, während die Goldtheilchen niedersinken. Dieselben werden von Zeit zu Zeit aus den Bädern entfernt
und zusammengeschmolzen. — **75.** p. 1009.

Herstellung von Aluminiumlegirungen. D. P. 52639 f. G. W. Clark in Birmingham. Die zu legirenden Metalle werden mit Aluminiumverbindungen, wie gebranntem oder ungebranntem Thon, Ziegelsteinen von Abbrüchen, feuerfestem Thon, schieferigem Thon etc. und einem Gemenge zusammengeschmolzen, welches aus 50 Th. gebranntem Kalk und 30 Th. Kochsalz auf je 100 Th. Thonerde besteht. — **75.** p. 650. **49.** p. 358. — Nach Engl. Pat. 12648/1889 desselben Erf. werden die aluminiumhaltigen Materialien mit Aetzkalk, Kohle und Flufsmitteln gemischt, worauf man die Masse mit Wss. oder Salzsäure zu Bällen formt und letztere schmilzt, behufs Gewinnung einer Schlacke, welche gemahlen und dann mit dem Metall verschmolzen wird. Auch kann man die Bälle oder das Pulver in Gebläse- oder anderen Oefen verarbeiten, oder man mischt das thonerdehaltige Material, Kalk etc. mit dem Erze des zu legirenden Metalls, wie Eisenerz, und verschmilzt die Masse. — **89.** (1891) p. 119.

Herstellung von Aluminiumlegirungen. D. P. 54132 f. L. Petit-Devaucelle. Man schmilzt in einem Ofen oder in einem Tiegel eine Legirung von Kupfer mit Zinn oder Zink oder Blei und setzt Schwefelaluminium zu. Man soll so 5—10%ige Aluminium-Kupferlegirungen gewinnen. — **123.** p. 639.

Eigenschaften von Aluminiumlegirungen. Bleche von 1 mm Stärke und 5 mm Breite ergaben Schleiffarth nachfolgende Resultate:

Legirung.		Elastic.-Coëffic.	Spec. Gew.		Widerstand gegen Zerreifs. pro qmm	Dehnbarkeit
Alumin.	Kupfer.		Berechn.	Gefund.		
100	—	7200	—	2,67	18,7 kg	3 %
98	2	8000	2,78	2,71	30,7 „	3 „
96	4	—	2,90	2,77	31,1 „	3 „
94	6	—	3,02	2,82	38,6 „	3 „
92	8	—	3,14	2,86	35,5 „	3 „
Alumin.	Silber.					
95	5	8000	—	2,79	25,1 „	3 „
90	10	8000	—	2,90	30,9 „	3 „

Das Metall Bourbouze, 100 Al und 10 Sn, ergab 14 kg Zerreifsfestigkeit und 6 % Dehnbarkeit, und eine Legirung von 95 Al und 5 Zn liefs sich leicht giefsen und bearbeiten. — **89.** No. 83. **43.** p. 461.

Aluminiumlegirungen. Engl. Pat. 7666/1889 f. G. Bamberg, Highgate. Aluminium wird mit Eisen, Zink, Blei oder Kupfer legirt, indem man Aluminiumchlorid oder das Doppelchlorid in Dampfform oder als Pulver in das hoch erhitzte geschmolzene Metall einführt. Der Procefs wird in App. vorgenommen, welche den Bessemer-Convertern gleichen, und vor dem Einführen der Aluminiumdämpfe wird Luft durch das Metall geleitet. — Nach Engl. Pat. 7667/1889 desselben Erf. wird dampfförmiges Aluminiumchlorid und Zinkdampf zusammengebracht und dadurch Zinkchlorid und eine Aluminium-Zink-Legirung gebildet. Letztere kann durch starkes Erhitzen zerlegt werden. — **89.** p. 1445.

Aluminiumlegirungen. Engl. Pat. 9358/1889 f. R. E. Green, Southall, Middlesex. Man zerzetzt ein Aluminiumfluorid oder Doppelfluorid in Gegenwart des zu legirenden Metalles. Um beispielsweise eine Aluminiumeisenlegirung herzustellen, schmilzt man Eisen in einem Tiegel oder Ofen, fügt Kryolith oder ein anderes Fluorid, mit oder ohne Zusatz von Kieselsäure oder einem Silicate, hinzu und bläst durch eine geeignet angebrachte Röhre oder Düse Wasserstoff oder carburirten Wasserstoff durch das Metall. Das reducirte Aluminium wird von dem Eisen unter Bildung der Legirung aufgenommen. — **89.** p. 1575.

Zu Objectivfassungen eignet sich sehr gut reines Aluminium oder mit 5% Silber legirtes, weniger die Aluminiumbronce, da sie schwerer ist. Die Silberlegirung besitzt nach Tissandier mehr Elasticität als das Aluminium. Auch eine Legirung mit Neusilber hat sich sehr gut bewährt. — Phot. Nachr. p. 291. **89.** (1891) Rep. p. 166.

Herstellung einer Metalllegirung von homogenem Gefüge. D. P. 54216 f. L. Dienelt in Hamburg. Eine bestimmte Menge Kupfer (ca. 50%) wird einer bestimmten Menge vorher geschmolzenen Nickels (ca. 6%) zugesetzt. Nachdem diese beiden Metalle sich legirt haben, bringt man in das flüssige Metallbad noch annähernd 10% Blei, 32% Zink und 2% Zinn. — **75.** p. 1008.

Herstellung von Metalllegirungen. Engl. Pat. 19148/1889 f. J. C. Bull in Belvedere. Man erhält Zinn- und Kupferphosphide ohne Verlust von Phosphor, wenn man Phosphordampf in das geschmolzene Metall einleitet. Wenn eine gesättigte Verbindung eines Metalls mit Phosphor gefordert wird, werden die Phosphordämpfe in das Metallbad eingeleitet, bis sie an der Oberfläche brennen. Bei anderen Verbindungen wägt man Retorte und Rohr und beobachtet den Gewichtsverlust. Man kann auch andere flüchtige Substanzen, wie Kalium, Natrium, Quecksilber in gleicher Weise verwenden. — **34.** (1891) p. 63.

Stereotypmetall, das nach jährigem Gebrauch anfing, übelriechende weifse Dämpfe zu entwickeln, worunter zugleich seine Gufsfähigkeit litt, enthielt nach B. Kossmann viel Arsen. — Ztsch. f. Deutschl. Buchdr. (1889) p. 257. **58.** p. 432.

Erzeugung von Druckspannungen in Röhren und anderen Hohlkörpern für hohen inneren Druck. D. P. 54162 f. Mannesmann. Während nach Uchatius' Verfahren ausgebohrte Broncerohre mittelst Durchtreibens eines Dornes so behandelt werden, dafs die äufseren Schichten des Rohres auf Zug beansprucht und die inneren zusammengedrückt werden, so läfst sich derselbe Zweck erreichen, wenn während dieser Bearbeitung des Werkstückes im erhitzten Zustande die innere Höhlung desselben durch Gase, Flüss. oder feste Körper gekühlt wird. — **43.** (1891) p. 10.

Herstellung eines lösenden und reducirenden Mittels und Anwendung desselben beim Plattiren von Metallen oder bei Verbindungen mit Metalloiden etc. Engl. Pat. 14837/1890 f. C. E. Bernard in Beaucourt, Frankreich. Man sättigt Glycerin mit Brom bei einer 80⁰ C. nicht überschreitenden Temp., am besten bei 60⁰ C. Zink kann mit Aluminiumoxyd plattirt werden, indem man zu der Verbindung bei 100⁰ C. allmählich Aluminiumoxyd zusetzt. Die klare Lösung wird auf völlig blankes Zink aufgetragen, wodurch sofort ein glänzender polirbarer Niederschlag entsteht. Der zu plattirende Gegen-

stand kann auch in ein galvanisches Bad gebracht werden, das aufser
der neuen Verbindung etwas Natriumbisulfit und kaustische Soda enthält. Beim Durchleiten des elektrischen Stromes entsteht ein Niederschlag. So können Lithium, Kobalt, Kohle niedergeschlagen werden.
Die Verbindung soll auch Kieselsäure, Asbest, Talg, Arsenik, Phosphor,
Wolle, Baumwolle, Seide, Cellulose etc. lösen oder reduciren. — 34.
(1891) p. 55.

**Ueberziehen von Eisen oder Stahl mit Kupfer und Schweifsen
von Kupfer.** Engl. Pat. 9187/1889 f. H. H. Chandler, Laura, Süd-
ausstralien. Die Metalle werden mit gepulvertem Calciumcarbonat
oder Calciumsulfat, jedes für sich oder zusammen gemischt, bedeckt
und auf Schweifstemperatur erhitzt, bevor man sie in geschmolzenes
Kupfer taucht oder schweifst. — 89. p. 1575.

Abbeizen von Metallen. Engl. P. 9632/1890 f. T. Parker, Wolverhampton. Die abfallende Lösung (Eisensulfat) wird regenerirt durch
Elektrolyse. Der Behälter, in welchem das Abbeizen erfolgt, ist in
zwei Abtheilungen getheilt. In der einen derselben befindet sich eine
Eisenkathode, während die andere Abtheilung, wo das Abbeizen stattfindet, eine Anode aus Kohle, Blei etc. enthält. Beim Durchgange
des Stromes scheidet sich Eisen an der Kathode ab, während an der
Anode Säure gebildet wird. — 89. p. 1575.

Verzinnen von Schwarzblechen und Eisenwaaren. D. P. 53187 f.
I. A. F. Bang und M. Ch. A. Ruffin, Paris. Die Beiz- und Zinn-
kessel befinden sich in einem durch Glaswände E abgeschlossenen

Arbeitsraume A, welcher mit, durch Handschuhe F abgeschlossenen
Arbeitslöchern versehen ist und mit irgend einem indifferenten Gase
angefüllt wird. Die endlose Transportkette D dient zum Fortschaffen
der fertigen Bleche. — 89. p. 1477.

Galvanisiren von Eisen. Engl. Pat. 9680/1890 f. A. G. Greenway, Walton Bury, Staffordshire. Das zu galvanisirende Eisen wird
zunächst gereinigt durch Behandeln mit Salzsäure oder Schwefelsäure.
Die hierbei abfallenden Flüss. werden mit Schwefelammonlösung gemischt, wodurch Eisensulfid gefällt wird, während Chlorammonium oder
Ammonsulfat in Lösung bleibt. Man filtrirt, taucht das gereinigte
Eisen in das Filtrat, also in die Ammonsalzlösung, und dann in das
geschmolzene Zink. — 89. p. 1575.

Galvanisches Ueberziehen von Eisen mit Mangansuperoxyd. D. P.
52481 f. A. E. Haswell und A. G. Haswell in Wien. Die Gegenstände werden als positive Elektrode in eine Lösung eines Mangan-

oxydulsalzes und salpetersauren Ammons eingehängt, worauf dann der Strom durch das Bad hindurchgeschickt wird. — **75.** p. 653. **49.** p. 351.

Zum Verkobalten metallischer Gegenstände auf galvanischem Wege empfiehlt Daub folgendes Bad: 135 schwefelsaures Kobaltoxydulammonium, 4500 Wss. Die Lösung soll 1,015 spec. Gew. zeigen und die Stromstärke 0,8 Ampère bei etwa 2 Volts sein. Verkobaltete Gegenstände sollen vor den vernickelten den Vorzug haben, dass sie sich besser und leichter poliren lassen, dafs dabei der Verbrauch an Material ein geringer ist und schwächerer Strom genügt. — **19. 76.** p. 998.

Zum Platiniren durch Galvanoplastik eignen sich nach W. H. Wahl nur folgende Verfahren: Roseleur und Lanaux wenden als Bad eine Lösung als Natrium-Platin-Doppelphosphat an. Das Verfahren der Bright Platinum Plating Co. ist eine Abänderung des eben genannten. Das Bad enthält aufser dem Doppelphosphat noch Borax und Kochsalz. Boettger's Platinirbad besteht aus einer Lösung von Ammon-Platin-Doppelchlorid in Natriumcitrat. Diese Bäder geben eine kurze Zeit lang ganz gute Resultate, doch sammeln sich in Folge der Zersetzung von Platinsalz Nebenproducte in solcher Menge darin an, dafs die veränderte Zusammensetzung und Leitungsfähigkeit die Beschaffenheit des niedergeschlagenen Metalles ungünstig beeinflussen. Verf. hat befriedigende Resultate durch Anwendung von Platinhydrat erhalten. Man löse 25 g Platinhydrat in etwa 500 g einer 10%igen Kali- oder Natronlauge, füge nach der Lösung noch 500 g Lauge derselben Stärke hinzu und verdünne auf 2000 ccm. Die elektromotorische Kraft des Stromes sollte etwa 2 V. betragen, und sollte die Stromstärke derart geregelt werden, dafs an der Kathode eben wahrnehmbare Wasserstoffentwicklung, an der Anode lebhafte Sauerstoffentwicklung stattfinde. Um recht starke Niederschläge zu erzeugen, ist der Zusatz einer geringen Menge Essigsäure zu empfehlen. Die Anode kann aus Platin oder aus Kohle bestehen, doch sollte die Anodenoberfläche, in Anbetracht der leichten Reducirbarkeit der Platinsalze, nicht gröfser als die Kathodenfläche sein. Die Temp. des Bades sollte 38° nicht überschreiten. Gegenstände aus Stahl, Nickel, Zinn, Zink oder Neusilber müssen erst in einem heifsen Cyanbade mit einem dünnen Kupferüberzuge versehen werden. Die Oberfläche der zu platinirenden Gegenstände mufs vorher gut polirt werden. 5 Min. genügen in der Regel, um in genanntem Bade einen hinreichend kräftigen Platinüberzug zu erzeugen. Stärkere Ueberzüge erscheinen grau, nehmen jedoch beim Poliren den charakteristischen Glanz an. Von denjenigen Salzen, in denen Platin Basis ist, eignen sich diejenigen einiger Säuerstoffsäuren am besten für die Elektrolyse. Das Oxalsäurebad stellt man sich auf folgende Weise her: 25 g Platinhydroxyd werden in einer concentrirten Lösung von 100 g Oxalsäure gelöst und auf 4000 ccm verdünnt. Es ist nöthig, das Bad durch zeitweilige Zusätze von Oxalf. sauer und den Metallgehalt desselben durch Zusätze von gesättigter Oxalatlösung auf der erforderlichen Höhe zu erhalten. Oxalsaure Doppelsalze des Platins mit den Alkalien können auch benutzt werden, doch darf, um den Metallgehalt des Bades auf seiner Höhe zu halten, kein Doppelsalz nachgesetzt werden,

sondern man sorgt immer für einen so grofsen Zusatz von einfachem
Oxalat, dafs immer etwas ungelöstes Salz im Platinirgefäfse liegt.
Diese Lösungen geben sowohl kalt als auch warm gute Resultate.
Die Temp. über 65° hinauskommen zu lassen, ist jedoch nicht räthlich. Ein Platinphosphatbad erhält man durch Auflösen von 12—18 g
Platinhydrat in 100 g Phosphorsäure (spec. Gew. 1,7) welche etwas
verdünnt und dann zum Sieden gebracht wird. Bis zu erfolgter Lösung wird das verdampfende Wss. stets vorsichtig ersetzt, und die
Lösung dann auf 2000 ccm gebracht. Das Bad giebt kalt und noch
bis 38° gute Resultate, doch ist ein etwas stärkerer Strom erforderlich als bei Anwendung des Alkali- oder Oxalatbades. Doppelphos-
phate des Platins und der Alkalien können auch zur Verwendung
kommen. Der Ersatz des niedergeschlagenen Metalles geschieht durch
Lösen von Platinhydrat nach beendigter Tagesarbeit unter Erwärmen
direct in der Flüss. des Bades. — **99.** vol. 130. p. 62. **123.** p. 455.
49. p. 316.

**Abtrennen eines durch Schweifsung, Plattirung oder durch galva-
nischen Niederschlag auf Blechen erzeugten Metallüberzuges.** D. P.
54227 f. R. Fleitmann in Schwerte. Die Blechabfälle werden unter
Zuführung von atmosphärischer Luft oder eines anderen oxydirenden
Mediums (z. B. Wasserdampf) anhaltend erhitzt, um den Metallüberzug zu oxydiren. Dieser wird dann durch einfaches Erkaltenlassen
der Abfälle oder durch Abschrecken in Wss. oder durch mechanische
Behandlung (z. B. Scheuern im Rollfafs oder Pochen) entfernt. — **75.**
p. 1009.

**Herstellung von gedrückten oder gestanzten, nielloartig verzierten
Metallgegenständen.** D. P. 52829 f. R. Falk in Berlin. Auf einer
Metallplatte werden zuerst die Projectionen der gewünschten Zeichnung vertieft hergestellt und dann mit einem dehnbaren Metall ausgefüllt. Durch Drücken oder Stanzen wird darauf dieser Platte die
gewünschte Form ertheilt. — **75.** p. 636. **49.** p. 343.

**Eisen und andere Metalle mit einem haltbaren Ueberzuge zu
versehen, behufs späterer Decorirung mit Schmelzfarben.** D. P. 52461
f. J. Meese in Leer. Eine Mischung aus Nickeloxyd und Chromeisen
in Pulverform wird mit Stearin- und Terpentinöl unter Zusatz eines
Bleiglasflusses in einer Schale verrieben, dann auf die zu decorirenden Gegenstände gestrichen und eingebrannt. Auf die so behandelten
Gegenstände können dann noch weiter Schmelzfarben aufgetragen
werden. — **75.** p. 653. **49.** p. 358.

Cl. Winkler; Herstellung von Kalium. (Erhitzen von Pottasche mit Magne-
sium.) **60.** p. 120.
Die Aluminiumfabrikation. Der praktische Maschinen-Constructeur. p. 38 ff.
Ichon; Grabau's Verfahren bei Darstellung von Aluminium. **43.** p. 424.
Dewey; Heroult's Procefs der Aluminiumdarstellung. (App. zur Darstellung
von Legirungen.) Transact. of the Amer. Inst. of Min. Eng. **43.** (1891) p. 6.
Ueber Aluminium. **57.** p. 2434.
Roger; elektrolytische Gewinnung von Natrium aus Kochsalz. (Kathode:
Zinn oder Blei, Anode: der Tiegel.) **42.** p. 490.
Th. A. Edison, D. P. 51503; Aufbereitung von Oolitherzen. (Trennen der
Täfelchen von einander und von erdigen Beimengungen.)

L. Bell; chemische Vorgänge beim Verhütten der Eisenerze. **26.** p. 691. **123.** p. 550.

W. Stahl; Rösten von Spatheisenstein. (Kohlensäure ist nicht völlig zu entfernen; die Abröstung der Kiese ist unvollkommen, wenn nicht Magnesia oder Kalk zugegen ist und wenn die beim Rösten gebildeten Sulfate nicht vor der Chargirung des Hochofens ausgelaugt werden.) **43.** p. 341.

St. G. Valentine; Entschweflung pyrithaltiger Eisenerze (erfolgt nur unter Zutritt von atmosphärischem Sauerstoff; Eisensulfate werden beim Erhitzen auch ohne Luftzutritt zersetzt). Transact. Am. Min. Engin. (1889). **58.** p. 247.

P. Gredt; Wärmeverluste bei offener und geschlossener Hochofengicht. **123.** p. 473.

C. A. Jacobsson; Secunda-Roheisen. **61.** p. 453.

F. W. Lürmann; Entwicklung des Herdschmelzverfahrens. **48.** p. 10.

H. M. Howe; Bessemerprocefs. Industries. p. 346.

F. Kupelwieser; Martinverfahren. (Dem Martinofen wird das flüssige Roheisen vom Hochofen zugeführt.) **61.** p. 261. **123.** p. 398.

C. Stöcke; basisches Verfahren in Kladno. **48.** p. 20.

G. Bresson, E. Grüner, Rémaury; Entphosphorung des Eisens. **48.** p. 49.

Phönix, Actiengesellschaft für Bergbau und Hüttenbetrieb, D. P. 51853; Vorrichtung zum Kohlen von geschmolzenem Eisen.

Howe; Darby's Zurückkohlungsverfahren. **43.** p. 394.

Thielen; über Darby's Rückkohlungsprocefs. **48.** No. 11. **43.** p. 437.

Thielen; Darby's Rückkohlungsverfahren. (Abgeänderte Construction, wodurch eine regelmäfsige Zuführung der erforderlichen Kohlenstoffmenge erreicht wird.) **92.** vol. 50. No. 17. **43.** (1891) p. 5.

Lancaster-Couley-Verfahren zur directen Darstellung von Stahl aus Magneteisensand. Amer. Manuf. No. 16. **123.** p. 396.

Redeman-Tilford; Stahlbehandlung. (Der Stahl soll durch längeres Verweilen in einem 40° warmem Bade von geheim gehaltener Zusammensetzung fester und elastischer werden.) Iron. p. 112. **43.** p. 393.

C. P. Sandberg; über Stahlschienen. (Eine harte Schiene ist dauerhafter und sicherer. Siliciumhaltiger Stahl kann mit Sicherheit nur für kleine Blöcke von etwa 500 kg benutzt werden; für gröfsere Blöcke von 1000 kg und mehr sollte der Siliciumgehalt nicht 0,15 % übersteigen.) Industries. p. 97. **123.** p. 624.

F. Gautier - F. Kupelwieser; Eisenlegirungen. Berg- u. Hüttenm. Jahrb. p. 132.

B. Rathke; über krystallisirtes Ferromangan. (Hat der Mangangehalt eine bestimmte Grenze erreicht, so nimmt auch der Kohlenstoffgehalt plötzlich zu, und es entsteht ein neues Carburet mit anderer Krystallform.) **1.** Bd. 260. p. 326. **89.** Rep. (1891) p. 42.

A. Brustlein; Ferrochrom. Berg- u. hüttenm. Jahrb. p. 238.

Ch. L. Coffin, Amer. Pat. 405345; elektrisches Schweifsen.

J. W. Stables, D. P. 53425; Herstellung metallener Gegenstände mit irdenem Futter.

A. Plat in Paris, D. P. 53943; Schmelzofen. **75.** p. 927.

C. Kiesel, D. P. 53431; Herstellung von Formen für Giefsereizwecke.

Einflufs der Wärme auf die Festigkeitseigenschaften des Eisens. **114.** Heft 4.

J. E. Howard; Verhalten von Eisen und Stahl bei höheren Temperaturen. Iron Age. p. 585. **48.** p. 708.

de Launay; Verarbeitung von Kupfererzen. **62.** p. 427. **43.** p. 229. 287.

E. de Cuyper, D. P. 54131; Aufbereitung der bei der Kupfergewinnung durch Chlorirung entstehenden Mutterlaugen. (Natriumsulfat soll bei — 3° völlig auskrystallisiren.) **123.** p. 711.

The Alkaline Reduction Syndicate, D. P. 52714; Reinigung von Zinkerzen. (Anreicherung durch Entfernen von Silicium und Blei in einer
Aetznatronschmelze.)

H. Riemann; Gewinnung von Zink durch Elektrolyse von Zinksulfatlösungen.
123. p. 726.

E. Walsh, D. P. 51208; Schachtofen zur ununterbrochenen Zinkgewinnung.

L. Baffrey in Julienhütte b. Bobreck b. Beuthen, Oberschlesien, D. P. 53920;
Schachtofen zur ununterbrochenen Zinkdestillation mit im Umkreise angebrachten, oberhalb der Windformen mündenden Destillationsmuffeln. 75.
p. 930.

Dewey; Verarbeitung von Bleiglanz im abgeänderten amerikanischen Bleiherde
(Jumboofen). Transact. of. the Amer. Inst. of Min. Eng. 43. (1891) p. 5.

Alkaline Reduction Syndicate, D. P. 52536; Bleigewinnung. (Schmelzen
von Bleiglanz mit Aetznatron.)

Zdráhal; Verbesserungen beim Pribramer Blei- und Silberhüttenbetriebe. 43.
p. 387.

Elektrolytische Gold- und Silberscheidung aus Steinen. 43. p. 409.

Stetefeldt; gegenwärtiger Stand des Russellprocesses. 92. vol. 50. p. 383.
43. (1891) p. 20.

J. T. Penny und W. H. Richardson in Adelaide, Süd-Australien, D. P. 52911;
Maschine zur Zerkleinerung und Amalgamirung von Gold-, Silber- und anderen Erzen. 75. p. 752.

Th. R. Jordan von der Firma J. B. Jordan and Son in London, England,
D. P. 52907; Vorrichtung zur Extraction von Edelmetallen aus ihren Erzen.
75. p. 752.

J. H. Selwyn, Engl. P. 843/1889; Aufschliefsen von Silbererzen. 58. p. 409.

M. Kohlmorgen; Vorkommen und Gewinnung von Silber in Tarma (Peru).
112. p. 302.

A. Gmehling; Silbergewinnung durch Amalgamation. (Anwendung der Elektricität nicht vortheilbafter als gewöhnliche Amalgamation.) 61. p. 294.

Poss; Raffiniren von Silber. (In einem eisernen Korbrost, unter dem sich
eine mit Knochenmehl und Thon ausgestampfte Eisenpfanne befindet,
kommen die Silberbarren und Holzkohlen; in letztere wird Wind geblasen.)
92. vol. 49. p. 618. 58. p. 412.

H. Pollok; Goldchlorirungsverfahren unter Druck. 91. p. 126.

Cook; Amalgamator. 92. vol. 49. p. 708; vol. 50. p. 70.

C. Mitter; Quecksilber-Condensatoren aus glasirten Steinzeugröhren. 61. p. 333.

W. H. Greene und W. H. Wahl; Legirungen aus Natrium und Blei. 8.
vol. 62. p. 314. 89. Rep. (1891) p. 1.

Bourbouze; Zinnaluminium. (100 Th. Aluminium, 10 Th. Zinn; besonders
empfehlenswerth zur Herstellung von Instrumenten.) 92. vol. 50. p. 274.
58. p. 368.

W. C. Unwin; Festigkeit von Kupferlegirungen. Schweiz. Bauztg. Bd. 15. p. 1.

C. Kempe und Sythoff, D. P. 52932; Herstellung von Stereotypschliefsrahmen. (45 Th. Kupfer, 55 Th. Zink.)

As. Sp. Tsákonas; das Weifsmetall, seine Anwendung und Herstellung. 71.
p. 810.

G. W. Gessner; Rostschutzverfahren. (Wenig von dem Borff'schen verschieden.) Industries. p. 451. 58. p 434.

Coffin; Apparate für elektrisches Schweifsen (gestatten, die Wärmewirkung
des elektrischen Stromes auf das Arbeitsstück genügend zu reguliren und
heben somit die Mängel des Bernardo'schen Verfahrens). 42. p. 553.
89. Rep. (1891) p. 63.

Abkürzungen.

Die im Texte bei Angabe der Quelle fettgedruckten Zahlen entsprechen den Nummern, mit welchen die hier aufgeführten Journale bezeichnet sind.

1. Annalen der Chemie (Liebig's).
2. Annalen der Physik und Chemie.
3. Archiv der Pharmacie.
4. Bulletin de la société d'encourag.
5. Bulletin de la société de Mulhouse.
6. Engineer.
7. Chemisches Centralblatt (Hamburg).
8. Chemical News.
9. Comptes rendus.
10. Deutsche Industriezeitung (Chemnitz).
11. Färberei-Muster-Zeitung (Leipzig).
12. Gewerbeblatt, Sächsisches (Dresden).
13.   »   Breslauer.
14.   »   Hessisches.
15.   »   Württemberger.
16. Wieck's Illustr. deutsche Gewerbezeitung.
17. Journal de Pharmacie et de Chimie.
18. Journal für praktische Chemie.
19. Bayr. Industrie- und Gewerbeblatt.
20. Romen's Journal f. Färberei u. Druckerei.
21. Hannover'sches Wochenblatt für Handel und Gewerbe.
22. Landwirthschaftl. Versuchsstationen.
23. Reimann's Färberzeitung (Berlin).
24. Pharmac. Centralhalle v. Hager u. Geißler.
25. Photogr. Archiv von Liesegang.
26. Journal of the Society of Chemical Industry.
27. Amerik. Bierbrauer.
28. Dingler's Polytechn. Journal.
29. Polytechn. Notizblatt.
30. Milchzeitung (Bremen).
31. Chem.-techn. Centr.-Anz.
31a. Chem.-techn. Zeitung.
32. Journ. of the Chem. Soc.
33. Ackermann's Gewerbezeitung.
34. Deutsche Chem.-Zeitg.
35. Technologiste.
36. Techniker (New York).
37. Zeitschr. f. analyt. Chemie v. Fresenius.
38. Apotheker-Zeitung (Berlin).
39. Zeitschrift des allgem. österr. Apotheker-Vereins (Wien).
40. Pharmaceut. Zeitschrift für Rußland.
41. Hübner's Zeitschrift für die Paraffin- etc.-Industrie.
42. Elektrotechnische Zeitschrift.
43. Berg- und hüttenmännische Zeitung.
44. Ztschr. f. d. gesammte Brauwesen(München).
45. Der Bierbrauer (Halle).
46. Verhandlungen d. Vereins z. Beförderung des Gewerbefl. in Preußen.
47. Sprechsaal, Org. f. Glas- und Thonwaaren-Industrie (Coburg).
48. Stahl und Eisen (Düsseldorf).
49. Industrieblätter von Jacobsen (Berlin).
50. Photogr. Mitthlg. von H. Vogel (Berlin).
51. Zeitschrift des Vereins für die Rübenzuckerindustrie im Zollverein.
52. Wochenschrift des Niederösterr. Gewerbe-Vereins (Wien).
53. Photogr. Correspondenz (Wien).
54. Bulletin belge de la photographie (Brüssel).
55. Mitth. d. technolog. Gewerbemuseums.
56. Zeitschr. d. Vereins Deutscher Ingenieure.
57. Hofmann's Papierzeitung (Berlin).
58. Wagner's Jahresber. d. chem. Technologie.
59. Würzburg. gemeinn. Wochenschrift.
60. Berichte d. deutschen chem. Gesellschaft.
61. Oesterr. Zeitschr. f. Berg- u. Hüttenwesen.
62. Annales des mines.
63. Scientific American.
64. D.-Amerik. Apoth.-Zeitung.
65. Journal für Gasbeleuchtung.
66. Zeitschrift für Spiritusindustrie.

67. Badische Gewerbezeitung.
68. Der Naturforscher (Tübingen).
69. Deutsche Zuckerindustrie (Berlin).
70. Annal. du Génie civil.
71. Dampf.
72. Annales de Chimie et de Physique.
73. Deutsche Gerberzeitung.
74. Patentanwalt (Frankfurt a. M.).
75. Auszüge aus d. Patentschriften (Berlin).
76. Pharmaceutische Rundschau (Prag).
77. Uhland's Maschinen-Constructeur.
78. Schweizer. Zeitschr. für Pharmacie.
79. Deutsche Bauzeitung (Berlin).
80. Americ. Journ. of science (Silliman).
81. Eisenzeitung.
82. N. Erfindungen u. Erfahrungen.
83. Photographic News.
84. Brit. Journ. of Photogr.
85. Photograph. Wochenblatt.
86. Pharmac. Rundschau (New-York).
87. Moniteur des produits chimiques (Paris).
88. Moniteur industriel.
89. Chemiker-Zeitung (Cöthen).
89. Rep. = Chemiker - Zeitung, Repertorium.
90. Centralbl. f. d. Papierfabrik. (Dresden).
91. Engineering.
92. Engineering and Mining Journ.
93. Journ. de l'agricult. p. Barral (Paris).
94. Töpfer- und Zieglerzeitung (Halle).
95. Techn. Chem. Jahrbuch v. Biedermann.
96. Zeitschr. d. Oesterr. Ing.- u. Arch.-Ver.
97. Journ. amer. chem. soc.
98. Bullet. de la société chimique (Paris).
99. Journ. of the Frankl. Instit.(Philadelphia).
100. Neue Zeitschr. für Rübenzuckerindustrie von Scheibler (Berlin).
101. Bayerische Gewerbe-Zeitung (Nürnberg).
102. Der Gerber (Wien).
103. Pataky's Metallarbeiter (Berlin).
104. Philosoph. Magazine (London).
105. Pharm. Journ. and Transact.
106. Pharmac. Zeitung (Berlin).
107. Centralbl. f. Textil-Industrie.
108. Zeitschrift d. Ver. der Oester. - Ung. Rübenzuckerindustrie.
109. Das deutsche Wollengewerbe.
110. Moniteur de la teintare.
111. Moniteur scientif.
112. Zeitschr. f. Berg-, Hütten- u. Salinenwesen (Berlin).
113. Die Chemische Industrie (Berlin).
114. Mittheilungen der Königl. technischen Versuchsanstalt (Berlin).
115. Thonindustrie-Zeitung (Berlin).
116. Die Weinlaube (Wien).
117. The Analyst.
119. Biedermann's Centralbl. für Landwirthschaft.
120. Journ. of the soc. of Dyers and Color.
121. Monatshefte der Chem. Sitzungsber. der Wiener Acad.
122. Der Seifenfabrikant.
123. Zeitschrift für angewandte Chemie.
124. Archives de Pharmacie.
125. Journal d. russ. phys.-chem. Gesellschaft.
126. Berichte d. kaiserl. russ. techn.Gesellschaft.
127. L'Industria.
128. Deutsche Medicinal Zeitung.
129. Zeitschrift. f. landwirthschaftl. Gewerbe.
130. Uhland's Industrielle Rundschau.
130a.   »   Technische Rundschau.
131. Deutsche Wochenschrift f. Bierbrauerei.
132. Textil-Colorist.
133. Leipziger Monatshefte f. Textilindustrie.

Wss.	steht für	Wasser.
Flüss.	»	Flüssigkeit.
spec. Gew.	»	Specifisches Gewicht.
°C.	»	Grade nach Celsius.
°B	»	Baumé.
°R.	»	Réaumur.

°Tr	steht für	Grade nach Tralles.
Temp.	»	Temperatur.
at	»	Atmosphäre.
L	»	-säure.

Th. bedeutet stets Gewichtstheil.

Ankündigung.

Das chemisch-technische Repertorium

herausgegeben von

Dr. E. Jacobsen,

dem Redacteur der „Industrie-Blätter" und der „Chemischen Industrie",

ist seit seinem Erscheinen (i. J. 1862) zum **übersichtlichsten** und **vollständigsten** Jahresberichte geworden, der in gedrängter Kürze alles Wesentliche bietet, was in der Literatur des In- und Auslandes aus dem Bereiche der **chemischen Technik** an Erfindungen, Fortschritten und Verbesserungen verzeichnet wurde. Nicht minder findet die **mechanische Technik,** soweit sie den chemischen Gewerben dienstbar ist, in zahlreichen Notizen und Nachweisen (in dem Abschnitt: „**Repertorium der Apparate, Geräthe und Maschinen**") Berücksichtigung.

Wenn das Repertorium vorwiegend die **chemischen Kleingewerbe** und damit alles Dasjenige, was unmittelbar praktisch nutzbar gemacht werden kann, berücksichtigt, so ist doch auch die **chemische Grofsindustrie,** mindestens in den Nachweisen, nicht weniger vollständig vertreten.

Dem analytischen Chemiker bietet der Abschnitt „**Chemische Analyse**" das vollständigste **Repertorium der analytischen Chemie,** in welchem alle dem praktischen Analytiker wichtigen Methoden, Hülfsmittel und Apparate Erwähnung finden.

In einem Anhang wird über medicinische Geheimmittel, Verfälschungen von Handelsproducten etc. Bericht erstattet.

Die fleifsig und geschickt bearbeiteten **General-** und **Special-Sachregister** erhöhen die Brauchbarkeit des Repertoriums in besonders hervorzuhebender Weise und lassen es zu einem willkommenen **Nachschlagewerke** werden, zu einem Helfer und Freunde in allen einschlägigen Fragen.

Erschienen sind: **1862.** I. 1,20 $\mathcal{M}$, II. **1863.** I. II. **1864.** I. II. **1865.** I. II. **1866.** I. II. à 1,50 $\mathcal{M}$, **1867.** I. II. **1868.** I. à 1,80 $\mathcal{M}$, II. **1869.** I. II. **1870.** I. à 2 $\mathcal{M}$, II. 2,40 $\mathcal{M}$, **1871.** I. II. à 3 $\mathcal{M}$, **1872.** I. 3,50 $\mathcal{M}$, II. **1873.** I. à 4 $\mathcal{M}$, II. **1874.** I. à 4,40 $\mathcal{M}$, II. à 5,40 $\mathcal{M}$, **1875.** I. II. à 6 $\mathcal{M}$, **1876.** 14 $\mathcal{M}$, **1877.** 17 $\mathcal{M}$. **1878.** I. 11 $\mathcal{M}$, II. 7,40 $\mathcal{M}$, **1879.** I. 11,60 $\mathcal{M}$, II. 10 $\mathcal{M}$, **1880.** 13 $\mathcal{M}$, **1881.** 11,20 $\mathcal{M}$, **1882.** 11,85 $\mathcal{M}$, **1883.** 14,60 $\mathcal{M}$, **1884.** 14 $\mathcal{M}$, **1885.** 15,80 $\mathcal{M}$, **1886.** 18 $\mathcal{M}$, **1887.** 19,50 $\mathcal{M}$, **1888.** 17 $\mathcal{M}$, **1889.** 15,50 $\mathcal{M}$.

Am Schlufs jedes 5. Jahrganges erscheint ein „Generalregister". Bisher erschienen davon:

zu Jahrgang   I — V   (1862 — 1866)   75 $\mathcal{A}$.
„ Jahrgang VI — X   (1867 — 1871) 1,80 $\mathcal{M}$.
„ Jahrgang XI — XV   (1872 — 1876) 3 $\mathcal{M}$.
„ Jahrgang XVI — XX   (1877 — 1881) 6 $\mathcal{M}$.
„ Jahrgang XXI — XXV (1882 — 1886) 9 $\mathcal{M}$.

Das „Repertorium" erscheint vom Jahrgang 1882 ab mit in den Text gedruckten Holzschnitten und wird von 1881 ab, um ein rascheres Erscheinen bei mäfsigem Einzel-Preise zu ermöglichen, in

Vierteljahrs-Heften

(Jedes Halbjahr in zwei Hälften)

aus eben.

HARVARD COLLEGE
JAN 28 1892
LIBRARY.

Chemisch-technisches Repertorium.

Uebersichtlich geordnete Mittheilungen

der neuesten

Erfindungen, Fortschritte und Verbesserungen

auf dem Gebiete der

technischen und industriellen Chemie

mit Hinweis auf Maschinen, Apparate und Literatur.

Herausgegeben

von

Dr. Emil Jacobsen.

———•———

·1890.

Zweites Halbjahr. — Zweite Hälfte.

Mit in den Text gedruckten Illustrationen.

Berlin 1892.

R. Gaertner's Verlagsbuchhandlung

Hermann Heyfelder.

SW. Schönebergerstrafse 26.

Inhalts-Verzeichnifs.

Seite

Nahrungs- und Genufsmittel 97

Papier 105

Photographie und Vervielfältigung 109

Rückstände, Abfälle, Dünger, Desinfection und gewerbliche Gesundheitspflege 126

Seife 141

Zündrequisiten, Sprengmittel 143

Darstellung und Reinigung von Chemikalien 147

Chemische Analyse 168

Apparate, Maschinen, Elektrotechnik, Wärmetechnik 202

A n h a n g. Geheimmittel, Verfälschungen von Handelsproducten etc. . . 215

Neue Bücher 217

Sachregister 224

Die I. Hälfte enthält:

Baumaterialien, Cemente, künstliche Steine.

Farbstoffe, Färben und Zeugdruck.

Fette, Oele, Beleuchtungs- und Heizmaterialien.

Gegohrene Getränke.

Gerben, Leder und Leimbereitung.

Gewebe.

Glas und Thon.

Holz und Horn.

Kautschuk.

Kitte, Klebmaterialien, künstliche Massen.

Lacke, Firnisse und Anstriche.

Metalle.

HARVARD COLLEGE
JAN 28 1892
LIBRARY

Nahrungs- und Genußmittel.

Conservirung der Milch. Lazarus und Bitter haben gefunden, daß nur die Sterilisirung in geeigneten Apparaten (Seydenstricker's Pasteurisirungs-Apparat) befriedigende Erfolge aufweist. Zusätze von Chemikalien, wie Soda und Natriumbicarbonat, welche nur bis 3:1000 ohne Geschmacks-Aenderung zulässig sind, verzögern die Gerinnung der Milch nicht und haben auch absolut keine Einwirkung auf Bacterien. Solche Zusätze sind sogar bedenklich, weil das Alkali die auftretende Säure verdeckt und die verdorbene Beschaffenheit der Milch verschleiert. Kalk (3:2000) zeigt keine, Borax (1:250) und Borsäure (1—2:1000) nur geringe Einwirkung auf Bacterien, Salicylsäure (0,75:1000) vernichtet wohl viele Bacterien, doch nicht alle (z. B. Typhusbacillen). Die Pasteurisirung bezw. das Aufkochen der Milch wäre empfehlenswerth, doch wird dies nur im Haushalte anzuwenden möglich sein, da der Geschmack darunter leidet und der eigenthümliche Geschmack der frischen Milch für die meisten Consumenten als ein Kriterium der Güte gilt. In Seydenstricker's App., wo eine Temp. von 75⁰ durch 15—20 Min. in Anwendung kommt, wird der Geschmack und Geruch der Milch jedoch in keiner Weise verändert, so daß nur dieser für den Producenten empfehlenswerth ist, dies umsomehr, als die längere Haltbarkeit und hierdurch bedingte bessere Verkäuflichkeit dem Producenten directe Vortheile bietet. — **76. 49.** p. 317.

Dauerlab. Kretzschmar stellte einen sehr wirksamen und haltbaren Dauerlab in folgender Weise dar. Die Magen werden nach möglichst feinem Zerschneiden pro 1 kg mit 11 l Wss., in welchem 720 g Chlornatrium und 15 ccm concentrirte Salzsäure gelöst sind, übergossen und der Masse 1 l Alkohol zugesetzt. Nachdem man unter täglich 2maligem Umrühren 8—10 Tage lang bei ca. 30⁰ hat stehen gelassen, wobei am 8. Tage nochmals 100 ccm Alkohol und 750 g Kochsalz zugesetzt werden, wird abfiltrirt. — Zu 10 l des klaren Filtrats werden in einer geräumigen Flasche 2—3 ccm Chloroform zugesetzt und möglichst schnell umgeschüttelt. Man läßt ½ Stde. stehen, bläst mit geeigneter Vorrichtung die in der Flasche befindliche Luft ab, setzt, wenn die Flüss. nicht stark nach Chloroform riecht, weitere 1,5 ccm Chloroform unter raschem Umschütteln hinzu und wiederholt dies bis zum Auftreten eines starken Chloroformgeruchs. Der so bereitete Lab wird in luftdicht schließenden Flaschen kühl aufbewahrt. 1 l coagulirt 6000 l Milch je nach der Temp. in 1 Stde. oder schneller. — **89.** p. 1204. **38.** Rep. p. 244.

Ranzigkeit der Suppenconserven und der Butter. Den Ranzigkeitsgrad der ersteren bestimmt O. Schweissinger, indem er 2 g der gut durchmischten, fein zerriebenen Suppenconserve in einem kleinen mit Glasstöpsel verschließbaren Glascylinder mit 50 ccm Aether übergießt, mehrfach kräftig durchschüttelt, einige Zeit der Ruhe überläßt, nochmals kräftig aufschüttelt und zum Absetzen bei Seite stellt;

er destillirt dann von 25 ccm der klaren Aetherfettlösung den Aether in einem gewogenen leichten Erlenmeyer'schen Kölbchen ab und bestimmt das Gewicht des Fettes. Darauf nimmt er mit wenig Aether auf, versetzt mit einem Tropfen Phenolphthaleïn und titrirt mit alkoholischer Zehntelnormallauge. Auch wässerige Lauge ist anwendbar, wenn man der Aetherfettlösung zuvor etwas Alkohol hinzufügt. — Im Verlaufe der Arbeit kommt Verf. zu folgenden Schlußsätzen: Die Ranzigkeit der Suppenconserven des Handels schwankt von 0,8—45°. Beim Genuß in Suppenform macht sich die Ranzigkeit im Geschmack erst bei einem Säuregrad von etwa 12° bemerkbar. Präparate mit höherem Säuregehalt sind als schlechte Handelswaare zu bezeichnen. Eine Vermeidung des Ranzigwerdens durch Auswahl geeigneter Fette (z. B. Cocosnußbutter, Oleomargarin) erscheint möglich, wie es die „Dauernahrung" beweist. Eine Vereinbarung über den zulässigen Ranzigkeitsgrad der Butter erscheint nothwendig. — 123. Heft 23. 24. (1891) p. 24.

Ueber pflanzliche Butter; v. F. Jean. Die reine Cocosnußbutter, welche Verf. für ein billiges und gesundes Fett hält, ist das einzige Fett, welches Aehnlichkeit mit der Kuhbutter zeigt. Letztere ist durch den Gehalt an löslichen Säuren charakterisirt und von anderen thierischen Fetten unterschieden; die Cocosnußbutter enthält nun fast die gleiche Menge löslicher Säuren, wodurch sie sich von anderen pflanzlichen Oelen und Fetten unterscheidet. Verf. hat gefunden, daß die Oele und Fette je nach ihrer Natur ein constantes Volum Essigsäure lösen; so lösen die vom Verf. untersuchten Butterproben 63,33 °/o Essigf., während rohes Margarin 26,66 °/o und Cocosnußbutter mehr als 100 °/o Essigf. löst. — Monit. scient. 4. Sér. 4. p. 1116. 89. Rep. p. 316.

Einwirkung von schwefliger Säure auf Mehle. Balland berichtet, daß Mehl, welches in einem geschwefelten Raum aufbewahrt war, sich später zur Brotbereitung ungeeignet zeigte. Das Mehl erwies sich im äusseren Anblick gar nicht verändert und besaß auch die gleiche Nährkraft wie das geschwefelte Mehl. Dagegen zeigte sich, daß der Kleber jede Cohäsion verloren hatte; bei Versuchen, denselben in üblicher Weise aus dem Mehl zu gewinnen, ging er mit den Waschwässern fort. Ein aus dem Mehl angemachter Teig zeigte weiter nach 30 Stdn. keine Spur von Fermentation. — Wie Verf. durch besondere Versuche constatirte, verliert der Kleber unter der Einwirkung von Schwefelwasserstoff, schwefliger Säure, Schwefelsäure oder Alkalisulfiden das Aggregationsvermögen, wogegen letzteres durch Kochsalz, Alaun und Kupfersulfat begünstigt wird. — 17. 22. p. 241. 89. Rep. p. 277.

Gährverfahren für Backwaaren. D. P. 54548 f. H. Citron und S. Joseph in Berlin. Die Gährung erregende Wirksamkeit der Hefe wird bei der Gährung von Backwaaren dadurch gesteigert, daß man den Gährungsproceß in luftverdünntem Raume vor sich gehen läßt. — 75. p. 991.

Fabrikation von Stärke. Engl. Pat. 12906/1889 f. E. Hermite, E. J. Paterson und C. F. Cooper, Dalston, Middlesex. Betrifft die Verarbeitung von Pflanzenstoffen oder Cerealien behufs Gewinnung von Stärke und besteht in der Behandlung der durch Waschen des Rohmaterials erhaltenen Flüssigkeiten durch Elektrolyse, nachdem zuvor Magnesiumchlorid oder ein anderes geeignetes Chlorid zugegeben worden ist. Auch kann man die Chloridlösung zunächst elektrolysiren und dann der Stärkeflüssigkeit zufügen. — **89.** p. 151.

Entbitterung von Lupinen und Herstellung von Lupinenkuchen. D. P. 53284 f. A. Arendt auf Dom. Ober-Zibelle, Post Zibelle. Die Lupinenkörner werden in Wss. eingeweicht und darauf zum Keimen gebracht; der Keimprocefs soll das Lupinengift zerstören. — **75.** p. 737.

Zur Kenntnifs der Kohlenhydrate. A. Wohl weist nach, dafs die Inversion in concentrirten Zuckerlösungen nicht schlechthin unvollständig ist, sondern von rückläufigen Condensationsprocessen begleitet ist, indem nämlich die Lävulose unter der Einwirkung minimaler Säuremengen in concentrirter Lösung in dextrinartige (lävulinartige) Producte verwandelt wird. Die hydrolytische Spaltung der Di- und Polysaccharide ist nicht ein einfacher Vorgang erster Ordnung, sondern neben der invertirenden Wirkung der Säure tritt stets eine „revertirende" auf, welche die einfachen Glucosen in höhere Complexe dextrinartiger Natur verwandelt bezw. zurückverwandelt. Um reinen Zucker in farblosen Invertzucker überzuführen, darf bei halbstündigem Erhitzen auf 95° die angewandte Säuremenge höchstens innerhalb 0,01 % Salzsäure auf Zucker schwanken; gute Resultate erhält man durch Schmelzen von 80 Th. reinem Zucker in 20 Th. Wss., die 0,004 Th. hydratfreie Salzsäure enthalten, und einstündiger Digestion in siedendem Wss., die scheinbar unvollständige Verzuckerung der Stärke beruht darauf, dass durch die zur hydrolitischen Spaltung derselben erforderliche stärkere Säure (1/2—1 % Schwefelsäure) auch in verdünnter Lösung die Inversion bereits durch Reversion begrenzt wird. Aus demselben Grunde enthält das käufliche Dextrin Reversionsproducte der Glucose (Glucosin) und vielleicht auch der Maltose. — Zur Darstellung chemisch reiner Lävulose hydrolysirt Verf. Inulin mit Salzſ. Für die Umwandlung von ganz reinem, aschefreiem Inulin ist 0,01 % Salzſ. zu nehmen, für Inulin bis 0,2 % Aschengehalt die Hälfte, für Inulin von 0,2—0,4 % Aschengehalt 4/10 der Asche an Salzſ. 50 ccm Wss. und die berechnete Menge Normalsalzſ. werden in einem Erlenmeyer'schen Kolben mit 200 g käuflichem Inulin versetzt und unter öfterem Umrühren im leicht verschlossenen Kolben in siedendem Wss. erhitzt. Etwa 1/2 Stde. nach dem Beginn des Erweichens der ganzen Masse wird etwas überschüssiger kohlensaurer Kalk oder die berechnete Menge Bicarbonat zugesetzt, in 1 l angewärmten käuflichen absoluten Alkohol gegossen, mit einer Messerspitze Blutkohle versetzt, 12 Stdn. stehen lassen, filtrirt und das Filtrat unter gelindem Erwärmen im Vacuum bis zum dicken Syrup eingedampft, der nach 12stündigem Klären der alkoholischen Lösung durch Eintragen einiger Fruchtzuckerkryställchen völlig reine, wasserfreie Lävulose liefert. — **60.** Bd. 23. p. 2084.

Neuere Erfahrungen beim Aufbewahren der Zuckerrüben. V. d. Ohe berichtet, dafs Zuckerrüben bei der Aufbewahrung in Mieten, Kellern u. s. w. einer Zersetzung unterliegen, die sich in einer erheblichen Abnahme des Zuckergehaltes bemerkbar macht. Die Zersetzung der Rüben in den Mieten, namentlich das Auswachsen der-

selben wird dadurch hervorgerufen und befördert, dafs **Wärme** und
Feuchtigkeit auf die Rüben in den Mieten einwirken. Verf. legte nun
Mieten an, die er durchlüften konnte, um dadurch nicht nur die Erhitzung der Rüben, welche mehr oder weniger stark nach dem Zusammenbringen der Rüben in Mieten erfolgt, zu vermindern, sondern
auch, um eine allmähliche Abkühlung und Abtrocknung der Rüben
herbeizuführen. Angestellte Bestimmungen des Zuckergehaltes so auf-
bewahrter Rüben bewiesen, dafs diese Einrichtung sich gut bewährt.
— **100.** p. 202.

**Regelung der Alkalität von Zuckersäften zur Vermehrung der
Ausbeute.** D. P. 54359 f. A. Komorowski in Sojki, Gourverment
Warschau, Rufsland. Nach dem Fertigkochen der Füllmasse auf Korn
erhöht man ihre Alkalität durch Einziehen von $0{,}1$—$0{,}8\%$ Kalkmilch
oder Sodalösung in dem Vacuumverkochapparat. Hierdurch wird der
die Zuckerkörner umgebende klebrige Syrup dünnflüssiger, so dafs
sich kleine lose Nachkrystalle, welche das Centrifugiren erschweren,
nicht bilden können und der Syrup sich schärfer von den Zucker-
krystallen trennen läfst. Um die Alkalität der Füllmasse zu Beginn
des Verkochens niedrig zu halten, verwendet man den Dicksaft mit
einer Alkalität von nur $0{,}015$—$0{,}02\%$ Calciumoxyd (CaO). — **75.**
p. 998.

Ein Zurückgehen der Alkalität der Säfte wird nach J. Baumann
bewirkt durch Bacterien, durch Spaltung leichtzersetzlicher Stickstoffverbindungen, durch Vorhandensein von Invertzucker in den rohen
Säften und durch übermäfsigen Schwefelwasserstoffgehalt des Satura-
tionsgases. — **69.** p. 1290. **58.** Jahrg. 36. p. 870.

**Reinigung von Zuckerlösungen, Pflanzensäften, Abwässern u. dgl.
mittelst Magnesiahydrats.** D. P. 52913 (Zus.-Pat. zu 39134, vgl. Rep.
1887 I. p. 175) f. d. Firma Carl Spaeter in Coblenz. Das beim Verfahren des Hauptpatents angewandte Magnesiumcarbonat ersetzt man
durch Magnesiumbicarbonat in der Weise, dafs man die der Zuckerlösung in Form des Carbonats oder Oxyds zugesetzte Magnesia durch
Einleiten von Kohlensäure zu Magnesiumbicarbonat auflöst. Das Verfahren wird auch für Pflanzensäfte, Glycerin und Abflusswässern vor-
eschlagen. — **75.** p. 760.

**Reinigung von Zuckerlösungen, Melassen u. s. w. durch gewisse
Fluorsiliciumverbindungen.** D. P. 54374 f. A. Lefranc, L. Lefranc
in Tracy-le-val, Oise, A. Vivien in St. Quentin, Frankreich, und J.
Görz in Berlin. Zur Reinigung der zuckerhaltigen Flüss. dient Fluor-
siliciumblei oder Fluorsiliciumeisen und zwar in saurer Lösung. Beide
Verbindungen sollen sowohl die Salze als auch die organischen Neben-
bestandtheile des Rübensaftes zur Ausscheidung bringen. Das Verfahren wird sowohl in Anwendung auf Säfte aus Rüben, Rohr, Sorgho,
Ahorn, als auch zur Reinigung von Syrup, Syrupwasser oder Melasse,
sowie ferner auch zur Entfärbung und Läuterung von Raffineriesyrup
beschrieben. Auf 1 hl Rübensaft z. B. setzt man wenigstens $3{,}5$ l
Fluorsiliciumbleilösung von 33^{0} Bé. zu, filtrirt nach Verlauf einer Stde.,
neutralisirt das saure Filtrat mit Kalkmilch, filtrirt von neuem, fügt
eine geringe Menge Phosphorsäure oder Schwefelsäure bis zu bleibender schwach saurer Reaction hinzu, macht darauf durch Zusatz von

Kalk wieder alkalisch, erhitzt schwach und filtrirt über mechanisch wirkende oder Knochenkohlefilter. — **75.** p. 1032.

Centrifugal-Schaumdämpfer. D. P. 52915 f. G. A. Hagemann in Kopenhagen. Derselbe besteht aus einem oberhalb der schäumenden Flüss. schnell rotirenden Rade, welches den Schaum durch Centrifugalkraft gegen die Gefäfswandung schleudert, so dafs die Flüssigkeitstheilchen sich an derselben abscheiden, während die Gase frei entweichen. Die neue Vorrichtung ist besonders für die Saturationsgefäfse der Zuckerfabriken bestimmt, in welchen während des Einleitens der Kohlensäure starkes Schäumen eintritt. — **75.** p. 742.

Die Kalksalze in der Zuckerfabrikation. Em. Légier schreibt, dass es selten vorkommt, dass die Säfte im Laufe der Zuckerfabrikation keine Kalksalze enthalten. Die Anwesenheit dieser Salze ist aber schädlich, sowohl bei der Verdampfung, als auch für die Ausbeute. Verf. berichtet eingehend über die Ursachen und kommt zu dem Schlufs, dafs es sehr nothwendig ist, die trüben Zuckersäfte dem Einflufs des Kalkes zu entziehen. Das beste Mittel hierzu ist eine nochmalige Filtration nach den Filterpressen und zwischen den beiden Saturationen. Die seit einigen Jahren in der Praxis angewandte mechanische Filtration nach der zweiten Saturation und vor dem Eintritt der Säfte in den Dreikörperapparat ist nöthig, aber die Filtration der trüben Säfte der Filterpressen zwischen den beiden Saturationen ist unerläfslich. Hauptsache ist: helle Säfte vor der Behandlung derselben mit Kalk zu haben. — **100.** p. 149.

Herstellung invertzuckerreicher Speisesyrupe. Eckleben fand, den Versuchen von Heintz entsprechend, dafs selbst 85 % Zuckerlösungen durch sechsstündiges Erhitzen auf 120—125° in dicht verschlossenen Gefäfsen vollständig invertirt werden. Anwesenheit von Kohlensäure scheint nur fördernd einzuwirken, falls dieselbe minimale Mengen freier Mineralsäuren enthält (selbst 0,01 % Essigsäure wirkt schon stark invertirend), oder falls Salze (z. B. etwas Kochsalz) vorhanden sind oder zugesetzt werden, aus denen sie nach dem Gesetze der Massenwirkung etwas Säure frei zu machen vermag. In der Praxis wird man mit neutralen oder schwach organischsauren Lösungen schon bei unter 120° völlige Inversion bewirken und direct consumirbare, wohlschmeckende wenig gebräunte und nicht auskrystallisirende Speisesyrupe erhalten können. — Schon Dubrunfaut zeigte, dafs man selbst concentrirte Syrupe mit 0,01 % Weinsäure bei Siedehitze invertiren könne, und trägt man nach Fleury in heifse verdünnte Salzsäure ($\frac{1}{20}$-normal) Zucker bis zur Syrupdicke ein, so erhält man concentrirte Invertzuckersyrupe mit minimalem Säuregehalte, da die Inversion nur von dem Verhältnisse von Wss. und Säure abhängt, nicht aber von der Menge des anwesenden Zuckers. — **51.** p. 817. **89.** Rep. p. 283.

Verfahren und Apparat zum Auspressen und Auslaugen von Zuckerrohr, Zuckerrüben und andern Pflanzenstoffen. D. P. 52910 f. J. E. Searles jun. in Brooklyn, New-York, V. St. A. Das Prefsgut wird von einem Prefskolben einer unter Druck stehenden „Widerlagerflüssigkeit" derart zugeschoben, dafs diese gezwungen wird, einen Propfen des Materials, welcher sich absatzweise erneuert, zu

durchdringen, und so zugleich mit dem erforderlichen Gegendrucke
eine auslaugende Wirkung ausübt; der ausgelaugte Saft wird dabei
vor der Kolbenfläche durch Oeffnungen abgeführt. Der App. besteht
aus einem Prefscylinder, einem eventuell unter hydrostatischem Druck
stehenden Behälter für die sog. „Widerlagerflüssigkeit" (in der Regel
Wss.), einem Fülltrichter und einem durch Kurbelschub bewegten
Kolben und eventuell einem Paternosterwerk, welches das ausgelaugte
Zuckerrohr aus der Flüss. entfernt. — **75.** p. 742.

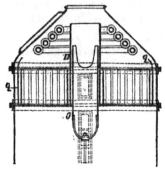

**Vorrichtung zur Circulation der
Füllmasse in Vacuumapparaten.** D. P.
f. C. A. Freitag in Amsterdam. Um
während des Kochprocesses eine Circulation der Füllmasse bewirken zu können.
ist das feste Mittelrohr a und das in
diesem verschiebbare Rohr c angebracht,
sowie der einen ringförmigen, isolirten
Raum an der Wandung des Apparates
bildende Mantel b. — **75.** p. 818.

Ausbeuteverluste bei der Zuckerraffinerie zur Kandisfabrikation
entstehen nach G. Flourens durch die in den Syrupen enthaltene
Glucose unter Einflufs der Wärme; geringe Alkalität hindert die Zerstörung des krystallisirbaren Zuckers nicht. — Sucr. indig. Bd. 35.
Heft 9. **58.** Jahrg. 36. p. 886.

Erzeugung von Krystallzucker in Rohzuckerfabriken. D. P. 54372
(Zus.-Pat. zu No. 50100; vgl. Rep. 1889 II. p. 134) f. d. Handelsgesell-
schaft Drost & Schulz in Breslau. Statt Rübenrohdicksaft wird zum
Decken von Rohzucker jetzt Saft verwendet, welchem durch Einwerfen
von Füllmasse oder Rohzucker oder Anreicherung mit Zucker während
des Deckens in der Centrifuge die erforderliche Concentration (spec.
Gew. 1,325) ertheilt ist, oder eine Deckflüssigkeit, welche man durch
Zusatz von gereinigtem Rohsaft oder Wss. zu bereits auskrystallisirter
Füllmasse herstellt. — **75.** p. 1032.

**Nutschbatterie zur Gewinnung von weifsem Zucker aus Roh-
zucker.** D. P. 53313 (II. Zus.-Pat. zu No. 31486, vgl. Rep. 1885 II.
p. 145, und I. Zus.-Pat. zu No. 33284) f. C. Steffen in Wien und
R. Racy-Maeckers in Tirlemont, Belgien. Der App. besteht aus
mehreren Gruppen von Zuckerbrodformen, welche gruppenweise durch
gemeinsame Zu- und Ableitungsrohre für Decksyrup in der Weise verbunden sind, dafs letzterer den Zucker in den Gruppen nacheinander
durchdringt und so systematisch von der anhaftenden Melasse befreit.
Da die Leitungsrohre von der letzten zur ersten Gruppe zurückkehren,
so findet ein vollständiger Kreisprocefs wie bei einer Diffusionsbatterie
für Zuckerrübenschnitzel statt. — **75.** p. 858.

Reinigen von Rohzucker. D. P. 54366 f. Ed. Schmidt in Wien.
Man vermischt den Rohzucker mit porösen leichten Materialien, z. B.
Kork, Maiskolben, Bagasse, Holzkohle oder Knochenkohle in Stücken
von etwa 2 mm Durchmesser oder mit Sägespähnen und laugt das

Gemisch mit geringwerthigem Syrup in einer Diffusionsbatterie systematisch aus. Das beigemengte leichte Material macht das Gemisch schwammig und elastisch, so dafs der Syrup dasselbe gleichmäfsig durchdringt, während ohne ein lockeres Material der Zucker zusammensintern und dadurch das Auslaugen erschweren würde. Das Gemisch von gereinigtem Zucker und Mischmaterial wird, falls der Zucker weiter raffinirt werden soll, mit wenig Wss. eingeschmolzen, worauf man das Mischmaterial durch eine Siebvorrichtung entfernt; soll dagegen direct Consumzucker gewonnen werden, so wird das Mischmaterial vom Zucker trocken durch ein Sieb getrennt. — **75.** p. 998.

Die Darstellung von Zucker aus den Prefskuchen der Baumwollsamen ist, wie Hooper mittheilte, seit einiger Zeit in Angriff genommen. Der resultirende Zucker soll 15 Mal süfser als Rohrzucker und 20 Mal süfser als Rübenzucker sein. — **49.** p. 390.

Gewinnung von Milchzucker. Amer. Pat. 439717 f. A. A. Bennett, St. Charles, Ill., und Ch. S. Boynton, Burlington, Vt. Molken werden zunächst, behufs Abstumpfung freier Säure, mit Calciumhydrat oder -carbonat behandelt und dann zur vorläufigen Reinigung erhitzt, worauf man den während des Erhitzens gebildeten Niederschlag entfernt. Die theilweise gereinigte Flüss. wird nun zur Syrupconsistenz eingedampft und in diesem Zustande mit Alaun und Soda, oder mit ähnlich wirkenden Agentien behandelt, um die stickstoffhaltigen Verunreinigungen vollständig auszufällen. Sodann wird filtrirt und der klare Syrup eingedampft. — **89.** p. 1604.

Br. Werigo; das Harnack'sche aschenfreie Albumin (ist ein Derivat des letzteren, das den sog. Acid- resp. Alkalialbuminaten nahe gestellt werden mufs). Pflüg. Arch. Bd. 48. p. 127. **34.** (1891) p. 17.

M. Kumagacoa; Eiweifsbedarf bei der Ernährung. (Neben Kohlehydraten und Fett 54,7 g.) Ztschr. f. pathol. Anat. p. 370. **58.** Jahrg. 36. p. 1090.

C. J. de Freitag; Einwirkung concentrirter Kochsalzlösungen auf das Leben von Bacterien. (Das Fleisch tuberculöser Thiere wird durch Einsalzen nicht gebessert.) Arch. f. Hyg. Bd. 11. p. 60. **58.** Jahrg. 36. p. 1086.

R. J. Petri; Fleisch rothlaufkranker Schweine. (Salzen und Pökeln tödtet nicht sicher die Bacillen, wohl aber langes Kochen.) Arb. a. d. kaiserl. Gesundheits-Amt. Bd. 6. p. 266. **123.** p. 470.

J. F. H. Gronwald und E. H. C. Oehlmann in Berlin, D. P. 53778; Sterilisirungsapparat für Milch und dergl. **75.** p. 855.

B. Niederstadt; Bereitung von Kefir. **123.** p. 304.

Fr. R. Ch. Strüver in Pine Creek, Darling Downs, Queensland, D. P. 54090; Apparat zur Gewinnung und Bearbeitung von Butter. **75.** p. 931.

B. Fischer, A. Sartori und G. Runschke; Mittheilungen über Untersuchungen von Bier, Butter, Milch und Schmalz. **89.** Rep. p. 307.

W. L. Peters; Brodgährung. (Das Aufgehen des Teiges bewirken Saccharomycesarten; die Säuren werden durch stäbchenförmige Bacterien erzeugt.) Botan. Ztg. (1889) p. 405.

E. Brauer; Getreideprüfer. **66.** p. 304.

S. Weimouren; Vertheilung der einzelnen Bestandtheile des Roggen- und Weizenkornes auf die verschiedenen Mahlproducte. Oest. Ztschr. f. Zuckerindustrie. p. 163.

J. Berger; Fabrikation von Reisstärke. **89.** No. 85, 92, 93.

O. Saare; die Ausbeuteverhältnisse der Kartoffelstärke-Fabrikation. **66.** p. 295.

Saare; Absatzbottiche für Stärkefabriken. (Am besten tritt nach Alban die Stärkemilch von unten in den Behälter.) **66.** p. 59. **123.** p. 372.

Saare; Stärkemühlen. (Die Kugelmühle von C. Jähne & Sohn in Landsberg a. d. W. empfohlen.) **66.** p 119.

C. Scheibler und H. Mittelmeier; Studien über die Stärke. **60. Bd. 23.** p. 3060.

W. H. Uhland; Saare; Absatzrinnen und Abziehvorrichtungen für Stärkefabriken. Mitth. f. d. ges. Stärke-Ind. p. 6. **66.** p. 361, 367.

R. Wagner; Herstellung von Dextran (aus Hefe). **51.** p. 789.

A. Petermann; Chemie und Physiologie der Zuckerrübe. (Dünger: Stickstoff, Mineralstoffe.) Sucr. indig. p. 520. **100.** Bd. 24. p. 69.

Hellriegel und A. Herzfeld; Beziehungen zwischen den Vegetationsbedingungen der Rübe und dem Gehalt des Saftes an Pectinstoffen. **51.** p. 771.

J. Orlowski in Niemiercze bei Mohileff, Podolien, Rufsland, D. P. **54365:** Apparat zur Entnahme von Rübenproben. **75.** p. 1032.

Büttner & Meyer in Uerdingen a. Rh., D. P. 52578; Verfahren und Apparat zum Trocknen von Rübenschnitzeln und anderer stückiger Stoffe. **75.** p. 641.

L. Battut; die Anwendung der schwefligen Säure in der Zuckerindustrie. **100.** p. 158.

Herzfeld; Anwendung der Antiseptica im Raffineriebetriebe. **51. Bd. 40.** p. 804. **89.** Rep. p. 283.

S. Eckleben; Wirkung der Schwefligsäure bei der Saturation. **51.** p. 810.

T. Rysauck; ununterbrochen arbeitender Saturationsapparat mit selbstthätiger Kalkzugabe. Ztschr. f. Zuckerind. in Böhmen. p. 217.

C. Steffen, D. P. 50752 und 51495; Apparate zum Decken von Zucker.

H. Claassen; theoretisch mögliche Ausbeute an Krystallzucker aus Füllmassen und Rohzucker. **69.** p. 1464. — Vgl. E. O. v. Lippmann. **69.** p. 1467.

W. Majert in Berlin, D. P. 51965; stetig wirkender Diffuseur. **75.** p. 542.

Ig. v. Szczeniowski und G. v. Piontkowski in Zuckerfabrik Kapusciany, Podolien, D. P. 54187 (Zus.-Pat. zu No. 50333); ununterbrochen wirkende Schleudermaschine. **75.** p. 996.

O. Köhler; Untersuchung von Elutionsproducten der Zuckerfabrikation. **51.** p. 746.

Oppermann; Barytverfahren. **69.** p. 810.

H. Washburn und B. Tollens; krystallisirter Rohrzucker aus Maiskorn. **1.** Bd. 257. p. 156.

A. Weizsacker; Herstellung von Stärkezucker aus Mais nach Colas-Davoine. (Ausbeute 60 %.) Destill. franç. p. 474. **66.** p. 336.

F. Virneisel; Stärkezuckerfabrikation. (Die neueren Verfahren sind werthlos: die Kartoffeln sollten unmittelbar auf reine Dextrose verarbeitet werden.) **100.** p. 221.

Pluchet; Zusammensetzung der Asche der Rübenmelassenschlempe. **9. 58.** p. 1065.

K. Cerny; Osmosearbeit mit dem Leplay'schen Osmogen. Ztschr. f. Zucker-Ind. in Böhmen. p. 352.

Entzuckerung der Melasse durch Osmose. **69.** p. 1652.

R. F. Poppe; die Fabrikation der Zuckercouleur. **82.** p. 481.

K. F. Henneman in Haag, Holland, D. P. 53885; Vorrichtung zum Rösten von Caffee und anderen Stoffen durch unmittelbare Berührung mit Heizflammen. **75.** p. 996.

Untersuchung des Caffees und der Caffeesurrogate. **24.** p. 715.

E d. H a n a u s e k; künstliche Caffeebohnen und Gesundheitscaffeewürze. **38.** Rep. p. 250.

W. M a d e r; Beiträge zur Kenntnifs reiner Honigsorten. Archiv f. Hyg. p. 400. **38.** Rep. (1891) p. 36.

C. v o n E c k e n b r e c h e r; Kartoffelanbauversuche. **66.** Ergänzungsheft.

E. S a l k o w s k i; über die Zusammensetzung und Anwendbarkeit des käuflichen Saccharins. **38.** Rep. p. 242.

J. M a r t e n s o n; über Denaeyer's Pepton. **38.** Rep. p. 241.

F. L e h m a n n und J. H. V o g e l; Verdaulichkeit von Futtermitteln. Journ. f. Landw. p. 165.

E. F. R a i n; die Hygiene der Nahrungsmittel. Berlin. Fried & Co.

E c k e r v o g t; Kefir, seine Darstellung aus Kuhmilch. Berlin—Neuwied. Heuser's Verlag.

E. O. v. L i p p m a n n; Geschichte des Zuckers, seiner Darstellung und Verwendung, seit den ältesten Zeiten bis zum Beginn der Rübenzuckerfabrikation. Leipzig. M. Hesse.

Papier.

Das Verhalten von Holz und Cellulose gegen erhöhte Temperatur und erhöhten Druck bei Gegenwart von Natronlauge hat H. T a u f s näher geprüft und folgende Resultate erhalten: Cellulose. Bei höherem Druck und höherer Temp. wächst das Lösungsvermögen alkalischer Flüss. für Cellulose. Die Concentration der Lauge ist jedoch von gröfserem Einflufs; längere Kochungen können eine gröfsere Concentration nur theilweise ersetzen. Durch eine Natronlauge von 14 % NaOH wurden bei 5 Atm. bereits $^8/_4$ der Cellulose gelöst. Die Lösungen enthalten durch Alkohol fällbare Substanzen, nach K o c h $4 C_6H_{10}O_5 \cdot NaOH$. Säure fällte braun gefärbte Körper, deren Natur noch nicht erforscht ist. F e h l i n g'sche Lösung wurde nicht reducirt. — Weiches Holz (Fichtenholz) wird selbst von verdünnten Laugen bei höherem Druck und höherer Temp. leicht angegriffen. Das Lösungsvermögen steigert sich auch hier mit der Druckzunahme, noch mehr jedoch mit einer höheren Grädigkeit der Lauge. Eine Lauge von 14 % NaOH löst bei 5 Atm. das Holz fast vollkommen. Die Lösungen reduciren F e h l i n g'sche Lösung nicht; sie geben erst, wenn concentrirte Lauge von 14 % und höherer Druck angewendet wird, mit Alkohol Fällungen. Säure fällt humusartige, braun gefärbte Körper. — Hartes Holz (Buchenholz) verhält sich gegen Lauge wie Fichtenholz. Die erhaltenen Lösungen verhalten sich ebenfalls analog. — Nimmt man den Cellulosegehalt des Fichtenholzes mit 54 %, die Nichtcellulose mit 46 % an, so wird ein der letzteren gleicher Antheil aus Fichtenholz bei dreistündiger Kochzeit durch eine 3%ige Lauge bei einem Druck von 5—6 Atm., durch eine 8%ige Lauge bei einem

Druck von 4—5 Atm. und bei einer 14%oigen Lauge bei einem Druck
von 2—3 Atm. aufgelöst. Bei wiederholter Kochung genügt bei einer
8%oigen Lauge schon gewöhnlicher Druck. Entsprechend verhält sich
Buchenholz mit bezw. 46 % Cellulose und 54 % Nichtcellulose. Im
Gegensatz zu diesen Prüfungsergebnissen wird in der Praxis ein viel
höherer Druck angewendet, da hier die mechanische Auflockerung der
Holzfaser eine grofse Rolle spielt. Es geht dabei aber neben der
Nichtcellulose auch viel Cellulose in Lösung, so dafs die Anwendung
höheren Druckes in der Praxis zu grofsen Verlusten führt. Die Ausbeute an Cellulose beträgt meist nur 30—35 % des verarbeiteten Holzes.
— 28. Bd. 276. p. 411. 38. Rep. p. 232.

Sulfitverfahren. Nach N. Pedersen wird beim Kochen des Holzes
mit doppeltschwefligsaurem Kalk schon bei 105° der an Schwefel gebundene Wasserstoff durch organische Substanz ersetzt; diese lose
Verbindung nimmt bis 133° zu und dann wieder ab, indem sie sich
unter Entwicklung von Schwefelsäure zerlegt. Gleichzeitig scheidet
sich aus dem Bisulfit herstammendes Calciummonosulfit aus. Aus dieser
Hypothese erklärt sich auch, dafs, wenn man in der Praxis während
des Kochens die Lauge titrirt, man in gewissen Perioden mehr Jod
verbraucht als ¼ oder ½ Stde. vorher; die oben erwähnte Verbindung, die nicht auf Jod wirkt, zerlegt sich in der Zwischenzeit.
Manchmal scheint auch das Kochen nicht fortzuschreiten; der Gehalt
an schwefliger Säure wird durch Jod mehrere Stdn. nach einander
fast gleich gefunden, während sich doch das Holz sichtbar ändert.
Die Erklärung liegt darin, dafs sich aus der losen Verbindung ebenso
viel schweflige Säure abspaltet, als verbraucht wird. — 57. p. 422.

Sulfitlauge. K. Barth findet, dafs eine Abscheidung von neutralem schwefligsaurem Kalk erst erfolgt, wenn alle überschüssige
Schwefligsäure ausgetrieben ist; dafs die Lauge unabhängig von ihrer
Concentration stets eine Lösung von Calciumbisulfit darstellt, und dafs
eine Oxydation zu Schwefelsäure bezw. Gyps beim Kochen von Sulfit-
laugen ohne Holz und unter gewöhnlichem Druck nicht stattfindet. —
57. p. 667. 58. Jahrg. 36. p. 1147.

Röthung von Sulfit-Cellulose rührt nach W. Palmaer nicht von
ungenügender Waschung her, sondern wohl davon, dafs das Lignin
infolge fehlerhaften Kochens nicht völlig entfernt war. Das Lignin
wird ja durch Oxydationsmittel, wie Chlor, Salpetersäure, roth gefärbt,
und es scheint glaublich, dafs Luft dieselbe hat. — 57. p. 1666.

Leimen von Papier. D. P. 54206 (Zus.-Pat. zu No. 34420, vgl.
Rep. 1886 I. p. 115) f. A. Mitscherlich in Freiburg i. B. Lösungen
von thierischem Leim oder eiweifsartigen Körpern werden der Ablauge
der Sulfitzellstofffabrikation zugesetzt. Die entstandenen Fällungen
trennt man von der Flüss. und löst sie in säurefreiem oder alkalischem
Wss., um diese Lösung dem Papierbrei beizumischen. Demselben
werden aufserdem geringe Mengen von Säuren oder Salzen zugesetzt,
wodurch der Gerbstoffleim im Papierbrei in stark leimender Beschaffenheit ausgeschieden wird. — 75. p. 968.

Zum Härten von Papierstoff wird derselbe nach einem Amer. P.
so lange in eine Lösung gleicher Theile Colophonium und Leinöl in
einem gleichem Volumen Naphtha getaucht, bis keine Blasen mehr

entstehen, die Naphta in der Wärme abgetrieben und der Gegenstand 3 Stdn. in einem mit Luftzufuhr versehenen Ofen bei 133° getrocknet, bis keine Oeldämpfe mehr entweichen. Der Papierstoff hat dann ein hornähnliches Gefüge, ist wasserdicht und zugleich sehr biegsam und elastisch. — **28. 38.** p. 791. **49.** (1891) p. 71.

Papierstoff-Holländer. D. P. 53057 f. R. Kron in Golzern, Sachsen. Um den Zellstoff im Holländer statt zu mahlen nur zu quetschen und zu schlagen, was für die weitere Behandlung sehr

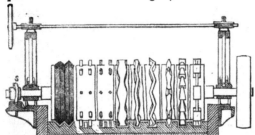

zweckmäfsig ist, kann die Holländerwalze verschiedene Formen erhalten und beispielsweise mit Kämmen, Stiften, Rillen oder Zähnen besetzt sein. Das Grundwerk ist behufs Durchlasses des Stoffes entsprechend gestaltet. Aufserdem kann man mittelst der Schubscheibe

s der Holländerwalze aufser ihrer Drehung noch eine vortheilhafte, seitlich hin- und hergehende Bewegung Wirkung ertheilen. — **75.** p. 714.

Imitirtes Pergamentpapier kann nach folgenden bewährten Vorschriften hergestellt werden: 1) 60 % Sulfitzellstoff, 25 % Natronzellstoff, 15 % Holzschliff. Ganz geleimt; 5 kg Leim, 5 kg schwefelsaure Thonerde auf 100 kg trockenen Stoff. Das Papier ist zwar gut, aber nicht bester Art. — 2) 100 % Sulfitzellstoff. Ganz geleimt; 5 kg Leim, 5 kg schwefelsaure Thonerde auf 100 kg trockenen Stoff. Das Ergebnifs ist das übliche imitirte Pergament. — 3) 100 % Sulfitzellstoff IIa. 2 l Schwefelsäure werden, mit Wss. verdünnt, auf je 100 kg trockenen Stoff im Holländer zugesetzt. Das aus Sulfitstoff zweiter Wahl hergestellte Papier hat grobes Aussehen, ist aber sehr pergamentähnlich. — 4) 60 % Sulfitzellstoff, 40 % Strohstoff. 4 kg Leim, 4 kg schwefelsaure Thonerde auf 100 kg trockenen Stoff. Sehr helles Papier von klarer Durchsicht. — 5) 60 % Sulfitzellstoff, 40 % Strohstoff. 4 kg Leim, 3 kg schwefelsaure Thonerde auf 100 kg trockenen Stoff. Wie No: 4. — 6) 60 % Sulfitzellstoff, 40 % Strohstoff. 3 kg Leim, 3 kg schwefelsaure Thonerde auf 100 kg trockenen Stoff. Wie No. 4 und 5. — 7) 70 % Sulfitzellstoff, 30 % Strohstoff. 3½ kg Leim, 3 kg schwefelsaure Thonerde auf 100 kg trockenen Stoff. Ebenso hübsch wie No. 4. — 8) 100 % Sulfitzellstoff, 5 kg Leim, 5 kg schwefelsaure Thonerde, 2 kg Stearin auf 100 kg trockenen Stoff. Das Papier ist gut und fettglänzender als die anderen Proben. Die Stearinmasse der Probe 8 wird in kleine Stückchen geklopft, mit warmem Wss. angerührt und so dem Stoff im Holländer zugesetzt. — **57.** p. 2412.

Zur Unterscheidung von echtem Pergamentpapier und nachgeahmtem Pergamentpapier taucht E. Muth fingerbreite Streifen des Papiers kurze Zeit in heifses Wss. Das echte Pergamentpapier leistet dem Aufweichen Widerstand, es behält nahezu die gleiche Festigkeit, welche es im trockenen Zustande hat; nach dem Zerreifsen ist die

Rifsfläche glatt wie abgeschnitten und zeigt beim Betrachten mit der Lupe sich etwas zackig. Das nachgeahmte Pergamentpapier weicht auf und leistet dem Zerreifsen wenig Widerstand. Auf der Rifsfläche lassen sich mit blofsem Auge, deutlicher mit der Lupe, die einzelnen Fasern erkennen, wie dieselben im Papier gelagert sind. — **28.** Bd. 71. p. 470. **38.** Rep. p. 232. — Man kann auch nach demselben Verf. die Papiere in gesättigtes Kalkwasser tauchen (geleimte sind vorher mit heifsem Wss. abzuwaschen). Pergamentpapier aus Baumwollfaser behält hierbei, wenn weifs, seine ursprüngliche Farbe; Pergamyn oder aus Sulfitzellstoff hergestelltes Papier färbt sich bald bräunlich-gelb und behält diese Farbe auch nach dem Abwaschen. Holzschliffpapiere geben sich beim Betupfen mit salzsaurer Phloroglucinlösung durch Rothfärbung zu erkennen. — **28.** Bd. 277. p. 360. **76. 49.** (1891) p. 56.

Herstellung künstlicher Blumen. D. P. 52531 f. F. Bianchi in New-York, V. St. A. Chinesisches Reispapier wird in eine Lösung von Salpeter, Alaun und Pottasche getaucht, hierauf getrocknet und mittelst eines flüssigen Farbstoffes, dem zweckmäfsig Holzgeist und Glycerin beigemischt sind, gefärbt. Das so behandelte Papier kann nach dem Trocknen zerschnitten werden. Man taucht dann die einzelnen Blatt- und Blumentheile mit ihren Kanten in geschmolzenes Wachs, worauf die weitere Verarbeitung stattfinden kann. — **75.** p. 600.

R. **Hefelmann**; Chloride im Papier. (Bestätigung der C. **Wurster**'schen Beobachtung (vgl. Rep. 1888 I. p. 135), dafs Aluminiumsulfat bei Gegenwart von Chloriden ätzend wirkt.) **57.** p. 1302.

Füllstoffe und ihre Zwecke. **57.** No. 75. 76.

E. **Nemethy**; Bereitung von Sulfitlauge. (Wässerige schweflige Säure wirkt auf Kalkstein.) **57.** p. 2410.

E. **Partington**; Herstellung von Schwefligsäurelaugen. (Das in beständiger Bewegung erhaltene Wss. oder die alkalische Lösung fliefst durch die Schwere einem Strom gasförmiger schwefliger Säure entgegen.) **57.** p. 43.

Ausbeute an Zellstoff nach dem Sulfitverfahren. **57.** p. 2098.

Beseitigung des beim Eindampfen und Glühen der Sulfitzellstoffablaugen entstehenden Geruchs (durch Einleiten von Schwefligsäure in den Schornstein). **57.** p. 1690.

J. S. **Niederöst** in Todtnau, Grofsherzogthum Baden, D. P. 53182; Zellstoff-Sichter.

C. F. **Haubold**, D. P. 51875; Holzschleifmaschine.

M. **Bässler** in Zwickau, D. P. 54614; Papierstoff-Schleudersieb. **75.** p. 1013.

Th. **Volstorf**, D. P. 51726; Drehknotenfang.

E. **Muth**; Glätten des Papiers und geheizte Kalanderwalzen. **28.** Bd. 278. p. 121.

W. **Lysle** in Franklin, Am. Pat. 414557; Herstellung von zerknittertem oder rauhem Papier auf der Papiermaschine. **57.** p. 440.

H. **Endemann** in Broocklyn, New-York, Am. Pat. 430516; Herstellung von Papierzeug aus Tabakabfällen. (Die zerschnittenen und gequetschten Abfälle werden mit kochendem Wss. ausgelaugt, mit Aluminiumsulfat-Lauge unter Druck gekocht, die Fasern mit kochender Kalkmilch oder kochenden Alkalien behandelt und dem Holländer übergeben, in dem sie wie anderes Papierzeug gewaschen, gebürstet und gebleicht werden.) **57.** p. 1760.

B. Dropisch; Herstellung farbiger Papiere mit Theerfarben. **57.** p. 1570.

F. Plaschke; Trockengehaltsprüfer für Papierhalbstoffe. **123.** p. 655.

C. J. Christensen in Christiania, Norwegen, D. P. 54104; Presse zur Herstellung von Gegenständen aus Papierstoff. **75.** p. 938.

Photographie und Vervielfältigung.

Verbrennungsgeschwindigkeit bei verschiedenen Arten von Magnesiumblitzlicht; v. J. M. Eder. Die mit Kaliumchlorat gemischten, rasch verpuffenden Magnesiumsätze (sogen. Explosivmischungen) verbrennen am schnellsten (im Durchschnitt $^1/_{25}$ Sec.) und erscheinen somit am geeignetsten, wenn man während möglichst kurzer Zeit einen sehr starken Beleuchtungseffect für Photographien bei künstlichem Licht erreichen will. Als Mischung wird empfohlen: 30 Th. überchlorsaures Kali, 30 Th. chlorsaures Kali, 40 Th. Magnesiumpulver. Langsamer verbrennt das Magnesium, wenn man es mittelst eines Kautschukballons durch einen raschen Schlag mit der flachen Hand durch ein Röhrchen in eine Weingeistflamme bläst; auf diese Weise verbrennt $^1/_4$ g Magnesium in $^1/_7$ Secunde; das Explosivpulver braucht aber mit $^1/_2$ g nur $^1/_{20}$—$^1/_{30}$ Sec., also nur den vierten Theil. Das Durchblasen von reinem Magnesiumpulver mittelst einer an den Mund gebrachten Glasröhre ergiebt mindestens dieselbe Verbrennungsdauer wie die Vorrichtungen, bei welchen Kautschukballons verwendet werden, und dieses einfache Mittel übertrifft sogar in dieser Richtung manche Magnesiumlampen. Letztere sind aber vorzuziehen, sobald es sich um die freie Beweglichkeit des Operateurs, sowie um die Möglichkeit handelt, an mehreren Orten gleichzeitig Magnesium abzubrennen. Magnesiumpulver, welches von oben in den Cylinder einer brennenden Petroleumlampe geworfen wird, verbrennt theils ebenso rasch, theils sogar noch rascher, wie das unmittelbar durch die Flamme geblasene Magnesiumpulver. — **53.** p. 364. **34.** p. 313.

Vorrichtung zur Erzeugung von Magnesium-Blitzlicht. D. P. 52108 f. J. H. W. Leonhard in Berlin.

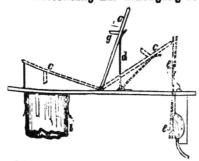

An dem oberen Theil eines Lampencylinders l wird eine drehbare Klappe c mit einem zur Aufnahme des Magnesiumpulvers dienenden Röhrchen g befestigt. Die Klappe wird durch einen doppelarmigen Hebel e festgehalten und nach Auslösung des letzteren von der Feder d so gedreht, dafs das Magnesiumpulver aus dem Röhrchen g in den Cylinder bezw. die Flamme geschüttet wird. — **75.** p. 557. **49.** p. 391.

Apparat zur Erzeugung von Magnesiumlicht für photographische Zwecke. D. P. 53271 f. O. Zimmer in Dresden. Mit diesem App. soll aufeinander folgend eine gröfsere Anzahl von Momentbeleuchtungen oder auch Beleuchtungen von beliebiger Dauer vorgenommen werden können, ohne dafs jedesmal das verbrannte Magnesiumpulver ersetzt werden mufs. Derselbe besteht aus einem mit Asbest und Spiritus

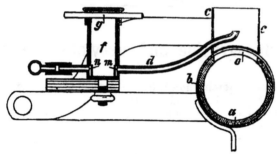

gefüllten Rohr *a*, welches in bestimmten Zwischenräumen mit Oeffnungen *o* versehen ist. Vor diesen Oeffnungen, welche durch Schieber *b* verschlossen werden können, sind Rahmen *c* angebracht. In die Rahmen *c* ragen die in den Magnesiumbehälter *f* führenden Rohre *d*. Der Behälter *f* besteht aus zwei in einander drehbaren Cylindern, von denen der innere mittelst eines Stiftes *g* derart verstellt werden kann. dafs entweder die Luftzuführungsöffnung *n* und die Oeffnung *m* zu dem Einführungsrohr *d* gleichzeitig geöffnet oder geschlossen sind. – **75.** p. 833. **49.** (1891) p. 14.

Vorrichtung zur Erzeugung von Magnesiumlicht. D. P. 54182 f. J. Köst in Frankfurt a. M. Der das Magnesiumpulver enthaltende. an einem Stativ befestigte Hohlcylinder *b* ist mit zwei Schiebern *g* und *f* versehen, welche mittelst pneumatischer Kolben *d* und *e* derart

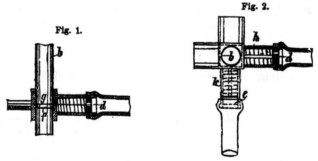

Fig. 1.   Fig. 2.

nacheinander geöffnet und geschlossen werden, dafs das zwischen die beiden Schieber gelangte Magnesiumpulver in eine unter dem Rohr *b* angeordnete Flamme fällt. Die Cylinder *h* und *k* stehen mit Gummibirnen in Verbindung. — **75.** p. 1014. **49.** (1891) p. 87.

Lichtempfindlichkeit der Bleisalze. R. E. Liesegang fand, dafs mit Stärke und salpetersaurem Bleioxyd bestrichenes und nach dem

Trocknen in Jodkaliumlösung gebadetes Papier in feuchtem Zustande in 5—10 Sec., in trockenem in 2—3 Min. im Sonnenlichte schwarz wurde. Quecksilber verstärkt resp. entwickelt das Bild. Eine Mischung des Obigen mit Gelatine verhält sich ebenso. — **25.** p. 293.

Apparat zur Erzeugung von Magnesiumlicht. D. P. 53149 f. E.

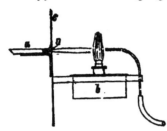

Wünsche in Dresden. Der das Magnesium aufnehmende Behälter a ist von der zur Entzündung der ersteren dienenden Lampe b durch einen gleichzeitig als Reflector wirkenden Schirm c getrennt. Die Entzündung des Magnesiums wird durch eine Stichflamme bewirkt, welche durch eine Oeffnung o in dem Schirm c auf das Magnesium trifft. — **75.** p. 715.

Wasserdichtes photographisches Papier. Engl. Pat. 12 309/1889 f. J. Williams, Willesden Junction, Middlessex. Man behandelt die Oberfläche des Papiers mit einer ammoniakalischen Lösung von Kupferoxyd, wodurch auf der einen Seite eine structurlose Schicht von Cellulose entsteht, läfst es dann heifse Walzen passiren und behandelt es mit schwacher Säure, behufs Entfernung der grünen Farbe. — **89.** (1891) p. 80.

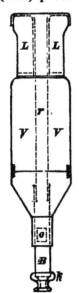

Vorrichtung zur Erzeugung von Magnesiumlicht. D. P. 54184 f. R. Blänsdorf Nachfolger in Frankfurt a. M. Der Behälter V für das Magnesiumpulver ist unter dem Brennstoffbehälter L angeordnet. Durch beide ist ein Rohr r geführt, auf welchem sich ein mit Oeffnung o versehenes Rohr B verschieben läfst. Durch Verschieben des Rohres B nach oben wird das Innere desselben mit dem Behälter V durch Oeffnung o in Verbindung gesetzt. In der in der Figur gezeichneten Stellung des Rohres B ist dasselbe von dem Behälter V abgeschlossen, so dafs durch eine mit dem Ansatz k verbundene pneumatische Druckvorrichtung das in dem Rohre B enthaltene Pulver in die Flamme geschleudert wird. — **75.** p. 1014. **49.** (1891) p. 87.

Gefärbte Schichten auf Glas. 1 g Aurantia in 100 g warmem Wss.; einige Tropfen Ammoniak, 20 g Gelatine in 100 ccm warmem Wss.; 25 g von ersterer mit 25 g von letzter Lösung gemischt. Damit überzogene Glasplatten absorbiren das blaue Licht vollständig. Um auch Grün und Gelb zu absorbiren, löst man 8 g Rhodamin in 250 g Wss., dann 20 g Gelatine in 100 ccm Wss.; 25 g der letzteren Lösung mit 30 g der ersteren gemischt. Man combinirt beide Arten dieser überzogenen Scheiben. — **50.** Phot. Nachr. p. 276. **89.** Rep. p. 286.

Delta-Papier der Firma R. Talbot in Berlin ist nach J. M. Eder ein haltbares, lichtempfindliches Chlorsilber-Gelatinepapier, etwas weniger empfindlich als Eiweiſspapier. Das Copiren geschieht wie bei diesem. Die Copien müssen nur wenig kräftiger copirt werden, als die Bilder fertig aussehen sollen. Die Bilder wurden vor dem Tonen nicht ausgewässert. Das Vergolden ging sehr regelmäſsig vor sich; es wurden schöne purpurbräunliche Farbentöne erzielt. Mit besonderem Erfolge wurde das einfache Goldbad mit darauf folgendem getrennten Fixirbad verwendet. Das Delta-Papier giebt durch Aufquetschen auf Spiegelplatten schöne Hochglanzbilder; durch Aufquetschen auf Mattglas, welches mit Benzin-Wachslösung abgerieben ist, läſst sich eine matte Oberfläche der Bilder erzielen. Sommerhitze veränderte das Papier in 2 Monaten nicht. Die Copien auf Delta-Papier erlangen im Goldbade ohne Schwierigkeit hübsche Photographietöne und zeichnen sich durch die groſse Feinheit und Zartheit der Bilder sowohl, als durch die Tiefe der Schwärze aus. — **53.** p. 505.

Herstellung photographischer Schichten. D. P. 53078 f. E. Vogel in Berlin. Lösungen von Pyroxylin (Collodiumwolle) in Essigsäureamylester oder in Ameisensäureamylester werden in geeigneter Weise auf eine passende Unterlage, wie Glas, Papier oder Metall gebracht und die entstandene Haut nach dem Trocknen von der Unterlage abgezogen. Die in dieser Weise hergestellten Schichten sollen ohne Structur, äuſserst hart und gegen mechanische Verletzungen sehr widerstandsfähig sein. — **75.** p. 699. **49.** p. 375. — Aehnlich hergestellt wird der Zaponlack. Lösungen von Pyroxylin in Amylacetat haben auch Waterhouse (**83.** [1889] p. 210) und L. Vidal (Wilson's Phot. Magaz. [1889] p. 360) zur Herstellung glatter, structurloser, leicht ablösbarer Schichten empfohlen.

Vorrichtung zur Herstellung biegsamer Blättchen für photographische und andere Zwecke. D. P. 54214 f. Eastman Dry Plate and Film Company in London. Zur Erzielung einer gleichmäſsigen Dicke der biegsamen Blättchen ist an der hinteren Seite des zum Auftragen dienenden Gefäſses B eine aus mehreren durch Federdruck

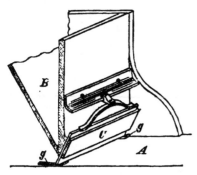

nach abwärts gedrängten Theilen zusammengesetzte Streichplatte C angeordnet. Die beiden benachbarten Enden zweier Theile dieser Streichplatte werden durch je einen Unterlegstreifen g von der Dicke der biegsamen Blättchen unterstützt. Diese Unterlegstreifen laufen nach unten in eine Schneide und nach hinten in eine Spitze aus, um das Zusammenflieſsen der auf der Bodenplatte A ausgebreiteten Lösung nicht zu hindern. Die Vorrichtung zum Abziehen der Blättchen von der Bodenplatte besteht aus parallel zur Bodenplatte verschiebbaren und gleichmäſsig schnell zu drehenden Walzen. Um eine vollständige Trennung der durch ein Messer in Längsstreifen zerlegten Blättchen herbeizuführen, sind die Walzen abwechselnd höher und tiefer angeordnet. — **75.** p. 1014. **49.** (1891) p. 86.

Emulsionshäute, welche in die Cassetten, wie gewöhnliche Platten gelegt werden, mit einer Holzplatte oder einem Carton dahinter, erzeugt Perutz. Man entwickelt wie gewöhnlich, fixirt, badet einige Min. in einer Lösung von 5—10 ccm Glycerin und 100 ccm Alkohol, preßt den Ueberschuß mit Löschpapier ab und trocknet die Haut in einem Buch zwischen reinem Papier. In $^1/_4$ Stde. ist das Negativ copirfähig. Lackiren kann man mit Zaponlack. — **50.** Bd. **26.** p. 335. Eder's Jahrb. (1891) p. 490.

Erzeugung von Jod-Brom-Chloremulsion. W. Bell löst A. 0,06 g Jodammonium in 31 g heißem Wss.; B. 1,3 g Chlorammonium, 15 g Wss., 1 Tropfen Salpetersäure; C. 3,88 g Silbernitrat, 15 g Wss.; fügt A. tropfenweise zu C., setzt dann B. zu, wäscht den Niederschlag dreimal mit Wss., giebt 1,04 g Nelson-Gelatine No. 2 nebst einigen Glasscherben zu und erwärmt mässig. Hierzu wird eine Lösung von 2,79 g Bromkalium, 1,9 g Ammoniak und 15 g Wss. auf einmal gegeben, geschüttelt und 15—20 Min. im Wasserbade bei 90^0 F. digerirt. Wenn die Farbe der Emulsion im durchfallenden Lichte blau geworden ist, wird 7,8 g gequollene und geschmolzene Heinrichs-Gelatine zugemischt, 6 Stdn. erstarren gelassen, nochmals geschmolzen, wieder erstarren gelassen und gewaschen. — Eder's Jahrb. (1891) p. 452.

Zur Herstellung feinkörniger Emulsion für Reproductionen und Diapositive fügt Burton 10 g trockenes feingepulvertes Silbernitrat zu einer warmen Lösung von 7 g Bromammonium, 0,5 g Jodkalium, 2 g weicher Gelatine, 124 g Wss., schüttelt längere Zeit heftig, giebt 8 g harte gequollene Gelatine zu, läßt schmelzen, wieder erstarren und wäscht. — Amer. Amat. Phot. **85.** p. 137. Eder's Jahrb. (1891) p. 453.

Apparat zum Ueberziehen photographischer Trockenplatten mit Emulsion. D. P. 54008 f. J. H. Smith in Hottingen-Zürich. Die Emulsion gelangt aus einem durch eine Scheidewand C in zwei Abtheilungen A und B getheilten Trog auf die Platten. Der Trog ist

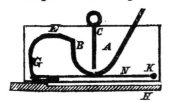

mit einem Ueberlauf E versehen, der aus stumpfwinklig zusammenstoßenden Ebenen und Cylinderflächen zusammengesetzt ist. An den Ueberlauf schließt sich eine mit Stangen N um K drehbare Vertheilungsplatte G an. Die zu überziehenden Platten werden von schwimmenden oder horizontal gelagerten Walzen getragen. Ein Theil der Walzen ist mit einem einsaugenden Material umwickelt, um die kalte Flüss., in welcher die Walzen liegen, auf die Rückseite der überzogenen Platten zu bringen und letztere abzukühlen. — **75.** p. 1013. **49.** (1891) p. 87.

Eikonogen-Entwickler. Eikonogen hält sich nach M. Mercier, wenn es vollkommen trocken ist, leicht ohne Veränderung, an heißen und trockenen Orten besser in Holz- oder Pappschachteln als in geschlossenen Gefäßen; in Flaschen oder wasserdichten Schachteln verschlossen sollte das nicht getrocknete Eikonogen an einem kühlen Orte aufbewahrt und gegen Wärme und Temperaturschwankungen geschützt werden. — l'Amateur-Photogr. p. 256. **25.** p. 283. — Nach

Waterhouse soll man die Eikonogenkrystalle in einer sauerstofffreien, flüchtigen Flüss., wie Chloroform, Benzin und dergl. aufbewahren und stets nur so viel herausnehmen, als man zum augenblicklichen Gebrauch bedarf; die Flüss. verdunstet augenblicklich. — **83.** Photogr. Rundsch. p. 404. **89.** Rep. (1891) p. 20. — Zur Wiederherstellung braun gewordenen Eikonogens löst A. Petry 20 g in 500 ccm Wss. und versetzt die kalte Lösung allmählich mit 150 ccm Weinsäurelösung (50 g : 1 l Wss.) unter fortwährendem Umrühren. Den entstehenden schwach rosa-rothen Brei bringt man auf ein Filter, versetzt das abfließende, roth gefärbte Wss. mit einigen ccm der obigen Weinsäure-Lösung, bringt den Bodensatz ebenfalls auf's Filter, läßt abtropfen, wäscht mehrmals mit dem Rest der Weinsäure-Lösung und läßt auf Fließpapier an einem luftigen, nicht zu hellen Orte trocknen. Das so erhaltene „Eikonogenoxyd" ist unlöslich in reinem Wss., aber sehr leicht löslich, wenn man Natriumsulfit zusetzt. Verf. empfiehlt es statt des Eikonogens. Einen Entwickler erhält man, wenn man 30 g reines Natriumsulfit in 500 ccm Wss. löst, dann 5 g Eikonogenoxyd und zuletzt 50 g kohlensaures Natron zusetzt. Das Bad soll sich, selbst in einer offenen Küvette, mehrere Tage lang gut halten und detaillirte, gut gefärbte Negative geben. Nöthigenfalls kann man demselben noch einige Tropfen einer $10^0/_0$igen Bromkaliumlösung zusetzen. An Stelle von Weinf. können auch Mineralsäuren verwendet werden. — Progrès phot. p. 110. **25.** p. 273. — Der Zusatz von Natriumsulfit (vgl. Rep. 1889 II. p. 147; 1890 I. p. 171) zum Eikonogen-Entwickler ist nach W. R. Bolton nur als Conservirungsmittel nöthig. Ein guter Entwickler für Momentaufnahmen ist: 5 Th. Eikonogen, 20 Th. Soda, ½ Th. Bromkalium, 500 Th. Wss. — **84.** p. 323. Photogr. Nachr. p. 368. — C. Kindermann rühmt an dem Eikonogen-Entwickler absolut schleierlose Schicht, größtmöglichste Brillanz in Lichtern und Uebergängen, eine vorzügliche Abstufung der Halbtöne, günstige Copireigenschaft, einfache Handhabung, lange Haltbarkeit ohne Beeinträchtigung der Empfindlichkeit. Die Entwicklung geht rasch und sicher von Statten und ermöglicht alle nur denkbaren Modificationen in der Anwendung auf über- und unterexponirte Platten. Auch lassen sich hübsche Effecte erreichen durch sehr schwaches Anrufen in altem, gebrauchtem Entwickler und ohne Abspülen schnell folgendes Weiterentwickeln in frischer Pottaschelösung bis zur genügenden Kraft. Da er etwa ⅓mal empfindlicher in der Wirkung als andere Hervorrufer ist, so erlaubt er, annähernd gleiche Empfindlichkeit wie bei den empfindlichsten Platten bei Anwendung weniger empfindlichen Materials und dadurch technisch plastischere und künstlerische Bilder zu erzielen. Eikonogen wird wenig durch Kälte und gar nicht durch Wärme beeinflußt. Verf. verwendet nur den Pottaschen-Entwickler, den Soda-Entwickler nur hier und da zum Anrufen. — Eder's Jahrb. (1891) p. 120. — Bolton bestätigt die Rep. 1890 I. p. 172 erwähnten Vorzüge eines Gemisches von Eikonogen- und Hydrochinon-Entwickler. — **84.** p. 694. **85.** p. 768. — Auch der Chicago-Camera-Club arbeitet häufig damit und zwar nach Colgrove nach folgendem Recept: I. 9 Th. Hydrochinon, 9 Th. Eikonogen, 9 Th. Kaliumbisulfit, 760 Th. Wss.; II. 10 Th. Pottasche, 10 Th. krystallisirte Soda, 10 Th. gelbes Blutlaugensalz, 160 Th. Wss. Vor dem

Gebrauch mischt man 4 Th. Wss., 4 Th. I., $\frac{1}{2}$—1 Th. II. — Photogr. Times. No. 444. Eder's Jahrb. (1891) p. 468. — Nach anderer Vorschrift erhält man einen sehr brauchbaren Entwickler, wenn man 1 g einer trockenen Mischung von je 50 g gepulvertem Eikonogen und Hydrochinon in 100 ccm einer Lösung von 60 g krystallisirtes Natriumsulfit und 40 g krystallisirte Soda in 1000 g Wss. löst. — 63. Nov. Rev. univ. d. invent. nouv. p. 549. Eder's Jahrb. (1891) p. 469. — Newton empfiehlt für Momentaufnahmen: 480 ccm Wss., 10 g zinnsaures Natron, 30 g Natriumsulfit, 5 g Eikonogen. — Amer. Inst. 25. p. 349. — Die von Paris aus in den Handel gebrachte Entwickler-Specialität „Cristallos“, welche selbst die Bilder unterexponirter Platten schnell und energisch entwickelte, besteht aus Eikonogen, Hydrochinon, gelbem Blutlaugensalz, Aetzalkalien; den letzteren verdankt der Entwickler seine Energie. — Eder's Jahrb. (1891) p. 470.

Einen Hydrochinon-Entwickler, der Negative giebt, welche den Charakter einer Collodiumplatte zeigen: feinste Detailzeichnung und hohe Spitzlichter, und die den Vortheil rascheren Druckens bieten, erhält Schleussner, wenn er folgende Vorrathslösungen ansetzt: I. 20 g Hydrochinon, 2000 g destillirtes Wss.; II. 100 g kohlensaures Natron, 500 g destillirtes Wss.; III. 400 g destillirtes Wss., 60 g schwefligsaures Natron, 10—20 Tropfen verdünnte Schwefelsäure, 20 g Pyrogallussäure. Das schwefligsaure Natron muß zuerst gelöst und mit Schwefels. angesäuert werden, bevor man die Pyrogallusf. zugiebt. Zum Gebrauch mischt man: 40 Th. I., 10 Th. II., 10 Th. III. und erwärmt etwas. Man ruft erst mit gebrauchtem Entwickler hervor, bis die Lichter erschienen sind und beendet dann die Entwicklung mit frischem. — Neuheiten im Phot. Sept.-No. — Lohse empfiehlt zum fertigen Hydrochinon-Entwickler 0,04 % Resorcin zu setzen, das als Verzögerer wirkt. — Phot. Almanach (1891) p. 21. Phot. Nachr. p. 805. Eder's Jahrb. (1891) p. 474. — Eine Spur Terpentinöl zum Hydrochinon-Entwickler gesetzt, kürzt nach M. Wolf und P. Lenard die Entwicklungszeit ab. Etwas zu viel Terpentinöl erzeugt leicht fleckige Stellen auf der Platte. Es kann dazu dienen, der Platte einen dickeren Grund zu geben. — Eder's Jahrb. (1891) p. 287.

Beim Entwickeln mit Pyrocatechin erhält man vorzügliche Resultate, wenn man 1 ccm einer Lösung von 1 g Pyrocatechin in 100 ccm Wss. mit 10 ccm einer Lösung von 20 g Soda in 100 ccm Wss. und 60—80 ccm Wss. mischt. Die Farbe des Negativs soll einen sehr angenehmen Ton besitzen, die Platten niemals verschleiern und sich rasch entwickeln. — 84. 54. p. 465. Eder's Jahrb. (1891) p. 476.

Pyrogallus-Entwickler zeichnet sich nach C. Samhaber durch Haltbarkeit der Chemikalien und Lösungen, leichte Behandlung und Billigkeit aus. Recept: I. kalt gesättigte Lösung von krystallisirtem, chemisch reinem, neutral schwefligsaurem Natron in destillirtem Wss. (1:2); gut verkorkt unbegrenzt haltbar. II. 500 g von I. mit 20 g reinste Pyrogallussäure versetzen, tüchtig schütteln, filtriren; gut verkorkt und dem directen Licht möglichst wenig ausgesetzt etwa eine Woche haltbar. III. Krystallisirtes, chemisch reines kohlensaures Natron 1:10 Th. destillirtem Wss.; unbegrenzt haltbar. Zum Entwickeln nehme man gleiche Th. II. und III. und fixire im sauren Bade. Man

muſs sich vor Unterexposition und harter Entwicklung hüten. — Eder's
Jahrb. (1891) p. 224. — Eine Mischung von Borax mit Pyrogallol
oder Pyrocatechin verhält sich nach P. Mercier dem latenten Bilde
gegenüber vollständig indifferent, während eine Mischung von Borax
mit Eikonogen oder Hydrochinon die Negative vollständig und in ganz
normaler Weise entwickelt. — 9. 25. p. 371.

Verwendung von Naphtalinderivaten als Entwickler in der Photographie. D. P. 53549 (Zus.-Pat. zum D. P. 50265; vgl. Rep. 1890 l.
p. 177) f. M. Andresen in Berlin. Statt der im Hauptpatent aufgeführten Naphtalinderivate sollen zur Entwicklung photographischer
Bilder nachstehend genannte Dioxynaphtaline und deren Sulfosäuren.
Amidonaphtole und Naphtylendiamine verwandt werden: I. Dioxynaphtaline, und zwar: α- und β-Naphtohydrochinon, $\alpha_1\alpha_8$-, $\alpha_1\beta_3$-.
$\alpha_1\beta_4$-, $\beta_1\beta_3$-Dioxynaphtalin; II. Dioxynaphtalinmonosulfosäure; III. Dioxynaphtalindisulfosäure; IV. Amidonaphtole, und zwar: α_1-Amido-α_7-
naphtol, α_1-Amido-β_1-naphtol, β_1-Amido-β_8-naphtol; V. Naphtylendiamine, und zwar $\alpha_1\beta_1$- und $\alpha_1\alpha_2$-. — 49. (1891) p. 14.

Entwickler für Transparentbilder. J. Colgrave löst: A. 9 Th.
Hydrochinon, 9 Th. Eikonogen, 9 Th. Kaliummetabisulfit, 700 Th. Wss.:
B. 45 Th. Pottasche, 45 Th. Soda, 45 Th. gelbes Blutlaugensalz, 700 Th.
Wss. Man mischt für den Gebrauch 8 Th. Wss., 8 Th. A. und 1 Th.
B., von letzterem je nach Bedarf mehr oder weniger. — 83. p. 838.
Eder's Jahrb. (1891) p. 501.

Entwicklung photographischer Bilder bei Tageslicht. D. P. 52240
f. Ch. Spiro in New-York, V. St. A. Der Entwicklungsflüssigkeit
(Hydrochinon, Pyrogallussäure etc.) wird eine Lösung von organischen
Farbstoffen, z. B. Orange G, Orlean (Bixin), Anilinorange, zugesetzt,
durch welche die chemisch wirksamen Lichtstrahlen absorbirt werden.
— 49. p. 375. 75. p. 536.

Silberflecke auf Negativen, die, wenn das Copirpapier oder das
Negativ nicht ganz trocken ist, sich beim Zusammenpressen im Copirrahmen bilden, entfernt man durch eine Lösung von 1 Th. Rhodanammonium in 16 Th. Wss., welcher man verdünnte Salpetersäure
(1 : 16) zusetzt. Das Gemisch wird über die nicht lackirte Platte gegossen, die vorher genäfst worden ist. Sobald die Flecke verschwunden sind, muſs man die Platte in einer Lösung von Chromalaun gerben.
— Amateur-Photogr. p. 176. 89. Rep. p. 322.

Vergröfserung der Negative durch Expansion. Man legt die nicht
lackirte Negativplatte in verdünnte Fluſssäure (1 : 40 bis 1 : 200), wonach sich die Haut leicht vom Glase abziehen läfst, legt sie in reines
Wss. und läfst sie darin so lange, bis sie die gewünschte Ausdehnung
nach allen Richtungen erhalten hat — etwa $1/8$ in Länge und Breite;
dann wird die Haut noch unter Wss. auf eine Glasplatte gelegt, herausgehoben und getrocknet. Dies Verfahren läfst sich sehr gut praktisch verwerthen. — 50. Bd. 27. p. 226. 89. Rep. p. 346.

Verstärkung von Negativen; v. R. E. Liesegang. Legt man ein
fertiges trockenes Negativ noch einmal in Wss., so bildet sich ein
schwaches Relief, wobei die dunkelsten Stellen am tiefsten liegen; an
diesen bleibt, wenn man nach dem Trocknen mit einer leicht trocknenden rothen oder schwarzen Farbe einwalzt, diese am stärksten
liegen, dagegen nicht an den unbelichteten. Man erhält so eine sehr

intensive Verstärkung. — Stolze (Phot. Nachr. p. 583) badet das un-
gegerbte Negativ 1 Min. lang in einer 4%igen Kaliumbichromatlösung,
trocknet, belichtet längere Zeit von der Rückseite, wäscht, trocknet
und legt in gelöste Tusche, die an den unbelichteten, also löslich gebliebenen Stellen in die Schicht eindringt und sie kräftigt. Für intensivere Verstärkung wird nach Verf. besser ein ebenso zu behan-
delnder Ueberzug von Chromgelatine verwendet. — Davidson (Lond.
Amat. phot.) wäscht das Negativ vor dem Fixiren gut und belichtet
mehrere Stdn. Die Dichtigkeit nimmt hierbei sehr zu. Collodium-
platten zeigen dasselbe Verhalten, brauchen aber nicht vorher gewaschen zu werden, während bei den Trockenplatten sich in diesem
Falle die ganze Schicht gleichmäfsig dunkler färbt. Erklären kann
man dies Verhalten des unfixirten Bildes vielleicht dadurch, dafs die
geschwärzten Stellen mehr Strahlen absorbiren als die weifsen. Hierfür spricht die schon von Klinger (vgl. Rep. 1874 II. p. 171) beobachtete intensivere Verstärkung einer unfixirten Platte in gelbem Lichte.
— 25. p. 309. — Um mittelst Einstaubverfahrens zu verstärken, empfiehlt Stolze das Negativ mit einer hygroskopischen Lösung von
Zucker, Gummi und Bichromat zu überziehen; die getrocknete Schicht
verliert im Lichte ihre Hygroskopicität durch Lichtwirkung; wo also
im Negativ eine Deckung war, nimmt die Platte beim Einstauben
Graphit auf und vermehrt die Deckung. — Phot. Nachr. p. 583. Eder's
Jahrb. (1891) p. 484.

Zum Abschwächen von Bromsilber-Gelatineplatten soll nach L.
Belitzki eine Mischung von 10 g Kaliumferridoxalat, 8 g neutralem
Natriumsulfit, 2½—3 g Oxalsäure, 50 g Fixirnatron, in der genannten
Reihenfolge in 200 g Wss. gelöst, dienen. Im Dunkeln ist der Ab-
schwächer monatelang haltbar. Man kann die fixirte Platte ohne
Abspülen sofort darin abschwächen und zwar bei jeder Art der Ent-
wicklung. — D. Photogr.-Ztg. p. 63. Eder's Jahrb. (1891) p. 485.

Abschwächen zu dunkel copirter Abdrücke mit einer Lösung von
rothem Blutlaugensalz und Fixirnatron zerstört oft die Farbe der
Bilder vollständig. E. Dunmore legt deshalb die getonten, fixirten,
gewaschenen und getrockneten Bilder in ein Bad aus 1 g Bromkalium,
1 g Quecksilberchlorid, 160 ccm Wss. und wäscht dann gut aus. Die
Haltbarkeit soll nicht merklich beeinträchtigt werden. — 84. 25. p. 375.

Fixirbad für Gelatinetrockenplatten. Um haltbare und klare
Negative, die sogar in warmem Wss. ohne Nachtheil ausgewaschen
werden können, zu erhalten, löst G. Cramer 120 g Natriumsulfit in
1 l Wss. und setzt 90 g gepulverten Chromalaun, sowie 15 ccm Schwefelsäure zu. Nach vollständiger Lösung giefst man das Ganze in eine
Lösung von 1000 g Natriumhyposulfit in 3 l Wss. In diesem Bade
bleiben die Gelatineplatten vollständig klar, es bildet sich kein Niederschlag auf ihnen und die Schicht wird äufserst hart, man mufs die
Platte aber etwas länger als gewöhnlich darin lassen. — Amat.-Phot.
p. 155. 89. Rep. p. 286.

Um das Fixiren zu vermeiden, besonders auf Reisen, bereite man
sich ein Bad von 5 Th. Bromkalium, 5 Th. Eisessig, 5 Th. Alaun in
150 Th. Wss., lege die entwickelten und abgewaschenen Platten einige
Min. hinein, wasche ab, trockne und fixire dann später. — Phot.
Nachr. p. 740. 89. Rep. (1891) p. 20.

Copiren im Winter. Directes Sonnenlicht wirkt etwa $1/4—1/3$ Mal kräftiger als das von der sonnenbeleuchteten Schneefläche reflectirte Licht, dieses etwa 2 Mal kräftiger, und endlich reflectirtes Licht von einer durch die Sonne nicht beleuchteten Schneefläche etwa $1/5$ Mal kräftiger als reines Nordlicht. Beim Copiren ist daher ein Neigen des Copirrahmens gegen eine Schneefläche von Vortheil. Eine beleuchtete Schneefläche bildet auch einen guten Reflector zur Reproduction von Transparenten. — 84. 53. p. 575. 49. (1891) p. 38.

Copien auf mattem glanzlosen Papier. Dunmore präparirt Whatman-Papier mit einem Bade von 1 Th. Colophonium in 100 Th. Alkohol, läfst trocknen und salzt auf einer Lösung von 8 Th. Chlorammonium, 2 Th. citronensaurem Natron, 5 Th. Gelatine, 350 Th. Wss. Nach dem Trocknen wird auf einem Silberbade sensibilisirt, welches durch Versetzen von Silbernitratlösung (1 : 7) mit Ammoniak bis zur Lösung des zuerst entstandenen Negativs hergestellt wird. Copirt, getont und fixirt wird wie gewöhnlich. — 84. p. 789. Phot. Nachr. (1891) p. 29. Eder's Jahrb. (1891) p. 515.

Als Mittel gegen blasenwerfendes Albuminpapier (vgl. Rep. 1890 I. p. 184) empfiehlt B. Kröhnke, die aus dem Rahmen genommenen Copien mindestens 5 Min. lang in eine Lösung von 15—20 ccm Glycerin und 5 g Kochsalz in 100 ccm Wss. zu legen, mit reinem Brunnenwasser nachzuwaschen und dann zu tonen. — 25. p. 261.

Als Tonbad für Aristopapier empfiehlt G. Bani: 450 ccm Brunnenwasser, 20 g benzoësaures Natron (aus Säure gewonnen), 0,1 g Aetzkali. Man setzt der Lösung zu: 50 ccm Lösung von braunem Chlorgold 1 und Wss. 150, rührt um und läfst 2 Std. stehen. Mit dem nun rosafarbig gewordenen Bade soll man ähnliche Töne wie mit dem Platinbade erzielen. — Dillettante di Fotografia. 25. p. 349.

Das Tonen von Bromsilberplatten für Diapositive in warmen bräunlichen Tönen gelingt nach P. W. Christian, wenn man das fixirte und gut gewaschene Diapositiv in eine $5^0/_0$ige Quecksilberchloridlösung taucht, bis es vollkommen gebleicht ist, dann wäscht und in folgender Lösung tont: A. 420 ccm Wss., 0,2 g Fixirnatron. 3 g Rhodanammonium; B. 0,3 g Goldchlorid, 75 ccm Wss. Zum Gebrauch mischt man 4 Vol. A. mit 1 Vol. B. Durch Vermehrung des Goldes erhält man wärmere Töne, durch Vermehrung des Fixirnatrons gelbe und des Rhodanammoniums braune Töne. — Amer. Amat. Phot. 85. p. 417. Eder's Jahrb. (1891) p. 502.

Platintonbad in getrennten Lösungen. H. B. Hare legt die schwach angefeuchteten Copien in: 1 g Chlorgold, 45 g Borax, 2880 ccm Wss., bis sie einen warmbraunen Ton angenommen haben, darauf 1 Min. in reines Wss. und schliefslich in: 12 g Kaliumplatinchlorür, 30 g Citronensäure, 48 g Kochsalz, 2880 ccm Wss., worin sie schnell einen schönen, purpur-schwarzen Ton erhalten. Weiter wird wie gewöhnlich behandelt. — Brit. Journ. Phot. Alm. 25. p. 371.

Collodium-Emulsion eignet sich besser für Projectionsbilder als Pigment- oder Gelatineemulsion. Die Emulsion ist „ungewaschen". 15 krystallisirtes Bromcadmium, 8 Bromammonium, 12 Pyroxylin löst man in 590 Aether und 284 absolutem Alkohol. Nach dem Abklären setzt man bei schwachem gelben Lichte 5 Silbernitrat, gelöst in 3 kochendem Wss. und 24 Alkohol zu 175 Th. obigen Collodiums unter

Schütteln. Diese Collodium-Emulsion, welche natürlich in undurchsichtigen Flaschen aufbewahrt werden muſs, enthält lösliches Bromsalz im Ueberschusse, ist daher lange haltbar. Will man sie empfindlicher machen, so setzt man ihr kurz vor dem Gebrauche 1,2—1,6 Silbernitrat, auf obige Weise in Wss. und Alkohol gelöst, zu, sowie 0,4 reine Salpetersäure. Mit dieser Emulsion werden Platten überzogen und solche nach dem Trocknen hinter Negativen copirt und entwickelt. — **84. 85.** p. 614. **89.** Rep. p. 286.

Directe Herstellung von Diapositiven. J. Waterhouse hat die Entdeckung gemacht, daſs Diphenylthiocarbamid, in sehr geringer Quantität dem Eikonogen-Entwickler zugesetzt, das Negativ mehr oder weniger vollständig in ein Positiv umwandelt. Allylthiocarbamid besitzt dieselbe Eigenschaft in noch stärkerem Maſse und kehrt auch das mit Pyrogallol oder Hydrochinon entwickelte Bild um. Thiocarbamid, in Verbindung mit dem Eikonogen-Entwickler, erzeugt nicht so ausgeprägte Umkehrung, Carbamid gar keine, so daſs vielleicht der Schwefel eine Rolle bei der Bildumkehrung spielt. Phenyl- und Allylthiocarbamide üben, einem Brom- oder Chlorsilber-Niederschlag oder einer Bromsilber-Gelatine hinzugefügt, keine sichtbare Wirkung aus. Bei Gegenwart eines Alkali jedoch findet auch im Dunkeln eine kräftige Schwärzung und Reduction statt. Mit dem Silberjodide ist die Wirkung nicht so ausgesprochen. Thio-Carbamid mit Alkali macht Ammoniak frei und reducirt die Silberhaloide; eine concentrirte Lösung vermag eine Gelatineplatte im Finstern auch ohne Alkali zu schwärzen. Harnstoff, auch mit Alkali, verändert weder eine Gelatineplatte noch Silberhaloide im Dunkeln sichtbar. — Journ. of the Phot. Soc. of India. vol. 8. p. 141. **83.** p. 727. **25.** p. 305. **53.** p. 518.

Primulinproceſs. Die Herstellung des Primulins wurde von A. G. Green 1887 gefunden. Man erhitzt Paratoluidin mit Schwefel, behandelt die entstandene Amidobase mit rauchender Schwefelsäure und vereinigt die erhaltene Sulfonsäure mit einem Alkali. Das Primulin wird aus seiner wässerigen Lösung von Cellulose und anderen Faserstoffen absorbirt. A. G. Green, C. F. Cross und E. J. Bevan haben nun beobachtet, daſs, wenn man mit Primulin gelb gefärbtes Papier oder Gewebe in eine mit Essigsäure versetzte Lösung von salpetrigsaurem Natron taucht, die Farbe verblaſst und das jetzt mit diazotirtem Primulin getränkte Papier oder Gewebe sich ohne Veränderung im Dunkeln trocknen läſst. Wünscht man ein Positiv, so belichtet man das so vorbereitete Papier unter einem Positiv etwa 2 Min. im Sonnenlicht, 1/2 Stde. im zerstreuten Tageslicht und taucht es dann in die Lösung eines Amins oder Phenols, worauf sich an den nicht belichteten Stellen ein Azofarbstoff bildet, während die belichteten durch Zersetzung des diazotirten Primulins unter Stickstoffabgabe die Fähigkeit sich zu färben verloren haben. Die Sensibilität ist gröſser als bei Silbersalzen. Am wirksamsten scheinen die grünen Strahlen zu sein. Zum Entwickeln werden empfohlen: Für Roth: β-Naphtol 4 g, Aetzalkali 6 g, Wss. 480 ccm; für Orange: Resorcin 3 g, Wss. 480 ccm, Aetzalkali 5 g; für Purpurn: α-Naphtylamin 6 g, Salzsäure 6 ccm, Wss. 480 ccm; für Tintenschwarz: Eikonogen 6 g, Wss. 480 ccm; für Braun: Pyrogallol 5 g, Wss. 480 ccm. — Seine hauptsächlichste Anwendung dürfte nach O. N. Witt das Verfahren als

Lichtpausprocefs für Pläne und Zeichnungen finden. Der Uebelstand, dafs die erhaltenen Copien keinen rein weifsen, sondern einen gelblichen Grund haben, kommt hier wenig zur Geltung und wird reichlich aufgewogen durch die Möglichkeit, mehrfarbige Pausen herzustellen, indem man die genannten, verschiedene Farbentöne liefernden Lösungen auf verschiedene Theile des Bildes mit einem Pinsel aufträgt. Auch die Möglichkeit der Herstellung lichtgepauster Baupläne und dergl. auf Baumwollenstoff, welche einfach gewaschen werden können, wenn sie schmutzig sind, dürfte ihrem Werthe nach nicht zu unterschätzen sein. Ferner dürfte der Primulinprocefs ein neues Arbeitsgebiet in der Herstellung hübscher farbiger Verzierungen auf Geweben darbieten. — **83. 84. 25.** p. 321. **50.** Bd. **27.** p. 163. **53.** p. 528. **85.** p. 322, 345. **49.** (1891) p. 34.

Erzeugung von farbigen photographischen Bildern. D. P. 53455 f. A. Feer in Lörrach. Das zur Aufnahme des Bildes bestimmte Papier oder Gewebe wird mit einer wässerigen oder alkoholischen Mischung aus einem diazosulfosauren Salz und einem Phenolalkali bezw. einem salzsauren oder freien Amin imprägnirt, im Dunkeln getrocknet, dann, vom Negativ bedeckt, dem Sonnenlicht oder elektrischen Licht ausgesetzt. Hierbei wird nur an den vom Licht getroffenen Stellen ein unlöslicher Azofarbstoff gebildet. Nach der Entwicklung des Bildes werden mit Wss. oder verdünnter Salzsäure die nicht vom Licht getroffenen Salztheile ausgewaschen. — **75.** p. 813. — Es läfst sich also eigentlich jeder Azofarbstoff durch Lichtwirkung herstellen. Besonders auffallend sind scharlachrothe Bilder, welche erhalten werden, wenn man das Diazosulfonsalz des Pseudocumidins mit einer Lösung von β-Naphtol in Natronlauge mischt, die Mischung auf Papier streicht, trocknet und belichtet. Die nach dem Feer'schen Verfahren erhaltenen Bilder zeigen nach O. N. Witt glänzend weifse Lichter, sinken aber meist tief ins Papier ein und sind dann flau, ein Uebelstand, der wohl beseitigt werden dürfte. Die Zukunft des Verfahrens liegt in der Herstellung beliebig gefärbter Copien nach Negativen. — **85.** p. 345. **49.** (1891) p. 36.

Herstellung unverwischbarer Bilder. D. P. 54170 f. J. R. France in New-York, County and State of New-York, V. St. A. Die Bilder werden mit Blättern aus Pyroxylin auf der Vorderseite oder auf der Vorder- und Rückseite belegt. Das Bild wird mit Alkohol oder einer anderen auflösenden Flüss. angefeuchtet und die Blätter werden darauf geprefst. Für letzteren Zweck läfst sich auch Druck und Wärme allein anwenden. — **75.** p. 922.

Apparat zur selbstthätigen Aufnahme und Fertigstellung von Photographien. D. P. 53070 f. K. Ramspeck und B. Schäfer in Hamburg. Die lichtempfindliche Platte wird von einem Greifer erfafst, der an einem Arm befestigt ist. Letzterer ist in einer mittelst eines Motors in Drehung versetzten verticalen Welle drehbar gelagert, und wird mit der Platte im Kreise herumgeführt. Der Arm gleitet hierbei auf einer Curvenbahn, so dafs die Platte während der Drehung nacheinander in die Präparirungsbäder getaucht, vor dem Objectiv angehalten und belichtet und bei Weiterdrehung der Welle in Bäder zum Hervorrufen, Fixiren und Spülen gebracht wird. — **75.** p. 813.

Leinwand für Vergröſserungen mit einer empfindlichen Schicht zu überziehen. Die mit verdünntem Ammoniak sorgfältig gewaschene Leinwand taucht man in eine Lösung von 7 g Gelatine, 14 g Bromkalium, 300 ccm Wss., trocknet, sensibilisirt in einer $7^1/_2$ % Silberlösung, trocknet, exponirt und entwickelt mit: 1,5 g Pyrogallussäure, 0,7 g Citronensäure, 300 ccm Wss. Bessere Resultate soll folgendes Verfahren geben, nach welchem sich die vorpräparirte Leinwand vor dem Silbern auch beliebig lange hält. Man trägt auf die vorpräparirte Leinwand: 5 g Jodkalium, 2,3 g Bromammonium, 0,6 g Chlorammonium, 4 g Gelatine, 30 ccm geschlagenes Albumin, 300 ccm destillirtes Wss. Silberbad: 3 g Silbernitrat, 1,5 ccm Eisessig, 56 ccm destillirtes Wss. Die Exposition erfolgt noch naſs, hierauf wird entwickelt mit: 4 g Gallussäure, 0,7 g essigsaurem Blei, 300 g destillirtem Wss. — Amer. Journ. Phot. p. 237. **85.** p. 305. Eder's Jahrb. (1891) p. 497.

Photographisch präparirte Seide. Unter dem Namen „Soie photographique sensible, procédé Tisseron" kommt nach J. M. Eder von Paris aus ein mit Silbersalzen sensibilisirtes Seidenzeug in den Handel, auf dem man wie auf gesilberten Papieren photographische Copien herstellen kann. Die Schicht ist mehrere Monate lang haltbar und beeinträchtigt die Structur oder Geschmeidigkeit des Seidenzeuges in keiner Weise. — **53.** p. 512. — In England wird dicke, rauhe, weiſse, mit Silbersalzen präparirte Seide u. a. zu „Christmas cards" verwendet. — **83. 85.** p. 348.

Zur Herstellung von Glasstereogrammen empfiehlt Miethe das Auscopirverfahren als das einfachste. Man läſst 5 g weiche und 15 g harte Gelatine in zwei Mal gewechseltem Wss. aufquellen, schmilzt dann unter Zusatz von 200 ccm Wss., läſst erkalten und fügt hinzu: 7 g wasserfreies Chlorcalcium, 50 ccm Wss. Andererseits löst man 11 g Silbernitrat in 50 ccm Wss. und mischt es unter heftigem Schütteln bei Lampenlicht der Gelatinelösung zu. Das Ganze bringt man in eine Porzellanschale zum Erstarren, zerkleinert und wäscht in drei Mal gewechseltem Wss. je 20 Min. Hierauf wird geschmolzen, auf 300 ccm gebracht und hinzugefügt: 3 g Citronensäure, 30 ccm Wss., 30 ccm alkoholische Thymollösung (1:6). Man wärmt die Platten im Winter etwas vor und vergieſst die Emulsion nicht zu dünn. Nach dem Trocknen copirt man unter einem Negativ, welches nicht allzu contrastreich ist, ziemlich tief und tont im Schwefelcyanammoniumbad. — **85.** p. 304. Eder's Jahrb. (1891) p. 499.

Herstellung von photographischen Vervielfältigungen mit Hilfe des elektrischen Lichtes. D. P. 53446 f. J. Kratzenstein in Hamburg. Die zu vervielfältigenden Bilder (Papier-, Glas- oder Gelatinenegative) werden um die Lichtquelle einer elektrischen Bogenlampe angeordnet. Biegsame Negative können hierbei über einen Glascylinder gelegt werden; bei unbiegsamen stellt man dieselben zu einem Prisma zusammen. — **75.** p. 813.

Zur Zinkographie mittelst Chromeiweiſs empfiehlt Wilkinson: 10 Unzen geschlagenes Eiweiſs, 10 Unzen Wss., 1 Unze gesättigte Ammoniumbichromatlösung. Die Zinkplatte wird auf eine horizontale Drehscheibe gebracht, die Lösung aufgetragen und der Ueberschuſs durch Drehen abgeschleudert. Das Zink wird vor dem Auftragen dieser Mischung wie gewöhnlich mit Bimsstein gereinigt, dann mittelst schwacher Salpetersäure und Alaun angeätzt (gekörnt). Auf die Chrom-eiweifs-Copie trägt man mit der Leimwalze verdünnte Umdruckfarbe auf, legt in kaltes Wss., wobei sich das Bild (mit Hilfe eines schwachen Reibens mit Baumwolle) entwickelt. Hierauf trägt man Gummi ara-bicum auf und reibt das Bild in der gewöhnlichen Weise an. — „Photo-Etching and Callotype". Eder's Jahrb. (1891) p. 549.

Neue Methode der Heliogravüre; v. G. Petit. Eine mit Asphalt überzogene Kupferplatte wird in sorgfältig bestimmter Lage unter einem Negativ copirt und mit Terpentinöl entwickelt, so dafs die Platte in den hellsten Lichtern frei wird. Sie wird dann gewaschen, getrocknet, mit gepulvertem Colophonium bestäubt und erhitzt, bis das Korn geschmolzen ist. Wo immer ein solches Korn auf der un-löslichen Asphaltschicht ist, ist diese wieder löslich geworden. Man legt sie daher wieder in Terpentinöl und dies erzeugt an den be-treffenden Stellen tiefe, bis auf's Kupfer gehende Durchbohrungen. Die Platte wird nun mit Chromatgelatine überzogen, nochmals in der-selben Lage unter demselben Negativ copirt und mit Eisenchlorid geätzt. Sie hat in den Weifsen keinerlei Korn und giebt reine Weifsen. — **83.** p. 120. Phot. Nachr. p. 229. Eder's Jahrb. (1891) p. 562.

Der photographische Pressendruck von M. Favraud soll vor-zügliche Resultate geben. Eine polirte Kupferplatte wird mit Essig-säure „behandelt", gewaschen und getrocknet, sodann mit einer Lösung von 4 g Tannin und 2 g Gallussäure in 500 ccm Wss. übergossen. Nach dem Abtropfen und Trocknen macht man die Platte mit folgen-dem Chromgelatineüberzug empfindlich: Kalium- und Ammoniumbi-chromat je 10 g, Alkohol 50 ccm, Eiweifs 10 ccm, Glycerin 10 Tropfen. Die Platte wird (unter einem Negativ?) belichtet und mit einer con-centrirten Ferrosulfatlösung behandelt. Hierdurch erhält man nach dem Trocknen der Platte ein Gelatinerelief, das man in nachstehend zu-sammengesetztem Amalgam abklatscht: Wismuth 64, Blei 32, Zinn 32, Antimon 8, Kupfer 4, Quecksilber 1 Th. — Journ. de l'industrie phot. **85.** p. 341. **89.** Rep. p. 310.

Vervielfältigungen von Zeichnungen und Schriften. D. P. 53858 f. A. Astfalck in Köln a. Rh. Ein mit Eisengallustinte geschwärztes und mit schwefelsaurem Ammoniak angefeuchtetes Papierblatt bedeckt man mit einem anderen Blatt, auf welchem mit elektrisch nicht leiten-der Farbe geschrieben oder gezeichnet wurde, setzt beide Blätter zwischen zwei leitenden Platten einem elektrischen bezw. galvanischen Strom aus und wäscht darauf das erste Blatt mit Wss. aus. Die Wir-kung beruht auf der elektrolytischen Zersetzung der Tinte. — **75.** p. 861.

Stereotypschliefsrahmen aus Compositionsmetall mit ausgesparten Innenrändern. D. P. 52932 f. C. Kempe in Nürnberg und C. Syt-hoff in Rotterdam. Der Rahmen besteht aus einer Mischung von 45 Th. Kupfer und 55 Th. Zink, deren Ausdehnungscoëfficient dem-jenigen des Schriftmetalles nahezu gleich ist, so dafs beim Trocknen der Papiermatrize schädliche Spannungen zwischen Rahmen und Schrift-satz vermieden werden. Um ferner das Nacharbeiten der gegossenen Stereotypplatte zur Freilegung des Punzenbildes entbehrlich zu machen.

sind die Innenränder des Rahmens etwa 2 mm tief ausgespart, in welche Vertiefungen bei der Herstellung der Matrize Pappstreifen eingelegt werden. Beim nachfolgenden Gusse der Stereotypplatte bleibt das Schriftmaterial um die Stärke des Pappstreifens von der Oberfläche des Schriftbildes entfernt, so dafs ein Nacharbeiten der erkalteten Platten an den Rändern unnöthig ist. — **75.** p. 678.

R. E. Liesegang; über Photo-Elektricität durch photochemische Zersetzung. **25.** p. 357.

A. und L. Lumière; Lichthöfe bei photographischen Aufnahmen. (Durch Reflexe von der Rückseite der Glasplatte.) Bull. Soc. franç. p. 182. Eder's Jahrb. (1891) p. 423.

Otreppe; Magnesium-Blitzlampe. **53.** p. 481.

O. Hruza; Magnesium-Blitzlampe. (Zwei Ströme treffen sich vor dem Eintritt in die Flamme unter spitzem Winkel, wodurch eine grofse Lichtfläche und folglich auch eine hohe Lichtintensität entsteht.) Eder's Jahrb. (1891) p. 446.

Miethe; Magnesium-Blitzlampe. **85.** Dec.

Sinsel; Magnesium-Blitzlampe (gestattet das rascheste Repetiren und giebt ein sehr helles, kurz andauerndes Licht). Eder's Jahrb. (1891) p. 447.

Decoudun; photographischer Compafs (dient dazu, um für Photographiren bei Excursionen und speciell für Aufnahmen von Gebäuden, Monumenten, sowie auch von Landschaften die Tageszeit zu erkennen, unter welcher die Beleuchtung am günstigsten ist). **53.** Eder's Jahrb. (1891) p. 415.

A. und L. Lumière; Verhalten der Gelatine gegen Chloride. (Man soll Gelatine-Emulsion nicht mit Baryumsalzen herstellen; ist nach Eder nicht allgemein richtig.) **54.** p. 509. Eder's Jahrb. (1891) p. 455.

Zielke; Herstellung von Gelatine-Emulsion. (Die Vorschriften in Eder's „Photographie mit Bromsilbergelatine" empfohlen.) **50.** Bd. 27. p. 118.

Jodbromemulsion. (Man löst das Jodsalz in der starken Silberlösung, setzt Gelatine zu und fügt es zu der Gelatine-Bromsalzlösung.) **84.** p. 307. Phot. Nachr. p. 414.

A. Freiherr v. Hübe; orthochromatische Collodium-Emulsion. **53.** p. 388.

H. Croughton; Herstellung von Bromsilbergelatine-Emulsion für Vergröfserungen auf Papier. Wilson's Phot. Magaz. p. 325. Eder's Jahrb. (1891) p. 453.

P. Lebiedzinski; Chlorsilber-Collodium-Emulsionspapier. Eder's Jahrb. (1891) p. 509.

F. Wilde; Caseïnpapier für den Silbercopirprocefs (an Stelle des Albuminpapiers; besonders zur Platin-Tonung empfohlen). **85.** p. 407.

C. Berthiot; Iridiumchlorid-Papier (soll sich 6—7 Monate unverändert halten, etwas schneller als Albuminpapier copiren und den Platinbildern sehr ähnliche Bilder liefern). Phot. Notizen No. 306.

W. K. Burton; Versuche mit Cyaninplatten. (Bad: 1 Th. Cyaninlösung [1 : 1000 Alkohol], $\frac{1}{2}$ Th. 10°/oige Ammoniakflüssigkeit, $8\frac{1}{2}$ Th. destillirtes Wss.; vor der Belichtung getrocknet; man arbeitet bei indirect wirkendem rubinrothem Licht.) Photography. **25.** p. 311.

J. Schumann; Behandlung der Cyaningelatineplatte. (Man vermeide energische Entwickler, fixire, sobald die weifsen Stellen des Negativs sich zu decken beginnen und arbeite bei braunem Licht.) **25.** p. 324.

Biegsame photographische Platten, Films (Uebersicht). Prometheus. No. 19.

H. W. Vogel; Photographie mit Häuten. Eder's Jahrb. (1891) p. 318.

R. Krügener; Celluloid-Folien und Roll-Film. (Resultate befriedigend, besonders bei frisch präparirten; bei älteren tritt leichter Schleier auf, und die Empfindlichkeit wird kleiner.) Eder's Jahrb. (1891) p. 151.

Entwickeln und Trocknen von Transparent-Films. Lechner's Mitth. August.

M. Jaffé; Modification des „nassen" orthochromatischen Verfahrens von Ducos du Hauson. Photographie. **25.** p. 277.

C. H. Bothamley; das latente photographische Bild. **83. 54.** p. 543. Eder's Jahrb. (1891) p. 417.

Andresen; Eikonogen-Patronen (von der „Actiengesellschaft für Anilinfabrikation" in den Handel gebracht, enthalten den bis zum Lösen in Wss. fertigen Entwickler). Eder's Jahrb. (1891) p. 467.

Cowan; Eikonogen-Hydrochinon-Entwickler für Bromsilber-Positive (mit Lithiumcarbonat). **83.** p. 175. **53.** p. 578.

Th. Luder; Entwickeln von Bromsilbergelatine-Trockenplatten mit Ammoniakdämpfen. Anthony's Phot. Bull. No. 23. L'Amat. Phot.

H. Silbergleit in Gleiwitz, D. P. 53442 und 53917; Apparat zum Hervorrufen und Fixiren photographischer Bilder. **75.** p. 833.

Abney contra Hurter und Driffield; Zusammenhang der Dichte der photographischen Negative mit der Zeitdauer der Belichtung, Hervorrufung etc. **26.** vol. 9. p. 722. Phot. Journ. p. 17.

Verbesserung harter (glasiger) Negative durch Hintergiefsen mit Chlorsilber-Collodium. Bull. Soc. franç. Phot. Phot. Nachr. p. 80.

Abschwächungsmittel für Negative. (Mit Schwefelsäure angesäuerte Kaliumbichromatlösung.) Amateur-Phot. **53.**

Imperature; Uebertragung von Chlorsilbergelatinebildern auf Glas. Amateur-Photographer. Phot. Nachr. p. 228.

Uebertragung von Chlorsilbercollodiumbilder auf Glas. **83.** Nov. **85.** p. 419.

Smith; Bromsilbergelatineplatten für Diapositive (geben einen hübschen bräunlichen Farbenton). **53.**

Duchocheris; Herstellung von Diapositiven auf Caffeetrockenplatten. Anthony's Phot. Bull. **85.** p. 123.

A. und L. Lumière; Herstellung von mikroskopischen Projectionsbildern. **53.** p. 474.

Beadle; Hydrochinon für Projectionsbilder auf Bromsilbergelatine. **84.** p. 637. Phot. Nachr. p. 711.

L. van Neck; Farblosmachen des Positiv-Silberbades (durch Erwärmen mit gebrannter Magnesia). **54.** p. 340.

O. Schölzig; Copien auf Mattsilberpapier mit Platinpapiereffect. (Copirt im directen Sonnenlicht unter grünem Glase; getont im Uran-Goldbade.) **53.** p. 583.

E. v. Gothard; neuere Fortschritte der Heliochromie. (Versuche mit dem Verres'schen Verfahren.) Eder's Jahrb. (1891) p. 46.

E. Obernetter; directe Vergröfserungsmethode unter Anwendung abziehbarer Bromsilbergelatineplatten. Eder's Jahrb. (1891) p. 201.

G. Seldir; Vignettirung von Vergröfserungen in der Camera bei Tageslicht. Phot. Nachr. p. 688.

E. Stumman; Silhouetten-Photographien. Photographitscheski Westnik (1889) No. 4. **53.** p. 370.

Stolze; über die Bedingungen der naturgetreuen stereoskopischen Wirkung und das Stereoskop. Phot. Nachr. p. 298, 309, 313.

G. Cramm in Berlin, D. P. 51663 und 53160; Camera und Vorrichtung zum Wechseln lichtempfindlicher Platten. **75.** p. 536, 813.

Th. M. Bear in Colchester und H. Ransom in Sudbury, England, D. P. 51834; photographische Camera zur Aufnahme stereoskopischer Bilder. **75.** p. 536.

J. Benda in Berlin, D. P. 52104; photographische Geheim - Camera. **75.** p. 581.

Firma Brandt & Wilde Nachfl. in Berlin, D. P. 52107; photographische Camera. **75.** p. 600.

C. P. Stirn in New-York, D. P. 52237; tragbare photographische Camera. **75.** p. 582.

O. Freiwirth in St. Petersburg, D. P. 52935; photographische Magazin-Camera. **75.** p. 759.

H. J. Gray in Piccadilly, London, D. P. 53491; photographische Camera mit Vorrichtung zum mechanischen Wechseln der Platten. **75.** p. 834.

L. Meyer in Berlin, D. P. 53840; photographischer Serien-Apparat. **75.** p. 909.

C. A. Steinheil Söhne in München, D. P. 54014; photographische Camera. **75.** p. 1013.

W. Eras in Breslau, D. P. 54188; Plattenmagazin für eine Moment-Hand-camera. **75.** p. 1014.

F. A. Fichtner in Dresden, D. P. 51977; Vorrichtung zum Wechseln der Platten in photographischen Cameras. **75.** p. 536.

E. Wünsche in Dresden, D. P. 52110; Plattenwechsel-Vorrichtung für photo-graphische Cameras. **75.** p. 581.

R. Krügener in Bockenheim bei Frankfurt a. M., D. P. 52419 (Zus.-Pat. zum D. P. 50740); Wechselcassette für photographische Platten. **75.** p. 670.

R. Krügener in Bockenheim bei Frankfurt a. M., D. P. 53444 (Zus.-Pat. zum D. P. 50102) und D. P. 54283 (II. Zus.-Pat. zum D. P. 50102 und I. Zus.-Pat. zum D. P. 53444); Einrichtung an photographischen Cameras zum Auswechseln der Platten. **75.** p. 969.

Th. R. Dallmeyer; photographische Linsen. **83.** Eder's Jahrb. (1891) p. 342.

C. C. Schirm in Berlin, D. P. 53005; Vorrichtung zum Auslösen des Objectiv-verschlusses bei photographischen Apparaten und zur Einführung von Magnesiumpulver in einen Beleuchtungsapparat. **75.** p. 759.

Ot. Anschütz in Lissa, Posen, D. P. 54285 (II. Zus.-Pat. zum D. P. 49919, vgl. Rep. 1890 I. p. 189, und I. Zus.-Pat. zum D. P. 53164); Jalousie-verschlufs für photographische Cameras. **75.** p. 1014.

Itterheim; Negrographie. Eder's Jahrb. (1891) p. 527.

G. Harrison; die drei gebräuchlichen Arten der Platinotypie. Phot. Times. **54.** p. 524.

J. Kloth; Autotypie. Die Photographie. Freie Künste. p. 132.

E. Goolds; Präparation von Papieren zu Lichtpausen mit schwarzen Linien auf weifsem Grunde. Phot. Times. No. 445.

Kühl & Co. in Frankfurt a. M., D. P. 53573; Herstellung von Druckplatten für lithographischen Druck oder Buchdruck durch Umdruck von Lichtdruck-platten. **75.** p. 847.

N. Demtschinsky; kupferplattirte Hochdruck-Zinkchlichés (sind sehr haltbar und nicht zu theuer). **53.** p. 283.

Eikonogen-Tinte. (Man löst frisches oder braun gewordenes Eikonogen in kochendem Wss. und sondert nach dem Abkühlen die Krystalle ab. Die Lösung giebt nach dem Trocknen tiefschwarze Schriftzüge.) **76. 25.** (1891) p. 9.

Tinte, um weifse Schriftzüge in Albuminpapier-Copien zu schreiben. (1 Jod-kalium in 10 Wss., 1 Jod in 30 Wss., 1 Gummi arabicum.) — **83.** p. 451. Eder's Jahrb. (1891) p. 520.

J. M. Eder; ausführliches Handbuch der Photographie. 2. Aufl. Bd. L. Verlag von W. Knapp in Halle a. S.

H. W. Vogel; Handbuch der Photographie. Bd. I. „Photochemie und Beschreibung der photographischen Chemikalien" mit 13 Taf., 22 Holzschnitten etc. Berlin. Oppenheim.

E. J. Wall; a Dictionary of Photography for the Amateur and Professional Photographer. 2. Aufl. London. Hagell, Watson and Viney.

A. Dahlström; Handbuch i fotografi. Stockholm.

G. Pizzighelli; Anleitung zur Photographie für Anfänger. 3. Aufl. Halle a. S. W. Knapp.

L. David; Anleitung zur Herstellung von Photographien. Wien. R. Lechner.

L. David und Ch. Scolik; die Photographie mit Bromsilbergelatine und die Praxis der Momentphotographie. Bd. I. u. II. Halle a. S. W. Knapp.

J. Paar; die Retouche der Photographie. Halle a. S. W. Knapp.

W. Kopske; die photographische Retouche in ihrem ganzen Umfange. Theil I. Berlin. R. Oppenheim.

R. Neuhauss; Lehrbuch der Mikrophotographie mit 61 Holzschnitten, 4 Autotypien, 2 Lichtdrucken und 1 Photogravüre. Braunschweig. H. Bruhn.

Ferrotypie. Liesegang's Verlag.

A. Fisch; la photocopie ou procédés de reproductions industrielles par la lumière. 2. éd. Paris. J. Michelet.

Bonnet; Manuel d'Heliogravure et de Photogravure en relief. Paris. Gauthier-Villars.

Villon; traité pratique de photogravure sur verre. Paris. Gauthier-Villars.

Rückstände, Abfälle, Dünger, Desinfection und gewerbliche Gesundheitspflege.

Zugutemaohung von Zinnsohlaoken. Engl. P. 9821/1889 f. Shears. Schmelzen mit Alkali, Auslaugen, Benutzen des Rückstandes auf Nickel und Kobalt, Ausscheiden von Zinn aus dem Filtrat durch Elektrolyse, Fällung von Kieselsäure und Thonerde mit Kalkmilch und Benutzung des Niederschlages bei der Cementfabrikation und schliefsliche Wiedergewinnung des Alkalis, oder Abdampfen der alkalischen Lösung zur Gewinnung von Wolframsalz. — **43.** (1891) p. 31.

Entzinnung von Weifsblech. D. P. 54136 f. J. A. F. Bang und M. Ch. A. Ruffin, Paris. Bei der Entzinnung von Weifsblech durch Natron- oder Kalilauge hört die Wirkung der letzteren infolge der Entwicklung von Wasserstoff auf der Oberfläche des Zinns bald auf. Um die Einwirkung der Lauge activ zu erhalten, wird Sauerstoff in Form von atmosphärischer Luft in feinvertheiltem Zustande durch die Lauge geleitet. Behufs Ausführung dieses Verfahrens wird auf dem Boden des Entzinnungsgefäfses eine mit vielen engen Löchern versehene Rohrschlange angebracht, welche mit einem Gebläse in Verbindung steht. — **49.** (1891) p. 86.

Nutzbarmachung der Beizwässer von der Blechfabrikation. Engl. Pat. 4701/1889 f. Daw. Fällen des Eisens durch Magnesia und Benutzung der erzeugten schwefelsauren Magnesia. — **43.** p. 363.

Behandlung der bei der Wiedergewinnung von Zinn aus Abfällen erhaltenen alkalischen Lösung von Metallen. Engl. P. 18013/1889 f. N. M. de la E. Tenison-Woods, London. Das Blei wird durch eine geringe Menge eines Alkalisulfates entfernt. Das Zinn wird fast rein erhalten, indem man die klare Lösung in einem eisernen Behälter erhitzt, in welchem ein mit letzterem elektrisch verbundener Korb hängt, der Zinkabfälle oder galvanisirtes Eisen enthält. Das Zinn wird in dem Eisenbehälter niedergeschlagen und zeitweilig entfernt, während reines Eisen in dem Korbe hinterbleibt. Das Zink wird später durch Einleiten von Kohlensäure aus der Lösung gefällt und das Alkali durch Kochen mit Kalkmilch regenerirt. — **89.** p. 151.

Zur Wiedergewinnung des Silbers aus den photographischen Rückständen versetzt A. Lainer die erhitzten, event. durch Sonnenwärme concentrirten Rückstände mit heifser gesättigter Laugenstein-Lösung bis zur stark alkalischen Reaction und mischt unter tüchtigem Umrühren mit alkalischer Reducirsalzlösung, bis in einer Probe weder durch blofses Erhitzen, noch durch Erhitzen mit Laugenstein oder alkalischer Reducirsalzlösung ein Niederschlag entsteht. Von dem zu Boden gesunkenen Silber wird die Lösung abgehebert, der Niederschlag durch wiederholtes Aufrühren mit heifsem Brunnenwasser ausgewaschen, bis eine Probe des Waschwassers mit Silbernitrat-Lösung fast nicht mehr getrübt wird, und dann auf einem Filter mit heifsem destillirten Wss. weiter ausgewaschen. Ein Hauptaugenmerk ist beim ganzen Procefs auf genügenden Laugenstein-Zusatz zu richten. Ersetzt man den Laugenstein durch gebrannten Kalk, so mufs das Silber durch den Schmelzprocefs auf Nitrat verarbeitet werden. — **53.** p. 209.

Gewinnung des Chlors aus den Rückstandsflüssigkeiten des Ammoniaksodaprocesses, aus Lösungen des Calciumchlorids, aus gewissen unreinen Lösungen des Magnesiumchlorids und aus einigen anderen industriellen Rückständen. Engl. Pat. 17217/1889 f. F. M. Lyte in London und J. G. Tatters in Runcorn. Das Verfahren beruht auf der Gewinnung von wasserfreiem Magnesiumchlorid von wechselnder Zusammensetzung aus dem wasserfreien Ammoniummagnesiumdoppelchlorid. Aus dem Oxychlorid wird in gewöhnlicher Weise Chlor erhalten, indem man Luft oder Sauerstoff über die genügend hoch erhitzte Verbindung leitet. Die Behandlung der Abfallflüssigkeiten des Ammoniaksodaverfahrens kann in folgender Weise geschehen: Die nach dem Abdestilliren des Ammoniaks unter Zusatz von Kalk zurückbleibende Flüss. wird so lange concentrirt, bis beim Erkalten eine gesättigte Lösung von Calciumchlorid erhalten wird, oder der Siedepunkt bis über 110° C. steigt. Diese die Abscheidung des vorhandenen Natriumchlorids bezweckende Operation beruht darauf, dafs Natriumchlorid bei gewöhnlicher Temp. in einer gesättigten Lösung von Calciumchlorid unlöslich ist. Man kann zur Weiterverarbeitung zwei Wege einschlagen: Es wird gebrannte Magnesia zur gereinigten Calciumchloridlösung hinzugefügt und bis zum spec. Gew. 1,2445 bei 15° C.

verdünnt. Durch Behandlung mit Kohlensäure wird der Kalk ausgefällt, zu der erhaltenen Lösung von Magnesiumchlorid wird Ammoniumchlorid, das durch Sublimation von wasserfreiem Magnesiumammoniumchlorid gewonnen wird, hinzugefügt und zur Trockne verdampft. Beim Erhitzen des gebildeten wasserfreien Magnesiumammoniumchlorids verflüchtigt sich Ammoniumchlorid, und wasserfreies Magnesiumchlorid bleibt zurück. Letzteres wird mit Magnesia gemischt in verschlossenen Gefäfsen erhitzt, wodurch Magnesiumoxychlorid entsteht. Während nach Pechiney's Verfahren nur $40,14\%$ des im Oxychlorid enthaltenen Chlors gewonnen werden, soll das neue Verfahren 60% liefern. Aufserdem wird das Abkühlen des Ofens beim Verdampfen des in Pechiney's Oxychlorid enthaltenen Wss. vermieden. Wichtiger als das beschriebene Verfahren ist das folgende: Die Calciumchloridlösung wird mit Ammoniak und Kohlensäure gesättigt, wodurch Calciumcarbonat fällt. Die Ammoniumchloridlösung wird mit Magnesiumchlorid gemischt zur Trockne verdampft. Das so gebildete trockne Ammoniummagnesiumchlorid wird mit Magnesia nicht über 300^0 C. erhitzt, wobei Magnesiumchlorid gebildet wird und Ammoniak entweicht: $MgCl_2(NH_4Cl)_2 + MgO = 2 MgCl_2 + 2 NH_3 + H_2O$. Beim Erhöhen der Temp. auf 400 oder 500^0 C. findet zwischen dem Magnesiumchlorid und dem vorher gebildeten Magnesiumoxyd folgende Reaction statt: $2 MgCl_2 + H_2O = MgCl_2 + MgO + 2 HCl$. Durch dieses zweite Erhitzen wird, wenn der Schmelzpunkt des Chlormagnesiums erreicht ist, von Chlormagnesium und Magnesiumoxyd ein Oxychlorid gebildet, das je nach der Magnesiamenge verschieden zusammengesetzt ist. Aufser der Gewinnung von Magnesiumchlorid wird alles angewandte Ammoniak zurückgewonnen, die entwickelte Salzsäure kann in Magnesiamilch zur Erzeugung von Chlormagnesium eingeleitet werden. Bei der Verarbeitung von Salzf. wird eine Hälfte mit Ammoniak, die zweite Hälfte mit Magnesia oder Magnesit neutralisirt. Beide klare Lösungen werden gemischt. Bei der Verarbeitung von unreiner Chlormagnesiumlauge wird zunächst alle Magnesia mit Kalk gefällt und dann zu der gereinigten Calciumchloridlösung hinzugesetzt. — **34.** (1891) p. 54.

Erzeugung von Salzsäure aus industriellen Rückständen, verbunden mit Rückgewinnung von Schwefel und Magnesiumoxyd. Engl. Pat. 17218/1890 f. F. M. Lyte in London und J. G. Tatters, Runcorn. Zur Gewinnung von Schwefelwasserstoff werden die Abfälle des Leblanc-Processes mit Wss. bis 50^0 Tw. gemischt und nach Einführung in eiserne Gefäfse Kohlensäure wie bei Chance's Procefs eingeleitet. Der gewonnene Schwefelwasserstoff wird nach Mischung mit Luft über Magnesiumchlorid oder -oxychlorid, das auf $600-800^0$ F. erhitzt ist, geleitet. Gasförmige Salzsäure und Schwefel gehen über. — **34.** (1891) p. 55.

Verarbeitung von Schlacke auf Kryolith. Engl. Pat. 6668/1889 f. M. Netto, Newcastle-on-Tyne. Die bei der Fabrikation von Aluminium aus Kryolith oder Aluminiumfluorid durch Einwirkung von metallischem Natrium erhaltene Schlacke wird in siedendem Wss. gelöst und mit einer Lösung von Aluminiumsulfat in Wss. versetzt, wodurch wasserhaltiges Aluminiumfluorid gefällt wird, während Natriumsulfat gelöst bleibt. Den Niederschlag behandelt man mit einer Lösung von Natriumfluorid oder etwas frischer Schlacke, oder beide Stoffe werden in trockenem gepulverten Zustande gemischt und geschmolzen. — **89.** p. 1309.

Darstellung von Oxalsäure aus den Kochlaugen der Sulfitcellulose-Fabrikation. D. P. 52491 f. A. S. Nettl in Prag. Die durch Behandeln mit Schwefelsäure oder mit Kalk vorgereinigten Abfalllaugen werden auf ca. 40° B. eingedickt, event. auch zur Trockne gebracht, in noch warmem Zustande mit der doppelten Menge eines Gemisches von 2 Th. Aetzkali und 1 Th. Aetznatron versetzt und in eisernen Gefäfsen 1—4 Stdn. auf über 180° unter Vermeidung einer Verkohlung erhitzt. Aus dem so gewonnenen Product wird die Oxalsäure in bekannter Weise rein dargestellt. Oder die gereinigten Ablaugen werden auf 30° B. eingedickt, mit Säge- oder zerkleinerten Schälspähnen vermischt und sodann mit Aetzalkalien in der vorstehend beschriebenen Weise weiter behandelt. — **75.** p. 70.

Darstellung von Weinstein aus Rückständen der Weinbereitung. D. P. 53407 f. A. Martignier in Montpellier, Frankreich. Die Rückstände werden gepulvert mit einer gesättigten Lösung von Kalium- oder Natriumsulfat oder einem Gemenge beider (kalt, warm oder unter Druck) behandelt, und der Rückstand (Calciumsulfat und unlösliche Bestandtheile der Geläger) von der Flüss., welche neutrales weinsaures Kali bezw. Natron und überschüssiges Kalium- bezw. Natriumsulfat enthält, getrennt. Die letztere wird mit Thierkohle entfärbt und aus derselben doppeltweinsaures Kali durch Schwefelsäure bezw. Kaliumsulfat ausgefällt. — **75.** p. 728.

Verwerthung der Eisenrückstände, welche von der Reduction organischer Nitroverbindungen herrühren. D. P. 52803 f. Th. Peters in Chemnitz. Die Rückstände werden der Einwirkung von Schwefelsäure in verschiedenen Concentrationsgraden, mit oder ohne Zusatz eines oxydirend wirkenden Mittels, unterworfen. Es wird auf diese Weise ein in der Regel basisches Ferrisulfat, je nach der Concentration der angewandten Schwefelf., in gelöstem Zustande oder in fester Form gewonnen. — **75.** p. 706.

Auffangung von Flugstaub. Amer. Pat. 432440 f. B. Rösing, Friedrichshütte, Oberschl. In den Rauchkammern hängen, parallel zur Zugrichtung, sehr viele Drähte, an denen die abziehenden Gase entlang streichen und dabei den mitgerissenen Flugstaub absetzen; derselbe wird durch öfteres Schütteln mittelst einer geeigneten Schüttelvorrichtung bei abgestelltem Zuge zum Niederfallen gebracht und durch Raumöffnungen entfernt. Die Drähte hängen frei in an der Decke der Kammern ausgespannten Drahtnetzen. — **71.** p. 773.

Herstellung eines neuen Stoffes aus dem Wollfett. D. P. 52978 f. Norddeutsche Wollkämmerei und Kammgarnspinnerei in Bremen. Der neue Stoff, ein Extract- oder Gummiharz, ist löslich in Wss., verdünntem Alkohol und in Wollfett, dagegen unlöslich in Benzin, Aether, Chloroform, Schwefelkohlenstoff, Aceton und concentrirtem Alkohol und wird aus dem mittelst Schwefelsäure gefällten Fettschlamm der Wollwäschereien dadurch gewonnen, dafs man ihn (vor oder nach Verseifung) mit Benzin, Aether, Chloroform, Schwefelkohlenstoff oder einem sonstigen fettlösenden Mittel, sowie Alkoholen, z. B. Aethyl-, Methyl- oder Amylalkohol behandelt und die gewonnene

Lösung mittelst Wss. oder verdünnten Alkohols reinigt, wobei sich
der neue Stoff als Bodensatz absetzen soll. — **49.** (1891) p. 13.

Verarbeitung der Prefs- und Extractionsrückstände der Oelfabrikation. D. P. 52310 f. H. Noerdlinger in Stuttgart. Um die Rückstände für den menschlichen Genufs geeignet zu machen, wird die Kleie derselben auf mechanischem Wege entfernt, die vorhandenen Fettsäuren mit Alkohol extrahirt und die Rückstände sterilisirt. — **75.** p. 556. **49.** p. 390.

Gewinnung des Ammoniaks der Rübensäfte bezw. der Brüden in Form von Ammoniaksalzen. D. P. 52885 f. C. Pöleke in Ballenstedt a. Harz. Die nicht condensirten Kochdämpfe bezw. die Brüden werden, ehe sie die Heizkammer der Verdampfapparate erreichen, mit gasförmigen oder heifsen zerstäubten flüssigen Säuren behandelt. — **75.** p. 688.

Verwerthung von Kalkschlammrückständen aus Zucker- und anderen Fabriken. D. P. 53601 (Zus.-Pat. zum D. P. 47071; vgl. Rep. 1889 I. p. 166) f. J. S. Rigby und A. Macdonald, Liverpool. County of Lancaster, England. Nach der Behandlung der Kalkschlammrückstände mit Kohlensäure verbleibt dem erhaltenen Calciumcarbonat noch ein Gehalt an Schwefel oder Schwefelverbindungen, welcher dieselben zur Herstellung von Cement ungeeignet macht. Behufs Entfernung des Schwefels wird die unreine Calciumcarbonatmasse mit einer gröfseren Menge Kalk gemischt, als wie sie dem in derselben enthaltenen Schwefel entspricht. Diese Mischung behandelt man dann unter Umrühren mit Dampf, bis der Schwefel sich mit dem Kalk verbunden hat. Hierauf wäscht man mit Wss. die löslichen Salze aus und bringt die Masse, etwa vermittelst Durchleitens, mit Luft in Berührung, um die zurückbleibenden Schwefelverbindungen zu oxydiren. Um den etwa gebildeten Gyps zu entfernen, wird zu der Masse ein Ueberschuss an Alkalicarbonat-Lösung behufs Auflösung bezw. Zersetzung des Sulfats zugegeben, worauf der Kalkschlamm wieder gut mit Wss. gewaschen wird. Die so behandelte Masse wird mit fein zertheiltem Thon oder dergl. in den zur Cementerzeugung geeigneten Verhältnissen gemengt und gebrannt. — **49.** (1891) p. 94.

Verwerthung von Pergamentpapier-Abfällen. Amer. Pat. 441462 f. J. W. Barnes, Chester, Pennsylvania, und H. W. Morrow, Wilmington, Delaware. Zur Nutzbarmachung der Abfälle von Pergamentpapier und pergamentirter Faser werden dieselben der Einwirkung eines Stoffes ausgesetzt, welcher die klebenden Oberflächen der einzelnen Schichten erweicht. Hierdurch wird die Entfernung der klebenden Masse durch Auswaschen ermöglicht, und die Abfälle werden in die Form einzelner getrennter Papierblättchen übergeführt, welche geeignet sind, mit Hilfe von Kollergängen wieder in Papierstoff umgewandelt zu werden. Zum Erweichen der Oberflächen eignen sich alkalische Lösungen, beispielsweise solche von Pottasche und Soda. Die Länge der Einwirkung richtet sich nach Stärke und Temp. der Lösung: je stärker die Lösung, je kürzer die erforderliche Zeit der Einwirkung. An Stelle der alkalischen Lösung können auch verdünnte Lösungen von Schwefelsäure, Chlorzink u. s. w. Anwendung finden. — **57. 49.** (1891) p. 94.

Aufbereitung von Abfällen, insbesondere von Kehricht. D. P. 53099 f. **The Refuse Disposal Company**, Limited, in London. Die Abfälle werden in die rotirende Siebtrommel A geschüttet (s. den Grundrifs Fig. 1), durch welche die gröfsten der in den Abfällen enthaltenen Gegenstände von den kleineren getrennt und nach dem hinteren Ende der Trommel hin befördert werden, wo dieselben mit der Hand herauszuhacken sind. Die geringe Geschwindigkeit, mit der dieses geschieht, gestattet, dieselben nach ihrer Gattung zu ordnen. Das Papier, die Lumpen und ähnliche Gegenstände gelangen in den Reifswolf R, um in demselben zerrissen und zerkleinert und darauf mittelst des Gebläses R^1 durch die Leitung R^2 in den Ofen M befördert zu werden. Die etwa vorhandenen Blechbüchsen und ähnliche Gegenstände werden in den Ofen V befördert, um das an denselben befindliche Loth und Zinn wieder zu gewinnen; die Matratzen und ähnliche Gegenstände in dem Ofen W desinficirt oder carbonisirt. Die Topfscherben und dergl. werden in den Kollergang X gebracht, worin dieselben zermahlen und mit Kalk gemischt werden können, um Mörtel daraus zu machen. Die

Fig. 1.

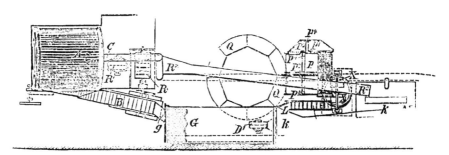

Abfälle, welche durch die cylindrische Wandung der Trommel A fallen, gelangen in den Elevator B, durch welchen dieselben in das sich drehende Sieb G befördert werden. Die kleineren Gegenstände, welche in diesen Abfällen enthalten sind, fallen durch die Maschen des Siebes und werden von dem unteren Theil des Gehäuses dieses Siebes auf ein Transportband H befördert, mittelst dessen dieselben zu dem Sortirsieb J gelangen, durch welches der Staub und kleinere Theilchen aus gröfseren Stoffen ausgeschieden werden. Die kleineren Stoffe fallen durch die Maschen des Sortirsiebes auf eine geeignete Rinne, welche dieselben in einen geeigneten Behälter befördert. Die gröfseren Stoffe, welche das Sortirsieb J an der Austrittsstelle verlassen, fallen in den Waschelevator T, aus welchem sie in eine Fallrinne U^1 gelangen. In derselben haften alle vegetabilischen Stoffe, wie Kartoffelschalen, infolge ihrer klebrigen Eigenschaften an und gleiten langsam herab, bis sie die Zwischenräume U^3 erreichen, durch deren einen oder anderen sie in einen Behälter fallen. Die Kohlen, der Koks und ähnliche Stoffe jedoch fallen mit einer gewissen Geschwindigkeit in der Rinne U^1 herab und gelangen, über die Durchbrechungen U^3

hinwegsetzend, zu dem anderen Ende der Rinne und von diesem
in einen passenden Behälter, aus welchem dieselben nach Bedarf zum
Heizen der Kessel *E E* und *F* entnommen werden können. Das in
dieser Weise gewonnene Heizmaterial ist fast genügend, um den Betrieb der Kessel zu ermöglichen. Das Material, welches nicht klein
genug war, um durch das Drahtgewebe des Siebes *G* zu fallen, verläfst dasselbe an dem Austrittsende und fällt von dort abwärts. Hierbei wird dasselbe von dem Luftstrom getroffen, welcher, von dem
Gebläse *D*[1] erzeugt, die leichteren Theile von den schwereren trennt.
Die ersteren bestehen hauptsächlich aus Papierstücken und Lumpen; sie
werden durch die Leitung *K* in den Ofen *M* getrieben und getrocknet.
Durch eine Behandlung in Zerkleinerungsapparaten werden sie in gewöhnlicher Weise in Papierbrei umgewandelt. Diejenigen Gegenstände,
welche an dem Austrittsende des Siebes *G* herausfallen und schwer
genug sind, um von dem Luftstrahl nicht abgelenkt zu werden, fallen

Fig. 2.

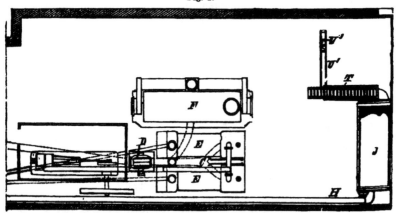

in die Rinne *L*, von welcher dieselben zu dem Elevator *N* befördert
werden, der dieselben an ein Sortirsieb abgiebt. In dem letzteren
werden die Gegenstände sortirt und an die grofsen Flächen der Rinnen
P und *P*[1] abgegeben. Die vegetabilischen oder ähnlichen Stoffe von
klebriger Natur bleiben an den erwähnten Flächen hängen und gleiten
langsam nach unten, bis dieselben die Durchbrechungen *P*[4] erreichen,
durch welche dieselben in Säcke fallen. Das nichtklebrige Material
fällt mit einer gewissen Geschwindigkeit in den Rinnen *P* und *P*[1]
herab, so dafs dasselbe über die Durchbrechungen *P*[4] hinwegsetzt und
in die Rinnen *P*[6] und *P*[5] gelangt. Durch die Rinnen *P*[8] werden die
erwähnten Stoffe auf den langsam sich drehenden Tisch *Q* befördert,
auf welchem sie Arbeiter sortiren. — **75.** p. 879.

Conservirung des Stallmistes. J. Stoklasa fand, dafs Superphosphat nicht genügt, um Stickstoffverlusten vorzubeugen (vgl. dagegen Rep. 1890 I. p. 204). Es findet eine Umwandlung des Mono-
calciumphosphates in, in Wss. unlösliches Dicalciumphosphat und Verflüchtigung von Ammoniak und Ammoniumcarbonat statt. Die Bildung

der schädlichen salpetrigen Säure, welche die Entweichung gasförmigen Stickstoffs veranlafst, wird mit Superphosphat nicht verhindert. — Hospářský List. p. 15. **89.** Rep. p. 342.

Bezeichnung der Knochenmehlsorten. J. König schlägt dafür folgendes vor (vgl. Rep. 1889 II. p. 160): 1) Knochenmehle, welche aus ganzen Knochen ohne Vorbereitung für die Schrot- oder Leimfabrikation nach einem der neueren Fettextractionsverfahren hergestellt sind und 4—5,3 % Stickstoff, 19—22 % Phosphorsäure enthalten, und in welchen sich nach Abzug des durch Chloroform Abtrennbaren ein Verhältnifs von Stickstoff zu Phosphorsäure wie 1 : 4 bis 5,5 herausstellt, sind als „Normalknochenmehle" oder als „Knochenmehl No. 0" zu bezeichnen. 2) Knochenmehle, welche 3—4 % Stickstoff, 21 bis 25 % Phosphorf. enthalten, und in welchen sich nach Abzug des durch Chloroform Abtrennbaren ein Verhältnifs von Stickstoff zu Phosphorf. wie 1 : 5,5 bis 8,5 herausstellt, sind einfach mit dem Namen „Knochenmehl" zu benennen. 3) Knochenmehle, welche 1—3 % Stickstoff, 24—30 % Phosphorf. enthalten, und in welchen sich nach Abzug des durch Chloroform Abtrennbaren ein Verhältnifs von Stickstoff zu Phosphorf. wie 1 : 8,5 bis 30 herausstellt, führen die Bezeichnung „entleimtes Knochenmehl". 4) Zu diesen Sorten Knochenmehl gesellt sich das „rohe Knochenmehl", welches in einigen Gegenden durch einfaches Stampfen (Zerkleinern) der rohen Knochen hergestellt wird. Vielfach werden jedoch auch die von der Knochenschrot-Fabrikation herrührenden Abfälle nach Entfetten mit Benzin als rohe Knochenmehle verkauft. Nur solche Mehle dürfen als „rohe Knochenmehle" bezeichnet werden, welche auch wirklich durch Zerkleinern von rohen Knochen gewonnen sind. 5) Düngemehle, welche nach Abzug des durch Chloroform Abtrennbaren weniger als 1 % Stickstoff in Form von Knochenleimstickstoff enthalten, und in welchen sich ein höheres Verhältnifs von Stickstoff zu Phosphorf. wie 1 : 30 herausstellt, dürfen nicht mehr die Bezeichnung „Knochenmehl", sondern höchstens die von „gemischten Düngemehlen" führen. Ausgenommen von diesen Bestimmungen ist das bei der Fleischextractbereitung gewonnene Düngemehl, welches durch die Bezeichnung „Fleischknochenmehl" oder „Fleischdüngemehl" hinreichend von dem eigentlichen Knochenmehl in vorstehendem Sinne unterschieden wird. Mit einer derartigen Norm würde man die schwierige Frage, wie viel Hornmehl-, Haare- etc. Bestandtheile, d. h. wie viel durch Chloroform abtrennbare Bestandtheile vorhanden sein dürfen, umgehen, gleichzeitig aber auch die einzelnen Qualitäten der Handelsknochenmehle in gerechter Weise unterscheiden. — **22.** p. 81. **89.** Rep. p. 293.

Neuerung in der Bereitung von Düngemitteln und Thran aus Fischen oder Fleischabfällen. D. P. 52834 (Zus.-Pat. zum D. P. 44447; vgl. Rep. 1888 II. p. 206) f. C. Weigelt, Berlin. Um auch solches thierisches Abfallmaterial, welches bei der Behandlung mit Kali- bezw. Magnesiasalzen nach dem Hauptpatent zerfallen und daher nur schwer trocknen würde, in ein trockenes Düngemittel verwandeln zu können, wird dasselbe nach der Behandlung mit den genannten Salzen mit 10—20 % Torf, Torfstreu, Torfmüll, Moorerde oder dergl. vermischt und in dünnen Schichten an der Luft ausgebreitet und dadurch leicht getrocknet. — **49.** (1891) p. 28.

Pflanzenblutkohle, ein von P. Degener aufgefundenes Entfärbungsmittel, wird nach W. Müller durch Verdampfen und Verkohlen der bei der Behandlung von Holz mit alkalischen Laugen unter Druck entstehenden Flüss. (also wahrscheinlich der Abfalllaugen aus der Cellulosefabrikation) erhalten. Weil bei diesem Auskochen die Säfte der Pflanzen (deren „Blut") in Lösung gehen, hat das Verkohlungsproduct den Namen „Pflanzenblutkohle" erhalten. Bei ihrer Anwendung ist eine Alkalität der zu behandelnden Flüss., die mehr als $0{,}04$ g Kalk in 100 g entspricht, zu vermeiden; saure Reaction ist nicht schädlich. Eine bereits in Gebrauch befindliche gewesene Pflanzenblutkohle kann durch Behandeln mit reiner Salzsäure, Glühen und nachheriges tüchtiges Auswaschen vollkommen regenerirt werden. — **38.** p. 714. **24** (1891) p. 23. **49.** (1891) p. 70.

Reinigung der Abwässer und des verunreinigten Wassers. Nach Wm. Webster ist es vor allen Dingen wichtig, dafs man die organischen Substanzen derartig niederschlägt, dafs keine chemische Verbindung an Stelle der gefällten organischen Substanz gestellt wird. Die Wirkung der Elektrolyse besteht in der Zersetzung der anwesenden Chlorverbindungen. Am besten verwendet man Eisenelektroden, da die Eisenverbindungen nicht nur desodorisiren, sondern auch eine vollständige Fällung der gelösten und suspendirten organischen Substanz bewirken. Zunächst sammeln sich die Verunreinigungen an der Oberfläche, um sich sofort nach dem Verschwinden der sie emportragenden Wasserstoffblasen zu Boden zu senken. Am positiven Pol scheint sich zunächst Eisenhypochlorit zu bilden, das aber schnell in Eisenchlorür verwandelt wird, während an dem negativen Pol eine alkalische Reaction eintritt und das Eisen als Eisenhydroxyd zusammen mit den organischen Substanzen niederfällt. Auch Eisencarbonat bildet sich. Die Uebertragung der Laboratoriumsversuche auf die Verhältnisse der Praxis zeigte, dafs es vortheilhaft ist, das Abwasser möglichst schnell durch die Elektroden gehen zu lassen. Für 20000 Gallonen Abwasser wurden 6 Elektrodenzellen gebraucht, die in einem langen Canal aufgestellt wurden. Am Ende der Elektroden befindet sich ein Canal zum Sammeln des Schlammes. Jede Elektrode ist $\frac{1}{2}$ bis 1 Zoll dick und bis 6 Fufs lang. Je gröfser die Zahl der Platten ist, um so weniger Dampf wird gebraucht und desto gröfser ist die Haltbarkeit. In jeder Zelle befinden sich die Elektroden parallel angeordnet. Nach Roscoe tritt in dem gereinigten Wss. keine Fäulnifs ein; die Anwesenheit von Schwefelwasserstoff ist nicht wahrzunehmen. Das wirksame Mittel, Eisenhydroxyd, wird im Abwasser selbst als flockiger Niederschlag erzeugt, der nicht nur mechanisch fällend wirkt, sondern sich auch mit einem Theil der organischen Substanz verbindet und ihn hierdurch niederschlägt. Die organische Substanz wird durch das Verfahren in einen für die weitere vollständige Reinigung auf natürlichem Wege günstigen Zustand gebracht. Weitere Versuche zeigten, dafs, falls eine Filtration der Abwässer noch nöthig ist, der bei der elektrischen Behandlung erhaltene Niederschlag als Filtermaterial vortheilhaft benutzt werden kann. Der Niederschlag kann in magnetisches Eisenoxydoxydul verwandelt werden, das ein vorzügliches Filtermaterial bildet. — **26.** p. 1093. **34.** (1891) p. 59. — Vgl. die Arbeitsweise der Electrical Water-Purification Company. — Engineering News. **79. 49.** p. 311.

Vorrichtung zum Reinigen von Wasser und anderen Flüssigkeiten von festen Bestandtheilen. D. P. 54087 f.

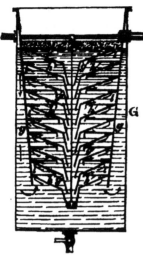

P. A. Maignen in London. Eine am Boden offene, in einen cylindrischen Bottich *G* eingehängte konische Kammer *g* trägt an ihrer Peripherie eine Anzahl Zwischenwände g^1, die, unter sich durch ebene Platten *h* zu konischen Einzelkammern geschlossen, an ihrer Peripherie mit Durchbohrungen *i* und an der Konusspitze mit einer centralen Oeffnung versehen sind, so daſs der Flüssigkeitsstrom, welcher durch den äuſseren Bottich abwärts und in der inneren konischen Kammer aufwärts geht, durch jede einzelne Kammer streicht, in der Weise, daſs der niedriger belegene Theil der Oberfläche der Zwischenwände g^1 vom Strom nicht berührt wird und geeignete Flächen zur Ablagerung von Niederschlägen und Schmutz aus dem Flüssigkeitsstrom bildet, welche durch den Flüssigkeitsstrom nicht von Neuem aufgerührt werden. — **75.** p. 915. **49.** (1891) p. 88.

Behandlung von Abwässern etc. Engl. Pat. 6994/1889 f. C. H. Harvey, Middlesex. Abwässer oder andere faulige Wss. werden mit Eisenchlorid, oder einem anderen Ferrisalz, und einem Erdalkali, Alkalirückständen oder Kalk, wie Gaskalk, behandelt. Der resultirende Schlamm wird als Düngemittel benutzt. — **89.** p. 1371.

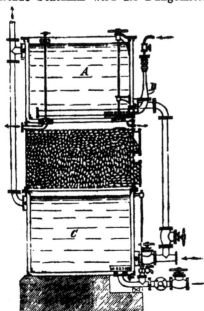

Einrichtung zur Reinigung von Kesselspeisewasser. D. P. 54058 f. C. Kleyer in Karlsruhe. Der App. wird gebildet durch 3 übereinander angeordnete Behälter *A B C* aus Eisenblech, wovon der obere und untere aus je 2 in einander gehängten Gefäſsen bestehen, welche zugleich oder abwechselnd mit Dampf geheizt werden können, während der mittlere Behälter mit Gaskoks angefüllt und durch einen Seiherboden derart abgedeckt ist, daſs das über demselben eintretende Wss. möglichst vertheilt wird. Der obere Behälter ist mit einer Dampfstrahl-Rühreinrichtung *D* versehen. — **75.** p. 920.

Zur Abwasserreinigung werden nach R. Reichling in Dortmund
auf 1 cbm Abwasser 300 g Aetzkalk und 30 g schwefelsaure Thonerde
zugesetzt. In Senkbrunnen erfolgt die Klärung. Der Schlamm wird
als Dünger abgefahren. Die Kosten belaufen sich bei täglich 11000 cbm
Abwasser monatlich auf 2700 Mk. — **56.** p. 1115. **58. Jahrg. 36.**
p. 588.

Das Antikesselsteinmittel: Natronwasserglaspulver von Gebrüder
Bänsch in Dölau besteht nach Untersuchungen der Grofsh. Badischen
Chemisch-technischen Prüfungs- und Versuchsanstalt aus 2 Th. Natron-
wasserglas und 3 Th. Quarzsand und ist möglicherweise als ein mit
ungenügender Menge Soda aufgeschlossener Quarzsand zu bezeichnen.
Derselbe Effect kann mit Natronwasserglas allein erzielt werden;
Quarzsand dürfte den Kesselwandungen nur zum Schaden gereichen.
— **49.** p. 365.

Kesselsteinpicker. D. P. 53372 f. F. Gränz in Dresden. An
dem Teller *t* sind die Schenkel *s* gelenkig befestigt. Diese tragen an
ihren gegabelten Enden die mit ungleicher Zahnung versehenen Räd-

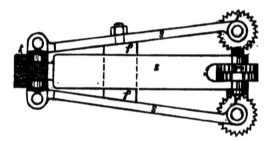

chen *r*, welche in der Verschiebungsrichtung drehbar sind. Dieselben
dienen zugleich als Führungsrollen und werden durch eine zwischen
die Schenkel *s* eingelegte Feder *f* der wechselnden Röhrenweite entsprechend auseinander gedrückt. — **75.** p. 728.

Für die Prüfung der Desinfectionsmittel sind nach Behring folgende Punkte zu beachten: 1) die einwandsfreie Feststellung der ge-
lungenen Desinfection, 2) die chemische Beschaffenheit des Desinfec-
tionsobjectes, 3) die Bacterienart, 4) die Dauer der Einwirkung des
Desinfectionsmittels, 5) die Temp., bei welcher das Desinficienz einwirkt, 6) die Zahl der Bacterien. Die Entscheidung der ersten Frage
geschieht durch das Culturverfahren, event. durch das weniger scharfe
Thierexperiment. Aus der Leistungsfähigkeit des Desinfectionsmittels
in dem einen Medium darf man nicht auf die in einem von anderer
chemischer und physikalischer Beschaffenheit schliefsen. Je kürzer
die Einwirkung eines Mittels ist, um so gröfser mufs die Menge desselben sein zur Erreichung desselben Desinfectionseffectes. Letzterer
ist um so energischer, je höher die Temp. ist, bei der das Desinficienz
einwirkt. Die Herstammung und das Alter der Culturen, der Umstand, ob vor dem Desinfectionsversuch schon andere schädigende
Momente eingewirkt haben, sind von nicht zu unterschätzender Bedeutung. — 1) Metallsalze. Nächst den Quecksilbersalzen ist das

Silbernitrat besonders leistungsfähig und im Blutserum, in der Milch und in eiweifshaltigen Flüss. sogar dem Quecksilber beträchtlich überlegen. Aufser dem Silbernitrat kommen solche Silberverbindungen in Betracht, die mit Eiweifs keine Fällung geben, z. B. ammoniakalische Silberoxydlösungen und Lösungen von Chlorsilber in Natron sulfurosum. Goldkaliumcyanid und Auronatriumchlorid verlieren wie die Quecksilberverbindungen im Blut und im Serum aufserordentlich an Leistungsfähigkeit. Von anderen Metallen kann mit den genannten nur noch das Thallium (als Carbonat angewandt) annähernd concurriren. Kupfersulfat ist ein sehr gutes Desinfectionsmittel. Das beste metallische ist Sublimat, dessen Giftigkeit relativ, im Verhältnifs zur antiseptischen Leistung nicht so bedeutend ist. Sublimat ist jedoch nicht in allen Fällen anwendbar, z. B. nicht bei einem Infectionsmaterial, in welchem durch den Fäulnifsprocefs Schwefelverbindungen frei geworden sind. — 2) Alkalien. Die löslichen Verbindungen der einzelnen Metalle sind gleichwerthig; vom Kalk existiren lösliche Verbindungen, die nicht desinficiren. Die primären, sauer reagirenden und die secundären, neutral reagirenden Kalkphosphate, ferner das Calciumnitrat sind wenig wirksam. Unter den löslichen Salzen besitzt überhaupt nur das Calciumchlorid eine nennenswerthe schädigende Wirkung für Bacterien. Ungelöste Kalkpräparate, das Calciumcarbonat, das Sulfat und organische Kalksalze sind gar nicht wirksam; nur diejenigen Verbindungen, in denen die Alkalinität erhalten bleibt, wie der Zuckerkalk kommen für eine gröfsere Desinfectionsleistung in Frage. Der Aetzkalk ist nur als solcher vermöge seiner Laugenwirkung ein Desinfectionsmittel, das seine Kraft verliert, sobald er in die oben genannten Salze verwandelt wird. Für die Verwendung der Kalkmilch empfiehlt sich folgende Vorschrift: Von der 20%igen Kalkmilch sind 5 bezw. 7,5 l pro 100 l täglichen Latrinenzusatz mindestens täglich zuzusetzen; wenn aber danach der Gruben- oder Tonneninhalt rothes Lackmuspapier nicht ganz deutlich blau färbt, ist der Zusatz so weit zu steigern, bis dies der Fall ist. Aluminiumsulfat, Magnesiumsulfat, Magnesiumchlorid, Eisensulfat üben einen nennenswerthen schädigenden Einflufs auf Bacterien nicht aus. Der Alkalescenzgrad, der durch Ammoniak oder Ammoniaksalze bedingt wird, kann um das Drei- bis Fünffache höher sein, ehe eine Desinfection eintritt, als wenn die Alkalität durch Natronlauge, Kalilauge oder durch kohlensaure fixe Alkalien bedingt wird. Die Wirkung von Kalk, Natronlauge, Kalilange ist, wenn man die Alkalescenz auf Normallauge berechnet, fast genau gleich. Neutrales Calcium- und Baryumchlorid ist viel stärker wirksam als Kalium- und Natriumchlorid. Der Desinfectionswerth von Lithiumchlorid (jodid, bromid, sulfat) ist ungefähr achtmal so grofs wie der des Calciumchlorids und des Baryumchlorids und vierzigmal gröfser als der des Kalium- und Natriumchlorids. Bei den löslichen kohlensauren Alkalien ist streng zu unterscheiden zwischen den doppeltkohlensauren und den einfachsauren. Die letzteren sind entwicklungshemmend, wenn 1 l Flüss. mindestens 35 ccm Normalsäure zur Neutralisation braucht. Inbetreff der alkalisch reagirenden Seife wurde festgestellt, dafs es nur von dem Alkaligehalt der Seifen abhängt, welchen desinficirenden Werth dieselben besitzen. Auch Säuren können desinficiren. — Von

Mitteln aus der aromatischen Reihe werden namentlich die mit Schwefel
säure, Seifen und dergl. aufgeschlossenen Phenole besprochen. Der
von Schottelius dem Lysol vindicirte vergleichsweise so hohe Desinfectionswerth, nämlich im Vergleich mit der Carbolsäure und dem
Kreolin hat recht wesentliche Einschränkung zu erfahren. Thymol
und Eukalyptol (Cineolsäure) sind wirkungslos. Der Carbolf. in der
Leistungsfähigkeit um fast das Doppelte überlegen ist die schwerlösliche Salicylsäure. Das salicylsaure Natron ist geringwerthig. Das
Sozojodol ist besonders als Natronsalz wirkungslos. Die Theerfarbstoffe sind dagegen beachtenswerth. Stilling's Pyoktanin (Methylviolett
5 B) ist nicht der wirksamste Farbstoff; wirksamer sind Dahliablau,
Cyanin, die aber wenig haltbar sind. Haltbar und antiseptisch sehr
wirksam ist Malachitgrün. Unter den flüssigen Desinficientien, die in
Wss. unlöslich oder sehr schwer löslich sind, sind das Chloroform
und die ätherischen Oele hervorzuheben. — Die vorstehenden Resultate
beziehen sich auf die Desinfection von sporenfreiem Infectionsmaterial.
Weitere Untersuchungen betrafen sporenhaltiges Infectionsmaterial.
Quecksilberverbindungen und Silbernitrat sind wirksam, andere Metallsalze nicht. Zwischen der Schwefelcarbolsäure und dem Gemisch
von Kresol und Schwefelf. besteht kein Unterschied. Reine Carbol-
schwefelsäure ist etwas wirksamer wie rohe Säure. In alkalischer
Lösung sind die Verbindungen wirkungslos, ebenso Kreolin und Lysol.
Die Alkalien können bei höherer Temp. sehr wirksam sein. Die verschiedenen Substanzen sind 5—7mal giftiger für den thierischen Organismus als für die Milzbrandbacillen. — Ztschr. f. Hygiene. p. 395.
128. (1891) p. 89.

Desinfection von Wohnungen; v. Gaffky. Zur Reinigung der
Zimmerluft genügt die Lüftung vollständig. Tapeten reibt man mit
nicht zu trocknem und nicht zu frischem Brod, in grofsen Zügen
schwach über die Wände geführt, ab und verbrennt dann die Abfälle.
Getünchte Wände werden mit Kalkmilch überstrichen, Fufsböden mit
5 % Carbolsäurelösung abgewaschen, Kleider u. s. w. mittelst heifsen
Wasserdampfes gereinigt, Wäsche auf gleiche Weise oder durch Auskochen, Polstermöbel durch Ausklopfen im Freien und Holz durch
Abreiben mit in desinficirende Flüss. getauchten Lappen, wenn dies
nicht zulässig, mit trockenen Tüchern. Gerlach empfiehlt das Be-
stäuben der Wände mit durch Verseifung in wasserlösliche Form gebrachten Kresolen (Lysol). welche Carbolsäure und Kreolin an Wirksamkeit übertreffen, und Löffler redet der Verwendung von Sublimat
das Wort, welches nach Erfahrungen in Louisiana bei Desinfection
von Schiffsräumen sich als nichtgesundheitsschädlich erwies. — 89.
p. 1291. 43. p. 409.

Die Desinfection von Fäkalien soll nach dem Ergebnisse von
Untersuchungen Pfuhl's nach einer Verordnung der preufsischen
Militärmedicinalabtheilung in Lazarethlatrinen etc. künftig durch Kalkmilch erfolgen. Nach Verf. soll das Löschen des Kalkes zu pulverförmigem Kalkhydrat durch Zusatz von 60 Th. Wss. zu 100 gebranntem Kalk erfolgen. 1 l des pulverförmigen Kalkhydrats wird mit 4 l
Wss. in Kalkmilch umgewandelt. Die Wirksamkeit der Desinfection
wird mittelst rothen Lackmuspapiers controllirt; die Desinfection ist
eine ausreichende, wenn das Lackmuspapier stark gebläut wird. Bei

Senkgruben soll die Desinfection mit einer solchen Menge Kalk begonnen werden, dafs 1 l Kalkhydratpulver 100 l des täglichen Zuwachses des Latrineninhaltes entspricht. Bei Tonnen sollen 1¹/₃ l auf 100 l genommen und bei Stechbecken soll ein noch stärkerer Kalkzusatz Verwendung finden, um eine schnellere Desinfection zu veranlassen. Der tägliche Zuwachs der Latrine ist, wenn das Pissoir davon getrennt ist, auf 400 ccm pro 1 Mann anzunehmen. Die Desinfection mufs täglich ausgeführt werden, und da eine Vermischung des Kalkes mit den Fäkalien nicht gut durchzuführen ist, so mufs sie der Selbstmischung überlassen bleiben. — Centralbl. f. d. med. Wiss. p. 438. **38. 49.** (1891) p. 101.

Die relativen antiseptischen Kräfte isomerer organischer Verbindungen, hauptsächlich das Verhalten von Biderivaten des Benzols gegen Mikroorganismen, studirten Th. Carnelly und W. Frey. Es ergab sich, dafs die Paraverbindungen stärker antiseptisch wirken als die betreffenden Ortho- und Meta-Isomeren, mit Ausnahme der Hydroxybenzoësäuren. Im ganzen genommen sind Verbindungen, welche die Carboxylgruppe enthalten, schwache, dagegen Phenole und Nitroverbindungen relativ starke Antiseptica. Paranitrophenol wirkt von allen untersuchten Verbindungen, α-Naphtol ausgenommen, am stärksten antiseptisch. — **89.** p. 756. **38.** Rep. p. 213.

Natriumsilicio-fluorat wird von Jessopp Bokenham als vorzügliches Antisepticum empfohlen, worauf auch früher schon Thomson und Berens hingewiesen hatten. Aus verschiedenen angestellten Versuchen ging mit Evidenz hervor, dafs eine Lösung im Verhältnifs 1 : 750 die alkoholische Gährung gänzlich verhindert, Lösungen von 1 : 900 bis 1 : 1050 verschieben die Fermentation für gewisse Zeit. Bei der innerlichen Anwendung des Präparates ist Vorsicht zu empfehlen. — British. Med. Journ. **49.** (1891) p. 45.

Einwirkung des Chloroforms auf die Bacterien; v. M. Kirchner. Das Chloroform ist zwar kein Desinfectionsmittel im strengeren Sinne des Wortes, wohl aber ein sehr werthvolles Antisepticum und sehr geeignet zur Conservirung. In gesättigten Lösungen und bei sorgfältiger Hinderung der Verdunstung tritt das Chloroform besonders in Wirksamkeit. Die energische und schnelle Wirkung des Chloroforms auf die Typhus- und Cholerabacterien lassen es rathsam erscheinen, die Leibwäsche, die Ausleerungen, Tische, Gebrauchsgegenstände u. s. w. mit Chloroformwasser bei Typhus- und Choleraepidemien zu behandeln, ferner die Milch und das Trinkwasser aus verdächtigen Brunnen durch einen Chloroformzusatz bis zur Sättigung (0,50 %) von den etwa darin befindlichen Typhus- und Cholerakeimen zu befreien. (Für letzteren Gebrauch müfsten jedenfalls erst umfassende Versuche über die Gesundheitsunschädlichkeit des Chloroforms bei täglichem Genusse angestellt werden. D. Red.) — Ztschr. f. Hyg. Bd. 8. p. 465. **49.** p. 325.

Chloroformwasser verhindert nach Naylor selbst im Sommer Monate lang Pilzbildung auf leicht zersetzlichen Salzlösungen und Infusionen. — **49.** p. 381.

Antiseptol, ein neues Antisepticum und Ersatzmittel für Jodoform, wird von Yvon empfohlen. Es ist das Jodosulfat des Cinchonins und wird dargestellt, indem man 25 g Cinchoninsulfat in 2000 g Wss. löst,

die Lösung mit einer Lösung von 10 g Jod und 10 g Kaliumjodid in
1000 g Wss. versetzt, den entstandenen voluminösen Niederschlag auf
einem Filter sammelt, mit Wss. wäscht, bis das Ablaufwasser kein
Jod mehr enthält, und schliefslich an der Luft trocknet. Das Präparat.
ein sehr leichtes, kermesbraunes, geruchloses Pulver, enthält etwa
50 % Jod und ist in Alkohol und Chloroform löslich, im Wss. dagegen unlöslich. — Nouv. Reměd. **49.** p. 349.

Sterilisirung des Wassers durch Wasserstoffsuperoxyd hat Tromp
empfohlen. Altehöfer fand, dafs zur Vernichtung der gewöhnlichen
Wassermikroben, sowie der pathogenen Mikroorganismen ein $1/10$ %
Zusatz des Wasserstoffsuperoxydes bei 24stündiger Einwirkung genügt.
Einen gesundheitsschädlichen Einflufs hat ein derart sterilisirtes Wss.
selbstverständlich nicht, da sich ja das Wasserstoffsuperoxyd sehr bald
zersetzt. — **39.** p. 633. **49.** p. 325.

Schwefelgewinnung aus Sodarückständen. (Geschichtliches über die Methoden
  von Mond, Schaffner und Hofmann, von Schaffner-Helbig und
  von Chance.) **89.** p. 1034.
J. W. Kynaston und J. Sutherland, Engl. Pat. 5779/1889; Behandlung der
  in der Papierfabrikation wiedergewonnenen Soda. (Verfahren wie Rep. 1890 I.
  p. 215.)
C. Huggenberg; Gewinnung von Fetten aus Abfällen. **122.** p. 545.
J. Keiser; die Schlempekohle und ihre Verarbeitung. **77.** Jahrg. **24.** p. 52.
Th. Pfeiffer; Entsäuerungskalk zum Conserviren des Stallmistes. Hannov.
  Land- u. Forstw. Ztg. No. 9.
J. Stoklasa; die wasserlöslichen Verbindungen der Phosphorsäure in den
  Superphosphaten. **22.** Bd. 38. p. 197. **89.** Rep. p. 292.
G. Raulin; Einflufs der Natur der Bodenerden auf die Vegetation. **9.** t. 112.
  p. 309.
A. Mayer; Tabacks-Düngungsversuche etc. **22.** Bd. 38. p. 89. **89.** Rep.
  p. 292.
H. Schreib; zur Abwasserreinigung. **89.** p. 1323.
Gewerbliche Abwässer. Jahresber. d. königl. preufs. Gewerberäthe f. 1889.
  123. p. 502.
J. C. Bell; Flufsverunreinigungen und die Reinigung der Abwässer durch Elek-
  tricität und andere Methoden. **26.** p. 1101. **34.** (1891) p. 60.
G. Oesten; Ausscheidung des Eisens aus eisenhaltigem Grundwasser. **56.**
  Bd. 34. p. 1343. **89.** Rep. (1891) p. 16.
Stanley Electric Company; Reinigung von Trinkwasser (in einem Elektro-
  lysator mit Kohleplatten und Eisenschienen als Elektroden; Erfolg wohl
  zweifelhaft. D. Red.) **42.** p. 291.
E. Jalowetz; Kesselspeisewässer und eine neue Methode zur Bestimmung der
  freien, der halbgebundenen und gebundenen Kohlensäure im Wasser. **100.**
  p. 110.
C. Piefke; Einrichtung und Betrieb von Filteranlagen. Ztschr. f. Hyg. **123.**
  p. 423.
O. H. Jewell und I. H. Jewell in Chicago, County of Cook, Staat Illinois.
  V. St. A., D. P. 54129; Filter mit Waschvorrichtung. **75.** p. 945.
Firma F. Heuser & Co., Inhaber E. Andre und W. Raydt in Hannover,
  D. P. 54137; Filtrirvorrichtung mit drehbaren, durch Anschwemmen sich
  mit Faserstoffschichten bedeckenden und durch Umstürzen sie abgebenden
  Filterplatten. **75.** p. 945.
A. Carl; Anwendung der Anilinfarbstoffe als Antiseptica. (Methylviolett ist
  nicht unschädlich.) Med. chirur. Rundsch. **24.** (1891) p. 28.

Fr. Holdefleifs; das Knochenmehl, seine Beurtheilung und Verwendung. Berlin. P. Parey.

H. Köhler; Carbolsäure und Carbolsäurepräparate, ihre Geschichte, Fabrikation, Anwendung und Untersuchung. Berlin 1891. Springer.

J. Stilling; Anilin-Farbstoffe als Antiseptica und ihre Anwendung in der Praxis. 2. Mitth. Strafsburg i. E. Trübner.

Seife.

Seife. Engl. Pat. 11817/1889 f. C. R. Huxley, Fulham. Ein Seifengemisch, bestehend aus Stearinsäure, Cocosnufsöl, Pottasche, Soda und Wss. wird der Einwirkung von gasförmigem Ammoniak unter Druck unterworfen. — **89.** p. 1786.

Glycerinseife; v. E. Campe. Flüssige: 150 Olivenöl, 60 Kalilauge (40° Bé.), 75 Ceylonöl, 60 Aetznatronlauge (36—38° Bé.), 100 Spiritus, 50 Wss.; nach der Verseifung wird mit 125—150 Sprit und 200 Glycerin verdünnt, 15 g Borax zugesetzt und mit etwas Jockeyclub parfümirt. Riegelseife: 16 Talg, 16 Ceylon-Cocosöl, 11 Ricinusöl bei 60—65° geschmolzen, zugesetzt bei gleicher Temp.: 22 Aetznatronlauge (37° Bé.), 16 Sprit (90 %) und, nach der Verseifung, 13 Zucker in 13 destillirtem Wss. gelöst. Gefärbt mit etwas Safransurrogat-Lösung oder Chrysoidin (pro kg 5 Tropfen einer Lösung von 5 Chrysoidin in Wss., 10 Sprit 1 : 4). Soll dieselbe als Rosen-Glycerinseife parfümirt werden, so verwendet man pro 50 kg 150 g Palmarosaöl, 20 Bergamottöl, je 5 Geranium- und Nelkenöl, mit oder ohne einen kleinen Zusatz von Moschus-Tinctur. — Chem. u. Drog. **49.** (1891) p. 102.

Darstellung von medicinischer Schwefel- und Theerschwefelseife. Ein entsprechendes Fett wird geschmolzen und in einen auf offenem Feuer stehenden Rührkessel geseiht. Andererseits wird 1 % Schwefelblüthe mit heifser Kalilauge von 25° Bé. zur weichen Pasta angerührt. Man setzt nun der Fettschmelze die erforderliche Menge Kalilauge in einem Strahle, hierauf die Schwefelblüthe und zuletzt das erwünschte Parfüm zu und rührt das Ganze so lange um, bis die Masse zähe und dick geworden ist. Nun bringt man sie in Formen, die man recht warm zugedeckt stehen läfst. Den anderen Tag werden die Formen geöffnet und die erkaltete Seife zerschnitten. Es ist vortheilhaft, der Seife etwas Glycerin zuzusetzen, da sie dadurch an Zartheit und Geschmeidigkeit gewinnt. — Bei der Darstelluug der Theerschwefelseife verfährt man genau in derselben Art, nur nimmt man vom Schwefel etwas weniger und einen entsprechenden Procentsatz von Birkentheeröl, welches man der sich bereits bildenden Seife erst dann zusetzt, wenn die Masse anfängt dick zu werden, während man den Schwefel und das Parfüm vor der Zugabe der Lauge zusetzt. Sollte die Seife beim Formen viel Wärme entwickeln, so wird sie nicht sogleich, sondern erst nach 1 Stde. zugedeckt. — Zur Darstellung medicinischer Schwefelsandseife benützt man das bei Schwefelseife angegebene Verfahren, nur mischt man der Seifenmasse in dem Rührkessel noch 30 % Quarzsand oder in Ermangelung eines solchen Bimsstein zu. und rührt bis zum Steifwerden der Masse. Zum Parfümiren bedient man sich nur billiger Oele und zwar Lavendel- mit Zimmt- oder Nelkenöl. — Seif.-Ztg. **76. 49.** p. 383.

Herstellung flüssiger Seifen.

1 Th. Aetzkali wird in der gleichen Menge Wss. gelöst, mit 4 Th. Oliven- oder Sesamöl und $^1/_4$ Th. Alkohol gemischt und das Gemenge 10 Min. stark geschüttelt; man läfst es 1 Stde. unter öfterem Schütteln stehen, verdünnt alsdann mit der gleichen Wassermenge und filtrirt nach mehrtägigem Stehen. Die Seifen haben die Consistenz von dickem Glycerin, enthalten einen Ueberschufs von Fett und bis zu 70 % Wss. — **40. 49.** (1891) p. 22.

Verfahren und Walzenstuhl zur Herstellung von harten und Toiletteseifen.

D. P. 55065 f. A. und E. des Cressonnières, beide in Brüssel. Die Grundmasse für Toiletteseifen wird nicht mehr wie bisher in Blöcke gegossen, zerschnitten und dann zum Austrocknen zerschabt, sondern sofort nach Austritt aus dem Verseifungskessel in die Form eines dünnen allmählich erstarrenden Blattes gebracht, welches in dem Mafse, wie es entsteht, durch warme Luft getrocknet und in schmale Streifen zerlegt wird, so dafs die Herstellung der zerkleinerten Seife bedeutend weniger Zeit und Handarbeit als sonst erfordert. Zur Ueberführung der flüssigen Seife in die erwähnte Form eines dünnen Blattes dient ein Walzenstuhl von rechtwinkliger Anordnung, d. h. mit theilweise über einander und theilweise neben einander gelagerten Hohlwalzen $H H^1$, welche sich in entgegengesetzter Richtung drehen und zur Rauhung des Seifenblattes eine axiale

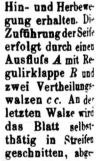

Hin- und Herbewegung erhalten. Die Zuführung der Seife erfolgt durch einen Ausflufs A mit Regulirklappe R und zwei Vertheilungswalzen $c c$. An der letzten Walze wird das Blatt selbstthätig in Streifen geschnitten, abgestrichen und auf Transporttücher T abgeführt. Durch Ventilatoren wird die Temp. in dem Raume, in welchem der Walzenstuhl aufgestellt ist, in seinen verschiedenen Höhenschichten so hoch gehalten. dafs die Seife sofort auf den oberen Walzen erstarrt, während in den unteren Schichten die für die Trocknung der Seife günstigste Temp herrscht. — **75.** p. 170.

Zur Herstellung von Fleckseife verreibt man sorgfältig 30 Th. Borax mit 30 Th. Quillajaextract und rührt in 450 Th. geschmolzene Seife ein. Die Masse giefst man in Büchsen oder formt sie kalt in Stücke. Den Quillajaextract erhält man durch Ausziehen von geraspelter Quillajarinde mit heifsem Wss. und Eindampfen. — **106. 49.** (1891) p. 94.

Maschine zum Schneiden von Seife. D. P. 53901 f. M. Heintz in Verviers, Belgien. Die Seifenschneidmaschine hört selbstthätig auf zu arbeiten, sobald die Vorwärtsbewegung des Seifenriegels oder -stranges aufgehört hat. Der aus einem Mundstücke austretende Seifenstrang drückt nämlich einen beweglichen Anschlag soweit zurück, als die Länge der Seifenstücke betragen soll, und rückt hierdurch eine Kuppelung ein, welche den Schneiderahmen in Thätigkeit setzt, und sodann auch das abgeschnittene Stück Seife selbstthätig zur Seite schiebt. Hört jedoch die Vorwärtsbewegung des Stranges auf, so schnellt der bewegliche Anschlag wieder vor, wodurch die Kuppelung ausgerückt und der Schneiderahmen abgestellt wird. Hauptheile der Kuppelungseinrichtung sind eine zweimal abgesetzte excentrische Scheibe und zwei verschieden grofse halbkreisförmige Führungsstücke für zwei drehbare Gewichtshebel, welche mit der horizontalen Hauptwelle der Maschine rotiren und auf der Scheibe und den Führungsstücken intermittirend schleifen, theilweise die Innenseite, theilweise die Aufsenseite der letzteren bestreichend. — **75.** p. 925. **49.** (1891) p. 87.

Erfahrungen bei Anwendung von Harz zu Riegelseifen. **122.** p. 30.

Zündrequisiten, Sprengmittel.

Zündhölzer ohne Köpfe. D. P. 52842 f. P. Oltósy & Söhne in Wien. Ein gewöhnlicher Holzdraht wird mit seinem Ende in eine Lösung von 20 Th. chlorsaurem Natron, ungefähr 4 Th. schwefelsaurem Ammoniak und ungefähr 2 Th. Gummi oder Zucker oder einem anderen Kohlehydrate in Wss. getaucht. Zur Entzündung solcher Hölzchen dient eine Reibmasse aus rothem Phosphor, Schwefelantimon und Gummi, wie solche bei den bisherigen Sicherheits-(Schweden-)Hölzchen gebräuchlich ist. — **49.** p. 342, (1891) p. 13.

Die Präparirung der Baumwoll-Abfälle zur Herstellung des rauchlosen Pulvers. A. Hertzog schlägt zwei Methoden vor: 1) Die Entfettung auf trockenem Wege durch Aether und nachherige Chlorbleiche, 2) die Entfettung durch Abkochen in Aetznatronlauge unter Druck, Waschen, Chlorbleiche, Waschen, Säuren mit Schwefel-, besser mit Salzsäure, Waschen und Ausringen, dann Trocknen. Bei Fettabfällen sind folgende Manipulationen erforderlich: Abkochen in Kalk-Brühe resp. Kalk-Wasser unter Druck, Waschen, Abkochen unter Druck in

Aetznatronlauge, Waschen, Chlorbleiche, Waschen, Säuren, Ausringen auf der Centrifuge, Trocknen. Bei sehr fetten Abfällen ist mehrmalige Kalkabkochung event. auch Aetznatronabkochung erforderlich. Gelbe Abfälle und ungefärbte haben eine längere, event. zweimalige Chlorbleiche nöthig. — **107**. p. 975.

Rauchschwaches Schiefspulver. D. P. 53420 f. E. von Brauk in Stuttgart. Mischung von 100 Th. chlorsaurem Kali mit ca. 20 Th. Carnaubawachs und 6 Th. Hexenmehl (Lycopodium). — **75**. p. 775. **94**. (1891) p. 22.

Gekörntes rauchloses Schiefspulver, aus Nitrobenzol und Nitrostärke bestehend. D. P. 54434 f. W. Schückher in Wien (vgl. Rep. 1890 I. p. 222). Das durch Verarbeiten von Hand- und in Kugelmühlen hergestellte innige Gemenge von 5—10 % Nitrobenzol mit 90 bis 95 % Nitrostärke wird durch starken Druck in Kuchen gepreſst, welche mittelst Körnmaschinen der Schwarzpulverfabrikation gekörnt, sodann gerundet, polirt und mit Graphit überzogen werden. — **49**. (1891) p. 78.

Apparat zum Nitriren von Baumwolle, Cellulose, Stroh und dergl. D. P. 54077 f. Rheinisch-Westfälische Sprengstoff-Actien-

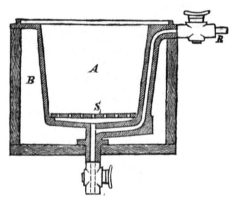

Gesellschaft in Köln a. Rh. Zum Nitriren dient der mit Siebboden *S* versehene und in das Kühlgefäſs *B* eingesetzte Behälter *A* aus Guſseisen oder Blei. Durch Rohr *R* steht derselbe mit einem Säurereservoir und letzteres mit einem Vacuumerzeuger in Verbindung. Nach beendeter Nitrirung wird die Säure in das Reservoir gesaugt, die nitrirte Masse aus dem Nitrirgefäſs entnommen und letzteres wieder mit zu nitrirenden Stoffen gefüllt. Nach Aufhebung der Luftleere läuft dann die Säure aus dem Reservoir wieder in das Nitrirgefäſs zu neuer Verwendung zurück. — **49**. (1891) p. 87.

Herstellung von Sprenggelatine in dünnen Drähten behufs Verwendung derselben als Patronenbesatz. D. P. 53294 (Zus.-Pat. zum D. P. 51189; vergl. Rep. 1890 I. p. 223) f. F. A. Abel in London und J. Dewar in Cambridge, England. Ein weniger gefährliches und stabileres Product wird dadurch erzielt, daſs dem Explosivstoff circa 10 % Tannin oder eines Tannin enthaltenden Stoffes beigemengt werden. Unter Tannin sind hierbei alle Producte zu verstehen, welche im Handel unter diesem Namen oder unter dem Namen Gerbsäure verkäuflich sind. Von diesen Producten ziehen aber die Erf. die Anwendung eines Zusatzes von Gallotannin vor. — **49**. (1891) p. 22. — Identisch mit Engl. Pat. 8718/1889. D. Red.

Schutzmaſsregeln bei Herstellung des Nitroglycerins; v. Scheiding. Es handelt sich bei den Sprengstoffen in erster Linie um

Schutz gegen die Explosionen, dann gegen Körperbeschädigungen, Feuersgefahr und die schädlichen Einflüsse der sauren Dämpfe. Die Schutzmaſsregeln bestehen in geeigneter Einrichtung der App., in der Art des Betriebes, in der Ueberwachung der ertheilten Vorschriften und in der Beschaffenheit der Rohstoffe. — 123. p. 609. 43. p. 460.

Fabrikation von Nitrocellulose. Amer. Pat. 443105 f. G. M. Mowbray, North Adams, Mass. Der Erf. läſst auf dem zu nitrirenden Stoffe ein Nitrat, hauptsächlich Natriumnitrat, krystallisiren, taucht dann die mit dem Salze imprägnirte Cellulose trocken in ein Bad aus Schwefelsäure und Salpetersäure, entfernt sodann die adhärirende Säure durch Waschen mit Wss. und trocknet schlieſslich die fertige Nitrocellulose. — 89. (1891) p. 48.

Vermischen bezw. Vereinigen von Nitrocellulose mit Nitroglycerin, Nitrobenzol u. s. w. D. P. 53296 f. C. O. Lundholm und J. Sayers in Stevenston, Schottland. Um gröſsere Mengen Nitrocellulose, als bisher möglich war, mit Nitroglycerin zu verbinden und eine einheitliche Gelatine zu erhalten, wird die Nitrocellulose in Wss. fein vertheilt und hierzu das Nitroglycerin in feinem Strahle oder zerstäubt zugegeben. Das Wss. wird von der gebildeten Gelatine durch Abgieſsen, Filtriren und Abschleudern geschieden und letztere durch Behandlung mit heiſsen Walzen transparent gemacht. Anstatt nur die Nitrocellulose in Wss. fein zu vertheilen und das Nitroglycerin hinzuzugeben, können beide Bestandtheile für sich in Wss. fein vertheilt und dann beide Flüss. mit einander vermischt werden. In gleicher Weise wie Nitroglycerin kann auch Nitrobenzol, geschmolzenes Dinitrobenzol, Pikrinsäure oder Dinitrotoluol mit Nitrocellulose nach dem neuen Verfahren gelatinirt werden. An Stelle von Wss. können auch Gasolin, Paraffinöl und leichte Petroleumarten als Vertheilungsflüssigkeit verwendet werden. — 49. (1891) p. 37. — Im wesentlichen identisch mit Engl. Pat. 10376/1890. D. Red.

Herstellung eines Nitrocellulose und Ammoniumpikrat enthaltenden Sprengstoffes. D. P. 54528 f. St. H. Emmens in Emmens, County of Westmoreland, V. St. A. Nitrirtes Papier oder solche Papiermasse wird mit einer Lösung von kohlensaurem Ammoniak, darauf mit einer solchen von Pikrinsäure getränkt und sodann der Einwirkung von Ammoniakgas bis zur Sättigung der Pikrinſ. ausgesetzt. — 49. (1891) p. 78.

Sprengstoffe. Engl. Pat. 12427/1889 f. W. E. Liardêt, Cambria, Neu-Süd-Wales, Australien. Zu der Lösung von Pikrinsäure in siedendem Glycerin wird Kalium- oder Natriumnitrat gefügt. Das Gemisch wird beim Erkalten fest oder teigig, und wird dann mit gemahlenem Cedernholz oder anderem Holz gemischt. Schlieſslich behandelt man die Masse mit einer siedenden Lösung von Kaliumnitrat. Event. wird noch Schwefel zugefügt. — 89. (1891) p. 120. — Engl. Pat. 18241/1888 f. G. Frenck. 12,5 Th. Dinitrobenzol, 12,5 Th. Nitrocellulose, je 25 Th. salpetersaures Kalium, Natrium und Baryum. 58. Jahrg. 36. p. 546. — Engl. Pat. 12249/1889 f. J. C. Butterfield, Westminster, und T. C. Batchelor, West Kensington. Ammoniumnitrat wird unter erhitzten Läufern zu Pulver gemahlen und der erforderliche Procentsatz Nitronaphtalin oder Nitrobenzol zugefügt. Der trockene Sprengstoff wird sodann in Metallbüchsen gefüllt, welche man sofort verschliefst, um das Anziehen von Feuchtigkeit zu verhindern. — **89.** (1891) p. 48. — Amer. Pat. 437 499 f. D. Mindeleff. San Francisco, Cal. Der Sprengstoff ist eine Combination von Nitroglycerin, Methylalkohol und Pyroxylin. — **89.** p. 1446.

Nicht hygroskopische Schiefs- und Sprengstoffe, welche als Sauerstoffträger Guanidinsalpeter enthalten. D. P. 54429 f. Fr. Gaens in Schmalenbeck bei Ahrensburg, Holstein. Schiefspulver und Sprengstoffe, die als Bestandtheil Ammoniaksalpeter enthalten, sind ohne schützenden Ueberzug hygroskopisch. Um diesen Uebelstand zu vermeiden, wird bei Herstellung der neuen Schiefs- und Sprengstoffe statt des Ammoniaksalpeters die als Guanidinsalpeter (Guanidinnitrat) bekannte luftbeständige und schwer lösliche Verbindung, welche durch Umsetzung aus Cyanamid mit Ammoniaksalpeter entsteht, verwendet. Hierdurch wird das Ueberziehen solcher Schiefspulver und Sprengstoffe, um sie vor Feuchtigkeit zu schützen, nicht mehr nöthig, während die sonstigen vorzüglichen Eigenschaften dieser Explosivstoffe durchaus erhalten bleiben. — **49.** (1891) p. 86.

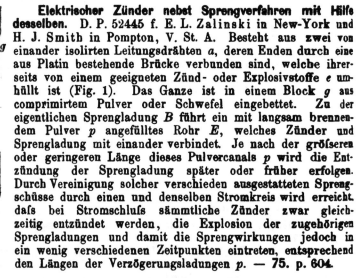

Fig. 1.

Elektrischer Zünder nebst Sprengverfahren mit Hilfe desselben. D. P. 52445 f. E. L. Zalinski in New-York und H. J. Smith in Pompton, V. St. A. Besteht aus zwei von einander isolirten Leitungsdrähten a, deren Enden durch eine aus Platin bestehende Brücke verbunden sind, welche ihrerseits von einem geeigneten Zünd- oder Explosivstoffe e umhüllt ist (Fig. 1). Das Ganze ist in einem Block g aus comprimirtem Pulver oder Schwefel eingebettet. Zu der eigentlichen Sprengladung B führt ein mit langsam brennendem Pulver p angefülltes Rohr E, welches Zünder und Sprengladung mit einander verbindet. Je nach der gröfseren oder geringeren Länge dieses Pulvercanals p wird die Entzündung der Sprengladung später oder früher erfolgen. Durch Vereinigung solcher verschieden ausgestatteten Sprengschüsse durch einen und denselben Stromkreis wird erreicht, dafs bei Stromschlufs sämmtliche Zünder zwar gleichzeitig entzündet werden, die Explosion der zugehörigen Sprengladungen und damit die Sprengwirkungen jedoch in ein wenig verschiedenen Zeitpunkten eintreten, entsprechend den Längen der Verzögerungsladungen p. — **75.** p. 604.

Fig. 2.

Ch. R. E. Bell in Wandsworth, Surrey, England, D. P. 53605; Verfahren und Maschine zur Erzeugung von Zündhölzern. **75.** p. 807.

Nitrirapparat der Nitroglycerinfabrik in Cengio. Amer. Drugg. p. 89.

G. Macroberts; Nobel's rauchfreie Pulver Ballistit und Cordit. (Das erstere besteht aus 50 °/o Nitroglycerin und 50 °/o Nitrocellulosegemischen; das letztere hat eine etwas andere Zusammensetzung und ist in England beim Heer und in der Marine in Gebrauch.) **26.** p. 476.

G. Macroberts; Herstellung von Sprenggelatine. **26.** p. 265.

H. M. Chapman, Engl. P. 1115/1889; gekörnte Sprengstoffe.

Darstellung und Reinigung von Chemikalien.

Darstellung eines haltbaren Ozonwassers. D. P. 52452 f. Firma Dr. Graf & Comp. in Berlin. Das durch Einleiten von ozonisirtem Sauerstoff in Wss. erzeugte Ozonwasser soll dadurch haltbar gemacht werden, dafs dem Wss. vor oder nach der Auflösung des Ozons eine geringe Menge eines Chlorids, z. B. Natriumchlorid, Magnesiumchlorid, zugesetzt wird. — **75.** p. 706.

Darstellung von Wasserstoffsuperoxyd. Amer. Pat. 440 792 f. W. Erwin, Philadelphia. Zu in Wss. suspendirtem, fein gepulvertem Oxyd oder Superoxyd, wie Bleioxyd, Bleisuperoxyd, Mangansuperoxyd etc. wird eine fein gepulverte Substanz, wie z. B. Flufsspath, gegeben, aus welcher unter der Einwirkung einer Säure, wie Schwefelsäure, die zur Zersetzung der Oxyde dienende Säure frei wird, wobei durch Erwärmen und unter Druck, den man event. durch Einpressen von Luft in das geschlossene drehbare Zersetzungsgefäss erzeugt, die Reaction bewirkt wird. — **89.** p. 1677.

Darstellung von Chlor. Engl. Pat. 5488/1890 f. W. Donald in Saltcoats. Das Chlor wird durch Einleiten von Salzsäuregas bei 0^0 in eine Mischung von Schwefel- und Salpetersäure erhalten. Das so gebildete Chlor und Stickstoffsuperoxyd gehen wieder durch Salpeters., in die auch ein zweiter Salzsäurestrom eingeleitet wird. Das Chlor wird durch Passiren eines Salpetersäureskrubbers und von Schwefelf. gereinigt. Die salpetrige Säure wird dann in bekannter Weise wieder zu Salpeterf. oxydirt. — **34.** (1891) p. 62.

Chlordarstellung. Engl. Pat. 881/1889 f. R. H. Steedman und A. J. Kirkpatrick. Kochsalz, Braunstein und Schwefelsäure werden erhitzt und die Lauge zur Wiedergewinnung des Mangans mit Magnesiumcarbonat gefällt. — **58.** Jahrg. 36. p. 502.

Herstellung von Chlor. D. P. 52705 f. R. Dormer. Braunstein wird mit Salzsäure und Schwefelsäure erhitzt, das Mangansulfat mit Chlorcalciumlauge zersetzt in gewöhnlicher Weise und regenerirt ($MnCl_2 + CaO + O = MnO_2 + CaCl_2$); dann wird mit der nöthigen Menge Schwefelf. und äquivalenter Salzf. von neuem erhitzt. — Man kann auch vor der Beendigung der Chlorentwicklung die ganze Menge Chlorcalcium in den Behälter einführen, so dafs der Vorgang folgendermafsen verläuft: $MnO_2 + 2HCl + H_2SO_4 + CaCl_2 = MnCl_2 + 2Cl + CaSO_4 + 2H_2O$. — **58.** Jahrg. 36. p. 502.

Anreicherung der zur Regeneration des Braunsteins verwendeten Manganchlorürlösung an Chlorcalcium. D. P. 53756 f. Salzbergwerk Neu-Stafsfurt in Loederburg bei Stafsfurt. Um für den Weldon-Procefs eine an Chlorcalcium genügend starke Manganchlorürlauge zu erhalten, wird nach dem neuen Verfahren zur Chlorentwicklung mittelst regenerirten Braunsteins eine salzsäurehaltige Chlorcalciumlösung verwendet, welche dadurch erhalten wird, dafs die von der Braunsteinregeneration herrührende Chlorcalciumlösung zur Con-

densation gasförmiger Salzsäure benutzt wird. Auf diese Weise wird
eine schädliche Verdünnung der Manganchlorürlösung, wie sie bisher
durch den Zusatz von Chlorcalciumlösung bedingt wurde, vermieden.
— **49.** (1891) p. 70.

Gewinnung von Chlor und Sauerstoff. Engl. Pat. 5995/1889 f.
D. G. Fitz-Gerald, Brixton, Surrey. Chromsäure wird mit Schwefelsäure und Salzsäure in einer Steingutretorte erhitzt, wobei Chlor entweicht. Der Sauerstoff wird erhalten, indem man das entstandene
Sulfat elektrolysirt, bis der Sauerstoff entwichen ist. Beide erhaltenen Gase, Chlor und Sauerstoff, können gemischt und zu Bleich-
zwecken verwendet werden. — **89.** p. 1205.

Gewinnung von Chlor und Brom mittelst Elektricität. D. P. 53395
f. G. Nahnsen in Hannover. Um eine Einwirkung der bei elektrolytischen Vorgängen erzeugten Halogene auf das Wss. zu verhindern.
werden die Lösungen von Chloriden bezw. Bromiden oder deren Wasser-
stoffsäuren auf mindestens + 7°, vortheilhaft auf 0° und darunter
abgekühlt der Elektrolyse unterworfen und während derselben auf
dieser Temp. erhalten. — **75.** p. 728.

**Behandlung von unreiner Salzsäure zur Gewinnung eines für das
Deacon'sche oder ähnliche Chlordarstellungs-Verfahren tauglichen
Gasgemenges.** D. P. 52262 f. G. Lunge in Zürich und P. Naef in
Northwich, England. Einen Strom von heifser Luft oder Sulfatofen-
gasen läfst man in einem Thurme aufsteigen, durch welchen technische
Salzsäure, insbesondere „Ofensäure" oder andere mit Schwefelsäure
u. s. w. verunreinigte Säure, welche noch besonders erhitzt werden
kann, herabfliefst, so dafs die von unten eintretenden heifsen Gase
und die herabfliefsende Säure in innigste Berührung mit einander
kommen. Hierdurch wird erreicht, dafs oben beständig ein fast gleichmäfsig zusammengesetztes Gasgemenge von Luft und Chlorwasserstoff
entweicht, während am Boden des Thurmes eine unreine, von Chlorwasserstoff fast gänzlich befreite, aber stark erhitzte Abfallsäure abfliefst, welche nach erfolgter Abkühlung von neuem zur Condensation
von Salzs. dienen kann. Diese Abkühlung wird vortheilhaft dadurch
bewirkt, dafs man die heifse Abfallfl. in einem Thurme herabfliefsen
läfst, in welchem ein kalter Luftstrom aufsteigt, welcher sich infolge
dessen erwärmt und zur Gewinnung des Gasgemisches für den Deacon-Procefs u. s. w., wie oben beschrieben, benutzt werden kann. Das
neue Verfahren läfst sich auch auf die schon früher bekannten
ähnlichen Verfahren, welche unter Benutzung von Chlornatrium oder
Schwefelf. mittelst eines Luftstromes aus roher Salzs. ein für den
Deacon-Procefs u. s. w. geeignetes Gasgemenge erzeugen, anwenden.
— **75.** p. 524.

**Nutzbarmachung des beim Aufschliefsen fluorhaltiger Phosphate
auftretenden Fluorsiliciums durch Darstellung künstlichen Kryoliths.**
D. P. 53045 f. Silesia, Verein chemischer Fabriken in Ida- und
Marienhütte b. Saarau, Schlesien. Das beim Aufschliefsen fluorhaltiger
Phosphate entwickelte Fluorsilicium wird durch Wss. in eine Lösung
von Kieselfluorwasserstoff übergeführt und letztere durch Behandlung
mit Thonerdehydrat und kohlensauren oder kaustischen Alkalien in
ein Gemisch von künstlichem Kryolith und Kieselsäure umgewandelt.
— **75.** p. 708.

Sauerstoffentwicklung. Die zu stürmische Sauerstoffentwicklung aus Braunstein und chlorsaurem Kali mildert Landolt durch einen Zusatz von Chlorkalium, z. B. in Gestalt der Rückstände von der früheren Sauerstoffbereitung. Die constante Entwicklung des mit wenig Chlor verunreinigten Gases bedarf keiner Aufsicht. — Ztschr. phys.-chem. Unters. p. 250. **43.** p. 428.

Gewinnung von Sauerstoff. Amer. Pat. 440 777 f. F. Salomon, Essen a. d. Ruhr. Zur Gewinnung von Sauerstoff aus der Luft wird ein Gemisch aus einem Metalloxyd, wie Bleioxyd oder Bleicarbonat, mit einem Erdalkali in einem Luftstrom erhitzt, wodurch der Sauerstoff der Luft absorbirt wird. Sodann treibt man den Sauerstoff durch einen Strom Kohlensäure aus. — **89.** p. 1677.

Zur Herstellung von reinem Schwefelwasserstoff bringt Habermann 1 Th. Schwefelcalcium, 2 Th. krystallisirtes Chlormagnesium und so viel Wss. in eine Flasche, dafs ein dünner Brei entsteht. Zur Einleitung der Gasentwicklung genügt eine sehr kleine Flamme; auch zum vollständigen Erschöpfen des Inhalts ist ein Sieden nicht erforderlich. — **123.** p. 116. **58.** p. 443. — Hampe benützt arsenfreies krystallisirtes Schwefelnatrium und verdünnte (1 : 10) Schwefelsäure, welche die Prüfung im App. von Marsh bestanden hat. Man bringt das feste Salz mit etwas Wss. in eine Woulff'sche Flasche; durch eine Trichterröhre läfst man die verdünnte Schwefelf. in angemessenen Mengen zufliefsen. Das Gas passirt eine Waschflasche mit reinem Wss. oder Sodalösung. — **89. 76.** (1891) p. 50.

Zur Darstellung und Aufbewahrung von Schwefelwasserstoffwasser benützt Kreuz frisch ausgekochtes destillirtes Wss., das er heifs in 200 g fassende Gläser abfüllt und rasch abkühlt. Dann wird Schwefelwasserstoff eingeleitet. — **39.** (1889) p. 538. **24.** p. 118. — Nach Chilton hielten sich Schwefelwasserstoff-Lösungen mit einem 2%igen Zucker- oder 1%igen Salicylsäure-Zusatz 5 Monate vortrefflich. — **8.** vol. 62. p. 180. **76.** p. 935.

Arsenik in Schwefelsäure bestimmte D. B. Dott. 50 ccm Handels-Säure ergaben 0,1945 g Arsensulfid. Vor dem Einleiten von Schwefelwasserstoff wurde starke Salzsäure zugesetzt, um die Fällung von Blei zu verhindern. — **105.** p. 475. **34.** p. 421.

Untersuchungen an Schwefelsäuresystemen. In Fortsetzung der Arbeiten von Hurter, Lunge, Naef und Sorel-Lunge hat Retter Versuche an vier Schwefelsäuresystemen (zwei mit Einkammer- und zwei mit Zweikammerbetrieb) angestellt, wobei sich ergeben hat, dafs das allerdings weniger Blei erfordernde Einkammersystem dem mehrkammerigen System gegenüber unökonomischer arbeitet wegen erheblich geringerer Productionskraft und unregelmäfsigeren Betriebes. Schon die Theilung einer Kammer in zwei kleinere erhöht die Productionsfähigkeit um 40 %. — **123.** p. 3. **43.** (1891) p. 59.

Gewinnung von Chlorschwefel und Schwefelalkali. D. P. 49628 f. L. Bémelmaus. Man läfst Schwefel auf geschmolzenes Chlornatrium einwirken ($2 NaCl + S_2 = Na_2S + Cl_2S$). Ist die Temp. nicht hoch genug, so entsteht freies Chlor ($2 NaCl + S = Na_2S + Cl_2$). — **123.** p. 58. **58.** Jahrg. 36. p. 444.

Als Verbesserung in der Salpetersäure-Fabrikation empfiehlt O. Guttmann statt der Tourilles senkrechte cylindrische Röhren, die im kleinsten Raum die gröfste Kühlfläche bieten. Das letzte Rohr führt zu einem Lunge-Rohrmann'schen Thurm. Mit Hilfe dieser Batterie von Röhren kann man die Destillation beliebig heifs treiben. Vorzug: bei halber Arbeitszeit und $1/4$ soviel Raum weit bessere Salpetersäure (93—94%). Die Urheberschaft dieser Verbesserungen nimmt R. Nahnsen für sich in Anspruch, indem er „durch Aenderung der Arbeitsweise" statt in 24 Stunden nach dem alten System bessere Säure in 12 Stdn. erhielt. Damals wurde Guttmann von ihm darauf aufmerksam gemacht, dafs man die Tourilles ganz fortlassen und ausschliefslich Röhrenkühlung anwenden könnte. Gegen das „beliebig heifs" treiben als den gröfsten Fehler verwahrt er sich mit H. Andersch ganz energisch. — **123.** p. 507, 619, 700. **31.** p. 404.

Salpeterbildung. P. F. Frankland gab zur Reincultur des Fermentes der Salpeterbildung, Bacillo-coccus genannt, in verdünnten ammoniakalischen Lösungen eine Spur Gartenerde. Die so erhaltene sog. Reinzucht leitete durch 24 Generationen Salpeterbildung ein. Auf Gelatine gedeihen diese Mikroorganismen nicht. — R. Warington findet, dafs dieser cultivirte Bacillo-coccus nur salpetrige Säure bildet. — **8.** vol. 61. p. 135. **58.** Jahrg. 36. p. 510.

Fabrikation von Phosphor und Alkalisilicaten aus Roh-Phosphaten oder Knochenasche. Franz. Pat. 203 942 f. Folie-Desjardins, Toulouse. Man glüht die Kalk- und Thonerdephosphate mit Alkalicarbonat, laugt das Phosphat aus, dampft es ein, pulverisirt und glüht es mit Sand und Kohle, wobei der Phosphor bei Rothgluth überdestillirt. — **89.** p. 1370.

Fabrikation von Phosphor. Engl. Pat. 10437/1889 f. T. Parker und A. E. Robinson, Wolverhampton. Phosphor wird gewonnen durch Reduction eines Gemisches von natürlichen Phosphaten und Kohle durch den elektrischen Strom bei Gegenwart von geschmolzenem Eisen oder Kupfer. — **89.** p. 1604.

Herstellung von Hypophosphiten. Engl. Pat. 20 392/1889 f. J. A. Kendall in London. Um die Hypophosphite verschiedener Metalle zu erhalten, ist es vortheilhafter, dem Phosphor Kohle beizumischen, bevor man ihn zum Kalk oder einem sonstigen Hydrat zusetzt. Die gepulverte Kohle wird mit Wss. zu einem dünnen Brei angerührt und unter Erhitzen und Schütteln mit dem Phosphor gemischt. Nach dem Abkühlen wird das Gemisch mit dem betreffenden Hydrat bis zur Beendigung der Reaction erhitzt. — **34.** (1891) p. 62.

Fabrikation von Doppelsalzen des Antimonfluorürs. D. P. 53618 f. O. Froelich in Dessau. Ein Gemenge von gepulvertem Antimonerz, Flufsspath und Alkalinitrat wird mit Schwefelsäure von circa 50^0 Bé. behandelt; hierbei entsteht je nach den Mengenverhältnissen entweder das neutrale Doppelfluorid $(SbFl_3RFl)$ oder das saure schwefelsaure Doppelsalz $(SbFl_3 \cdot R \cdot HSO_4)$, welche durch Auslaugen von dem Rückstand, im besondern Gyps und Schwefel getrennt werden. Durch Neutralisiren mit dem entsprechenden Alkali wird das saure schwefelsaure Doppelsalz in das neutrale übergeführt. — **75.** p. 761. **49.** p. 22.

Verflüssigen der Kohlensäure. D. P. 52811 f. P. Böfsneck. Kohlensäure wird in einem Röhrensystem dem erforderlichen Druck ausgesetzt, wobei sich das dazu verwendete Schlangenrohr in einer durch künstliche Kälte auf niedriger Temp. gehaltenen Salzlösung befindet. — 123. p. 555. 58. p. 566.

Die Alkalisulfite des Handels untersuchte C. H. Bothamley. Normal-Natriumsulfit enthält häufig Carbonat und Sulfat, die von unvollkommener Sättigung mit schwefliger Säure, ungenügendem Schutze gegen Oxydation und der Verwendung von unreinem Alkalicarbonat oder -hydroxyd bei der Bereitung herrühren. Kaliumbisulfit scheint ebensowenig wie das normale Kaliumsalz kein gewöhnlicher Handelsartikel zu sein. Die Bisulfite scheinen im reinen Zustande noch nicht dargestellt zu sein; auch gelang Verf. ihre Gewinnung nicht. Die Bisulfite verwandeln sich selbst in Lösung leicht in Anhydrosulfite. Die Anhydrosulfite kommen in kleinen und in grofsen, gut ausgebildeten Krystallen in den Handel. Das sogen. Natriumbisulfit des Handels ist äufserst unrein; daher ist, sobald ein reines saures Sulfit erforderlich, die Verwendung der Anhydrosulfite in grofsen, gut ausgebildeten Krystallen zu empfehlen. — 31.

Herstellung von Kaliummagnesiumsulfat und Chlorkalium. D. P. 53237 f. J. W. Dupré. Die von der Kaïnitverarbeitung herrührende Mutterlauge aus auch direct heifs bereitete Kaïnitlösung wird in zwei Theile getheilt; 1 Th. ($^1/_3$—$^1/_2$) wird siedend mit so viel Sylvinit behandelt, dafs auf 1 Mol. das zur Herstellung der gesammten Laugenmenge angewendeten Kaïnits 1 Mol. Chlorkalium kommt. Die heifse Lösung wird vom Steinsalz des Sylvinits getrennt und mit dem Rest obiger Lösung vermischt. Beim Erkalten scheidet sich Kaliummagnesiumsulfat aus. — 123. p. 535. 58. Jahrg. 36. p. 470.

Darstellung von Kaliumcarbonat. D. P. 52163 (Zus.-P. zum D. P. 47037; vgl. Rep. 1889 I. p. 200) f. F. W. Dupré in Stafsfurt. Statt Kaliumsulfat wird das Doppelsalz Kaliumnatriumsulfat zur Darstellung von Kaliumcarbonat aus Kaliumsulfat und Natriumcarbonat verwendet. Die Darstellung dieses Doppelsalzes erfolgt vortheilhaft aus unreinem Chlorkalium (Sylvinit) und Glaubersalz in wässeriger Lösung und mittelst Druckes von 1$^1/_2$—3 atm., wodurch das Glaubersalz wieder in das Allgemeinverfahren eingeführt wird. Auch aus Schönit (Kaliummagnesiumsulfat) und Chlorkalium läfst sich Kaliumnatriumsulfat erhalten, desgl. aus Kaïnit und Chlorkalium. Auch die Darstellung von reinem Kaliumsulfat mittelst Chlorkalium und Ammoniumsulfat bietet besondere Vortheile bei Benutzung des D. P. 47037. Die hierbei erhaltene Lösung von Chlorammonium kann nach bekannten Verfahren (Einleiten von Ammoniak und Kohlensäure in eine Glaubersalzlösung) zur Ueberführung des Glaubersalzes in Natriumcarbonat Verwendung finden und so das zu dem Verfahren nach D. P. 47037 nothwendige Natriumcarbonat liefern, während das hierbei regenerirte Ammoniumsulfat wieder zur Ueberführung neuer Mengen Chlorkaliums in Kaliumsulfat benutzt wird. Auf diese Weise ausgeführt, würde zur Gewinnung von Kaliumcarbonat nach D. P. 47037 Chlorkalium (und Kohlenf.) als Rohstoff dienen und Ammoniumsulfat und Glaubersalz als eiserne Bestände der Fabrikation geführt werden. — 75. p. 587. — 113. Bd. 14. p. 29. 49. p. 350.

Darstellung von Natriumsulfat aus Kryolith mittelst Gyps. D. P.
52636 f. H. Bauer in Stuttgart. Kryolith wird entweder mit Gyps
zusammengeschmolzen oder in Gegenwart von Wss. mit demselben
erhitzt. In beiden Fällen wird Natriumsulfat und Fluorcalcium gebildet, während das Aluminiumfluorid intact bleibt. Im ersteren Falle
wird die Schmelze ausgelaugt und die Sulfatlösung, wie auch im
zweiten Falle, zur Krystallisation eingedampft. Der Rückstand, aus
Fluoraluminium und Fluorcalcium bestehend, wird auf Aluminiumsulfat und Flufssäure bezw. Ammoniumfluorid verarbeitet. — **75.** p. 621.
113. Bd. 13. p. 314.

Darstellung von Natriumnitrit. D. P. 52260 f. J. Grofsmann
in Manchester. Durch Schlämmen von beigemischter Kohle und Kohlen-
asche befreiter Sodarückstand, also im Wesentlichen Schwefelcalcium,
wird mit Natronsalpeter im Verhältnifs von CaS zu 4 NaNO₃ zusammengeschmolzen und die Schmelze mit Wss. ausgelaugt. Die erhaltene Lauge enthält neben Natriumnitrit und unzersetztem Salpeter
noch schwefelsauren Kalk und etwas Aetz- und kohlensaures Natron
in Lösung. Durch Eindampfen und Stehenlassen läfst sich der
schwefelsaure Kalk zum gröfsten Theil abscheiden; was davon noch
in Lösung bleibt, kann durch Soda zersetzt werden. Aus der so gereinigten Lauge wird das Nitrit in üblicher Weise rein gewonnen. —
49. p. 366.

Behandlung von Rohsoda und Rückständen derselben. Engl. P.
6968/1889 f. J. Hargreaves, T. Robinson und J. Hargreaves,
Widnes, Lancashire. Die Rohsoda wird in Behältern, welche derart
zu Reihen angeordnet sind, dafs jeder der Behälter ausgeschaltet
werden kann, ausgelaugt, wobei indefs ein geringer Betrag an löslicher Soda in den Rückständen verbleiben mufs. Der die erschöpfte
Rohsoda enthaltende Behälter wird ausgeschaltet und bildet den letzten
einer frischen Reihe ähnlicher Behälter, welche ebenfalls Rückstände
enthalten. Letztere werden mit Kohlensäure unter Druck behandelt,
nachdem sie mittelst Wss. in einen Brei verwandelt sind. Es entweicht Schwefelwasserstoff, während unreines Calciumcarbonat hinterbleibt. Der verdünnte Schwefelwasserstoff und Luft werden für sich
erhitzt und in eine Verbrennungskammer geleitet, wodurch Schwefel
und schweflige Säure gebildet werden; um allen ursprünglichen
Schwefelwasserstoff in Schwefel umzuwandeln, werden die hinterbleiben-
den Gase, nach der Condensation des Schwefels, gekühlt, dann gewaschen und schliefslich auf 204⁰ C. erhitzt. Soll schweflige Säure
hergestellt werden, so ist die erforderliche Luftmenge zuzuführen.
Das in dem App. verbliebene unreine Calciumcarbonat wird in demselben Behälter (der zuerst aus der Reihe ausgeschaltet ist) mit erhitzter Luft, Wss., Kalk und Dampf behandelt, um die unlöslichen
Schwefelverbindungen zu lösen. Das so gereinigte Carbonat wird sodann auf ein Sieb gebracht, filtrirt, gewaschen, mit ⅓ seines Gewichtes
an Thon gemengt und geröstet, behufs Gewinnung von Cement. —
89. p. 1370.

Sodaschmelzen. L. Jahne versuchte der Sodaschmelze Koks
statt Kohle zuzusetzen, in der Annahme, dafs Koks stickstofffrei sei,
und so die Bildung von Ferrocyankalium vermieden würde. Der
Eisengehalt der Lauge war sehr gering. Praktisch wird Koks trotzdem

kaum Verwendung finden, weil die Schmelzen viel länger dauern als mit Kohle. — **28.** Bd. 273. p. 571. **58.** Jahrg. 36. p. 488.

Bereitung von Boraxglas durch die Wirkung von Borsäure auf Natriumchlorid. H. N. Warren findet, dafs beim Eintragen von Borsäureanhydrid in geschmolzenes Kochsalz Salzsäure entwickelt wird, noch reichlicher, wenn man an Stelle von Borsäureanhydrid Borsäure anwendet. Man gebraucht die Hälfte der Kochsalzmenge an Borsäure. Nach dem Erkalten wird die Kruste entfernt und man erhält so ein kochsalzfreies Glas mit bis 50 % geschmolzenem Borsäureanhydrid. Da die feuchte Säure bessere Resultate zu geben schien, so blies man Dampf ein und brachte hierdurch den Gehalt an Borax auf 80 %. — **8.** vol. 62. p. 181. **34.** p. 372.

Verfahren nebst Apparat zur Abscheidung von Eisen aus Thonerde-, Erdalkali- und Alkalisalzen auf elektrolytischem Wege. D. P. 53392 f. N. v. Klobukow in München. Bei dem bekannten Procefs der Abscheidung von Eisen aus Salzlösungen auf elektrolytischem Wege wird Quecksilber als negative Elektrode angewendet, um eine

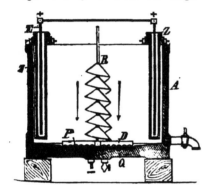

Amalgamation des abgeschiedenen Eisens und gleichzeitig eine Reduction der Ferrisalze zu Ferrosalzen zur Unterstützung des elektrolytischen Reductionsprocesses zu bewirken. Dies geschieht in einem Behälter *A* aus Steinzeug, Holz oder dergl.; *E* sind die in porösen Thonzellen oder anderen porösen Membranen *Z* eingeschlossenen positiven Elektroden aus Graphit und dergl., *Q* ist die in einer Vertiefung des Bodens auf einer eisernen Contactscheibe *P* ausgebreitete Quecksilberschicht, die als negative Elektrode dient. *R D* ist ein Rührwerk, das sowohl zur Bewegung des Elektrolyten nach der Quecksilberelektrode hin, als auch zur Bewegung der Oberfläche der letzteren selbst mittelst der auf dem Quecksilber schwimmenden, unten ausgeschnittenen Holzleiste *D* dient. — **75.** p. 857. **113.** Bd. 14. p. 18. **49.** (1891) p. 13.

Gewinnung von Ammoniaksalzen. Engl. Pat. 5703/1890 f. H. J. Kirkman, Swansea. Erf. benutzt das bei der Fabrikation von Schwefelsäure und Salpetersäure als Nebenproduct erhaltene Natriumbisulfat zur Absorption von Ammoniak, wodurch ein Gemisch von Natrium- und Ammoniumsulfat resultirt. Das Bisulfat kann in fester Form oder in Lösung angewendet werden. Man kann es der ammoniakhaltigen Flüss. zusetzen, wie auch zur Absorption des durch Destillation entwickelten Ammoniaks verwenden. Aus dem erhaltenen Salzgemisch gewinnt man die beiden Salze durch Krystallisation, oder man verdampft zur Trockne und benutzt das Gemisch für landwirthschaftliche oder andere Zwecke. — **89.** p. 1205. — Engl. Pat. 18356/1889 f. E. Bowen, Swansea. In die Mischung von Kalk und Ammoniaklösung

wird erhitzte Luft eingeblasen. Die Mischung der Dämpfe fällt das
in Säure gelöste Eisenoxydul vollständig, so dafs eine klare Lösung
des Ammoniaksalzes erhalten wird. — **34.** (1891) p. 62.

Darstellung von Ammoniumnitrat. Engl. Pat. 8841/1889 f. C. A.
Burghardt, Manchester. Eine Lösung von Ammonsulfat wird mit einer
äquivalenten Menge Bleinitratlösung gemischt, wodurch Bleisulfat fällt
und Ammonnitrat entsteht. Beide Producte werden getrennt, und das
letztere wird concentrirt. — **89.** p. 1538. — D. P. 53364 f. C. Roth in
Hennickendorf, Post Tasdorf-Rüdersdorf. Aequivalente Mengen von
Ammoniumsulfat und Alkalinitrat werden in Abwesenheit von Wss.
1 Stde. lang auf 160—200⁰ erhitzt, worauf das über dem in fester
Form am Boden des Gefäfses abgesetzten Alkalisulfat befindliche
flüssige Ammoniumnitrat durch Absaugen oder Ausschleudern auf einer
heizbaren Centrifuge von dem Alkalisulfat getrennt wird. — **49.**
(1891) p. 22.

Reinigung von wasserfreien Aluminium-Doppelchloriden von Eisen.
D. P. 52770 f. H. Young Castner in London. Den geschmolzenen
Doppelchloriden wird soviel Aluminium, Natrium oder Kalium in fein
vertheiltem Zustande zugesetzt, als erforderlich ist, um das die Schmelze
verunreinigende Eisen aus seiner Verbindung als Ferro- oder Ferrichlorid in metallischem Zustande abzuscheiden. — **75.** p. 735.

**Verfahren und Apparat zur Herstellung von reinem Natrium-
Aluminat, -sulfat- und -carbonat, sowie von Aetznatron aus Bauxit.**
D. P. 52726 f. F. Laur in Paris. Bauxit und Kohle werden mit gerade so viel Natriumsulfat geschmolzen, dafs aller Schwefel und alles
Eisen als Schwefeleisen gebunden werden kann, und der Schmelze
wird so viel Natriumcarbonat oder -hydroxyd zugefügt, dafs wenigstens ein Theil des normalen Aluminats sich bei der folgenden Auslaugung, die unter Druck bei 140—150⁰ geschieht, in das Aluminat
$Na_6Al_4O_9$ umsetzt. Die erhaltene concentrirte Lösung wird in bekannter Weise entweder auf Aluminat oder Carbonat, Thonerde u. s. w.
verarbeitet. Die Auslaugung der Aluminatschmelze geschieht in einer
Kugelmühle, welche mit einer Filtrirvorrichtung versehen ist, durch
welche die gebildete Lösung direct unter Druck aus dem Auslauger
ausgetrieben werden kann. Die Trennung der durch Einleiten von
Kohlensäure in die Aluminatlösung erhaltenen Thonerde von der
Sodalösung geschieht in einem Scheidetrog und schliefslich mittelst
Schleuder. — **49.** (1891) p. 7.

Fabrikation von Thonerdesulfat. Amer. Pat. 443 685 f. H. W.
Shepard, Camden, N.-Y. Zu Schwefelsäure wird soviel Bauxit oder
anderer thonerdehaltiger Rohstoff gegeben, dafs basisches Thonerdesulfat entsteht, worauf man die heifse teigige Masse mit einer für die
Reduction des löslichen Eisens zu Oxydul genügenden Menge Alkali-
oder Erdalkalisulfid (rohes Calciumsulfid) mischt. Sodann wird die
Masse mit Wss. verdünnt, das gelöste Sulfat von den nicht gelösten
Verunreinigungen getrennt und die Lösung eingedampft. — **89.** (1891)
p. 79.

Verbesserungen in der Herstellung von Alaun. Engl. Pat. 17688/1889
f. F. M. und O. D. Spence in Manchester. Eine heifse, hochconcentrirte
Natriumalaunlösung, erhalten durch Lösen von Kochsalz in Eisenoxyd-

thonerdesulfat, wird in eine kalte concentrirte Lösung desselben Salzes im Verhältnifs von 2 : 1 gebracht. Beim Abkühlen wird ein Magma erhalten und beim Durchrühren entstehen Krystalle. Nach Entfernung der überschüssigen Eisenmenge stellt die Mutterlauge die erwähnte kalte Alaunlösung dar. — **34.** (1891) p. 55.

Darstellung von Natronalaun. D. P. 52836 (Zus.-Pat. zum D. P. 50323; vgl. Rep. 1890 I. p. 243) f. E. Augé in Montpellier, Frankreich. Bei dem Verfahren wird der Uebelstand, dafs der bei 0^0 C. krystallisirende Alaun einen grofsen Ueberschufs von Natriumsulfat enthält, infolge dessen der Thonerdegehalt von den geforderten $11{,}_{20}$ % auf 7 % sinken kann, ferner der erhaltene Alaun sehr stark verwittert und nach wenigen Tagen in Staub zerfällt, dadurch vermieden, dafs die Temp. im Krystallisationsraum über 10^0 C. erhalten wird. Zugleich mufs dieselbe unter 25^0 C. bleiben, weil bei 28^0 C. schon gar keine Krystallisation mehr oder wenigstens eine industriell nicht verwerthbare stattfindet. 15^0 sind eine gute Arbeitswärme, bei welcher ein Alaun entsteht, der, mit gleich warmem Wss. gewaschen, sich Monate lang mit Gehalt von $11{,}_{20}$ % Thonerde hält, ohne zu verwittern. Vortheilhaft ist es, einen kleinen Ueberschufs Aluminiumsulfat in die Lösung zu bringen. Um eisenfreien Alaun zu erhalten, mufs man Natronsulfat verwenden, dessen Eisen durch Soda, Kalk etc. gefällt ist. Das Sulfat kann durch das Bisulfat und selbst durch das Chlorid ersetzt werden, jedoch ist die Anwendung des neutralen, wasserfreien oder wässerigen Sulfats vorzuziehen. — D. P. 53 570. Eine Lösung von schwefelsaurer Thonerde und wasserfreiem schwefelsauren Natron wird bei einer unterhalb des Siedepunktes der Lösung liegenden Temp. bis auf ca. 41^0 B. eingedampft und auf polirte Marmor- oder Bleiplatten in Schichten von ca. 3—5 cm Dicke ausgegossen. Nachdem diese dünnen Schichten teigig erstarrt sind, werden sie von den Platten abgehoben und auf geneigte, mit Rinnen versehene ebensolche Platten von neuem aufgeschichtet. Nach längerer Zeit bilden sich an dem Teig Krystalle von Natronalaun, von welchen die fast das gesammte Eisen enthaltende Mutterlauge abläuft, worauf die Krystalle abgeschleudert werden. — **49.** (1891) p. 22, 37. **75.** p. 774.

Darstellung von Eisenoxyden. Engl. Pat. 10142/1890 f. A. S. Ramage, Widnes, Lancashire. Eine Ferrosalzlösung wird durch Einblasen von Luft oder Zufügen von Chlorkalk oxydirt und das Oxyd durch Kalk gefällt. Das entstehende Gemisch von $^1/_3$ Eisenoxyd und $^2/_3$ Eisenoxydul wird filtrirt und gewaschen und sodann in einem Flammofen unter beschränktem Luftzutritte erhitzt. — **89.** p. 1604.

Gewinnung von Eisensulfat. Engl. P. 8862/1889 f. W. Thorp, Middlesex. Die Dämpfe von Schwefelsäure und schwefliger Säure, welche beim Rösten gewisser Sulfate und Sulfide, sowie in anderen Processen entstehen, werden zusammen mit Luft durch einen oder mehrere Thürme aufwärts geführt, welche aus Steinen oder aus Holz mit Bleifütterung bestehen. Die Thürme sind mit Eisenabfällen gefüllt, und von oben fliefst Wss. oder verdünnte Eisensulfatlösung herab. Es resultirt eine starke Lösung von Eisensulfat. — **89.** p. 1538.

Wirkung von Kohlenoxyd auf Nickel. Nach L. Mond, C. Langer
und F. Quincke oxydirt fein vertheiltes Nickel grofse Mengen Kohlenoxyd zu Kohlensäure, schliefslich bleibt ein schwarzes Pulver von 85 $\%$ C.
und 15 $\%$ Ni zurück, während mit der Kohlenf. eine bei 43^0 flüchtige
Kohlenoxyd-Nickelverbindung (Ni(CO)$_4$) entweicht, die bei — 25^0 zu
Krystallnadeln erstarrt. Sie ist in Benzin löslich und reducirt alkalische Silber- und Kupferlösung. — 105. p. 154. 39. p. 555.

Chromchlorid. Nach A. Vosmaer läfst sich durch Ueberleiten
von Chlor über erhitztes Ferrochrom bequem Chromchlorid Cr$_2$Cl$_6$ in
beliebigen Mengen darstellen. Man kann das Präparat auf diese Weise
in reinem Zustande gewinnen, denn in einem gläsernen Verbrennungsrohr läfst sich die Scheidung desselben von Eisenchlorid und von
Manganchlorür leicht durchführen, da das Eisenchlorid viel leichter.
das Manganchlorür aber viel schwerer flüchtig ist. — 37. p. 324.
58. Jahrg. 36. p. 561.

Darstellung von Kupferoxydammoniak. Engl. P. 7716/1889 f.
C. F. Hime in London und J. H. Noad, East Ham. Essex. In einen
mit Ammoniak gefüllten Behälter giebt man Kupferabfälle, welche mit
dem einen Pol einer Dynamomaschine oder elektrischen Batterie ver-
bunden werden. In die Flüss. werden poröse Zellen gestellt, welche
Elektroden enthalten, die mit dem andern Pol verbunden sind. Beim
Durchleiten des Stromes löst sich das Kupfer unter Bildung einer
Lösung von Kupferoxydammoniak. — 89. p. 1446.

Darstellung von Bleichlorid. D. P. 52620 f. W. Shapleigh,
Cambden, New-Yersey, V. St. A. Bei der Auflösung des Bleis in ver-
dünnter Salpetersäure und bei dem Fällen mit Salzsäure wird behufs
Oxydation der gebildeten niederen Stickstoff-Sauerstoffverbindungen
Luft eingeblasen. — 49. p. 397.

Darstellung von Bleisuperoxyd. Engl. P. 11962/1889 f. P. Naef,
Northwich, Cheshire. Der Erfinder stellt zunächst ein Alkali- oder
Erdalkaliplumbat her, entweder durch Erhitzen von Bleioxyd mit
Alkali- oder Erdalkalinitraten und Hydraten, besonders mit Natriumnitrat und Aetznatron, oder durch Einblasen von Luft in ein erhitztes
Gemisch aus Bleioxyd und einem Alkali- oder Erdalkalioxyd. Das
erhaltene Plumbat zersetzt man durch Erhitzen mit verdünnter causti-
scher Lösung, oder mit Wss. mit oder ohne Zusatz von Kohlensäure
oder einer anderen Säure. Um das Peroxyd in fein vertheiltem Zustande zu erhalten, wird dichtes Peroxyd mit hochconcentrirter causti-
scher Lösung erhitzt. — 89. (1891) p. 47.

Verfahren und Apparat zur Fabrikation von Bleisulfat. D. P. 53093
f. J. B. Hanney in Cove Castle, Loch Long, Schottland. Das Erz
wird eventuell unter fortwährender Zuführung von Schwefel in einem
Gasgenerator vergast. Das Erz wird mit dem Koks, mit welchem der
Vergasungsofen gefeuert wird, schichtenweise aufgegeben, die Generator-
gase entweichen mit den aus dem Erz entwickelten Gasen in eine Verbrennungskammer, welcher Luft zugeführt wird. In dieser Kammer
verbrennen die brennbaren Gase, und es bildet sich zugleich schwefelsaures Bleioxyd. Aus der Verbrennungskammer gehen die Gase mit
dem schwefelsauren Bleioxydrauch durch einen verticalen Canal, in
welchem sich ein Theil des schwefelsauren Bleioxyds niederschlägt,

zu einem Condensator, in welchem durch einen Dampf-Injector die Gase und der Rauch gezwungen werden, durch Wss. zu strömen. In dem Wss. wird der gröfste Theil des schwefelsauren Bleioxyds abgesetzt. Die Mischung von schwefelsaurem Bleioxyd und Wss. wird aus dem Condensator abgeleitet oder herausgepumpt, längere Zeit mit Wss. gewaschen und dann getrocknet, worauf sie zum Gebrauch fertig ist. — **49.** p. 382.

Fabrikation von Bleisalzen. Engl. P. 11926/1888 f. W. E. B. Blenkinsop, Battersea, und F. M. Lyte, London. Die Erzeugung von basischem Bleicarbonat, Chlorid, Phosphat, Oxalat, Silicat, Borat oder anderen unlöslichen oder kaum löslichen Bleisalzen besteht in der Umwandlung von basischem Bleisulfat oder einem anderen basischen Bleisalz durch Doppelzersetzung mit einem Salze, dessen elektronegativer Bestandtheil denjenigen des herzustellenden Salzes bildet und von dem des behandelten Salzes verschieden ist. Um beispielsweise basisches Bleicarbonat zu erhalten, läfst man Magnesium- oder Natriumcarbonat in geringem Ueberschusse auf basisches Bleisulfat einwirken. — **89.** p. 238.

Zur Darstellung von Cyankalium mischt H. N. Warren Schwefelkohlenstoff mit dem gleichen Volum Mineralöl und Wss. und leitet Ammoniakgas ein, bis aller Schwefelkohlenstoff in Ammonsulfocarbonat übergeführt ist. Die Lösung wird von dem Oel getrennt, zu letzterem eine frische Menge Schwefelkohlenstoff gegeben und wieder Ammoniak eingeleitet. Die das Ammonsulfocarbonat enthaltende Lösung wird gekocht, bis alles Schwefelammon vertrieben ist, wobei das Sulfocarbonat in Ammonsulfocyanat umgewandelt wird. Zu dieser Lösung giebt man, während sie noch heifs ist, hinreichend Kali und erhitzt weiter, so lange gasförmiges Ammoniak entweicht, das zur Darstellung einer weiteren Quantität von Ammonsulfocarbonat dient. Die erhaltene Lösung von Rhodankalium wird zur Trockne verdampft und das Salz in einem tiefen Tiegel mit Bleiglätte auf matte Rothgluth erhitzt, wodurch das Rhodankalium unter Bildung von PbS in Kaliumcyanat übergeführt wird. Nachdem der Tiegelinhalt sich gesetzt hat, decantirt man die Schmelze in einen zweiten Tiegel mit perforirtem Deckel, in welchem man sie mit Kohle auf Rothgluth erhitzt, bis keine Spur Kohlensäure oder Kohlenoxyd mehr entweicht. Das so erhaltene Cyankalium wird in geeignete Formen gegossen. — **8.** vol. 62. p. 252. **89.** Rep. p. 337.

Neuerung in der Herstellung von Kohlenstofftetrachlorid. Engl. P. 18990/1889 f. W. H. und J. D. Lever und E. J. Scott. Man leitet trockenes Chlor in langsamem Strome in Schwefelkohlenstoff, in dem 2—12 % Jod gelöst sind. Die Reaction erfolgt nach der Gleichung: $CS_2 + 6Cl = CCl_4 + S_2Cl_2$. Das Jod wirkt als Chlorüberträger. Wenn das ursprüngliche Volumen des Kohlenstoffdisulfids sich um das Dreifache vermehrt hat, destillirt man, wobei zuerst das Kohlenstofftetrachlorid übergeht. Dasselbe wird fractionirt, mit Alkali gewaschen und wieder destillirt. Das Jod wird aus dem alkalischen Waschwasser wiedergewonnen, Brom und Phosphorpentachlorid an Stelle von Jod sind weniger wirksam. — **34.** (1891) p. 6.

Darstellung neutraler Thiole. D. P. 54501 f. E. Jacobsen in Berlin. Die nach D. P. 38416 (s. Rep. 1887 I. p. 260) dargestellten Thiole werden mit Schwefelsäure von 1,844 spec. Gew. und von 81,90 % SO_3-Gehalt behandelt, in Wss. gelöst und durch Dialyse gereinigt. Durch Eindampfen des gereinigten Thiols bei 70° C. oder im Vacuum wird ein trockenes, nicht hygroskopisches Präparat erhalten. — **75.** p. 1000.

Gewinnung von Methylalkohol und Essigsäure aus gedämpftem Holzschliff. D. P. 52659 f. F. C. Alkier in Wieselburg a. d. Erlauf, Nieder-Oesterreich. Dem auf der Papiermaschine zu verarbeitenden Stoff werden diejenigen Abwässer zugeführt, welche bei Gewinnung des gedämpften Holzschliffes entstehen und dabei eine gewisse Menge Methylalkohol und Essigsäure aufgenommen haben. Dies wird solange fortgesetzt, bis die Abwässer eine gewisse Concentration erreicht haben. Dann werden sie durch Soda neutralisirt, und der Methylalkohol wird abdestillirt, während der Rückstand zu essigsaurem Natron eingedampft wird. — **75.** p. 617. **113.** Bd. 14. p. 31.

Das Verhalten des Aethers gegen Schwefelsäure hat L. Scholvien untersucht: Aether löst sich leicht und unter starker Erhitzung in Schwefelsäure. Der Aether läfst sich durch Verdünnen mit Wss. unverändert wieder abscheiden. Bei langem Erhitzen auf 100° entsteht viel Aethylschwefelsäure und wenig Schwefelsäurediäthylester, bei stärkerem Erhitzen tritt Zersetzung ein in schweflige Säure, Aethylen und Wss. — **38.** p. 608. **89.** Rep. p. 299.

Abscheidung von Aethyläther aus Bromäthyl. D. P. 52982 f. J. D. Riedel in Berlin. Das von Aethyläther zu befreiende Bromäthyl wird mit etwa dem gleichen Gewicht concentrirter Schwefelsäure von etwa 66° B. geschüttelt, wobei der Aether von der Schwefelf. gelöst wird, das Bromäthyl aber unverändert bleibt. Im Scheidetrichter wird letzteres von der ätherhaltigen Schwefelf. getrennt, aus welcher durch Behandeln mit Eis der Aether abgeschieden werden kann. — **75.** p. 707.

Reinigung des Glycerins. Nach J. Brunner giebt man zu 1000 Th. rohen Glycerins 80 Th. wasserfreies Zinksulfat, erwärmt, läfst dann abkühlen und fügt 27 Th. Aetzkalk in Pulverform hinzu, worauf unter Druck filtrirt wird. Das entstandene Zinkoxydhydrat verbindet sich mit der braunen Farbsubstanz und bildet einen unlöslichen Lack und unlösliche basische Salze mit den fetten Säuren. Das in Glycerin fast unlösliche Calciumsulfat wird sofort vollständig gefällt. Das im Glycerin rückbleibende Zinkoxyd wird durch Schwefelwasserstoff entfernt. An Stelle von Zinksulfat können die Sulfate des Magnesiums, des Aluminiums, des Eisens und des Kupfers verwendet werden, und der Aetzkalk kann durch kohlensauren Baryt ersetzt werden. — Monde pharm. **106. 122.** p. 548.

Behandlung der Disulfone für medicinische Zwecke. Engl. P. 18434/1889 f. G. Lunan in Edinburgh. Die Disulfone (Sulfonal, Trional etc.) werden in Chloroform, Aether etc. gelöst und dann in amorphem Zustande durch Fällung mit Wss. oder Verdunstung des Lösungsmittels abgeschieden. Auf die so erhaltenen Disulfone läfst man ein öliges Lösungsmittel einwirken. Hierdurch werden die Disulfone in löslicherem Zustande erhalten, in dem sie auch vermehrte physiologische Wirkung besitzen. Man kann das Präparat in eine elastische Gelatine einschliefsen. — **34.** (1891) p. 6.

Abscheidung und Reindarstellung von Phenolen und den Kresolen aus dem Kreosot. D. P. 58307 f. P. Riehm in Oberröblingen a. See. Zur Abscheidung und Reindarstellung des Phenols, o-, m- und p-Kresols aus den Kreosoten des Braunkohlen-, Steinkohlen- oder Holztheers werden durch Behandlung des Kreosots mit Barythydrat die Barytsalze der Phenolkörper hergestellt und letztere durch fractionirte Krystallisation getrennt, wonach die Phenole selbst aus ihren Salzen durch Mineralsäuren abgeschieden werden. Andererseits kann die Abscheidung der einzelnen Phenole durch successive fractionirte Neutralisationen mit Barythydrat bewirkt werden, worauf dann die krystallisirten Salze mit Mineralf. zersetzt werden. Die Löslichkeit der verschiedenen in Betracht kommenden Phenolbaryte verhält sich wie folgt: Das Barytsalz des Phenols löst sich in 40% Wss. von 100° C., das Salz des o-Kresols in 150%, das des p-Kresols in 325% Wss. von 100° C. Das in siedendem Wss. sehr leicht lösliche m-Kresolsalz bildet beim Eindampfen schliefslich eine schmierige Masse, die nicht krystallisirt. — **75.** p. 708.

Darstellung von Dijodphenoljodid, Dijodresorcinmonojodid und Jodsalicylsäurejodid. D. P. 52828 (I. Zus.-Pat. zu D. P. 49739; vgl. Rep. 1889 II. p. 197) f. Farbenfabriken vorm. Friedr. Bayer & Co. in Elberfeld. Die Jodsubstitutionsproducte werden nach dem Verfahren des Hauptpatents erhalten, wenn an Stelle von den dort verwendeten Phenolen: Thymol und β-Naphtol nunmehr Phenol, Resorcin oder Salicylsäure in alkalischer Lösung in eine Lösung von Jod in Jodalkalien eingebracht wird. Die neuen Körper sollen ebenfalls pharmaceutischen Zwecken dienen. — **75.** p. 707.

Reines Guajakol soll sich, nach P. Marfori, in 60 Volumen Wss. lösen, anderes viel schwieriger. Einige Tropfen Guajakol, mit Kalihydrat und etwas Wss. erwärmt, sollen nach Zusatz von Chloroform und nochmaliger Erwärmung eine rein purpurrothe Färbung geben, während bei unreinem Guajakol die Färbung undeutlich wird. 1 Tropfen Guajakol giebt, mit einigen Tropfen Schwefelsäure gemischt, eine bleibende purpurrothe Färbung, Kresol jedoch eine gelbliche. — Gazz. chim. **38.** p. 96.

Darstellung von geschwefeltem Oxydiphenylamin. D. P. 52827 f. M. Lange in Amersfoort, Holland. Die Darstellung des Thiooxydiphenylamins geschieht durch Erhitzen von Schwefel mit den Salzen des Oxydiphenylamins, vortheilhaft unter Zusatz von Schwefelwasserstoff bindenden Körpern, wie Alkalien, Alkalicarbonaten und Sulfiden. In gleicher Weise gelingt die Darstellung des Thiooxydiphenylamins auch durch Erhitzen von Alkalipolysulfiden mit Oxydiphenylamin. — Das Thiooxydiphenylamin soll vornehmlich als Arzeneimittel dienen. Es kann aber auch zur Herstellung von Azofarbstoffen Verwendung finden. — **75.** p. 707.

Darstellung von Jod-o-Oxytoluylsäurejodiden. D. P. 52833 (II. Zus.-P. zum D. P. 49739) f. Farbenfabriken vorm. F. Bayer & Co. in Elberfeld. Die Darstellung geschieht in gleicher Weise wie es im

I. Zus.-P. zum D. P. 52828 für die Substitutionsproducte der Salicylsäure beschrieben ist, indem an Stelle der letzteren die o-Oxy-o-, m- und p-Toluylsäuren verwendet werden. Die neuen Körper sollen gleichfalls pharmaceutischen Zwecken dienen. — **75.** p. 707.

Die Bestandtheile der künstlichen Handels-Salicylsäure untersuchten W. R. Dunstan und O. C. Bloch, nach denen der einzige sichere Beweis für die Reinheit der Salicylsäure deren Schmelzpunkt ist, welcher bei 156,75° C. liegt. Unreine, mit Kresotinsäure vermengte Salicylf., wie sie gegenwärtig im Handel vorkommt, schmilzt bei circa 153—155° C. Um aus der unreinen Säure des Handels die reine Salicylf. zu isoliren, erhitzt man 100 g Salicylf. mit 97 g Bleicarbonat und 700 g Wss. auf dem Wasserbade ½ Stde. unter beständigem Umrühren. Hierbei bildet sich Bleisalicylat, welches beim Kochen zum Theil in basisches Salz PbC7H4O3 übergeht. Nachdem die Einwirkung vorüber ist, werden 800 ccm Alkohol zugegeben, worauf gekocht und von dem ausgeschiedenen basischen Salze abfiltrirt wird. Das Filtrat krystallisirt beim Abkühlen und bildet die erste Fraction. Die Mutterlauge giebt bei weiterem Concentriren noch eine zweite, dritte und vierte Fraction. Sowohl aus dem basischen Salze als auch aus den verschiedenen Fractionen wird die Säure mittelst der berechneten Menge 20%iger wässeriger Schwefelsäure in Freiheit gesetzt. Das erhaltene Magma wird mit Wss. gewaschen, die Säure mit heißem Alkohol aufgenommen und die alkoholische Lösung zur Krystallisation gebracht. Hierbei gewinnt man aus Fraction 1 und 2 76% reiner Salicylf. vom Schmelzpunkte 156,75° C. Um Verluste durch Bildung einer größeren Menge basischen Salzes auszuschließen, fügt man, sobald die Reaction zwischen dem Bleicarbonat und der Salicylf. beendigt ist, zu der heißen wässerigen Flüss. auf je 100 g angewandter Salicylf. etwa 3—4 g starker Essigsäure hinzu und erhitzt dann noch kurze Zeit. Durch dieses Verfahren kann die Ausbeute an reiner Salicylf. bis zu 80% der in Arbeit genommenen Handelssäure gebracht werden. — **105.** vol. 21. p. 429. **89.** Rep. p. 367.

Salipyrin. Nach L. Scholvien löst man das Antipyrin in Wss., die Salicylsäure in Aether und schüttelt beide Lösungen kräftig durcheinander. Das in Wss. fast unlösliche, in Aether schwer lösliche Salz scheidet sich langsam in schönen Krystallen aus. Salipyrin liefert beim Erwärmen mit Schwefelsäure Salicylf. und beim Erwärmen mit Natronlauge Antipyrin. — **106.** p. 395. **58.** Jahrg. 36. p. 637.

Chemische Zusammensetzung des Wintergrünöls und des Birkenöls und die Beschaffenheit des synthetischen Wintergrünöls. Nach Trimble und Schroeter soll sowohl das Wintergrünöl wie das Birkenöl neben Salilylsäure Benzoësäure enthalten und ebenso wollen die Genannten in einem künstlichen Wintergrünöl beide Säuren gefunden haben. F. B. Power gelangt zu folgenden Resultaten: 1) Das natürliche Wintergrünöl besteht aus Methylsalicylat mit kleinen Mengen (0,8% oder weniger) eines Terpens. Letzteres ist schwach gelblich, etwas zähflüssig, hat den bereits von Cahours erwähnten Geruch, der an denjenigen des schwarzen Pfeffers erinnert, ein spec. Gew. von annähernd 0,940 und erstarrt nicht bei — 10°, oder scheidet keine festen Theile aus. Das Terpen wirkt linksdrehend und läßt sich ohne

Zersetzung nicht verdampfen. 2) Reines Birkenöl besteht nur aus Methylsalicylat und ist optisch inactiv. 3) Natürliches Wintergrün- und Birkenöl sind somit weder physikalisch, noch chemisch identisch, wenngleich die Unterschiede nur sehr gering sind. 4) In den untersuchten natürlichen Oelen wurde keine Spur Benzoëſ. gefunden. 5) Das künstliche oder synthetische Wintergrünöl, welches wohl ausschließlich von Schimmel & Co. in Leipzig hergestellt wird, enthält gleichfalls keine Spur Benzoëſ. 6) Das reine synthetische Wintergrünöl kann weder vom natürlichen Wintergrünöl, noch vom Birkenöl durch Zusatz eines Ueberschusses einer kalten Aetzkalilösung unterschieden werden; auch zeigt das künstliche Oel hierbei keineswegs, wie Trimble und Schroeter behaupteten, einen unangenehmen phenolartigen Geruch. — 8. 89. Central-Blatt d. ges. chem. Grofsind. p. 158.

Darstellung von Dihydrochinazolinen. D. P. 52647 (Zus.-P. zu D. P. 51712; vgl. Rep. 1890 I. p. 256) f. C. Paal in Erlangen. Die in D. P. 51712 beschriebenen Chinazolinderivate entstehen auch durch Erhitzen von o-Amidobenzylanilin, o-Amidobenzyl-p-toluidin, o-Amidobenzyl-p-anisidin und o-Amidobenzyl-p-phenetidin mit Ameisensäure. — 75. p. 607. 113. Bd. 12. p. 315.

Darstellung einer β-Naphtolcarbonsulfosäure. D. P. 53343 f. P. Seidler in Huddersfield, England. Um die β-Naphtolcarbonsäure des D. P. 31240 (vgl. Rep. 1885 I. p. 15) in eine Sulfosäure überzuführen, wird die vollkommen trockene Säure allmählich unter guter Abkühlung in rauchende Schwefelsäure eingerührt. Hierbei ist Sorge zu tragen, dafs die Temp. des Sulfurirungsgemisches nicht über 25⁰ steigt, da sonst Kohlensäure abgespalten und die Schäffer'sche β-Naphtolmonosulfosäure gebildet wird. Das Sulfurirungsgemisch wird nach dem Erkalten langsam in kaltes Wss. eingegossen, worauf nach einiger Zeit die β-Naphtolcarbonmonosulfosäure in feinen Nadeln auskrystallisirt. — 75. p. 711.

Darstellung von Condensationsproducten des Tannins mit α- und β-Naphtylamin. D. P. 53315 f. L. Durand, Huguenin & Co. in Basel, Schweiz. Trägt man trockenes Tannin in die dreifache Menge geschmolzenen α- oder β-Naphtylamins ein und erhitzt schließlich auf 160—180⁰ so lange, als noch ein lebhaftes Schäumen das Entweichen von Wasserdämpfen anzeigt, so krystallisirt beim Erkalten das betreffende Gallonaphtylamid aus. Durch Behandeln mit Benzol, worin die Gallonaphtylamide fast unlöslich sind, werden sie vom Naphtylamin befreit. Das α-Naphtylamid schmilzt bei 163, die β-Verbindung bei 216⁰. — 75. p. 711.

Das bulgarische Rosenöl untersuchte W. Markownikoff. Das Stearopten schmilzt bei 36,5⁰, hat alle Eigenschaften eines Paraffins, ist geruchlos und hat, in Betreff der Qualität des Oeles, gar keinen Werth. Der flüssige Bestandtheil, das Elaeopten besteht fast ausschließlich aus einem in engen Grenzen siedenden Theile, der nach den bis jetzt gemachten Analysen eine Mischung zweier Körper, $C_{10}H_{20}O$ und $C_{10}H_{18}O$, ist, von denen nur der eine alkoholischer Natur ist. Letzterer bildet den Hauptbestandtheil des Rosenöles. — 60. Bd. 23. p. 3191. 89. Rep. p. 348.

Ueber die Farbreactionen des Pfefferminz-Oeles mit Säuren sind von Polenske Versuche angestellt worden, nach welchen Pfefferminz-Oel, welches längere Zeit dem Sonnenlichte ausgesetzt war, die Fähigkeit verliert, mit Säuren Farbreactionen zu liefern. Füllt man mit der Mischung von Pfefferminzöl und Eisessig ein kleines Fläschchen vollständig an und verschliefst dasselbe mit einem Kork, so färbt sich die Flüss. kaum sichtbar bläulich. Die Intensität der Färbung nimmt selbst bei tagelangem Stehen nicht zu. Oeffnet man nun das Gläschen und läfst so die Luft zutreten, so färbt sich das Gemenge allmählich dunkler und erscheint manchmal erst nach Stdn. im darauffallenden Lichte schön kupferfarbig fluorescirend. — **76. 49.** p. 390.

Ueber Fabrikation des Anisöles (Stearopten) aus Fenchelöl schreibt Ed. Campe: Das Fenchelöl besteht aus einem sauerstoffhaltigen Oel, dem Stearopten, und einem sauerstofffreien, dem Elaeopten. Auf die verschiedenen Siedepunkte dieser beiden Oele gründet sich die Trennung derselben. Erhitzt man Fenchelöl, und zwar möglichst altes Oel, da es mehr Stearopten enthält, so geht im Anfang ein wenig süfs, später aber bitterlich und unangenehm kratzend schmeckendes, dünnflüssiges Oel, das Elaeopten, über. Sodann fängt das Destillat an, etwas süfs zu schmecken. Von dieser Partie nimmt man so lange ab, als es noch nach Fenchel schmeckt und verwendet dies als rectificirtes Fenchelöl Ia. Sobald aber der Geschmack des Destillates mehr an Anis erinnert, wechselt man die Vorlage und sammelt dann das Anis-Stearopten. Manche Fabrikanten arbeiten auch nur auf 2 Oele: um nun das Anis-Stearopten möglichst rein zu bekommen, läfst man ca. 60% Vorlauf abnehmen, den man in nur drei Viertel voll gefüllten und mit etwas Papier überdeckten Ballons stehen läfst und nach drei Monaten nochmals einer Trennung unterwirft. Das Anis-Stearopten läfst man, ebenfalls nur mit Papier bedeckt, einige Wochen stehen oder läfst einen schwachen Luftstrom ca. 24 Stdn. lang hindurch streichen. Um demselben aber nun die feine Blume des reinen Anissamenöles zu geben, verschneidet man mit ca. 10—12% Samenöl und ca. 2—3% Sternanisöl. In dieser Mischung steht es dem russischen kaum nach, hat aber vor demselben den Vorzug gröfserer Süfse. Es krystallisirt in schönen weifsen seidenglänzenden Blättchen. Das Elaeopten wandert in Verschnitt mit reinem Fenchelöl zu etwas ermäfsigtem Preise in Seifenfabriken und dient auch zum Verschneiden von Rosmarinöl bei der Denaturirung von Olivenölen. — **Chem. u. Drog. 122.** p. 129.

Terpentinöl. R. G. Duwoody untersuchte 12 Sorten Terpentinöl, die grofse Verschiedenheit im Drehungsvermögen (2,60—36,64°) und im Siedepunkte (155—162°) zeigten. Das Terpentinöl wird ähnlich wie Methylal zum Ausziehen von Wohlgerüchen benutzt; es hat die Formel $C_{10}H_{17}OH$. Das patentirte Ozonin soll Terpentinsuperoxyd: $C_{10}H_{14}O_4$ sein. Man erhält es durch Oxydation von Terpentinöl mit Wasserstoffsuperoxyd. — **38.** (1891) p. 26.

Darstellung von Campher aus Terpentinöl; v. Marsh und Stockdale. Rechtsdrehendes australisches Terpentinöl wird mit Chlorwasserstoff gesättigt. Durch Umkrystallisiren des erhaltenen festen Productes aus Alkohol wurde zunächst das Hydrochlorid des Terpentinöls dargestellt, dieses nach dem einen Verfahren über mäfsig erhitztem Natronkalk destillirt, zur Gewinnung von Camphen, das man durch Schütteln mit starker Salzsäure in Camphenhydrochlorid überführte. Letzteres gab mit Kaliumacetat und Eisessig erhitzt Borneolacetat, aus welchem beim Verseifen mit alkoholischem Kali Borneol gewonnen wurde. Nach dem zweiten Verfahren wird das Terpenhydrochlorid mit Kaliumacetat und Eisessig in geschlossenen Flaschen auf etwa 250⁰ erhitzt, wobei eine hoch siedende Flüss. resultirt, welche bei der Verseifung Borneol liefert. — **32.** p. 961. **76.** (1891) p. 51.

Oroxylin. Eine neue Droge, Oroxylum indicum, welche zu den therapeutisch nur erst wenig untersuchten Bignoniaceen gehört, wurde von Evers als wirksam bei acutem Rheumatismus erkannt und enthält nach Holmes als charakteristisches Princip „Oroxylin". Oroxylin ist citrongelb, leicht in Alkohol, Aether, Eisessig und heifsem Benzol, so gut wie nicht in Wss. löslich. Es schmilzt bei 228,5 bis 229⁰ und giebt mit schwacher Aetzalkalilösung augenblicklich eine kirschrothe Färbung, die in ziegelroth und olivgrün übergeht. Die alkoholische Lösung reducirt Silbernitrat sofort, nicht aber Fehling'sche Lösung und giebt mit Sublimat einen weifsen, mit Bleiessig einen goldgelben Niederschlag. — **38.** Rep. p. 547.

Destillation von Colophonium im Vacuum führten C. A. Bischoff und O. Nastvogel aus. Von 24,3 g Colophonium wurden 19,8 g Destillat erhalten, 3,1 g gasförmige Zersetzungsproducte und 1,4 g in Alkohol unlöslicher Rückstand. Der Hauptantheil ging zwischen 248—250⁰ über, wurde noch zehnmal rectificirt und gab dann bei der Analyse der Formel $C_{40}H_{58}O_3$ entsprechende Zahlen. Diese Substanz erstarrt nach kurzer Zeit zu einem spröden farblosen mikrokrystalinischen Körper, welcher in Wss. unlöslich, in Alkohol und Aether leicht löslich und Isosylvinsäureanhydrid ist. Durch Alkali in Lösung gebracht und durch Essigsäure wieder ausgefällt, erhält man eine Säure der Formel $C_{20}H_{30}O_2$, welche mit der Sylvinsäure isomer ist und deshalb als Isosylvinsäure bezeichnet wird. Die relativ gröfsten Mengen, welche aufser dem Isosylvinsäureanhydrid erhalten waren, wurden zwischen 216—218⁰ aufgefangen. Diese Fraction besteht hauptsächlich aus Kohlenwasserstoffen der Formel $C_{10}H_{16}$. Der hohe Siedepunkt 216 bis 218⁰ aus dem Vacuum läfst darauf schliefsen, dafs ein Diterpen $C_{20}H_{32}$ vorliegt. — **60.** Bd. 23. p. 1919. **38.** Rep. p. 239.

Ueber Chininfabrikation in Indien. Karl Mohr bespricht ein Verfahren von Wood und Gammie, die Alkaloide nach einem sehr einfachen und billigen Verfahren aus den Chinarinden auf kaltem Wege abzuscheiden. Wood fand in dem rohen Amylalkohol ein sehr wohlfeiles Lösungsmittel der Alkaloide, aufserdem in den aus Braunkohle oder bituminösem Schiefer gewonnenen Paraffinölen. Ein sehr gutes Resultat wurde mit Gemischen aus Fuselöl und Paraffinölen erhalten. Auch das Kerosenöl aus amerikanischem Petroleum läfst sich zu diesen Versuchen verwenden. Gammie machte die Wood'schen Versuche für den Grofsbetrieb dienstbar, und jetzt werden in der Fabrik zu Mungpoo wöchentlich 4—5000 Pfund Rinde auf schwefelsaures Chinin verarbeitet bei gleichzeitiger Gewinnung der anderen Chinaalkaloide. Das so erhaltene Chininsulfat soll dem besten europäischen Fabrikate gleichen. — **86.** p. 134. **38.** Rep. p. 240.

11*

Veratrin ist nach S. Stransky in Xylol, Glycerin, Anilin, Schwefelkohlenstoff und Essigäther in der Wärme löslich. Schwer löslich ist
es in Petroläther beim Erwärmen; in der Kälte scheidet es wieder
aus. Durch Kochen des käuflichen Veratrins mit alkoholischer Lösung
von Kaliumhydrat entsteht das Basengemenge von Cevidin und Veratroïn
sowie Angelikasäure und Veratrumsäure. Aus der Mutterlauge wurde
durch Destillation mit überhitztem Wasserdampf, Eindampfen mit
Natriumcarbonat und Fällen des Filtrates mit Schwefelsäure Angelikaf.
erhalten. Die Destillation der Basen mit Kali lieferte Monomethylamin.
— **121**. Bd. 11. p. 482. **34**. (1891) p. 51.

Paronohynin nennt Schneegans ein neues Alkaloid, welches er
in dem Kraute der Herniaria glabra entdeckt hat. Dasselbe ist als
Diureticum empfohlen worden und in Oesterreich officinell. Das Kraut
wird mit verdünntem, weinsäurehaltigem Alkohol macerirt und der
Auszug eingedampft, der Extract mit starkem Alkohol behandelt und
der klare Auszug eingedickt, der Rückstand in Wss. aufgenommen,
mit Natronlauge bis zur alkalischen Reaction versetzt und die trübe
Flüss. mit Aether ausgeschüttelt, das Paronchynin durch Ausschütteln
mit verdünnter Weinsäure dem Herniarin entzogen, durch Natronlauge
in Freiheit gesetzt, in Aether aufgenommen und durch Behandeln mit
verdünnter Schwefelsäure, Abfiltriren von den Harzen, Ausschütteln
mit Aether, Fällen mit phosphorwolframsaurem Natron, zersetzen
des Niederschlages mit Baryt und Aufnehmen mit Aether gereinigt.
Das Alkaloid ist flüssig, widerlich riechend, in Wss. schwer, in
Alkohol und Aether leicht löslich. Die essigsaure Lösung giebt mit
Pikrinsäure, Kaliumquecksilberjodid und Gerbsäure gelbe Niederschläge,
oxydirende Reagentien rufen charakteristische Färbungen hervor. Eine
schwachgelbe Lösung von Kaliumbichromat in Schwefelf. färbt sich
auf Zusatz des Alkaloids blau. — Journ. f. Elsafs-Lothr. **64**. p. 87.

Phenyluretan hat jetzt den Namen Euphorin erhalten. Es ist
nach Sansoni ein gutes Antitheonikum und Antirheumatikum und
hat beachtenswerthe analgetische und antiseptische Eigenschaften, was
auf Abspaltung von Phenol zurückzuführen ist. — **76**. p. 835.

G. Lunge; Baryum- und Wasserstoffsuperoxyd. **123**. p. 3.

M. Mühlig, D. P. 51183; Herstellung von Chlor durch Zersetzung von Chlo-
    riden (im sog. Kreuzstrom-Gasofen). **123**. p. 309.

D. Gamble, Engl. P. 11581/1888; Darstellung von Chlor und Salzsäure (aus
    der Mischung von Magnesia und Magnesiumoxydul, welche das Verfahren
    von Weldon-Pechiney liefert; sie wird im Drehofen in einem Strom
    hoch erhitzter Luft geglüht). **123**. p. 224.

G. Kassner; Herstellung von Sauerstoff für Laboratorien. (Baryumsuperoxyd
    und Ferrocyankalium werden mit etwas Wss. übergossen.) **123**. p. 449.

Valon; Sauerstoffdarstellung. (Der Brin'sche Apparat ist dahin abgeändert,
    dafs die Stahlretorten mit Baryt in gewöhnliche Gasretorten eingesetzt
    werden, und die Erhitzung in einem gewöhnlichen Ofen geschieht.) **28**.
    Bd. 277. p. 283. **43**. p. 400.

E. Pfeiffer; Vorkommen von Schwefel und Schwefelwasserstoff im Stafsfurter
    Salzlager. **3**. Bd. 227. p. 1134.

A. Schertel; Beiträge zur Theorie des Bleikammerprocesses. Jahrb. f. d.
    Berg- u. Hüttenwesen im Königr. Sachsen. p. 138. **89**. Rep. p. 280.

Nicolas, Franz. Pat. 204 462; Neuerungen in der Schwefelsäurefabrikation. 89. p. 1370.

Osterburger und Capella; die Herstellung von Schwefelsäuremonohydrat nach dem Lunge'schen Verfahren. 113. p. 49.

L. Ducher; Reinigung arsenhaltiger Schwefelsäure. (Zusatz von frischen Sodarückständen.) 111. (1889) p. 1273.

A. Burgemeister; die Abnutzung der Bleikammern. 89. (1889.) 58. p. 464.

L. J. N. de Ilosva; salpetrige Säure (bildet sich beim Verbrennen von Luft in Leuchtgas und beim Ueberleiten von Luft über Platinblech oder Platinschwamm bei etwa 250^0; letztere Bildung ist aber von kurzer Dauer.) 98. p. 734. 58. Jahrg. 36. p. 512.

H. N. Warren; reine Salpetersäure des Handels (enthielt Selen). 58. p. 511.

A. Becker; die Reduction der Salpetersäure zu Ammoniak durch den galvanischen Strom. 89. p. 1557.

A. Nicolle, Engl. Pat. 1693/1888; Gewinnung von Phosphor. (Man destillirt Quecksilberphosphat mit Kohle.) 58. Jahrg. 36. p. 519.

W. Hampe; Arsengehalt eines Stangenphosphors (0,53%). 89. p. 1777. 38. Rep. (1891) p. 1.

R. Lüpke; die Darstellung von Phosphorwasserstoff. Ztschr. phys. u. chem. Unterr. p. 280. 89. Rep. p. 311.

Salzbergwerk Neu-Stafsfurt, D. P. 51 209; Retorten zur Behandlung pulverförmiger Stoffe. 123. p. 267.

W. Greif; Darstellung 90—95% Potasche aus roher Melassen-Schlempekohle mit Gewinnung von Chlorkalium, schwefelsaurem Kalium und Soda. 89. p. 1440, 1504.

J. Sauerschnig; über eine neue Darstellung von Bicarbonat und Schwefelnatrium. 89. p. 1569.

P. F. Nursey; Pick's Verfahren zur Herstellung von Kochsalz. 92. p. 47.

H. Schreib; Ammoniaksodaprocefs. 89. p. 490.

H. Veevers; die Herstellung von Ammoniumsulphat. Gasworld p. 717.

W. B. Giles, A. Shearer und F. G. A. Roberts, Engl. Pat. 18775/1888; Herstellung von Natriumbisulfit. (Zersetzen von Bicarbonat mit schwefliger Säure.) 58. Jahrg. 36. p. 488.

O. Herting; französischer und amerikanischer Bauxit. 38. Rep. p. 230.

P. Marguerite-Delacharloung; das normale Hydrat des neutralen Aluminiumsulfates ($Al_2(SO_4)_3 \cdot 8 H_2O$). 9. t. 111. p. 229.

W. Hampe; Erscheinungen beim Versieden von Zinkvitriollauge. 89. p. 1778.

E. Bosetti; Darstellung von rothem Quecksilberoxyd. (Fällen von heifser Chloridlösung (1 : 4) mit heifser Barytlösung (1 : 4) und Auswaschen mit heifsem Wss.) 106. p. 471. 58. Jahrg. 36. p. 564.

W. Spring und M. Lucian; Manganhyperoxyd (Mn_3O_4 oder $3 MnO \cdot Mn_2O_7$). 98. t. 3. p. 4.

A. Reissert; über die Schmelzpunkte organischer Verbindungen. 31. p. 414.

W. Siepermann in Elberfeld, H. Grüneberg in Köln a. Rh. und H. Flemming in Kalk, D. P. 51562 (Zus.-Pat. zum D. P. 38 012); Darstellung von Cyanalkalien. 113. Bd. 13. p. 223.

H. Malbot; Herstellung von i-Butylamin. 9. t. 111. p. 528.

J. Werber, D. P. 51713; Apparat zur Rectification und Destillation der Essigsäure.

O. Kleinstück; japanisches Wachs (hat einen gröfseren Ausdehnungscoëfficienten als Wss., deshalb schwimmen bei 18° und darüber Wachsstückchen auf Wss., die bei 15° und darunter untersinken). **89.** p. 1303. **24.** (1891) p. 27.

A. und P. Buisine; Bleichen des Bienenwachses und Zusammensetzung des gebleichten Wachses. **98.** p. 465. **89.** Rep. p. 319.

Luisini; Sulfaldehyd (schlaferregend). **106. 24.** (1891) p. 28.

A. Reformatzky; Leinölsäure (hat die Formel $C_{18}H_{32}O_2$; bei der Oxydation entsteht neben Azelaïnsäure wesentlich Tetraoxystearinsäure). **18.** p. 529.

L. Mangin; über Callose, eine neue Grundsubstanz der Zellmembran. **38.** Rep. p. 233.

A. Günther und B. Tollens; über die Fukose, einen der Rhamnose isomeren Zucker aus Seetang (Fucusarten). **34.** p. 340.

Bidet; Färbung aromatischer Verbindungen am Lichte (wird durch das Vorhandensein fremder Stoffe, wenn auch nur in unbestimmbarer Menge, bewirkt). **89.** p. 1707. **38.** Rep. (1891) p. 2.

Petricou; Chlorirung von Benzol. (Verf. setzt gekörntes Zinn zu und leitet Chlor ein.) **98.** p. 189.

M. Pfrenger; die Phenole des Birkenholztheers (enthalten Spuren von Thymol, Kreosol, Guajakol, Xylenol). **3.** Bd. 228. p. 713. **34.** (1891) p. 51.

Herzfeld; über Parapectinsäure. **51.** p. 687. **89.** Rep. p. 300.

O. Wallach; zur Kenntnifs der Terpene und ätherischen Oele. **1.** Bd. 258. p. 319.

P. Birkenwald; Beiträge zur Chemie des ätherischen Senföles. (Der CS_2 im Senföl kann auf 2 Arten entstehen, erstens durch Einwirkung von saurem Kaliumsulfat auf das Senföl, zweitens durch die zersetzende Kraft der heifsen Wasserdämpfe, vielleicht unter gleichzeitiger Mitwirkung von saurem Kaliumsulfat.) **38.** Rep. (1891) p. 35.

H. Andres; spectroskopische Eigenschaften des russischen Pfefferminzöles. **38.** Rep. p. 240.

F. D. Dodge; indische Grasöle. **105.** p. 855. **97.** p. 553. **38.** Rep. p. 19. **34.** (1891) p. 29.

Wegner; über Dextran. **51.** p. 789. **89.** Rep. p. 300.

Daeumichen; über Dextran. **51.** p. 701. **89.** Rep. p. 300.

F. B. Ahrens; krystallisirtes Veratrin. **38.** Rep. 240.

Methylal als Extractionsmittel für Parfümerien. **76.** p. 910.

G. Salzberger; über die Alkaloide der weifsen Nieswurz (Veratrum album.. **24.** p. 666.

J. Tafel; über Strychnin. **34.** p. 357.

C. Stöhr; Strychnin. **18.** p. 399.

L. Berend und C. Stöhr; Brucin. **18.** p. 415.

E. Kander; über seltene Opiumbasen. **31.** p. 413.

Alkaloide von Chelidonium majus. **31.** p. 394.

A. Gautier und L. Morgues; über die Alkaloide des Leberthrans. **38.** Rep. p. 20.

Bibliotheca polytechnica. Wissenschaftlich in Schlagwörtern geordnetes Repertorium der gesammten deutschen, französ. u. engl. techn. Litteratur, einschliefslich ihrer Beziehung zur Gesetzgebung, Hygiene u. tägl. Leben. Herausgeg. von Fritz v. Szczepánski. 1. Jahrg. 1889. St. Petersburg, v. Szczepánski. 2 Mk.

Jahresbericht über die Fortschritte der Chemie und verwandter Theile anderer Wissenschaften. Begründet von J. Liebig und H. Kopp. Unter Mitwirkung von A. Bornträger, A. Elsas, H. Erdmann etc. herausgeg. von F. Fittica. Für 1886. 6. Heft. Braunschweig, Vieweg & Sohn. 13,50 Mk. — dasselbe für 1887. 5. Heft. Ebd. 11,50 Mk.

Jahrbuch der Erfindungen und Fortschritte auf den Gebieten der Physik und Chemie, der Technologie und Mechanik, der Astronomie und Meteorologie. Herausgeg. von Prof. Dr. H. Gretschel u. Dr. G. Bornemann. 26. Jahrg. Leipzig, Quandt & Händel. 6 Mk.

Encyklopädie der Naturwissenschaften, herausgeg. von Proff. DDr. W. Förster, A. Kenngott, A. Ladenburg etc. 2. Abth. 58.—60. Lfg. Handwörterbuch der Chemie. 38.—40. Lfg. (8. Bd. p. 273—656.) à 3 Mk.

Bechhold's Handlexicon der Naturwissenschaften und Medicin, bearb. von A. Velde, W. Schauf, V. Löwenthal u. J. Bechhold. Frankfurt a. M. 1891. Bechhold.

Muspratt's theoretische, praktische und analytische Chemie in Anwendung auf Künste und Gewerbe. Encyklopädisches Handb. d. techn. Chemie von F. Stohmann u. Bruno Kerl. 4. Aufl., unter Mitwirkung von E. Beckmann, R. Biedermann, H. Bunte etc. 3. Bd. 11. u. 12. Liefg. Braunschweig, Vieweg & Sohn. à 1,20 Mk.

H. E. Roscoe und Carl Schorlemmer; kurzes Lehrbuch der Chemie nach den neuesten Ansichten der Wissenschaft. 9., verm. Aufl. Braunschweig, Vieweg & Sohn. 5,50 Mk.

Dr. Jul. Mai; Vademecum der Chemie. Repetitorium der anorgan., organ. u. analyt. Chemie. Bearb. f. Studirende, denen die Chemie als Hilfswissenschaft dient, speciell für Mediciner, Thierärzte und Schüler höherer Lehranstalten. Mannheim, Bensheimer's Verl. 3 Mk.

Privatdoc. Dr. Hugo Erdmann; Anleitung zur Darstellung chemischer Präparate. Ein Leitfaden f. d. prakt. Unterricht in der anorgan. Chem. Frankfurt a. M. 1891, Bechhold. 2,50 Mk.

E. Beilstein; Handbuch der organischen Chemie. 2., gänzlich umgearb. Aufl. 52. (Schlufs-)Liefg. Compl. in 3 Bdn. (93,60 Mk.) Hamburg, Voss.

Prof. Dr. Victor Meyer und Dr. Paul Jacobson; Lehrbuch der organischen Chemie. (In 2 Bdn.) 1. Bd. 1. Hälfte. Leipzig 1891, Veit & Co. 7,50 Mk.

Prof. Dr. Karl Elbs; die synthetischen Darstellungen der Kohlenstoffverbindungen. 2. Bd. 1. Abth. Leipzig, Barth. 9,50 Mk.

A. Engelhardt; chemisch-technische Herstellung täglicher Bedarfsartikel ohne maschinellen Betrieb. Prakt. Handb. f. d. Apotheker-, Droguen-, Kosmetik-, Lack-, Likör-, Parfümerie-, Toiletteseifen- u. verwandte Branchen. Leipzig, E. Krause. 6 Mk.

P. de Wilde und A. Reychler; Nouveau procédé de préparation du chlore. Bruxelle, G. Mayolez.

Chemische Analyse.

Praktische Winke für chemische Manipulationen; v. H. N. Warren.
Fällung: Verf. bringt bei der Baryumbestimmung die Sulfatlösung und das Reagenz heifs zusammen, setzt gleichzeitig einige Tropfen einer ätherischen Pyroxylinlösung hinzu und rührt gut. Das Pyroxylin wird sofort ausgeschieden und mischt sich innig mit dem Niederschlage, der dann sogleich filtrirt werden kann. Die Trennung des Eisens vom Mangan mittelst Natriumacetat liefert bekanntlich einen sehr voluminösen Niederschlag. Giebt man aber in der Siedehitze zu dem Niederschlage fein gepulvertes Glas, so setzt sich derselbe schnell ab und kann bequem filtrirt und ausgewaschen werden. Bei der Darstellung pharmaceutischer Präparate, wie Tincturen, erhält man häufiger durch suspendirte Substanzen getrübte Flüss., welche auch durch wiederholtes Filtriren nicht klar werden. Verf. digerirte eine so beschaffene Rhabarbertinctur kurze Zeit mit wenig Eiereiweifs, worauf sie durch einfache Filtration klar wurde. Auch Papierpülpe hält die in Flüss. fein vertheilten Substanzen beim Schütteln sehr vollkommen zurück. — Veraschen: Die häufig beobachtete unvollkommene Veraschung organischer Stoffe wird durch die Gegenwart leicht schmelzbarer Salze bedingt, welche den Kohlenstoff einschliefsen. Man versetzt dann wohl mit wenig Schwefelsäure, behufs Bildung weniger leicht schmelzbarer Salze, und hat eine entsprechende Correctur vorzunehmen. Die unvollständige Verbrennung von Kohlenstoff in Berührung mit Phosphaten zeigt sich besonders beim Glühen des Magnesiumpyrophosphats. Verf. hat hier häufig mit Erfolg einen Bausch Schiefsbaumwolle benutzt, der zugleich das Filter ersetzt. — Verhinderte Fällung: Bekanntlich verhindern mehrere organische Säuren oder ihre Salze die Fällung von Metallen. Hierher gehören die Tartrate, Oxalate, auch Citrate, welche sich häufiger bei der Filtration stark saurer Flüss. durch organische Membranen bilden können. Dies läfst sich durch Anwendung von Glaswolle vermeiden. Aufserordentlich hindernd auf die Fällung von Metallen wirkt Ferrocyanwasserstoffsäure. — Das Ablesen an graduirten Gefäfsen wird häufig erschwert durch Bildung von Schaum oder Luftblasen. Derselbe verschwindet sofort beim Zufügen eines Tropfens Alkohol. — 8. vol. 61. p. 63. 89. Rep. p. 48.

Zur Analyse auf gewogenem Filter benutzt F. Rüdorff mit Salzsäure oder mit Salz- und Flufssäure ausgewaschenes Filtrirpapier (Schleicher und Schüll) und bringt dieses Filter in ein cylindrisches Trockengläschen mit eingeschliffener Kappe von 75 mm Höhe und 34 mm Durchmesser. Das Glas mit dem Filter wird in, der Deckel auf einen Trockenschrank gebracht. Nach 30 Min. wird das Glas aus dem Schrank genommen und sofort der Deckel aufgesetzt. Das geschlossene Glas bleibt dann genau 30 Min. der Abkühlung ohne Anwendung eines Exsikkators überlassen, die letzten 10 Min. in dem Wagenkasten und dann wird gewogen. Nachdem der Niederschlag abfiltrirt und ausgewaschen ist, wird derselbe auf dem Trichter in einem Trockenschrank bei 100° getrocknet. Sodann wird das Filter mit dem Niederschlag in das Wägeglas gebracht, und etwa 30 Min. derselben Temp. wie vorher das Filter ausgesetzt. Das Glas wird aus dem Trockenschrank genommen, sofort mit dem Deckel verschlossen und nach genau 30 Min. Stehens an der Luft gewogen. Bei Wiederholung der Operation zeigt sich das Gewicht völlig constant. — **123.** p. 633. **34.** p. 379.

Bestimmung der Schmelzpunkte im Luftbade, anstatt im Schwefelsäure- oder Paraffinbade, empfiehlt D. B. Dott. Hängt man das Thermometer in einem Luftbade auf, so wird der Schmelzpunkt zu niedrig angegeben sein, weil das Quecksilber die Wärmestrahlen wegen seiner hellen Oberfläche nicht genügend absorbirt. Der App. von Dott vermeidet diesen Fehler. Das mit Glasfenster versehene Luftbad hat nur eine Oeffnung zum Einfügen des Thermometers. Auf Drähten liegend befindet sich im Innern des Luftbades eine Asbestplatte, auf der die Thermometerkugel ruht. — **105.** p. 476. **34.** p. 421.

Zur Entfernung von Salzsäure aus Chlorgas für analytische Zwecke empfiehlt W. Hampe, das Chlor in kleinen Bläschen durch eine concentrirte Lösung von Kaliumpermanganat streichen zu lassen. Die Waschflasche kommt zwischen Entwicklungsgefäfs und die Trockenapparate zu stehen. — **89.** p. 1777. **76.** (1891) p. 29.

Ueber Indicatoren. Giacosa prüfte die Empfindlichkeit verschiedener Säuren gegen Methylviolett, Tropaeolin, Congoroth. Von den wässerigen Farbstofflösungen (0,025 in 1000) wurden je 1 ccm mit 10 ccm Wss. verdünnt und mit Zehntel- resp. bei Congoroth Hundertstel-Normalsäuren versetzt. Bei Congoroth waren bei den verschiedenen Säuren im Durchschnitt 0,2—0,8 ccm Hundertstelsäuren zur Erzielung der Reaction nothwendig, bei den andern beiden Indicatoren schwankte die Menge von 0,2—0,8 Zehntelsäuren, und zwar wurde von den organischen Säuren in der Regel eine gröfsere Menge verbraucht. — Ann. di chim. farm. **3.** Bd. 227. p. 519. **24.** p. 707.

Zur Wasseruntersuchung; v. F. Dickmann. In dem angenehm aromatisch riechenden trockenen Rückstande von 500 ccm durch Abwasser einer Gasfabrik verunreinigten Brunnenwasser konnte Diphenylamin einfach durch die Blaufärbung nachgewiesen werden, welche auf Zusatz von einigen ccm destillirtem Wss. und ebensoviel concentrirter Schwefelsäure eintrat. — **37.** p. 398. **89.** Rep. p. 289.

Nachweis von Salpetersäure im Wasser. G. Loof löst in 5 ccm Wss. einige cg salicylsaures Natron und läfst 10 ccm Schwefelsäure an der Gefäfswandung herunterfliefsen. Durch Schwenken des Gefäfses bewirkt man die Mischung beider Flüss. und erhält der Menge der etwa vorhandenen Salpetersäure entsprechend eine tiefrothe bis blafsgelbliche Flüss. Heftiges Schütteln ist zu vermeiden, da sonst ein Theil der Salpeterf. verloren geht. Die Färbungen halten sich mehrere Tage unverändert. Wss., das 1 Th. N_2O_5 in 5000 Th. enthält, färbt sich roth; 1 : 10 000 rothgelb; 1 : 20 000 röthlich gelb; 1 : 50 000 gelblich; 1 : 100 000 etwas weniger gelb. Bei dieser Verdünnung liegt die Reactionsgrenze. — **24.** p. 700. **38.** Rep. p. 22.

Bestimmung von Nitraten und Nitriten im Wasser. Das von
Gladstone und Tribe vorgeschlagene Zinkkupfer-Element ersetzen
R. Ormandy und J. B. Cohen durch dünnes Aluminiumblech, das
mit einer Quecksilberhaut überzogen ist. Geringe Mengen von Nitraten, wie sie sich in natürlichen Wssn. finden, werden in etwa 1 Stde.
zu Ammoniak reducirt, während mittelst des Elementes von Gladstone und Tribe ca. 6 Stdn. erforderlich sind. Das Aluminiumblech wird etwa 1 Min. lang mit einem Gemische aus 1 Vol. gesättigter Quecksilberchloridlösung und 1 Vol. Wss. geschüttelt. Das Element oxydirt leicht; es bleibt mit dem Wss. in der Kälte in Berührung, bis das Aluminium in Oxyd umgewandelt ist. Sodann bringt
man Wss. und Niederschlag behufs Destillation in die Retorte. Das
Aluminium ist gewöhnlich mit einer unsichtbaren Schicht Fett etc.
bedeckt, welche durch Erhitzen in einer Bunsenflamme entfernt wird.
— 32. Bd. 334. p. 811. 89. Rep. p. 276.

Zur Bestimmung von Nitriten im Trinkwasser benutzt J. C. Tresh
folgende Reagentien: 1) Jodkaliumstärkelösung (gepulverte Stärke 0,2 g,
Aetzkali 1,0 g, Jodkalium 2,0 g, in 200 ccm Wss.); 2) verdünnte Schwefelsäure (1 Vol. Säure auf 3 Vol. destillirtes Wss.); 3) Natriumnitritlösung,
enthaltend 0,498 g des Salzes in 1 l Wss. Bei Ausführung dieser Bestimmung setzt man auf 50 ccm des zu untersuchenden und durch
Schütteln mit Luft gesättigten Wss. je 1 ccm von Lösung 1 und 2.
Tritt sofortige tiefe Blaufärbung ein, so enthält das Wss. mehr als
0,1 pro Million an Nitriten, färbt sich das Wss. erst binnen einigen
Secunden, so sind etwa 0,1 pro Million Nitrite vorhanden, entwickelt
sich die Blaufärbung erst nach mehr als 10 Sec., so sind noch weniger
Nitrite gegenwärtig. Die erhaltenen Farbentöne werden nun mit jenen
der Normalnatriumnitritlösung verglichen. Dieselbe bereitet man, indem man 1 ccm der oben erwähnten starken Natriumnitritlösung mit
Wss. auf 200 ccm bringt. Wird nun 1 ccm dieser schwachen Lösung
mit Wss. zu 50 ccm verdünnt, so entspricht dies einer Lösung, enthaltend 0,01 mg Stickstoffsauerstoff-Verbindungen in 1 l. — 105. Bd. 21.
p. 234. 89. Rep. p. 289.

Härtebestimmung natürlicher Wässer vermittelst Seifenlösung.
L. Neugebauer wendet zur Einstellung der Seifenlösung und zur
Ermittelung der Scala ein dem natürlichen harten Wss. nahekommen-
des Gemisch von 8 Vol. 12gradiger Gypslösung mit 2 Vol. 12gradiger
Bittersalzlösung an. Die Methode wird durch Verminderung des Seifen-
volumens und Uebertragung der Scala auf die Bürette handlicher.
Die aus Bleipflaster und reinem Kaliumcarbonat bereitete Seifenlösung
wird so eingestellt, daß 12 ccm davon in 100 ccm der 12gradigen
Mischung bleibenden Schaum hervorrufen. Die Seifenlösung wird bei
jedesmaligem Durchschütteln anfangs in Mengen von je 1 ccm, gegen
Schluß tropfenweise zugefügt. Der Versuch wird als beendet betrachtet, sobald in der Schüttelflasche von 200 ccm Inhalt ein dichter,
mindestens 5 Min. lang sich wesentlich unverändert haltender Schaum
entsteht. Durch Verdünnung der 12gradigen Calciummagnesiumsulfat-
Mischung mit destillirtem Wss. werden sodann Lösungen von 1—12°
Härte dargestellt und die denselben entsprechenden Mengen Seifenlösung ermittelt:

100 ccm destillirtes Wss. erforderten 0,6 ccm Seifenlösung

"	Wss. von	1^0 Härte erford.	2,8	"	"
"		3^0	"	3,9	"	"
"		4^0	"	4,9	"	"
"		5^0	"	5,9	"	"
"		6^0	"	6,9	"	"
"		7^0	"	7,8	"	"
"		8^0	"	8,7	"	"
"		9^0	"	9,6	"	"
"		10^0	"	10,4	"	"
"	"	11^0	"	11,2	"	"
"	"	12^0	"	12,0	"	"

Durch Subtraction der aufeinander folgenden Seifenmengen erhält man Intervalle, die dann auf der Bürette verzeichnet werden, nachdem sie in 10 Th. getheilt sind. Derartige Büretten werden von der Firma Alt, Eberhardt & Jäger in Ilmenau als „Titanometerbüretten" in den Handel gebracht. — 37. p. 389. 34. p. 291.

Nachweis von unterchloriger Säure im Chlorwasser. Nach Th. Salzer bestimmen Lunge und Naeff Chlormonoxyd neben Chlor, indem sie das Gas in Jodkaliumlösung leiten, welche eine bestimmte Menge $1/10$-Normalsalzsäure enthält, und nach der Austitrirung durch unterschwefligsaures Natrium die Menge der vorhandenen freien Säure bestimmen; die Menge der gebundenen Säure zeigt die Gegenwart einer äquivalenten Menge unterchloriger Säure an. Hat man also ein von Säure freies Chlorwasser, so würden 25 ccm desselben bei der Gehaltsbestimmung mit 10 ccm $1/10$-Normalsalzf. und 1 g Jodkalium zu versetzen sein und müſsten nach der Austitrirung 10 ccm $1/10$-Normalkalilauge zur Neutralisirung der Flüss. nöthig sein. Wenn das Chlorwasser freie Säure enthält, muſs zunächst deren Menge nach dem Schütteln mit überschüssigem Quecksilber bestimmt und dann mit in Rechnung gezogen werden. — 106. p. 457.

Zur Entdeckung von Spuren von Jod in Gegenwart von viel Chlor empfiehlt Johnstone zur Lösung der zu prüfenden Substanz einen einzigen Tropfen einer gesättigten Lösung von Silbernitrat in starkem reinen Ammoniumhydrat zuzusetzen. Wenn Jod vorhanden ist, bildet sich sofort der blaſsgelbe Niederschlag von Silberjodid. Zur Identificirung desselben fügt man reine concentrirte Schwefelsäure hinzu, die zuerst die Farbe des Niederschlages tiefer macht und dann Jod in Freiheit setzt. Ist kein Jod zugegen, so wird die chlorhaltige Lösung keinen Niederschlag geben oder höchstens eine weiſse Trübung zeigen, die beim Schütteln des Reagenzglases wieder verschwindet. — 34. 76. p. 912.

Zur gleichzeitigen Auffindung der Haloidsalze und besonders der Chloride in Gegenwart der Bromide verfährt G. Denigès folgendermaſsen: Zu 1 ccm der Lösung fügt man 20—30 Tropfen concentrirter Schwefelsäure und kocht zur Vertreibung von Gasen. Dann fügt man 20—30 Tropfen von $30^0/_0$ Kaliumchromat hinzu und taucht in die Mitte des Reagenzglases ein angefeuchtetes Stärkepapier. Ist kein Jod vorhanden, so entnimmt man der Flüss. mit einem Glasstabe einen Tropfen und prüft mit wässeriger Anilinlösung auf

Brom (orange). Ist Brom oder Jod vorhanden, so erhitzt man zum
Kochen, bläst Luft ein zur Vertreibung des Broms und Jods und fügt
20 Tropfen einer 5%igen Kaliumpermanganatlösung hinzu. Dann
prüft man wieder mit Anilin auf Chlor (violett). Bei Anwesenheit von
Jod setzt man vor der Prüfung auf Brom je 10 Tropfen Eisenchloridlösung und Schwefelf. hinzu und entfernt das Jod durch Kochen und
Einblasen von Luft. — **98.** p. 481. **89. 34.** p. 379.

Quantitative Bestimmung des Fluors. H. Offermann beschreibt
eine neue Methode zur mafsanalytischen Bestimmung des Fluors bei
gleichzeitiger Anwesenheit von Kohlensäure, organischer Substanz und
Chlor. Sie beruht auf der Umwandlung des vorhandenen Fluors in
Fluorsilicium, Zerlegen desselben durch Wss. und Titriren der Kiesel-
fluorstoffsäure mit Normalkalilösung. — **123.** p. 615. **89.** Rep.
p. 306.

**Bestimmung des Schwefels in Schwefelmetallen unter Zuhilfe-
nahme des elektrischen Stromes;** v. Smith. Schwefelmetalle werden
durch den elektrischen Strom mehr oder weniger leicht in Sulfate
übergeführt, wenn man die Probe in in einem Nickeltiegel geschmolzenes (30—40 g) Aetzkali einträgt, den Strom durch die Masse
10—20 Min. leitet, die Schmelze dann mit Wss. behandelt, filtrirt,
ansäuert und die Schwefelf. mit Chlorbaryum fällt. Es oxydiren sich
leicht Zinkblende, Zinnober, Blei-, Silber-, Molybdän- und Antimon-
glanz, Auripigment, Jamesonit, Enargit, Stephanit, Fahlerz, Zinnkies,
Pyrrhotit und Markasit; bei Kupferkies und Pyrit ist die Hälfte des
Schwefels auch bei starkem Strome äufserst widerstandsfähig gegen
oxydirende Wirkung. — **60.** Bd. 23. p. 2276. **43.** p. 453.

Eine Methode der Stickstoffbestimmung will J. H. Smith darauf
gründen, dafs Kaliumpermanganat aus einem Alkalibromid in saurer
Lösung Brom freimacht und letzteres stickstoffhaltige Körper oxydiren
kann, entweder unter Freimachen von Stickstoff oder unter Bildung
eines Oxyds des Stickstoffs. Verf. glaubt, dafs seine Methode ganz
besonders zur Bestimmung stickstoffhaltiger Körper in Wässern nutzbar gemacht werden kann, jedoch sind einstweilen noch weitere Versuche nothwendig. — **89.** p. 1223. **24.** (1891) p. 27. — Berthelot
bestimmt den Stickstoff in besonders stickstoffarmen Substanzen
(Pflanzenerde etc.) in einem Strom Wasserstoff, der durch Lösungen
von Alkali und Kupfersalzen gereinigt und mit Feuchtigkeit gesättigt
ist. Die Verwendung des Wasserstoffs empfiehlt sich aus folgenden
Gründen: Durch den Wasserstoff wird der Sauerstoff der Luft, der
unter Umständen Spuren von Ammoniak verbrennt, verdrängt. Ferner
werden durch den Wasserstoff Spuren von Manganaten, die der Natronkalk enthalten kann, und von Alkaliperoxyden, die bisweilen unter
dem Einflufs der Luft entstehen, reducirt. Der Wasserstoff entfernt
auch das gebildete Ammoniak und verhindert die Spuren der langsamen Zersetzung, die bei der Temp. des Glasschmelzens vor sich
geht. — **98.** t. 4. p. 480. **89.** Rep. p. 306. **34.** p. 389.

Zur Bestimmung des Nitratstickstoffes löst A. Stutzer 10 g
Salpeter mit Wss. zum Liter und bringt 50 ccm dieser Lösung in
einen Erlenmeyer-Kolben, mischt mit 100 ccm Wss. und 20—25 ccm

Natronlauge (32⁰ Bé.) und fügt 2—3 g Aluminiumblech (0,5 mm stark)
hinzu. Die Spitze des Destillationsrohres wird sofort in Schwefelsäure getaucht und so die Mischung über Nacht stehen gelassen; am
folgenden Morgen destillirt man das Ammoniak ab. — **123.** p. 690.
34. p. 414. **38.** Rep. (1891) p. 17.

**Bestimmung des Salpeterstickstoffs in Düngemitteln durch Reduc-
tion der Salpetersäure zu Ammoniak.** Th. F. Schmitt versetzt die
Lösung der Nitrate in Wss. mit gleichen Theilen Zinkstaub und Eisen-
pulver und hierauf mit Eisessig im Ueberschufs; die Temp. darf nicht
zu hoch werden. Ist die Reduction beendet, so wird mit Natronlauge
übersättigt, das Ammoniak überdestillirt und in bekannter Weise bestimmt. — **89.** p. 1410. **38.** Rep. p. 247.

Bestimmung des Stickstoffs in Nitraten und Nitratmischungen.
A. Süllwald feuchtet 0,5 g Salpeter oder 1 g Nitratmischung mit
0,5 ccm destillirtem Wss. an, versetzt mit 25 ccm Phenolsulfonsäure
(20 g Phenol in 500 ccm reiner Schwefelsäure), fügt 2,5 g Zinkstaub
hinzu und erhitzt nach Zusatz von Quecksilber. Es empfiehlt sich
die Zersetzung mit Schwefelf. resp. Phenolsulfonf. und die nachherige
Destillation in demselben Kolben auszuführen. Man spart das Um-
spülen, wodurch die Genauigkeit der Ergebnisse gewinnt. — **89.**
p. 1673.

**Anwendung der Elektrolyse bei der quantitativen Bestimmung
der Salpetersäure.** G. Vortmann versetzt die Lösung des salpetersauren Salzes in einer Platinschale mit einer genügenden Menge von
reinem Kupfersulfat, säuert mit verdünnter Schwefelsäure an und elektrolysirt. Das Kupfer mufs mittelst eines schwachen Stromes (1 bis
2 ccm Knallgas pro Min.) abgeschieden werden, worauf das Ammoniak
abdestillirt wird. Die Menge des Kupfersalzes richtet sich nach der
Menge der vorhandenen Salpetersäure; bei der Bestimmung der letzteren im Kaliumnitrat mufs man mindestens halb so viel krystallisirtes
Kupfersulfat anwenden, als Kaliumnitrat genommen wurde. — **60.**
Bd. 23. p. 2798. **34.** p. 365.

Gehalt der reinen Schwefelsäure an Stickoxydverbindungen; v. A.
Link. Die Schwefelsäure des Handels enthält fast stets Spuren von
Salpetersäure oder salpetriger Säure, was sich sehr störend bei Wasser-
untersuchungen mittelst Brucinlösung erweist. Da die Pharmacopöe
eine von Stickoxyden nur annähernd freie Schwefelf. verlangt, läfst
sich die Technik anscheinend nicht darauf ein, die Schwefelf. über die
Anforderungen der Pharmacopöe hinaus zu reinigen. — **106.** p. 653.
89. Rep. p. 288.

Die colorimetrische Phosphorbestimmung von Numias beruht
darauf, dafs phosphormolybdänsaures Ammonium sich in einer warmen
Lösung von Natriumhyposulfit mit intensiv blauer Farbe löst, welche
mit der Lösung von einer Eisensorte von genau bekanntem Phosphorgehalt verglichen wird. Die Methode soll der gewöhnlichen gewichtsanalytischen gegenüber schneller ausführbar und genauer sein, indem
bei ersterer mit dem Phosphormolybdat leicht gröfsere oder geringere
Mengen von Molybdänsäure mitfallen. — **48.** p. 1060. **43.** p. 461.

Nachweis fremder Rohphosphate im Thomasschlackenmehl; v. L.

Blum. Frische ungemahlene Thomasschlacke war frei von Kohlensäure. gemahlene Handelswaare enthielt bis 0,16 %, 3 Jahre an der Luft verwitterte 2,28 %, dieselbe Probe fein zerrieben 8 Tage lang im Laboratorium auf Papier dünn ausgebreitet 2,47 %, der Glühverlust letzterer Probe betrug 2,87 %. Ein Thomasschlackenmehl des Handels, das neben dem ausbedungenen Phosphorsäuregehalte 10,3 % Kohlenſ. enthielt, mufste deshalb mit einem minderwerthigen natürlichen Rohphosphate verfälscht sein. — 37. p. 408. 89. Rep. p. 288.

Bestimmung der nutzbaren Soda in der kaustischen Soda des

Handels. J. Watson bestätigt die Angabe von Crofs und Bevan, dafs die Thonerde des Natriumaluminates die Resultate der Titration bei der Verwendung von Methylorange als Indicator beeinflufst, doch nur in geringem Mafse. Bei kaustischer Soda ist Methylorange nicht empfehlenswerth. Zur Bestimmung des nutzbaren oder löslichen Natrons in Alkaliabfällen wird folgendes Verfahren empfohlen: 20 g Substanz werden mit 150—200 ccm warmem destillirten Wss. behandelt. Nach Umrühren und einstündigem Stehen wird die klare Flüss. decantirt und 5 Min. Kohlensäurestrom durchgeleitet, bis das entstehende Calciumcarbonat sich wieder gelöst hat und Schwefelwasserstoff sich entwickelt. Man verdampft dann die Flüss. auf die Hälfte des ursprünglichen Volumens, wäscht das Calciumcarbonat aus und titrirt im Filtrat das Alkali mit schwacher Säurelösung unter Verwendung von Methylorange als Indicator. — 26. p. 1107. 34. p. 68. — Nach G. Lunge ermittelt man zur Bestimmung des Natriumcarbonats in bekannter Weise den Gehalt an Kohlensäure und rechnet CO_2 in Na_2CO_3 um. Nach Verf. ist der Gehalt an Thonerde in der jetzt in den Handel kommenden kaustischen Soda entweder nicht bestimmbar oder steigt doch nicht über 0,1 %, so dafs die Thonerde bei der Bestimmung des Natrons füglich vernachlässigt werden kann. Zuweilen wird allerdings die braunrothe Masse, welche sich am Boden des Kessels absetzt, als „Bodensatz" (caustic bottoms) in den Handel gebracht, und dieses Product enthält dann etwa 2 % Thonerde. Mit Ausnahme dieses Falles kann man das in Form von Silicat und Aluminat vorkommende Natrium als Aetznatron in Rechnung stellen, zumal diese Verbindungen in fast allen praktisch vorkommenden Fällen dieselbe Wirkung wie Aetznatron haben. Man spart dann die ziemlich zeitraubende Bestimmung von Kieselsäure und Thonerde. Im allgemeinen wird man sich infolge dessen damit begnügen, den Gehalt an Aetznatron durch Titration mit Salzsäure von bekanntem Gehalt unter Anwendung von Methylorange als Indicator zu ermitteln. — 123. p. 562. 113. Bd. 14. p. 212.

Zum Nachweis von Theerproducten im Salmiakgeist empfiehlt

Bernbeck über den Salmiakgeist rohe Salpetersäure zu schichten, wobei nach kurzer Zeit bei Gegenwart von Theerproducten ein intensiver Eosinring (?) entsteht. — 106. p. 694. 76. p. 936.

Titration von Baryumsalzen und Sulfaten; v. P. Soltsien. Zur

Bestimmung von Baryumsalzen läfst man in die Lösung derselben so lange titrirte Kaliumchromatlösung aus der Bürette zufliefsen, bis ein herausgenommener Tropfen mit Hämatoxylinlösung in der Wärme zusammengebracht eine blauschwarze Färbung (Chromtinte) erzeugt. Zweckmäfsig bringt man eine Anzahl Tropfen von der als Indicator dienenden Hämotoxylinlösung auf einen Porzellanteller und erwärmt denselben auf dem Wasserbade. Die Endreaction soll sehr scharf sein. Zur Bestimmung der Schwefelsäure in Sulfaten versetzt man dieselben mit einem Ueberschufs von titrirter Chlorbaryumlösung und titrirt mit Kaliumchromat (wie beschrieben) zurück. — **106.** p. 372. **113.** Bd. 14. p. 214.

Bestimmung der Superoxyde der alkalischen Erden. G. Kafsner setzt zu 0,2 g Baryumsuperoxyd, die mit Wss. in einem Becherglas verrieben sind, ungefähr die fünffache Menge von chemisch reinem Ferricyankalium. Sobald kein Sauerstoff mehr entweicht, verdünnt man, versetzt mit verdünnter Schwefelf. und titrirt mit Permanganat. Da bei dem Reductionsprocefs auf 5 Mol. BaO_2 immer 5 Mol. Ferricyansalz in die entsprechende Menge Ferrocyansalz verwandelt werden, so ist das in der Mischung vorhandene Quantum des letzteren ein Ausdruck für den Gehalt an Baryumsuperoxyd. Die Anzahl der verbrauchten ccm kann daher direct auf BaO_2 berechnet werden. — **3.** Bd. 228. p. 432. **34.** p. 323.

Bestimmung des metallischen Aluminiums im käuflichen Aluminium. G. Klemp bestimmt die Menge des im käuflichen Aluminium enthaltenen metallischen Aluminiums nicht wie das Zink im Zinkstaub mit Kaliumjodat, sondern benutzt die Löslichkeit des Aluminiums in alkalischen Laugen. Man behandelt eine abgewogene Menge Aluminium mit Kalilauge und bestimmt den entweichenden Wasserstoff als solchen volumetrisch oder gewichtsanalytisch als Wss. Man verwendet eine Kalilauge, die in 100 ccm 35 g KOH enthält und nimmt die Einwirkung in einem Erlenmeyer'schen Kolben von 150 ccm vor. Auf das Aluminium giefst man etwas Wss. und zur Vermeidung des Schäumens etwas Vaselin. Der entwickelte Wasserstoff wird im Fresenius'schen App. zu Wss. verbrannt und dieses in concentrirter Schwefelsäure aufgefangen. Um eine zu heftige Einwirkung und zu rasche Wasserstoffentwicklung zu vermeiden, wird die Kalilauge in kleinen Portionen zugesetzt; zuletzt wird etwas erwärmt. Das untersuchte Aluminium enthielt nach der Gewichtsanalyse 98.14 und 98,31 % Aluminium. Gefunden wurden 98,42 und 98,37 %. — **37.** p. 388. **89.** Rep. p. 314. **43.** (1891) p. 59. **38.** Rep. p. 230. **34.** p. 291. — Nach Hampe giebt dieses Verfahren unrichtige Resultate, wenn das Aluminium, wie gewöhnlich, Silicium enthält, welches ebenfalls mit Kalilauge Wasserstoff entwickelt. — **89.** No. 97. **43.** (1891) p. 31.

Directe Bestimmung der Gesammt-Acidität in Thonerdesalzen. H. Heidenhain bemerkte, dafs Thonerde bei Gegenwart von reichlich Weinsäure resp. weinsauren Salzen in der Kälte fast gar nicht alkalisch wirkt und sich daher die Säure in Thonerdesalzen wie folgt titriren läfst: Das Thonerdesalz wird in Wss. gelöst, dann auf einen Theil Thonerde (Al_2O_3) die 100—200fache Menge krystallisirtes weinsaures Kali-Natron hinzugegeben und nun nach Zusatz von etwas Phenolphtaleïn so viel einer titrirten Lauge hinzugesetzt, dafs noch ein Theil der Säure ungesättigt bleibt. Dann wird gekocht, um etwaige Kohlensäure zu entfernen, gekühlt und die Titration beendet,

indem man die Lauge tropfenweise einfallen läfst, bis man an der
Einfallstelle eine tiefere Färbung in Roth nicht mehr wahrnehmen
kann. Der Umschlag ist nicht ganz scharf, doch genügend deutlich,
um keine gröfsere Unsicherheit als über 1—2 Zehntel Procent des
verbrauchten Volumens der Lauge zuzulassen. — 86. p. 189. 24.
p. 707.

Ueber neue elektrolytische Trennungen berichten E. Smith und
L. K. Fränkel. Cadmium läfst sich von Zink und Kobalt aus der
Lösung der Kaliumdoppelcyanide trennen, während Nickel in erheblichen Mengen mit ausfällt. Ebenso läfst sich durch einen Strom
von 30 ccm Knallgas pro Stde. Quecksilber von Zink und Nickel
trennen, Quecksilber von Kobalt nur dann, wenn Cyankalium in nicht
zu grofsem Ueberschufs vorhanden ist. Durch schwächere Ströme
(bis 24 ccm Knallgas pro Stde.) läfst sich Silber von Kupfer vollständig trennen, ebenso Silber von Zink, Nickel und Kobalt. Kupfer
läfst sich neben Cadmium quantitativ aus der Lösung der Sulfate
abscheiden, wenn zu 120 ccm Lösung 15 ccm verdünnte Schwefelsäure
(1,09 spec. Gew.) gesetzt werden und ein Strom von 12 ccm Knallgas
pro Stde. angewandt wird. — 97. p. 104. 113. Bd. 13. p. 474.

Ermittelung des Arsens in Vergiftungsfällen. L. L'Hôte zerstört
die organische Substanz nach dem etwas modificirten Verfahren von
Filhol. Die hierbei erhaltene saure Lösung giebt mit Schwefelwasserstoff einen Niederschlag, der mit reinem Ammoniak behandelt
und dann mit Salpetersäure und Schwefelf. wieder aufgenommen wird.
Der Marsh'sche App. gestattet den Nachweis und die Bestimmung
des Arsens. Die ausgezogene lange Röhre aus grünem Glase, welche
von Rauschgold umgeben ist, wird auf einem kleinen Gasofen erhitzt,
worauf man den Theil der Röhre, welcher den Ring enthält, ab-
schneidet, genau wägt, in einer Porzellanschale mit einigen Tropfen
Salpeterf. und dann mit destillirtem Wss. wäscht, trocknet und abermals wägt. Die im Marsh'schen App. zu verwendende Schwefelf. mufs
frei sein von nitrosen Verbindungen und von Arsen, ebenso mufs das
Zink rein sein. — 17. p. 508. 89. Rep. p. 350.

Unterscheidung der Arsen- von den Antimonflecken. Denigès
empfiehlt dazu das Ammonarsenmolybdat, welches charakterisirt ist
durch seine schön gelbe Farbe, seine Unlöslichkeit in Salpetersäure
und besonders dadurch, dafs es unter dem Mikroskope Sterne bildet
mit dreieckigen Zacken. Das Ammonphosphormolybdat zeigt dieselben
Eigenschaften; da aber in den mittelst des Marsh'schen App. erhaltenen Flecken Phosphorverbindungen selbst nicht in Spuren zugegen
sein können, so ist die Anwesenheit von Arsen erwiesen, wenn aus
den Flecken gelbe Krystalle mit den erwähnten Eigenschaften erhalten
werden können. Die in einer kleinen Porzellanschale gesammelten
Flecke werden in einigen Tropfen reiner Salpeterf. gelöst, worauf man
erwärmt und dann 4—5 Tropfen Ammonmolybdat in salpetersaurer
Lösung hinzu giebt. Es entsteht bald, selbst wenn nur Spuren Arsen
($1/50$ bis $1/100$ mg) zugegen sind, ein gelber Niederschlag, der unter dem
Mikroskope die erwähnten Eigenschaften zeigt. Antimon giebt Aehn-
liches mit dem Molybdänreagenz nicht. — 9. t. 111. p. 824. 89.
Rep. p. 363. 76. (1891) p. 13.

Die Bestimmung des Schwefels im Handels- und Werkblei durch Verbrennen des Bleies im trocknen Chlorstrome unter Anwendung von zwei mit salzsäurehaltigem Wss. gefüllten Vorlagen bietet nach W. Hampe Schwierigkeiten in der Ausführung. Die Bestimmung des Schwefels kann auch durch Oxydation des Bleies mit schmelzendem Salpeter und Fällung der gebildeten Schwefelsäure durch Chlorbaryum erfolgen. 50 g des feingeraspelten Bleis trägt man in kleinen Quantitäten in 100 g im Porzellantiegel über der Spirituslampe (wegen des Schwefelgehaltes des Leuchtgases) geschmolzenen Salpeter. Zur vollständigen Ueberführung des Bleies in Oxyd genügt ein 1—1$^1/_4$stündiges Erhitzen. Die ausgegossene Schmelze, sowie den im Tiegel zurückbleibenden Rest läfst man in heifsem Wss. zerfallen, leitet darauf in die Flüss. 1 Stde. lang Kohlensäure, kocht auf und filtrirt. Das Filtrat wird nochmals mit CO_2 behandelt, aufgekocht und filtrirt, um die letzten Mengen von Blei zu entfernen. Das Filtrat wird zur Entfernung der Salpetersäure zweimal mit HCl eingedampft und die wässerige, mit wenigen Tropfen Salzsäure versetzte Lösung mit $BaCl_2$ gefällt. — **89.** p. 1778. **113.** Bd. 14. p. 214.

Die Löslichkeit von Bleisulfid in Salzsäure ist nach D. B. Dott ziemlich beträchtlich, auch in „verdünnter" Salzsäure (1 : 2). Lösungen, die $^1/_6$ % Bleiacetat und $^1/_6$ % Salzf. enthalten, geben mit Schwefelwasserstoff keine Fällung. — **105.** p. 475. **34.** p. 421.

Erkennung einer schwachen Versilberung. Buchner verdünnt eine gesättigte Lösung von Kaliumbichromat in 30 % Salpetersäure mit dem gleichen Volum Wss. oder bringt zuerst einen kleinen Tropfen Wss. auf den Gegenstand und läfst mittelst eines Capillarröhrchens einen kleinen Tropfen der unverdünnten Lösung durch den Wassertropfen fallen. Entsteht hierbei ein blutrother Fleck, der beim Abspülen mit Wss. bleibt, so liegt eine Versilberung vor. — **19.** p. 483. **43.** p. 453.

Bestimmung von Schwefel im Kupfer. H. J. Phillips löst die Probe in Salpetersäure (spec. Gew. 1,42) und verdampft zur Trockne. Der Rückstand wird mit verdünnter Salpeterf. aufgenommen und filtrirt. Das Filtrat wird verdünnt, auf 70° C. erhitzt, mit etwas Salzsäure versetzt und im Dunkeln 12 Stdn. stehen gelassen, decantirt und das Silberchlorid abfiltrirt. Das Filtrat wird fast zur Trockne eingedampft und nach Zugabe von reiner Salzf. (spec. Gew. 1,16) ganz zur Trockne gebracht. Der Rückstand wird in wenig Wss. gelöst, wieder Salzf. zugesetzt, verdünnt, zum Kochen erhitzt und mit Baryumchlorid gefällt. — **8.** vol. 62. p. 239. **34.** p. 394.

Analyse von Stahl und Eisen. Die Arbeiten des amerikanischen Comitees für die internationalen Proben für die Analyse von Stahl und Eisen haben nach J. W. Langley bis jetzt folgende Resultate ergeben: Die Verbrennung von Kohle in einem Porzellanrohr im Sauerstoffstrom liefert unter gewissen Vorsichtsmafsregeln gute Resultate. Enthält die Kohle Chlor, so ist es wünschenswerth, eine Rolle von metallischem Silber in das Verbrennungsrohr zu schieben; ebenso ist es wesentlich, etwas Silberlösung, am besten vom Sulfat, zu verwenden. Nach der Chromsäuremethode ist alle Kohle zu verbrennen. Enthält die Kohle Chlor, so ist es wesentlich, ein Desoxydationsmittel zu benutzen, am besten Pyrogallussäure mit Kaliumoxalat; auch mufs eine silberhaltige Absorptionsflüssigkeit Verwendung finden. Unter diesen Bedingungen giebt die Chromsäuremethode gute Resultate. Die Benutzung einer kleinen Menge Salzsäure in einer Lösung des Ammoniumkupferdoppelchlorides giebt immer höhere Werthe, als wenn die neutrale Lösung angewandt wurde. Der Ersatz des Salmiaks durch Kaliumchlorid in dem Doppelchlorid ist zwecklos. Das wichtigste Ergebnifs der Commissionsarbeit ist der Nachweis, dafs die Doppelchloridlösung verschieden wirkt. Man mufs hiernach an der Vernachlässigung der bisher mit diesem Reagenz gemachten Kohlenstoffbestimmungen zweifeln, da sich bei der gleichen Stahlprobe Schwankungen von 0,016 bis 1,150 zeigten. Wenn der Säuregrad constant ist, dann wird die gefundene Kohlenstoffmenge durch die Bereitungsart der Doppelchloridlösung, durch ihr Alter und die Zahl der gemachten Krystallisationen beeinflufst. Ein Kohlenschwamm, der von der Doppelchloridlösung herrührt, verliert keine Kohle, wenn er bei einer Temp. von unter 100° C. getrocknet wird, doch zeigen sich bei einer höheren Temp. des Trocknens Verluste. — 8. vol. 62. p. 218, 237. 34. p. 394.

Bestimmung von metallischem Zink in Zinkstaub; v. Minor.
Fein vertheiltes metallisches Zink reducirt eine Lösung von Chromsäure ohne Wasserstoffentwicklung. — 89. No. 69. 43. p. 419.

Bei der Kohlenstoffbestimmung im Eisen durch Verbrennen im Chlorstrome hinterlassen nach W. Hampe manganreiche Eisen auch geschmolzenes Manganchlorür im Schiffchen. Man löst deshalb den Schiffchen-Rückstand in verdünnter Salzsäure, filtrirt durch Asbest und bringt letzteren mit dem Kohlenstoff in die Verbrennungsröhre. — 89. p. 1777. 76. (1891) p. 29.

Bestimmung von Phosphor im Gufseisen, Stahl und Eisenerz.
C. Jones löst die Probe in 60 ccm Salpetersäure (spec. Gew. 1,135), kocht und fügt soviel Kaliumpermanganat hinzu, bis Mangandioxyd niederfällt. Das Mangansuperoxyd wird mit Eisenoxydulsulfat gelöst und in einen 500 ccm-Kolben filtrirt. Man neutralisirt nahezu mit Ammoniak (spec. Gew. 0,90) und prüft, ob die Oxydation vollständig gewesen ist. Man setzt 75 ccm Molybdänlösung bei 85° C. hinzu und schüttelt 5 Min. lang, filtrirt und wäscht mit Ammoniumsulfat aus. Man löst in Ammoniak (spec. Gew. 0,96), fügt 30—50 ccm Schwefelsäure hinzu und filtrirt durch den Reductor. Dann titrirt man. Handelt es sich um Eisenerze, so löst man in Salzsäure (spec. Gew. 1,12), verdampft das Filtrat mit Salpeterf. (1,20 spec. Gew.), schmilzt den Rückstand mit überschüssiger Soda und löst in verdünnter Schwefelf. (1 : 2 Wss.). Man vereinigt die Lösungen und oxydirt dann wie angegeben. — 8. 34. p. 394. 31. p. 503. — Norris löst 5 g Roheisen oder Stahl in einem Becherglase mit resp. 120 und 90 ccm Salpetersäure (1,135 spec. Gew.), setzt 20 ccm einer 0,8 %igen Permanganatlösung zur kochenden Flüss., erhält das Sieden während einiger Min., wobei MnO_2 gefällt wird, setzt etwas Weinsäure zu, erhitzt während einiger Min. behufs Lösung des MnO_2, schüttet die Lösung in einen Rundkolben von 500 ccm (bei Roheisen wird auf 100 ccm aufgefüllt und 80 ccm des von Graphit befreiten Filtrats

gebraucht), fügt 10 ccm Salpeterſ. (1,4 spec. Gew.) zu, versetzt mit Molybdänflüssigkeit und arbeitet in gewöhnlicher Weise weiter. — **99.** vol. 129. p. 72. **43.** p. 407.

Analyse von Eisenlegirungen. A. Ziegler schlieſst die Legirungen von Eisen mit Chrom, Aluminium, Wolfram und Silicium (0,5 g Legirung in gebeuteltem Zustande) mit einem Gemisch aus 6 g reinem NaOH (oder KOH) und 3 g reinem NaNO₃ (oder KNO₃) im Silbertiegel auf. Auch zur Phosphorbestimmung ist diese Aufschlieſsungsmethode zu empfehlen. Man nimmt dazu 2 g Substanz und schlieſst mit 9 g NaNO₃ und 18 g KOH auf. Die Schmelze wird mit Salpetersäure und etwas verdünnter Salzsäure aufgenommen, durch wiederholtes Abdampfen mit concentrirter Salpeterſ. in die reine salpetersaure Lösung umgewandelt, mit Ammoniak abgestumpft und Phosphor wie gewöhnlich bestimmt. — **28.** Bd. 279. p. 163. **38.** Rep. (1891) p. 33.

Maſsanalytische Bestimmung des Mangans. G. Vortmann löst die gewogene Menge des Mangansalzes mit der 2—3fachen Menge Kalialaun in Wss., setzt Zehntelnormal-Jodlösung und reine Natronlauge zu, erwärmt im Wasserbade und verdünnt nach dem Erkalten auf ein bestimmtes Volumen. Man filtrirt von diesem durch ein trocknes Faltenfilter einen Theil ab, säuert das Filtrat an und titrirt den Ueberschuſs des Jods mit Natriumthiosulfatlösung; die verbrauchten ccm der letzteren werden auf das Gesammtvolumen der Flüss. umgerechnet und von der angewandten Menge Jodlösung in Abzug gebracht, wobei die Jodlösung, welche zur Oxydation des Manganoxyduls nothwendig war, sich ergiebt. Ebensogut, wie bei Anwesenheit eines Aluminiumsalzes läſst sich das Mangan in Gegenwart eines Eisenoxydsalzes bestimmen. Ammoniumsalze dürfen nicht vorhanden sein. — **60.** Bd. 23. p. 2801. **34.** p. 365.

Schnelle Manganprobe. Myhlertz schmilzt 0,5 g Probe (Erze, Schlacken u. s. w.) mit 5 g eines Gemisches von 1 Th. Salpeter und 3 Th. Soda im Platintiegel, behandelt die erkaltete Schmelze mit siedendem Wss., setzt ohne zu filtriren 3 ccm Alkohol zur Ueberführung alles Mangans in Superoxyd zu, filtrirt und wäscht den Rückstand aus. Denselben löst er in 100 ccm eingestellter Ferrosulfatlösung, titrirt den Ueberschuſs der letzteren mit Bichromatlösung und berechnet den Mangangehalt aus der Anzahl der verbrauchten ccm Bichromat. Zeitdauer 2—3 Stdn. — Journ. anal. Chem. p. 267. **89.** Rep. p. 251. **43.** p. 400.

Aufschlieſsen von Chromeisenstein. Rinnicutt und Patterson erhitzen 0,3 g Erz mit der 20fachen Menge eines gleichen Gewichts Soda und Baryumsuperoxyd im Platintiegel, übergieſsen die Masse im Becherglas mit Wss., dann allmählich mit Salzsäure und Kalilauge bis zur stark alkalischen Reaction, setzen 3—6 ccm 5%ige Wasserstoffsuperoxydlösung zu, kochen während 20 Min., säuern mit Salzſ. an und bestimmen die Chromsäure titrimetrisch. — **37.** p. 596. **43.** p. 435.

Um bei der Veraschung von Vegetabilien in der Analyse Verluste an Schwefel und Phosphor zu vermeiden, empfiehlt Lechartier nach der Verkohlung die mineralischen Bestandtheile von der Kohle mög-

lichst zu trennen und die ausgelaugte Kohle für sich zu veraschen.
— **72.** p. 421. **113.** Bd. 18. p. 476.

Ueber die Schmelzpunkte organischer Verbindungen. Nach A.
Reifsert ist der Nullpunkt des zu den Schmelzpunktbestimmungen
dienenden Thermometers von Zeit zu Zeit zu bestimmen; die Correctur für den herausragenden Quecksilberfaden mufs stets ausgeführt
werden, da ohne dieselbe infolge der sehr verschieden grofsen Fehler
Unterschiede von mehreren Graden hervorgerufen werden können; es
ist stets der Punkt des beginnenden Schmelzens zu beobachten; da
die Temp. im Innern der Haarröhre stets etwas niedriger ist als an
den Wänden, so schmelzen die an der Glaswand haftenden Theilchen
etwas früher, als die im Innern befindlichen Antheile, und die Verflüssigung dieser ersten Antheile liegt der wahren Schmelztemperatur
am nächsten. — **38.** Rep. p. 613.

Die **Kohlenstoffbestimmung organischer Substanzen auf nafsem
Wege** nach J. Messinger liefert bisweilen constant 0,8—1 % Kohlenstoff zu wenig. Da das einmal gebildete Kohlenoxyd durch Chromsäure und Schwefelsäure nicht mehr zu Kohlendioxyd oxydirt werden
kann, so mufs man das Gasgemisch durch ein mit einem Dreibrenner
schwach erhitztes Rohr mit Kupferoxyd und Bleichromat von 15 cm
Länge streichen lassen. Zum Trocknen des Kohlendioxyds leitet man
dasselbe durch ein U-Rohr, in dessen einem Schenkel sich concentrirte
Schwefelf., in dessen anderem sich glasige Phosphorsäure befindet. —
60. Bd. 23. p. 2756. **34.** p. 358.

Zur Oxydation des Schwefels in organischen Verbindungen benutzen Berthelot, André und Matignon die kalorimetrische Bombe,
in welcher die betreffenden Substanzen in bei 25 atm. comprimirtem
Sauerstoff in Gegenwart von 10 ccm Wss. verbrannt werden. Die Verbrennung erfolgt augenblicklich, es bildet sich, wenn die Substanz
genügend Wasserstoff enthält, nur verdünnte Schwefelsäure. Ist nicht
genügend Wasserstoff vorhanden, so fügt man die gleiche Gewichtsmenge oder etwas weniger Campher hinzu. Nach der Verbrennung
öffnet man die Bombe und entfernt das gebildete Wss. quantitativ.
Die Flüss. enthält nur Schwefelf. und etwas Salpetersäure und wird
mit Baryumchlorid gefällt. Zur Analyse mufs man 1 g Substanz anwenden. — **64.** p. 89.

Die **gebräuchlichsten Färbeflüssigkeiten für bacteriologische
Arbeiten** sind folgende ihrem Autornamen nach benannte: Babes:
Wss. 1 : 1 Weingeist wird mit Safranin (so viel als sich löst) versetzt. Ehrlich: concentrirte Methylenblau-Lösung in Wss. Fränkel:
I. Gleiche Theile von Anilinwasser und einer concentrirten weingeistigen Fuchsinlösung. II. (Zur Contrastfärbung:) Wss. 50, Weingeist 30, Salpetersäure 20, Methylenblau zur Sättigung. Friedländer:
100 Wss., 10 Essigsäure, 50 concentrirte weingeistige Gentianaviolett-
lösung. Gram: Jod 1, Jodkali 2, Wss. 300. Koch: concentrirte
weingeistige Methylenblaulösung 100 (für die schwache Lösung nur
10), 10%ige Kalilauge 2, Wss. 2000. Löffler: concentrirte weingeistige Methylenblaulösung 30, 0,01%ige Kalilauge 100. Pfitzner:
Safranin 1, wasserfreier Weingeist 100, Wss. 200. Ziehl-Neelsen:
Wss. 100, Carbolsäure 3, Weingeist 10, Fuchsin 1. — Die concentrirten

Lösungen werden stets mit einem Ueberschusse der Theerfarbstoffe hergestellt, so dafs immer etwas von diesem im Gefäfse ungelöst bleibt. — Ex tempore herzustellende Lösungen werden in folgender Weise bereitet: Man übergiefst 1 des Theerfarbstoffes mit 15 eines 90%igen Weingeistes und 85 Wss. in einem Kochkolben, worin man die Mischung 15 Min. kocht, hierauf an einem kühlen Orte zum Absetzen zur Seite stellt und dann filtrirt. Es ist wichtig, die Lösung an einem kühlen Orte absetzen zu lassen, weil sonst im Filtrate Ausscheidungen vorkommen würden. — Als Entfärbungsflüssigkeit, wobei nur die Bacillen gefärbt bleiben, benützt man eine Mischung von 1 Schwefelsäure 1,185 spec. Gew. und 20 eines 80%igen Weingeistes. — **24. 76. p. 995.**

Neue Reaction auf Sulfocyanwasserstoffsäure. Nach Colasanti ist eine Goldchloridlösung (1 : 1000) dazu geeignet, wenn man dieselbe durch Zusatz von Soda schwach alkalisch macht. Es tritt eine prachtvoll violette Färbung auf. Bei der Prüfung von Harn erhält man röthliche Färbung. Wenige Tropfen einer alkoholischen Lösung von α-Naphthol oder Thymol geben beim Hinzufügen von concentrirter Schwefelsäure mit Sulfocyaniden violette Färbungen. In sehr verdünnten Lösungen von Sulfocyankalium scheiden sich kurze Zeit nach dem Auftreten einer schönen blauen Färbung beim Abkühlen der Flüss. äufserst feine Nädelchen aus, die nach Oxydation mit Salpetersäure ein gelbes Product (Martiusgelb) liefern, dessen Lösung mit kohlensaurem Baryt einen Niederschlag von schwefelsaurem Baryt giebt. Auch im Harn kann die Sulfocyanwasserstoffsäure auf diese Weise nachgewiesen werden. — **7. Intern. pharm. G.-A. p. 410. 24. p. 687.**

Bestimmung von Fuselöl im Spiritus. A. Stutzer und O. Reitmair nehmen die Fuselbestimmung durch Ausschütteln mit Chloroform zunächst in gewöhnlicher Weise nach der Destillation des Sprits mit Aetzkali in dem verdünnten 80%igen Destillat vor. Erhält man mehr als 0,15 Vol.-% Fusel, so genügt die erreichte Genauigkeit. Wird weniger gefunden, so bringe man 1000 ccm Sprit und 100 g trockene Pottasche (falls der Sprit nicht unter 90 Vol.-% Alkohol enthält; sonst erhöhe man den Pottaschezusatz) in einen grofsen Fractionskolben und destillire im Salzbade nach Verlauf einiger Stdn. Die zuerst übergehenden 500 ccm werden zusammen aufgefangen, später jede weiteren 100 ccm getrennt. Ist alles abdestillirt, so läfst man den Kolbeninhalt erkalten, versetzt ihn mit 200—250 ccm Wss., destillirt nochmals aus einem Paraffinbade 100 ccm ab und vereinigt dieses Destillat mit der letzten Fraction. Nun wird jede Fraction für sich auf 30 Vol.-% verdünnt und, mit der letzten Fraction beginnend, einzeln im Schüttelapparate untersucht. Die Verdünnung auf 30 Vol.-% ist möglichst genau einzuhalten, so dafs die äufsersten Schwankungen des Alkoholgehaltes 29,95—30,05 Vol.-% nicht übersteigen. Als Schüttelapparat ist ein solcher zu benutzen, der die Ausschüttelung von 250 ccm eines 30%igen Alkohols durch 50 ccm Chloroform gestattet. Das mittlere engere Rohr des App. soll von 50—56 ccm in 0,05 ccm eingetheilt sein und die genaue Schätzung von 0,01 ccm ermöglichen. Die Temp. während des Abmessens der Flüss. und während des Ablesens der Volumina darf nur zwischen 14,5 und 15,5° schwanken.

Die Umrechnungen erfolgen auf Normaltemperatur 15⁰; für je $0{,}1$⁰ Temperaturdifferenz ist $0{,}01$ ccm bei einer Beobachtungstemperatur von $14{,}6$—$14{,}9$⁰ zum abgelesenen Volumen zu addiren bezw. bei $15{,}1$ bis $15{,}4$ davon abzuziehen. — **123.** p. 522. **89.** Rep. p. 278.

Die Prüfung des Fuselöls soll nach amtlicher Anweisung folgendermafsen geschehen: „In ein reines und trockenes Probirglas wird bis zu einem dem Volumen von 30 ccm entsprechenden Striche Chlorcalciumlösung des spec. Gew. $1{,}225$ gebracht; sodann wird bis zu einem, das Volumen von 40 ccm anzeigenden Striche das zu untersuchende Fuselöl aufgefüllt. Hierauf wird das Glas mit einem gut passenden Kork verschlossen und 1 Min. lang kräftig durchgeschüttelt. Man stellt alsdann das Gefäfs senkrecht auf und läfst die beiden Schichten sich sondern. Etwa an den Wänden sitzende Oeltröpfchen entfernt man durch sanftes, senkrechtes Klopfen auf die Handfläche oder durch Drehen der Röhre zwischen den Fingern. Haben sich nunmehr die beiden Schichten gesondert, so soll die obere Schicht nach unten hin wenigstens noch bis zu dem mit $32{,}5$ ccm bezeichneten Striche reichen, also wenigstens dem Volumen von $7{,}5$ ccm entsprechen. Demnächst werden in ein zweites trockenes Glas 100 ccm des zu untersuchenden Fuselöls gefüllt·und demselben 5 ccm Wss. hinzugefügt. Wiederum wird das Glas mit einem gut passenden Kork verschlossen und 1 Min. lang kräftig geschüttelt. Hierauf soll das Gemisch trübe erscheinen. Die bei diesem Verfahren zu verwendende Chlorcalciumlösung wird entweder fertig aus Apotheken bezogen und mit einem amtlich beglaubigten Aräometer bei einer Temp. von nahezu 15⁰ geprüft oder selbst hergestellt, indem man 25 g wasserfreies Chlorcalcium in 100 ccm Wss. löst und die Lösung, falls sie nicht klar sein sollte, filtrirt. Die einmal richtig bereitete Lösung kann in gut verschlossenen Gläsern beliebig lange aufbewahrt werden, ohne Veränderungen zu erleiden." — **29.** p. 228.

Eine vergleichende Untersuchung der Prüfungsmethoden für methylirten Spiritus haben J. Millard und A. C. Stark geliefert. Sie fanden, dafs alle die denaturirten Alkohole sehr in ihrer Zusammensetzung variirten, soweit der Gehalt an Aceton und Methylalkohol dabei in Betracht kommt. Die Zollbehörden an Somerset House prüften den Holzgeist zu ungenau, indem sie nur Siedepunkt, spec. Gew., Säuregehalt und Mischbarkeit mit Wss. in Berücksichtigung zogen. Die Autoren stellten die Untersuchungen mit künstlichen Gemischen an, Spir. vini rectific., der mit 5, 10, 20 und 50 % denaturirtem Alkohol verfälscht wurde. Sie unterwarfen dabei die Prüfungsmethoden von Reynolds, Cazeneuve, Riche, Bardy und Miller einer Controle auf Empfindlichkeit und fanden, dafs man mit Reynolds' bis herab zu 20 %, mit Cazeneuve's bis zu 5 %, mit Riche's und Bardy's bis zu 10 % und mit Miller's fast bis zu 20 % nachweisen könne. Die Methoden von Riche und Bardy, die auf der Bildung von Methylanilinviolett beruhen, haben den Nachtheil, dafs sie für 12 Stdn. fortgesetzte Aufmerksamkeit verlangen. Die neuerdings von Hehner empfohlene Methode leidet ebenfalls, jedoch in geringem Mafse unter diesem Nachtheil. Die Prüfung Cazeneuve's wurde von den Autoren in etwas modificirter Form sowohl bezüglich der Zeit, in der Farbenveränderung und Bildung des Niederschlags als zuverlässig, einfach und genau empfohlen. — 106. p. 575.

Methoden zur quantitativen Bestimmung des Acetons. F. Colli-schoun findet, dafs die von G. Krämer angegebene Methode zur Prüfung von Methylalkohol für Farbfabriken genügt. Genauer und schneller ausführbar ist die Messinger'sche Titrirmethode. Die Methode beruht auf der Gleichung: $(CH_3)_2CO + 6J + 4KOH = CHJ_3 + 3KJ + C_2H_3O_2K + 3H_2O$. Durch Ansäuern wird das Jod frei gemacht und titrimetrisch bestimmt; es empfiehlt sich die Verwendung von $^1/_2$—$1\,^0/_0$ Lösungen. Man mufs das Gemisch von Aceton und Aetzlauge fortwährend schütteln, während die Jodlösung einfliefst, welche langsam und in genügendem Ueberschufs zugefügt werden soll. — 37. p. 562. 34. p. 879.

Zur Glycerinprüfung. H. Will glaubt, dafs die Mifserfolge, welche man bei manchen Glycerinsorten mit der Prüfungsvorschrift des Arzneibuches erzielt hat, dem Umstande zuzuschreiben sind, dafs man die ammoniakalische Glycerinmischung vor dem Silbernitratzusatze über freier Flamme zu stark erhitzt hat. Bei nicht genügender Vorsicht kommt es hierbei zu stofsendem Kochen, wodurch die Mischung offenbar zu heifs wird. Wenn man das erste Entweichen von Ammoniakblasen aus der im kochenden Wasserbade oder im Luftbade erhitzten Mischung als Sieden auffässt, so wird jede Ueberhitzung vermieden. Nach dem Eintröpfeln der Silbernitratlösung in die siedende Glycerinmischung mufs das Reagenzglas sofort aus dem Wasserbade entfernt werden, denn ein und dasselbe Glycerin giebt, je nachdem ammoniakalisches Silbernitrat auf dasselbe längere oder kürzere Zeit in der Siedehitze einwirkt, verschiedene Resultate. — 38. p. 612. 34. p. 339.

Analyse des Dynamits. F. Scheiding macht darauf aufmerksam, dafs bei der Feuchtigkeitsbestimmung des Nitroglycerins, die durch Wägen der in Aether löslichen Menge erfolgt, der Rückstand nach Verdunstung des Aethers über Schwefelsäure getrocknet werden mufs, weil Nitroglycerin schon bei 110^0 nicht unbedeutend flüchtig ist. Der Zusatz von Schwerspath zum Glycerin ist nicht als Verfälschung anzusehen, da er bei guter Kieselgur nothwendig ist. Handelt es sich um die Frage, ob noch andere in Aether lösliche Substanzen vorhanden sind, so wird man den Gehalt an Nitratstickstoff und erforderlichenfalls an Gesammtstickstoff nach Dumas zu bestimmen haben. Das Lunge'sche Nitrometer empfiehlt sich für Fabriklaboratorien, doch ist der Dreiweghahn der App. häufig schlecht. Es ist daher das Schulze-Tiemann'sche Verfahren vorzuziehen. Die Analyse des Gelatinedynamits ist weniger einfach. Man zerstört die Gelatine mit Aether, zieht den Salpeter mit Wss. aus und benutzt nach dem Trocknen Essigäther zur Extraction der Collodiumwolle. Soll auch der Gehalt an Schiefswolle bestimmt werden, so ist vorher mit Aetheralkohol 2 : 1 zu extrahiren. Das wässerige Filtrat kann noch Soda enthalten. Man füllt deshalb auf ein bestimmtes Volumen auf und bestimmt in Antheilen das Gesammtgewicht, die Alkalität und den Nitratstickstoff (nach Schulze-Tiemann). — 123. p. 614. 34. p. 365.

Analyse einer Mischung von Wachs, Paraffin, Stearin und Stearinsäure. F. Jean bestimmt 1) die Stearinsäure durch Titration; 2) das Paraffin durch Messen des in Essigsäure unlöslichen Theiles; 3) einen Theil des Wachses durch Subtraction des Paraffins von dem Chloroformrückstand; 4) das Stearin durch Titration des Glycerins; 5) den zweiten Theil des Wachses (Cerotinsäure) durch Differenz. — Corps gras. p. 161. **34.** (1891) p. 29.

Prüfung von Oelen, Fetten und verwandten Substanzen. T. T. P. B. Warren theilt die Oele und Fette in 2 Klassen, diejenigen, die mit Chlorschwefel unlösliche Producte liefern und die dies nicht thun. Erhitzt man die Oele und Fette der ersten Klasse mit Schwefel, so erhält man schwammige elastische Massen, mit Ausnahme von Oliven- und Baumwollensamenöl. Der Umstand, dafs der gelöste Schwefel beim Erkalten auskrystallisirt, kann ihre Gegenwart in Oelmischungen erkennen lassen. Alle lösen sich in Aether, doch scheiden sich Kautschuk und Guttapercha auf Zusatz einiger Tropfen Alkohol aus. Die raffinirten Oele geben mehr lösliche Producte im steigenden Verhältnifs zum Verlust an Glycerin. Durch Behandlung eines Gemisches mit ozonisirtem Sauerstoff kann ein leicht oxydirbares Oel von einem schwerer oxydirbaren Oel getrennt werden. Chlorschwefel wird das eine Oel in ein unlösliches Product verwandeln, während die Fettsäuren des anderen Oeles mit Schwefelkohlenstoff ausgewaschen werden können. Läfst man auf diese Producte zur Bestimmung des Schwefels Salpetersäure einwirken, so entsteht Nitroglycerin, das entfernt werden mufs. Auffallend ist, dafs die Oele und Fette der zweiten Klasse geringere Mengen Gesammtmagma geben, als die der ersten Klasse, wodurch sie in Gemischen erkannt werden können. Petroleum und die Destillate vom Steinkohlentheer lösen Chlorschwefel einfach auf. In einer Mischung von Oelen, die beide der ersten oder zweiten Klasse angehören, können dieselben mit Hübl's Reagenz bestimmt werden. Die Isolirung eines aus einem Oel abscheidbaren Bestandtheiles kann für die Beurtheilung von Gemischen benutzt werden. — 8. vol. 62. p. 251. **34.** p. 413. **123. 122.** p. 613.

Zur Untersuchung der Fette. J. Lewkowitsch bedauert, dafs die wissenschaftliche Seite der Untersuchung so sehr vernachlässigt sei, obgleich die Fabrikation von Fettproducten bedeutende Fortschritte gemacht habe. Die stetig zunehmende Verfälschung derselben habe die Auffindung neuer Methoden zu einer Nothwendigkeit gemacht. Ausgehend davon, dafs die Analysirung der Fette darauf beruhe, dieselben in ihre näheren Bestandtheile: Glycerin und Fettsäuren, zu zerlegen, ergibt sich Verf. sehr ausführlich über die dazu vorhandenen Wege, besonders über die sogenannten quantitativen Reagentien. — **26.** p. 842. **122.** p. 612.

Vergleichung der Erstarrungspunkte verschiedener Talgsorten. Nach Finkner wird das Temperaturmaximum durch die Menge des angewandten Talgs und die Schnelligkeit, mit der die Abkühlung geschieht, beeinflufst. Man bringt von einer Durchschnittsprobe des zu untersuchenden Talgs 150 g zum Schmelzen und füllt den Talg in ein Kölbchen von 50 mm Durchmesser bis zur Marke. Man liest den Stand des Thermometers alle Minuten ab, wenn es auf 50° gesunken ist. Beim harten Talg fängt es nach einiger Zeit an, lang-

samer zu fallen, bleibt einige Minuten stehen, steigt wieder, erreicht
einen höchsten Stand und sinkt abermals. Dieser höchste Stand ist
der Erstarrungspunkt. Bei weichem Talg fällt es nach einiger Zeit
langsam, bleibt mehrere Minuten auf einem sich nicht ändernden
Stand stehen und sinkt dann, ohne den vorigen dauernden Stand
wieder zu erreichen. Der beobachtete höchste, sich auf einige Zeit
nicht ändernde Stand giebt den Erstarrungspunkt an. — 114. p. 158.
34. p. 268.

Pferdefett im Schweineschmalz, Talg etc. Das Pferdefett absorbirt eine viel größere Menge Brom als das Ochsenfett und das
Schweineschmalz. Die Zahl beträgt für Schweineschmalz 40 %, für
Pferdefett 67 %. Verglichen mit dem Ochsenfett ist die Differenz
noch größer. Die Ausführung der Absorption geschieht in folgender
Weise: In einer verschlossenen Flasche wird 1 g Fett in 20 ccm
Schwefelkohlenstoff oder Chloroform gelöst. Man setzt 50 ccm Bromlösung (15 g Brom mit Natronlauge alkalisch gemacht und auf 1 l gebracht) hinzu, säuert mit Salzsäure an und läßt nach dem Schütteln
bis zum nächsten Tage stehen. Dann fügt man Jodkalilösung zu
(mehr als 1 g KJ enthaltend) und titrirt mit Natriumhyposulfit. Die
Bromlösung muß in entsprechender Weise hergestellt sein. Die Brom-
absorption ist der Jodabsorption proportional und wäre in dieser Weise
angewandt der letzteren (Hübl'sche Zahl) vorzuziehen. — Corps gras.
p. 162. 34. (1891) p. 30.

Zur Degras-Analyse. Echter Degras enthält Jean's „harz-
ähnliche Substanz", die F. Simand jetzt „Degrasbildner" nennt.
Je mehr davon eine Waare enthält, desto besser ist sie. Der
Degrasbildner ist roh eine braunschwarze, in reinem Zustande eine
hellbraune stickstoffhaltige Masse, welche sich in Alkalien und Ammoniak sehr leicht löst und beim Ansäuern der Lösung fast vollständig als heller flockiger Niederschlag wieder ausgeschieden wird.
Heißes und besonders säurehaltiges Wss. nimmt den Körper in nicht
zu kleinen Mengen auf. Weiter ist er löslich in Alkohol, Eisessig,
Anilin, fast nicht löslich in Aether und unlöslich in Petroläther und
Benzol. Der Körper schmilzt nicht und kommt hauptsächlich im
echten Sämisch-Degras vor, scheint sich also beim Sämisch-Processe
zu bilden. Zur Bestimmung des Degrasbildners werden 20—25 g
Degras, je nach dem Wassergehalte, in einem Erlenmeyer-Kolben mit
5—6 g Aetznatron, in etwa 10 ccm Wss. gelöst, und 50—60 ccm
Alkohol auf dem Wasserbade verseift, wobei man den Alkoholverlust
durch einen kleinen aufgesetzten Trichter möglichst verhindert. Hat
sich alles gelöst, so vertreibt man den Alkohol, löst die Seife in Wss.
und scheidet die Fettsäure, sowie den Degrasbildner durch Salzsäure
ab. Man erwärmt, bis die Fettsn. klar obenauf schwimmen und sich
der Degrasbildner in Klumpen gebildet hat, läßt erkalten und trennt
das salzsäurehaltige Wss. von den Fettsn. Da dasselbe etwas Degrasbildner gelöst enthält, wird mit Ammoniak neutralisirt und eingedampft. Die Fettf. und den Degrasbildner kocht man behufs Entfernung der Salzsäure noch mehrmals aus und vereinigt die mit Ammoniak neutralisirten Waschwässer mit dem ersten säurehaltigen Wss.
Den beim Abdampfen erhaltenen Rückstand löst man in wenig Wss.,
säuert schwach mit Salzf. an, filtrirt den ausgeschiedenen Degras-

bildner ab, wäscht ihn bis zum Verschwinden der Chlorreaction, trocknet auf dem Filter und vereinigt ihn mit den Fettſn. und dem Degrasbildner, welche man inzwischen bei 105⁰ getrocknet hat, im Erlenmeyer-Kolben. Man übergiefst sodann mit 100—120 ccm Petroläther, der sich bis 70⁰ völlig verflüchtigt. Die Fettſn. lösen sich, während der Degrasbildner, sowie geringe Mengen eiweifsartiger Stoffe zurückbleiben. Es wird filtrirt und noch wiederholt mit Petroläther nachgewaschen. Aus der Petrolätherlösung kann man nach dem Abtreiben des Aethers die Menge der Fettſn. bestimmen. Den zurückbleibenden Degrasbildner löst man zur Trennung von den Eiweifskörpern in der Wärme in Alkohol, filtrirt, wäscht mit warmem Alkohol nach, destillirt den Alkohol ab und wägt. — Ein Degras ist nur dann als echt und rein anzusprechen, wenn er, bei einem Wassergehalte von 20 %, mindestens 12 % dieses Degrasbildners enthält. Der Gehalt kann übrigens in Degrasproben bis auf 16—17 % steigen. — Zur Bestimmung des Wassergehaltes werden 25 g Degras in eine mit einem kurzen, als Glasstab zu benutzenden Thermometer tarirte Porzellanschale eingewogen, dazu 50—100 g Thran gegeben, damit die Masse dünner wird und nicht spritzt, und auf einem Drahtnetze auf 105⁰ erhitzt, bis keine Gasblasen mehr entweichen. Der Gewichtsverlust ist Wss. Mit dem Wss. entweichen auch etwas flüchtige Stoffe, indefs überschreitet der Fehler nicht 0,5 %. Der Thran oder jedes andere Oel (Vaselinöl ist weniger gut geeignet), das man zur Wasserbestimmung verwendet, ist vorher einige Zeit auf 105⁰ C. zu erhitzen, event. unter Zugabe von Wss., damit alle flüchtigen Stoffe daraus entfernt werden. Der Wassergehalt schwankt bei den Producten nach französischer Methode von 15—25 % und bei Weifsgerber-Degras zwischen 20 bis 40 %. Zur Bestimmung des Aschengehaltes vertreibt man aus 25 g Degras, die man unter beständigem Umrühren mittelst Glasstab auf einer Asbestplatte erhitzt, das Wss., reinigt dann mit einem Stück Filtrirpapier den Glasstab von anhaftendem Fett und zündet an diesem Filtrirpapier den Thran an, verbrennt ihn und äschert ein. Die Aschenmenge beträgt beim Degras nach französischer Methode einige Hundertstel-%, bei Weifsgerber-Degras einige % (bis 3 %). — Falls durch unachtsames Arbeiten Ammon- oder Natronsalze beim „Degrasbildner" geblieben sein sollten, was sich durch ausscheidende Krystalle erkennen läfst, löst man denselben in wenig Ammoniak unter Zusatz von Wss., fällt wieder mit Salz- oder Schwefelſ. in geringem Ueberschusse, wäscht den Niederschlag auf gewogenem Filter mit kaltem Wss. gut aus, trocknet und wägt. — Verf. hat weiter den Degrasbildner untersucht und gelangt zu dem Schlusse, dafs derselbe im Degras als fettähnliche Verbindung vorkommt, welche, wie die Fette, in Petroläther leicht und in Alkohol schwer löslich ist und nach dem Verseifen und Zerlegen mit Säure einen in Alkohol ebenfalls leicht löslichen Körper abscheidet, ähnlich den Fettſn. — 102. p. 243, 254. 89. Rep. p. 340.

Die Brechungscoëfficienten von fetten Oelen, Mineralölen und Harzölen bestimmt Holde mittelst eines grofsen Abbe'schen Refractometers mit Dispersions-Apparat; es scheint die Ermittelung des Brechungsexponenten ein für alle Fälle geeignetes Mittel zur Untersuchung der Oele zu liefern. Es ergaben sich für die nachstehend aufgeführten Oele die angegebenen Schwankungen und Mittelwerthe:

	Raffinirtes Rüböl.	Robes Rüböl.	Baumöl.	Mineralöl.	Harzöl.
Brechungscoëfficient schwankt zwischen:	1,4722 und 1,4786	1,4735 und 1,4760	1,4670 und 1,4705	1,4776 und 1,4980	1,5274 und 1,5415
mittlerer Brechungscoëfficient:	1,4785	1,4744	1,4698	1,4928	1,5844

Der durchgängige Unterschied im Brechungsvermögen für Rüböle und Baumöle giebt neben der Verseifungszahl und Jodzahl ein weiteres Mittel an die Hand, die häufig ausgeübte Verfälschung des Baumöls mit grofsen Mengen Rüböl zu erkennen. Andererseits würden sich Mineralöle, besonders aber leicht Harzöle in geringen Mengen in fetten Oelen durch den höheren Brechungsexponenten erkennen lassen; auch werden Harzöle in Mineralölen bequem nachzuweisen sein. — 114. p. 269. 89. Rep. p. 330.

Bestimmung von Mineralöl oder unverseifbarer Substanz. Fairley und Burell verseifen 5 g Fett mit 8%iger alkoholischer Kalilauge und dampfen auf dem Wasserbade bis zur Breiconsistenz ein. Der Brei wird in 45—50 ccm warmem Wss. gelöst und dann in einem Scheidetrichter mit einem gleichen Volum Aether, dem 2—3 ccm Alkohol zugesetzt sind, 3—4 Min. lang geschüttelt. Man trennt die obenstehende Aetherlösung, nachdem man sie einmal mit warmem Wss. gewaschen, ab, läfst sie verdunsten und wägt den Rückstand. Die Temp. im Versuchsraum mufs 32° C. betragen. Der ätherische Auszug soll, nachdem dessen Gewichtsbestimmung stattgefunden hat, stets noch der Destillation unterworfen werden. Hierbei darf das Mineralfett weder Schwarzfärbung erleiden, noch darf sich Acroleïn bilden, da sonst noch Seife oder gewöhnliches Fett vorhanden wäre. — 105. Bd. 21. p. 315. 89. Rep. p. 315. 38. Rep. p. 547. 34. p. 379.

Untersuchung von Oleïn. A. Körner stellt zunächst das Verseifungsäquivalent des zu untersuchenden Oleïns fest, indem er etwa 1 g desselben in 50 ccm Alkohol löst, 40—50 ccm $^1/_{10}$-normal-alkoholische Kalilauge zusetzt, erhitzt und den Ueberschufs des Kalis mit $^1/_{10}$-Normalsäure unter Benutzung von Phenolphtaleïn als Indicator zurücktitrirt; von dem Oleïn des Handels erfordern 100 Th. KOH 541,9 Th. Oleïn. Dann fügt er zu 3—4 g des Oleïns etwas mehr Kalilauge, als nach dem Ergebnifs des Vorversuchs zur Verseifung nöthig ist. Das Ganze wird nun im Wasserbade zur Trockne eingedampft unter Zusatz von so viel ausgeglühtem, reinem Sande, dafs eine körnige Masse entsteht. Die trockene Masse wird mit etwa 150 ccm Aether übergossen. Man erhitzt zum Sieden, wobei sich die Seife löst und der Sand sich zu Boden setzt. Alsdann löst man eine solche Menge Quecksilberchlorid, dafs auf 1 Th. des angewandten Kalis etwas mehr als 2,42 Th. kommen, in möglichst wenig Aether, nöthigenfalls unter Zusatz von etwas Alkohol, und fügt diese Lösung der völlig erkalteten Aetherlösung zu. Es scheidet sich sofort ein schwerer voluminöser Niederschlag von fettsaurem Quecksilber aus. Der Niederschlag wird noch 3—4 Mal mit Aether ausgewaschen. Die gesammte Aethermenge, die nun die unverseifbaren Bestandtheile des Oleïns enthält, wird bis auf 30 ccm abdestillirt. Der Rückstand wird in einer Porzellanschale zur Trockne eingedampft. Der Trockenrückstand besteht aus einer geringen Menge fettsauren Quecksilbers, über welchem eine gröfsere oder geringere Menge Mineralöl etc. steht. Nach dem Erkalten fügt man 10 ccm Petroläther zu, rührt gut durch und filtrirt. Nach 3—4maligem Auswaschen wird der Petroläther in einer Schale verdampft und der Rückstand gewogen. — **34.** p. 402. **38.** Rep. (1891) p. 18.

Prüfung von Oleïn auf Harz. Durch Verseifen und Aussalzen läfst sich Harz, dessen Seife hierbei bekanntlich nicht oder unvollständig gefällt wird, am bequemsten qualitativ erkennen. Durch Bestimmung des spec. Gew., der Polarisation und der Säureäquivalentzahl läfst sich das Mischungsverhältnifs in Grenzen normiren. Diese Proben lassen sich auch anwenden, um Harz in Seifen nachzuweisen, und man kann das spec. Gew. mit Hilfe von Alkohollösungen von $0_{,93}$—$0_{,96}$ spec. Gew., in welche man 1 Tropfen oder Kügelchen der Fettsäuren thut, auch bei kleinen Mengen Substanz annähernd erkennen und danach den Harzgehalt zu 15, 20, 25% im Minimum schätzen. — Ein Gemisch von Oleïn mit Harzöl oder Mineralöl kann durch Titration mit n-Natronlauge in Aetheralkohol und Multiplication der verbrauchten ccm mit $0_{,282}$ analysirt werden. Gleichzeitig vorhandene Neutralfette werden in entsprechender Weise nach dem Verseifen, Ausscheiden und Auswaschen der Fettfn. bestimmt. — Corps gras p. 613. **39.** p. 1202. **34.** (1891) p. 45.

Um Erdnufsöl in Leberthran nachzuweisen, empfiehlt Bishop die Festsetzung der Dichte, des Wärmegrades beim Vermischen mit Schwefelsäure und des Bromabsorptionsvermögens nach Halphen. Die Einwirkung der Schwefelf. auf Leberthran sowohl, wie auf das Erdnufsöl ist jedoch so heftig, dafs zur Bestimmung des Wärmegrades der Zusatz eines Oeles unumgänglich ist, welches beim Vermischen mit Schwefelf. nur eine geringe und bekannte Temperaturerhöhung bewirkt. Als hierzu besonders geeignet hat sich ein Zusatz von einem gleichen Volumen eines schweren Mineralöles erwiesen. — **17. 76. 122.** p. 117.

Verfahren zur Erkennung von Verfälschungen des Olivenöls. R. Brullé erhitzt eine Mischung von 10 ccm Oel mit 5 ccm einer 25%igen Lösung von Silbernitrat in Aethylalkohol ½ Stde. auf dem Wasserbade und beobachtet dann die Färbung des Oeles. Reines Olivenöl behält seine Durchsichtigkeit und nimmt eine schön grasgrüne Färbung an. Reines Erdnufsöl wird braunroth. Sesamöl wird wie dunkler Rum gefärbt. Colzaöl wird schwarz, dann schmutzig grün. Leinöl wird dunkelroth. Baumwollsamenöl wird schwarz. Mohnöl wird grünlichschwarz. Leindotteröl wird schwarz, im durchfallenden Tageslicht ziegelroth. — **9.** t. 111. p. 977. **34.** (1891) p. 29.

Bestimmung von Baumwollsamenöl in Fett. T. Fairley und Cooke versuchten die neue Bestimmung des Fettes nach Bockairy, der die Dichtigkeit von Fett bei 50° C. als eine sehr constante annimmt; sie ist für

Schweinefett am höchsten . . 0,8915
      „   „ niedrigsten . 0,899
      „   im Mittel . . . 0,890
      „   sehr ranzig . . 0,8895
Oleostearin 0,8885
Nierenfett vom Ochsen . . . 0,8895
neues Baumwollsamenöl . . . 0,897
altes   „   . . . 0,896

Gemische von Baumwollsamenöl und Schweinefett ergaben:

Baumwollsamenöl	+ Schweinefett =	Spec. Gew.
0°	100	0,890
10°	90	0,8915
20°	80	0,892
30°	70	0,8925
50°	50	0,894
75°	25	0,8958
100°	0	0,897

— **106.** p. 575.

Zum Nachweis von Sesamöl im Olivenöl schütteln Lalande und Tambon 5 ccm Salpetersäure (1,40 spec. Gew.) mit 15 ccm des zu untersuchenden Oeles 2 Min. lang. Eine Gelbfärbung der Säure nach dem Absetzen soll bereits die Anwesenheit von Sesamöl anzeigen. Mit Oliven-, Arachis- und Baumwollsamenöl hingegen bleibt die Säure farblos. Die nach dem Absetzen klar gewordene Säure trübt sich auf Zusatz einer hinreichenden Menge destillirten Wss. mehr oder weniger. Mit reinem Sesamöl erhält man einen weifsen flockigen Niederschlag. — **17. 106. 49.** (1891) p. 150.

Die Alkoholprobe auf reines Ricinusöl. J. A. Wilson empfiehlt folgende Ausführung der Alkoholprobe auf reines Ricinusöl: Eine abgemessene Menge des Ricinusöls wird gut mit 2 Volumen Alkohol von genau 0,838 spec. Gew. gemischt und dann bis zur völligen Lösung erhitzt. Liegt echtes Ricinusöl vor, so wird die Temp., bei der Lösung erfolgt, zwischen 38 und 43° C. liegen, während bei Anwesenheit von fremden Oelen die Temp. höher ist. Bei starker Verfälschung findet keine völlige Lösung statt. — **8.** vol. 62. p. 215. **34.** p. 388.

Erkennung von sogenanntem Fischöl in Rüböl. O. Schweifsinger untersuchte Fischöl (welches sich durch alle Eigenschaften als in die Reihe der Thrane gehörig charakterisirte und hellgelb, von reinem, nicht fischigem Geschmack war) und gleichzeitig reines Rüböl, sowie eine Mischung des letzteren und 20% Fischöl. Aufser den bekannten Reactionen ist die Isolirung der unverseifbaren Substanzen (im Rüböl Phytosterin, im Fischöl Cholesterin) und die Anstellung von Reactionen mit denselben verwerthbar. Man verseift 10 g des Oeles mit Kalium-hydrat und schüttelt die auf etwa 500 ccm verdünnte Seife mit Aether mehrmals aus, der Aether wird abdestillirt und der Rest freiwillig verdunsten gelassen. Durch Umkrystallisation aus Alkohol erhält man das Cholesterin bezw. Phytosterin krystallinisch. Sehr scharf erhält man mit dem direct aus Aether gewonnenen Cholesterin die Lipo-chromreaction. Man löst einige Krystalle des Cholesterins in wenigen Tropfen Chloroform und fügt concentrirte Schwefelsäure hinzu: sofort zeigt sich am Rande die charakteristische Blaufärbung (von Lipochrom). Diese Färbung ist auch bei Phytosterin, welches aus einem mit 20 % Fischöl versetzten Rüböl stammt, noch sehr deutlich zu erkennen; reines Rüböl zeigt nur eine Braunfärbung. — **24.** p. 713. **89.** Rep. p. 350.

Säuregehalt pflanzlicher Oele. Holde prüft raffinirte Oele quali-tativ auf freie Mineralsäure, indem er 6—8 ccm mit etwa dem gleichen Volum Wss. im Reagenzglase tüchtig durchschüttelt und einige Zeit aufkocht, wobei das Wss. alle freie Mineralf., wie auch die an Fett-säuren gebundene Schwefelsäure durch Spaltung dieser Verbindungen aufnimmt. Von sämmtlichen geprüften raffinirten Oelen enthielt kein einziges auch nur geringe Mengen von Schwefelf. Der Säuregehalt der raffinirten Rüböle ist wesentlich geringer als derjenige der rohen Oele, wonach also durch die Entfernung der eiweifs- und schleim-artigen Stoffe gleichzeitig ein geringerer Säuregehalt erzielt werden kann. Die Bildung freier Fettfn. geht auch bei beschränktem Luft-zutritt allmählich ziemlich erheblich vor sich, und zwar besonders bei denjenigen Oelen, welche schon von Anfang an säurehaltig waren. — **114.** p. 78. **89.** Rep. p. 172.

Die Farbenreactionen des Pfefferminzöles hat E. Polenske unter-sucht. Die Ursache der rothen—blauen Farbenreactionen des Pfeffer-minzöles beim Behandeln mit concentrirter Säure ist bedingt durch das Vorhandensein eines flüchtigen, stickstofffreien Körpers, welcher als ein steter Begleiter des frischen Oeles angesehen werden mufs. Die Farben, welche derselbe mit den Säuren eingeht, zeigen ein charakteristisches, spectroskopisches Verhalten. Isolirt oder in äthe-rischer Lösung wird dieser Körper durch das Licht leicht zersetzt, während er im Oele selbst diesem Agens gegenüber sehr wider-standsfähig ist. — Arbeiten a. d. kais. Gesundheitsamt. p. 547. **122.** p. 509.

Seifenuntersuchung. J. Pinette schlägt folgendes vereinfachtes Verfahren vor: 2 g Seife werden in säurefreiem Alkohol durch Kochen gelöst. Bleibt etwas ungelöst, so wird filtrirt und der Rückstand weiter untersucht. Die Lösung wird mit einigen Tropfen Phenol-phthaleïn versetzt; tritt eine Röthung ein, so wird mit $1/10$-Normal-schwefelsäure das freie Alkali bestimmt. Die neutralisirte Flüss. wird mit Wss. auf etwa 80 ccm verdünnt und in eine etwa 230 ccm fas-sende, bis zu 200 ccm in $1/2$ ccm getheilte Bürette übergeführt. Nach dem Abkühlen der Flüss. auf Zimmertemperatur setzt man genau 10 ccm Normalschwefelf. und von einer Mischung aus gleichen Theilen Aether und Petroläther bis fast zum obersten Theilstriche hinzu. So-dann wird die Bürette mit einem angefeuchteten Glasstöpsel gut verschlossen, fest zugebunden und bis zur völligen Lösung der freien Fettsäure tüchtig hin- und hergeschwenkt. Nachdem die Bürette einige Zeit der Ruhe überlassen, liest man den Stand der wässerigen Lösung und den der Aetherpetrolätherlösung ab. Zur Bestimmung der Fettsäure pipettirt man 25 ccm der letzteren Lösung in ein Wägegläschen ab, verdunstet, trocknet und wägt die Fettſn. Zur Bestimmung des an Fettſn. gebundenen Alkalis läſst man die saure wässerige Lösung durch den Bürettenhahn ab, pipettirt 25 ccm davon ab und titrirt mit $1/10$-Normalnatronlauge den Ueberschuſs von Schwefelsäure zurück. — **89.** p. 1441. **34.** Rep. (1891) p. 4. **122.** p. 548.

Zur Bestimmung des Fettsäuregehalts in Seifen löst C. Huggenberg 4—5 g Seife in 20—30 ccm Wss. unter gelindem Erwärmen im Porzellanschälchen, gieſst die noch leicht flüssige Lösung, nachdem etwas abgekühlt wurde, in einen 150 ccm-Cylinder und wäscht bis 45 oder 50 ccm nach. Nach Zugabe von 5 ccm verdünnter Schwefelsäure (1:3) und Mischen unter leichtem Umschwenken wird bis zur obersten Marke mit reinem, alkoholfreien, wasserhaltigen Aether aufgefüllt und mehrmals gut umgeschüttelt. 25—50 ccm Aetherfettlösung werden abpipettirt, in einem Erlenmeyer-Kölbchen auf dem Wassertrockenschrank verdampft und in demselben bis zur Gewichtsconstanz, die meist in etwa 2 Stdn. erreicht wird, getrocknet. Der Gehalt an Fettsäurehydraten ist leicht zu berechnen. Der Fettsäurerückstand wird mit 10—20 ccm neutralem 96 %igen Alkohol und einigen Tropfen Phenolphthaleïnlösung versetzt und bis zur bleibenden Röthung mit $\frac{n}{2}$-alkoholischer Kalilauge titrirt. Aus dem Verbrauch an Kali läſst sich das an Fettsäuren gebundene Alkali berechnen und aus diesem wieder die äquivalente Menge Wss. finden, welche, von den Fettsäurehydraten subtrahirt, die Anhydride genau angiebt. Zu dem erhaltenen neutralen fettsauren Kali giebt Verf. einen Ueberschuſs von 15—25 ccm $\frac{n}{2}$-alkoholisches Kali, erhitzt $1/4$ Stde. auf dem Wasserbade zu schwachem Kochen und titrirt mit $\frac{n}{2}$-e Salzsäure zurück. Ein Gehalt an Neutralfett läſst sich so leicht feststellen und event. auch annähernd bestimmen. — Ber. d. Ver. geg. Verfälsch. d. Lebensmittel u. zur Hebung der Hauswirthsch. in Chemnitz. **122.** (1891) p. 95.

Bei der Prüfung von Sapo medicatus ist nach v. Kunitzki sehr darauf zu achten, daſs ein Weingeist genommen wird, der 91 oder doch nahezu 91 Vol.-% Alkohol enthält. Schon ein Weingeist von 90 %, der bei 15° das spec. Gew. 0,834 hat, löst die stets anwesenden Spuren Alkalicarbonat und wird durch Phenolphthaleïn geröthet, während ein Weingeist von 91 % nur das Aetznatron löst. Letzteres löst sich auch in absolutem Alkohol, so daſs besser dieser zur Lösung vorgeschrieben wäre. — **106.** p. 760. **89.** Rep. p. 367.

Bestimmung des Milchfettes. Ist die Milch bereits freiwillig geronnen, so genügt es nach Vizern, sie einige Min. auf 40° zu erwärmen und wiederholt kräftig zu schütteln, um die Flüss. homogen zu machen. Man verdünnt 30 g Milch mit dem zwei- bis dreifachen Gewichte Wss., filtrirt durch ein benetztes Filter und wäscht mehrmals, bis die ablaufende Flüss. nicht mehr sauer reagirt. Sodann

giebt man das Filter nebst Inhalt mit feinem gewaschenen Sande in
eine Schale, rührt mit wenig Wss. zu einer halbflüssigen Paste an,
zerkleinert thunlichst das Filter, trocknet auf dem Wasserbade ein
und extrahirt in üblicher Weise. — 17. t. 22. p. 459. 89. Rep. p. 342.
— Ruffin und Segaud breiten gut gereinigte und Wss. aufsaugende,
vollkommen trockene Watte in einer flachen Platinschale derart aus,
daß die Schale damit gleichmäßig etwa 15 mm hoch bedeckt ist.
Man läßt dann 10 ccm der gut durchgeschüttelten Milch aus einer
graduirten Pipette zutropfen, wobei man Sorge trägt, daß nicht mehr
als 2 Tropfen auf ein und dieselbe Stelle fallen, die Milch somit nicht
auf den Boden der Schale gelangt. Die Feuchtigkeit der Milch läßt
man auf dem Wasserbade verdampfen und bringt dann die Watte in
eine 25 cm lange, 12—15 mm weite Glasröhre, welche an ihrem einen
Ende verjüngt und mit einem Glashahne versehen ist. Die Watte
wird darin mit Aether vollkommen ausgezogen und die Fettlösung in
einer tarirten, von unten mit Wasserdampf gewärmten Schale aufgefangen. Die Operation ist beendet, wenn ein Tropfen der Flüss. auf
einer Glasplatte keinen Rückstand mehr hinterläßt. Die ätherische
Fettlösung läßt man bei gewöhnlicher Temp. abdunsten, trocknet
dann das Fett bei 100° C. und bestimmt dessen Gewicht. — L'Union
pharmaceutique. p. 518. 89. Rep. p. 342.

Eine neue Methode der Butterprüfung gründet G. Firtsch darauf, daß die Baryumsalze der flüchtigen Fettsäuren der Butter in
Wss. leicht löslich sind, während jene der festen Fettfn. unlöslich
oder kaum löslich sind. Durch die Bestimmung der relativen Menge
beider gelingt es, die Anwesenheit fremder Fette in der Butter festzustellen, event. Kunstbutter und ähnliche Producte zu erkennen. —
28. Bd. 278. p. 422. 38. Rep. (1891) p. 4.

Zur Butteruntersuchung theilen E. Falk und H. Leonhardt mit,
daß eine Butter, für deren Reinheit und richtige Zubereitung unumstöß-
liche Beweise beigebracht werden konnten, bei Bestimmung der flüchtigen Fettsäuren nach der Methode Reichert-Meißl einen $^{1}/_{10}$-N-
Alkaliverbrauch von 22,6 ccm zeigte, einen Werth, der nach den bisherigen Anschauungen auf eine Beimischung fremder Fette hindeuten
würde. — 123. p. 728. 34. (1891) p. 19.

Indirecte Extractbestimmung im Wein. Zu Gunsten der jetzt vielfach angewendeten directen Methoden bemerkt B. Haas entgegen E.
László, daß bei der Untersuchung gewöhnlicher, nicht süßer Weine
nur die directe Methode zu empfehlen sei, die mindestens relativ
richtige Resultate ergiebt. Die indirecte Methode kann bei normal
zusammengesetzten Weinen für praktische Zwecke, bei denen es sich
bloß um eine annähernde Extractbestimmung handelt, immerhin
brauchbare Resultate geben. — Ztschr. f. Nahrungsmittel-Untersuchung
u. Hyg. p. 193. 38. Rep. (1891) p. 21.

Analyse der Weinsteine und Weinhefen. 10 g Weinstein oder
Hefe werden nach B. Philips & Co. mit 150 g Wss. aufgekocht und
mit Normalnatron- oder -kalilauge genau neutralisirt. So erhält man
das ganze Kaliumbitartrat in Lösung, während der weinsaure Kalk
nicht angegriffen wird. Hernach bringt man die Lösung sammt Niederschlag nach der verbesserten Methode Goldenberg, Geromont & Co.

in einen 200 ccm fassenden Kolben, füllt zur Marke (bei Hefen zu 203 ccm) auf und scheidet aus 100 ccm den Weinstein ab, und zwar mit nur 3 ccm Eisessig, da kein kohlensaures Kali vorhanden ist. Man erhält so die wirklich vorhandene Menge Kaliumbitartrat und berechnet dann aus der Differenz mit der nach der verbesserten Methode Goldenberg, Geromont & Co. erhaltenen Menge den Gehalt an weinsaurem Kalk. — **37**. p. 577. **31**. p. 503. **34**. p. 388. **89**. Rep. (1891) p. 14.

Zur Bestimmung der Aepfelsäure im Wein nach M. Schneider; v. E. Niederhäuser. Die Methode Schneider's beruht darauf, dafs man den Wein mit $^1/_{10}$-N-Kalilauge genau neutralisirt, eindampft, verascht und in der Asche die CO_2 bestimmt, die auf Weinstein umzurechnen ist. Zieht man nun von dem so gefundenen Gesammtweinstein diejenige Weinsteinmenge ab, die durch Addition des wirklich vorhandenen Weinsteins und der auf Weinstein umgerechneten freien Weinsäure gefunden worden, so entspricht der Weinsteinrest, auf CO_2 bezüglich Aepfelsäure umgerechnet, der vorhandenen freien Aepfelf. Der Verf. weist darauf hin, dafs der Wein neben Wein- und Aepfelf. noch andere Körper, wie Gerbsäure, Bernsteinsäure, Essigsäure u. s. w. enthält, die alle beim Neutralisiren mit $^1/_{10}$-N-Kalilauge Kali binden und deren Verbindungen mit Alkalien Carbonate beim Glühen liefern. Da diese Körper aber bei der genannten Methode keine Berücksichtigung finden, so mufs der Gehalt an Aepfelf. zu hoch gefunden werden. — M. Schneider selbst erweitert seine Angabe über die Bestimmung der Aepfelf. im Wein dahin, dafs diejenige Menge CO_2, die den im Wein vorhandenen flüchtigen Säuren entspricht, vorher in Abzug zu bringen ist. Was die Bernsteinf. anlangt, so ist die Menge derselben nach der Ansicht des Verf. so gering, dafs sie vernachlässigt werden kann. In einer Entgegnung weist Niederhäuser darauf hin, dafs die Menge der Bernsteinf. im Wein vorläufig nicht mit Sicherheit anzugeben ist, und er erklärt deshalb die Methode Schneider's für unbrauchbar. — **24**. p. 378, 406 u. 437. **38**. Rep. (1891) p. 21.

Untersuchung von Prefshefe. C. Nienhaus und C. Hubacher haben wiederholt stärkefreie und mit Stärke verfälschte Hefe untersucht. Um die Wirkung der Hefen zu bestimmen, wurden je 0,2 g Hefe mit 10 ccm einer 1%igen Traubenzuckerlösung zur Gährung während 24 Stdn. hingestellt. Die gefundenen Zahlen für CO_2-Entwicklung ergeben, dafs ein endgültiges Urtheil über die Wirksamkeit verschiedener Hefesorten nicht mit Sicherheit zu geben ist, solange die zu vergleichenden Muster nicht genau gleich alt zur Untersuchung gelangen. Auffallend scheint es, dafs auch ein beträchtlicher Zusatz von Stärke die Wirksamkeit der Hefe nicht zu beeinflussen scheint. — **78**. p. 399. **38**. Rep. (1891) p. 37.

Nachweis von Verfälschungen im Honig. Haenle gelang es, durch die Dialyse des zu untersuchenden Honigs vor dem Polarisiren das störende Princip aus diesem zu entfernen. Ein Honig, der nach der (16—24 Stdn. währenden) Dialyse die Polarisationsebene nach rechts dreht, ist sicher mit Stärkesyrup verfälscht. — **76**. p. 824.

Zum Nachweis von Dextrinen in Honig und Kartoffelzucker empfiehlt E. v. Raumer nicht Prefshefe anzuwenden, sondern auf jeden

Fall einen Parallelversuch mit Bierhefe zu machen. — **123**. Heft 14. **24**, p. 670.

Bestimmung der Mineralbestandtheile im Zucker mit Benzoësäure. Bei der Bestimmung der Mineralbestandtheile im Zucker durch Veraschen mit Schwefelsäure ist eine Correction des erhaltenen Rückstandes auf $1/10$ (nach Scheibler) oder $2/10$ (nach Aimé, Girard und Violett) nöthig. E. Boger beschreibt ein Verfahren zur Veraschung, bei dem jede Correction vermieden wird. Man befeuchtet 5 g Zucker im Platintiegel mit 1 ccm Wss. und erhitzt gelinde. Dazu fügt man 2 ccm einer Lösung von 25 g Benzoësäure in 100 ccm Alkohol von 90^0 und verascht. — **9**. p. 190. **34**. p. 35. **38**. Rep. p. 613.

Analyse frischer Rübenschnitte. Herles weist darauf hin, daſs der Preſssaft von 4 Stdn. aufbewahrten Rübenschnitten bereits eine Aenderung erfahren hat, obwohl der Zuckergehalt als solcher noch der gleiche geblieben ist. Er empfiehlt die von ihm früher angegebene Methode der Digestion bezw. Diffusion mit heiſsem Wss. — Böhm. Ztschr. f. Zuckerind. p. 102. **89**. Rep. p. 350.

Zuckerbestimmung mit Fehling'scher Lösung. Nach Baumann lassen verschiedene beste Sorten Filtrirpapier erhebliche Mengen Kupferoxydul durchlaufen; es ist daher sicherer, zu den Asbestfiltern zurückzukehren. Mittelst guter Asbestrohre wurde das Reductionsvermögen der chemisch reinen Saccharose (gemäſs Herzfeld's Vorschriften) nochmals controlirt und hierbei auf 10 g Zucker rund mindestens 30 mg Kupfer erhalten. Die gesetzliche Tabelle zur Analyse mittelst der Kupfermethode steht bei 8 Min. Kochdauer um 1—2 mg Kupfer niedriger als die Meiſsl'sche bei 2 Min. Kochdauer; die Abweichung der Meiſsl'schen ist vermuthlich in der Art des Anwärmens und Abkühlens begründet. — **51**. p. 778. **89**. Rep. p. 291.

Quantitative Bestimmung der Ameisensäure. A. Scala führt eine quantitative Bestimmung der Ameisensäure neben Essigsäure und Buttersäure an, welche in der Fällung bezw. Zersetzung derselben durch überschüssiges Quecksilberchlorid bei Wasserbadwärme und Wägung des mit Wss. von 60^0 ausgewaschenen und bei 100^0 getrockneten Quecksilberchlorürs besteht. Die Berechnung geschieht nach der Gleichung: $HCOOH + 2 HgCl_2 = CO_2 + 2 HCl + 2 HgCl$. — Gazz. chim. Ital. p. 343. **24**. p. 717.

Nachweis von Mineralsäuren im Essig. Balzer wendet eine sehr schwache wässerige Lösung von Anilinmethylviolett an. Es genügt, einige Tropfen des zu untersuchenden Essigs auf einen Teller zu gieſsen und von einer wässerigen Methylviolettlösung einige Tropfen darunter zu rühren. Bei Anwesenheit von Mineralsäuren sieht man die Violettfärbung alsbald verschwinden und eine charakteristische blaue oder grüne an ihre Stelle treten: blau, wenn Salpetersäure, grün, sobald Schwefelsäure oder Salzsäure vorhanden ist. — **106**. **49**. (1891) p. 13.

Eine empfindliche Reaction der Weinsäure theilt E. Mohler mit: Wirft man einige Weinsäurekrystalle in Schwefelsäure von 66^0 Bé., die $1^0/0$ Resorcin enthält und erhitzt man auf 125^0, so tritt eine schöne rothviolette Färbung ein, die beim weiteren Erhitzen dunkler wird, um schliefslich bei 190⁰ ganz zu verkohlen. Fügt man Wss. hinzu, so wird die Farbe zerstört. Die Farbenreaction bei der Einwirkung von Weinsäure auf Resorcin in Gegenwart von Schwefelf. ist sehr empfindlich und gestattet sogar die Entdeckung von $1/100$ mg Weinf. Man dampft die zu prüfende Flüss. in einer Porzellanschale zur Trockne ein, feuchtet den Rückstand mit 1 ccm Sulforesorcin an und erhitzt allmählich auf 125—180⁰. Das Reagenz erhält man durch Lösen von 1 g Resorcin in der Kälte in 100 g reiner Schwefelf. von 66⁰ Bé. Die Flüss. giebt keine Farbenreaction mit Bernsteinsäure, Aepfelsäure, Citronensäure und Benzoësäure, gestattet also die Erkennung der Weinf. in einem Gemische dieser Säuren. Die Reaction gelingt auch mit den Mineralverbindungen der Weinf., doch dürfen Nitrate oder Nitrite nicht vorhanden sein, weil dieselben mit Resorcin Blaufärbungen liefern. Sind organische Substanzen zugegen, die mit Schwefelf. verkohlen, so fällt man die Weinf. als Bleisalz. Andere Phenole, wie Phloroglucin und Pyrogallol, geben gleichfalls in schwefelsaurer Lösung mit Weinf. eine Farbenreaction, während sie mit Bernsteinf., Aepfelf., Citronenf. wirkungslos sind. — 98. t. 4. p. 728. 34. (1891) p. 5.

Werthbestimmung von Farbholzextracten. S. Kapff wendet sich gegen die von L. Schreiner angegebene Methode der Werthbestimmung von Farbholzextracten, da nicht blos Farbstoff, sondern auch gerbende Substanz, die mit der Färbekraft nicht im Verhältnifs steht, bestimmt wird. Schreiner's Methode fordert geradezu zur Fälschung mit Gerbstoffextracten heraus. — 23. p. 111. 34. (1891) p. 17.

Erkennung von Farbstoffen auf wollenen Geweben; v. G. Dommergue. Durch Betupfen des Stoffes mit Ammoniak, Kalilauge, Salzsäure und Schwefelsäure werden die Reactionen zur Erkennung der Farbstoffe ausgeführt, für welche Verf. eine Tabelle aufgestellt hat. Als echt bezeichnet Verf. die gegen Ammoniak beständigen Färbungen. — III. 37. p. 367. 24. p. 667.

Mafsanalytische Bestimmung der Phenole; v. J. Messinger und G. Vortmann. Durch Einwirkung von Jod auf die alkalische Lösung der Phenole entsteht eine neue Klasse jodirter Phenole, deren Entstehung zur quantitativen Bestimmung der Phenole benutzt werden kann. Bei der Einwirkung von Jod auf eine alkalische Lösung von Phenol werden auf 1 Mol. Phenol 6 Atome Jod verbraucht. 2—3 g Phenol werden in so viel nitritfreiem Alkali gelöst, dafs auf 1 Mol. Phenol mindestens 3 Mol. Natron vorhanden sind. Man verdünnt auf 250 oder 500 ccm, erwärmt 5 oder 10 ccm in einem Kölbchen auf 60⁰. Man setzt $1/10$-N.-Jodlösung im Ueberschufs hinzu, säuert nach dem Erkalten auf 250 oder 500 ccm an, filtrirt einen aliquoten Theil ab und titrirt denselben mit $1/10$-N.-Natriumthiosulfatlösung. Die verbrauchte Menge Jod mit 0,125518 multiplicirt, ergiebt die Menge an reinem Phenol. Das Thymol, von dem man 0,1—0,3 g in Natron löst (1 Mol. Thymol, 4 Mol. Natron), verbraucht 4 Atome Jod; die Jodmenge wird mit 0,2956772 multiplicirt. Bei β-Naphtol ist der Factor 0,3784³106, bei Salicylsäure 0,18183606. — 60. Bd. 23. p. 2752. 34. p. 358.

13 *

Nachweis des Resorcins und Thymols. H. Bornträger giebt als charakteristische Reaction für Resorcin und Thymol die Einwirkung von salpetriger Säure in saurer Lösung an, wodurch mit Resorcin eine blutrothe, mit Thymol eine gelbrothe Färbung entsteht. Man mischt in einem Reagenzglase salpetrigsaures Salz, festen Gyps und Natriumbisulfat in ungefähr gleichen Mengen, befeuchtet mit Wss., setzt die zu prüfende Flüss. zu und erwärmt. Bei Anwesenheit von Thymol wird die Mischung chromroth, bei Resorcin dagegen dunkel chromgrün, während im oberen Theile des Reagenzglases fuchsinrothe Tropfen sich abscheiden. — **37.** p. 572. **38.** Rep. (1891) p. 2. **89.** Rep. p. 340. **34.** p. 388.

Identitätsnachweis des Acetanilids. A. Warnecke bemerkt zu der Indophenolreaction der Pharm. Germ. III., dafs 1 Min. langes Kochen der kleinen Mengen, zumal in dem von der Pharm. gewählten Reagircylinder von 20 mm Durchmesser, ein vollkommenes Verdampfen der Flüss. bewirkt. Es darf nur etwa 15 Sec. lang gekocht werden. Bei Zusatz der Chlorkalklösung entsteht ferner nicht eine zwiebelrothe, sondern eine blauviolette Färbung, die bei der Uebersättigung mit Ammoniak in die höchst charakteristische intensiv indigoblaue übergeht. — **106.** p. 759. **89.** Rep. p. 353.

Gallusgerbsäure und Gallussäure. J. N. Spence prüfte die verschiedenen Reactionen zum Nachweise von Gallusgerbsäure in Gegenwart von Gallussäure. Nach Guyard soll das gallussaure Blei in Essigsäure löslich sein, das Tannat dagegen nicht. Der Unterschied in der Löslichkeit ist jedoch zu gering, um den einen Niederschlag ohne den anderen in Lösung zu bringen. Bleinitrat fällt Gallusgerbf., nicht dagegen Gallusf., doch ist der Niederschlag in Gallusf. löslich. Ebenso fällen Alkaloïde, Gelatine und Stärke Gallusgerbf. in Gegenwart von Gallusf. nur dann, wenn Gallusgerbf. in grofsem Ueberschufs vorhanden ist. Ostermeyer fällt Gallusgerbf. mit Cinchonin unter Verwendung von Magenta als Indicator. Der Niederschlag ist aber in Gallusf. löslich, während Magenta beide Säuren fällt und daher nicht als Indicator brauchbar ist. Ammoniakalisches Kupfersulfat ist ein gutes Reagenz, da Gallusgerbf. auch in Gegenwart von Gallusf. gefällt wird und im Filtrat die Gallusf. nachzuweisen ist. Gerland benutzt Brechweinstein in Gegenwart von Ammoniumchlorid, das die Fällung von Gallusf. verhindern soll. Brechweinstein schlägt Gallusf. nur in concentrirter Lösung nieder. Ammoniakalisches Nickelsulfat ist ebenso wie ammoniakalisches Kupfersulfat ein brauchbares Reagens. Guenez benutzt zur Bestimmung von Tannin Brechweinstein mit irgend einem Theerfarbstoff, am besten Poirrier's Grün 4 JE. Ein Niederschlag entsteht nur bei einem Ueberschufs von Gallusgerbf. — **26.** p. 1114. **34.** p. 61.

Die Bestimmung des Gerbstoffs besprechen v. Schröder und J. Päfsler. Das Gantter'sche Verfahren (Titration mit Permanganat) ist als Ersatz der Löwenthal'schen Methode für solche Laboratorien zu empfehlen, in welchen Gerbstoffbestimmungen nur gelegentlich ausgeführt werden. Im Uebrigen wäre es in der Praxis der Gerbmaterialuntersuchungen am richtigsten, die Zahlen der Gewichtsmethode als allein mafsgebend gelten zu lassen. — **28.** Bd. 277. p. 861. **113.** Bd. 14. p. 238.

Bei der Bestimmung des Gerbstoffes in Rinden etc. giebt nach G. Meyer die Fällung mit Kupferacetat gute Resultate, wenn man heifs fällt, gleich filtrirt und heifs auswäscht, bei 110^0 trocknet, wägt und dann verascht und vom Gesammtniederschlage $^4/_5$ des gefundenen Kupferoxyds abzieht. So erhält man den Gesammtgerbstoff, leim-fällenden und nicht fällenden. — Die sich mit Leim verbindende Gerbsäure bestimmt man mit Leimlösung und vergleicht sie mit Tannin-lösung von bekanntem Gehalt. — 89. p. 1202. 38. Rep. p. 239.

Cocaïnreaction. F. da Silva behandelt Cocaïn oder eines seiner Salze im festen Zustande mit einigen Tropfen rauchender Salpeter-säure (spec. Gew. 1,4), verdampft auf dem Wasserbade zur Trockne und mischt den Rückstand mittelst eines Glasstabes mit 1 oder 2 Tropfen einer concentrirten alkoholischen Aetzkalilösung; es tritt ein eigenthümlicher, an Pfefferminze erinnernder Geruch auf. Diese Reaction gestattet die Unterscheidung des Cocaïns von den Alkaloiden, welche nach Dragendorff's Gang mit Cocaïn zusammen beim Aus-schütteln der ammoniakalisch gemachten wässerigen Flüss. durch Benzin erhalten werden. — 9. t. 111. p. 348. 89. Rep. p. 251. 24. p. 653.

Specifische Reaction auf Cocaïn. Greittherr vermischt einige Tropfen einer Cocaïnlösung mit 2—3 ccm Chlorwasser und setzt 2 bis 3 Tropfen einer 5%igen Palladiumchlorürlösung hinzu, wobei ein schön rother Niederschlag entsteht, der durch Wss. langsam zersetzt wird, in Alkohol und Aether unlöslich und in unterschwefligsaurem Natron löslich ist. Andere Alkaloide zeigten diese Reaction nicht. Die Reaction ist so empfindlich, dafs Spuren von Cocaïn nachgewiesen werden können. — 64. p. 87.

Zur Morphium-Bestimmung ist nach E. Dieterich das von Looff vorgeschlagene Verfahren nicht empfehlenswerth. Nach Verf. reibt man 6 g feines Opiumpulver mit 6 g Wss. an, verdünnt, spült die Mischung mit Wss. in ein gewogenes Kölbchen und bringt sie durch Wasserzusatz auf 54 g Gesammtgewicht. Man läfst unter öfterem Schütteln nur $^1/_4$ Stde. lang stehen und filtrirt dann durch ein Faltenfilter von 10 cm Durchmesser. 42 g des Filtrats versetzt man mit 2 g einer Mischung aus 17 g Ammoniakflüss. und 83 g Wss., mischt gut durch Schwenken (nicht Schütteln) und filtrirt sofort durch ein bereit gehaltenes Faltenfilter von 10 cm Durchmesser. 36 g dieses Filtrats mischt man in einem genau gewogenen Kölbchen durch Schwenken mit 10 g Essigäther, fügt 4 g der verdünnten Ammoniakflüss. hinzu, verkorkt und schüttelt 10 Min. lang recht kräftig. Um die durch das Schütteln gebildete Emulsion zu trennen, fügt man sofort 10 g Essigäther hinzu, giefst die Essigätherschicht vorsichtig und so weit wie möglich ab, fügt nochmals 10 g Essigäther hinzu und wieder-holt das Abgiefsen. Man bringt nun den Inhalt des Kölbchens mit der geringen überstehenden Essigätherschicht und ohne Rücksicht auf die im Kölbchen verbleibenden Krystalle auf ein glattes Filter von 8 cm Durchmesser und spült Kölbchen und Filter zweimal mit 5 g essigäthergesättigtem Wss. nach. Nachdem man das Kölbchen gut hat austropfen lassen, und das Filter ebenfalls vollständig abgelaufen ist, trocknet man beide bei 100^0, bringt den Filterinhalt mittelst Pinsels in das Kölbchen und setzt das Trocknen bis zum gleichbleibenden Gewicht fort. — 24. p. 591. 34. p. 338. 76. p. 834.

Zur Analyse des Celluloids bringt H. Zaunschirm $0{,}25$—$0{,}3$ g der feingeschabten Probe allmählich unter Umrühren mit einem Platindraht in 5 ccm concentrirte Schwefelsäure, welche sich im Trichter des Nitrometers befindet und verfährt nach vollständiger Auflösung in bekannter Weise. Zur Berechnung nimmt Verf. an, dafs die zur Celluloïdfabrikation benutzte Collodiumwolle 10,5 % Stickstoff enthält — **89.** p. 905. **113.** Bd. 14. p. 237.

E. W. Morley; Kohlenstoff als Verunreinigung des Wasserstoffs, wodurch die Atomgewichtsbestimmungen beeinflufst werden. (Am besten wird im Vacuum destillirtes Zink und durch Destillation von organischer Substanz befreite Schwefelsäure verwendet.) **97.** p. 460. **34.** p. 355.

Ch. A. Burghardt; über einige Anwendungen von Aetznatron oder Aetzkali und Kohle in der qualitativen und quantitativen Mineralanalyse. **89.** p. 170.

Kunz; über Natriummonosulfid als Ersatz für Schwefelwasserstoffwasser. **24.** (1891) p. 42.

H. N. Warren; Verwendung von Magnesium als Reagenz. **8.** vol. 60. p. 187. **113.** Bd. 13. p. 454.

E. L. Neugebauer; zur Härtebestimmung natürlicher Wässer vermittelst Seifenlösung. **37.** p. 399. **89.** Rep. p. 314.

G. A. Le Roy; Verfahren zur volumetrischen Analyse von Chlorschwefel. **111.** p. 1116. **89.** Rep. p. 314.

W. Stortenbeker; zur Bestimmung des Jods in seinen Verbindungen. **37.** Bd. 29. p. 272 **89.** Rep. p. 276.

F. A. Gooch und P. E. Browning; Bestimmung von Jod in Haloïdsalzen. (Beruht auf der Reduction von Arsensäure zu Arsenigsäure.) Journ. anal. Chem. p. 124. **113.** Bd. 14. p. 213.

A. Johnstone; der Nachweis von Spuren Jod in Gegenwart von viel Chlor. **8.** vol. 62. p. 153. **89.** Rep. p. 275.

H. Offermann; die quantitative Bestimmung des Fluors. **37.** p. 615. **34.** p. 380.

L. L. de Koninck; gasanalytische Bestimmung des Sauerstoffs in Gasgemengen. (Pyrogallussaures Kali ist nicht geeignet; dagegen eine Mischung der Lösungen von Eisenvitriol, Seignettesalz und Kalihydrat.) **123.** p. 727. **34.** (1891) p. 18.

G. Lunge; Bestimmung von Schwefelwasserstoff neben Schwefeldioxyd. (Durchleiten durch Jodlösung, mit Thiosulfat auf farblos titriren, Normalnatronlauge bis zur Neutralisation unter Verwendung von Methylorange als Indicator zusetzen.) **123.** p. 562. **113.** Bd. 14. p. 212.

G. Lunge und M. Isler; Bestimmung der spec. Gew. von Schwefelsäuren verschiedener Concentration (2 Tabellen). **123.** p. 129.

G. Lunge; Neueres über die analytische Bestimmung von bei der Schwefelsäure-Fabrikation in Anwendung kommenden Materialien und erfolgenden Producten. **123.** (1889) p. 666. **43.** p. 406.

G. Vortmann; die Anwendung der Elektrolyse bei der quantitativen Bestimmung der Salpetersäure. **60.** Jahrg. 23. p. 2798.

L. Spiegel; zur Salpetersäure-Bestimmung nach Schulze-Tiemann. **89.** p. 170.

J. Stoklasa; Bestimmung des Wassers in den Superphosphaten. **37.** p. 390. **89.** Rep. p. 315.

M. Märcker; die Ausführung der Citratmethode für die Bestimmung der Phosphorsäure. **22.** p. 291. **123.** p. 288.

G. **Arth**; Bestimmung der Phosphorsäure in Thomasschlacken. (Verf. erhielt einen in Salpetersäure unlöslichen gelben, körnigen Niederschlag von $Fe(PO_4)_2$ $4 H_2O$; in starker Salzsäure war er löslich.) **98.** p. 324. **58.** Jahrg. 36. p. 535.

L. **Amat**; zur Analyse der unterphosphorigen und phosphorigen Säure, sowie der Unterphosphorsäure. **9.** t. 111. p. 676. **89.** Rep. p. 340.

H. **Bitter**; über die Methoden der Bestimmung des Kohlensäuregehalts der Luft. Ztschr. f. Hyg. Bd. 9. p. 14. **34.** p. 356. **76.** p. 912.

L. J. **de N. Ilosva**; Bestimmung des nicht mit Wasserstoff verbundenen Schwefels im Leuchtgase. (Man erhitzt ein mit Asbest gefülltes Glasrohr zur dunklen Rothglut und leitet mit Wss. gereinigtes Leuchtgas hindurch.) **98.** t. 4. p. 714. **34.** (1891) p. 5. **89.** Rep. (1891) p. 7.

H. N. **Warren**; Vorrichtung zum Nachweis von Kohlenwasserstoffen und anderen brennbaren Gasen in Mischung mit Luft. **8.** vol. 61. p. 279.

C. **Lüdeking**; die Analyse der Barytgruppe. **37.** p. 556. **34.** p. 380.

R. **Fresenius**; die Trennung des Baryts vom Kalk. **123.** p. 18. **34.** p. 28.

R. **Fresenius**; Trennung des Baryts vom Strontian (durch Chromsäure). **37.** p. 413.

H. **Heidenhain**; Beitrag zur Fällung der Thonerde als normales Phosphat. **76.** Bd. 8. p. 207. **38.** Rep. p. 17.

G. **Lunge**; zur volumetrischen Bestimmung der Thonerde im Natriumaluminat und andern Verbindungen desselben. **89.** p. 171.

M. **Kretzschmar**; Bestimmung der Thonerde im Fabrikbetriebe. (Versetzen mit Natriumacetat und überschüssiger titrirter Natriumphosphatlösung, Zurücktitriren mit Uranlösung.) **89.** p. 1223.

E. F. **Smith**; Elektrolyse metallischer Phosphate in saurer Lösung. **97.** p. 329.

B. **Kühn** und O. **Säger**; quantitative Bestimmung des Arsens nach dem **Marsh**'schen Verfahren. (Die Einschaltung eines Kalirohrs ist unstatthaft.) **60.** p. 1798. **113.** Bd. 13. p. 454.

F. A. **Gooch** und P. E. **Browning**; Bestimmung der Arsensäure. (Reduction durch Jodkalium und Schwefelsäure.) **80.** p. 66. **113.** Bd. 14. p. 213.

N. **Jorban**; vergleichende Untersuchung der wichtigeren zum Nachweise von Arsen in Tapeten und Gespinnsten empfohlenen Methoden. Dissert. Dorpat. **38.** Rep. p. 251.

A. v. **Bylert**; quantitative Bestimmung des Antimons nach dem **Marsh**'schen Verfahren. **60.** Bd. 23. p. 2968.

H. N. **Warren**; Bestimmung und Trennung von Zinn und Antimon. **8.** vol. 62. p. 216. **89.** Rep. p. 289.

H. O. **Hofmann**; das trockene Probiren von Zinnerzen. **43.** p. 342.

G. **Kroupa**; die **Eschka**'sche Quecksilber-Bestimmung (wird empfohlen). **61.** p. 280. **113.** Bd. 13. p. 474.

G. E. **Dougberty**; Analyse der Erze. **92.** p. 178. **113.** Bd. 13. p. 474.

Jones; Reduction des schwefelsauren Eisenoxyds bei Mafsanalysen. (Filtriren durch gepulvertes Zink in einem besonderen App.) **37.** p. 597.

Th. **Meyer**; über die **Glaser**'sche Methode zur Bestimmung von Eisenoxyd-Thonerde. **89.** p. 1730.

Kail; über Schwierigkeiten beim Probenehmen von Eisencarbureten. **61.** No. 43. **43.** (1891) p. 27.

v. **Reis**; Bestimmung des Phosphors in Eisencarbureten mittelst der Schleudermaschine. **43.** (1891) p. 28.

A. Carnot; Nachweis und Bestimmung sehr kleiner Mengen Aluminium im
Gufseisen und im Stahl. (Thonerde wird als neutrales Phosphat in siedender schwach essigsaurer Lösung gefällt.) 9. t. 111. p. 914. 34. (1891)
p. 17. 89. Rep. (1891) p. 7.

R. Namias; zur Analyse des Chromeisens. 48. Bd. 10. p. 977. 89. Rep.
(1891) p. 7.

M. A. v. Reis und F. Wiggert; Titrirung von Kobalt (in fast neutraler
siedender Lösung unter Zusatz von Zinkoxydmilch durch Kaliumpermanganat und Zurücktitration unter Zusatz von Chlorzinklösung durch Arsenigsäure). 123. p. 695. 34. p. 414. 43. p. 461.

Carnot; Trennung von Kobalt und Nickel. 43. p. 407.

E. Gudeman; neues Verfahren zur Bestimmung der Dampfdichte. (Bei zersetzlichen Körpern wird bei Anwendung der v. Meyer'schen Methode ein
zweiter indifferenter Körper zugefügt, dessen Siedepunkt 10—30° unter
dem der zu untersuchenden Verbindung liegt.) 97. p. 399. 89. Rep.
p. 359.

J. Messinger; zur Kohlenstoffbestimmung organischer Substanzen auf nassem
Wege. 60. Jahrg. 23. p. 2756. 89. Rep. p. 290.

J. Lüttke; Prüfung des Glycerins nach dem deutschen Arzneibuch. 38.
p. 692.

H. Böttger; Prüfung von Bienenwachs auf Pflanzenwachs. 89. p. 1442 u.
1477.

A. und P. Buisine; über Bienenwachs. (Die Verff. besprechen die Methoden,
welche die Bestimmung der einzelnen Körpergruppen des Bienenwachses
gestatten.) 89. 29. p. 202.

W. Maxwell; Bestimmung der Fette in Pflanzenorganismen. 97. vol 13. p. 13.

H. J. Patterson; die Verwendung von Thierkohle bei der Bestimmung von
Fett (Aetherextract) in Futtermitteln. 97. p. 261. 89. Rep. p. 172.

B. Weiss; Thrananalyse. (Säure-, Verseifungs- und Acetylzahl der Fettsäuren.)
102. p. 181.

A. Körner; Analyse von Wollölen. (Die gewichtsanalytische Trennung der
einzelnen Bestandtheile nach bekannten Methoden liefert kein brauchbares
Resultat; es wird vorgeschlagen, durch Vergleich mit notorisch reinem Olein
und Berücksichtigung der Abweichungen die Menge der zugesetzten Bestandtheile zu ermitteln.) 34. p. 378.

A. Wilson; Methoden der Terpentinöl-Untersuchung. Chem. Trad. p. 316.
113. Bd. 13. p. 476.

J. Klein; der Einfluß der Temperatur auf die Genauigkeit der Fettbestimmung
in der Milch nach dem Soxhlet'schen aräometrischen Verfahren. Ber.
d. Instituts Proskau. 89. Rep. p. 277.

J. Heron; das Polarimeter bei der Untersuchung von Malz und Würze.
Transact. of the Laborator. Club. vol. 2. p. 77. 58. p. 1030. 44. p. 546.

A. H. Allen und W. Chattaway; über den Nachweis von Ersatzmitteln des
Hopfens im Biere. 117. p. 181. 89. Rep. p. 292.

K. Ulsch; über Prüfung und Berichtigung der Saccharometerscala. 108.
p. 184.

P. Glan; das Spectro-Saccharimeter. 89. p. 1306.

H. Zaunschirm; Untersuchung der Rüben. 108. p. 203. 113. Bd. 14.
p. 237.

Herzfeld; Bestimmung der Pectinstoffe in Rüben. 51. p. 771. 89. Rep.
p. 291.

C. Scheibler; über die Bestimmung des spec. Gew. der Zuckerlösungen bei beliebigen Wärmegraden und deren Reduction auf die Normaltemperatur von + 15° C. 100. p. 185.

R. Stahel; Diphenylhydrazin als Reagenz auf Zuckerarten. (Traubenzucker wird neben Lävulose erkannt, wenn man 1½ Th. alkoholischer Diphenyl-hydrazinlösung zur wässerigen Lösung der ersteren setzt, 20 Stdn. am Rückflufskühler erhitzt, den gröfsten Theil des Alkohols verdampft und durch Aether Glykosephenylhydrazon vom Schmelzpunkt 161—162° abscheidet.) 1. Bd. 258. p. 242. 89. Rep. p. 246. 24. p. 651.

Girard und Violette; Aschenbestimmung im Rohzucker. Journ. fabr. sucre. t. 31. p. 21. 89. Rep. p. 173.

Saare; Wasserbestimmung in Stärke und Dextrin. 66. p. 343.

M. Mansfeld; über Untersuchung von Cacaopräparaten. 38. Rep. p. 243.

Lampert; Analyse weinsäurehaltiger Rohmaterialien. (Die Goldenberg'sche Methode liefert bei Gegenwart von Thonerde zu niedrige Resultate.) 89. p. 903. 113. Bd. 14. p. 237.

F. F. Raabe; die Prüfung des Handelstoluidins. 89. p. 116.

Ch. Lauth; über Farbreactionen der aromatischen Amine. 9. t. 111. p. 975. 34. (1891) p. 27. 89. Rep. (1891) p. 4.

H. Will; über die quantitative Bestimmung von Phenacetin und Antifebrin. 38. p. 652.

E. Kokosinski; Bestimmung des Gerbstoffes im Hopfen. (Verf. empfiehlt die Titration des Auszuges mit Jodlösung. Zum Vergleich wird eine Lösung von Galläpfelgerbsäure verwendet.) 44. p. 571.

A. Christensen; Bestimmung der freien Alkaloïde und ihrer Aequivalentzahlen. 89. p. 1346.

G. Looff; über Morphinbestimmung. 24. p. 688.

Th. Schlosser; Morphinbestimmung der Pharmacopoea VII. 38. Rep. p. 240.

C. Guldensteeden Egeling; über die Bestimmung der Alkaloïde im Strychnossamenextract. 38. Rep. p. 240.

F. Förster; eine Methode zur quantitativen Bestimmung von Camphor. 60. Jahrg. 23. p. 2981. 89. Rep. p. 331.

A. Tscheppe; Nachweis von Campher in Gemischen mit Naphtalin (wird am besten durch Polarisation geführt). 24. p. 669.

Städeler-Kolbe; Leitfaden für die qualitative chemische Analyse. Neu bearb. v. Prof. Dr. H. Abeljanz. 9., verm. Aufl. Zürich 1891. Orell, Füssli Verlag. 1,60 Mk.

Dr. C. Virchow; analytische Methoden zur Nahrungsmittel-Untersuchung, nebst einem Anh.: enth. die Untersuchung einiger landwirthsch. u. techn. Producte u. Fabrikate, sowie die Harnanalyse. Für Apotheker, Chemiker Medicinalbeamte etc. Berlin 1891, Karger. 3,50 Mk.

Apparate, Maschinen, Elektrotechnik, Wärmetechnik.

I.

Abdampf- und Trockenvorrichtungen.

Trockenmaschine für Wolle, Baumwolle und dergl. D. P. 53841 f. Schulze
& Cie. in Schmölln, Sachsen-Altenburg. Die zu trocknenden Stoffe werden in
dünnen Schichten zwischen mehreren endlosen Siebtüchern, die mittelst rotirender Walzen in Bewegung gesetzt werden, durch einen Trockenraum abwechselnd
auf- und abwärts geführt. Hierdurch wird der Trockenraum in mehrere Kammern getheilt, in deren einer sich ein Windrad befindet, welches einen Strom
warmer Luft durch die auf der einen Seite derselben liegenden Schichten ein-
saugt und durch die auf der anderen Seite liegenden Schichten hindurchbläst.
— 75. p. 915.

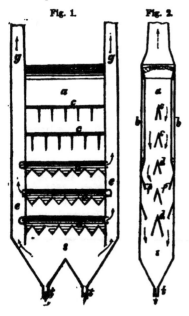

Fig. 1.   Fig. 2.

**Trockenofen für körnige und meh-
lige Materialien.** D. P. 52351 f. J. P.
v. d. Sandt in Lauenburg a. d. Elbe.
Der obere Theil (Vorwärmer) ist von
heizbaren hohlen Längswänden *b* (Fig. 2)
gebildet und von stachligen Stangen *c* in
der Mitte durchzogen. Nach dem Mittel-
raum hinab verbreitert sich der Ofen und
ist von einem ausgezackten scharfkantigen
Winkelblech *d* durchzogen, darunter ziehen
sich ausgezackte schräge Bleche *f* an den
beiden Längswänden hin. Weiter abwärts
wechselt ein Winkelblech in der Mitte mit
den schrägen Blechen an den Seiten. Zu
unterst schliefst der Ofen mit einem in
Entleerungstrichter *t* auslaufenden Nach-
trockenraum *s* ab. Die Kopfseiten des
Ofens bilden Hohlräume *e* (Fig. 1), welche
oben behufs Abführung der feuchten Luft
und des Staubes in Schornsteine *g* aus-
laufen. Die nach Füllung des Ofens unter
den schrägen Blechen bestehen bleibenden Hohlräume stehen abwechselnd einerseits mit den Trockenluftzuleitungen, andererseits mit den Schornsteinen durch
Oeffnungen in Verbindung. — 75. p. 562.

Verdampf- und Destillirapparat. D. P. 52975 f. G. Olberg in Grevenbroich.
Durch Aufeinanderreihen und Zusammenschliefsen von Platten oder gerippten
Platten werden abwechselnd Heizkammern $C^1 C^2 C^3$ . . . und Verdampf- bezw.
Destillirkammern $F^1 F^2 F^3$ . . . gebildet. Zu den Kammern führen regulirbare
Einspritzöffnungen *c*. Der diesen Kammern gemeinschaftliche Ausströmungs-
canal *G* ist mit einer Luftverdünnungseinrichtung verbunden. Dabei kann der

Canal *G* mit Scheidewänden *g* ausgestattet sein. Der Zweck ist, die zu destillirende bezw. zu verdampfende Flüss. in Sprüh- oder Nebelform in die Kammern *F* einzuführen und dieselben unter Einwirkung von Hitze und Va-

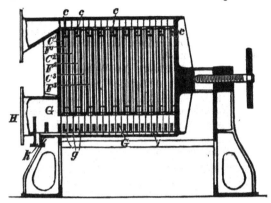

cuumwirkung durchstreichen zu lassen, worauf die dampfförmigen Producte durch den Stutzen *H*, die flüssigen Producte durch Stutzen *K* austreten. — **75**) p. 704. 113. Bd. 14. p. 36.

Apparat zum Kochen und Eindampfen stark schäumender Flüssigkeiten. D. P. 53396 f. Metallwerke vorm. J. Aders, Actien-Gesellschaft in Magdeburg-Neustadt. Zur Zerstörung des Schaumes ist über dem eigentlichen Kocher *A*, für den ein hoher Steigraum vorgesehen ist, noch ein zweiter, mit ihm durch die Steigrohre *a* verbundener Kessel *B* angeordnet. Der aus der Flüss

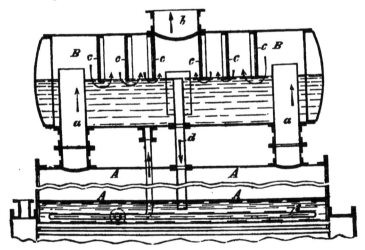

in *A* entweichende Schaum geht durch diese beiden Steigrohre *a* in den oberen, liegenden Cylinder *B* bis nahe an die obere Wand desselben und wird durch Querwände *c* gezwungen, sich den Weg durch die in *B* befindliche Flüss. zu bahnen, wodurch die Blasen zerstört werden und der Dampf bei *b* frei entweichen kann. Damit aber die Flüss. in *B* den Dampf nicht condensire, wird dieselbe durch eine Schlange *s*, welche in dem unteren Theil *A* des Verdampfungsapparates liegt, geleitet, wodurch sie dieselbe Temp. annimmt, wie die zu kochende Flüss. bezw. wie der aus dieser Flüss. entweichende Dampf. Durch Rohr *d* wird die Flüss. aus *B* wieder nach *A* zurückgeführt. — 113. Bd. 14. p. 98.

Hugh Mc. Phail in Dublin und E. S. u. Ch. H. Simpson in Wakefield, England, D. P. 53988; Benutzung von überhitztem Dampf zur Verdampfung von Flüssigkeiten. 75. p. 920.

J. Schwager in Berlin, D. P. 53043; Oberflächenverdampfer. 75. p. 724.

A. Schaaf in Halle a. d. S., D. P. 54246; Trockenkasten. 75. p. 1031.

P. Gassen und die Firma J. Heckhausen & Weies in Köln a. Rh., D. P. 54181; Trockenvorrichtung mit endlosen Transportbändern. 75. p. 1017.

G. Fude in Berlin, D. P. 52277; Trockenapparat. 75. p. 591.

F. L. Smidth & Co. in Kopenhagen, D. P. 52576; Neuerung an schachtförmigen Trockenapparaten. 75. p. 604.

F. Dohrmann in Sulingen, Hannover, D. P. 53833; Neuerung an Centrifugen. 75. p. 944.

II.

Apparate für das chemische Laboratorium.

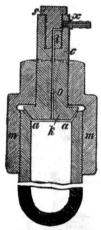

Verschluſs für geschweifste Einschmelzröhren zum Laboratoriumsgebrauch. D. P. 53228 f. A. Pfungst in Frankfurt a. M. Der Verschluſs besteht aus einem durch Schraubenmutter *m* auf das Rohr *a* anzuziehenden Konus *k*, der in ein Stück Rundeisen *c* endet, in welches an dem von der Röhre abgewendeten Ende eine Schraube *s* einschraubbar ist. Durch Konus *k*, Rundeisen *c* und den unteren Theil der Schraube *s* geht ein feiner Canal *o*, von dem unter rechtem Winkel durch Schraube *s* ein anderer feiner Canal abzweigt, der bei bestimmter Stellung der Schraube *s* mit einem in dem Rundeisen *c* befindlichen seitlichen Canal zusammenstöfst, welcher selbst in ein Schraubengewinde *x* endet. In letzteres kann ein Röhrchen eingeschraubt werden, welches als Auslaſs des im Rohr *a* befindlichen Gases, zur Evacuirung u. s. w. dient. In der Regel ist diese Oeffnung *x* durch eine Schraube einfach verschlossen. — 75. p. 727.

Schneiden dicker Glasröhren. F. Muck befestigt einen guten Glaserdiamant nahe dem Ende eines Stabes, welcher in einem Griff mit Stichblatt verschiebbar ist. Ragt der Diamant im Innern der zu schneidenden Glasröhre bis zur gewünschten Stelle, so befestigt man den Stab mit der Stellschraube am Griff und macht mit dem Diamant einen kreisförmigen Strich, worauf die Röhre beim Ziehen an beiden Enden an diesem Strich glatt abbricht. Falls die Röhrenenden uneben sind, kann ein Rohr aus Pappe vorgeklebt oder vorgebunden werden. Das Instrument ist von C. Gerhardt in Bonn zu beziehen. — 37. p. 142. 89. Rep. p. 168.

Saugteller aus Holzwolle. Zum schnellen Trocknen verwendet W. Camerer Platten aus Holzwolle, welche die Verbandstofffabrik von P. Hartmann, Heidenheim (Württemberg), herstellt und in den Handel bringt. — **37. 39.** p. 610.

Exsiccatoren. W. Hempel bemerkt, daß man die Trockenmittel oberhalb der zu trocknenden Substanz anbringen müsse. Es kommt dann eine starke Luftströmung zu stande, weil die im oberen Theile gebildete schwerere, trockene Luft fortwährend die feuchte Luft über der zu trocknenden Substanz verdrängt. Einen sehr wirksamen Exsiccator erhält man, wenn man auf eine mattgeschliffene Glasplatte eine starkwandige Glasglocke mit abgeschliffenem Rande stellt und unter dieselbe möglichst hoch auf einen eisernen Dreifuß die Schale mit Chlorcalciumstücken bringt. Das Gefäß mit der zu trocknenden Substanz stellt man auf die Glasplatte. — **60. Bd. 23.** p. 3566. **38. Rep.** (1891) p. 25.

Vorrichtung zur Verhinderung des Siedeverzugs und des damit verbundenen Stoßens von siedenden Flüssigkeiten. D. P. 53217 f. E. Beckmann in Leipzig. In der Heizfläche der Siedegefäße werden die Wärme besser leitende Stellen, z. B. in Glaskolben oder Retorten Warzen von sogen. Schmelzglas, durch welche hindurch noch Stücke von Platindraht u. s. w. eingeschmolzen sein können, angebracht. — **75.** p. 708.

Einen Apparat zur Bestimmung der Löslichkeit der Salze beschreibt F. Rüdorff. Ein kleines, 4 cm hohes und 2 cm breites Gläschen mit eingeschliffenem Stopfen wird zuerst verschlossen durch einen doppelt durchbohrten Kork, durch dessen eine Bohrung ein beiderseits offenes enges Glasrohr, durch dessen andere ein enges, oberhalb des Korkes etwas erweitertes Glasrohr geht. Ueber diese Erweiterung ist ein Läppchen von Battist gezogen, das durch ein übergestreiftes Gummirohr festgehalten wird. Der obere Theil des Gummirohrs ist durch einen Glasstab verschlossen. Eine bei höherer Temp. gesättigte Lösung des zu untersuchenden Salzes wird auf die Temp. eines bereit gehaltenen Wasserbades abgekühlt. Stimmt die Temp. des Bades mit der Lösung überein, so hält sich die Temp. der Lösung hinreichend lange constant. Sodann wird die Lösung mit dem beschriebenen App. einige Minuten lang umgerührt und alsdann der Glasstab für einen Augenblick aus dem Gummischlauch gezogen. Sofort fließen einige Tropfen der Lösung, von den ausgeschiedenen Salztheilchen befreit, in das Gläschen. Das Gummirohr wird wieder durch den Glasstab geschlossen, der App. aus der Lösung genommen und gereinigt und nach der Entfernung des Korkes dieser durch den eingeschliffenen Glasstopfen ersetzt. Aus dem Gewicht der erhaltenen Lösung und dem in der Lösung enthaltenen Salz läßt sich die Löslichkeit bestimmen. Kühlt man das Wasserbad mit dem die Lösung enthaltenden Reagenzglase auf eine niedrigere Temp. ab, so kann man mit einem anderen ähnlichen App. den Versuch wiederholen; es lassen sich so in kurzer Zeit eine hinreichende Anzahl Bestimmungen erhalten, aus denen man die Löslichkeitskurve construiren kann. — **123.** p. 633. **38. Rep.** (1891) p. 17.

P. Altmann; Gestell für Extractionsapparate. **89.** p. 1657.

W. Thörner; Absorptions-Apparate. **89.** p. 1655.

III.

Apparate für die chemische Industrie.

Vertheilungsverrichtung für Gase oder Dämpfe in Colonnen-Destillirapparaten.

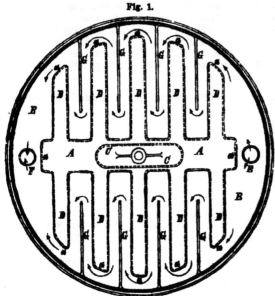

Fig. 1.

D. P. 52652 f. W. Th. Walker in Bishopswood, Middlesex, England. In den Kammern *B* sind länglich rechteckige Gefäße *A* umgestürzt, so daß dieselben mit ihren gezahnten Rändern auf den Böden der einzelnen Kammern stehen. Von den beiden Längsseiten dieser Vertheilgefäße gehen eine Anzahl gleich tiefer, aber schmälerer Fortsetzungen *D* rechtwinklig nach dem Umfang des Gefäßes hin, welche an ihren Enden *a* geschlossen und an ihren unteren Rändern wie das ganze Gefäß gezahnt sind. Das Gas bezw. die Dämpfe, welche durch eine längliche Oeffnung *C* in der Mitte des Vertheilungsgefäßes ein-

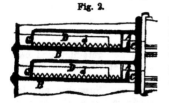

Fig. 2.

treten, werden am Boden des letzteren vielfach zertheilt und mit der die Kammer erfüllenden Flüss. in Berührung gebracht. Die letztere wird ferner durch an die Wände der Colonnenkammer angesetzte Wände *G* gezwungen, von ihrem Eintritt *E* bis zum Austritt *F* an den Wänden von *D* entlang zu fliessen. — 75. p. 706.

Apparate zur Verdichtung von Gasen oder Dämpfen. D. P. 52811 f. P. Boefsneck in Leipzig-Lindenau. Das zu verdichtende Gas wird in einem Röhrensystem *a* (Fig. 1) dem zur Compression erforderlichen Druck ausgesetzt, wobei sich das schlangenartige Rohr in einer durch künstliche Kälte auf entsprechend niedriger Temp. gehaltenen Salzlösung befindet. In einem von diesem App. *A* isolirten Gefäß *B* wird das wärme- bezw. kälteübertragende Gas, welches in der Schlange *b* vergast, zur Flüss. condensirt, um von Neuem den Kreisprocefs zu beginnen. Diesem Zweck dient die Schlange *c*. Man kann auch direct das Röhrensystem, in welchem das Gas (z. B. Kohlensäure) comprimirt werden soll, in die kühlende Sphäre des verdampfenden Gases (z. B. schweflige Säure) bringen. Diesem Zwecke dienen doppelte Röhren, in deren einer die Compression des Gases stattfindet, während die andere, gewöhnlich die äufsere, den Refrigerator einer Kühlanlage bildet. Fügt man hohle Metallcylinder oder Metallbleche derart in und um eine Röhrenschlange *g* (Fig. 2), daſs die einzelnen Gänge derselben an ihren innersten und äuſsersten Stellen die Bleche berühren, so bilden die Zwischenräume zwischen den Gängen der Schlange wiederum eine Schlange h, welche die ursprüngliche gleichmäſsig um-

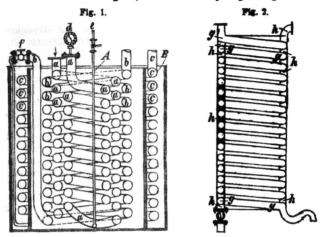

Fig. 1. **Fig. 2.**

giebt. In den Zwischenräumen zwischen der eigentlichen Schlange und den sie innen und auſsen begrenzenden Metallflächen soll das kühlende Gas verdampfen, während in der Schlange selbst die Compression stattfindet. — **75.** p. 707.

Erzeugung von Triebkraft mittelst Kohlenoxydgases, Wasser- und Ammoniak-Dampfes. D. P. 52876 f. C. Tellier in Paris. In einem Gaserzeugungsapparat A entwickeltes Kohlenoxydgas bewirkt durch Verbrennung unter Zufuhr von

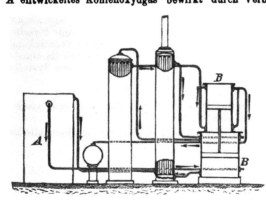

atmosphärischer Luft in dem Arbeitscylinder B^1 einer Kraftmaschine den jedesmaligen Hingang des Kolbens, während neben dem Kohlenoxydgas in A gebildeter Wasserdampf, nachdem er mittelst der aus B^1 auspuffenden Feuergase überhitzt wurde, den jedesmaligen Niedergang des Kolbens in B^1 bewirkt. Die Arbeit des Kohlenoxydgases und Wasserdampfes wird noch dadurch verstärkt, daſs die durch Niederschlag der aus B^1 auspuffenden Wasserdämpfe in einem mit wässeriger Ammoniaklösung gefüllten Oberflächencondensator sich entwickelnden gespannten Ammoniakdämpfe in einem zweiten Cylinder B wirken, dessen Kolben mit dem des ersten Arbeitscylinders verbunden ist. — **75.** p. 683.

Herstellung von Maschinentheilen aus poröser Formkohle. D. P. 53785 f. Société Lacombe & Cie. in Levallois-Perret. Man preſst Graphit, Koks, Ruſsschwarz etc., in Verbindung mit einem Bindemittel, wie Theer, in die bestimmte Form unter hohem Druck und glüht unter Luftabschlufs. Das Patent erstreckt sich aufser auf das Herstellungsverfahren auch auf die Maschinen- bezw. Mechanismustheile selbst, deren Reibungsflächen aus Formkohle ohne metallene Theile hergestellt sind. — **75**. p. 870.

Apparat zur gegenseitigen Einwirkung von Gasen und Flüssigkeiten oder festen Körpern. D. P. 50336 (II. Zus.-Pat. zum D. P. 35126 u. I. Zus.-P. zum D. P. 40625) f. G. L u n g e in Zürich, Schweiz, und L. R o h r m a n n in Krauschwitz bei Muskau, Oberlausitz. Der durch D. P.

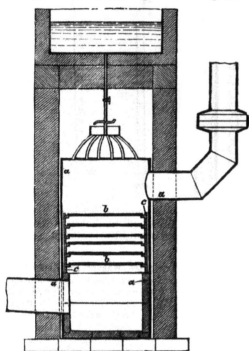

40625 geschützte Platten- thurm ist jetzt in der Weise construirt, dafs in einem eisernen oder steinernen Mantel *a* ringförmige Träger *c*, aus einem Stück bestehend oder aus mehreren Theilen zusammengesetzt, eingesetzt werden, welche auf je einer inneren Rippe *i* die durch- lochten thönernen Platten *b* frei tragen, so dafs dieselben unbelastet bleiben. Infolge dessen kann der Thurm in bedeutender Höhe ohne Ge- fahr des Zerbrechens der Platten *b* aufgeführt werden. Der so abgeänderte Thurm soll als Gay - Lussac- oder Glover - Thurm angewendet werden; auch kann derselbe behufs innigerer Vermischung der Gase zwischen die einzel- nen Kammern eines Systems eingeschaltet werden. — **75**. p. 111.

L. B ö h m und K. R u m p f in Stettin, D. P. 53777; Vorrichtung zum rauch- losen Entpichen von Fässern. **75**. p. 846.

H. C a r d u c k in Horst a. d. Ruhr, D. P. 53690; Steuerhahn für hydraulische Pressen. **75**. p. 818.

IV.

Apparate zum Messen und Wägen.

Einige Thermometer aus Jenaer Normalglas untersuchte F. A l l i h n in Bezug auf das Ansteigen des Eispunktes. Seine Resultate sind folgende: 1) Die nach längerem Liegen in gewöhnlicher Temp. eintretende Eispunktserhebung beträgt im Verlauf von 4 Jahren im Mittel 0,04°. 2) Bei andauerndem Erhitzen auf Temp. von nahe 300° verhält sich das Jenaer Glas etwa doppelt so günstig wie das gewöhnliche Thüringer Thermometerglas. 3) Für den Gebrauch bei höheren Temp. ist es dringend zu empfehlen, nur Thermometer aus Jenaer Glas zu verwenden, welche vor Herstellung der Scala 30 Stunden lang auf etwa 300° erhitzt worden sind. 4) Die durch andauernde Erhitzung auf ein und dieselbe Temp. erzeugte Eispunktserhebung scheint einer Grenze zuzustreben. — 37. p. 381. 38. (1891) p. 15. 49. p. 359.

H. Hecht; das Pyrometer von Mesuré und Nouel (ist eine Art Polarisationsapparat; geeignet, eine vorwärts schreitende oder rücklaufende Bewegung der über Rothgluth liegenden Temp. zu erkennen; nahe der Feldspathschmelze oder bei gröfseren keramischen Oefen sind die Seger'schen Brennkegel ausreichend und viel sicherer.) 115. p. 575.

Mesuré und Nouel; über das Pyrometer. 43. p. 457.

Hecht; über Temperaturmessungen mittelst des Pyrometers an Muffeln mit Holzkohlenfeuerung und an Porzellanbrennöfen. 43. p. 457.

V.
Elektrotechnik.

Erzeugung von Elektricität; v. Mandeuft. Der App. besteht aus einer Hohlkugel aus Zink von 50 cm Durchmesser; innerhalb derselben befindet sich eine massive Kugel aus Kupfer von 40 cm Durchmesser. Die beiden Kugeln drehen sich gleichzeitig, aber im entgegengesetzten Sinne, mit einer Geschwindigkeit von 500 Umdrehungen in der Minute. Unter diesen Umständen wird noch keine wahrnehmbare elektrische Erscheinung hervorgebracht. Sobald man aber in den Hohlraum zwischen den beiden Kugeln Wasserdampf mit einer Spannung von 6 atm. einführt, entsteht ein elektrischer Strom von enormer Mächtigkeit, dessen Intensität wächst, wenn man die Rotation der Kugeln und die Spannung des Dampfes vergröfsert. Mit einer Maschine von $^1/_2$ N treibt der Erfinder die Kugeln an, um eine Elektricität zu erzeugen, welche hinreicht, um 500 elektrische Lampen zu speisen; natürlich tritt hinzu der Dampfverbrauch in den Kugeln. — 42. p. 613. 89. Rep. p. 357. 49. (1891) p. 38.

Rückverwandlung der durch den Strom erzeugten Wärme in elektrische Energie. D. P. 53620 f. H. Gantke in Berlin. Die eine Wicklung eines Transformators wird aus zwei sich berührenden, thermoelektrisch verschiedenen Leitern in Verbindung mit einem Thermostromkreis in der Weise hergestellt, dafs sie den Heifspol des thermoelektrischen Stromkreises bildet. Der Heifspol kann auch als Ankerwicklung eines Wechselstromerzeugers, bezw. als deren äufserer Schliefsungskreis, angeordnet werden. — 75. p. 764.

Ablagerung von Chlorsilber auf der Kohlenelektrode von Trockenelementen. D. P. 52223 f. H. Meinecke jr. in Breslau. Man tränkt die Kohlenelektrode mit einer Lösung von schwefelsaurem oder salpetersaurem Silberoxyd und setzt sie der Einwirkung von in der Füllmasse des Trockenelementes enthaltenem Chlorammonium aus, wodurch sich Chlorsilber in feinst vertheiltem Zustande an der Kohlenelektrode ablagert. — 75. p. 547.

Galvanisches Element. D. P. 54066 f. W. Burnley in North East Erie, County of Erie, Pennsylv., V. St. A. Die in Berührung mit der negativen Elektrode befindliche Depolarisationsmasse wird aus einem Gemisch von 7 Th. leitender Kohle und 6 Th. Mangan- oder Bleisuperoxyd hergestellt. Um den Widerstand des bisher als Eindickungsmittel angewendeten Gypses herabzumindern, wird demselben Zinkchlorid zugesetzt. — 75. p. 904.

Abänderung an Leclanché-Elementen. D. P. 53650 (Zus.-P. zu D. P. 48850)
f. Th. Wilms in Firma Wilms Gebrüder in Hamburg. Die Zinkelektrode
umgiebt, unter Einschaltung einer die Erregungsflüssigkeit durchlassenden Isolirschicht, die Kohlenelektrode mit der Braunsteinfüllung mantelartig und wird
nöthigenfalls mit Durchlochungen versehen, sowie von einer ebenfalls mit der
Erregungsflüssigkeit getränkten Isolirschicht dicht umschlossen. — **75.** p. 902.
49. (1891). p. 87.

Erregungspasten für Trockenelemente. D. P. 54251 (Zus.-P. zu D. P. 49423)
f. Maschinenfabrik Oerlikon in Oerlikon bei Zürich. Beim Gebrauch der nach
dem Hauptpatent aus in Gallertform ausgeschiedener amorpher Kieselsäure hergestellten Erregungspaste entstehen nach und nach durch die Wirkung der entweichenden Gase größere Spalten, welche schließlich durch Anfüllung mit
leitender Masse zu Kurzschlüssen Anlaß geben. Um diesen Uebelstand zu vermeiden, wird die Erregerpaste aus einem Gemisch von amorpher gallertartiger
Kieselsäure mit fester Kiesels. von faseriger, körniger oder pulverförmiger Beschaffenheit, wie Asbest, Glaswolle, Sand oder mit einem andern pulverförmigen
Körper, wie Gyps, hergestellt. In einer solchen Masse entstehen nicht große
Spalten, sondern es bilden sich nur enge Kanäle, durch welche die Gasblasen
entweichen können. — **75.** p. 956.

Anordnung des Elektrolyten bei Gasbatterien. D. P. 53868 f. L. Mond in
Northwich, Lancaster und C. Langer in South Hampstead, Middlesex, England.
Die Elektroden sind von einander durch ein poröses, nicht leitendes Material,
wie z. B. porösen Thon, Asbest, Flanell u. s. w., getrennt, welches mit einem
bei gewöhnlicher oder mässig höherer Temp. flüssigen Elektrolyten so durchtränkt ist, daß die angefeuchtete Masse für Gase undurchdringlich ist. — **75.**
p. 903.

Der Laurent-Cely Accumulator, welcher von der Société Anonyme pour
le Travail Electrique des Métaux construirt ist, hat seine Eigenthümlich-
keiten in der Natur der Bleipaste und in der Weise, in welcher dieselbe in die
Platten eingesetzt wird. Das active Element ist eine Mischung von Bleichlorid
und Zinkchlorid. Das geschmolzene Bleichlorid hat ein spec. Gew. von 5,4;
durch Hinzufügung von Zinkchlorid wird es auf 4,5 reducirt. Diese geschmolzene Mischung wird in gusseiserne Mulden gegossen, welche die Form von
kleinen Knöpfen mit abgerundeten Ecken haben. Nach Abkühlung werden die
Knöpfe ausgewaschen, um das Zinkchlorid zu entfernen und sie dadurch etwas
porös zu machen. Ihre Dichtigkeit schwankt jetzt zwischen 4,5 und 3,4. Die
für die negative Platte bestimmten Knöpfe werden dann in eine metallene
Mulde gelegt und Antimonblei zugegossen. Das letztere umgiebt die Knöpfe
als Rahmen und hält sie in ihrer Lage fest. Diese negativen Platten werden
darauf in Zellen mit angesäuertem Wss. gebracht, in denen auch Zinkelektroden
stehen. Die so gebildeten Elemente werden kurz geschlossen. Der sich auf
den positiven Elektroden entwickelnde Wasserstoff reducirt das Bleichlorid und
es bilden sich so Knöpfe von schwammigem Blei, die eine Dichte von 2,5 bis
3,1 haben. Die für die positiven Platten bestimmten Knöpfe werden zuerst in
schwammiges Blei umgewandelt, dann in der Luft erhitzt, um sie zu oxydiren
und so in schwammiges Bleioxyd transformirt. Sie werden wie die negativen
Knöpfe in Antimonblei befestigt. Dieser Accumulator ist angewendet, um die
Schlafwagen der Chemin de fer du Nord zu beleuchten, und hat auch dazu gedient, um den Motor einer elektrischen Winde zu treiben. — Electrician p. 83.
89. Rep. p. 257.   **49.** (1891) p. 54.

Gelatinöses Elektrolyt für Accumulatoren. Die Maschinenfabrik Oerlikon
verwendet als Elektrolyt ein Gemisch von verdünnter Schwefelsäure und Kali-
oder Natronsilicat. Die Ladung der Accumulatoren geschieht mit constanter
Spannung von 1,5 Vol. pro Zelle. Anfangs fließt ein sehr starker Strom in
dieselben, der mit zunehmender Ladung abnimmt und aufhört, wenn die Spannung der Accumulatoren und Maschinen die gleiche ist. Der Wirkungsgrad
soll 80—95% betragen. — **42.** p. 241. **89.** Rep. p. 345.

Erhärtungsverfahren für Bleiverbindungen in elektrischen Sammlern. D. P.
52853 f. E. Correns in Berlin. Die Bleiverbindungen, Bleioxyde u. s. w.
werden mit Wasserglas vermischt, indem gleichzeitig zur Neutralisation des
Alkalis eine Säure oder ein Ammoniaksalz zugesetzt wird. Es entsteht ein glas-
hartes Bleisilicat. Die Erhärtung des Silicats wird durch Zusatz von Kalk,
Magnesia, Thonerde befördert. Um die Leitungsfähigkeit der Masse zu erhöhen, setzt man das Pulver eines unveränderlichen Metalles zu oder eines
solchen, welches durch den Strom oder die Säure in ein unlösliches Oxyd verwandelt wird. — **75.** p. 648.

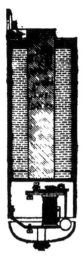

Elektrisches Läutewerk. D. P. 54042 f. Actiengesellschaft Mix u. Genest in Berlin. Ein elektrisches Läutewerk wird dadurch handlich gemacht, dafs dasselbe mit dem
Element vereinigt wird. Der das Element aufnehmende Becher
ist nach oben oder unten verlängert. Die Verlängerung dient
zur Aufnahme des Klingelwerks und gleichzeitig als Schall-
kammer für die Glocke. — **75.** p. 912.

**Wiedergabe von Lauten oder Tönen mittelst bandförmiger
Phonogramme.** D. P. 53944 f. die Erben des verstorbenen
Dr. med. A. Wikszemski in Dorpat, Rufsland. Man führt
den wellenförmigen Rand des Streifens zwischen einer Lichtquelle und einer hinter dem Spalt einer Wand angeordneten
Selenzelle oder zwischen einer Wärmequelle und einer Thermosäule mit derselben Geschwindigkeit, welche ihm bei Herstellung der Schwingungscurve ertheilt wurde, derart hindurch,
dafs die Selenzelle oder Thermosäule von der Licht- oder
Wärmequelle nur nach Mafsgabe des vor dem Spalt befindlichen Theiles der Curve beeinflufst wird. Das in den Stromkreis eingeschaltete Telephon läfst alsdann Laute vernehmen,
welche den Lauten entsprechen, deren Schwingungen in dem
Rande des Bandes dargestellt sind. — **75.** p. 868.

Isolirung elektrischer Leiter. D. P. 52458 f. Ch. Th. Snedekor in
Washington, V. St. A. Der Leiter wird mit einem Ueberzug von aufgelöstem
Schellack oder anderem Harz versehen, der vor seiner vollständigen Erhärtung
von einem mit Alaunlösung behandelten Faserstoff umsponnen wird. Diese Um-
spinnung wird wieder mit flüssigem Leim überdeckt und nach der Trocknung
des Leims mit dickem Firnifs überstrichen, vor dessen Erhärtung man eine zu
4 Th. aus pulverisirtem Glas und zu je 1 Th. aus Alaun und gesiebtem Asbest
bestehende Schicht aufträgt. Der Leiter wird dann zunächst mit einer zweiten
Faserschicht aus Baumwolle, Seide, Jute oder dergleichen, welche Faserstoffe
mit einer Mischung von Leinöl, Bleiweifs, Bleiglätte, Alaun und gesiebtem
Asbest getränkt werden, und dann mit einer in gesättigter Alaunlösung getränkten Faserstoffdecke umsponnen. Die auf diese Weise gebildete Decke wird
nach dem Trocknen mit einem weiteren Ueberzug von Oellack und eingedrückten
Asbestfasern versehen, und schliefslich wird das Ganze nochmals mit einem
Decklack überzogen. — **75.** p. 593. **49.** p. 343. — D. P. 54444 f. Firma
Woodhouse u. Rawson United, Limited in London. Man formt die Isolatoren aus Cement, welchem Gyps oder ein ähnliches dem Schwinden des
Cementes beim Erhärten entgegenwirkendes Mittel zugesetzt wird, und tränkt
sie nach dem Erhärten und Trocknen in der Wärme mit flüssigen oder festen
Kohlenwasserstoffen, Harzölen oder Harzen in Lösung, wodurch sie vor Feuchtigkeit geschützt werden. — **75.** p. 1023. — D. P. 51554 f. Th. F. Craddock
und J. Thom in London. In einer Lösung von Nitrocellulose in einem Gemisch
von gechlortem Essigsäure und gechlortem Amylalkobol, welche man unter Umständen noch durch Ricinusöl verdicken kann, löst man soviel Pech oder Asphalt,
dafs eine plastische Masse entsteht, welche zur Umhüllung der Drähte für elektrische Leitungen dient. — **75.** p. 681.

Die Anwendung von Schiefer als Isolator für im Trocknen liegende Leiter elektrischer Anlagen bietet den Vortheil grofser Dauerhaftigkeit und Widerstandsfähigkeit bei geringer Dicke und geringen Kosten. — **88.** p. **93. 28.** Bd. 277. p. 287. 43. p. 400.

Herstellung elektrischer Kohle. D. P. 53913 f. R. Rickmann in Kalk bei Köln. Die kohlenstoffhaltigen Körper werden, nachdem sie fein gemahlen sind, vor dem Brennprocefs mit 1—3 % Fluornatrium oder Fluorammonium versetzt, wodurch einerseits etwa vorhandene schlackenbildende Silicate in leichte, flüchtige Verbindungen umgewandelt werden und andererseits die Ueberführung des Kohlenstoffes in den gut leitenden Graphit befördert werden soll. — **75.** p. 864.

Herstellung von oxydationshindernden Ueberzügen auf Kohlen- oder Metallfäden für Glühlampen. D. P. 53585 f. R. Langhans in Berlin. Man bringt die Fäden in einem luftleeren oder von indifferenten Gasen erfüllten Raum mit einer Verbindung von Silicium oder Bor zusammen, welche sich derart zersetzen läfst, dafs Silicium, bezw. Bor mit oder ohne Kohlenstoff in graphitartiger oder krystallinischer Form abgeschieden wird. Die Fäden werden der Einwirkung der Hitze oder des elektrischen Stroms oder beider mit oder ohne Zuhilfenahme eines chemischen Zersetzungsmittels ausgesetzt. — **75.** p. 763.

Bereitung von Glühfäden. D. P. 53871 f. J. B. Tibbits in Hoosack, Staat New-York, V. St. A. Die Faserstoffe werden entweder für sich allein, oder nachdem sie mit der Lösung einer reducirbaren Metallverbindung getränkt worden sind, in einer Wasserstoffgasatmosphäre mittelst des elektrischen Stroms ausgeglüht. Der dazu erforderliche Wasserstoff wird durch Zersetzung von Kohlenwasserstoffen, z. B. Naphtalin, erzeugt, indem die Destillationsproducte derselben in dampfförmigem Zustande mit einem auf elektrischem Wege zum Glühen erhitzten vielfach gewundenen Draht in Berührung gebracht werden. Nachdem der den Glühfaden enthaltende Behälter luftleer gepumpt ist, wird der Wasserstoff eingelassen. Bei dem Ausglühen des Fadens wird die in demselben befindliche Metallverbindung zu Metall reducirt, welches bis zum Schmelzen erhitzt wird und dann mit der bei Weifsgluth weich werdenden Kohlenmasse des Fadens innig zusammenbackt, so dafs nach dem Erkalten ein sehr dichter und zäher Glühfaden von grofser Leitungsfähigkeit erhalten wird. — **75.** p. 863.

H. Mestern in München, D. P. 53847; Thermoelektrisches Element. **75.** p. 923.

J. Trumpy in Hagen, Westfalen, D. P. 53870; Vorrichtung zum selbstthätigen Aus- und Einschalten von Zellen elektrischer Sammelbatterien. **75.** p. 924.

E. Thomson; Dynamomaschine für elektrisches Schweifsen. Electrician p. 438.

W. Ph. Hauck; die galvanischen Batterien, Accumulatoren und Thermosäulen. Eine Beschreibung der hydro- u. thermo-elektr. Stromquellen, mit besond. Rücksicht auf die Bedürfnisse der Praxis. 3. Aufl. (Elektrotechn. Bibl. Bd. 4.) Wien, Hartleben. 3 Mk.

VI.

Eismaschinen.

A. Beetz in Paris, D. P. 54189; Verdampf- und Condensationsapparat für Absorptions-Kälteerzeugungsmaschinen. **75.** p. 975.

VII.
Filtrir- und Klär-Vorrichtungen.

Filter. D. P. 54141 f. H. Lossow in Schleifsheim-München. Der von der Flüss. in der Filtermasse zurückzulegende Weg wird dadurch in der Mitte kleiner als an der Wandung gemacht, dafs in die Filtermasse hohle, den Querschnitt des Filters ganz oder nahezu ausfüllende Körper mit durchlochten Wandungen, welche in der Mitte weiter von einander abstehen als am Rande, eingelegt werden. — **75.** p. 946.

Filter, dessen Sandfüllung in Absohnitten zur Flüssigkeitsreinigung benutzt

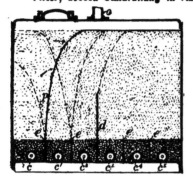

wird. D. P. 53304 f. J. W. Hyatt in Newark, Essex, New-Jersey, V. St. A. Die in der Sand- bezw. Kiesfüllung liegenden Einlafsröhren $c\,c^1\,c^2$ sind von einander durch niedrige Scheidewände e und von den Auslafsröhren $c^3\,c^4\,c^5$ durch eine hohe Scheidewand d getrennt. Beim Filtriren öffnet man zuerst c und läfst das Wss. durch einen Theil der Sandfüllung (durch die Linie p nach rechts begrenzt) fliefsen, wonach es durch die Röhren $c^3\,c^4\,c^5$ abfliefst. Ist der betreffende Filtertheil verbraucht, so öffnet man c^1 und so fort. Beim Auswaschen öffnet man alle Rohre c bis c^5 und das Rohr o. — **75.** p. 777.

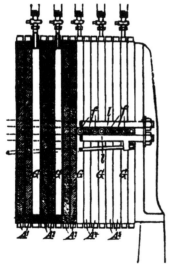

Filterpresse mit umlegbaren porösen Platten. D. P. 54078 f. J. Hill in Ashwood, Longton, Staffordshire, England. Das Verstopfen der porösen Einlagen soll dadurch verhindert werden, dafs die mit den Räumen G für die Halbflüssigkeit abwechselnden Filtertheile $A^1\,A^2\,A^3$ ... je zwei oder mehr neben einander angeordnete poröse Platten erhalten, die gegen einander umgelegt werden können, so dafs die Flüss. des Prefsgutes die Platten abwechselnd in entgegengesetzten Richtungen durchdringt. Jeder Filtertheil besteht aus zwei gleichartigen umkehrbaren Rahmen, deren Zapfen f längs den Führungen l beweglich sind, und welche die porösen Einlagen mit entgegengesetzt gerichteten Canälen enthalten. Die an die Filtertheile anschliefsenden Rahmen G werden gleichfalls von Zapfen f getragen. — **75.** p. 939.

O. André in Paris, D. P. 52220; Filter mit Vorrichtung zum Reinigen der festwandigen Filterzellen. **75.** p. 542.

Fr. Rafsmus, D. P. 48288; Probirfilter. **123.** p. 524.

A. Stehlik in Wien, D. P. 51378; Schleuder für Filtrirzwecke. **75.** p. 385.

C. Pieper in Berlin, D. P. 53027; hydraulischer Verschlufs für Filterpressen. **100.** p. 150.

O. Kleinstück; einige Vorrichtungen zum selbstthätigen Nachfüllen beim Filtriren. **89.** p. 666.

VIII.

Wärmetechnik.

D. P. 54192 f. J. Geiser in Basel, Schweiz. Die Lampe

besitzt eine doppelwandige Heizröhre b, welche excentrisch im Spiritusbehälter A angeordnet ist und den Zweck hat, eine continuirliche Circulation des zu verdampfenden Spiritus zu bewirken. Durch das Röhrchen d entweicht der Spiritusdampf aus A zur Heizflamme. Der drehbare Handgriff F trägt das Anheizschälchen f, welches beim Füllen von A mit Spiritus unter den seitlichen Füllstutzen s des App. durch Drehen von F gebracht werden kann. Beim Anheizen des App. wird auf den Cylinder C und die Heizröhre b eine Kapsel aufgesetzt. — 75. p. 1027. 49. p. 295.

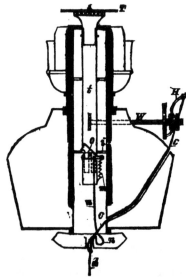

Auslöschvorrichtung für Petroleum-Rundbrenner. D. P. 52897 f. J. Rasch in Berlin. Der verschiebbare Brandscheibenträger t wird an einer festen Stütze s durch eine an ihm drehbar gelagerte, von der Feder m beeinflufste Klinke o gehalten. Die Schnur n an derselben ist mit der den Dochttrieb W mittelst Hebels H bethätigenden Schnur c derart verbunden, dafs beim Ziehen am Ende d von c durch Drehen des Hebels H zunächst der Docht in die Dochtscheide zurückgezogen und hierauf die Klinke o ausgelöst wird, so dafs die herabfallende Brandscheibe T die Dochtscheidenöffnung verschliefst. — 75. p. 381.

Geräuschloser Sparbrenner. D. P. 53350 f. F. Deimel in Berlin. Unterhalb des Brenners befindet sich ein Regulirstück D, das ein den Gaszuflufs abschliefsendes Ventil F enthält, welches durch Drehen einer mit einem Flügel g versehenen Schraube G bethätigt wird. Ueber dem Ventil ist eine Kappe d angebracht, die durch den Gasdruck gehoben wird und die Zutrittsöffnung zum Brenner bis auf ein Minimum schliefst. Die Regulirschraube wird so eingestellt, dafs bei geöffnetem Gashahn die Flamme, ohne zu rufsen, brennt. Das Ventil F ist hierbei angehoben, und das Gas strömt durch die seitlichen Schlitze f des Ventilführungszapfens unter die Kappe d, hebt diese seinem Druck entsprechend an, streicht an der Aufsenwandung dieser Kappe hoch und strömt dann über die Kappendecke hin in den Brenner. Durch die seitliche Ausströmung des Gases aus dem Ventil F und die verschiedenen Ablenkungen, die das Gas erfährt, bevor es in den Brenner gelangt, wird die Bildung jedes störenden Geräusches unterdrückt. — 75. p. 749. 49. p. 391.

M. Lafsberg in Berlin, D. P. 52275; Apparat zur ununterbrochenen Verkohlung von Holz- und Lederabfällen. **75.** p. 645.

Fr. Sperling in Berlin, D. P. 52295; Feuerungsanlage. **75.** p. 528.

Fr. Büttgenbach in Herzogenrath bei Aachen, D. P. 52018; Füllofen für Braunkohlenbriquettes. **75.** p. 529.

M. Fromont in Brüssel, D. P. 54156; Koksofen mit Wärmeaufspeicherungskammer. **75.** p. 1000.

O. Dilla in Königshütte, O.-S., D. P. 53860; Neuerung an Koksöfen mit horizontaler Achse. **75.** p. 920.

C. Otto in Dahlhausen und Fritz W. Lürmann in Osnabrück, D. P. 52206; Universal-Koksofen. **75.** p. 590.

W. Fritsch in Zabrze, Ober-Schlesien, D. P. 52134; Einrichtung zur Regelung der Zuführung vorgewärmter Verbrennungsluft bei horizontalen Koksöfen. **75.** p. 645.

L. Semet in Brüssel, D. P. 52538; Vorrichtung zur Vertheilung des Brenngases bei Koksöfen. **75.** p. 646.

Anhang.

Geheimmittel, Verfälschungen von Handelsproducten etc.

Antimiasmatischer Liqueur von Dr. Koene, welcher unter der Bezeichnung „eigenthümliches, eisenhaltiges, antimiasmatisches, verdauungsbeförderndes, kräftiges und wohlthuendes Wasser" angepriesen wird, besteht aus einer viel freie Salzsäure enthaltenden Eisenchloridlösung, welcher die in der Brochüre nachgerühmten Heilwirkungen nicht im Entferntesten zukommen. — 49. p. 357.

Cognacin, das bei der Cognac-Fabrikation Verwendung findet, besteht nach Mayrhofer aus Naphtolgelb, Roccellin und Vanillin. — 24. p. 316.

Cascara Cordial, ein amerikanisches Magenmittel, wird in der Weise bereitet, dafs man 50 Th. Berberiswurzel, 15 Th. Koriander, 5 Th. Angelikawurzel mit 250 Th. Cognac, den man zur Aromatisirung mit einer Mischung von 25 Th. Anisöl, 25 Th. süfsen Pomeranzenöl und 1 Th. Zimmtöl versetzt, in einem Percolator auszieht, mit 12 Th. Süfsholz-Extract, 20 Th. Sagrada-Fluidextract, 250 Th. Zucker versetzt und mit gutem Wein zu 1000 Th. auffüllt. — 76. 49. p. 349.

Damenseife, Matrimonio secreto, soll durch ihre „feingeistigen, effectiv antiseptisch-antiparasitischen Bestandtheile in allen Fällen die Befruchtung verhindern". Abgesehen davon, dafs die in dem Prospect gegebene medicinische Erklärung der Wirkungsweise sehr zweifelhafter Natur ist, dürfte vor dem Vertrieb eines derartigen Präparates überhaupt zu warnen sein, da unter Umständen dieser Verkauf als Beihilfe zu obigem Verbrechen betrachtet werden kann. — Internat. pharm. Gen.-Anz. 49. p. 333.

Madame Ruppert's Face Bleach ist eine mit 3,5 g Benzoëtinctur versetzte Lösung von 0,5 Quecksilbersublimat in 250 g Wss. — 86. p. 285. 49. (1891) p. 69.

Als Physic Balls bringt eine englische Firma Abführpillen für Pferde in den Handel, welche nach folgender Vorschrift bereitet werden: 10 Th. Aloë werden mit 1 Th. Glycerin und 1 Th. Ricinusöl zusammengeschmolzen. Aus der erkalteten Masse werden mit Ingwerpulver Bissen von 10 g Gewicht geformt, wovon 3—4 Stück auf einmal eingegeben werden. — 38. 49. p. 349.

Das altbewährte, schmerz- und gefahrlose Mittel gegen Wassersucht von Hans Weber in Stettin besteht nach übereinstimmenden Analysen, die in Stettin und Karlsruhe angestellt wurden, aus Pflanzenasche und Sand. Dasselbe ist demnach als vollständig wirkungslos zu bezeichnen. Der Preis der Pulver beträgt 10 Mk., die Herstellungskosten etwa 20 Pfg. Nebenbei verordnet Weber noch den Gebrauch von Petersilienthee, Wachholderthee und Karlsbader Salz, die aber besonders bezahlt werden müssen. — 49. p. 381.

Als Pilulae Parai, Decoctum Parai, Linimentum Parai und Pulvis Parai No. I, II, III werden von der Firma Hennig & Thelen, Glockenapotheke in Köln a. Rh., Arzneizubereitungen in marktschreierischer Weise in den Handel gebracht und in einer diesen Präparaten beigegebenen Brochüre, welche mit: „Allen Kranken Linderung der Schmerzen und dauernde Gesundheit, P. Dr. Cherwy's naturgemäße Pflege des kranken Menschenkörpers" betitelt ist, gegen eine Reihe von Krankheiten zum Verkaufe angepriesen. Die Pilulae Parai enthalten auch Aloë, sind demnach vom Handverkaufe schon an sich ausgeschlossen. Die übrigen angeführten Präparate, als Decoctum Parai, Linimentum Parai und Pulvis Parai No. I, II und III, sind von einer solchen Zusammensetzung, dafs ihre Anwendung die Kranken in vielen Fällen in sanitärer Beziehung zu schädigen geeignet ist. — 106. p. 717. 49. (1891) p. 69.

Die Rothweinfarbe von Delvendahl & Küntzel in Berlin enthält nach Polenske wesentlich rosanilinsulfosaures Natron. — Arb. a. d. kaiserl. Gesundheitsamt. p. 203. 49. p. 285.

Als Vernickelungsäther vertreibt ein angeblicher Geschäftsreisender der Firma B. Wieland in Wien eine Flüss., welche augenscheinlich aus Quecksilbernitrat besteht und einfach durch Auflösen von Quecksilber in concentrirter Salpetersäure hergestellt werden dürfte. Der Preis beträgt für 6 Flaschen, à ³/₄ l, 36 Mk. — 49. p. 372.

Zum Nachweis von Kunst-Kaffee empfiehlt J. Samelsohn die Bohnen in Aether zu legen und längs der Rinne entzweizubrechen. Das Nichtvorhandensein des Samenhäutchens ist das charakteristische Kennzeichen für den Kunst-Kaffee. — 123. p. 482. 49. p. 333.

Zur Verfälschung von Safran; v. W. Kirkby. Eine Probe enthielt ungefähr 41 % Fasern, die einen von den Stigmata des Crocus sativus gänzlich verschiedenen Anblick hatten. Dieselben waren von türkisch-rother Farbe, künstlich geplättet, 0,5—0,75 mm breit, 13—42 mm lang, sahen spröde und rauh aus, fühlten sich aber unter den Fingern biegsam an, ein Beweis dafür, dafs sie mit Oel verfälscht waren. Verf. glaubt, dafs das in Rede stehende Verfälschungsmaterial zu den Cyperaceen gehörig ist. Wahrscheinlich besteht es aus den Fragmenten einer Carexart. — 38. Rep. p. 22.

In verschiedenen Ländern beobachtete Verfälschungen von Nahrungsmitteln. Rev. intern. des Falsific. p. 130, 147, 165. 89. Rep. p. 191. 49. (1891) p. 25.

Teuchert; Seifenverfälschungen. 11. p. 335. 49. (1891) p. 69.

Neue Bücher.

Goethe's naturwissenschaftliche Schriften. Herausgegeben im Auftrage der Grofsherzogin Sophie von Sachsen. 1. Bd. Zur Farbenlehre. Weimar, Hermann Böhlau. 1890. — Die Weimarische Goethe-Ausgabe, von welcher der vorliegende Band einen Theil bildet, ist mehr für den Philologen als für das gröfsere Publicum bestimmt. Fachmännern sind die naturwissenschaftlichen Schriften unseres Altmeisters, trotzdem sie etwas in Mifscredit gerathen sind, zum Studium zu empfehlen.

Lehrbuch der allgemeinen Chemie. Von Dr. Wilh. Ostwald, Professor an der Universität zu Leipzig. 1. Bd. Stöchiometrie. 2. umgearbeitete Aufl. Leipzig, Verlag von Wilhelm Engelmann. 1891. — Obgleich an guten Werken, welche einzelne Abschnitte der physikalischen oder allgemeinen Chemie behandeln, kein Mangel ist, fehlte es doch bis vor ungefähr 6 Jahren an einem zusammenfassenden Handbuche. Diesem Mangel half die 1. Auflage des vorliegenden Werkes ab, die in historisch-kritischer Darstellung das ganze interessante, immer mehr Bedeutung gewinnende Gebiet beleuchtete und so dem Special-Fachmann ein geschätzter Führer wurde. Für den Chemiker freilich, der sich nur einen Ueberblick über die physikalische Chemie verschaffen will, ist das vorliegende Buch viel zu compendiös. Auch die Heranziehung der höheren Analysis zu den Deductionen schreckt manchen — allerdings müssen wir sagen leider — von dem Studium des Werkes ab. Diesen allen ist der von demselben Verf. herausgegebene „Grundrifs der allgemeinen Chemie" zu empfehlen, der zugleich eine Vorschule für die Benutzung des gröfseren Werkes bildet. Die 2. Auflage des letzteren erforderte, dank der grofsen Fortschritte in dem einschlägigen Zweige der Wissenschaft, eine gründliche Neubearbeitung, so dafs nur wenige Seiten zu finden sein werden, welche nicht mehr oder weniger erhebliche Aenderungen erfahren haben. Vielfach werden allgemeine Schlüsse gezogen oder allgemeine Theorien der geschilderten Erscheinungen gegeben, die vorher noch nicht veröffentlicht sind und dadurch dem Werke einen neuen Werth verleihen. Die lichtvolle Darstellung sticht vortheilhaft gegen das mystische Sprachdunkel mancher Fachschriftsteller ab und erinnert an die besten klassischen Werke auf dem Gebiete der Chemie. Die neue Auflage darf wie die erste der wärmsten Aufnahme der Fachgenossen sicher sein.

Bechhold's Handlexicon der Naturwissenschaften und Medicin. Bearbeitet von A. Velde, Dr. W. Schauf, Dr. V. Löwenthal und Dr. J. Bechhold. Frankfurt a. M., H. Bechhold. — Anatomie, Astronomie, Botanik, Chemie, Chirurgie, Geburtshilfe, Geologie, Gynäkologie, Krystallographie, Mineralogie, Ophthalmologie, Palaeontologie, Pharmacie, Physik, Physiologie, Technologie und Zoologie in 10 Lieferungen zu je 4 Bogen behandeln zu wollen, ist ein Unternehmen, das den Stempel der Unmöglichkeit — wenn nicht den von etwas Schlimmerem — so deutlich an der Stirn trägt, dafs es uns Wunder nimmt, wie dasselbe überhaupt je das Tageslicht hat erblicken können. Es geschehen allerdings in unserer prosaischen und materiellen Zeit Wunder; uns überläuft aber ein Schauder, wenn wir denken müfsten, sie wären alle wie dieses.

Biographisch-litterarisches Handwörterbuch der wissenschaftlich bedeutenden Chemiker. Von Dr. Carl Schädler. Berlin 1891, R. Friedländler & Sohn. — Das Buch bildet den ersten Versuch einer Zusammenstellung der hauptsächlichsten Daten und Angaben aus dem Leben und Schaffen hervorragender

Chemiker und ist als solcher willkommen zu heifsen. Die mannigfachen Lücken und die z. Th. unbefriedigende Vollständigkeit des Gebotenen lassen eine baldige Neubearbeitung wünschenswerth erscheinen.

Pantobiblion. Internationale Bibliographie der polytechnischen Wissenschaften. Monatliche Uebersicht der auf diesen Gebieten neu erscheinenden Buch- und Journal-Litteratur. Redacteur: A. Kerscha. Jährlich 12 Nrn. St. Petersburg. — Das Programm des neuen Unternehmens ist kurz folgendes: Bibliographischer Anzeiger neuer polytechnisch-wissenschaftlicher Erscheinungen in den wichtigsten modernen Sprachen, Kritiken der wichtigsten einschlägigen Werke in der Sprache des betreffenden Buches, Ueberblick der Inhaltsangabe der wichtigsten polytechnischen Fachzeitschriften, kritische Uebersicht der Hauptartikel in den wichtigsten wissenschaftlichen Journalen, diverse Nachrichten aus dem Gebiete der polytechnischen Weltlitteratur. An Reichhaltigkeit läfst dieses Programm nichts zu wünschen übrig; ob es aber dem Herausgeber gelingen wird, dasselbe innezuhalten, bleibt abzuwarten. Das vorliegende 1. Heft berechtigt allerdings zu den besten Hoffnungen; es bringt ca. 1200 Titel neuer Bücher, 80 kritische Artikel und ein Inhaltsverzeichnifs von 270 Journalen. Vor Allem liegt es in der Hand der Verleger, Herausgeber und Redacteure einschlägiger Bücher und Zeitschriften, durch Zusendung litterarischer Erzeugnisse das verdienstvolle Unternehmen zu fördern und die Innehaltung des Programms zu ermöglichen.

Klemens Merck's Waarenlexicon für Handel, Industrie und Gewerbe. Unter Mitwirkung verschiedener Sachverständiger herausgegeben von Dr. G. Heppe. Leipzig 1890, G. A. Glöckner. — Nach dem Erwerb der überseeischen Colonien durch Deutschland erfuhr unser Handel eine solche Ausdehnung und erhielten bis dahin kaum in Betracht kommende Producte eine solche Bedeutung, dafs die vorige Auflage des bekannten und in Interessentenkreisen geschätzten Merck'schen Waarenlexicons den Anforderungen, welche man an sie stellte, nicht mehr genügen konnte. Die Neubearbeitung trägt der veränderten Situation vollkommen Rechnung und hat den importirten Waaren und Rohproducten ferner Länder ebenso viel Sorgfalt wie den heimischen Erzeugnissen angedeihen lassen. Den verschiedenen Artikeln sind die fremdsprachlichen Bezeichnungen beigefügt; den specifischen Gewichten, Schmelz- und Siedepunkten ist mehr Aufmerksamkeit als in der vorigen Auflage geschenkt worden; Angaben über Production, Einfuhr, Ausfuhr und Verbrauch illustriren die Bedeutung einer jeden Waare, deren Zollverhältnisse stets berücksichtigt werden. Ein umfangreiches Register ermöglicht eine schnelle Orientirung.

Leitfaden zur Praxis der Bierbereitung aus Gerstenmalz. Von Dr. K. Lintner. (Als Manuscript gedruckt.) 4. Aufl. Freising 1890, Paul Datterer. — Der vorliegenden kleinen Schrift des rühmlich bekannten Brauereichemikers in Weihenstephan ist weiteste Verbreitung in Fachkreisen zu wünschen, umsomehr, da der Reinhefecultur, welche den Brauer allein vor grofsem Schaden bewahren kann, gebührende Beachtung geschenkt wird.

Die Malzbereitung. Von Dr. Karl Lintner. (Als Manuscript gedruckt.) 3. Aufl. Freising 1890, Paul Datterer. — Die als Ergänzung des vorstehend besprochenen Buches aufzufassende Brochüre empfiehlt sich allen Bierbrauern durch ihre leicht fafsliche Darstellungsweise und ihre praktische Bedeutung.

Kefir, seine Darstellung aus Kuhmilch. Von Dr. K. Eckervogt. Berlin—Neuwied 1890, L. Heuser. — Bei der Bedeutung, welche dem Kefir als zukünftigem Volksgetränk und als Heilmittel beizumessen ist, wird eine volksthümlich gehaltene Anleitung zu einer bequemen und billigen Herstellung desselben und eine sachliche Würdigung seines Werthes zum Bedürfnisse. Diesen Anforderungen entspricht die vorliegende empfehlenswerthe Schrift.

Lehrbuch der technischen Chemie. Von Dr. H. Ost. Abtheilung II. Metallurgie. Bearbeitet von Dr. Friedr. Kollbeck. Berlin 1890, Robert Oppenheim. Die ungefähr vor Jahresfrist erschienene I. Abtheilung des Ost-

schen Lehrbuches, über die wir Rep. 1889 I. p. 303 referirten, war in ihrer
Art so vorzüglich, daſs man mit einiger Spannung auf den Schluſs des Werkes
wartete. Dieser, von berufener Seite bearbeitet, liegt nun vor und enttäuscht
die Hoffnungen nicht, die man auf ihn setzte. Er behandelt zunächst die Prin-
cipien, welche den verschiedenen metallurgischen Processen zu Grunde liegen,
und giebt dann eine gute Beschreibung der Gewinnung der einzelnen Metalle.
Dieser II. Abtheilung ist auch das Register des ganzen Werkes beigegeben.

Die Metallfärbung und deren Ausführung mit besonderer Berücksichtigung
der chemischen Metallfärbung. Von Georg Buchner. Berlin 1891, S. Fischer. —
Wenn auch für jeden Industriezweig viel und lange Uebung zum gewinnbrin-
genden Arbeiten unerläſslich ist, so ist doch auch die Kenntniſs guter Vorschriften eine Mitbedingung des Erfolges. Für die Metallfärberei sind in der
Litteratur allerdings genug Recepte zu finden, aber wie in allen anderen Zweigen,
ja mehr als in den meisten derselben überwuchert hier Unkraut das wenige
Gute. Es muss deshalb als ein groſses Verdienst des Verf. anerkannt werden,
daſs er in dem vorliegenden Buche eine kritische Sichtung des Materials und
eine durch gründliche Sachkenntniſs ermöglichte Ausmerzung des Schlechten
vorgenommen hat. Das Buch reiht sich würdig den anderen Bänden der durch
ihren gediegenen Inhalt bekannten Fischer'schen „Technologischen Bibliothek" an.

Die Peptone in ihrer wissenschaftlichen und praktischen Bedeutung. Von
Dr. med. v. Gerlach. Hamburg und Leipzig, Leopold Voss. 1891. — Das
Schriftchen bringt Beiträge zur Geschichte der Verdauung, zur Lehre von der
Verdauung der Eiweisskörper und des Leimes und macht in dem von der Ernährung mit Fleischpepton handelnden Schlusskapitel den Versuch, dem Praktiker einen unparteiischen Wegweiser zur Beurtheilung des Werthes oder Un-
werthes eines Peptonpräparates zu geben.

Jahrbuch für Photographie und Reproductionstechnik für das Jahr 1891.
Unter Mitwirkung hervorragender Fachmänner herausgegeben von Dr. Josef
Maria Eder. 5. Jahrgang. Halle a. S., Wilhelm Knapp. 1891. — Das „Jahrbuch" bringt auch diesmal eine Reihe wichtiger Originalartikel und eine sehr
vollständige Uebersicht über die im letzten Jahre in den verschiedensten Fach-
journalen veröffentlichten Arbeiten. Die Patentlitteratur findet selbstverständlich nicht minder Berücksichtigung. 23 Illustrations-Beilagen in sehr guter
Wiedergabe vermehren den Werth vorliegenden Werkes, das sowohl für den
praktischen wie den wissenschaftlich arbeitenden Photographen als unentbehrlich bezeichnet werden muſs.

Handbuch der Parfümerie- und Toiletteseifenfabrikation. Unter Mitwirkung
von L. Borchert, F. Eichbaum, E. Kugler, H. Töffner und anderen
Fachmännern herausgegeben von Dr. C. Deite. Berlin 1891, Julius Springer.
— Bei den vielen werthlosen Machwerken, welche jahraus jahrein die Parfümerie-
und Seifenfabrikations-Litteratur „bereichern", ist das vorliegende Werk, für
dessen Güte und praktische Brauchbarkeit die Namen des Herausgebers und der
Mitarbeiter bürgen, doppelt willkommen zu heiſsen. Nach einem historischen
Ueberblick werden zunächst die Riechstoffe für die Parfümeriefabrikation, dann
die Parfümerien und Cosmetica besprochen, und zwar zunächst die alkoholischen
und trockenen Parfüme, dann die Räuchermittel, Zahn-, Mund-, Haar- und
Schönheitsmittel. Der zweite Haupttheil handelt von den verschiedenen Arten
der Toiletteseifenfabrikation auf warmem und auf kaltem Wege, durch Umschmelzen und Piliren. Im Anschluſs daran sind Mittheilungen über Bart-,
Bade- und medicinische Seifen gegeben.

Die Seifen-Fabrikation. Handbuch für Praktiker. Von Friedrich Wittmer,
Seifenfabrikant. 4. vermehrte und verbesserte Auflage. (Chemisch-technische
Bibliothek. Bd. 5.) Wien, A. Hartleben. 1891. — Das vorliegende Buch verdient höchstens als Curiosum insofern Erwähnung, als es trotz seiner Dürftig-
keit in theoretischer und praktischer Beziehung dennoch bereits die 4. Auflage

erlebt hat. Nach den in derselben vorgenommenen „Vermehrungen und Verbesserungen" zu urtheilen, wird allerdings noch eine beträchtliche Zahl von
Auflagen nöthig sein, ehe die Arbeit auch nur den niedrigst bemessenen Anforderungen gerecht werden kann.

Wissenschaftliche Droguenkunde. Ein illustrirtes Lehrbuch der Pharma-
kognosie und eine wissenschaftliche Anleitung zur eingehenden botanischen
Untersuchung pflanzlicher Drogen für Apotheker. Von Dr. Arthur Meyer.
Erster Theil. Berlin 1891, R. Gärtner's Verlagsbuchhandlung, Hermann Heyfelder. — Aus der Ueberzeugung heraus, dafs als die wichtigste Aufgabe des
Apothekerstandes heute und für absehbare Zeiten die intensive wissenschaftliche
und praktische Pflege der Apothekerwaarenkunde im weitesten Sinne des Wortes
betrachtet werden müsse, ist das vorliegende Werk entstanden, welches in erster
Linie den Zweck hat, den angehenden Apotheker zur selbstständigen Untersuchung eines Theiles der Arzneimittel anzuregen und ihn dadurch wissenschaftlich sehen und schliefsen zu lehren. Eingeleitet wird das Buch von einem
Kapitel über allgemeine Morphologie und Anatomie, dann werden in etwas ein-
geschränkter Auswahl die Samen- und Wurzeldrogen in gründlicher und vorzüglicher Darstellung behandelt. Jede Klasse wird eingeleitet von der speciellen
Morphologie und Anatomie; bei den einzelnen Drogen wird auf die Verbreitung
der Stammpflanze, ihre Kultur und Einsammlung, auf Morphologie, Anatomie,
Chemie und Geschichte der Droge eingegangen. Die Litteratur ist am Anfange
jeder Monographie übersichtlich zusammengestellt. Die Ausstattung des Buches
ist des Inhaltes würdig, namentlich sind die zum grofsen Theil nach Originalen
des Verf. gefertigten Holzschnitte untadelhaft. Dem Apotheker bietet das Werk
eine reiche Quelle der Belehrung, und auch der Nahrungsmittel-Chemiker wird
es bei mikroskopischen Untersuchungen mit nicht geringem Nutzen zu Rathe
ziehen.

Anleitung zur Darstellung chemischer Präparate. Ein Leitfaden für den
praktischen Unterricht in der anorganischen Chemie von Dr. Hugo Erdmann.
Frankfurt a. M., H. Bechhold. 1891. — Unsere anorganischen Laboratorien räumen
der Analyse eine viel zu herrschende Stellung namentlich im Anfange des Stu-
diums ein, obgleich unseres Erachtens das präparative Arbeiten viel mehr als
das nur zu häufig mechanisch betriebene qualitative Analysiren geeignet ist,
den Anfänger an Exactheit und Sauberkeit zu gewöhnen, ganz abgesehen davon, dafs er dadurch eine viel bessere Einführung und Uebersicht über seinen
Studienzweig erlangt. Aehnliche Erwägungen haben wohl den Verf. vorliegenden
Buches zur Herausgabe desselben veranlafst, das, von älteren, kaum noch in
Betracht kommenden Arbeiten abgesehen, auf dem Gebiete der anorganischen
Chemie das erste seiner Art ist. Bei der Auswahl der Präparate wurde aufser
auf solche, deren Herstellung einen Prüfstein für sauberes Arbeiten bietet, darauf Bedacht genommen, dem Lernenden recht viele ihrem Wesen nach ver-
schiedene Reactionen vor Augen zu führen. Bevorzugt wurden als Ausgangsmaterial wohlfeile oder werthlose Stoffe, sowie die bei der Darstellung anderer
Präparate erhaltenen Nebenproducte, während die fertigen Präparate gröfstentheils solche sind, die im Laboratorium ständig zu analytischen und synthetischen
Zwecken gebraucht werden, aber käuflich überhaupt nicht oder doch nicht in
genügender Reinheit zu erhalten sind. Der Anordnung liegt das natürliche
System der Elemente zu Grunde. Ein Anhang behandelt, theilweise bildlich
erläutert, kurz die nothwendigsten Hilfsmittel des Laboratoriums, unter Anderem
die in neuester Zeit so sehr vervollkommnete Technik der Gasströme. Besonders anzuerkennen ist, dafs keine Vorschrift vor gewissenhafter Prüfung aufgenommen wurde. Auch manche originelle oder doch nur wenig bekannte,
gleichwohl aber elegante und zuverlässige Methode wird gegeben. Das verdienstvolle Werkchen sollte in keinem Unterrichtslaboratorium fehlen.

Manuale pharmaceuticum. Scripsit Dr. H. Hager. Editio sexta. Lipsiae,
Ernst Günther. 1892. — Seit dem Erscheinen der ersten Auflage im Jahre 1858
hat das Hager'sche Manuale stets eine herrschende Stellung unter den ver-

schiedenen, den Zwecken der Pharmacie dienenden Vorschriftensammlungen bewahrt. Durch rechtzeitige Neuauflagen blieb es stets auf der Höhe der Zeit. Dies gilt nicht nur von den Vorschriften für die eigentlichen pharmaceutischen Präparate, sondern auch von denen der gewerblichen Praxis der Pharmacie, den im Haushalte, in den Gewerben, der Landwirthschaft etc. gebrauchten. Auf seinen 907 doppelspaltigen Seiten bringt die neue Auflage eine solche Fülle von Vorschriften, daß es kaum ein bekanntes und gangbares Präparat geben dürfte, welches nicht Berücksichtigung gefunden hätte. Nur eins haben wir an diesem musterhaften Compendium auszusetzen: daß es auch jetzt noch, nachdem schon die deutsche Pharmacopöe damit gebrochen, die lateinische Sprache beibehalten hat. Gerade, weil es nicht blos für Apotheker geschrieben ist, sondern mit nicht geringem Nutzen von jedem Kleingewerbetreibenden benutzt werden könnte, ist dieses Festhalten am Alten um so mehr zu beklagen. Denn letzteren Interessenten geben meistens auch die wenigen Sprachkenntnisse ab, die zum Verständniß der Vorschriften nöthig sind. Auch für den Gebrauch in außerdeutschen Ländern dürfte die Abfassung in lateinischer Sprache eher hinderlich als förderlich sein. Der fremdländische Praktiker unserer Tage versteht eher Deutsch als Lateinisch.

Carbolsäure und Carbolsäure-Präparate, ihre Geschichte, Fabrikation, Anwendung und Untersuchung. Von Dr. H. Köhler. Berlin 1891, Julius Springer. — Wenn auch Lunge in seinem Werke über die Industrie des Steinkohlentheers der Carbolsäure schon eine Behandlung hat zu Theil werden lassen, ist doch dadurch eine Monographie dieses wichtigen Handelsartikels nicht überflüssig geworden, da einestheils der diesem Specialkapitel gewidmete Raum in dem erwähnten Werke naturgemäß nur ein beschränkter ist, anderntheils die dort gemachten Angaben über die Fabrikation krystallisirter Carbolsäure auf Mittheilungen Dritter beruhen, während der Verf. in der vorliegenden kleinen Schrift die Ergebnisse eigener langjähriger Erfahrungen niedergelegt und die gesammte den Leser interessirende Litteratur berücksichtigt hat. Die Monographie verdient die Beachtung jedes Fachmannes.

Die flüchtigen Oele des Pflanzenreiches, ihr Vorkommen, ihre Gewinnung und Eigenschaften, ihre Untersuchung und Verwendung. Von Dr. Georg Bornemann. Nebst einem Kapitel: **Botanische Betrachtungen über das Vorkommen der flüchtigen Oele** von Dr. K. L. Vetters. 5. Auflage von Fontenelle's Handbuch der Oelfabrikation in vollständiger Neubearbeitung. Mit einem Atlas. Weimar 1891, Bernhard Friedrich Voigt. — In dem letzten Jahrzehnt ist das Gebiet der ätherischen Oele mit vielem Eifer und gründlicher Tiefe erforscht worden und besonders Wallach's Arbeiten haben so werthvolle Aufschlüsse über die Natur der hierher gehörigen Producte geliefert, daß fast alle vorhandenen selbstständigen Werke über flüchtige Oele als veraltet zu bezeichnen sind. Deshalb wird vorliegendes Buch, das in seiner zweiten Abtheilung die physikalischen und chemischen Eigenschaften der flüchtigen Oele nach dem neuesten Stande der Wissenschaft behandelt, den betreffenden Fabrikanten, dem Apotheker, Chemiker und Drogisten sicher willkommen sein. In der Einleitung werden Vorkommen und Gewinnung der flüchtigen Oele, der Gehalt und Anbau der dieselben liefernden Pflanzen und das Einsammeln der Blüthen kurz behandelt. Die erste Abtheilung beschäftigt sich auf 50 Seiten ausführlich mit der Gewinnung der flüchtigen Oele. Zunächst werden die vorbereitenden Arbeiten besprochen, dann geht Verf. auf die eigentlichen Gewinnungsmethoden durch Destillation, Pressung und Extraction ein, behandelt darauf die Reinigung und Aufbewahrung der gewonnenen Producte und die Verwerthung der Rückstände von der Fabrikation und giebt schließlich in einem Anhange eine kurze Uebersicht über die Methoden, welche zur Gewinnung der Riechstoffe mancher Pflanzen für die Zwecke der Parfümeriefabrikation bekannt sind. Die dritte Abtheilung bringt nach botanischen Betrachtungen über das Vorkommen der flüchtigen Oele in großer Vollständigkeit und Ausführlichkeit eine Beschreibung der flüchtigen Oele des Pflanzenreiches in durch ihre botanische Abstammung gegebener Ein-

theilung. Das fleifsig und sorgfältig gearbeitete Buch verdient einen Platz in
der Bibliothek jedes Technikers, der mit flüchtigen Oelen zu thun hat und dürfte
auch dem Forscher dank der reichlichen Litteraturangaben eine werthvolle
Hilfe sein.

Kurze Anleitung zur technisch-chemischen Analyse. Von Dr. Ludwig Medicus. Tübingen 1891, H. Laupp. — Ueber technisch-chemische Analyse besitzen wir gröfsere Universal- und Specialwerke von anerkannter Güte. Die
vorliegende „Anleitung", welche zugleich das 4. Heft der „Einleitung in die
chemische Analyse" desselben Verf. bildet, soll als Vorschule für die Benutzung
jener dienen, trägt also vorzugsweise den Anforderungen eines Hochschulen-
Laboratoriums Rechnung. Die gegebenen Methoden sind solche, deren Brauchbarkeit sich bewährt hat; den neueren Fortschritten auf dem Gebiete ist genügend Rechnung getragen. Auch wir hegen, wie der Verf. den Wunsch, dafs
dieser Versuch zur Hebung des Interesses am Studium der technisch-chemischen
Analyse beitragen und das Einarbeiten in die Bedürfnisse der Fabrikpraxis erleichtern möge.

Chemisch-technische Analyse. Handbuch der analytischen Untersuchungen
zur Beaufsichtigung des chemischen Grofsbetriebes und zum Unterrichte. Herausgegeben von Dr. Jul. Post. Zweite vermehrte und verbesserte Auflage.
2. Band. 2. Lief. Braunschweig 1890, Friedrich Vieweg u. Sohn. — Das vorliegende Handbuch hat sich in den betreffenden Kreisen durch seine Brauchbarkeit als Nachschlagebuch so viel Freunde erworben, dafs es kaum in einem
analytischen Laboratorium fehlen dürfte. Dankenswerth ist die von der Verlagsbuchhandlung bei der 2. Auflage getroffene Trennung in 7 Lieferungen,
deren jede eine Gruppe verwandter Industrien umfafst und einzeln käuflich ist.
Das vorliegende Heft behandelt Stärke, Zucker und Gährungsgewerbe. Bereits
erschienen sind die Abtheilungen: 1) Wasser und Wärme; 2) Industrie der
Kohlenwasserstoffe der Methanreihe und Fette; 3) Metalle und Metallsalze;
4) Chemische Grofsindustrie (anorganische Säuren, Alkalisalze und Chlorkalk.
Kunstdünger); 5) Kalk, Cement, Gyps, Thonwaaren, Glas. Noch aus steht die
letzte Lieferung, welche sich mit Farbstoffen, Färberei, Gerberei, Leim, Explosiv-
und Zündstoffen befassen soll.

Die Untersuchung der Feuerungs-Anlagen. Eine Anleitung zur Anstellung
von Heizversuchen von Hans Freiherr Jûptner v. Jonstorff. (Chemisch-
technische Bibliothek. Bd. 185.) Wien, A. Hartleben. 1891. — Namhafte
Ersparungen lassen sich in der Industrie vielfach durch rationelle Verbesserungen der Heizungsanlagen erzielen. Vorbedingung hierzu ist die häufige Anstellung von Heizversuchen, bei denen vorliegendes Buch als Leitfaden dienen
soll. Die als Grundlage bei der Prüfung von Feuerungsanlagen hauptsächlich
in Betracht kommenden physikalischen und chemischen Gesetze werden zunächst
besprochen, dann folgen Betrachtungen über Eigenschaften und Heizwerth der
Brennstoffe, über die Verbrennungsluft und über Apparate und Messungen,
welche bei Heizversuchen in Anwendung kommen, d. h. über Thermometer,
Pyrometer, namentlich solche, welche auf der Verschiedenheit der Schmelzpunkte gewisser Legirung beruhen, über Calorimeter, über Messung der in den
Feuerungsanlagen nutzbar gemachten Wärmemengen, über die Bestimmung des
Feuchtigkeitsgehaltes der Luft und über Gasanalyse. Eine eingehende Besprechung der verschiedenen Feuerungsanlagen hätte den Rahmen des Buches
überschritten. Verf. beschränkt sich daher auf die Vorführung einiger Beispiele
von thatsächlich ausgeführten Heizversuchen. Der Werth des Werkes für den
Praktiker dürfte durch die verschiedenen, in möglichster Vollständigkeit im
Anhang gegebenen Tabellen erhöht werden, weil es in der Praxis oft Schwierigkeiten bietet, sich die einzelnen nöthigen Zahlen zu verschaffen. Den Gebrauch
derselben erleichtert ein alphabetisches Inhaltsverzeichnifs.

Der Betrieb und die Schaltungen der elektrischen Telegraphen. Unter Mitwirkung von einigen Fachmännern bearbeitet von Prof. Dr. A. Tobler und
Prof. Dr. E. Zetzsche. Heft 3. Halle a. S., Wilhelm Knapp. 1891. — Mit

dem vorliegenden 3. Hefte ist das Werk, welches zugleich die 2. Hälfte des
3. Theiles des „Handbuches der elektrischen Telegraphie" bildet, vollendet. Das Schlußheft führt zunächst die Besprechung der Einrichtungen und
Schaltungen für die mehrfache Telegraphie zu Ende, behandelt dann die auto-
matische Telegraphie, welche besonders jetzt durch die Wiederauffrischung der
Entdeckungen Jaite's Interesse beansprucht, und bespricht zuletzt den Betrieb
der elektrischen Telegraphen. Die Vorzüglichkeit des Werkes wurde von uns
bereits Rep. 1889 II. p. 266 genügend gewürdigt.

Handwörterbuch der öffentlichen und privaten Gesundheitspflege. Unter
Mitwirkung vieler Gelehrten herausgegeben von Dr. O. Dammer. Stuttgart,
Ferdinand Enke. — In Anbetracht der zahlreichen hygienischen Fragen, welche
das gewöhnliche Leben und die Technik täglich aufwerfen, war der Gedanke,
auf dieselben in leicht faßlicher, sachgemäßer und übersichtlicher Weise Ant-
wort zu geben, ein guter. Bei den an ein solches Werk zu stellenden weit-
gehenden Anforderungen mußte selbstverständlich die Bearbeitung von einer,
und wenn auch der berufensten Hand von vornherein aussichtslos erscheinen.
Deshalb ist die Abfassung der einzelnen Kapitel Fachmännern übertragen worden, welche mit ihrem Namen für gewissenhafte und sachgemäße Behandlung
des betreffenden Gegenstandes bürgen. So ist ein Werk entstanden, welches
als mustergültig in seiner Art zu bezeichnen ist und Medicinalbeamten, Aerzten,
Apothekern, Chemikern, Verwaltungsbeamten, Beamten der Kranken- und Un-
fallversicherung, Fabrikbesitzern, Fabrikinspectoren, Nationalöconomen, Land-
wirthen, Ingenieuren und Architecten nicht warm genug empfohlen werden
kann.

                                                                    P.

Sachregister.

I.

Abfälle, Aufbereitung von —n, besonders v. Kehricht (Refuse Disposal Co.) II 131.

Abgangsstoffe, Desinfection der — (v. Gerloisly) I 209.

Abschwächen v. Bromsilber-Gelatine-platten (Belitzki) II 117; — dunkler Abdrücke (Dunmore) II 117.

Abschwächer, haltbarer — (Belitzki) I 179.

Absinth, Schweizer — I 74.

Abwässer, Klären saurer — (de Mollins) I 209; Reinigen der — (Webster) II 134; — — (Harvey) II 135; — — (Reichling) II 136; s. a. Wasser; Zuckerlösung.

Accumulator, neue —en (Pollak) I 334; Elektrodenplatten für —en (E. Heyl) I 335; Laurent-Cely- — II 210; Elektrolyt f. —en (Oerlikon) II 210; s. a. elektrische Sammler.

Acetanilid, Nachweis von — im Phenacetin I 314; Identitätsnachweis von — (Warnecke) II 196; Prüfung v. — (Ritsert) I 314.

Aceton, Bestimmung von — in Methylalkohol etc. (Vignon) I 284; Bestimmung von — (Arachequesne) I 289; quantitative Bestimmung v. — (Collischon) II 188.

Acetylaethylenphenylhydrazin und Aethylenphenylhydrazin-bernsteinsäure (Michaelis) I 250.

Acetylwerthe, Benedikt's — (Lewkowitsch) I 294.

Acidimetrie und Alkalimetrie, Kaliumbitartrat als Grundlage d. — (Heidenhain) I 263.

Acridin-Orange (Leonhardt & Co.) II 23.

Aepfelsäure, Bestimmung von — in Wein (Schneider) II 193.

Aether, Verhalten von — gegen Schwefelsäure (Scholvien) II 158.

Aethyläther, Abscheidung von — aus Bromaethyl (Riedel) II 158.

Aethylnitrit s. Methylalkohol.

Aetzkali s. Aetznatron; Kali.

Aetznatron, Darstellung v. — oder —kali (Gabet) I 240; — aus Bauxit II 154.

Aetzpappe für Blaudruck (Paul) II 20.

Alaun, Herstellung von — (Spence) II 154; Darstellung von Natron- — (Augé) II 155.

Albumin, krystallisirtes — u. krystallisirbare Colloide (Hofmeister) I 145; Darstellung von aschefreiem — (Harnack) I 145.

Albuminbild, Blasen auf —ern (Swain) I 184.

Albuminpapier, Umwandlung von — in Bromsilberpapier- (Graham) I 181; — mit Bromkalium I 181; haltbar gesilbertes — (King) I 184; Blaudrucke auf — I 185; blasenwerfendes — (Kröhnke) II 118.

Alkohol, Rectification von — (Barbet) I 72; Furfurol im — (Linder) I 73; Titriren von — (Bourcart) I 321; Erkennung der Verunreinigungen v. — (Mohler) I 284; s. a. Spiritus, Branntwein.

Alkoholische Flüssigkeiten, Reinigung (Rousseau, de la Baume u. Chantérac) II 44.

Alizarinblaumonosulfosäure, Darstellung von — s. Anthrachinon-β-disulfosäure (Farbenf. Bayer & Co.) I 21.

Alizarinbordeaux B u. E (Farbenf. Elberfeld) II 22.

Alizarin-Cyanin R (Farbenf. Bayer & Co.) II 21.

Alizarinfarben m. Chrombeize GAJ (Farbw. Höchst) I 37.

Alizarinfarbstoffe, Färben und Drucken mit — (Erban u. Specht) I 37.

Alizarinöl, Bestimmung von Fettsäuren im — (Guthrie) I 316.

Alkalien, Bestimmung d. — in Gegenwart von Sulfiten (Grant u. Cohen) I 274.

Alkalien und Säuren, jodometrische Bestimmung der — — (Gröger) I 318.

Alkalimetall, elektrolytische Gewinnung der —e (Grabau) I 120; Gewinnung von — (Netto) II 77.

Alkalisilicate s. Phosphor.

Alkalisulfat, Reduction d. —e (Berthelot) I 260.

Alkalisulfite d. Handels (Bothamley) II 151.

Alkaloid, Löslichkeit von —en und deren Salze in Aether (Tamba) I 257.

Aluminium, elektrolytische Gewinnung von — (Daniel) I 122; — im Eisen (Heep; Mabery; Vorce; Langhenhove) I 123; Löthen v. — u. —bronce (Aluminfabr. Neuhausen) I 188; analytische Bestimmung von — u. Aluminiumstahl (Ziegler) I 280; Bestimmung v. — in Eisen u. Stahl (Stead) I 281; Herstellung von — (Green) II 79; Einwirkung von Schwefelsäure auf — (Ditte) II 79; Einwirkung von Salpetersäure auf — (Ditte) II 80; Einfluß des — auf Eisen- u. Stahlgüsse (Heep; Howe) II 83; Bestimmung d. —s im künstlichen — (Klemp) II 175.

Aluminiumdoppelchloride mit Natrium oder Kalium (White) I 243; Reinigung d. — von Eisen (Castner) II 154.

Aluminiumgewinnung, Reductionsmischung für — (All. Alumin. Co.) I 121.

Aluminiumlegirungen (Clark) II 90; — (Petit-Devaucelle) II 90; Eigenschaften von — (Schleifiarth) II 90; — (Bamberg) II 90; — (Green) II 90.

Aluminiumoxyd, Elektrolyse d. —s u. —fluorids (Minet; Hall; Wahl) I 121.

Amalgamir-Verfahren (Button u. Wyeth) II 89.

Ameisensäure, Bestimmung der — (Scala) II 194.

Amidonaphtolmonosulfosäuren (Farbw. Höchst) II 12.

Amidooxynaphtalinsulfosäuren (Farbw. Höchst) II 12.

Ammoniak, Absorption d. —s durch die Erde (Schloesing) I 207; — aus Nitraten (Loew) I 259; Bestimmung von — nach Ruffle (Buchan) I 271; — aus Rübensäften (Pöleke) II 130.

Ammoniakalische Flüssigkeiten s. Gas.

Ammoniaksalz, Gewinnung v. —en (Kirkmann; Bowen) II 153.

Ammoniakverbindungen, Bestimmung der — in Sand u. Abwasser (Hagen) I 271.

Ammoniumnitrat, Darstellung von — (Wahlenberg; Hase) I 241; Darstellung von — (Burghardt; Roth) II 154.

Analyse auf gewogenem Filter (Rüdorff) II 168.

Anilinfarben, Farblacke aus — (H. Hurst) I 24.

Anilinschwarz auf Baumwolle (Aucher) I 40; Aetzen von — (Kertész) II 24.

Anisöl, Fabrikation von — aus Fenchelöl (Campe) II 162.

Anstrich „Leonardi" II 74; s. a. Farbe.

Anthracen s. Benzol.

Anthrarobin, Unterscheidung von Goapulver (Mühe) I 316.

Antibacterion, Ozonwasser, Graf's (Keuthmann) I 210.

Anticorrosive Masse (Dejonge) II 70.

Antimon, Alkalisalze des —s (Holliday) I 239; Bestimmung von — (Beilstein u. Bläse) I 275; Erkennung von — neben Arsen (Brunn) I 319.

Antimonflecke s. Arsenflecke.

Antimonfluorür, Doppelsalze d. —s (Froelich) II 150.

Antipyrin, die —sorten des Handels (Arzberger) I 251; s. a. Chloral; Chloralamid.

Antiseptische Kräfte isomerer Verbindungen (Carnelly u. Frey) II 139.

Antiseptol (Yven) I 257; II 139.

Appretur, Glanzschwarz- — f. schwarze Zwirne I 93; s. a. Färberei.

Aquatinta s. Buchdruckformen.

Aräopyknometer, Eichhorn's — (Schweissinger) I 328.

Aristobilder, Uebertragen von —n auf Glas I 182.

Aristopapier, Tonbad f. — (Bani) II 118.

Arrac s. Branntwein.

Arsen, Nachweis von — (Klobukow) I 275; Bestimmung von — (Boam) I 275; — — in Pyriten etc. (Clark) I 275; elektrolytische Abscheidung von — aus Kupfer II 85; Ermittelung von — (L'Hôte) II 176.

Arsenbestimmung (Jounges) I 319.

Arsenflecke, Unterscheidung von Antimon- u. —n (Denigès) II 176.

Arsensäure, Bestimmung von — (Younger) I 276.

Aschenbestimmung vegetabilischer Stoffe etc. (Kwasnik) I 285.

Aufbürstfarben (Mautner) I 33.

Australian Meat Preserve I 146.

Australian-Salt I 146.

Azofarben, Bildung von — auf der Wollfaser (Mullerus) II 17; Drucken u. Färben mit gemischten Salicylsäure- etc. Tetr- — (Farbenf. Bayer & Co.) II 19.

Azofarbstoff, —e mittelst Sulfo a-oxynaphtoësäure (Dahl & Co.) I 17; Dis- —e durch paarweise Combination von Amidoazoverbindungen erhalten (Bad. Anilin- u. Sodaf.) I 18; echte Dis-—e f. Druck u. Färberei (Faı benf. Bayer & Co.) I 18; —e aus Diamidodiphenylenoxyd (Bayer & Co.) I 18; —e aus Benzidinsulfondisulfosäure (Bayer & Co.) I 19; schwarzfärbende —e (Cassella & Co.) I 20; gelbe, orangerothe u. braune, direct färbende —e (Bayer & Co.) I 20; gelbbis rothbraun- u. violettfärbende —e (Bayer & Co.) I 20; —e aus Dehydrothiotoluidinsulfosäure u. Primulin (Clayton Aniline Co.) I 20; Dis-—e aus Diamidodibenzylbenzidin u. -tolidin (Dahl & Co.) I 21; Entwicklung der —e auf Baumwollstückwaaren etc. (Koechlin) I 36; —e aus Dioxynaphtalinmonosulfosäure (Farbenf. Bayer & Co.) II 12; schwarzfärbende —e (Poirrier u. Rosenstiehl) II 12; rothbraune, violette u. blaue —e (Farbenf. Bayer & Co.) II 12; —e aus Dioxynaphtalin (Bad. Anilin- u. Sodaf.) II 13: —e aus Tetrazodiphenoläthern etc. (Farbenf. Bayer & Co.) II 13; Dis—e aus p-Diamidodiphenylenketoxim(Bad. Anilin- u. Sodaf.) II 13; schwarze — a. d. Faser (Farbenf. Bayer & Co.) II 23; s. a. Bismarckbraunsulfosäuren.

Azogrün (Farbenf. Bayer & Co.) I 43.

Azurin gegen Peronospora (Rossel) I 80.

Bacillen, Lebensdauer der Typhus- u. Cholera- — (Uffelmann) I 214: s. a. Bacterien.

Backwaaren, Gährverfahren für — (Citron u. Joseph) II 98.

Bacterien, Wirkung von Kochsalzlösung auf — (Petri; de Freitag) II 103; Chloroform geg. — (Kirchner) II 139; s. a. Bacillen.

Ballistit II 146.

Barmenit I 146.

Baryumcarbonat s. Baryumhydroxyd.

Baryumhydroxyd, Darstellung von — und Baryumcarbonat (Schneider) I 242.

Baryumsalz, Titration von —en und Sulfaten (Soltsien) II 174.

Batterie, galvanische, Primär- —en (Harris) I 333; Elektrodenplatten für Secundär- —n (Main) I 334; Elektrolyte bei Gas- —n (Mond u. Langer) II 210.

Baugrund, lockeren — fest zu machen (Neukirch) I 13.

Baumaterial, Composition für — (Bassel) II 6.

Baumwolle, Einwirkung von Anilin auf — (Lipkowski) II 17.

Baumwollgelb R (Bad. Anilin- und Sodaf.) I 39.

Baumwollsamenöl s. Fett.

Bausteine, Frostbeständigkeit von —n (Bauschinger) II 4.

Bauxit, Verarbeitung von — auf Natriumaluminat etc. (Laur) II 154.

Beize s. Mordant; Wolle.

Beizflüssigkeit vom Verzinnen (Kirkmann) I 198.

Beizsäuren, Nutzbarmachen der — (Turner) I 197.

Beizwasser, Nutzbarmachung d. — (Daw) II 127.

Beleuchtungsmaterialien, Verbrennungswärme der — u. Luftverunreinigung d. Beleuchtung (Cramer) I 61.

Benzenyl-o-amidothiophenol (Farbenf. Bayer & Co.) I 15.

Benzidinfarbstoff, Lichtechtheit d. —e (O. Müller) II 16.

Benzidinfärbungen auf lose Wolle (Bayer & Co.) I 41.

Benzin, Untersuchung von Petroleum- —en (Kifsling) I 289; Reinigung von — (Berninger) II 33; Löslichkeit v. — Mineralölen in — (A. Bender; E. Jacobsen) II 33.

Benzoësäure, Nachweis von — in Nahrungsmitteln (Mohler) I 309.

Benzol, Gewinnung von —, Toluol, Xylol, Cumol, Naphtalin u. Anthracen aus Petroleumrückständen, Braunkohlentheeröl etc. (Hlawaty) II 9.

Benzoorange R. (Bayer & Co.) I 35.

Benzosol (Bongartz) I 213.

Benzoyltannin s. Tannin.

Berlinit I 146.

Retelblätteröl (Kemp) I 261.

Beton, Festigkeit von — I 6; s. a. Cementbeton.

Bicalciumphosphat, eisenoxydfreies — (Winssinger) I 206.

Biegsame Blättchen für photogr. u. a. Zwecke (Eastman & Co.) II 112.

Bier, Sarcina im — (Petersen) I 69; Vacuumprozess zum Reifen des — es (Wahl u. Henius) I 79; — im Glase (W. Schultze u. Linke) I 69; Beschlüsse über Untersuchungen v. — (Ambühl u. Bertschinger) I 70; — m Reinzuchthefe (P. Freund) II 41; Pfaundler's Vacuumprocefs für — (Wahl u. Henius) II 42; schwach vergobrene —e (Küpper) II 49; s. a. Malz.

Bierbereitung aus Reis (Windisch) I 69.

Bierbefeextract, Eigenschaften des (De Rey-Pailbade) II 40.

Bilder, transparente — (Read) I 188.

Birkenöl s. Wintergrünöl.

Birnenfutter, basisches (Bertrand) II 81.

Bismarckbraunsulfosäuren (H. Oehler) I 17.

Bittermandelöl, Prüfung von — Schimmel & Co.) I 313; Nachweis von künstlichem in echtem — (Heppe) I 314.

Bittersalz, Prüfung von — (Goldammer) I 274.

Blanc fixe s. Potasche.

Blau, billiges — für Webgarn I 38.

Blaudämpföl I 10.

Blauholz-Extract, Behandlung von —en (Macfarlane) I 15.

Blausäure, Titriren von — (Kreuz) I 286.

Blech, Verzinnen von Schwarz- —en und Eisenwaaren (Bang u. Ruffin) II 92.

Blei; Gewinnung von — (Havemann) I 131; Nachweis von — in Wasser (Harvey) I 267; Bestimmung v. — (Beuff) I 276; Silber in Gegenwart von — nachzuweisen (Johnstone u. Blunt) I 276; gegen Schwefelsäure widerstandsfähiges — (Hochstetter) II 86; Reinigen von — (Camden) II 86; s. a. Silber.

Bleiacetat, Darstellung v. — (Löwe) I 246

Bleichen mit Hypochlorit (Crofs und Bevan) I 89; — baumwollener Gewebe (Köchlin) I 90; — von Textilstoffen und Papierzeug (Paterson u. Cooper) I 91; — v. Tussah- u. wilder Seide (Girard) I 93; App. zum —, Kochen etc. (Gebauer) I 93; — mit Wasserstoffsuperoxyd (Köchlin-Baumgartner) II 55; — von Baumwolle (Mullerus) II 55; s. a. bleisaure Salze; Cellulose; Papier.

Bleicherei, Wasserstoffsuperoxyd i. d. — (Göhring) I 89.

Bleichflüssigkeit, „Ozonin" (Schreiner) II 54.

Bleichlorid, Darstellung von — (Shapleigh) II 156.

Bleichmittel s. Hydrosulfit.

Bleichöl (Ermisch) I 90.

Bleichprozefs, Mather-Thompson's — (Heilmann) I 92.

Bleichromat s. Verbrennung.

Bleichverfahren (Salamon) I 92; elektrisches — (Stepanoff; Andreoli) II 57.

Bleientsilberung (Bottome) II 88.

Bleinitrat, Dissociation von — (Backeland) I 260.

Bleisalz, Fabrikation von —en (Blenkinsop u. Lyte) II 157; Lichtempfindlichkeit der —e (Liesegang) II 110.

Bleisaure Salze, ortho- — für
Bleich- u. Oxydationszwecke (Kaſsner) I 243.

Bleisulfat, Fabrikation von — (Hanney) II 156.

Bleisulfid, Löslichkeit von — in
Salzsäure (Dott) II 177.

Bleisuperoxyd, Darstellung von —
(Naef) II 156.

Bleiweiss (Mac Ivor) I 14; Fabrikation von — (Bronner) II 8; —
— (Bradley) II 8.

Bleizuckerlösung, Klären von —
(Kirchberg) I 247.

Blöcke, geformte, widerstandsfähige
— (Mosely) II 4.

Blumen, künstliche — aus Geweben
(Degerdon) II 56; künstliche —
(Bianchi) II 108.

Blutlaugensalz, Bestimmung des
rothen —es (Kaſsner) I 288.

Blutlaugensalzschmelze s. Ferrocyansalz.

Boraxglas, Bereitung von —(Warren)
II 153.

Borfluorammonium, Wirkung von
— (Stolba) I 210.

Boroglycin, Boroglycinlauge und
Boroglycin-Conservesalz (Marpmann) I 147.

Branntwein, Untersuchung von —
auf denatur. Spiritus (Schweiſsinger)
I 285; Nachweis von Pyridin in —
I 286; Entfärbung und Klärung
von — (J. Neſsler) II 44; Herstellung von künstl. —en u. Cognacs
(Polenske) II 44.

Brauerpech, Untersuchung von —
(Milkowski) I 300.

Braunkohlenprefssteine (Kästner)
II 36.

Braunstein, Analyse von — (Baumann) I 279.

Brausemischungen (Petzold) I 158.

Brechweinstein, Löslichkeit von —
(Köchlin) I 247.

Brenner, Bunsen- — (Reimann) I 329;
Löschvorrichtung für Petroleum- —
(Rasch) II 214; Spar- — (Deimel)
II 214.

Brennerei, Effront's Fluorwasserstoffverfahren für — (Soxhlet; Maercker;
Kruis; Koser u. Spitzer) I 70.

Briefumschläge (M. Krause) I 165.

Brillantazurin 5 G (Farbenfabrik
Bayer & Co.) II 20.

Briquettes, Theerpech für — (Huck)
I 63; Herstellung von — (Hulwa)
I 64.

Brom s. Chlor.

Bromäthyl s. Chloroform.

Bromide s. Haloidsalze.

Bromsilberpapier, überlichtetes —
I 182.

Bromwasserstoff, Darstellung v. —
(Stahlschmidt) I 234; — — (Recoura) I 234.

Bronce, Conservirung von —n (Rathgen) I 133; Silber- — (E. u. A. Cowles) I 133; flüssige — (Stroschein;
Vomačka) II 73.

Brod, Stärkezusatz zu — (Zuntz) I 159;
Bestimmung von Aluminiumphosphat
in — (Young) I 325.

Buchdruckformen, Stein- und —
in Aquatinta (Aller) I 191.

Butter, Wassergehalt v. — (Vieth) I
149; flüchtige Fettsäuren in — (Cor-
betta) I 158; Untersuchung von —
(Bondzynski) I 304; Bestimmung. v.
Kunst- in Natur- — (Bischoff) I 305;
Nachweis von Oleomargarin in — u.
Baumwollöl in Schweinefett (Taylor)
I 305; Ranzigkeit d. —(Schweiſsinger)
II 97; pflanzliche — (Jean) II 98.

Butterfarbe (Polenske) I 149.

Butterprüfung (Firtsch) II 192; —
(Falk u. Leonhardt) II 192.

Cacao, Entfettung von — (Spindler)
I 155.

Cadmium, Bestimmung d. —s als Sulfid (Minor) I 277; volum. Bestimmung
von — (Minor) I 277; Bestimmung
von — in Galmei (Minor) I 277; —
— in Producten der Zinkfabrikation
(Minor) I 277.

Caffein (Leipen) I 257.

Calciumchlorid s. Magnesiumchlorid.

Campher, Darstellungen von — aus
Terpentinöl (Marsh u. Stockdale)
II 162.

Canaigre (Trimble) I 81.

Carapafett, strychninhaltig (Gawalowski) II 28.

Carbolsäure, synthetische — (Schneider) 251; Prüfung von —, Acid.
carbol. liquef. (Loof) I 313.

Carbolseifen für Desinfection (Nocht)
I 213.

Carminfarben (Weiler) I 39.

Cassiaöl, Verhalten v. — (Hirschsohn)
I 255, 298.

Celluloid, Entwässern nitrirter Cellulose f. — (France) I 113; Hohlkugeln
aus — (Rhein. Gummi- u. Celluloidfabrik) I 114; Druckfarbe für —
I 114; Analyse von — (Zaunschirm)
II 198; s. a. Knochen.

Cellulose, Bleichen von — (Ramsey)
I 161; Bestimmung der — (G. Lange)
I 310; s. a. Holz, Sulfitcellulose.

Celluvert I 113.

Cement, Erhärtung von Portland- —
(Dyckerhoff, v. Schmidt, Schott) I 3;
Einwirkung von Meerwasser auf —
(Candlot) I 3; Calciumsulfat im —
(Rigby) I 4; Fabrik. von — (Snelus,
Gibb, Sevan, Smith u. Whamond)
I 4; Werth des Puzzolan- — I 5;
Zuckerzusatz zu — I 6; Prüfung v.
— II 3; — (Gildea) II 3; — aus
hartem Kalkstein (Timewell) II 3;
Mischen von — mit Sand (Candlot)
II 3; Magnesia- — (v. Berkel) II 4.

Cementbeton, Siedehitze bei —
(Erdmenger) I 6.

Cement-Dielen (Böklen) II 5.

Cementfabrikation, carbonisirte Alkalirückstände für — (Hargreaves u.
Robinson) I 4; Brennen von Stoffen
für — (Willcox) I 5; Anwendung
von Schlacken- —e (Prost) I 5.

Cementmörtel, frostsichere — (Bernhofer) I 6.

Chemische Manipulationen (Warren) II 168.

China-Erhaltungspulver I 146.

Chinazolin s. Dihydrochinazolin.

Chinin, Bestimmung von — in Arzneien (Seaton u. Richmond) I 325.

Chininfabrikation in Indien (Mohr)
II 163.

Chininsalz, Prüfung der —e (de Vry)
I 317.

Chininsulfat, Prüfung von — (Prunier) I 317; Prüfung von — (Hirschsohn) I 325.

Chinintannat, Bestimmung des Chinins im — (S. Neumann) I 317.

Chlor, Darstellung v. (Klason) I 227;
— — (Deacon u. Hurter) I 228;
— — (Campbell u. Boyd) I 228; —
— (Dormer) I 229; — — (Alsberg)
I 229; — —, Aetznatron u. Aetzkali
(Bradbury) I 229; — — u. Alkali
(Parker u. Robinson) I 229; — —

u. Natriumsulfat (Parker u. Robinson)
I 230; — — und Salzsäure (Kirk-
patrick u. Steedman) I 230; — —
(Reychler) I 230; — flüssigem —
(Bad. Anilin- u. Sodafabrik) I 231;
Apparat zum Versenden von —
(Hanney) I 232; Entwicklung v. —
(Stüber) I 232; — aus Chlormagne-
sium (Solvay & Co.) I 242; Nach-
weis von freiem — in Salzsäure
(Leroy) I 267; Bestimmung von —
(Gooch u. Mar) I 318; Herstellung
von — für Chlorirung von Gold
(Vautin) II 88; Wiedergewinnung v.
— aus Rückstandsflüssigkeiten (Tat-
ters) II 127; Darstellung von —
(Donald) II 147; — — (Steedman
u. Kirkpatrick) II 147; — — und
Sauerstoff (Fitz-Gerald) II 148; —
— und Brom (Nahnsen) II 148;
— — u. Salzsäure (Gamble) II 164;
Entfernung von Salzsäure aus —
(Hampe) II 169; s. a. Metallchloride.

Chloral, Verbindung von — u. Antipyrin, Hypnal (Bébal) I 246.

Chloralamid und Antipyrin (Schneegans) I 245.

Chloralformamid (Chem. Fabrik a.
A. vorm E. Schering) I 245.

Chloralimid (Chray) I 245.

Chloraluminiumhaltiges Wasser
beim Färben (Scheurer) II 27.

Chlorammonium, Fabrikation v. —
aus Nebenproducten (Dubosc und
Henzey) I 200.

Chlorat s. Permanganat.

Chlorbaryum, Verunreinigungen des
— (Blum) I 241.

Chlorid, Reagenzpapier zum Nachweis
von — (Hoogoliet) I 267; s. a.
Haloidsalze.

Chlorides, Platt's — I 211.

Chlormagnesium, wasserfreies —
und Gewinnung von Chlor aus demselben (Solvay & Co.) I 242.

Chloroform, Nachweis von — in
Bromäthyl (Scholvien) I 285.

Chloroformwasser gegen Pilzbildung (Naylor) II 139; s. a. Bacterien.

Chlorschwefel, Gewinnung von —
und Schwefelalkali (Bémelmans) II
149; s. a. Oel, Fettkörper.

Chlorsilber, Wirkung des Lichtes
auf — (Hitchcock) I 194; Ablagerung von — auf Elemente u. Elektroden (Meinecke jun.) II 209.

Chlorsilbercollodion - Verfahren (Gilbert) I 182.

Chocoladenbutter (Petty & Co.) I 155.

Chrom, Darstellung von — und —-legirungen (Eaton) I 129.

Chromat, Bestimmung von — und Bichromat im Gemisch (Wilson) I 283.

Chromblau (Garnier) II 26.

Chromchlorid (Vosmaer) II 156.

Chromeisenstein, Aufschliessen von — (Rinnicutt u. Patterson) II 179.

Chromerzfutter und Chromeisen (Lundström) I 127.

Chromhaltige Materialien, Aufschliessen (Seegall) I 129.

Chromirungsbäder für Umdruckpapiere (Kampmann) I 190.

Chrysamin (Bayer & Co.) I 39.

Cinchoninjodosulfat, Antiseptol (Yvon) II 139.

·Citratmethode der Phosphorsäurebestimmung (Raitmair) I 272.

Cocaïnreaction (Plugge) I 325; (da Silva) II 197; — (Greitther) II 197.

Cognac s. Branntwein.

Cognacin für Cognac - Fabrikation (Mayrhofer) I 74.

Collodion, Aurin- — I 167.

Colloide s. Albumin.

Colophonium, Destillation von — (Bischoff u. Nastvogel) II 163.

Congo-Orange R. No. 331 (Farbenf. Elberfeld) II 22; — (Berl. Act. Ges.) II 23.

Conservebüchsen s. Weissblechbüchsen.

Conserven, Ranzigkeit der Suppen- — und der Butter (Schweifsinger) II 97.

Conservesalz I 146.

Conservirungsflüssigkeit, Stuttgarter (B. Fischer) I 147.

Conservirungsmittel,Untersuchung von —n für Fleisch etc. (Polenske) I 146.

Copien auf mattem Papier (Dunmore) II 118.

Copiren im Winter II 118.

Cordit II 146.

Cristallos, Entwickler II 115.

Cumol s. Benzol.

Cyanamine (Witt) I 48.

Cyaninplatten (Burton) II 123.

Cyankalium, Darstellung von — (Warren) II 157.

Cyanverbindung, Fabrikation von —en (Parker u. Robinson) I 244.

Dämpfe s. Gas.

Damascenin (Schneider) I 257.

Damasceninroth I 258.

Dampfdichte, Bestimmung der — unterhalb der Siedetemperatur (Demuth u. V. Meyer) I 264; Bestimmung der — (Gudeman) II 200.

Dampfkesselfeuerung für flüssige Kohlenwasserstoffe (Mörth, Diener u. v. Stockinger) I 339.

Daucus Carota, ätherisches Oel von — (Landsberg) I 255.

Dégras, Wirkung (Eitner) II 52.

Dégras-Analyse (Simand) II 185.

Desinfection der Latrinen (Pfuhl) I 210; — von Abzugscanälen (Klein) I 214; — von Viehtransportwagen (Canalis) I 214; — von Wohnungen (Gaffky) II 138; — von Fäkalien (Pfuhl) II 138; s. a. Abgangsstoffe: Carbolseife; Fässer; Kresole; Sulfosäuren.

Desinfectionsmittel, Chlor als — (J. Geppert) I 210; — (Reynolds) I 213; Prüfung der — (Behring) II 136.

Desinfectionspulver, Analyse von — (Muter) I 312.

Desinfectol, (Loewenstein) I 212.

Destillation, continuirliche — (Notkin u. Marix) I 330.

Destillirapparat (Olberg) II 202; Colonnen- — (Walker) II 206; s. a. Verdampfapparat.

Destillir- u. Rectificirapparat (Frommel u. B. Hoff) II 44.

Dextrin s. Honig.

Dextrinase I 67.

Diamantgrün (Farbenf. Bayer & Co.) II 23.

Diamantschwarz (Bayer & Co.) I 44.

Diamidoazobenzidine und Diamidoazotolylene, Disulfo- u. Dicarbonsäuren der — — (Bayer & Kegel) I 19.

Diamidobenzenylamidophenylmercaptane (Oehler) I 16.

Diamidophenoläther, Farbstoffe aus —n (Farbenf. Bayer & Co.) II 21.

Diamidophenyltolyl (Farbenf. F. Bayer & Co. u. Actieng. f. Anilinf.) II 10.

Diamidophenyltolylsulfon (Farbenf. Bayer & Co.) II 10.

Diaminblau 6 G (Cassella & Co.) II 19.

Diaminscharlach B (Cassella & Co.) II 19.

Diaminschwarz RO (Cassella & Co.) I 40.

Diaminviolett N u. Diaminechtroth F (Cassella & Co.) II 22.

Diapositiv I 182; —e (Lloyd) I 182; Herstellung von —en (Waterhouse) II 119.

Diastase, Darstellung (Wilson) I 67; Einwirkung von — auf Stärke (Lintner) I 68.

Diazoamidoverbindungen, wasserlösliche (Bayer & Co.) I 18.

Dihydrochinazolin, substituirte—e, Orexin (Paal) I 256; Nachweis von — (Donner) I 256; Darstellung von — (Paal) II 161.

Dijodphenoljodid, Dijodresorcinmonojodid, Jodsalicylsäurejodid (Bayer & Co.) II 159.

Dimethyl-m-amidophenolcarbonsäure I 251.

Dinasbricks in Glasofenkappen II 61.

Dinitrobenzylbenzidin u.-tolidin (Dahl & Co.) II 11.

Dinitrodimethylamidodiphenylamin (Lellmann & Mack) II 26.

Dioxin (Leonhardt & Co.) I 43.

Dioxydiphenylamin und Farbstoff daraus (Seyewitz) I 16.

αβ-Dioxynaphtalin-β-Monosulfosäure (Witt) I 15.

Disazofarbstoff s. Azofarbstoff.

Disulfon, Behandlung der —e (Lunan) II 158.

Dithiosalicylsäure s. Salicylsäure.

Draht, Ausglühen von — (Majert) I 90; s. a. Rostschutz.

Drucken s. Färben.

Druckerei s. Tanninverbindungen.

Druckmesser, Langen'scher — (Lux) I 332.

Düngemittel, Bereitung von — mit kalihaltigen Gesteinen (v. Savigny) I 205; phosphathaltige — (Hodgkins) I 206; — u. Thran aus Fischen etc. (Weigelt) II 133.

Dünger, Blut- — I 205.

Düngung, Rüben- — (Müller) I 207 Reben- — (Rossel) I 207.

Dunkelkammerfenster (Vogel) I 194.

Dynamit, Analyse v. — (Scheiding) II 183.

Eikonogen s. Entwickler.

Eikonogentinte II 125.

Eisen, kritische Punkte bei der Gewinnung v.—u. Stahl (Osmond) I 122; Kohlung v. — (Phönix) I 125; Roh- — (Jones) I 125; gereinigtes Guss- — (Rollet) I 126; Kohlen v. hämmerbarem Guss- — (Coomes) I 126; Fluss- — u. Stahl (Smith) I 126; Beiz- u. Rostsprödigkeit von — und Stahl (Ledebur) I 140; Unterscheidung von — u. Stahl (Sévoz) I 280; Bestimmung der Kohlenstoffe in — und Stahl (Petterson u. Smith I 280; Bestimmung von — im Ferrum reductum (Partheil) I 321; Schwefelbestimmung im — (Blum) I 321; Einfluss von Phosphor auf Roh- — (Keep) I 81; directe Gewinnung v. — (Howe) II 81; Fabrikation v. — u. Stahl (Twynam) II 81; Kohlung von — (Phönix, Act. Ges.) II 81; Roh- — für den basischen Prozefs (Pilkington) II 81; Entkohlung von Roh- — (Ludlow) II 81; Desoxydation von Fluss- — (Pszczolka) II 82; Erzeugung von Fluss- — (Pszczolka) II 82; Fluss- — von bestimmter Zusammensetzung (Jackson u. Galbraith) II 82; Reinigen von — und Stahl (Richardson) II 82; Galvanisiren von — (Greenway) II 92; Ueberziehen von — mit Mangansuperoxyd (Haswell) II 92; Ueberziehen von — u. Stahl mit Kupfer und Schweissen v. Kupfer (Chandler) II 92; elektrolyt. Abscheidung von — aus Thonerdesalzen etc. (v. Klobukow) II 153; s. a. Chromerzfutter; Kohlenstoffbestimmung; Phosphor; Rostschutz.

Eisenbahnschwellen; Imprägniren (R. Scholz) II 67; s. a. Holz.

Eisenerz, Verarbeitung mit Thonzuschlag (Stephan u. Southerton) I 125; s. a. Zinkerz.

Eisenguss s. Aluminium.

Eisenlegirungen, Analyse von — (Ziegler) II 179.

Eisenoxyd, Darstellung von —en (Ramage) II 155.

Eisenplatten, Wirkung organ. Verbindungen auf — (Phipson) II 94.

Eisenrückstände von der Reduction organ. Nitroverbindungen (Peters) II 129.

Eisensaccharat, lösliches — (Athenstaedt) I 248.

Eisen-Siliciumlegirungen (Hadfield) I 144.

Eisensulfat, Gewinnung von — (Thorp) II 155.

Eiweisskörper, Reaction auf — (Reichl) I 323.

Elektricität, Durchgang von — durch schlechte Leiter (Koller) I 333; Erzeugung von — (Mandeuft) II 209.

Elektrische Energie, Rückverwandlung von Wärme in — — (Gantke) II 209.

Elektrische Leiter, Isolirung —r — (Snedekor) II 211.

Elektrische Sammler, Erhärtung v. Bleiverbindungen —r — (Correns) II 211; s. a. Accumulator.

Elektrolyse feuerflüssiger Körper (Kiliani) I 119.

Elektrolyt, kupferhaltiger — (Seegall) II 85.

Elektrolytische Trennungen (E. Smith) II 176.

Elektrometallurgie (Klobukow) I 118.

Element, galvan., chemische u. Stromenergie —r —e (Jahn) I 332; — (A. Schmidt) I 333; — (Renard) I 333; Ergänzung der Feuchtigkeit bei Trocken- —en (Wolfschmidt u. Brehm) I 334; — (Burnley) II 209; Leclanché —e (Wilms) II 210; Erregungspaste für Trocken- —e (Oerlikon) II 210.

Email, hochstehende — a. Glas I 96; — für Eisen etc. (Petrik) II 64.

Emulsion, photographische, Ammoniak- — (Nicole) I 166; Jod-Brom-Chlor- — (Bell) II 113; feinkörnige — (Burton) II 113.

Emulsionshäute (Perutz) II 113.

Entfetten von Putzwolle etc. (Sommatzsch u. Herzog) I 54.

Entwässern von Fleisch, Gemüse, Früchten u. Explosivstoffen (Hagemann) I 146.

Entwickeln mit Pyrocatechin II 115; — bei Tageslicht (Spiro) II 116.

Entwickler, die gebräuchlichsten — (Gaedicke) I 169; Eikonogen- — (Andresen: Acworth; Sebastianutti u. Benque; Nicol; Barnes; Warnerke: Melandoni; Arlt; Piffard; Archer; Voigt; Hastings; Beachi; Burton; Hitchcock; I 170—174; Hydrochinon- — (Backelandt; Bolton; F. Müller) I 174; — für Blitzpulveraufnahmen (Barnes) I 175; Magnesia- — Pyrogallol- — (York) I 175; Pyrogallol-Tartrat-Lithion- — (Vansant) I 175; Pyrocatechin- — (Backelandt; Beernaert) I 175; Eisenacetat- — (Just) I 176; Formaldehyd als — (Schwarz u. Mercklin; Richter; v. Reisinger u. Heitinger; Vogel) I 176; Diamidonaphtalinsulfosäure und Amidonaphtolsulfosäuren als — (Andresen) I 177; Eikonogen- — (Mercier; Waterhouse; Petry; Bolton; Kindermann; Colgrove; Newton) II 113—115; Hydrochinon- — (Schleussner; Wolf u. Lenard) II 115; Pyrogallus- — (Sambaber) II 115; Naphtalinderivate als — (Andresen) II 116; — für Transparentbilder (Colgrove) II 116.

Entwicklung, partielle — I 177; — von Eosinsilberplatten (H. W. Vogel) 177; — von Bromsilberdrucken (Dresser) I 177.

Entwicklungsmethoden, die gebräuchlichsten — (Liesegang) I 169.

Erbsenschoten, Aushülsen von — (Lüders u. Thies) I 156.

Erdöl, Säuren im — von Baku (Aschan) I 65; egyptisches — (Kast u. Künkler) II 32; Trübung von — (Veith) II 33; Schwefelverbindungen im — (Mabery u. W. Smith) II 33; s. a. Petroleum.

Erz, Behandlung von —en, die Blei, Silber und Zink enthalten (Coffin u. Lothrop) II 87.

Essig, Fabrikation von — (Shears, Maubré) I 77; Nitrate im Schnell- — (Holdermann) I 77; Lösung v. — in Oel (Noerdlinger) 154; Nachweis von Mineralsäuren in — (Balzer) II 194.

Essigsäure, Behandlung von — (Cannon) I 246; s. a. Methylalkohol.

Euphorin II 164.

Exalgin, Unterscheidung von Antifebrin und Phenacetin (Hirschsohn) I 261; — (Ritsert) I 250; Unterscheidung des —s von Antifebrin u. Phenacetin (Hirschsohn) I 315.

Explosivtoffe s. Entwässern.

Exsiccator, über —en (Hempel) II 205.

Extracteur, Merz' Universal- — I 331.

Fäkalien, Nachweis von — in Wasser (Griefs) I 267.

Fällung von Niederschlägen (Warren) II 168.

Färbeflüssigkeiten für bacteriologische Arbeiten II 180.

Färben, Drucken u. — mit Nitrosonaphtalin etc. (Farbenf. Bayer & Co.) I 34; Drucken u. — m. Mononitroso-β_1-α_1-Dioxynaphtalin (Farbenf. Bayer & Co.) II 25; Apparat zum — von Garn in Strähnen (Greeven) II 25; — von Häuten, Fellen u. Geweben auf heifsem Wege (Koenigswerther) II 26; s. a. Felle; Haare.

Färberei, trockene — (Lafitte u. Carey) I 33; — u. Appretur von Zanella etc. (Herzfeld) I 44; Stück- — (Ladek) II 18.

Färbeverfahren (Nory) I 33; — (Bannister) I 41.

Färbmaschine f. Baumwolle(Weldon) II 25.

Färbungen mit Farbstoffen aus Diamidophenoläthern (Farbenf. Bayer & Co.) II 21.

Fässer, Desinfection der — (Kramer) I 210; Reinigen von —n (Löb-Stern u. Richheimer) I 210.

Fäulnifsverhindernde Masse (Dejonge) II 70.

Farbe, Substantiv- —n auf Baumwolle (O. Müller) I 26; benzinlösliche —n (Müller-Jacobs) I 48; Abkratzen abblätternder Leim- — (Stemplowsky) I 117; grüne — aus Mangansulfür II 8; violette bis schwarze —n mit Azofarbstoffen aus 1-8-Dioxynaphtalin (Bad. Anilin- u. Sodaf.) II 24; Druck- — zum Kartendruck (Decker) II 25; Druck von Wasser- — (Cantow) II 26; Anstrich- — (Kim) II 74; — — (Condy) II 74; s. a. Aufbürstfarben; Harzölfarben.

Farben, keramische —; s. Grün; Porzellanfarben.

Farbendruck I 190.

Farbendruckplatten (Wirths) I 193.

Farbholzextract, Werthbestimmung von —en (Kapff) II 195.

Farblacke s. Anilinfarben.

Farbstift, formbare Massen u. —e (W. Grüne) I 113.

Farbstoff, grüner — aus dem Farbkörper des D. P. 48802 (Bennert) I 15; — aus Methylbenzylanilinsulfosäure m. aromatischen Aldehyden etc. (Actieng. f. Anilinf.) I 16; gelbe —e aus Dehydrothiotoluidin etc. (Cassella & Co.) I 16; schwarze —e aus Oxydiphenylaminen u. Nitrosoderivaten tertiärer aromatischer Amine (Leonhardt & Co.) I 17; blaue —e aus m-Diamidoazoxybenzol (Cassella & Co.) I 17; —e aus Azoverbindungen u. natürlichen vegetab. —en (Thompson u. Claus) I 21; —e aus d. Malachitgrünreihe (Farbw. Höchst) I 22; Oxyketon- —e (Bad. Anilin-u. Sodaf.) I 22; indulinartige —e aus Safraninen (Farbenf. Bayer & Co.) I 23; — der Indulinreihe (Farbw. Höchst) I 23; indulinartige —e (Fbw. Höchst) I 23; rothe basische —e, Rosinduline (Kalle u. Co.) I 23; —e aus d. Gruppe d. Amidophenol-Benzeïns (Rosindamine) I 23; basische — aus salzsaurem Nitrosodimethylanilin Tannin-Anilin (Ges. f. chem. Ind. Basel) I 24; Orcin- — (Greville-Williams) I 24; schwefelhaltige —e aus Phtaleïnen I 24; Eigenschaften neuerer —e (Knecht) I 28; physikalische Untersuchung v. — (Keim) II 8; violetter — aus Leuchtgas etc. (Gasch) II 8; beizenfärbender — aus Blauholz u. Nitrosodimethylanilin (Dahl & Co.) II 9; gelber — aus der Diazoverbindung des Primulin (Geigy & Co.) II 13; Gallocyanin- —e (Durand Huguénin & Co.) II 13; rother basischer Naphtalin- — (Bad. Anilin- u. Sodaf.) II 14; rother — (Clayton Aniline Comp.) II 14; orangegelbe —e (Actieng. f. Anilinf.) II 14; Tetramethylbenzidin —e (Perger u. Ulzer) II 14; basische —e aus der Rosindamingruppe (Farbw. Höchst) II 14; —e aus Fluoresceïnchlorid (Farbw. Höchst) II 15; —e des Dioxy-β-methylcumarins (Farbenf. Bayer & Co.) II 15; — aus Indulin (K. Oehler) II 15; indulinartige —e (Farbenf. Bayer & Co.) II 15; Erkennung von —en auf wollenen Ge-

weben (Dommergue) II 195; s. a.
Alizarinblaumonosulfosäure; Anilin-
farben; Azofarbstoff; Benzidinfarb-
stoffe; Bismarckbraunsulfosäuren;
Carminfarben; Dioxydiphenylamin;
Flavin; Indigo; Phenolphtaleïn; Ros-
anilin; Rhodamin; Vermillion.
Faser, Gewinnung v. Gespinnst- —n
mittelst Naphtarückständen (Schewe-
lin u. Mindowsky) I 88; —n aus
Torf (Bérand) I 88; Vorbereitung
v. —n u. Textilfabrikaten (Zingler)
I 91; Bestimmung der Roh- —
(Withers) I 325; Behandlung von
Pflanzen- —n (Black u. Glasban) II
54; s. a. Stärke.
Federdecke s. Haardecke.
Federn s. Haare.
Felle, Maschine zum Färben von —n
(Kristen) I 46; s. a. Färben.
Ferrocyan, Bestimmung von — in
Gasreinigungsmassen (Zaloziecki) I
288.
Ferrocyanbestimmung (Gasch) I
287.
Ferrocyansalz, Bestimmung d. —e
u. des Gehalts der Blutlaugensalz-
schmelze (Zaloziecki) I 287.
Ferrosilicium (Keep u. Orton) I 142.
Fett, Versüfsen der —e mit Saccharin
(Heinz) I 52; Reinigen v. Schweine-
— (Demoville) I 52; Extraction von
—en u. Oelen m. schwefliger Säure
(Grillo u. Schröder) I 55; Analyse
d. —e u. Oele (Thomson u. Ballan-
tyne) I 292; Schmelzpunkt-Bestim-
mung der —e (Kohlmann) I 293;
Gefrier- u. Erstarrungspunkt d. —e
u. Oele (Schädler) I 294; zur — -
Analyse (Nördlinger) I 295; —-Unter-
suchungen (Moore) I 295; Erkennung v. Baumwollsamenöl in Schweine-
— (v. Asbóth; Perkins; Wesson;
Gorodetzky) I 300; — — (Taylor)
I 305; — — (Dieterich) I 322;
Ausscheiden von — aus Emulsionen
(Hellström) II 28; Ranzigwerden der
—e (Ritsert) II 28; Untersuchung
d. —e (Lewkowitsch) II 184; Pferde-
— im Talg etc. II 185; s. a. Dégras;
Entfetten; Glyceride; Oel; Wollfett.
Fettkörper, Schmelz- u. Erstarrungspunkte von —n (Terreil) I 49; Verbindungen v. —n mit Chlorschwefel
(Sommer) I 51.
Feuerbeständiges Material (Langen) I 338.

Film s. Biegsame Blättchen.
Filter, Sand- — (Fränkel u. Piefke)
I 209; — von Chamberland-Pasteur
(Kübler) I 209; — (Lossow) II 213;
— (Hyatt) II 213.
Filterpresse (Hill) II 213.
Filtrirsteine I 113.
Filzstoff zu Koffern (Vollmar) II 53.
Firnifs, (Piffard) II 72; Harzöl- —
(Pietzcker) II 72; säurebeständiger
— (Helbig, Bertling u. Reinecke)
II 72; Copaiva- — (Friedlein) II 72;
Seifen- — II 73; s. a. Wolle.
Firnifscomposition (Andrews) I
117.
Fixirbad, saures (Lainer) I 179; —
für Gelatinetrockenplatten (Cramer)
II 117.
Fixiren, Vermeiden des —s II 117.
Fixirmittel, Chlormagnesium als —
(Miethe) I 185.
Flasche, Verdrahten von —n (Lozé)
I 157.
Fleisch s. Conservirungsmittel; Ent-
wässern.
Fleischpulver (Bulle) I 147.
Flüsse, Selbstreinigung d. — (Praus-
nitz) I 208.
Flüssigkeit, Verdünnung von —en
auf bestimmtes spec. Gew. I 225;
Pictet's — (Blümcke) I 329; Ein-
dampfen schäumender —en (Metall-
werke vorm. Aders) II 203; App. z.
Einwirkung v. Gasen u. —en (Lunge
u. Rohrmann) II 208.
Fluidbronce II 73.
Fluor, quantitative Bestimmung von
— (Offermann) II 172.
Fluor-Antimondoppelsalze (Rad .
u. Hauser) I 239.
Fluorwasserstoffverfahren s.
Brennerei.
Frostbeständigkeit v. Bausteinen
(Bauschinger) II 4.
Früchte s. Entwässern.
Füllmasse, Circulation d. — im Va-
cuum (Freitag) II 102.
Fuselöl, Bestimmung von — im
Spiritus (Stutzer u. Reitmair) II 181;
Prüfung von — II 182.

Gährung, Alkohol- — (Durin) II 39;
Soorpilz- — (Linossier u. Roux) II
39; Darstellung von Aethern durch —
(Jacquemin) II 39; Schwefelwasserstoff bei der Alkohol- — (Sostegni
u. Sannino) II 40.

Gährverfahren, Doppel- — (Salomon) I 69.

Gallonaphtylamid (Durand, Huguénin & Co.) II 11.

Gallusgerbsäure s. Tannin.

Gallussäure s. Gerbsäure.

Galvanische Niederschläge, zinkhaltige — (Schaag u. Falk) I 134.

Galvanisiren poröser nichtmetall. Körper (Greif) I 135.

Garn s. Färben.

Gas, Befreiung der —e von Kohlenoxyd und Kohlenwasserstoff (Mond u. Langer) I 60; Erzeugung von — (Dinsmore) I 62; Carburiren von — (Maxim) I 63; Reinigen von —, ammoniakal. Flüssigkeiten etc. (Campbell u. Boyd) I 202; Entwicklung reiner —e (Bornträger) I 225; —e von Kohlenoxyd u. Kohlenwasserstoffen zu befreien (Mond u. Langer) I 239; Analyse von Deacon- (Younger) I 313; Gewinnung von — (v. Langer u. L. Cooper) II 35; — — (Darwin) II 35; Entfernung von Kohlenoxyd aus Wasser- — (Crookes u. Ricarde) II 35; Carburiren v. —en (C. Heyer) II 35; — — (B. Loomis) II 35; Riechendmachen von Wasser- — II 35; Ersparung von Leucht- — II 35; Verdichtung von —en und Dämpfen (Boefsneck) II 206; s a. Flüssigkeiten; Leuchtgas, Wassergas.

Gaskalk; Entschwefeln von — (Walker) I 203.

Gasreinigungsmasse (A. Waldschmid) II 37.

Gasvolumeter (Lunge) I 265.

Gegohrene Getränke, Conserviren —r — durch Elektricität (Foth) I 77.

Gelatine, Lösemittel für — (H. u. L. Lumière) II 53.

Gelatineplatten, Randschleier der — I 167; Verpackung der — I 167; farbenempfindliche — (Ives) I 167; s. a. Platten.

Gemüse s. Entwässern.

Gerben durch Elektricität (Zerener; Goulard; Worms u. Balé) I 81; — mit Fichtenborke I 87; — von Häuten (Wilson) II 51; — — (Crafton) II 51; App. z. — m. Elektricität (Nicholson) II 51.

Gerberei, Wasserstoffsuperoxyd i. d. — (Göhring) I 84.

Gerbmaterial s. Rowe.

Gerbsäure, Gallus- — und Gallussäure (Spence) II 196; s. a. Tannin.

Gerbstoff, Bestimmung von — in Drogen (Fayetteville) I 315; Bestimmung von — (Schröder u. Päfsler) II 196; — — (Meyer) II 197.

Gerbstoffextract, Entfärben v. —en und Lohbrühen (Foelsing) II 51.

Gerbstoffgehalt australischer Pflanzen (Maiden) I 81.

Gerste, Flugbrand d. — (Kühn) I 78; Keimen der — (O'Sullivan) I 78; Weichen von — (Kleemann) II 41; Trocknen von — und Malz (Rüber) II 41.

Gestein s. Wetterbeständigkeit.

Getreide, Entschälen von — (Correll) I 150.

Gewebe, Wasserdichtmachen v. —n (Hime u. Noad) I 93; — — (C. Baswitz) I 93; — — (Wood u. Robinson) I 94; transparente — (Perry) I 94; — mit erhabenen ornamentalen Gebilden (Adamant Manuf. Co.) I 94; Muster auf Sammet- — (Bovenschen & Co.) I 94; Ornamentiren v. —n (Renard) I 94; s. a. Färben.

Gewürz, gemahlene —e (Hilger) I 155.

Gläser, Entglasung gewöhnl. — (Appert u. Henrivaux) I 95; rothe — (Guignet u. Magne) I 102.

Glättepulver (Diefsing) I 111.

Glas, Irisiren von Tafel- — (Jolles u. Wallenstein) I 96; opake Emails auf — I 96; marmorirtes — I 99; Gelbfärben von Ueberfang- — (Havráneck) I 100; Aventurin- — I 100; Galvanisiren von — u. Porzellan (Tausen) I 103; Aluminium im — (Henrivaux) I 107; photomechanisches Aetzen von — (Müller-Jakobs) I 191; Herstellung von Roh- — (Quaglio) II 58; gelbes — II 59; gefärbtes durchscheinendes — (Grosse) II 59; Einbrennen von Farben auf — (R. Weber) II 59; Mattfarben für — (Adam) II 60.

Glascylinder, Ausflachen von — (Griswold u. Atterbury) I 96.

Glasfarben (Adam) II 60; s. a. Porzellanfarben.

Glasgegenstände, Farbzier a. Hohl—n (Oertel & Co.) II 61.

Glashäfen (Neville) I 96.

Glasmalerei I 102.

Glasscheibe, Mattätzen von —n (Kampmann) II 58.

Glasur, Aventurin- —en (Callamore & Co.; Wartha) I 105; Schildkrot- — (Strele) I 106; elfenbeingelbe Porzellan- — I 106; —en f. Ofenkacheln (Krätzer) I 106; -- f. Wasserleitungsröhren II 65; s. a. Porzellan.

Glaswaaren, gepreſste —' (Kersten) I 96.

Glühlampen, Fäden für — (Langhans) II 212; — — (Tibbitz) II 212.

Glyceride, Zersetzung d. — (v. Hugues) II 28.

Glycerin aus Seifen-Unterlaugen (Glaser) I 218; Arsen im — (Siebold) I 247; Einwirkung v. Schwefel auf — (Keutgen; Jacobsen) I 247; Nachweis v. — (Kohn) I 290; Bestimmung von — in Handels- —en (Deiss) I 290; Prüfung des Handels- —s (Wainwright) I 291; Bestimmung der Roh- —e (Filsinger) I 322; Gewinnung von — (Glaser) II 29; Reinigen von — (Siebold) II 29; — — (Brunner) II 30; — (Brunner) II 158.

Glycerinprüfung (Will) II 183.

Goapulver s. Anthrarobin.

Gold, Gewinnung v. — (Rottermund) I 131; — — u. Silber (Cragg) I 131; — — (Greenwood) I 132; — — (Goetz) I 132; — — und Silber (Arthur u. Forrest) I 132; Amalgamationsverfahren für — und Silber (Johnson; Field; Beeman) II 87; Fällung von — (Aaron) II 88; Porenbildung im —e (Burger) II 88; Amalgamator f. — (Grusonwerk) II 89; Trennung v. — und Antimon (Sanderson) II 89.

Goldchloridkalium (Lainer) I 244.

Graphit, Bestimmung des Kohlenstoffs im — (Widmer) I 273.

Grün, neues, keramische Farbe (Peyrusson) I 104.

Guajakol, reines — (Marsfori) II 159.

Guajakolcarbonsäure (F. v. Heyden Nachfl.) I 251.

Gummi, Ersatz für — elasticum (Schlesinger) I 110; Schneiden von — (Luckhardt u. Alten) I 110; s. a. Kautschuk.

Gummi arabicum, neue —art zum Kleben I 111: Ersatz für — (Steiger; Schulze u. Auer-Schollenberger) I 112; künstliches — (Schuhmann) II 70.

Gummiwaaren, Aschengehalt von — (Lampe) I 110; Conservirung v. — (Gawalowski) II 69.

Gussform (Taylor) II 83.

Gussverfahren m. Centrifugalkraft (Sebenius) II 78.

Guttapercha-Composition (Kunz u. Führberg) II 69.

Gypsphosphat I 206.

Haar, Roſs- —e u. deren Prüfung (Göldner) I 109; Flaum- — aus Abfällen von Thierfellen (Puech) I 203: Färben v. —n u. Federn (Erdmann) II 24.

Haardecke, Uebertragen der Feder-, Faser- oder — auf künstliches Unterlagsmaterial (Bilderbeck-Gomess) I 86.

Hämatoxylin, Wirkung von Chlor auf — (Macfarlane u. Carkson) I 48.

Häute, Entkalken d. — durch Kreotinsäure (Hauff) I 82; Behandlung von —n (Myers) I 83; Enthaaren von —n (Borchers) I 83; App. z. Waschen u. Rühren v. —n (Cooper) I 84; Zubereiten von Leder u. —n (Hall) I 84; Vorbereitung von —n zum Gerben (Mitchell u. Rutherford) II 51; s. a. Färben; Gerben.

Hahn, Füll- — (Wegmann) I 157.

Halbwolle s. Zanella.

Halogene, Bestimmung der freien — u. d. Jodide bei Gegenwart v. Brom u. Chlor (Lebeau) I 268.

Haloïde, gleichzeitige Auffindung d. — (Denigès) II 171.

Harz, Ausscheiden v. — u. Fett aus ihren alkalischen Lösungen f. Papierfabrikation (Homeyer) I 163.

Harzöl, Nachweis von — in Fetten etc. (Holde) I 297; Nachweis von — neben Leinöl (Aigan) I 297.

Harzölfarben (Gintl) I 116.

Hefe, Einfluſs salpetersaurer Salze auf — (Laurent) I 66, Centrifugiren d. — (Hesse) I 66; Bierpreſs- — (Tiller) I 66; Verminderung der Gährkraft von — d. Kupfersalze (Rommier) I 80; Gewinnung von — (Lederer) II 40; Untersuchung von Preſs- — (Nienhaus u. Hubacher) II 193.

Heferasse, Aufbewahrung ausgewählter —n (Jörgensen) II 40.
Heizmaterial aus Kohlengrus etc. (Bowing) I 64.
Heliogravüre, (Petit) II 122.
Herd, Koch- — (Wehle) I 339.
Hölzer, Fournirung von — (Zander) I 108.
Holz, Härten und Färben von — (Amendt) II 66; Imprägniren von — mit Kreosotöl (Clark) II 66; — mit Naphtalin (Aitken) II 67; — — mit Harzkreosotseife etc. (Actiengesell. d. Arader u. Csanader Eisenb.) II 67; — — (Liebau) II 67; — — (R. Scholz) II 67; eingeprefste Verzierungen auf — (Grafsnick) II 68; Verhalten von — und Cellulose gegen Natronlauge bei Hitze und Druck (Taufs) II 105.
Holzarbeiten, Imitiren eingelegter — (Hettwig u. Heckner) II 67.
Holzdestillation, Producte der — (Vladesco) I 245.
Holzfournier, Unterlage für —e (Kliemand) II 5.
Holzfuttermehl (Devorda) I 160.
Holzgummi s. Xylose.
Holzpfähle, Imprägniren v. —n (Liebau) I 108.
Holzplatten, biegsame — (Heepe) I 108; Muster in — (Krutsch) I 108.
Holzschliff, Nachweis von — in Papier (Herzberg) I 311.
Holzseilbretter (Voitel) II 68.
Holzwolle als Streumaterial (Raman u. v. Kalitsch) I 208; Gegenstände aus — (Villeroy) II 68.
Honig, Untersuchung von — (Mader) I 308; Verfälschung v. — (Haenle) II 193; Nachweis von Dextrin in — (E. v. Raumer) II 193.
Horn, Metallisiren von — I 108.
Hydrocarbure (E. Fischer) I 63.
Hydrosulfit als Bleichmittel (Dommergue) II 55.
Hydroxylamin, salzsaures —, Reducirsalz (Lainer) I 188.
Hyoscinhydrobromid (E. Schmidt) I 258.
Hypophosphite, Herstellung v. —n (Kendall) II 150.
Hypnal I 246.

Indamin 3 R, 5 R (Farbw. Griesheim) I 34; —e in der Baumwollfärberei (O. Müller) I 37.
Indaminblau der Farbw. Höchst (Ullrich) I 38.
Indicator (Zaloziecki) I 264; über —en (Giacosa) II 169.
Indigo, Synthese des — (Heumann) I 48; — — (Flimm) I 48; künstlicher — (Bad. Anilin- u. Sodaf.) II 15; s. a. Küpe.
Indigoblau, Aetzung auf — (Geller) II 19.
Indigolösung (Ashworth) II 18.
Indigotin, Extract. v. — aus Indigo (Morgan) II 16.
Indulin, die —e (O. Fischer u. Hepp) I 48; —e auf Wolle (Witt) I 42.
Ingotformen s. Kupfer etc. (Martin) I 136.
Intarsien, s. Holzarbeiten.
Isolator, Schiefer als — II 212.
Isolirmaterial, —ien f. elektrische Leitungen I 335.
Isolirung, Blei- —en (Siebel) I 12.
Isolirungsmittel, Okenit II 69.
Jod, Prüfung auf — bei Gegenwart von Chlor (Johnstone) II 171; Darstellung von — (Musset) I 232.
Jodammonium, Darstellung von — (Weifsenberger) I 189.
Jodcinchoninsulfat (Yvon) I 257.
Jod-o-Oxytoluylsäurejodide (Farbenf. Bayer & Co.) II 159.
Jodsalicylsäurejodid II 259.
Jute, Bleichen von — (Gardner) II 57.
Jutefaser, Prüfung v. Geweben auf — (Schultze) I 317.
Kälteerzeugung, Triebkraft z. — (Popp) I 336.
Kaffee, Mussaënda- — Dunstan) I 159.
Kaffeesurrogate (Kernauth) I 155.
Kaïnit, Verarbeitung von — (Consolidirte Alkaliwerke) I 243.
Kali, Darstellung von kaust. oder kohlens. — m. Calciumpyrophosphat (Daudenaert) I 240.
Kalium, Bestimmung von (Wonssen) I 274; s. a. Natrium.
Kaliumcarbonat, Darstellung v. — a. Kaliummagnesiumcarbonat (Salzbergwerk Neu-Stafsfurt) I 240; Darstellung von — (Dupré) II 151; s. a. Kali; Potasche.

Kaliumhydrat, Natrium- und — b. der Analyse von Mineralien (Burghardt) I 266.

Kaliummagnesiumsulfat u. Chlorkalium (Dupré) II 151.

Kalkschlammrückstände, Verwerthung (Rigby u. Macdonald) II 6.

Kalkstein, Härten und Conserviren von — (Randall) II 5.

Kartoffel, Süsswerden der —n (H. Müller) I 150; stärkreiche —n in d. Brennereien (Girard) II 42.

Kautschuk, Vulcanisiren von — (Thomson) II 69; Lösung von — (Lasseles) II 69; s. a. Gummi; Gummiwaaren.

Kautschukgewebe, Wiedergewinnung der Lösungsmittel b. Streichen von —n (Mackay) II 69.

Kehricht, s Abfälle.

Kerzen, Neuerung an — (Manuf. Royale des Bougies) I 218.

Kerzengiessen, Maschine zum — (Royan) II 37.

Kesselsteinmittel, Anti- —, Natronwasserglaspulver, Bänsch's II 136.

Kesselsteinpicker (Gränz) II 136.

Kieselsäure, Bestimmung der — (Craig) I 273.

Kitt, Stein- und Terracotta- — I 110; Glaser- — I 111; — für Holz, Stein etc. (Hindley u. Mac. Kenzie) II 70; — für Kautschuk II 70.

Klebstoff, neuer — aus Kleie etc. (Steiger, Schulze u. Auer - Schollenberger) I 112.

Knochen, Ersatz für — oder Celluloid (Callendier) II 70.

Knochenmehlsorten (König) II 133.

Kobalt, Bestimmung und Trennung von — und Nickel (Hope) I 282; s. a. Nickel.

Kochapparat, Spiritus- — (Otto) I 339.

Kohle, entfärbende Wirkung d. — (Cazeneuve) I 47; Darstellung harter Schwarz- — (Zwillinger) II 36; elektrische — (Rickmann) II 212; s. a. Maschinentheile; Pflanzenblutkohle.

Kohlehydrat, fällbare colloïdale —e (Pohl) I 247; zur Kenntniss d. —e (Wohl) II 99.

Kohlenoxyd-Nickel II 156.

Kohlensäure, Reagenz auf — im Wasser (H. Schulze) I 266; Verflüssigen der — (Böfsneck) II 151.

Kohlensäurebehälter, Schutzmantel für — (Fleischer u. Thomas) I 330.

Kohlenstoffbestimmung im Eisen (Hampe) II 178; s. a. organische Verbindungen.

Kohlenstofftetrachlorid, Darstellung von — (Lever u. Scott) II 157.

Kohlenwasserstoff, Zersetzung flüssiger —e (Suckow & Co.) I 63.

Kraft, Trieb- — mit Kohlenoxyd. Wasser und Ammoniak (Tellier) II 207.

Kreolin, Darstellung (Gunning) I 211.

Kresole als Desinfectionsmittel (Fraenkel) I 212; s. a. Phenol.

Kresolsäure, Neosot (Allen) I 212.

Krocein A. Z. (Cassella & Co.) II 22.

Kühlapparat s. Trockenapparat.

Küpe, gemischte — mit Indigo u. Indophenol (Durand u. Huguenin) I 34.

Kupfer, Gewinnung von — (Doetsch) I 129; Raffiniren von — (Garnier) I 129; Bestimmung von — (Holthof) I 276; Trennung des — von Arsen (Mc. Cay) I 320; Handels- — (Stahl) II 84; Gewinnung von — (Höpfner) II 84; — — (Gilchrist) II 85; Feinen von — (S. Smith) II 85; s. a. Eisen.

Kupferbad, Blei im schwefelhaltigen —e (Stahl) I 143.

Kupferbestimmung (Etard u. Lebeau) I 320; — — (Fessenden) I 320.

Kupferguss, dichter — (Dango und Dienennthal) I 129.

Kupferoxydammoniak, Darstellung von — (Hime u. Noad) II 156.

Kupferreaction (Thoms) I 320.

Kupferaccbarat als Mehlthaumittel (Perret) I 77.

Kupfersulfür in Kupfer und Eisen (W. Stahl) I 130.

Kupferwaaren, Färben von — (Utsumi) I 136.

Lab, Dauer- — (Kretzschmar) II 97.

Lack, Signatur- — (O. Märker) I 114; Herstellung von —en (H. Smith) II 72; — — (Lamb u. Boyde) II 72.

Lackfabrikation, Beseitigen der Dämpfe bei der Firnifs- u. — (Flashoff) I 116.

Lackmusfarbstoff (Förster) I 263.

Lackmustinctur, Entfärbung d. — (Dubois) I 264.

Lactit (Callendier) II 70.

Läutewerk, elektrisches — (Mix u. Genest) II 211.

Lävulose, Darstellung v. — (Wohl) II 99.

Lagerschalen aus Ledermasse(Hüller) II 52.

Lanolinpuder (Quaglio) I 60.

Latrinen, Desinfection d. — (Pfuhl) I 210.

Laute und Töne, Wiedergabe von —n u. —n der Phonogramme (Wikszemski) II 211.

Lavamasse (Gillet) II 62.

Leberthran, s. Oel.

Leder, Apparat zum Glätten von — (Bogenschild) I 85; Bronciren von — I 86; Färben von Fettgar- — II 51; gemustertes — (Zingraf) II 52; s. a. Häute.

Lederindustrie, Gifte in der — (Eitner) II 52.

Lederschmiermittel, Vaselinöl als — (Simand) II 52.

Legirung, Chrom- — (Eaton) I 129; Natrium- —en (Heycock u. Neville) I 133; Zink- —en (Bull) I 134; Metall- — (Bull) II 91; — von homogenem Gefüge (Dienelt) II 91; s. a. Aluminiumbronce; Bronce; Magnoliametall; Metalle.

Leim, Walfisch- — (Culmann) I 86; flüssiger — I 111.

Leimkessel (Baxmann) I 87.

Leinöl, Verfälschung von — (Ruffin) I 53; Verdicken von — (Robinson) I 118; s. a. Oel.

Leinölfirnis, Unterscheidung von Leinöl und — (Finkener) I 115; Herstellung von — (Thorp) I 115; Leitungsdrähte (Martin u. Martiny) I 336; Verlöthung von —n (Eckelt) I 336.

Leonardi, Anstrich II 74.

Letten, s. Thon.

Leuchtgas, Heizwerth v. — (Slaby) I 62; s. a. Farbstoff; Gas; Wassergas.

Licht, unactinisches — (Liesegang) I 166.

Lichthöfe, photographische —(Cornu) I 166.

Lichtpaus-Apparat (Gebensleben) I 190.

Lichtpausverfahren, Colas' — I 185.

Lignin, Thieröl u. — (Ihl) I 311.

Liqueur s. Spirituosen.

Lithographiesteine, künstliche — (Capitaine u. Hertling) II 71.

Löthkolben, pneumatischer (Hardt) I 139.

Löthlampe, Spiritus- — (Geiser) II 214.

Lohbrühe s. Gerbstoffextract.

Luft, Zusammenpressen v. — (Clarke) I 330.

Lupine, gedämpfte —n (Gabriel) I 156; Entbittern von —n (Arendt) II 49.

Lysol (Schülke u. Mayr) I 212.

Magnesia s. Salzsäure.

Magnesiacement s. Cement.

Magnesiahydrat zum Reinigen von Säften etc. (Spaeter) II 100.

Magnesium als Reagenz (Cl. Winkler) I 266.

Magnesium - Beleuchtungsapparat (Beaurepaire) II 37.

Magnesiumblitzlicht, Verbrennungsgeschwindigkeit (Eder) II 109; Vorrichtung für — (Leonhardt) II 109; — — (Zimmer) II 110; — — (Köst) II 110; — — (Wünsche) II 111; — — (Blänsdorf) II 111.

Magnesiumchlorid, Zersetzung von Calcium- und — (Grimshaw) I 242.

Magnesiumhydroxyd, Darstellung von — (Muspratt u. Eschellmann) I 242.

Magnolia-Lagermetall I 134.

Maische; Schwefligsäurewirkung bei Dick- — (E. Brauer) II 42.

Majolika s. Tempera-Malverfahren.

Maltase I 67.

Maltosebestimmung (Ellion) I 323.

Maltuch (Friedlein) I 193.

Malverfahren s. Tempera- —

Malz, Patentfarb- — für vollmundige Biere (Reinke) I 78; Encyme in — (Wijsman) I 67; Bräunung von — (Delbrück) I 67; caramelisirtes —, Farb- — (K. Weber) I 67; s. a. Gerste.

Malzanalysen (Schwackhöfer) II 41.

Malzextract, diastatischer Werth v. — (Cripps) I 159; Bestimmung von Dextrin im — I 308.

Malzkeime (Larbaletrier) II 41.

Mangan, maßanlyt. Bestimmung von — (Vortmann) II 179.

Manganchlorürlösung, Anreiche-
rung d. — an Chlorcalcium (Salzberg-
werk Neu-Stafsfurt) II 147.
Manganerze, Aufbereitung (Diehl)
I 118.
Manganprobe (Myhlertz) II 179.
Mangansulfür, grüne Malerfarbe aus
— (Clermont) II 8.
Margarinfabrikation (Mérian) I
149.
Marineleimlösung, lichtempfindliche
I 191.
Marmor, Färben von — I 11; Reini-
gen von — I 12.
Maschinenfett s. Oel.
Maschinentheile aus Formkohle
(Soc. Lacombe & Co.) II 207.
Masse, Figuren —, Simili - Por-
zellan I 105; horn- und lederartige
— (E. Bartsch) I 113; s. a. Farb-
stiftmasse.
Matrizen, vergilbte — (Robischek)
I 180.
Mehl, Einwirkung schwefliger Säure
auf —e (Balland) II 98.
Mehlthau s. Kupfersaccharat.
Melasse, Reinigen von —n (Lindet)
I 151; Entzuckern von — (Hopkins)
I 152.
Mellithsäure, Darstellung (Hübener)
I 259.
Messing, Schwarzbeizen von — I
137.
Metaamidophenol, Darstellung der
Carbonsäuren des —s u. seiner Al-
kylderivate (Gesellsch. f. Chem. Ind.
in Basel) I 251.
Metall, directe Gewinnung von —en
(Lébédeff) I 118; Gewinnung d. —e
der Erden und alkal. Erden (Feld-
mann) I 120; Extraction von —n
(Rottermund) I 131; Bearbeitung v.
—en d. Elektricität (v. Benardos) I
135; Anlauffarben d. —e (Löwenherz) I 137; Einfluss des Magnetismus auf Löslichkeit von —en (Fabinyi) I 141; Extraction von —en
(Parker u. Robinson) II 79; Abnutzung der —e (Dudley) II 75; Einwirkung der —e auf Schwefelsäure
(Ditte) II 75; Einwirkung v. schwefliger Säure auf —e (Uhl) II 76; Erhitzung verflüssigter —e (de Laval)
II 76; Trennung v. —en u.Schlacken
(Peck) II 77; Erkennung von Blasen
in —en „Schizophon" (de la Place)

II 79; Extract. von Edel- —en (Tri-
vick) II 87; reducirendes Mittel beim
Plattiren von —en etc. (Bernard) II
91; Abbeizen von —en (Parker) II
92; Reinigen von —en (Simona) II
95; s. a. Alkalimetall.
Metallchloride, Ofen z. Zersetzung
von —n für Gewinnung von Salz-
säure, Chlor und Metalloxyden (Hein-
zerling u. Schmid) I 233.
Metallgegenstände, verzierte —
(R. Falk) II 94; Glasiren von —n
(Püschner) II 95.
Metallguss, Formmaterial für —
(Cole) I 140.
Metalloxyd, Reduction von —en
(Laureau) I 118; s. a. Metallchloride.
Metallpartikel, Fällen von —n aus
erdigen Massen (Sharp) I 138.
Metallplatten, damastähnliche Zeich-
nungen auf — (Ascher) II 94.
Metallröhren d. galvan. Niederschlag
hergestellt (Kumme) I 136.
Metallüberzug, Abtrennen von —en
auf Blechen (Fleitmann) II 94.
Metallniederschläge, leicht abhebe-
bare — (Reinfeld) I 134.
Metaphenylenblau B(Cassella&Co.)
II 19.
Methylacetanilid, Exalgin (Ritsert)
I 250.
Methylalkohol, Nachweis von — in
Aethylnitrit (Muter) I 286; Gewin-
nung von — und Essigsäure aus
Holzschliff (Alkier) II 158.
Milch, Wasserzusatz zu — (Radulescu)
I 148; Säuern d. — (Tolomei) I 148;
— in Pulverform I 148; Pasteuri-
siren von — (Ritter) I 148; blaue
— (Scholl) I 156; Bestimmung des
Fettgehaltes d. — (Hufsberg) I 304;
Bestimmung d. Trockenrückstandes
d. — (Ballario u. Revelli) I 322; Con-
servirung von — (Lazarus u. Bitter)
II 97.
Milch-Conserven (Soxhlet) I 148.
Milchconservirungsgefässe, Ver-
meiden des Vacuums der — (Vásá-
rhelyi u. Zellerin) I 149.
Milchfett, Bestimmung des —es (Vi-
zern) II 191.
Mineralanalyse (Burghardt) I 266.
Mineralien, Kammerofen z. Brennen
etc. von — (Olberg) II 76.
Mineralöl, Löslichmachen von —en
(Delory) I 58; Kautschukhaltiges —
(Holde) II 31; Ausfrierapparat f. —

(Mackay) II 84; Bestimmung von —
(Fairley u. Burell) II 187; s. a.
Benzin.

Mist; Behandlung von Stall- — (Holde-
fleiss u. Weiske; v. Krause) I 204;
Conservirung von Stall- — (Stoklasa)
II 132.

Mörtel, Sägespän- — I 8; römischer
— (Seger) I 13.

Mordant s. Wollfärberei.

Morphiumbestimmung (Dieterich)
II 197.

Moschus, Kunst- — I 258.

Muster mit Vexirfarben (Stroschein)
II 56.

Nachtlichte (Mückner) I 60.

Naphtalichte (Rudnitzky) II 37.

Naphtalin zur Holzimprägnirung
(Aitken) II 67; s. a. Benzol.

Naphtalin-α-sulfosäure, Darstellung von — (Chem. Fabr. Grünau)
I 255.

Naphtol, Unterscheidung von α- u.
β- — (Yvon) I 316.

α-Naphtol-Benzeïn als Indicator
(Zaloziecki) I 264.

β-Naphtolcarbonsäure, Darstellung von — (v. Heyden Nachfl.) I
254.

β-Naphtolcarbonsulfosäure, Darstellung von — (Seidler) II 161.

Naphtolschwarz 3 B pat. (Cassella)
I 42.

Naphtosulfonsulfosäure (Ewer u.
Pick) II 11.

Naphtylaminschwarz D pat. (Cassella) I 43.

Naphtylaminsulfosäuren (Clayton
Aniline Co.) II 11.

Natrium, Gewinnung von Kalium u.
— (Forster) I 119; — als Reductionsmittel (Rosenfeld) II 76.

Natriumaluminat, Analyse des —s
(Lunge) I 274.

Natriumbicarbonat, Prüfung des
— auf Thiosulfat (Musset) I 274.

Natriumcarbonat, zur Kenntnifs
des — (Kifsling) I 263; s. a. Soda.

Natriumlegirungen (Heycock u.
Neville) I 133.

Natriumnitrit, Darstellung von —
(Scheuer) I 241; Darstellung von
— (Grofsmann) II 152.

Natriumsilicio-fluorat (Bokenham) II 139.

Natriumsulfat, Darstellung von —
aus Kryolith (Bauer) II 152.

Natronalaun, Darstellung von —
(Augé) I 243.

Negativ, Klärmittel für Gelatine- —e
(Austen) I 179; Härten d. —e (Ehr-
mann) I 180; zerbrochene —e (Breb-
ner) I 180; Silberflecke auf —en
II 116; Vergröfsern der — II 116;
Verstärken der —e (Liesegang) II
116; — — (Stolze) II 117; s. a.
Schleier.

Negativschicht, Abziehen der —
(Petit) I 180.

Neosot (Allen) I 212.

Neugrau (Farbenf. Bayer & Co.) I 34.

Nickel, Gewinnung von — u. Kobalt
(Natusch) II 84; Wirkung v. Kohlen-
oxyd auf — (Mond, Langer u. Quincke)
II 156.

Nickelsachen, Auffrischen von —
I 138.

Nickelstahl, Darstellung von —
(Riley) II 83; Magnetismus des —s
(Brustlein) II 83.

Nieten mittelst elektrischen Stromes
(Thomson) I 138.

Nigramin (Farbw. Griesheim) I 34.

Nigrisin (Ehrmann) I 35.

Nitrat, Bestimmung von —en u. Nitriten im Wasser (Ormandy u. Cohen)
II 170.

Nitriren, App. zum — von Baumwolle etc. (Rhein.-Westph. Spreng-
stoff-Act.-Ges.) II 144.

Nitrit, Bestimmung der —e (Day) I
272; Bestimmung von —en im Wss.
(Gladstone u. Tribe; Tresh) II 170.

Nitrobenzol, Nachweis von — in
Liqueuren (Morpurgo) I 312.

Nitrocellulose, Fabrikation von —
(Mowbray) II 145; Mischen von —
mit Nitroglycerin etc. (Landholm u.
Sayers) II 145.

Nitroglycerin, Herstellung von —
(Liebert) I 224; — — (Scheiding)
II 144.

Nitrosonaphtalin s. Färben.

Nitrosoverbindungen, Verwendung
der — im Zeugdruck (Ullrich) II 16.

Objectivfassungen, Metalle für —
(Tissandier) II 91.

Oel (ätherisches) s. Pfefferminzöl;
Senföl.

Oel (fettes), pflanzliche Schmier- —e
I 50; Einwirkung von Chlorschwefel
auf —e (Ulzer u. Horn) I 51; Reinigen u. Entwässern von Fetten u.
—en (Hagemann) I 52; Verhindern
des Ranzigwerdens von —en und
Fetten I 52; Reinigen von —en etc.
(Jolineck) I 52; verfälschtes Lein-
— (Ruffin) I 53; — aus Mais I 53;
Bestimmung von Mineral- —en in
fetten —en (Grittner) I 296; Ana-
lyse von Oliven- — (Tatlock) I 322;
Oxydation u. Verdicken von —en
(Thorne) II 28; Apparat z. Reinigen
von dickflüssigem — u. Maschinen-
fett (Köllner) II 32; Prüfung von
—en, Fetten etc. (Warren) II 184;
Brechungscoëfficient von fetten —en,
Mineral- —en u. Harz- — (Holde)
II 186; Nachweis von Erdnufs-
in Leberthran (Bishop) II 188; Prü-
fung von Oliven- — (Brullé) II 188;
Bestimmung von Baumwollsamen —
in Fett (Fairley u. Cooke) II 189;
Nachweis von Sesam- — in Oliven-
— (Lalande u. Tambon) II 189;
Alkoholprobe auf Ricinus- — (Wil-
son) II 189; Fisch- — im Rüb- —
(Schweifsinger) II 189; Säuregehalt
pflanzlicher —e (Holde) II 190; s. a.
Essig; Fette; Fettkörper; Mineralöl;
Schmieröl; Türkischrothöl.
Oelextraction (Lever) I 55; —
(Forbes) I 55.
Oelfabrikation, Nutzbarmachen der
Rückstände der — (Noerdlinger) II
130.
Oelmalerei, zum Anreiben v. Farben
für — (Friedlein) II 74.
Oelsäure, feste Säuren aus —n nach
Schmidt (Benedikt) I 50.
Oel-Speisevorrichtung f. Lampen
etc. (Macneill) I 55.
Ofen, Schacht- — f. ununterbrochenen
Betrieb (Schöfer) I 7; Cementbrenn-
— (Hotorp) I 7; Zwillingsschacht-
— für Kalk etc. (Act.-Ges. Fr. Sie-
mens) II 6; s. a. Mineralien; Trocken-
ofen.
Ofenkacheln, Begufsmassen für —
(Esten) I 106.
Okenit II 69.
Olein. Untersuchung von — (Körner)
II 187; Prüfung von — auf Harz
II 188.
Oleo-Butyrin I 149.
Orcelline (Leonhardt & Co.) I 43.

Orcinfarbstoff s. Farbstoff.
Orexin I 256.
Organische Verbindungen,
Schmelzpunkte —r — (Reifsert) I
180; Kohlenstoffbestimmung —r —
(Messinger) II 180.
Oroxylin (Holmes) II 163.
Orthochromatische Effecte (Bier-
stadt) I 168.
Oxalsäure, Darstellung von — aus
Sulfitlangen (Nettl) II 129.
Oxyazotoluidin, Herstellung von —
(Friswell) II 10.
Oxydiphenylamin, geschwefeltes —
(Lange) II 159.
Ozokerit (Thede) I 60.
Ozon als Desinficiens (Sonntag) I 216.
Ozonin II 54, 162.
Ozonwasser (Graf & Co.) II 147.

Palatinroth und Palatinscharlach (Bad. Anilin- und Sodafabrik)
I 35.
Papier, elektr. Bleichung von —
(Evans u. Owens) I 161; nachgeahmtes japan. — (Herzberg) I 163;
unnachahmbares — I 163; — mit
Seidengewebe-Einlagen I 164; endloses Hectographenpapier (Prasch) I
164; Sicherheits- — (Schlumberger)
I 165; Gold- u. Silber- — (Poppenburg) I 165; Gelbwerden gesilberten
—es (Liesegang) I 195; Leimen von
— (A. Mitscherlich) II 106; imitirtes Pergament- — II 107; Unterscheidung von echtem und nachge-
machtem Pergament- — (Muth) II
107; Chloride im — (Hefelmann) II
108; wasserdichtes photographisches
— (Williams) II 111; Delta- —,
Talbot's (Eder) II 111; s. a. Albuminpapier; Bromsilberpapier; Email-
papier; Holzschliff; Pigmentpapier;
Reproductionspapier.
Papierabfälle, Verwerthung der Per-
gament- — (Barnes u. Morrow) II
130.
Papierfaser, Leimung d. — (Muth)
I 161.
Papierstoff, Härten von — II 106.
Papierstoff-Holländer (Kron) II
107.
Papierzeug aus Tabakfällen (Ende-
mann) II 108.
Pappe, pergamentisirte — I 163.

Paraffin (Pawlewski) I 59; z. Kenntniss d. — II 33; s. a. Wachs.

Paraffinöl, Raffiniren von —en (v. Boyen) I 56.

Paronchynin (Schneegans) II 164.

Pergamentpapier s. Papier.

Permanganat, Darstellung von —en und Chloraten (Bolton, Wylde u. Auer) I 244.

Permanganatlösung, Haltbarkeit von —en (Oddy u. Cohen) I 263.

Peronospora s. Azurin

Petroleum, Gelatiniren von — (Thede) I 58; festes — I 65; Bestimmung v. — in Terpentinöl (Burton) I 299; Fabrikation von — (Peter) II 82; s. a. Erdöl.

Pfefferminzöl, Farbenreactionen von — (Polenske) II 190.

Pferdefett im Talg etc. II 185.

Pflanzenblutkohle (Degener) II 134.

Pflanzensäfte s. Zuckerlösung.

Pflanzenstoffe s. Zuckerrüben.

Pflaster, Leuchtgas bei Asphalt- — I 13; Gummistrafsen- — (Busse) I 13.

Phenacetin, Beimengungen i. — (Ritsert) I 251; s a. Acetanilid.

Phenol, Farbenreaction einiger —e (Gutzkow) I 313; Reindarstellung von —en und Kresolen aus Kreosot (Riehm) II 159.

Phenolphtaleïn, Nitroderivate d. — (Clayton Anil.-Co.) II 14.

Phenolphtaleïnpapier z Aufsicht der Saturation (Karlik) I 324.

Phenylhydrazin, Acetylderivate von Methyl- und Aethyl- — (Philips u. Diehl) I 249.

Phenyluretan (Sansoni) II 164.

Philothion II 40.

Phosphat, Bestimmung von Eisenoxyd und Thonerde in Roh- —en (Stutzer) I 273; Bestimmung von Eisenoxyd und Thonerde in —en (Jones) I 319; Kryolith aus fluorhaltigen - en (Silesia) II 148; Nachweis von Roh- —en in Thomasmehl (Blum) II 174; s. a. Bicalciumphosphat; Superphosphat.

Phosphatkreide (Dumonceau; Nicolas) I 206.

Phosphor, Fabrikation von — (Readman) I 237; — — (Parker und Robinson) I 239; Fabrikation von — und Alkalisilicaten aus Roh-Phos-

phaten etc. (Folie Desjardins) II 150; Fabrikation v. — (Robinson) II 150; Darstellung von — (Nicolle) II 165; Bestimmung von — in Eisen etc. (Jones; Norris) II 178.

Phosphorbestimmung, colorimetr. — (Namias) II 173.

Phosphorsäurebestimmung s. Citratmethode.

Photographie, orthoskopische — (Vidal) I 168; —n in natürlichen Farben (Verres; Vogel; Eder; Miethe; Gaedicke; Liesegang; Vallot) I 187; selbstthätige Aufnahme etc. von —n (Ramspeck u. Schäfer) II 120; s. a. Bilder.

Photographisches Bild, Verschwinden (Greene) I 169; farbige — (Feer) II 120; unverwischbare — (France) II 120.

Photographische Camera (Anschütz) I 189; — mit Rollenpapier (Leisser u. Steub) I 189; Moment- — (Eras) I 189.

Photographischer Pressendruck (Favrand) II 122.

Photographische Schichten, Herstellung —r — (E. Vogel) II 112.

Photoxylographie I 191.

Photozinkographischer Prozefs für Farbendruck (Waterhouse) I 190.

Phtalsäure, chlorirte, bromirte und jodirte —n (Juvalta) I 254.

Picrinsäure, Darstellung von — (Lom de Berg) I 248; — — (Arche u Eisenmann) I 249.

Pigmentbild, weifse —er a. schwarz. Grunde I 186.

Pigmentpapier, Präparation von — I 186.

Pilz, Conservirung von —en (Heise) I 156.

Pinsel mit Farbezufluss (Laesecke) I 117.

Platindruck (Lenhard) I 185.

Platiniren (Wahl) II 93.

Platinmohr (Loew) I 132.

Platintiegel, Ausbessern von —n (Pratt) I 328.

Platten, Matrizen- — aus Gelatine u. Glycerin (Steuer) I 168; Giefsmaschine für Trocken- — (Kattentidt) I 168; Niederschlag auf überlichtete — (Bain) I 181; überbelichtete — (Eder) I 181; s. a. Farbendruckplatten.

Porzellan, chinesisches — I 104;
Simili- — (Liger-Savieux) I 105;
Scharffeuerblau auf — (Lauth) II 12;
rothe etc. Glasuren für — (Lauth u.
Dutailly) II 63; s. a. Glas.

Porzellanfarben, Glas- u. — und
Fixiren derselben ohne Feuer (Bap-
terosse) I 98.

Porzellanmasse, chinesische —n (G.
Vogt) II 62; — von Sèvres II 62;
weiche — II 62.

Potasche, Darstellung von —n Blanc
fixe (Jannasch) I 241.

Primulin- und Thiochromogen-
farben auf der Faser II 17.

Primulinprozefs (Green, Cross und
Bevan) II 119.

Projectionsbilder, Collodium-Emulsion für — II 118.

Pulver s. Schiefspulver.

Putz, Erhärten von — (Kuhlmann) I
8; Haltbarkeit von — in Ställen etc.
I 8.

Putzflüssigkeit für Maschinentheile
I 139.

Putzmittel für Metalle (Simons) II
95.

Putzwolle s. Entfetten.

Pyridinbasen, Bestimmung der —
in Salmiakgeist (Kinzel) I 271.

Pyrocatechin (Perkin jun.) I 252.

Pyrometer, Quecksilber- —, Wiebe's
I 332.

Pyronin (Leonhardt & Co.) II 22.

Pyrrol, als Reagenz auf äther. Oele
(Ihl) I 298.

Quecksilber, Emulgiren von —
(Sommer) I 52; quantitative Bestimmung von — (Volhard) I 276.

Quecksilberoxyd, Darstellung von
— (Bosetti) II 165.

Raffinose, Gährung der — (Loiseau)
I 69.

Rauch, Sammeln der festen Theile
von — (Dewey) I 215; Abscheiden
der festen Theile von — (Dewey)
I 338.

Reagenz, Dobbin's — (Kifsling) I
263; Soldaini's — (Herzfeld) I 307.

Reagentien, Concentration der —
(Blochmann) I 262.

Rebendüngung (Rossel) I 207.

Reblausmittel (E. Schmidt) I 77;
—, Sulfopotassium (Feuillerat) I 80.

Reducirsalz I 188.

Reductionsmittel s. Natrium.

Reproductions-Emailpapier
(Husnik) I 190.

Resorcin, Nachweis von — u. Thymol (Bornträger) II 196.

Rhodamine, Bernsteinsäure- — (Farbenf. Bayer & Co.) I 22.

Rhodanalkalien, Chlorgehalt in —
(Mann) I 288.

Röhren ohne Naht (Garnier) I 136;
Zerstörung von Wasserleitungs- —
I 136; Erzeugung von Druckspan-
nungen in — (Mannesmann) II 91;
Verschlufs f. Einschmelz- — (Pfungst)
II 204; Schneiden v. Glas- — (Muck)
II 204; s. a. Metallröhren.

Roggen, Brod aus ausgewachsenem
— (J. Lehmann) I 150.

Rohrleitung, Aufthauen von —en
(Groenewald u. Schultze) I 144.

Rosanilin, Sulfoniren von — (Kendall) I 22.

Rosenöl, bulgarisches — (Markownikoff) II 161.

Rosindamine I 23.

Rosinduline I 23.

Rosmarinöl, Prüfung v. — (Cripps)
I 299.

Rost, Vertilgung v. — auf Eisen u.
Stahl (Buecher) I 137.

Rostschutz für Dräte I 137; — für
Eisen u. Stahl (Ewart) I 137.

Rothweinfarbstoff (Heise) I 75.

Rowe (Hundesbagen u. Philip) II 50.

Royalroth I 26.

Rubramin (Farbw. Griesheim) I 39.

Rübe, Zuckerverlust der —n in den
Mieten (Claassen) I 159; Aufbewahren v. Zucker —n (v. d. Ohe) I 99;
s. a. Zuckerrüben.

Rübenanalyse (Szyfer) I 324.

Rüben-Düngungsversuche (H.
Müller) I 207.

Rübensäfte, Klärung trüber — (Jesser)
I 307.

Rübenschnitte, Analyse frischer —
(Herles) II 194.

Rufs, Darstellung von — (Thalwitzer)
I 14.

Saatgut, Einbeizen von — mit Petroleum I 160.

Saccharin in Nahrungsmitteln (Stift)
I 152; — — (Jessen; Huygens;

Kayser) I 153; unreines — (Remsen u. Burton) I 154; Einfluss des —s auf die Reactionen der Glykose (Torselini) I 307; Nachweis von — in Zucker etc. (Reischauer) I 308.

Saccharinhaltige Nahrungsmittel, Untersuchung (Weigle) I 307.

Salicylsäure, Löslichkeit der — in Alkohol (Imendörffer) I 252; — u. ihre Verunreinigungen (Charteris; Henderson) I 252; Trennung der isomeren Dithio- —n (F. v. Heyden Nachf.) I 253; Bestandtheile der Handels- — (Dunstan u. Bloch) II 160.

Salicylsäurederivate, antisept. Wirkung von —n (Zimmerli) I 213.

Salipyrin (Scholvien) II 160.

Salmiakgeist, Prüfung von — auf Theerproducte (Bernbeck) II 174.

Salpeterbildung (Frankland) II 150.

Salpetersäure, Bestimmung der — in Trinkwasser (E. Schmidt) I 266; Nachweis von — im Wasser (Loof) II 169; Bestimmung der — durch Elektrolyse (Vortmann) II 173.

Salpetersäurebestimmung als Ammoniak (Boyer) I 271.

Salpetersäure-Fabrikation, Verbesserung in der — (Guttmann) II 150.

Salz, Bestimmung der Löslichkeit der —e (Rüdorff) II 205.

Salzlösung, elektrolyt. Zerlegung v. —en (Knöfler, Spilker u. Löwe) I 334.

Salzsäure, Entfernung von Schwefelsäure aus gasiger — (Vorster) I 233; Bestimmung von — in salzs. Hydroxylamin (Müller) I 267; — aus Rückständen und Rückgewinnung von Schwefel und Magnesia (Lyte und Tatters) II 128; — für Deacon's Chlordarstellungsverfahren (Lunge u. Naef) II 148; s. a. Metallchloride.

Sammler, thermoelektrischer — (Actieng. Helios) I 335; elektrische — (Correns) I 335; s. a. Accumulator.

Sapo medicatus, Prüfung (Kunitzki) II 191.

Saturation von Zuckersäften (Hoppe) I 150.

Sauerstoff, Entwicklung von reinem — (Baumann) I 234; ozonisirter — (Marpmann) I 234; Gewinnung von — (Landolt); — — (Salomon) II 149;

Darstellung von — (Kassner) II 164; s. a. Chlor.

Saugteller (Camerer) II 205.

Schaumdämpfer, Centrifugal- — (Hagemann) II 101.

Schaumwein s. Wein.

Schiefer, Werth des Dach- —s (Reverdin u. de la Harpe) I 8.

Schieferüberzug für Tafeln (Tecker Gayen) II 71.

Schiefspulver, Einwirkung von Fett auf — (Bein) I 221; rauchschwaches — (Guttmann) I 222; rauch-, flamm- und geruchloses — (Hengst) I 222; rauchloses Jagd- — (Jaksch) I 223; gekörntes rauchloses — (Schöckler) I 222; rauchloses —(Wanklyn) I 223; Sprenggelatine als — (Nobel) I 223; Baumwollabfälle für rauchloses — (Hertzog) II 143; rauchschwaches — (v. Brauk) II 144.

Schizophon (de la Place) II 79.

Schlacke, zelligporöse — (Bryan) I 10.

Schleier, Gelb- — auf Gelatinenegativen (Balagny) I 179.

Schleifscheiben zur Metallbearbeitung I 135.

Schmelzen im Siemens'schen Ofen etc. (Taussig) II 77.

Schmelzpunkt, Bestimmung der —e im Luftbade (Dott) II 169.

Schmelztiegel (Beaurin - Vautherin) I 107; (Digby u. Lycet) I 107.

Schmiermittel, Kautschuk zu —n (Willelm) I 55; — mit sulfochlornirten Oelen (Sommer) II 31.

Schmieröl, Flammpunktbestimmung von —en (Holde) I 296; — II 31; Viscosität von —en (Phillips) II 31.

Schwärze, Fett- — (Camp-) I 86.

Schwamm, Feuer- — für Waschzwecke (Bauer u Rosenfeld) II 56; antiseptischer — (Poehl) II 57.

Schwarz, echtes — (Jourolain) I 40.

Schwarzfärben von Wolle (Weiler) I 43.

Schwefel, Gewinnung von — aus Schwefelwasserstoff (Hargreaves) I 234; Gewinnung von — (Thompson) I 235; Bestimmung von — in organ. Verbindungen (Sauer) I 183; Bestimmung von — in Eisen (Archbutt) I 320; Bestimmung von — in Schwefelmetallen (Smith) II 172; Bestimmung von — in Blei (Hampe)

II 177; — — in Kupfer (Phillips)
II 177; Oxydation des —s in organ.
Verbindungen (Berthelot, André und
Matignon) II 180; s. a. Salzsäure;
Schwefelwasserstoff.
Schwefelhaltige organische
Stoffe, Bestimmung von Schwefel
und Kohlenstoff in —n —n —n
(Prunier) I 283.
Schwefelsäure, Reduction nitroser
— (Lunge) I 236; Reinigen arsen-
haltiger — (Kupferschläger) I 236;
Rothfärbung der — (Nörenberg) I 236;
Nachweis von Stickstoffverbindungen
in (Wilson) I 268; Reinigen von —
für Kjeldahl's Methode (Lunge) I 269;
Bestimmung gebundener — (An-
drews) I 268; Arsenik in — (Dott)
II 149; Gehalt der — an Stickoxyd-
verbindungen (Link) II 173.
Schwefelsäureanhydrid, Fabrik.
von — (Schuberth) I 236.
Schwefelsäurebestimmungen,
Fehlerquelle bei — (E v. Meyer) I 268.
Schwefelsäuresysteme (Retter) II
149.
Schwefelwasserstoff, Gewinnung
von — aus Calciumsulfhydratlaugen
(Deutecom u. Rothe) I 235; Ab-
scheiden von — aus Gasgemischen
und Gewinnung von Schwefel- (Bar-
row) I 235; Apparat z. Entwicklung
von — (Drossaert) I 235; Herstel-
lung von reinem — (Habermann) II
149; Bestimmung von — (Lunge)
II 198.
Schwefelwasserstoffwasser, Dar-
stellung und Aufbewahrung (Kreuz)
II 149.
Schweflige Säure, Darstellung und
Apparat für — (Bartels Söhne) I 152.
Schwefligsäurelaugen, Herstellg.
von — (Partington) II 108.
Seide, Färben von Tussah- — (Witt)
I 41; Festigkeit beschwerter — (Lepetit) I 95; künstliche — (du Vivier) II
54; photographischpräparirte — (Eder)
II 121; s. a. Bleichen.
Seife, Rapoleïn zur Schmier- — (S.
Herz) I 217; harte Natron- u. Kali-
—n (Eurich) I 217; Harz- — als
Emulgens (Collier) I 217; harte Harz-
—n (Rödiger) I 218; — aus Fichten-
nadeln I 218; flüssige medicinische
—n (Saidemann) I 218; — (Huxley)
II 141; Glycerin- — (Campe) II 141;
medic. Schwefel- und Theerschwefel-

— II 141; flüssige —n II 142;
Walzenstuhl für —n (deCressonnières)
II 142; Fleck- — II 143; Schneiden
von — (Heintz) II 143; Bestimmung
des Fettsäuregehaltes in —n (Hug-
genberg) II 191; Prüfung der medi-
cinischen — (Kunitzki) II 191.
Seifen-Glycerin (Hebra) I 260.
Seifenschneide- u. Prägmaschine
(Röhr) I 219.
Seifen-Unterlaugen, Reinigen von
— zur Gewinnung von Glycerin
(Glaser) I 218.
Seifenuntersuchung (Pinette) II
190.
Senföl, äther. — (Birkenwald) II 166.
Siedeverzug, Verhindern des —s
(Beckmann) II 205.
Silber, Gewinnung v. — aus Kupfer-
erz (Pearce) I 131; borhaltiges —
(Warren) I 143; Wiedergewinnung
von — und Gold aus cyankalischen
Flüssigkeiten (Stockmeier u. Fleisch-
mann) I 199; Nachweis von — in
Blei (Johnstone; Blunt) I 276; Tren-
nung von — und Blei (Luckow) I
320; Wiedergewinnung von — aus
photogr. Rückständen (Lainer) II
127; s. a. Gold.
Silicium, Bestimmung von — in
Eisen (Clerc) 320.
Soda, Behandlung von Roh- — u. Rück-
ständen (Hargreaves u. Robinson) II
152; Bestimmung der — in kaust.
Soda (Watson) II 174; s. a. Natrium-
carbonat.
Sodaschmelzen (Jahne) II 152.
Softener, Gebrauch d. — (Graham)
I 142.
Soorpilz s. Gährung.
Sorghum, Werth als Nährmittel
(Wiley) I 160.
Sozolith I 146.
Specifisches Gewicht, Bestimmung
des — —s von Flüssigkeiten (von
Divis) I 329.
Spiegel, unsichtbare Bilder auf Me-
tall- — (Rosenthal u. Wegener) I
136; silberbelegte — (Kayser) II 60.
Spirituosen, Verfeinerung von —
II 47.
Spiritus, Behandlung von — (Chri-
stophe) I 71; Reinigen von — nach
Bodländer (Sell u. Windisch) I 71;
Reifmachen von — (Leslie) II 43;
Trennung der Verunreinigungen von

— (Traube u. Bodländer) II 43; Gewinnung von reinem — (Hradil) II 44; Prüfung von methylirtem — (Millard u. Stark) II 182; s. a. Alkohol; Fuselöl.

Spiritusreservoir, Innenanstrich f. —s (Sommer) I 73.

Sprenggelatine in Drähten (Abel u. Dewar) I 223; Herstellung von — in Drähten (Abel u. Dewar) II 144; s. a. Schiefspulver.

Sprengstoff, Sicherheits- —e (Bielefeldt) I 221; nitrocellulosehaltiger — (Woble) I 224; — (Nobel) I 224; —e (Sayers) I 224; Sicherheits- —e (Mallord) I 225; — (Emmens) II 145; —e (Liardêt: Frenck; Butterfield u. Batchelor; Mindeleff) II 145; nicht hygroskopische Schiefs- u. —e mit Guanidinsalpeter (Gaens) II 146.

Sprengverfahren s. Zünder.

Stärke, nitrirte — zum Färben (Nery) I 33; Bestimmung der Rohfaser u. d. — (Hönig) I 309; Fabrikation v. — (Hermite; Paterson u. Cooper) II 98.

Stärkemehl, Verzuckerung von — I 68.

Stahl, filtrirter — (Darby) I 126; Kohlen von — (Coomes) I 126; — — (Jones) I 127; Härten von — (Feodosieff) I 128; — — (Smith) I 128; Härten und Tempern von — (Wallis) I 129; Anlauffarben d. —s (Schwirkus u. Lichtenstein) I 129; Löthen von Guss- — I 139; Erklärung des Härtens von — (Anderson) I 142; Analyse von — und Eisen (Langby) II 177; s. a. Eisen.

Stahlartikel, Guss (Hardisty) I 127.

Stahlhärtungsverfahren (Schneider) I 128.

Staub, Vorrichtung gegen —einathmung (Dahmen) I 215.

Stearin s. Wachs.

Stearinfabrikation, Apparat zum Reinigen der Säuren in der — (Petit) II 30.

Stearinsäure s. Wachs.

Stein, Englische Quarz- —e (Lowood) I 10; Chamotte- —e I 11; künstlicher — (Preufsner) I 11; künstliche —e und Formstücke (Mey) I 112; künstlicher — (Ponton, Moseley u. Chambers) I 112; — zum Schälen des Getreides (Rulf) I 112; poröser — als Dochtersatz etc. (Gooch,

Varley u. Lindstone) I 113; säurebeständige —e für Gloverthürme II 4; künstliche —e und Formstücke (Mey) II 5; Kunst- —e (Ducourneau) II 5; feuerfeste —e (Besson) II 5; s. a. Bausteine, Blöcke.

Steinkohle, Verwitterungsfähigkeit (Busse) I 64.

Steinnufsspähne, Nährwerth (Schuster u. Liebscher) I 160.

Stereogramm, Glas- —e (Miethe) II 121.

Stereotypmetall (Hossmann) II 91.

Stereotypschliefsrahmen (Kempe) II 122.

Stickstoff, Ueberführung in salpetrige Säure und Ammoniak (Loew) I 259; Bestimmung des — in Düngemitteln (Aubin u. Quenot) I 270; Bestimmung des — in Chilisalpeter (Foerster) I 270; Darstellung von — a. d. Luft (Berthelot) I 237; Bindung d. atmosph. —s (Breuemann) I 237; Bestimmung von Nitrat- — (Stutzer) II 172; — — (F. Schmidt) II 173; — — (Süllwald) II 173.

Stickstoffbestimmung, Kjeldahl-Wilfarth's Methode (Argutinsky) I 269; nach Schultze-Tiemann (Cochius u. Moeller) I 319; — (H. Smith) II 172.

Strassenbaumaterial (Heusser) II 5.

Styron, Antisepticum I 213.

Sulfat s. Baryumsalz.

Sulfit Cellulose, Röthung von — (Palmaer) II 106.

Sulfitkocher (Salomon u. Brüngger) I 162.

Sulfitlauge, Darstellung von — (Wendler) I 162; — (Barth) II 106.

Sulfitverfahren (Pedersen) II 106.

Sulfocyanwasserstoffsäure, Reaction auf — (Colasanti) II 181.

Sulfo-α-oxynaphtoësäure (Dahl & Co.) I 17.

Sulfo-Potassium (Feuillerat) I 80.

Sulfosäuren aus Theerkohlenwasserstoffen für Desinfectionszwecke (Artmann) I 212.

Sulfotellursaures Ammon, Reagenz auf Alkaloïde (Brouciner) I 316.

Superoxyd, Bestimmung der —e d. alkal. Erden (Kassner) II 175.

Superphosphatgyps und Gypsphosphat (Th. Mayer) I 206.

Syrup, invertzuckerreiche Speise- —e (Eckleben) II 101.

Tafel s. Schiefer.

Talgsorten. Erstarrungspunkte v. — (Finkner) II 184.

Tannin, Löslichkeit des — (Procter) I 253; farbloses — (Villon) I 253; Benzoyl- — (Böttinger) I 254; Darstellung v. reinem — (Gartenmeister) I 254; Bestimmung v. — (Guenez) I 315; Reaction auf — (Böttinger) I 325; Condensationsproducte d. —s m. Naphtylamin (Durand, Huguenin & Co.) II 161.

Tanninverbindungen, Tanninglycerid und -glucosid f. Druckereizwecke (Farbenf. Bayer & Co.) I 46.

Tempera- u. Majolika-Malverfahren (v. Pereira) II 74.

Temperaturmelder (Gould) I 336.

Tereben, Darstellung von — (Reber) I 255.

Terpentinöl, Harzöl im — (Aignan) I 56; — (Duwoody) II 162; s. a. Petroleum.

Terpentinölersatz (Reisberger) II 74.

Theer, Destillation von — etc. (Lennard) I 201; Verarbeitung von — (Eastman) I 202.

Thermometer (Allihn) II 208.

Thiocarmin R (Cassella & Co.) II 21.

Thiochromogenfarben s. Primulinfarben.

Thioflavine I 16.

Thiol, Darstellung neutraler —e (Jacobsen) II 158.

Thionaphtolsulfosäure, Salze einer neuen — (Actiengesell. f. Anilinf.) I 255.

Thon, Wirkung der Flufsmittel auf feuerfeste —e (Seger) I 103; Schiefertheilchen aus Letten u. —en zu entfernen (Dannenberg) I 104; Steingut- — (Heinecke) II 61; Glashafen- —e II 61.

Thonerde, Bestimmung von — (Kretzschmar) II 199.

Thonerdesalz, Bestimmung d. Acidität von —en (Heidenhain) II 175.

Thonerdesulfat, Fabrikation v. — (Shepard) II 154.

Thonindustrie, indische — (Birdwood) I 104.

Thonröhren, Glasiren von — II 64.

Thonwaaren, Einwirkung d. Schwefels der Kohlen auf — I 103; porzellanartige — (Wallbrecht) II 62.

Thran s. Düngemittel.

Thymol s. Resorcin.

Tinte, Druck- —n (Holt) I 47; Normaleisengallus- — I 47; Eikonogen- — II 125; — für weifse Schriftzüge in Albumincopien II 125.

Tintenbildverfahren I 186.

Tisseron, photographisch präparirte Seide II 121.

Titansäure, Einflufs auf Verhüttung von Titaneisen (Rossi) I 122.

Toluidin, geschwefelte Producte aus p- — (Pick, Lange & Co.) II 9.

Toluol s. Benzol.

Tonbad f. Aristodrucke (Stieglitz) I 183; Blei- — (Ribbler) I 183; Ersatz von Silber durch Platin u. Palladium beim — (Perkins) I 183; Platin- — (Gastine) I 184; — für Aristopapier (Bani) II 118; Platin- — (Hare) II 118.

Tonen von Bildern auf Bromsilber (Roden) I 181; — von Albuminbildern (James) I 182; — d. Silberbilder mit Platin etc. (Mercier) I 183; — von Bromsilberplatten (Christian) II 118.

Tonfixirbad f. Aristopapier I 183.

Torf, spinnbares Material aus — I 88.

Transportkarre (Alisch & Co.) I 331.

Trimethylenphenyldiamin (Balbiano) I 249.

Trioxybenzophenon (Bad. Anilin- u. Sodaf.) II 10.

Trocken- und Kühlapparat (Sauerbrey) I 327.

Tröckenmaschine für Wolle etc. (Schulze & Co.) II 202.

Trockenofen (v. d. Sandt) II 202.

Trockenplatten, Ueberziehen von (H. Smith) II 113; s. a. Platten.

Türkischrothöl u. saure Seife (Lochtin) I 32.

Tussah-Seide, Färben v. — (Witt) I 41.

Uebermangansaure Salze s. Permanganat.

Unterchlorige Säure (Reformatzki) I 232; Nachweis von —r — im Chlorwasser (Salzr) II 171.

Urangolddruck (Redding) I 186.

Vaselin (Thede) II 84.

Vegetabilien, Veraschung von — (Lechartier) II 179.

Veraschen organisch. Stoffe (Warren) II 168.

V.eratrin, Löslichkeit v. — (Stransky) II 164.

Verbandsalz, Lister's, Zinkcyanid (Dunstan) I 211.

Verbandstoff, antiseptischer — II 57.

Verbrennung mittelst Bleichromat (de Roode) I 283.

Verdampf- und Destillirapparat (Zeitzer Eisengiefserei) I 328; — (Olberg) II 202.

Vergoldergrund II 73.

Vergröfserung, Leinwand für —en mit empfindlicher Schicht II 121.

Verkobalten (Daub) II 93.

Verkupfern von Eisen I 134.

Vermillionanalysen (Herting) I 15.

Vermillionette I 26.

Versilberte Waare, Prüfung schwach —r —n (Buchner) I 141.

Versilberung, Erkennung schwacher — (Buchner) II 177.

Verstärken der Negative (Flamank) I 177; s. a. Negativ.

Verstärker, Hydrochinon- — (Hübl) I 178; Silber- — (Richmond) I 178; neuer — I 178.

Verstärkung, Quecksilber- — (Jones) I 178.

Vervielfältigung von Schriften (Thompson) I 193; photographische —en mit elektrischem Licht (Kratzenstein) II 121; — von Zeichnungen etc. (Astfalck) II 122.

Verzinnen von Blech etc. II 92.

Verzinnung, Prüfung von — (Goldammer) I 157.

Vexirfarben auf Geweben II 56.

Wachs, Bleichen von — (Brüning) I 59; — — (A. u. P. Buisine) I 59; japanisches — (Kleinstück) II 166; Analyse einer Mischung von —, Paraffin, Stearin u. Stearinsäure (Jean) II 184.

Wachsprüfung (Röttger) I 291.

Wände, schalldämpfende — I 8; Trocknen feuchter — (Röhlen) I 12.

Walfischleim I 86.

Walkgelb O (Cassella & Co.) II 23.

Walzen, Zeugdruck- u. Präge-Muster- — (Michaud) II 56.

Wasser, Reinigen u. Weichmachen von — (Doremus) I 208; Bleigehalt von Leitungs- — I 208; Reinigen der Siel- — (Lepsius) I 208; Reinigen von — etc. (Magnen) II 135; Reinigen v. Kesselspeise- — (Kleyer) II 135; Sterilisirung von — (Altehöfer) II 140; Härtebestimmung von — (Neugebauer) II 170; s. a. Abwasser; Blei; Fäkalien; Kohlensäure; Nitrate; Nitrite.

Wasseranalyse (Vignon) I 266.

Wasserdichtmachen s. Gewebe.

Wassergas, Parfümiren v. — (Lewkowitsch; E. Jacobsen) I 63; s. a. Gas.

Wasserglaslösung, klare — (Sievert) II 71.

Wasserstoff, elektrolytische Gewinnung von — u. Sauerstoff (Latchinoff) I 226.

Wasserstoffsuperoxyd, Bildung von — (Dunstan u. Dymond) I 225; Darstellung von — (Bourgougnon) I 227; Conserviren v. — (Davis) I 227; Reaction d. —s I 267; Darstellung von — (Erwin) II 147; s. a. Bleicherei.

Wasserstoffsuperoxydlösung, Reaction für —en (Gawalowsky) I 318.

Wasseruntersuchung (Dickmann) II 169.

Wein, schwefl. Säure im — (Pfeiffer) I 74; Chloralkaligehalt d. —e (Tony-Garcin) I 74; Theerfarbstoffe in —en (Monaron) I 75; Auffärben von —en (Nefsler) I 75; Zuckermenge für moussirende —e (Maumené) I 76; Stickstoffgehalt von Rosinen- —en (Cazeneuve u. Ducher) I 76; Ammoniak im — u. Most (Amthor) I 80; Nachweis mineralischer Verunreinigungen im — (Liebermann) I 305; Bestimmung der Chloride in —en (Roos) I 306; Salicylsäurenachweis im — (Medicus) I 306; Bestimmung von Gerbstoff im — (Roos, Cusson u. Ciraud) I 306; Herstellung v. Schaum- — (Gantter) II 47; Rührapparat f. — (Rohe) II 48; Umschlagen von — (Kramer) II 50; Extractbestimmung von — (Haas u. László) II 192.

Weinhefe s. Weinstein.

Weinsäure, Reaction d. — (Mohler) II 194.

Weinstein, Darstellung von — aus Rückständen (Martignier) II 129; Analyse der —e und Weinhefen (Philips & Co.) II 192.

Weinstock, Sulfatage d. —s (Chuard u. Dufour) II 47.

Weifsblech, Entzinnen v. — (Bang u. Ruffin) II 126.

Weifsblechabfälle, Aufarbeitung (Thompson) I 198; — (Schultze) I 198.

Weifsblechbüchsen, Schwefelzinn in — (Beckurts u. Nehring) I 157.

Weifse Muster auf dunkelm Fond (Koechlin) I 36.

Wetterbeständigkeit, Prüfung von Gestein auf — (Bolton) II 4.

Wichse, Stiefel- — I 86; säurefreie — (Bense) II 52; s. a. Wolle.

Wintergrünöl u. Birkenöl (Trimble u. Schröter) II 160.

Wismuth aus Blicksilber (Röfsler) II 87; chemisch reines — (Classen u. Schneider) II 87.

Wollblau S (Bad. Anilin- u. Sodaf.) I 42.

Wolle, Chromiren von — (Knecht) I 30; — — (Scurati-Manzoni) I 32; Waschen von — (Langbeck) I 88; Beizen f. — (Gardner) II 17; Lösen von — für Wichse, Druck- u. Malfirnifs (Schlosser) II 74.

Wollfärberei, Mordants f. — (Gardner) I 27.

Wollfett, neuer Stoff aus — (Nordd. Wollkämmerei) II 28 u. 129.

Wollgelb in Teig (Bad. Anilin- u. Sodaf.) II 23.

Wollschweifs, Verwerthung von — (Borchers) I 203.

Würze, Lüftung der — (Jörgensen) I 68; Sterilisation der — (Morris) I 68; Behandlung der — mit Centrifuge (Jörgensen) I 79.

Xylose u. Holzgummi aus Stroh etc. (Allen u. Tollens) I 248.

Zanella s. Färberei.

Ziegel, Schwefelgehalt der Kohle b. Brennen von —n I 10; Blaudämpfen der Falz- — (Katz) I 10; gläserne Dach- — I 12; römische — (Seger) I 13; imprägnirte — I 13.

Ziegelstein, Färbung der —e (Seger) I 9.

Zimmtöl, Bestimmung des Aldehydgehaltes im — (Schimmel & Co.) I 299.

Zimmtsäure, Darstellung der — (Claisen) I 252; — — (Edelcano u. Rudishteano) I 252.

Zink, elektrolytische Gewinnung von — oder Zinn (Burghardt) I 130; Bestimmung von — in Schwellen (Grittner) I 278; Bestimmung von — in Galmei (Minor) I 278; Trennung d. — von Mangan und Eisen (Riban) I 278; Bestimmung v. — u. Kupfer (Donath u. Hattensauer) I 320; Bestimmung von — in Erzen (Coda) I 320; Abscheidung von — aus — schaum etc. (Rösing) II 86; Extract. und Reduct. von — aus Erzen (Rabache) II 86; Bestimmung von — in Zinkstaub (Minor) II 176.

Zinkblende, manganhaltige —n (Stahl) I 278; Aufbereitung von — (Glaser) II 86.

Zinkcyanid (Dunstan) I 211; s. a. Verbandsalz.

Zinkentsilberung (Rössler u. Edelmann) II 88.

Zinkerz, Reduction von Eisen- u. — (Westmann) I 130; Entfernung von Verunreinigungen aus —en (Alkali-Reduction Syndic.) II 85.

Zinkhüttenprozefs, Schwefel im — (Orgler) I 143.

Zinkkupferlegirung, Analyse von —en (Warren) I 279.

Zinklegirungen (Bull) I 134.

Zinkographie mit Chromeiweiss (Wilkinson) II 121.

Zinkoxyd, Prüfung von — (Bernstein) I 279.

Zinkstaub, Werthbestimmung (Klemp) I 279.

Zinn, Fällbarkeit von — d. Eisen (B. Schultze) I 131; — aus Weifsblechabfällen (Thompson) u. Schultze) I 198; — aus Färbereiabfällen (Martinon) I 199; Wiedergewinnung von — aus alkal. Metalllösungen (Tenison-Woods) II 127; s. a. Zink.

Zinnchlorürlösung, freie Salzsäure in —en (Minor) I 275.

Zinnschlacken, Behandlung (Shears) II 86; Aufbereitung von — (Shears) II 126.

Zucker, Schaumgährung von — (Herzfeld) I 151; Reinigen von Rohr- — (Demmin) I 151; Invert- — in Frucht- — (Hundrieser) I 159; Erzeugung von Krystall- — (Drost & Schulz) II 102; Nutschbatterie zur Gewinnung von weifsem — (Steffen u. Racy-Maeckers) II 102; Reinigen von Roh- — (E. Schmidt) II 102; — aus Baumwollsamenkuchen (Hooper) II 103; Gewinnung von Milch- — (Bennett u. Boynton) II 103; Bestimmung der Mineralbestandtheile im — (Boger) II 194.

Zuckerarten, Reagenz auf — (Stahel) II 201.

Zuckerbestimmung, Invert- — (Formánek) I 324; — d. Polarisation (Schneider) I 324; — (Baumann) II 194.

Zuckerfabrikation, Kalksalze i. d. — (Légier) II 101.

Zuckerfabriken, Schleimbildung in Rohr- — (Winter) I 150.

Zuckerlösung, Magnesiahydrat zum Reinigen von —en, Pflanzensäften,

Abwässern etc. (Spaeter) II 100; Reinigen von —en, Melassen etc. durch Fluorsiliciumverbindungen (Lefranc, Vivien u. Görz) II 100.

Zuckerraffinerie, Ausbeuteverluste in der — (Flourens) II 102.

Zuckerrohr s. Zuckerrüben.

Zuckerrüben, Apparat z. Auspressen und Auslaugen von —; Zuckerrohr u. a. Pflanzenstoffen (Searles) II 101.

Zuckersaft, Klärung von —en (Heffter) I 151; Regelung der Alkalität der —e(Komorowski) II 100; Zurückgehen der Alkalität d. —s (Baumann) II 100; s. a. Saturation.

Zünder, elektrische — u. Sprengverfahren (Zalinski) II 146.

Zündhölzer, farbige Dextrin-Sicherheits- — (Garber) I 220; bleisaurer Kalk für — (Kassuer) I 220; — ohne Köpfe (Oltosy u. Söhne) II 143.

II.

Geheimmittel, Verfälschungen von Handelsproducten etc.

Alabastrine I 344.

Anissamen, verfälschter — (Lawson) I 346.

Antimiasmatischer Liqueur, Koene's — II 215.

Barttinctur, Krell's — (Netter) I 343.

Butterfarbe, Heydrichs's (Polenske) I 345.

Cacaobutter, verfälschte I 345.

Cascara Cordial II 215.

Cognacin (Mayrhofer) II 215.

Cristalline wine preserver, Broakes & Co. (E. Vinassa) I 345.

Damenseife, Matrimonino secreto II 215.

Diphtheritismittel der Antidiphterin-Gesellschaft I 343.

Eau de Quinine Pinaud (Tscheppe) I 343.

Eau de Zénobie (Jolles) I 343.

Eliman's Royal Embrocation I 344.

Epilatoire, R. Fischer's — (Gawalowski) I 343.

Essenzenrum = Kunstrum I 345.

Face Bleach, Mad. Ruppert's — II 215.

Geheime Krankheiten, Hartmann's Mittel gegen — I 343.

Geheimmitteluntersuchungen d. Berliner Polizeipräsidiums I 340.

Gehöröl-Extract, Schipek's — I 343.

Gewürznachahmungen s. Spice mixture.

Jerusalemer Seife I 344.

Kaffee, Gassen's Kunst-—, Dom- —, Allerwelts- — (Hanausek; Wolffenstein) I 345; Farb- u. Appreturmittel für — (Wallenstein) I 345; Nachweis von Kunst- — (Samelsohn) II 216.

Listerine (Tscheppe) I 344.

Macis, verfälschter — (Hanausek) 346.
Magnetic-Elixir, Low's — I 343.
Milchverfälschung (Perron) I 345.
Mittel gegen Wassersucht, H. Weber's — II 216.
Most, Hartmann's Mittel zur Bereitung von — (Nefsler) I 344.

Opium, verfälschtes — (Powell) I 346.

Parai, Pilulae, Decoctum, Linimentum u. Pulvis — II 216.
Perlenessenz (Geifsler) I 344.
Pfeffer, verfälschter — (Andouard) I 346.
Physic Balls II 216.
Pillen der heiligen Elisabeth (de Zaaijer) I 343.
Poudre laxative de Vichy I 343.

Purgativ, Gérandet's — (de Zaaijer) I 343.

Ricinusöl, verfälschtes — (Conroy) I 346.
Rothweinfarbe von Delvendahl & Küntzel (Polenske) II 216.

Safran, Verfälschung von — (Kirkby) II 216.
Sanjana I 344.
Sapo Hierosolymitanus I 344.
Schnupfpulver, Aeschlimam's — I 343.
Spice mixtures I 345.

Tartarine und Tartarette I 344.
Thee, Verfälschungen von — (Riche u. Collin) I 345; kaukasischer — (Lubelski) I 345.

Vernickelungsäther, Wieland's - II 216.

Weinsäure, verfälschte — (Rozsnyay) I 346.
Weinverbesserungspulver I 344.
Wunderbalsam, Dinkler's englischer — I 343.

Abkürzungen.

Die im Texte bei Angabe der Quelle fettgedruckten Zahlen entsprechen den Nummern, mit welchen die hier aufgeführten Journale bezeichnet sind.

1. Annalen der Chemie (Liebig's).
2. Annalen der Physik und Chemie.
3. Archiv der Pharmacie.
4. Bulletin de la société d'encourag.
5. Buletin de la société de Mulhouse.
6. Engineer.
7. Chemisches Centralblatt (Hamburg).
8. Chemical News.
9. Comptes rendus.
10. Deutsche Industriezeitung (Chemnitz).
11. Färberei-Muster-Zeitung (Leipzig).
12. Gewerbeblatt, Sächsisches (Dresden).
13. „ Breslauer.
14. „ Hessisches.
15. „ Württemberger.
16. Wieck's Illustr. deutsche Gewerbezeitung.
17. Journal de Pharmacie et de Chimie.
18. Journal für praktische Chemie.
19. Bayr. Industrie- und Gewerbeblatt.
20. Romen's Journal f. Färberei u. Druckerei.
21. Hannover'sches Wochenblatt für Handel und Gewerbe.
22. Landwirthschaftl. Versuchsstationen.
23. Reimann's Färberzeitung (Berlin).
24. Pharmac. Centralhalle v. Hager u. Geißler.
25. Photogr. Archiv von Liesegang.
26. Journal of the Society of Chemical Industry.
27. Amerik. Bierbrauer.
28. Dingler's Polytechn. Journal.
29. Polytechn. Notizblatt.
30. Milchzeitung (Bremen).
31. Chem.-techn. Centr.-Anz.
31a. Chem.-techn. Zeitung.
32. Journ. of the Chem. Soc.
33. Ackermann's Gewerbezeitung.
34. Deutsche Chem.-Zeitg.
35. Technologiste.
36. Techniker (New York).
37. Zeitschr. f. analyt. Chemie v. Fresenius.
38. Apotheker-Zeitung (Berlin).
39. Zeitschrift des allgem. österr. Apotheker-Vereins (Wien).
40. Pharmaceut. Zeitschrift für Rußland.
41. Hübner's Zeitschrift für die Paraffin- etc.-Industrie.
42. Elektrotechnische Zeitschrift.
43. Berg- und hüttenmännische Zeitung.
44. Ztschr. f. d. gesammte Brauwesen (München).
45. Der Bierbrauer (Halle).
46. Verhandlungen d. Vereins z. Beförderung des Gewerbefl. in Preußen.
47. Sprechsaal, Org. f. Glas- und Thonwaaren-Industrie (Coburg).
48. Stahl und Eisen (Düsseldorf).
49. Industrieblätter von Jacobsen (Berlin).
50. Photogr. Mitthlg. von H. Vogel (Berlin).
51. Zeitschrift des Vereins für die Rübenzuckerindustrie im Zollverein.
52. Wochenschrift des Niederösterr. Gewerbe-Vereins (Wien).
53. Photogr. Correspondenz (Wien).
54. Bulletin belge de la photographie (Brüssel).
55. Mitth. d. technolog. Gewerbemuseums.
56. Zeitschr. d. Vereins Deutscher Ingenieure.
57. Hofmann's Papierzeitung (Berlin).
58. Wagner's Jahresber. d. chem. Technologie.
59. Würzburg. gemeinn. Wochenschrift.
60. Berichte d. deutschen chem. Gesellschaft.
61. Oester. Zeitschr. f. Berg- u. Hüttenwesen.
62. Annales des mines.
63. Scientific American.
64. D.-Amerik. Apoth.-Zeitung.
65. Journal für Gasbeleuchtung.
66. Zeitschrift für Spiritusindustrie.
67. Badische Gewerbezeitung.
68. Der Naturforscher (Tübingen).
69. Deutsche Zuckerindustrie (Berlin).
70. Annal. du Génie civil.
71. Dampf.
72. Annales de Chimie et de Physique.
73. Deutsche Gerberzeitung.
74. Patentanwalt (Frankfurt a. M.).
75. Auszüge aus d. Patentschriften (Berlin).
76. Pharmaceutische Rundschau (Prag).
77. Uhland's Maschinen-Constructeur.
78. Schweizer. Zeitschr. für Pharmacie.
79. Deutsche Bauzeitung (Berlin).
80. Americ. Journ. of science (Silliman).
81. Eisenzeitung.
82. N. Erfindungen u. Erfahrungen.
83. Photographic News.
84. Brit. Journ. of Photogr.
85. Photograph. Wochenblatt.
86. Pharmac. Rundschau (New-York).
87. Moniteur des produits chimiques (Paris).
88. Moniteur industriel.
89. Chemiker-Zeitung (Cöthen).
89. Rep. = Chemiker-Zeitung, Repertorium.
90. Centralbl. f. d. Papierfabrik. (Dresden).
91. Engineering.
92. Engineering and Mining Journ.
93. Journ. de l'agricult. p. Barral (Paris).
94. Töpfer- und Zieglerzeitung (Halle).
95. Techn. Chem. Jahrbuch v. Biedermann.
96. Zeitschr. d. Oesterr. Ing.- u. Arch.-Ver.
97. Journ. amer. chem. soc.
98. Bullet. de la société chimique (Paris).
99. Journ. of the Frankl. Instit. (Philadelphia).
100. Neue Zeitschr. für Rübenzuckerindustrie von Scheibler (Berlin).
101. Bayerische Gewerbe-Zeitung (Nürnberg).
102. Der Gerber (Wien).
103. Pataky's Metallarbeiter (Berlin).
104. Philosoph. Magazine (London).
105. Pharm. Journ. and Transact.
106. Pharmac. Zeitung (Berlin).
107. Centralbl. f Textil-Industrie.
108. Zeitschrift d Ver. der Oesterr.-Ung. Rübenzuckerindustrie.
109. Das deutsche Wollengewerbe.
110. Moniteur de la teinture.
111. Moniteur scientif.
112. Zeitschr. f. Berg-, Hütten- u. Salinenwesen (Berlin).
113. Die Chemische Industrie (Berlin).
114. Mittheilungen der Königl. technischen Versuchsanstalt (Berlin).
115. Thonindustrie-Zeitung (Berlin).
116. Die Weinlaube (Wien).
117. The Analyst.
118. Biedermann's Centralbl. für Landwirthschaft.
119. Journ. of the soc. of Dyers and Color.
120. Monatshefte der Chem. Sitzungsber. der Wiener Acad.
122. Der Seifenfabrikant.
123. Zeitschrift für angewandte Chemie.
124. Archives de Pharmacie.
125. Journal d. russ. phys.-chem. Gesellschaft.
126. Berichte d. kaiserl. russ. techn. Gesellschaft.
127. L'Industria.
128. Deutsche Medicinal Zeitung.
129. Zeitschrift. f. landwirthschaftl. Gewerbe
130. Uhland's Industrielle Rundschau.
130a. „ Technische Rundschau.
131. Deutsche Wochenschrift f. Bierbrauerei.
132. Textil-Colorist.
133. Leipziger Monatshefte f. Textilindustrie.

Wss.	steht für	Wasser.
Flüss.	„	Flüssigkeit.
spec. Gew.	„	Specifisches Gewicht.
°C.	„	Grade nach Celsius.
°B	„ „	Baumé.
°R.	„ „ „	Réaumur.

Tr	steht für	Grade nach Tralles.
Temp.	„	Temperatur.
at	„	Atmosphäre.
f.	„	-säure.
Th. bedeutet stets Gewichtstheil.		

Verlag von **Friedrich Vieweg & Sohn** in **Braunschweig.**

(Zu beziehen durch jede Buchhandlung.)

Soeben erschien:

Gährungstechnische Untersuchungsmethoden

für die Praxis

der Spiritus- und Presshefe-Industrie

mit besonderer Berücksichtigung der Bestimmung stickstoffhaltiger
organischer Substanzen und der Kohlehydrate.

Ein Hand- und Hülfsbuch für Gährungstechniker, landwirthschaftliche
und technische Lehranstalten und Versuchsstationen von

Emil Bauer,

technischer Leiter der Spiritus- und Potasche-Fabrik in Raab.

Mit 40 Holzstichen. gr 8. geh. **Preis 14 Mark.**

R. Gaertner's Verlag, H. Heyfelder, Berlin S.W. 46.

Soeben erschien:

Tabellarische Uebersicht

der

künstlichen organischen Farbstoffe

von

Gustav Schultz und Paul Julius.

Zweite verbesserte und vermehrte Auflage.

Herausgegeben von **Gustav Schultz.**

Preis sauber gebunden 14 Mark.

Verlag von **Friedrich Vieweg & Sohn** in **Braunschweig.**

(Zu beziehen durch jede Buchhandlung.)

Soeben erschien:

Jahres-Bericht

über die

Untersuchungen und Fortschritte auf dem Gesammtgebiete

der Zuckerfabrikation

von **Dr. K. Stammer**

in Braunschweig.

30. Jahrgang. 1890. Mit 49 eingedruckten Holzstichen. gr. 8. geh. **Preis 12 Mark.**

Ankündigung.

Das chemisch-technische Repertorium

herausgegeben von

Dr. E. Jacobsen,

dem Redacteur der „Industrie-Blätter" und der „Chemischen Industrie",

ist seit seinem Erscheinen (i. J. 1862) zum **übersichtlichsten** und **vollständigsten Jahresberichte** geworden, der in gedrängter Kürze alles Wesentliche bietet, was in der Literatur des In- und Auslandes aus dem Bereiche der **chemischen Technik** an Erfindungen, Fortschritten und Verbesserungen verzeichnet wurde. Nicht minder findet die **mechanische Technik**, soweit sie den chemischen Gewerben dienstbar ist, in zahlreichen Notizen und Nachweisen (in dem Abschnitt: **„Repertorium der Apparate, Geräthe und Maschinen"**) Berücksichtigung.

Wenn das Repertorium vorwiegend die **chemischen Kleingewerbe** und damit alles Dasjenige, was unmittelbar praktisch nutzbar gemacht werden kann, berücksichtigt, so ist doch auch die **chemische Grofsindustrie,** mindestens in den Nachweisen, nicht weniger vollständig vertreten.

Dem analytischen Chemiker bietet der Abschnitt **„Chemische Analyse"** das vollständigste **Repertorium der analytischen Chemie,** in welchem alle dem praktischen Analytiker wichtigen Methoden, Hülfsmittel und Apparate Erwähnung finden.

In einem Anhang wird über medicinische Geheimmittel, Verfälschungen von Handelsproducten etc. Bericht erstattet.

Die fleifsig und geschickt bearbeiteten **General-** und **Special-Sachregister** erhöhen die Brauchbarkeit des Repertoriums in besonders hervorzuhebender Weise und lassen es zu einem willkommenen **Nachschlagewerke** werden, zu einem Helfer und Freunde in allen einschlägigen Fragen.

Erschienen sind: **1862.** I. 1,20 ℳ, II. **1863.** I. II. **1864.** I. II. **1865.** I. II. **1866.** I. II. à 1,50 ℳ, **1867.** I. II. **1868.** I. à 1,80 ℳ, II. **1869.** I. II. **1870.** I. à 2 ℳ, II. 2,40 ℳ, **1871.** I. II. à 3 ℳ, **1872.** I. 3,50 ℳ, II. **1873.** I. à 4 ℳ, II. **1874.** I. à 4,40 ℳ, II. à 5,40 ℳ, **1875.** I. II. à 6 ℳ, **1876.** 14 ℳ, **1877.** 17 ℳ, **1878.** I. 11 ℳ, II 7,40 ℳ, **1879.** I. 11,60 ℳ, II. 10 ℳ, **1880.** 13 ℳ, **1881.** 11.20. ℳ, **1882.** 11.85 ℳ, **1883.** 14,60 ℳ, **1884.** 14 ℳ, **1885.** 15,80 ℳ, **1886.** 18 ℳ, **1887.** 19.50 ℳ, **1888.** 17 ℳ, **1889.** 15,50 ℳ.

Am Schlufs jedes 5. Jahrganges erscheint ein „Generalregister". Bisher erschienen davon:

zu Jahrgang	I — V	(1862 — 1866)	75 ₰.
„ Jahrgang	VI — X	(1867 — 1871)	1,80 ℳ.
„ Jahrgang	XI — XV	(1872 — 1876)	3 ℳ.
„ Jahrgang	XVI — XX	(1877 — 1881)	6 ℳ.
„ Jahrgang	XXI — XXV	(1882 — 1886)	9 ℳ.

Das „Repertorium" erscheint vom Jahrgang 1882 ab mit in den Text gedruckten Holzschnitten und wird von 1881 ab, um ein rascheres Erscheinen bei mäfsigem Einzel-Preise zu ermöglichen, in

Vierteljahrs-Hefte

(Jedes Halbjahr in zwei Hälften)

ausgegeben.

CPSIA information can be obtained
at www.ICGtesting.com
Printed in the USA
BVHW040755161118
533215BV00005BA/118/P